ALGÈBRE

Collection Prépas Sciences
Dirigée par Olivier RODOT

BASBOIS N. et ABBRUGIATI P., Algèbre. 1re année
COSTANTINI G., Analyse. 1re année
RODOT O., Analyse. 2e année

JAN C., Mathématiques. Une approche imagée et synthétique. 2e éd.

MPSI / PCSI 1re ANNÉE

Conforme aux nouveaux programmes 2013

ALGÈBRE

COURS
EXERCICES CORRIGÉS

NICOLAS BASBOIS
PIERRE ABBRUGIATI

de boeck

Rue des Minimes 39, B-1000 Bruxelles

Imprimé en Belgique

Dépôt légal:
Bibliothèque nationale, Paris : septembre 2013
Bibliothèque royale de Belgique, Bruxelles : 2013/0074/172 ISBN : 978-2-8041-8180-2

Table des matières

CHAPITRE 1

Rudiments de rédaction mathématique

1 Introduction

L'objectif de ce chapitre est double :

- Présenter certaines techniques de raisonnement très utiles et que l'on utilisera tout au long de l'ouvrage.
- Donner des éléments de langage élémentaires concernant la rédaction d'une démonstration.

2 Énoncés et expressions mathématiques

2.1 Énoncés mathématiques : définition et exemples

Le lecteur sait qu'en mathématiques on s'intéresse à certains types d'objets (nombres, fonctions, ensembles, vecteurs...). On en définira précisément quelques-uns dans les chapitres qui suivent. Pour l'instant, on part du principe que le lecteur a déjà rencontré des concepts mathématiques et on donne la définition informelle suivante :

Définition 1 (informelle)

Un *énoncé mathématique* (ou *proposition mathématique*) est un énoncé portant sur certaines propriétés de certains objets ou concepts mathématiques.

Exemples 1

1. Le nombre 3 est un nombre impair.
2. Le nombre réel π est irrationnel.
3. La fonction exponentielle est une fonction continue de l'ensemble des réels vers l'ensemble des réels.
4. Tout entier naturel est pair ou impair.
5. Dans tout triangle non aplati, les trois médiatrices sont concourantes.
6. Si 6 divise l'entier n, alors n est pair.
7. L'entier n est pair si et seulement si l'entier $n+1$ est impair.

Les énoncés mathématiques des exemples 1 partagent tous un point commun : ils sont vrais. On pourrait très facilement produire des énoncés mathématiques faux, mais les auteurs ont fait leur possible pour s'en garder dans cet ouvrage[1], sauf pour indiquer explicitement qu'ils sont faux[2].

Les deux derniers énoncés des exemples 1 partagent un point commun qu'ils ne partagent pas avec les 5 premiers : ils comportent une *variable libre*. On reviendra en détail sur cette notion dans le paragraphe 2.2.d, mais on peut déjà constater que la lettre n est utilisée pour désigner un entier non spécifié dans ces deux énoncés. Lorsqu'un énoncé comporte des variables libres, sa valeur de vérité peut dépendre de l'affectation des variables libres.

On utilisera dans ce chapitre les lettres P et Q pour désigner des énoncés quelconques. Lorsqu'il est possible qu'une variable libre v apparaisse dans un énoncé, on pourra noter ce dernier $P(v)$ pour bien insister sur le rôle de cette variable.

2.2 Formalisme symbolique

Les énoncés des exemples 1 sont écrits en langue naturelle. C'est encore la meilleure manière de les rendre clairs. Néanmoins, on sera parfois amené, au cours d'une démons-

1. Voir le conseil 2
2. Voir aussi la sous-section 4.3

tration, à enchaîner une longue succession d'énoncés mathématiques en lien les uns avec les autres : la langue française[3] montre alors ses limites. On utilise alors le formalisme symbolique dont la grande vertu est d'être plus synthétique. Dans les sous-sections qui suivent, on présente atome par atome ce formalisme, mais on prendra garde qu'**on ne devrait pas mélanger langue naturelle et formalisme mathématique dans un même énoncé**. Dans l'idéal, lorsqu'on utilise le formalisme symbolique pour écrire un énoncé, on devrait l'utiliser exclusivement ; et lorsqu'on écrit un énoncé en langue naturelle, il devrait être exclu d'en écrire une petite partie à l'aide du formalisme symbolique. Pour des raisons de clarté et de lourdeur, il n'est pas toujours possible d'observer scupuleusement cette règle, mais les auteurs ont essayé de s'y tenir autant que possible.

a. Appartenance et inclusion

Notation 1
L'appartenance (d'un objet mathématique à un ensemble) est dénotée par le symbole $\in$. $a \in A$ se lit « a appartient à A » et signifie que l'élément a appartient à l'ensemble A.

Exemple 2
L'énoncé $n \in \mathbb{Z}$ se lit « n est un entier relatif ».

En s'appuyant sur des notations que nous n'avons pas présentées, mais qui sont sans doute connues du lecteur, on peut aussi traduire en formalisme symbolique certains énoncés des exemples 1, dont beaucoup peuvent être interprétés en terme d'appartenance.

Exemples 3

1. L'énoncé de l'exemple 1.2 peut s'écrire « $\pi \in \mathbb{R} \setminus \mathbb{Q}$ ».
2. L'énoncé de l'exemple 1.1 peut s'écrire « $3 \in 2\mathbb{N} + 1$ ».
3. L'énoncé de l'exemple 1.3 peut s'écrire « $\exp \in \mathcal{C}(\mathbb{R}, \mathbb{R})$ ».

Il est entendu dans les exemples 3 que $\mathbb{R} \setminus \mathbb{Q}$ dénote l'ensemble des réels irrationnels, que $2\mathbb{N} + 1$ dénote l'ensemble des entiers naturels impairs, que exp dénote la fonction exponentielle et que $\mathcal{C}(\mathbb{R}, \mathbb{R})$ dénote l'ensemble des fonctions continues de $\mathbb{R}$ dans $\mathbb{R}$. On revient sur les deux premières notations dans le chapitre 2.

Notation 2
Lorsqu'il n'est pas vrai qu'un objet mathématique a appartient à un ensemble A, c'est-à-dire lorsque a n'appartient pas à A, on note « $a \notin A$ ».

3. Ou toute autre langue.

Exemple 4

L'énoncé « π n'est pas rationnel » peut se réécrire « $\pi \notin \mathbb{Q}$ ».

Remarque 1

Les ensembles sont eux mêmes des objets mathématiques ! On peut donc être amené à écrire une expression de la forme « $a \in A$ », où a est lui-même un ensemble ! Exemples :

- L'énoncé « $\mathbb{N} \in \{7, \exp, \mathbb{N}\}$ » signifie que l'ensemble $\mathbb{N}$ est un élément de l'ensemble $\{7, \exp, \mathbb{N}\}$. L'ensemble $\{7, \exp, \mathbb{N}\}$ est, par définition, un ensemble à trois éléments qui sont l'entier 7, la fonction exponentielle, et l'ensemble $\mathbb{N}$.
- En notant $\mathcal{I}$ l'ensemble de tous les intervalles de $\mathbb{R}$, on a $[0, 1[\in \mathcal{I}$.

Attention pour autant à ne pas confondre appartenance et *inclusion* : l'ensemble $\mathbb{N}$ **n'appartient pas** à $\mathbb{R}$, l'intervalle $[0, 1[$ **n'appartient pas** à l'intervalle $[0, 1]$. Autrement dit on a $\mathbb{N} \notin \mathbb{R}$ (l'ensemble des entiers naturels n'est pas un nombre réel) et de même $[0, 1[\notin [0, 1]$ (aucun élément de $[0, 1]$ n'est un intervalle !).

Définition 2

On dit qu'un ensemble A est *inclus* dans un ensemble B lorsque tous les éléments de A sont des éléments de B : $\forall x \in A,\ x \in B$.
On le note $A \subset B$ (voire éventuellement $B \supset A$).

Exemples 5

1. On a $\mathbb{N} \subset \mathbb{R}$.
2. On a $[0, 1[\subset [0, 1]$.

Remarque terminologique :

- Pour indiquer qu'un ensemble A est inclus dans un ensemble B, on pourra aussi bien écrire que B *contient* A.
- Pour indiquer qu'un élément a appartient à un ensemble A, on pourra aussi bien écrire que A *comprend* a.

b. Connecteurs logiques

Notations 3

Les *connecteurs logiques* sont les symboles $\Rightarrow$, $\wedge$, $\vee$, $\neg$, $\Leftrightarrow$.

- Le connecteur $\Rightarrow$ dénote l'implication. Si P et Q sont des énoncés mathématiques, $P \Rightarrow Q$ se lit « P implique Q » ou « si P alors Q ».

- Le connecteur $\wedge$ dénote la conjonction (le « et »). Si P et Q sont des énoncés mathématiques, $P \wedge Q$ se lit « P et Q ».
- Le connecteur $\vee$ dénote la disjonction (le « ou »). Si P et Q sont des énoncés mathématiques, $P \vee Q$ se lit « P ou Q ».
- Le connecteur $\Leftrightarrow$ dénote l'équivalence logique. Si P et Q sont des énoncés mathématiques, $P \Leftrightarrow Q$ se lit « P équivaut à Q » ou « P si et seulement si Q ».
- $\neg$ dénote la négation. Si P est un énoncé mathématique, $\neg P$ se lit « non P ».

Remarque 2

Les symboles $\wedge$ et $\vee$ sont surtout utilisés pour des *formules propositionnelles* (voir chapitre 2). Dans tout autre énoncé mathématique, on pourra aussi bien utiliser les mots « ou » et « et » qui sont tout aussi synthétiques et moins surchargés[4].

Par exemple, on pourra écrire « $a \in A$ ou $a \notin A$ » plutôt que « $a \in A \ \vee \ a \notin A$ ».

Exemple 6

Les énoncés $a \notin A$ et $\neg(a \in A)$ sont identiques : dans les deux cas ils se lisent « a n'appartient pas à A ».

Exemples 7

1. En notant $6\mathbb{N}$ l'ensemble des entiers naturels qui sont divisibles par 6 et $2\mathbb{N}$ l'ensemble des entiers pairs, l'énoncé de l'exemple 1.6 peut s'écrire « $n \in 6\mathbb{N} \Rightarrow n \in 2\mathbb{N}$ »

2. Avec les notations déjà introduites, l'énoncé de l'exemple 1.7 peut s'écrire ainsi : « $n \in 2\mathbb{N} \Leftrightarrow n + 1 \in 2\mathbb{N} + 1$ ».

⚠ Rappelons qu'en mathématique, le « ou » est inclusif. Par exemple, l'énoncé de l'exemple 1.4 n'exprime pas qu'il n'existe pas d'entier simultanément pair et impair, mais seulement qu'il n'existe pas d'entier qui ne soit ni pair ni impair.

4. Un symbole est dit *surchargé* lorsqu'il a plusieurs dénotations, le contexte permettant en pratique de lever les éventuelles ambiguïtés. Par exemple, on verra dans le chapitre 5 que le symbole $\wedge$ peut aussi désigner le PGCD, alors que le symbole $\vee$ peut aussi désigner le PPCM. Ces symboles sont donc surchargés.

⚠ Comme on va le voir en détail dans les exemples de la section 3.2, l'implication n'indique pas la causalité : un énoncé de la forme « P implique Q » signifie simplement qu'on peut, par une suite de déductions logiques, montrer que Q est vrai en supposant que P est vrai. Par exemple, l'énoncé suivant est vrai :

« S'il existe une infinité de couples de la forme $(p, p+2)$, avec p et $p+2$ premiers, alors $\sqrt{2}$ est irrationnel. »

En effet, on verra plus bas qu'on peut montrer que $\sqrt{2}$ est irrationnel, donc on peut en particulier le montrer en faisant l'hypothèse qu'il existe une infinité de couples de la forme $(p, p+2)$, avec p et $p+2$ premiers (il suffit de ne pas utiliser cette hypothèse).

Remarque 3

Introduisons ici un peu de terminologie. Lorsqu'une implication $P \Rightarrow Q$ est vraie, on ira que Q *est une condition nécessaire de* P ou que P *est une condition suffisante de* Q. En effet, dire que P implique Q, c'est dire qu'il suffit d'avoir P pour observer Q, et c'est aussi dire qu'il est nécessaire d'avoir Q pour pouvoir observer P (si on n'a pas Q, on est certain de ne pas avoir P puisque P implique Q).

On revient sur la sémantique précise des connecteurs logiques de façon plus technique dans le chapitre 2, p. 42 et suivantes.
Introduisons un peu de terminologie concernant les implications, car celle-ci sera utile dans la sous-section 4.1.

Définition 3

Étant donné une implication $P \Rightarrow Q$, on appelle

1. *contraposée de* $P \Rightarrow Q$ l'énoncé $\neg Q \Rightarrow \neg P$;
2. *réciproque de* $P \Rightarrow Q$ l'énoncé $Q \Rightarrow P$.

On notera bien qu'on ne peut donc parler de contraposée ou de réciproque d'un énoncé que lorsque cet énoncé est une implication.

Exemples 8

1. La contraposée de l'énoncé « si 6 divise l'entier n, alors n est pair » est l'énoncé « si n n'est pas pair, alors 6 ne divise pas n ». Ici l'énoncé de départ était vrai, et sa

contraposée est vraie également : on verra dans la sous-section 4.1 que cela n'a rien d'un hasard.

2. La réciproque de l'énoncé « si 6 divise l'entier n, alors n est pair » est l'énoncé « si n est pair, alors 6 divise n ». Ici la réciproque n'est pas vraie, alors que de l'énoncé de départ était vrai.
3. On peut s'amuser à considérer la contraposée de la réciproque de $P \Rightarrow Q$. Il s'agit de l'énoncé $\neg P \Rightarrow \neg Q$ et c'est aussi la réciproque de la contraposée de $P \Rightarrow Q$!

c. Quantificateurs

Notations 4

Les *quantificateurs* sont les symboles $\forall$, $\exists$, $\exists!$.

- Le symbole $\forall$ dénote la quantification universelle et se lit « pour tout » ou « quel que soit ». Si $P(x)$ est un énoncé mathématique, l'énoncé $\forall x \in A,\ P(x)$ se lit « pour tout x appartenant à A, on a $P(x)$ ».
- Le symbole $\exists$ dénote la quantification existentielle se lit « il existe ». Si $P(x)$ est un énoncé mathématique, $\exists x \in A,\ P(x)$ se lit « il existe x appartenant à A tel qu'on ait $P(x)$ ».
- Le symbole $\exists!$ se lit « il existe un unique ». Si $P(x)$ est un énoncé mathématique, $\exists! x \in A,\ P(x)$ se lit « il existe un unique x appartenant à A tel qu'on ait $P(x)$ ».

Exemple 9

L'énoncé de l'exemple 1.4 peut s'écrire $\forall n \in \mathbb{N},\ n \in 2\mathbb{N}$ ou $n \in 2\mathbb{N}+1$.

L'énoncé de l'exemple 1.5 est aussi une quantification universelle, mais n'est pas facile à être traduit en formalisme symbolique, et ne gagne rien à l'être.

Exemple 10

Considérons les trois énoncés suivants. Attention, ils ne sont pas tous les trois vrais.

i. $\forall x \in \mathbb{R},\ \sin(2\pi x) = 0$;

ii. $\exists x \in \mathbb{R},\ \sin(2\pi x) = 0$;

iii. $\exists! x \in \mathbb{R},\ \sin(2\pi x) = 0$.

Sur cet exemple :

i. Le premier énoncé est faux : pour $x = \dfrac{1}{3}$, on a $\sin(2\pi x) = \sin\left(\dfrac{2\pi}{3}\right) = \dfrac{\sqrt{3}}{2} \neq 0$. On renvoie le lecteur sceptique qui n'aurait pas en tête les valeurs remarquables des fonctions trigonométriques au chapitre 4.

ii. Le deuxième énoncé est vrai car pour $x = 0$ on a bien $\sin(2\pi x) = \sin(0) = 0$.

iii. Le troisième énoncé est faux car pour $x = 1$ on a $\sin(2\pi x) = \sin(2\pi) = 0$. L'égalité est donc vérifiée pour au moins deux valeurs de x : il n'y a pas unicité.

Le premier énoncé ne doit pas être confondu avec l'énoncé $\forall x \in \mathbb{Z},\ \sin(2\pi x) = 0$. Ce dernier énoncé est vrai : cela résulte de la 2π-périodicité de la fonction sinus.

Remarque 4

On peut obtenir des énoncés mathématiques en emboîtant des quantifications, et considérer par exemple les énoncés :

1. $\forall n \in \mathbb{N},\ \exists m \in \mathbb{N},\ n < m$.
2. $\exists m \in \mathbb{N},\ \forall n \in \mathbb{N},\ n < m$.

Attention, le premier énoncé est vrai (il exprime qu'étant donné un entier, on peut en trouver un autre qui soit plus grand) alors que le second est faux (il exprime qu'il existe un entier plus grand que tous les autres). On touche du doigt dans cet exemple le fait que deux quantifications de nature différente ne commutent pas en général, ce qui est évident étant donné le sens des quantification[5].

On peut évidemment, dans certains cas, être amené à emboiter de nombreuses quantifications.

d. Statut des variables dans les expressions et les énoncés

Dans les exemples évoqués jusqu'à présent, on a régulièrement désigné un objet mathématique par une *variable* : une lettre, ou plus généralement un symbole, ou plus généralement une succession de symboles, pourvu qu'elle reste atomique[6]. Examinons les énoncés des exemples 1, à l'exception du 5-ième qui n'est pas facile à être traduit en formalisme symbolique, et qui ne gagne rien à l'être.

1. $3 \in 2\mathbb{N} + 1$;
2. $\pi \notin \mathbb{Q}$;
3. $\exp \in \mathcal{C}(\mathbb{R}, \mathbb{R})$;
4. $\forall n \in \mathbb{N},\ n \in 2\mathbb{N}$ ou $n \in 2\mathbb{N} + 1$;
6. $n \in 6\mathbb{N} \Rightarrow n \in 2\mathbb{N}$;
7. $n \in 2\mathbb{N} \Leftrightarrow n + 1 \in 2\mathbb{N} + 1$.

Les énoncés 1., 2. et 3. ne comportent pas de variable : certains objets sont bien désignés par des lettres, symboles ou succession de symboles, comme 3, π et exp, mais ces symboles

5. On lira avec profit la remarque 6.
6. Une lettre indicée comme a_{42} par exemple.

dénotent des *constantes mathématiques*, qui sont bien déterminées.

Les énoncés 4., 6. et 7. comportent chacun exactement une variable : dans chaque cas, cette variable est n ; on verra néanmoins dans la remarque 5.2 qu'on aurait pu nommer différemment cette variable, du moins dans l'énoncé 4.

L'énoncé $\exists x \in \mathbb{R},\ \sin(2\pi x) = 0$ de l'exemple 10.ii comporte lui aussi une unique variable : cette variable est x. Les énoncés de la remarque 4 ont tous les deux deux variables : ces variables sont m et n.

Pour autant, un objet mathématique n'est pas nécessairement dénoté par une variable ou une constante mathématique, et le lecteur le sait bien : lorsqu'il lit une expression de la forme $x^2 - 2x + 1$, ou encore[7] $\lim_{x \to +\infty} f(x)$, il sait qu'il est question d'un objet mathématique, sans que cet objet soit dénoté par une variable ou une constante. Plus généralement, et en restant toujours très informel :

Définition 4 (informelle)

Une *expression mathématique* est une expression qui dénote un objet mathématique.

Exemples 11

1. On peut considérer l'expression $\displaystyle\int_a^b f(t)\mathrm{d}t$.
2. On peut considérer l'expression $\displaystyle\sum_{k=1}^{n} k$ qui dénote la somme $1 + 2 + \cdots + n$.

Notation 5

Une expression peut aussi dénoter un ensemble. Introduisons ici une notation importante : lorsque $P(a)$ est un énoncé mathématique pouvant éventuellement comporter a comme variable libre, l'expression $\{a \in A,\ P(a)\}$ désigne l'ensemble des éléments de A pour lesquels l'énoncé $P(a)$ est vrai[8]. Par exemple :

1. L'expression $\{n \in \mathbb{N},\ \exists k \in \mathbb{N},\ n = 2k\}$ désigne l'ensemble des entiers n pour lesquels l'énoncé $\exists k \in \mathbb{N},\ n = 2k$ est vrai : il s'agit à l'évidence des entiers pairs. On a donc, avec les notations précédentes, $2\mathbb{N} = \{n \in \mathbb{N},\ \exists k \in \mathbb{N},\ n = 2k\}$.
2. L'expression $\{n \in \mathbb{N},\ \sqrt{2} \notin \mathbb{Q}\}$ désigne l'ensemble des entiers n pour lesquels l'énoncé $\sqrt{2} \notin \mathbb{Q}$ est vrai. Mais cet énoncé ne dépend pas de n : il est vrai ! Il est donc vrai pour tout entier n. On a ainsi $\{n \in \mathbb{N},\ \sqrt{2} \notin \mathbb{Q}\} = \mathbb{N}$.

7. Attention à cet exemple qui n'en est un que pour certaines valeurs de f. Ainsi $\lim_{x \to +\infty} \sin(x)$ n'est pas une expression mathématique correcte car la fonction sinus n'a pas de limite en $+\infty$.

Illustrons cette notation 5 à l'aide d'un autre exemple. On verra dans le chapitre 5 qu'un entier naturel p est *premier* si et seulement s'il est plus grand que 2 et que tout entier qui le divise est nécessairement égal à 1 ou p. En notant $\mathcal{P}$ l'ensemble des nombres premiers, on peut ainsi écrire

$$\mathcal{P} = \{p \in \mathbb{N},\ p \geqslant 2 \text{ et } (\forall d \in \mathbb{N},\ (\exists k \in \mathbb{N},\ p = kd) \Rightarrow (d = 1 \text{ ou } d = p))\}.$$

Il est d'ailleurs possible sur le même principe de trouver d'autres expressions de cette forme dénotant $\mathcal{P}$, dont certaines plus simples. On invite le lecteur à en chercher.

À l'instar d'un énoncé, une expression mathématique peut comporter, ou pas, une ou plusieurs variables. Les expressions des exemples 11 comportent tous des variables, mais, par exemple, les expressions $\lim_{+\infty} \exp$ ou $1 + 2 + \cdots + 100$ n'en comportent pas.

Il convient de distinguer deux types de variables : les variables dites *libres* et les variables dites *liées* (ou *muettes*). Donner une définition technique nous emmènerait trop loin, mais on peut énoncer :

Définition 5 (informelle)

1. Une variable figurant dans un énoncé ou une expression est dite *liée* (ou *muette*) lorsqu'elle est supportée par un ou plusieurs symboles qui l'introduisent manifestement, dit symboles *lieurs*[9].
2. Lorsqu'une variable figurant dans un énoncé ou une expression n'est introduite par aucun symbole, elle est dite *libre*.

Exemple 12

Les deux énoncés

6. $n \in 6\mathbb{N} \Rightarrow n \in 2\mathbb{N}$;
7. $n \in 2\mathbb{N} \Leftrightarrow n + 1 \in 2\mathbb{N} + 1$.

ont exactement une variable qui, dans les deux cas, est n. Dans les deux cas, cette variable n'est pas introduite, elle est libre.

Exemple 13

Les quantificateurs sont des symboles lieurs. Même lorsque la variable x est libre dans l'énoncé $P(x)$, elle devient liée (par le quantificateur considéré) dans les énoncés de la forme $\forall x \in A,\ P(x)$, ou $\exists x \in A,\ P(x)$, ou $\exists! x \in A,\ P(x)$. Ainsi, dans l'énoncé

8. On présente au chapitre 2 une notation alternative.
9. On dit aussi *symboles mutificateurs*.

4. $\forall n \in \mathbb{N},\ n \in 2\mathbb{N}$ ou $n \in 2\mathbb{N}+1$,

la seule variable est n. Elle est liée (par le quantificateur $\forall$).
Si on réécrit cet énoncé sous la forme $\forall n \in \mathbb{N},\ (\exists k \in \mathbb{N}, n = 2k)$ ou $(\exists \ell \in \mathbb{N}, n = 2\ell + 1)$, on obtient un énoncé avec trois variables n, k et ℓ, qui sont toutes les trois liées (n par le premier $\forall$, k par le premier $\exists$, ℓ par le second $\exists$).

Exemples 14

On connaît de nombreux symboles lieurs dans les expressions. En dresser une liste exhaustive ne serait ni possible, ni souhaitable, mais on peut reprendre quelques exemples :

1. Dans l'expression $\displaystyle\int_a^b f(t)\mathrm{d}t$, il y a quatre variables a, b, f et t.
   Les variables a, b et f sont libres.
   La variable t est liée (par $\displaystyle\int \cdots \mathrm{d}t$).
2. Dans l'expression $\displaystyle\sum_{k=1}^{n} k$, il y a deux variables : n et k.
   La variable n est libre.
   La variable k est liée (par le symbole $\sum$).
   Bien sûr, si l'on considère l'énoncé [10] $\forall n \in \mathbb{N},\ \displaystyle\sum_{k=1}^{n} k = \frac{n(n+1)}{2}$, on considère un énoncé dont les deux variables n et k sont toutes les deux liées.
3. Dans l'expression $\{n \in \mathbb{N},\ \exists k \in \mathbb{N},\ n = 2k\}$, il y a deux variables : n et k.
   La variable k est liée (par le quantificateur $\exists$).
   La variable n est liée (par $\{\ ,\ \ \}$).
4. L'expression $x \mapsto x^n$, qui désigne une application, comporte deux variables x et n.
   La variable n est libre.
   La variable x est liée (par $\mapsto$).

Remarques 5

1. Les variables liées sont finalement celles dont on pourrait se passer, quitte à rajouter des constantes, comme l'illustre l'égalité $2\mathbb{N} = \{n \in \mathbb{N},\ \exists k \in \mathbb{N},\ n = 2k\}$. En particulier, quand on sait réécrire un énoncé ou une expression qui comporte une variable sans utiliser cette variable dans la réécriture, c'est que cette variable était liée. Ainsi :
   a. La variable k est liée dans l'expression $\displaystyle\sum_{k=1}^{n} k$ car cette expression peut se réécrire $1 + 2 + \cdots + n$ et que k ne figure pas dans la seconde expression.
   b. La variable x est liée dans l'expression $\displaystyle\lim_{x \to +\infty} \mathrm{e}^x$, car cette expression peut s'écrire $\displaystyle\lim_{+\infty} \exp$.

10. Cet énoncé est vrai ! Voir la bibliographie de Gauss dans le chapitre 8.

2. Lorsqu'on renomme une variable liée dans un énoncé[11] (respectivement une expression), on obtient un énoncé (respectivement une expression) que l'on peut considérer comme identique. En particulier les expressions $\sum_{k=1}^{n} k$ et $\sum_{\ell=1}^{n} \ell$ sont identiques, les énoncés $\exists x \in \mathbb{R},\ \sin(2\pi x) = 0$ et $\exists y \in \mathbb{R},\ \sin(2\pi y) = 0$ sont identiques. Il y a néanmoins certains usages purement conventionnels : on utilise habituellement des majuscules pour des variables de type ensemble, les lettres x, y, t, ... pour des variables de types réel, les lettres k, m, n, p, q, r, ... pour des variables de type entier, etc.

Terminons cette section sur une mise en garde très importante :

Remarque 6

Le formalisme ne se substitue ni au sens, ni à la pensée. Lorsqu'on écrit des énoncés ou des expressions à l'aide du formalisme symbolique, on doit **toujours** être capable de les énoncer littéralement.

3 Principes élémentaires de rédaction

La section précédente était consacrée aux énoncés mathématiques. Mais l'enjeu du discours mathématique n'est pas tant de produire des énoncés mathématiques que de les démontrer rigoureusement. Pour cela, on s'est donné un ensemble de règles qu'il convient de suivre : cela permet de s'assurer de la clarté de son raisonnement et de sa capacité à être communiqué à d'autres.

3.1 Remarques préliminaires

Cette sous-section s'adresse principalement aux étudiants devant passer des épreuves écrites d'examens ou de concours. Les auteurs se permettent de leur adresser trois conseils.

Conseil 1

Se conformer aux règles de rédaction prescrites.

Conseil 2

Éviter (par ordre de gravité) :

- les assertions inutiles ;
- les assertions fausses ;
- les assertions qui n'ont pas de sens.

11. L'opération consistant à renommer les variables liées est appelée *α-conversion*.

Conseil 3

Identifier le niveau de détail attendu par le correcteur.

S'il est demandé de montrer un résultat complexe, il ne faut pas hésiter à utiliser sans démonstration des points de cours ou des résultats élémentaires. S'il est demandé de montrer un point de cours ou un résultat élémentaire, il faut le faire. L'expression « c'est évident » n'est jamais la réponse attendue à une question d'examen ou de concours.

3.2 Schémas simples de démonstration

a. Préliminaires sur l'égalité

Une famille d'énoncés fondamentale est la famille des énoncés de la forme $e_1 = e_2$ où e_1 et e_2 sont des expressions mathématiques. Un même objet mathématique peut avoir plusieurs écritures syntaxiquement différentes, comme $2+2=3+1$, et il convient donc d'apporter quelques précisions sur le sens de de la relation d'égalité.

Pour éclairer ce sens, exposons ici un principe dû à Gottfried Wilhelm von Leibniz (1646-1716) le *principe d'identité des indiscernables, et d'indiscernabilité des identiques*, qu'on appelera ci-dessous simplement *loi de Leibniz*. Formulé de façon moderne, ce principe peut s'énoncer ainsi : dire qu'un objet a est égal à un objet b, c'est dire que, pour tout énoncé $P(x)$, on a $P(a) \Leftrightarrow P(b)$.

On peut déjà, à l'aide de la loi de Leibniz, montrer que certaines égalités permettent d'en obtenir d'autres. Voyons tout d'abord trois propriétés fondamentales de l'égalité entre éléments d'un même ensemble A :

- Elle est réflexive : $\forall a \in A,\ a = a$.
  En effet, pour tout énoncé $P(x)$, on a bien $P(a) \Leftrightarrow P(a)$.
- Elle est symétrique : $\forall a \in A,\ \forall b \in A,\ a = b \Rightarrow b = a$.
  En effet, considérons l'énoncé $P(x)$ suivant : « $x = a$ ». Cet énoncé est vérifié par a par réflexivité, c'est-à-dire qu'on a $P(a)$. Supposons maintenant avoir $a = b$. D'après la loi de Leibniz, on a donc $P(b)$, c'est-à-dire $b = a$.
- Elle est transitive : $\forall a \in A,\ \forall b \in A,\ \forall c \in A,\ a = b$ et $b = c \Rightarrow a = c$.
  Supposons en effet $a = b$ et $b = c$, et considérons l'énoncé $P(x)$ suivant : « $x = c$ ». Par hypothèse on a $P(b)$, mais comme $a = b$, on a $b = a$ par symétrie, et d'après la loi de Leibniz, on a aussi $P(a)$, c'est-à-dire $a = c$.

La loi de Leibniz éclaire les manipulations algébriques que l'on peut faire sur les égalités. Sachant que a et b appartiennent à un ensemble A et que l'on a $a = b$, on peut déduire $f(a) = f(b)$ pour toute application de source A. En effet, l'énoncé $P(x)$ défini par « $f(a) = f(x)$ » est vérifié par a par réflexivité, donc par b d'après la loi de Leibniz. En particulier, dans le cas où l'ensemble A est un ensemble de nombres, par exemple l'ensemble des nombres réels, on obtient qu'on peut additionner, soustraire, ou multiplier les deux membres d'une égalité, et qu'on obtient alors une égalité encore vraie : il suffit de considérer des applications de la forme $f = t \mapsto t + s$, $f = t \mapsto t - d$, $f = t \mapsto t \times p$.

On prendra garde qu'on vient seulement d'exposer comment obtenir des **implications** correctes entre égalités. Considérons un réel x pour lequel on a $x = x^2$. Cette égalité donne une information sur le réel x considéré[12]. En multipliant chaque membre par 0, on obtient l'égalité $0 = 0$, qui ne donne plus aucune information sur x.

Voyons maintenant comment obtenir des équivalences entre égalités portant sur des éléments d'un ensemble de nombres, disons $\mathbb{R}$. On admettra néanmoins les règles de calcul connues du lecteur sur l'addition, la multiplication, la différence...

- on obtient un énoncé équivalent en ajoutant ou en soustrayant un même réel aux deux membres de l'égalité ;
- on obtient un énoncé équivalent en multipliant ou en divisant par un même réel **non nul** les deux membres de l'égalité ;
- on obtient un énoncé équivalent en appliquant une même application **bijective**[13] aux deux membres de l'égalité ;
- on peut appliquer une même application non bijective aux deux membres de l'égalité mais on n'obtient pas alors un énoncé nécessairement équivalent (on peut perdre de l'information) : il est alors nécessaire, pour obtenir un énoncé équivalent, de faire une conjonction avec l'information perdue.

  Par exemple on a $\sqrt{x-a} = x - b \Leftrightarrow \begin{cases} x - a = (x-b)^2 \\ x \geqslant b \end{cases}$.

  Cet exemple surprendra peut-être le lecteur, qui s'attendrait à ce que l'information perdue soit $x \geqslant a$. Il est vrai que cette information figure dans l'égalité $\sqrt{x-a} = x - b$, mais elle est conservée dans l'égalité $x - a = (x-b)^2$, puisque celle-ci indique que $x - a$ est un carré, et qu'un carré est toujours positif. Il est donc inutile (quoiqu'inoffensif) de la faire figurer après passage au carré. En revanche, l'information $x - b \geqslant 0$ figure **elle aussi** dans l'égalité de départ, car une racine carrée est positive par définition, mais **elle ne figure plus en général dans l'égalité** $x - a = (x-b)^2$.

  Cet exemple élémentaire ne doit pas faire oublier qu'il n'est pas toujours facile d'iden-

12. Laquelle ?
13. Le lecteur pourra retrouver la définition de la bijectivité p. 77.

tifier l'information perdue, et qu'il est possible que toute l'information soit perdue (il suffit d'appliquer une application constante).

Le troisième point s'obtient par définition de la bijectivité[14] et le quatrième est informel. Montrons les deux premiers.

- On a déjà vu que l'énoncé $a = b$ implique l'énoncé $a + s = b + s$ par application de la fonction $x \mapsto x + s$. En utilisant les règles connues sur les opérations $+$ et $-$, on sait que, pour tout réel x, on a $(x+s)-s = x$. L'énoncé $a+s = b+s$ implique donc l'énoncé $a = b$ par application de la fonction $x \mapsto x - s$. On a donc bien montré l'équivalence entre ces deux énoncés. La démonstration est la même pour la différence au lieu de la somme.
- On a déjà vu que l'énoncé $a = b$ implique l'énoncé $a \times p = b \times p$ par application de la fonction $x \mapsto x \times p$. **Si p est non nul**, on peut diviser par p. Les règles connues sur les opérations $\times$ et $\div$, on sait que, pour tout réel x, on a $(x \times p) \div p = x$. L'énoncé $a \times p = b \times p$ implique donc l'énoncé $a = b$ par application de la fonction $x \mapsto x \div p$. On a donc bien montré l'équivalence entre ces deux énoncés. La démonstration est la même pour le quotient au lieu du produit.

Remarque 7

Ce dernier point peut d'ailleurs être vu comme un cas particulier du fait qu'on obtient un énoncé équivalent en appliquant une même application bijective. En effet, l'application $\left\{\begin{array}{ccc} \mathbb{R} & \longrightarrow & \mathbb{R} \\ x & \longmapsto & x \times p \end{array}\right.$ est bijective pour $p \neq 0$, et il en est évidemment de même de l'application $\left\{\begin{array}{ccc} \mathbb{R} & \longrightarrow & \mathbb{R} \\ x & \longmapsto & x \div p \end{array}\right.$, pour $p \neq 0$ toujours.

b. Implication

Pour montrer une implication, c'est-à-dire un énoncé de la forme $P \Rightarrow Q$, le schéma de rédaction le plus simple est le suivant : on introduit l'hypothèse P, on forme une suite de déduction logiques jusqu'à obtenir Q, puis on conclut.

- Supposons P.

  $\vdots$ (enchaînement de raisonnements valides)
- On a donc Q.
- On a bien montré Q sous l'hypothèse P, c'est-à-dire $P \Rightarrow Q$.

14. Il suffit même que f soit *injective*, voir p. 83.

Exemple 15

Montrons l'énoncé de l'exemple 1.6 : si 6 divise n, alors n est pair.

C'est bien un énoncé de la forme $P \Rightarrow Q$ avec P l'énoncé « 6 divise n » et Q l'énoncé « n est pair ».

On part de P	Supposons que 6 divise n.
⋮ déductions logiques ⋮	Alors il existe $k \in \mathbb{N}$ avec $n = 6k$. On a donc $n = 2 \times 3 \times k$. Donc $n = 2(3k) = 2k'$ en posant $k' = 3k$, qui est bien un entier naturel.
On obtient Q	Donc n est pair.
On conclut	On a donc bien montré l'implication demandée.

Bien sûr, l'énoncé à montrer était ici évident[15].

c. Quantification universelle

Pour montrer une quantification universelle, c'est-à-dire un énoncé qui est de la forme $\forall x \in A,\ P(x)$, le schéma de rédaction le plus simple est le suivant : on introduit la variable x, on forme une suite de déductions logiques jusqu'à obtenir $P(x)$, puis on conclut.

- Soit $x \in A$.

  ⋮ (enchaînement de raisonnements valides)
- On a donc $P(x)$.
- Ceci étant vrai pour tout élément x de A, on a montré $\forall x \in A,\ P(x)$.

Exemple 16

Montrons $\forall x \in [0,1],\ x^2 \leqslant x$.

15. Voir conseil 3.

On introduit x	Soit $x \in [0, 1]$.
⋮ déductions logiques ⋮	En particulier, on a $x \leqslant 1$. Comme on a de plus $x \geqslant 0$, on peut multiplier l'inégalité précédente par x et cela ne change pas son sens.
On obtient P	On trouve bien $x^2 \leqslant x$.
On conclut	Ceci étant valable pour tout réel x de l'intervalle $[0, 1]$, on a bien montré l'énoncé demandé.

Bien sûr, l'énoncé à montrer était ici évident[16].

Remarques 8

Montrer une quantification universelle revient à montrer une inclusion : par définition, les énoncés « $\forall x \in E,\ P(x)$ » et « $E \subset \{x \in E,\ P(x)\}$ » sont équivalents. Ainsi, par exemple, on vient de montrer qu'on a $[0, 1] \subset \{x \in \mathbb{R},\ x^2 \leqslant x\}$.

Réciproquement, montrer une inclusion c'est montrer une quantification universelle : les énoncés $A \subset B$ et $\forall x \in A,\ x \in B$ sont équivalents.

En particulier, le schéma de rédaction le plus simple pour montrer $A \subset B$ est le suivant : on introduit une variable $x \in A$, on forme une suite de déductions logiques jusqu'à obtenir $x \in B$, puis on conclut.

- Soit $x \in A$.

  ⋮ (enchaînement de raisonnements valides)
- On a donc $x \in B$.
- Ceci étant vrai pour tout élément x de A, on a montré $A \subset B$.

d. Implication sous quantification universelle et inclusion ensembliste

En synthétisant les deux paragraphes précédents, on obtient le schéma de rédaction le plus simple pour montrer une implication sous quantification universelle, c'est-à-dire un énoncé de la forme $\forall x \in A,\ P(x) \Rightarrow Q(x)$: on introduit la variable x et on suppose P, on forme une suite de déductions logiques jusqu'à obtenir $Q(x)$, puis on conclut.

- Soit $x \in A$ et supposons $P(x)$.

16. Voir conseil 3.

$\vdots$ (enchaînement de raisonnements valides)

- On a donc $Q(x)$.
- Ceci étant vrai pour tout élément x de A, on a montré $\forall x \in A,\ P(x) \Rightarrow Q(x)$.

Exemples 17

1. On a a déjà essentiellement démontré l'énoncé « pour tout entier n, si 6 divise n alors n est pair ». Il suffit de rajouter « soit $n \in \mathbb{N}$ » au début de la démonstration de l'exemple 15.

2. Voyons un autre exemple : soit à montrer l'énoncé $\forall x \in \mathbb{R},\ x \geqslant 2 \Rightarrow x^3 \geqslant 7$.

   Soit $x \in \mathbb{R}$ et supposons $x \geqslant 2$.

   L'application $x \mapsto x^3$ étant croissante sur $\mathbb{R}$,
   on déduit de l'inégalité précédente l'inégalité $x^3 \geqslant 2^3$,
   c'est-à-dire $x^3 \geqslant 8$.
   Comme de plus on a $8 \geqslant 7$, on conclut :

   $x^3 \geqslant 7$.

   Ceci étant valable pour tout réel x tel que $x \geqslant 2$, on
   a bien montré l'énoncé demandé.

Remarque 9

Montrer une implication sous quantification universelle $\forall x \in E,\ P(x) \Rightarrow Q(x)$ équivaut à montrer l'inclusion $\{x \in E,\ P(x)\} \subset \{x \in E,\ Q(x)\}$.

Par exemple, en gardant les notation précédemment introduites, on a démontré dans l'exemple 17.1 l'inclusion $6\mathbb{N} \subset 2\mathbb{N}$.

Remarque 10

En fait, les quantifications universelles « $\forall x \in A,\ P(x)$ » peuvent toujours être vues comme des implications sous quantification universelle. L'énoncé « $\forall x \in A,\ P(x)$ » signifie au fond « $\forall x,\ x \in A \Rightarrow P(x)$ ». On évitera néanmoins dans cet ouvrage de manipuler des quantification *non bornées*, c'est-à-dire qui ne sont pas de la forme « $\forall x \in A,\ P(x)$ », qui du reste est la seule qui nous intéresse.

e. Équivalence et égalité ensembliste

On a au moins deux schémas de démonstration simples pour montrer une équivalence, c'est-à-dire un énoncé de la forme $P \Leftrightarrow Q$.

La première méthode se base sur la remarque suivante : les énoncés « $P \Leftrightarrow Q$ » et « $P \Rightarrow Q \wedge Q \Rightarrow P$ » sont équivalents. Ainsi, pour démontrer $P \Leftrightarrow Q$ on peut démontrer successivement $P \Rightarrow Q$ puis $Q \Rightarrow P$. On dit qu'on procède par double implication, ou encore par condition nécessaire et suffisante, en suivant la terminologie de la remarque 3.

Exemple 18

Soit à montrer l'énoncé suivant : un produit de deux entiers naturel est impair si et seulement si ces deux entiers sont impairs.

On veut montrer $\forall a \in \mathbb{N},\ \forall b \in \mathbb{N},\ ab \in 2\mathbb{N}+1 \Leftrightarrow a \in 2\mathbb{N}+1$ et $b \in 2\mathbb{N}+1$.

Soit $a \in \mathbb{N}$ et $b \in \mathbb{N}$. On veut montrer une équivalence. Procédons par double implication.

$\boxed{\Leftarrow}$ Supposons a et b impairs.

Par définition, il existe un entier $k \in \mathbb{N}$ tel qu'on ait $a = 2k+1$, et il existe un entier $k' \in \mathbb{N}$ tel qu'on ait $b = 2k'+1$.

On a donc $ab = (2k+1)(2k'+1) = 4kk'+2(k+k')+1 = 2k''+1$ en posant $k'' = 2kk'+k+k'$, qui est bien un entier naturel. Donc ab est impair.

L'implication réciproque est établie.

$\boxed{\Rightarrow}$ Supposons ab impair.

Alors ab n'est pas pair et donc 2 ne divise pas ab. Donc 2 ne divise ni a ni b (sinon il diviserait clairement leur produit).

Donc a est impair et b est impair. L'implication directe est établie.

Conclusion : On a donc bien montré, par double implication, l'équivalence demandée.

La seconde méthode, lorsqu'elle est possible, est de trouver une suite d'énoncés $P_0 = P$, $P_1, P_2, \ldots, P_n = Q$ pour lesquelles chaque équivalence $P_i \Leftrightarrow P_{i+1}$ est claire (ou constitue un résultat connu). On dit qu'on procède par équivalences successives.

Exemple 19

Soit à montrer $n^2+1 = 2n \Leftrightarrow n = 1$.

On procède par équivalences successives. On a :

$$\begin{aligned} n^2+1=2n &\Leftrightarrow n^2-2n+1=0 && \text{en soustrayant } 2n \text{ à chaque membre} \\ &\Leftrightarrow (n-1)^2=0 && \text{en reconnaissant une identité remarquable} \\ &\Leftrightarrow n-1=0 && \text{car un produit est nul si et seulement si} \\ & && \text{l'un de ses facteurs est nul} \\ &\Leftrightarrow n=1 && \text{en ajoutant 1 à chaque membre.} \end{aligned}$$

D'où l'équivalence demandée.

Remarque 11

Cet exemple montre que résoudre une équation c'est montrer une équivalence, à ceci près qu'on ne nous donne pas, en général, le membre de droite de cette équivalence.

Plus généralement, on est parfois amené à résoudre un exercice de type : « trouver tous les $x \in E$ tels que P » (dans le cas d'une équation, P est une égalité). On présente dans la sous-section 3.3 une troisième méthode adaptée à ce type de problèmes.

Remarque 12

Montrer que deux ensembles A et B sont égaux, où A et B sont tous deux inclus dans un même ensemble E, c'est montrer une équivalence sous quantification universelle[17] : $\forall x \in E,\ x \in A \Leftrightarrow x \in B$.

En particulier, pour montrer une égalité entre ensembles $A = B$ on peut montrer successivement $A \subset B$ puis $B \subset A$. On dit alors qu'on procède par double inclusion.

f. Égalité entre applications

Deux applications f et g de A dans B sont égales si et seulement si elles prennent les mêmes valeurs en chaque point : $\forall x \in A,\ f(x) = g(x)$.
Démontrer une égalité entre applications se ramène donc à démontrer une quantification universelle. On pourra se référer à l'exemple 22.

g. Quantification existentielle

Pour montrer un énoncé de la forme $\exists x \in A,\ P(x)$, on exhibe une valeur de x dnas A et on démontre[18] que l'énoncé $P(x)$ est vrai pour cette valeur de x.

Exemple 20

Soit à montrer l'énoncé $\exists n \in \mathbb{N},\ \forall x \in \mathbb{R},\ x \geqslant n \Rightarrow x^3 \geqslant 7$.

On peut rédiger la démonstration ainsi :

17. Voir proposition 10 du chapitre 2, p. 53.
18. Correctement ! Il est donc indispensable d'avoir exhibé une valeur **convenable** de x et c'est en général là que se trouve la difficulté.

Posons $n = 2$. On a vu dans l'exemple 17.2 qu'on avait $\forall x \in \mathbb{R},\ x \geqslant 2 \Rightarrow x^3 \geqslant 7$. D'où le résultat.

h. Quantification existentielle unique

On a au moins deux schémas de démonstration simples pour montrer une quantification existentielle unique, c'est-à-dire un énoncé de la forme $\exists! x \in A,\ P(x)$.

La première méthode consiste à procéder par équivalences successives jusqu'à obtenir $P(x) \Leftrightarrow x = a$, pour un certain $a \in A$: assurément, il existe un unique élément égal à a.

Exemple 21

Soit $x \in \mathbb{R}$, fixé. Pour tout réel t, notons $\mathrm{sh}(t) = \dfrac{\mathrm{e}^t + \mathrm{e}^{-t}}{2}$. Montrons qu'il existe un unique réel t tel qu'on ait $\mathrm{sh}(t) = x$.

$$\begin{array}{lll}
\text{On a :} & \mathrm{sh}(t) = x & \\
\Leftrightarrow & e^t - e^{-t} = 2x & \\
\Leftrightarrow & T - \dfrac{1}{T} = 2x & \text{en notant } T = \mathrm{e}^t \\
\Leftrightarrow & T^2 - 2xT - 1 = 0 & \text{puisqu'une exponentielle réelle ne s'annule jamais.}
\end{array}$$

Le discriminant en T de $T^2 - 2xT - 1$ est $4(x^2 + 1) > 0$.
Les solutions en T de $T^2 - 2xT - 1 = 0$ sont donc $x \pm \sqrt{x^2+1}$. Les solutions telles que T soit une exponentielle sont précisément les solutions strictement positives. On a $x^2 + 1 > x^2$ donc $\sqrt{x^2+1} > |x|$ et par suite $x + \sqrt{x^2+1} > 0$ et $x - \sqrt{x^2+1} < 0$. L'égalité $e^t - e^{-t} = 2x$ équivaut donc à $e^t = x + \sqrt{x^2+1}$, ce qui équivaut encore à $t = \ln\left(x + \sqrt{x^2+1}\right)$.
Finalement on a $\mathrm{sh}(t) = x \Leftrightarrow t = \ln\left(x + \sqrt{x^2+1}\right)$. Il existe donc bien un unique réel t tel que $\mathrm{sh}(t) = x$.

Si on montre seulement que $P(x)$ implique $x = a$ pour un certain $a \in A$ au lieu d'établir l'équivalence, on montre seulement l'unicité, le travail n'est pas terminé.

La seconde méthode consiste justement à établir séparément l'existence et l'unicité. On a déjà exposé comment rédiger une preuve de l'existence. Pour établir l'unicité, on considère deux éléments x_1 et x_2 vérifiant la propriété, et on montre qu'ils sont nécessairement égaux.

Exemple 22

Il existe une unique application φ de $\mathbb{R}$ dans $\mathbb{R}$ telle que, pour toute application f de $\mathbb{R}$ dans $\mathbb{R}$, et tout réel x, on ait $\varphi\big(f(x)\big) = f\big(\varphi(x)\big) = f(x)$. En convenant de noter $\mathbb{R}^{\mathbb{R}}$ l'ensemble de toutes les applications de $\mathbb{R}$ dans $\mathbb{R}$, cet énoncé peut s'écrire formellement :

$\exists! \varphi \in \mathbb{R}^{\mathbb{R}}$, $\forall f \in \mathbb{R}^{\mathbb{R}}$, $\forall x \in \mathbb{R}$, $\varphi\big(f(x)\big) = f\big(\varphi(x)\big) = f(x)$. Montrons-le.

Existence : Considérons l'application identité $\mathrm{id}_{\mathbb{R}} : \begin{cases} \mathbb{R} & \longrightarrow & \mathbb{R} \\ x & \longmapsto & x \end{cases}$.

On a $\mathrm{id}_{\mathbb{R}}\big(f(x)\big) = f(x) = f\big(\mathrm{id}_{\mathbb{R}}(x)\big)$. En particulier une telle application φ existe : il suffit de prendre $\varphi = \mathrm{id}_{\mathbb{R}}$.

Unicité : Soient φ_1 et φ_2 deux applications convenables. Soit $x \in \mathbb{R}$.

- Pour tout application f de $\mathbb{R}$ dans $\mathbb{R}$, on a $\varphi_1\big(f(x)\big) = f(x)$.
  En particulier pour $f = \varphi_2$ on trouve $\varphi_1\big(\varphi_2(x)\big) = \varphi_2(x)$.
- Pour tout application f de $\mathbb{R}$ dans $\mathbb{R}$, on a $f\big(\varphi_2(x)\big) = f(x)$.
  En particulier pour $f = \varphi_1$ on trouve $\varphi_1\big(\varphi_2(x)\big) = \varphi_1(x)$.
- En conclusion, on a $\varphi_1(x) = \varphi_2(x)$.

Ceci étant vrai pour tout réel x, on a finalement $\varphi_1 = \varphi_2$. D'où l'unicité de φ.

Conclusion : On a bien montré l'existence et l'unicité de φ.

On verra dans la sous-section 3.3 une troisième méthode possible.

3.3 Analyse - Synthèse

On consacre une sous-section à cette technique démonstrative. C'est un raisonnement utilisé pour caractériser simplement l'ensemble des éléments vérifiant une certaine propriété, typiquement :

- la recherche de lieux géométriques[19],
- la résolution d'une équation.

Le raisonnement se fait en deux temps. Dans un premier temps (l'*analyse*), on suppose donné un élément vérifiant la propriété, puis on procède par implications successives afin de réduire le plus possible le nombre de cas à étudier. Dans un second temps (la *synthèse*), on teste les candidats obtenus et on écarte éventuellement ceux qui ne conviennent pas.

Illustrons cette méthode de raisonnement sur trois exemples.

a. Une équation dans $\mathbb{R}$

Déterminons les solutions réelles de l'équation $\sqrt{x+6} = x$.

Procédons par analyse-synthèse.

Analyse : Soit x une solution de l'équation. En passant au carré on obtient $x + 6 = x^2$, c'est-à-dire $x^2 - x - 6 = 0$. C'est un trinôme de discriminant $\Delta = (-1)^2 - 4 \times 1 \times (-6) = 25$.

19. Ce type de problème est de moins en moins l'objet de l'enseignement en CPGE.

Il a donc deux racines réelles $\dfrac{1-\sqrt{25}}{2} = -2$ et $\dfrac{1+\sqrt{25}}{2} = 3$. On a donc deux candidats $x = -2$ et $x = 3$.

Synthèse : Testons les candidats obtenus : -2 ne convient pas étant donné qu'on a $\sqrt{-2+6} = 2 \neq -2$; par contre 3 convient car on a bien $\sqrt{3+6} = 3$.

Conclusion : L'équation a une unique solution $x = 3$.

Sur cet exemple, on aurait pu raisonner par équivalences successives, en prenant garde d'effectivement raisonner par équivalences. Ainsi :

$$\begin{aligned}
\sqrt{x+6} = x \quad & \Leftrightarrow \quad \begin{cases} x+6 = x^2 \\ x \geqslant 0 \end{cases} \\
& \Leftrightarrow \quad \begin{cases} x^2 - x - 6 = 0 \\ x \geqslant 0 \end{cases} \\
& \Leftrightarrow \quad \begin{cases} (x-3)(x+2) = 0 \\ x \geqslant 0 \end{cases} \\
& \Leftrightarrow \quad \begin{cases} x = 3 \text{ ou } x = -2 \\ x \geqslant 0 \end{cases} \\
& \Leftrightarrow \quad x = 3.
\end{aligned}$$

b. Une équation fonctionnelle

Cherchons toutes les applications $f : \mathbb{R} \longrightarrow \mathbb{R}$ telles que

$$\forall x \in \mathbb{R},\ \forall y \in \mathbb{R},\ f(x)^3 + f(y)^3 = f(xy) \quad (E).$$

Procédons par analyse-synthèse.

Analyse : Soit f une fonction solution de l'équation (E). En évaluant en $y = 0$ on obtient $\forall x \in \mathbb{R},\ f(x)^3 = f(0) - f(0)^3$. En appliquant la fonction $\sqrt[3]{\ }$, on obtient ensuite $\forall x \in \mathbb{R},\ f(x) = \sqrt[3]{f(0) - f(0)^3}$. Les solutions sont donc à chercher parmi les fonctions constantes.

Synthèse : Testons les candidats obtenus : soit $f : x \mapsto c$ une fonction constante. En réinjectant dans (E) on trouve $c^3 + c^3 = c$, c'est-à-dire : $2c^3 - c = 0$. On résout :

$$\begin{aligned}
2c^3 - c = 0 \quad & \Leftrightarrow \quad c(2c^2 - 1) = 0 \\
& \Leftrightarrow \quad c = 0 \text{ ou } 2c^2 - 1 = 0 \\
& \Leftrightarrow \quad c = 0 \text{ ou } c^2 = \tfrac{1}{2} \\
& \Leftrightarrow \quad c = 0 \text{ ou } c = \tfrac{\sqrt{2}}{2} \text{ ou } c = -\tfrac{\sqrt{2}}{2}.
\end{aligned}$$

Conclusion : L'équation fonctionnelle (E) a trois solutions : les fonctions constantes $t \mapsto 0$, $t \mapsto \dfrac{\sqrt{2}}{2}$ et $t \mapsto -\dfrac{\sqrt{2}}{2}$.

c. Un lieu géométrique

Soit à montrer l'énoncé 5 de l'exemple 1 : « Dans tout triangle non aplati, les trois médiatrices sont concourantes. ». Soit ABC un tiangle non aplati (rappelons que cela signifie que les droites (AB), (AC) et (BC) sont bien définies et non parallèles). Notons D_A la médiatrice du segment $[BC]$, et de même D_B la médiatrice de $[AC]$ et D_C la médiatrice de $[AB]$. Il s'agit bien ici de déterminer un ensemble d'éléments vérifiant une propriété donnée : l'ensemble des points appartenant simultanément aux trois droites D_A, D_B et D_C. Simplement, on a ici une indication sur ce qu'il faut trouver : on doit obtenir un ensemble à un seul élément (cela équivaut à dire que les droites sont concourantes).

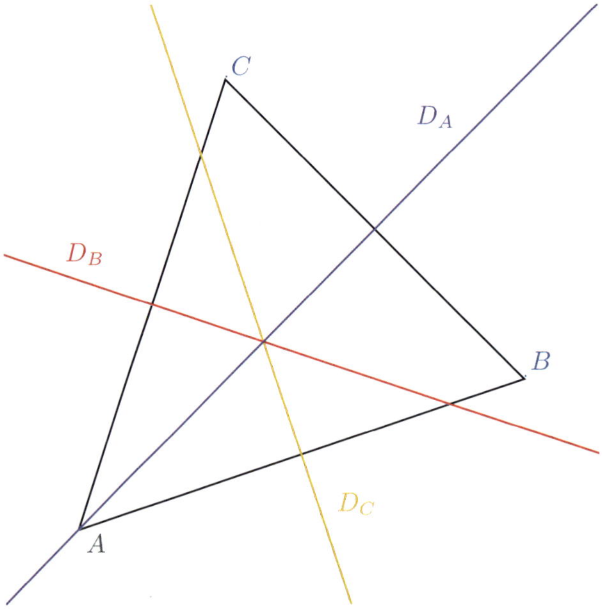

Procédons par analyse-synthèse.

Analyse : Soit M un point appartenant simultanément à D_A, B_B et D_C. En particulier il appartient à D_A et D_B. Par hypothèse, les droites (BC) et (AC) ne sont pas parallèles : on en déduit que les droites D_A et D_B sont non parallèles, étant perpendiculaires aux précédentes. Ces droites sont donc sécantes en un point, notons-le O. Finalement, on a nécessairement $M = O$.

Synthèse : Reste à montrer que D_C passe par O. Comme O est sur D_A on a $OB = OC$. Comme O est sur D_B on a $OC = OA$. Finalement on a $OA = OB$ et donc O est sur D_C. L'unique candidat obtenu dans l'analyse convient donc bien.

Conclusion : On a bien montré que les médiatrices de ABC sont concourantes.

4 Exemples de raisonnements classiques

4.1 Raisonnement par contraposition

Cette technique de raisonnement s'appuie sur le théorème suivant :

Théorème 1 (Théorème de contraposition)

Si P et Q sont deux énoncés, alors les énoncés $P \Rightarrow Q$ et $\neg Q \Rightarrow \neg P$ sont équivalents.

Ce théorème sera démontré dans le chapitre 2.

Remarque 13

Le théorème 1 affirme donc qu'une implication et sa contraposée sont toujours équivalentes. En particulier, plutôt que de montrer une implication, il est loisible de montrer sa contraposée, lorsqu'on y trouve un avantage.

En pratique on écrit :

- On veut montrer $P \Rightarrow Q$. Procédons par contraposition.
- Supposons $\neg Q$.

  $\vdots$ (enchaînement de raisonnements valides)
- On a donc $\neg P$.
- On a ainsi montré, par contraposition, $P \Rightarrow Q$.

Exemple 23

Montrons que, pour tout entier n, si n^2 est pair alors n est pair.

Soit $n \in \mathbb{N}$. On veut montrer que si n^2 est pair alors n est pair. Procédons par contraposition.

Supposons que n ne soit pas pair. On sait qu'alors, n est impair, c'est-à-dire qu'on a $\exists k \in \mathbb{N},\ n = 2k+1$. On en tire $n^2 = (2k+1)^2 = 4k^2 + 4k + 1 = 2k' + 1$, en posant $k' = 2k^2 + 2k$, qui est un entier naturel.

Donc n^2 est impair, et on sait qu'alors n^2 n'est pas pair.

On a donc bien montré, par contraposition, l'énoncé « n^2 pair implique n pair ».

⚠ Il ne faut pas confondre la contraposée de $P \Rightarrow Q$, qui est $\neg Q \Rightarrow \neg P$, et la réciproque de $P \Rightarrow Q$, qui, comme on l'a vu, est $Q \Rightarrow P$. L'implication de départ et sa réciproque n'ont pas de lien logique en général. Par exemple, les implications :

- $x > 0 \Rightarrow x^2 > 0$;
- si f est dérivable, alors f est continue ;

sont vraies, mais leurs réciproques ne le sont pas.

4.2 Raisonnement par disjonction des cas

Ce raisonnement consiste à examiner toutes les possibilités d'une situation donnée et à conclure dans chaque cas.

On donne ici trois exemples. Dans les deux premiers exemples qui suivent, on notera $k \mid n$ pour « k divise n ».

Exemple 24

Montrons : $\forall n \in \mathbb{N},\ 2 \mid (n^3 - n)$.

Soit $n \in \mathbb{N}$. On observe qu'on a $n^3 - n = n(n^2 - 1) = (n-1)n(n+1)$. Examinons les deux cas possibles : n est pair ou n est impair.

- Si n est pair, alors $2 \mid n$, donc $2 \mid (n-1)n(n+1)$ et donc $2 \mid (n^3 - n)$.
- Si n est impair, alors $n+1$ est pair et on a $2 \mid n+1$, donc $2 \mid (n-1)n(n+1) = (n^3 - n)$.

On a bien montré dans chaque cas l'énoncé demandé.

Exemple 25

Montrons : $\forall n \in \mathbb{N},\ 3 \mid (n^3 - n)$.

Soit $n \in \mathbb{N}$. On distingue cette fois les trois cas possibles suivants :

- Si $n = 3k$ pour un certain $k \in \mathbb{N}$, alors $3 \mid n$, donc $3 \mid (n-1)n(n+1) = (n^3 - n)$.
- Si $n = 3k+1$ pour un certain $k \in \mathbb{N}$, alors $3 \mid n-1$, donc $3 \mid (n-1)n(n+1) = (n^3 - n)$.
- Si $n = 3k+2$ pour un certain $k \in \mathbb{N}$, alors $3 \mid n+1$, donc $3 \mid (n-1)n(n+1) = (n^3 - n)$.

On a bien montré dans chaque cas l'énoncé demandé.

Remarque 14

On constate qu'on a ici utilisé le même type de disjonction, une première fois avec l'entier 2 et une seconde fois avec l'entier 3. On induit facilement le principe général, qui s'appuie sur le *théorème de division euclidienne*[20].

Voyons maintenant un exemple de disjonction des cas ne s'appuyant pas sur ce principe.

20. Voir les chapitres 3 et 5.

Exemple 26

Montrons qu'il existe deux irrationnels a et b tels que a^b soit un rationnel.

On distingue deux cas :

- Soit $\sqrt{2}^{\sqrt{2}} \in \mathbb{Q}$ et il suffit de poser $a = \sqrt{2}$ et $b = \sqrt{2}$. On sait en effet que $\sqrt{2}$ est irrationnel (et on le montrera dans la sous-section suivante).
- Soit $\sqrt{2}^{\sqrt{2}} \notin \mathbb{Q}$ et il suffit de poser $a = \sqrt{2}^{\sqrt{2}}$ et $b = \sqrt{2}$.
  En effet on a alors $a^b = \left(\sqrt{2}^{\sqrt{2}}\right)^{\sqrt{2}} = (\sqrt{2})^{\sqrt{2}\times\sqrt{2}} = \sqrt{2}^2 = 2 \in \mathbb{Q}$.

On a bien montré, dans chaque cas possible, l'énoncé demandé.

4.3 Raisonnement par l'absurde

Les *Premiers analytiques* d'Aristote, troisième livre de l'Organon, constituent le premier texte nous étant parvenu qui évoque le raisonnement par l'absurde. Le raisonnement par l'absurde[21] y est évoqué ou utilisé à de multiples reprises[22]. Il semble cependant que cette technique de raisonnement était déjà bien établie à l'époque d'Aristote, car il l'utilise rapidement, sans en avoir préalablement donné de définition. Il en rappelle néanmoins le principe dans le chapitre XXIII, où il donne également un exemple :

> *En effet, tous les syllogismes qui démontrent par l'absurde concluent le faux par syllogisme ; mais ils démontrent la donnée initiale par hypothèse, en prouvant qu'il y a une absurdité dans la supposition de la contradictoire. En voici un exemple : on prouve que le diamètre est incommensurable, parce que, si on le suppose commensurable, il s'ensuit que le pair est égal à l'impair. On conclut donc par syllogisme que l'impair devrait être égal au pair ; et l'on ne démontre alors que par hypothèse que le diamètre est incommensurable, parce que la contradiction de ceci conduit à une erreur évidente. En effet, raisonner par l'absurde, c'est précisément montrer que quelque impossibilité résulte de l'hypothèse d'abord admise.*

Cette technique de raisonnement s'appuie sur le théorème suivant :

Théorème 2

Soit P un énoncé et F un énoncé faux.

1. L'énoncé $\neg P \Rightarrow F$ et l'énoncé P sont équivalents.
2. L'énoncé $P \Rightarrow F$ et l'énoncé $\neg P$ sont équivalents.

21. ἡ εις ἄτοπον απαγωγή , littéralement *réduction à l'impossible.*
22. Chapitres II, V, VI, VII, X, XV, XVI, XVII...

Ce théorème sera démontré dans le chapitre 2. Le premier point est une formulation possible de l'axiome du *tiers exclu*[23], le second point reste vrai en logique intuitionniste[24].

Ainsi, le raisonnement par l'absurde consiste

1. ou bien à montrer P en montrant que la négation de P ne peut pas être vraie, c'est-à-dire que $\neg P$ entraîne une contradiction (un énoncé manifestement faux) ;
2. ou bien à montrer $\neg P$ en montrant que P entraîne une contradiction.

Le lecteur s'étonne peut-être des deux formulations présentées ici, qu'il estime sans doute parfaitement équivalentes. Elles le sont en effet[25] : il suffit de renommer P en $\neg P$, et d'identifier $\neg\neg P$ et P[26]. On ne fera donc plus la distinction par la suite[27].

On a en fait déjà utilisé des micro-raisonnements par l'absurde dans certains exemples qui précèdent : par exemple pour justifier que si 2 ne divise ni a ni b, alors il ne divise pas ab. Ou pour justifier que les médiatrices d'un triangle non aplati ne sont pas parallèles. Ou encore pour éclairer la terminologie « condition nécessaire ».

En général on rédige ainsi :

- On veut montrer P. Montrons-le par l'absurde.
- Supposons $\neg P$

  ⋮ (enchaînement de raisonnements valides)
- On obtient donc une contradiction.
- On a ainsi montré P, par l'absurde.

Exemple 27

Soit à montrer $\sqrt{2} \notin \mathbb{Q}$. On écrit :

On veut montrer que $\sqrt{2}$ est irrationnel. Montrons-le par l'absurde.

Supposons que $\sqrt{2}$ ne soit pas irrationnel. Il est donc rationnel. On peut ainsi écrire

23. Le lecteur est peut-être habitué à une autre formulation, qui est que l'énoncé $P \vee \neg P$ est vrai.

24. Le cadre logique utilisé habituellement en mathématique, et en particulier en CPGE, est celui de la *logique classique*. À partir du début du XXe siècle, et en particulier sous l'impulsion de Luitzen Egbertus Jan Brouwer, un cadre logique concurrent, basé sur le rejet du tiers exclu, a été développé. C'est celui de la *logique intuitionniste*. Dans ce nouveau cadre, les techniques de démonstration par contraposition et par disjonction des cas ne sont plus nécessairement valides, car elles s'appuient également sur le tiers exclu. Le premier point du théorème 2 est rejeté, mais le second reste valable.

25. Dans le cadre de la logique classique.

26. L'équivalence des énoncés $\neg\neg P$ et P est elle aussi une formulation possible du tiers exclu.

27. Les auteurs prennent donc l'expression dans le sens rappelé par Aristote, qui a longtemps été le seul : un raisonnement par l'absurde est un raisonnement dont la forme conduit à montrer une contradiction. Signalons toutefois qu'une tendance récente pousse certains ouvrages à réserver l'expression « raisonnement par l'absurde » aux raisonnements du premier type, au mépris de son sens historique.

$\sqrt{2} = \frac{p}{q}$ avec $p \in \mathbb{N}, q \in \mathbb{N}\backslash\{0\}$, p et q premiers entre eux[28]. On en déduit : $\left(\sqrt{2}\right)^2 = \left(\frac{p}{q}\right)^2$, c'est-à-dire $2 = \frac{p^2}{q^2}$, c'est-à-dire

$$2q^2 = p^2 \qquad (*).$$

Donc p^2 est pair. Donc p est pair d'après l'exemple 23, c'est-à-dire qu'il existe $k \in \mathbb{N}$ tel que $p = 2k$. D'où $p^2 = 4k^2$.
En réinjectant dans $(*)$ on trouve $2q^2 = 4k^2$ c'est-à-dire $q^2 = 2k^2$ et q^2 est pair. D'après l'exemple 23, on a donc q pair.
Ainsi p et q sont tous les deux pairs, mais c'est une contradiction avec le fait que p et q sont premiers entre eux !
On a ainsi démontré par l'absurde l'irrationalité de $\sqrt{2}$.

4.4 Raisonnement par récurrence

Rappelons qu'on a noté $P(n)$ un énoncé pouvant comporter n comme variable libre. Pour un tel énoncé, et étant donnée une expression mathématique e, on notera $P(e)$ l'énoncé obtenu en substituant dans $P(n)$ toutes les occurrences de la variable n par l'expression e. Si par exemple $P(n)$ dénote l'énoncé $n^2 \leqslant 2^n$, l'énoncé $P(0)$ est $0^2 \leqslant 2^0$, et l'énoncé $P(n+1)$ est $(n+1)^2 \leqslant 2^{n+1}$.

Le raisonnement par récurrence est adapté pour montrer une quantification universelle sur $\mathbb{N}$, c'est-à-dire une propriété portant sur tous les nombres entiers naturels. Il s'appuie sur le théorème suivant :

Théorème 3 (Théorème de récurrence)

Soit $P(n)$ un énoncé.
Si l'on a $P(0)$ et que l'on a $\forall n \in \mathbb{N},\ P(n) \Rightarrow P(n+1)$, alors on a $\forall n \in \mathbb{N},\ P(n)$.

Ce théorème sera démontré dans le chapitre 3.

Insistons sur le sens de ce théorème. L'énoncé $P(0)$ est l'instance de $P(n)$ obtenue en particularisant n à 0 : on dira qu'il s'agit de l'énoncé obtenue « au rang 0 ». Lorsqu'il est vérifiée, on dira que « $P(n)$ est initialisé ».

L'énoncé $P(n) \Rightarrow P(n+1)$ exprime que **si** la propriété est vraie au rang n, **alors** elle est encore vraie au rang $n+1$. L'énoncé $\forall n \in \mathbb{N},\ P(n) \Rightarrow P(n+1)$ se lit « $P(n)$ est

28. La fraction $\frac{p}{q}$ est donc sous forme *irréductible*. On revient précisément sur cette notion, ainsi que sur celle de nombres premiers entre eux, dans le chapitre 5.

héréditaire ». Il indique une forme de propagation de la validité de $P(n)$.

On peut proposer l'image suivante. Voyons l'ensemble des nombres entiers comme une tour ayant un nombre infini d'étages, et interprétons la validité de $P(n)$ comme le fait que l'étage n est accessible. L'énoncé $\forall n \in \mathbb{N},\ P(n)$ s'interprète par le fait que tout étage est accessible. Le théorème de récurrence indique que, si le rez-de-chaussée est accessible et si tout étage est muni d'un escalier vers l'étage suivant, alors tout étage est accessible. **Toutes les hypothèses sont importantes** : si le rez-de-chaussée est inaccessible, il se peut bien qu'aucun étage ne soit accessible, même si tout étage est muni d'un escalier vers l'étage suivant. Si le rez-de-chaussée est accessible, mais que les étages ne sont munis d'un escalier vers l'étage suivant qu'à partir du premier, il se peut bien que seul le rez-de-chaussée soit accessible.

L'usage veut, dans cette situation, qu'on parle plutôt de la *propriété* $P(n)$ que de *l'énoncé* $P(n)$.

Un modèle de rédaction possible est le suivant :

- On veut montrer $\forall n \in \mathbb{N},\ P(n)$. Montrons-le par récurrence.
- Initialisation : on veut montrer $P(0)$.

  $\vdots$ (enchaînement de raisonnements valides)
- Donc $P(0)$.
- La propriété est bien vraie au rang 0.

- Hérédité : on veut montrer $\forall n \in \mathbb{N},\ P(n) \Rightarrow P(n+1)$.
- Soit $n \in \mathbb{N}$ et supposons $P(n)$.

  $\vdots$ (enchaînement de raisonnements valides)
- On a donc $P(n+1)$.
- Ceci étant vrai pour tout entier n tel que $P(n)$ est vrai, on a bien montré l'hérédité.
- Conclusion : La propriété est vraie au rang 0, et elle est héréditaire, elle est donc vraie pour tout entier $n \in \mathbb{N}$.

Exemple 28

Montrons ici un résultat très utile, l'inégalité de Bernoulli[29] :

$$\forall x \in [0, +\infty[,\ \forall n \in \mathbb{N},\ (1+x)^n \geqslant 1 + nx.$$

29. Au sujet de l'histoire de cette inégalité, on pourra consulter l'ouvrage G. Costantini, *Analyse.* 1re année, De Boeck (2013), p. 75.

Soit $x \geqslant 0$. Notons $P(n)$ la propriété $(1+x)^n \geqslant 1+nx$.

On veut montrer $\forall n \in \mathbb{N},\ P(n)$. Montrons-le par récurrence.

Initialisation : Au rang $n=0$ on a $P(0)\ : (1+x)^0 \geqslant 1+0x \Leftrightarrow 1 \geqslant 1$, ce qui est vrai. On a donc bien $P(0)$.

Hérédité : Soit $n \in \mathbb{N}$.

Supposons $P(n)$ (hypothèse de récurrence) c'est-à-dire $(1+x)^n \geqslant 1+nx$.

Comme x est positif, on a aussi $1+x \geqslant 0$, on peut donc multiplier l'inégalité par $1+x$ sans en changer le sens. On obtient $(1+x)^n(1+x) \geqslant (1+nx)(1+x)$, c'est-à-dire $(1+x)^{n+1} \geqslant 1+nx+x+nx^2$, c'est-à-dire $(1+x)^{n+1} \geqslant 1+(n+1)x+nx^2$.

Comme on a $nx^2 \geqslant 0$, on a $1+(n+1)x+nx^2 \geqslant 1+(n+1)x$. On en déduit en particulier qu'on a $(1+x)^{n+1} \geqslant 1+(n+1)x$, c'est-à-dire que $P(n+1)$ est vraie.

La propriété est donc bien héréditaire.

Conclusion : La propriété est vraie au rang 0 et elle est héréditaire, elle est donc vraie pour tout entier $n \in \mathbb{N}$.

Remarque 15

En examinant attentivement la démonstration précédente, le lecteur se convaincra sans peine que l'inégalité de Bernoulli est plus généralement vraie pour tout réel $x \geqslant -1$.

5 Exercices corrigés

1.1 Des rédactions de démonstrations élémentaires

En suivant le protocole indiqué dans ce chapitre, effectuez les tâches suivantes.

1. Montrez qu'on a : $\forall n \in \mathbb{N} \setminus \{0\},\ 1 \leqslant 1+\dfrac{1}{n} \leqslant 2$.
2. Montrez qu'on a : $\forall x \in \mathbb{R},\ x \geqslant 0 \Rightarrow x^3-3x^2+3x \geqslant 0$.
3. Montrez qu'on a : $\forall x \in \mathbb{R},\ x^2 \leqslant x \Leftrightarrow 0 \leqslant x \leqslant 1$.
4. Résolvez l'équation $x = \sqrt{2-x}$.

C 1.1 Des rédactions de démonstrations élémentaires

Cet exercice a pour seul objet de s'assurer que la forme d'une rédaction d'un raisonnement basique est maîtrisée.

1. Soit $n \in \mathbb{N} \setminus \{0\}$. On a alors $n \geqslant 1$.

   Par décroissance de la fonction inverse sur $\mathbb{R}_+^*$, et comme n et 1 sont strictement positifs, il vient $0 \leqslant \frac{1}{n} \leqslant 1$.

Par somme, on a alors $1 \leqslant 1 + \frac{1}{n} \leqslant 2$.

2. On peut proposer au moins deux rédactions convenables d'une solution.
   - Méthode expéditive : soit $x \in \mathbb{R}$ tel que $x \geqslant 0$.

     Par différence, il vient $x - 1 \geqslant -1$, et par croissance de la fonction cube on a alors $(x-1)^3 \geqslant -1$.

     On a donc établi $x^3 - 3x^2 + 3x - 1 \geqslant -1$, d'où, par somme, $x^3 - 3x^2 + 3x \geqslant 0$.
   - Méthode plus traditionnelle : soit $x \in \mathbb{R}$.

     On a $x^3 - 3x^2 + 3x = x(x^2 - 3x + 3)$. Notons $P(x) = x^2 - 3x + 3$. C'est un trinôme de discriminant $\Delta = (-3)^2 - 4 \times 1 \times 3 = -3 < 0$. Par conséquent il est toujours du signe de son coefficient dominant, c'est-à-dire strictement positif. Supposons maintenant $x \geqslant 0$. Il vient alors, par produit, $x^3 - 3x^2 + 3x = xP(x) \geqslant 0$.

3. On peut proposer au moins deux rédactions convenables d'une solution.
   - Par double implication : soit $x \in \mathbb{R}$.

     $\boxed{\Rightarrow}$ Supposons $x^2 \leqslant x$. Alors $x^2 - x \leqslant 0$. Or un trinôme de coefficient dominant positif est négatif entre ses racines.

     Comme les racines de $X^2 - X = X(X-1)$ sont clairement 0 et 1, il vient $0 \leqslant x \leqslant 1$.

     $\boxed{\Leftarrow}$ Supposons $0 \leqslant x \leqslant 1$. En particulier x est positif et, par produit, de $x \leqslant 1$ on déduit $x^2 \leqslant x$.
   - Directement : Soit $x \in \mathbb{R}$. On a $x^2 \leqslant x \iff x^2 - x \leqslant 0 \iff x(x-1) \leqslant 0$. Un produit de réels est négatif si et seulement si ces réels sont de signes distincts. Comme $x - 1 < x$, on a donc ici $x(x-1) \leqslant 0 \iff x - 1 \leqslant 0 \leqslant x$. Enfin, $x - 1 \leqslant 0 \Leftrightarrow x \leqslant 1$, et donc $x - 1 \leqslant 0 \leqslant x \iff 0 \leqslant x \leqslant 1$. D'où le résultat.

4. On peut proposer au moins deux rédactions convenables d'une solution.
   - Par analyse-synthèse :

     <u>Analyse</u> : Soit $x \in \mathbb{R}$ et supposons $x = \sqrt{2-x}$. On a alors, en passant au carré, $x^2 = 2 - x$, puis $x^2 + x - 2 = 0$. Calculons le discriminant Δ du trinôme $X^2 + X - 2$. On a $\Delta = 1^2 - 4 \times 1 \times (-2) = 9$. On en déduit aisément que le trinôme a pour racines 1 et -2. Nécessairement x est à chercher parmi ces valeurs.

     <u>Synthèse</u> : Testons nos deux candidats.

     Si $x = -2$ alors $\sqrt{2-x} = 2 \neq -2 = x$. Le candidat -2 n'est pas solution.

     Si $x = 1$ alors $\sqrt{2-x} = 1 = x$. Le candidat 1 est bien solution.

     <u>Conclusion</u> : L'équation initiale a pour unique solution $x = 1$.

- Par équivalences : soit $x \in \mathbb{R}$.

$$\begin{aligned} & x = \sqrt{2-x} \\ \Leftrightarrow \quad & \begin{cases} x^2 = 2-x \\ x \geqslant 0 \end{cases} \\ \Leftrightarrow \quad & \begin{cases} x^2+x-2 = 0 \\ x \geqslant 0 \end{cases} \\ \Leftrightarrow \quad & \begin{cases} x=1 \quad \text{ou} \quad x=-2 \\ x \geqslant 0 \end{cases} \\ \Leftrightarrow \quad & x=1. \end{aligned}$$

1.2 Inflation de démonstrations pour un énoncé évident

Pour tout entier naturel n, l'entier 5^n+1 est pair.

L'énoncé de la ligne précédente est vrai (et essentiellement évident).

Proposez de cet énoncé diverses démonstrations correctement rédigées :

1. par récurrence ;
2. par l'absurde ;
3. en utilisant une identité remarquable pour factoriser 5^n-1 ;
4. en utilisant une méthode distincte des trois précédentes.

C 1.2 Inflation de démonstrations pour un énoncé évident

On résout l'exercice en faisant bien remarquer que les démonstrations n'utilisant *a priori* pas de récurrence s'appuient en fait sur des résultats qui l'utilisent.

1. Montrons le résultat par récurrence. Notons $\mathcal{P}(n)$ la propriété « 5^n+1 est pair ». On veut montrer $\forall n \in \mathbb{N},\ \mathcal{P}(n)$. Montrons-le par récurrence.
   <u>Initialisation</u> : L'entier $5^0+1=2$ est pair. La propriété $\mathcal{P}(0)$ est donc vraie.
   <u>Hérédité</u> : Soit $n \in \mathbb{N}$ et supposons $\mathcal{P}(n)$. On a alors 5^n+1 pair. Par suite $5(5^n+1)$ vaut cinq fois un entier pair et c'est donc un entier pair. De même $5(5^n+1)-4$ est la différence de deux entiers pairs et c'est donc un entier pair. On a donc montré que $5(5^n+1)-4 = 5^{n+1}+5-4 = 5^{n+1}+1$ est pair, c'est-à-dire que la propriété $\mathcal{P}(n+1)$ est vraie. Finalement, la propriété est bien héréditaire.
   La propriété est donc bien héréditaire.
   <u>Conclusion</u> : La propriété est vraie au rang 0, et elle est héréditaire, donc d'après le théorème de récurrence elle est vraie pour tout entier $n \in \mathbb{N}$.

2. Montrons le résultat par l'absurde.

   Supposons que $5^n + 1$ ne soit pas pair. Il est donc impair, c'est-à-dire de la forme $5^n + 1 = 2k + 1$ et par suite il vient $5^n = 2k$ et 5^n est pair. Ainsi 2 divise 5^n, et comme 2 est premier, 2 divise 5, ce qui est notoirement faux.

   Notons qu'on a utilisé ici le *lemme d'Euclide amélioré*, qu'on démontrera dans le chapitre 5, lemme 11 p. 259, et qui nécessite lui-même une récurrence.

3. Montrons le résultat en utilisant l'identité remarquable suivante :
$$x^n - 1 = (x-1)(x^{n-1} + \cdots + x + 1).$$
   On a en particulier $5^n - 1 = (5-1)(5^{n-1} + \cdots + 5 + 1) = 2k$, où l'on a ici noté $k = 2(5^{n-1} + \cdots + 5 + 1)$ qui est bien entier. En conclusion $5^n - 1$ est pair et $5^n + 1 = (5^n - 1) + 2$ est une somme d'entiers pairs, c'est donc un entier pair.

   Remarquons tout de même que la démonstration de l'identité remarquable utilisée nécessite une récurrence.

4. On peut plus directement écrire : $5^n = 5 \times 5 \times \cdots \times 5$ est un produit d'entiers impairs, c'est donc un entier impair. Par conséquent $5^n + 1$ est le successeur d'un entier impair et c'est un entier pair.

   Notons tout de même que la première phrase contient une récurrence cachée.

5. On verra dans le chapitre 5 la notion de *congruence*, dont les propriétés algébriques (qui s'établissent aussi par récurrence, voir p. 246) permettent d'obtenir directement le résultat de cet exercice.

1.3 Quantifications existentielles ouvertes

Répondez à la question posée en démontrant votre réponse.

1. Existe-t-il un réel x tel que $x = \sqrt{x} + 6$?
2. Existe-t-il un entier n tel que $n^2 + 11$ soit une puissance de 2 ?

C 1.3 Quantifications existentielles ouvertes

1. On peut proposer au moins deux rédactions convenables d'une solution.
   - Première méthode : on résout l'équation par analyse-synthèse.

     Analyse : Soit x un tel réel. On a alors $\sqrt{x} = x - 6$ et donc $x = (x-6)^2 = x^2 - 12x + 36$, d'où $x^2 - 13x + 36 = 0$. Trinôme de discriminant $\Delta = 25$, de racines 9 et 4. Les seuls candidats possibles sont donc 4 et 9.

     Synthèse : Testons ces valeurs : $\sqrt{4} + 6 = 8 \neq 4$ mais $\sqrt{9} + 6 = 9$.

     Conclusion : Il existe donc bien un tel réel.

- Deuxième méthode : par contemplation[30].

  On remarque que $x = 9$ convient. Un tel réel existe donc.

2. On va montrer qu'un tel entier n'existe pas, c'est-à-dire montrer que, pour tout entier n, $n^2 + 11$ n'est pas une puissance de 2. Le point clé est que le seul nombre impair qui soit une puissance de deux est 1, et donc qu'un impair $\geqslant 3$ n'est jamais une puissance de 2. Distinguons trois cas suivant les restes de n dans la division euclidienne par 4.
   - Si $n = 4k$ ou $n = 4k + 2$, n est pair et peut donc s'écrire sous la forme $n = 2p$. On a alors $n^2 + 11 = 4p^2 + 11 = 2(2p^2 + 5) + 1 = 2\ell + 3$ en notant $\ell = 2p^2 + 4$. Par conséquent $n^2 + 11$ est un impair supérieur à 3 et ce n'est pas une puissance de 2.
   - Si $n = 4k + 1$ on a $n^2 + 11 = 4(4k^2 + 2k + 3) = 4(2\ell + 3)$ en notant $\ell = 2k^2 + k$. C'est une puissance de 2 si et seulement si $2\ell + 3$ en est une, ce qui n'est pas possible puisque c'est un impair supérieur à 3.
   - Si $n = 4k+3$ on a $n^2+11 = 4(4k^2+6k+5) = 4(2\ell+3)$ en notant $\ell = 2k^2+3k+1$. C'est une puissance de 2 si et seulement si $2\ell + 3$ en est une, ce qui n'est pas possible puisque c'est un impair supérieur à 3.

1.4 Une version et un thème

On conseille d'utiliser une contraposée pour répondre à la première question et un raisonnement par l'absurde pour répondre à la seconde.

1. Reformulez l'énoncé suivant en français puis démontrez-le :
$$\forall x \in \mathbb{R},\ [(\forall \varepsilon \in]0, +\infty[,\ |x| \leqslant \varepsilon) \Rightarrow x = 0].$$
2. Écrivez l'énoncé suivant à l'aide du formalisme symbolique, puis démontrez-le :
   « le successeur du carré d'un entier strictement positif n'est jamais le carré d'un entier naturel ».

C 1.4 Une version et un thème

1. En français : il s'agit de montrer qu'un nombre réel dont la valeur absolue est inférieure à tout réel strictement positif est nécessairement nul.

   Démonstration : soit $x \in \mathbb{R}$. Montrons l'implication demandée par contraposition. On veut donc montrer $x \neq 0 \Rightarrow (\exists \varepsilon \in]0, +\infty[,\ |x| > \varepsilon)$. Supposons donc $x \neq 0$. Posons $\varepsilon = \dfrac{|x|}{2}$. On a bien $\varepsilon > 0$. De plus, on a $1 > \dfrac{1}{2}$ et, comme $|x| > 0$, on obtient par produit $|x| > \varepsilon$. C'est ce qu'il fallait montrer.

30. C'est une méthode très respectable.

2. En formalisme symbolique : l'énoncé peut s'écrire $\forall n \in \mathbb{N}\backslash\{0\}$, $\forall p \in \mathbb{N}$, $n^2+1 \neq p^2$.

   Démonstration : montrons-le par l'absurde.

   Supposons qu'il existe $n > 0$ et p tels que $n^2 + 1 = p^2$.

   On a alors $p^2 > n^2$ donc $p > n$.

   On a aussi $p^2 - n^2 = 1$, ce qui équivaut à $(p - n)(p + n) = 1$. Comme $p - n$ et $p + n$ sont entiers naturels, on a donc $p - n = p + n = 1$ et finalement $p = 1$, $n = 0$, contradiction avec $n > 0$.

1.5 Des récurrences

1. Montrez par récurrence que, pour tout entier $n \in \mathbb{N}$, 8 divise $9^n - 1$.
2. Montrez que la propriété « 8 divise $9^n + 1$ » est héréditaire.

   Qu'illustre cet exemple ?
3. Montrez par récurrence que, pour tout entier $n \in \mathbb{N}$, on a $n^2 < 3^n$.

   Pour cet énoncé, un peu d'inventivité sera la bienvenue.
4. Étant donné un entier n, montrez par récurrence qu'on a $\sum_{k=1}^{n} \frac{1}{k^2} \leqslant 2$.

   Indication : on a $2 - \frac{1}{n} \leqslant 2$.

C 1.5 Des récurrences

Notons comme on l'a déjà fait précédemment $k \mid n$ pour « k divise n ».

1. Notons $\mathcal{P}(n)$ la propriété « $8 \mid 9^n - 1$ ». On veut montrer $\forall n \in \mathbb{N}$, $\mathcal{P}(n)$. Montrons-le par récurrence.

   Initialisation : On a $9^0 - 1 = 0 = 8 \times 0$. La propriété $\mathcal{P}(0)$ est donc vraie.

   Hérédité : Soit $n \in \mathbb{N}$ et supposons $\mathcal{P}(n)$. Il existe alors un entier k tel que $9^n - 1 = 8k$. On peut alors écrire $9^n = 8k + 1$.

   Ainsi on a $9^{n+1} - 1 = 9 \times 9^n - 1 = 9 \times (8k + 1) - 1 = 8(9k + 1)$ et c'est bien un multiple de 8.

   La propriété est donc bien héréditaire.

   Conclusion : La propriété est vraie au rang 0, et elle est héréditaire, donc d'après le théorème de récurrence elle est vraie pour tout entier $n \in \mathbb{N}$.

   Remarque : cette propriété résulte immédiatement de l'identité remarquable déjà mentionnée $x^n - 1 = (x - 1)(x^{n-1} + \cdots + x + 1)$. *Mais puisqu'on nous demandait de l'établir par récurrence...*
2. Notons $\mathcal{P}(n)$ la propriété « $8 \mid 9^n + 1$ ». On veut montrer que cette propriété est héréditaire. Recyclons notre travail précédent. Soit $n \in \mathbb{N}$ et supposons $\mathcal{P}(n)$. Il

existe alors un entier k tel que $9^n + 1 = 8k$. On peut alors écrire $9^n = 8k - 1$ et $9^{n+1} + 1 = 9 \times 9^n + 1 = 9 \times (8k - 1) + 1 = 8(9k - 1)$ et c'est bien un multiple de 8. La propriété est donc bien héréditaire.

Cet exemple illustre la nécessité de l'hypothèse d'initialisation dans le théorème de récurrence. Le lecteur se convaincra sans peine que, bien que la propriété soit héréditaire, elle n'est vraie pour aucun entier n !

3. Notons $\mathcal{P}(n)$ la propriété « $n^2 < 3^n$ ». On veut montrer $\forall n \in \mathbb{N},\ \mathcal{P}(n)$. Montrons-le par récurrence.

On prend ici l'initiative d'initialiser sur plusieurs rangs, les rangs 0 et 1 et 2. Voici pourquoi : tous calculs faits, on a réalisé que l'implication $\mathcal{P}(n) \Rightarrow \mathcal{P}(n+1)$ était difficile à montrer pour tout entier n, mais très facile à obtenir à partir du rang 2. Reprenons l'image donnée dans le chapitre : on a ici une tour pour laquelle on voit facilement qu'il existe un escalier entre tout étage n et l'étage suivant $n+1$, mais seulement à partir du deuxième étage. Pour voir que tout étage est accessible, il ne suffit donc pas de voir que le rez-de-chaussée est accessible, mais bien que le rez-de-chaussée, le premier et le deuxième sont accessibles[31].

<u>Initialisation</u> : $0^2 = 0 < 3^0 = 1$. La propriété $\mathcal{P}(0)$ est donc vraie. De même $1^2 = 1 < 3^1 = 3$ donc $\mathcal{P}(1)$ est vraie et $2^2 = 4 < 3^2 = 9$ donc $\mathcal{P}(2)$ est vraie.

<u>Hérédité (à partir du rang 2)</u> : Soit $n \geqslant 2$ et supposons $\mathcal{P}(n)$.

On a $(n+1)^2 = n^2 + 2n + 1$, or on a $1 < n^2$ et $2n \leqslant n^2$.

Ainsi, par somme, il vient $(n+1)^2 < n^2 + n^2 + n^2 = 3n^2$. Enfin, par hypothèse de récurrence, on a $n^2 < 3^n$ et donc $3n^2 < 3 \times 3^n = 3^{n+1}$, et finalement $(n+1)^2 < 3^{n+1}$. La propriété est donc bien héréditaire à partir du rang 2.

<u>Conclusion</u> : La propriété est vraie aux rangs 0, 1 et 2, et elle est héréditaire à partir du rang 2, par théorème de récurrence elle est donc vraie pour tout entier $n \in \mathbb{N}$.

Remarque : même s'il aurait été autrement plus difficile de montrer que la propriété est héréditaire tout court, c'est-à-dire à partir du rang 0*, cela aurait tout de même été possible.*

4. C'est clair pour $n = 0$, car la somme est alors nulle[32].

Reste à montrer : $\forall n \in \mathbb{N} \setminus \{0\},\ \sum_{k=1}^{n} \frac{1}{k^2} \leqslant 2$.

On commence par montrer l'énoncé suivant, bien plus simple à établir (!) : pour tout entier $n \geqslant 1$, $\sum_{k=1}^{n} \frac{1}{k^2} \leqslant 2 - \frac{1}{n}$. Notons $\mathcal{P}(n)$ la propriété « $\sum_{k=1}^{n} \frac{1}{k^2} \leqslant 2 - \frac{1}{n}$ ».

31. On revient sur cette variante de la récurrence, et bien d'autres, au chapitre 3.
32. Si le lecteur n'en est pas convaincu, on l'invite à se reporter à la définition 1 du chapitre 3, p. 148.

On veut montrer $\forall n \in \mathbb{N} \setminus \{0\},\ \mathcal{P}(n)$. Montrons-le par récurrence[33].

Initialisation : On a $\displaystyle\sum_{k=1}^{1} \frac{1}{k^2} = 1 \leqslant 1 = 2 - \frac{1}{1}$. La propriété $\mathcal{P}(1)$ est donc vraie.

Hérédité : Soit $n \in \mathbb{N}$ et supposons $\mathcal{P}(n)$.

On a alors $\displaystyle\sum_{k=1}^{n} \frac{1}{k^2} \leqslant 2 - \frac{1}{n}$ et donc :

$$\sum_{k=1}^{n+1} \frac{1}{k^2} = \sum_{k=1}^{n} \frac{1}{k^2} + \frac{1}{(n+1)^2} \leqslant 2 - \frac{1}{n} + \frac{1}{(n+1)^2}.$$

Or on a : $\displaystyle 2 - \frac{1}{n} + \frac{1}{(n+1)^2} = 2 + \frac{n-(n+1)^2}{n(n+1)^2} = 2 + \frac{-n^2-n-1}{n(n+1)^2}$,

et de plus : $\displaystyle 2 + \frac{-n^2-n-1}{n(n+1)^2} \leqslant 2 + \frac{-n^2-n}{n(n+1)^2} = 2 - \frac{n(n+1)}{n(n+1)^2} = 2 - \frac{1}{n+1}$,

donc on en déduit : $\displaystyle\sum_{k=1}^{n+1} \frac{1}{k^2} \leqslant 2 - \frac{1}{n+1}$, ce qui signifie que $\mathcal{P}(n+1)$ est vraie.

La propriété est donc bien héréditaire.

Conclusion : La propriété $\mathcal{P}(n)$ est vraie au rang 1, et elle est héréditaire, elle est donc vraie pour tout entier $n \in \mathbb{N} \setminus \{0\}$.

On vient de voir que, pour tout entier $n \geqslant 1$, on a $\displaystyle\sum_{k=1}^{n} \frac{1}{k^2} \leqslant 2 - \frac{1}{n}$ et comme, pour tout entier $n \geqslant 1$ on a $\displaystyle 2 - \frac{1}{n} \leqslant 2$, on en déduit, pour tout entier $n \geqslant 1$ (et donc pour tout entier $n \in \mathbb{N}$), l'inégalité demandée.

1.6 Une équation fonctionnelle

Déterminer toutes les fonctions dérivables f de $\mathbb{R}$ dans $\mathbb{R}$ telles que :

$$\forall x \in \mathbb{R},\ \forall y \in \mathbb{R},\ f(x+y) = f(x) + f(y).$$

C 1.6 Une équation fonctionnelle

Analyse : Soit f une telle fonction. Soit $y \in \mathbb{R}$. L'hypothèse indique que les fonctions $x \mapsto f(x+y)$ et $x \mapsto f(x) + f(y)$ sont égales. Ces fonctions sont dérivables puisque la fonction f l'est. En dérivant, on trouve que les fonctions $x \mapsto f'(x+y)$ et $x \mapsto f'(x)$ sont égales. En évaluant en $x = 0$ on trouve $f'(y) = f'(0)$. Ceci étant vrai pour tout réel y, la fonction f' est constante sur $\mathbb{R}$, et la fonction f est affine sur $\mathbb{R}$, c'est-à-dire qu'il existe a et b tels que $\forall x \in \mathbb{R},\ f(x) = ax + b$.

Synthèse : Réinjectons dans l'équation. Il vient :

33. On utilise là encore une variante : on initialise à 1 et on montre l'hérédité à partir du rang 1, ce qui établit que la propriété est vraie pour tout entier $n \geqslant 1$. Voir théorème 3 du chapitre 3, p. 137.

$$\forall x \in \mathbb{R},\ \forall y \in \mathbb{R},\ a(x+y)+b = ax+b+ay+b,$$

ce qui équivaut à $b = 0$. Par conséquent parmi nos candidates (les fonctions affines), les solutions sont celles pour lesquelles on a $b = 0$ (les fonctions linéaires).

Conclusion : L'ensemble des solutions est l'ensemble des fonctions linéaires, c'est-à-dire de la forme $f_a : \begin{cases} \mathbb{R} & \longrightarrow & \mathbb{R} \\ x & \longmapsto & ax \end{cases}$, $a \in \mathbb{R}$.

1.7 Problème de fin de chapitre

Le présent problème se propose de déterminer ce qu'on appelle le *centre* de $\mathbb{R}^{\mathbb{R}}$, où l'on convient de noter $\mathbb{R}^{\mathbb{R}}$ l'ensemble de toutes les applications de $\mathbb{R}$ dans $\mathbb{R}$.

1. Étant données deux applications f et g de $\mathbb{R}^{\mathbb{R}}$, on dit que f *commute* avec g lorsqu'elles vérifient : $f \circ g = g \circ f$.[34]
   a. Pour $f \in \mathbb{R}^{\mathbb{R}}$ et $g \in \mathbb{R}^{\mathbb{R}}$, réécrire l'égalité $f \circ g = g \circ f$ à l'aide d'une quantification universelle.
   b. Donner deux fonctions $f \in \mathbb{R}^{\mathbb{R}}$ et $g \in \mathbb{R}^{\mathbb{R}}$ telles que f ne commute pas avec g (on démontrera ce point).
   c. Que peut-on dire de l'énoncé $\forall f \in \mathbb{R}^{\mathbb{R}},\ \forall g \in \mathbb{R}^{\mathbb{R}},\ f \circ g = g \circ f$?
2. On note $\mathrm{id}_{\mathbb{R}}$ l'application identité : $\mathrm{id}_{\mathbb{R}} : \begin{cases} \mathbb{R} & \longrightarrow & \mathbb{R} \\ x & \longmapsto & x \end{cases}$.
   a. Montrer que $\mathrm{id}_{\mathbb{R}}$ commute avec toutes les applications $g \in \mathbb{R}^{\mathbb{R}}$.
   b. Que peut-on dire de l'énoncé suivant : $\exists f \in \mathbb{R}^{\mathbb{R}},\ \forall g \in \mathbb{R}^{\mathbb{R}},\ f \circ g = g \circ f$?
3. Soit $h \in \mathbb{R}^{\mathbb{R}}$ qui commute avec toutes les applications $g \in \mathbb{R}^{\mathbb{R}}$.
   a. Montrer que $h = \mathrm{id}_{\mathbb{R}}$. *Indication : on pourra raisonner par l'absurde.*
   b. Que peut-on dire de l'énoncé suivant : $\exists! f \in \mathbb{R}^{\mathbb{R}},\ \forall g \in \mathbb{R}^{\mathbb{R}},\ f \circ g = g \circ f$?

C 1.7 Problème de fin de chapitre

1. a. Cette question est importante. L'égalité de deux applications de même domaine de définition signifie que ces deux applications prennent les mêmes valeurs en tout point.
   Ainsi, $f \circ g = g \circ f$ peut se réécrire : $\forall x \in \mathbb{R},\ f(g(x)) = g(f(x))$.
   b. Considérons $f : x \mapsto x+1$ et $g : x \mapsto x^2$. On a alors $f \circ g : x \mapsto x^2 + 1$ et $g \circ f : x \mapsto (x+1)^2 = x^2 + 2x + 1$.

34. Pour la composition des fonctions, on pourra consulter les définitions 13 et 14 du chapitre 2, p. 73 et suivantes.

Montrons qu'on a $f \circ g \neq g \circ f$. Par définition de l'égalité cela revient à montrer qu'il existe un réel x tel que $x^2+1 \neq x^2+2x+1$. Un tel réel existe bien, puisque par exemple $x = 1$ convient $(2 \neq 4)$.

c. Cet énoncé indique que deux applications de $\mathbb{R}$ dans $\mathbb{R}$ commutent toujours. Il est faux puisqu'on vient d'exhiber deux applications de $\mathbb{R}$ dans $\mathbb{R}$ qui ne commutent pas.

2. a. Il s'agit de montrer : $\forall g \in \mathbb{R}^{\mathbb{R}},\ g \circ \mathrm{id}_{\mathbb{R}} = \mathrm{id}_{\mathbb{R}} \circ g$. Soit donc $g \in \mathbb{R}^{R}$.
Soit $x \in \mathbb{R}$.
On a $(g \circ \mathrm{id}_{\mathbb{R}})(x) = g\big(\mathrm{id}_{\mathbb{R}}(x)\big) = g(x)$ et $(\mathrm{id}_{\mathbb{R}} \circ g)(x) = \mathrm{id}_{\mathbb{R}}\big(g(x)\big) = g(x)$.
Par définition de l'égalité des applications, on a donc $g \circ \mathrm{id}_{\mathbb{R}} = g$ et $\mathrm{id}_{\mathbb{R}} \circ g = g$, et par suite $\mathrm{id}_{\mathbb{R}} \circ g = g \circ \mathrm{id}_{\mathbb{R}}$.

b. Cet énoncé indique qu'il existe une application de $\mathbb{R}$ dans $\mathbb{R}$ qui commute avec toutes les applications de $\mathbb{R}$ dans $\mathbb{R}$. Il est vrai puisque l'identité convient.

3. a. Supposons $h \neq \mathrm{id}_{\mathbb{R}}$. Cela signifie donc $\exists x \in \mathbb{R},\ h(x) \neq x$, ou encore qu'il existe un réel x_1 tel que $h(x_1) \neq x_1$. Considérons maintenant l'application

$$f : \left\{ \begin{array}{ccc} \mathbb{R} & \longrightarrow & \mathbb{R} \\ x & \mapsto & \left\{ \begin{array}{ll} x_1 & \text{si } x = h(x_1) \\ x & \text{sinon.} \end{array} \right. \end{array} \right. .$$

(On notera en particulier qu'on a $f(x_1) = x_1$).
On a alors $h\big(f(x_1)\big) = h(x_1)$ et $f\big(h(x_1)\big) = x_1$ et donc $(h \circ f)(x_1) \neq (f \circ h)(x_1)$, ce qui est en contradiction avec le fait que h commute avec toutes les applications de $\mathbb{R}$ dans $\mathbb{R}$.

On a donc bien montré, par l'absurde, que h était nécessairement l'application identité.

b. Cet énoncé indique qu'il existe une unique application de $\mathbb{R}$ dans $\mathbb{R}$ commutant avec toutes les applications de $\mathbb{R}$ dans $\mathbb{R}$. Il est vrai puisqu'on a vu, d'une part, qu'il existait bien une telle application, l'identité, et qu'on a aussi vu, d'autre part, qu'il n'en existait pas d'autres.

CHAPITRE 2

Logique, ensembles, applications, relations

1 Introduction

L'objectif de ce chapitre est de présenter les objets mathématiques les plus élémentaires, qui seront ensuite utilisés dans l'ensemble de l'ouvrage. Concernant le contexte historique de l'émergence du formalisme dont traite ce chapitre, les auteurs conseillent au lecteur désireux d'en apprendre davantage la lecture de l'ouvrage de Jean van Heijenoort *From Frege to Godel : A Source Book in Mathematical Logic, 1879-1931*[1]. On se contentera ici de contextualiser quelques résultats.

Décrire les techniques élémentaires de dénombrement ne fait pas partie des enjeux de ce chapitre. On donnera néanmoins les résultats de dénombrement dont on verra ensuite un analogue dans le contexte des espaces vectoriels. Il s'agit des propositions 17, 20, 21 et 29.

2 Logique

2.1 Logique propositionnelle

Dans cette sous-section, on s'intéresse aux *formules propositionnelles*, c'est-à-dire aux énoncés qui s'obtiennent sans quantifications, uniquement à l'aide des connecteurs logiques et de *variables propositionnelles* P, Q, R, S, … dénotant des énoncés mathéma-

1. Harvard University Press, 1967.

tiques. Ainsi :

$$(P \wedge Q) \Rightarrow (P \vee Q)$$

$$(P \wedge Q) \vee (\neg P \wedge \neg Q)$$

$$(P \Rightarrow Q) \wedge (Q \Rightarrow P)$$

$$\dots$$

Remarque 1

Bien sûr, en mathématiques, les énoncés que l'on manipule ne sont quasiment jamais des formules propositionnelles. L'intérêt de cette étude préliminaire est que si une formule propositionnelle est vraie, alors tout énoncé obtenu en substituant les variables propositionnelles par des énoncés mathématiques sera également vrai. On l'utilise en particulier dans la sous-section 3.5.

a. Tables de vérité

La notion de *table de vérité* d'une formule propositionnelle ne figure pas explicitement au programme en CPGE, mais il est difficile de démontrer rigoureusement les propriétés des opérations ensemblistes en s'en passant, et elle est un guide utile pour déterminer la validité de certains énoncés de longueur conséquente, qu'on peut être amené à rencontrer aussi bien en algèbre qu'en analyse. On la présente donc rapidement.

La valeur de vérité d'une formule propositionnelle ayant n variables propositionnelles (nécessairement libres) dépend des 2^n distributions possibles des valeurs de vérité de ses n variables. Par exemple, l'énoncé $P \vee Q \vee R$ est faux si P, Q et R sont faux, mais vrai dans les 7 autres cas possibles.

Étant donnée une formule propositionnelle $\mathcal{F}$, on appelle *table de vérité de* $\mathcal{F}$ un tableau donnant toutes les valeurs de vérité possibles de la formule en fonction des valeurs de vérité de ses variables.

Déterminons les tables de vérité de $P \wedge Q$, $P \vee Q$, $P \Rightarrow Q$, $P \Leftrightarrow Q$ et $\neg P$. Revenons au sens de ces connecteurs :

1. Un énoncé de la forme $P \vee Q$ est vrai si l'un, ou l'autre, ou les deux des énoncés P et Q est vrai, et faux uniquement si P et Q sont faux.
2. Un énoncé de la forme $P \wedge Q$ est vrai si les deux énoncés P et Q sont vrais, et faux dès que l'un des deux est faux.

3. Un énoncé de la forme $P \Rightarrow Q$ signifie que de P, l'on peut déduire Q. C'est clairement vrai si Q est vrai : en effet, si Q est vrai, alors il peut se déduire sans hypothèse particulière, et donc *a fortiori* se déduire de l'énoncé P. Si par contre Q est faux, il ne sera pas possible de le déduire d'un énoncé vrai, mais on pourra le déduire d'un autre énoncé faux.
4. Un énoncé de la forme $P \Rightarrow Q$ est vrai si et seulement si P et Q ont même valeur de vérité.
5. Enfin, un énoncé de la forme $\neg P$ est faux lorsque P est vrai, et vrai lorsque P est faux.

On obtient donc les tables suivantes. On note v l'énoncé vrai et f l'énoncé faux.

P	Q	$P \wedge Q$
v	v	v
v	f	f
f	v	f
f	f	f

P	Q	$P \vee Q$
v	v	v
v	f	v
f	v	v
f	f	f

P	Q	$P \Rightarrow Q$
v	v	v
v	f	f
f	v	v
f	f	v

P	Q	$P \Leftrightarrow Q$
v	v	v
v	f	f
f	v	f
f	f	v

P	$\neg P$
v	f
f	v

Bonne nouvelle : maintenant qu'on connaît les tables de vérité des formules précédentes, on peut en déduire les tables de vérité de **toutes** les formules propositionnelles, puisqu'une formule propositionnelle s'écrit toujours à l'aide des seuls connecteurs $\wedge$, $\vee$, $\Rightarrow$, $\Leftrightarrow$ et $\neg$.

Reprenons le premier exemple donné en introduction.

P	Q	$P \wedge Q$	$P \vee Q$	$(P \wedge Q) \Rightarrow (P \vee Q)$
v	v	v	v	v
v	f	f	v	v
f	v	f	v	v
f	f	f	f	v

Les troisième et quatrième colonne correspondent aux tables de $\wedge$ et de $\vee$. La cinquième colonne s'obtient par lecture de la table de $\Rightarrow$ appliquée aux troisième et quatrième colonnes. Bien évidemment un traitement sémantique est aussi possible : en effet, l'énoncé $(P \wedge Q) \Rightarrow (P \vee Q)$ exprime que, si l'on suppose $P \wedge Q$, on peut montrer $P \vee Q$, ou dit encore autrement, que si l'on suppose P et que l'on suppose Q, on peut montrer P ou on peut montrer Q ; cet énoncé est donc toujours vrai[2], ce qui donne bien la table obtenue.

Les deux autres exemples de l'introduction se traitent de la même façon :

2. Rappelons que le « ou » est un ou inclusif.

P	Q	$P \wedge Q$	$\neg P$	$\neg Q$	$(\neg P \wedge \neg Q)$	$(P \wedge Q) \vee (\neg P \wedge \neg Q)$
v	v	v	f	f	f	v
v	f	f	f	v	f	f
f	v	f	v	f	f	f
f	f	f	v	v	v	v

P	Q	$P \Rightarrow Q$	$Q \Rightarrow P$	$(P \Rightarrow Q) \wedge (Q \Rightarrow P)$
v	v	v	v	v
v	f	f	v	f
f	v	v	f	f
f	f	v	v	v

Bien sûr, ces exemples étaient des formules propositionnelles n'ayant que deux variables, ce qui donnait lieu à des tables de vérité de taille raisonnable. Pour une formule propositionnelle ayant n variables, la table de vérité a 2^n lignes et n'est plus possible à obtenir à la main pour $n \geqslant 5$. Le procédé présenté ici étant toutefois complètement automatisable, cette question est adaptée à un traitement informatique[3].

b. Égalité sémantique

On considère deux formules propositionnelles *égales* lorsqu'elles ont la même table de vérité[4].

Exemples 1

1. On vient de voir que la formule $(P \wedge Q) \Rightarrow (P \vee Q)$ est l'énoncé vrai, puisqu'elle a la même table de vérité. Bien évidemment, une autre façon de le voir est d'examiner le contenu sémantique de cet énoncé, comme on l'a détaillé précédemment.

2. On vient de voir que les formules $P \Leftrightarrow Q$, $(P \wedge Q) \vee (\neg P \wedge \neg Q)$ et $(P \Rightarrow Q) \wedge (Q \Rightarrow P)$ avaient les mêmes tables de vérité.

   On peut donc écrire $P \Leftrightarrow Q = (P \wedge Q) \vee (\neg P \wedge \neg Q) = (P \Rightarrow Q) \wedge (Q \Rightarrow P)$.

3. Le problème (dit *problème SAT*) de satisfaisabilité d'une formule propositionelle, consistant à déterminer si une formule propositionnelle est (ou n'est pas) toujours fausse, est néanmoins un problème NP-complet. On ne connaît pas d'algorithme permettant de répondre à la question en temps polynomial par rapport à la taille de la formule.

4. Il n'y a ainsi, par exemple, qu'un seul énoncé vrai et qu'un seul énoncé faux. Il semble peut-être surprenant au lecteur d'identifier tous énoncés vrais : c'est qu'il y a ici deux niveaux de discours, un premier niveau, syntaxique, où on les distingue, et un second niveau, sémantique, où on les identifie. Ce double niveau de discours se rencontre plus généralement avec tous les énoncés et toutes les expressions. Par exemple, les expressions $2 + 2$ et $4 + 0$ sont égales bien qu'elles se distinguent l'une de l'autre syntaxiquement.

3. Dressons la table de vérité de $(\neg P) \vee Q$.

P	Q	$\neg P$	$\neg P \vee Q$
v	v	f	v
v	f	f	f
f	v	v	v
f	f	v	v

On constate que $(\neg P) \vee Q$ et $P \Rightarrow Q$ ont la même table de vérité. Il s'agit donc du même énoncé[5] !

Application 1

On a vu que la disjonction était un « ou inclusif », et qu'on n'avait pas de connecteur pour le « ou exclusif ». Si un tel connecteur existait, on sait quelle table de vérité il aurait : « P ou exclusif Q » serait faux lorsque les deux variables P et Q prennent la même valeur de vérité, et vrai lorsqu'ils prennent deux valeurs de vérité différentes. Or on sait former de nombreuses formules propositionnelles ayant cette table de vérité, par exemple $(P \vee Q) \wedge \neg(P \wedge Q)$ ou encore $(P \wedge \neg Q) \vee (\neg P \wedge Q)$ ou encore $\neg(P \Leftrightarrow Q)$, etc. Toutes ces expressions sont donc autant de formules égales à « P ou exclusif Q ».

Remarque 2

Le connecteur logique $\Leftrightarrow$ permet, à partir de deux formules propositionnelles $\mathcal{F}$ et $\mathcal{G}$, de former une nouvelle formule propositionnelle $\mathcal{F} \Leftrightarrow \mathcal{G}$. Il convient de bien le distinguer de l'égalité $=$ qui est une relation sur l'ensemble des formules propositionnelles : l'énoncé $\mathcal{F} = \mathcal{G}$ n'est pas une formule propositionnelle, il appartient au métadiscours.

On a néanmoins un lien très fort entre les deux, permettant d'internaliser le métadiscours : pour toute formule propositionnelle $\mathcal{F}$ et toute formule propositionnelle $\mathcal{G}$ on a $\mathcal{F} = \mathcal{G}$ si et seulement si $(\mathcal{F} \Leftrightarrow \mathcal{G}) = v$.

Démonstration

L'égalité $\mathcal{F} = \mathcal{G}$ signifie que les valeurs de vérité prises par $\mathcal{F}$ et $\mathcal{G}$ sont les mêmes. L'égalité $(\mathcal{F} \Leftrightarrow \mathcal{G}) = v$ signifie que la formule propositionnelle $\mathcal{F} \Leftrightarrow \mathcal{G}$ ne prend qu'une seule valeur de vérité v, mais d'après la table de vérité de $\Leftrightarrow$, cela signifie que les valeurs de vérité prises par $\mathcal{F}$ et $\mathcal{G}$ sont les mêmes.

À l'aide des tables de vérité, on peut aisément démontrer le théorème de contraposition et le théorème fondateur du raisonnement par l'absurde. Les formulations de ces théorèmes

5. Un exemple connu pour illustrer l'identité de ces deux formules est la phrase « Vous n'avancez pas ou je tire », qui a clairement le même contenu sémantique que « Si vous avancez, je tire ».

données ici diffèrent légèrement des formulations données dans le chapitre 1, car on se limite ici aux formules propositionnelles, mais en utilisant la remarque 1 p. 42, on obtient les formulations du chapitre 1.

Théorème 1 (Théorème de contraposition)

On a $(P \Rightarrow Q) = (\neg Q \Rightarrow \neg P)$.

DÉMONSTRATION

Il suffit de dresser les deux tables de vérité et de constater leur identité.

P	Q	$P \Rightarrow Q$	$\neg Q$	$\neg P$	$\neg Q \Rightarrow \neg P$
v	v	v	f	f	v
v	f	f	v	f	f
f	v	v	f	v	v
f	f	v	v	v	v

Les tables sont bien identiques.

Théorème 2

1. On a $(\neg P \Rightarrow f) = P$.
2. On a $(P \Rightarrow f) = \neg P$.

DÉMONSTRATION

Il suffit de dresser les deux tables de vérité et de constater leur identité. On le fait seulement pour le premier point, le second étant analogue.

P	$\neg P$	f	$\neg P \Rightarrow f$
v	f	f	v
f	v	f	f

Les tables sont bien identiques.

Les propositions suivantes peuvent s'obtenir en dressant des tables de vérité. On invite le lecteur à en dresser quelques-unes.

Proposition 1 (Propriétés de la conjonction et de la disjonction)

1. $P \wedge P = P$;
2. $P \vee P = P$;
3. $P \wedge Q = Q \wedge P$;
4. $P \vee Q = Q \vee P$;
5. $P \wedge (Q \wedge R) = (P \wedge Q) \wedge R$;
6. $P \vee (Q \vee R) = (P \vee Q) \vee R$.

Proposition 2 (Distributivités des connecteurs logiques)

1. $P \wedge (Q \vee R) = (P \wedge Q) \vee (P \wedge R)$;
2. $P \vee (Q \wedge R) = (P \vee Q) \wedge (P \vee R)$.

c. Négation d'une formule propositionnelle

Dans ce paragraphe, on s'intéresse au problème de la *simplification* d'une formule propositionnelle obtenue à l'aide d'une négation. La technique exposée ici va s'appuyer sur les deux propositions suivantes, qui comme d'habitude peuvent s'obtenir en dressant des tables de vérité.

Proposition 3 (Involutivité de la négation)

On a : $\neg(\neg P) = P$.

Proposition 4 (Lois de de Morgan propositionnelles)

1. $\neg(P \vee Q) = (\neg P) \wedge (\neg Q)$;
2. $\neg(P \wedge Q) = (\neg P) \vee (\neg Q)$.

Proposition 5

1. $P \vee (\neg P) = v$;
2. $P \wedge (\neg P) = f$.

Au risque de nous répéter, rappelons encore une fois la remarque 1 : les théorèmes 1 et 2, et les propositions 1, 2, 3, 4 et 5 restent vraies en remplaçant les variables propositionnelles par des énoncés mathématiques, en particulier des formules propositionnelles.

Ces propositions permettent donc de simplifier des formules propositionnelles, en particulier les formules obtenues à l'aide d'une négation.

Exemple 2

Soit à nier la formule propositionnelle $\big(\neg P\big) \vee \big(Q \wedge (\neg R)\big)$.

$$\begin{array}{rl} \text{On a :} & \neg\Big(\big(\neg P\big) \vee \big(Q \wedge (\neg R)\big)\Big) \\ = & \Big(\neg(\neg P)\Big) \wedge \Big(\neg\big(Q \wedge (\neg R)\big)\Big) \\ = & P \wedge \Big(\big(\neg Q\big) \vee \big(\neg(\neg R)\big)\Big) \\ = & P \wedge \Big(\big(\neg Q\big) \vee R\Big) \end{array}$$

On pourrait procéder de la même façon pour une formule propositionnelle comportant des $\Rightarrow$ et des $\Leftrightarrow$, quitte à utiliser les réécritures des exemples 1.

Application 2

$$\begin{array}{rl} \text{On a :} & \neg\big(P \Rightarrow Q\big) \\ = & \neg\big((\neg P) \vee Q\big) \\ = & \Big(\big(\neg(\neg P)\big) \wedge \big(\neg Q\big)\Big) \\ = & P \wedge (\neg Q). \end{array}$$

En particulier, montrer qu'une implication $\mathcal{F} \Rightarrow \mathcal{G}$ est fausse, c'est montrer que $\mathcal{F}$ est vraie et $\mathcal{G}$ fausse, ce qui ressort d'ailleurs de la table de vérité de l'implication.

2.2 Énoncés quantifiés

Dans cette sous-section, on présente brièvement quelques propriétés des énoncés mathématiques que l'on est amené à manipuler en pratique, c'est-à-dire ceux qui comportent des quantifications, et des variables libres dénotant d'autres objets mathématiques que les énoncés. Il n'est pas question ici de présenter l'ensemble des règles logiques formelles portant sur ces énoncés, mais on en donnera quelques-unes.

a. Remarques immédiates

Définissons l'égalité des énoncés mathématiques de la même façon que pour les formules propositionnelles : deux énoncés mathématiques seront dit *égaux* lorsqu'ils ont la même valeur de vérité quels que soient les valeurs de leurs variables. Ainsi les énoncés

- « $(\exists k \in \mathbb{N},\ x = k)$ ou $(\exists \ell \in \mathbb{N},\ x = -\ell)$ »,
- « $\exists n \in \mathbb{N},\ \exists m \in \mathbb{N}, x = n - m$ »,

• et « $x \in \mathbb{Z}$ »

sont égaux.

Cette définition est informelle mais donner une définition formelle nous amènerait beaucoup trop loin.

Rappelons ici sous forme formelle la technique de démonstration d'une quantification existentielle vue dans le chapitre 1.

Proposition 6

Soit $P(x)$ un énoncé. Si $a \in E$ et que $P(a)$ est vrai, alors $\exists x \in E,\ P(x)$ est vrai.

Cette proposition est la traduction directe du sens du quantificateur $\exists$.

Pour les quantifications universelles, on pourra utiliser la proposition suivante :

Proposition 7

Si E et F sont deux ensembles tels qu'on ait $F \subset E$, et si on a $\big(\forall x \in E,\ P(x)\big)$, alors on a $\big(\forall y \in F,\ P(y)\big)$.

DÉMONSTRATION

Supposons avoir $\big(\forall x \in E,\ P(x)\big)$.

Soit $x \in F$. Comme on a $F \subset E$ on a en particulier $x \in E$, et donc, par hypothèse, $P(x)$.

Ceci étant vrai pour tout élément x appartenant à F, on a bien montré $\big(\forall x \in F,\ P(x)\big)$, c'est-à-dire $\big(\forall y \in F,\ P(y)\big)$.

Terminons sur une propriété qu'il est important de bien comprendre :

Proposition 8

Toute quantification universelle sur l'ensemble vide[6] est vraie : pour tout énoncé $P(x)$ on a $\forall x \in \emptyset,\ P(x)$.

DÉMONSTRATION

Il faut comprendre que la notation $\forall x \in A,\ P(x)$ est une abréviation pour $\forall x, x \in A \Rightarrow P(x)$. Dans le cas particulier où l'on a $A = \emptyset$, l'énoncé $x \in A$ est faux indépendamment

6. L'ensemble vide $\emptyset$ est l'unique ensemble ne comprenant aucun élément. On a ainsi, pour tout objet mathématique x, $x \notin \emptyset$.

de x, et l'énoncé $x \in A \Rightarrow P(x)$ est donc une implication dont la prémisse est fausse, qui est donc vraie. Ceci étant établi indépendamment de x, on a bien $\forall x \in \emptyset,\ P(x)$.

b. Émulation d'un $\exists!$.

Le lecteur s'interroge peut-être sur le fait qu'on lui ait présenté un quantificateur pour exprimer le fait qu'il existe au moins un élément vérifiant une propriété donnée (le quantificateur $\exists$) et un quantificateur pour exprimer le fait qu'il existe exactement un élément vérifiant une propriété donnée (le quantificateur $\exists!$), mais pas de quantificateur pour exprimer le fait qu'il existe **au plus** un élément vérifiant une propriété donnée.

Cela est dû au fait qu'on n'a nul besoin d'un tel quantificateur : pour tout ensemble A et tout énoncé $P(x)$, dire qu'il existe au plus un élément de A vérifiant $P(x)$, c'est dire que deux éléments de A vérifiant $P(x)$ sont nécessairement égaux.

Ainsi, l'énoncé « il existe au plus un élément de A tel que $P(x)$ » peut s'écrire sous la forme « $\forall a_1 \in A,\ \forall a_2 \in A,\ \big(P(a_1) \wedge P(a_2)\big) \Rightarrow a_1 = a_2$ ». Cela éclaire la technique de démonstration d'une unicité vue au chapitre 1.

Allons un peu plus loin. Pour tout ensemble A et tout énoncé $P(x)$, dire qu'il existe exactement un élément de A vérifiant $P(x)$, c'est dire que, d'une part, il en existe au moins un, et que, d'autre part, il en existe au plus un. **On en déduit qu'on peut émuler le quantificateur $\exists!$ à l'aide des seuls quantificateurs $\exists$ et $\forall$.**
Plus précisément, l'énoncé $\Big(\exists! x \in A,\ P(x)\Big)$ est l'énoncé :
$\Big(\big(\exists x \in A,\ P(x)\big) \text{ et } \big(\forall a_1 \in A,\ \forall a_2 \in A,\ (P(a_1) \wedge P(a_2)) \Rightarrow a_1 = a_2\big)\Big)$.

c. Négation d'un énoncé quantifié

On a déjà exposé comment nier une formule propositionnelle. Pour savoir nier un énoncé quantifié, il suffit donc de savoir comment nier une quantification existentielle et une quantification universelle (le quantificateur $\exists!$ pouvant être émulé à l'aide des deux précédents). On utilise les deux règles suivantes, qui résultent directement du sens des quantificateurs[7] :

7. S'il n'est pas vrai que tout élément de A vérifie une propriété donnée, c'est qu'il existe un élément de A ne vérifiant pas cette propriété. De même, s'il n'est pas vrai qu'il existe un élément de A vérifiant une propriété donnée, c'est qu'aucun élément de A ne vérifie cette propriété, c'est-à-dire que tout élément de A vérifie la négation de la propriété.

Proposition 9

Soit $P(x)$ un énoncé et A un ensemble. On a :

1. $\neg(\forall x \in A,\ P(x)) = \exists x \in A,\ (\neg P(x))$ et
2. $\neg(\exists x \in A,\ P(x)) = \forall x \in A,\ (\neg P(x))$.

Exemples 3 Rappelons qu'on a $\neg(P \Rightarrow Q) = P \wedge \neg Q$.

1. Reprenons l'exercice 1.4.1 du chapitre 1, p. 35. On a été amené à nier l'énoncé $\forall x \in \mathbb{R},\ \big((\forall \varepsilon \in]0,+\infty[,\ |x| \leqslant \varepsilon) \Rightarrow x = 0\big)$. En utilisant la règle précédente, et les règles déjà vues pour les connecteurs, on trouve bien que sa négation est l'énoncé $\exists x \in \mathbb{R},\ \neg\big((\forall \varepsilon \in]0,+\infty[,\ |x| \leqslant \varepsilon) \Rightarrow x = 0\big)$ c'est-à-dire, d'après le rappel, l'énoncé $\exists x \in \mathbb{R},\ \big((\forall \varepsilon \in]0,+\infty[,\ |x| \leqslant \varepsilon) \wedge x \neq 0\big)$.
2. Soit à nier l'énoncé[8] $\forall \varepsilon \in]0,+\infty[,\ \exists n_0 \in \mathbb{N},\ \forall n \in \mathbb{N},\ n \geqslant n_0 \Rightarrow |u_n - \ell| < \varepsilon$.
   En appliquant les règles précédentes et le rappel, on trouve que cette négation est $\exists \varepsilon \in]0,+\infty[,\ \forall n_0 \in \mathbb{N},\ \exists n \in \mathbb{N},\ n \geqslant n_0$ et $|u_n - \ell| \geqslant \varepsilon$.

3 Ensembles

3.1 Le paradoxe de Russell

Parler ici de théorie des ensembles est exclu. On aimerait néanmoins que le lecteur comprenne pourquoi on prend le temps d'énoncer dans la suite du chapitre des propositions qui peuvent sembler « aller de soi ».

Le point sur lequel on souhaite insister est que **les ensembles sont des objets mathématiques comme les autres**[9] et que le discours mathématique ne doit pas être différent à leur endroit qu'à l'endroit des autres objets mathématiques. Malheureusement, ce parti pris n'est pas concilliable avec le le point de vue naïf selon lequel un ensemble pourrait être une collection arbitraire d'objets mathématiques.

Voici pourquoi : si l'on s'autorise à appeler « ensemble » toute collection arbitraire d'objets mathématiques, alors la collection de tous les ensembles doit être un ensemble. C'est déjà perturbant, car cet « ensemble de tous les ensembles », étant lui-même un ensemble,

8. Qu'exprime-t-il ?
9. Dans la théorie des ensembles qui s'est imposée, celle de Zermelo-Fraenkel, ce sont même les seuls.

devrait s'appartenir à lui-même. Mais pourquoi pas, après tout, accepter qu'un ensemble puisse s'apartenir à lui-même. Il y aurait donc deux types d'ensembles : ceux qui appartiennent à eux-mêmes, et ceux qui n'appartiennent pas à eux-mêmes. Mais, puisque nous avons provisoirement accepté l'idée naïve que toute collection d'objets soit un ensemble, il nous est loisible de considérer « l'ensemble de tous les ensembles qui n'appartiennent pas à eux-mêmes », que nous noterons A, et de considérer l'énoncé $(A \in A)$, que nous noterons P. L'énoncé P signifie que A appartient à « l'ensemble de tous les ensembles qui n'appartiennent pas à eux-mêmes », c'est-à-dire que A est un ensemble qui n'appartient pas à lui-même, ce qui s'écrit encore $A \notin A$, ou plus simplement $\neg P$. Par conséquent, l'énoncé $P \Leftrightarrow \neg P$ est vrai, ce qui est une contradiction puisqu'on a déjà vu qu'un tel énoncé est l'énoncé faux !

Ce paradoxe a été publié par Russel en 1903 dans *Principles of mathematics*, Cambridge University Press : on pourra en trouver la description pp. 101 à 105. Mais Russell connaissait manifestement ce paradoxe avant cette publication ; il en fait notamment mention dans une lettre à Frege en 1902[10]. Du reste, d'autres paradoxes étaient déjà connus au siècle précédent[11], et l'un d'eux fait l'objet de l'exercice 2.2.

Il faut donc accepter que les règles de formation d'un ensemble ne soient pas arbitraires, et que certaines collections d'objets mathématiques ne puissent être qualifiées d'ensemble. Encore une fois, expliciter les règles de formation correctes (primitives ou non) des ensembles[12], nous amènerait trop loin : on se contentera ici de donner celles dont nous aurons besoin dans cet ouvrage, sans toujours préciser en détail comment on les obtient.

3.2 Deux méthodes de définition d'un ensemble

Voyons une première façon de définir un ensemble :

Proposition-Définition 1 (Définition en extension)

Étant donné un entier n et des objets mathématiques $a_1, \ldots, a_n$, il existe un ensemble dont les éléments sont $a_1, \ldots, a_n$ et aucun autre. On le note $\{a_1, a_2, \ldots, a_n\}$ et on dit qu'on a ainsi défini cet ensemble *en extension*.

10. Qu'on peut trouver dans l'ouvrage de Jean van Heijenoort *From Frege to Godel : A Source Book in Mathematical Logic, 1879-1931*, Harvard University Press, 1967, pp. 124 et 125.

11. Voir la référence précédente pour plus de détails.

12. Il est d'usage de se placer dans la théorie des ensembles dite *de Zermelo-Fraenkel*, mais les autres théories donnent lieu de toutes façons aux mêmes règles.

Démontrer l'existence de cet ensemble nous amènerait trop loin, nous l'admettrons donc[13].

Remarques 3

1. Dans le cas particulier où l'on ne considère qu'un seul objet mathématique a_1, l'ensemble $\{a_1\}$ est appelé un *singleton*.
2. Dans le cas particulier où l'on ne considère que deux objets mathématiques (non nécessairement distincts) a_1 et a_2, l'ensemble $\{a_1, a_2\}$ est appelé une *paire*.
0. Dans le cas particulier où l'on ne considère aucun objet mathématique, l'ensemble $\{\}$ obtenu est appelé *l'ensemble vide*. Cet ensemble ne comprend donc aucun élément. On le note $\emptyset$.

Attirons l'attention du lecteur sur un point que l'on a déjà mentionné au chapitre 1

Proposition 10 (Axiome d'extensionnalité)

Deux ensembles qui ont les mêmes éléments sont égaux.

Comme son nom l'indique, cette proposition est en fait un axiome de la théorie des ensembles. Elle ne se démontre pas. On peut considérer qu'elle donne la définition de l'égalité entre ensembles.

Ainsi, les ensembles $\{1, 2, 1, 2, 2, 1\}$, $\{2, 1\}$ et $\{1, 2\}$ sont égaux : ces ensembles ont exactement deux éléments, 1 et 2.

De même, tout singleton est un cas particulier de paire : $\{a_1\} = \{a_1, a_1\}$.

Voyons maintenant un second moyen de définir un ensemble :

Proposition-Définition 2 (Définition en compréhension)

Étant donné un ensemble E et un énoncé $P(x)$, il existe un ensemble dont les éléments sont précisément les éléments x de E pour lesquels $P(x)$ est vrai. On le note $\{x \in E,\ P(x)\}$ et on dit qu'on a ainsi défini cet ensemble *en compréhension*.

Démontrer l'existence d'un tel ensemble nous amènerait trop loin, nous l'admettrons donc[14].

C'est la restriction aux seuls éléments de E qui permet de définir un ensemble dont les éléments sont exactement ceux pour lesquels l'énoncé $P(x)$ est vrai : comme on l'a vu,

13. Pour le lecteur curieux, l'existence de cet ensemble s'obtient facilement par utilisation répétée de l'axiome de la paire et de l'axiome de l'union.

14. Dans la théorie des ensembles originelle de Zermelo, présentée en 1908 dans *Untersuchungen über die Grundlagen der Mengenlehre*, il s'agissait même d'un axiome (schéma d'axiome de séparation). On peut l'obtenir à l'aide du schéma d'axiome de remplacement.

pour certains énoncés $P(x)$, la collection des objets mathématiques pour lesquels $P(x)$ est vrai peut ne pas être un ensemble.

Exemples 4

1. Pour $E = \{1, 2, 3, 4, 5\}$ et $P(x) = \big(x \leqslant 3\big)$, on a $\{x \in E,\ P(x)\} = \{1, 2, 3\}$.
2. Pour E un ensemble quelconque, et $P(x)$ un énoncé faux, par exemple l'énoncé « $\sqrt{2} \in \mathbb{Q}$ », on a $\{x \in E,\ P(x)\} = \emptyset$.
3. Pour $E = \mathbb{N}$ et $P(n) = \big(\exists k \in \mathbb{N},\ n = 2k\big)$, on a déjà introduit la notation $2\mathbb{N}$: on a $2\mathbb{N} = \{n \in \mathbb{N},\ P(n)\}$.

Notation 1

On sera souvent amené à considérer des ensembles de la forme $\{x \in E,\ \exists y \in F,\ x = f(y)\}$. Dans un souci d'économie, on convient que l'on pourra tout aussi bien noter un tel ensemble $\{f(y),\ y \in F\}$.

On notera par exemple $2\mathbb{N} = \{2n,\ n \in \mathbb{N}\}$.

Remarque 4

On peut déjà distinguer deux types d'ensembles : ceux qui ont un nombre fini d'éléments, et les autres. Les premiers seront dits *finis* et les autres *infinis*. Étant donné un ensemble E, on appellera *cardinal de* A, et on notera arbitrairement $\#A$, $|A|$ ou $\mathrm{Card}(A)$ le nombre d'éléments de A. Attention, cette définition est informelle, mais on verra à la remarque 18 comment on pourrait la rendre formelle.

3.3 Ensemble des parties d'un ensemble

Définition 1

Étant donné un ensemble E, on appelle *partie de* E un ensemble inclus dans E, c'est-à-dire un ensemble dont tous les éléments appartiennent à E.

Exemples 5

1. Déterminons toutes les parties de la paire $\{1, 2\}$. Les éléments d'une telle partie ne peuvent être que 1 ou 2, mais il n'est pas nécessaire qu'elle comprenne ces deux éléments, elle peut n'en comprendre qu'un seul, voire même aucun. On peut lister ces parties suivant leur nombre d'éléments :
   - Il y a une unique partie de E ne comprenant aucun élément, l'ensemble vide $\emptyset$.
   - Il y a deux parties de E comprenant un seul élément, les singletons $\{1\}$ et $\{2\}$.

- Il y a une unique partie de E comprenant deux éléments, la partie $\{1, 2\}$ qui est l'ensemble E lui-même.

2. Déterminons toutes les parties de l'ensemble $\{1, 2, 3\}$. Listons-les là encore suivant leur nombre d'éléments :
   - Il y a une unique partie de E ne comprenant aucun élément, l'ensemble vide $\emptyset$.
   - Trois parties de E comprennent un seul élément, les singletons $\{1\}$, $\{2\}$ et $\{3\}$.
   - Trois parties de E comprennent deux éléments, les paires $\{1, 2\}$, $\{1, 3\}$ et $\{2, 3\}$.
   - Il y a une unique partie de E comprenant trois éléments, la partie $\{1, 2, 3\}$ qui est l'ensemble E lui-même.
3. Il n'est pas possible de lister toutes les parties de l'ensemble $\mathbb{R}$, mais on peut en citer quelques-unes. Les intervalles sont des parties de $\mathbb{R}$. Les ensembles $\mathbb{N}$, $\mathbb{Z}$ et $\mathbb{Q}$ sont des parties de $\mathbb{R}$. Il y en a encore beaucoup d'autres, de nature assez différente.

Rappelons que les ensembles sont des objets mathématiques comme les autres. S'il nous prend maintenant la fantaisie de définir un ensemble dont les éléments soient exactement les parties de l'ensemble $\{1, 2\}$, cela nous est parfaitement loisible en extension : cet ensemble est $\big\{\emptyset, \{1\}, \{2\}, \{1, 2\}\big\}$. De même, l'ensemble des parties de $\{1, 2, 3\}$ existe, c'est l'ensemble $\big\{\emptyset, \{1\}, \{2\}, \{3\}, \{1, 2\}, \{1, 3\}, \{2, 3\}, \{1, 2, 3\}\big\}$. Bien évidemment, cette définition en extension de l'ensemble des parties de E n'était possible dans les deux constructions précédentes que parce que l'ensemble E considéré était fini. La proposition suivante garantit que l'on peut encore définir l'ensemble des parties de E dans le cas général.

Proposition-Définition 3 (Axiome des parties)

Pour tout ensemble E, il existe un ensemble appelé *ensemble des parties de E* dont les éléments sont exactement les parties de E. On le note $\mathcal{P}(E)$.

Comme le nom de cette proposition l'indique, l'existence de $\mathcal{P}(E)$ est en fait un axiome de la théorie des ensembles. Elle ne se démontre pas.

Exemples 6 Reformulons les exemples 5.

1. On a $\mathcal{P}\big(\{1, 2\}\big) = \big\{\emptyset, \{1\}, \{2\}, \{1, 2\}\big\}$.
2. On a $\mathcal{P}\big(\{1, 2, 3\}\big) = \big\{\emptyset, \{1\}, \{2\}, \{3\}, \{1, 2\}, \{1, 3\}, \{2, 3\}, \{1, 2, 3\}\big\}$.
3. L'ensemble $\mathcal{P}(\mathbb{R})$ ne peut pas être défini en extension mais on peut noter, par exemple, qu'on a $\emptyset \in \mathcal{P}(\mathbb{R})$, $\mathbb{N} \in \mathcal{P}(\mathbb{R})$, $\mathbb{Z} \in \mathcal{P}(\mathbb{R})$, $\mathbb{Q} \in \mathcal{P}(\mathbb{R})$, $\mathbb{R} \in \mathcal{P}(\mathbb{R})$; ou encore qu'on a, pour tout réel a et tout réel b, $]a, b[\in \mathcal{P}(\mathbb{R})$, $[a, b[\in \mathcal{P}(\mathbb{R})$, $]a, b] \in \mathcal{P}(\mathbb{R})$ et $[a, b] \in \mathcal{P}(\mathbb{R})$; etc.

Proposition 11

Soit E un ensemble.

- Si E est infini, alors $\mathcal{P}(E)$ est infini.
- Si E est fini et $|E| = n$, alors $|\mathcal{P}(E)| = 2^n$.

Notre définition du cardinal étant informelle, la démonstration sera, elle aussi, informelle (mais rigoureuse !).

DÉMONSTRATION

- L'ensemble $\mathcal{P}(E)$ comprend comme éléments tous les singletons de la forme $\{x\}$, qui sont au même nombre que les éléments de x. Il a donc au moins autant d'éléments que E et en particulier si E est infini, alors $\mathcal{P}(E)$ l'est aussi.
- Supposons que E est fini de cardinal n. On peut alors écrire $E = \{x_1, x_2, \ldots, x_n\}$ où les x_i sont tous distincts. Pour définir une partie de E :
  - on peut ou pas prendre x_1 : deux choix ;
  - on peut ou pas prendre x_2 : deux choix ;
  - $\vdots$
  - on peut ou pas prendre x_n : deux choix.

  Au total on a $\underbrace{2 \times 2 \times \cdots \times 2}_{n \text{ fois}} = 2^n$ façons de constituer une partie de E, d'où le résultat.

Revenons sur la notion d'ensemble défini en compréhension. Considérons un ensemble E. Étant donné un énoncé $P(x)$, l'ensemble défini en compréhension $\{x \in E,\ P(x)\}$ est, par définition, une partie de E. On peut ainsi, une fois fixée une variable, associer à tout énoncé une partie de E. Réciproquement, une fois fixée une variable x on peut, à toute partie F de E, associer un énoncé qui n'est vérifié que si x appartient à F : l'énoncé $x \in F$. Finalement, une fois fixée une variable, la technique de définition d'un ensemble en compréhension peut être considérée comme un dictionnaire entre énoncés et parties de E. Ce dictionnaire va être intensivement utilisé dans la section 3.5.

3.4 Produit cartésien

Définition 2 (Couples - Complément)

Soient a et b deux objets mathématiques. On appelle *couple formé des éléments a et b* l'ensemble $(a, b) = \{\{a\}, \{a, b\}\}$. On le notera indifféremment (a, b) ou $\begin{pmatrix} a \\ b \end{pmatrix}$.

On doit cette définition au mathématicien polonais Kazimierz Kuratowski (ses articles publiés en français sont signés *Casimir Kuratowski*), qui l'a publiée en 1921 dans l'article *Sur la notion de l'ordre dans la Théorie des Ensembles*, Fundamenta Mathematicae **2** (1), pp. 161-171[15]. Ce n'est pas la première définition à avoir été proposée, Norbert Wiener en ayant donné une autre dès 1914 dans une communication à la Cambridge Philosophical Society[16].

Il est important de comprendre que cette définition **n'est qu'un codage ensembliste** ayant pour seul objectif de définir un concept qui vérifie la proposition suivante.

Proposition 12 (Propriété fondamentale des couples)

Étant donnés des objets mathématiques a, b, x, y on a $(a, b) = (x, y) \Leftrightarrow \begin{cases} a = x \\ b = y \end{cases}$.

C'est cette proposition qui définit les couples, bien plus que le codage ensembliste de la définition.

Démonstration

Montrons la propriété fondamentale des couples. Soient a, b, x, y des objets mathématiques tels que $(a, b) = (x, y)$, c'est-à-dire tels que $\{\{a\}, \{a, b\}\} = \{\{x\}, \{x, y\}\}$. En particulier, on a $\{a\} \in \{\{x\}, \{x, y\}\}$. On a donc deux cas : soit $\{a\} = \{x\}$, soit $\{a\} = \{x, y\}$. Dans tous les cas on a $x \in \{a\}$ et donc $a = x$. En réinjectant dans l'égalité initiale on trouve $\{\{a\}, \{a, b\}\} = \{\{a\}, \{a, y\}\}$, en particulier on a ou bien $\{a, b\} = \{a\}$ ou bien $\{a, b\} = \{a, y\}$, et comme on a $\{a\} \subset \{a, y\}$, on a dans tous les cas $\{a, b\} \subset \{a, y\}$. En particulier on a $b \in \{a, y\}$, c'est-à-dire $b = y$ ou $b = a$.

- Si $b = y$, c'est fini.
- Si $b = a$ alors $x = a = b$ et en réinjectant dans $\{a, b\} = \{a, y\}$ on trouve $y = a = x = b$, et en particulier $y = b$.

Remarque 5

On notera donc qu'un couple est **ordonné** : si $a \neq b$, on a $(a, b) \neq (b, a)$ (alors qu'on a $\{a, b\} = \{b, a\}$).

15. La définition en question est donnée à la toute fin de l'article.
16. Cette note est reproduite elle aussi dans l'ouvrage de Jean van Heijenoort *From Frege to Godel : A Source Book in Mathematical Logic, 1879-1931*, Harvard University Press, 1967, pp. 224-227.

Proposition-Définition 4

Étant donnés deux ensembles A et B, il existe un ensemble dont les éléments sont tous les couples (a, b) avec $a \in A$ et $b \in B$. On l'appelle *produit cartésien de A par B* et on le note $A \times B$.

Démontrer l'existence de cet ensemble nous amènerait trop loin, nous l'admettrons donc[17].

Exemples 7

1. Pour $A = \{1, 2\}$ et $B = \{x, y\}$ on a $A \times B = \big\{(1, x), (1, y), (2, x), (2, y)\big\}$.
2. Sous les mêmes hypothèses, on a $B \times A = \big\{(x, 1), (x, 2), (y, 1), (y, 2)\big\}$.
3. Pour tout ensemble A, on a $A \times \emptyset = \emptyset \times A = \emptyset$.

Lorsque A et B sont des parties de $\mathbb{R}$, on convient généralement de représenter $A \times B$ dans le plan muni d'un repère orthonormé par tous les points dont l'abscisse appartient à A et l'ordonnée à B.

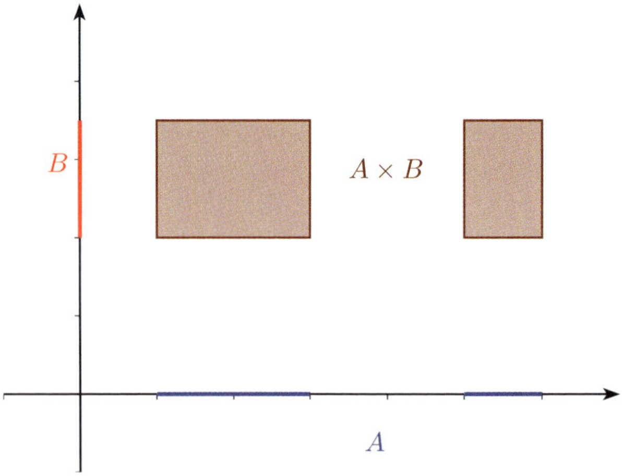

Exemple avec $A = [1, 3] \cup [5, 6]$ et $B = \left[2, \frac{7}{2}\right]$.

Éclairons le choix de notation qui a été fait.

Proposition 13

Si A et B sont des ensembles finis, alors $A \times B$ l'est aussi et $|A \times B| = |A| \times |B|$.

Notre définition du cardinal étant informelle, la démonstration sera, elle aussi, informelle (mais rigoureuse).

17. Pour le lecteur curieux, l'existence de cet ensemble peut s'obtenir par compréhension après utilisation des axiomes de la paire (une fois), de l'union (une fois) et des parties (deux fois).

DÉMONSTRATION

Supposons A fini de cardinal n et B fini de cardinal m. On peut alors écrire qu'on a $A = \{a_1, a_2, \dots, a_n\}$ où les a_i sont tous distincts, et $B = \{b_1, b_2, \dots, b_m\}$ où les b_i sont tous distincts. Pour définir un couple (a, b) :

– on doit choisir un élément a dans A : n choix ;

– doit choisir un élément b dans B : m choix.

Au total on a $n \times m$ façons de constituer un élément de $A \times B$, et chacune de ces façons donne lieu à un couple différent, d'où le résultat.

Notations 2

1. On notera A^2 pour $A \times A$. C'est l'ensemble des couples d'éléments de A.
2. Par souci d'économie, on notera $A_1 \times A_2 \cdots \times A_n$ pour $A_1 \times \big(A_2 \times (\cdots \times A_n)\cdots\big)$. On appellera *$n$-uplets* un élément d'un tel ensemble.

   On fera attention que pour autant l'opération $\times$ n'est pas associative ; en général l'ensemble $A_1 \times (A_2 \times A_3)$ que l'on note $A_1 \times A_2 \times A_3$ est distinct de l'ensemble $(A_1 \times A_2) \times A_3$, même si l'on verra dans l'exercice 2.6 qu'ils sont naturellement en bijection.
3. On notera A^n pour $\underbrace{A \times A \times \cdots \times A}_{n \text{ fois}}$. Cet ensemble est appelé *ensemble des n-uplets d'éléments A.*
4. Par souci d'économie encore, un élément de $A_1 \times A_2 \cdots \times A_n$ sera noté $(a_1, \dots, a_n)$ ou $\begin{pmatrix} a_1 \\ \vdots \\ a_n \end{pmatrix}$ plutôt que $(a_1, (a_2, (\dots, a_n)))$.

La propriété fondamentale des couples est encore valable pour les n-uplets :

Proposition 14 (Propriété fondamentale des n-uplets)

Si on a $(a_1, \dots, a_n) \in A_1 \times A_2 \cdots \times A_n$, $(x_1, \dots, x_n) \in A_1 \times A_2 \cdots \times A_n$, et $(a_1, \dots, a_n) = (x_1, \dots, x_n)$, alors on a : $\forall i \in \{1, 2, \dots, n\},\ a_i = x_i$.

C'est cette propriété qui définit les n-uplets, bien plus que le codage ensembliste à l'aide de couples emboités.

DÉMONSTRATION

Comme $(a_1, \dots, a_n) = (x_1, \dots, x_n)$, on a $a_1 = x_1$ et $(a_2, \dots, a_n) = (x_2, \dots, x_n)$.
Comme $(a_2, \dots, a_n) = (x_2, \dots, x_n)$, on a $a_2 = x_2$ et $(a_3, \dots, a_n) = (x_3, \dots, x_n)$.

Etc. On démontre ainsi de proche en proche le résultat. On dit qu'on a procédé par *récurrence immédiate*.

Les ensembles produits sont bien pratiques pour synthétiser des emboîtements de quantifications universelles.
Ainsi, on pourra par exemple écrire $\forall (a,b) \in A \times B,\ P(a,b)$ pour $\forall a \in A,\ \forall b \in B,\ P(a,b)$.
Ou encore $\forall (a_1, \dots, a_n) \in A^n,\ P(\cdots)$ pour $\forall a_1 \in A,\ \forall a_2 \in A,\ \dots,\ \forall a_n \in A,\ P(\cdots)$.

3.5 Opérations sur $\mathcal{P}(E)$

Les programmes de première et terminale scientifiques décrivent déjà les opérations de réunion, intersection et complémentaire. On rappelle rapidement les définitions et les propriétés immédiates de ces opérations ici.

Dans toute cette sous-section, E désigne un ensemble.

Définition 3

Soient A et B deux parties de E. On appelle *réunion de A et B*, ou plus simplement *union de A et B*, l'ensemble $A \cup B = \{x \in E,\ x \in A \text{ ou } x \in B\}$.
On a ainsi défini une opération, appelée *réunion* ou *union* :

$$\left\{ \begin{array}{ccc} \mathcal{P}(E) \times \mathcal{P}(E) & \longrightarrow & \mathcal{P}(E) \\ (A,B) & \longmapsto & A \cup B \end{array} \right. .$$

Remarquons que la définition donnée ici passe par le dictionnaire entre énoncés et parties de E : la réunion est l'opération ensembliste correspondant au connecteur logique « ou ».

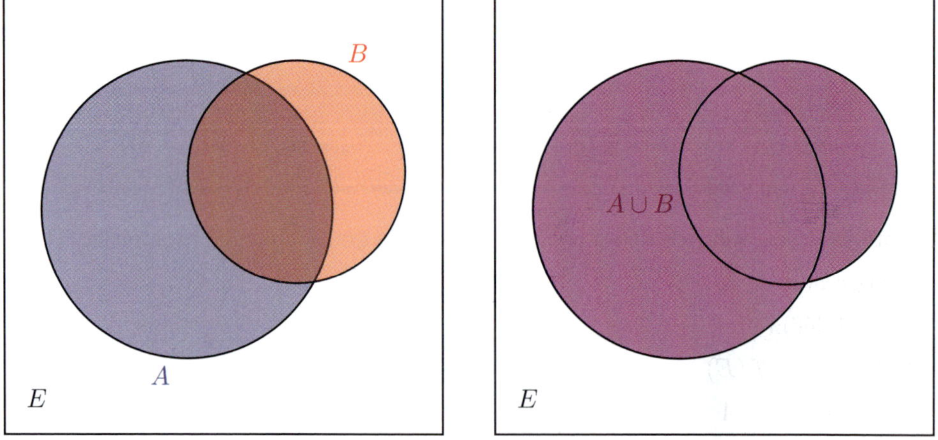

Définition 4

Soient A et B deux parties de E. On appelle *intersection de A et B* l'ensemble $A \cap B = \{x \in E,\ x \in A \text{ et } x \in B\}$.

On a ainsi défini une opération, appelée *intersection* :
$$\begin{cases} \mathcal{P}(E) \times \mathcal{P}(E) & \longrightarrow & \mathcal{P}(E) \\ (A, B) & \longmapsto & A \cap B \end{cases}.$$

Là encore la définition donnée passe par le dictionnaire entre énoncés et parties de E : la réunion est l'opération ensembliste correspondant au connecteur logique « et ».

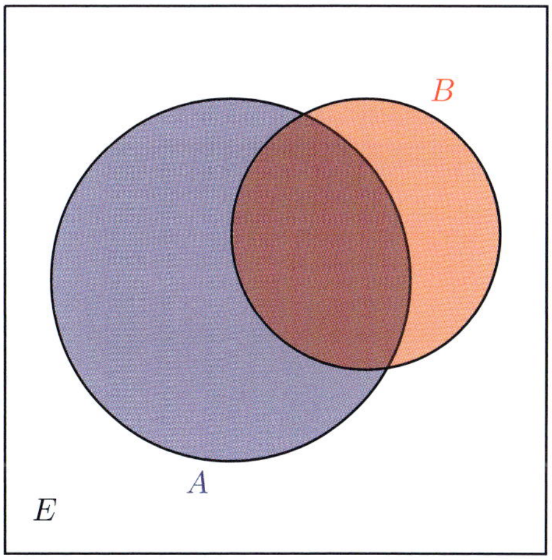

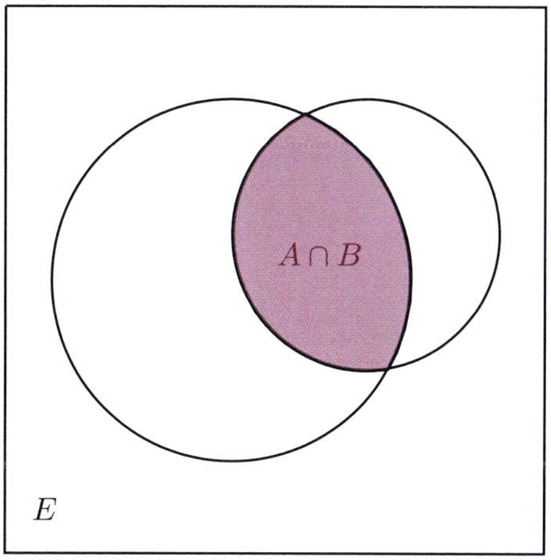

Définition 5

Soit A une partie de E.

On appelle *complémentaire de A* l'ensemble ${}^cA = \{x \in E,\ x \notin A\}$.

Les programmes de CPGE proposent également les notations $\complement_E^A$, $E \backslash A$ et $\overline{A}$.

On a ainsi défini une opération, appelée *complémentation* :
$$\begin{cases} \mathcal{P}(E) & \longrightarrow & \mathcal{P}(E) \\ A & \longmapsto & {}^cA \end{cases}.$$

Là encore la définition donnée passe par le dictionnaire entre énoncés et parties de E : la complémentation est l'opération ensembliste correspondant au connecteur logique $\neg$.

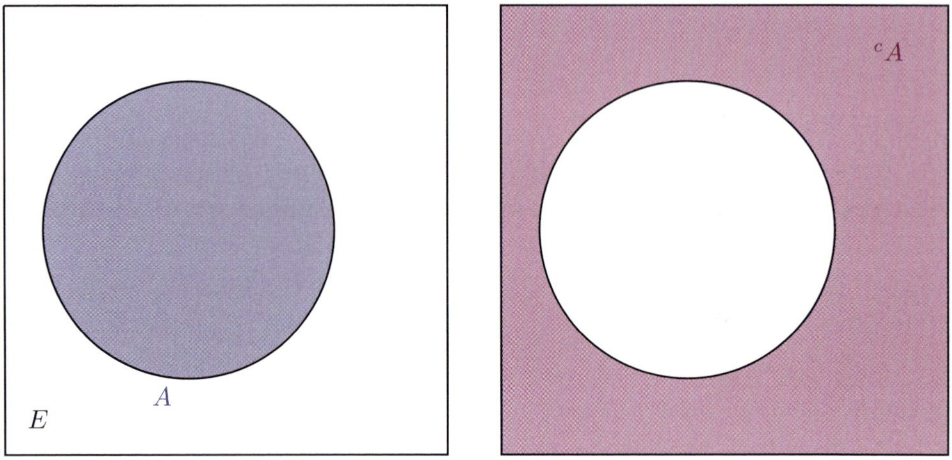

Un premier intérêt du dictionnaire entre énoncés et parties de E apparaît ici : une propriété portant sur les énoncés se traduit automatiquement en propriété portant sur les parties de E.

Exemple 8

On sait qu'on a $P \wedge Q \Rightarrow P \vee Q$. Cette propriété se traduit $A \cap B \subset A \cup B$. En effet, soient A et B deux parties de E. On a $A \cap B = \{x \in E,\ x \in A \text{ et } x \in B\}$. Soit $x \in A \cap B$. On a ainsi $x \in A$ et $x \in B$, ce qui implique $x \in A$ ou $x \in B$, c'est-à-dire $x \in A \cup B$.

Toutes les propositions suivantes se montrent sur le même modèle :

Proposition 15 (Involutivité de la complémentation)

Pour toute partie A de E, on a ${}^c({}^cA) = A$.

Cette proposition s'obtient immédiatement en utilisant l'involutivité de la négation.

Proposition 16 (Propriétés de l'intersection et de l'union)

1. L'opération $\cap$ est idempotente :
$$\forall A \in \mathcal{P}(E),\ A \cap A = A.$$
2. L'opération $\cup$ est idempotente :
$$\forall A \in \mathcal{P}(E),\ A \cup A = A.$$
3. L'opération $\cap$ est commutative :
$$\forall A \in \mathcal{P}(E),\ \forall B \in \mathcal{P}(E),\ A \cap B = B \cap A.$$
4. L'opération $\cup$ est commutative :
$$\forall A \in \mathcal{P}(E),\ \forall B \in \mathcal{P}(E),\ A \cup B = B \cup A.$$
5. L'opération $\cap$ est associative :
$$\forall A \in \mathcal{P}(E),\ \forall B \in \mathcal{P}(E),\ \forall C \in \mathcal{P}(E),\ A \cap (B \cap C) = (A \cap B) \cap C.$$
6. L'opération $\cup$ est associative :
$$\forall A \in \mathcal{P}(E),\ \forall B \in \mathcal{P}(E),\ \forall C \in \mathcal{P}(E),\ A \cup (B \cup C) = (A \cup B) \cup C.$$

Cette proposition s'obtient immédiatement en utilisant la proposition 1, p. 47.

Proposition 17 (Distributivités ensemblistes)

Pour toutes parties A, B et C de E, on a :

1. $A \cap (B \cup C) = (A \cap B) \cup (A \cap C)$;
2. $A \cup (B \cap C) = (A \cup B) \cap (A \cup C)$.

Cette proposition s'obtient immédiatement en utilisant la proposition 2, p. 47.

Proposition 18 (Lois de de Morgan ensemblistes)

Pour toutes parties A et B de E, on a :

1. ${}^c(A \cup B) = {}^cA \cap {}^cB$;
2. ${}^c(A \cap B) = {}^cA \cup {}^cB$.

Cette proposition s'obtient immédiatement en utilisant les lois de de Morgan propositionnelles.

Proposition 19

Pour toute partie A de E, on a :

1. ${}^cA \cup A = E$;

2. ${}^cA \cap A = \emptyset$.

Cette proposition s'obtient immédiatement en utilisant la proposition 5.

Présentons maintenant deux autres opérations ensemblistes utiles.

Définition 6

Soient A et B deux parties de E. On appelle A *privé de* B, ou A *moins* B, l'ensemble $A \setminus B = \{x \in E,\ x \in A \text{ et } x \notin B\}$.

On a ainsi défini une opération, appelée *différence* :

$$\left\{ \begin{array}{ccc} \mathcal{P}(E) \times \mathcal{P}(E) & \longrightarrow & \mathcal{P}(E) \\ (A, B) & \longmapsto & A \setminus B \end{array} \right. .$$

Remarquons qu'on a, par définition, $A \setminus B = A \cap {}^cB$.

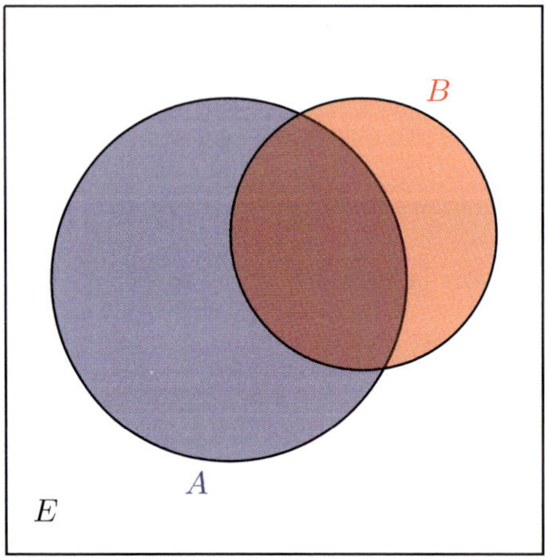

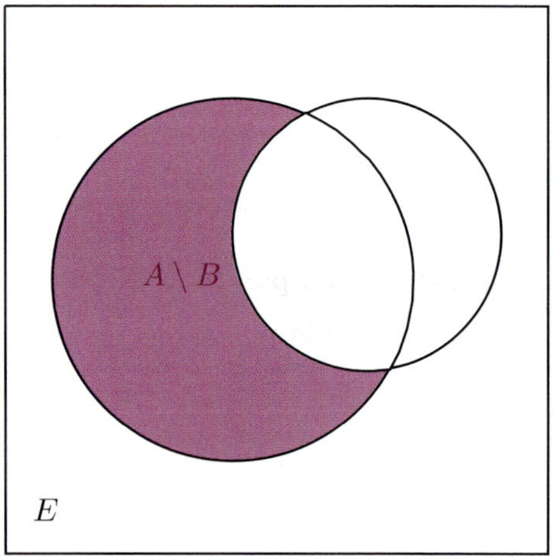

Rappelons que, si l'on n'a pas défini de connecteur pour le « ou exclusif », on peut néanmoins définir l'énoncé « P ou exclusif Q » par $(P \vee Q) \wedge \neg(P \wedge Q)$ ou encore par $(P \wedge \neg Q) \vee (\neg P \vee Q)$, comme on l'a vu dans l'application 1. À cette opération logique correspond aussi une opération ensembliste :

Définition 7

Soient A et B deux parties de E. On appelle *différence symétrique de A et B* et on note $A\Delta B$ l'ensemble des éléments de E appartenant à A, ou à B, mais pas aux deux.

On a ainsi défini une opération, appelée *différence symétrique* :

$$\begin{cases} \mathcal{P}(E)\times\mathcal{P}(E) & \longrightarrow & \mathcal{P}(E) \\ (A,B) & \longmapsto & A\Delta B \end{cases}.$$

On a ainsi $A\Delta B = (A\cup B)\setminus(A\cap B) = (A\setminus B)\cup(B\setminus A)$.

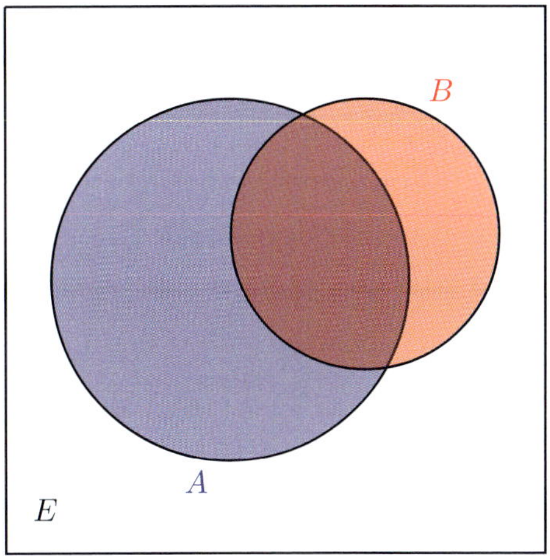

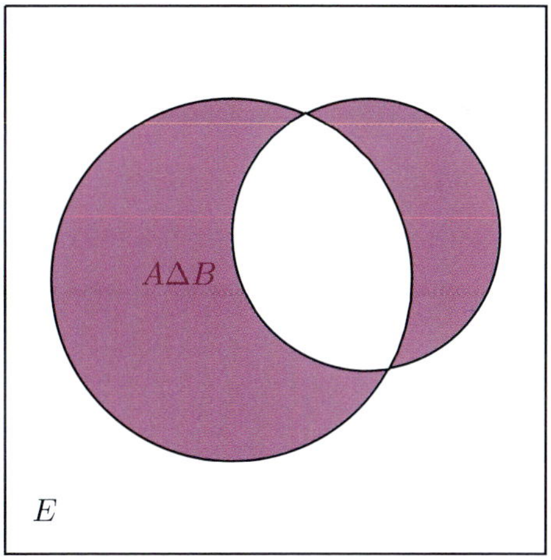

On montre quelques propriétés de la différence symétrique dans l'exercice 2.5, p. 123.

Définition 8

Soient A et B deux parties de E. Si on a $A\cap B=\emptyset$, on dira que la réunion $A\cup B$ est *disjointe* et on la notera $A\coprod B$.

Ainsi, lorqu'on écrit $A\coprod B = C$, on énonce simultanément deux propriétés : d'une part qu'on a $A\cup B = C$, mais aussi d'autre part qu'on a $A\cap B=\emptyset$.

Lorsqu'on écrit $A\coprod B$, on écrit une expression (l'expression $A\cup B$) tout en donnant une information (le fait qu'on a $A\cap B=\emptyset$)[18].

18. De même que, pour x un réel, lorsqu'on écrit $\frac{1}{x}$, on écrit une expression (l'inverse de x) tout en donnant une information (x est non nul).

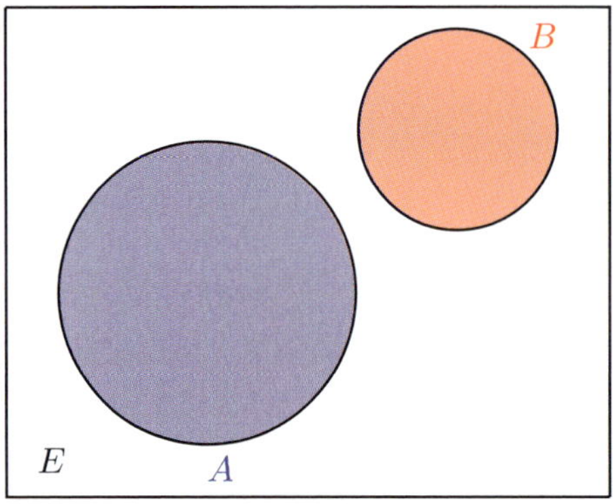

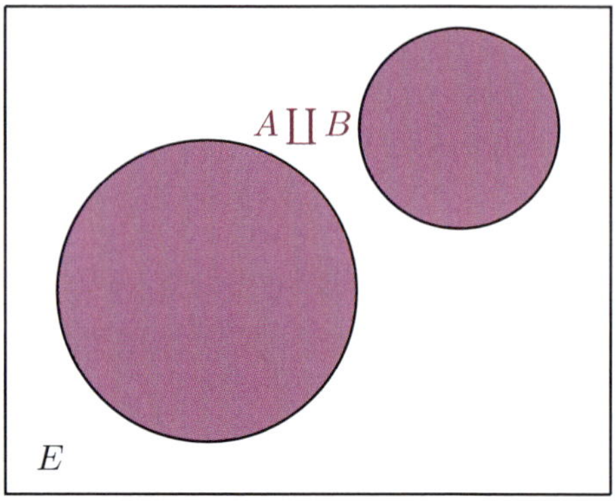

Proposition 20

Si A et B sont finis, alors $|A \coprod B| = |A| + |B|$.

En effet, pour compter le nombre d'éléments de $A \coprod B$ on compte les éléments de A jusqu'à épuisement, puis on ajoute à cette quantitié le nombre d'éléments de B. L'union étant disjointe, aucun élément n'a été compté deux fois. Ceci montre aussi comment obtenir le cardinal d'une union non disjointe : les éléments appartenant à la fois à A et à B, c'est-à-dire à $A \cap B$, ont étés comptés deux fois ; il faut donc retrancher leur nombre une fois.

Proposition 21

Si A et B sont finis, alors $|A \cup B| = |A| + |B| - |A \cap B|$.

4 Applications

4.1 Définition et représentations

Définition 9 (informelle)

Étant donnés deux ensembles A et B, on appelle *application de source A et à valeurs dans B*, ou *application de source A et de but B*, ou plus simplement *application de A dans B*, un procédé qui à tout élément de A associe un (unique) élément de B, étant entendu que l'on identifie deux tels procédés lorsque l'association est la même, indépendamment de la façon dont on l'a obtenue.

Cette définition est informelle mais on verra dans la remarque 22 comment on pourrait la rendre formelle.

En pratique, si l'on note f notre application, l'élément de B associé par f à un élément a de A sera noté $f(a)$. On notera $f : \left\{ \begin{array}{ccc} A & \longrightarrow & B \\ a & \longmapsto & f(a) \end{array} \right.$, ou, si le contexte permet de déterminer A et B, $f = a \mapsto f(a)$. Pour indiquer que l'on considère une application f de A dans B, on pourra simplement écrire $f : A \longrightarrow B$.

Remarque 6

On a déjà évoqué les applications dans le chapitre 1 et notamment souligné le point suivant, qui résulte de la définition mais sur lequel il est bon d'insister : **deux applications de A dans B sont égales si et seulement si elles prennent les mêmes valeurs en chaque élément**. Autrement dit, si f et g sont deux applications de A dans B, l'égalité $f = g$ équivaut à l'énoncé $\forall a \in A,\ f(a) = g(a)$. Par ailleurs, **deux applications qui n'ont pas la même source ou qui n'ont pas le même but sont nécessairement distinctes**.

Remarque 7

On a déjà défini quelques applications dans la section 3.5 et utilisé la notation précédente (on utilisait alors le terme d'« opération »). Dans les exemples de la section 3.5, on avait toujours $B = \mathcal{P}(E)$. On avait toujours $A = \mathcal{P}(E) \times \mathcal{P}(E)$ sauf pour la complémentation pour laquelle on avait $A = \mathcal{P}(E)$.

Exemples 9

1. On définit une application f de $\mathbb{R}$ dans $\mathbb{R}$ en posant $f(x) = x^2$. On peut le noter $f : \left\{ \begin{array}{ccc} \mathbb{R} & \longrightarrow & \mathbb{R} \\ x & \longmapsto & x^2 \end{array} \right.$.
2. On définit une application f de $\mathbb{N}$ dans $\{0, 1, \ldots, 9\}$ en posant $f(n)$ = le chiffre des unités de n. On peut le noter $f : \left\{ \begin{array}{ccc} \mathbb{N} & \longrightarrow & \{0, 1, \ldots, 9\} \\ n & \longmapsto & \text{le chiffre des unités de } n \end{array} \right.$.
3. On définit une application d de $\mathbb{N}$ dans $\mathbb{N}$ en posant $d(n)$ = la n-ième décimale de π. On peut le noter $d : \left\{ \begin{array}{ccc} \mathbb{N} & \longrightarrow & \mathbb{N} \\ n & \longmapsto & \text{la } n\text{-ième décimale de } \pi \end{array} \right.$.

4. On définit une application ψ de $\{1, 2, 3, 4\}$ dans $\{0, 1\}$ en précisant que ψ associe à m son reste modulo 2, ou, de façon équivalente, en posant $\psi(m) = \begin{cases} 0 \text{ si } m \text{ est pair} \\ 1 \text{ si } m \text{ est impair} \end{cases}$.

   On peut le noter $\psi : \begin{cases} \{1, 2, 3, 4\} & \longrightarrow & \{0, 1\} \\ m & \longmapsto & \begin{cases} 0 \text{ si } m \text{ est pair} \\ 1 \text{ si } m \text{ est impair} \end{cases} \end{cases}$.

⚠ Pour définir correctement une application de A dans B, il est donc essentiel que le procédé que l'on se donne associe bien à tout élément de A un élément de B : par exemple le procédé donné dans l'exemple 9.3 ne définit par une application de $\mathbb{N}$ dans $\{1, 2, \ldots, 9\}$ car 0 n'appartient pas à cet ensemble mais est bien une décimale de π, même s'il faut pousser le développement décimal jusqu'à son 32e chiffre pour s'en assurer.

⚠ Comme l'illustrent les exemples 9.3 et 9.4, une application n'est pas nécessairement donnée par une expression symbolique, même si, en pratique, c'est souvent le cas, comme dans l'exemple 9.1.

L'exemple 9.4 est adapté à une *représentation patatoïdale*, qui est la suivante :

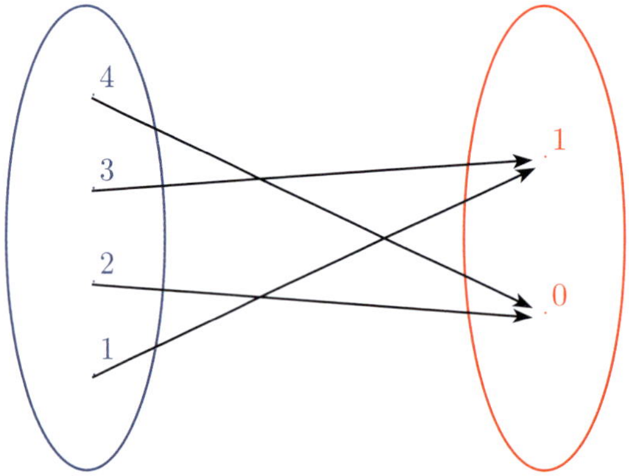

Par extension, on s'autorisera à dessiner ce type de représentation pour des applications abstraites lorsque cela permettra d'illustrer visuellement certains concepts.

Définition 10

Soient A et B deux ensembles et $f : A \longrightarrow B$.

Lorsqu'un couple $(a, b) \in A \times B$ est tel que $b = f(a)$, on dit que b est *l'image de a par f*, et que a est *un antécédent de b par f*.

Remarque 8

Soient A et B deux ensembles, f une application de A dans B, a un élément de A et b

un élément de B.

Par définition d'une application, l'image de$a$ par f existe toujours et est toujours unique : c'est l'unique élément de B assocé à a par f.

En revanche, un antécédent de b par f n'existe pas nécessairement et peut ne pas être unique. Pour l'illustrer, reprenons les exemples 9.

1. Le réel -1 n'a pas d'antécédent par f : $\left\{\begin{array}{ccc} \mathbb{R} & \longrightarrow & \mathbb{R} \\ x & \longmapsto & x^2 \end{array}\right.$ car il n'existe aucun réel dont le carré soit strictement négatif.
2. Au moins l'un des éléments de $\{0, 1, \ldots, 9\}$ a une infinité d'antécédents par d, sinon $\mathbb{N}$ serait la réunion de dix ensembles finis, et serait donc lui-même fini, ce qui n'est pas.
3. Les deux éléments 0 et 1 de l'ensemble $\{0, 1\}$ ont chacun deux antécédents par ψ : 0 a pour antécédents 2 et 4, alors que 1 a pour antécédents 1 et 3. Le fait qu'un élément b de B ait plusieurs antécédents par f se lit sur la représentation patatoïdale en observant que plusieurs flèches ont pour extrémité b.

On prendra donc bien garde à ce point.

Définition 11

Étant donnés deux ensembles A et B et une application $f : A \longrightarrow B$, on appelle *graphe de f* l'ensemble $\left\{\begin{pmatrix} a \\ f(a) \end{pmatrix}, \ a \in A\right\} = \left\{\begin{pmatrix} a \\ b \end{pmatrix} \in A \times B, \ b = f(a)\right\}$ qu'on peut encore noter $\{x \in A \times B, \ \exists a \in A, \ x = (a, f(a))\}$.

Exemple 10

Le graphe de l'application ψ de l'exemple 9.4 est $\{(1, 1), (2, 0), (3, 1), (4, 0)\}$. Les graphes des deux autres applications des exemples 9 sont infinis, ils ne peuvent pas être décrits en extension.

Remarque 9

On appelle *fonction réelle* une application de source une partie A de $\mathbb{R}$ et à valeurs dans $\mathbb{R}$. On donne souvent une telle application par une formule explicitant $f(x)$, où x dénote un argument de f. En général, une telle formule ne dénote une expression que pour certaines valeurs de l'argument, et la recherche de la plus grande partie A (pour l'inclusion) pour laquelle cette formule dénote une expression est à la charge du lecteur ; cette plus grande partie est alors appelée *domaine de définition de f*, et notée D_f.

Dans le cas de l'application de l'exemple 9.1, le domaine de définition est $\mathbb{R}$, mais ce n'est pas toujours le cas : par exemple la fonction $x \mapsto \frac{1}{x}$ a pour domaine de définition $\mathbb{R} \setminus \{0\}$.

Lorsque f est une fonction réelle, on convient généralement de représenter f par son graphe, et de représenter celui-ci dans le plan muni d'un repère orthonormé par tous les points d'abscisse a et d'ordonnée $f(a)$ pour tous les éléments a appartenant à D_f. Plus précisément, on n'en représente en général qu'une partie.

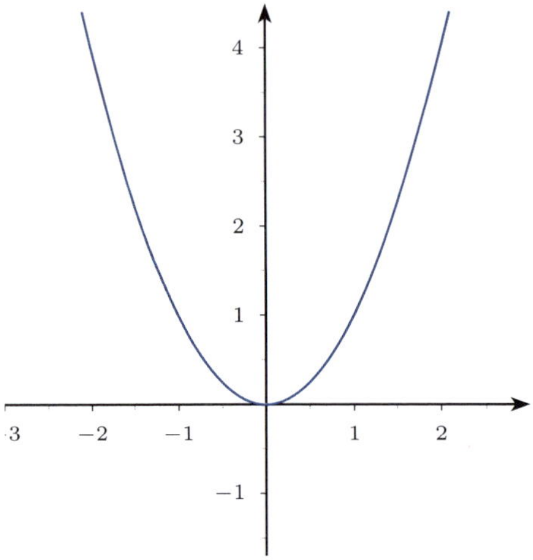

Exemple de la fonction $f : x \mapsto x^2$.

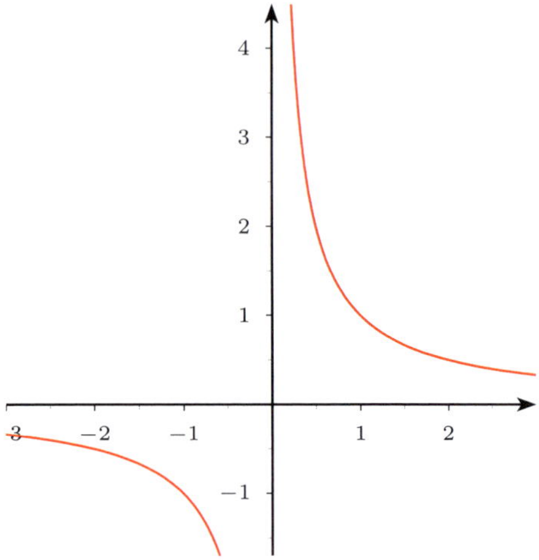

Exemple de la fonction $f : x \mapsto \frac{1}{x}$.

⚠ On peut tout aussi bien définir l'application $\left\{\begin{array}{ccc} \mathbb{R} & \longrightarrow & \mathbb{R} \\ x & \longmapsto & x^2 \end{array}\right.$ que l'application $\left\{\begin{array}{ccc} \mathbb{R} & \longrightarrow & \mathbb{R}_+ \\ x & \longmapsto & x^2 \end{array}\right.$, puisque le carré d'un réel est toujours positif. Ces applications sont distinctes et ne doivent pas être confondues, car elles n'ont pas le même but. Elles ont pourtant le même graphe.

Remarque 10

Si A est un ensemble non vide, il n'existe pas d'application de A dans $\emptyset$. En effet, A étant non vide, il existe un élément $a \in A$, et une telle application associerait à a un élément de $\emptyset$, ce qui n'est pas possible par définition de $\emptyset$.

Remarque 11

En revanche, pour B est un ensemble quelconque, il existe exactement une application de $\emptyset$ dans B. En effet, se donner une telle application, c'est se donner un procédé permettant d'associer, à tout élément de $\emptyset$, un élément de B. Comme il n'y a aucun élément dans $\emptyset$, il existe un unique procédé permettant ceci : ne rien faire.

On peut finalement énoncer le dernier procédé de construction d'un ensemble que l'on utilisera dans cet ouvrage :

Proposition-Définition 5

Étant donnés deux ensembles A et B, il existe un ensemble dont les éléments sont toutes les applications de A dans B. On l'appelle *ensemble des applications de A dans B* et on le note $\mathcal{F}(A, B)$ ou B^A.

Démontrer l'existence de cet ensemble nécessiterait de définir plus formellement que nous ne l'avons fait ce qu'est une application, nous l'admettrons donc[19]. Dans toute la suite, on utilisera indifféremment les deux notations B^A et $\mathcal{F}(A, B)$.
Tous les ensembles définis par la suite dans ce chapitre et les suivants pourront s'obtenir à l'aide des propositions-définitions 1, 2, 3, 4 et 5. À charge du lecteur de trouver comment, si la question l'intrigue[20].

Remarques 12

Au vu de la proposition-définition 5, les remarques 11 et 10 peuvent se reformuler de la façon suivante :

1. si A est un ensemble non vide, on a $\emptyset^A = \emptyset$;
2. si A est un ensemble, l'ensemble $A^\emptyset$ est un singleton.

Éclairons ce choix de notations B^A.

Proposition 22

Si A et B sont des ensembles finis, alors B^A l'est aussi et $\left|B^A\right| = |B|^{|A|}$.

Là encore, notre définition du cardinal étant informelle, la démonstration sera, elle aussi, informelle. Et rigoureuse.

Démonstration

Supposons A fini de cardinal n et B fini de cardinal m. On peut alors écrire qu'on a $A = \{a_1, a_2, \dots, a_n\}$ où les a_i sont tous distincts, et $B = \{b_1, b_2, \dots, b_m\}$ où les b_i sont tous distincts. Pour définir une application $f : A \longrightarrow B$:

- on doit choisir l'image de a_1 parmi $b_1, b_2, \dots, b_m$: m choix ;
- on doit choisir l'image de a_2 parmi $b_1, b_2, \dots, b_m$: m choix ;
- $\vdots$

19. Pour le lecteur curieux, l'existence de cet ensemble s'obtient facilement à l'aide de la remarque 22, en utilisant la proposition-définition 4, la proposition-définition 3 et la proposition-définition 2.
20. En général, il s'agit d'une définition en compréhension en utilisant le bon énoncé sur le bon ensemble.

– on doit choisir l'image de a_n parmi $b_1, b_2, \ldots, b_m$: m choix.

Au total on a $\underbrace{m \times m \times \cdots \times m}_{n \text{ fois}} = m^n$ façons de constituer $f : A \longrightarrow B$, d'où le résultat.

Forts de ces nouveaux ensembles $B^A = \mathcal{F}(A, B)$, nous pouvons maintenant définir de nouvelles applications auxquelles on n'aurait pas nécessairement pensé de prime abord.

Exemples 11

1. Pour tout entier naturel n, on peut définir une fonction réelle « puissance n-ième » par $f_n : \begin{cases} \mathbb{R} & \longrightarrow & \mathbb{R} \\ x & \longmapsto & x^n \end{cases}$. Prenons un peu de recul : on peut donc définir l'application ρ qui à un entier n associe la fonction réelle « puissance n-ième ». On peut noter $\rho : \begin{cases} \mathbb{N} & \longrightarrow & \mathcal{F}(\mathbb{R}, \mathbb{R}) \\ n & \longmapsto & f_n \end{cases}$ ou encore $\rho : \begin{cases} \mathbb{N} & \longrightarrow & \mathcal{F}(\mathbb{R}, \mathbb{R}) \\ n & \longmapsto & x \mapsto x^n \end{cases}$. Les images de cette application ρ sont des applications !

2. L'évaluation en 0 est une application de $\mathcal{F}(\mathbb{R}, \mathbb{R})$ dans $\mathbb{R}$: $\text{eval}_0 : \begin{cases} \mathcal{F}(\mathbb{R}, \mathbb{R}) & \longrightarrow & \mathbb{R} \\ f & \longmapsto & f(0) \end{cases}$. Cette application eval_0 prend pour arguments des applications !

3. Le lecteur connaît peut-être l'ensemble $\mathcal{C}^\infty(\mathbb{R}, \mathbb{R})$ des fonctions réelles indéfiniment dérivables[21]. Par définition de cet ensemble, la dérivation est une application de $\mathcal{C}^\infty(\mathbb{R}, \mathbb{R})$ dans $\mathcal{C}^\infty(\mathbb{R}, \mathbb{R})$: $\partial : \begin{cases} \mathcal{C}^\infty(\mathbb{R}, \mathbb{R}) & \longrightarrow & \mathcal{C}^\infty(\mathbb{R}, \mathbb{R}) \\ f & \longmapsto & f' \end{cases}$. Ainsi la dérivation peut être vue comme une application, dont les arguments sont des applications et les images sont des applications !

4.2 Structure catégorielle

Définissons tout de suite une famille d'applications remarquables :

Définition 12

Pour tout ensemble A, on appelle *identité de* A et on note id_A l'application $\text{id}_A : \begin{cases} A & \longrightarrow & A \\ a & \longmapsto & a \end{cases}$.

On va maintenant définir une opération sur les applications.

21. On pourra se référer à G. Costantini, *Analyse.* 1re année, De Boeck (2013), définition 76 p. 430.

Définition 13

Soient A, B et C trois ensembles. Si $f \in \mathcal{F}(A,B)$ et $g \in \mathcal{F}(B,C)$, on appelle *composée de g par f* et on note $g \circ f$ l'application $g \circ f : \begin{cases} A & \longrightarrow & C \\ a & \longmapsto & g\big(f(a)\big) \end{cases}$.

La définition précédente a bien un sens, car si on a $a \in A$, on a bien $f(a) \in B$ et il est donc loisible de considérer $g\big(f(a)\big)$.

Pour que $g \circ f$ ait un sens, il est donc fondamental que la source de g coïncide avec le but de f. Si les ensembles A et C sont différents, qu'on a $f \in \mathcal{F}(A,B)$ et $g \in \mathcal{F}(B,C)$, alors la composée $g \circ f$ a bien un sens, mais $f \circ g$ n'en a pas.

Exemples 12

1. Considérons un ensemble E, l'application $f : \begin{cases} \mathcal{P}(E) & \longrightarrow & \mathcal{P}(E) \\ A & \longmapsto & {}^cA \end{cases}$ et l'application $g : \begin{cases} \mathcal{P}(E) \times \mathcal{P}(E) & \longrightarrow & \mathcal{P}(E) \\ (A,B) & \longmapsto & A \cup B \end{cases}$. Sur cet exemple, la composée $g \circ f$ n'a pas de sens, car la source de g qui est $\mathcal{P}(E) \times \mathcal{P}(E)$ ne coïncide pas avec le but de f qui est $\mathcal{P}(E)$. Par contre la source de f coïncide bien avec le but de g (dans les deux cas, il s'agit de $\mathcal{P}(E)$) : la composée $f \circ g$ a donc un sens. Il s'agit de l'application $f \circ g = (A,B) \mapsto {}^c(A \cup B)$. D'après les lois de De Morgan ensemblistes, et par définition de l'égalité entre applications, on peut aussi écrire $f \circ g = (A,B) \mapsto {}^cA \cap {}^cB$.

2. Considérons les applications $f : \begin{cases} \mathbb{R} & \longrightarrow & \mathbb{R}_+ \\ x & \longmapsto & x^2 \end{cases}$ et $g : \begin{cases} \mathbb{R}_+ & \longrightarrow & \mathbb{R} \\ x & \longmapsto & \sqrt{x} \end{cases}$.

   Les deux composées $f \circ g$ et $g \circ f$ ont un sens. On a $f \circ g \in \mathcal{F}(\mathbb{R}_+, \mathbb{R}_+)$ et $g \circ f \in \mathcal{F}(\mathbb{R}, \mathbb{R})$. Plus précisément, on a :
   - $\forall x \in \mathbb{R}_+,\ f\big(g(x)\big) = \big(\sqrt{x}\big)^2 = x$, et
   - $\forall x \in \mathbb{R},\ g\big(f(x)\big) = \sqrt{x^2} = |x|$.

   Remarquons que la première ligne peut se lire $f \circ g = \mathrm{id}_{\mathbb{R}_+}$, mais qu'on a $g \circ f \neq \mathrm{id}_{\mathbb{R}}$.

3. Considérons une légère variante de l'exemple précédent. Définissons les applications $f : \begin{cases} \mathbb{R}_+ & \longrightarrow & \mathbb{R}_+ \\ x & \longmapsto & x^2 \end{cases}$ et $g : \begin{cases} \mathbb{R}_+ & \longrightarrow & \mathbb{R}_+ \\ x & \longmapsto & \sqrt{x} \end{cases}$.

   Les deux composées $f \circ g$ et $g \circ f$ ont un sens, elles appartiennent toutes les deux à

$\mathcal{F}(\mathbb{R}_+, \mathbb{R}_+)$. Plus précisément, on a $f \circ g = \mathrm{id}_{\mathbb{R}_+}$ et $g \circ f = \mathrm{id}_{\mathbb{R}_+}$.

4. Considérons les applications $f : \left\{ \begin{array}{ccc} \mathbb{N} & \longrightarrow & \mathbb{N} \\ n & \longmapsto & n^2 \end{array} \right.$ et $g : \left\{ \begin{array}{ccc} \mathbb{N} & \longrightarrow & \mathbb{N} \\ n & \longmapsto & n+1 \end{array} \right.$. Les deux composées $f \circ g$ et $g \circ f$ ont un sens, elles appartiennent toutes les deux à $\mathcal{F}(\mathbb{N}, \mathbb{N})$. Plus précisément, on a $f \circ g : \left\{ \begin{array}{ccc} \mathbb{N} & \longrightarrow & \mathbb{N} \\ n & \longmapsto & n^2 + 2n + 1 \end{array} \right.$ et $g \circ f : \left\{ \begin{array}{ccc} \mathbb{N} & \longrightarrow & \mathbb{N} \\ n & \longmapsto & n^2 + 1 \end{array} \right.$.

En prenant un peu de recul on réalise qu'on a ainsi défini une application entre ensembles d'applications !

Définition 14

Soient A, B et C trois ensembles.

On appelle *composition* l'application $\circ : \left\{ \begin{array}{ccc} \mathcal{F}(B, C) \times \mathcal{F}(A, B) & \longrightarrow & \mathcal{F}(A, C) \\ (g, f) & \longmapsto & g \circ f \end{array} \right.$.

On notera qu'on n'a pas défini **une** application composition, mais une infinité de compositions, correspondant à tous les triplets (A, B, C) possibles. On parlera néanmoins, par abus, de *la* composition, pour alléger le discours.

⚠ La composition n'est pas commutative :

- Il est tout à fait possible que $f \circ g$ ait un sens et pas $g \circ f$, comme l'illustre l'exemple 12.1.
- Même lorsque $f \circ g$ et $g \circ f$ ont un sens, il est tout à fait possible que ces applications soient des applications entre ensembles différents, donc distinctes, comme l'illustre l'exemple 12.2.
- Même lorsque $f \circ g$ et $g \circ f$ ont un sens et sont comparables, elles peuvent très bien être distinctes comme l'illustre l'exemple 12.4.

Proposition 23 (Propriétés de la composition)

Soient A, B, C, D des ensembles.

1. Les identités sont neutres à droite : $\forall f \in \mathcal{F}(A,B),\ f \circ \mathrm{id}_A = f$.
2. Les identités sont neutres à gauche : $\forall f \in \mathcal{F}(A,B),\ \mathrm{id}_B \circ f = f$.
3. La composition est associative :
$\forall f \in \mathcal{F}(A,B),\ \forall g \in \mathcal{F}(B,C),\ \forall h \in \mathcal{F}(C,D),\ (h \circ g) \circ f = h \circ (g \circ f)$.

DÉMONSTRATION

Utilisons le fait que deux applications sont égales si et seulement si elles prennent les mêmes valeurs.

1. Soit $f \in \mathcal{F}(A,B)$.
Soit $a \in A$. On a $\big(f \circ \mathrm{id}_A\big)(a) = f\big(\mathrm{id}_A(a)\big) = f(a)$ par définition de id_A. Ceci étant vrai pour tout élément $a \in A$, on a bien $f \circ \mathrm{id}_A = f$.

2. Soit $f \in \mathcal{F}(A,B)$.
Soit $a \in A$. On a $\big(\mathrm{id}_B \circ f\big)(a) = \mathrm{id}_B\,\big(f(a)\big) = f(a)$ par définition de id_B. Ceci étant vrai pour tout élément $a \in A$, on a bien $f \circ \mathrm{id}_A = f$.

3. Soient $f \in \mathcal{F}(A,B),\ g \in \mathcal{F}(B,C),\ h \in \mathcal{F}(C,D)$.
Soit $a \in A$. On a $\big((h \circ g) \circ f\big)(a) = \big(h \circ g\big)\big(f(a)\big) = h\Big(g\big(f(a)\big)\Big) = h\big((g \circ f)(a)\big)$ par définition de la composition. Ceci étant vrai pour tout élément $a \in A$, on a bien $(h \circ g) \circ f = h \circ (g \circ f)$.

La composition étant associative, on s'autorisera désormais à écrire $f_1 \circ f_2 \circ \cdots \circ f_{n-1} \circ f_n$ pour toute expression obtenue en rajoutant des parenthèses à l'expression précédente, comme $\Big(\big((f_1 \circ f_2) \circ \cdots\big) \circ f_{n-1}\Big) \circ f_n$, ou $f_1 \circ \Big(f_2 \circ \big(\cdots \circ (f_{n-1} \circ f_n)\big)\Big)$, ou encore $\big(f_1 \circ f_2\big) \circ \cdots \circ \big(f_{n-1} \circ f_n\big)$, etc. L'associativité de la composition, utilisée de façon répétée, assure en effet que toutes ces expressions sont égales.

Définition 15

Soient A et B deux ensembles et $f : A \longrightarrow B$.

On appelle *application réciproque de f* toute application $g : B \longrightarrow A$ telle que
$$\begin{cases} g \circ f = \mathrm{id}_A \\ f \circ g = \mathrm{id}_B \end{cases}.$$

Remarque 13

Il est clair qu'une telle application réciproque n'existe pas toujours. Considérons par exemple l'application $f : \left\{ \begin{array}{ccc} \mathbb{R} & \longrightarrow & \mathbb{R} \\ x & \longmapsto & 42 \end{array} \right.$. Montrons par l'absurde que f ne saurait avoir d'application réciproque. S'il existait une application g réciproque de f, alors on aurait $f \circ g = \mathrm{id}_{\mathbb{R}}$ et en particulier $(f \circ g)(0) = \mathrm{id}_{\mathbb{R}}(0)$, c'est-à-dire $f(g(0)) = 0$, c'est-à-dire, par définition de f, $42 = 0$. Ce qui est notoirement faux. On verra dans la sous-section 4.3 une condition nécessaire et suffisante extrêmement naturelle d'existence d'une application réciproque.

Par contre :

Proposition 24

Soient A et B deux ensembles et $f : A \longrightarrow B$.

Lorsqu'elle existe, une application réciproque de f est nécessairement unique.

DÉMONSTRATION

Considérons en effet deux applications g_1 et g_2 réciproques de f. On a alors :
$g_1 = \mathrm{id}_A \circ g_1 = (g_2 \circ f) \circ g_1 = g_2 \circ (f \circ g_1) = g_2 \circ \mathrm{id}_B = g_2$.

Notation 3

Puisqu'une éventuelle application réciproque de f est unique, on peut parler, lorsqu'elle existe, de **l'**application réciproque de f, et lui donner une notation. On convient de la noter[22] alors f^{-1}. Lorsqu'on écrit f^{-1}, on décrit un objet (l'application réciproque de f) tout en donnant une information (f a une application réciproque).

Exemples 13 Reprenons les exemples 12.

2. Reprenons les application $g : \left\{ \begin{array}{ccc} \mathbb{R}_+ & \longrightarrow & \mathbb{R} \\ x & \longmapsto & \sqrt{x} \end{array} \right.$ et $f : \left\{ \begin{array}{ccc} \mathbb{R} & \longrightarrow & \mathbb{R}_+ \\ x & \longmapsto & x^2 \end{array} \right.$.

   L'application g n'est pas l'application réciproque de f : on a bien $f \circ g = \mathrm{id}_{\mathbb{R}_+}$, mais on a $g \circ f \neq \mathrm{id}_{\mathbb{R}}$. On peut montrer qu'en fait f n'a pas d'application réciproque.

3. Considérons les applications $f : \left\{ \begin{array}{ccc} \mathbb{R}_+ & \longrightarrow & \mathbb{R}_+ \\ x & \longmapsto & x^2 \end{array} \right.$ et $g : \left\{ \begin{array}{ccc} \mathbb{R}_+ & \longrightarrow & \mathbb{R}_+ \\ x & \longmapsto & \sqrt{x} \end{array} \right.$.

   On a vu qu'on avait $f \circ g = \mathrm{id}_{\mathbb{R}_+}$ et $g \circ f = \mathrm{id}_{\mathbb{R}_+}$. On a donc bien $g = f^{-1}$.

22. En fait f^{-1} n'est rien d'autre que l'inverse de f, mais **pas** pour le produit habituel (qui n'existe d'ailleurs que lorsque B est un ensemble de nombres), pour un produit plus exotique (mais qui existe toujours) : la composition.

Proposition 25

Soient A et B deux ensembles et $f : A \longrightarrow B$.

Si f a une application réciproque f^{-1}, alors f^{-1} a elle-même une application réciproque et $\left(f^{-1}\right)^{-1} = f$.

DÉMONSTRATION

Cela provient immédiatement de la définition. Si f a pour application réciproque f^{-1}, on a $f^{-1} \circ f = \mathrm{id}_A$ et $f \circ f^{-1} = \mathrm{id}_B$. Cela revient à $f \circ f^{-1} = \mathrm{id}_B$ et $f^{-1} \circ f = \mathrm{id}_A$, ce qui signifie que f est une application réciproque de f^{-1}. Par unicité, on a $\left(f^{-1}\right)^{-1} = f$.

4.3 Injectivité, surjectivité, bijectivité

a. Bijectivité

Définition 16

Une application $f : A \longrightarrow B$ est dite *bijective* lorsque tout élément de B a un unique antécédent par f : $\forall b \in B,\ \exists! a \in A,\ f(a) = b$.

On dit aussi que f est *une bijection*.

La bijectivité[23] d'une application f se lit sur sa représentation patatoïdale par le fait que tous les éléments de B sont extémité d'une unique flèche.

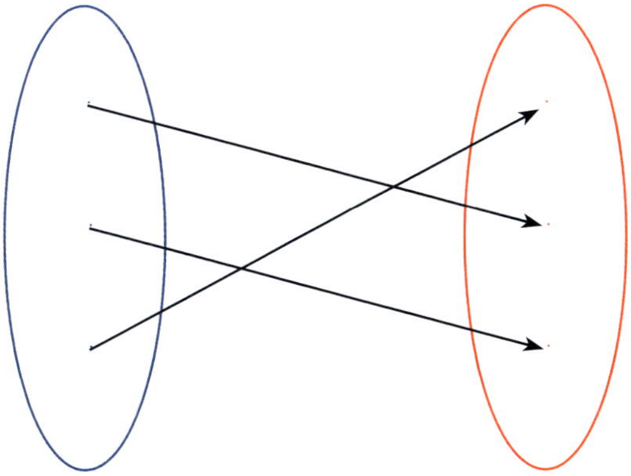

Exemples 14

1. L'application $\left\{\begin{array}{ccc} \mathbb{R} & \longrightarrow & \mathbb{R}_+ \\ x & \longmapsto & x^2 \end{array}\right.$ n'est pas bijective, par exemple parce que le réel 1 a deux antécédents par cette application : 1 et -1.

23. Le caractère bijectif.

2. L'application $\left\{\begin{array}{ccc}\mathbb{R}_+ & \longrightarrow & \mathbb{R} \\ x & \longmapsto & x^2\end{array}\right.$ n'est pas bijective, par exemple parce que le réel -1 n'a pas d'antécédent par cette application : on sait en effet que le carré d'un nombre réel est toujours positif.
3. L'application $\left\{\begin{array}{ccc}\mathbb{R}_+ & \longrightarrow & \mathbb{R}_+ \\ x & \longmapsto & x^2\end{array}\right.$ est bijective : on sait en effet que, pour tout réel y positif, il existe un unique réel positif dont y soit le carré (la racine carrée de y).

Notation 4

Pour tout ensemble E, on notera S_E l'ensemble des bijections de E dans E.

On vient de voir dans l'exemple 14.3, par exemple, une application de $S_{\mathbb{R}_+}$.

Proposition 26

Si A est un ensemble fini, de cardinal n alors S_A l'est aussi et :
$|S_A| = n \times (n-1) \times (n-2) \times 2 \times 1$.

Le nombre $n \times (n-1) \times (n-2) \times 2 \times 1$ s'appelle *la factorielle* de n et se note $n!$. On y reviendra dans le chapitre 3, p. 144. Démontrons informellement mais rigoureusement cette proposition.

Démonstration

Supposons A fini de cardinal n et B fini de cardinal m. On peut alors écrire qu'on a $A = \{a_1, a_2, \ldots, a_n\}$ où les a_i sont tous distincts. Pour définir une bijection $f : A \longrightarrow B$:

- on doit choisir l'image de a_1 parmi $a_1, a_2, \ldots, a_n$: n choix;
- on doit choisir l'image de a_2 distincte de celle de a_1 : on n'a donc plus que $n-1$ choix;
- on doit choisir l'image de a_3 distincte des images de a_1 et a_2 : on n'a donc plus que $n-2$ choix;
- $\vdots$
- on doit choisir l'image de a_n distincte des images de $a_1, a_2, \ldots, a_{n-1}$: il ne reste donc qu'un choix.

Par construction toutes les applications obtenues sont injectives, et comme on a épuisé la liste des éléments de l'ensemble d'arrivée, elles sont aussi surjectives. On a listé toutes les façons d'obtenir une telle bijection, et chacune de ces façons donne lieu à une application différente. Au total on a donc bien $n \times (n-1) \times (n-2) \times 2 \times 1 = n!$ bijections.

En reprenant l'idée sous-jacente dans l'exemple 14.3, on obtient :

Théorème 3

Soient A et B des ensembles et $f : A \longrightarrow B$. Alors f a une application réciproque si et seulement si f est une bijection de A dans B.

DÉMONSTRATION

$\boxed{\Rightarrow}$ Supposons l'existence de f^{-1} et montrons la bijectivité de f.

Soit $b \in B$. Pour montrer qu'il existe un unique $a \in A$ tel que $f(a) = b$, montrons successivement l'existence et l'unicité de a.

Existence : Posons $a = f^{-1}(b)$. On a bien $a \in A$.

On a aussi $f(a) = f\big(f^{-1}(b)\big) = \big(f \circ f^{-1}\big)(b) = \mathrm{id}_B(b) = b$. D'où l'existence.

Unicité : Soient a_1 et a_2 deux éléments de A tels que $f(a_1) = b$ et $f(a_2) = b$. En particulier on a $f(a_1) = f(a_2)$ et donc $f^{-1}\big(f(a_1)\big) = f^{-1}\big(f(a_2)\big)$, c'est-à-dire $a_1 = a_2$. D'où l'unicité.

Conclusion : On a bien montré l'existence et l'unicité de $a \in A$ tel que $f(a) = b$. Ceci étant vrai pour tout $b \in B$, on a bien établi la bijectivité de f.

$\boxed{\Leftarrow}$ Supposons f bijective et montrons que f a bien une fonction réciproque.

Posons $g : \begin{cases} B & \longrightarrow & A \\ b & \longmapsto & \text{l'unique } a \in A \text{ tel que } f(a) = b \end{cases}$.

Montrons que g est bien la fonction réciproque de f.

- Soit $b \in B$. On a $\big(f \circ g\big)(b) = f\big(g(b)\big) = f(a)$ où a est l'unique élément de A tel que $f(a) = b$. En particulier on a $\big(f \circ g\big)(b) = b$. Ceci étant vrai pour tout élément $b \in B$, on a montré $f \circ g = \mathrm{id}_B$.
- Soit $a \in A$. On a $\big(g \circ f\big)(a) = g\big(f(a)\big) = c$ où c est l'unique élément de A tel que $f(c) = f(a)$. Or a est lui aussi un élément de A dont l'image par f est $f(a)$. Par unicité d'un tel élément, on a $c = a$, c'est-à-dire $\big(g \circ f\big)(a) = a$. Ceci étant vrai pour tout élément $a \in A$, on a montré $g \circ f = \mathrm{id}_A$.

On peut donc systématiquement compléter la représentation patatoïdale d'une bijection en faisant figurer son application réciproque.

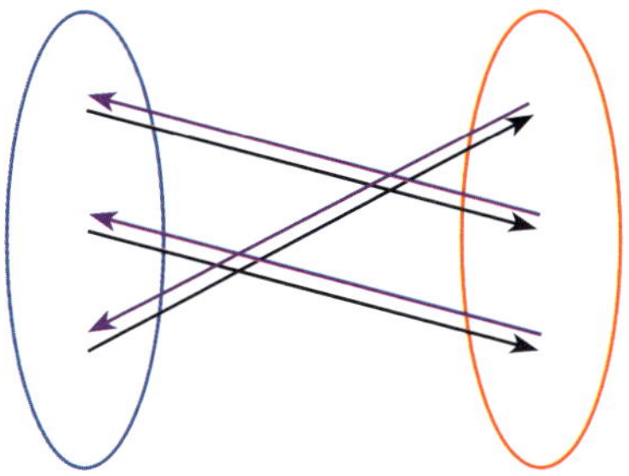

Théorème 4

Soient A, B, C des ensembles, f une bijection de A dans B et g une bijection de B dans C. Alors :

1. $g \circ f$ est une bijection ;
2. $(g \circ f)^{-1} = f^{-1} \circ g^{-1}$.

DÉMONSTRATION

Le second point implique le premier. En effet, d'après ce second point, $g \circ f$ a une fonction réciproque, et donc est bijective d'après le théorème 3.
Montrons le second point. Comme f et g sont bijectives on sait, d'après le théorème 3, que f^{-1} et g^{-1} existent bien. Utilisons maintenant l'associativit'e de la composition :

$$(f^{-1} \circ g^{-1}) \circ (g \circ f) = f^{-1} \circ (g^{-1} \circ g) \circ f = f^{-1} \circ \mathrm{id}_B \circ f = f^{-1} \circ f = \mathrm{id}_A,$$
$$(g \circ f) \circ (f^{-1} \circ g^{-1}) = g \circ (f \circ f^{-1}) \circ g^{-1} = g \circ \mathrm{id}_B \circ g^{-1} = g \circ g^{-1} = \mathrm{id}_C\,.$$

D'où le résultat.

b. Surjectivité

Définition 17

Une application $f : A \longrightarrow B$ est dite *surjective* lorsque tout élément de B a un antécédent par f : $\forall b \in B,\ \exists a \in A,\ f(a) = b$.
On dit aussi que f est *une surjection.*

La surjectivité[24] d'une application f se lit sur sa représentation patatoïdale par le fait que tous les éléments de B sont extémité d'au moins une flèche.

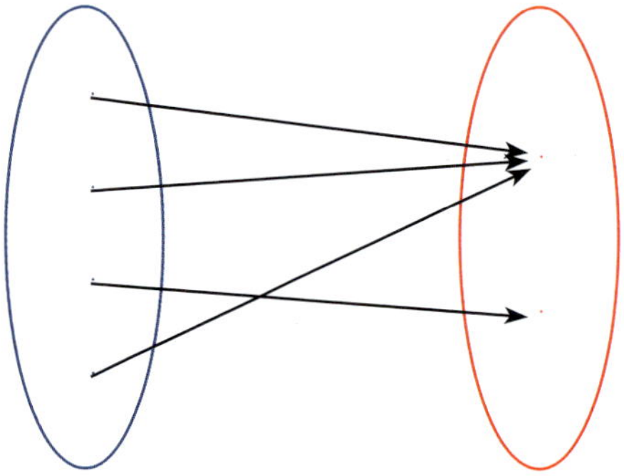

Application surjective.

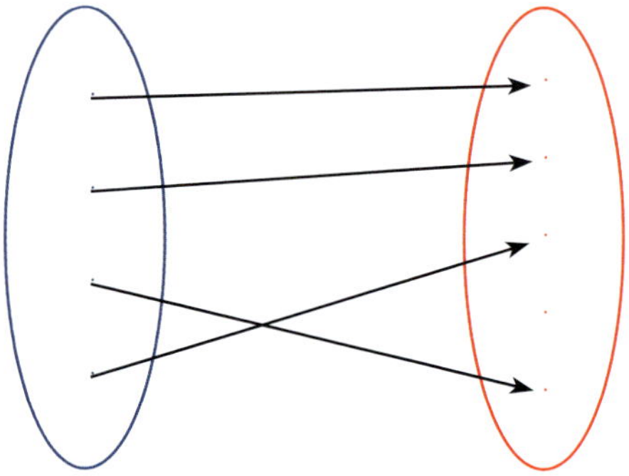

Application non surjective.

24. Le caractère surjectif.

Exemples 15

1. L'application $\begin{cases} \mathbb{R} & \longrightarrow & \mathbb{R}_+ \\ x & \longmapsto & x^2 \end{cases}$ est bien surjective : on sait en effet que, pour tout réel y positif, il existe au moins un réel dont y soit le carré (par exemple, la racine carrée de y, ou, autre exemple, l'opposé de la racine carrée de y).

2. L'application $\begin{cases} \mathbb{R}_+ & \longrightarrow & \mathbb{R} \\ x & \longmapsto & x^2 \end{cases}$ n'est pas surjective, par exemple parce que le réel -1 n'a pas d'antécédent par cette application : on sait en effet que le carré d'un nombre réel est toujours positif.

3. L'application $\begin{cases} \mathbb{R}_+ & \longrightarrow & \mathbb{R}_+ \\ x & \longmapsto & x^2 \end{cases}$ est bijective : on sait en effet que, pour tout réel y positif, il existe au moins un réel positif dont y soit le carré (la racine carrée de y).

Exemples 16

1. L'application $\rho : \begin{cases} \mathbb{N} & \longrightarrow & \mathcal{F}(\mathbb{R}, \mathbb{R}) \\ n & \longmapsto & f_n = x \mapsto x^n \end{cases}$ n'est pas surjective. Pour le voir, on peut par exemple remarquer que toute fonction de la forme f_n est nécessairement continue, alors qu'il existe des applications de $\mathbb{R}$ dans $\mathbb{R}$ discontinues.

2. L'application $\mathrm{eval}_0 : \begin{cases} \mathcal{F}(\mathbb{R}, \mathbb{R}) & \longrightarrow & \mathbb{R} \\ f & \longmapsto & f(0) \end{cases}$ est surjective. Tout réel r a en effet au moins un antécédent par eval_0, la fonction réelle $x \mapsto r$.

3. L'application $\partial : \begin{cases} \mathcal{C}^\infty(\mathbb{R}, \mathbb{R}) & \longrightarrow & \mathcal{C}^\infty(\mathbb{R}, \mathbb{R}) \\ f & \longmapsto & f' \end{cases}$ est surjective. On peut le justifier à l'aide du théorème fondamental de l'analyse[25] : si g appartient à $\mathcal{C}^\infty(\mathbb{R}, \mathbb{R})$, c'est en particulier une application continue, elle a donc une primitive G d'après le théorème fondamental de l'analyse. Choisissons-en une et notons la G : cette application G est dérivable de dérivée indéfiniment dérivable, G est donc elle-même indéfiniment dérivable. De plus, on a par définition, on a $\partial G = g$. Finalement, g a bien un antécédent G par ∂. Ceci étant vrai pour tout $g \in \mathcal{C}^\infty(\mathbb{R}, \mathbb{R})$, on a bien montré la surjectivité de ∂.

En reprenant l'idée sous-jacente dans les exemples 15.1 et 15.3, on obtient :

25. Voir par exemple G. Costantini, *Analyse*. 1re année, De Boeck (2013), théorème 141 p. 624.

Proposition 27 (Surjectivité et inverse à droite)

Soient A et B des ensembles et $f : A \longrightarrow B$. Alors il existe une application $g : B \longrightarrow A$ telle que $f \circ g = \mathrm{id}_B$ si et seulement si f est une surjection de A dans B.

Démonstration

$\boxed{\Rightarrow}$ Supposons l'existence d'une application g telle que $f \circ g = \mathrm{id}_B$ et montrons la surjectivité de f. Soit $b \in B$. Posons $a = g(b)$. On a bien $a \in A$. On a aussi $f(a) = f\big(g(b)\big) = \big(f \circ g\big)(b) = \mathrm{id}_B(b) = b$. D'où l'existence d'un antécédent de b par f. Ceci étant vrai pour tout $b \in B$, on a bien établi la surjectivité de f.

$\boxed{\Leftarrow}$ Supposons f surjective. Posons $g : \begin{cases} B & \longrightarrow & A \\ b & \longmapsto & \text{un élément } a \in A \text{ tel que } f(a) = b \end{cases}$.
Soit $b \in B$. On a $\big(f \circ g\big)(b) = f\big(g(b)\big) = f(a)$ où a est un élément de A tel que $f(a) = b$. En particulier on a $\big(f \circ g\big)(b) = b$. Ceci étant vrai pour tout élément $b \in B$, on a montré $f \circ g = \mathrm{id}_B$.

Remarque 14

On dit parfois qu'une application g telle que $f \circ g = \mathrm{id}_B$ est un *inverse à droite* de f. La proposition précédente affirme donc que les surjections sont précisément les applications inversibles à droite.

Théorème 5

Soient A, B, C des ensembles, f une surjection de A dans B et g une surjection de B dans C. Alors $g \circ f$ est une surjection.

Démonstration

On propose ici deux démonstrations, car les deux sont instructives.

- Montrons-le en utilisant seulement la définition de la surjectivité. Soit $c \in C$.
  Par surjectivité de g, il existe $b \in B$ tel que $g(b) = c$.
  Par surjectivité de f, il existe $a \in A$ tel que $f(a) = b$.
  On a donc exhibé un élément $a \in A$ tel que $\big(g \circ f\big)(a) = g\big(f(a)\big) = g(b) = c$.
  Ceci étant vrai pour tout $c \in C$, on a bien montré la surjectivité de $g \circ f$.
- Montrons-le en utilisant la proposition 27. Comme f est surjective, il existe d'après la proposition 27 une application u telle que $f \circ u = \mathrm{id}_B$. Comme g est surjective, il existe d'après la proposition 27 une application v telle que $g \circ v = \mathrm{id}_C$. Posons $w = u \circ v$. On

a $(g \circ f) \circ w = (g \circ f) \circ (u \circ v) = g \circ (f \circ u) \circ v = g \circ \mathrm{id}_B \circ v = g \circ v = \mathrm{id}_C$. Ainsi, il existe une application w telle que $(g \circ f) \circ w = \mathrm{id}_C$ et donc d'après la proposition 27, l'application $g \circ f$ est surjective.

c. Injectivité

Définition 18

Une application $f : A \longrightarrow B$ est dite *injective* lorsque tout élément de B a au plus un antécédent par f.

Comme on l'a vu dans le paragraphe 2.2, l'existence d'au plus un antécédent pour tout élément de B s'écrit : $\forall b \in B,\ \forall a_1 \in A,\ \forall a_2 \in A,\ f(a_1) = f(a_2) = b \Rightarrow a_1 = a_2$.
Mais cet énoncé se réecrit clairement $\forall a_1 \in A,\ \forall a_2 \in A,\ f(a_1) = f(a_2) \Rightarrow a_1 = a_2$.
On peut donc reformuler la définition de l'injectivité comme suit :

Définition 18

Une application $f \in \mathcal{F}(A, B)$ est dite *injective*, ou qu'elle est *une injection*, lorsqu'on a $\forall a_1 \in A,\ \forall a_2 \in A,\ f(a_1) = f(a_2) \Rightarrow a_1 = a_2$.

Remarque 15

Le théorème de contraposition permet de reformuler l'injectivité d'une application $f \in \mathcal{F}(A, B)$ de la façon suivante : $\forall a_1 \in 1,\ \forall a_2 \in A,\ a_1 \neq a_2 \Rightarrow f(a_1) \neq f(a_2)$.
Cette reformulation a néanmoins peu d'utilité en pratique. □

L'injectivité[26] d'une application f se lit sur sa représentation patatoïdale par le fait que les éléments de B sont extémité d'au plus une flèche.

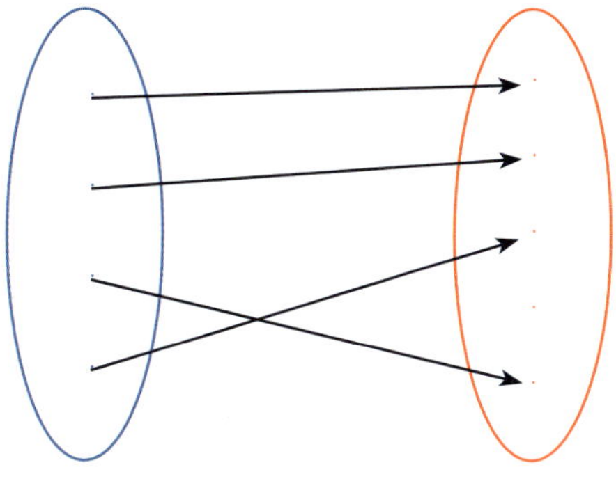

Application injective.

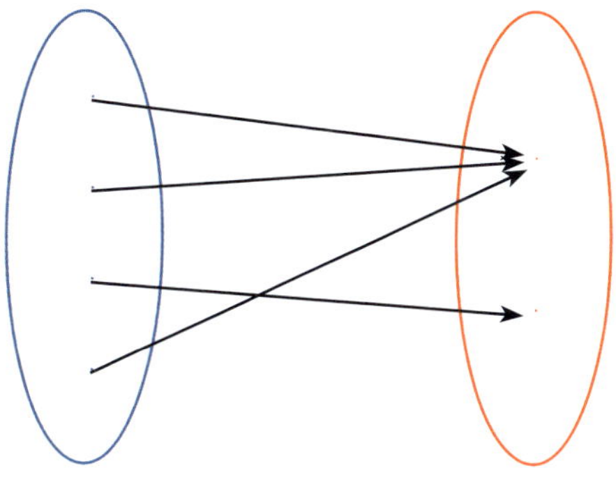

Application non injective.

26. Le caractère injectif.

Exemples 17

1. L'application $\left\{\begin{array}{ccc}\mathbb{R} & \longrightarrow & \mathbb{R}_+ \\ x & \longmapsto & x^2\end{array}\right.$ n'est pas injective, par exemple parce que le réel 1 a deux antécédents par cette application : 1 et -1.

2. L'application $\left\{\begin{array}{ccc}\mathbb{R}_+ & \longrightarrow & \mathbb{R} \\ x & \longmapsto & x^2\end{array}\right.$ est bien injective. On sait en effet qu'un réel y est le carré d'au plus un réel positif. On peut aussi s'en convaincre ainsi : si x_1 et x_2 sont des réels positifs tels que $x_1^2 = x_2^2$, alors on a $x_1^2 - x_2^2 = 0$, c'est-à-dire $(x_1 - x_2)(x_2 + x_2) = 0$, c'est-à-dire $x_1 - x_2 = 0$ ou $x_1 + x_2 = 0$ car un produit est nul si et seulement si l'un de ses facteurs est nul ; dans le premier cas on a $x_1 = x_2$, et dans le second cas on a $x_1 = x_2 = 0$ puisqu'une somme de termes positifs n'est nulle que lorsque tous ses termes sont nuls.

3. L'application $\left\{\begin{array}{ccc}\mathbb{R}_+ & \longrightarrow & \mathbb{R}_+ \\ x & \longmapsto & x^2\end{array}\right.$ est bien injective : on sait en effet que, pour tout réel y positif, il existe un unique réel positif dont y soit le carré, il en existe donc bien au plus un.

Exemples 18

1. L'application $\rho : \left\{\begin{array}{ccc}\mathbb{N} & \longrightarrow & \mathcal{F}(\mathbb{R},\mathbb{R}) \\ n & \longmapsto & f_n = x \mapsto x^n\end{array}\right.$ est injective. Soient en effet n et m deux entiers et supposons $f_n = f_m$. Comme ces deux applications sont dérivables, on peut appliquer la dérivation à cette égalité et obtenir $f_n' = f_m'$. On peut enfin évaluer en 1 et obtenir $f_n'(1) = f_m'(1)$. Rappelons que pour tout entier k, on a $f_k' = x \mapsto kx^{k-1}$ et donc $f_k'(1) = k$. L'égalité $f_n'(1) = f_m'(1)$ se réécrit donc $n = m$.
Ceci étant vrai pour tout couple (n, m) d'entiers tels que $f_n = f_m$, on a bien montré l'injectivité de ρ.

2. L'application $\mathrm{eval}_0 : \left\{\begin{array}{ccc}\mathcal{F}(\mathbb{R},\mathbb{R}) & \longrightarrow & \mathbb{R} \\ f & \longmapsto & f(0)\end{array}\right.$ n'est pas injective. Pour le voir, on peut par exemple remarquer que le réel 0 a plusieurs antécédents par eval_0, par exemple les fonctions réelles f_1 et f_2.

3. L'application $\partial : \left\{\begin{array}{ccc}\mathcal{C}^\infty(\mathbb{R},\mathbb{R}) & \longrightarrow & \mathcal{C}^\infty(\mathbb{R},\mathbb{R}) \\ f & \longmapsto & f'\end{array}\right.$ n'est pas injective. Pour le voir, on peut par exemple remarquer que la fonction nulle a plusieurs antécédents par ∂, par exemple les fonctions réelles $x \mapsto 1$ et $x \mapsto 2$.

En reprenant l'idée sous-jacente des exemples 17.2 et 17.3, on obtient :

Proposition 28

Soient A et B des ensembles et $f : A \longrightarrow B$. **Supposons que A soit non vide.** Alors il existe une application $g : B \longrightarrow A$ telle que $g \circ f = \mathrm{id}_A$ si et seulement si f est une injection de A dans B.

⚠ L'hypothèse « A non vide » est indispensable dans cette proposition. En effet, quel que soit l'ensemble B, l'unique application de $\emptyset$ dans B est injective, puisque la propriété d'injectivité d'une application est une quantification universelle sur sa source, et que toute quantification universelle sur l'ensemble vide est vraie. Cependant, si B est non vide, il n'existe pas d'application g de B dans $\emptyset$, et il n'en existe donc *a fortiori* aucune qui puisse vérifier $g \circ f = \mathrm{id}_A$.

DÉMONSTRATION

$\boxed{\Rightarrow}$ Supposons l'existence d'une application g telle que $g \circ f = \mathrm{id}_A$ et montrons l'injectivité de f. Soient $a_1 \in A$ et $a_2 \in A$ et supposons $f(a_1) = f(a_2)$. On a alors en particulier $g\big(f(a_1)\big) = g\big(f(a_2)\big)$, c'est-à-dire $\big(g \circ f\big)(a_1) = \big(g \circ f\big)(a_2)$, c'est-à-dire $a_1 = a_2$. Ceci étant vrai pour tout couple $(a_1, a_2) \in A^2$ tel que $f(a_1) = f(a_2)$, on a bien établi l'injectivité de f.

On remarquera que l'hypothèse $A \neq \emptyset$ n'est pas nécessaire pour établir cette implication.

$\boxed{\Leftarrow}$ Supposons f injective. Comme A est non vide, il est loisible de choisir un élément appartenant à A, notons-le a_0.

Posons $g : \left\{ \begin{array}{ccc} B & \longrightarrow & A \\ b & \longmapsto & \left\{ \begin{array}{l} \text{l'unique } a \text{ tel que } f(a) = b \text{ s'il existe} \\ a_0 \text{ sinon} \end{array} \right. \end{array} \right.$.

Soit $a \in A$. On a $\big(g \circ f\big)(a) = g\big(f(a)\big) = c$ où c est l'unique élément de A tel que $f(c) = f(a)$ s'il existe, et a_0 sinon. Mais un tel élément existe puisque a convient. Et par unicité, on a donc $c = a$. Ceci étant vrai pour tout élément $a \in A$, on a montré $g \circ f = \mathrm{id}_A$.

Théorème 6

Soient A, B, C des ensembles, f une injection de A dans B et g une injection de B dans C. Alors $g \circ f$ est une injection.

DÉMONSTRATION

Montrons-le en utilisant seulement la définition de l'injectivité. Soit $(a_1, a_2) \in A^2$, et supposons $(g \circ f)(a_1) = (g \circ f)(a_2)$.
L'égalité précédente se réécrit $g(f(a_1)) = g(f(a_2))$.
Par injectivité de g, on a donc $f(a_1) = f(a_2)$.
Par injectivité de f, on a donc $a_1 = a_2$.
Ceci étant vrai pour tout couple $(a_1, a_2) \in A^2$ tel que $(g \circ f)(a_1) = (g \circ f)(a_2)$, on a bien montré l'injectivité de $g \circ f$.

Dans le cas $A \neq \emptyset$, on pourrait également démontrer ce théorème en utilisant la proposition 28, sur le modèle de la démonstration de la proposition 27.

d. Compléments sur la bijectivité

Par définition, on peut voir injectivité et surjectivité comme deux composantes de la bijectivité.

Théorème 7

Soient A et B deux ensembles et f une application de A dans B.
Alors f est bijective si et seulement si elle est injective et surjective.

DÉMONSTRATION

Il s'agit simplement de constater l'identité des définitions. Dire que f est bijective, c'est dire que tout élément de B a un unique antécédent par f. Cela revient à dire que tout élément de B a au plus un antécédent par f et que tout élément de B a au moins un antécédent par f. Cela revient donc bien à dire que f est injective et surjective.

Ainsi, pour montrer qu'une application est bijective, on peut montrer indépendamment qu'elle est injective et qu'elle est surjective. Pour montrer qu'une application n'est pas bijective, il suffit de montrer qu'elle n'est pas injective ou qu'elle n'est pas bijective.

Exemples 19

1. L'application $\rho : \left\{ \begin{array}{ccc} \mathbb{N} & \longrightarrow & \mathcal{F}(\mathbb{R},\mathbb{R}) \\ n & \longmapsto & f_n = x \mapsto x^n \end{array} \right.$ n'est pas bijective puisqu'elle n'est pas surjective.
2. L'application $\mathrm{eval}_0 : \left\{ \begin{array}{ccc} \mathcal{F}(\mathbb{R},\mathbb{R}) & \longrightarrow & \mathbb{R} \\ f & \longmapsto & f(0) \end{array} \right.$ n'est pas bijective puisqu'elle n'est pas injective.

3. L'application $\partial : \left\{ \begin{array}{ccc} \mathcal{C}^\infty(\mathbb{R},\mathbb{R}) & \longrightarrow & \mathcal{C}^\infty(\mathbb{R},\mathbb{R}) \\ f & \longmapsto & f' \end{array} \right.$ n'est pas bijective puisqu'elle n'est pas injective.

Il est un cas très particulier où pour montrer la bijectivité de $f : A \longrightarrow B$, il suffit de montrer la surjectivité **ou** l'injectivité : c'est le cas où A et B sont **finis** et **de même cardinal**.

Proposition 29

Soient A et B deux ensembles finis tels que $|A| = |B|$, et $f : A \longrightarrow B$. Alors les propriétés suivantes sont équivalentes :

1. f est surjective ;
2. f est injective ;
3. f est bijective.

Encore une fois, notre définition du cardinal est informelle, et notre démonstration l'est donc aussi, tout en restant rigoureuse.

DÉMONSTRATION

Notons $n = |A| = |B|$. On a déjà vu qu'on a $3 \Rightarrow 1$ et $3 \Rightarrow 2$.

Montrons $1 \Rightarrow 3$: Supposons f surjective. Notons $B = \{b_1, \ldots, b_n\}$. Comme f est surjective, b_1 a au moins un antécédent a_1, b_2 a au moins un antécédent a_2, …, et b_n a au moins un antécédent a_n. Les a_i sont tous distincts : si on avait $a_{i_1} = a_{i_2}$ pour $i_1 \neq i_2$, alors on aurait $b_{i_1} = b_{i_2}$, ce qui n'est pas. On a donc déjà n éléments distincts dans A, il n'y a donc pas d'autre élément dans A puisqu'on a $|A| = n$. Il n'est donc pas possible que l'un des b_i ait un autre antécédent que a_i, et finalement tout élément de B a un unique antécédent par f : f est bijective.

Montrons $2 \Rightarrow 3$: Supposons f injective. Ainsi, tous les éléments de B ont 0 ou 1 antécédent. Notons b_1, …, b_k les éléments de B qui ont 1 antécédent et notons a_1, …, a_k les antécédents correspondants. Tout élément de A a une image par f, donc tout élément de A est un antécédent par f, c'est-à-dire l'un des a_i. On a donc $A = \{a_1, \ldots, a_k\}$ et comme $|A| = n$ on a donc $k = n$. Autrement dit il y a n éléments dans B qui ont exactement un antécédent par f, et comme $|B| = n$, cela signifie que tous les éléments de B ont un unique antécédent par f : ainsi f est bijective.

Remarque 16

Soient A et B deux ensembles. Les énoncés « il existe une bijection de A dans B » et « il existe une bijection de B dans A » sont équivalents. Pour cette raison, lorsque ce sera le cas, on pourra aussi bien dire que *A et B sont en bijection.*

DÉMONSTRATION

Montrons cette équivalence par double implication.

$\boxed{\Rightarrow}$ Supposons qu'il existe une bijection f de A dans B. D'après le théorème 3, f a donc une application réciproque f^{-1} de B dans A. Mais alors, d'après la proposition 25, f^{-1} a une application réciproque qui est f, et est donc bijective d'après le théorème 3. Il existe donc une bijection de B dans A.

$\boxed{\Leftarrow}$ Il s'agit de la même implication, à renommage près de A et B !

Remarque 17

Si A et B sont deux ensembles finis et en bijection, alors ils ont le même cardinal.

Remarque 18

La notion de bijectivité permet de définir formellement la notion de cardinal, en supposant qu'on ait défini formellement l'ensemble $\mathbb{N}$. Une définition formelle du cardinal est alors la suivante : $\text{Card}(E)$ est un entier n tel que E est en bijection avec $\{1, 2, \ldots, n\}$ si un tel entier existe, et $+\infty$ sinon. Il faut néanmoins alors démontrer l'unicité d'un tel entier n lorsqu'il existe, ce qui, quoiqu'intuitivement évident, n'est pas trivial à obtenir, mais peut se faire par récurrence.

4.4 Images directes et réciproques

Dans cette sous-section, on se fixe deux ensembles A et B et une application $f : A \longrightarrow B$.

Définition 19

On appelle *image directe par f* l'application de $\mathcal{P}(A)$ dans $\mathcal{P}(B)$ définie de la façon suivante : $\begin{cases} \mathcal{P}(A) & \longrightarrow & \mathcal{P}(B) \\ X & \longmapsto & \{f(x),\ x \in X\} \end{cases}$.

Ainsi, pour toute partie X de A, l'image directe par f de X est l'ensemble des images des éléments de X.

Exemples 20

1. Plaçons-nous dans le cas $f : \begin{cases} \mathbb{R} & \longrightarrow & \mathbb{R}_+ \\ x & \longmapsto & x^2 \end{cases}$.
   - L'image directe par f de $[0, 1]$ est $\{x^2,\ x \in [0, 1]\} = [0, 1]$.

- L'image directe par f de $[-1,1]$ est $\{x^2,\ x\in[-1,1]\}$ qui est aussi $[0,1]$.
- L'image directe par f de $\mathbb{R}$ est l'ensemble des carrés de réels. C'est donc $\mathbb{R}_+$.

2. Plaçons-nous dans le cas $\begin{cases} \mathbb{R}_+ & \longrightarrow & \mathbb{R} \\ x & \longmapsto & x^2 \end{cases}$
   - L'image directe par f de $[0,1]$ est $\{x^2,\ x\in[0,1]\}=[0,1]$.
   - L'image directe par f de $[-1,1]$ n'a pas de sens : $[-1,1]$ n'est pas une partie de $\mathbb{R}_+$.
   - L'image directe par f de $\mathbb{R}_+$ est l'ensemble des carrés de réels positifs. C'est donc $\mathbb{R}_+$.

Exemples 21

1. Plaçons-nous dans le cas $f=\rho : \begin{cases} \mathbb{N} & \longrightarrow & \mathcal{F}(\mathbb{R},\mathbb{R}) \\ n & \longmapsto & f_n = x\mapsto x^n \end{cases}$.

   L'image directe de $\mathbb{N}$ est $\{f_n,\ n\in\mathbb{N}\}$. On ne peut guère faire mieux ici que recopier la définition.
2. Plaçons-nous dans le cas $f=\mathrm{eval}_0 : \begin{cases} \mathcal{F}(\mathbb{R},\mathbb{R}) & \longrightarrow & \mathbb{R} \\ g & \longmapsto & g(0) \end{cases}$.

   L'image directe de $\{f_n,\ n\in\mathbb{N}\}$ est $\{0,1\}$.
   En effet on a $\mathrm{eval}_0(f_0)=1$ et $\mathrm{eval}_0(f_n)=0$ pour $n\neq 0$.
3. Plaçons-nous dans le cas $f=\partial : \begin{cases} \mathcal{C}^\infty(\mathbb{R},\mathbb{R}) & \longrightarrow & \mathcal{C}^\infty(\mathbb{R},\mathbb{R}) \\ g & \longmapsto & g' \end{cases}$.

   L'image directe de l'ensemble des fonctions réelles affines est l'ensemble des fonctions réelles constantes.

Définition 20

On appelle *image réciproque par f* l'application de $\mathcal{P}(B)$ dans $\mathcal{P}(A)$ définie par $\begin{cases} \mathcal{P}(B) & \longrightarrow & \mathcal{P}(A) \\ Y & \longmapsto & \{a\in A,\ f(a)\in Y\} \end{cases}$.

Ainsi, pour toute partie Y de B, l'image réciproque par f de Y est l'ensemble des antécédents des éléments de A.

Exemples 22

1. Plaçons-nous dans le cas $f : \begin{cases} \mathbb{R} & \longrightarrow & \mathbb{R}_+ \\ x & \longmapsto & x^2 \end{cases}$.
   - L'image réciproque par f de $[0,1]$ est $\{x\in\mathbb{R},\ x^2\in[0,1]\}=[-1,1]$.
   - L'image réciproque par f de $[-1,1]$ n'a pas de sens car $[-1,1]$ n'est pas une partie de $\mathbb{R}_+$.

- L'image réciproque par f de $\mathbb{R}_+$ est $\mathbb{R}$ car tout réel a un carré dans $\mathbb{R}_+$.

2. Plaçons-nous dans le cas $\left\{\begin{array}{ccc} \mathbb{R}_+ & \longrightarrow & \mathbb{R} \\ x & \longmapsto & x^2 \end{array}\right.$.
   - L'image réciproque par f de $[0,1]$ est $\{x \in \mathbb{R}_+,\ x^2 \in [0,1]\} = [0,1]$.
   - L'image réciproque par f de $[-1,1]$ est $\{x \in \mathbb{R}_+,\ x^2 \in [-1,1]\} = [0,1]$
   - L'image réciproque par f de $\mathbb{R}_+$ est $\mathbb{R}_+$ car tout réel positif a un carré dans $\mathbb{R}_+$, mais l'image réciproque de $\mathbb{R}$ est également $\mathbb{R}_+$.
   - L'image réciproque par f de $\mathbb{R}_-$ est $\{0\}$ car 0 est le seul élément de $\mathbb{R}_-$ qui soit un carré. L'image réciproque par f de $]-4,0[$ est $\emptyset$ car aucun élément de $]-4,0[$ n'est un carré.

Exemples 23

1. Plaçons-nous dans le cas $f = \rho : \left\{\begin{array}{ccc} \mathbb{N} & \longrightarrow & \mathcal{F}(\mathbb{R},\mathbb{R}) \\ n & \longmapsto & f_n = x \mapsto x^n \end{array}\right.$.

   L'image réciproque de $\{\exp, \cos, \sin\}$ est $\emptyset$ car aucun des trois éléments de $\{\exp, \cos, \sin\}$ n'est de la forme f_n. Montrons-le pour exp, le raisonnement étant analogue pour cos et sin. Raisonnons par l'absurde : supposons qu'il existe un entier n tel que $\exp = f_n$. En dérivant $n+1$ fois cette égalité, ce qui est loisible car elle porte entre fonctions indéfiniment dérivables, on obtient que la dérivée $(n+1)$-ième de la fonction exponentielle est égale à la dérivée $(n+1)$-ième de la fonction $x \mapsto x^n$. Or on sait que l'exponentielle est égale à sa dérivée, donc aussi à sa dérivée seconde, sa dérivée troisième, et de proche en proche à sa dérivée $(n+1)$-ième. On sait aussi que la dérivée de $x \mapsto x^n$ est $x \mapsto nx^{n-1}$, que sa dérivée seconde est $x \mapsto n(n-1)x^{n-2}$, et de proche en proche que sa dérivée $(n+1)$-ième est nulle. Finalement, on obtient que la fonction exponentielle est égale à la fonction nulle, ce qui est notoirement faux puisqu'on a $\exp(0) = 1 \neq 0$.

2. Plaçons-nous dans le cas $f = \mathrm{eval}_0 : \left\{\begin{array}{ccc} \mathcal{F}(\mathbb{R},\mathbb{R}) & \longrightarrow & \mathbb{R} \\ g & \longmapsto & g(0) \end{array}\right.$.

   L'image réciproque du singleton $\{0\}$ est l'ensemble des fonctions réelles qui s'annulent en 0. Ici encore on n'a guère pu faire mieux que recopier la définition.

3. Plaçons-nous dans le cas $f = \partial : \left\{\begin{array}{ccc} \mathcal{C}^\infty(\mathbb{R},\mathbb{R}) & \longrightarrow & \mathcal{C}^\infty(\mathbb{R},\mathbb{R}) \\ g & \longmapsto & g' \end{array}\right.$.

   L'image réciproque de l'ensemble des fonctions rélles affines est l'ensemble des fonctions polynomiales de degré 2.

Les applications « image directe par f » et « image réciproque par f » sont d'utilisation très fréquente. Pour se décharger des lourdeurs des énoncés des exemples 20 à 23, il est donc indispensable de leur donner des notations. Malheureusement, les notations imposées par l'usage sont surchargées.

Notations 5

1. Pour toute partie X de A, on notera $f(X) = \{f(x),\ x \in X\}$. Autrement dit, on notera aussi f l'application « image directe par f ».
2. Pour toute partie Y de B, on notera $f^{-1}(Y) = \{a \in A,\ f(a) \in Y\}$. Autrement dit, on notera f^{-1} l'application « image réciproque par f ».

Ces notations surchargent donc les expressions f et f^{-1}.
Ainsi f peut représenter aussi bien l'application initiale, de A dans B, que son image directe, de $\mathcal{P}(A)$ dans $\mathcal{P}(B)$. On estime que le contexte permet de déterminer de quelle application il s'agit, suivant qu'on l'applique à des éléments de A ou des parties de A (qui coïncident rarement).
Quant à l'expression f^{-1}, elle pouvait déjà désigner l'application réciproque de f, **à condition que celle-ci existe**. Elle peut désormais également représenter l'application « image réciproque par f », de $\mathcal{P}(B)$ dans $\mathcal{P}(A)$. On estime que le contexte permet de déterminer de quelle application il s'agit, suivant qu'on l'applique à des éléments de B ou des parties de B (qui coïncident rarement).

L'application réciproque de f existe toujours, même lorsque f n'est pas bijective, alors que l'éventuelle application réciproque de f existe si et seulement si f est bijective.

Remarque 19
Les notations f et f^{-1} sont néanmoins non contradictoires au sens suivant : dans le cas où f est bijective, l'application « image réciproque par f » et l'application « image directe par l'application réciproque de f » coïncident.

Démonstration

Soit $Y \in \mathcal{P}(B)$, c'est-à-dire $Y \subset B$.
L'image réciproque par f de Y est :

$$\begin{aligned}
\{a \in A,\ f(a) \in Y\} &= \{f^{-1}(f(a)),\ a \in A,\ f(a) \in Y\} && \text{par définition,}\\
&= \{f^{-1}(b),\ \exists a \in A,\ b = f(a),\ b \in Y\} && \text{par définition,}\\
&= \{f^{-1}(b),\ b \in Y\} && \text{car } f \text{ est bijective.}
\end{aligned}$$

L'image directe par f^{-1} de Y est justement $\{f^{-1}(b),\ b \in Y\}$.

Ceci étant vrai pour toute partie Y de B, les applications considérées prennent les mêmes valeurs en les mêmes points. Elles sont donc égales.

Voyons maintenant quelques propriétés immédiates et utiles de l'image directe et de l'image réciproque.

Proposition 30

1. On a toujours $f^{-1}(\emptyset) = \emptyset$.
2. On a toujours $f(\emptyset) = \emptyset$.
3. On a toujours $f^{-1}(B) = A$.
4. L'application f est surjective si et seulement si on a $f(A) = B$.

DÉMONSTRATION

On obtient chaque point de cette proposition par simple reformulation de la définition.

1. On a $f^{-1}(\emptyset) = \{a \in A,\ f(a) \in \emptyset\}$. Mais par définition, l'énoncé « $f(a) \in \emptyset$ » est faux, et donc $\{a \in A,\ f(a) \in \emptyset\} = \emptyset$.
2. On a $f(\emptyset) = \{f(x),\ x \in \emptyset\} = \{b \in B,\ \exists x \in \emptyset,\ f(x) = b\}$. Mais par définition, l'énoncé « $\exists x \in \emptyset,\ f(x) = b$ » est faux (comme toute quantification existentielle sur le vide), et donc $\{b \in B,\ \exists x \in \emptyset,\ f(x) = b\} = \emptyset$.
3. On a $f^{-1}(B) = \{a \in A,\ f(a) \in B\}$. Mais par définition, on a $f \in \mathcal{F}(A, B)$ donc tout élément de la forme $f(a)$ appartient à B. Ainsi l'énoncé « $f(a) \in B$ » est vrai, et donc $\{a \in A,\ f(a) \in B\} = A$.
4. Dire que f est surjective, c'est dire que tout élément de B est de la forme $f(a)$, pour un certain $a \in A$, c'est-à-dire qu'on a $B \subset \{f(a),\ a \in A\} = f(A)$. Comme l'autre inclusion est vraie par définition, cela équivaut bien à $B = f(A)$.

Proposition 31

Les applications « image directe par f » et « image réciproque par f » sont croissantes pour l'inclusion, c'est-à-dire :

1. $\forall (X, X') \in \mathcal{P}(A)^2, X \subset X' \Rightarrow f(X) \subset f(X')$;
2. $\forall (Y, Y') \in \mathcal{P}(B)^2, Y \subset Y' \Rightarrow f^{-1}(Y) \subset f^{-1}(Y')$.

DÉMONSTRATION

1. Soit $(X, X') \in \mathcal{P}(A)^2$ et supposons $X \subset X'$.
   Soit $b \in f(X) = \{f(x),\ x \in X\}$. Il existe donc $x \in X$ tel que $b = f(x)$, et comme $X \subset X'$, on peut aussi écrire $x \in X'$ si bien qu'on a $b \in \{f(x),\ x \in X'\} = f(X')$.
   Ceci étant vrai pour tout élément $b \in f(X)$, on a bien montré $f(X) \subset f(X')$.
2. Soit $(Y, Y') \in \mathcal{P}(B)^2$ et supposons $Y \subset Y'$.
   Soit $a \in f^{-1}(Y) = \{\alpha \in A,\ f(\alpha) \in Y\}$. On a donc $f(a) \in Y$ et comme $Y \subset Y'$, on peut aussi écrire $f(a) \in Y'$ si bien qu'on a $a \in \{\alpha \in A,\ f(\alpha) \in Y'\} = f^{-1}(Y')$.
   Ceci étant vrai pour tout élément $a \in f^{-1}(Y)$, on a bien montré $f^{-1}(Y) \subset f^{-1}(Y')$.

4.5 Indicatrice d'une partie d'un ensemble

Dans toute cette sous-section, E désigne un ensemble.

On a vu précédemment que, une fois choisie une variable, la technique de construction d'un ensemble en compréhension peut être vue comme un dictionnaire entre parties de E et énoncés. Nous allons voir ici comment émuler les énoncés à l'aide des fonctions indicatrices, ce qui permettra d'internaliser ce résultat.

Définition 21

Étant donnée une partie A, on appelle *indicatrice de A* l'application
$$\left\{\begin{array}{ccc} E & \longrightarrow & \{0,1\} \\ x & \longmapsto & \left\{\begin{array}{l} 0 \text{ si } x \notin A \\ 1 \text{ si } x \in A \end{array}\right. \end{array}\right. .$$
Les programmes de CPGE proposent de noter $\mathbb{1}_A$ cette application, ce que nous ferons par la suite, mais on trouve très souvent la notation χ_A dans la littérature.

Exemples 24

1. Plaçons-nous dans le cas $E = \mathbb{N}$. Considérons alors la partie $2\mathbb{N}+1 = \{2n+1,\ n \in \mathbb{N}\}$.
   Son indicatrice est l'application $\mathbb{1}_{2\mathbb{N}+1} : \left\{\begin{array}{ccc} \mathbb{N} & \longrightarrow & \{0,1\} \\ n & \longmapsto & \left\{\begin{array}{l} 0 \text{ si } n \text{ est pair} \\ 1 \text{ si } n \text{ est impair} \end{array}\right. \end{array}\right. .$
   Il s'agit donc de l'application qui à un entier associe son reste modulo 2.

2. Plaçons-nous dans le cas $E = X \times X$, où X est un ensemble
   Considérons alors la partie $\Delta_X = \left\{ \begin{pmatrix} x \\ x \end{pmatrix},\ x \in E \right\}$ de E.

   Son indicatrice est l'application $\mathbb{1}_{\Delta_X} : \left\{ \begin{array}{ccc} X \times X & \longrightarrow & \{0,1\} \\ (x,y) & \longmapsto & \left\{ \begin{array}{l} 0 \text{ si } x \neq y \\ 1 \text{ si } x = y \end{array} \right. \end{array} \right.$.

   Introduisons ici une notation : on appelle *symbole de Kronecker*, et on note $\delta_{x,y}$, le nombre qui vaut 1 si $x = y$ et 0 sinon. On a ainsi $\mathbb{1}_{\Delta_X}(x,y) = \delta_{x,y}$.

En prenant un peu de recul on réalise qu'on a ainsi défini une application entre $\mathcal{P}(E)$ et $\{0,1\}^E$, l'application $\chi : \left\{ \begin{array}{ccc} \mathcal{P}(E) & \longrightarrow & \{0,1\}^E \\ A & \longmapsto & \mathbb{1}_A \end{array} \right.$.

On peut maintenant énoncer le résultat évoqué au début de la sous-section.

Proposition 32

Les ensembles $\mathcal{P}(E)$ et $\mathcal{F}(E, \{0,1\})$ sont en bijection.

Plus précisément, l'application χ est bijective.

Il faut comprendre ce résultat ainsi : se donner une partie de E, c'est la même chose que se donner un procédé qui, à un élément de E, répond « oui » (codé ici par 1) ou « non » (codé ici par 0) selon que cet élément appartient ou pas à la partie.

Démonstration

Notons $\Theta : \left\{ \begin{array}{ccc} \mathcal{F}(E, \{0,1\}) & \longrightarrow & \mathcal{P}(E) \\ f & \longmapsto & f^{-1}(\{1\}) \end{array} \right.$.

Ainsi, pour toute application f de E dans $\{0,1\}$, on a $\Theta(f) = \big\{x \in E,\ f(x) = 1\big\}$.

On va montrer que Θ est l'application réciproque de χ, ce qui établira le résultat.

- Soit $f \in \mathcal{F}(E, \{0,1\})$. On a :

$$\begin{array}{rcll} (\chi \circ \Theta)(f) & = & \chi\big(\Theta(f)\big) & \text{par définition de } \circ, \\ & = & \chi\big(f^{-1}(1)\big) & \text{par définition de } \Theta, \\ & = & \mathbb{1}_{f^{-1}(1)} & \text{par définition de } \chi, \\ & = & x \mapsto \left\{ \begin{array}{l} 0 \text{ si } x \notin f^{-1}(1) \\ 1 \text{ si } x \in f^{-1}(1) \end{array} \right. & \text{par définition de } \mathbb{1}_A, \\ & = & x \mapsto \left\{ \begin{array}{l} 0 \text{ si } f(x) \neq 1 \\ 1 \text{ si } f(x) = 1 \end{array} \right. & \text{par définition de } f^{-1}, \end{array}$$

$$\begin{aligned} &= x \mapsto \begin{cases} 0 \text{ si } f(x) = 0 \\ 1 \text{ si } f(x) = 1 \end{cases} && \text{car, dans } \{0,1\}, \text{ seul 0 diffère de 1,} \\ &= x \mapsto f(x) \\ &= f && \text{par définition de l'égalité.} \end{aligned}$$

Ceci étant vrai pour toute application $f \in \{0,1\}^E$, on a $\chi \circ \Theta = \mathrm{id}_{\{0,1\}^E}$.

- Soit $A \in \mathcal{P}(E)$. On a :

$$\begin{aligned} (\Theta \circ \chi)(A) &= \Theta\big(\chi(A)\big) && \text{par définition de } \circ, \\ &= \Theta\big(\mathbb{1}_A\big) && \text{par définition de } \chi, \\ &= \big\{x \in E,\ \mathbb{1}_A(x) = 1\big\} && \text{par définition de } \Theta, \\ &= \big\{x \in E,\ x \in A\big\} && \text{par définition de } \mathbb{1}_A, \\ &= A && \text{par définition de l'égalité.} \end{aligned}$$

Ceci étant vrai pour toute partie A de E, on a montré $\Theta \circ \chi = \mathrm{id}_{\mathcal{P}(E)}$.

En corollaire de cette proposition, on retrouve que, si E est fini, on a $|\mathcal{P}(E)| = 2^{|E|}$. En effet, on a vu a la remarque 17 que deux ensembles en bijection ont même cardinal, on a vu dans la proposition 32 que $\mathcal{P}(E)$ et $\{0,1\}^E$ sont en bijection, et on a vu dans la proposition 13 qu'on a $\left|\{0,1\}^E\right| = |\{0,1\}|^{|E|} = 2^{|E|}$.

4.6 Familles et opérations sur les familles d'ensembles

Partons du constat suivant : pour tout ensemble A on peut, à toute application $f \in A^{\{1,2\}}$, associer le couple $(f(1), f(2)) \in A^2$.

On obtient ainsi une application $\Phi_2 : \begin{cases} A^{\{1,2\}} & \longrightarrow & A^2 \\ f & \longmapsto & (f(1), f(2)) \end{cases}$.

Mais cette application Φ_2 est clairement bijective : étant donné un couple $(x, y) \in A^2$, il existe une unique application $f \in A^{\{1,2\}}$ telle que $f(1) = x$ et $f(2) = y$, par définition de l'égalité entre fonctions. En conclusion, on a $A^{\{1,2\}}$ en bijection naturelle avec A^2. Cela signifie que l'on aurait pu coder les couples d'éléments d'un même ensemble à l'aide des applications de source $\{1, 2\}$, plutôt que de la façon proposée dans la définition 2. Ce codage est d'ailleurs beaucoup plus naturel[27].

Ne nous arrêtons pas en si bon chemin : pour tout ensemble A et tout entier $n \geqslant 1$, on peut plus généralement, à toute application $f \in A^{\{1,2,\ldots,n\}}$, associer le n-uplet

27. Mais ne se généralise pas directement aux couples d'éléments appartenant à deux ensembles distincts. De plus, la notion d'application telle qu'on l'a définie est informelle, et la définition formelle utilise les couples.

$\big(f(1), f(2), \ldots, f(n)\big) \in A^n$.

On obtient ainsi une application $\Phi_n : \begin{cases} A^{\{1,2,\ldots,n\}} & \longrightarrow & A^n \\ f & \longmapsto & \big(f(1), f(2), \ldots, f(n)\big) \end{cases}$.

Et cette application Φ_n est là encore bijective, toujours par définition de l'égalité entre fonctions. En conclusion, on a $A^{\{1,2,\ldots,n\}}$ en bijection naturelle avec A^n, et cela signifie que l'on aurait pu coder les n-uplets d'éléments d'un même ensemble à l'aide des applications de source $\{1, 2, \ldots, n\}$, plutôt qu'en emboitant des couples comme dans les notations 2. Il n'est d'ailleurs pas nécessaire d'exclure le cas $n = 0$. On obtient alors que $\{1, 2, \ldots, n\}$ est vide et que, quel que soit A, il existe un unique 0-uplet d'éléments de A : le n-uplet $()$.

Ces deux exemples illustrent que l'on peut voir les applications de I dans A comme des « listes d'éléments de A indexées par I ». Le mot « liste » est ici à prendre avec des pincettes : A peut très bien être infini, ou même être infini non dénombrable[28].

Définition 22 (Famille)

Soit A et I deux ensembles. On appelle *famille d'éléments de A indexée par I* une application $\mathcal{F} \in A^I$.

Une famille est donc, par définition, une application, mais il ne s'agit là que d'un codage, le concept que l'on souhaite définir étant celui de liste généralisée. Pour insister sur ce point, on adopte des conventions de représentation généralisant celles des n-uplets.

1. La famille $\mathcal{F} : \begin{cases} I & \longrightarrow & A \\ i & \longmapsto & x_i \end{cases}$ sera notée $(x_i)_{i \in I}$. Cette notation généralise la notation bien connue pour les suites, c'est-à-dire du cas où $I = \mathbb{N}$. Le lecteur y est sans doute habitué : on note une suite à valeurs dans A sous la forme $(u_n)_{n \in \mathbb{N}}$ plutôt que sous la forme $\begin{cases} \mathbb{N} & \longrightarrow & A \\ n & \longmapsto & u_n \end{cases}$. C'est dû au fait qu'on ne souhaite pas vraiment voir une suite comme un cas particulier d'application, mais bien comme un cas particulier de famille.

2. Lorsque I est un ensemble au plus dénombrable[29] sur lequel il existe un ordre naturel, au sens où le contexte ne laisse aucune ambiguïté sur la relation d'ordre en question (typiquement : le cas où I est une partie de $\mathbb{N}$), on peut écrire $I = \{i_1, i_2, \ldots\}$ avec $i_1 < i_2 < \cdots$. La famille $\mathcal{F} : i \mapsto v_i$ sera alors notée *in extenso* : $(v_{i_1}, v_{i_2}, \ldots)$.

28. Un ensemble est dit *infini dénombrable* lorsqu'il est en bijection avec $\mathbb{N}$. Un ensemble infini non dénombrable est donc un ensemble dont on ne peut pas énumérer les éléments, même à l'aide d'une énumération infinie.

29. Fini ou infini dénombrable.

Dans la suite de la sous-section, on se fixe un ensemble E et on s'intéresse au cas particulier $A = \mathcal{P}(E)$, c'est-à-dire aux familles de parties de l'ensemble E.

Définition 23

Soit $(A_i)_{i\in I}$ une famille de parties de E. On appelle *réunion de la famille* $(A_i)_{i\in I}$ l'ensemble $\bigcup_{i\in I} A_i = \{x \in E,\ \exists i \in I,\ x \in A_i\}$.

Voyons pourquoi cette définition généralise bien l'union de deux ensembles, qui correspond, comme on l'a vu en introduction de cette sous-section, au cas particulier $I = \{1, 2\}$. Commençons par remarquer que, pour tout énoncé $P(A_i)$, l'énoncé « $\exists i \in \{1, 2\},\ P(A_i)$ » gagne à se reformuler « $P(A_1)$ ou $P(A_2)$ ».
Dans le cas particulier $I = \{1, 2\}$ on a donc $(A_i)_{i\in I} = (A_1, A_2)$ et finalement :
$\bigcup_{i\in\{1,2\}} A_i = \{x \in E,\ \exists i \in \{1, 2\},\ x \in A_i\} = \{x \in E,\ x \in A_1 \text{ ou } x \in A_2\} = A_1 \cup A_2.$

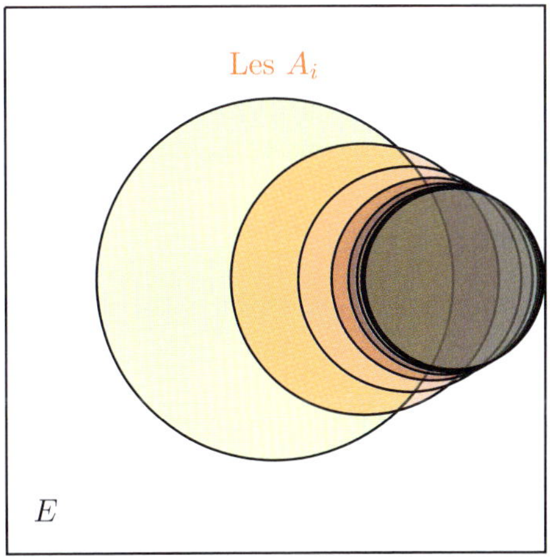

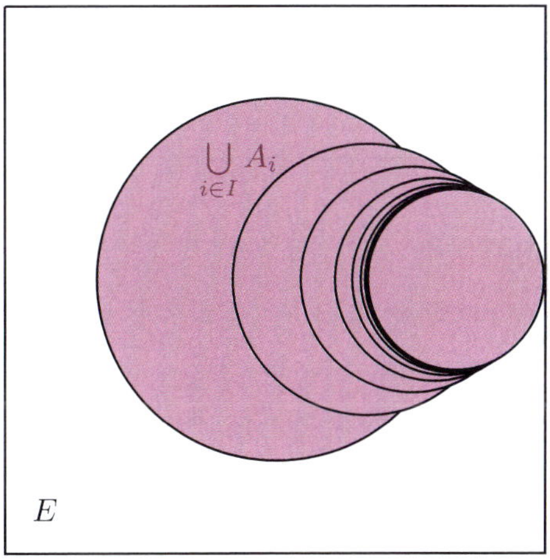

Exemples 25

1. Plaçons-nous dans le cas $E = \mathbb{R}$ et considérons la famille $\big([n, n + 1]\big)_{n\in\mathbb{N}}$.
   Sa réunion est $\mathbb{R}_+$.
2. Plaçons-nous dans le cas $E = \mathbb{R}$ et considérons la famille $\left(\left[0, \frac{1}{n}\right]\right)_{n\in\mathbb{N}\setminus\{0\}}$.
   Sa réunion est $[0, 1]$.
3. On a toujours $\bigcup_{x\in E} \{x\} = E$. La famille de tous les singletons de E a pour réunion l'ensemble E.

Définition 24

Soit $(A_i)_{i\in I}$ une famille de parties de E. On appelle *intersection de la famille* $(A_i)_{i\in I}$ l'ensemble $\bigcap_{i\in I} A_i = \{x \in E,\ \forall i \in I,\ x \in A_i\}$.

Là encore : $\bigcap_{i\in\{1,2\}} A_i = \{x \in E,\ \forall i \in \{1,2\},\ x \in A_i\} = A_1 \cap A_2$.

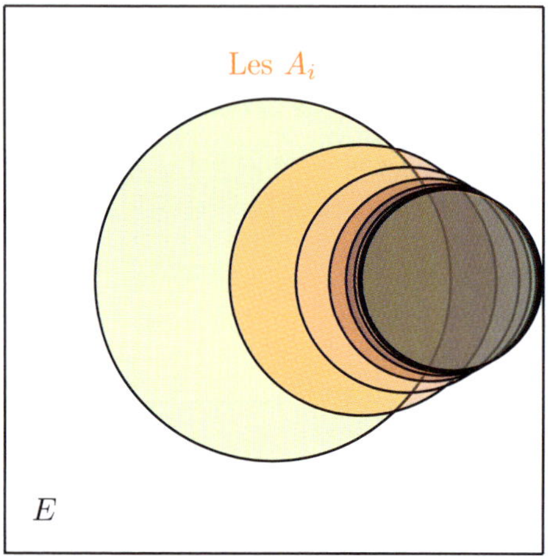

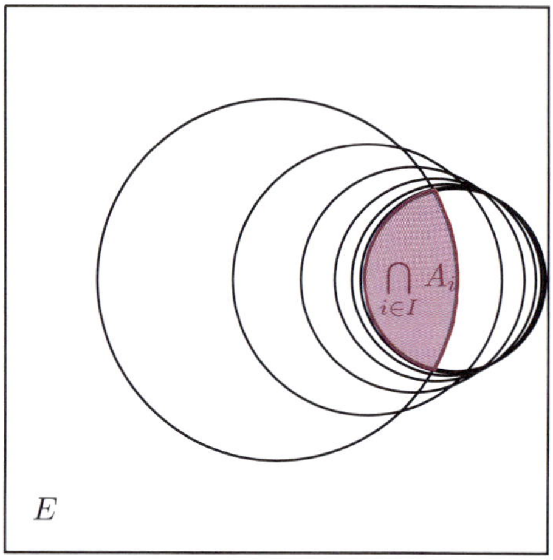

Exemples 26

1. Plaçons-nous dans le cas $E = \mathbb{R}$ et considérons la famille $\big([n, n+1]\big)_{n\in\mathbb{N}}$.
   Son intersection est $\emptyset$.
2. Plaçons-nous dans le cas $E = \mathbb{R}$ et considérons la famille $\left(\left[0, \frac{1}{n}\right]\right)_{n\in\mathbb{N}\setminus\{0\}}$.
   Son intersection est $\{0\}$.

5 Relations

5.1 Définition et premiers exemples

Étant donnés deux ensembles A et B, on sait déjà définir informellement une relation entre éléments de A et éléments de B : c'est un procédé qui, étant donné un élément de a et un élément de b, donne « vrai » si les éléments sont en relation, et « faux » sinon.

Ainsi, on connaît déjà des relations, comme :

1. la relation de divisibilité sur $\mathbb{N}$, qui porte sur les entiers naturels, c'est-à-dire qui met en relation un entier naturel avec un autre entier naturel, et que l'on a déjà évoqué ;

2. la relation de congruence modulo π, qui porte sur les réels ;
3. la relation de colinéarité qui porte sur les vecteurs du plan[30] ;
4. la relation d'égalité sur A qui porte sur les éléments d'un ensemble A ;
5. la relation d'appartenance qui met en relation un élément d'un ensemble E avec une partie de ce même ensemble E ; etc.

On ne s'intéresse ici qu'à des relations binaires : **deux** éléments peuvent être, ou pas, en relation. On pourrait aussi s'intéresser aux procédés qui mettent en relation trois éléments ou plus, mais il n'en sera pas fait mention dans cet ouvrage. Les exemples précédents illustrent déjà deux types de relations binaires : celles qui mettent en relations deux éléments d'un même ensemble (comme la colinéarité ou l'égalité) et celles qui mettent en relation des éléments de deux ensembles différents (comme l'appartenance qui met en relation éléments de E et éléments de $\mathcal{P}(E)$).

Essayons de formaliser la définition informelle précédente. Une relation entre A et B doit, étant donné un couple $(a, b) \in A \times B$, permettrent de déterminer si a et b sont en relation ou pas. Un codage ensembliste très simple de cela est de se donner l'ensemble de tous les couples (a, b) en relation, c'est-à-dire une partie de $A \times B$.

Définition 25

1. Etant donnés deux ensembles A et B, on appelle *relation binaire entre A et B*, ou plus simplement *relation entre A et B* une partie de $A \times B$.
2. On appelle *relation binaire sur A*, ou plus simplement *relation sur A* une relation entre A et A.

Bien évidemment, la définition formelle n'est qu'un codage ensembliste pour les relations, mais elle a le mérite de sa simplicité[31]. Pour rendre cette définition conforme à nos pratiques, introduisons une notation.

Notation 6

Si $\mathcal{R}$ est une relation entre A et B on notera $a\mathcal{R}b$ pour $(a, b) \in \mathcal{R}$. On dira alors que *a est en relation avec b pour $\mathcal{R}$*.

Exemples 27 Reprenons les relations données dans l'exemple introductif et définissons-les sous forme formelle.

30. Et que l'on généralisera dans le chapitre 11, page 605.
31. C'est pourquoi on l'a choisie ici. Une autre définition raisonnable consiste à considérer les triplets $(A, B, \mathcal{R})$ où $\mathcal{R}$ est une partie de $A \times B$.

1. La relation de divisibilité[32] sur $\mathbb{N}$ est la relation $\mid$ définie de la façon suivante : $\{(a,b) \in \mathbb{N}^2,\ \exists k \in \mathbb{N},\ b = ak\}$. On notera donc, comme on l'a déjà fait, $a \mid b$ pour $(a,b) \in \mid$.

2. La relation de congruence modulo 2π sur $\mathbb{R}$ est la relation définie de la façon suivante : $\mathcal{Q}_{2\pi} = \{(x,y) \in \mathbb{R}^2,\ \exists k \in \mathbb{Z},\ y = x + 2k\pi\}$. On note[33] $a \equiv b\ [2\pi]$ pour $(a,b) \in \mathcal{Q}_{2\pi}$. On peut plus généralement, pour tout nombre réel t, définir la relation de congruence modulo t qui est la relation $\mathcal{Q}_t = \{(x,y) \in \mathbb{R}^2,\ \exists k \in \mathbb{Z},\ y = x + kt\}$. On note[34] $a \equiv b\ [t]$ pour $(a,b) \in \mathcal{Q}_t$. Dans le chapitre 5, on étudiera en détail la restriction à $\mathbb{Z}$ des relations $\mathcal{Q}_n$ pour $n \in \mathbb{N}$.

3. La relation de colinéarité sur l'ensemble des vecteurs du plan (notons-le provisoirement $\overrightarrow{\mathcal{P}}$) est la relation $/\!/ = \{(u,v) \in \overrightarrow{\mathcal{P}}^2,\ \exists k \in \mathbb{R}, u = kv \text{ ou } \exists k \in \mathbb{R}, v = ku\}$. On notera $u /\!/ v$ pour $(u,v) \in /\!/$.

4. La relation d'égalité sur A est la relation $\{(a,a),\ a \in A\} = \Delta_A$.
   C'est donc le graphe de id_A.

5. La relation d'appartenance entre E et $\mathcal{P}(E)$ est $\{(x,X) \in E \times \mathcal{P}(E),\ x \in X\}$. Attention, ce qui précède n'est pas une définition formelle de l'appartenance, puisqu'on y utilise déjà la notion d'appartenance.

À l'instar des applications de A dans B, les relations entre A et B ont une représentation patatoïdale naturelle : on figure les ensembles A et B et, pour tout couple (a,b) tel que a est en relation avec b, on fait figurer une flèche d'origine a et d'extrémité b. Dans le cas $A = B$, on peut figurer une seule fois l'ensemble $A = B$.

Exemples 28

1. Considérons les ensembles $A = \{a\}$ et $B = \{1,2\}$. Il y a exactement quatre relations entre A et B : la relation pleine $\{(a,1),(a,2)\}$ pour laquelle tout élément de A est en relation avec tout élément de B, la relation $\{(a,1)\}$, la relation $\{(a,2)\}$, et la relation vide $\emptyset$ pour laquelle aucun élément n'est en relation avec aucun élément.

32. On se place ici dans $\mathbb{N}$ mais on peut aussi définir la divisibilité dans un anneau de façon totalement analogue. Voir page 240 pour la définition de la divisibilité dans $\mathbb{Z}$. Voir page 403 pour la définition d'un anneau.
33. On voit aussi : $a \equiv b \bmod 2\pi$.
34. On voit aussi : $a \equiv b \bmod t$.

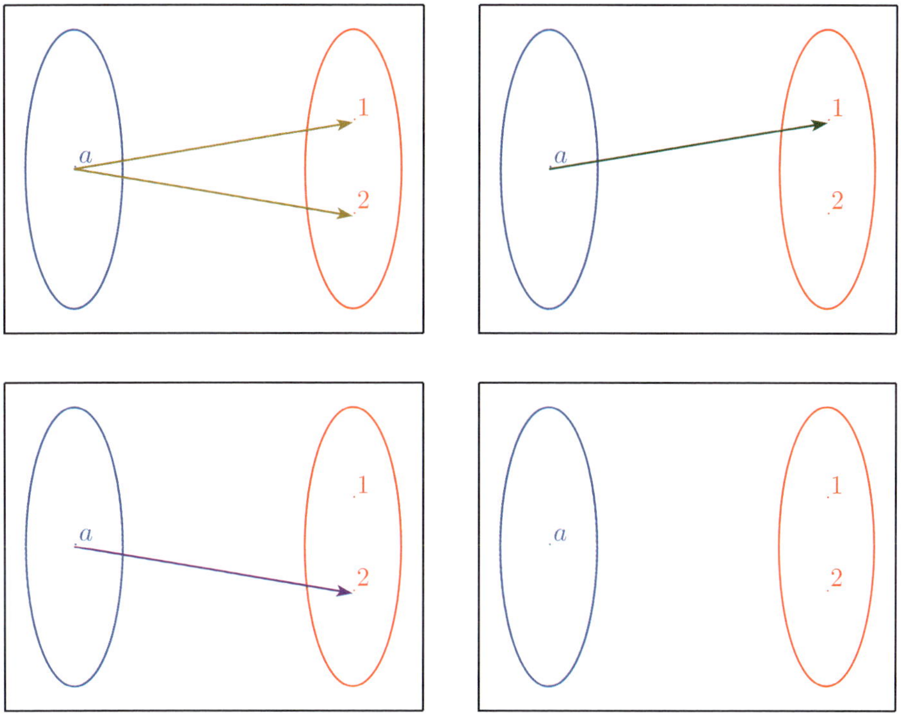

2. Considérons l'ensemble $A = \{\pi, \mathrm{e}\}$. Il y a exactement seize relations sur A :

   a. on peut avoir, ou pas, π en relation avec π, ce qui donne 2 choix possibles ;

   b. on peut avoir, ou pas, π en relation avec e, ce qui donne 2 choix possibles ;

   c. on peut avoir, ou pas, e en relation avec π, ce qui donne 2 choix possibles ;

   d. on peut avoir, ou pas, e en relation avec e, ce qui donne 2 choix possibles ;

   et finalement on a donc $2 \times 2 \times 2 \times 2 = 2^4 = 16$ choix de relations possibles : la relation pleine pour laquelle tout élément de A est en relation avec tout élément de B, la relation vide pour laquelle aucun élément n'est en relation avec aucun élément, la relation $\mathcal{R} = \{(\pi, \pi), (\pi, \mathrm{e}), (\mathrm{e}, \pi)\}$ et 13 autres.

   Donnons une représentation patatoïdale de $\mathcal{R}$:

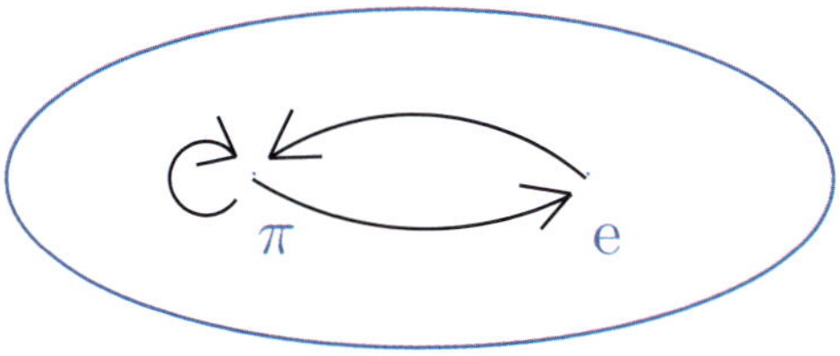

5.2 Relations fonctionnelles et totales - Complément

Remarque 20

À toute application $f : A \to B$ on peut associer une relation $\mathcal{R}_f$ entre A et B : son graphe. Explicitement on a $a \, \mathcal{R}_f \, b \quad \Leftrightarrow \quad b = f(a)$.

Exemples 29

1. On a vu dans l'exemple 27.4 que l'égalité sur A était la relation $\mathcal{R}_{\mathrm{id}_A}$ associée à id_A.
2. Considérons l'ensemble S_A des bijections de A dans A et considérons $\mathcal{R}$ qui met en relation toute application $f \in S_A$ avec toute application réciproque de f :
$$f\mathcal{R}g \Leftrightarrow f \circ g = g \circ f = \mathrm{id}_A\,.$$
D'après le théorème 3, tout élément de S_A a une application réciproque, et d'après la proposition 24, cette application réciproque f^{-1} est unique. Par conséquent la relation $\mathcal{R}$ est bien associée à une application, l'application $\Phi : \begin{cases} S_A & \longrightarrow & S_A \\ f & \longmapsto & f^{-1} \end{cases}$.

La plupart des relations que l'on est amené à considérer ne sont pas de cette forme.

Exemples 30

1. Reprenons l'exemple 28.1.
La relation $\{(a,1)\}$ est bien de la forme $\mathcal{R}_f$, pour $f : \begin{cases} \{a\} & \longrightarrow & \{1,2\} \\ a & \longmapsto & 1 \end{cases}$.
La relation $\{(a,2)\}$ est bien de la forme $\mathcal{R}_f$, pour $f : \begin{cases} \{a\} & \longrightarrow & \{1,2\} \\ a & \longmapsto & 2 \end{cases}$.
Par contre la relation pleine $\{(a,1),(a,2)\}$ n'est pas de la forme $\mathcal{R}_f$, car a est en relation avec 1, mais a est aussi en relation avec 2, et on aurait $1 = f(a) = 2$. La relation vide n'est pas non plus de la forme $\mathcal{R}_f$, sans quoi a serait en relation avec $f(a)$ pour la relation vide, alors qu'aucun élément n'est en relation avec aucun élément.
2. Supposons que A comprenne au moins deux éléments. Considérons l'ensemble A^A de toutes les applications de A dans A et considérons $\mathcal{R}$ qui met en relation toute application $f \in A^A$ avec toute application réciproque de f : $f\mathcal{R}g \Leftrightarrow f \circ g = g \circ f = \mathrm{id}_A$. Cette relation n'est pas de la forme $\mathcal{R}_\phi$, car il existe des applications non bijectives de A dans A, et ces applications ne sont en relation avec aucune application, ce qui contredit $f \, \mathcal{R}_\phi \, \phi(f)$.

Introduisons un peu de terminologie.

Une relation $\mathcal{R}$ entre A et B est dite

- *totale* lorsque $\forall a \in A,\ \exists b \in B,\ a\mathcal{R}b$;
- *fonctionnelle* lorsque $\forall a \in A,\ \forall (b_1, b_2) \in B^2\ a\mathcal{R}b_1 \wedge a\mathcal{R}b_2 \Rightarrow b_1 = b_2$.

On remarquera le caractère dual de ces définitions vis-à-vis des définitions de surjectivité et d'injectivité. En particulier, au vu du paragraphe 2.2, on a immédiatement que $\mathcal{R}$ est fonctionnelle et totale si et seulement si $\forall a \in A,\ \exists! b \in B,\ a\mathcal{R}b$.

Remarque 21

Une relation $\mathcal{R}$ entre A et B est le graphe d'une application de A dans B si et seulement si $\mathcal{R}$ est fonctionnelle et totale.

DÉMONSTRATION

Soit $\mathcal{R}$ une relation entre A et B.

$\boxed{\Rightarrow}$ Supposons qu'il existe $f : A \longrightarrow B$ telle que $\mathcal{R} = \mathcal{R}_f$. Alors tout élément a de A est, par définition, en relation avec un unique élément de B, l'élément $f(a)$. Ce qui signifie bien que $\mathcal{R}$ est fonctionnelle et totale.

$\boxed{\Leftarrow}$ Supposons $\mathcal{R}$ fonctionnelle et totale, c'est dire que tout élément de A est en relation avec un unique élément de B.

Définissions $f : \begin{cases} A & \longrightarrow & B \\ a & \longmapsto & \text{l'unique élément } b \in B \text{ tel que } f(a) = b \end{cases}$.

On a bien, par construction, $\mathcal{R} = \mathcal{R}_f$.

Remarque 22

La remarque 21 permet donc d'obtenir une définition formelle du concept d'application. Elle indique en effet qu'on peut définir une application entre A et B comme un triplet $(A, B, \mathcal{R})$ où $\mathcal{R}$ est une relation fonctionnelle et totale entre A et B.

5.3 Relations d'équivalence et relations d'ordre

Dans cette sous-section on se donne un ensemble A et on s'intéresse exclusivement aux relations sur A.

Définition 26

Soit $\mathcal{R}$ une relation sur A. On dit que $\mathcal{R}$ est :

- *réflexive* lorsque $\forall a \in A,\ a\mathcal{R}a$;
- *symétrique* lorsque $\forall (a, b) \in A^2,\ a\mathcal{R}b \Rightarrow b\mathcal{R}a$;
- *antisymétrique* $\forall (a, b) \in A^2,\ a\mathcal{R}b$ et $b\mathcal{R}a \Rightarrow a = b$;
- *transitive* lorsque $\forall (a, b, c) \in A^3,\ a\mathcal{R}b$ et $b\mathcal{R}c \Rightarrow a\mathcal{R}c$.

Exemples 31 Reprenons les relations données en exemple introductif.

1. La relation de divisibilité sur $\mathbb{N}$ est réflexive, antisymétrique et transitive.
2. La relation de congruence modulo t sur $\mathbb{R}$ est réflexive, symétrique et transitive.
3. La relation de colinéarité n'est pas transitive sur $\overrightarrow{\mathcal{P}}$.
4. La relation d'égalité sur A est réflexive, symétrique, antisymétrique et transitive.

DÉMONSTRATION

1. • Réflexivité : Soit $a \in \mathbb{N}$. On peut écrire $a = 1 \times a$ et on a $1 \in \mathbb{N}$ donc a divise a.
   • Antisymétrie : Soit $(a, b) \in \mathbb{N}^2$ et supposons $a \mid b$ et $b \mid a$. Il existe $k \in \mathbb{N}$ tel que $b = ka$ et il existe $k' \in \mathbb{N}$ tel que $a = k'b$. On en déduit $a = k'ka$ et donc on a soit $a = 0$, soit $k'k = 1$.
   Dans le cas $a = 0$, on obtient $b = 0$ et en particulier $a = b$.
   Dans le cas $k'k = 1$, on a un produit de deux entiers naturels qui vaut 1, ce qui n'est possible que si chacun de ces entiers vaut 1. Ainsi $k = k' = 1$ et $a = b$.
   Dans tous les cas, on obtient $a = b$.
   • Transitivité : Soit $(a, b, c) \in \mathbb{N}^3$ tels que $a \mid b$ et $b \mid c$. Il existe donc $k \in \mathbb{N}$ tel que $b = ka$ et il existe $k' \in \mathbb{N}$ tel que $c = k'b$. On en déduit : $c = k'(ka) = (k'k)a$ où $k'k \in \mathbb{N}$. On a donc $a \mid c$.
2. • Réflexivité : Soit $x \in \mathbb{R}$. On a $x = x + 0 \times t$ et $0 \in \mathbb{Z}$, donc $x \equiv x\ [t]$.
   • Symétrie : Soit $(x, y) \in \mathbb{R}^2$ tels que $x \equiv y\ [t]$. Il existe donc $k \in \mathbb{Z}$ tel que $y = x + k \times t$. En retranchant kt aux deux membres il vient $x = y + (-k) \times t$ et $-k \in \mathbb{Z}$ car $k \in \mathbb{Z}$. On a donc $y \equiv x\ [t]$.
   • Transitivité : Soit $(x, y, z) \in \mathbb{R}^3$ tels que $x \equiv y\ [t]$ et $y \equiv z\ [t]$. Ainsi, il existe $k \in \mathbb{Z}$ tel que $y = x + k \times t$ et il existe $k' \in \mathbb{Z}$ tel que $z = y + k' \times t$. Par suite on a $z = x + k \times t + k' \times t = x + (k + k') \times t$ et $k + k' \in \mathbb{Z}$. On a donc $x \equiv z\ [t]$.
3. On sait qu'il existe des vecteurs du plan non colinéaires. Choississons-en deux, u et v, et notons provisoirement $\overrightarrow{0}$ le vecteur nul. On a clairement, par définition, $u \,/\!/\, \overrightarrow{0}$ et $\overrightarrow{0} \,/\!/\, v$, et pourtant u n'est pas colinéaire à v. La relation de colinéarité n'est donc pas transitive.
   On laisse au lecteur le soin de se convaincre que la relation de colinéarité est toutefois réflexive et symétrique.
4. L'égalité vérifie clairement les quatre propriétés par définition.

Remarque 23

L'égalité est donc simultanément symétrique et antisymétrique. Réciproquement, si une relation $\mathcal{R}$ sur A est simultanément symétrique et antisymétrique, alors c'est une restriction de l'égalité, c'est-à-dire qu'elle vérifie $\forall(a,b) \in A^2,\ a\mathcal{R}b \Rightarrow a = b$. En effet, si a et b sont deux éléments de A tels que $a\mathcal{R}b$, alors on a $b\mathcal{R}a$ par symétrie puis $a = b$ par antisymétrie.

Par contraposition, on en déduit que si une relation n'est pas une restriction de l'égalité, alors elle ne peut pas être simultanément symétrique et antisymétrique.

Définition 27

On dit que $\mathcal{R}$ est

- une *relation d'équivalence*, ou plus simplement *une équivalence*, lorsqu'elle est réflexive, symétrique et transitive.
- une *relation d'ordre*, ou plus simplement *un ordre*, lorsqu'elle est réflexive, antisymétrique et transitive.

À noter : en PCSI, la seule relation d'ordre au programme est l'ordre standard $\leqslant$ sur $\mathbb{R}$. Le lecteur ne retrouve alors dans la suite que des résultats *a priori* bien connus.

Exemples 32 Reprenons les relations données en exemple introductif.

1. La relation de divisibilité sur $\mathbb{N}$ est une relation d'ordre.

2. La relation de congruence modulo t sur $\mathbb{R}$ est une relation d'équivalence.

3. La relation de colinéarité n'est ni une relation d'ordre, ni une relation d'équivalence sur $\overrightarrow{\mathcal{P}}$, car elle n'est pas transitive sur $\overrightarrow{\mathcal{P}}$.
   On laisse néanmoins le lecteur se convaincre que, si on la restreint à l'ensemble des vecteurs non nuls du plan, on obtient une relation d'équivalence.

4. La relation d'égalité sur A est à la fois une relation d'ordre et une relation d'équivalence.

Remarque 24

D'après la remarque 23, les seules relations qui soient simultanément des relations d'ordre et des relations d'équivalence sont les restrictions de l'égalité

On connaît d'autres exemples de relations d'ordre. Certaines sont bien connues du lecteur, et systématiquement notées $\leqslant$. Par exemple, l'ordre standard sur $\mathbb{N}$, ou l'ordre standard sur $\mathbb{Z}$, ou l'ordre standard sur $\mathbb{R}$. On connaît également une relation $\leqslant$ définie sur $\mathbb{R}^{\mathbb{R}}$ par $f \leqslant g \Leftrightarrow \forall x \in \mathbb{R}, f(x) \leqslant g(x)$ et c'est bien une relation d'ordre.

Définition 28 (Ordre total / partiel - MPSI)

Une relation d'ordre $\mathcal{R}$ est dite

- *d'ordre total* lorsqu'on a $\forall (a,b) \in A, a\mathcal{R}b$ ou $b\mathcal{R}a$;
- *d'ordre partiel* sinon.

Exemples 33

1. La relation $\leqslant$ sur $\mathbb{R}$ est une relation d'ordre total.
2. La relation $\leqslant$ sur $\mathbb{R}^{\mathbb{R}}$: $f \leqslant g \Leftrightarrow \forall x \in \mathbb{R},\ f(x) \leqslant g(x)$ est une relation d'ordre partiel.
3. La relation d'inclusion sur $\mathcal{P}(E)$ est une relation d'ordre, partiel si E a au moins deux éléments distincts.
4. La relation de divisibilité sur $\mathbb{N}$ est une relation d'ordre partiel.

DÉMONSTRATION

1. On ne montrera pas ce point car cela nous amèrait trop loin, mais le lecteur en est bien convaincu.
2. Les fonctions réelles $f = x \mapsto x^2$ et $g = \mathrm{id}_{\mathbb{R}}$ sont incomparables.
   En effet, on a $f\left(\frac{1}{2}\right) < g\left(\frac{1}{2}\right)$ mais $f(2) > g(2)$. Par conséquent, aucun des deux énoncés $\forall x \in \mathbb{R},\ f(x) \leqslant g(x)$ et $\forall x \in \mathbb{R},\ g(x) \leqslant f(x)$ ne saurait être vrai.
3. On montre d'abord que l'inclusion est une relation d'ordre :
   - Réflexivité : Soit $X \in \mathcal{P}(E)$. Assurément tous les éléments de X appartiennent à X. On a donc bien $X \subset X$.
   - Antisymétrie : Soient $X, Y \in \mathcal{P}(E)$ tels que $X \subset Y$ et $Y \subset X$. Par double inclusion, on a $X = Y$.
   - Transitivité : Soient $X, Y, Z \in \mathcal{P}(E)$ tels que $X \subset Y$ et $Y \subset Z$. Soit $x \in X$. On a $x \in Y$ car $X \subset Y$ donc $x \in Z$ car $Y \subset Z$. Ceci étant vrai pour tout élément x de X, on a $X \subset Z$.

   Si E a au moins deux éléments alors l'ordre est partiel. En effet, soit $x, y \in E$ avec $x \neq y$, on a alors $\{x\} \not\subset \{y\}$ et $\{y\} \not\subset \{x\}$ donc $\{x\}$ et $\{y\}$ sont incomparables.
4. On a déjà vu que la divisibilité est une relation d'ordre sur $\mathbb{N}$.
   L'ordre est partiel car $2 \nmid 3$ et $3 \nmid 2$.

La divisibilité sur $\mathbb{Z}$ n'est pas un ordre. Elle est seulement réflexive et transitive, mais pas antisymétrique puisqu'on a par exemple $-2 \mid 2$ et $2 \mid -2$, alors qu'on a $2 \neq -2$.

Remarques 25

1. À toute relation réflexive et transitive $\mathcal{R}$ on peut associer une relation d'équivalence $\simeq_{\mathcal{R}}$ définie par : $a \simeq_{\mathcal{R}} b \Leftrightarrow a\mathcal{R}b \wedge b\mathcal{R}a$.
2. Si on identifie tous les éléments de A en relation pour $\simeq_{\mathcal{R}}$ on transforme $\mathcal{R}$ en une relation d'ordre. Par exemple, si A est $\mathbb{Z}$ et $\mathcal{R}$ la divisibilité, on a $a \simeq_{|} b \Leftrightarrow a = \pm b$. L'identification transforme $(\mathbb{Z}, |)$ en $(\mathbb{N}, |)$.
   On démontre cette description de $\simeq_{|}$ p. 242.

Définition 29 (Ordre strict - MPSI)

Soit $\leqslant_A$ une relation d'ordre sur A. On appelle *ordre strict associé à* $\leqslant_A$ la relation $<_A$ définie par $a <_A b \Leftrightarrow a \leqslant_A b$ et $a \neq b$.

On peut définir les ordres stricts indépendamment des ordres (voir pour cela l'exercice 2.8) mais les deux concepts vont de pair. Le lecteur connaît bien un certain nombre d'ordres stricts, systématiquement notés $<$, par exemple, l'ordre strict standard sur $\mathbb{N}$, ou l'ordre strict standard sur $\mathbb{Z}$, ou l'ordre strict standard sur $\mathbb{R}$. On connaît également une relation $<$ définie sur $\mathbb{R}^{\mathbb{R}}$ par $f < g \Leftrightarrow \forall x \in \mathbb{R},\ f(x) < g(x)$: c'est bien un ordre strict, mais attention, ce n'est pas l'ordre strict associé à la relation $\leqslant$ définie par $f \leqslant g \Leftrightarrow \forall x \in \mathbb{R},\ f(x) \leqslant g(x)$ (voir l'exercice 2.8).

Définition 30

Étant donnée une relation d'équivalence $\mathcal{R}$ sur E, et un élément $x \in E$, on appelle *classe d'équivalence de* x la partie de E notée $\overline{x}^{\mathcal{R}}$, ou plus simplement $\overline{x}$, suivante : $\{y \in E,\ y\mathcal{R}x\}$.

On dit qu'une partie F de E est une classe d'équivalence de $\mathcal{R}$ lorsqu'elle est de la forme $F = \overline{x}$ pour un certain $x \in E$.

Exemples 34

1. Si $\mathcal{R}$ est l'égalité, les classes déquivalences sont précisément les singletons.
2. Plaçons nous dans le cas $E = \mathbb{N}$ et $a\mathcal{R} \Leftrightarrow a = \pm b$. Les classes d'équivalence sont les paires $\{n, -n\}$, pour $n \in \mathbb{N}$. Ces paires ont deux éléments sauf la paire $\{0, 0\} = \{0\}$.
3. Plaçons nous dans le cas $E = \mathbb{N}$, fixons un entier naturel $k > 0$ et considérons $a\mathcal{R}b \Leftrightarrow a \equiv b\ [k]$, c'est-à-dire la restriction à $\mathbb{N}$ de la congruence modulo k. Les classes déquivalence sont les ensembles $k\mathbb{N} + r = \{kn + r,\ n \in \mathbb{N}\}$, pour $r \in \{0, 1, \ldots, k-1\}$.

Remarques 26

1. La réflexivité de $\mathcal{R}$ se traduit par $\forall x \in E,\ x \in \overline{x}$. En particulier, la réunion de toutes les classes d'équivalence de $\mathcal{R}$ donne E.
2. La symétrie et la transitivité montrent qu'on a $x\mathcal{R}y \Leftrightarrow \overline{x} = \overline{y} \Leftrightarrow \overline{x} \cap \overline{y} \neq \emptyset$. En particulier l'intersection de deux classes d'équivalences distinctes est toujours disjointe.

Remarque 27

Lorsqu'on considère une relation d'équivalence sur E, tout élément x de E est en relation avec les éléments de sa classe d'équivalence et seulement ceux-ci.

Un élément distingué d'une classe d'équivalence est appelé un *représentant* de cette classe d'équivalence.

Il arrive, pour certaines relations d'équivalences, qu'on ait des représentants particulièrement naturels pour chaque classe d'équivalence. On les appelle alors *représentants canoniques* de leur classe d'équivalence.

Par exemple, pour $E = \mathbb{N}$ et $a\mathcal{R}b \Leftrightarrow a = \pm b$, chaque classe d'équivalence $\{n, -n\}$ a un représentant canonique : n.

Pour $E = \mathbb{N}$, $k > 0$ et $a\mathcal{R}b \Leftrightarrow a \equiv b\ [k]$, chaque classe d'équivalence $k\mathbb{N} + r = \big\{kn + r,\ n \in \mathbb{N}\big\}$ a un représentant canonique : r.

6 Ensembles ordonnés

Dans cette section on se place dans un ensemble ordonné $(E, \leqslant_E)$ c'est-à-dire un couple avec E un ensemble et $\leqslant_E$ une relation d'ordre sur E.

L'objectif est de généraliser les définitions et propriétés connues sur $(\mathbb{R}, \leqslant)$ pour un ensemble ordonné quelconque. Cela dit, en PCSI, seul le cas $E = \mathbb{R}$ est au programme, et le lecteur est censé trouver dans la suite une majorité de concepts et de résultats connus.

6.1 Majorant et minorant

Définition 31

Soit $A \subset E$. On dit que

- $M \in E$ est un *majorant* de A lorsque $\forall a \in A,\ a \leqslant_E M$
- $m \in E$ est un *minorant* de A lorsque $\forall a \in A,\ m \leqslant_E a$

Exemple 35

Sur $(\mathbb{R}, \leqslant)$ on considère $A = [0, 1[$. Les réels π, e et 1 sont, par exemple, des majorants de A. Les réels -1000 et 0 sont, par exemple, des minorants de A.

Exemples 36

1. Plaçons-nous dans le cas $(E, \leqslant_E) = (\mathbb{N}, |)$
   - Considérons $A = \{1, 2, 3\}$.
     Un majorant de A est un entier naturel simultanément divisible par 1, 2 et 3, par exemple $0, 6, 12, 18, 42, \ldots$
     Un minorant de A est un entier naturel qui divise 1, 2 et 3. En particulier il doit diviser 1, ce qui n'est le cas que de 1. Le seul minorant de A est donc 1.
   - Considérons $A = \mathbb{N} = \{0, 1, 2, \ldots\}$
     On a un unique majorant : 0 ; et un unique minorant : 1.
2. Plaçons-nous dans le cas $(E, \leqslant_E) = (\mathbb{N}, \leqslant)$ et considérons $A = \mathbb{N} = \{0, 1, 2, \ldots\}$.
   Cette fois, on n'a pas de majorant. On a un unique minorant : 0
3. Plaçons-nous dans le cas $(E, \leqslant_E) = (\mathbb{R}, \leqslant)$ et $A = \mathbb{R}$. Il n'existe ni majorant, ni minorant.

⚠ Ces exemples illustrent qu'un majorant (respectivement un minorant) n'existe pas nécessairement, et n'est pas nécessairement unique.

6.2 Plus grand élément et plus petit élément

a. Maximum et minimum

Définition 32

Soit $A \subset E$. On dit que
- $M \in E$ est un *plus grand élément*, ou un *maximum* de A lorsque $M \in A$ et $\forall a \in A,\ a \leqslant_E M$
- $m \in E$ est un *plus petit élément*, ou un *minimum* de A lorsque $m \in A$ et $\forall a \in A,\ m \leqslant_E a$

Exemple 37

Sur $(\mathbb{R}, \leqslant)$ on considère $A = [0, 1[$. On a un plus petit élément 0, mais on n'a pas de plus grand élément.

Proposition 33

1. Un plus grand élément est nécessairement unique.
2. Un plus petit élément est nécessairement unique.

DÉMONSTRATION

1. Supposons qu'on ait deux plus grands éléments M_1 et M_2. D'après la définition

   $M_1 \in A$ et $\forall a \in A, a \leqslant_E M_1$,

   $M_2 \in A$ et $\forall a \in A, a \leqslant_E M_2$.

   En particulier, $M_2 \leqslant_E M_1$ car $M_2 \in A$ et $M_1 \leqslant_E M_2$ car $M_1 \in A$.

   Par antisymétrie on obtient $M_1 = M_2$.

2. Un plus petit élément pour $\leqslant$ est un plus grand élément pour la relation renversée $\geqslant$. D'où le résultat..

Notation 7

Sous réserve d'existence, on note $\max(A)$ le plus grand élément de A et $\min(A)$ le plus petit élément de A (le contexte permet en général de déterminer $(E, \leqslant_E)$).

Exemples 38

1. Plaçons-nous dans le cas $(E, \leqslant_E) = (\mathbb{N}, |)$
   - Considérons $A = \{1, 2, 3\}$. On a $\min(A) = 1$, mais $\max(A)$ n'existe pas.
   - Considérons $A = \mathbb{N} = \{0, 1, 2, \ldots\}$. On a $\min(A) = 1$ et $\max(A) = 0$.
   - Considérons $A = \{2, 3\}$. Ni $\min(A)$, ni $\max(A)$ n'existent.
2. Plaçons-nous dans le cas d'un ensemble ordonné $(E, \leqslant_E)$ quelconque et considérons $A = \{a\}$. On a $\min(A) = a$ et $\max(A) = a$.
3. Plaçons-nous dans le cas $(E, \leqslant_E) = (\mathcal{P}(\mathbb{R}), \subset)$
   - Considérons $A = \{\emptyset, \mathbb{N}, 2\mathbb{N}, \mathbb{Z}\}$. On a $\max(A) = \mathbb{Z}$ et $\min(A) = \emptyset$.
   - Considérons $A = \{\mathbb{R}_+^*, \mathbb{R}_-^*, \{0\}\}$. Ni $\min(A)$, ni $\max(A)$ n'existent.
4. Plaçons-nous dans le cas d'un ensemble ordonné $(E, \leqslant_E)$ quelconque et considérons $A = \emptyset$. Ni $\min(A)$, ni $\max(A)$ n'existent.

b. Borne supérieure et borne inférieure

Définition 33

Soit $A \subset E$. On dit que

- $S \in E$ est une *borne supérieure* de A lorsque S est le plus petit des majorants de A.
- $I \in E$ est une *borne inférieure* de A lorsque I est le plus petit des minorants de A.

Exemple 39

Sur $(\mathbb{R}, \leqslant)$ on considère $A = [0, 1[$. On a 0 comme borne inférieure et 1 comme borne supérieure.

Un borne supérieure (respectivement inférieure) n'existe pas toujours en général. Par exemple, $]0, +\infty[$ a 0 pour borne inférieure, mais n'a pas de borne supérieure. Par contre, comme tout plus petit ou plus grand élément, les bornes supérieures et inférieures, lorsqu'elles existent, sont uniques.

Notation 8

Sous réserve d'existence, on note $\sup(A)$ la borne supérieure de A et $\inf(A)$ la borne inférieure de A (le contexte permet en général de déterminer $(E, \leqslant_E)$).

Exemples 40

1. Plaçons-nous dans le cas $(E, \leqslant_E) = (\mathbb{N}, |)$ et considérons $A = \{2, 3\}$
   L'ensemble des minorants est $\{1\}$. Il a bien un plus grand élément qui est 1, donc $\inf(A) = 1$.
   L'ensemble des majorants de A est $\{n \in \mathbb{N}, 2 \mid n \text{ et } 3 \mid n\} = \{n \in \mathbb{N}, 6 \mid n\} = 6\mathbb{N}$ (on détaillera cette égalité dans le chapitre 5). L'ensemble des majorants a bien un plus petit élément (pour $|$) qui est 6, donc $\sup(A) = 6$.
   On reviendra en détail sur les bornes inférieures et supérieures dans $(\mathbb{N}, |)$ dans le chapitre 5), notamment page 285.

2. Plaçons-nous dans le cas $(E, \leqslant_E) = (\mathcal{P}(F), \subset)$, où F est un ensemble comprenant au moins deux éléments.
   - Considérons $A = \{P, Q\}$, avec $P \subset F$ et $Q \subset F$.
     L'ensemble des majorants de A est $\big\{B \in \mathcal{P}(F),\ P \subset B \text{ et } Q \subset B\big\}$, c'est-à-dire $\big\{B \subset \mathcal{P}(F),\ P \cup Q \subset B\big\}$. Par définition, on a donc : $\sup\big(\{P, Q\}\big) = P \cup Q$.

L'ensemble des minorants de A, est $\{B \in \mathcal{P}(F),\ B \subset P \text{ et } B \subset Q\}$, c'est-à-dire $\{B \subset \mathcal{P}(F),\ B \subset P \cap Q\}$. Par définition, on a donc : $\inf(A) = P \cap Q$.

- Considérons $A = \{P_i,\ i \in I\}$, où I est un ensemble et où les P_i sont des parties de F. Pour la même raison que dans le point précédent, on a $\sup(A) = \bigcup_{i \in I} P_i$ et $\inf(A) = \bigcap_{i \in I} P_i$.

Proposition 34

Si $\max(A)$ existe, alors $\sup(A)$ existe et $\sup(A) = \max(A)$.

Si $\min(A)$ existe, alors $\inf(A)$ existe et $\inf(A) = \min(A)$.

DÉMONSTRATION

Si $\max(A)$ existe, c'est un majorant par définition. De plus, il appartient à A par définition donc est inférieur à tout majorant de A. C'est donc bien le plus petit des majorants. Même chose pour $\min(A)$.

6.3 Monotonie

Définition 34

Soient $(E, \leqslant_E)$ et $(F, \leqslant_F)$ deux ensembles ordonnés.

1. On dit que $f : E \to F$ est *croissante* lorsqu'on a :
   $\forall (a,b) \in E^2,\ a \leqslant_E b \Rightarrow f(a) \leqslant_F f(b)$.
2. On dit que $f : E \to F$ est *décroissante* lorsqu'on a :
   $\forall (a,b) \in E^2,\ a \leqslant_E b \Rightarrow f(b) \leqslant_F f(a)$.
3. On dit que $f : E \to F$ est *strictement croissante* lorsqu'on a :
   $\forall (a,b) \in E^2,\ a <_E b \Rightarrow f(a) <_F f(b)$.
4. On dit que $f : E \to F$ est *strictement décroissante* lorsqu'on a :
   $\forall (a,b) \in E^2,\ a <_E b \Rightarrow f(b) <_F f(a)$.

Remarques 28

1. Si $(E, \leqslant_E)$ est $(\mathbb{N}, \leqslant)$, on obtient la notion de suite croissante à valeurs dans $(F, \leqslant_F)$.
2. Si $(E, \leqslant_E)$ est une partie de $\mathbb{R}$ ordonnée par la restriction de l'ordre standard, et $(F, \leqslant_F) = (\mathbb{R}, \leqslant)$, on obtient la notion de fonction réelle croissante.

3. On a déjà évoqué la notion de croissance pour l'inclusion et on y reviendra plusieurs fois. Par exemple, pour $f : A \longrightarrow B$, les applications « image directe par f » et « image réciproque par f » sont croissantes, vues comme applications de $(\mathcal{P}(A), \subset)$ dans $(\mathcal{P}(B), \subset)$, ou de $(\mathcal{P}(B), \subset)$ dans $(\mathcal{P}(A), \subset)$.
Si E est un ensemble fini, l'application Card : $\left\{\begin{array}{ccc} \mathcal{P}(E) & \longrightarrow & \mathbb{N} \\ A & \longmapsto & \mathrm{Card}(A) \end{array}\right.$ est croissante, et même strictement croissante, comme application de $(\mathcal{P}(E), \subset)$ dans $(\mathbb{N}, \leqslant)$.

7 Exercices corrigés

Remarque 29

Dans les exercices 2.3 et 2.4, on demande de « comparer des ensembles ». Il est entendu que la relation d'ordre sous-jacente est l'inclusion ; on demande donc de montrer que l'un des deux ensembles est inclus dans l'autre lorsque c'est le cas, ou de montrer que les ensembles sont égaux lorsque c'est le cas, ou de montrer qu'ils peuvent être incomparables lorsque c'est le cas.

7.1 Logique

2.1 Problème de fin de chapitre

Dans ce problème, on s'intéresse à l'ensemble des formules propositionnelles. Les variables propositionnelles y seront notées avec des majuscules simples $(P, Q, R, S, \ldots)$ et les formules propositionnelles avec des majuscules calligraphiées $(\mathcal{F}, \mathcal{G}, \ldots)$. On notera également v la proposition vraie (indépendante des variables propositionnelles) et f la proposition fausse (indépendante des variables propositionnelles). On rappelle que deux formules propositionnelles $\mathcal{F}$ et $\mathcal{G}$ sont considérées comme égales lorsqu'elles ont la même table de vérité, ou encore, de façon équivalente, lorsque la formule $\mathcal{F} \Leftrightarrow \mathcal{G}$ est vraie.

On rappelle qu'un connecteur logique est un opérateur qui, à partir d'une, ou de deux, ou même de zéro formules logiques, permet de construire une nouvelle formule logique. On connaît déjà les connecteurs logiques $\neg$ (négation), $\vee$ (disjonction), $\wedge$ (conjonction), $\Rightarrow$ (implication), $\Leftrightarrow$ (équivalence), v (proposition vraie) et f (proposition fausse). On peut bien sûr définir de nouveaux connecteurs, *mais on admettra que toute formule propositionnelle est égale à une formule propositionnelle ne contenant que des connec-*

teurs de cette liste. On dira qu'un ensemble $\mathcal{E}$ de connecteurs logiques **est une base** lorsque les deux propriétés suivantes sont vérifiées :

i/ toute formule est égale à une formule ne s'écrivant qu'avec des connecteurs de $\mathcal{E}$,

ii/ si l'on retire un connecteur à l'ensemble $\mathcal{E}$, la propriété précédente n'est plus vraie.

1. Préambule.
   Dans toute la suite, on note $\mathcal{F}_0$ la formule $\mathcal{F}_0 = \big((P \wedge Q) \Rightarrow R\big) \Rightarrow (P \Rightarrow R)$.
   La formule $\mathcal{F}_0$ est-elle vraie ?

2. Dans cette partie, on montre que $\mathcal{E}_1 = \{\neg, \vee\}$ est une base.

   a. Étant données deux formules $\mathcal{F}$ et $\mathcal{G}$, montrer que les formules $\mathcal{F} \Rightarrow \mathcal{G}$, $\mathcal{F} \wedge \mathcal{G}$ et $\mathcal{F} \Leftrightarrow \mathcal{G}$ sont égales à des formules s'écrivant à l'aide de $\mathcal{F}$, $\mathcal{G}$, $\neg$ et $\wedge$ seulement.

   b. En déduire que toute formule propositionnelle est égale à une formule pouvant s'écrire uniquement à l'aide des variables propositionnelles et des connecteurs $\neg$ et $\vee$.
   On démontrera avec beaucoup de soin le résultat de cette question !

   c. Finalement, justifier que $\mathcal{E}_1 = \{\neg, \vee\}$ est une base.

   d. Application : donner une formule égale à $\mathcal{F}_0$ mais s'écrivant uniquement à l'aide des variables propositionnelles et des connecteurs $\neg$ et $\vee$.

3. Dans cette partie, on montre que $\mathcal{E}_2 = \{\Rightarrow, f\}$ est une base.

   a. Étant donnée une formule $\mathcal{F}$, donner une formule simple égale à $\mathcal{F} \Rightarrow f$.

   b. Étant données deux formules $\mathcal{F}$ et $\mathcal{G}$, montrer que la formule $\mathcal{F} \vee \mathcal{G}$ est égale à une formule pouvant s'écrire à l'aide de $\mathcal{F}$, $\mathcal{G}$, $\Rightarrow$ et f seulement.

   c. En déduire que toute formule propositionnelle est égale à une formule pouvant s'écrire uniquement à l'aide des variables propositionnelles et des connecteurs $\Rightarrow$ et f.

   d. Finalement, justifier que $\mathcal{E}_2 = \{\Rightarrow, f\}$ est une base.

   e. Application : donner une formule égale à $\mathcal{F}_0$ mais s'écrivant uniquement à l'aide des variables propositionnelles et des connecteurs $\Rightarrow$ et f.

4. Dans cette partie, on exhibe une base ayant un seul connecteur.
   On définit le **connecteur de Sheffer**, noté $|$, comme suit : étant données deux formules $\mathcal{F}$ et $\mathcal{G}$, on pose $\mathcal{F}|\mathcal{G} = \neg\mathcal{F} \vee \neg\mathcal{G}$.

   a. Donner la table de vérité de $P|Q$.

   b. Étant donnée une formule $\mathcal{F}$, donner une formule simple égale à $\mathcal{F}|\mathcal{F}$.

c. Étant données deux formules $\mathcal{F}$ et $\mathcal{G}$, donner une formule simple égale à $(\mathcal{F}|\mathcal{F})|(\mathcal{G}|\mathcal{G})$.

d. En déduire que toute formule propositionnelle est égale à une formule pouvant s'écrire uniquement à l'aide des variables propositionnelles et du connecteur de Sheffer $|$.

e. Conclure.

f. Application : donner une formule égale à $\mathcal{F}_0$ mais s'écrivant uniquement à l'aide des variables propositionnelles et du connecteur $|$.

C 2.1 Problème de fin de chapitre

1. Une approche sémantique permet de répondre rapidement. La formule $\mathcal{F}_0$ exprime que, si on peut déduire R à partir de P et Q, alors on peut déduire R à partir de seulement P. Cela nous convainc que $\mathcal{F}_0$ n'est pas une tautologie, et nous permet aussi de trouver une distribution de valeurs de vérité pour laquelle $\mathcal{F}_0$ est fausse : il faut et suffit de prendre $P = v$, $Q = f$, $R = f$.

2. a. • D'après le cours on a $\mathcal{F} \Rightarrow \mathcal{G} = (\neg\mathcal{F}) \vee \mathcal{G}$ qui est bien une formule écrite uniquement à l'aide de $\mathcal{F}$, $\mathcal{G}$, $\neg$ et $\vee$.

   • D'après les lois de De Morgan et en utilisant l'involutivité de la négation on a $\mathcal{F} \wedge \mathcal{G} = (\neg\neg\mathcal{F}) \wedge (\neg\neg\mathcal{G}) = \neg\big((\neg\mathcal{F}) \vee (\neg\mathcal{G})\big)$ qui est bien une formule écrite uniquement à l'aide de $\mathcal{F}$, $\mathcal{G}$, $\neg$ et $\vee$.

   • D'après le cours on a $\mathcal{F} \Leftrightarrow \mathcal{G} = (\mathcal{F} \wedge \mathcal{G}) \vee (\neg\mathcal{F} \wedge \neg\mathcal{G})$ et donc d'après le point précédent on a : $\mathcal{F} \Leftrightarrow \mathcal{G} = \neg\big((\neg\mathcal{F}) \vee (\neg\mathcal{G})\big) \vee \neg(\mathcal{F} \vee \mathcal{G})$ en utilisant l'involutivité de la négation.

   b. *Voyons déjà pourquoi le résultat est évident : on a admis que toute formule $\mathcal{H}$ était égale à une formule ne contenant que des connecteurs de la liste suivante : $\{\neg, \wedge, \vee, \Rightarrow, \Leftrightarrow, v, f\}$. Admettons que v et f puissent s'écrire uniquement à l'aide de $\neg$, $\wedge$, et de variables propositionnelles. Alors, on obtiendra une formule égale à $\mathcal{H}$ mais ne contenant que des $\neg$, des $\vee$ et des variables propositionnelles en remplaçant tous les motifs de la forme f, v, $\mathcal{F} \wedge \mathcal{G}$ et $\mathcal{F} \Rightarrow \mathcal{G}$ qu'on peut trouver dans $\mathcal{H}$ par leurs expressions obtenues à la question précédentes (ou dont on a temporairement admis l'existence pour v et f). En recommençant autant de fois que nécessaire, on obtiendra à la fin une formule ne contenant que des $\neg$, des $\wedge$, et de variables propositionnelles.*

   Même si cet argumentaire est convainquant, il ne s'agit pas d'une démonstration correctement rédigée, à cause du « en recommencant autant de fois que nécessaire » (qui semble cacher une récurrence qu'il faudrait écrire). Est-il si clair que le processus s'arrête ? Si oui, il faudrait le montrer, d'autant que le sujet demande explicitement une démonstration soigneuse.

Pour tout entier $n \geqslant 1$, notons $\mathcal{P}_n$ l'énoncé suivant : « toute formule pouvant s'écrire à l'aide d'au plus n symboles est égale à une formule pouvant s'écrire uniquement à l'aide des variables propositionnelles et des connecteurs $\neg$ et $\vee$ ». On va montrer par récurrence[35] qu'on a $\forall n \in \mathbb{N} \setminus \{0\}, \mathcal{P}_n$. Le résultat s'ensuivra puisque toute formule s'écrit avec un nombre entier non nul de symboles.

Initialisation : Soit $\mathcal{H}$ une formule pouvant s'écrire à l'aide d'au plus un symbole. Alors $\mathcal{H}$ s'écrit avec exactement un symbole et on a trois cas : soit $\mathcal{H} = P$ pour P une variable propositionnelle, soit $\mathcal{H} = v$, soit $\mathcal{H} = f$.

Si $\mathcal{H} = P$, alors $\mathcal{H}$ s'écrit déjà uniquement à l'aide des variables propositionnelles et des connecteurs $\neg$ et $\vee$.

Si $\mathcal{H} = v$, alors, pour toute variable propositionnelle P, on a $\mathcal{H} = P \vee \neg P$. Donc $\mathcal{H}$ est bien égale à une formule s'écrivant uniquement à l'aide des variables propositionnelles et des connecteurs $\neg$ et $\vee$.

Si $\mathcal{H} = f$, alors, pour toute variable propositionnelle P, on a $\mathcal{H} = \neg(P \vee \neg P)$. Donc $\mathcal{H}$ est bien égale à une formule s'écrivant uniquement à l'aide des variables propositionnelles et des connecteurs $\neg$ et $\vee$.

On a donc montré $\mathcal{P}_1$ par disjonction des cas.

Hérédité : Soit $n \geqslant 1$ et supposons que toute formule pouvant s'écrire à l'aide d'au plus n symboles est égale à une formule pouvant s'écrire uniquement à l'aide des variables propositionnelles et des connecteurs $\neg$ et $\vee$. Soit $\mathcal{H}$ une formule pouvant s'écrire à l'aide d'au plus $n+1$ symboles. Traitons plusieurs cas.

i. Si $\mathcal{H}$ peut s'écrire à l'aide d'au plus n symboles, alors $\mathcal{H}$ est égale à une formule pouvant s'écrire uniquement à l'aide des variables propositionnelles et des connecteurs $\neg$ et $\vee$ par hypothèse de récurrence.

ii. Si $\mathcal{H}$ est de la forme $\neg\mathcal{F}$, alors $\mathcal{F}$ peut s'écrire à l'aide d'au plus n symboles, et donc $\mathcal{F}$ est égale à une formule $\mathcal{F}'$ pouvant s'écrire uniquement à l'aide des variables propositionnelles et des connecteurs $\neg$ et $\vee$ par hypothèse de récurrence. On a alors $\mathcal{H} = \neg\mathcal{F} = \neg\mathcal{F}'$ et $\mathcal{H}$ est bien égale à une formule

35. En réalité, la bonne stratégie pour démontrer ce type de résultat est l'induction structurelle, mais cette notion est hors programme et ne sera pas exposée dans cet ouvrage. Une bonne stratégie permettant d'émuler l'induction structurelle est la récurrence forte, mais on ne l'étudiera qu'au prochain chapitre. On émule donc ici la récurrence forte en changeant le "pouvant s'écrire à l'aide de n symboles" qui vient à l'esprit naturellement en "pouvant s'écrire à l'aide d'au plus n symboles".

$\neg\mathcal{F}'$ pouvant s'écrire uniquement à l'aide des variables propositionnelles et des connecteurs $\neg$ et $\vee$.

iii. Si $\mathcal{H}$ est de la forme $\mathcal{F} \vee \mathcal{G}$, alors $\mathcal{F}$ peut s'écrire à l'aide d'au plus n (et même $n-1$) symboles, et donc $\mathcal{F}$ est égale à une formule $\mathcal{F}'$ s'écrivant uniquement à l'aide des variables propositionnelles et des connecteurs $\neg$ et $\vee$ par hypothèse de récurrence. De même G est égale à une formule G' pouvant s'écrire uniquement à l'aide des variables propositionnelles et des connecteurs $\neg$ et $\vee$. On a alors $\mathcal{H} = \mathcal{F} \vee \mathcal{G} = \mathcal{F}' \vee \mathcal{G}'$ et $\mathcal{H}$ est bien égale à une formule $\mathcal{F}' \vee \mathcal{G}'$ écrite uniquement à l'aide des variables propositionnelles et des connecteurs $\neg$ et $\vee$.

iv. Si $\mathcal{H}$ est de la forme $\mathcal{F} * \mathcal{G}$, avec $* \in \{\Rightarrow, \Leftrightarrow\}$, alors comme dans le cas précédent $\mathcal{F}$ et $\mathcal{G}$ sont respectivement égales à deux formules $\mathcal{F}'$ et $\mathcal{G}'$ pouvant s'écrire uniquement à l'aide des variables propositionnelles et des connecteurs $\neg$ et $\vee$ par hypothèse de récurrence. On a donc $\mathcal{H} = \mathcal{F}' * \mathcal{G}'$ et, d'après la question précédente, cette expression peut se réécrire uniquement à l'aide de $\mathcal{F}'$, $\mathcal{G}'$, $\neg$ et $\vee$, donnant par conséquent une expression s'écrivant uniquement à l'aide des variables propositionnelles et des connecteurs $\neg$ et $\vee$.

Dans tous les cas $\mathcal{H}$ est égale à une formule pouvant s'écrire uniquement à l'aide des variables propositionnelles et des connecteurs $\neg$ et $\vee$.
La propriété est donc bien héréditaire.
Conclusion : La propriété est vraie au rang 1, et elle est héréditaire, donc d'après le théorème de récurrence elle est vraie pour tout entier $n \geqslant 1$.

c. La question précédente montre que $\mathcal{E}_1$ vérifie la propriété i/. Pour justifier qu'il s'agit bien d'une base, il reste donc à montrer qu'il vérifie la propriété ii/. Pour le voir, il suffit de montrer les deux points suivants :

i. il existe des formules ne pouvant pas s'écrire uniquement à l'aide des variables propositionnelles et de $\neg$ uniquement,

ii. il existe des formules ne pouvant pas s'écrire uniquement à l'aide des variables propositionnelles et de $\vee$ uniquement.

Le premier point est évident : les seules formules pouvant s'écrire à l'aide des variables propositionnelles et de $\neg$ uniquement s'obtiennent par empilement de $\neg$ devant une variable propositionnelle ou une des deux propositions v et f. Par conséquent, via l'involutivité de la négation, une telle formule est égale à une formule de la forme P ou de la forme $\neg P$, où P est une variable propositionnelle. Pour tout couple (P, Q) de variables propositionnelles distinctes, la proposition

$P \vee Q$, qui fait intervenir plusieurs variables propositionnelles, n'est donc égale à aucune proposition de cette forme.

Le second point est facile : il suffit de voir que f n'est pas égale à une formule pouvant s'écrire à l'aide des variables propositionnelles et de $\vee$ uniquement. Mais une telle formule est vraie lorsque toutes ses variables propositionnelles sont supposées vraies, ce qui n'est pas le cas de f.

d. En appliquant brutalement les règles précédentes, on trouve :

$$\begin{aligned}\mathcal{F}_0 &= \big((P \wedge Q) \Rightarrow R\big) \Rightarrow (P \Rightarrow R) = \big(\neg(P \wedge Q) \vee R\big) \Rightarrow (\neg P \vee R)\\ &= (\neg P \vee \neg Q \vee R) \Rightarrow (\neg P \vee R) = \neg(\neg P \vee \neg Q \vee R) \vee \neg P \vee R.\end{aligned}$$

Bien sûr, cette expression n'est pas la plus simple qu'on puisse obtenir ! Il suffit de se rappeler qu'on a vu en préambule que $\mathcal{F}_0$ est toujours vraie sauf dans le cas P vrai, Q faux, R faux. On a donc aussi $\mathcal{F}_0 = \neg P \vee Q \vee R$.

3. Dans cette partie, on montre que $\mathcal{E}_2 = \{\Rightarrow, f\}$ est une base.

a. $\mathcal{F} \Rightarrow f = \neg\mathcal{F} \vee f = \neg\mathcal{F}$.

b. On a $\mathcal{F} \vee \mathcal{G} = \neg(\neg\mathcal{F}) \vee \mathcal{G} = (\neg\mathcal{F}) \Rightarrow \mathcal{G}$.

c. On a vu à la question 2b que toute formule propositionnelle $\mathcal{H}$ est égale à une formule propositionelle $\mathcal{H}'$ pouvant s'écrire uniquement à l'aide des variables propositionnelles et des connecteurs $\neg$ et $\vee$. Les deux questions précédentes montrent que tous les motifs de la forme $\neg\mathcal{F}$ ou de la forme $\mathcal{F} \vee \mathcal{G}$ dans $\mathcal{H}'$ peuvent se réécrire à l'aide de $\mathcal{F}$, $\mathcal{G}$, $\Rightarrow$ et f uniquement. Une récurrence sur la longueur de la formule $\mathcal{H}'$, analogue[36] à celle de la question 2b, montre alors que $\mathcal{H}'$ est égale à une formule $\mathcal{H}''$ pouvant s'écrire uniquement à l'aide des variables propositionnelles et des connecteurs $\Rightarrow$ et f.

d. La question précédente montre que $\mathcal{E}_2$ vérifie la propriété i/. Pour justifier qu'il s'agit bien d'une base, il reste donc à montrer qu'il vérifie la propriété ii/. Pour le voir, il suffit de montrer les deux points suivants :

i. il existe des formules ne pouvant pas s'écrire uniquement à l'aide des variables propositionnelles et de f uniquement,

ii. il existe des formules ne pouvant pas s'écrire uniquement à l'aide des variables propositionnelles et de $\Rightarrow$ uniquement.

36. Puisqu'il n'est pas demandé explicitement le même niveau de rédaction qu'à la question 2b, et qu'on a déjà montré notre capacité à rédiger proprement la réponse à ce type de questions, on se permet d'aller plus vite. L'important, dans un sujet d'examen ou de concours où quasiment la même question est posée plusieurs fois, est de rédiger impeccablement la première fois.

Le premier point est évident : considérer v.

Le second point est évident : considérer f.

D'où le résultat.

e. En procédant brutalement, on trouve :

$$\begin{aligned}\mathcal{F}_0 &= ((P \wedge Q) \Rightarrow R) \Rightarrow (P \Rightarrow R) = \big(\neg(P \Rightarrow \neg Q) \Rightarrow R\big) \Rightarrow (P \Rightarrow R)\\ &= \Big(\big((P \Rightarrow (Q \Rightarrow f)) \Rightarrow f\big) \Rightarrow R\Big) \Rightarrow (P \Rightarrow R).\end{aligned}$$

Bien sûr, il est plus que probable que cette expression n'est pas la plus simple qu'on puisse obtenir.

4. a. $P|Q$ est toujours vraie sauf pour P et Q simultanément vraies.

b. $\mathcal{F}|\mathcal{F} = \neg\mathcal{F} \vee \neg\mathcal{F} = \neg\mathcal{F}$.

c. $(\mathcal{F}|\mathcal{F})|(\mathcal{G}|\mathcal{G}) = \neg(\neg\mathcal{F}) \vee \neg(\neg\mathcal{G}) = \mathcal{F} \vee \mathcal{G}$.

d. On a vu à la question 2b que toute formule propositionnelle $\mathcal{H}$ est égale à une formule propositionelle $\mathcal{H}'$ pouvant s'écrire uniquement à l'aide des variables propositionnelles et des connecteurs $\neg$ et $\vee$. Les deux questions précédentes montrent que tous les motifs de la forme $\neg\mathcal{F}$ ou de la forme $\mathcal{F} \vee \mathcal{G}$ dans $\mathcal{H}'$ peuvent se réécrire à l'aide de $\mathcal{F}$, $\mathcal{G}$, et $|$ uniquement. Une récurrence sur la longueur de la formule $\mathcal{H}'$, analogue à celle de la question 2b, montre alors que $\mathcal{H}'$ est égale à une formule $\mathcal{H}''$ pouvant s'écrire uniquement à l'aide des variables propositionnelles et du connecteur $|$.

e. On peut conclure que $\mathcal{E}_3 = \{|\}$ vérifie le point i/, mais comme c'est un singleton, il vérifie automatiquement le point ii/ ! C'est donc une base des formules propositionnelles.

f. En procédant brutalement, la taille de la formule explose et on ne s'en sort pas. Mais en utilisant $\mathcal{F}_0 = \neg P \vee Q \vee R$, on trouve $\mathcal{F}_0 = (P|P) \vee (Q \vee R)$ *i. e.* $\mathcal{F}_0 = (P|P) \vee \big((Q|Q)|(R|R)\big) = \big((P|P)|(P|P)\big)\Big|\Big(\big((Q|Q)|(R|R)\big)\big|\big((Q|Q)|(R|R)\big)\Big)$ qui reste raisonnable même s'il est plus que probable que l'on aurait pu faire plus court.

7.2 Ensembles

2.2 Théorème et paradoxe de Cantor

Soit E un ensemble.

L'objectif de cet exercice est de montrer le théorème suivant : il n'existe aucune surjection de E dans $\mathcal{P}(E)$. En application, on montre que l'existence d'un ensemble de tous les ensembles entraîne une contradiction d'une autre nature que celle vue p. 51.

1. Justifier que le théorème est vrai si E est fini.
2. Pour montrer le théorème, on raisonne par l'absurde.
   Supposons disposer d'une surjection $f : E \to \mathcal{P}(E)$.
   On note alors $A = \{x \in E,\ x \notin f(x)\}$.
   a. Justifier que A a un antécédent a.
   b. Justifier qu'on a $a \in A \Leftrightarrow a \notin A$.
   c. Conclure.
3. **Application :** Supposons, par l'absurde, qu'il existe un ensemble $\mathcal{E}$ dont les éléments sont tous les ensembles.
   a. Exhiber alors une surjection de $\mathcal{E}$ dans $\mathcal{P}(\mathcal{E})$.
   b. Conclure.

C 2.2 Théorème et paradoxe de Cantor

1. Si E a n éléments, alors $\mathcal{P}(E)$ en a $2^n > n$. S'il existe une surjection d'un ensemble fini A dans un ensemble fini B, alors on a $|A| \geqslant |B|$: on a pour tout $b \in B$ au moins un élément dans A (un antécédent de b). Ainsi, s'il existait une surjection de E dans $\mathcal{P}(E)$, on aurait $\text{Card}(\mathcal{P}(E)) \leqslant \text{Card}(E)$ c'est-à-dire $2^n \leqslant n$, contradiction.
2. a. f est supposée surjective, A a donc un antécédent par f par hypothèse.
   b. On a $a \in A \Leftrightarrow a \in \{x \in E \mid x \notin f(x)\} \Leftrightarrow a \notin f(a) = A$.
   c. La proposition $a \in A$ est équivalente à sa négation, ce qui constitue une contradiction.
3. a. Toutes les parties de $\mathcal{E}$ sont des ensembles donc appartiennent à $\mathcal{E}$ par hypothèse. Considérons l'application φ définie de $\mathcal{E}$ dans $\mathcal{P}(\mathcal{E})$ comme suit : si A est une partie de $\mathcal{E}$, alors $\varphi(A) = A$, sinon $\varphi(A) = \emptyset$. Comme toutes les parties de $\mathcal{E}$ appartiennent à $\mathcal{E}$, φ est bien surjective.
   b. On a donc exhibé un ensemble E et une surjection de E dans $\mathcal{P}(E)$, ce qui entre en contradiction avec le théorème de Cantor. Par conséquent $\mathcal{E}$ ne saurait exister.

2.3 Comparaisons d'ensembles (1)

Soient A et B deux parties d'un ensemble E.

1. Comparer $\mathcal{P}(A \cap B)$ et $\mathcal{P}(A) \cap \mathcal{P}(B)$.

2. Comparer $\mathcal{P}(A \cup B)$ et $\mathcal{P}(A) \cup \mathcal{P}(B)$.
3. Comparer $\mathcal{P}(A \times B)$ et $\mathcal{P}(A) \times \mathcal{P}(B)$.

C 2.3 Comparaisons d'ensembles (1)

Soit $(A, B) \in \mathcal{P}(E)^2$.

1. Soit $P \in \mathcal{P}(E)$. Alors
$$P \in \mathcal{P}(A \cap B) \Leftrightarrow P \subset A \cap B \Leftrightarrow P \subset A \text{ et } P \subset B \Leftrightarrow P \in \mathcal{P}(A) \text{ et } P \in \mathcal{P}(B)$$
$$\Leftrightarrow P \in \mathcal{P}(A) \cap \mathcal{P}(B).$$
Donc $\mathcal{P}(A \cap B) = \mathcal{P}(A) \cap \mathcal{P}(B)$.

2. Soit $P \in \mathcal{P}(A) \cup \mathcal{P}(B)$. Alors $P \subset A$ ou $P \subset B$, donc $P \subset A \cup B$, i.e. $P \in \mathcal{P}(A \cup B)$. On a donc $\mathcal{P}(A) \cup \mathcal{P}(B) \subset \mathcal{P}(A \cup B)$.
L'inclusion peut être stricte : si $E = \{0, 1\}$, $A = \{0\}$, et $B = \{1\}$, alors $\mathcal{P}(A) = \{\emptyset, \{0\}\}$, $\mathcal{P}(B) = \{\emptyset, \{1\}\}$, donc $\mathcal{P}(A) \cup \mathcal{P}(B) = \{\emptyset, \{0\}, \{1\}\}$.
Et $\mathcal{P}(A \cup B) = \mathcal{P}(E) = \{\emptyset, \{0\}, \{1\}, \{0, 1\}\}$ contient strictement $\mathcal{P}(A) \cup \mathcal{P}(B)$.

3. Ils ne sont pas toujours comparables :
Exemple : si $A = B = \emptyset$ on a $\mathcal{P}(A \times B) = \mathcal{P}(\emptyset) = \{\emptyset\}$ mais $\mathcal{P}(A) \times \mathcal{P}(B) = \{(\emptyset, \emptyset)\}$.

   On peut même montrer qu'ils ne sont jamais comparables, à condition d'utiliser la définition des couples de Kuratowski donnée en cours :
   - Supposons $P(X \times Y) \subset P(X) \times P(Y)$. Comme $\emptyset \in P(X \times Y)$, on a $\emptyset \in P(X) \times P(Y)$. Impossible.
   - Supposons $P(X) \times P(Y) \subset P(X \times Y)$. On a $(\emptyset, \emptyset) \in P(X) \times P(Y)$ donc $\{\{\emptyset\}\} = (\emptyset, \emptyset) \in P(X \times Y)$ donc $\{\emptyset\} \in X \times Y$. Par conséquent, il existe $x \in X$ et $y \in Y$ tels que $\{\{x, y\}, \{y\}\} = \{\emptyset\}$. Comme $\{\emptyset\}$ est un singleton, on a nécessairement $x = y$ (et donc $x \in X \cap Y$) puis $\{\{x\}\} = \{\emptyset\}$, puis $\{x\} = \emptyset$. Impossible.

7.3 Applications

2.4 Comparaisons d'ensembles (2)

Dans cet exercice, on se donne deux ensembles A et B et une application $f : A \to B$. Attention, la lettre f désignera l'application « image directe par f », c'est-à-dire $f : \mathcal{P}(A) \to \mathcal{P}(B)$. On désignera par f^{-1} l'application « image réciproque par f », c'est-à-dire $f^{-1} : \mathcal{P}(B) \to \mathcal{P}(A)$. On se donne $U, V \subset A$ et $P, Q \subset B$.

1. Comparer $f\big(f^{-1}(P)\big)$ et P.
2. Comparer $f^{-1}\big(f(U)\big)$ et U.
3. Comparer $f^{-1}(P \cup Q)$ et $f^{-1}(P) \cup f^{-1}(Q)$.
4. Comparer $f^{-1}(P \cap Q)$ et $f^{-1}(P) \cap f^{-1}(Q)$.
5. Comparer $f(U \cup V)$ et $f(U) \cup f(V)$.
6. Comparer $f(U \cap V)$ et $f(U) \cap f(V)$.

C 2.4 Comparaisons d'ensembles (2)

1. On a $f\big(f^{-1}(P)\big) \subset P$.
   - Soit $y \in f\big(f^{-1}(P)\big)$. Par définition il existe $x \in f^{-1}(P)$ tel que $f(x) = y$. Par définition de $f^{-1}(P)$, on a alors $f(x) \in P$, c'est-à-dire $y \in P$. D'où l'inclusion.
   - L'autre inclusion n'est pas toujours vraie. Contre-exemple : $A \neq \emptyset$, $|B| \geqslant 2$, $f = x \mapsto b$ (où b est un élément fixé de B) et $P = B$.
     On a alors $f\big(f^{-1}(P)\big) = f(A) = \{b\}$ qui est strictement inclus dans B.
2. On a $U \subset f^{-1}\big(f(U)\big)$.
   - Soit $x \in U$. Par définition on a $f(x) \in f(U)$ et donc, par définition, $x \in f^{-1}\big(f(U)\big)$. D'où l'inclusion.
   - L'autre inclusion n'est pas toujours vraie. Contre-exemple : $|A| \geqslant 2$, $B \neq \emptyset$, $f = x \mapsto b$ (où b est un élément fixé de B) et $U = \{a\}$ (où a est un élément fixé de A). On a alors $f^{-1}\big(f(U)\big) = f^{-1}\big(\{b\}\big) = A$ qui contient strictement $\{a\}$.
3. On a $f^{-1}(P \cup Q) = f^{-1}(P) \cup f^{-1}(Q)$.
   - Soit $x \in f^{-1}(P \cup Q)$. Par définition, on a $f(x) \in P \cup Q$, il y a donc deux cas possibles : $f(x) \in P$ ou $f(x) \in Q$. Si $f(x) \in P$ alors $x \in f^{-1}(P)$ par définition, et donc $x \in f^{-1}(P) \cup f^{-1}(Q)$. Si $f(x) \in Q$ alors $x \in f^{-1}(Q)$ par définition, et donc $x \in f^{-1}(P) \cup f^{-1}(Q)$. Dans tous les cas on a $x \in f^{-1}(P) \cup f^{-1}(Q)$. D'où l'inclusion directe.
   - Soit $x \in f^{-1}(P) \cup f^{-1}(Q)$, il y a donc deux cas possibles : $x \in f^{-1}(P)$ ou $x \in f^{-1}(Q)$. Dans le premier cas on a $f(x) \in P$, donc $f(x) \in P \cup Q$. Dans le second cas on a $f(x) \in Q$, donc $f(x) \in P \cup Q$. Dans tous les cas on a $f(x) \in P \cup Q$, donc $x \in f^{-1}(P) \cup f^{-1}(Q)$ par définition. D'où l'inclusion réciproque.
4. On a $f^{-1}(P \cap Q) = f^{-1}(P) \cap f^{-1}(Q)$.
   - Soit $x \in f^{-1}(P \cap Q)$. Par définition, on a $f(x) \in P \cap Q$, c'est-à-dire $f(x) \in P$ et $f(x) \in Q$. Comme $f(x) \in P$ on a $x \in f^{-1}(P)$ par définition. Comme $f(x) \in Q$

on a $x \in f^{-1}(Q)$ par définition. Finalement on a $x \in f^{-1}(P)$ et $x \in f^{-1}(Q)$, et donc $x \in f^{-1}(P) \cup f^{-1}(Q)$. D'où l'inclusion directe.

- Soit $x \in f^{-1}(P) \cap f^{-1}(Q)$, on a donc $x \in f^{-1}(P)$ et $x \in f^{-1}(Q)$. Comme on a $x \in f^{-1}(P)$, on a $f(x) \in P$. Comme on a $x \in f^{-1}(Q)$, on a $f(x) \in Q$. Finalement on a $f(x) \in P$ et $f(x) \in Q$, et donc $f(x) \in P \cap Q$. D'où l'inclusion réciproque.

5. On a $f(U \cup V) = f(U) \cup f(V)$.
   - Soit $y \in f(U \cup V)$. Par définition, il existe $x \in U \cup V$ tel que $y = f(x)$. On a deux cas possibles : soit $x \in U$, et donc $f(x) \in f(U) \subset f(U) \cup f(V)$; soit $x \in V$, et donc $f(x) \in f(V) \subset f(U) \cup f(V)$. Dans tous les cas on a $y = f(x) \in f(U) \cup f(V)$. D'où l'inclusion directe.
   - Soit $y \in f(U) \cup f(V)$. On a deux cas possibles : soit $y \in U$, et donc il existe $x \in U \subset U \cup V$ tel que $y = f(x)$; soit $y \in V$, et donc il existe $x \in V \subset U \cup V$ tel que $y = f(x)$. Dans tous les cas il existe $x \in U \cup V$ tel que $y = f(x)$, et donc $y \in f(U \cup V)$. D'où l'inclusion réciproque.
6. On a $f(U \cap V) \subset f(U) \cap f(V)$.
   - Soit $y \in f(U \cap V)$. Par définition il existe $x \in U \cap V$ tel que $f(x) = y$.
     En particulier, on a $x \in U$, donc $f(x) \in f(U)$. De même on a $x \in V$, donc $f(x) \in f(V)$. On a donc $y = f(x) \in f(U) \cap f(V)$. D'où l'inclusion.
   - L'autre inclusion n'est pas toujours vraie.
     Contre-exemple : $A = B = \{1, 2\}$, $f = x \mapsto 1$, $U = \{1\}$ et $V = \{2\}$. On a alors $f(U \cap V) = f(\emptyset) = \emptyset$ et $f(U) \cap f(V) = \{1\} \cap \{1\} = \{1\}$. Ce contre-exemple se généralise à $|A| \geqslant 2$ et $B \neq \emptyset$, en prenant f de la forme $x \mapsto b$, et U et V non vides et tels que $U \coprod V = A$.

2.5 Propriétés de la différence symétrique

Soit E un ensemble.

1. Pour A et B deux parties de E, exprimer en fonction de $\mathbb{1}_A$ et $\mathbb{1}_B$ les applications $\mathbb{1}_{A \cap B}$, $\mathbb{1}_{A \cup B}$ et $\mathbb{1}_{A \Delta B}$.
2. Démontrer que la différence symétrique est commutative [37].
3. Démontrer que la différence symétrique est associative [38].
4. Démontrer que l'intersection est distributive [39] sur la différence symétrique.

37. Voir p. 390 pour la définition de la commutativité en cas de besoin.
38. Voir p. 390 pour la définition de l'associativité en cas de besoin.
39. Voir p. 391 pour la définition de la distributivité en cas de besoin.

C 2.5 Propriétés de la différence symétrique

1. Soient A et B deux parties de E.

- Montrons qu'on a $\mathbb{1}_{A\cap B} = \mathbb{1}_A \times \mathbb{1}_B$.

  Soit $x \in E$. Traitons deux cas :

  – Si $x \in A \cap B$ alors on a $\mathbb{1}_{A\cap B}(x) = 1$; et par ailleurs $x \in A$ donc $\mathbb{1}_A(x) = 1$, et $x \in B$ donc $\mathbb{1}_B(x) = 1$, donc finalement $(\mathbb{1}_A \times \mathbb{1}_B) = \mathbb{1}_A(x)\mathbb{1}_B(x) = 1$.

  – Si $x \notin A \cap B$ alors on a $\mathbb{1}_{A\cap B}(x) = 0$; et par ailleurs $x \notin A$ ou $x \notin B$, donc $\mathbb{1}_A(x) = 0$ ou $\mathbb{1}_B(x) = 0$, donc finalement $(\mathbb{1}_A \times \mathbb{1}_B) = \mathbb{1}_A(x)\mathbb{1}_B(x) = 0$.

  Les applications de E dans $\{0, 1\}$, $\mathbb{1}_{A\cap B}$ et $\mathbb{1}_A \times \mathbb{1}_B$, prennent les mêmes valeurs ; elles sont donc égales.

- Montrons qu'on a $\mathbb{1}_{A\cup B} = \mathbb{1}_A + \mathbb{1}_B - \mathbb{1}_A \times \mathbb{1}_B$.

  Soit $x \in E$. Traitons trois cas :

  – Si $x \in A \cap B$ alors on a $x \in A \cup B$ donc $\mathbb{1}_{A\cup B}(x) = 1$. Mais on a vu qu'on avait $\mathbb{1}_A(x) = \mathbb{1}_B(x) = \mathbb{1}_A(x)\mathbb{1}_B(x) = 1$, donc $\mathbb{1}_A(x) + \mathbb{1}_B(x) - \mathbb{1}_A(x)\mathbb{1}_B(x) = 1$.

  – Si $x \in A \cup B$ et $x \notin A \cap B$ on a toujours $\mathbb{1}_{A\cup B}(x) = 1$. À renommage près de A et B, on peut supposer qu'on a $x \in A$ et $x \notin B$. On a alors $\mathbb{1}_A(x) = 1$, $\mathbb{1}_B(x) = 0$, et donc $\mathbb{1}_A(x)\mathbb{1}_B(x) = 0$ et finalement $\mathbb{1}_A(x) + \mathbb{1}_B(x) - \mathbb{1}_A(x)\mathbb{1}_B(x) = 1$.

  – Si $x \notin A \cup B$ on a $x \notin A$ et $x \notin B$. On a alors $\mathbb{1}_{A\cup B}(x) = 0$, et $\mathbb{1}_A(x) = \mathbb{1}_B(x) = \mathbb{1}_A(x)\mathbb{1}_B(x) = 0$, donc $\mathbb{1}_A(x) + \mathbb{1}_B(x) - \mathbb{1}_A(x)\mathbb{1}_B(x) = 0$.

  Les applications de E dans $\{0, 1\}$, $\mathbb{1}_{A\cup B}$ et $\mathbb{1}_A + \mathbb{1}_B - \mathbb{1}_A \times \mathbb{1}_B$, prennent les mêmes valeurs ; elles sont donc égales.

- Montrons qu'on a $\mathbb{1}_{A\Delta B} = (\mathbb{1}_A - \mathbb{1}_B)^2$. Ce n'est qu'une expression possible parmi d'autres, on pourrait dire aussi $\mathbb{1}_A + \mathbb{1}_B - 2\mathbb{1}_A \times \mathbb{1}_B$ par exemple.

  Soit $x \in E$. Traitons trois cas :

  – Si $x \in A \cap B$ alors on a $x \notin A\Delta B$ donc $\mathbb{1}_{A\Delta B}(x) = 0$. Par ailleurs on a vu qu'on avait $\mathbb{1}_A(x) = \mathbb{1}_B(x) = 1$, donc $\left(\mathbb{1}_A(x) - \mathbb{1}_B(x)\right)^2 = 0$.

  – Si $x \in A \cup B$ et $x \notin A \cap B$ on a cette fois $\mathbb{1}_{A\Delta B}(x) = 1$. À renommage près de A et B (ce qui est loisible car les expressions considérées sont symétriques en A et B), on peut supposer qu'on a $x \in A$ et $x \notin B$. On a alors $\mathbb{1}_A(x) = 1$, $\mathbb{1}_B(x) = 0$, et donc $\left(\mathbb{1}_A(x) - \mathbb{1}_B(x)\right)^2 = 1$.

  – Si $x \notin A \cup B$ on a $x \notin A$ et $x \notin B$. On a alors $\mathbb{1}_{A\Delta B}(x) = 0$, et $\mathbb{1}_A(x) = \mathbb{1}_B(x) = 0$, donc $\left(\mathbb{1}_A(x) - \mathbb{1}_B(x)\right)^2 = 0$.

  Les applications de E dans $\{0, 1\}$, $\mathbb{1}_{A\Delta B}$ et $(\mathbb{1}_A - \mathbb{1}_B)^2$, prennent les mêmes valeurs ; elles sont donc égales.

2. Soient $A, B \in \mathcal{P}(E)$. On veut montrer $A\Delta B = B\Delta A$. Comme l'application $\chi = X \mapsto \mathbb{1}_X$ est bijective, il suffit de montrer $\mathbb{1}_{A\Delta B} = \mathbb{1}_{B\Delta A}$. Il suffit pour cela de montrer qu'on a $\forall (a,b) \in \{0,1\}^2,\ (a-b)^2 = (b-a)^2$, ce qui est bien connu.

3. Soient $A, B, C \in \mathcal{P}(E)$. On veut montrer $(A\Delta B)\Delta C = A\Delta(B\Delta C)$. Comme l'application $\chi = X \mapsto \mathbb{1}_X$ est bijective, il suffit de montrer $\mathbb{1}_{(A\Delta B)\Delta C} = \mathbb{1}_{A\Delta(B\Delta C)}$. Il suffit pour cela de montrer qu'on a $\forall (a,b,c) \in \{0,1\}^2,\ \big((a-b)^2-c\big)^2 = \big(a-(b-c)^2\big)^2$. Soient $a, b, c \in \{0,1\}$. Remarquons que ces éléments sont tous égaux à leurs carrés. On a donc :

$$\begin{aligned}\big((a-b)^2-c\big)^2 &= \big((a^2+b^2-2ab)-c\big)^2\\ &= (a+b-2ab-c)^2\end{aligned}$$
$$= a^2+b^2+4a^2b^2+c^2+2ab+2a(-2ab)+2a(-c)+2b(-2ab)+2b(-c)+2(-2ab)(-c)$$
$$\begin{aligned}&= a+b+4ab+c+2ab-4ab-2ac-4ab-2bc+4abc\\ &= a+b+c-2ab-2ac-2bc+4abc\end{aligned}$$

Et de même $\big(a-(b-c)^2\big)^2 = \cdots = a+b+c-2ab-2ac-2bc+4abc$.
D'où le résultat.

4. Soient $A, B, C \in \mathcal{P}(E)$. On veut montrer $A \cap (B\Delta C) = (A\cap B)\Delta(A\cap C)$. Comme $\chi = X \mapsto \mathbb{1}_X$ est bijective, il suffit de montrer $\mathbb{1}_{A\cap(B\Delta C)} = \mathbb{1}_{(A\cap B)\Delta(A\cap C)}$.
Or, par ce qui précède, on a $\mathbb{1}_{A\cap(B\Delta C)} = \mathbb{1}_A \times (\mathbb{1}_B - \mathbb{1}_C)^2$
et $\mathbb{1}_{(A\cap B)\Delta(A\cap C)} = \big(\mathbb{1}_A \times \mathbb{1}_B - \mathbb{1}_A \times \mathbb{1}_C\big)^2$.
$\mathbb{1}_A \times (\mathbb{1}_B - \mathbb{1}_C)^2 = \mathbb{1}_A \times (\mathbb{1}_B^2 - 2\mathbb{1}_B \times \mathbb{1}_C + \mathbb{1}_C^2) = \mathbb{1}_A\mathbb{1}_B - 2\mathbb{1}_A\mathbb{1}_B\mathbb{1}_C + \mathbb{1}_A\mathbb{1}_C$,
$\big(\mathbb{1}_A\times\mathbb{1}_B - \mathbb{1}_A\times\mathbb{1}_C\big)^2 = \mathbb{1}_A^2\mathbb{1}_B^2 - 2\mathbb{1}_A^2\mathbb{1}_B\mathbb{1}_C + \mathbb{1}_A^2\times\mathbb{1}_C^2 = \mathbb{1}_A\mathbb{1}_B - 2\mathbb{1}_A\mathbb{1}_B\mathbb{1}_C + \mathbb{1}_A\mathbb{1}_C$,
donc $\mathbb{1}_A \times (\mathbb{1}_B - \mathbb{1}_C)^2 = \big(\mathbb{1}_A \times \mathbb{1}_B - \mathbb{1}_A \times \mathbb{1}_C\big)^2$, dont on déduit
$\mathbb{1}_{A\cap(B\Delta C)} = \mathbb{1}_{(A\cap B)\Delta(A\cap C)}$.

2.6 Ensembles naturellement en bijection (1)

Soient A, B et C trois ensembles.

1. Montrer que $(A \times B) \times C$ et $A \times (B \times C)$ sont en bijection.
2. Montrer que $\mathcal{F}(A \times B, C)$ et $\mathcal{F}\big(A, \mathcal{F}(B,C)\big)$ sont en bijection.

C 2.6 Ensembles naturellement en bijection (1)

1. Il est immédiat que les applications $\phi : \left\{\begin{array}{ccc}(A\times B)\times C & \longrightarrow & A\times(B\times C)\\ (a,(b,c)) & \longmapsto & ((a,b),c)\end{array}\right.$ et

$\psi : \begin{cases} A \times (B \times C) & \longrightarrow & (A \times B) \times C \\ ((a,b),c) & \longmapsto & (a,(b,c)) \end{cases}$ sont réciproques l'une de l'autre. D'où le résultat.

2. Notons $\phi : \begin{cases} \mathcal{F}(A \times B, C) & \longrightarrow & \mathcal{F}(A, \mathcal{F}(B,C)) \\ f & \longmapsto & a \mapsto \big(b \mapsto f(a,b)\big) \end{cases}$. Cette application est bien définie car, pour $f \in \mathcal{F}\big(A, \mathcal{F}(B,C)\big)$ et $a \in A$ fixés, l'application $b \mapsto f(a,b)$ appartient bien à $\mathcal{F}(B,C)$ par définition.

   Notons $\psi : \begin{cases} \mathcal{F}\big(A, \mathcal{F}(B,C)\big) & \longrightarrow & \mathcal{F}(A \times B, C) \\ g & \longmapsto & (a,b) \mapsto \big(g(a)\big)(b) \end{cases}$. Cette application est bien définie car, pour $g \in \mathcal{F}\big(A, \mathcal{F}(B,C)\big)$, $a \in A$ et $b \in B$ fixés, on a $\big(g(a)\big)(b) \in C$ par définition.

   Montrons qu'on a $\psi \circ \phi = \mathrm{id}_{\mathcal{F}(A \times B, C)}$. Soit $f \in \mathcal{F}(A \times B, C)$. Soit $(x,y) \in A \times B$. On a $(\psi \circ \phi)(f)(x,y) = \psi\big(\phi(f)\big)(x,y) = \big(\phi(f)(x)\big)(y) = \big(b \mapsto f(x,b)\big)(y) = f(x,y)$. Ceci étant vrai pour tout couple $(x,y) \in A \times B$, on a $(\psi \circ \phi)(f) = f$. Ceci étant vrai pour toute application $f \in \mathcal{F}(A \times B, C)$, on a $\psi \circ \phi = \mathrm{id}_{\mathcal{F}(A \times B, C)}$.

   Montrons qu'on a $\phi \circ \psi = \mathrm{id}_{\mathcal{F}(A, \mathcal{F}(B,C))}$. Soit $g \in \mathcal{F}\big(A, \mathcal{F}(B,C)\big)$. Soit $x \in A$. Soit $y \in B$. On a $(\phi \circ \psi)(g)(x)(y) = \phi\big(\psi(g)\big)(x)(y) = \big(a \mapsto (b \mapsto \psi(g)(a,b))\big)(x)(y) = \big(b \mapsto \psi(g)(x,b)\big)(y) = \psi(g)(x,y) = g(x)(y)$. Ceci étant vrai pour tout $y \in B$, on a $(\phi \circ \psi)(g)(x) = g(x)$. Ceci étant vrai pour tout $x \in A$, on a $(\phi \circ \psi)(g) = g$. Ceci étant vrai pour toute application $g \in \mathcal{F}\big(A, \mathcal{F}(B,C)\big)$, on a $\psi \circ \phi = \mathrm{id}_{\mathcal{F}(A, \mathcal{F}(B,C))}$.

   On a bien montré que $\mathcal{F}(A \times B, C)$ et $\mathcal{F}\big(A, \mathcal{F}(B,C)\big)$ sont en bijection.

Remarque : Le résultat est évident pour des ensembles finis.
En effet, si $|A| = \alpha$, $|B| = \beta$ et $|C| = \gamma$ sont finis, on a :

- $|(A \times B) \times C| = \alpha\,\beta\,\gamma = |A \times (B \times C)|$;
- $|\mathcal{F}(A \times B, C)| = \gamma^{\alpha \times \beta} = \big(\gamma^{\beta}\big)^{\alpha} = \big|\mathcal{F}\big(A, \mathcal{F}(B,C)\big)\big|$;

et deux ensembles finis de même cardinal sont en bijection.

2.7 Ensembles naturellement en bijection (2)

Dans cet exercice, on se donne deux ensembles A_1 et A_2 qui sont en bijection. On rappelle que cela signifie qu'il existe deux applications $\varphi_A : A_1 \to A_2$ et $\psi_A : A_2 \to A_1$ telles que $\psi_A \circ \varphi_A = \mathrm{id}_{A_1}$ et $\varphi_A \circ \psi_A = \mathrm{id}_{A_2}$, et qu'on note ceci $A_1 \simeq A_2$. On se donne également deux autres ensembles B_1 et B_2 qui sont aussi en bijection.

1. Montrer que les ensembles $A_1 \times B_1$ et $A_2 \times B_2$ sont en bijection.
2. Montrer que les ensembles $\mathcal{P}(A_1)$ et $\mathcal{P}(A_2)$ sont en bijection.

3. Montrer que les ensembles ${B_1}^{A_1}$ et ${B_2}^{A_2}$ sont en bijection.

C 2.7 Ensembles naturellement en bijection (2)

1. Notons $\Phi : \left\{\begin{array}{ccc} A_1 \times B_1 & \longrightarrow & A_2 \times B_2 \\ (a_1, b_1) & \longmapsto & (\varphi_A(a_1), \varphi_B(b_1)) \end{array}\right.$ et de façon totalement symétrique $\Psi : \left\{\begin{array}{ccc} A_2 \times B_2 & \longrightarrow & A_1 \times B_1 \\ (a_2, b_2) & \longmapsto & (\psi_A(a_2), \psi_B(b_2)) \end{array}\right.$.

   Montrons qu'on a $\Psi \circ \Phi = \mathrm{id}_{A_1 \times B_1}$. Soit $(x_1, y_1) \in A_1 \times B_1$.
   On a $(\Psi \circ \Phi)(x_1, y_1) = \Psi\big(\Phi(x_1, y_1)\big) = \Psi\big(\varphi_A(x_1), \varphi_B(y_1)\big)$,
   donc $(\Psi \circ \Phi)(x_1, y_1) = \Big(\psi_A\big(\varphi_A(x_1)\big), \psi_B\big(\varphi_B(y_1)\big)\Big) = (x_1, y_1)$.
   Ceci étant vrai pour tout couple $(x_1, y_1) \in A \times B$, on a $\Psi \circ \Phi = \mathrm{id}_{A_1 \times B_1}$.

   On montre de façon identique qu'on a $\Phi \circ \Psi = \mathrm{id}_{A_2 \times B_2}$ (il s'agit juste de permuter les 1 et les 2 ainsi que les φ et les ψ).

   Par suite, $A_1 \times B_1$ et $A_2 \times B_2$ sont en bijection.

2. Notons $\Phi : \left\{\begin{array}{ccc} \mathcal{P}(A_1) & \longrightarrow & \mathcal{P}(A_2) \\ P & \longmapsto & \varphi_A(P) = \{\varphi_A(x),\ x \in P\} \end{array}\right.$ et de façon totalement symétrique $\Psi : \left\{\begin{array}{ccc} \mathcal{P}(A_2) & \longrightarrow & \mathcal{P}(A_1) \\ Q & \longmapsto & \psi_A(Q) = \{\psi_A(y),\ y \in Q\} \end{array}\right.$.

   Montrons qu'on a $\Psi \circ \Phi = \mathrm{id}_{\mathcal{P}(A_1)}$. Soit $X \subset A_1$.
   On a $(\Psi \circ \Phi)(X) = \Psi\big(\{\varphi_A(x),\ x \in X\}\big) = \{\psi(\varphi_A(x)),\ x \in X\} = \{x,\ x \in X\} = X$.
   Ceci étant vrai pour toute partie X de A_1, on a bien $\Psi \circ \Phi = \mathrm{id}_{\mathcal{P}(A_1)}$.

   On montre de façon identique qu'on a $\Phi \circ \Psi = \mathrm{id}_{\mathcal{P}(A_2)}$.

   Par suite, $\mathcal{P}(A_1)$ et $\mathcal{P}(A_2)$ sont en bijection.

3. Notons $\Phi : \left\{\begin{array}{ccc} {B_1}^{A_1} & \longrightarrow & {B_2}^{A_2} \\ u & \longmapsto & \varphi_B \circ u \circ \psi_A \end{array}\right.$ et $\Phi : \left\{\begin{array}{ccc} {B_2}^{A_2} & \longrightarrow & {B_1}^{A_1} \\ v & \longmapsto & \psi_B \circ v \circ \varphi_A \end{array}\right.$.

   Montrons qu'on a $\Psi \circ \Phi = \mathrm{id}_{{B_1}^{A_1}}$. Soit $f \in {B_1}^{A_1}$.
   On a $(\Psi \circ \Phi)(f) = \Psi\big(\Phi(f)\big) = \Psi(\varphi_B \circ f \circ \psi_A) = \psi_B \circ \varphi_B \circ f \circ \psi_A \circ \varphi_A = f$ par associativité de la composition. Ceci étant vrai pour toute application f de ${B_1}^{A_1}$, on a bien $\Psi \circ \Phi = \mathrm{id}_{{B_1}^{A_1}}$.

   Montrons qu'on a $\Phi \circ \Psi = \mathrm{id}_{{B_2}^{A_2}}$. Soit $g \in {B_2}^{A_2}$.
   On a $(\Phi \circ \Psi)(g) = \Phi\big(\Psi(g)\big) = \Phi(\psi_B \circ g \circ \varphi_A) = \varphi_B \circ \psi_B \circ g \circ \varphi_A \circ \psi_A = g$ par associativité de la composition. Ceci étant vrai pour toute application g de ${B_2}^{A_2}$,

on a bien $\Phi \circ \Psi = \mathrm{id}_{{B_2}^{A_2}}$.

Par suite, ${B_1}^{A_1}$ et ${B_2}^{A_2}$ sont en bijection.

Remarque : Le résultat est évident pour des ensembles finis. On invite le lecteur à s'en convaincre sur le modèle de l'exercice précédent.

7.4 Relations

2.8 Ordres stricts - MPSI

Soit A un ensemble. On dit qu'une relation $\mathcal{R}$ sur A est *irréflexive* lorsqu'on a $\forall a \in A,\ \neg(a\mathcal{R}a)$.

1. Montrer qu'une relation est un ordre strict si et seulement si elle est irréflexive et transitive.
2. Justifier que la relation $<$ sur $\mathbb{R}^{\mathbb{R}}$ définie par $f < g \Leftrightarrow \big(\forall x \in \mathbb{R},\ f(x) < g(x)\big)$ est bien un ordre strict.
3. Quelle est la différence entre l'ordre strict de la question précédente et l'ordre strict associé à la relation $\leqslant$ définie par $f \leqslant g \Leftrightarrow \forall x \in \mathbb{R},\ f(x) \leqslant g(x)$?

C 2.8 Ordres stricts

1. Raisonnons par double implication.

   $\boxed{\Rightarrow}$ Supposons que $\mathcal{R}$ soit l'ordre strict $<$ associé à un ordre $\leqslant$.

   a. Soit $a \in A$. Montrons $\neg(a < a)$ par l'absurde. Par définition, si on avait $a < a$, on aurait $a \leqslant a$ et $a \neq a$, et le second point est impossible. On a donc bien $\neg(a < a)$, et ceci étant vrai pour tout élément a de A, la relation est bien irréflexive.

   b. Soit $(a, b, c) \in A^3$ et supposons avoir $a < b$ et $b < c$. On a donc $a \leqslant b$ et $a \neq b$ et $b \leqslant c$ et $b \neq c$. Par transitivité de $\leqslant$, on tire $a \leqslant c$. Supposons maintenant avoir $a = c$: comme $a \leqslant b$ et $b \leqslant c = a$, on en tire $b = a$, ce qui est exclu. C'est donc qu'on a $a \neq c$ et comme on a déjà vu $a \leqslant c$ on conclut $a < c$. Ceci étant vrai pour tout triplet $(a, b, c) \in A^3$ tel que $a < b$ et $b < c$, la relation est bien transitive.

   $\boxed{\Leftarrow}$ Supposons que $\mathcal{R}$ soit irréflexive et transitive. Notons $\leqslant$ la relation définie par $a \leqslant b \Leftrightarrow \big(a\mathcal{R}b \text{ ou } a = b\big)$. Montrons tout d'abord que $\leqslant$ est un ordre.

   a. $\leqslant$ est réflexive par construction.

b. Soit $(a,b) \in A^2$ et supposons $a \leqslant b$ et $b \leqslant a$. On a donc $\big(a\mathcal{R}b$ ou $a = b\big)$ et $\big(b\mathcal{R}a$ ou $a = b\big)$. Montrons par l'absurde qu'on a $a = b$. Si tel n'est pas le cas, on a nécessairement $a\mathcal{R}b$ et $b\mathcal{R}a$, puis, par transitivité de $\mathcal{R}$, $a\mathcal{R}a$. C'est une contradiction avec l'irréfléxivité de $\mathcal{R}$. Ainsi on a $a = b$, et ceci étant vrai pour tout couple $(a,b) \in A^2$ tel que $a \leqslant b$ et $b \leqslant a$, la relation $\leqslant$ est bien antisymétrique.

c. Soit $(a,b,c) \in A^3$ et supposons avoir $a \leqslant b$ et $b \leqslant c$. On a donc $\big(a\mathcal{R}b$ ou $a = b\big)$ et $\big(b\mathcal{R}c$ ou $b = c\big)$. On a quatre cas :

- ou bien $a = b$ et $b = c$, auquel cas $a = c$;
- ou bien $a = b$ et $b\mathcal{R}c$, auquel cas $a\mathcal{R}c$;
- ou bien $a\mathcal{R}b$ et $b = c$, auquel cas $a\mathcal{R}c$;
- ou bien $a\mathcal{R}b$ et $b\mathcal{R}c$, auquel cas $a\mathcal{R}c$ par transitivité de $\mathcal{R}$.

Dans tous les cas on a $a = c$ ou $a\mathcal{R}c$, c'est-à-dire $a \leqslant c$. Ceci étant vrai pour tout triplet $(a,b,c) \in A^3$ tel que $a \leqslant b$ et $b \leqslant c$, la relation $\leqslant$ est bien transitive.

Montrons maintenant que $\mathcal{R}$ est l'ordre strict associé à $\leqslant$. Pour a et b dans A :

$$\begin{aligned}\big(a \leqslant b \text{ et } a \neq b\big) \quad &\Leftrightarrow \quad \Big(\big(a\mathcal{R}b\big) \text{ ou } a = b\big) \text{ et } a \neq b\Big)\\ &\Leftrightarrow \quad \Big(\big(a\mathcal{R}b\big) \text{ et } a \neq b\big) \text{ ou } \big(a = b \text{ et } a \neq b\big)\\ &\Leftrightarrow \quad \Big(\big(a\mathcal{R}b \text{ et } a \neq b\big) \text{ ou } f\Big)\\ &\Leftrightarrow \quad \Big(\big(a\mathcal{R}b\big) \text{ et } a \neq b\Big)\\ &\Leftrightarrow \quad \Big(a\mathcal{R}b\Big).\end{aligned}$$

2. Comme la relation $<$ sur $\mathbb{R}$ est un ordre strict, elle est irréflexive et transitive. On en déduit immédiatement que la relation $<$ sur $\mathbb{R}^{\mathbb{R}}$ est irréflexive et transitive, donc un ordre strict.

3. Pour l'ordre strict $<$ associé à $\leqslant$ sur $\mathbb{R}^{\mathbb{R}}$, il suffit d'avoir $f \leqslant g$ et d'avoir $f(x) \neq g(x)$ pour **un** réel x pour pouvoir conclure $f < g$. Par contre, pour l'ordre strict de la question précédente, il est nécessaire d'avoir $f \leqslant g$ et d'avoir $f(x) \neq g(x)$ pour **tout** réel x pour pouvoir conclure $f < g$.

2.9 Plus grand des plus petits, plus petit des plus grands

On considère un ensemble totalement ordonné $(E, \leqslant_E)$ et un tableau rectangulaire d'éléments de E.

On appelle α le plus petit des plus grands éléments de chaque ligne, et on appelle β le plus grand des plus petits éléments de chaque colonne.

Comparer α et β.

C 2.9 Plus grand des plus petits, plus petit des plus grands

Notons $a_{i,j}$ l'élément du tableau en ligne i, colonne j.

Pour toute ligne i, notons b_i le plus grand élément de la ligne i, de sorte que α soit le plus petit des b_i (les b_i et α existent car l'ordre est total).

Pour toute colonne j, notons c_j le plus petit élément de la colonne j, de sorte que β soit le plus grand des c_j (les c_j et β existent car l'ordre est total).

Pour toute ligne i et toute ligne j, on a $c_j \leqslant a_{i,j} \leqslant b_i$.

En particulier, toute ligne i et toute ligne j, on a $c_j \leqslant b_i$.

En particulier le plus grand des c_j est plus petit que le plus petit des b_i.

Autrement dit $\beta \leqslant \alpha$.

On n'a pas égalité en général et on invite le lecteur à chercher des contre-exemples.

2.10 Plus petit et plus grand éléments, bornes supérieure et inférieure

Dans cet exercice, on considère un ensemble non vide E et on ordonne l'ensemble $\mathcal{P}(E)$ par l'inclusion.

1. L'ensemble des singletons de E a-t-il un plus petit élément ? Un plus grand élément ? Une borne supérieure dans $\mathcal{P}(E)$? Une borne inférieure dans $\mathcal{P}(E)$?
2. On se fixe un élément $x \in E$. L'ensemble des parties de E ne contenant pas x a-t-il un plus petit élément ? Un plus grand élément ? Une borne supérieure dans $\mathcal{P}(E)$? Une borne inférieure dans $\mathcal{P}(E)$?
3. On se donne un ensemble quelconque de parties de E. A-t-il toujours une borne supérieure dans $\mathcal{P}(E)$? Une borne inférieure dans $\mathcal{P}(E)$?

C 2.10 Plus petit et plus grand éléments, bornes supérieure et inférieure

1. Traitons deux cas :
   - Si E est un singleton $E = \{x\}$, alors l'ensemble des singletons de E est $\big\{\{x\}\big\}$, il a bien un plus petit élément $\{x\}$, qui est aussi son plus grand élément, sa borne inférieure et sa borne supérieure.
   - Si $|E| \geqslant 3$, on n'a pas de plus petit ni de plus grand élément : en effet, deux singletons $\{x\}$ et $\{y\}$ de E ne sont jamais comparables. La borne inférieure de l'ensemble des singletons est $\emptyset$ et sa borne supérieure est E.
2. Notons $\mathcal{A}$ l'ensemble des parties de E ne contenant pas x. Traitons trois cas :
   - Si $E = \{x\}$, alors $\mathcal{A} = \{\emptyset\}$. On a alors $\min \mathcal{A} = \max \mathcal{A} = \sup \mathcal{A} = \inf \mathcal{A} = \emptyset$.
   - Si $E = \{x, y\}$ avec $y \neq x$, alors $\mathcal{A} = \big\{\emptyset, \{y\}\big\}$. On a alors $\min \mathcal{A} = \inf \mathcal{A} = \emptyset$ et $\max \mathcal{A} = \sup \mathcal{A} = \{y\}$.

- Si $|E| \geqslant 2$, on n'a pas de plus petit ni de plus grand élément : en effet, deux singletons $\{y\}$ et $\{z\}$ de E distincts de $\{x\}$ appartiennent à $\mathcal{A}$ et ne sont jamais comparables. La borne inférieure de $\mathcal{A}$ est $\emptyset$ et sa borne supérieure est $E \setminus \{x\}$.

3. Clairement, un tel ensemble de parties a bien une borne inférieure : l'intersection de toutes ses parties, et une borne supérieure : leur réunion.

2.11 Stricte croissance - MPSI

On se donne un ensemble ordonné $(E, \leqslant_E)$ et une application $f : E \to E$ strictement croissante relativement à l'ordre considéré. On note $x <_E y$ pour $x \leqslant_E y \wedge x \neq y$.

1. On suppose que l'ordre $\leqslant_E$ est total.
   Montrer qu'on a $\forall (x, y) \in E^2,\ x <_E y \Leftrightarrow f(x) <_E f(y)$.
2. Montrer que cette propriété n'est en général pas vraie lorsque l'ordre $\leqslant_E$ est partiel.

C 2.11 Stricte croissance

1. Soient $(x, y) \in I^2$. Montrons l'équivalence $x <_E y \Leftrightarrow f(x) <_E f(y)$ en procédant par double implication.

   $\boxed{\Rightarrow}$ L'implication directe $x <_E y \Rightarrow f(x) <_E f(y)$ résulte immédiatement de la *définition* de la stricte croissance.

   $\boxed{\Leftarrow}$ Pour l'implication réciproque $f(x) <_E f(y) \Rightarrow x <_E y$, procédons par contraposition.

   L'ordre étant supposé total, la négation de $x <_E y$ est donc $x \geqslant_E y$, et la négation de $f(x) <_E f(y)$ est donc $f(x) \geqslant_E f(y)$.

   Par ailleurs, l'application f étant strictement croissante, elle est en particulier croissante, et on a donc en particulier $x \geqslant_E y \Rightarrow f(x) \geqslant_E f(y)$.

   Mais cette implication est précisément la contraposée de $f(x) <_E f(y) \Rightarrow x <_E y$. L'implication réciproque est donc établie.

2. Cherchons un contre-exemple parmi les ensembles partiellement ordonnés que l'on connaît. Considérons par exemple l'ensemble ordonné $\big(E = \mathcal{P}(\{1,2,3\}), \subset\ \big)$ et l'application $f : E \to E$ définie par $f(\emptyset) = \emptyset$, $f(\{1\}) = f(\{2\}) = f(\{3\}) = \{1\}$, $f(\{1,2\}) = f(\{1,3\}) = f(\{2,3\}) = \{1,2\}$ et $f(\{1,2,3\}) = \{1,2,3\}$.

   Elle est strictement croissante, la vérification se fait immédiatement.

   Par contre, on a $f(\{1\}) \subsetneq f(\{2,3\})$ alors que $\{1\}$ et $\{2,3\}$ sont incomparables. Cet exemple illustre un phénomène d'« écrasement » : l'application f préserve l'ordre mais écrase son caractère partiel.

CHAPITRE 3

Entiers naturels et récurrences

1 Introduction

Il n'est pas question ici de construire l'ensemble $\mathbb{N}$ des entiers naturels. On admet au contraire que le lecteur connaît l'ensemble $\mathbb{N}$, qu'il connaît les opérations $+$ et $\times$ sur $\mathbb{N}$, l'ordre standard $\leqslant$ de $\mathbb{N}$, et les règles de calcul qui y sont associées.

L'objectif du chapitre est plutôt de montrer comment, à partir de l'une des propriétés que vérifie $\mathbb{N}$, la propriété d'être *bien ordonné*, on peut en obtenir d'autres, notamment différentes versions du théorème de récurrence dont il a été question au chapitre 1. Les élèves de PCSI pourront faire une lecture superficielle de la section 1.1, qui est par contre pleinement dans l'esprit du programme en MPSI.

Dans tout le chapitre, la seule relation d'ordre considérée sur $\mathbb{N}$ sera son ordre standard $\leqslant$. Lorsqu'on parlera de majorant, de plus grand ou plus petit élément, etc., ce sera toujours pour cet ordre standard.

2 Propriété du bon ordre et premières applications

2.1 Propriété fondamentale de $\mathbb{N}$ - MPSI

Proposition 1 (Propriété du bon ordre)

Toute partie non vide de $\mathbb{N}$ a un plus petit élément.

Nous admettrons cette propriété qui paraît effectivement évidente, et qui exprime que $(\mathbb{N}, \leqslant)$ est *bien ordonné*. Suivant les présentations de $\mathbb{N}$, cette propriété peut même être parfois choisie comme axiome.

Une première application est la variante suivante :

Corollaire 1

Toute partie non vide et majorée de $\mathbb{N}$ a un plus grand élément.

On pourra désigner par « propriété fondamentale de $\mathbb{N}$ » aussi bien la propriété du bon ordre que ce corollaire.

DÉMONSTRATION

Soit $\mathcal{A}$ une partie non vide et majorée de $\mathbb{N}$, et soit $M \in \mathbb{N}$ un majorant de $\mathcal{A}$.
Posons $\mathcal{B} = M - \mathcal{A} = \{M - a,\ a \in \mathcal{A}\}$.

- $\mathcal{B}$ est bien une partie de $\mathbb{N}$ puisque pour tout $a \in \mathcal{A}$ on a $a \leqslant M$ et donc $M - a \geqslant 0$.
- De plus, on a $\mathcal{B} \neq \emptyset$ puisque $\mathcal{A} \neq \emptyset$: pour $a \in \mathcal{A}$ on a $M - a \in \mathcal{B}$.

Ainsi, comme $\mathbb{N}$ est bien ordonné, $\mathcal{B}$ a un plus petit élément b_0.
Comme on a $b_0 \in \mathcal{B}$, il existe $a_0 \in \mathcal{A}$ tel que $b_0 = M - a_0$. Mais on a :

$$\begin{aligned} b_0 = \min(\mathcal{B}) &\Leftrightarrow \forall b \in \mathcal{B},\ b_0 \leqslant b &&\Leftrightarrow \forall a \in \mathcal{A},\ b_0 \leqslant M - a \\ &\Leftrightarrow \forall a \in \mathcal{A},\ M - a_0 \leqslant M - a &&\Leftrightarrow \forall a \in \mathcal{A},\ a \leqslant a_0. \end{aligned}$$

D'où, par définition, $a_0 = \max(\mathcal{A})$.

2.2 Division euclidienne dans $\mathbb{N}$

Théorème 1

Pour tout couple $(a, b) \in \mathbb{N} \times \mathbb{N} \setminus \{0\}$, il existe un couple $(q, r) \in \mathbb{N}^2$ tel que $a = bq + r$ et $r < b$.

On a déjà utilisé ce théorème pour de petites valeurs de b dans plusieurs démonstrations par disjonction des cas. Signalons que l'énoncé complet du théorème de division euclidienne est plus précis, il affirme également que le couple (q, r) considéré est unique, et s'applique aussi lorsqu'on a plus généralement $a \in \mathbb{Z}$. On renvoie le lecteur au théorème 7 du chapitre 5, p. 248. On se cantonne ici à la preuve de l'existence, car c'est une application de la propriété fondamentale.

Démonstration

Soit $(a, b) \in \mathbb{N} \times \mathbb{N} \setminus \{0\}$.

L'idée, très intuitive, est de prendre $q = \left\lfloor \frac{a}{b} \right\rfloor$, la partie entière du quotient $\frac{a}{b}$. Néanmoins, ceci n'est loisible que si l'on a déjà construit $\mathbb{Q}$ (pour considérer $\frac{a}{b}$) et $\mathbb{R}$ (pour considérer et utiliser les propriétés de la partie entière), ce qui déborde très largement du cadre des seuls entiers naturels.

Voyons comment émuler cette idée simple avec les seuls outils que l'on a rappelés ou introduits ici. En reformulant cette idée, on constate qu'on cherche $\begin{cases} bq \leqslant a \\ q \text{ le plus grand possible} \end{cases}$.
On voit clairement apparaître le plus grand élément d'une partie de $\mathbb{N}$, donc la propriété fondamentale de $\mathbb{N}$.

Posons donc $\mathcal{A} = \{n \in \mathbb{N},\ bn \leqslant a\}$. C'est par définition une partie de $\mathbb{N}$ et on a :
- $\mathcal{A} \neq \emptyset$ car $0 \in A$;
- $\mathcal{A}$ est majorée, par exemple par a puisque $b \geqslant 1$ et donc $n \in A \Rightarrow n \leqslant nb \leqslant a$.

Ainsi, d'après la propriété fondamentale, $\mathcal{A}$ a un plus grand élément, notons-le q.
Posons alors $r = a - bq$. Comme on a $q \in \mathcal{A}$, on a $bq \leqslant a$ et donc $r \in \mathbb{N}$.
De $q = \max(\mathcal{A})$, on déduit $q + 1 \notin \mathcal{A}$ et donc $a < (q+1)b$, c.-à-d. $bq + r < bq + b$, c.-à-d. $r < b$.

Application 1
On a déjà évoqué l'énoncé « tout entier naturel est pair ou impair ». Cet énoncé est vrai et cela est connu depuis les petites classes, mais pourquoi est-il vrai ? Cela peut être vu comme un corollaire du théorème de division euclidienne précédent : c'est exactement ce qu'exprime ce théorème dans le cas particulier $b = 2$.
Attention, nous n'avons pas encore montré qu'il n'existe aucun entier simultanément pair et impair. Néanmoins, en admettant l'unicité de q et de r dans le théorème précédent, on obtient précisément ce second résultat.

2.3 Théorème de récurrence

On a déjà énoncé et utilisé sans démonstration le théorème de récurrence. Dans toute la suite, on écrira de façon totalement interchangeable les termes « énoncé » ou « propriété », mais on commence par la version « ensembliste » de ce théorème.

Lemme 1 (Version ensembliste de la récurrence)

Soit $\mathcal{P}$ une partie de $\mathbb{N}$. Si on a :

1. $0 \in \mathcal{P}$, et
2. $\forall n \in \mathbb{N},\ n \in \mathcal{P} \Rightarrow n+1 \in \mathcal{P}$,

alors on a $\mathcal{P} = \mathbb{N}$.

DÉMONSTRATION

Montrons-le par double inclusion.

$\boxed{\subset}$ L'inclusion $\mathcal{P} \subset \mathbb{N}$ est donnée par hypothèse.

$\boxed{\supset}$ Montrons l'inclusion $\mathbb{N} \subset \mathcal{P}$ par l'absurde. Supposons qu'il existe un entier $k \in \mathbb{N}$ tel que $k \notin P$.

Notons $\mathcal{A} = {}^c\mathcal{P}$, le complémentaire étant pris dans $\mathbb{N}$. On a $\mathcal{A} \neq \emptyset$ car $k \in \mathcal{A}$. D'après la propriété fondamentale, $\mathcal{A}$ a donc un plus petit élément n_{min}.
Comme, par hypothèse, on a $0 \in \mathcal{P}$, c'est-à-dire $0 \notin A$, on ne peut avoir $n_{min} = 0$. C'est donc qu'on a $n_{min} > 0$ ou encore $n_{min} - 1 \in \mathbb{N}$.
Par ailleurs on a $n_{min} - 1 < n_{min}$ donc $n_{min} - 1 \notin \mathcal{A}$, c'est-à-dire $n_{min} - 1 \in \mathcal{P}$.
Mais par hypothèse, on a $\forall n \in \mathbb{N},\ n \in \mathcal{A} \Rightarrow n+1 \in \mathcal{P}$. En appliquant ceci pour $n = n_{min} - 1$, on trouve qu'on a $n_{min} \in \mathcal{P}$, c'est-à-dire $n_{min} \notin \mathcal{A}$. Mais par construction, on a $n_{min} \in \mathcal{A}$: on a donc là une contradiction.

Le dictionnaire entre énoncés et parties[1] de $\mathbb{N}$ permet d'obtenir, à partir de cette version « ensembliste », le théorème de récurrence déjà énoncé au chapitre 1.

Théorème 2 (Récurrence simple)

Soit $P(n)$ un énoncé. Si :

1. $P(0)$ est vraie (initialisation) ;
2. $\forall n \in \mathbb{N},\ P(n) \Rightarrow P(n+1)$ (hérédité) ;

alors on a $\forall n \in \mathbb{N},\ P(n)$.

DÉMONSTRATION

Considérons la partie $\mathcal{P} = \{n \in \mathbb{N},\ P(n)\}$. L'initialisation se reformule $0 \in \mathcal{P}$ et l'hérédité se reformule $\forall n \in \mathbb{N},\ n \in \mathcal{P} \Rightarrow n+1 \in \mathcal{P}$. D'après le lemme 1, on a donc $\mathcal{P} = \mathbb{N}$ et en particulier $\mathbb{N} \subset \mathcal{P}$, c'est-à-dire $\forall n \in \mathbb{N},\ P(n)$.

1. Voir la proposition 2 du chapitre 2, p.53.

Comme on l'a déjà évoqué, une variante consiste à initialiser seulement à un entier n_0, on obtient alors que la propriété est vraie pour tout $n \geqslant n_0$.

Théorème 3 (Récurrence simple)

Soit $P(n)$ un énoncé et $n_0 \in \mathbb{N}$. Si :

1. $P(n_0)$ est vraie (initialisation à n_0) ;
2. $\forall n \geqslant n_0,\ P(n) \Rightarrow P(n+1)$ (hérédité à partir de n_0) ;

alors on a $\forall n \geqslant n_0,\ P(n)$.

Il faut bien comprendre ici que dans l'hérédité et dans la conclusion, la quantification universelle porte sur les **entiers naturels** n supérieurs à n_0, même si cela n'apparaît pas explicitement (c'est implicite).

Démonstration

Il suffit d'arranger la preuve du théorème précédent.
On considère la partie $\mathcal{P} = \{k \in \mathbb{N},\ P(n_0+k)\}$.
L'initialisation à n_0 se reformule $0 \in \mathcal{P}$ et l'hérédité à partir de n_0 se reformule $\forall n \in \mathbb{N},\ n \in \mathcal{P} \Rightarrow n+1 \in \mathcal{P}$. D'après le lemme 1, on a donc $\mathcal{P} = \mathbb{N}$ et en particulier $\mathbb{N} \subset \mathcal{P}$, c'est-à-dire $\forall k \in \mathbb{N},\ P(n_0+k)$, ou encore $\forall n \geqslant n_0,\ P(n)$.

On a déjà donné de nombreux exemples de démontrations par récurrence dans le chapitre 1, on ne revient donc pas sur la rédation convenable d'une telle démonstration. Ce type de récurrence sera appelé dans la suite une récurrence *simple*, à distinguer des récurrences *double* (ou plus généralement *multiple*) et *forte* que nous allons voir dans la sous-section suivante.

3 Variations sur la récurrence

3.1 Démonstrations par récurrence

Proposition 2 (Récurrence double)

Soit $P(n)$ un énoncé. Si

1. $P(0)$ et $P(1)$ sont vraies (initialisation) ;
2. $\forall n \in \mathbb{N},\ \big(P(n) \wedge P(n+1)\big) \Rightarrow P(n+2)$ (hérédité double) ;

alors on a $\forall n \in \mathbb{N},\ P(n)$.

Autrement dit, pour reprendre l'image donnée dans le chapitre 1, si on a une tour avec un nombre infini d'étages, dont les deux premiers étages sont accessibles, et pour laquelle chaque étage est muni d'un escalier vers l'un des deux étages qui le précèdent, alors tous les étages de cette tour sont accessibles.

DÉMONSTRATION

Supposons $P(0)$, $P(1)$, et $P(n)$ doublement héréditaire.
Notons $Q(n)$ la propriété $P(n) \wedge P(n+1)$ et montrons qu'on a $\forall n \in \mathbb{N},\ Q(n)$ par récurrence simple.
Initialisation : On a $Q(0) = P(0) \wedge P(1)$, ce qui est vrai par hypothèse.
Hérédité : Soit $n \in \mathbb{N}$ et supposons $Q(n) = P(n) \wedge P(n+1)$. $P(n)$ est doublement héréditaire, donc $P(n+2)$ est vraie. Par ailleurs $Q(n)$ est vraie par hypothèse de récurrence et donc $P(n+1)$ est vraie. Par conséquent la propriété $Q(n+1) = P(n+1) \wedge P(n+2)$ est vraie.
La propriété $Q(n)$ est donc bien héréditaire.
Conclusion : La propriété $Q(n)$ étant vraie au rang 0 et héréditaire on a, par théorème de récurrence, $\forall n \in \mathbb{N},\ Q(n)$ c'est-à-dire $\forall n \in \mathbb{N},\ P(n) \wedge P(n+1)$. On a donc, en particulier, $\forall n \in \mathbb{N},\ P(n)$.

On énonce rapidement la variante obtenue en initialisant à n_0 : soit $P(n)$ un énoncé et n_0 un entier naturel. Si :

1. $P(n_0)$ et $P(n_0+1)$ sont vraies ;
2. $\forall n \geqslant n_0,\ \big(P(n) \wedge P(n+1)\big) \Rightarrow P(n+2)$;

alors on a $\forall n \geqslant n_0,\ P(n)$.
On laisse au lecteur le soin de démontrer cette variante, c'est un exercice de recopiage.

Exemple 1
Soit x un réel tel que $x + \dfrac{1}{x} \in \mathbb{Z}$. Alors $\forall n \in \mathbb{N},\ x^n + \dfrac{1}{x^n} \in \mathbb{Z}$.
Notons $P(n)$ la propriété $x^n + \dfrac{1}{x^n} \in \mathbb{Z}$ et montrons qu'on a bien $\forall n \in \mathbb{N},\ P(n)$ par récurrence double :
Initialisation : On a $x^0 + \dfrac{1}{x^0} = 2 \in \mathbb{Z}$ donc la propriété est vraie au rang 0.
On a $x^1 + \dfrac{1}{x^1} \in \mathbb{Z}$ par hypothèse, donc la propriété est vraie au rang 1.
Hérédité double : Soit $n \in \mathbb{N}$ et supposons $x^n + \dfrac{1}{x^n} \in \mathbb{Z}$ et $x^{n+1} + \dfrac{1}{x^{n+1}} \in \mathbb{Z}$ (hypothèse de récurrence).

Observons qu'on a $\left(x^{n+1}+\dfrac{1}{x^{n+1}}\right)\left(x+\dfrac{1}{x}\right)=\left(x^{n+2}+\dfrac{1}{x^{n+2}}\right)+\left(x^{n}+\dfrac{1}{x^{n}}\right)$.
C'est-à-dire : $x^{n+2}+\dfrac{1}{x^{n+2}}=\left(x^{n+1}+\dfrac{1}{x^{n+1}}\right)\left(x+\dfrac{1}{x}\right)-\left(x^{n}+\dfrac{1}{x^{n}}\right)$.
Or on a $x^n+\dfrac{1}{x^n}\in\mathbb{Z}$ et $x^{n+1}+\dfrac{1}{x^{n+1}}\in\mathbb{Z}$ par hypothèse de récurrence, et on a $x+\dfrac{1}{x}\in\mathbb{Z}$ par hypothèse. Par produit et différence, on obtient $x^{n+2}+\dfrac{1}{x^{n+2}}\in\mathbb{Z}$.
La propriété est donc bien doublement héréditaire.
Conclusion : La propriété est vraie aux rangs 0 et 1, et elle est doublement héréditaire, donc d'après le théorème de récurrence double elle est vraie pour tout entier $n\geqslant 0$.

Notons que l'énoncé que nous venons de montrer a un contenu sémantique non vide. Il existe bien des réels x tels que $x+\dfrac{1}{x}\in\mathbb{Z}$ en plus des solutions évidentes -1 et 1. On invite le lecteur à les déterminer toutes.

Sur le modèle du théorème de récurrence double, on pourrait énoncer et démontrer un théorème de récurrence triple, un théorème de récurrence quadruple, etc. On préfère aller directement au niveau de généralité maximal, la récurrence forte.

Introduisons un peu de terminologie. On dira qu'une propriété $P(n)$ est *fortement héréditaire* lorsqu'on a $\forall n\in\mathbb{N},\ \big(\forall k<n,\ P(k)\big)\Rightarrow P(n)$.
La quantification universelle de k est dans $\mathbb{N}$, même si ce n'est pas explicite ici. On pourrait écrire plus formellement $\forall n\in\mathbb{N},\ \big(\forall k\in\mathbb{N},\ k<n\Rightarrow P(k)\big)\Rightarrow P(n)$ ou plus clairement $\forall n\in\mathbb{N},\ \big(\forall k\in\{0,1,\dots,n-1\},\ P(k)\big)\Rightarrow P(n)$. On pourrait encore l'écrire $\forall n\in\mathbb{N},\ \big(P(0)\wedge\cdots\wedge P(n-1)\big)\Rightarrow P(n)$.

Théorème 4 (Récurrence forte)

Soit $P(n)$ un énoncé sur $\mathbb{N}$. Si $P(n)$ est fortement héréditaire alors on a : $\forall n\in\mathbb{N},\ P(n)$.

Remarque 1
L'hérédité forte, appliquée à $n=0$, donne $\big(\forall k<0, P(k)\big)\Rightarrow P(0)$ ou encore *vrai* $\Rightarrow P(0)$, car toute quantification universelle sur le vide est toujours vraie. D'après la table de vérité de l'implication, l'hérédité forte, appliquée à $n=0$, donne donc $P(0)$.

En particulier, l'hérédité forte implique l'initialisation.

Ceci explique que le théorème de récurrence forte s'énonce sans hypothèse d'initialisation (celle-ci est implicitement contenue dans l'hérédité forte), et ceci explique qu'une démonstration par récurrence forte se rédige sans initialisation. Pour autant il n'y a pas de magie, et lorsque l'on démontre un résultat par récurrence forte, on est en général amené à distinguer des cas sur n. Mais cette disjonction des cas se traite directement dans la démonstration de l'hérédité forte. De plus, cette disjonction des cas n'a aucune raison de porter sur « $n = 0$ ou $n > 0$ », elle pourra porter sur « n est pair ou n est impair », ou encore « n est premier ou n n'est pas premier », etc. Le raisonnement par récurrence forte est beaucoup plus souple que le raisonnement par récurrence, car il nous autorise à choisir par nous-même les éléments atomiques de $\mathbb{N}$ qui nous intéressent.

Reprenons l'image donnée dans le chapitre 1. Si on a une tour avec un nombre infini d'étages, dont chaque étage est accessible à partir de l'un des précédents, alors tous les étages de cette tour sont accessibles. Cette formulation illustre encore que l'hérédité forte implique l'initialisation : si le rez-de-chaussée est accessible à partir de l'un des étages qui le précèdent, c'est qu'il est accessible tout court, puisqu'aucun étage ne le précède.

On a là encore une variante :

Théorème 5 (Récurrence forte)

Soit $P(n)$ un énoncé. Si $P(n)$ est fortement héréditaire à partir du rang n_0, c'est-à-dire si $\forall n \geqslant n_0,\ \big(\forall k \in \{n_0, n_0+1, \dots, n-1\},\ P(k)\big) \Rightarrow P(n)$, alors on a : $\forall n \geqslant n_0,\ P(n)$.

Il est bien entendu dans cette formulation que l'énoncé $\forall k \in \{n_0, n_0+1, \dots, n-1\},\ P(k)$ est une autre façon d'écrire $\forall k \in \mathbb{N},\ n_0 \leqslant k < n \Rightarrow P(k)$. En particulier, pour $k = n_0$, cet énoncé s'écrit $\forall k \in \emptyset,\ P(k)$.

Démonstration

Montrons directement la variante, le théorème principal s'obtiendra en prenant le cas particulier $n_0 = 0$.

Supposons qu'on ait $\forall n \geqslant n_0,\ \big(\forall k \in \{n_0, n_0+1, \dots, n-1\},\ P(k)\big) \Rightarrow P(n)$ (hypothèse de récurrence forte).

Notons $Q(n)$ l'énoncé $\forall k \in \{n_0, \dots, n\},\ P(k)$, que l'on peut écrire pour plus de clarté $P(n_0) \wedge P(n_0+1) \wedge \cdots \wedge P(n)$ et montrons qu'on a $\forall n \geqslant n_0,\ Q(n)$ par récurrence simple.

Initialisation : L'énoncé $Q(n_0) = \forall k \in \{n_0, \dots, n_0\}, P(k)$ se réécrit avantageusement $P(n_0)$. L'hypothèse d'hérédité forte, appliquée à n_0, indique qu'on a $\big(\forall k \in \{n_0, \dots, n_0 - 1\}, P(k)\big) \Rightarrow P(n_0)$, c'est-à-dire $\big(\forall k \in \emptyset, P(k)\big) \Rightarrow P(n_0)$, c'est-à-dire *vrai* $\Rightarrow P(n_0)$, c'est-à-dire $P(n_0)$. Dont acte.

Hérédité : Soit $n \geqslant n_0$ et supposons $Q(n)$, c'est-à-dire $\forall k \in \{n_0, \dots, n\},\ P(k)$ ou encore

$P(n_0) \wedge P(n_0+1) \wedge \cdots \wedge P(n)$. L'hypothèse d'hérédité forte appliquée à $n+1$ exprime justement qu'on a $\big(\forall k \in \{n_0, \dots, n\},\ P(k)\big) \Rightarrow P(n+1)$; on en déduit donc $P(n+1)$. On a donc, d'une part, $Q(n) = P(n_0) \wedge P(n_0+1) \wedge \cdots \wedge P(n)$ et, d'autre part, $P(n+1)$. On en déduit donc $P(n_0) \wedge P(n_0+1) \wedge \cdots \wedge P(n) \wedge P(n+1) = Q(n+1)$.
La propriété est donc bien héréditaire.
Conclusion : La propriété est vraie au rang 0, et elle est héréditaire, donc d'après le théorème de récurrence elle est vraie pour tout entier $n \in \mathbb{N}$.

Exemples 2

1. Tout entier plus grand ou égal à 2 a un diviseur premier.
   Montrons-le. Notons $P(n)$ la propriété « n a un diviseur premier ». On veut montrer $\forall n \geqslant 2,\ P(n)$. Procédons par récurrence forte.
   Soit $n \geqslant 2$ et supposons $\forall k \in \{2, \dots, n-1\},\ P(k)$ (hypothèse de récurrence forte).
   Traitons 2 cas :
   - Si n est premier, alors n a un diviseur premier : lui-même.
   - Si n n'est pas premier, alors on peut écrire $n = k \times d$, avec $k, d \in \{2, \dots, n-1\}$. En particulier on a $k \in \{2, \dots, n-1\}$ et donc, par hypothèse de récurrence forte, k a un diviseur premier p. On a $p|k$ et $k|n$, et on sait que la relation de divisibilité sur $\mathbb{N}$ est transitive, on en déduit donc $p|n$.
     L'entier n a donc bien un diviseur premier.

   Ainsi, la propriété $P(n)$ est fortement héréditaire.
   Elle est donc vraie pour tout entier $n \geqslant 2$.

   On notera bien, dans cet exemple, que la disjonction des cas que l'on a été amené à faire ne porte pas sur « $n = 2$ ou $n > 2$ », mais bien sur « n premier ou n non premier ».

   On verra une autre démonstration de ce résultat, où l'on utilise directement la propriété fondamentale de $\mathbb{N}$, dans le chapitre 5, théorème 8 p. 254.

2. L'application $\left\{\begin{array}{ccc} \mathbb{N}^2 & \longrightarrow & \mathbb{N} \\ (p,q) & \longmapsto & 2^p(2q+1)-1 \end{array}\right.$ est surjective.
   Montrons-le. On veut montrer $\forall n \in \mathbb{N},\ \exists (p,q) \in \mathbb{N}^2,\ n = 2^p(2q+1)-1$. Posons donc $P(n) = \exists (p,q) \in \mathbb{N}^2,\ n = 2^p(2q+1)-1$ et procédons par récurrence forte.
   Soit $n \in \mathbb{N}$. Supposons $\forall k < n,\ P(k)$ (hypothèse de récurrence forte). Traitons 2 cas :
   - Si n est pair, on peut écrire $n = 2\ell$ pour un certain entier ℓ. On cherche donc deux entiers naturels p et q tels que $2\ell = 2^p(2q+1)-1$, *i. e.* $2\ell+1 = 2^p(2q+1)$.
     Il suffit de prendre $p = 0$ et $q = \ell$.

- Si n est impair, on peut écrire $n = 2\ell + 1$ pour un certain entier ℓ. On cherche donc deux entiers naturels p et q tels que $2\ell+1 = 2^p(2q+1)-1$, *i. e.* $2(\ell+1) = 2^p(2q+1)$. On sait qu'on a $\ell < 2\ell + 1 = n$ et donc, par hypothèse de récurrence forte, il existe deux entiers naturels p' et q' tels que $\ell = 2^{p'}(2q' + 1) - 1$, *i. e.* $\ell + 1 = 2^{p'}(2q' + 1)$. D'où $2\big(2^{p'}(2q' + 1)\big) = 2(\ell + 1) = 2^p(2q + 1) \Leftrightarrow 2^{p'+1}(2q' + 1) = 2^p(2q + 1)$. Il suffit donc de prendre $p = p' + 1$ et $q = q'$.

La propriété est donc fortement héréditaire. Elle est donc vraie pour tout entier $n \in \mathbb{N}$.

On notera bien, dans cet exemple, que la disjonction des cas que l'on a été amené à faire ne porte pas sur « $n = 0$ ou $n > 0$ », mais bien sur « n pair ou n impair ».

On invite le lecteur à montrer que l'application précédente est **aussi** injective, ce qui montre que les ensembles $\mathbb{N}^2$ et $\mathbb{N}$ sont en bijection.

3.2 Définitions par récurrence

Le lecteur connaît certainement des exemples de suites définies par récurrence, par exemple les suites arithmétiques, les suites géométriques, et sans doute bien d'autres. Ces suites sont obtenues par diverses variantes du théorème de construction par récurrence. Les auteurs sont partagés sur le caractère explicite de la présence de ce théorème dans le programme des CPGE ; toujours est-il que ce dernier se base fondamentalement sur ce théorème. Dans cette sous-section sont justifiées une fois pour toutes l'existence et l'unicité de suites récurrentes de diverses formes, dont nous voyons dès à présent des exemples et dont de nombreux autres émaillent le programme et les sujets de concours.

Proposition 3 (Construction par récurrence non dépendante)

Soit E un ensemble, $\alpha \in E$ et $f : E \longrightarrow E$.

Alors il existe une unique suite $(u_n)_{n\in\mathbb{N}}$ telle que $\begin{cases} u_0 = \alpha \\ \forall n \in \mathbb{N},\ u_{n+1} = f(u_n) \end{cases}$.

DÉMONSTRATION

Existence : On montre que l'élément u_n de E existe pour tout entier n, par récurrence simple sur n.

Initialisation : $u_0 = \alpha \in E$ existe bien.

Hérédité : Soit $n \in \mathbb{N}$ et supposons que u_n existe. Alors $u_{n+1} = f(u_n) \in E$ existe bien. La propriété est donc bien héréditaire.

Conclusion : On a donc bien l'existence de u_n pour tout entier n.

Unicité : Soient $(u_n)_{n\in\mathbb{N}}$ et $(v_n)_{n\in\mathbb{N}}$ deux suites convenables. Montrons $\forall n \in \mathbb{N}, u_n = v_n$ par récurrence.

Initialisation : On a bien $u_0 = \alpha = v_0$.

Hérédité : Soit $n \in \mathbb{N}$ et supposons $u_n = v_n$. On a alors $f(u_n) = f(v_n)$, *i. e.* $u_{n+1} = v_{n+1}$. La propriété est donc bien héréditaire.

Conclusion : On a donc $u_n = v_n$ pour tout entier n.

Exemples 3

1. Les suites arithmétiques : la suite arithmétique de raison r et de premier terme α est définie par $\begin{cases} u_0 = \alpha \\ \forall n \in \mathbb{N},\ u_{n+1} = u_n + r \end{cases}$.
2. Les suites géométriques : la suite géométrique de raison q et de premier terme α est définie par $\begin{cases} u_0 = \alpha \\ \forall n \in \mathbb{N},\ u_{n+1} = qu_n \end{cases}$.
3. Les suites arithmético-géométriques : la suite arithmético-géométrique d'itératrice $x \mapsto ax + b$ et de premier terme α est définie par $\begin{cases} u_0 = \alpha \\ \forall n \in \mathbb{N},\ u_{n+1} = au_n + b \end{cases}$.

Application 2

Voyons ici une application des suites arithmétiques. L'algorithme d'exponentiation naïf permettant de calculer une puissance $n^{\text{ième}}$, $s = k^n$, à l'aide de multipications est le suivant :

```
s=1
tant que n>0 faire
  s=s*k
  n=n-1
fin
rendre s
```

Notons c_n le nombre de multiplications effectuées par cet algorithme. On a clairement $c_0 = 0$ et $\forall n \in \mathbb{N},\ c_{n+1} = c_n + 1$. Il s'agit d'une suite arithmétique de premier terme 0 et de raison 1.

Le théorème de construction par récurrence simple non dépendante ne permet néanmoins pas de définir toutes les suites récurrentes qui viennent naturellement à l'esprit. On peut désirer, par exemple, définir une suite dont le $n^{\text{ième}}$ terme est la somme des termes d'une suite géométrique donnée, et le théorème de construction par récurrence simple non dépendante ne permet pas naturellement de le faire car la quantité ajoutée à chaque terme u_n pour obtenir le terme suivant u_{n+1} dépend de n. On énonce donc :

Proposition 4 (Construction par récurrence simple dépendante)

Si E est un ensemble, $\alpha \in E$ et $f : \mathbb{N} \times E \longrightarrow E$, alors il existe une unique suite $(u_n)_{n\in\mathbb{N}}$ telle que $\begin{cases} u_0 = \alpha \\ \forall n \in \mathbb{N},\ u_{n+1} = f(n, u_n) \end{cases}$.

La seule différence entre ce théorème et le théorème précédent tenant à ce que l'expression d'un terme en fonction du précédent peut dépendre de n, la démonstration est identique.

Exemple 4

On définit une suite $(u_n)_{n\in\mathbb{N}}$ par $\begin{cases} u_0 = 1 \\ \forall n \in \mathbb{N},\ u_{n+1} = (n+1)u_n \end{cases}$.

On a ici $E = \mathbb{N}$, $\alpha = 1$ et $f = (n, x) \mapsto (n+1)x$.

Le nombre entier u_n s'appelle la *factorielle de n* et se note $n!$.

On a ainsi $0! = 1$, $1! = 1$, $2! = 2$, $3! = 6$, $4! = 24$, $5! = 120$, etc.

Les factorielles sont très utiles, aussi bien en algèbre qu'en analyse ou en probabilités.

Dans la sous-section 3.3, on utilisera le théorème de construction par récurrence simple dépendante pour définir plus généralement les sommes, ou les produits comme la factorielle.

Voyons maintenant un exemple de suite récurrente, sans doute bien connue du lecteur, qui ne peut pas pour autant s'obtenir à l'aide des deux théorèmes précédents. On la doit à *Leonardo Pisano* (Leonard de Pise), dit *Fibonacci*, qui l'évoque dans son traité le plus célèbre, *Liber Abaci* (1202). C'est d'ailleurs l'un des tous premiers exemples connus de suite récurrente[2]. On donne ici une traduction en français du passage concerné, en latin dans le texte originel[3] :

Un homme ayant un couple de lapins dans un endroit clos, on souhaite savoir combien de lapins voient le jour en un an sachant qu'il est dans leur nature de mettre au monde un nouveau couple par mois, et qu'ils peuvent le faire dès l'âge de deux mois. Vu que le

2. Si l'on en croit du moins Édouard Lucas, lorsqu'il publie dans le Bullettino di bibliografia e di storia delle scienze matematiche e fisiche, tome X, mars, avril et mai 1877, ses *Recherches sur plusieurs ouvrages de Léonard de Pise et sur diverses questions d'arithmétique supérieure*

3. On pourra consulter *Scritti di Leonardo Pisano*, matematico, pubblicati da Baldassarre Boncompagni. 2 voll., Roma, 1857-62, volume 1, p. 283 et 284.

premier couple a donné la vie le premier mois, il convient de doubler le nombre de couples : il y en aura 2 au bout d'un mois. L'un de ces couples, le premier, donne aussi la vie le second mois, il y aura donc au bout de deux mois 3 couples ; parmi ces trois couples deux donnent la vie le troisième mois, 2 couples de lapins naissent donc et il y en a 5 au bout de trois mois ; le mois suivant 3 couples donnent la vie, et à l'issue de quatre mois il y a donc 8 couples ; parmi lesquels 5 donnent la vie à 5 nouveaux couples, qui ajoutés aux 8 couples font au bout de cinq mois 13 couples ; les 5 couples étant nés ce mois ne se reproduisent pas encore, mais 8 couples donnent à nouveau la vie, et donc au bout de six mois il y a 21 couples ; à ceux-ci sont ajoutés 13 couples qui naissent le septième mois, il y en aura alors 34 ; (...)[4] *et nous avons finalement le nombre final de couples au bout d'un an, à savoir 377 ; et de même on peut de cette façon déterminer ce nombre à l'issue d'un nombre arbitraire de mois.*

Cette modélisation assez simpliste[5] conduit donc à la *suite de Fibonacci* $(F_n)_{n\in\mathbb{N}}$ définie de la façon suivante[6] :

$$\begin{cases} F_0 = 0, \;\; F_1 = 1 \\ \forall n \in \mathbb{N}, \;\; F_{n+2} = F_n + F_{n+1} \end{cases}.$$

On constate que cette définition ne peut *a priori* se fonder ni sur théorème de construction par récurrence simple non dépendante, ni sur le théorème de construction par récurrence simple dépendante. On énonce donc :

Proposition 5 (Construction par récurrence double)

Soit E est un ensemble et $(\alpha, \beta) \in E^2$.

1. (Récurrence double non dépendante :) Soit $f : E \times E \longrightarrow E$, alors il existe une unique suite $(u_n)_{n\in\mathbb{N}}$ telle que $\begin{cases} u_0 = \alpha, \;\; u_1 = \beta \\ \forall n \in \mathbb{N}, \;\; u_{n+2} = f(u_n, u_{n+1}) \end{cases}$.
2. (Récurrence double dépendante :) Soit $f : \mathbb{N} \times E \times E \longrightarrow E$, alors il existe une unique suite $(u_n)_{n\in\mathbb{N}}$ telle que $\begin{cases} u_0 = \alpha, \;\; u_1 = \beta \\ \forall n \in \mathbb{N}, \;\; u_{n+2} = f(n, u_n, u_{n+1}) \end{cases}$.

Cette proposition peut se démontrer par récurrence double, mais elle est aussi un corollaire immédiat de la proposition 6, ce qui nous dispense de cette démonstration.

4. Fibonacci continue de même jusqu'au douzième mois. On laisse le lecteur s'assurer qu'il parvient au même résultat que Fibonacci...
5. Les lapins de Fibonacci sont apparemment immortels et éternellement fertiles.
6. On donne ici la définition classique, pour laquelle l'histoire de Fibonacci commence au mois correspondant à $n = 2$.

Exemples 5

1. La suite de Fibonacci est définie par récurrence double non dépendante.
2. La suite suivante est définie par récurrence double dépendante :
$$\begin{cases} u_0 = u_1 = 1 \\ \forall n \in \mathbb{N},\ u_{n+2} = (n+1)\big(u_{n+1} + u_n\big) \end{cases}.$$
Mais cette suite n'est autre que la suite des factorielles, autrement dit on a ici $\forall n \in \mathbb{N},\ u_n = n!$. Montrons-le par récurrence double.

   Initialisation : On a $u_0 = 1 = 0!$ et $u_1 = 1 = 1!$.

   Hérédité double : Soit $n \in \mathbb{N}$ et supposons $u_n = n!$ et $u_{n+1} = (n+1)!$. On a alors $u_{n+2} = (n+1)\big(n! + (n+1)!\big) = (n+1) \times n! + (n+1) \times (n+1)! = (n+1)! + (n+1) \times (n+1)!$, d'où $u_{n+2} = (n+2) \times (n+1)! = (n+2)!$.

   La propriété est donc bien doublement héréditaire.

   Conclusion : La propriété est vraie aux rangs 0 et 1, et elle est doublement héréditaire, donc d'après le théorème de récurrence double elle est vraie pour tout entier $n \geqslant 0$.

Proposition 6 (Construction par récurrence forte)

Soit E un ensemble et $(f_n)_{n\in\mathbb{N}}$ une suite d'applications avec, pour tout entier n, $f_n : E^n \longrightarrow E$. Alors il existe une unique suite $(u_n)_{n\in\mathbb{N}}$ d'éléments de E telle que $\forall n \in \mathbb{N},\ u_n = f_n(u_0, u_1, \ldots, u_{n-1})$.

Remarquons que, pour $n = 0$, l'ensemble E^n est le singleton $\big\{()\big\}$. Se donner une application f_0 de E^0 dans E c'est donc se donner un élément remarquable $\alpha \in E$. Si on le souhaite, on peut donc reformuler la construction par récurrence forte ainsi :

Proposition 6 (Construction par récurrence forte)

Soit E un ensemble, $\alpha \in E$ et $(f_n)_{n\in\mathbb{N}}$ une suite d'applications avec, pour tout entier n, $f_n : E^{n+1} \longrightarrow E$. Alors il existe une unique suite $(u_n)_{n\in\mathbb{N}}$ d'éléments de E telle que $\begin{cases} u_0 = \alpha \\ \forall n \in \mathbb{N}, u_{n+1} = f_n(u_0, u_1, \ldots, u_n) \end{cases}$.

Démonstration

On s'en tient à la première version.

Existence : On montre que l'élément u_n de E existe pour tout entier n, par récurrence forte sur n.

Soit $n \in \mathbb{N}$ et supposons que $u_0, \ldots, u_{n-2}, u_{n-1}$ existent. Alors $u_n = f_n(u_0, \ldots, u_{n-1}) \in E$ existe bien. La propriété d'existence de u_n est donc fortement héréditaire. On a donc bien l'existence de u_n pour tout entier n.
Unicité : Soient $(u_n)_{n\in\mathbb{N}}$ et $(v_n)_{n\in\mathbb{N}}$ deux suites convenables. Montrons $\forall n \in \mathbb{N}, u_n = v_n$ par récurrence forte.
Soit $n \in \mathbb{N}$ et supposons $\forall k < n,\ u_k = v_k$. On a $(u_0, u_1, \ldots, u_{n-1}) = (v_0, v_1, \ldots, v_{n-1})$ et par suite $f_n(u_0, u_1, \ldots, u_{n-1}) = f_n(v_0, v_1, \ldots, v_{n-1})$, c'est-à-dire $u_n = v_n$. La propriété $u_n = v_n$ est donc fortement héréditaire. Elle est donc vraie pour tout entier n.
Conclusion : Il existe donc bien une unique telle suite.

Exemple 6

Voyons ici un exemple naturel de suite définie par récurrence forte. On a vu précédemment qu'on pouvait calculer $s = k^n$ à l'aide de l'algorithme naïf de calcul d'une puissance $n^{\text{ième}}$. Voyons maintenant (pour $n > 0$) un autre algorithme[7], l'algorithme dit *d'exponentiation rapide*[8] :

```
p=1
q=k
tant que n>1 faire
  si n est impair faire
    p=p*q
  fin
  q=q*q
  n=[n/2]
fin
s=p*q
rendre s
```

Notons c_n le nombre de multiplications effectuées par cet algorithme, à l'exception de la dernière. On a clairement $c_1 = 0$, et on peut montrer qu'on a $\forall n > 1,\ c_n = a_n + c_{\lfloor \frac{n}{2} \rfloor}$, où $a_n = \begin{cases} 1 \text{ si } n \text{ est pair} \\ 2 \text{ si } n \text{ est pair} \end{cases}$.
Il s'agit donc d'une suite définie par récurrence forte.

On verra un autre exemple de suite naturellement définie par récurrence forte dans la section suivante.

7. Dans l'algorithme qui suit, [.] désigne la partie entière.
8. Si cet algorithme est dit « rapide », c'est parce que le nombre d'opérations qu'il utilise est incomparablement plus petit que celui de l'algorithme naïf vu plus haut. On peut en effet prouver que le nombre c_n de multiplications nécessaires pour calculer k^n, à l'exception de la dernière, est majoré par $2\log_2(n)$.

Remarque 2

Comme on l'a déjà signalé, le théorème de construction par récurrence double dépendante est un cas particulier du théorème de construction par récurrence forte. En effet, si on a $\alpha \in E$, $\beta \in E$ et $f \in \mathcal{F}(\mathbb{N} \times E \times E, E)$, on peut définir une suite d'applications $(f_n)_{n\in\mathbb{N}}$ par $f_0 = () \mapsto \alpha$, $f_1 = x \mapsto \beta$, et, pour $n \geqslant 2$, $f_n = (x_0, \dots, x_{n-1}) \mapsto f(n, x_{n-2}, x_{n-1})$. On peut ainsi[9] définir une unique suite $(u_n)_{n\in\mathbb{N}}$ d'éléments de E telle que $\forall n \in \mathbb{N},\ u_n = f_n(u_0, u_1, \dots, u_{n-1})$, c'est-à-dire telle que $\begin{cases} u_0 = \alpha,\ u_1 = \beta \\ \forall n \in \mathbb{N},\ u_{n+2} = f(n, u_n, u_{n+1}) \end{cases}$.
D'où le théorème de construction par récurrence double dépendante, et par suite le théorème de construction par récurrence double non dépendante qui en est un cas particulier.

3.3 Sommes et produits

Le théorème de construction par récurrence simple dépendante permet de définir les symboles $\sum$ et $\prod$.

Définition 1

Étant donnés des réels[10] $a_1, a_2, \dots, a_n$:

1. $\displaystyle\sum_{i=1}^{n} a_i$ est défini par $\begin{cases} \displaystyle\sum_{i=1}^{0} a_i = 0 \\ \displaystyle\sum_{i=1}^{n+1} a_i = \left(\sum_{i=1}^{n} a_i\right) + a_{n+1} \end{cases}$.

   On utilise ici une récurrence simple dépendante avec $\alpha = 0$ et $f(n, x) = x + a_{n+1}$.

2. $\displaystyle\prod_{i=1}^{n} a_i$ est défini par $\begin{cases} \displaystyle\prod_{i=1}^{0} a_i = 1 \\ \displaystyle\prod_{i=1}^{n+1} a_i = \left(\prod_{i=1}^{n} a_i\right) \times a_{n+1} \end{cases}$.

   On utilise ici une récurrence simple dépendante avec $\alpha = 1$ et $f(n, x) = x \times a_{n+1}$.

Plus généralement, si $I = \{a_1, \dots, a_n\}$, où les a_i sont tous distincts, on écrira $\displaystyle\sum_{x\in I} x$ pour $\displaystyle\sum_{i=1}^{n} a_i$. On écrira aussi $\displaystyle\sum_{i=n_1}^{n_2} a_i$ pour $\displaystyle\sum_{x\in I} x$ où $I = \{a_{n_1}, a_{n_1+1}, \dots, a_{n_2}\}$.

9. On utilise la première version de la proposition 6.
10. Ou plus généralement des éléments d'un anneau commutatif, ou même d'un groupe commutatif pour la somme ; voir chapitre 8.

On peut alors montrer facilement par récurrence qu'on a $\sum_{i=n_1}^{n_2} a_i + \sum_{i=n_2+1}^{n_3} a_i = \sum_{i=n_1}^{n_3} a_i$.

On a déjà évoqué la convention $\sum_{i=1}^{0} a_i = 0$. Une justification est donnée par la formule qui précède : pour qu'elle soit toujours vraie, il est nécessaire qu'une somme indexée par l'ensemble vide donne le neutre de la somme, c'est-à-dire 0.

Pour la même raison, on souhaite qu'un produit indexé par l'ensemble vide donne le neutre du produit, c'est-à-dire 1.

Comme on a déjà eu l'occasion de le dire, la variable i est liée dans $\sum_{i=1}^{n} a_i$ et $\prod_{i=1}^{n} a_i$.

On peut tout aussi bien écrire $\sum_{k=1}^{n} a_k$ et $\prod_{i=k}^{n} a_k$, par exemple.

Le symbole $\sum$ vérifie de nombreuses propriétés élémentaires qu'il serait fastidieux de toutes lister ici. On préfère renvoyer le lecteur à un ouvrage de dénombrement ou à G. Costantini, *Analyse.* 1re année, De Boeck (2013), section 1.10.1, p. 57 et suivantes.

Notons qu'une somme telle qu'on l'a définie est toujours finie, et doit être bien distinguée de la « somme » d'une série, qui est une limite : à notre niveau, en algèbre, on ne donne aucun sens aux sommes infinies. On introduit néanmoins une notation pratique. On dira qu'une suite $(u_n)_{n\in\mathbb{N}}$ à valeur dans $\mathbb{R}$, ou dans $\mathbb{C}$, ou plus généralement dans un groupe dont la loi est notée additivement[11], est *presque nulle* lorsqu'il existe un entier N tel que $\forall n \geqslant N,\ u_n = 0$. On peut alors, d'après la propriété fondamentale de $\mathbb{N}$, considérer le plus petit entier n_0 tel que $\forall n \geqslant n_0,\ u_n = 0$, et on pose $\sum_{k=0}^{+\infty} u_k$ comme étant $\sum_{k=0}^{n_0} u_k$. On vérifie immédiatement par récurrence qu'on a $\sum_{k=0}^{N} u_k = \sum_{k=0}^{+\infty} u_k$ pour tout entier N tel que $\forall n \geqslant N,\ u_n = 0$.

Remarques 3

1. La factorielle est donc un exemple de produit : $n! = \prod_{k=1}^{n} k$.
2. Les termes des suites arithmétiques sont des exemples de somme : si $(u_n)_{n\in\mathbb{N}}$ est la suite arithmétique de premier terme u_0 et de raison r, on a $u_n = u_0 + \sum_{k=1}^{n} r$.
3. Les termes des suites géométriques sont des exemples de produit : si $(u_n)_{n\in\mathbb{N}}$ est la suite arithmétique de premier terme u_0 et de raison q, on a $u_n = u_0 \times \prod_{k=1}^{n} q$.

Voyons maintenant à travers un exemple comment un problème simple peut se modéliser naturellement par une suite définie à la fois par récurrence forte et à l'aide d'une somme.

11. Voir chapitre 8.

La suite dont il est question ici figure déjà dans une correspondance entre Leonhard Euler et Christian Goldbach, mais a été publiée pour la première fois par le mathématicien hongrois Johann Andreas von Segner[12]. Il s'agissait au départ de dénombrer les façons de décomposer un polygone convexe en triangles par les diagonales, mais on va en donner ici une définition plus simple : le lien entre les deux problèmes semble avoir été établi par le mathématicien belge Eugène Catalan, à qui cette suite doit finalement son nom.

Introduisons un petit peu de terminologie, en restant informel. On appelle *ensemble des mots de Dyck* le **plus petit** ensemble de mots (un mot étant une suite finie de lettres, éventuellement vide) formés uniquement des deux lettres « (» et «) » vérifiant les propriétés suivantes :

- le mot vide est un mot de Dyck,
- si m est un mot de Dyck, alors (m) est un mot de Dyck,
- si m_1 et m_2 sont des mots de Dyck, alors m_1m_2 est un mot de Dyck.

En d'autres termes un mot de Dyck est un mot bien parenthésé : parmi les 16 mots de longueur 4 formés des lettres « (» et «) », seuls ()() et (()) sont des mots de Dyck, les 14 autres mots comme ())(n'en sont pas.
Il est clair qu'un mot de Dyck a autant de « (» que de «) » et que les mots de Dyck sont donc nécessairement de longueur paire. On appelle **nombre de Catalan d'indice** n le nombre c_n de mots de Dyck de longueur $2n$.

Il n'y a qu'un seul mot vide, on a donc $c_0 = 1$. Supposons maintenant $n \geqslant 1$. Un mot de Dyck de longueur $2n$ est nécessairement de la forme $(m)m'$, avec m et m' des mots de Dyck, éventuellement vides. Le mot m' peut alors avoir n'importe quelle longueur paire $2k$, avec $k \in \{0, \dots, n-1\}$. Pour un tel k fixé, on a c_{n-k-1} possibilités pour m et c_k possibilités pour m', donc c_kc_{n-k-1} possibilités pour $(m)m'$. En sommant sur toutes les valeurs de k possibles, on trouve donc $c_n = \sum\limits_{k=0}^{n-1} c_kc_{n-1-k}$.

Oubliant maintenant les mots de Dyck tout comme les décompositions des polygones convexes en triangles, on peut **définir** la suite $(c_n)_{n\in\mathbb{N}}$ des nombres de Catalan par :

$$\forall n \in \mathbb{N},\ c_n = \begin{cases} 1 \text{ si } n = 0 \\ \sum\limits_{k=0}^{n-1} c_kc_{n-1-k} \text{ sinon} \end{cases},$$

et cette définition est une définition par récurrence forte, qui utilise de plus une somme.

Les premières valeurs de cette suite sont 1, 1, 2, 5, 14, 42, 132, 429, ... et on peut montrer qu'on a, pour tout $n \in \mathbb{N}$, $c_n = \dfrac{(2n)!}{n!(n+1)!}$.

12. *Enumeratio modorum, quibis figuræ planæ rectilineæ per diagonales dividuntur in triangula*, Novi commentarii Academiæ Scientiarum Imperialis Petropolitanæ, **7** (1758/59), pp. 203-210 (1761).

4 Exercices corrigés

3.1 Applications extensives de $\mathbb{N}$ dans $\mathbb{N}$ - MPSI

Soit un ensemble ordonné $(E, \leqslant)$. Une application $\phi : E \to E$ est dite *extensive* lorsqu'on a $\forall x \in E,\ f(x) \geqslant x$. Ici, on ordonne $\mathbb{N}$ par sa relation d'ordre standard.

1. Donner un exemple d'application extensive de $\mathbb{N}$ dans $\mathbb{N}$.
2. Montrer que toute application strictement croissante de $\mathbb{N}$ dans $\mathbb{N}$ est extensive. La réciproque est-elle vraie ?
3. Donner un exemple d'ensemble ordonné pour lequel il existe des applications strictement croissantes non extensives.

C 3.1 Applications extensives de $\mathbb{N}$ dans $\mathbb{N}$

1. L'identité convient.
2. Soit f strictement croissante. Montrons par récurrence qu'on a $\forall n \in \mathbb{N},\ f(n) \geqslant n$.

   Initialisation : $f(0) \in \mathbb{N}$ donc $f(0) \geqslant 0$.

   Hérédité : Soit $n \in \mathbb{N}$ et supposons $P(n)$, c'est-à-dire $f(n) \geqslant n$. On a alors, par stricte croissance, $f(n+1) > f(n)$, d'où par transitivité $f(n+1) > n$ c'est-à-dire $f(n+1) \geqslant n+1$ car f est à valeurs dans $\mathbb{N}$.

   La propriété est donc bien héréditaire.

   Conclusion : La propriété est vraie au rang 0, et elle est héréditaire, donc d'après le théorème de récurrence elle est vraie pour tout entier $n \in \mathbb{N}$.

   La réciproque est fausse. L'application f définie par $f(0) = 5$ et $f(n) = n$ pour $n \geqslant 1$ est extensive mais pas strictement croissante.
3. Sans chercher trop loin : $(\mathbb{Z}, \leqslant)$ convient. Le contre-exemple est donné par f définie par $f(n) = n - 1$.

3.2 Principe de récurrence de Cauchy

1. Soit $P(n)$ un énoncé. Montrer que, si on suppose

   i/ $P(1)$

   ii/ $\forall n \in \mathbb{N},\ P(n+1) \Rightarrow P(n)$

   iii/ $\forall n \in \mathbb{N},\ P(n) \Rightarrow P(2n)$

   alors on a $\forall n \in \mathbb{N}, P(n)$.

2. Application : *l'inégalité arithmético-géométrique.*

   Montrer que, pour tout entier n, pour tout $n-$uplet de réels strictement positifs $(a_1, a_2, \ldots, a_n)$, on a $\sqrt[n]{a_1 a_2 \cdots a_n} \leqslant \dfrac{a_1 + a_2 + \cdots + a_n}{n}$.

   Indication : en posant $x_n = \frac{x_1 + \cdots + x_n}{n}$, *que vaut* $\frac{x_1 + \cdots + x_n + x_{n+1}}{n+1}$ *?*

C 3.2 Principe de récurrence de Cauchy

1. On veut montrer $\forall n \in \mathbb{N},\ P(n)$. Montrons-le par récurrence forte.

   Soit $n \in \mathbb{N}$ et supposons $\forall k \in \{0, \ldots, n-1\},\ P(k)$.

   On veut montrer $P(n)$. Traitons quatre cas.

   - Si $n = 1$ alors $P(n) = P(1)$ est vrai par i/.
   - Si $n = 0$ alors, comme on a $P(1)$ par i/ et qu'on a $P(1) \Rightarrow P(0)$ par ii/, on a bien $P(0)$.
   - Si $n \geqslant 2$ est pair, alors on peut écrire $n = 2k$ avec $k < n$. Par hypothèse de récurrence forte, on a donc $P(k)$. Par iii/ on a donc $P(2k)$, *i. e.* $P(n)$.
   - Si $n \geqslant 3$ est impair, alors on peut écrire $n = 2k+1$ avec $k < n-1$, c'est-à-dire $k+1 < n$. Par hypothèse de récurrence forte, on a donc $P(k+1)$. Par iii/ on a donc $P(2(k+1))$, *i. e.* $P(n+1)$. Par ii/, on a donc $P(n+1-1)$, *i. e.* $P(n)$.
   - Dans tous les cas on a bien $P(n)$.

   On a donc bien montré, par récurrence forte, le résultat demandé.

2. Notons $P(n)$ l'énoncé

   $\forall (a_1, a_2, \ldots, a_n) \in \left(\mathbb{R}_+^*\right)^n,\ \sqrt[n]{a_1 a_2 \cdots a_n} \leqslant \dfrac{a_1 + a_2 + \cdots + a_n}{n}$.

   On veut montrer $\forall n \in \mathbb{N}, P(n)$. Montrons-le à l'aide du principe de récurrence de Cauchy.

   Commençons par montrer $P(2)$. Ce n'est pas utile pour pouvoir appliquer le principe de récurrence de Cauchy mais ce sera intéressant dans la preuve de $P(n) \Rightarrow P(2n)$. Soit $(a,b) \in]0, +\infty[^2$. On a $(\sqrt{a} - \sqrt{b})^2 \geqslant 0$ c'est-à-dire $a + b - 2\sqrt{ab} \geqslant 0$ c'est-à-dire $\sqrt{ab} \leqslant \frac{a+b}{2}$. On a donc bien $P(2)$. Passons maintenant à la démonstration proprement dite :

   - Montrons $P(1)$. Soit $a \in \mathbb{R}_+^*$. Par réflexivité on a $a \leqslant a$.

     On a donc bien montré $P(1)$.
   - Montrons $\forall n \in \mathbb{N}, P(n) \Rightarrow P(2n)$.

     Soit $n \in \mathbb{N}$ et supposons $P(n)$. Soit $(a_1, \ldots, a_{2n}) \in]0, +\infty[^{2n}$.

     On a $\sqrt[2n]{a_1 \cdots a_{2n}} = \sqrt{\sqrt[n]{a_1 \cdots a_{2n}}} = \sqrt{\sqrt[n]{a_1 \cdots a_n}\, \sqrt[n]{a_{n+1} \cdots a_{2n}}}$, d'où $\sqrt[2n]{a_1 \cdots a_{2n}} \leqslant \dfrac{\sqrt[n]{a_1 \cdots a_n} + \sqrt[n]{a_{n+1} \cdots a_{2n}}}{2}$ d'après $P(2)$ précedemment démontré. D'après l'hypothèse $P(n)$, on a $\sqrt[n]{a_1 \cdots a_n} \leqslant \frac{a_1 + \cdots + a_n}{n}$ ainsi que

$\sqrt[n]{a_{n+1}\cdots a_{2n}} \leqslant \frac{a_{n+1}+\cdots+a_{2n}}{n}$. Par compatibilité de l'ordre à l'addition, on a donc
$\sqrt[2n]{a_1\cdots a_{2n}} \leqslant \dfrac{a_1+\cdots+a_{2n}}{2n}$.

On a donc bien montré $P(n) \Rightarrow P(2n)$.

- Montrons $\forall n \in \mathbb{N}, P(n+1) \Rightarrow P(n)$.

  Soit $n \in \mathbb{N}$ et supposons $P(n+1)$. Soit $(a_1,\ldots,a_n) \in]0,+\infty[^n$.

  Posons $a_{n+1} = \frac{a_1+\cdots+a_n}{n}$.

  Ce nombre est bien strictement positif car somme de réels strictement positifs. D'après l'hypothèse $P(n+1)$ on a donc $\sqrt[n+1]{a_1\cdots a_n a_{n+1}} \leqslant \frac{a_1+\cdots+a_n+a_{n+1}}{n+1}$.
  On remarque qu'on a $\frac{a_1+\cdots+a_n+a_{n+1}}{n+1} = \frac{a_1+\cdots+a_n}{n} = a_{n+1}$. L'inégalité précédente peut donc se réécrire $\sqrt[n+1]{a_1\cdots a_n a_{n+1}} \leqslant a_{n+1}$, ou encore $a_1\cdots a_n a_{n+1} \leqslant a_{n+1}^{n+1}$. Divisons maintenant par a_{n+1} qui est bien non nul car strictement positif. On trouve $a_1\cdots a_n \leqslant a_{n+1}^n$ ou encore $\sqrt[n]{a_1\cdots a_n} \leqslant a_{n+1} = \frac{a_1+\cdots+a_n}{n}$. On a donc montré $P(n)$.

  On a donc bien montré $P(n+1) \Rightarrow P(n)$.

On a montré $P(1)$, $\forall n \in \mathbb{N},\ P(n) \Rightarrow P(2n)$ et $\forall n \in \mathbb{N},\ P(n+1) \Rightarrow P(n)$. D'après le principe de récurrence de Cauchy démontré à la question précédente, on a donc bien $\forall n \in \mathbb{N},\ P(n)$.

L'inégalité arithmético-géométrique se prouve plus simplement en utilisant un argument de convexité, mais ce n'est plus au programme de première année de CPGE. *La méthode proposée ici est directement inspirée de la preuve originelle de Cauchy, que l'on peut trouver aux pages 457-459 du Cours d'analyse de l'École royale polytechnique, première partie, Analyse algébrique, Debure frères, Paris (1821).*

3.3 Une application de la formule de Leibniz

Pour cet exercice, on admet la formule de Leibniz[13], qui stipule qu'étant donné un intervalle I et f et g deux fonctions $\mathcal{C}^\infty$ sur I, on a pour tout entier naturel n, $(fg)^{(n)} = \displaystyle\sum_{k=0}^{n} \binom{n}{k} f^{(k)} g^{(n-k)}$, où $h^{(p)}$ désigne la dérivée p-ième de h.

Bien que cela ne soit pas utile pour résoudre l'exercice, on rappelle que $\binom{n}{k}$ désigne le nombre de façons de choisir k éléments parmi n éléments.

Montrer que, pour tout entier naturel n, pour tout réel x dans l'intervalle $\left]0, \frac{\pi}{2}\right[$, on a $\tan^{(n)}(x) > 0$. *On* **pourra** *procéder par récurrence forte.*

13. Cette formule sera vue dans ce livre dans le cadre des polynômes, cf. p. 527. Pour la formule dans le cadre général, cf. G. Costantini, *Analyse*. 1re année, De Boeck (2013), p. 433.

C 3.3 Une application de la formule de Leibniz

Commençons par remarquer que la fonction tan reste strictement positive sur $\left]0, \frac{\pi}{2}\right[$. Notons $P(n)$ l'énoncé $\forall x \in \left]0, \frac{\pi}{2}\right[, \tan^{(n)}(x) > 0$. On veut montrer $\forall n \in \mathbb{N},\ P(n)$. Montrons-le par récurrence forte.

Soit $n \in \mathbb{N}$ et supposons $\forall k \in \{0, \ldots, n\},\ P(k)$. On veut montrer $P(n)$. Traitons trois cas.

- Si $n = 0$ alors $\tan^{(0)} = \tan$ qui est bien strictement positive sur $\left]0, \frac{\pi}{2}\right[$ comme rappelé précédemment.
- Si $n = 1$ alors $\tan^{(1)} = 1 + \tan^2$ qui est bien strictement positive sur $\left]0, \frac{\pi}{2}\right[$.
- Si $n \geqslant 2$ on a $n = p + 1$ où $p = n - 1 \geqslant 1$, et on a $\tan^{(n)} = (\tan')^{(p)} = \left(1 + \tan^2\right)^{(p)} = \left(\tan^2\right)^{(p)}$ car $p \geqslant 1$.
  On écrit alors la formule de Leibniz : $(\tan \times \tan)^{(p)} = \sum_{k=0}^{p} \binom{p}{k} \tan^{(k)} \tan^{(p-k)}$.
  Dans cette somme, $p = n - 1 < n$ et $0 \leqslant k \leqslant p$, et par conséquent on a toujours $k < n$ et $p - k < n$. Par hypothèse de récurrence forte, on a donc $\tan^{(k)} > 0$ et $\tan^{(p-k)} > 0$ sur $\left]0, \frac{\pi}{2}\right[$. Comme les coefficients binomiaux sont strictement positifs, cette somme est une somme de termes strictement positifs, elle est donc strictement positive.
- Dans tous les cas on a bien $P(n)$.

On a donc bien montré, par récurrence forte, le résultat demandé.

3.4 Une récurrence

On considère, pour $n \geqslant 3$, la propriété $\mathcal{P}_n$:

« il existe $(u_1, \ldots, u_n) \in (\mathbb{N} \setminus \{0\})^n$ tel que $u_1 < u_2 < \cdots < u_n$ et $\sum_{k=1}^{n} \frac{1}{u_k} = 1$. »

1. a. Supposons qu'il existe $(u_1, u_2, u_3) \in (\mathbb{N} \setminus \{0\})^3$ tel que $u_1 < u_2 < u_3$ et $\frac{1}{u_1} + \frac{1}{u_2} + \frac{1}{u_3} = 1$.
   Montrer que $u_1 < 3$ et en déduire la valeur de u_1.

   b. Démontrer que $\mathcal{P}_3$ est vraie et qu'on a même unicité d'un triplet solution.
2. En s'inspirant du cas $n = 3$, démontrer que $\mathcal{P}_4$ est vraie et déterminer tous les quadruplets satisfaisant cette propriété.
3. S'inspirer de ce qui précède pour démontrer par récurrence que $\mathcal{P}_n$ est vraie pour tout $n \geqslant 3$.

C 3.4 Une récurrence

1. a. Supposons qu'il existe $(u_1, u_2, u_3) \in (\mathbb{N} \setminus \{0\})^3$ tel que $u_1 < u_2 < u_3$ et $\frac{1}{u_1} + \frac{1}{u_2} + \frac{1}{u_3} = 1$.
Alors $\frac{1}{u_3} < \frac{1}{u_2} < \frac{1}{u_1}$ donc $\frac{1}{u_1} + \frac{1}{u_2} + \frac{1}{u_3} < \frac{3}{u_1}$, ce qui donne $1 < \frac{3}{u_1}$ puis $u_1 < 3$.
Notons que par définition, $u_1 > 0$ et que de plus on ne peut avoir $u_1 = 1$ car alors $1 = \frac{1}{u_1} + \frac{1}{u_2} + \frac{1}{u_3} > \frac{1}{u_1} = 1$, ce qui constitue une contradiction.
Ainsi a-t-on forcément $u_1 = 2$.

   b. Analyse : Soit (u_1, u_2, u_3) un triplet solution.
Par la question précédente, on a $u_1 = 2$.
Il s'ensuit $\frac{1}{2} + \frac{1}{u_2} + \frac{1}{u_3} = 1$, d'où $\frac{1}{u_2} + \frac{1}{u_3} = \frac{1}{2}$.
On a aussi $2 = u_1 < u_2 < u_3$. Notons qu'on ne peut avoir $u_2 \geqslant 4$ car alors $u_3 > 4$ d'où $\frac{1}{u_2} \leqslant \frac{1}{4}$ et $\frac{1}{u_3} < \frac{1}{4}$, ce qui mène à $\frac{1}{u_2} + \frac{1}{u_3} < \frac{1}{4} + \frac{1}{4} = \frac{1}{2}$; contradiction !
Ainsi on a nécessairement $u_2 = 3$ puis $u_3 = \frac{1}{2} - \frac{1}{3} = \frac{1}{6}$, et donc $u_3 = 6$.
Synthèse : par construction, l'unique triplet $(u_1 = 2, u_2 = 3, u_3 = 6)$ mis en évidence dans l'analyse est solution du problème.
On a donc existence et unicité d'un triplet solution. En particulier $\mathcal{P}_3$ est vraie.

2. Soit (u_1, u_2, u_3, u_4) un quadruplet solution.
On a $u_1 < u_2 < u_3 < u_4$ d'où $\frac{1}{u_4} < \frac{1}{u_3} < \frac{1}{u_2} < \frac{1}{u_1}$ et par conséquent,
$$1 = \frac{1}{u_1} + \frac{1}{u_2} + \frac{1}{u_3} + \frac{1}{u_4} < \frac{4}{u_1},$$
ce qui implique $u_1 < 4$.
On ne peut bien entendu pas avoir $u_1 = 1$ dans ce cas non plus, donc on a soit $u_1 = 2$, soit $u_1 = 3$.
   - Si $u_1 = 3$ alors on a $u_2 > 3$, *i. e.* $u_2 \geqslant 4$ puis $u_3 \geqslant 5$ et $u_4 \geqslant 6$. Ainsi,
$$\frac{1}{u_1} + \frac{1}{u_2} + \frac{1}{u_3} + \frac{1}{u_4} \leqslant \frac{1}{3} + \frac{1}{4} + \frac{1}{5} + \frac{1}{6} = \frac{1}{2} + \frac{1}{4} + \frac{1}{5} < \frac{1}{2} + \frac{1}{4} + \frac{1}{4} = 1,$$
contradiction !
Donc il est impossible d'avoir $u_1 = 3$.
   - Si $u_1 = 2$ alors $\frac{1}{u_2} + \frac{1}{u_3} + \frac{1}{u_4} = \frac{1}{2}$ et $u_2 > 2$ donc $u_2 \geqslant 3$. On examine plusieurs cas pour u_2 :
     a. Si $u_2 = 3$ alors $\frac{1}{u_3} + \frac{1}{u_4} = \frac{1}{2} - \frac{1}{3} = \frac{1}{6}$ et donc $u_3 > 6$.
On a aussi, comme $u_4 > u_3$, $\frac{1}{u_4} < \frac{1}{u_3}$ d'où $\frac{1}{u_3} + \frac{1}{u_4} < \frac{2}{u_3}$ et par conséquent, $\frac{1}{6} < \frac{2}{u_3}$, ce qui donne $u_3 < 12$.
Reste à faire les tests ; lorsque u_3 prend les valeurs entières de 7 à 11, existe-t-il un entier $u_4 > u_3$ tel que $\frac{1}{u_4} = \frac{1}{6} - \frac{1}{u_3}$?

On obtient ainsi aisément les couples solutions $(u_3 = 7, u_4 = 42)$, $(u_3 = 8, u_4 = 24)$, $(u_3 = 9, u_4 = 18)$, $(u_3 = 10, u_4 = 15)$.

b. Si $u_2 = 4$ alors $\frac{1}{u_3} + \frac{1}{u_4} = \frac{1}{2} - \frac{1}{4} = \frac{1}{4}$ et $u_3 > 4$.
On a aussi, comme $u_4 > u_3$, $\frac{1}{u_4} < \frac{1}{u_3}$ d'où $\frac{1}{u_3} + \frac{1}{u_4} < \frac{2}{u_3}$ et par conséquent, $\frac{1}{4} < \frac{2}{u_3}$, ce qui donne $u_3 < 8$.
Les valeurs possibles pour u_3 sont donc 5, 6 et 7 et cela conduit aux couples solutions : $(u_3 = 5, u_4 = 20)$ et $(u_3 = 6, u_4 = 12)$.
Remarque : le quadruplet $(2, 3, 6, 12)$ obtenu ici est bien utile pour la compréhension de la question qui suit. En effet, on peut remarquer que ce quadruplet se déduit du triplet, que nous noterons (v_1, v_2, v_3), obtenu comme unique solution du cas $n = 3$.
En effet, avec $u_1 = 2$, le problème $n = 4$ devient la recherche d'un triplet (u_2, u_3, u_4) tel que $u_2 < u_3 < u_4$ et $\frac{1}{u_2} + \frac{1}{u_3} + \frac{1}{u_4} = \frac{1}{2}$. Or le triplet (v_1, v_2, v_3) vérifie lui $v_1 < v_2 < v_3$ et $\frac{1}{v_1} + \frac{1}{v_2} + \frac{1}{v_3} = 1$. Ainsi un triplet (u_2, u_3, u_4) convenable est obtenu simplement en posant $u_2 = 2v_1$, $u_3 = 2v_2$ et $u_4 = 2v_3$...

c. Si $u_2 = 5$ alors on a $u_3 \geqslant 6$ et $u_4 \geqslant 7$ et $\frac{1}{u_3} + \frac{1}{u_4} = \frac{1}{2} - \frac{1}{5} = \frac{3}{10}$.
Notons que $\frac{1}{6} + \frac{1}{7} = \frac{13}{42} \neq \frac{3}{10}$ et que $\frac{1}{6} + \frac{1}{8} = \frac{7}{24} < \frac{3}{10}$ et que tout autre choix de couple (u_3, u_4) vérifiera $\frac{1}{u_3} + \frac{1}{u_4} < \frac{1}{6} + \frac{1}{8}$ donc on ne peut trouver de couple (u_3, u_4) convenable.

Conclusion : les quadruplets solutions forment l'ensemble :

$$\{(2,3,7,42), (2,3,8,24), (2,3,9,18), (2,3,10,15), (2,4,5,20), (2,4,6,12)\}.$$

3. Prouvons par récurrence que $\mathcal{P}_n$ est vraie pour tout $n \geqslant 3$.
<u>Initialisation</u> $(n = 3)$: déjà démonteée.
<u>Hérédité</u> : supposons $\mathcal{P}_n$ vraie pour un certain $n \geqslant 3$.
Alors il existe $(v_1, v_2, \ldots, v_n) \in (\mathbb{N} \setminus \{0\})^n$ tel que $v_1 < v_2 < \cdots < v_n$ et $\frac{1}{v_1} + \frac{1}{v_2} + \cdots + \frac{1}{v_n} = 1$.
Posons $u_1 = 2$ et $u_2 = 2v_1$, $u_3 = 2v_2$,..., $u_{n+1} = 2v_n$.
On a alors, vu qu'évidemment $v_1 > 1$, $u_2 > 2 = u_1$ et aussi $u_2 < u_3 < \cdots < u_{n+1}$.
De plus, $\frac{1}{u_2} + \cdots + \frac{1}{u_{n+1}} = \frac{1}{2v_1} + \cdots + \frac{1}{2v_n} = \frac{1}{2}\left(\frac{1}{v_1} + \frac{1}{v_2} + \cdots + \frac{1}{v_n}\right) = \frac{1}{2} \times 1 = \frac{1}{2}$, d'où $\frac{1}{u_2} + \cdots + \frac{1}{u_{n+1}} = 1 - \frac{1}{u_1}$, donc $\frac{1}{u_1} + \frac{1}{u_2} + \cdots + \frac{1}{u_{n+1}} = 1$.
Cela prouve l'existence d'un $(n+1)$-uplet répondant au problème, donc $\mathcal{P}_{n+1}$.
On a ainsi prouvé que la propriété est héréditaire.
<u>Conclusion</u> : par le principe de récurrence, $\mathcal{P}_n$ est vraie pour tout $n \geqslant 3$.

3.5 Une disjonction de cas

Montrer soigneusement que l'énoncé suivant est vrai :

$$\forall n \in \mathbb{N},\ n \geqslant 10 \Rightarrow \exists (a,b,c) \in \mathbb{N}^3,\ a < n\ \wedge\ b < n\ \wedge\ c < n\ \wedge\ n^2 + c^2 = a^2 + b^2.$$

On pourra développer les sommes $(2p)^2+(p-5)^2$, $(2p-4)^2+(p+3)^2$, $(2p+1)^2+(p-2)^2$ *et* $(2p-1)^2+(p+2)^2$ *pour tout entier* $p \geqslant 5$.

C 3.5 Une disjonction de cas

Développons les sommes proposées :

$(2p)^2 + (p-5)^2 = 5p^2 - 10p + 25, \quad (2p-4)^2 + (p+3)^2 = 5p^2 - 10p + 25,$

$(2p+1)^2 + (p-2)^2 = 5p^2 + 5, \quad (2p-1)^2 + (p+2)^2 = 5p^2 + 5.$

Distinguons deux cas :

- Soit n est pair, posons : $n = 2p$ avec $p \geqslant 5$

  On remarque que : $\forall p \geqslant 5,\ 2p > p-5\ \wedge\ 2p > 2p-4\ \wedge\ 2p > p+3$

  Il suffit alors de poser $a = 2p-4, b = p+3, c = p-5$ pour retrouver l'égalité précédente et ainsi avoir l'égalité demandée.
- Soit n est impair, posons : $n = 2p+1$ avec $p \geqslant 5$

  On remarque que : $\forall p \geqslant 5,\ 2p+1 > p-2\ \wedge\ 2p+1 > 2p-1\ \wedge\ 2p+1 > p+2$

  Il suffit alors de poser $a = 2p-1, b = p+2, c = p-2$ pour retrouver l'égalité précédente et ainsi avoir l'égalité demandée.

3.6 Une équation fonctionnelle dans $\mathbb{N}^{\mathbb{N}}$

Soit $f : \mathbb{N} \to \mathbb{N}$ une application vérifiant $\forall (a,b) \in \mathbb{N}^2, f(a^2+b^2) = f(a)^2 + f(b)^2$ et $f(1) \neq 0$.

1. Calculer $f(0), f(1), f(2), f(4), f(5), f(8)$, puis $f(3), f(9), f(7), f(6)$.
2. Calculer $f(n)$ pour tout entier n.

   On pourra utiliser l'exercice 3.5.

C 3.6 Une équation fonctionnelle dans $\mathbb{N}^{\mathbb{N}}$

Cet exercice est issu de l'épreuve du concours général de 1994.

1. - On a : $f(0) = f(0^2+0^2) = f(0)^2 + f(0)^2 = 2f(0)^2$ donc $f(0)\big(2f(0)-1\big) = 0$ donc $f(0) \in \left\{0, \frac{1}{2}\right\}$, et comme on a $f(0) \in \mathbb{N}$, on a $f(0) = 0$.
   - On a : $f(1) = f(1^2+0^2) = f(1)^2 + f(0)^2 = f(1)^2$ donc $f(1)\big(f(1)-1\big) = 0$ donc $f(1) \in \{0,1\}$, et comme on a $f(1) \neq 0$, on a $f(1) = 1$.
   - On a : $f(2) = f(1^2+1^2) = f(1)^2 + f(1)^2 = 1^2 + 1^2 = 2$.

- On a : $f(4) = f(2^2 + 0^2) = f(2)^2 + f(0)^2 = 2^2 + 0^2 = 4$.
- On a : $f(5) = f(2^2 + 1^2) = f(2)^2 + f(1)^2 = 2^2 + 1^2 = 5$.
- On a : $f(8) = f(2^2 + 2^2) = f(2)^2 + f(2)^2 = 2^2 + 2^2 = 8$.

Passons aux choses sérieuses.

- On a : $3^2 + 4^2 = 5^2 + 0^2$ et donc $f(3^2 + 4^2) = f(5^2 + 0^2) = f(5)^2 + f(0)^2 = 25$, mais par ailleurs on a $f(3^2 + 4^2) = f(3)^2 + f(4)^2 = f(3)^2 + 16$. On a donc $f(3)^2 = 25 - 16 = 9 = 3^2$, et comme on a $f(3) \in \mathbb{N}$, on a $f(3) = 3$.
- On a : $f(9) = f(3^2 + 0^2) = f(3)^2 + f(0)^2 = 3^2 + 0^2 = 9$.
- On a : $7^2 + 1^2 = 5^2 + 5^2$ et donc $f(7^2 + 1^2) = f(5^2 + 5^2) = f(5)^2 + f(5)^2 = 5^2 + 5^2 = 50$, mais par ailleurs on a $f(7^2 + 1^2) = f(7)^2 + f(1)^2 = f(7)^2 + 1$.
  On a donc $f(7)^2 = 50 - 1 = 49 = 7^2$, et comme on a $f(7) \in \mathbb{N}$, on a $f(7) = 7$.
- On a : $6^2 + 7^2 = 9^2 + 2^2$ et donc $f(6^2 + 7^2) = f(9^2 + 2^2) = f(9)^2 + f(2)^2 = 81 + 4 = 85$, mais par ailleurs on a $f(6^2 + 7^2) = f(6)^2 + f(7)^2 = f(6)^2 + 49$.
  On a donc $f(6)^2 = 85 - 49 = 36 = 6^2$, et comme on a $f(6) \in \mathbb{N}$, on a $f(6) = 6$.

2. Montrons par récurrence forte qu'on a $\forall n \in \mathbb{N},\ f(n) = n$. Soit $n \in \mathbb{N}$ et supposons que, pour tout entier $k < n$ on ait $f(k) = k$. Traitons deux cas.
   - Si $n \leqslant 9$ alors, d'après la question 1, on a bien $f(n) = n$.
   - Si $n \geqslant 10$ alors, d'après l'exercice 3.5, il existe trois entiers $a, b, c < n$ tels que $n^2 + c^2 = a^2 + n^2$. On a donc $f(n^2 + c^2) = f(a^2 + b^2) = f(a)^2 + f(b)^2 = a^2 + b^2$ par hypothèse de récurrence forte.
     Mais par ailleurs on a $f(n^2 + c^2) = f(n)^2 + f(c)^2 = f(n)^2 + c^2$ par hypothèse de récurrence forte.
     On a donc $f(n)^2 = a^2 + b^2 - c^2 = n^2$, et comme on a $f(n) \in \mathbb{N}$, on a $f(n) = n$.

   Dans tous les cas, on a $f(n) = n$. La propriété est fortement héréditaire.
   La propriété est fortement héréditaire, donc d'après le théorème de récurrence forte elle est vraie pour tout entier $n \geqslant 0$.

3.7 Ensembles bien ordonnés - MPSI

On dit qu'un ensemble ordonné $(E, \prec)$ est *bien ordonné* si toute partie non vide de E a un plus petit élément.

1. Montrer qu'un ensemble bien ordonné est totalement ordonné.
2. Existe-t-il des ensembles totalement ordonnés qui ne sont pas bien ordonnés ?
3. Existe-t-il des ensembles finis totalement ordonnés qui ne sont pas bien ordonnés ?

4. On considère la relation $\prec$ sur $\mathbb{N} \times \mathbb{N}$ définie de la manière suivante :

$$\forall (n,p),(n',p') \in \mathbb{N}^2,\ (n,p) \prec (n',p') \iff n < n' \text{ ou } (n = n' \text{ et } p \leqslant p').$$

Vérifier que $\prec$ est une relation d'ordre sur $\mathbb{N} \times \mathbb{N}$, et que $(\mathbb{N} \times \mathbb{N}, \prec)$ est bien ordonné.

C 3.7 Ensembles bien ordonnés

1. Soit $(a,b) \in E^2$. Soit $A = \{a,b\}$. La partie A de E admet par hypothèse un plus petit élément. On a $\min(A) = a$ ou $\min(A) = b$. Dans tous les cas, a et b sont comparables.
   Donc deux éléments de E sont toujours comparables, E est totalement ordonné.
2. Considérons $\mathbb{R}$ muni de l'ordre standard $\leqslant$. Alors $]-\infty, 0]$ n'a pas de plus petit élément. Par suite, $(\mathbb{R}, \leqslant)$ est un ensemble totalement ordonné qui n'est pas bien ordonné.
3. Soit E un ensemble fini totalement ordonné. Par définition d'un ensemble fini, il existe une bijection de E dans $\{1,\dots,n\}$ pour un certain entier n et on peut donc écrire $E = \{e_1,\dots,e_n\}$. Quitte à composer la bijection avec une permutation de $\{1,\dots,n\}$, on peut supposer qu'on a $e_1 < e_2 < \cdots < e_n$, puisque l'ordre est total. Une partie non vide de E est alors de la forme $\{e_{i_1}, e_{i_2}, \dots, e_{i_k}\}$ avec $k \geqslant 1$. Posons $i = \min\{i_1,\dots,i_k\}$. Ce plus petit élément existe par propriété fondamentale de $\mathbb{N}$, puisque la partie considérée est non vide. On a alors $e_i \in E$ et $\forall e \in \{e_{i_1}, e_{i_2}, \dots, e_{i_k}\}, e_i \leqslant e$. La partie $\{e_{i_1}, e_{i_2}, \dots, e_{i_k}\}$ a donc bien un plus petit élément e_i.
4. Vérifions que $\prec$ est une relation d'ordre.
   - Pour $(x,y) \in \mathbb{N}^2$, on a $x = x$ et $y \leqslant y$, donc $(x,y) \prec (x,y)$.
     La relation $\prec$ est réflexive.
   - Soient $(x,y),(x',y') \in \mathbb{N}^2$. Supposons $(x,y) \prec (x',y')$ (1) et $(x',y') \prec (x,y)$ (2). Si $x \neq x'$, alors d'après (1), $x < x'$, mais d'après (2), $x' < x$, ce qui est contradictoire. Donc $x = x'$.
     Puis, d'après (1), on a $y \leqslant y'$, et d'après (2), $y' \leqslant y$, donc $y = y'$, et finalement, $(x,y) = (x',y')$.
     La relation $\prec$ est antisymétrique.
   - Soient $(x,y),(x',y'),(x'',y'') \in \mathbb{N}^2$.
     Supposons avoir $(x,y) \prec (x',y')$ et $(x',y') \prec (x'',y'')$.
     a. Si $x < x'$. Comme $x' \leqslant x''$, alors $x < x''$ et $(x,y) \prec (x'',y'')$.

b. Si $x = x'$. Alors $y \leqslant y'$.

i. Si $x' < x''$, alors $x < x''$, et donc $(x, y) \prec (x'', y'')$.

ii. Si $x' = x''$, alors $y' \leqslant y''$, donc $y \leqslant y''$, et $(x, y) \prec (x'', y'')$.

Dans tous les cas, on obtient $(x, y) \prec (x'', y'')$. Donc la relation $\prec$ est transitive.

On a montré que $\prec$ est une relation d'ordre.

Vérifions que $(\mathbb{N}^2, \prec)$ est bien ordonné.

Soit A une partie non vide de $\mathbb{N}^2$.

Soit $P_1 = \{x \in \mathbb{N},\ \exists y \in \mathbb{N},\ (x, y) \in A\}$; c'est une partie non vide de $\mathbb{N}$, donc admet un plus petit élément. Soit $x_0 = \min(P_1)$.

Soit $P_2 = \{y \in \mathbb{N},\ (x_0, y) \in A\}$: c'est une partie non vide de $\mathbb{N}$ (car $x_0 \in P_1$), donc admet un plus petit élément. Soit $y_0 = \min(P_2)$.

Soit $(x, y) \in A$. Alors $x \in P_1$, donc $x_0 \leqslant x$.

Si $x_0 < x$, alors (x_0, y_0) et (x, y) sont comparables et $(x_0, y_0) \prec (x, y)$.

Si $x_0 = x$, comme $y \in P_2$, $y_0 \leqslant y$, donc (x_0, y_0) et (x, y) sont comparables et $(x_0, y_0) \prec (x, y)$.

Dans tous les cas, $(x_0, y_0) \prec (x, y)$.

Donc $(x_0, y_0) = \min(A)$.

Ainsi toute partie A de $\mathbb{N}^2$ admet un plus petit élément pour $\prec$, et donc $(\mathbb{N}^2, \prec)$ est un ensemble bien ordonné.

CHAPITRE 4

Nombres complexes

1 Introduction

On a tendance à présenter de manière rétrospective l'apparition des nombres complexes comme l'extension progressive du système des nombres. Cela tient en grande partie à la série d'inclusions $\mathbb{N} \subset \mathbb{Z} \subset \mathbb{Q} \subset \mathbb{R} \subset \mathbb{C}$.

Historiquement ce n'est pas si simple[1]. Une des utilités premières des mathématiques fut le dénombrement (compter les jours, les quantités de bétail, les quantités de monnaie, etc.) : les entiers dits « naturels » sont les quantités justement naturelles pour cela.

Les mathématiciens de l'Antiquité grecque (comme ceux de l'école de Pythagore) s'occupaient surtout de la géométrie (qui signifie littéralement « mesure de la terre ») : ils raisonnaient sur des longueurs, des aires, des volumes, donc des quantités qui, avec notre jargon actuel, sont **positives**. En un sens, les entiers naturels ont pu leur suffire, car ils ont pensé pendant un temps que deux longueurs (ou deux aires, ou deux volumes) quelconques étaient commensurables, c'est-à-dire qu'on pouvait toujours trouver des multiples entiers des deux longueurs qui coïncideraient. Avec notre langage, cela signifiait qu'ils pensaient que le rapport de deux longueurs quelconques était rationnel. Plus généralement, l'école pythagoricienne avait bâti ses théories de l'harmonie[2] sur le concept de nombre entier et de proportions. Ce fut pour elle une crise majeure lorsque ses membres réalisèrent que la diagonale du carré n'était pas commensurable à la longueur du côté, c'est-à-dire que le rapport de la longueur de la diagonale par celle du côté est

1. L'*Histoire des nombres complexes*, CNRS Éditions (2003), de D. Flament met bien en évidence l'histoire foisonnante à la base de la construction des nombres complexes. On lui doit la majeure partie des données et réflexions historiques présentées dans ce chapitre.

2. Notamment via la musique, s'étant rendu compte par exemple que faire sonner deux cordes dont l'une est de longueur double de l'autre donnait toujours un accord d'octave.

un irrationnel (en l'occurrence $\sqrt{2}$ comme on le prouve facilement par le théorème de Pythagore). Le système des proportions rationnelles était donc insuffisant même pour des problèmes de géométrie élémentaire.

Durant de très nombreux siècles, le caractère éminemment géométrique de l'origine des problèmes algébriques provoqua de grandes difficultés à accepter l'idée de quantités ne serait-ce que négatives (et que dire de quantités imaginaires !). Mais au XVe siècle et au XVIe siècle, les recherches de l'école algébrique italienne sur les équations des troisième et quatrième degré menèrent à utiliser des formules dans lesquelles apparaissaient dans certains cas des racines de nombres négatifs[3] ! Ces quantités furent dites « impossibles » mais en même temps la question se posa à certains de savoir si l'on pouvait utiliser ces quantités pour retrouver les solutions réelles que possédaient certaines équations.

En 1572 Rafael Bombelli[4], dans un ouvrage[5] d'exposition des connaissances algébriques de l'époque, énonça des règles de calcul sur les nombres négatifs (comme « moins par moins égale plus ») qui montrent une acceptation progressive de ces quantités. Il indiqua aussi les premières règles permettant de manipuler ces opérations a priori impossibles que l'on pourrait comprendre de manière moderne comme l'ajout de $\sqrt{-1}$ et la soustraction de $\sqrt{-1}$. Pour Bombelli, $\sqrt{-1}$ et $-\sqrt{-1}$ ne représentaient cependant pas encore des quantités en tant que telles.

Grâce à ses règles, mais cela dit de manière un peu obscure (probablement car ses recherches se sont faites par tâtonnement), Bombelli trouva la solution réelle de l'équation $x^3 = 15x + 4$. Les formules de Cardan donnaient $\sqrt[3]{2+\sqrt{-121}} + \sqrt[3]{2-\sqrt{-121}}$. Il obtint on ne sait comment les égalités $\sqrt[3]{2+\sqrt{-121}} = 2+\sqrt{-1}$ et $\sqrt[3]{2-\sqrt{-121}} = 2-\sqrt{-1}$ qui, sommées l'une à l'autre, permettent de trouver la solution réelle 4 de l'équation.

Ainsi les quantités impossibles commencèrent à être utilisées dans les calculs mais ce n'est que parce que partant d'un problème réel, elles permettent d'obtenir une solution réelle. Les quantités impossibles restèrent cependant mal acceptées et fort mystérieuses.

Parmi les mathématiciens qui ne rejetèrent pas les quantités impossibles et tentèrent de justifier leur emploi, on est obligé de citer Albert Girard et son point de vue pertinent exprimé dans son *Invention nouvelle en l'Algèbre* (1629) :

---

3. Les formules dites de Cardan donnant les solutions de l'équation générale du troisième degré $x^3 + px + q = 0$ passent par la détermination des solutions de l'équation auxiliaire $x^2 + qx - \dfrac{p^3}{27} = 0$; il se trouve que lorsque l'équation $x^3 + px + q = 0$ a trois solutions réelles, l'équation $x^2 + qx - \dfrac{p^3}{27} = 0$ a elle un discriminant strictement négatif, donc n'a aucune solution réelle ! Les algébristes italiens ont ainsi remarqué que certaines équations avaient des solutions réelles évidentes mais que leur résolution à l'aide des formules de Cardan faisaient apparaître des racines de nombres négatifs...

4. Mathématicien italien (1526-1572).

5. *L'Algebra*, premier volume publié en 1572.

> « Donc il se faut resouvenir d'observer tousjours cela : on pourroit dire à quoy sert ces solutions qui sont impossibles, je respond pour trois choses, pour la certitude de la reigle generale, & qu'il ny a point d'autre solutions, & pour son utilité...[6] »

Girard avait ainsi notamment en tête le fait que toute équation polynomiale admet autant de solutions que son degré, quitte à accepter les quantités impossibles.
En 1637, dans sa *Géométrie*[7], Descartes réalisa un acte fondateur. Il rejeta de manière définitive la contrainte encore perceptible chez de nombreux mathématiciens empêchant d'additionner des quantités de dimensions différentes (comme une longueur et un carré) et montra comment développer un calcul géométrique[8].
Comme de nombreuses courbes classiques peuvent être décrites par une équation algébrique, ce que proposa alors Descartes fut de traduire les problèmes géométriques de manière algébrique via ces équations : ainsi rechercher les points d'intersection entre une droite et une parabole se traduit par la résolution d'une équation polynomiale de degré 2. Le problème est, comme nous l'avons déjà vu plus haut, que parmi ces solutions, il y en a qui sont « impossibles ». Mais la question se posa dès lors d'essayer de trouver un mode de représentation géométrique qui les révèle.
C'est d'ailleurs dans les années 1620 qu'on commence à constater un glissement sémantique : l'expression « nombre (ou quantité) impossible » n'est plus systématiquement employée et se trouve parfois remplacée par « nombre inexplicable » qui traduit bien l'évolution du statut de ces quantités chez les mathématiciens qui les acceptent dans leurs réflexions. Descartes lui-même introduira le terme « imaginaire ».
Au cours du XVIIIe siècle, les avancées dans la compréhension des nombres imaginaires[9] résultèrent notamment des tentatives pour les bannir de résultats réels, comme pour les expressions de la forme $\sqrt[n]{a+\sqrt{-b}}+\sqrt[n]{a-\sqrt{-b}}$. On peut évoquer en particulier à ce sujet la formule de De Moivre et les formules d'Euler, qui offrent en plus un lien entre les nombres imaginaires et les arcs de cercle. Une compréhension géométrique de ces quantités commença ainsi à se dessiner et l'acceptation tacite de leur emploi continuait de se répandre.
On en arrive ainsi à la fin du XVIIIe siècle où, alors que les plus grands mathématiciens s'efforçaient de respecter une rigueur qui s'était faite de plus en plus nécessaire à cause de

6. Cité sans ajustement de l'orthographe, folio F, recto.
7. Appendice à son *Discours de la méthode*.
8. On peut par exemple, étant donnée une longueur a, construire dans le plan, à l'aide d'une règle et d'un compas, un segment de longueur $\sqrt{a}$ et un segment de longueur a^2. C'est aisé grâce aux théorèmes classiques de la géométrie comme ceux de Pythagore et de Thalès.
9. Cette terminologie désigne bien les nombres que l'on note actuellement $a + \mathbf{i}b$ mais le terme imaginaire est de nos jours réservé aux quantités de la forme $\mathbf{i}b$.

divers paradoxes et controverses en analyse, de nombreux plus modestes conservaient une pratique moins rigoureuse, reposant plus sur la force de l'image ou d'une application bien choisie d'une formule pour en légitimer la véracité. C'est de ce type de mathématiciens que viennent la plupart des essais de représentation géométrique des nombres complexes. Le premier à avoir proposé une représentation pertinente fut Caspar Wessel[10] mais il sera oublié pendant un siècle, preuve que le problème de la représentation géométrique des imaginaires n'était pas considéré comme majeur. De son *Essai sur la représentation analytique de la direction*, publié en 1799, on peut notamment retenir son idée d'effectuer un produit de segments du plan dont le résultat (qui est lui aussi un segment) prend en compte le produit des longueurs et la somme des angles formés par ces segments avec une droite fixée du plan.

C'est Jean-Robert Argand, modeste chercheur suisse (1768-1822) et teneur de livres[11] de son état, à Paris, qui est finalement souvent mis en avant comme le véritable artisan de la représentation géométrique des imaginaires. Les idées qu'il présenta dans son *Essai sur une manière de représenter les quantités imaginaires dans les constructions géométriques*[12], une fois qu'elles furent diffusées, acquirent peu à peu l'assentiment de mathématiciens de renom comme Cauchy et Gauss. On peut quasiment dire que lorsque Gauss, dans sa *Theoria residuorum biquadraticorum commentatio secunda* (1831), fit part de ses réflexions sur les quantités imaginaires avec toute l'autorité qu'était la sienne dans le milieu mathématique, les nombres imaginaires prirent définitivement place au sein des mathématiques en tant qu'objets non seulement licites mais fondamentaux. Il y reprit notamment la représentation géométrique d'Argand et clarifia et popularisa l'idée de correspondance entre points du plan et nombres complexes telle qu'on l'enseigne encore aujourd'hui.

Enfin on doit à W. R. Hamilton la présentation de l'ensemble des nombres complexes comme un ensemble de couples muni de plusieurs lois ; c'est cet esprit que nous suivrons dans ce chapitre dans notre exposition initiale des complexes. Dans la préface de ses *Lectures on Quaternions*[13], ce qu'il indique comme avoir été le but premier de ses recherches était de donner une signification claire, et non fondée sur des arguments géométriques, des nombres complexes. Il réussit ainsi à édifier un système de nombres, contenant strictement les nombres réels et muni des opérations dont sont pourvus les réels eux-mêmes, de sorte que les calculs dans $\mathbb{R}$ soient toujours valables dans l'ensemble étendu. Cher-

10. Mathématicien et cartographe danois et norvégien (1745-1818).
11. Personne chargée, dans une maison de commerce, de tenir à jour les livres de comptabilité.
12. Texte datant de 1806 mais qui ne fut en fait pas diffusé avant 1813. Dans tous les cas, cet essai est postérieur à celui de Wessel mais sans aucun doute indépendant.
13. Éditions Hodges and Smith, Dublin (1853).

chant à construire un tel système en prenant pour « nombres » des couples de réels, il en vint à définir un système dont les couples (a, b) correspondent a posteriori parfaitement aux quantités $a + b\mathbf{i}$. Ainsi il ne partit pas des complexes pour bâtir les couples, mais l'inverse ! Il montra de ce fait que l'on peut définir et comprendre les complexes de manière purement algébrique ; la représentation géométrique n'est donc pas intrinsèque aux nombres complexes. Cela ne veut pas dire qu'elle n'a pas d'importance, au contraire ! Mais avec Hamilton on comprend que le lien historique entre géométrie et complexes peut être légitimement renversé si on le désire car aucun des deux n'est préexistant à l'autre. En conséquence notamment, au lieu de se contenter d'utiliser la géométrie du plan pour comprendre les complexes, on peut utiliser les complexes pour faire de la géométrie dans le plan, via la correspondance entre point du plan (ou vecteur) de coordonnées $\begin{pmatrix} a \\ b \end{pmatrix}$ et nombre complexe $a + b\mathbf{i}$.

2 L'ensemble des nombres complexes

2.1 Une construction des complexes

On présente ici une construction des nombres complexes qui part d'une interprétation géométrique. On donnera dans la suite du chapitre l'interprétation géométrique correspondant aux divers concepts définis autour des nombres complexes.

On représente souvent les nombres réels via leur position sur un axe orienté. Le point O représentant 0 étant placé sur cet axe, les points situés à gauche de O représentent les nombres négatifs et ceux situés à droite de O représentent les nombres positifs. On note I le point représentant 1.

On aimerait également représenter une quantité que nous noterons $\mathbf{i}$, dont le carré vaut -1. Aucun réel ne vérifiant cela, on ne peut représenter $\mathbf{i}$ sur l'axe précédent. Il nous faut donc quitter cet axe et on se place dans le plan.
On considère le plan qui a pour axe des abscisses l'axe réel et pour origine O et on introduit un point J tel que $\mathcal{R}_0 = (O, I, J)$ forme un repère orthonormé direct. On décrète que le point J de coordonnées $(0, 1)$ représente $\mathbf{i}$.

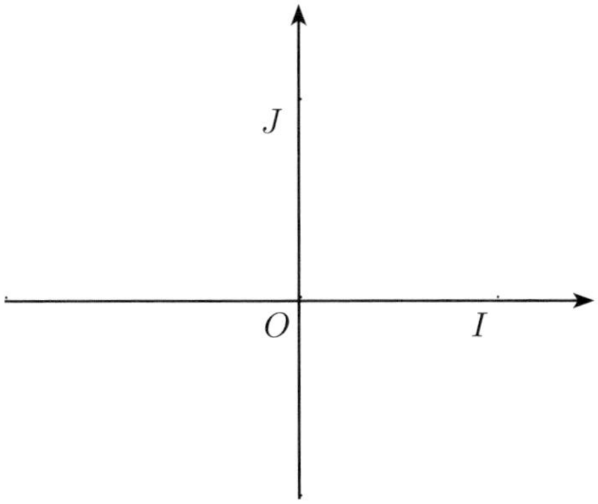

Chaque point du plan admet un unique couple de coordonnées (a,b) dans $\mathcal{R}_0$. On note $\mathcal{E}$ l'ensemble de ces couples. On décrète donc que deux couples (a,b) et (a',b') sont égaux si et seulement si $a=a'$ et $b=b'$.

On veut maintenant définir une addition et une multiplication sur$\mathcal{E}$ qui restent cohérentes avec l'intérprétation géométrique des couples.

L'addition $\oplus$ dans $\mathcal{E}$ doit traduire l'effet de l'addition de deux vecteurs dans le plan : si M et M' ont pour coordonnées respectives (a,b) et (a',b') dans $\mathcal{R}_0$, on veut que $(a,b)\oplus(a',b')$ fournisse les coordonnées de $\overrightarrow{OM}+\overrightarrow{OM'}$. On définit donc :

$$(a,b)\oplus(a',b')=(a+a',b+b').$$

On cherche ensuite à définir une multiplication $\otimes$ sur $\mathcal{E}$. On veut respecter

- la compatibilité avec la multiplication par un réel ;
- la compatibilité avec la relation $\mathbf{i}^2=-1$;
- la distributivité de $\otimes$ sur $\oplus$.

Pour α réel, on définit habituellement le vecteur $\alpha\overrightarrow{OM}$ comme étant le vecteur de coordonnées $(\alpha a,\alpha b)$. Si l'on veut que nos lois soient compatibles avec cette relation, on impose donc :

$$(\alpha,0)\otimes(a,b)=(\alpha a,\alpha b).$$

Pour la compatibilité avec la relation $\mathbf{i}^2=-1$, on fait le constat suivant : si multiplier deux fois consécutivement par $\mathbf{i}$ revient à multiplier par -1, cela signifie que l'on envoie par cette multiplication tout point sur son symétrique par rapport àO, autrement dit, on fait une rotation de centre 0 et d'angle π. Ainsi, un choix cohérent serait de voir l'effet de la multiplication par $\mathbf{i}$ comme une rotation de centre O et d'angle $\dfrac{\pi}{2}$. Or lorsqu'on tourne de $\dfrac{\pi}{2}$ le vecteur de coordonnées (a,b), on obtient le vecteur de coordonnées $(-b,a)$. Cela signifie que l'on impose :

$$(0,1) \otimes (a,b) = (-b,a)$$

Pour respecter la distributivité de $\otimes$ sur $\oplus$, on est censé avoir :
$(a,b) \otimes (c,d) = \big((a,0)+(0,b)\big) \otimes (c,d) = (a,0) \otimes (c,d) + (0,b) \otimes (c,d)$.
On a déjà imposé plus haut $(a,0) \otimes (c,d) = (ac,ad)$.
On a aussi $(0,b) = (b,0) \otimes (0,1)$. Si l'on impose l'associativité de $\otimes$, on aura donc :
$(0,b) \otimes (c,d) = \big((b,0) \otimes (0,1)\big) \otimes (c,d) = (b,0) \otimes \big((0,1) \otimes (c,d)\big)$ et, comme on a $(0,1) \otimes (c,d) = (-d,c)$, on obtient $(0,b) \otimes (c,d) = (b,0) \otimes (-d,c) = (-bd,bc)$.
D'où finalement :

$$(a,b) \otimes (c,d) = (ac,ad) + (-bd,bc) = (ac-bd,ad+bc).$$

Définition 1

On définit un ensemble $\mathcal{E}$ de couples de réels (a,b) muni des lois $\oplus$ et $\otimes$ suivantes :

- pour tous réels a, b, c, d : $(a,b) \oplus (c,d) = (a+c,b+d)$.
- pour tous réels a, b, c, d : $(a,b) \otimes (c,d) = (ac-bd,ad+bc)$.

Remarque 1

On identifie tout réel a avec le couple $(a,0)$. Comme deux éléments $(a,0)$ et $(a',0)$ de $\mathcal{E}$ sont égaux si et seulement si $a=a'$, il correspond bien à tout réel a un unique couple $(a,0)$, et réciproquement.

Remarque 2

On a $(0,1) \otimes (0,1) = (-1,0)$. Tout couple (a,b) se réécrit donc

$$(a,b) = (a,0) \oplus (b,0) \otimes (0,1),$$

où $(a,0)$ et $(b,0)$ peuvent être identifiés respectivement à a et b et le carré de $(0,1)$ peut être identifié à -1.

Notation 1

On fait l'abus dans la suite de noter (a,b) sous la forme $a+b\mathbf{i}$, avec $\mathbf{i}$, identifié à $(0,1)$, vérifiant $\mathbf{i}^2=-1$.

Les lois $\oplus$ et $\otimes$ définies sur $\mathcal{E}$ se traduisent alors par les lois que nous noterons simplement $+$ et $\times$ et qui sont définies par :

$(a + b\mathbf{i}) + (c + d\mathbf{i}) = (a + b) + (c + d)\mathbf{i}$,

$(a + b\mathbf{i}) \times (c + d\mathbf{i}) = (ac - bd) + (ad + bc)\mathbf{i}$.

Définition 2

On note alors $\mathbb{C}$ l'ensemble des quantités $a + b\mathbf{i}$, avec a et b réels.

2.2 Forme algébrique d'un nombre complexe

Définition 3

Soit $z \in \mathbb{C}$. Dans l'écriture $z = a + b\mathbf{i}$:

- On appelle a la *partie réelle* de z et on la note $\mathrm{Re}(z)$.
- On appelle b la *partie imaginaire* de z et on la note $\mathrm{Im}(z)$.

Le complexe z s'écrit de manière unique sous la forme $z = \mathrm{Re}(z) + \mathrm{Im}(z)\mathbf{i}$ qui s'appelle la *forme algébrique* de z.

On vérifie sans peine la propriété suivante :

Proposition 1 (Linéarité des parties réelle et imaginaire)

$\forall(\lambda, \mu) \in \mathbb{R}^2$, $\forall(z, z') \in \mathbb{C}^2$,

$\mathrm{Re}(\lambda z + \mu z') = \lambda\mathrm{Re}(z) + \mu\mathrm{Re}(z')$ et $\mathrm{Im}(\lambda z + \mu z') = \lambda\mathrm{Im}(z) + \mu\mathrm{Im}(z')$

2.3 Opérations

Proposition 2 (Propriétés de base des opérations)

Les lois $+$ et $\times$ définies sur $\mathbb{C}$ vérifient :

- La loi $+$ est associative[14], commutative, admet pour élément neutre 0 et tout élément $z = a + b\mathbf{i} \in \mathbb{C}$ admet pour opposée $-z = -a + (-b)\mathbf{i} = -a - b\mathbf{i}$.
- La loi $\times$ est associative, commutative, admet pour élément neutre 1. On verra aussi un peu plus loin[15] que tout élément $z \in \mathbb{C} \setminus \{0\}$ admet un inverse.
- La loi $\times$ est distributive sur $+$.

14. Les propriétés des lois mentionnées ici sont reprises et étudiées en détail dans le chapitre 8.
15. Cf. la proposition 7 p. 175.

Corollaire 1

On dit ainsi de $(\mathbb{C}, +, \times)$ que c'est un corps[16].

2.4 Affixe et image

Interprétation géométrique.

Par construction, l'ensemble $\mathbb{C}$ s'identifie au plan muni d'un repère orthonormé direct $\mathcal{R}_0 = (O, I, J)$. Cela signifie que qu'à tout complexe $a + b\mathbf{i}$ correspond un unique point du plan, le point M de coordonnées $\begin{pmatrix} a \\ b \end{pmatrix}$ dans $\mathcal{R}_0$; et que réciproquement à tout point M du plan de coordonnées $\begin{pmatrix} a \\ b \end{pmatrix}$ correspond un unique complexe $a + b\mathbf{i}$. On peut aussi faire correspondre à tout unique complexe $a + b\mathbf{i}$ le vecteur $\overrightarrow{u}$ de coordonnées $\begin{pmatrix} a \\ b \end{pmatrix}$ dans la base $(\overrightarrow{OI}, \overrightarrow{OJ})$, et réciproquement.

Définition 4

1. Étant donné un complexe $z = a + b\mathbf{i}$, on appelle *image* de z dans le plan le point M de coordonnées $\begin{pmatrix} a \\ b \end{pmatrix}$ dans $\mathcal{R}_0$.
2. Étant donné un point M de coordonnées $\begin{pmatrix} a \\ b \end{pmatrix}$ dans $\mathcal{R}_0$ ou un vecteur $\overrightarrow{u}$ de coordonnées $\begin{pmatrix} a \\ b \end{pmatrix}$ dans $(\overrightarrow{OI}, \overrightarrow{OJ})$, on appelle *affixe* de M ou de $\overrightarrow{u}$ le complexe $a + b\mathbf{i}$. On note souvent $M(z)$ et $\overrightarrow{u}(z)$.

On a ainsi le mode de représentation :

16. Cf. la définition dans le chapitre 8.

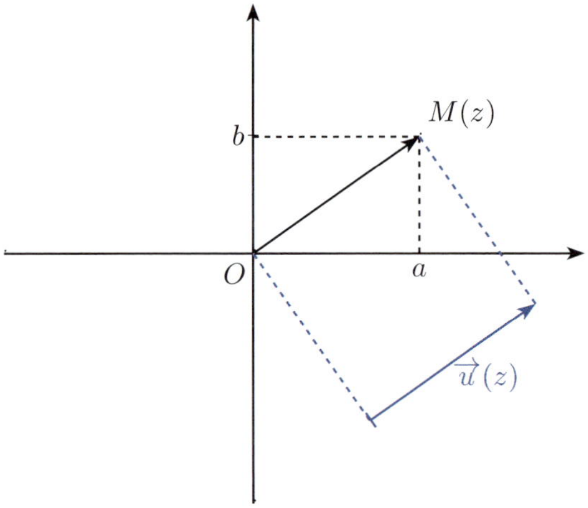

2.5 Conjugaison

Définition 5 (Conjugué)

Soit $z = a + b\mathbf{i} \in \mathbb{C}$. On appelle *conjugué* de z, et on note $\overline{z}$, le nombre complexe $\overline{z} = a + (-b)\mathbf{i} = a - b\mathbf{i}$, c'est-à-dire $\overline{z} = \mathrm{Re}(z) - \mathrm{Im}(z)\mathbf{i}$.

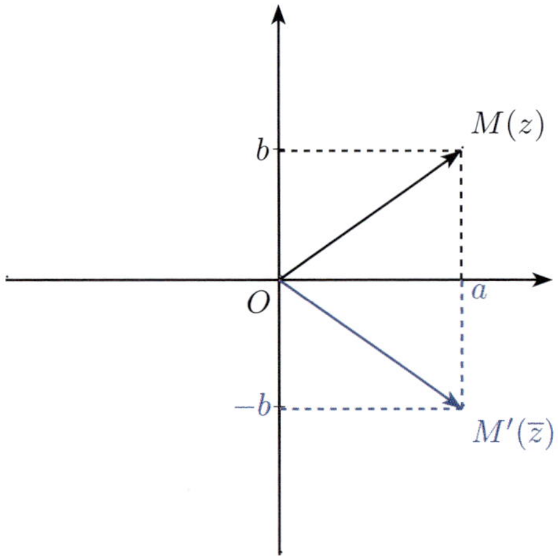

Interprétation géométrique.

Ainsi, si l'on considère le point M du plan d'affixe z, le point d'affixe $\overline{z}$ est son symétrique par rapport à (Ox). L'application $z \mapsto \overline{z}$ correspond donc à la symétrie d'axe (Ox) dans le plan.

Proposition 3 (Propriétés de la conjugaison)

Pour tous complexes z et z',

1. $\overline{z+z'} = \overline{z} + \overline{z'}$.
2. $\forall(\lambda,\mu) \in \mathbb{R}^2$, $\overline{\lambda z + \mu z'} = \lambda\overline{z} + \lambda\overline{z'}$.[17]
3. $\overline{zz'} = \overline{z}\,\overline{z'}$.
4. Si de plus on a $z \neq 0$, $\overline{\left(\frac{1}{z}\right)} = \frac{1}{\overline{z}}$.[18]
5. Si $z' \neq 0$, $\overline{\left(\frac{z}{z'}\right)} = \frac{\overline{z}}{\overline{z'}}$.
6. $\overline{\overline{z}} = z$.[19]

Démonstration

- Notons pour commencer que la propriété 1 découle de la 2 en posant $\lambda = \mu = 1$.

  Montrons donc la propriété 2. Soient $z = a + b\mathbf{i}$ et $z' = a' + b'\mathbf{i}$ deux complexes, λ et μ réels. On a :

$$\begin{aligned}\overline{\lambda z + \mu z'} &= \overline{\lambda(a+b\mathbf{i}) + \mu(a'+b'\mathbf{i})} = \overline{(\lambda a + \mu a') + (\lambda b + \mu b')\mathbf{i}} \\ &= (\lambda a + \mu a') - (\lambda b + \mu b')\mathbf{i} = \lambda(a - b\mathbf{i}) + \mu(a' - b'\mathbf{i}) = \lambda\overline{z} + \mu\overline{z'}.\end{aligned}$$

- Montrons maintenant la propriété 3. On a d'une part

  $\overline{zz'} = \overline{(a+b\mathbf{i})(a'+b'\mathbf{i})} = \overline{(aa'-bb') + (ab'+a'b)\mathbf{i}} = (aa'-bb') - (ab'+a'b)\mathbf{i}$,

  d'autre part $\overline{z}\,\overline{z'} = (a-b\mathbf{i})(a'-b'\mathbf{i}) = (aa'-bb') + (-ba'-a'b)\mathbf{i}$,

  d'où $\overline{zz'} = \overline{z}\,\overline{z'}$.
- On a, pour $z \neq 0$, $1 = z \times \frac{1}{z}$ donc par la propriété 3, $\overline{1} = \overline{z} \times \overline{\left(\frac{1}{z}\right)}$. Comme $\overline{1} = 1$ on en déduit : $\overline{\left(\frac{1}{z}\right)} = \frac{1}{\overline{z}}$.
- La propriété 5 se déduit immédiatement des deux précédentes.
- $\overline{z} = a - b\mathbf{i}$ donc $\overline{\overline{z}} = \overline{a + (-b)\mathbf{i}} = a - (-b)\mathbf{i} = a + b\mathbf{i} = z$.

Proposition 4

Pour tout complexe z, $\mathrm{Re}(z) = \dfrac{z+\overline{z}}{2}$ et $\mathrm{Im}(z) = \dfrac{z-\overline{z}}{2\mathbf{i}}$.

---

17. On dit que la conjugaison est *linéaire*, et même $\mathbb{R}$-*linéaire* pour être précis. Cf. la définition d'une *application linéaire* dans le chapitre 13.

18. Pour une définition rigoureuse de $\frac{1}{z}$, cf. la définition 7 p. 174.

19. On dit que la conjugaison est une involution.

DÉMONSTRATION

Soit $z \in \mathbb{C}$. On a $z = \text{Re}(z) + \text{Im}(z)\mathbf{i}$ et $\overline{z} = \text{Re}(z) - \text{Im}(z)\mathbf{i}$ donc en sommant ces deux égalités on obtient $z + \overline{z} = 2\text{Re}(z)$, d'où $\text{Re}(z) = \dfrac{z+\overline{z}}{2}$.
En soustrayant ces deux égalités membre à membre, on obtient $z - \overline{z} = 2\text{Im}(z)\mathbf{i}$, d'où $\text{Im}(z) = \dfrac{z-\overline{z}}{2\mathbf{i}}$.

Interprétation géométrique.

Si on considère le point du plan $M(z)$ et son symétrique $M'(\overline{z})$ par rapport à (Ox) ainsi que les points $A\big(\text{Re}(z)\big)$ et $B\big(\text{Im}(z)\big)$, projections orthogonales respectives de M sur (Ox) et (Oy), ces deux égalités traduisent $\overrightarrow{OA} = \dfrac{1}{2}(\overrightarrow{OM} + \overrightarrow{OM'})$ et $\overrightarrow{OB} = \dfrac{1}{2}(\overrightarrow{OM} - \overrightarrow{OM'})$.

Avec C et D tels que $\overrightarrow{OC} = \overrightarrow{OM} + \overrightarrow{OM'}$ et $\overrightarrow{OD} = \overrightarrow{OM} - \overrightarrow{OM'} = \overrightarrow{OM} + \overrightarrow{OM''}$, on a $\overrightarrow{OC} = 2\overrightarrow{OA}$ et $\overrightarrow{OD} = 2\overrightarrow{OB}$.

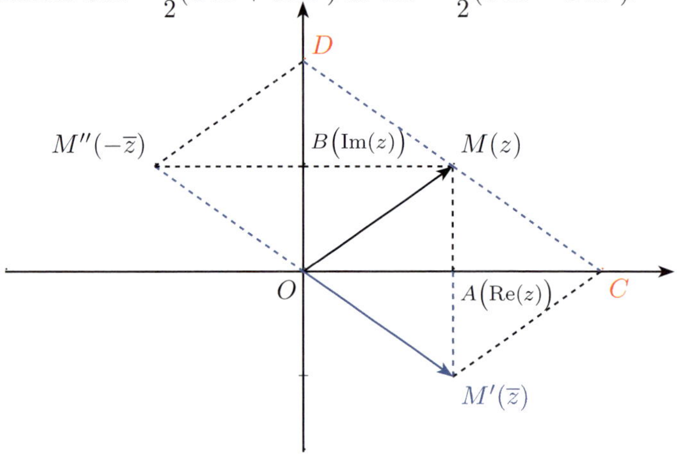

Corollaire 2

Un nombre complexe z est réel si et seulement si $z = \overline{z}$. Il est imaginaire pur si et seulement si $z = -\overline{z}$.

DÉMONSTRATION

Soit $z \in \mathbb{C}$.

- $z \in \mathbb{R} \Leftrightarrow z = \text{Re}(z) \Leftrightarrow z = \dfrac{z+\overline{z}}{2} \Leftrightarrow z - \dfrac{z}{2} = \dfrac{\overline{z}}{2} \Leftrightarrow \dfrac{z}{2} = \dfrac{\overline{z}}{2} \Leftrightarrow z = \overline{z}$.
- $z \in \mathbf{i}\mathbb{R} \Leftrightarrow z = \text{Im}(z)\mathbf{i} \Leftrightarrow z = \dfrac{z-\overline{z}}{2\mathbf{i}} \times \mathbf{i} \Leftrightarrow z = \dfrac{z-\overline{z}}{2} \Leftrightarrow z - \dfrac{z}{2} = -\dfrac{\overline{z}}{2} \Leftrightarrow z = -\overline{z}$.

2.6 Module d'un nombre complexe

Définition 6

Soit $z = a + b\mathbf{i} \in \mathbb{C}$. On appelle *module* de z le réel positif $|z| = \sqrt{a^2+b^2}$.

Interprétation géométrique.

Cette définition est motivée par le fait suivant : si M est le point du plan de coordonnées $\begin{pmatrix} a \\ b \end{pmatrix}$ alors $\sqrt{a^2+b^2}$ est la distance de O à M ou, dit autrement, la norme du vecteur $\overrightarrow{OM}$. Ainsi si M est le point du plan d'affixe z, $|z| = \|\overrightarrow{OM}\| = OM$ par définition.

Remarque 3

Le restriction du module au nombres réels est la valeur absolue. En effet, si $z = a + 0\mathbf{i}$ alors $|z| = \sqrt{a^2+0^2} = \sqrt{a^2} = |a|$.

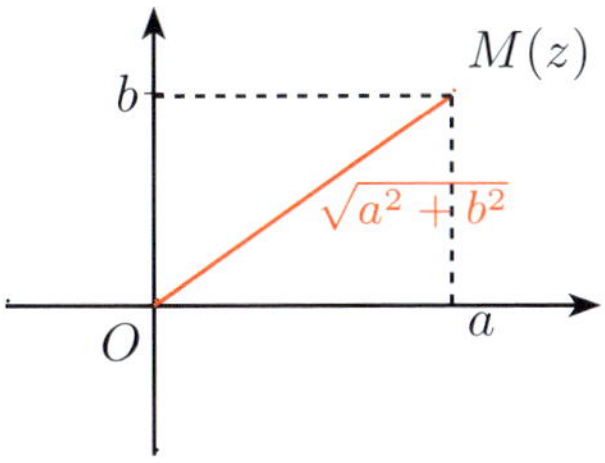

Proposition 5 (Propriétés de base du module)

Pour tout complexe z,

1. $|\overline{z}| = |z|$.
2. $|\mathrm{Re}(z)| \leqslant |z|$ et $|\mathrm{Im}(z)| \leqslant |z|$.
3. $|z| = 0 \Leftrightarrow z = 0$.

DÉMONSTRATION

Soit $z = a + \mathbf{i}b \in \mathbb{C}$.

1. On a $\overline{z} = a - \mathbf{i}b = a + (-b)\mathbf{i}$ et donc : $|\overline{z}| = |a + (-b)\mathbf{i}| = \sqrt{a^2 + (-b)^2} = \sqrt{a^2+b^2} = |z|$.
2. Par croissance de la fonction racine sur $\mathbb{R}_+$, on a : $\sqrt{a^2+b^2} \geqslant \sqrt{a^2} = |a|$, c'est-à-dire $|z| \geqslant |\mathrm{Re}(z)|$, et $\sqrt{a^2+b^2} \geqslant \sqrt{b^2} = |b|$, c'est-à-dire $|z| \geqslant |\mathrm{Im}(z)|$.
3. $|z| = 0 \Leftrightarrow \sqrt{a^2+b^2} = 0 \Leftrightarrow a^2 + b^2 = 0$. Or la somme de nombres positifs est nulle si et seulement si ces nombres sont tous nuls donc $|z| = 0 \Leftrightarrow (a = 0 \text{ et } b = 0) \Leftrightarrow z = 0$.

Interprétation géométrique.

1. Soit M le point du plan d'affixe z. On a vu que le point d'affixe $\overline{z}$ est le symétrique de M par rapport à l'axe des abscisses. L'égalité $|\overline{z}| = |z|$ traduit ainsi simplement le fait qu'un point et son symétrique par rapport à l'axe des abscisses sont équidistants de l'origine.

2. Si l'on introduit les projetés orthogonaux A et B de M respectivement sur l'axe des abscisses et sur l'axe des ordonnées, l'inégalité $|\mathrm{Re}(z)| \leqslant |z|$ équivaut à $OA \leqslant OM$ tandis que l'inégalité $|\mathrm{Im}(z)| \leqslant |z|$ équivaut à $OB \leqslant OM$.

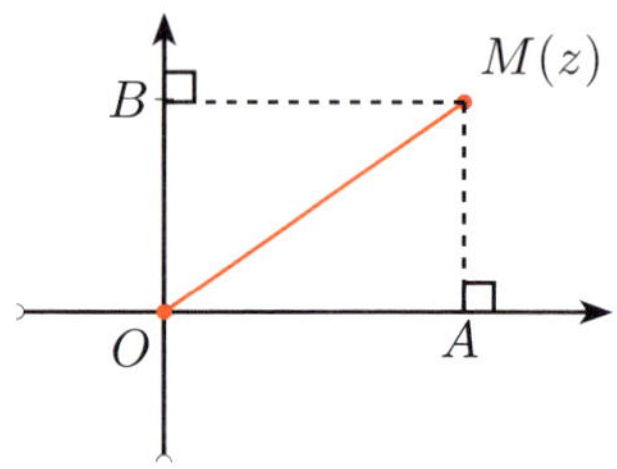

L'essence géométrique de ce résultat est donc que dans un triangle rectangle, l'hypoténuse est le plus grand des côtés.

Proposition 6 (Relation fondamentale)

Pour tout complexe z, $z\overline{z} = |z|^2$. Ainsi $|z| = \sqrt{z\overline{z}}$.

DÉMONSTRATION

Soit $z \in \mathbb{C}$. On a : $z\overline{z} = (a + b\mathbf{i})(a - b\mathbf{i}) = a^2 + (ba - ab)\mathbf{i} - b^2\mathbf{i}^2 = a^2 + b^2 = |z|^2$.

On peut utiliser le module pour étudier le concept suivant :

Définition 7

Un complexe z est dit *inversible* lorsqu'il existe un complexe $z' \in \mathbb{C}$ tel que $z \times z' = z' \times z = 1$.

Remarque 4

La notion d'*inversibilité* se définit de manière bien plus générale dans un ensemble muni d'une loi de composition interne et d'un élément neutre, cf. la sous-section 2.3 du chapitre 8.

On a de plus unicité de l'inverse lorsque la loi est associative.

Or ici l'ensemble considéré est $\mathbb{C}$, muni de la lci $\times$ qui est bien associative, donc on peut en tirer que si un complexe est inversible alors son inverse est unique. On notera z^{-1} ou encore $\frac{1}{z}$ l'inverse d'un complexe z.

Notons encore que comme la loi $\times$ est commutative sur $\mathbb{C}$, il suffit d'avoir $z \times z' = 1$ pour en déduire que deux complexes z et z' sont inversibles et inverses l'un de l'autre.

On déduit de la relation fondamentale :

Proposition 7

Un complexe z est inversible si et seulement si $z \neq 0$.
De plus, si $z \neq 0$, alors $\dfrac{1}{z} = \dfrac{\overline{z}}{|z|^2}$.

DÉMONSTRATION

Si z est nul, alors son produit avec tout complexe z' est nul aussi, donc z n'est pas inversible.
Soit $z \in \mathbb{C} \setminus \{0\}$. On a alors $|z| \neq 0$ et on peut considérer le complexe $z' = \dfrac{\overline{z}}{|z|^2}$. On a $z \times z' = \dfrac{z \times \overline{z}}{|z|^2} = \dfrac{|z|^2}{|z|^2} = 1$ donc z est inversible, avec $z^{-1} = \dfrac{\overline{z}}{|z|^2}$.
Ce résultat simple est néanmoins fondamental lorsqu'on veut calculer la forme algébrique de l'inverse d'un complexe ou d'un quotient de complexes :

Exemples 1

1. Soit $z = 2 + 3\mathbf{i}$. On a $\dfrac{1}{z} = \dfrac{1}{2+3\mathbf{i}} = \dfrac{2-3\mathbf{i}}{|2+3\mathbf{i}|^2} = \dfrac{2-3\mathbf{i}}{\sqrt{2^2+3^2}} = \dfrac{2}{\sqrt{13}} - \dfrac{3}{\sqrt{13}}\mathbf{i}$.
2. Soit à mettre $\dfrac{1+2\mathbf{i}}{3-4\mathbf{i}}$ sous forme algébrique. On écrit :
$\dfrac{1+2\mathbf{i}}{3-4\mathbf{i}} = \dfrac{(1+2\mathbf{i})(3+4\mathbf{i})}{|3-4\mathbf{i}|^2} = \dfrac{(3-8)+(4+6)\mathbf{i}}{\sqrt{3^2+(-4)^2}} = \dfrac{-5+10\mathbf{i}}{\sqrt{25}} = -1+2\mathbf{i}$.

Remarque 5

On voit régulièrement chez les étudiants des calculs du genre :

$$\frac{a+b\mathbf{i}}{c+d\mathbf{i}} = \frac{(a+b\mathbf{i})(c-d\mathbf{i})}{(c+d\mathbf{i})(c-d\mathbf{i})} = \frac{(ac+bd)+(bc-ad)\mathbf{i}}{c^2+dc\mathbf{i}-cd\mathbf{i}-d^2\mathbf{i}^2} = \cdots$$

Le détail mené au dénominateur est ici une affreuse perte de temps. On sait en effet pertinemment qu'en multipliant le dénominateur $c+d\mathbf{i}$ par la quantité conjuguée $c-d\mathbf{i}$, on obtiendra c^2+d^2 (ou $|c+d\mathbf{i}|^2$ pour le dire autrement). Pourquoi donc refaire un tel calcul à chaque fois ?

Proposition 8 (Multiplicativité du module)

Pour tous complexes z et z', $|zz'| = |z||z'|$ et, si de plus $z' \neq 0$, $\left|\dfrac{z}{z'}\right| = \dfrac{|z|}{|z'|}$.

DÉMONSTRATION

Soit $(z, z') \in \mathbb{C}^2$. On a :
$|zz'|^2 = zz'\overline{zz'} = zz'\overline{z}\overline{z'} = z\overline{z}z'\overline{z'} = |z|^2|z'|^2 = (|z||z'|)^2$.

Les deux quantités $|zz'|$ et $|z||z'|$ étant toutes deux positives, elles sont égales si et seulement si leurs carrés le sont. D'où $|zz'| = |z||z'|$.

Supposons maintenant de plus $z' \neq 0$. Alors :

$\left|\frac{z}{z'}\right|^2 = \frac{z}{z'} \times \overline{\left(\frac{z}{z'}\right)} = \frac{z}{z'} \times \frac{\overline{z}}{\overline{z'}} = \frac{z\overline{z}}{z'\overline{z'}} = \frac{|z|^2}{|z'|^2} = \left(\frac{|z|}{|z'|}\right)^2.$

Les quantités $\left|\frac{z}{z'}\right|$ et $\frac{|z|}{|z'|}$ étant toutes deux positives, on obtient ainsi $\left|\frac{z}{z'}\right| = \frac{|z|}{|z'|}$.

Remarque 6

Le lecteur curieux pourra comparer cette démonstration avec celle que l'on pourrait effectuer en partant des formes algébriques des complexes z et z'. Il pourra ainsi constater l'économie de calcul procurée par l'utilisation de la formule $|z|^2 = z\overline{z}$.

C'est un premier enseignement du fait que raisonner sur un complexe en s'en donnant automatiquement la forme algébrique génère régulièrement des complications inutiles.

Interprétation géométrique.

Si M et M' sont deux points du plan d'affixes respectives z et z' alors, les vecteurs $\overrightarrow{OM}$ et $\overrightarrow{OM'}$ ayant également comme affixes respectives z et z', le complexe $z - z'$ est l'affixe de $\overrightarrow{OM} - \overrightarrow{OM'} = \overrightarrow{M'M}$.

Ainsi $|z - z'| = M'M = MM'$. On en déduit notamment :

Proposition 9 (Cercles et disques du plan)

Soit A un point du plan d'affixe a et $R \in \mathbb{R}_+$.

1. L'ensemble M des points du plan dont l'affixe z vérifie $|z - a| = R$ est le cercle de centre A et de rayon R.
2. L'ensemble M des points du plan dont l'affixe z vérifie $|z - a| \leqslant R$ est le disque de centre A et de rayon R.

Démonstration

Comme nous l'avons expliqué un peu plus haut, $|z - a|$ est la distance de A à M.

1. Ainsi $\{M(z) \in \mathcal{P},\ |z - a| = R\} = \{M(z) \in \mathcal{P},\ AM = R\}$ est le cercle de centre A et de rayon R.

2. Et $\{M(z) \in \mathcal{P},\ |z - a| \leqslant R\} = \{M(z) \in \mathcal{P},\ AM \leqslant R\}$ est le disque de centre A et de rayon R.

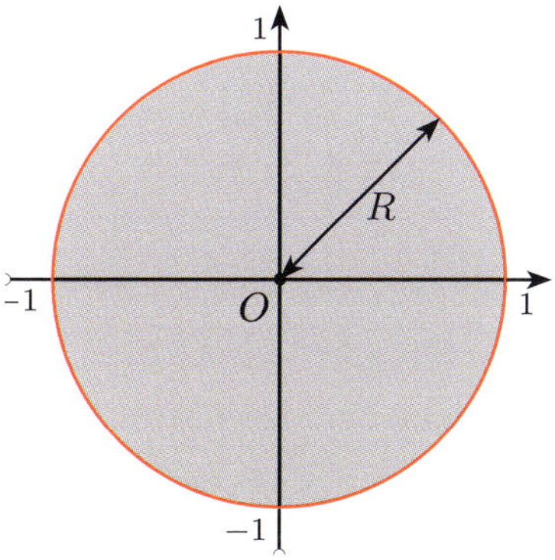

Théorème 1 (Inégalité triangulaire)

1. Forme classique : pour tous complexes z et z',
   $|z+z'| \leqslant |z|+|z'|$ et $|z-z'| \leqslant |z|+|z'|$.
2. Forme exotique : pour tous complexes z et z',
   $\big||z|-|z'|\big| \leqslant |z-z'|$ et $\big||z|-|z'|\big| \leqslant |z+z'|$.

Démonstration

Soit $(z, z') \in \mathbb{C}^2$.

1. On a : $|z+z'|^2 = (z+z')\overline{(z+z')} = (z+z')(\overline{z}+\overline{z'}) = z\overline{z}+z\overline{z'}+z'\overline{z}+z'\overline{z'}$.
   Or $z'\overline{z} = \overline{\overline{z'}z} = \overline{z\overline{z'}}$. Comme on a, pour un complexe Z quelconque, $Z+\overline{Z} = 2\mathrm{Re}(Z)$, on en déduit : $z\overline{z'}+z'\overline{z} = z\overline{z'}+\overline{z\overline{z'}} = 2\mathrm{Re}(z\overline{z'})$.
   Ainsi $|z+z'|^2 = |z|^2+2\mathrm{Re}(z\overline{z'})+|z'|^2$.
   D'autre part, $(|z|+|z'|)^2 = |z|^2+2|z||z'|+[z'|^2$.
   Remarquons qu'on a : $|z||z'| = |z||\overline{z'}| = |z\overline{z'}|$ et ainsi
   $(|z|+|z'|)^2-|z+z'|^2 = 2|z||\overline{z'}|-2\mathrm{Re}(z\overline{z'}) = 2\big(|z||\overline{z'}|-\mathrm{Re}(z\overline{z'})\big)$.
   Or on a vu que pour tout complexe Z, $\mathrm{Re}(Z) \leqslant |Z|$. Ainsi en posant $Z = z\overline{z'}$, on obtient : $|z||\overline{z'}|-\mathrm{Re}(z\overline{z'}) \geqslant 0$.
   D'où $(|z|+|z'|)^2-|z+z'|^2 \geqslant 0$, *i. e.* $|z+z'|^2 \leqslant (|z|+|z'|)^2$.
   Les nombres $|z+z'|$ et $|z|+|z'|$ étant positifs, on en déduit : $|z+z'| \leqslant |z|+|z'|$.
   Notons qu'en substituant $-z'$ à z' dans cette inégalité, on obtient :
   $|z-z'| = |z+(-z')| \leqslant |z|+|-z'| = |z|+|z'|$.
2. On en déduit ensuite : $|z| = |(z+z')-z'| \leqslant |z+z'|+|-z'|$ d'où $|z|-|z'| \leqslant |z+z'|$. En échangeant les rôles de z et de z', on obtient également : $|z'|-|z| \leqslant |z'+z| = |z+z'|$.
   Or en fonction du signe de $|z|-|z'|$, on a soit $\big||z|-|z'|\big| = |z|-|z'|$ soit $\big||z|-|z'|\big| = |z'|-|z|$. Ainsi on a dans tous les cas $\big||z|-|z'|\big| \leqslant |z+z'|$.

On obtient finalement l'inégalité $\big||z| - |z'|\big| \leqslant |z - z'|$, en substituant $-z'$ à z' dans l'inégalité précédente.

Interprétation géométrique.

1. L'interprétation géométrique de ces inégalités est on ne peut plus parlante et importante.

   Soient M et M' deux points du plan d'affixes respectives z et z'. Alors $z+z'$ est l'affixe du vecteur $\overrightarrow{OM} + \overrightarrow{OM'}$. Or si l'on note N le point du plan tel que $\overrightarrow{ON} = \overrightarrow{OM} + \overrightarrow{OM'}$, l'inégalité $|z + z'| \leqslant |z| + |z'|$ traduit le fait que $ON \leqslant OM + OM'$, ce qui revient à dire[20] que dans le triangle OMN, $ON \leqslant OM + MN$.

   C'est une autre expression du fait que la ligne droite est toujours le chemin le plus court entre deux points ; si pour aller de O à N on fait un crochet par un point M quelconque, le chemin ne peut qu'être rallongé – éventuellement égal si l'on prend le point M sur le segment $[ON]$ (on traite ce cas d'égalité peu après).

   Le complexe $z - z'$ est quant à lui l'affixe du vecteur $\overrightarrow{OM} - \overrightarrow{OM'} = \overrightarrow{M'M}$. Ainsi l'inégalité $|z - z'| \leqslant |z| + |z'|$ traduit le fait que $MM' \leqslant OM + OM'$. C'est la même interprétation que ci-dessus : passer par le point O ne peut que rallonger la longueur parcourue, éventuellement la laisser égale.

   Voici deux illustrations :

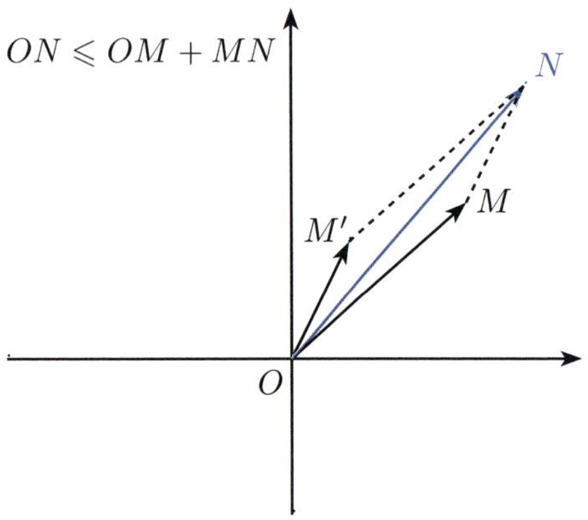

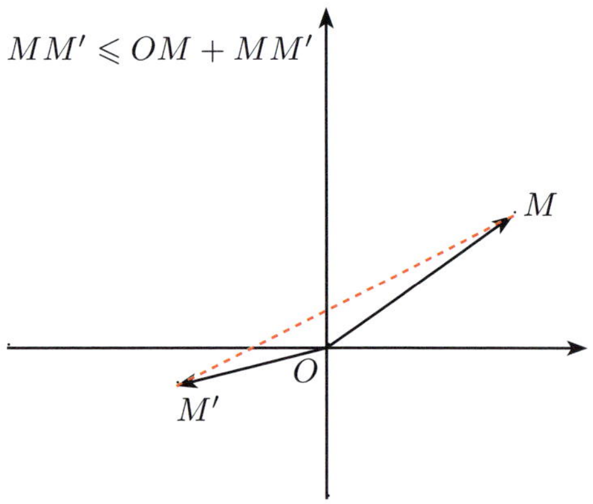

2. Maintenant la quantité $\big||z| - |z'|\big|$ est égale à $|OM - OM'|$. C'est donc la différence de longueur parcourue entre le trajet en ligne droite de O à M et celui de O à M'. Ainsi l'inégalité $\big||z| - |z'|\big| \leqslant |z - z'|$ traduit le fait que la distance entre M et M' est au moins égale à cette différence.

20. Vu que de $\overrightarrow{ON} = \overrightarrow{OM} + \overrightarrow{OM'}$ on obtient par la relation de Chasles : $\overrightarrow{OM} + \overrightarrow{MN} = \overrightarrow{OM} + \overrightarrow{OM'}$ et donc $\overrightarrow{MN} = \overrightarrow{OM'}$.

Prenons l'image suivante : si l'on parcourt un trajet en voiture et qu'un panneau indique une ville M à 50km et une ville M' à 80km, on peut en déduire que ces deux villes sont distantes l'une de l'autre d'au moins $|50-80|=30$km. C'est l'inégalité $\big||z|-|z'|\big| \leqslant |z-z'|$ qui permet de le prouver, en prenant pour O la position du panneau.

Notons que dans le cadre de cet exemple, l'inégalité $|z-z'| \leqslant |z|+|z'|$ permet elle de savoir que les deux villes M et M' sont distantes d'au plus $50+80=130$km.

Enfin l'inégalité $||z|-|z'|| \leqslant |z+z'|$ traduit le fait que la différence de longueur entre deux côtés consécutifs d'un parallélogramme est plus petite que la longueur de n'importe laquelle de ses diagonales. En effet en reprenant le point N introduit plus haut, l'inégalité $||z|-|z'|| \leqslant |z+z'|$ signifie : $|OM-OM'| \leqslant ON$.

Mais il s'agit juste d'une reformulation, cette inégalité étant équivalente aux précédentes.

Théorème 2 (Cas d'égalité dans l'inégalité triangulaire)

Soit $(z,z') \in \mathbb{C}^2$. On a : $|z+z'|=|z|+|z'|$ si et seulement si $\exists k \in \mathbb{R}_+,\ z=kz'$ ou $z'=kz$.

DÉMONSTRATION

Si l'on reprend la démonstration de l'inégalité triangulaire, on constate que celle-ci résulte de l'inégalité : $|z||\overline{z'}|-\mathrm{Re}(z\overline{z'}) \geqslant 0$.

Ainsi $|z+z'|=|z|+|z'|$ si et seulement si $|z||\overline{z'}|=\mathrm{Re}(z\overline{z'})$, c'est-à-dire si et seulement si $|z\overline{z'}|=\mathrm{Re}(z\overline{z'})$.

Or pour un complexe $Z=a+b\mathbf{i}$ quelconque, $|Z|=\sqrt{a^2+b^2}=a$ si et seulement si $b=0$ et $a \geqslant 0$.

Ainsi $|z\overline{z'}|=\mathrm{Re}(z\overline{z'})$ si et seulement si $z\overline{z'}$ est un réel positif. On a deux cas :

- Si $z'=0$ alors on a clairement $|z+z'|=|z|+|z'|$ et on a bien $z'=0\times z$ avec $0 \in \mathbb{R}_+$.
- Si $z' \neq 0$ alors soit $\alpha \in \mathbb{R}_+$, on a $z\overline{z'}=\alpha$ si et seulement si $z|z'|^2=\alpha z'$ si et seulement si $z=kz'$, où $k=\dfrac{\alpha}{|z'|^2} \in \mathbb{R}_+$.

D'où l'équivalence annoncée.

Interprétation géométrique.

Ainsi $\|\overrightarrow{OM}+\overrightarrow{OM'}\|=OM+OM'$ si et seulement si $\overrightarrow{OM}$ et $\overrightarrow{OM'}$ sont colinéaires et de même sens, ce qui, en introduisant toujours le point N défini par $\overrightarrow{ON}=\overrightarrow{OM}+\overrightarrow{OM'}$, équivaut à dire qu'on a $ON=OM+OM'$ si et seulement si M (et évidemment M' aussi par conséquent) appartient au segment $[ON]$.

3 Trigonométrie et nombres complexes de module 1

Notation 2

On note $\mathbb{U}$ l'ensemble des nombres complexes de module 1, c'est-à-dire :
$\mathbb{U} = \{z \in \mathbb{C},\ |z| = 1\}$.

Les nombres complexes de module 1 sont ceux dont l'image dans le plan est à distance 1 de l'origine. Ainsi l'image de $\mathbb{U}$ dans le plan est le cercle trigonométrique $\mathcal{C}$. C'est l'occasion de quelques rappels de trigonométrie et de quelques nouveautés utiles.

Dans toute cette section, on fixe un repère orthonormé direct $\mathcal{R}_0 = (O, \vec{\imath}, \vec{\jmath})$ du plan, notant I et J les points tels que $\overrightarrow{OI} = \vec{\imath}$ et $\overrightarrow{OJ} = \vec{\jmath}$.

3.1 Fonctions circulaires

Définition 8

On définit deux fonctions de $\mathbb{R}$ dans $\mathbb{R}$, appelées *cosinus* et *sinus*, de la manière suivante :

- Pour $x \in \mathbb{R}$, on note M le point de $\mathcal{C}$ tel que x soit une mesure de l'angle orienté $(\widehat{\overrightarrow{OI}, \overrightarrow{OM}})$. Dit autrement, x est la longueur algébrique[21] de l'arc $\widehat{OM}$.
- On appelle alors *cosinus de x* et on note $\cos(x)$ l'abscisse de M dans $\mathcal{R}_0$ et on appelle *sinus de x* et on note $\sin(x)$ l'ordonnée de M dans $\mathcal{R}_0$

On a donc $\overrightarrow{OM} = \cos(x)\vec{\imath} + \sin(x)\vec{\jmath}$.

On rappelle plusieurs propriétés immédiates :

21. On considère cette quantité comme étant positive lorsque l'arc est parcouru dans le sens trigonométrique, négative sinon.

Proposition 10 (Propriétés de sin et cos)

Pour tout réel x,

1. $\cos^2(x) + \sin^2(x) = 1$.
2. $-1 \leqslant \cos(x) \leqslant 1$ et $-1 \leqslant \sin(x) \leqslant 1$.
3. $\cos(-x) = \cos(x)$ et $\sin(-x) = -\sin(x)$; la fonction cos est paire et la fonction sin est impaire.
4. $\cos(\pi - x) = -\cos(x)$ et $\sin(\pi - x) = \sin(x)$.
5. $\cos(x + 2\pi) = \cos(x)$ et $\sin(x + 2\pi) = \sin(x)$; les fonctions cos et sin sont donc 2π-périodiques.
6. $\cos(x + \pi) = -\cos(x)$ et $\sin(x + \pi) = -\sin(x)$. [22]
7. $\sin\left(\frac{\pi}{2} - x\right) = \cos(x)$ et $\cos\left(\frac{\pi}{2} - x\right) = \sin(x)$.

DÉMONSTRATION

1. Par le théorème de Pythagore, on a $OM^2 = \cos^2(x) + \sin^2(x)$. Comme $M \in \mathcal{C}$, $OM = 1$, d'où la relation.

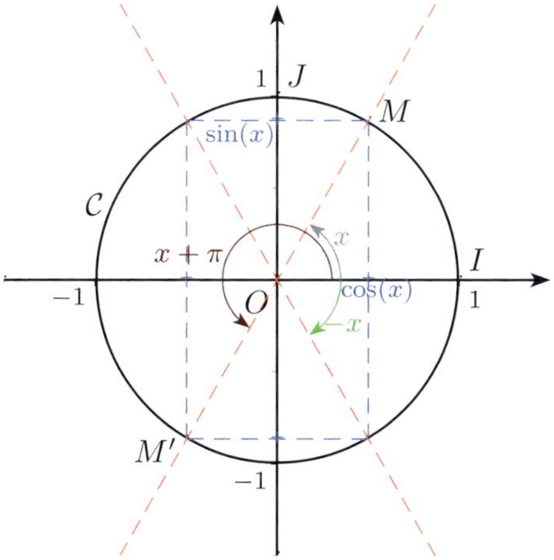

2. On a $0 \leqslant |\cos(x)| = \sqrt{\cos^2(x)} \leqslant \sqrt{\cos^2(x) + \sin^2(x)} = 1$ d'où $-1 \leqslant \cos(x) \leqslant 1$. Même raisonnement pour encadrer $\sin(x)$.
3. Ces relations traduisent la symétrie par rapport à l'axe (OI).
4. Ces relations traduisent la symétrie par rapport à l'axe (OJ).
5. Comme 2π est le périmètre du cercle $\mathcal{C}$, x et $x + 2\pi$ sont des mesures du même angle orienté.

6. Comme π est le demi-périmètre de $\mathcal{C}$, une rotation de π autour de l'origine correspond à envoyer un point sur son symétrique par rapport à O.
   Ainsi si on note M le point de $\mathcal{C}$ tel que x soit une mesure de $(\widehat{\overrightarrow{OI}, \overrightarrow{OM}})$ et M' le point de $\mathcal{C}$ tel que $x + \pi$ soit une mesure de $(\widehat{\overrightarrow{OI}, \overrightarrow{OM'}})$, on a $\overrightarrow{OM'} = -\overrightarrow{OM}$ et donc $\cos(x+\pi)\vec{\imath} + \sin(x+\pi)\vec{\jmath} = -\cos(x)\vec{\imath} - \sin(x)\vec{\jmath}$. On en déduit $\cos(x+\pi) = -\cos(x)$ et $\sin(x+\pi) = -\sin(x)$.

7. Notons Δ la première bissectrice du repère et soit s la symétrie orthogonale par rapport à Δ.
   On introduit $N = s(M)$. On remarque que $J = s(I)$. Le triangle OIM a donc pour image par s le triangle OJN et si x est une mesure de l'angle orienté $(\widehat{\overrightarrow{OI}, \overrightarrow{OM}})$ alors $-x$ est une mesure de $(\widehat{\overrightarrow{OJ}, \overrightarrow{ON}})$. Comme $(\widehat{\overrightarrow{OI}, \overrightarrow{OJ}})$ a pour mesure $\frac{\pi}{2}$, on en déduit que $\frac{\pi}{2} - x$ est une mesure de $(\widehat{\overrightarrow{OI}, \overrightarrow{ON}})$.

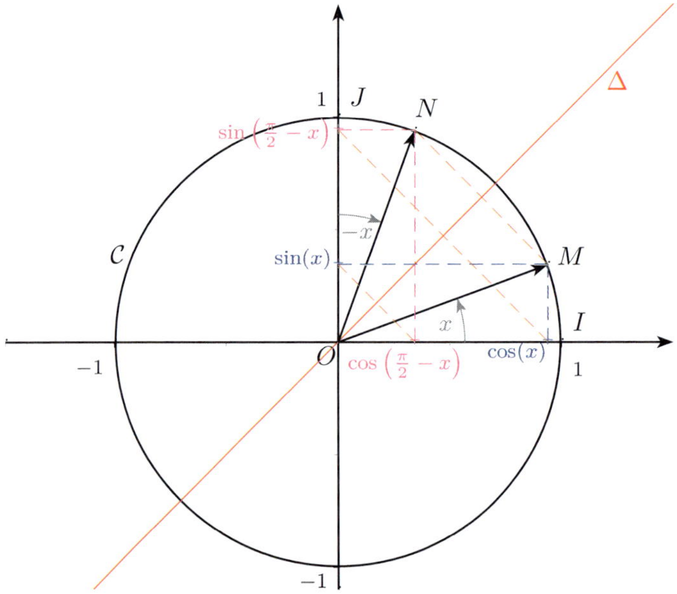

Or toujours par la symétrie s, le projeté orthogonal de M sur (OI) a pour image le projeté orthogonal de N sur OJ, ce qui implique : $\cos(x) = \sin\left(\frac{\pi}{2} - x\right)$.
Et le projeté orthogonal de N sur (OI) a pour image par s le projeté orthogonal de M sur (OJ), ce qui fournit : $\sin(x) = \cos\left(\frac{\pi}{2} - x\right)$.

Remarque 7

Des relations $\cos(x+\pi) = -\cos(x)$ et $\sin(x+\pi) = -\sin(x)$ on déduit, par une récurrence immédiate, les relations très utiles : $\forall k \in \mathbb{N}$, $\cos(x + k\pi) = (-1)^k \cos(x)$ et $\sin(x + k\pi) = (-1)^k \sin(x)$, qui se généralisent ensuite facilement à tout $k \in \mathbb{Z}$.

Application 1

Équations et inéquations trigonométriques

Rappelons les équivalences fondamentales suivantes, observables directement sur le cercle trigonométrique : pour $a \in \mathbb{R}$ fixé et x réel,

$$\cos(x) = \cos(a) \Leftrightarrow x \equiv a\ [2\pi] \text{ ou } x \equiv -a\ [2\pi],$$

$$\sin(x) = \sin(a) \Leftrightarrow x \equiv a\ [2\pi] \text{ ou } x \equiv \pi - a\ [2\pi].$$

Ainsi, soit par exemple à résoudre l'équation $\sin(5x) = -\dfrac{1}{2}$, d'inconnue réelle x.
On écrit : soit $x \in \mathbb{R}$, on a :

$$\begin{aligned}\sin(5x) = -\frac{1}{2} \quad &\Leftrightarrow \quad \sin(5x) = \sin\left(-\frac{\pi}{6}\right) \Leftrightarrow 5x \equiv -\frac{\pi}{6}\ [2\pi] \text{ ou } 5x \equiv \pi - \left(-\frac{\pi}{6}\right)\ [2\pi]\\ &\Leftrightarrow \quad x \equiv -\frac{\pi}{30}\ \left[\frac{2\pi}{5}\right] \text{ ou } x \equiv \frac{7\pi}{30}\ \left[\frac{2\pi}{5}\right].\end{aligned}$$

L'ensemble des solutions est donc : $\left\{-\dfrac{\pi}{30} + \dfrac{2k\pi}{5},\ k \in \mathbb{Z}\right\} \cup \left\{\dfrac{7\pi}{30} + \dfrac{2k\pi}{5},\ k \in \mathbb{Z}\right\}$.

Soit maintenant à résoudre l'inéquation $\cos\left(x + \dfrac{\pi}{3}\right) \geqslant \dfrac{\sqrt{2}}{2}$.

Pour $x \in \mathbb{R}$, on a : $\cos\left(x + \dfrac{\pi}{3}\right) \geqslant \dfrac{\sqrt{2}}{2} \Leftrightarrow \cos\left(x + \dfrac{\pi}{3}\right) \geqslant \cos\left(\dfrac{\pi}{4}\right)$.

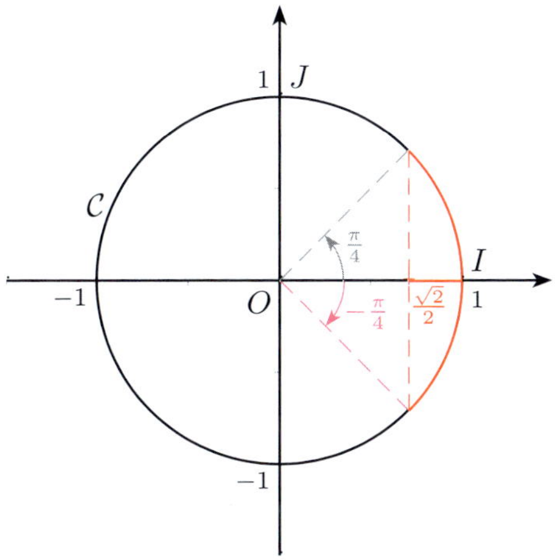

Or $\cos\left(x + \dfrac{\pi}{3}\right) \geqslant \cos\left(\dfrac{\pi}{4}\right) \Leftrightarrow -\dfrac{\pi}{4} \leqslant x + \dfrac{\pi}{3} \leqslant \dfrac{\pi}{4}\ [2\pi] \Leftrightarrow -\dfrac{7\pi}{12} \leqslant x + \dfrac{\pi}{3} \leqslant -\dfrac{\pi}{12}\ [2\pi]$.

L'ensemble des solutions est finalement : $\displaystyle\bigcup_{k \in \mathbb{Z}} \left[-\frac{7\pi}{12} + 2k\pi\ ; -\frac{\pi}{12} + 2k\pi\right]$.

On peut définir une troisième fonction, en introduisant l'axe (IK) passant par I et dirigé par $\overrightarrow{OJ}$, ayant noté K le point de coordonnées $(1, 1)$ dans $\mathcal{R}_0$:

Définition 9

Pour $x \in \mathbb{R} \setminus \left\{\frac{\pi}{2} + k\pi,\ k \in \mathbb{Z}\right\}$, soit toujours M le point de $\mathcal{C}$ tel que x soit une mesure de l'angle orienté $(\widehat{\overrightarrow{OI}, \overrightarrow{OM}})$. On note N le point d'intersection entre la droite (OM) et la droite (IK) : on appelle *tangente*[23] *de* x et on note $\tan(x)$ l'abscisse de N sur l'axe (IK).[24]

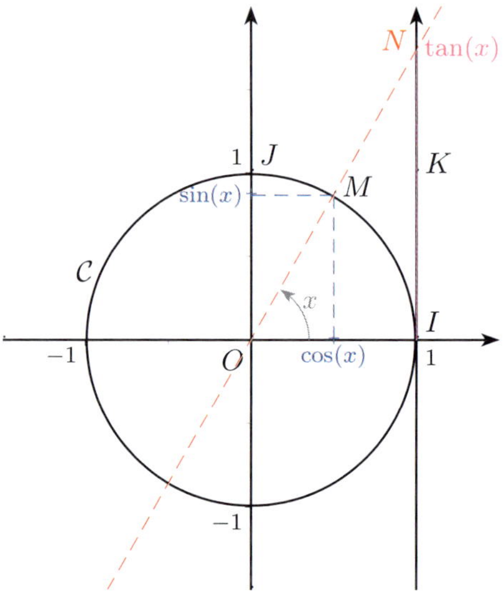

Remarque 8

La condition $x \in \mathbb{R} \setminus \left\{\frac{\pi}{2} + k\pi,\ k \in \mathbb{Z}\right\}$ assure qu'on a $x \not\equiv \frac{\pi}{2}\ [\pi]$. Le point M n'est donc pas sur l'axe (OJ) et la droite (OM) ne peut donc pas être parallèle à (OJ), ni à (IK) donc vu que (OJ) et (IK) sont parallèles. Ceci assure que les droites (OM) et (IK) sont sécantes. Le point N est donc bien défini, au sens où on vient de justifier l'existence et l'unicité de N. Il s'ensuit que $\tan(x)$ est bien défini.

Proposition 11

Pour tout $x \in \mathbb{R} \setminus \left\{\frac{\pi}{2} + k\pi,\ k \in \mathbb{Z}\right\}$,

1. $\tan(-x) = -\tan(x)$; la fonction tan est donc impaire.
2. $\tan(x + \pi) = \tan(x)$; la fonction tan est donc π-périodique.

23. La droite (IK) est tangente au cercle $\mathcal{C}$ en I...
24. Ce qui correspond aussi à l'ordonnée de N dans $\mathcal{R}_0$.

DÉMONSTRATION

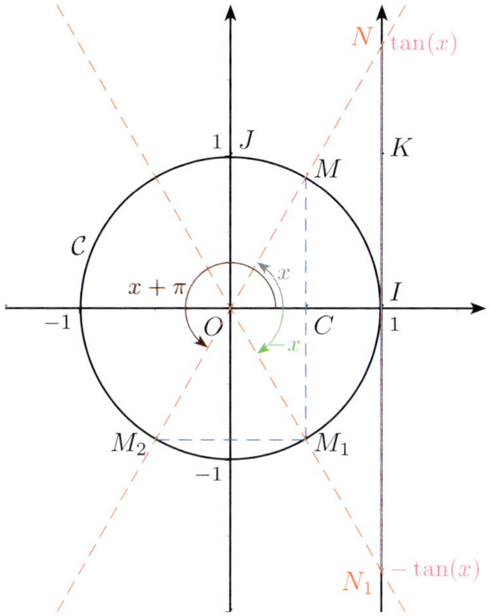

1. Si on appelle M_1 le symétrique de M par rapport à l'axe (OI), $-x$ est une mesure de $(\widehat{\overrightarrow{OI}, \overrightarrow{OM_1}})$. De plus l'intersection de (OM_1) avec (IK) est le point N_1 symétrique de N par rapport à (OI). Il vient donc : $\tan(-x) = -\tan(x)$.

2. Si on appelle M_2 l'image de M par la rotation de centre O et d'angle π alors $x + \pi$ est une mesure de $(\widehat{\overrightarrow{OI}, \overrightarrow{OM_2}})$. Or M_2 étant diamétralement opposé à M, les droites (OM) et (OM_2) sont confondues et donc l'intersection de (OM_2) avec (IK) est la même que celle de (OM) avec (IK). Il s'ensuit : $\tan(x + \pi) = \tan(x)$.

Proposition 12

$\forall x \in \mathbb{R} \setminus \left\{\frac{\pi}{2} + k\pi,\ k \in \mathbb{Z}\right\}$, $\tan(x) = \dfrac{\sin(x)}{\cos(x)}$.

DÉMONSTRATION

En gardant à l'esprit le dessin précédent :

- Soit $x \in \left[0\ ;\frac{\pi}{2}\right[$. Alors $\cos(x) > 0$, $\sin(x) \geqslant 0$ et $\tan(x) \geqslant 0$.
  Comme (MC) et (NI) sont parallèles, on peut appliquer le théorème de Thalès aux triangles OCM et OIN. On a ainsi :
  $\dfrac{IN}{OI} = \dfrac{CM}{OC}$, *i. e.* $\dfrac{|\tan(x)|}{1} = \dfrac{|\sin(x)|}{|\cos(x)|}$, *i. e.* $\tan(x) = \dfrac{\sin(x)}{\cos(x)}$.

- Soit $x \in \left]-\frac{\pi}{2}\,;0\right]$. Alors $-x \in \left[0\,;\frac{\pi}{2}\right[$ et donc $\tan(-x) = \frac{\sin(-x)}{\cos(-x)}$ par ce qui précède. Or on a d'une part $\tan(-x) = -x$ et, d'autre part, $\sin(-x) = -\sin(x)$ et $\cos(-x) = \cos(x)$. On obtient donc en remplaçant : $\tan(x) = \frac{\sin(x)}{\cos(x)}$.
- Enfin tout réel x de $\mathbb{R} \setminus \left\{\frac{\pi}{2} + k\pi,\ k \in \mathbb{Z}\right\}$ peut s'écrire sous la forme $x = y + K\pi$ avec $y \in \left]-\frac{\pi}{2}\,;\frac{\pi}{2}\right[$ et $K \in \mathbb{Z}$. Par π-périodicité de tan, on a $\tan(x) = \tan(y)$. Comme $y \in \left]-\frac{\pi}{2}\,;\frac{\pi}{2}\right[$, on a $\tan(y) = \frac{\sin(y)}{\cos(y)}$ par ce qui précède. Par conséquent,
$\tan(x) = \frac{\sin(y)}{\cos(y)} = \frac{\sin(x - K\pi)}{\cos(x - K\pi)} = \frac{(-1)^K \sin(x)}{(-1)^K \cos(x)} = \frac{\sin(x)}{\cos(x)}$.

On a ainsi prouvé l'égalité $\tan(x) = \frac{\sin(x)}{\cos(x)}$ pour tout x dans $\mathbb{R} \setminus \left\{\frac{\pi}{2} + k\pi,\ k \in \mathbb{Z}\right\}$.

Proposition 13

Pour tout $x \in \mathbb{R} \setminus \left\{\frac{k\pi}{2},\ k \in \mathbb{Z}\right\}$, $\tan\left(\frac{\pi}{2} - x\right) = \frac{1}{\tan(x)}$.

DÉMONSTRATION

Soit $x \in \mathbb{R} \setminus \left\{\frac{k\pi}{2},\ k \in \mathbb{Z}\right\}$, on a :

$$\tan\left(\frac{\pi}{2} - x\right) = \frac{\sin\left(\frac{\pi}{2} - x\right)}{\cos\left(\frac{\pi}{2} - x\right)} = \frac{\cos(x)}{\sin(x)} = \frac{1}{\frac{\sin(x)}{\cos(x)}} = \frac{1}{\tan(x)}.$$

On conclut cette sous-section avec les valeurs des fonctions cos, sin et tan en certains angle remarquables. Pour les fonctions cos et sin il s'agit de rappels du lycée; pour la fonction tan, on les obtient grâce à la relation $\tan = \frac{\sin}{\cos}$:

Mesure de l'angle	0	$\frac{\pi}{6}$	$\frac{\pi}{4}$	$\frac{\pi}{3}$	$\frac{\pi}{2}$
Valeur de cos	1	$\frac{\sqrt{3}}{2}$	$\frac{\sqrt{2}}{2}$	$\frac{1}{2}$	0
Valeur de sin	0	$\frac{1}{2}$	$\frac{\sqrt{2}}{2}$	$\frac{\sqrt{3}}{2}$	1
Valeur de tan	0	$\frac{1}{\sqrt{3}}$	1	$\sqrt{3}$	non définie

3.2 Formulaire de trigonométrie

Proposition 14

$\forall (a,b) \in \mathbb{R}^2$, $\cos(a-b) = \cos(a)\cos(b) + \sin(a)\sin(b)$.

Démonstration

Soit $(a,b) \in \mathbb{R}^2$.

On introduit les points A et B du cercle trigonométrique $\mathcal{C}$ tels que a soit une mesure de $(\overrightarrow{OI}, \overrightarrow{OA})$ et b une mesure de $(\overrightarrow{OI}, \overrightarrow{OB})$. On introduit également les projetés orthogonaux P et Q de A respectivement sur (OI) et sur (OJ), et les projetés orthogonaux R et S de B respectivement sur (OI) et sur (OJ).

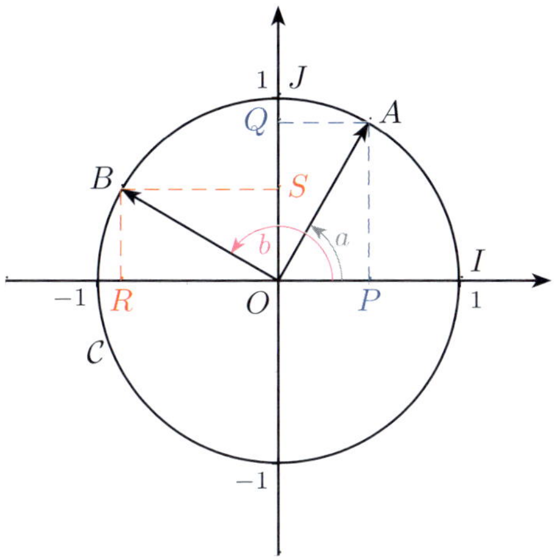

Remarquons qu'on a :
$\overrightarrow{OB} \cdot \overrightarrow{OA} = \|\overrightarrow{OB}\| \times \|\overrightarrow{OA}\| \times \cos\left(\widehat{(\overrightarrow{OB}, \overrightarrow{OA})}\right)$ par définition d'un produit scalaire.

Par la relation de Chasles angulaire, on a de plus
$\cos\left(\widehat{(\overrightarrow{OB}, \overrightarrow{OA})}\right) = \cos\left(\widehat{(\overrightarrow{OI}, \overrightarrow{OA})} - \widehat{(\overrightarrow{OI}, \overrightarrow{OB})}\right) = \cos(a-b)$.

Comme A et B sont sur $\mathcal{C}$, on a également $OB = OA = 1$ et on obtient finalement :
$\overrightarrow{OB} \cdot \overrightarrow{OA} = 1 \times 1 \times \cos(a-b) = \cos(a-b)$.

Or on a aussi $\overrightarrow{OB} \cdot \overrightarrow{OA} = (\overrightarrow{OR} + \overrightarrow{RB}) \cdot (\overrightarrow{OP} + \overrightarrow{PA})$ par la relation de Chasles. Mais comme par définition d'un projeté orthogonal, les angles $\widehat{BRO}$ et $\widehat{BSO}$ sont droits, l'angle $\widehat{ROS}$, qui n'est autre que l'angle $\widehat{IOJ}$, est droit lui aussi et le quadrilatère $ORBS$ est un rectangle ; par suite $\overrightarrow{RB} = \overrightarrow{OS}$ et, de la même façon, $\overrightarrow{PA} = \overrightarrow{OQ}$. Cela permet de réécrire :

$\overrightarrow{OB} \cdot \overrightarrow{OA} = (\overrightarrow{OR} + \overrightarrow{OS}) \cdot (\overrightarrow{OP} + \overrightarrow{OQ})$ et donc, par bilinéarité du produit scalaire,
$\overrightarrow{OB} \cdot \overrightarrow{OA} = \overrightarrow{OR} \cdot \overrightarrow{OP} + \overrightarrow{OR} \cdot \overrightarrow{OQ} + \overrightarrow{OS} \cdot \overrightarrow{OP} + \overrightarrow{OS} \cdot \overrightarrow{OQ}$.

Comme $\overrightarrow{OR}$ et $\overrightarrow{OQ}$ sont orthogonaux, de même que $\overrightarrow{OS}$ et $\overrightarrow{OP}$, on obtient ensuite :
$\overrightarrow{OB} \cdot \overrightarrow{OA} = \overrightarrow{OR} \cdot \overrightarrow{OP} + \vec{0} + \vec{0} + \overrightarrow{OS} \cdot \overrightarrow{OQ} = \overrightarrow{OR} \cdot \overrightarrow{OP} + \overrightarrow{OS} \cdot \overrightarrow{OQ}$.

Or $\overrightarrow{OR}$ et $\overrightarrow{OP}$ sont colinéaires, de même que $\overrightarrow{OS}$ et $\overrightarrow{OQ}$, et donc :
$\overrightarrow{OB} \cdot \overrightarrow{OA} = \overline{OR} \times \overline{OP} + \overline{OS} \times \overline{OQ} = \cos(b) \times \cos(a) + \sin(b) \times \sin(a)$,
$\overrightarrow{OB} \cdot \overrightarrow{OA} = \cos(a)\cos(b) + \sin(a)\sin(b)$.

Théorème 3 (Formules d'addition)

Pour tout réels a et b,

1. $\cos(a-b) = \cos(a)\cos(b) + \sin(a)\sin(b)$.
2. $\cos(a+b) = \cos(a)\cos(b) - \sin(a)\sin(b)$.
3. $\sin(a-b) = \sin(a)\cos(b) - \cos(a)\sin(b)$.
4. $\sin(a+b) = \sin(a)\cos(b) + \cos(a)\sin(b)$.
5. $\tan(a-b) = \dfrac{\tan(a)-\tan(b)}{1+\tan(a)\tan(b)}$ si $a \not\equiv \dfrac{\pi}{2}\ [\pi]$, $b \not\equiv \dfrac{\pi}{2}\ [\pi]$ et $a-b \not\equiv \dfrac{\pi}{2}\ [\pi]$.
6. $\tan(a+b) = \dfrac{\tan(a)+\tan(b)}{1-\tan(a)\tan(b)}$ si $a \not\equiv \dfrac{\pi}{2}\ [\pi]$, $b \not\equiv \dfrac{\pi}{2}\ [\pi]$ et $a+b \not\equiv \dfrac{\pi}{2}\ [\pi]$.

Démonstration

Soit $(a,b) \in \mathbb{R}^2$.

1. A été prouvé juste avant.
2. Par la formule précédente, $\cos(a+b) = \cos\big(a-(-b)\big) = \cos(a)\cos(-b)+\sin(a)\sin(-b)$ et donc $\cos(a+b) = \cos(a)\cos(b) - \sin(a)\sin(b)$ par parité de cos et imparité de sin.
3. Par la proposition 10.7, $\sin(a-b) = \cos\left(\dfrac{\pi}{2} - (a-b)\right)$ et donc
$\sin(a-b) = \cos\left(\left(\dfrac{\pi}{2}-a\right)+b\right) = \cos\left(\dfrac{\pi}{2}-a\right)\cos(b) - \sin\left(\dfrac{\pi}{2}-a\right)\sin(b)$
$= \sin(a)\cos(b) - \cos(a)\sin(b)$.
4. On écrit $\sin(a+b) = \sin\big(a-(-b)\big)$ et, par la formule précédente, on obtient : $\sin(a+b) = \sin(a)\cos(-b) - \cos(a)\sin(-b) = \sin(a)\cos(b) + \cos(a)\sin(b)$ par parité de cos et imparité de sin.
5. Premièrement, $\tan(a-b)$ est défini si et seulement si $a-b \not\equiv \dfrac{\pi}{2}\ [\pi]$.
On écrit : $\tan(a-b) = \dfrac{\sin(a-b)}{\cos(a-b)} = \dfrac{\sin(a)\cos(b)-\cos(a)\sin(b)}{\cos(a)\cos(b)+\sin(a)\sin(b)}$.
Si $a \not\equiv \dfrac{\pi}{2}\ [\pi]$ et $b \not\equiv \dfrac{\pi}{2}\ [\pi]$ alors $\cos(a) \neq 0$ et $\cos(b) \neq 0$ et on peut écrire :
$\tan(a-b) = \dfrac{\frac{\sin(a)\cos(b)-\cos(a)\sin(b)}{\cos(a)\cos(b)}}{\frac{\cos(a)\cos(b)+\sin(a)\sin(b)}{\cos(a)\cos(b)}} = \dfrac{\frac{\sin(a)}{\cos(a)} - \frac{\sin(b)}{\cos(b)}}{1+\frac{\sin(a)}{\cos(a)}\times\frac{\sin(b)}{\cos(b)}}\dfrac{\tan(a)-\tan(b)}{1+\tan(a)\tan(b)}$.
6. S'obtient en écrivant $\tan(a+b) = \tan\big(a-(-b)\big)$ et en utilisant la relation précédente et l'imparité de tan.

Exemple 2

Soit à résoudre l'équation $\sin(x) - \sqrt{3}\cos(x) = 1$ d'inconnue réelle x.

Soit $x \in \mathbb{R}$. On a[25] :

$$\begin{aligned}
\sin(x) - \sqrt{3}\cos(x) = 1 &\Leftrightarrow \frac{\sqrt{3}}{2}\cos(x) - \frac{1}{2}\sin(x) = -\frac{1}{2}\\
&\Leftrightarrow \cos\left(\frac{\pi}{6}\right)\cos(x) - \sin\left(\frac{\pi}{6}\right)\sin(x) = -\frac{1}{2}\\
&\Leftrightarrow \cos\left(\frac{\pi}{6}+x\right) = \cos\left(\frac{2\pi}{3}\right) \text{ par formule d'addition}\\
&\Leftrightarrow \frac{\pi}{6}+x \equiv \frac{2\pi}{3}\ [2\pi] \text{ ou } \frac{\pi}{6}+x \equiv -\frac{2\pi}{3}\ [2\pi]\\
&\Leftrightarrow x \equiv \frac{\pi}{2}\ [2\pi] \text{ ou } x \equiv -\frac{5\pi}{6}\ [2\pi].
\end{aligned}$$

D'où l'ensemble des solutions : $\left\{\frac{\pi}{2} + 2k\pi,\ k \in \mathbb{Z}\right\} \cup \left\{-\frac{5\pi}{6} + 2k\pi,\ k \in \mathbb{Z}\right\}$.

Théorème 4 (Formules de duplication)

Pour tout réel x,

1. $\cos(2x) = \cos^2(x) - \sin^2(x) = 2\cos^2(x) - 1 = 1 - 2\sin^2(x)$.
2. $\sin(2x) = 2\sin(x)\cos(x)$.
3. $\tan(2x) = \dfrac{2\tan(x)}{1-\tan^2(x)}$ si $x \not\equiv \frac{\pi}{4}\ \left[\frac{\pi}{2}\right]$ et $x \not\equiv \frac{\pi}{2}\ [\pi]$.

Démonstration

Les formules énoncées s'obtiennent toutes à partir des formules d'addition qui précèdent, en posant $a = b = x$. Détaillons seulement le premier point.

Posant $a = b = x$, on a par formule d'addition :

$\cos(2x) = \cos(x+x) = \cos(x)\cos(x) - \sin(x)\sin(x) = \cos^2(x) - \sin^2(x)$.

Utilisant la relation $\sin^2(x) = 1 - \cos^2(x)$, on en déduit aussi :

$\cos(2x) = \cos^2(x) - \big(1 - \cos^2(x)\big) = 2\cos^2(x) - 1$.

En utilisant maintenant $\cos^2(x) = 1 - \sin^2(x)$, on obtient :

$\cos(2x) = 2\big(1 - \sin^2(x)\big) - 1 = 1 - 2\sin^2(x)$.

Exemple 3

Soit à résoudre l'équation $\cos(2x) = \sin(3x)$ d'inconnue réelle x.

Soit $x \in \mathbb{R}$, on a par formule d'addition : $\sin(2x+x)=\sin(2x)\cos(x) + \cos(2x)\sin(x)$.

25. Pour l'idée de la première étape, c'est-à-dire la division par 2, cf. le principe général dans l'application 5 p. 200.

Par formule de duplication, on obtient ensuite :

$$\begin{aligned}\sin(3x) &= 2\sin(x)\cos^2(x) + \big(1 - 2\sin^2(x)\big)\sin(x)\\ &= 2\sin(x)\big(1-\sin^2(x)\big) + \sin(x) - 2\sin^3(x)\\ &= 3\sin(x) - 4\sin^3(x).\end{aligned}$$

Comme on a aussi $\cos(2x) = 1 - 2\sin^2(x)$, on a finalement :

$$\begin{aligned}\cos(2x) = \sin(3x) &\Leftrightarrow 1 - 2\sin^2(x) = 3\sin(x) - 4\sin^3(x)\\ &\Leftrightarrow 4X^3 - 2X^2 - 3X + 1 = 0 \text{ en posant } X = \sin(x).\end{aligned}$$

On résout une telle équation en commençant par déterminer une solution évidente.
On constate que 1 est solution de l'équation $4X^3 - 2X^2 - 3X + 1 = 0$. Par conséquent, on peut factoriser[26] $4X^3 - 2X^2 - 3X + 1$ par $X - 1$.
L'équation devient donc : $(X-1)(4X^2 + 2X - 1) = 0$.
Or, $(X-1)(4X^2+2X-1) = 0 \Leftrightarrow X = 1$ ou $4X^2 + 2X - 1 = 0$.
On résout à part l'équation $4X^2 + 2X - 1 = 0$.
Elle a pour discriminant
$\Delta = 2^2 + 4 \times 4 = 20 = (2\sqrt{5})^2$ donc ses solutions sont $\dfrac{-2-2\sqrt{5}}{2\times 4} = \dfrac{-1-\sqrt{5}}{4}$ et $\dfrac{-2+2\sqrt{5}}{2\times 4} = \dfrac{-1+\sqrt{5}}{4}$. On constate que ces deux valeurs sont dans $[-1,1]$ donc les équations $\sin(x) = \dfrac{-1-\sqrt{5}}{4}$ et $\sin(x) = \dfrac{-1+\sqrt{5}}{4}$ ont une solution.
Ainsi $\cos(2x) = \sin(3x) \Leftrightarrow \left(\sin(x) = 1 \text{ ou } \sin(x) = \dfrac{-1-\sqrt{5}}{4} \text{ ou } \sin(x) = \dfrac{-1+\sqrt{5}}{4}\right)$.
Si l'on indique au lecteur la valeur remarquable $\sin\left(\dfrac{\pi}{10}\right) = \dfrac{-1+\sqrt{5}}{4}$, alors il peut en déduire qu'on a $\sin(x) = \dfrac{-1+\sqrt{5}}{4} \Leftrightarrow x \equiv \dfrac{\pi}{10}\ [2\pi]$ ou $x \equiv \pi - \dfrac{\pi}{10}\ [2\pi]$.
Si l'on sait aussi qu'on a $\sin\left(-\dfrac{3\pi}{10}\right) = \dfrac{-1-\sqrt{5}}{4}$, alors on en déduit qu'on a $\sin(x) = \dfrac{-1-\sqrt{5}}{4} \Leftrightarrow x \equiv -\dfrac{3\pi}{10}\ [2\pi]$ ou $x \equiv \pi + \dfrac{3\pi}{10}\ [2\pi]$.
Par conséquent, l'ensemble des solutions de l'équation $\cos(2x) = \sin(3x)$ est :
$A \cup B \cup C \cup D \cup E$, avec $A = \left\{\dfrac{\pi}{2} + 2k\pi,\ k \in \mathbb{Z}\right\}$, $B = \left\{\dfrac{\pi}{10} + 2k\pi,\ k \in \mathbb{Z}\right\}$, $C = \left\{\dfrac{9\pi}{10} + 2k\pi,\ k \in \mathbb{Z}\right\}$, $D = \left\{-\dfrac{3\pi}{10} + 2k\pi,\ k \in \mathbb{Z}\right\}$, $E = \left\{\dfrac{13\pi}{10} + 2k\pi,\ k \in \mathbb{Z}\right\}$.

26. Si le lecteur ne le sait pas à ce stade, le chapitre 10 expliquera ce point en détail.

Théorème 5 (Formules de linéarisation)

Pour tous réels a et b,

1. $\cos(a)\cos(b) = \frac{1}{2}\big(\cos(a+b) + \cos(a-b)\big)$.
2. $\sin(a)\sin(b) = \frac{1}{2}\big(\cos(a-b) - \cos(a+b)\big)$.
3. $\sin(a)\cos(b) = \frac{1}{2}\big(\sin(a+b) + \sin(a-b)\big)$.

DÉMONSTRATION

Soit $(a, b) \in \mathbb{R}^2$.

Si l'on somme les deux formules d'addition suivantes

$\cos(a-b) = \cos(a)\cos(b) + \sin(a)\sin(b)$

$\cos(a+b) = \cos(a)\cos(b) - \sin(a)\sin(b)$

on obtient : $\cos(a-b) + \cos(a+b) = 2\cos(a)\cos(b)$, d'où la première formule annoncée en divisant par 2.

En soustrayant l'une à l'autre les deux formules précédantes, on obtient la deuxième égalité annoncée.

Enfin la troisième égalité annoncée s'obtient en sommant les formules

$\sin(a-b) = \sin(a)\cos(b) - \cos(a)\sin(b)$

$\sin(a+b) = \sin(a)\cos(b) + \cos(a)\sin(b)$.

Application 2

Formules de factorisation

On peut déduire des formules de linéarisation des formules de factorisation permettant par exemple d'écrire des expressions du type $\cos(p) + \cos(q)$ comme un produit.

Nous expliquons le principe pour $\cos(p) + \cos(q)$ et encourageons le lecteur à en induire les expressions de $\cos(p) - \cos(q)$, $\sin(p) + \sin(q)$, $\sin(p) - \sin(q)$...

Étant donnés p et q réels, on cherche s'il existe des réels a et b tels que $a + b = p$ et $a - b = q$. On a ainsi à résoudre un système linéaire de deux équations à deux inconnues. Si on procède par substitution par exemple :

$$\left\{\begin{array}{lcl} a+b & = & p \\ a-b & = & q \end{array}\right. \Leftrightarrow \left\{\begin{array}{ccc} b & = & p-a \\ a-(p-a) & = & q \end{array}\right. \Leftrightarrow \left\{\begin{array}{ccc} b & = & p-a \\ 2a & = & p+q \end{array}\right.$$

$$\Leftrightarrow \left\{\begin{array}{ccl} b & = & p - \frac{p+q}{2} = \frac{p-q}{2} \\ a & = & \frac{p+q}{2} \end{array}\right. .$$

Utilisant ensuite la formule de linéarisation que nous venons de démontrer :
$\cos(p)+\cos(q) = \cos(a+b)+\cos(a-b) = 2\cos(a)\cos(b) = 2\cos\left(\frac{p+q}{2}\right)\cos\left(\frac{p-q}{2}\right).$

Une telle relation peut aider à résoudre une équation comme celle qui suit :
$(E) : \cos(x)+\cos(2x) = \sin(3x)$, d'inconnue réelle x.
Soit en effet $x \in \mathbb{R}$. Par ce qui précède,
$\cos(x)+\cos(2x) = 2\cos\left(\frac{x+2x}{2}\right)\cos\left(\frac{x-2x}{2}\right) = 2\cos\left(\frac{3x}{2}\right)\cos\left(\frac{x}{2}\right).$
Comme on a aussi $\sin(3x) = 2\sin\left(\frac{3x}{2}\right)\cos\left(\frac{3x}{2}\right)$, on en déduit :

$$\begin{aligned}
(E) \quad &\Leftrightarrow \quad 2\cos\left(\frac{3x}{2}\right)\cos\left(\frac{x}{2}\right) = 2\sin\left(\frac{3x}{2}\right)\cos\left(\frac{3x}{2}\right)\\
&\Leftrightarrow \quad \cos\left(\frac{3x}{2}\right)\left(\cos\left(\frac{x}{2}\right)-\sin\left(\frac{3x}{2}\right)\right)=0\\
&\Leftrightarrow \quad \cos\left(\frac{3x}{2}\right)=0 \text{ ou } \cos\left(\frac{x}{2}\right)=\sin\left(\frac{3x}{2}\right)=\cos\left(\frac{\pi}{2}-\frac{3x}{2}\right)\\
&\Leftrightarrow \quad \frac{3x}{2}\equiv\frac{\pi}{2}\ [\pi] \text{ ou } \frac{x}{2}=\frac{\pi}{2}-\frac{3x}{2}\ [2\pi] \text{ ou } \frac{x}{2}=-\frac{\pi}{2}+\frac{3x}{2}\ [2\pi]\\
&\Leftrightarrow \quad x\equiv\frac{\pi}{3}\ \left[\frac{2\pi}{3}\right] \text{ ou } 2x\equiv\frac{\pi}{2}\ [2\pi] \text{ ou } x\equiv\frac{\pi}{2}\ [2\pi].
\end{aligned}$$

L'ensemble des solutions de (E) est donc :
$\left\{\frac{\pi}{3}+\frac{2k\pi}{3},\ k\in\mathbb{Z}\right\}\cup\left\{\frac{\pi}{4}+k\pi,\ k\in\mathbb{Z}\right\}\cup\left\{\frac{\pi}{2}+2k\pi,\ k\in\mathbb{Z}\right\}.$

3.3 Nombres complexes de module 1

Tout point du plan appartenant au cercle trigonométrique $\mathcal{C}$ peut être repéré à l'aide d'un angle d'une certaine mesure θ. Ses coordonnées dans le repère $\mathcal{R}_0$ sont alors $\big(\cos(\theta),\sin(\theta)\big)$; cela signifie qu'un tel point a pour affixe $\cos(\theta)+\mathbf{i}\sin(\theta)$.
On peut ainsi définir une fonction que nous noterons temporairement φ :

$$\varphi : \left\{\begin{array}{ccc} \mathbb{R} & \longrightarrow & \mathbb{C} \\ \theta & \longmapsto & \cos(\theta)+\mathbf{i}\sin(\theta) \end{array}\right. .$$

Cette fonction est même précisément à valeurs dans $\mathbb{U}$ d'après ce qui précède. Remarquons que pour a et b réels, on a : $\varphi(a)\varphi(b) = \big(\cos(a)+\mathbf{i}\sin(a)\big)\big(\cos(b)+\mathbf{i}\sin(b)\big) = \cos(a)\cos(b)-\sin(a)\sin(b)+\mathbf{i}\big(\sin(a)\cos(b)+\cos(a)\sin(b)\big)$. On reconnaît ainsi, grâce aux formules d'addition, $\varphi(a)\varphi(b) = \cos(a+b)+\mathbf{i}\sin(a+b)$ et donc finalement :
$\forall (a,b)\in\mathbb{R}^2,\ \varphi(a+b)=\varphi(a)\varphi(b).$
Cette relation fonctionnelle étant la même que celle vérifiée par la fonction exponentielle, on introduit par analogie :

Notation

Pour $\theta \in \mathbb{R}$, on note $e^{\mathbf{i}\theta} = \varphi(\theta) = \cos(\theta) + \mathbf{i}\sin(\theta)$ et on appelle cette quantité « exponentielle $\mathbf{i}\theta$ ».

On n'utilisera plus par la suite que la notation $e^{\mathbf{i}\theta}$.

Exemple 4

$e^{\mathbf{i}\times 0} = \cos(0) + \mathbf{i}\sin(0) = 1$, $e^{\mathbf{i}\times 2\pi} = \cos(2\pi) + \mathbf{i}\sin(2\pi) = 1$,

$e^{\mathbf{i}\frac{\pi}{3}} = \cos\left(\frac{\pi}{3}\right) + \mathbf{i}\sin\left(\frac{\pi}{3}\right) = \frac{1}{2} + \frac{\sqrt{3}}{2}\mathbf{i}$.

Notons aussi l'*identité d'Euler*[27] $e^{\mathbf{i}\pi} = -1$, aussi simple par son énoncé que spectaculaire par le fait qu'elle relie entre elles les quantités fondamentales e, $\mathbf{i}$, π et -1.

Des propriétés bien connues des fonctions cos et sin, on peut tirer immédiatement plusieurs résultats concernant cette « exponentielle » :

Proposition 15

Pour tous réels θ et θ',

1. $e^{\mathbf{i}\theta} \times e^{\mathbf{i}\theta'} = e^{\mathbf{i}(\theta+\theta')}$.
2. $e^{\mathbf{i}\theta} = e^{\mathbf{i}\theta'}$ si et seulement si $\theta \equiv \theta'$ $[2\pi]$.
3. $\overline{e^{\mathbf{i}\theta}} = e^{-\mathbf{i}\theta}$.
4. $e^{-\mathbf{i}\theta} = \frac{1}{e^{\mathbf{i}\theta}}$.

DÉMONSTRATION

1. La relation $e^{\mathbf{i}\theta} \times e^{\mathbf{i}\theta'} = e^{\mathbf{i}(\theta+\theta')}$ est la simple réécriture de la relation $\varphi(\theta)\varphi(\theta') = \varphi(\theta+\theta')$ établie plus haut.
2. Deux nombres complexes z et z' sont égaux si et seulement si $\mathrm{Re}(z) = \mathrm{Re}(z')$ et $\mathrm{Im}(z) = \mathrm{Im}(z')$. Ainsi soit $(\theta, \theta') \in \mathbb{R}^2$,

$$\begin{aligned} e^{\mathbf{i}\theta} = e^{\mathbf{i}\theta'} \quad & \Leftrightarrow \quad \cos(\theta) + \mathbf{i}\sin(\theta) = \cos(\theta') + \mathbf{i}\sin(\theta') \\ & \Leftrightarrow \quad \big(\cos(\theta) = \cos(\theta') \text{ et } \sin(\theta) = \sin(\theta')\big) \\ & \Leftrightarrow \quad \theta \equiv \theta' \ [2\pi]. \end{aligned}$$

27. Identité publiée par Leonhard Euler en 1748 dans son *Introductio in Analysin Infinitorum*.
La façon actuelle de présenter les choses masque totalement la profondeur et la difficulté de l'identité établie par Euler. Ce qui apparaît ici comme une simple notation, $e^{\mathbf{i}\theta}$, était en réalité pour Euler la valeur de la fonction exponentielle en $\mathbf{i}\theta$. Cette fonction exponentielle qu'un bachelier actuel ne connaît que sur les réels peut en fait être définie sur $\mathbb{C}$, et Euler avait établi des relations comme $e^z = \lim_{N\to+\infty}\left(1+\frac{z}{N}\right)^N$ ou $e^z = \sum_{n=0}^{+\infty}\frac{z^n}{n!}$ à partir desquelles il a obtenu plusieurs relations remarquables, dont l'identité d'Euler.

3. Soit $\theta \in \mathbb{R}$. On a : $\overline{\mathrm{e}^{\mathbf{i}\theta}} = \overline{\cos(\theta) + \mathbf{i}\sin(\theta)} = \cos(\theta) - \mathbf{i}\sin(\theta) = \cos(-\theta) + \mathbf{i}\sin(-\theta)$, par parité de cos et imparité de sin. Ainsi $\overline{\mathrm{e}^{\mathbf{i}\theta}} = \mathrm{e}^{-\mathbf{i}\theta}$.

4. Soit $\theta \in \mathbb{R}$. On a : $\mathrm{e}^{-\mathbf{i}\theta} \times \mathrm{e}^{\mathbf{i}\theta} = \mathrm{e}^{\mathbf{i}(-\theta+\theta) = \mathrm{e}^{\mathbf{i}\times 0}} = 1$. Donc $\mathrm{e}^{-\mathbf{i}\theta} = \dfrac{1}{\mathrm{e}^{\mathbf{i}\theta}}$.

Leonhard Euler
(1707–1783)

Leonhard Euler[a] est né à Bâle en Suisse dans une famille de pasteurs protestants. Il était destiné à entrer dans les ordres mais son père consentit à ce qu'il change de voie après que Jean Bernoulli l'eut persuadé de son potentiel mathématique. Euler poursuivit ses études à Bâle auprès de Jean Bernoulli jusqu'en 1726, étudiant les auteurs les plus reconnus à l'époque, tels Descartes, Newton, les Bernoulli... La mort soudaine de Nicolas II Bernoulli, fils de Jean, libéra un poste à Saint-Petersbourg qu'il alla rejoindre en 1727. Il y retrouva Daniel, autre fils de Jean Bernoulli.
Les succès mathématiques d'Euler furent très rapides et marquants pour ses contemporains. On lui doit de nombreux résultats enseignés aujourd'hui en CPGE comme des développements remarquables en analyse : le fait que $1 + \frac{1}{2} + \frac{1}{3} + \cdots + \frac{1}{n} - \ln(n)$ tend vers une limite finie[b], un calcul de e exact à 9 décimales, le lien entre exponentielle complexe et fonctions circulaires, le calcul de $\zeta(2) = \sum_{n=1}^{\infty} \frac{1}{n^2}$ (qui vaut $\frac{\pi^2}{6}$) et plus généralement l'introduction d'un produit infini pour l'étude de $\zeta(s) = \sum_{n=1}^{\infty} \frac{1}{n^s}$...
Reconnu dès la fin des années 1730 comme un mathématicien d'exception, il fut invité en 1741 par Frédéric II de Prusse à rejoindre l'Académie des sciences nouvellement créée à Berlin. Il y demeura 25 ans, prenant même les rênes de l'Académie en 1759, mais les interventions régulières de Frédéric II dans le contrôle de l'Académie poussèrent Euler à partir de nouveau pour Saint-Petersbourg. Il devint aveugle peu après et demeura en Russie jusqu'à sa mort ; son handicap ne l'empêcha cependant pas de continuer à travailler, profitant de sa mémoire hors norme et de l'aide de ses fils.
Il laisse une œuvre colossale de plus de 800 traités et articles et est souvent présenté comme le mathématicien le plus prolifique de l'histoire[c]. Le nom d'Euler reste attaché aux grandes avancées du XVIIe siècle en analyse et à plusieurs notations aujourd'hui en vigueur (comme e, **i**, π...). Mais on lui doit aussi de nombreuses contributions dans d'autres domaines comme la mécanique, l'optique, l'astronomie et est présenté comme le fondateur de la théorie des graphes (pour sa résolution du problème des ponts de Königsberg notamment) et de la topologie.

a. Cf. aussi la notice biographique dans O. Rodot, *Analyse. 2*^e *année*, De Boeck (2010).
b. Appelée *constante d'Euler* et traditionnellement notée γ.
c. Il semble y avoir une sorte de consensus là-dessus, cf. par exemple *Leonhard Euler : Life and Thought* de Ronald S. Calinger dans le recueil très complet sur Euler intitulé *Leonhard Euler : Life, Work and Legacy*, Studies in the History and Philosophy of Mathematics **5**, R.E. Bradley & C. E. Sandifer editors. La plupart de nos données historiques sur Euler sont d'ailleurs extraites de ce recueil.

Théorème 6 (Formules d'Euler (1743)[28])

Pour tout réel θ, $\cos(\theta) = \dfrac{\mathrm{e}^{\mathbf{i}\theta} + \mathrm{e}^{-\mathbf{i}\theta}}{2}$ et $\sin(\theta) = \dfrac{\mathrm{e}^{\mathbf{i}\theta} - \mathrm{e}^{-\mathbf{i}\theta}}{2\mathbf{i}}$.

DÉMONSTRATION

On obtient ces formules[29] en appliquant les relations de la proposition 4 à $z = \mathrm{e}^{\mathbf{i}\theta}$.

Applications 3 Utilisations des formules d'Euler

1. **Linéarisation d'expressions trigonométriques**

   Pour différentes raisons, et en premier lieu la recherche d'une primitive, on peut vouloir transformer une expression qui est un produit de fonctions trigonométriques en une somme, et même précisément une combinaison linéaire, de fonctions trigonométriques. Cette opération est ce qu'on appelle la *linéarisation d'expressions trigonométriques*.

   Voyons le principe sur un exemple :

   Soit à linéariser, pour $\theta \in \mathbb{R}$, la quantité $A = \cos^2(\theta)\sin^3(\theta)$.

   On utilise les formules d'Euler combinées à la formule du binôme de Newton[30] :

$$\cos^2(\theta) = \left(\tfrac{\mathrm{e}^{\mathbf{i}\theta}+\mathrm{e}^{-\mathbf{i}\theta}}{2}\right)^2 = \tfrac{(\mathrm{e}^{\mathbf{i}\theta})^2+2\mathrm{e}^{\mathbf{i}\theta}\times\mathrm{e}^{-\mathbf{i}\theta}+(\mathrm{e}^{-\mathbf{i}\theta})^2}{4} = \tfrac{\mathrm{e}^{2\mathbf{i}\theta}+2+\mathrm{e}^{-2\mathbf{i}\theta}}{4} \text{ et}$$

$$\sin^3(\theta) = \left(\tfrac{\mathrm{e}^{\mathbf{i}\theta}-\mathrm{e}^{-\mathbf{i}\theta}}{2\mathbf{i}}\right)^3 = \tfrac{(\mathrm{e}^{\mathbf{i}\theta})^3+3(\mathrm{e}^{\mathbf{i}\theta})^2\times(-\mathrm{e}^{-\mathbf{i}\theta})+3\mathrm{e}^{\mathbf{i}\theta}\times(-\mathrm{e}^{-\mathbf{i}\theta})^2+(-\mathrm{e}^{-\mathbf{i}\theta})^3}{(2\mathbf{i})^3}, \text{ d'où}$$

$$\begin{aligned}
A &= \left(\frac{\mathrm{e}^{2\mathbf{i}\theta}+2+\mathrm{e}^{-2\mathbf{i}\theta}}{4}\right)\left(\frac{\mathrm{e}^{3\mathbf{i}\theta}-3\mathrm{e}^{\mathbf{i}\theta}+3\mathrm{e}^{-\mathbf{i}\theta}-\mathrm{e}^{-3\mathbf{i}\theta}}{-8\mathbf{i}}\right)\\
&= \frac{\mathrm{e}^{5\mathbf{i}\theta}-3\mathrm{e}^{3\mathbf{i}\theta}+3\mathrm{e}^{\mathbf{i}\theta}-\mathrm{e}^{-\mathbf{i}\theta}+2\mathrm{e}^{3\mathbf{i}\theta}-6\mathrm{e}^{\mathbf{i}\theta}+6\mathrm{e}^{-\mathbf{i}\theta}-2\mathrm{e}^{-3\mathbf{i}\theta}+\mathrm{e}^{\mathbf{i}\theta}-3\mathrm{e}^{-\mathbf{i}\theta}+3\mathrm{e}^{-3\mathbf{i}\theta}-\mathrm{e}^{-5\mathbf{i}\theta}}{-32\mathbf{i}}\\
&= \frac{\mathrm{e}^{5\mathbf{i}\theta}-\mathrm{e}^{3\mathbf{i}\theta}-2\mathrm{e}^{\mathbf{i}\theta}+2\mathrm{e}^{-\mathbf{i}\theta}+\mathrm{e}^{-3\mathbf{i}\theta}-\mathrm{e}^{-5\mathbf{i}\theta}}{-32\mathbf{i}}\\
&= -\frac{1}{16}\times\frac{\mathrm{e}^{5\mathbf{i}\theta}-\mathrm{e}^{-5\mathbf{i}\theta}}{2\mathbf{i}}+\frac{1}{16}\times\frac{\mathrm{e}^{3\mathbf{i}\theta}-\mathrm{e}^{-3\mathbf{i}\theta}}{2\mathbf{i}}+\frac{1}{8}\times\frac{\mathrm{e}^{\mathbf{i}\theta}-\mathrm{e}^{-\mathbf{i}\theta}}{2\mathbf{i}}\\
&= -\frac{\sin(5\theta)}{16}+\frac{\sin(3\theta)}{16}+\frac{\sin(\theta)}{8},
\end{aligned}$$

   et ainsi l'expression a-t-elle été linéarisée.

---

28. On trouve déjà trace des formules d'Euler à la page 177 d'un article de 1743 paru dans Miscellanea Berolinensia ad incrementum scientiarum **7**, pp. 172-192. Les formules d'Euler ainsi que toutes les relations fondamentales liant les fonctions circulaires et l'exponentielle se retrouvent encore dans le traité de référence *Introductio in analysin Infinitorum* de 1748 d'Euler. Comme nous l'avons déjà expliqué dans la note 27, l'exposé proposé dans le cadre des programmes de CPGE renverse complètement l'ordre historiques des difficultés. Ainsi Euler a-t-il en réalité déduit ses formules de la formule de De Moivre, cette dernière étant historiquement préexistante à la relation $\mathrm{e}^{\,\mathbf{i}\theta} = \cos(\theta) + \mathbf{i}\sin(\theta)$.

29. Là encore, comme dans la note 27, la difficulté sous-jacente à ces formules est masquée par la manière de définir $\mathrm{e}^{\mathbf{i}\theta}$.

30. Dans le cadre complexe, cette formule stipule : $\forall (a,b) \in \mathbb{C}^2$, $\forall n \in \mathbb{N}$, $(a+b)^n = \sum\limits_{k=0}^{n} \binom{n}{k} a^k b^{n-k}$.

Cf. p. 407 pour le cadre général.

2. **Utilisation de l'angle moitié et factorisation**

Soient θ_1 et θ_2 deux réels quelconques. On peut factoriser la quantité $\mathrm{e}^{\mathbf{i}\theta_1}+\mathrm{e}^{\mathbf{i}\theta_2}$ en utilisant la quantité $\dfrac{\theta_1+\theta_2}{2}$ qui est la moyenne de θ_1 et θ_2. Ainsi :

$\mathrm{e}^{\mathbf{i}\theta_1}+\mathrm{e}^{\mathbf{i}\theta_2}=\mathrm{e}^{\mathbf{i}\frac{\theta_1+\theta_2}{2}}(\mathrm{e}^{\mathbf{i}\frac{\theta_1-\theta_2}{2}}+\mathrm{e}^{\mathbf{i}\frac{\theta_2-\theta_1}{2}})=2\mathrm{e}^{\mathbf{i}\frac{\theta_1+\theta_2}{2}}\times\dfrac{\mathrm{e}^{\mathbf{i}\frac{\theta_1-\theta_2}{2}}+\mathrm{e}^{-\mathbf{i}\left(\frac{\theta_1-\theta_2}{2}\right)}}{2}$ donc, par une formule d'Euler, $\mathrm{e}^{\mathbf{i}\theta_1}+\mathrm{e}^{\mathbf{i}\theta_2}=2\cos\left(\dfrac{\theta_1-\theta_2}{2}\right)\mathrm{e}^{\mathbf{i}\frac{\theta_1+\theta_2}{2}}$.

En particulier, avec $\theta_1=0$ et $\theta_2=\theta$, on a pour tout $\theta\in\mathbb{R}$: $1+\mathrm{e}^{\mathbf{i}\theta}=2\cos\left(\dfrac{\theta}{2}\right)\mathrm{e}^{\mathbf{i}\frac{\theta}{2}}$.

Le lecteur pourra établir de même la relation : $\mathrm{e}^{\mathbf{i}\theta_1}-\mathrm{e}^{\mathbf{i}\theta_2}=2\mathbf{i}\sin\left(\dfrac{\theta_1-\theta_2}{2}\right)\mathrm{e}^{\mathbf{i}\frac{\theta_1+\theta_2}{2}}$.

Cette idée de l'angle moitié est particulièrement utile dans la simplification de certaines sommes comme la suivante : soit à calculer, pour $x\in\mathbb{R}\setminus\{2k\pi,\ k\in\mathbb{Z}\}$ et $n\in\mathbb{N}$, $S=\displaystyle\sum_{k=0}^{n}\mathrm{e}^{\mathbf{i}kx}$. On écrit $S=\displaystyle\sum_{k=0}^{n}(\mathrm{e}^{\mathbf{i}x})^k$ et on reconnaît ainsi la somme des premiers termes d'une suite géométrique de raison $\mathrm{e}^{\mathbf{i}x}\neq 1$. On a donc :

$$S=\frac{1-(\mathrm{e}^{\mathbf{i}x})^{n+1}}{1-\mathrm{e}^{\mathbf{i}x}}=\frac{1-(\mathrm{e}^{\mathbf{i}(n+1)x})}{1-\mathrm{e}^{\mathbf{i}x}}.$$

Utilisant pour le numérateur et le dénominateur la technique de l'angle moitié, on obtient :

$$S=\frac{\mathrm{e}^{\mathbf{i}\left(\frac{n+1}{2}x\right)}\left(\mathrm{e}^{-\mathbf{i}\left(\frac{n+1}{2}x\right)}-\mathrm{e}^{\mathbf{i}\left(\frac{n+1}{2}x\right)}\right)}{\mathrm{e}^{\mathbf{i}\frac{x}{2}}\left(\mathrm{e}^{-\mathbf{i}\frac{x}{2}}-\mathrm{e}^{-\mathbf{i}\frac{x}{2}}\right)}=\frac{-2\mathbf{i}\sin\left(\frac{n+1}{2}x\right)\mathrm{e}^{\mathbf{i}\left(\frac{n+1}{2}x\right)}}{-2\mathbf{i}\sin\left(\frac{x}{2}\right)\mathrm{e}^{\mathbf{i}\frac{x}{2}}}=\frac{\sin\left(\frac{n+1}{2}x\right)}{\sin\left(\frac{x}{2}\right)}\mathrm{e}^{\mathbf{i}\left(\frac{n}{2}x\right)}.$$

En prenant les parties réelle et imaginaire de S, on en déduit d'ailleurs :

$$\sum_{k=0}^{n}\cos(kx)=\frac{\sin\left(\frac{n+1}{2}x\right)}{\sin\left(\frac{x}{2}\right)}\cos\left(\tfrac{n}{2}x\right)\quad\text{et}\quad\sum_{k=0}^{n}\sin(kx)=\frac{\sin\left(\frac{n+1}{2}x\right)}{\sin\left(\frac{x}{2}\right)}\sin\left(\tfrac{n}{2}x\right).$$

Théorème 7 (Formule de De Moivre (1722) [31])

Pour tout réel θ et tout entier n, $\big(\cos(\theta)+\mathbf{i}\sin(\theta)\big)^n=\cos(n\theta)+\mathbf{i}\sin(n\theta)$.

31. Nous suivons ici la tradition historique qui attribue en général la date 1722 à la formule établie par de Moivre, en précisant souvent que le résultat essentiel menant à cette formule se trouve déjà dans un article de 1706-07 paru dans les Philosophical Transactions.
Néanmoins la formule dite de De Moivre n'est qu'implicite dans le *De Sectione Anguli*, Philosophical Transactions **32**-374 (1722), pp. 228-230 ; il reste encore des calculs, certes simples, à mener pour l'obtenir. Elle n'apparaît pas non plus noir sur blanc, bien qu'on en soit encore plus proche, dans le livre II du traité *Miscellanea Analytica de Seriebus et Quadraturis & Miscellaneis Analyticis Supplementum* de 1730, auquel Euler fait lui-même référence lorsqu'il établit ses propres formules dans son *Introductio in analysin infinitorum...*

DÉMONSTRATION

Notons qu'il s'agit d'une réécriture de la relation $(\mathrm{e}^{\mathbf{i}\theta})^n = \mathrm{e}^{\mathbf{i}n\theta}$. Il suffit donc d'établir cette dernière.

On va ainsi commencer par démontrer par récurrence sur $n \in \mathbb{N}$ la propriété $\mathcal{P}_n : \forall \theta \in \mathbb{R},\ (\mathrm{e}^{\mathbf{i}\theta})^n = \mathrm{e}^{\mathbf{i}n\theta}$.

- *Initialisation* $(n = 0)$: soit $\theta \in \mathbb{R}$. On a $(\mathrm{e}^{\mathbf{i}\theta})^0 = 1$ et $\mathrm{e}^{\mathbf{i}(0\times\theta)} = \mathrm{e}^{\mathbf{i}\times 0} = 1$, ce qui prouve que $\mathcal{P}_0$ est vraie.
- *Hérédité* : on suppose $\mathcal{P}_n$ vraie pour un certain entier naturel n. Soit $\theta \in \mathbb{R}$, on a alors : $(\mathrm{e}^{\mathbf{i}\theta})^{n+1} = (\mathrm{e}^{\mathbf{i}\theta})^n \times \mathrm{e}^{\mathbf{i}\theta} = \mathrm{e}^{\mathbf{i}n\theta} \times \mathrm{e}^{\mathbf{i}\theta}$ par hypothèse de récurrence.
  Ainsi $(\mathrm{e}^{\mathbf{i}\theta})^{n+1} = \mathrm{e}^{\mathbf{i}(n\theta+\theta)} = \mathrm{e}^{\mathbf{i}(n+1)\theta}$. Cela prouve que $\mathcal{P}_{n+1}$ est vraie.
  La propriété est donc héréditaire.
- La propriété est vraie au rang 0 et héréditaire donc elle est vraie pour tout $n \in \mathbb{N}$ par le théorème de recurrence.

Reste à démontrer que la formule de De Moivre est vraie pour tout entier $n < 0$.
Soit donc $\theta \in \mathbb{R}$ et $n \in \mathbb{N}$ avec $n < 0$. On a $n = -|n|$ avec $|n| \in \mathbb{N}$. Ainsi :
$\mathrm{e}^{\mathbf{i}n\theta} = \mathrm{e}^{-\mathbf{i}|n|\theta} = \dfrac{1}{\mathrm{e}^{\mathbf{i}n\theta}} = \dfrac{1}{(\mathrm{e}^{\mathbf{i}\theta})^{|n|}}$ par ce que l'on vient de démontrer. On en déduit :
$\mathrm{e}^{\mathbf{i}n\theta} = \left(\dfrac{1}{\mathrm{e}^{\mathbf{i}\theta}}\right)^{|n|} = (\mathrm{e}^{-\mathbf{i}\theta})^{|n|} = \mathrm{e}^{-\mathbf{i}|n|\theta} = \mathrm{e}^{\mathbf{i}n\theta}$.
Ce qui fait qu'au final la formule de De Moivre est établie pour tout réel θ et tout $n \in \mathbb{Z}$.

Application 4

Utilisation de la formule de De Moivre

Combinée à la formule du binôme de Newton, la formule de De Moivre permet de déterminer l'expression de $\cos(nt)$ et $\sin(nt)$ en fonction de $\cos(t)$ et $\sin(t)$.

Le principe général est d'écrire :
$\cos(n\theta) + \mathbf{i}\sin(n\theta) = \big(\cos(\theta) + \mathbf{i}\sin(\theta)\big)^n = \displaystyle\sum_{k=0}^{n} \binom{n}{k} \big(\cos(\theta)\big)^k \big(\mathbf{i}\sin(\theta)\big)^{n-k}$ puis d'isoler la partie réelle et la partie imaginaire de cette dernière expression.

Ainsi, pour $n = 3$ par exemple :

$$\begin{aligned}\big(\cos(\theta) + \mathbf{i}\sin(\theta)\big)^3 &= \sum_{k=0}^{3} \binom{3}{k} \big(\cos(\theta)\big)^k \big(\mathbf{i}\sin(\theta)\big)^{3-k} \\ &= \big(\mathbf{i}\sin(\theta)\big)^3 + 3\cos(\theta)\big(\mathbf{i}\sin(\theta)\big)^2 + 3\big(\cos(\theta)\big)^2\mathbf{i}\sin(\theta) + \big(\cos(\theta)\big)^3 \\ &= \cos^3(\theta) - 3\cos(\theta)\sin^2(\theta) + \mathbf{i}\big(3\cos^2(\theta)\sin(\theta) - \sin^3(\theta)\big).\end{aligned}$$

Or comme on a $\cos(3\theta) + \mathbf{i}\sin(3\theta) = \big(\cos(\theta) + \mathbf{i}\sin(\theta)\big)^3$, on obtient en identifiant parties réelles et imaginaires :
$\cos(3\theta) = \cos^3(\theta) - 3\cos(\theta)\sin^2(\theta)$ et $\sin(3\theta) = 3\cos^2(\theta)\sin(\theta) - \sin^3(\theta)$.

3.4 Forme trigonométrique et arguments d'un nombre complexe

Si z est un complexe non nul alors $|z| \neq 0$ et on peut considérer le complexe $z' = \dfrac{z}{|z|}$. On a $|z'| = 1$, *i. e.* $z' \in \mathbb{U}$, d'où l'existence d'un réel θ tel que $z' = e^{i\theta}$, et donc tel que $z = |z|e^{i\theta}$.

Géométriquement parlant, si on note M et M' les points du plan d'affixes respectives z et z', M' est l'intersection de $\mathcal{C}$ et de la demi-droite $[OM)$. Toute mesure de l'angle orienté $(\widehat{\overrightarrow{OI}, \overrightarrow{OM}}) = (\widehat{\overrightarrow{OI}, \overrightarrow{OM'}})$ convient donc pour θ.

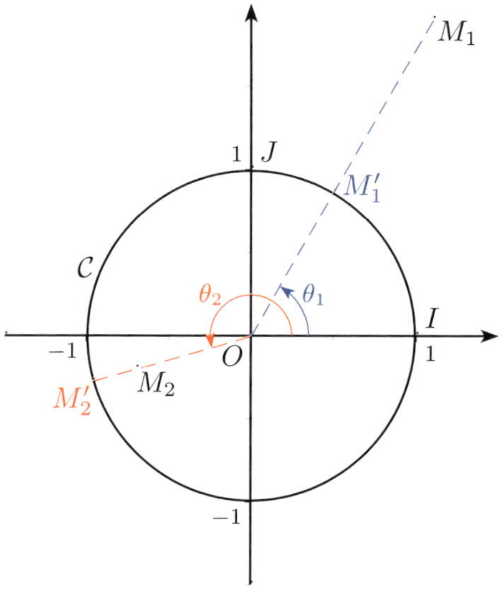

Théorème-Définition 1

Pour tout complexe non nul z, il existe un unique réel $r > 0$ et un réel θ, unique modulo 2π, tel que $z = re^{i\theta}$. On dit que $re^{i\theta}$ est la *forme trigonométrique* de z et que θ est *un argument* de z.

Dans cette écriture, $r = |z|$.

DÉMONSTRATION

- Si pour $r > 0$ et $\theta \in \mathbb{R}$, on a $z = re^{i\theta}$, alors $|z| = |r||e^{i\theta}| = |r| \times 1 = r$ car $r > 0$.
- Réciproquement, en posant $r = |z|$, on a vu précédemment que $\dfrac{z}{|z|}$ s'écrit sous la forme $e^{i\theta}$ si et seulement si θ est une mesure de $(\widehat{\overrightarrow{OI}, \overrightarrow{OM}})$. Ainsi θ est unique modulo 2π.

Remarques 9

1. Si θ est un argument d'un complexe non nul z alors $\{\theta + 2k\pi,\ k \in \mathbb{Z}\}$ est l'ensemble des arguments de z. On se contentera le plus souvent par la suite de déterminer un

argument d'un complexe non nul, sachant qu'on en déduit ensuite l'ensemble des arguments par cette remarque. Nous insistons sur le fait que parler de **l**'argument de z n'a donc pas de sens vu qu'il n'y a pas unicité.

2. On ne parle pas d'argument de 0, étant donné que $0 = |0|\mathrm{e}^{\mathbf{i}\theta}$ pour tout réel θ.

Exemples 5

1. Soit $Z = 4 - 4\sqrt{3}\mathbf{i}$. On a $|Z| = \sqrt{4^2 + (-4\sqrt{3})^2} = \sqrt{16+48} = 8$. Posant $r = 8$, on a donc $\dfrac{Z}{r} = \dfrac{1}{2} - \dfrac{\sqrt{3}}{2}\mathbf{i} = \mathrm{e}^{-\mathbf{i}\frac{\pi}{3}}$.
Ainsi Z a pour forme trigonométrique : $Z = 8\mathrm{e}^{-\mathbf{i}\frac{\pi}{3}}$.

2. Soit $\theta \in \left]0\,;2\pi\right[$ et $Z = 1 - \mathrm{e}^{\mathbf{i}\theta}$. On veut déterminer la forme trigonométrique de Z.
Utilisant l'angle moitié, on écrit : $Z = \mathrm{e}^{\mathbf{i}\frac{\theta}{2}}(\mathrm{e}^{-\mathbf{i}\frac{\theta}{2}} - \mathrm{e}^{\mathbf{i}\frac{\theta}{2}}) = -2\mathbf{i}\sin\left(\dfrac{\theta}{2}\right)\mathrm{e}^{\mathbf{i}\frac{\theta}{2}}$.
Comme on a $-\mathbf{i} = \mathrm{e}^{-\mathbf{i}\frac{\pi}{2}}$, on obtient même : $Z = 2\sin\left(\dfrac{\theta}{2}\right)\mathrm{e}^{\mathbf{i}\frac{\theta-\pi}{2}}$.
Comme on a $\theta \in \left]0\,;2\pi\right[$, on a $\dfrac{\theta}{2} \in \left]0\,;\pi\right[$ et donc $\sin\left(\dfrac{\theta}{2}\right) > 0$, ce qui assure que l'écriture $2\sin\left(\dfrac{\theta}{2}\right)\mathrm{e}^{\mathbf{i}\frac{\theta-\pi}{2}}$ est la forme trigonométrique de Z, où donc en particulier $|Z| = 2\sin\left(\dfrac{\theta}{2}\right)$ et $\dfrac{\theta-\pi}{2}$ est un argument de Z.
Notons que si l'on avait pris θ dans l'intervalle $\left]-2\pi\,;0\right[$ par exemple, alors on aurait eu $\dfrac{\theta}{2} \in \left]-\pi\,;0\right[$ et donc $\sin\left(\dfrac{\theta}{2}\right) < 0$. Dans ce cas on aurait réécrit :
$Z = -2\sin\left(\dfrac{\theta}{2}\right) \times \left(-\mathrm{e}^{\mathbf{i}\frac{\theta-\pi}{2}}\right) = -2\sin\left(\dfrac{\theta}{2}\right)\mathrm{e}^{\mathbf{i}\frac{\theta+\pi}{2}}$.
Ici $|Z| = -2\sin\left(\dfrac{\theta}{2}\right)$ et $\dfrac{\theta+\pi}{2}$ est un argument de Z.

La forme trigonométrique est particulièrement recommandée lorsqu'on manipule des produits et quotients de complexes, du fait des propriétés suivantes :

Proposition 16

Soit z_1 et z_2 deux complexes non nuls, θ_1 un argument de z_1 et θ_2 un argument de z_2. Alors :

1. $\theta_1 + \theta_2$ est un argument de $z_1 z_2$.
2. $\theta_1 - \theta_2$ est un argument de $\dfrac{z_1}{z_2}$.
3. Pour tout $n \in \mathbb{Z}$, $n\theta_1$ est un argument de z_1^n.

DÉMONSTRATION

On écrit $z_1 = r_1\mathrm{e}^{\mathbf{i}\theta_1}$ et $z_2 = r_2\mathrm{e}^{\mathbf{i}\theta_2}$ avec $r_1 > 0$ et $r_2 > 0$.

1. $z_1z_2 = r_1r_2e^{i\theta_1}e^{i\theta_2} = r_1r_2e^{i(\theta_1+\theta_2)}$ avec $r_1r_2 > 0$. Ainsi $\theta_1 + \theta_2$ est un argument de z_1z_2.
2. $\dfrac{z_1}{z_2} = \dfrac{r_1e^{i\theta_1}}{r_2e^{i\theta_2}} = \dfrac{r_1}{r_2}e^{i(\theta_1-\theta_2)}$ avec $\dfrac{r_1}{r_2} > 0$. Ainsi $\theta_1 - \theta_2$ est un argument de $\dfrac{z_1}{z_2}$.
3. Soit $n \in \mathbb{Z}$. On a : $z_1^n = \left(r_1e^{i\theta_1}\right)^n = r_1^ne^{in\theta_1}$ avec $r_1^n > 0$. Ainsi $n\theta_1$ est un argument de z_1^n.

Exemple 6

Reprenons le complexe $Z = 4 - 4\sqrt{3}\mathbf{i}$ considéré dans l'exemple 5.1. Si l'on veut calculer Z^3, passer par la forme trigonométrique s'impose au vu de ce qui précède :
$Z^3 = \left(8e^{-i\frac{\pi}{3}}\right)^3 = 8^3e^{-i\pi} = -512$.

Application 5

Transformation de $a\cos(t) + b\sin(t)$ en $A\cos(t - \varphi)$

Soit $(a, b) \in \mathbb{R}^2$. Traitons deux cas.

- Si $(a, b) = (0, 0)$, on choisit $A = 0$ et $\varphi = 0$. On remarque que dans ce cas n'importe quel réel convient pour le choix de φ.
- Si $(a, b) \neq (0, 0)$ on cherche $A \geqslant 0$ et φ réel tels que :
  $\forall t \in \mathbb{R}$, $a\cos(t) + b\sin(t) = A\cos(t - \varphi)$.
  Soit $t \in \mathbb{R}$. Par une formule d'addition, $A\cos(t-\varphi) = A\cos(\varphi)\cos(t) + A\sin(\varphi)\sin(t)$. Ainsi un couple (A, φ) tel que $A\cos(\varphi) = a$ et $A\sin(\varphi) = b$ est clairement solution du problème.
  Notons que si un tel couple (A, φ) existe alors $a^2 + b^2 = A^2\left(\cos^2(\varphi) + \sin^2(\varphi)\right) = A^2$ donc, vu qu'on a $A \geqslant 0$, $A = \sqrt{a^2 + b^2}$. On a d'ailleurs nécessairement $A > 0$.
  Introduisons maintenant le complexe $z = a + b\mathbf{i}$. Comme $(a, b) \neq (0, 0)$, $z \neq 0$ et, en posant $A = \sqrt{a^2 + b^2}$, on a $A = |z|$. Le complexe z s'écrit donc sous forme trigonométrique $z = Ae^{i\varphi}$, où φ est l'un quelconque de ses arguments. On a alors d'une part $z = a + b\mathbf{i}$, d'autre part $z = Ae^{i\varphi} = A\cos(\varphi) + \mathbf{i}A\sin(\varphi)$, d'où $a = A\cos(\varphi)$ et $b = B\sin(\varphi)$ comme désiré.

Cette transformation est particulièrement utile en physique où l'étudiant pourra remarquer que, pour obtenir la solution de l'équation différentielle régissant l'évolution d'un oscillateur harmonique, l'on peut utiliser indifféremment l'une ou l'autre des formes équivalentes ci-dessus, les conditions initiales permettant de déterminer les constantes (a, b) ou (A, φ).

Dans le même ordre d'idées que la proposition , on a une interprétation simple du produit d'un complexe par un complexe $e^{i\theta}$:

Proposition 17

Soit un complexe z d'image M dans le plan. Alors pour tout réel θ, $e^{i\theta}z$ a pour image dans le plan le point obtenu à partir de M par la rotation de centre O et d'angle θ.

Démonstration

Soit $z \in \mathbb{C}$ et $\theta \in \mathbb{R}$. Notons r_θ la rotation de centre O et d'angle θ. On a deux cas :

- Si $z = 0$ alors $e^{i\theta}z = 0$ ce qui est compatible avec le fait que $r_\theta(O) = O$ (cette relation venant de ce que O est le centre de la rotation).
- Si $z \neq 0$ alors on peut écrire z sous forme trigonométrique $z = |z|e^{i\varphi}$.
  On a $e^{i\theta}z = |z|e^{i(\varphi+\theta)}$ qui a même le module que z et qui a pour argument $\varphi + \theta$. Le point $N(e^{i\theta}z)$ vérifie donc $ON = OM$ et $(\widehat{\overrightarrow{OI}, \overrightarrow{ON}}) \equiv (\widehat{\overrightarrow{OI}, \overrightarrow{OM}}) + \theta\ [2\pi]$, d'où $(\widehat{\overrightarrow{OM}, \overrightarrow{ON}}) \equiv \theta\ [2\pi]$. Donc N est l'image de M par la rotation de centre O et d'angle θ.

3.5 Exponentielle d'un nombre complexe

Nous connaissons une fonction exponentielle de la variable réelle et nous avons pu définir plus haut une quantité $e^{i\theta}$ pour un réel θ quelconque. Il est légitime d'essayer d'en extrapoler une définition de l'exponentielle d'un nombre complexe quelconque (un prolongement donc des deux exponentielles utilisées jusqu'à présent). L'idée est de partant d'un nombre complexe sous forme algébrique $\text{Re}(z) + \text{Im}(z)\mathbf{i}$, on sait déjà donner un sens à $e^{\text{Re}(z)}$ et à $e^{i\text{Im}(z)}$. Imposant la relation fonctionnelle fondamentale de l'exponentielle, à savoir que l'image d'une somme est le produit des images, on aboutit nécessairement à :

Définition 10

On appelle *exponentielle complexe* l'application $\exp : \begin{cases} \mathbb{C} & \longrightarrow & \mathbb{C} \\ z & \longmapsto & e^{\text{Re}(z)}e^{i\text{Im}(z)} \end{cases}$.

Notation 3

On note aussi bien $\exp(z)$ que e^z.

Remarque 10

Comme l'exponentielle réelle ne prend que des valeurs strictement positives, on obtient $e^{\text{Re}(z)} > 0$ pour tout complexe z. Ainsi l'écriture $e^{\text{Re}(z)}e^{i\text{Im}(z)}$ est la forme trigonométrique de e^z. On en déduit que $|e^z| = e^{\text{Re}(z)}$ et que $\text{Im}(z)$ est un argument de e^z.

Proposition 18

1. Soit $(z, z') \in \mathbb{C}^2$, $e^z = e^{z'} \Leftrightarrow z - z' \in 2\mathbf{i}\pi\mathbb{Z}$.
2. Soit $a \in \mathbb{C}$. L'équation $e^z = a$ d'inconnue $z \in \mathbb{C}$ a pour ensemble de solutions :
   - $\emptyset$ si $a = 0$.
   - $\{\ln(|a|) + (\theta + 2k\pi)\mathbf{i},\ k \in \mathbb{Z}\}$ si $a \neq 0$, où θ est un argument de a.

DÉMONSTRATION

1. $e^z = e^{z'} \Leftrightarrow e^{\mathrm{Re}(z)}e^{\mathbf{i}\mathrm{Im}(z)} = e^{\mathrm{Re}(z')}e^{\mathbf{i}\mathrm{Im}(z')} \Leftrightarrow \left(e^{\mathrm{Re}(z)} = e^{\mathrm{Re}(z')} \text{ et } e^{\mathbf{i}\mathrm{Im}(z)} = e^{\mathbf{i}\mathrm{Im}(z')}\right)$.
   Comme $\exp : \mathbb{R} \to \mathbb{R}$ est injective, $e^{\mathrm{Re}(z)} = e^{\mathrm{Re}(z')} \Leftrightarrow \mathrm{Re}(z) = \mathrm{Re}(z')$.
   D'après la proposition 15, $e^{\mathbf{i}\mathrm{Im}(z)} = e^{\mathbf{i}\mathrm{Im}(z')} \Leftrightarrow \mathrm{Im}(z) \equiv \mathrm{Im}(z')\ [2\pi]$.
   Ainsi $e^z = e^{z'} \Leftrightarrow z - z' = \mathbf{i}\big(\mathrm{Im}(z) - \mathrm{Im}(z')\big)$ avec $\mathrm{Im}(z) \equiv \mathrm{Im}(z')\ [2\pi]$,
   donc $e^z = e^{z'} \Leftrightarrow z - z' \in 2\mathbf{i}\pi\mathbb{Z}$.
2. - Pour tout réel z, $|e^z| = e^{\mathrm{Re}(z)} > 0$ donc l'équation $e^z = 0$ n'a aucune solution dans $\mathbb{C}$.
   - Soit $a \in \mathbb{C} \setminus \{0\}$. On écrit a sous forme trigonométrique : $a = |a|e^{\mathbf{i}\theta}$ où θ est un argument de a. Alors, pour z complexe,
   $$\begin{aligned} e^z = a &\Leftrightarrow e^{\mathrm{Re}(z)}e^{\mathbf{i}\mathrm{Im}(z)} = |a|e^{\mathbf{i}\theta} \\ &\Leftrightarrow \big(e^{\mathrm{Re}(z)} = |a| \text{ et } \mathrm{Im}(z) \equiv \theta\ [2\pi]\big) \\ &\Leftrightarrow \big(\mathrm{Re}(z) = \ln(|a|) \text{ et } \mathrm{Im}(z) \equiv \theta\ [2\pi]\big). \end{aligned}$$

On peut vérifier qu'ainsi définie, l'exponentielle complexe vérifie la même relation fonctionnelle que l'exponentielle réelle :

Théorème 8

$\forall (z, z') \in \mathbb{C}^2$, $e^{z+z'} = e^z \times e^{z'}$.

DÉMONSTRATION

Soit $(z, z') \in \mathbb{C}^2$. On écrit $z = \mathrm{Re}(z) + \mathrm{Im}(z)\mathbf{i}$ et $z' = \mathrm{Re}(z') + \mathrm{Im}(z')\mathbf{i}$.
On a $z + z' = \big(\mathrm{Re}(z) + \mathrm{Re}(z')\big) + \big(\mathrm{Im}(z) + \mathrm{Im}(z')\big)\mathbf{i}$ et donc :

$$\begin{aligned} e^{z+z'} &= e^{\mathrm{Re}(z)+\mathrm{Re}(z')}e^{\mathbf{i}\left(\mathrm{Im}(z)+\mathrm{Im}(z')\right)} && \text{par définition} \\ &= \big(e^{\mathrm{Re}(z)} \times e^{\mathrm{Re}(z')}\big)\big(e^{\mathbf{i}\mathrm{Im}(z)} \times e^{\mathbf{i}\mathrm{Im}(z')}\big) && \text{par des propriétés bien connues} \\ &= \big(e^{\mathrm{Re}(z)} \times e^{\mathbf{i}\mathrm{Im}(z)}\big)\big(e^{\mathrm{Re}(z')} \times e^{\mathbf{i}\mathrm{Im}(z')}\big) && \text{par associativité et commutativité de } \times \\ &= e^z \times e^{z'} && \text{par définition de l'exponentielle complexe.} \end{aligned}$$

Remarque 11

On en déduit que pour tout complexe z, e^z est inversible d'inverse e^{-z}. En effet, par ce qui précède, $e^z \times e^{-z} = e^{z-z} = e^0 = 1$, d'où $e^{-z} = \dfrac{1}{e^z}$.

4 Équations polynomiales du second degré

Les équations polynomiales du second degré sont les équations de la forme

$$(\mathcal{E}) \qquad ax^2 + bx + c = 0,$$

avec $a \neq 0$.

Le cas où l'équation $(\mathcal{E})$ est à coefficients a, b, c réels a été traité au lycée. Nous revenons rapidement dessus puis discutons du traitement de l'équation $(\mathcal{E})$ lorsque ses coefficients a, b c sont complexes.

4.1 Équation à coefficients réels

On s'intéresse ici à la résolution de $(\mathcal{E})$ dans $\mathbb{R}$ avec a, b et c réels.

Définition 11 (Forme canonique)

On appelle *forme canonique* de l'équation $(\mathcal{E})$ l'équation $(\mathcal{E}')$ suivante : $a\left(x+\dfrac{b}{2a}\right)^2 - \dfrac{b^2}{4a} + c = 0$.

Les équations $(\mathcal{E})$ et $(\mathcal{E}')$ sont équivalentes vu qu'on a

$$a\left(x+\frac{b}{2a}\right)^2 - \frac{b^2}{4a} + c = a\left(x^2 + \frac{b}{a}x + \frac{b^2}{4a^2}\right) - \frac{b^2}{4a} + c = ax^2 + bx + c.$$

L'idée d'utiliser la forme canonique est de ramener la résolution de $(\mathcal{E})$ à celle de l'équation $a\left(x+\dfrac{b}{2a}\right)^2 = \dfrac{b^2}{4a} - c$, c'est-à-dire $4a^2\left(x+\dfrac{b}{2a}\right)^2 = b^2 - 4ac$.

Or avec a, b, c et x réels le terme $4a^2\left(x+\dfrac{b}{2a}\right)^2$ est positif donc l'équation $\mathcal{E}$ ne peut pas avoir de solution si $b^2 - 4ac < 0$.

On introduit donc la quantité suivante :

Définition 12 (Discriminant)

On appelle *discriminant* de l'équation $(\mathcal{E})$ le nombre $\Delta = b^2 - 4ac$.

Théorème 9 (Résolution de $(\mathcal{E})$ dans $\mathbb{R}$)

1. Si $\Delta > 0$ alors $(\mathcal{E})$ possède exactement deux solutions réelles distinctes : $\dfrac{-b+\sqrt{\Delta}}{2a}$ et $\dfrac{-b-\sqrt{\Delta}}{2a}$
2. Si $\Delta = 0$ alors $(\mathcal{E})$ possède une unique solution réelle, appelée *solution double* : $-\dfrac{b}{2a}$.
3. Si $\Delta < 0$ alors $(\mathcal{E})$ n'a aucune solution réelle.

DÉMONSTRATION

Comme on l'a vu précédemment, l'équation $(\mathcal{E})$ équivaut à $4a^2\left(x+\dfrac{b}{2a}\right)^2 = b^2-4ac$, c'est-à-dire $\left[2a\left(x+\dfrac{b}{2a}\right)\right]^2 = \Delta$. Ainsi,

1. Si $\Delta > 0$,

$$(\mathcal{E}) \Leftrightarrow \left[2a\left(x+\frac{b}{2a}\right)\right]^2 = \sqrt{\Delta}^2 \Leftrightarrow 2a\left(x+\frac{b}{2a}\right) = \sqrt{\Delta} \text{ ou } 2a\left(x+\frac{b}{2a}\right) = -\sqrt{\Delta}$$

$$\Leftrightarrow x+\frac{b}{2a} = \frac{\sqrt{\Delta}}{2a} \text{ ou } x+\frac{b}{2a} = -\frac{\sqrt{\Delta}}{2a} \Leftrightarrow x = \frac{-b+\sqrt{\Delta}}{2a} \text{ ou } x = \frac{-b-\sqrt{\Delta}}{2a}.$$

2. Si $\Delta = 0$, $(\mathcal{E}) \Leftrightarrow \left[2a\left(x+\dfrac{b}{2a}\right)\right]^2 = 0 \Leftrightarrow x+\dfrac{b}{2a} = 0 \Leftrightarrow x = -\dfrac{b}{2a}$.

3. Si $\Delta < 0$ alors $(\mathcal{E})$ n'a pas de solution réelle car $\forall x \in \mathbb{R}$, $\left[2a\left(x+\dfrac{b}{2a}\right)\right]^2 \geqslant 0$.

Dans le cas où on a $\Delta < 0$, on n'a certes pas de solution réelle mais on pourrait chercher des solutions complexes. C'est ce que nous faisons dans la prochaine section.

4.2 Équation à coefficients complexes

On s'interesse à la résolution dans $\mathbb{C}$ de l'équation $(\mathcal{E})$, mais on se place dans un cadre plus général, avec les coefficients a, b, c complexes.

On constate dans la démonstration du théorème 9 que la non-existence de solutions réelles pour $(\mathcal{E})$ lorsque $\Delta < 0$ vient de la non-existence de racines carrées réelles pour un nombre strictement négatif. La question se pose donc de déterminer des racines carrées d'un nombre négatif. Plus généralement on se demande même comment trouver des racines carrées d'un complexe.

Définition 13 (Racine carrée d'un complexe)

On appelle *racine carrée* d'un complexe Z tout complexe z tel que $z^2 = Z$.

Théorème 10 (Racines carrées d'un complexe)

Tout nombre complexe Z non nul possède exactement deux racines carrées, opposées l'une de l'autre.

DÉMONSTRATION

Soit $Z \in \mathbb{C} \setminus \{0\}$. On écrit Z sous forme exponentielle : $Z = r\mathrm{e}^{\mathbf{i}\theta}$ avec $r > 0$.

Soit $z = \rho \mathrm{e}^{\mathbf{i}\varphi} \in \mathbb{C}$, $\rho \in \mathbb{R}_+$. Le complexe z est une racine carrée de Z si et seulement si $z^2 = Z$, *i. e.* si et seulement si $\rho^2 \mathrm{e}^{2\mathbf{i}\varphi} = r\mathrm{e}^{\mathbf{i}\theta}$. Cela équivaut à : $\begin{cases} \rho^2 &= r \\ 2\varphi &\equiv \theta\ [2\pi] \end{cases}$.

Comme ρ et r sont positifs cela équivaut encore à : $\begin{cases} \rho &= \sqrt{r} \\ \varphi &\equiv \frac{\theta}{2}\ [\pi] \end{cases}$.

Ainsi les racines carrées de Z sont les complexes $z_k = \sqrt{r}\mathrm{e}^{\mathbf{i}\left(\frac{\theta}{2}+k\pi\right)}$, $k \in \mathbb{Z}$.

Or pour k et k' entiers, $k\pi \equiv k'\pi\ [2\pi]$ si et seulement si $k \equiv k'\ [2]$. Ainsi tout z_k est en fait égal soit à $z_0 = \sqrt{r}\mathrm{e}^{\mathbf{i}\frac{\theta}{2}}$ soit à $z_1 = \sqrt{r}\mathrm{e}^{\mathbf{i}\left(\frac{\theta}{2}+\pi\right)}$ selon la parité de k.

Par conséquent Z possède exactement deux racines carrées : z_0 et z_1.

Enfin comme on a $z_1 = \sqrt{r}\mathrm{e}^{\mathbf{i}\left(\frac{\theta}{2}+\pi\right)} = \sqrt{r}\mathrm{e}^{\mathbf{i}\frac{\theta}{2}}\mathrm{e}^{\mathbf{i}\pi} = z_0 \times (-1) = -z_0$, ces deux racines sont opposées l'une de l'autre.

Remarques 12

1. Le complexe 0 possède lui une unique racine carrée : 0.
2. Si l'on connaît déjà une racine carrée z d'un nombre complexe alors on peut conclure immédiatement que $-z$ est l'autre racine carrée de celui-ci.
3. Les racines carrées d'un réel strictement positif a se voient finalement comme un cas particulier de ce théorème. En particulier, elles sont bien au nombre de deux et opposées l'une de l'autre. On a pourtant l'habitude de parler de LA racine carrée d'un nombre réel positif ; c'est parce qu'on a pris la convention de noter $\sqrt{a}$ la racine carrée positive de a. On a défini ainsi une fonction $\sqrt{} : \mathbb{R}_+^* \to \mathbb{R}_+^*$, que l'on peut même prolonger en une fonction définie sur $\mathbb{R}_+$ et posant $\sqrt{0} = 0$.

   Il n'y a pas de convention analogue pour définir *la* racine d'un complexe Z non nul. Cela vient du fait que la notion de complexe positif ou négatif n'a pas de sens et qu'il n'y a pas de manière naturelle de choisir parmi les racines carrées de Z l'une plutôt que l'autre. On parlera donc toujours DES racines carrées de Z. Évoquer *la* racine carrée de Z est un non-sens.

Si le procédé présenté en démonstration s'applique concrètement très bien lorsqu'on connaît un nombre complexe sous sa forme exponentielle, il n'est pas toujours très indiqué comme nous le montrons dans les exemples qui suivent :

Exemples 7

1. Jusqu'au XVIIe siècle inclus, les mathématiciens avaient une conception multiforme des nombres impossibles. Il n'était pas clair pour eux que les quantités dites impossibles, c'est-à-dire les solutions non réelles d'équations polynomiales, avaient nécessairement pour forme $a + b\sqrt{-1}$; ainsi en était-il par exemple de la quantité $\sqrt{\sqrt{-1}}$.

   Passons sur l'écueil mentionné plus haut consistant à vouloir noter de manière unique, en l'occurrence $\sqrt{-1}$ ou $\sqrt{\sqrt{-1}}$, quelque chose qui n'est en fait pas uniquement défini[32] et cherchons les racines carrées de $\mathbf{i}$.

   Soit $z = \rho e^{i\varphi} \in \mathbb{C}$. Comme $\mathbf{i} = 1 \times e^{\mathbf{i}\frac{\pi}{2}}$,

   $$z^2 = \mathbf{i} \Leftrightarrow (\rho e^{i\varphi})^2 = 1 \times e^{\mathbf{i}\frac{\pi}{2}} \Leftrightarrow \rho^2 e^{\mathbf{i}2\varphi} = 1 \times e^{\mathbf{i}\frac{\pi}{2}} \Leftrightarrow \begin{cases} \rho^2 & = & 1 \\ 2\varphi & \equiv & \frac{\pi}{2}\ [2\pi] \end{cases}$$

   $$\Leftrightarrow \begin{cases} \rho & = & 1 \\ \varphi & \equiv & \frac{\pi}{4}\ [\pi] \end{cases}.$$

   Ainsi $\mathbf{i}$ a pour racines carrées $1 \times e^{\mathbf{i}\frac{\pi}{4}}$ et $1 \times e^{\mathbf{i}\left(\frac{\pi}{4}+\pi\right)}$, c'est-à-dire $e^{\mathbf{i}\frac{\pi}{4}} = \dfrac{\sqrt{2}}{2} + \dfrac{\sqrt{2}}{2}\mathbf{i}$ et $e^{\mathbf{i}\frac{5\pi}{4}} = -e^{\mathbf{i}\frac{\pi}{4}} = -\dfrac{\sqrt{2}}{2} - \dfrac{\sqrt{2}}{2}\mathbf{i}$.

2. Soit $Z = 3 - 4\mathbf{i}$. On a $|Z| = \sqrt{3^2 + (-4)^2} = 5$ donc Z s'écrit $Z = 5e^{i\theta}$, où θ est tel que $\cos(\theta) = \dfrac{3}{5}$ et $\sin(\theta) = -\dfrac{4}{5}$.

   Nous ne connaissons aucun angle usuel vérifiant ces relations donc le mieux que l'on puisse faire est écrire $\theta = -\operatorname{Arccos}\left(\dfrac{3}{5}\right)$.

   Si l'on cherche les racines carrées de Z sous la forme $\rho e^{\mathbf{i}\varphi}$, on est mené par la technique présentée ci-dessus au système : $\begin{cases} \rho & = & \sqrt{5} \\ \varphi & \equiv & -\frac{1}{2}\operatorname{Arccos}\left(\frac{3}{5}\right)\ [\pi] \end{cases}$.

   Or on peut vérifier qu'on a $(2-\mathbf{i})^2 = 3 - 4\mathbf{i} = Z$, ce qui signifie que Z a pour racines carrées $2 - \mathbf{i}$ et $-2 + \mathbf{i}$. Le système obtenu ci-dessus ne laissait pourtant pas présager d'une forme si simple des racines carrées.

On propose donc une méthode, par analyse-synthèse, permettant d'obtenir les racines carrées d'un complexe Z sous forme algébrique. Elle est à privilégier dès lors que Z ne

32. -1 ayant pour racines carrées $-\mathbf{i}$ et $\mathbf{i}$, la notation $\sqrt{-1}$ est ambigüe car ne désigne clairement ni $-\mathbf{i}$ ni $\mathbf{i}$.

possède pas un argument simple.

Soit $Z=\alpha+\beta\mathbf{i}$, avec α et β réels. Cherchons ses racines carrées sous la forme $z=x+y\mathbf{i}$ (x, y réels).

En calculant les parties réelle et imaginaire de z^2 on obtient : $\begin{cases} x^2-y^2 = \alpha & (1) \\ 2xy = \beta & (2) \end{cases}$.

On a une troisième équation via $|z|^2=|z^2|=|Z|$, qui donne : $x^2+y^2=\sqrt{\alpha^2+\beta^2}$ (3).

On résout le système $(1),(3)$ pour obtenir les valeurs de x^2 et y^2 (qui sont toujours positives) ; cela donne 4 couples de solutions possibles pour (x,y) mais l'équation (2) permet de n'en conserver que 2 car xy doit être du signe de β.

Mettons en forme ce raisonnement proprement dans l'exemple qui suit :

Exemple 8

Soit à déterminer les racines carrées de $Z=3-4\mathbf{i}$.

Analyse : Soit $z=x+y\mathbf{i}$ avec x et y réels. Si z est racine carrée de Z alors on a $z^2=Z$ et par la même occasion $|z^2|=|Z|$, c'est-à-dire $|z|^2=|Z|$.

La relation $z^2=Z$ donne $3-4\mathbf{i}=(x^2-y^2)+2xy\mathbf{i}$, c'est-à-dire $x^2-y^2=3$ (1) et $2xy=-4$ (2).

La relation $|z|^2=|Z|$ fournit quand à elle : $x^2+y^2=\sqrt{3^2+(-4)^2}=5$ (3).

Les équations (1) et (3) donnent le système $\begin{cases} x^2-y^2 = 3 & (1) \\ x^2+y^2 = 5 & (3) \end{cases}$ qui, via l'opération $L_2 \leftarrow L_2+L_1$, équivaut à $\begin{cases} x^2-y^2 = 3 & (1) \\ 2x^2 = 8 & (3) \end{cases}$, qui équivaut encore par substitution à $\begin{cases} y^2 = 1 & (1) \\ x^2 = 4 & (3) \end{cases}$.

On obtient ainsi quatre couples (x,y) : $(-2,-1)$, $(-2,1)$, $(2,-1)$ et $(2,1)$.

Or la relation (2) impose $2xy=-4$, c'est-à-dire $xy=-2$. On ne retient donc que les couples $(-2,1)$ et $(2,-1)$, c'est-à-dire les complexes $-2+\mathbf{i}$ et $2-\mathbf{i}$.

Synthèse : Les seuls complexes susceptibles d'être racines carrées de Z sont ainsi $-2+\mathbf{i}$ et $2-\mathbf{i}$. Mais comme on a $Z\neq 0$, on sait que Z admet exactement deux racines carrées. Ce sont donc nécessairement[33] $-2+\mathbf{i}$ et $2-\mathbf{i}$.

On peut revenir à notre équation $(\mathcal{E})$ à coefficients complexes. On reprend la même démarche que dans le cas réel et on sait maintenant franchir l'obstacle posé par l'extraction de racines carrées de Δ pour énoncer :

33. Le lecteur sceptique peut toujours vérifier qu'on a $(-2+\mathbf{i})^2=(2-\mathbf{i})^2=3-4\mathbf{i}$.

Théorème 11 (Résolution de $(\mathcal{E})$ dans $\mathbb{C}$)

1. Si $\Delta \neq 0$ alors $(\mathcal{E})$ possède exactement deux solutions distinctes : $\frac{-b+\delta}{2a}$ et $\frac{-b-\delta}{2a}$, où δ désigne une racine carrée quelconque de Δ.
2. Si $\Delta = 0$ alors $(\mathcal{E})$ possède une unique solution, appelée *solution double* : $-\frac{b}{2a}$.

DÉMONSTRATION

On a vu en démonstration du théorème 9 que $(\mathcal{E})$ est équivalente à $\left[2a\left(x+\frac{b}{2a}\right)\right]^2 = \Delta$. Jusqu'à cette étape du calcul la nature des éléments a, b, c et x n'intervenait pas. Avec l'hypothèse que a, b et c sont complexes, Δ est maintenant un complexe.

- Si $\Delta \neq 0$ alors Δ est un complexe non nul dont admet deux racines carrées (opposées) par le théorème 10. Notant δ l'une quelconque d'entre elles, on a
$(\mathcal{E}) \Leftrightarrow \left[2a\left(x+\frac{b}{2a}\right)\right]^2 = \delta^2$, ce qui équivaut encore à :
$(\mathcal{E}) \Leftrightarrow \left[2a\left(x+\frac{b}{2a}\right)\right]^2 - \delta^2 = 0$, *i. e.* $\left[2a\left(x+\frac{b}{2a}\right)-\delta\right]\left[2a\left(x+\frac{b}{2a}\right)+\delta\right] = 0$,
i. e. $2a\left(x+\frac{b}{2a}\right)-\delta = 0$ ou $2a\left(x+\frac{b}{2a}\right)+\delta = 0$, *i. e.* $x+\frac{b}{2a} = \frac{\delta}{2a}$ ou $x+\frac{b}{2a} = -\frac{\delta}{2a}$,
i. e. $x = -\frac{b}{2a}+\frac{\delta}{2a}$ ou $x = -\frac{b}{2a}-\frac{\delta}{2a}$.
- Si $\Delta = 0$ alors $(\mathcal{E})$ est équivalente à $\left[2a\left(x+\frac{b}{2a}\right)\right]^2 = 0$, ce qui équivaut à
$2a\left(x+\frac{b}{2a}\right) = 0$, *i. e.* $x = -\frac{b}{2a}$.

Remarque 13

Si $\Delta \neq 0$ et si l'on note δ_1 et δ_2 ses deux racines carrées, on a $\delta_1 = -\delta_2$. Ainsi on obtient clairement le même ensemble de solutions pour $(\mathcal{E})$ quel que soit le choix fait entre δ_1 et δ_2. En effet $\frac{-b+\delta_1}{2a} = \frac{-b-\delta_2}{2a}$ et $\frac{-b-\delta_1}{2a} = \frac{-b+\delta_2}{2a}$ ce qui signifie que prendre δ_2 plutôt que δ_1 pour exprimer les solutions de $(\mathcal{E})$ ne fait que permuter ces solutions entre elles[34].

34. Cette remarque en apparence innocente est en fait l'embryon d'une idée extrêmement puissante dans la théorie de la résolution algébrique des équations : étudier les « opérations » laissant globalement invariant l'ensemble des solutions d'une équation, c'est-à-dire permutant les solutions entre elles.

Corollaire 3 (Retour sur le cas $\Delta < 0$)

Si pour l'équation $(\mathcal{E})$ à coefficients réels on a $\Delta < 0$ alors les solutions sont les complexes conjugués : $\dfrac{-b+\sqrt{|\Delta|}\mathbf{i}}{2a}$ et $\dfrac{-b-\sqrt{|\Delta|}\mathbf{i}}{2a}$.

DÉMONSTRATION

Si $\Delta < 0$ alors on a $\Delta = -|\Delta| = \mathbf{i}^2\sqrt{|\Delta|}^2 = (\sqrt{|\Delta|}\mathbf{i})^2$.
Une racine carrée de Δ est donc évidemment $\delta = \sqrt{|\Delta|}\mathbf{i}$. Le théorème 11 nous permet alors d'en déduire que les solutions de $(\mathcal{E})$ sont $\dfrac{-b+\delta}{2a}$ et $\dfrac{-b-\delta}{2a}$, c'est-à-dire $\dfrac{-b+\sqrt{|\Delta|}\mathbf{i}}{2a}$ et $\dfrac{-b-\sqrt{|\Delta|}\mathbf{i}}{2a}$.
De plus, comme a et b sont réels, on a $\overline{a} = a$ et $\overline{b} = b$, d'où :
$\overline{\dfrac{-b+\sqrt{|\Delta|}\mathbf{i}}{2a}} = \dfrac{\overline{-b+\sqrt{|\Delta|}\mathbf{i}}}{\overline{2a}} = \dfrac{-\overline{b}+\sqrt{|\Delta|}\overline{\mathbf{i}}}{2\overline{a}} = \dfrac{-b+\sqrt{|\Delta|}(-\mathbf{i})}{2a} = \dfrac{-b-\sqrt{|\Delta|}\mathbf{i}}{2a}$,
ce qui prouve que les deux solutions sont conjuguées d'une de l'autre.

Remarque 14

Il n'est nul besoin de déterminer les solutions de $(\mathcal{E})$ pour savoir qu'elles sont conjuguées l'une de l'autre lorsque les coefficients sont réels et lorsque $\Delta < 0$. En effet on a alors, pour un complexe x quelconque :
x est solution de $(\mathcal{E}) \Leftrightarrow ax^2+bx+c=0 \Leftrightarrow \overline{ax^2+bx+c} = \overline{0} \Leftrightarrow a\overline{x}^2 + b\overline{x} + c = 0 \Leftrightarrow \overline{x}$ est solution de $(\mathcal{E})$.

4.3 Relations coefficients-racines

Résoudre une équation c'est en déterminer les solutions. Lorsqu'on modifie les coefficients d'une équation polynomiale, on s'attend à en voir les solutions changer également. Les solutions étant ainsi liées aux coefficients, lorsqu'on cherche à résoudre une équation polynomiale générale (c'est-à-dire à coefficients indéterminés), on espère obtenir une expression des solutions comme fonctions des coefficients.
Il est légitime de se poser la question dans l'autre sens : peut-on exprimer les coefficients d'une équation polynomiale à l'aide de ses solutions ?
La réponse est oui, et ce quel que soit le degré n de l'équation. Nous le verrons dans le chapitre 10. Nous nous contentons ici du cas $n = 2$.

Théorème 12 (Relations coefficients-racines en degré 2)

Soit $(z_1, z_2) \in \mathbb{C}^2$ et $(a, b, c) \in \mathbb{C} \setminus \{0\} \times \mathbb{C}^2$. Alors z_1 et z_2 sont les solutions de l'équation $(\mathcal{E}) : ax^2 + bx + c = 0$ si et seulement si $z_1 + z_2 = -\dfrac{b}{a}$ et $z_1 z_2 = \dfrac{c}{a}$.

DÉMONSTRATION

- Si le discriminant Δ de $(\mathcal{E})$ est non nul alors les solutions de $(\mathcal{E})$ sont, par le théorème 11, $\dfrac{-b+\delta}{2a}$ et $\dfrac{-b-\delta}{2a}$ où δ est une racine carrée de Δ.
  Quitte à renommer z_1 et z_2, on a donc $z_1 = \dfrac{-b+\delta}{2a}$ et $z_2 = \dfrac{-b-\delta}{2a}$, d'où $z_1 + z_2 = -\dfrac{b}{a}$ et $z_1 z_2 = \dfrac{-b^2 - \delta^2}{4a^2} = \dfrac{-b^2 - \Delta}{4a^2} = \dfrac{-b^2 - (b^2 - 4ac)}{4a^2} = \dfrac{c}{a}$.
  Si le discriminant de Δ est nul alors le résultat est vrai au sens où l'on prend $z_1 = z_2 = \dfrac{-b}{2a}$ et que les calculs que l'on vient d'effectuer sont encore valables dans ce cas, avec $\delta = 0$.
- Si $z_1 + z_2 = -\dfrac{b}{a}$ et $z_1 z_2 = \dfrac{c}{a}$ alors, pour un complexe x quelconque, on a :
  $a(x - z_1)(x - z_2) = a\big(x^2 - (z_1 + z_2)x + z_1 z_2\big) = a\left(x^2 + \dfrac{b}{a}x + \dfrac{c}{a}\right) = ax^2 + bx + c.$
  Comme $a(x - z_1)(x - z_2)$ s'annule pour $x = z_1$ et $x = z_2$, z_1 et z_2 sont solutions de l'équation $(\mathcal{E}) : ax^2 + bx + c = 0$.
  Si $z_1 \neq z_2$ alors on est sûr que z_1 et z_2 sont les solutions de $(\mathcal{E})$ vu que $(\mathcal{E})$ a au plus deux solutions.
  Si $z_1 = z_2$ alors de $z_1 + z_2 = -\dfrac{b}{a}$ on déduit : $z_1 = z_2 = -\dfrac{b}{2a}$. Or par le théorème 11, $-\dfrac{b}{2a}$ est solution de $(\mathcal{E})$ si et seulement si $(\mathcal{E})$ possède une unique solution. On peut alors voir $z_1 = z_2$ comme la solution double de $(\mathcal{E})$ et le théorème est donc également vrai dans ce cas.

Application 6

Somme et produit de deux complexes

Soit à déterminer deux nombres complexes z_1 et z_2 tels que $z_1 + z_2 = 1 + 4\mathbf{i}$ et $z_1 z_2 = -5 + 5\mathbf{i}$. Par ce qui précède, les nombres z_1 et z_2 sont les solutions de l'équation :
$(\mathcal{E})\ x^2 - (1 + 4\mathbf{i})x + (-5 + 5\mathbf{i}) = 0.$
Le discriminant de $(\mathcal{E})$ est : $\Delta = (1 + 4\mathbf{i})^2 - 4(-5 + 5\mathbf{i}) = 5 - 12\mathbf{i}$. Mettant en œuvre la méthode illustrée par l'exemple 8, le lecteur trouvera $3 - 2\mathbf{i}$ et $-3 + 2\mathbf{i}$ comme racines carrées de Δ. On a donc, quitte à permuter les rôles de z_1 et z_2,
$z_1 = \dfrac{1 + 4\mathbf{i} + 3 - 2\mathbf{i}}{2} = 2 + \mathbf{i}$ et $z_2 = \dfrac{1 + 4\mathbf{i} - 3 + 2\mathbf{i}}{2} = -1 + 3\mathbf{i}.$

5 Racines n-ièmes d'un complexe

La résolution de l'équation polynomiale du second degré repose sur la mise sous forme canonique de l'équation, ce qui permet de ramener le problème à celui d'une extraction de racines carrées. Pour ce qui est de résoudre l'équation polynomiale de degré $n \geqslant 3$, c'est-à-dire l'équation $a_n x^n + a_{n-1}x^{n-1} + \cdots + a_1 x + a_0 = 0$, où $(a_0, \ldots, a_n) \in \mathbb{C}^n \times \mathbb{C} \setminus \{0\}$ et x est une inconnue complexe, il est donc normal de tenter d'adapter cette technique. Cela reviendrait à trouver une transformation permettant de ramener cette équation à une de la forme $X^n = \alpha$ avec $\alpha \in \mathbb{C}$, puis à extraire les *racines n-ièmes* de α. Cette tentative historique était, on le sait maintenant, vouée à l'échec dans le cas général, car la transformation souhaitée n'existe pas. Par contre l'extraction des racines n-ièmes est toujours possible, comme nous allons l'expliquer. Nous décomposons la recherche en deux temps, en commençant par déterminer les racines n-ièmes de 1. Mais avant tout, un rappel sur les racines n-ièmes dans $\mathbb{R}$ s'impose.

Dans toute cette section, n désignera un entier naturel tel que $n \geqslant 2$.

5.1 Racines n-ièmes dans $\mathbb{R}$

L'expression « racine n-ième » est utilisée dans le cursus secondaire bien avant que les nombres complexe ne soient introduits. Revenons sur ce point.
On note dans la suite f_n la fonction définie sur $\mathbb{R}$ par $f_n(x) = x^n$.

- Lorsque n est impair, on a $\lim\limits_{x \to -\infty} f(x) = -\infty$ et $\lim\limits_{x \to +\infty} f(x) = +\infty$. Comme f_n est aussi continue sur $\mathbb{R}$, on sait par le théorème de la valeur intermédiaire que, pour tout y réel, l'équation $f(x) = y$ admet une solution dans $\mathbb{R}$, et que celle-ci est même unique car f_n est strictement croissante. On note cette solution $\sqrt[n]{y}$; c'est l'unique racine n-ième de y dans $\mathbb{R}$.
  Ainsi $\sqrt[3]{1} = 1$, $\sqrt[3]{64} = 4$, $\sqrt[3]{-8} = -2$...

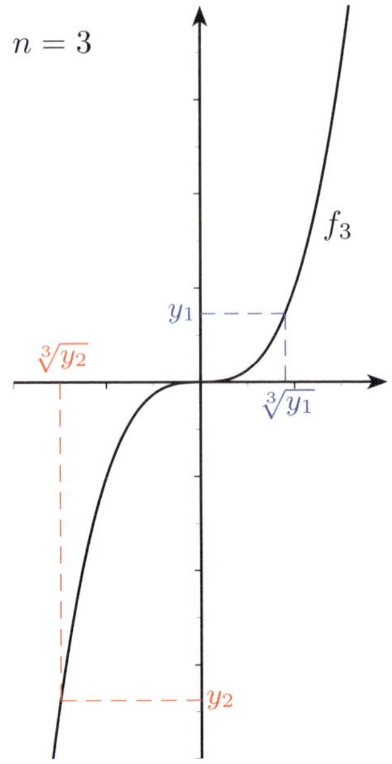

- Lorsque n est pair, f_n est strictement décroissante sur $\mathbb{R}_-$ et strictement croissante sur $\mathbb{R}_+$. On a $f(0) = 0$, $\lim_{x \to -\infty} f(x) = +\infty$ et $\lim_{x \to +\infty} f(x) = +\infty$. Comme f_n est aussi continue sur $\mathbb{R}$, on sait par le théorème de la valeur intermédiaire que, pour tout $y > 0$, l'équation $f_n(x) = y$ admet une solution dans $\mathbb{R}_-^*$ et une solution dans $\mathbb{R}_+^*$; l'équation $f_n(x) = 0$ admet comme unique solution 0 et l'équation $f_n(x) = y$ n'admet aucune solution réelle lorsque $y < 0$.

  La situation est donc fort différente de celle pour n impair. On définit ainsi, pour $y \geqslant 0$, la quantité $\sqrt[n]{y}$ comme l'unique solution positive de l'équation $f_n(x) = y$. On fait ainsi le choix de laisser de côté les solutions négatives pour définir sans ambigüité $\sqrt[n]{y}$. Et bien sûr, $\sqrt[n]{y}$ n'a pas de sens pour n pair lorsque $y < 0$.

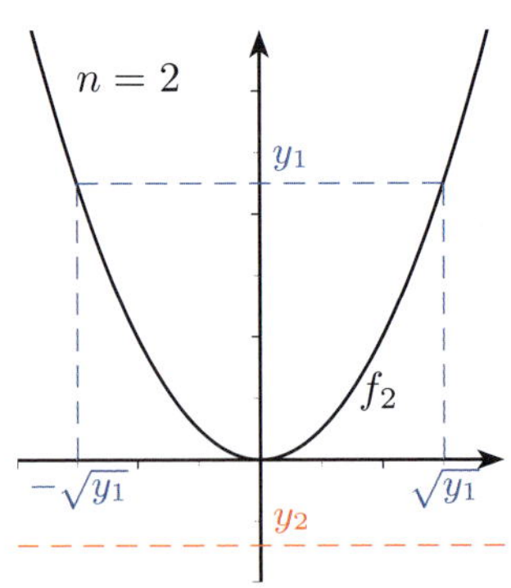

Le phénomène que nous venons d'observer vient de ce que l'on veut des solutions réelles. Mais si l'on se place dans $\mathbb{C}$ pour résoudre l'équation $x^n = y$, nous allons découvrir que les résultats s'uniformisent.

5.2 Racines n-ièmes de l'unité

Définition 14

On appelle racine n-ième de l'unité tout nombre complexe ω tel que $\omega^n = 1$.

Théorème 13

Il y a exactement n racines n-ièmes de l'unité distinctes, ce sont les $\omega_k = e^{i\frac{2k\pi}{n}}$, $k \in \{0, \dots, n-1\}$.

DÉMONSTRATION

Soit $\omega = re^{\mathbf{i}\theta}$ avec $r \in \mathbb{R}_+$. On a :

$$\omega^n = 1 \Leftrightarrow r^n e^{\mathbf{i}n\theta} = 1 \times e^{\mathbf{i}0} \Leftrightarrow \begin{cases} r^n & = & 1 \\ n\theta & \equiv & 0\ [2\pi] \end{cases} \Leftrightarrow \begin{cases} r & = & 1 \\ \theta & \equiv & 0\ \left[\frac{2\pi}{n}\right] \end{cases}.$$

Ainsi les racines n-ièmes de l'unité sont les nombres $\omega_k = e^{\mathbf{i}\frac{2k\pi}{n}}$, $k \in \mathbb{Z}$.

Or pour $(k, k') \in \mathbb{Z}^2$,

$\omega_k = \omega_{k'} \Leftrightarrow \dfrac{2k\pi}{n} \equiv \dfrac{2k'\pi}{n}\ [2\pi] \Leftrightarrow \dfrac{2\pi(k-k')}{n} \equiv 0\ [2\pi] \Leftrightarrow k - k' \equiv 0\ [n]$ donc, vu que pour tout $m \in \mathbb{Z}$, il existe[35] $k \in \{0, \dots, n-1\}$ tel que $m \equiv k\ [n]$, on en déduit que l'ensemble des racines n-ièmes de l'unité se réduit finalement à l'ensemble des ω_k avec $k \in \{0, \dots, n-1\}$.

Notation 4

On note $\mathbb{U}_n$ l'ensemble des racines n-ièmes de l'unité. D'après ce qu'on vient de voir, c'est un ensemble à n éléments[36].

Remarque 15

On a $\omega_0 = 1$ et pour tout $k \in \{0, \dots, n-1\}$, $\omega_k = (e^{\mathbf{i}\frac{2\pi}{n}})^k = \omega_1^k$.

Aussi : $\omega_1^n = 1$, $\omega_1^{n+1} = \omega_1$, $\omega_1^{n+2} = \omega_2$, ..., et $\omega_1^{-1} = 1 \times \omega_1^{-1} = \omega^n \times \omega_1^{-1} = \omega^{n-1} = \omega_{n-1}$, $\omega_1^{-2} = \omega_{n-2}, \dots$

Exemples 9

Explicitons les racines n-ièmes de l'unité pour les petites valeurs de n et représentons leurs images dans le plan complexe :

- Pour $n = 2$, on a $\omega_0 = e^{\mathbf{i}\frac{0\times\pi}{2}} = 1$ et $\omega_1 = e^{\mathbf{i}\frac{2\pi}{2}} = e^{\mathbf{i}\pi} = -1$.

35. Par division euclidienne, cf. le chapitre 5...
36. On peut montrer qu'il s'agit même d'un groupe commutatif, et plus précisément d'un sous-groupe de $(\mathbb{C} \setminus \{0\}, \times)$. Cf. le chapitre 8.

- Pour $n = 3$, on a $\omega_0 = 1$, $\omega_1 = \mathrm{e}^{\mathbf{i}\frac{2\pi}{3}} = \cos\left(\frac{2\pi}{3}\right) + \sin\left(\frac{2\pi}{3}\right)\mathbf{i} = -\frac{1}{2} + \frac{\sqrt{3}}{2}\mathbf{i}$ et $\omega_2 = \mathrm{e}^{\mathbf{i}\frac{4\pi}{3}} = \cos\left(\frac{4\pi}{3}\right) + \sin\left(\frac{4\pi}{3}\right)\mathbf{i} = -\frac{1}{2} - \frac{\sqrt{3}}{2}\mathbf{i}$.

  On note traditionnellement $\mathbf{j}$ le nombre complexe $\mathrm{e}^{\mathbf{i}\frac{2\pi}{3}}$; c'est une quantité que l'on retrouve dans de nombreux exercices faisant intervenir les nombres complexes.

  On a $\mathrm{e}^{\mathbf{i}\frac{4\pi}{3}} = (\mathrm{e}^{\mathbf{i}\frac{2\pi}{3}})^2 = \mathbf{j}^2$ et aussi $\mathrm{e}^{\mathbf{i}\frac{4\pi}{3}} = \mathrm{e}^{-\mathbf{i}\frac{2\pi}{3}} = \bar{\mathbf{j}}$. On peut également vérifier qu'on a : $1 + \mathbf{j} + \mathbf{j}^2 = 0$.

  Les points M_0, M_1, M_2 du plan d'affixes respectives ω_0, ω_1, ω_2 sont les sommets d'un triangle équilatéral[37] inscrit dans le cercle trigonométrique.

- Pour $n = 4$, on a $\omega_0 = 1$, $\omega_1 = \mathrm{e}^{\mathbf{i}\frac{2\pi}{4}} = \mathrm{e}^{\mathbf{i}\frac{\pi}{2}} = \mathbf{i}$, $\omega_2 = \mathrm{e}^{\mathbf{i}\frac{4\pi}{4}} = \mathrm{e}^{\mathbf{i}\pi} = -1$ et $\omega_3 = \mathrm{e}^{\mathbf{i}\frac{6\pi}{4}} = \mathrm{e}^{\mathbf{i}\frac{3\pi}{2}} = -\mathbf{i}$.

  On peut vérifier que les points images des racines quatrièmes de l'unité forment dans le plan les sommets d'un carré (de côté $\sqrt{2}$) inscrit dans le cercle trigonométrique.

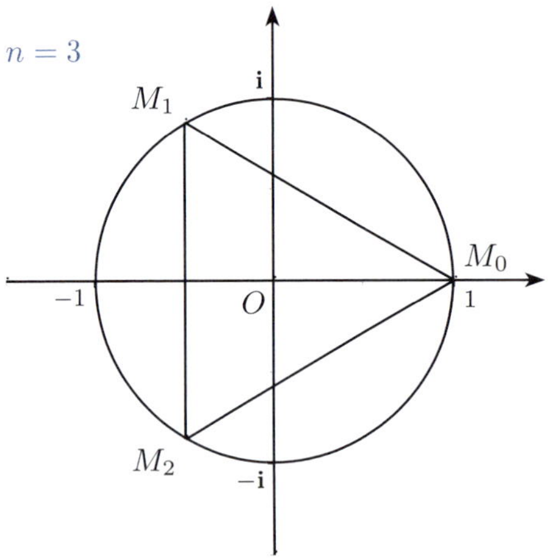

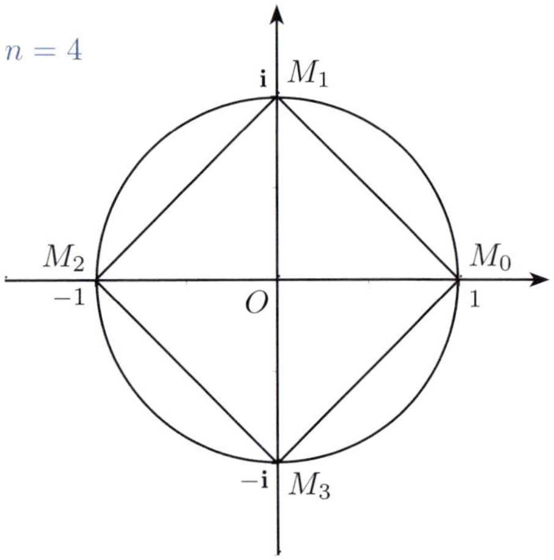

Les images dans le plan des racines n-ièmes de l'unité dessinent des figures remarquables dans les cas particuliers que nous venons d'examiner. On peut préciser :

Définition 15

On appelle *polygone régulier à n côtés* tout polygone $A_0A_1\ldots A_{n-1}$ dont les n sommets vérifient :

- Les côtés A_kA_{k+1}, $k \in \{0, \ldots, n-1\}$, ont tous la même longueur.
- Les angles $(\overrightarrow{A_kA_{k-1}}, \overrightarrow{A_kA_{k+1}})$, $k \in \{0, \ldots, n-1\}$ ont tous une même mesure.

37. On énonce à ce propos un résultat général dans le théorème 14. À ce stade de l'exposé on peut déjà vérifier que $M_0M_1 = M_1M_2 = M_0M_2 = \sqrt{3}$. À titre d'exemple, on a :

$$M_0M_1 = |\omega_1 - \omega_0| = \left|-\frac{1}{2} + \frac{\sqrt{3}}{2}\mathbf{i} - 1\right| = \left|-\frac{3}{2} + \frac{\sqrt{3}}{2}\mathbf{i}\right| = \sqrt{\left(-\frac{3}{2}\right)^2 + \left(\frac{\sqrt{3}}{2}\right)^2} = \sqrt{\frac{9}{4} + \frac{3}{4}} = \sqrt{3}.$$

Remarque 16

Dans cette définition et dans ce qui suit, on a les conventions $A_n = A_0$, $A_{-1} = A_{n-1}$.

On admet qu'un polygone est régulier si et seulement s'il existe un point Ω, appelé *centre* du polygone, tel que tous les sommets se déduisent d'un seul d'entre eux par des rotations successives de centre Ω et de même angle. L'angle en question a nécessairement pour mesure $\frac{2\pi}{n}$ et le point Ω, étant équidistant de tous les sommets, est situé à l'intersection des médiatrices des côtés. On obtient alors :

Théorème 14

1. La somme des n racines n-ièmes de l'unité est nulle, *i. e.* : $\omega_0+\omega_1+\cdots+\omega_{n-1}=0$.
2. Les images des points ω_k, $k \in \{0,\ldots,n-1\}$, sont les sommets d'un polygone régulier à n côtés inscrit dans le cercle trigonométrique.

Démonstration

1. $\displaystyle\sum_{k=0}^{n-1} \omega_k = \sum_{k=0}^{n-1} \omega_1^k$ par la remarque 15.
   Comme $n \geqslant 2$, on a $\frac{2\pi}{n} \not\equiv 0\ [2\pi]$, ce qui signifie qu'on a $e^{\mathbf{i}\frac{2\pi}{n}} \neq 1$, *i. e.* $\omega_1 \neq 1$. Par conséquent, comme somme de termes consécutifs d'une suite géométrique, on obtient :
   $\displaystyle\sum_{k=0}^{n-1} \omega_k = \frac{1-\left(e^{i\frac{2\pi}{n}}\right)^n}{1-e^{i\frac{2\pi}{n}}} = \frac{1-1}{1-e^{i\frac{2\pi}{n}}} = 0.$

2. Pour $k \in \{0,\ldots,n-1\}$, soit M_k le point du plan d'affixe ω_k.
   Soit r la rotation de centre O et d'angle $\frac{2\pi}{n}$, qui a pour expression complexe[38] $z \mapsto ze^{i\frac{2\pi}{n}}$. On a pour tout $k \in \{0,\ldots,n-1\}$, $e^{i\frac{2\pi}{n}}e^{i\frac{2k\pi}{n}} = e^{i\frac{2(k+1)\pi}{n}}$, *i. e.* $e^{i\frac{2\pi}{n}}\omega_k = \omega_{k+1}$, avec la convention $\omega_n = \omega_0$.
   Cela signifie : $r(M_0) = M_1,\ r(M_1) = M_2, \ldots,\ r(M_{n-2}) = M_{n-1},\ r(M_{n-1}) = M_0$.

38. D'après la proposition 17.

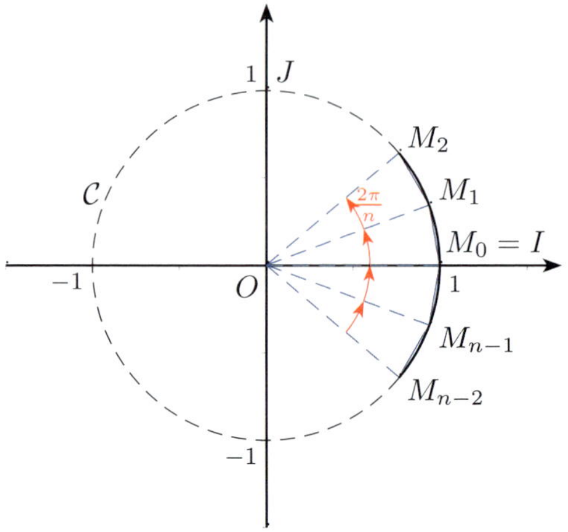

C'est une caractérisation du fait que le polygone $M_0M_1 \dots M_{n-1}$ est régulier de centre O.

Remarques 17

1. La relation $1+\mathbf{j}+\mathbf{j}^2 = 0$ correspond à la relation $\omega_0+\omega_1+\cdots+\omega_{n-1} = 0$ pour $n = 3$.

2. La relation : $\omega_0+\omega_1+\cdots+\omega_{n-1} = 0$ s'interprète géométriquement par le fait que le centre O du polygone régulier est l'isobarycentre[39] de ses sommets.

5.3 Racines n-ièmes d'un nombre complexe

Plus généralement, on peut chercher les racines n-ièmes d'un nombre complexe quelconque. On règle pour commencer le cas trivial de 0 : l'équation $z^n = 0$ a pour unique solution 0 donc 0 est l'unique racine n-ième de 0.
Concrètement, à part dans des situations très particulières, on ne peut parvenir à calculer les racines n-ièmes d'un complexe non nul que si on le connaît sous forme exponentielle $Re^{\mathrm{i}\varphi}$. C'est donc ainsi qu'on se le donne pour démontrer le résultat qui suit :

39. Cf. la section intitulée « Barycentres » du chapitre 15.

Théorème 15

Soit $a = R\mathrm{e}^{\mathrm{i}\varphi} \in \mathbb{C} \setminus \{0\}$, $R > 0$.

1. Le nombre complexe a a exactement n racines n-ièmes distinctes, ce sont les $z_k = \sqrt[n]{R}\mathrm{e}^{\mathrm{i}\frac{\varphi+2k\pi}{n}}$, $k \in \{0, \ldots, n-1\}$.
2. Si z_0 est une racine n-ième particulière de a alors les racines n-ièmes de a sont les $z_0\omega_k$, $k \in \{0, \ldots, n-1\}$, où les ω_k sont les racines n-ièmes de l'unité.
3. Les images des racines n-ièmes de a sont les sommets d'un polygône régulier à n côtés d'isobarycentre O.

Démonstration

1. Soit $z = r\mathrm{e}^{\mathrm{i}\theta}$ avec $r \in \mathbb{R}_+$. On a :
$$z^n = a \Leftrightarrow r^n \mathrm{e}^{\mathrm{i}n\theta} = R\mathrm{e}^{\mathrm{i}\varphi} \Leftrightarrow \begin{cases} r^n & = & R \\ n\theta & \equiv & \varphi\ [2\pi] \end{cases} \Leftrightarrow \begin{cases} r & = & \sqrt[n]{R} \\ \theta & \equiv & \varphi\ \left[\frac{2\pi}{n}\right] \end{cases}.$$
Ainsi les racines n-ièmes de l'unité sont les nombres $z_k = \sqrt[n]{R}\mathrm{e}^{\mathrm{i}\frac{\varphi+2k\pi}{n}}$, $k \in \mathbb{Z}$.
Or pour $(k, k') \in \mathbb{Z}^2$,
$$z_k = z_{k'} \Leftrightarrow \frac{\varphi + 2k\pi}{n} \equiv \frac{\varphi + 2k'\pi}{n}\ [2\pi] \Leftrightarrow \frac{2\pi(k-k')}{n} \equiv 0\ [2\pi] \Leftrightarrow k - k' \equiv 0\ [n]$$
donc, par le même argument que celui utilisé pour le théorème 13, on en déduit que l'ensemble des racines n-ièmes de a se réduit finalement à l'ensemble des z_k avec $k \in \{0, \ldots, n-1\}$.

2. Comme z_0 est une racine n-ième de a, on a $z_0^n = a$. On a aussi $z_0 \neq 0$ car $a \neq 0$.
Soit $z \in \mathbb{C}$.
z est racine n-ième de $a \Leftrightarrow z^n = a \Leftrightarrow z^n = z_0^n \Leftrightarrow \dfrac{z^n}{z_0^n} = 1 \Leftrightarrow \left(\dfrac{z}{z_0}\right)^n = 1$
$\Leftrightarrow \dfrac{z}{z_0}$ est une racine n-ième de 1.
Ainsi z est racine n-ième de a si et seulement si il existe $k \in \{0, \ldots, n-1\}$ tel que $\dfrac{z}{z_0} = \omega_k$, *i. e.* $z = z_0\omega_k$.

3. C'est la même chose que pour le théorème 14. Si l'on note M_k les points images des z_k et r la rotation de centre O et d'angle $\dfrac{2\pi}{n}$, on a, du fait de l'égalité $z_{k+1} = \mathrm{e}^{\mathrm{i}\frac{2\pi}{n}} z_k$, $M_{k+1} = r(M_k)$.
En outre, $\displaystyle\sum_{k=0}^{n-1} z_k = \sum_{k=0}^{n-1} z_0\omega_k = z_0 \sum_{k=0}^{n-1} \omega_k = 0$ par le théorème 14. Ainsi O est l'isobarycentre de $M_0, M_1, \ldots, M_{n-1}$.

Exemples 10

Pour calculer des racines n-ièmes, on peut souvent utiliser aussi bien les deux méthodes proposées par le théorème 15 :

1. Soit à déterminer les racines quatrièmes de $-4\mathbf{i}$. On écrit $-4\mathbf{i} = 4(-\mathbf{i}) = 4\mathrm{e}^{\mathbf{i}\frac{3\pi}{2}}$.

   Soit $z = r\mathrm{e}^{\mathbf{i}\theta} \in \mathbb{C}$, avec $r > 0$. On a : z est racine quatrième de $-4\mathbf{i} \Leftrightarrow z^4 = -4\mathbf{i} \Leftrightarrow r^4\mathrm{e}^{\mathbf{i}4\theta} = 4\mathrm{e}^{\mathbf{i}\frac{3\pi}{2}} \Leftrightarrow \left\{\begin{array}{lcl} r^4 & = & 4 \\ 4\theta & \equiv & \frac{3\pi}{2}\ [2\pi] \end{array}\right. \Leftrightarrow \left\{\begin{array}{lcl} r & = & \sqrt{2} \\ \theta & \equiv & \frac{3\pi}{8}\left[\frac{\pi}{2}\right] \end{array}\right.$.

   Les racines quatrièmes de $-4\mathbf{i}$ sont donc : $\sqrt{2}\mathrm{e}^{\mathbf{i}\frac{3\pi}{8}}$, $\sqrt{2}\mathrm{e}^{\mathbf{i}\frac{7\pi}{8}}$, $\sqrt{2}\mathrm{e}^{\mathbf{i}\frac{11\pi}{8}}$, $\sqrt{2}\mathrm{e}^{\mathbf{i}\frac{15\pi}{8}}$.

2. Soit à déterminer les racines cubiques[40] de -27.

   On connaît la racine cubique réelle de -27, c'est bien entendu -3.

   Les racines cubiques de -27 sont donc $-3\omega_0$, $-3\omega_1$ et $-3\omega_2$, où ω_0, ω_1 et ω_2 sont les racines cubiques de l'unité. Ainsi les racines cubiques de -27 sont -3, $-3\mathbf{j}$ et $-3\mathbf{j}^2$.

6 Applications des complexes à la géométrie

Définition 16

On appelle *transformation du plan* toute application bijective du plan $\mathcal{P}$ dans lui-même.

On peut associer à toute transformation $F : \mathcal{P} \to \mathcal{P}$ une application $f : \mathbb{C} \to \mathbb{C}$ bijective par le principe suivant : si M et M' sont deux points quelconques du plan, d'affixes respectives z et z', $M' = F(M) \Leftrightarrow z' = f(z)$. On dit que f est *l'expression complexe* de F. Ainsi par la correspondance image $\leftrightarrow$ affixe, on peut commencer à dresser un dictionnaire en termes d'applications complexes de transformations géométriques simples du plan.

Nous avons déjà esquissé cela dans certains cas. Nous reprenons et complétons dans ce qui suit :

- La symétrie du plan d'axe (Ox) associe à un point M du plan le point $M'(\overline{z})$. Ainsi cette symétrie a pour expression complexe $z \mapsto z' = \overline{z}$.
- La symétrie de centre O associe à un point M du plan le point $M'(-z)$. Ainsi cette symétrie a pour expression complexe $z \mapsto z' = -z$.
- On trouve aisément que la symétrie d'axe (Oy) associe à un point M du plan le point $M'(-\overline{z})$. Ainsi cette symétrie a pour expression complexe $z \mapsto z' = -z$.

40. ou « troisièmes ».

- Si $\overrightarrow{a}$ est un vecteur du plan d'affixe $z_{\overrightarrow{a}}$, la translation de vecteur $\overrightarrow{a}$ associe à tout vecteur $\overrightarrow{u}$ d'affixe z le vecteur $\overrightarrow{u}+\overrightarrow{a}$ d'affixe $z+z_{\overrightarrow{a}}$. Ainsi cette translation a pour expression complexe $z \mapsto z' = z + z_{\overrightarrow{a}}$.
- L'homothétie de centre O et de rapport k associe à tout point M le point M' tel que $\overrightarrow{OM'} = k\overrightarrow{OM}$. Elle a donc pour expression complexe $z \mapsto z' = kz$.

  L'homothétie de centre $\Omega(\omega)$ quelconque et de rapport k associe à tout point M le point M' tel que $\overrightarrow{\Omega M'} = k\overrightarrow{\Omega M}$. Elle a donc pour expression complexe $z \mapsto z' = \omega + k(z-\omega)$.

6.1 Rotations et mesures d'angles

L'observation de base est la suivante :

Proposition 19

Soit $\overrightarrow{u}$ un vecteur d'affixe z, et $\theta \in \mathbb{R}$. Alors le vecteur image de $\overrightarrow{u}$ par la rotation d'angle θ a pour affixe $\mathrm{e}^{\mathbf{i}\theta} z_{\overrightarrow{u}}$.

DÉMONSTRATION

Ce résultat a été pour l'essentiel déjà énoncé dans la proposition 17.

Corollaire 4 (Ecriture complexe d'une rotation)

Soit R la rotation de centre Ω d'affixe ω et d'angle $\theta \in \mathbb{R}$. Soit $M(z)$ un point du plan et $M'(z') = R(M)$ son image par cette rotation. Alors : $z' - \omega = \mathrm{e}^{\mathbf{i}\theta}(z-\omega)$.

DÉMONSTRATION

$M'(z') = R(M)$ si et seulement si $\overrightarrow{\Omega M'}$ est l'image de $\overrightarrow{\Omega M}$ par la rotation d'angle θ. Par la proposition 19, c'est donc équivalent à demander : $z_{\overrightarrow{\Omega M'}} = \mathrm{e}^{\mathbf{i}\theta} z_{\overrightarrow{\Omega M}}$, c'est-à-dire $z' - \omega = \mathrm{e}^{\mathbf{i}\theta}(z-\omega)$.

Proposition 20

1. Soient z et z' deux nombres complexes non nuls. Alors tout argument de $\dfrac{z'}{z}$ est une mesure de l'angle orienté $(\widehat{\overrightarrow{u}(z), \overrightarrow{u}'(z')})$.
2. Soient $A(a)$, $B(b)$ et $C(c)$ trois points distincts du plan. Alors tout argument de $\dfrac{c-a}{b-a}$ est une mesure de l'angle orienté $(\widehat{\overrightarrow{AB}, \overrightarrow{AC}})$.

Démonstration

1. Soit $(z, z') \in (\mathbb{C} \setminus \{0\})^2$. On écrit z et z' sous forme exponentielle : $z = re^{\mathbf{i}\theta}$ et $z' = r'e^{\mathbf{i}\theta'}$, où θ est une mesure de $(\widehat{\overrightarrow{OI}, \overrightarrow{u}})$ et θ' une mesure de $(\widehat{\overrightarrow{OI}, \overrightarrow{u}'})$.
   On a $\dfrac{z'}{z} = \dfrac{r'e^{\mathbf{i}\theta'}}{re^{\mathbf{i}\theta}} = \dfrac{r'}{r}e^{\mathbf{i}(\theta'-\theta)}$ avec $\dfrac{r'}{r} > 0$ donc $\theta' - \theta$ est un argument de $\dfrac{z'}{z}$.
   Or par la relation de Chasles angulaire $(\widehat{\overrightarrow{u}, \overrightarrow{u}'}) \equiv (\widehat{\overrightarrow{u}, \overrightarrow{OI}}) + (\widehat{\overrightarrow{OI}, \overrightarrow{u}'})$ $[2\pi]$, *i. e.* $(\widehat{\overrightarrow{u}, \overrightarrow{u}'}) \equiv (\widehat{\overrightarrow{OI}, \overrightarrow{u}'}) - (\widehat{\overrightarrow{OI}, \overrightarrow{u}})$ $[2\pi]$, donc $\theta' - \theta$ est une mesure de l'angle $(\widehat{\overrightarrow{u}, \overrightarrow{u}'})$.
   Ainsi l'ensemble des mesures de $(\widehat{\overrightarrow{u}, \overrightarrow{u}'})$ est $\{\theta' - \theta + 2k\pi,\ k \in \mathbb{Z}\}$, qui coïncide avec l'ensemble des arguments de $\dfrac{z'}{z}$.
2. Se déduit du point précédent en posant $\overrightarrow{u} = \overrightarrow{AB}$ et $\overrightarrow{u}' = \overrightarrow{AC}$.

Exemple 11

Soient les 4 points $A(-\mathbf{i})$, $B(3 + \mathbf{i})$, et $C(2 + 9\mathbf{i})$. Alors :

$$\frac{z_C - z_A}{z_B - z_A} = \frac{2 + 10\mathbf{i}}{3 + 2\mathbf{i}} = \frac{(2 + 10\mathbf{i})(3 - 2\mathbf{i})}{9 + 4} = \frac{26 + 26\mathbf{i}}{13} = 2 + 2\mathbf{i} = 2\sqrt{2}e^{\mathbf{i}\frac{\pi}{4}},$$

donc $(\widehat{\overrightarrow{AB}, \overrightarrow{AC}}) \equiv \dfrac{\pi}{4}$ $[2\pi]$.

Corollaire 5

Soient $\overrightarrow{u}(z)$ et $\overrightarrow{u}'(z')$ deux vecteurs du plan, avec $\overrightarrow{u} \neq \overrightarrow{0}$. Alors :

1. $\overrightarrow{u}$ et $\overrightarrow{u}'$ sont colinéaires si et seulement si $\dfrac{z'}{z}$ est réel.
2. $\overrightarrow{u}$ et $\overrightarrow{u}'$ sont orthogonaux si et seulement si $\dfrac{z'}{z}$ est imaginaire pur.

Démonstration

1. Comme $\overrightarrow{u} \neq \overrightarrow{0}$, $\overrightarrow{u}$ et $\overrightarrow{u}'$ sont colinéaires si et seulement s'il existe k réel tel que $\overrightarrow{u}' = k\overrightarrow{u}$, *i. e.* si et seulement s'il existe k réel tel que $z' = kz$.
2. $\overrightarrow{u}$ et $\overrightarrow{u}'$ sont orthogonaux si et seulement si $-\dfrac{\pi}{2}$ ou $\dfrac{\pi}{2}$ est une mesure de l'angle orienté $(\widehat{\overrightarrow{u}, \overrightarrow{u}'})$.
   D'après la proposition 20, tout argument de $\dfrac{z'}{z}$ est une mesure de l'angle orienté $(\widehat{\overrightarrow{u}, \overrightarrow{u}'})$. Ainsi $\overrightarrow{u}$ et $\overrightarrow{u}'$ sont orthogonaux si et seulement si $-\dfrac{\pi}{2}$ ou $\dfrac{\pi}{2}$ est argument de $\dfrac{z'}{z}$, ce qui équivaut à $\dfrac{z'}{z} = \left|\dfrac{z'}{z}\right| e^{-\mathbf{i}\frac{\pi}{2}}$ ou $\dfrac{z'}{z} = \left|\dfrac{z'}{z}\right| e^{\mathbf{i}\frac{\pi}{2}}$, qui équivaut encore à $\dfrac{z'}{z} = -\mathbf{i}\left|\dfrac{z'}{z}\right|$ ou $\dfrac{z'}{z} = \mathbf{i}\left|\dfrac{z'}{z}\right|$.

Un nombre imaginaire pur $a\mathbf{i}$, où $a \in \mathbb{R}$, ne pouvant s'écrire que sous la forme $a\mathbf{i}$ ou $-a(-\mathbf{i})$, selon que $|a| = a$ ou $|a| = -a$, cela prouve bien que $\vec{u}$ et $\vec{u}'$ sont orthogonaux si et seulement si $\dfrac{z'}{z}$ est imaginaire pur.

Corollaire 6

Soient $A(a)$, $B(b)$ et $C(c)$ trois points distincts du plan. Alors :

1. A, B et C sont alignés si et seulement si $\dfrac{c-a}{b-a}$ est réel.
2. Le triangle ABC est rectangle en A si et seulement si $\dfrac{c-a}{b-a}$ est imaginaire pur.

DÉMONSTRATION

On applique le résultat précédent à $\vec{u} = \overrightarrow{AB}$ et à $\vec{u}' = \overrightarrow{AC}$.

Exemple 12

Soient les points $A(a)$, $B(b)$ et $C(c)$ du plan d'affixes respectives $a = 4 + 2\mathbf{i}$, $b = 1 + 4\mathbf{i}$ et $c = -3 - 2\mathbf{i}$. La question est de déterminer si le triangle ABC est rectangle.

Commençons par représenter A, B et C dans le plan muni de $\mathcal{R}_0$:

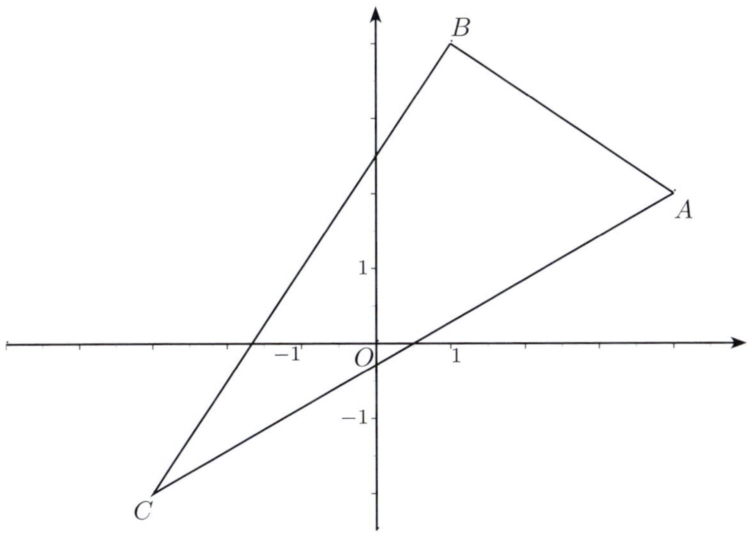

La considération de ce triangle ABC nous amène à estimer que s'il est rectangle, c'est probablement en B. On forme donc : $\dfrac{c-b}{a-b} = \dfrac{-4-6\mathbf{i}}{3-2\mathbf{i}} = -2\mathbf{i}$, qui a pour argument $-\dfrac{\pi}{2}$. Ainsi le triangle ABC est rectangle en B.

6.2 Similitudes du plan

Définition 17 (Similitude plane - MPSI)

On dit d'une application $F : \mathcal{P} \to \mathcal{P}$ que c'est une *similitude plane* s'il existe un réel $\lambda > 0$ tel que : $\forall (M, N) \in \mathcal{P}^2,\ F(M)F(N) = \lambda MN$.

On dit que λ est le *rapport* de la similitude.

Dit autrement, les similitudes planes conservent les rapports de distances.

Exemples 13

1. Les rotations sont des similitudes de rapport 1 ; les translations aussi.
2. Toute homothétie de rapport $k \neq 0$ est une similitude de rapport $|k|$.

On a immédiatement :

Proposition 21 (Composée de similitudes - MPSI)

La composée de deux similitudes est une similitude.

Démonstration

Soit F et G deux similitudes planes de rapports respectifs λ et μ.

Soit $(M, N) \in \mathcal{P}^2$. On a $F(M)F(N) = \lambda MN$ et $G\circ F(M)G\circ F(N) = G\big(F(M)\big)G\big(F(N)\big) = \mu F(M)F(N)$, d'où $G \circ F(M)G \circ F(N) = \mu\lambda MN$ et donc $G \circ F$ est une similitude plane (dont le rapport est le produit des rapports de F et de G).

On admet les résultats suivant, qui sont surtout culturels et justifient l'étude proposée dans cette section :

Proposition-Définition 1 (Similitudes et angles géométriques - MPSI)

Les similitudes planes conservent les angles géométriques.

On dit d'une similitude plane qu'elle est *directe* si elle conserve les angles orientés, *indirecte* si elle les inverse.

Il est ainsi implicite qu'une similitude plane est soit directe, soit indirecte.

Exemples 14

1. Les rotations, translations et homothéties de rapport non nul sont toutes des similitudes directes.

2. Les symétries axiales sont des similitudes indirectes.

On a déjà vu avec la proposition 21 que la composée de deux similitudes est une similitude ; il n'est guère plus ardu de démontrer que la composée de deux similitudes directes est une similitude directe. En particulier la composée d'une rotation et d'une homothétie est donc toujours une similitude directe. Ceci est particulièrement intéressant car ces composées apparaissent naturellement dans les transformations du plan au vu de ce qui suit :
Étant donnés trois points A, B et C du plan avec $A \neq B$, notons z l'affixe de $\overrightarrow{AB}$ et z' l'affixe de $\overrightarrow{AC}$. Si l'on considère le complexe $\dfrac{z'}{z}$, il admet une forme trigonométrique $re^{\mathbf{i}\theta}$ dans laquelle $r = \dfrac{|z'|}{|z|}$ désigne le rapport des longueurs $\dfrac{AC}{AB}$ et θ est une mesure de l'angle orienté $(\widehat{\overrightarrow{AB}, \overrightarrow{AC}})$. Ainsi peut-on voir C comme l'image de B par la rotation R de centre A et d'angle θ composée avec l'homothétie H de centre A et de rapport r, en notant qu'il en est de même si l'on compose cette homothétie et cette rotation dans l'ordre inverse.

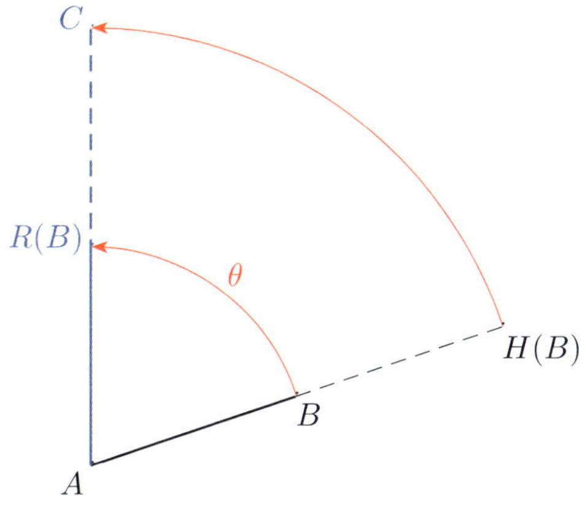

Or examinons l'expression complexe d'une telle composée :

Proposition 22

Soit H une homothétie de rapport non nul de centre Ω et R une rotation du plan de même centre Ω. Alors $H \circ R = R \circ H$ et $H \circ R$ a une expression complexe de la forme $z \mapsto az + b$, $(a, b) \in (\mathbb{C} \setminus \{0\}) \times \mathbb{C}$.

Démonstration

Soient ω l'affixe de Ω, k le rapport de H et θ l'angle de R.

Soient h et r les applications complexes associées à H et R.

On a, pour tout complexe z, $h(z)-\omega = k(z-\omega)$ et $r(z)-\omega = \mathrm{e}^{\mathbf{i}\theta}(z-\omega)$. On en déduit : $h\big(r(z)\big)-\omega = k\big(r(z)-\omega\big) = k\big(\mathrm{e}^{\mathbf{i}\theta}(z-\omega)\big) = k\mathrm{e}^{\mathbf{i}\theta}z - k\mathrm{e}^{\mathbf{i}\theta}\omega$, d'où $\big(h\circ r\big)(z) = k\mathrm{e}^{\mathbf{i}\theta}z + (1-k\mathrm{e}^{\mathbf{i}\theta})\omega$. C'est de la forme annoncée, en posant $a = k\mathrm{e}^{\mathbf{i}\theta}$ et $b = (1-k\mathrm{e}^{\mathbf{i}\theta})\omega$.

Regardons plus attentivement les applications complexes ainsi mises en évidence.

Pour $(a,b)\in(\mathbb{C}\setminus\{0\})\times\mathbb{C}$, on considère la transformation du plan :

$$\sigma_{a,b} : \begin{array}{ccc} \mathcal{P} & \to & \mathcal{P} \\ M(z) & \mapsto & M'(z' = az+b) \end{array}.$$

On reconnaît aisément les cas particuliers suivants :

- Si $a=1$, il s'agit la translation de vecteur $\overrightarrow{u}(b)$.
- Si $b=0$ et $a=k\in\mathbb{R}\setminus\{0\}$, il s'agit de l'homothétie de centre O et de rapport k.
- Si $b=0$ et $a=\mathrm{e}^{\mathbf{i}\theta}$, il s'agit de la rotation de centre O et d'angle θ.

En fait, on a mieux :

Proposition 23

Pour $(a,b)\in(\mathbb{C}\setminus\{0\})\times\mathbb{C}$, $\sigma_{a,b}$ est :

1. Une translation si $a=1$.
2. La composée d'une homothétie et d'une rotation si $a\neq 1$.

Démonstration

Le premier point étant évident, on se concentre sur le deuxième.

Soit $a\neq 1$. On écrit a sous forme exponentielle $a = r\mathrm{e}^{\mathbf{i}\theta}$. On pose $k=r$.

Comme $a\neq 1$, $1-a\neq 0$ et on peut donc poser $\omega = \dfrac{b}{1-a}$.

On a alors, pour tout z complexe, $az+b = az+(1-a)\omega = a(z-\omega)+\omega = k\mathrm{e}^{\mathbf{i}\theta}(z-\omega)+\omega$, ce qui prouve que $\sigma_{a,b}$ est la composée de l'homothétie de centre $\Omega(\omega)$ et de rapport k avec la rotation de centre Ω d'angle θ.

En pratique, pour trouver k et θ, il suffit donc de mettre a sous forme exponentielle. Pour trouver ω, on note que le centre d'une similitude directe est l'unique point invariant. On obtient donc ω comme solution de $\omega = a\omega+b$, ce qui correspond à $\omega = \dfrac{b}{1-a}$. Si $a\neq 1$, il y a bien existence (et unicité) de la solution.

On déduit de tout cela :

Théorème 16 (Écriture complexe des similitudes planes - MPSI)

Pour tout $(a, b) \in (\mathbb{C} \setminus \{0\}) \times \mathbb{C}$, $\sigma_{a,b}$ est une similitude directe du plan.

La réciproque est d'ailleurs vraie ! Mais hors programme.

Exemple 15

Considérons la transformation $M(z) \mapsto M'(z')$ où $z' = (1-i)z - 1 + i$.
C'est une similitude directe dont le centre $\Omega(\omega)$ vérifie $\omega = (1-i)\omega - 1 + i$ d'où $\omega = 1+i$.
Comme $1 - i = \sqrt{2}e^{-i\frac{\pi}{4}}$, la transformation est la similitude directe de centre Ω, de rapport $\sqrt{2}$ et d'angle $-\dfrac{\pi}{4}$.

Remarque 18

Le lecteur peut légitimement se poser la question des similitudes indirectes. Si le lecteur se convainc que la composée de deux similitudes indirectes est une similitude directe alors la réponse n'est pas loin. En effet considérons la symétrie S d'axe (Ox), dont l'écriture complexe est la conjugaison et soit une similitude indirecte quelconque F. Alors $S \circ F$ est directe donc a une expression complexe de la forme $z \mapsto az + b$. Si f est l'application complexe associée à F, on a donc pour tout z complexe, $\overline{f(z)} = az + b$, d'où $f(z) = \overline{a}\,\overline{z} + \overline{b}$. Ainsi F a une expression complexe de la forme $z \mapsto \alpha\overline{z} + \beta$, avec $(\alpha, \beta) \in (\mathbb{C}\setminus\{0\}) \times \mathbb{C}$.

7 Exercices corrigés

4.1 Module, argument et réécriture

Simplifier les expressions $(1 - \mathbf{i}\sqrt{3})^9$, $(1 + \mathbf{i})^{20}$ et $(1 + \mathbf{i})^n - (1 - \mathbf{i})^n$.

C 4.1 Module, argument et réécriture

Utilisons la forme exponentielle :

- $1 - \mathbf{i}\sqrt{3} = 2\mathrm{e}^{\frac{-\mathbf{i}\pi}{3}}$, donc $(1 - \mathbf{i}\sqrt{3})^9 = 2^9\mathrm{e}^{\frac{-9\mathbf{i}\pi}{3}} = 2^9\mathrm{e}^{-3\mathbf{i}\pi} = 2^9\mathrm{e}^{\mathbf{i}\pi} = -512$.
- $1 + \mathbf{i} = \sqrt{2}\mathrm{e}^{\frac{\mathbf{i}\pi}{4}}$, donc $(1 + \mathbf{i})^{20} = (\sqrt{2})^{20}\mathrm{e}^{\frac{20\mathbf{i}\pi}{4}} = 2^{10}\mathrm{e}^{5\mathbf{i}\pi} = 2^{10}\mathrm{e}^{\mathbf{i}\pi} = -1024$.

- Enfin, on a :

$$\begin{aligned}(1+\mathbf{i})^n-(1-\mathbf{i})^n &= \left(\sqrt{2}\mathrm{e}^{\mathbf{i}\frac{\pi}{4}}\right)^n-\left(\sqrt{2}\mathrm{e}^{-\mathbf{i}\frac{\pi}{4}}\right)^n\\ &= 2^{\frac{n}{2}}\left(\mathrm{e}^{\frac{n\mathbf{i}\pi}{4}}-\mathrm{e}^{\frac{-n\mathbf{i}\pi}{4}}\right)\\ &= 2^{\frac{n}{2}}(2\mathbf{i})\frac{\mathrm{e}^{\frac{n\mathbf{i}\pi}{4}}-\mathrm{e}^{\frac{-n\mathbf{i}\pi}{4}}}{2\mathbf{i}}\\ &= 2^{\frac{n}{2}+1}\sin\left(\frac{n\pi}{4}\right)\mathbf{i}.\end{aligned}$$

Remarquons que $\sin\left(\dfrac{n\pi}{4}\right)$ ne peut prendre que les valeurs 0, ±1, et $\pm2^{-\frac{1}{2}}$.

4.2 Un peu d'arithmétique

Soient n et m deux entiers qui sont tous les deux la somme de deux carrés. Montrer que mn est également la somme de deux carrés.

Remarque : on peut très bien résoudre l'exercice sans nombre complexe mais il peut être agréable de remarquer que n est le carré du module d'un nombre complexe bien choisi... ainsi que m.

C 4.2 Un peu d'arithmétique

C'est un classique connu (entre autres) sous le nom *d'identité de Lagrange d'ordre* 2.

Si n est la somme de deux carrés d'entiers, alors il existe $a \in \mathbb{Z}$ et $b \in \mathbb{Z}$ tels que $n = a^2 + b^2 = |a + \mathbf{i}b|^2$.

Si m est la somme de deux carrés d'entiers, alors il existe $c \in \mathbb{Z}$ et $d \in \mathbb{Z}$ tels que $n = c^2 + d^2 = |c + \mathbf{i}d|^2$.

Par suite on a $mn = |a+\mathbf{i}b|^2|c+\mathbf{i}d|^2 = |(a+\mathbf{i}b)(c+\mathbf{i}d)|^2 = |(ac-bd)+\mathbf{i}(ad+bc)|^2$, d'où $mn = (ac-bd)^2 + (ad+bc)^2$, ce qui prouve que mn est somme de deux carrés.

4.3 Une utilisation de l'angle moitié

1. Soit $\theta \in \mathbb{R}$.
   a. Montrer qu'on a $1-\mathrm{e}^{\mathbf{i}\theta} = -2\mathbf{i}\sin\left(\dfrac{\theta}{2}\right)\mathrm{e}^{\mathbf{i}\frac{\theta}{2}}$ puis donner une expression comparable de $1+\mathrm{e}^{\mathbf{i}\theta}$.
   b. En déduire une expression très simple de $\dfrac{1-\mathrm{e}^{\mathbf{i}\theta}}{1+\mathrm{e}^{\mathbf{i}\theta}}$ lorsque θ n'est pas congru à π modulo 2π.
2. Soit $\theta \in \mathbb{R}$. Résoudre, pour z dans $\mathbb{C}$, l'équation $\dfrac{\mathbf{i}-z}{\mathbf{i}+z} = \mathrm{e}^{\mathbf{i}\theta}$.

C 4.3 Une utilisation de l'angle moitié

1. Soit $\theta \in \mathbb{R}$.

a. On a $1-e^{i\theta}=e^{i\frac{\theta}{2}}(e^{-i\frac{\theta}{2}}-e^{i\frac{\theta}{2}})=-2i\sin\left(\frac{\theta}{2}\right)e^{i\frac{\theta}{2}}$ par la formule d'Euler.

De même, $1+e^{i\theta}=e^{i\frac{\theta}{2}}(e^{-i\frac{\theta}{2}}+e^{i\frac{\theta}{2}})=2\cos\left(\frac{\theta}{2}\right)e^{i\frac{\theta}{2}}$.

b. Lorsque θ n'est pas congru à π modulo 2π, on a $\frac{\theta}{2}\not\equiv\frac{\pi}{2}\ [\pi]$, et donc $\cos\left(\frac{\theta}{2}\right)\neq 0$.

Ainsi peut-on écrire : $\dfrac{1-e^{i\theta}}{1+e^{i\theta}}=\dfrac{-2i\sin\left(\frac{\theta}{2}\right)e^{i\frac{\theta}{2}}}{2\cos\left(\frac{\theta}{2}\right)e^{i\frac{\theta}{2}}}=-i\tan\left(\frac{\theta}{2}\right)$.

2. On doit distinguer deux cas :

- Si $\theta\equiv\pi\ [2\pi]$ alors $e^{i\theta}=-1$ et l'équation à résoudre est $\dfrac{i-z}{i+z}=-1$.
  Cette équation n'a alors pas de solution car si $\dfrac{i-z}{i+z}=-1$ alors $i-z=-i-z$, d'où $i=-i$, ce qui est absurde.
- Sinon, soit $z\in\mathbb{C}\setminus\{-i\}$.

$$\frac{i-z}{i+z}=e^{i\theta}\Leftrightarrow i-z=e^{i\theta}(i+z)\Leftrightarrow(1+e^{i\theta})z=i(1-e^{i\theta})\Leftrightarrow z=i\times\frac{1-e^{i\theta}}{1+e^{i\theta}}$$
$$\Leftrightarrow z=\tan\left(\frac{\theta}{2}\right).$$

Dans ce cas on a donc une unique solution : $z=\tan\left(\frac{\theta}{2}\right)$.

4.4 Expansion et calcul de cosinus

1. Pour $\theta\in\mathbb{R}$, linéariser $\cos(\theta)^5$ et $\cos(\theta)^3$.
2. En déduire l'expression de $\cos(5\theta)$ en fonction de $\cos(\theta)$.
3. En déduire $\cos\left(\frac{\pi}{10}\right)$.

C 4.4 Expansion et calcul de cosinus

1. On trouve : $\cos(\theta)^5=\frac{1}{16}\cos(5\theta)+\frac{5}{16}\cos(3\theta)+\frac{5}{8}\cos(\theta)$ et $\cos(\theta)^3=\frac{1}{4}\cos(3\theta)+\frac{3}{4}\cos(\theta)$.
2. En multipliant la première identité par 16 :
   $\cos(5\theta)=16\cos(\theta)^5-5\cos(3\theta)-10\cos(\theta)$.
   En multipliant la seconde identité par 4 : $\cos(3\theta)=4\cos(\theta)^3-3\cos(\theta)$.
   En reportant dans la précédente : $\cos(5\theta)=16\cos(\theta)^5-20\cos(\theta)^3+5\cos(\theta)$.
3. Notons $X=\frac{\pi}{10}$ et réécrivons la formule précédente avec $\theta=\frac{\pi}{10}$.
   On trouve : $\cos\left(\frac{\pi}{2}\right)=16X^5-20X^3+5X$ c'est-à-dire $(16X^4-20X^2+5)X=0$.
   Or on a $0\leqslant\frac{\pi}{10}<\frac{\pi}{4}$, et par conséquent on a $1>X=\cos\left(\frac{\pi}{10}\right)>\frac{\sqrt{2}}{2}$. En

particulier $X \neq 0$, et comme un produit de facteurs est nul si et seulement si l'un de ces facteurs est nul, il en résulte qu'on a $16X^4 - 20X^2 + 5 = 0$. Posons $Y = X^2$. On a $16Y^2 - 20Y + 5 = 0$. C'est un trinôme de discriminant $\Delta = 20^2 - 4 \times 16 \times 5 = 80$ et de racines $\dfrac{5 \pm \sqrt{5}}{8}$. Comme on a $X > \dfrac{\sqrt{2}}{2}$, on a $Y = X^2 > \dfrac{1}{2}$ et $Y = \dfrac{5 - \sqrt{5}}{8}$ est exclu.

Finalement on a $Y = \dfrac{5 + \sqrt{5}}{8}$ et comme X est positif on conclut :

$X = \dfrac{\sqrt{5 + \sqrt{5}}}{2\sqrt{2}} = \dfrac{\sqrt{2}\sqrt{5 + \sqrt{5}}}{4}$.

4.5 Calculs de racines

1. Calculer les racines quatrièmes de $-32 + 32\sqrt{3}\mathbf{i}$ et les mettre sous forme algébrique.
2. Calculer les racines cubiques de $\dfrac{1 + \mathbf{i}}{\sqrt{2}}$ et les mettre sous forme algébrique.

C 4.5 Calculs de racines

1. On note $Z = -32 + 32\sqrt{3}\mathbf{i} = 64\left(-\dfrac{1}{2} + \dfrac{\sqrt{3}}{2}\mathbf{i}\right) = 8^2 e^{\mathbf{i}\frac{2\pi}{3}}$.

   Soit $z = re^{\mathbf{i}\theta} \in \mathbb{C}$. On a :

   z est racine quatrième de $Z \Leftrightarrow z^4 = Z \Leftrightarrow r^4 e^{\mathbf{i}4\theta} = 8^2 e^{\mathbf{i}\frac{2\pi}{3}} \Leftrightarrow \begin{cases} r^4 = 8^2 \\ e^{\mathbf{i}4\theta} = e^{\mathbf{i}\frac{2\pi}{3}} \end{cases}$

   $\Leftrightarrow \begin{cases} r = \sqrt{8} \\ 4\theta \equiv \frac{2\pi}{3}\ [2\pi] \end{cases} \Leftrightarrow \begin{cases} r = 2\sqrt{2} \\ \theta \equiv \frac{\pi}{6}\ \left[\frac{\pi}{2}\right] \end{cases}$.

   Donc les racines quatrièmes de Z sont : $2\sqrt{2}e^{\mathbf{i}\frac{\pi}{6}} = \sqrt{6} + \sqrt{2}\mathbf{i}$, $2\sqrt{2}e^{\mathbf{i}\frac{2\pi}{3}} = -\sqrt{2} + \sqrt{6}\mathbf{i}$, $2\sqrt{2}e^{\mathbf{i}\frac{7\pi}{6}} = -\sqrt{6} - \sqrt{2}\mathbf{i}$ et $2\sqrt{2}e^{\mathbf{i}\frac{5\pi}{3}} = \sqrt{2} - \sqrt{6}\mathbf{i}$.

2. On note $Z = \dfrac{1 + \mathbf{i}}{\sqrt{2}} = e^{\mathbf{i}\frac{\pi}{4}}$.

   Soit $z = re^{\mathbf{i}\theta} \in \mathbb{C}$. On a :

   z est racine troisième de $Z \Leftrightarrow z^3 = Z \Leftrightarrow r^3 e^{\mathbf{i}3\theta} = e^{\mathbf{i}\frac{\pi}{4}} \Leftrightarrow \begin{cases} r^3 = 1 \\ e^{\mathbf{i}3\theta} = e^{\mathbf{i}\frac{\pi}{4}} \end{cases}$

   $\Leftrightarrow \begin{cases} r = 1 \\ 3\theta \equiv \frac{\pi}{4}\ [2\pi] \end{cases} \Leftrightarrow \begin{cases} r = 1 \\ \theta \equiv \frac{\pi}{12}\ \left[\frac{2\pi}{3}\right] \end{cases}$.

   L'ensemble des racines troisièmes de Z est donc $S = \left\{e^{\mathbf{i}\frac{\pi}{12}}, e^{\mathbf{i}\frac{3\pi}{4}}, e^{\mathbf{i}\frac{-7\pi}{12}}\right\}$.

   On veut mettre maintenant mettre les éléments de S sous forme algébrique. Pour commencer, on sait qu'on a $e^{\mathbf{i}\frac{3\pi}{4}} = -\dfrac{\sqrt{2}}{2} + \dfrac{\sqrt{2}}{2}\mathbf{i}$. Ensuite on peut être gêné par le fait qu'on ne connaît pas les valeurs de cos et sin en $\frac{\pi}{12}$ mais on peut contourner le problème. En effet on sait, par le théorème 15, que si l'on connaît une racine troisième z_0 de Z, l'ensemble des racines troisièmes de Z est $\{\omega_0 z_0, \omega_1 z_0, \omega_2 z_0\}$, où les ω_k sont les racines troisièmes de l'unité (que l'on connaît bien).

Tout cela pour prendre conscience que l'on a
$e^{\mathbf{i}\frac{-7\pi}{12}} = \mathbf{j}e^{\mathbf{i}\frac{3\pi}{4}} = \left(-\frac{1}{2}+\frac{\sqrt{3}}{2}\mathbf{i}\right)\left(-\frac{\sqrt{2}}{2}+\frac{\sqrt{2}}{2}\mathbf{i}\right) = \frac{1}{2\sqrt{2}}((1-\sqrt{3})-(1+\sqrt{3})\mathbf{i})$, et
$e^{\mathbf{i}\frac{\pi}{12}} = \mathbf{j}^2e^{\mathbf{i}\frac{3\pi}{4}} = \left(-\frac{1}{2}-\frac{\sqrt{3}}{2}\mathbf{i}\right)\left(-\frac{\sqrt{2}}{2}+\frac{\sqrt{2}}{2}\mathbf{i}\right) = \frac{1}{2\sqrt{2}}((1+\sqrt{3})+(\sqrt{3}-1)\mathbf{i})$.

4.6 Une équation aux racines sixièmes

Résoudre dans $\mathbb{C}$ l'équation $(E)\ :\ (z+1)^6+27(z-1)^6=0$.

C 4.6 Une équation aux racines sixièmes

Notons avant tout que 1 n'est clairement pas solution de cette équation.
Soit $z \in \mathbb{C}\setminus\{1\}$.

$$z \text{ est solution de } (E) \Leftrightarrow (z+1)^6+27(z-1)^6=0 \Leftrightarrow (z+1)^6=-27(z-1)^6$$
$$\Leftrightarrow \frac{(z+1)^6}{(z-1)^6}=-27, \text{ car } z\neq 1.$$

Reprenons : z est solution de $(E) \Leftrightarrow \left(\frac{z+1}{z-1}\right)^6 = -27 \Leftrightarrow Z^6=-27$, où l'on pose $Z=\frac{z+1}{z-1}$.
On doit donc déterminer les racines sixièmes de -27. Or, on a $-27=3^3e^{\mathbf{i}\pi}=\left(\sqrt{3}e^{\mathbf{i}\frac{\pi}{6}}\right)^6$ donc les racines sixièmes de -27 forment l'ensemble : $\left\{\sqrt{3}e^{\mathbf{i}\frac{\pi+2k\pi}{6}},\ k\in\{0,\ldots,5\}\right\}$.
Notons $\alpha_0,\alpha_1,\ldots,\alpha_5$ ces 6 racines. On a démontré :

$$z \text{ est solution de } (E) \Leftrightarrow \exists k\in\{0,\ldots,5\},\ \frac{z+1}{z-1}=\alpha_k$$
$$\Leftrightarrow \exists k\in\{0,\ldots,5\},\ z+1=\alpha_k(z-1) \Leftrightarrow \exists k\in\{0,\ldots,5\},\ (1-\alpha_k)z=-1-\alpha_k$$
$$\Leftrightarrow \exists k\in\{0,\ldots,5\},\ z=\frac{-1-\alpha_k}{1-\alpha_k},$$

vérifiant en passant qu'aucun α_k n'est égal à 1.
Enfin pour $k\in\{0,\ldots,5\}$ fixé, on constate que $\frac{-1-\alpha_k}{1-\alpha_k}=1-\frac{2}{1-\alpha_k}$; cette forme simplifiée permet de vérifier que si k et ℓ sont deux éléments distincts de $\{0,\ldots,5\}$ alors : $1-\frac{2}{1-\alpha_k}\neq 1-\frac{2}{1-\alpha_\ell}$.
En conclusion, l'équation (E) admet 6 solutions distinctes,
les $1-\frac{2}{1-\sqrt{3}e^{\mathbf{i}\frac{\pi+k\pi}{3}}}$, $k\in\{0,\ldots,5\}$.

4.7 Autour des racines de l'unité

1. Pour $k\in\mathbb{Z}$, que vaut $\mathbf{j}^k$?
2. Soit $p\in\mathbb{N}\setminus\{0\}$. Pour $n\in\mathbb{N}$, on rappelle qu'on note $\mathbb{U}_n$ l'ensemble des racines n-ièmes complexes de l'unité. Montrer que pour tout $n\in\mathbb{N}\setminus\{0\}$,

$$\sum_{\alpha\in\mathbb{U}_n} \alpha^p = \begin{cases} n \text{ si } n \text{ divise p} \\ 0 \text{ sinon} \end{cases}.$$

(on pourra introduire le nombre $\omega = \mathrm{e}^{\mathbf{i}\frac{2\pi}{n}}$).

3. Dans cette question on désire calculer $\sum\limits_{0\leqslant 3p\leqslant n} \binom{n}{3p}$ en fonction de $n \in \mathbb{N}$.

   a. Mettre $1+\mathbf{j}$ sous forme exponentielle, puis calculer $\mathrm{Re}\big((1+\mathbf{j})^n\big)$ pour $n \in \mathbb{N}$.

   b. En déduire qu'on a $\sum\limits_{\alpha\in\mathbb{U}_3} (1+\alpha)^n = 2^n + 2\cos\left(\frac{\pi n}{3}\right)$ (on pourra expliciter $\mathbb{U}_3$).

4. En utilisant la formule du binôme de Newton, prouver qu'on a :
   $\sum\limits_{\alpha\in\mathbb{U}_3} (1+\alpha)^n = 3 \sum\limits_{0\leqslant 3p\leqslant n} \binom{n}{3p}$, puis conclure.

C 4.7 Autour des racines de l'unité

1. Puisqu'on a $\mathbf{j}^3 = 1$, on a $\mathbf{j}^k = \begin{cases} 1 & \text{si } k \text{ est de la forme } 3\ell \\ \mathbf{j} & \text{si } k \text{ est de la forme } 3\ell+1 \\ \mathbf{j}^2 & \text{si } k \text{ est de la forme } 3\ell+2 \end{cases}$.

2. Remarquons tout d'abord qu'on a $\mathbb{U}_n = \left\{1, \omega, \omega^2, \omega^3, \ldots, \omega^{n-1}\right\}$ et donc
$$\sum_{\alpha\in\mathbb{U}_n} \alpha^p = \sum_{k=0}^{n-1} \left(\omega^k\right)^p = \sum_{k=0}^{n-1} \left(\omega^p\right)^k.$$
Il s'agit donc de la somme des termes d'une suite géométrique. On a par conséquent deux cas de figure : soit la raison ω^p est 1, et cette somme vaut n, soit la raison ω^p n'est pas égale à 1, et cette somme vaut $\dfrac{\omega^{np}-1}{\omega-1} = \dfrac{1-1}{\omega-1} = 0$.
Reste à voir que ces deux cas correspondent aux deux cas annoncés. On a $\omega^p = 1 \Leftrightarrow \mathrm{e}^{\frac{2\mathrm{i}p\pi}{n}} = 1 \Leftrightarrow \frac{2p\pi}{n} \equiv 0\ [2\pi] \Leftrightarrow p \equiv 0\ [n] \Leftrightarrow n$ divise . D'où le résultat annoncé.

3. Dans cette question on désire calculer $\sum\limits_{0\leqslant 3p\leqslant n} \binom{n}{3p}$ en fonction de $n \in \mathbb{N}$.

   a. Utilisons par exemple la factorisation par l'arc moitié :
   $1+\mathbf{j} = \mathrm{e}^{\mathbf{i}0} + \mathrm{e}^{\frac{2\mathrm{i}\pi}{3}} = \mathrm{e}^{\frac{\mathrm{i}\pi}{3}}\left(\mathrm{e}^{\frac{-\mathrm{i}\pi}{3}} + \mathrm{e}^{\frac{\mathrm{i}\pi}{3}}\right) = 2\cos\left(\dfrac{\pi}{3}\right)\mathrm{e}^{\frac{\mathrm{i}\pi}{3}} = \mathrm{e}^{\frac{\mathrm{i}\pi}{3}}$.
   On en déduit, tout d'abord qu'on a $(1+\mathbf{j})^n = \mathrm{e}^{\frac{n\mathrm{i}\pi}{3}}$, et ensuite qu'on a $\mathrm{Re}\big((1+\mathbf{j})^n\big) = \cos\left(\frac{n\pi}{3}\right)$.

   b. Cette somme n'a jamais que trois termes. Autant l'écrire *in extenso* :
$$\begin{aligned} \sum_{\alpha\in\mathbb{U}_3(1+\alpha)^n} &= 2^n + (1+\mathbf{j})^n + (1+\mathbf{j}^2)^n \\ &= 2^n + (1+\mathbf{j})^n + (1+\bar{\mathbf{j}})^n \\ &= 2^n + (1+\mathbf{j})^n + (\overline{1+\mathbf{j}})^n \\ &= 2^n + (1+\mathbf{j})^n + \overline{(1+\mathbf{j})^n} \\ &= 2^n + 2\mathrm{Re}\big((1+\mathbf{j})^n\big) \\ &= 2^n + 2\cos\left(\tfrac{n\pi}{3}\right). \end{aligned}$$

4. On a :

$$\begin{aligned}
\sum_{\alpha\in\mathbb{U}_3}(1+\alpha)^n &= (1+1)^n+(1+\mathbf{j})^n+(1+\mathbf{j}^2)^n\\
&= \sum_{k=0}^{n}\binom{n}{k}+\sum_{k=0}^{n}\binom{n}{k}\mathbf{j}^k+\sum_{k=0}^{n}\binom{n}{k}\mathbf{j}^{2k}\\
&= \sum\binom{n}{3p}+\sum\binom{n}{3p+1}+\sum\binom{n}{3p+2}+\sum\binom{n}{3p}\\
&\quad+\mathbf{j}\sum\binom{n}{3p+1}+\mathbf{j}^2\sum\binom{n}{3p+2}+\sum\binom{n}{3p}\\
&\quad+\mathbf{j}^2\sum\binom{n}{3p+1}+\mathbf{j}\sum_{0\leqslant 3p+2\leqslant n}\binom{n}{3p+2}\ \text{d'après la question 1.}\\
&= 3\sum_{0\leqslant 3p\leqslant n}\binom{n}{3p}+\left(\sum_{0\leqslant 3p+1\leqslant n}\binom{n}{3p+1}\right)(1+\mathbf{j}+\mathbf{j}^2)\\
&\quad+\left(\sum_{0\leqslant 3p+2\leqslant n}\binom{n}{3p+2}\right)(1+\mathbf{j}+\mathbf{j}^2)\\
&= 3\sum_{0\leqslant 3p\leqslant n}\binom{n}{3p}\ \text{car } 1+\mathbf{j}+\mathbf{j}^2=0.
\end{aligned}$$

Par la question 3b et après division par 3, on trouve $\displaystyle\sum_{0\leqslant 3p\leqslant n}\binom{n}{3p}=\frac{2^n+2\cos\left(\frac{n\pi}{3}\right)}{3}$.

Remarque : $\cos\left(\frac{n\pi}{3}\right)$ ne peut prendre que les valeurs $1, -1, \frac{1}{2}, -\frac{1}{2}$.

4.8 Somme et produit

Existe-t-il deux nombres complexes z_1 et z_2 tels que $z_1+z_2=3+2\mathbf{i}$ et $z_1z_2=5+\mathbf{i}$? Si oui, déterminer tous les couples (z_1,z_2) solutions.

C 4.8 Somme et produit

D'après les relations coefficients-racines[41], étant donnés deux complexes S et P, deux complexes z_1 et z_2 vérifient $z_1+z_2=S$ et $z_1z_2=P$ si et seulement s'ils sont solutions de l'équation $X^2-SX+P=0$.

Or une équation polynomiale du second degré à coefficients complexes a toujours une solution dans $\mathbb{C}$, d'où l'existence de z_1 et de z_2 satisfaisant le problème posé.

On peut même les donner explicitement à l'aide des techniques de calcul étudiées pour ce type d'équations. L'équation $X^2-SX+P=0$ est ici $X^2-(3+2\mathbf{i})X+5+\mathbf{i}=0$; elle a pour discriminant $\Delta=-15+8\mathbf{i}$, dont on calcule des racines à l'aide de la méthode illustrée par l'exemple 8. On trouve $\delta=1+4\mathbf{i}$ et $-\delta=-1-4\mathbf{i}$, puis

$$(z_1,z_2)=\left(\frac{3+2\mathbf{i}+(1+4\mathbf{i})}{2}=2+3\mathbf{i},\ \frac{3+2\mathbf{i}-(1+4\mathbf{i})}{2}=1-\mathbf{i}\right)$$

ou $(z_1,z_2)=(1-\mathbf{i},2+3\mathbf{i})$.

41. Cf. le théorème 12 et l'application qui le suit.

4.9 Exponentielle complexe

Résoudre l'équation $\mathrm{e}^z = \mathbf{j}$ d'inconnue z complexe.

C 4.9 Exponentielle complexe

Rappelons qu'on a $\mathbf{j} = \mathrm{e}^{\mathbf{i}\frac{2\pi}{3}}$.

Notons $z = a + \mathbf{i}b$. L'équation implique $|\mathrm{e}^z| = |\mathbf{j}|$ c'est-à-dire $\mathrm{e}^{\mathrm{Re}(z)} = 1$ ou encore $\mathrm{e}^a = 1$. Par injectivité de l'exponentielle **réelle**, on a donc $a = 0$. Par suite on a $\mathrm{e}^{\mathbf{i}b} = \mathrm{e}^{\frac{2\mathbf{i}\pi}{3}}$ ce qui donne $b \equiv \frac{2\pi}{3}\ [2\pi]$.

Finalement, l'ensemble des solutions est $\left\{\mathbf{i}\left(\dfrac{2\pi}{3} + 2k\pi\right),\ k \in \mathbb{Z}\right\}$.

4.10 Équilatéralité

On considère trois points $A,\ B,\ C$ du plan d'affixes respectives $z_A,\ z_B,\ z_C$.

Montrer que les trois propositions suivantes sont équivalentes :

i/ ABC est équilatéral.

ii/ $z_A + jz_B + j^2 z_C = 0$ ou $z_A + j^2 z_B + jz_C = 0$.

iii/ $z_A^2 + z_B^2 + z_C^2 = z_A z_B + z_A z_C + z_B z_C$.

C 4.10 Équilatéralité

Rappel : $1 + \mathbf{j} + \mathbf{j}^2 = 0$ et $\mathbf{j}^3 = 1$.

i/⇔ii/

$$\begin{aligned}
ABC \text{ équilatéral} &\Leftrightarrow CA = CB \wedge (\overrightarrow{CA}, \overrightarrow{CB}) = \frac{\pi}{3} \text{ ou } CA = CB \wedge (\overrightarrow{CA}, \overrightarrow{CB}) = -\frac{\pi}{3}\\
&\Leftrightarrow \frac{z_A - z_C}{z_B - z_C} = \mathrm{e}^{\mathbf{i}\frac{\pi}{3}} \text{ ou } \frac{z_A - z_C}{z_B - z_C} = \mathrm{e}^{-\mathbf{i}\frac{\pi}{3}}\\
&\Leftrightarrow \frac{z_A - z_C}{z_B - z_C} = -\mathbf{j}^2 \text{ ou } \frac{z_A - z_C}{z_B - z_C} = -\mathbf{j}\\
&\Leftrightarrow (z_A - z_C) = -\mathbf{j}^2(z_B - z_C) \text{ ou } (z_A - z_C) = -\mathbf{j}(z_B - z_C)\\
&\Leftrightarrow z_A - z_C = -\mathbf{j}^2 z_B + \mathbf{j}^2 z_C \text{ ou } z_A - z_C = -\mathbf{j}z_B + \mathbf{j}z_C\\
&\Leftrightarrow z_A + \mathbf{j}^2 z_B + (-1 - \mathbf{j}^2) z_C = 0 \text{ ou } z_A + \mathbf{j}z_B + (-1 - \mathbf{j})z_C = 0\\
&\Leftrightarrow z_A + \mathbf{j}^2 z_B + \mathbf{j}z_C = 0 \text{ ou } z_A + \mathbf{j}z_B + \mathbf{j}^2 z_C = 0.
\end{aligned}$$

ii/⇔iii/

$$z_A + \mathbf{j}^2 z_B + \mathbf{j} z_C = 0 \text{ ou } z_A + \mathbf{j} z_B + \mathbf{j}^2 z_C = 0$$

$$\Leftrightarrow \quad (z_A + \mathbf{j}^2 z_B + \mathbf{j} z_C)(z_A + \mathbf{j} z_B + \mathbf{j}^2 z_C) = 0$$

$$\Leftrightarrow \quad z_A^2 + \mathbf{j} z_A z_B + \mathbf{j}^2 z_A z_C + \mathbf{j}^2 z_B z_A + \mathbf{j}^3 z_B^2 + \mathbf{j}^4 z_B z_C + \mathbf{j} z_A z_C + \mathbf{j}^2 z_B z_C + \mathbf{j}^3 z_C^2 = 0$$

$$\Leftrightarrow \quad z_A^2 + z_B^2 + z_C^2 - z_A z_B - z_A z_C - z_B z_C = 0$$

$$\Leftrightarrow \quad z_A^2 + z_B^2 + z_C^2 = z_A z_B + z_A z_C + z_B z_C.$$

CHAPITRE 5

Arithmétique dans $\mathbb{Z}$

1 Introduction

1.1 Des origines lointaines

L'arithmétique en son sens premier est l'étude des nombres (entiers voire rationnels) et des opérations arithmétiques usuelles (addition, soustraction, multiplication et division). Ayant trait aux nombres, qui sont une des composantes premières des mathématiques, les considérations arithmétiques remontent probablement aux tout premiers temps des mathématiques.

Déjà assez loin de nous, les *Éléments* d'Euclide, dont on retient le plus souvent la partie purement géométrique, consacrent trois livres (VII à IX) à l'arithmétique[1]. On y trouve notamment les définitions de diviseur, de nombre pair, impair, premier, parfait, de nombres premiers entre eux, de PGCD, PPCM... Pour ce qui est des résultats on y trouve l'algorithme du PGCD (dit d'Euclide), le fait que tout entier supérieur ou égal à 2 est divisible par un nombre premier, diverses propriétés sur les carrés et les cubes d'entiers, l'étude des suites géométriques (dont le résultat sur la valeur de la somme des termes d'une progression géométrique), l'infinité des nombres premiers...

Les preuves y sont le plus souvent illustrées par un support géométrique : des lignes dont la longueur représente les nombres considérés.

Un autre grand traité de l'Antiquité s'occupe d'arithmétique, et même uniquement de

1. Les *Éléments* sont une somme en treize livres, dont on attribue la rédaction à Euclide d'Alexandrie au IIIe siècle avant Jésus-Christ, des connaissances des géomètres grecs de l'époque. De très nombreux résultats des *Éléments* ne sont donc pas du fait d'Euclide ; on attribue ainsi la paternité de certains d'entre eux à Eudoxe et Théétète notamment. Le style de l'ouvrage a profondément influencé les mathématiques depuis lors notamment par le traitement axiomatique qui y est proposé.

cette science ; il s'agit de l'*Arithmétique* de Diophante d'Alexandrie.

C'est une œuvre à part. Son auteur, Diophante d'Alexandrie, est un personnage dont on ne connaît pas grand chose. Si on l'assimile généralement aux mathématiques grecques, rien ne prouve cependant qu'il ait été grec lui-même et d'ailleurs son traitement peu géométrique des problèmes ne le rattache pas particulièrement à la tradition mathématique grecque.

Il y a des preuves solides selon lesquelles il aurait vécu entre les années -150 et 350. Cela fait un intervalle de cinq siècles... Des recoupements plus poussés[2] placent Diophante dans le IIIe siècle de notre ère mais d'autres arguments plaident en faveur du fait qu'il ait été contemporain de Héron d'Alexandrie, vivant au Ier siècle[3].

Il est à noter que seuls dix des treize livres censés former l'*Arithmétique* ont été retrouvés. Quatre d'entre eux n'ont même été retrouvés qu'en 1968.

Le problème fondamental de l'*Arithmétique* de Diophante est la résolution des équations indéterminées à coefficients entiers, sachant que ne peut jouer le rôle de solution qu'un nombre rationnel positif[4]. Ce n'est pas un livre théorique mais un recueil de problèmes. Diophante n'emploie aucun symbolisme algébrique, utilisant juste des abréviations, qui ont d'ailleurs le défaut de ne même pas rendre explicite le lien entre deux quantités (ainsi x et x^3 sont rendus par deux caractères n'ayant aucun lien entre eux et signifiant simplement « l'inconnue » et le « cube »). Il traite un problème en n'introduisant systématiquement qu'une seule quantité à déterminer pour aboutir à la résolution, même si ses problèmes font souvent intervenir plusieurs inconnues. Cette quantité, appelée[5] ὁ ἀριθμός, a donné son nom à la science « arithmétique ». Le fait de ne pouvoir considérer qu'une seule quantité inconnue rend souvent l'approche de Diophante éloignée de celle qu'aurait un moderne et cela le contraint, lorsque les problèmes ont en réalité une infinité de solutions, à fixer des valeurs à certaines des inconnues (qui sont donc considérées comme on le dirait actuellement comme des paramètres dont on aurait fixé la valeur). Diophante se retrouve aussi de fait amené à des manipulations très ingénieuses pour trouver une solution à ses problèmes ! La maîtrise calculatoire qu'il y développe est stupéfiante pour son temps mais ses méthodes ne peuvent en revanche que rarement être généralisées, et n'étaient probablement pas pensées pour cela.

2. Recoupements effectués par Paul Tannery, *Diophantus Alexandrinus, opera omnia*, I & II, Leipzig Teubner (1893-95).
3. N. Schappacher résume ces considérations dans *Diophantus of Alexandria : a Text and his History* (2005), disponible sur sa page internet, à l'adresse http://www-irma.u-strasbg.fr/~schappa/NSch/Publications_files/Dioph.pdf.
4. Par exemple pour Diophante, $4 = 4x + 20$ est une équation absurde.
5. Nous l'avons déjà évoqué dans la note 2 du chapitre 7.

Bien plus tard, la période de la Renaissance vit la redécouverte des œuvres de l'Antiquité. De nombreux traités mathématiques furent ainsi traduits en latin au XVIe siècle (le traducteur le plus connu de l'époque est probablement Federico Commandino) et diffusés largement en Europe.

On doit à Claude-Gaspard Bachet de Méziriac[6] une édition remarquable de l'*Arithmétique* de Diophante en latin. C'est à partir de cette traduction que Pierre de Fermat travailla à l'arithmétique et son propre exemplaire de l'*Arithmétique* agrémenté des notes qu'il y inscrivit dans les marges constitue un document d'une grande valeur historique. On trouve d'ailleurs dans ces notes une partie non négligeable des réflexions de Fermat qui nous sont parvenues, en particulier ce qu'on appelle maintenant le *grand théorème de Fermat*[7].

Fermat était assez secret et n'a que peu divulgué ses méthodes. Ainsi ce sont surtout les résultats qu'il a établis – ou qu'il a pensé avoir établis – qui lui ont survécu et qui ont influencé les arithméticiens à venir. Néanmoins on doit retenir de Fermat les points fondamentaux suivants :

- le fait de restreindre l'arithmétique aux entiers, se démarquant en cela de Diophante notamment ;
- faire ressortir dans le domaine des entiers les propriétés de divisibilité et de primalité comme l'essence de l'arithmétique ;
- le principe de la *descente de Fermat*, qui fut repris par les générations futures et permet d'établir notamment le théorème des deux carrés[8] et le théorème de Fermat[9] pour $n = 4$.

---

6. Traducteur, mathématicien et poète français (1581-1638). Il reste connu notamment pour ses *Problèmes plaisants & délectables qui se font par les nombres*.

7. Ce théorème énonce que pour tout entier $n \geqslant 3$, l'équation $x^n + y^n = z^n$ n'admet aucun triplet solution (x, y, z) d'entiers non nuls. Fermat énonça ce résultat en marge de son exemplaire de l' *Arithmétique*, et affirma même l'avoir démontré. On ne retrouva pas la façon dont il aurait pu s'y prendre et ce théorème fascina les mathématiciens durant plusieurs siècles. Cette fascination fut extrêment féconde : de nombreux domaines et de nombreuses méthodes furent développés dans le but de démontrer le grand théorème de Fermat. La résolution en fut achevée en 1994 par le mathématicien britannique Andrew Wiles. La complexité et la fabuleuse quantité d'innovations nécessaires depuis l'époque de Fermat pour aboutir à la démonstration de ce théorème ne laissent guère de doutes sur le fait que Fermat n'avait pas pu le démontrer rigoureusement.

8. Sous sa forme la plus restreinte, ce théorème stipule qu'un nombre premier p est somme de deux carrés d'entiers si et seulement si $p \equiv 1\ [4]$.

9. Cf. note 7.

Pierre de Fermat
(1601–1665)

Si Pierre de Fermat demeure célèbre dans l'histoire des mathématiques, il était avant tout un juriste français du XVIIe siècle[a] et sa pratique des mathématiques était, comme la plupart des hommes de science de son temps, celle d'un amateur.
Originaire de Beaumont-de-Lomagne[b], il fit sa carrière dans le Sud-Ouest, entre Bordeaux, Toulouse[c], Beaumont-de-Lomagne et Castres.
Il vint aux mathématiques via les travaux de Viète, dont l'introduction d'une symbolique algébrique est le fondement de notre calcul littéral. La maîtrise du système algébrique de Viète est une composante essentielle des succès de Fermat. Fermat lut aussi plusieurs classiques de l'Antiquité dont les traductions latines se multipliaient depuis la fin du XVIe siècle.
Bien que moins mis en avant que Descartes, Fermat est cependant un des artisans de l'algébrisation de la géométrie. Il est aussi un des premiers à avoir proposé une méthode de détermination des tangentes. On lui attribue également le principe physique selon lequel « la nature agit toujours par les voies les plus courtes et les plus simples ». C'est néanmoins par ses travaux d'arithmétique que Fermat est demeuré le plus célèbre, son nom étant attaché à plusieurs théorèmes (démontrés ou non par ses soins) qu'il a énoncés dans ce domaine, ainsi qu'à une suite de nombres[d].

a. La date de naissance exacte de Fermat fait débat mais 1601 semble le plus sûr. Cf. sur ce point et de nombreux autres mentionnés ici le traité de M. S. Mahoney, *The Mathematical Career of Pierre de Fermat, 1601-1665*, 2e éd. (1994), Princeton University Press.
b. Commune du Tarn-et-Garonne.
c. D'ailleurs le lycée historique de la ville de Toulouse porte le nom de Fermat depuis 1957.
d. On appelle *nombre de Fermat* tout entier de la forme $2^{2^n}+1$, où $n \in \mathbb{N}$. Fermat avait conjecturé que tous ces nombres sont premiers, ce qui s'est révélé faux ($2^{2^5}+1$ n'est pas premier par exemple). Ces nombres étant rapidement très grands, on ne sait que pour un très petit nombre d'entre eux s'ils sont premiers ou non.

Les deux premiers points sont clairement mis en avant dans les programmes de CPGE et dans le chapitre proposé ici.

Par la suite, si certains mathématiciens de renom comme Euler ou Lagrange ont contribué à l'arithmétique au XVIIIe siècle, la théorie prit réellement toute son ampleur au début du XIXe siècle. Avec les *Disquisitiones Arithmeticae* (1801), un des traités les plus célèbres des mathématiques de par le génie de son auteur et son importance dans le développement des mathématiques, Gauss posa les fondements modernes de ce qu'on appelle l'arithmétique ou théorie des nombres. Il synthétisa l'arithmétique de ses prédécesseurs et la formula proprement (ce qui est proposé dans ce chapitre est maîtrisé par Gauss) mais alla bien au-delà, avec une théorie des congruences extrêmement riche et l'utilisation des concepts arithmétiques dans des domaines autres que celui des entiers[10].

10. Le chapitre 10 aborde d'ailleurs cet aspect.

1.2 Le théorème fondamental de l'arithmétique

Il est un résultat essentiel en arithmétique : il s'agit du théorème dit *fondamental de l'arithmétique* (on abrègera par TFA), qui stipule que tout entier naturel non nul s'écrit de manière unique – en un sens à préciser – comme produit de nombres premiers. Cela signifie qu'en un sens, les nombres premiers sont les briques élémentaires des nombres, leurs atomes.

L'aspect existentiel du TFA, à savoir que tout entier naturel non nul peut s'écrire comme produit de nombres premiers, remonte quasiment à Euclide, étant donné que la proposition 31 du livre VII des *Éléments* stipule que tout nombre supérieur à 2 et non premier est divisible par un nombre premier. En itérant ce principe, on peut inférer facilement la décomposition de tout nombre en produit de facteurs premiers. Cela dit, l'unicité de l'écriture donnée par le TFA ne se trouve pas chez Euclide, même si certain résultat s'en approche...

En fait ce théorème n'a jamais été énoncé, et la partie relative à l'unicité jamais réellement démontrée, jusqu'à Gauss et ses *Disquisitiones Arithmeticae*. Ce n'est probablement pas une question de compétence qui a empêché les générations successives de mathématiciens d'établir ce théorème mais le fait de formuler le problème d'une certaine façon ; Gauss a le premier mis l'accent sur l'importance théorique de ce résultat d'existence et d'unicité.

Il y a deux plans naturels pour ce chapitre. On peut soit présenter le TFA en tant que but à atteindre et structurer le chapitre pour obtenir le TFA comme l'aboutissement de la somme des résultats précédents, soit s'efforcer de l'établir aussi vite que possible afin de dégager ce qui est réellement essentiel pour le démontrer, et mettre en lumière comment utiliser le TFA dans les autres développements du chapitre. Nous avons choisi la deuxième version, qui a l'avantage de montrer que les outils essentiels pour obtenir le TFA sont assez simples (tous sont déjà essentiellement dans l'œuvre d'Euclide).

Le lecteur notera que le programme de PCSI se contente d'arithmétique dans $\mathbb{N}$, ce qui ne doit pas l'empêcher de raisonner dans $\mathbb{Z}$ comme nous le ferons dans ce qui suit.

2 Divisibilité et congruences

2.1 Diviseurs et multiples

L'idée originelle de diviseur nous vient des Grecs et entre autres d'Euclide. Dans le livre VII des *Éléments*, Euclide fixe une unité (représentée par un segment) et décide de se concentrer sur ce qu'il appelle les « nombres », et qui sont une « multitude d'unités ». Ainsi chaque nombre est représenté par un segment obtenu par juxtaposition du segment unité un nombre fini de fois. De manière moderne, on peut donc considérer qu'Euclide construit tout nombre selon le principe suivant : en appelant 1 l'unité et en désignant par + l'opération de juxtaposition, on a $2 = 1 + 1$, $3 = 1 + 1 + 1$, etc.

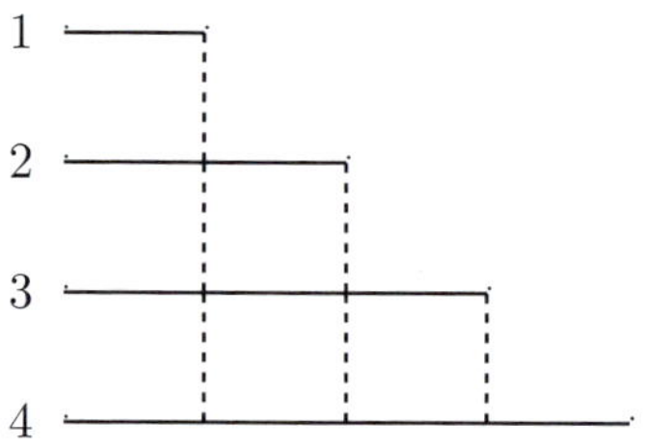

Lorsqu'un segment représentant un nombre b peut être juxtaposé un certain nombre de fois à lui-même pour obtenir un nombre a, Euclide dit que b est une partie de a. Pour imager cela, on peut voir au départ le segment unité comme une sorte de règle servant à mesurer tous les nombres. Mais pour mesurer le nombre a, on peut aussi utiliser une autre règle b, elle-même bien sûr formée par juxtaposition de la règle unité. Lorsque cette situation se produit, on dit que b *divise* a ou encore que a est un *multiple* de b.

Ainsi pour Euclide, dire que b divise a signifie qu'on peut écrire a sous la forme $a = b + b + \cdots + b$, ou encore sous la forme $a = kb$ avec $k \in \mathbb{N} \setminus \{0\}$. On peut généraliser ce principe et l'étendre à tous les entiers :

Définition 1

Soit $(a, b) \in \mathbb{Z}^2$. On dit que b *divise* a, ou encore que b est un *diviseur* de a, s'il existe $k \in \mathbb{Z}$ tel que $a = kb$.[11] On dit alors aussi que a est un *multiple* de b. On note : $b \mid a$. Lorsqu'un entier b ne divise pas un entier a, on note : $b \nmid a$.

11. Du fait de la commutativité de la multiplication dans $\mathbb{Z}$, il est bien sûr équivalent de demander $a = bk$.

Exemples 1

1. On a $2 \mid 6$ car $6 = 3 \times 2$ avec $3 \in \mathbb{Z}$. En revanche on a $2 \nmid 5$.
2. Les entiers -1 et 1 divisent tout entier car pour tout $n \in \mathbb{Z}$, $n = n \times 1$ où $n \in \mathbb{Z}$, et $n = (-n) \times (-1)$ où $-n \in \mathbb{Z}$.
   On peut vérifier que -1 et 1 sont les seuls entiers ayant cette propriété.
   À l'opposé, 0 est multiple de tout entier car pour tout $n \in \mathbb{Z}$, $0 = 0 \times n$.

Remarque 1

Si $a \in \mathbb{Z} \setminus \{0\}$, a ne possède aucun diviseur b tel qu'on ait $|b| > |a|$.
En effet, raisonnons par l'absurde : s'il existe $b \in \mathbb{Z}$ tel que $|b| > |a|$ et tel que $b \mid a$ alors il existe $k \in \mathbb{Z}$ tel que $a = kb$. Comme $a \neq 0$ on a nécessairement $k \neq 0$ et donc $|k| \geqslant 1$. S'ensuit alors $|a| = |k||b| \geqslant |b| > |a|$, contradiction !

Notation 1

Pour un entier n quelconque, on note $n\mathbb{Z}$ l'ensemble des multiples de a. Ainsi par définition, $n\mathbb{Z} = \{nk,\ k \in \mathbb{Z}\} = \{kn,\ k \in \mathbb{Z}\}$.

Remarque 2

Le symbole $\mid$ utilisé ci-dessus dénote ainsi une relation sur $\mathbb{Z}$, appelée *relation de divisibilité.*

On rappelle le résultat vu p. 106 et suivantes :

Théorème 1

La relation de divisibilité sur $\mathbb{Z}$ est réflexive et transitive mais n'est pas antisymétrique.
Si on la restreint à $\mathbb{N}$, elle devient alors antisymétrique et est par conséquent une relation d'ordre sur $\mathbb{N}$.

Rappelons aussi :

Remarque 3

La relation d'ordre $\mid$ sur $\mathbb{N}$ n'est pas totale car si l'on prend par exemple les entiers naturels 2 et 3, on n'a ni $2 \mid 3$ ni $3 \mid 2$.
Par contre, fait amusant, $\mathbb{N}$ admet un plus petit et un plus grand élément pour la relation d'ordre de la divisibilité. En effet, comme vu dans les exemples 1, on a $1 \mid n$ pour tout $n \in \mathbb{N}$ donc 1 est le plus petit élément de $\mathbb{N}$ pour la relation $\mid$. Et comme on a $n \mid 0$ pour tout $n \in \mathbb{N}$, 0 est le plus grand élément de $\mathbb{N}$ pour la relation $\mid$.

L'étude de l'antisymétrie de la relation de divisibilité fait naturellement émerger la notion suivante.

Définition 2

On dit de deux entiers a et b qu'ils sont *associés* lorsqu'on a $a \mid b$ et $b \mid a$.

L'association est donc la relation d'équivalence canoniquement associée à la divisibilité (voir la remarque 25 du chapitre 2, p. 107).

Proposition 1

Deux entiers a et b sont associés si et seulement si $a = b$ ou $a = -b$.

DÉMONSTRATION

- Par réflexivité de la relation $|$, un entier a est toujours associé avec lui-même.
  De plus, comme vu dans la démonstration du théorème 4, pour tout $a \in \mathbb{Z}$, a et $-a$ sont associés.
- Réciproquement, soit $(a, b) \in \mathbb{Z}^2$ avec a et b associés. En reprenant ce qui a déjà été fait dans la démonstration de la proposition 4, on sait qu'il existe $(k, k') \in \mathbb{Z}^2$ tel que $b = ka$, $a = k'b$ et par conséquent $a = k'ka$.
  Si $a = 0$ alors $b = 0$ et en particulier $a = b$.
  Si $a \neq 0$ alors $k'k = 1$ et donc $|k||k'| = 1$. Comme $|k|$ et $|k'|$ sont des entiers naturels, on en déduit $|k| = |k'| = 1$. Cela signifie qu'on a soit $k = 1$, auquel cas $k' = 1$ et $a = b$, soit $k = -1$, auquel cas $k' = -1$ et $a = -b$.
  En tout cas, si a et b sont associés, on a $a = b$ ou $a = -b$.

Il ressort de toutes ces considérations que -1 et 1 ont un rôle particulier. Précisons :

Définition 3 (Inversibilité [12])

On dit d'un entier a qu'il est *inversible* s'il existe $b \in \mathbb{Z}$ tel que $ab = 1$.

Remarque 4

Lorsqu'un entier a est inversible, il existe un unique b tel que $ab = 1$. On dit que b est l'*inverse* de a et on a tout simplement $b = \dfrac{1}{a}$.

12. On verra dans le chapitre 8 une notion plus générale, le fait d'être *symétrisable* pour une loi donnée sur un ensemble donné. L'inversibilité évoquée ici en est un cas particulier pour la loi $\times$ sur $\mathbb{Z}$. Notons aussi ici que, $\times$ étant commutative dans $\mathbb{Z}$, si $ab = 1$ on a automatiquement $ba = 1$...

Proposition 2

L'ensemble des éléments inversibles de $\mathbb{Z}$ est $\{-1, 1\}$.

DÉMONSTRATION

On a pour l'essentiel déjà démontré cela. Rapidement :

- *Analyse* : Soit $a \in \mathbb{Z}$ inversible. Il existe $b \in \mathbb{Z}$ tel que $ab = 1$. On en déduit $|a||b| = 1$ et, comme $(|a|, |b|) \in \mathbb{N}^2$, $|a| = |b| = 1$. On a donc soit $a = -1$, soit $a = 1$.
- *Synthèse* : -1 et 1 sont bien inversibles vu que $-1 \times (-1) = 1$ et $1 \times 1 = 1$. D'ailleurs ces deux éléments sont égaux à leurs inverses.

Cela permet d'éclairer d'un nouveau jour la proposition 1 :

Proposition 3

Deux entiers a et b sont associés si et seulement s'il existe u inversible tel que $a = ub$.

DÉMONSTRATION

Immédiat au vu des propositions 1 et 2.

Remarque 5

On notera que, si u est inversible, il existe $u' \in \mathbb{Z}$ tel que $uu' = 1$. L'élément u' est d'ailleurs lui-même inversible. Ainsi la relation $a = ub$ est équivalente à la relation $b = u'a$ et on peut donc aussi énoncer que a et b sont inversibles si et seulement s'il existe u' inversible tel que $b = u'a$.

Remarque 6

Pour être complet sur l'inversibilité, notons qu'un élément inversible divise tous les entiers. En effet, si a est inversible et si l'on note b son inverse, on a $ab = ba = 1$. Or pour un entier n quelconque, on peut écrire $n = n \times 1 = n(ba) = (nb)a$ et ainsi a divise n. Les inversibles sont même exactement les éléments vérifiant la propriété de diviser tous les entiers ! En effet un élément non inversible n'est pas un diviseur de 1...[13]

Précisons maintenant la compatibilité de la relation de divisibilité avec certaines opérations algébriques classiques :

13. Ce que l'on mentionne ici se retrouve en fait dans un cadre beaucoup plus général. On pourra comparer avec profit l'arithmétique menée ici dans $\mathbb{Z}$ avec celle qui sera menée dans $\mathbb{K}[X]$ dans le chapitre 10.

Théorème 2

Soit $(a, b, c, d, u, v) \in \mathbb{Z}^6$.

1. Stabilité par combinaison linéaire : si $d \mid a$ et $d \mid b$ alors $d \mid (au + bv)$.
2. Compatibilité avec le produit : si $b \mid a$ et $d \mid c$ alors $bd \mid ac$.
3. En particulier, on a la stabilité par produit : si $b \mid a$ alors $bd \mid ad$.

DÉMONSTRATION

1. Comme $d \mid a$, il existe $k \in \mathbb{Z}$ tel que $a = kd$. Comme $d \mid b$, il existe $k' \in \mathbb{Z}$ tel que $b = k'd$. Par conséquent, on a : $au + bv = kdu + k'dv = (ku + k'v)d$, où $ku + k'v$ est un entier comme somme de produits d'entiers. Ainsi $d \mid au + bv$.
2. Comme $b \mid a$, il existe $k \in \mathbb{Z}$ tel que $a = kb$. Comme $d \mid c$, il existe $k' \in \mathbb{Z}$ tel que $c = k'd$. Ainsi $ac = kbk'd = (kk')bd$, où kk' est un entier comme produit d'entiers, donc $bd \mid ac$.
3. Le dernier point correspond au cas particulier $c = d$ du deuxième point, sachant que $\mid$ est réflexive.

Corollaire 1 (Structure de sous-groupe de $n\mathbb{Z}$ [14] - MPSI)

Soit $n \in \mathbb{N}$. On a :

1. $\forall (a, b) \in (n\mathbb{Z})^2,\ a + b \in n\mathbb{Z}$.
2. $\forall a \in n\mathbb{Z},\ -a \in n\mathbb{Z}$.

DÉMONSTRATION

1. D'après le point 1 du théorème 2, si $(a, b) \in (n\mathbb{Z})^2$, alors n divise a et b et donc n divise $a \times 1 + b \times 1 = a + b$.
2. D'après le point 2 du théorème 2, si $a \in (n\mathbb{Z})^2$, alors n divise a et comme 1 divise -1, on a $n = 1 \times n$ qui divise $-a = -1 \times a$.

On laisse au lecteur le soin de vérifier qu'on peut préciser le dernier point du théorème 2 :

Théorème 3

Soient $(a, b) \in \mathbb{Z}^2$ et $d \in \mathbb{Z} \setminus \{0\}$. Alors $a \mid b \Leftrightarrow ad \mid bd$.

14. Le nom de ce corollaire correspond à une notion dont l'étude est l'objet du chapitre 8. Précisément, sachant qu'on a $0 \in n\mathbb{Z}$, ce corollaire exprime que $n\mathbb{Z}$ est un *sous-groupe* de $(\mathbb{Z}, +)$.

2.2 Congruences - MPSI

Définition 4

Soient a, b et n trois entiers. On dit que a est *congru à* b *modulo* n s'il existe $k \in \mathbb{Z}$ tel que $b = a + kn$. On note[15] $a \equiv b\ [n]$.

Cela revient à dire que $b - a$ est divisible par n ou encore qu'on a $b - a \in n\mathbb{Z}$.

Exemples 2

Soit $(a, b) \in \mathbb{Z}^2$.

1. On a : $a \equiv b\ [2] \Leftrightarrow 2 \mid b - a \Leftrightarrow a$ et b ont même parité.
2. On a : $a \equiv b\ [10] \Leftrightarrow a$ et b ont le même chiffre en dernière place de leur développement décimal (« chiffre des unités »). Ainsi, par exemple, $138 \equiv 4278\ [10]$.
3. On a : $a \equiv b\ [0] \Leftrightarrow a = b$.
4. On a toujours $a \equiv b\ [1]$.

Remarque 7

Comme, pour n'importe quel entier n, il revient au même d'être divisible par n ou par $-n$, on se contente en général de parler de congruence modulo un entier naturel.

Théorème 4

La congruence est une relation d'équivalence sur $\mathbb{Z}$.

Démonstration

Soit $n \in \mathbb{Z}$.

- Réflexivité : Soit $a \in \mathbb{Z}$. On a $a - a = 0$ qui est divisible par n donc $a \equiv a\ [n]$.
- Symétrie : Soit $(a, b) \in \mathbb{Z}^2$ avec $a \equiv b\ [n]$. On a $b - a \in n\mathbb{Z}$. Comme vu dans le corollaire 1, cela implique $a - b = -(b - a) \in n\mathbb{Z}$. D'où $b \equiv a\ [n]$.
- Transitivité : Soit $(a, b, c) \in \mathbb{Z}^3$ avec $a \equiv b\ [n]$ et $b \equiv c\ [n]$. On a donc $b - a \in n\mathbb{Z}$ et $c - b \in n\mathbb{Z}$ donc, toujours par le corollaire 1, $c - a = (c - b) + (b - a) \in n\mathbb{Z}$. D'où $a \equiv c\ [n]$.

Remarque 8

Du fait de la symétrie, on peut aussi dire à la place de « a est congru à b modulo n » que « a et b sont congrus modulo n ».

15. On voit aussi souvent écrit : $a \equiv b \mod n$.

Précisons maintenant la compatibilité de la relation de congruence avec certaines opérations algébriques classiques :

Théorème 5

Soit $(a, b, c, d, m, n) \in \mathbb{N}^6$.

1. Si $a \equiv b\ [n]$ et si $c \equiv d\ [n]$, alors $a + c \equiv b + d\ [n]$.
2. Si $a \equiv b\ [n]$ et $c \equiv d\ [n]$, alors $ac \equiv bd\ [n]$.
3. Si $m \neq 0$, $a \equiv b\ [n] \Leftrightarrow ma \equiv mb\ [mn]$.

DÉMONSTRATION

1. Si $a \equiv b\ [n]$ et si $c \equiv d\ [n]$, on a $b - a \in n\mathbb{Z}$ et $d - c \in n\mathbb{Z}$, donc par le corollaire 1, $(b + d) - (a + c) = (b - a) + (d - c) \in n\mathbb{Z}$, ce qui signifie qu'on a $a + c \equiv b + d\ [n]$.
2. Écrivons $bd - ac = (b - a)d + a(d - c)$. Comme $a \equiv b\ [n]$ et si $c \equiv d\ [n]$, on a $n \mid b - a$ et $n \mid d - c$ donc $n \mid (b - a)d + a(d - c)$ par le théorème 2. Ainsi $bd - ac \in n\mathbb{Z}$, ce qui signifie : $ac \equiv bd\ [n]$.

On laisse le lecteur vérifier le dernier point, qui est essentiellement contenu dans le théorème 3.

Précisons une règle particulièrement importante en pratique :

Théorème 6

Soit $(a, b, n) \in \mathbb{Z}^3$. Si $a \equiv b\ [n]$ alors pour tout $k \in \mathbb{N}$, $a^k \equiv b^k\ [n]$.

DÉMONSTRATION

Le cas $k = 0$ est évident vu qu'alors $a^0 = b^0 = 1$.

Par le point 2 du théorème 5, en posant $c = a$ et $d = b$, on a $a \times a \equiv b \times b\ [n]$, c'est-à-dire $a^2 \equiv b^2\ [n]$. Selon le même principe, on peut en déduire $a^2 \times a \equiv b^2 \times b\ [n]$, c'est-à-dire $a^3 \equiv b^3\ [n]$. En répétant le procédé, on prouve par une récurrence immédiate qu'on a $a^k \equiv b^k\ [n]$ pour tout $k \in \mathbb{N}$.

Exemple 3

Soit à déterminer le dernier chiffre du développement décimal de 13^{80}.

Cela revient à déterminer l'unique entier m compris entre 0 et 9 tel que $13^{80} \equiv m\ [10]$.

Pour cela, commençons par remarquer qu'on $13 \equiv 3\ [10]$. Ainsi, par le théorème 6, $13^{80} \equiv 3^{80}\ [10]$.

Notons ensuite qu'on a $3^2 = 9 \equiv -1$ [10]. Par conséquent, $3^4 = (3^2)^2 \equiv (-1)^2$ [10] et donc $3^4 \equiv 1$ [10].
Or $3^{80} = (3^4)^{20}$ donc $3^{80} \equiv 1^{20}$ [10], c'est-à-dire $3^{80} \equiv 1$ [10].
On a finalement prouvé qu'on a $13^{80} \equiv 1$ [10] et donc que 1 est le dernier chiffre du développement décimal de 13^{80}.

2.3 Division euclidienne et applications

Le principe de la division euclidienne tel que présenté par Euclide peut être imagé de la manière suivante : si l'on cherche à mesurer un nombre a à l'aide d'une règle représentant un nombre b, on va juxtaposer b autant de fois qu'il le faut pour atteindre a. Il se peut que l'on atteigne ainsi exactement b ; c'est le cas si b divise a. Mais en général on peut ne pas tomber exactement sur a ; cela signifie que si l'on juxtapose b un maximum de fois sans dépasser a, la prochaine fois où l'on juxtapose b, on dépasse a. Dit autrement, lorsqu'on a juxtaposé b le nombre maximal de fois sans dépasser a, il subsiste une partie de a plus petite que b : la règle b est donc trop grossière pour la mesurer.

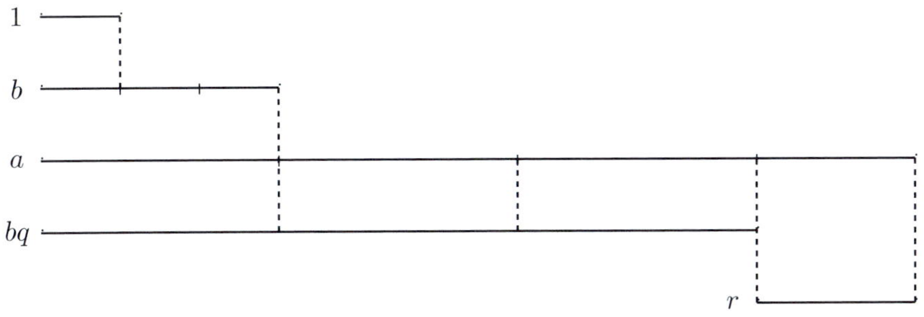

Le principe que l'on vient d'exposer est celui de la division euclidienne sur les entiers naturels. Il consiste donc, étant donné un entier naturel b non nul, à écrire tout entier naturel a sous la forme $a = bq + r$, avec $q \in \mathbb{N}$, r étant cet excédent, ce reste que l'on ne peut mesurer grâce à b.
Maintenant disons-le formellement, en en profitant pour généraliser à des entiers non forcément positifs, ce qui n'est pas plus compliqué :

Théorème 7 (Division euclidienne)

Soient $a \in \mathbb{Z}$ et $b \in \mathbb{N} \setminus \{0\}$. Il existe un unique couple $(q, r) \in \mathbb{Z} \times \mathbb{N}$ tel que :

$$a = bq + r \quad \text{et} \quad 0 \leqslant r < b.$$

On appelle r le *reste* de la division euclidienne de a par b, a le *dividende*, b le *diviseur* et q le *quotient*.

DÉMONSTRATION

- *Unicité* : Soient $(q, r) \in \mathbb{Z}^2$ et $(q', r') \in \mathbb{Z}^2$ tels que $\begin{cases} a = bq + r \\ 0 \leqslant r < b \end{cases}$ et $\begin{cases} a = bq' + r' \\ 0 \leqslant r' < b \end{cases}$.
  On a en particulier $bq + r = bq' + r'$ d'où $r - r' = b(q' - q)$ donc $r - r'$ est un multiple de b. Mais de $0 \leqslant r' < b$, on déduit $-b < -r' \leqslant 0$ et, vu qu'aussi $0 \leqslant r < b$, on a en sommant les deux inégalités : $-b < r - r' < b$. Par conséquent on a nécessairement $r = r'$ et il s'ensuit $q = q'$.
- *Existence* : On l'a déjà établie dans le cas où a est positif, dans le chapitre 3. Reste à traiter le cas $a < 0$. Mais justement, on a dans ce cas $-a \geqslant 0$ et donc d'après le théorème 1 du chapitre 3, il existe des entiers naturels q' et r' tels que $0 \leqslant r' < b$ et $-a = bq' + r'$, cette dernière égalité pouvant se réécrire $a = b(-q') - r'$.
  Traitons deux cas :
  - ⋆ si $r' = 0$ on obtient donc un couple (q, r) convenable en posant $q = -q'$ et $r = 0$,
  - ⋆ si $0 < r' < b$ on a $0 < b - r' < b$ et $a = b(-q' - 1) + (b - r')$, on obtient donc un couple (q, r) convenable en posant $q = -q' - 1$ et $r = b - r'$.

Remarque 9

Rappelons que la démonstration du théorème 1 du chapitre 3 se base sur une émulation de la partie entière, son existence étant un résultat non trivial. Si l'on suppose la partie entière construite et ses propriétés élémentaires connues[16], on peut directement écrire :
On pose $q = \left\lfloor \frac{a}{b} \right\rfloor \in \mathbb{Z}$ et $r = a - bq \in \mathbb{Z}$. Par les propriétés de la partie entière, on a : $\frac{a}{b} - 1 < q \leqslant \frac{a}{b}$, d'où, en multipliant par b (> 0), $a - b < bq \leqslant a$, puis $b - a > -bq \geqslant -a$ et enfin $b > a - bq \geqslant 0$. On reconnaît ainsi $0 \leqslant r < b$.

Concrètement, on peut poser la division euclidienne comme on le montre sur l'exemple suivant :

16. Cf. G. Costantini, *Analyse.* 1re année, De Boeck (2013), p. 182.

Exemple 4

Soit à calculer la division euclidienne de 81 par 12. Le principe est de chercher le plus grand entier n tel que $n \times 12 \leqslant 81$ (ou, dit autrement, $n = \left\lfloor \frac{81}{12} \right\rfloor$).

On pose :

$$\begin{array}{rr|l} & 81 & 12 \\ \hline - & 6 \times 12 & 6 \\ \cline{2-2} = & 9 & \end{array}$$

Ainsi on a $81 = 12 \times 6 + 9$ ou encore, 6 est le quotient et 9 est le reste de la division euclidienne de 81 par 12.

Si pour deux entiers strictement positifs a et b, q et r sont le quotient et le reste de la division euclidienne de a par b, $-q$ et $-r$ ne sont pas le quotient et le reste de la division euclidienne de $-a$ par b, sauf si $r = 0$. Évidemment, si $r > 0$ alors $-r < 0$ donc $-r$ ne peut être le reste d'aucune division euclidienne.

Exemple 5

La division euclidienne de -81 par 12 donne $-81 = -7 \times 12 + 3$. Le quotient est donc -7 et le reste 3.

Remarque 10

La division euclidienne peut aussi s'exprimer en termes de congruence : **tout entier relatif a est congru modulo b à un unique entier r compris entre 0 et $b-1$.**

Mettons aussi l'accent sur le fait immédiat suivant, déjà soulevé dans l'introduction de cette sous-section :

Proposition 4

Soit $(a, b) \in \mathbb{Z} \times \mathbb{N} \setminus \{0\}$. On a $b \mid a$ si et seulement si le reste de la division euclidienne de a par b est nul.

Applications 1

1. Soit à calculer le reste de la division euclidienne de 3^{12961} par 5.

   L'idée est de chercher[17] s'il existe $n \in \mathbb{N} \setminus \{0\}$ tel que $3^n \equiv 1$ [5]. Comme on a $3^2 = 9 \equiv -1$ [5], on obtient[18] : $3^4 = (3^2)^2 \equiv 1$ [5].

   On cherche alors le reste de la division euclidienne de 12961 par 4. Il s'agit de 1 ; c'est-

17. Le petit théorème de Fermat, que nous verrons plus loin dans ce chapitre, pourra nous y aider.
18. On peut retourner voir la technique utilisée dans l'exemple 3.

à-dire qu'il existe $k \in \mathbb{N}$ tel que $12961 = 4k+1$, d'où $3^{12961} = 3^{4k+1} = 3^{4k} \times 3$. Comme $3^4 \equiv 1$ [5], on a $(3^4)^k \equiv 1$ [5], et par multiplicativité des congruences : $3^{12961} \equiv 3$ [5].

2. Écriture en base b

On écrit traditionnellement les entiers naturels sous forme décimale, c'est-à-dire sous une forme qu'on a l'habitude de noter $\overline{a_n a_{n-1} \dots a_1 a_0}$, où pour tout $i \in \{0, \dots, n\}$, $a_i \in \{0, \dots, 9\}$.

Par exemple dans l'écriture décimale du nombre 4913, on a $a_0 = 3$, $a_1 = 1$, $a_2 = 9$ et $a_3 = 4$, ce qui correspond au fait que $4913 = 4 \times 10^3 + 9 \times 10^2 + 1 \times 10^1 + 3 \times 10^0$.

Cette écriture décimale provient du développement en base 10 mais il est possible d'effectuer un développement analogue[19] en toute base b où $b \in \mathbb{N} \setminus \{0, 1\}$.

Le principe est le suivant : $b \in \mathbb{N} \setminus \{0, 1\}$ étant fixé, on cherche à écrire tout entier naturel a sous la forme $a = \sum_{k=0}^{\infty} a_k b^k$ où $(a_k)_{k \in \mathbb{N}}$ est une suite presque nulle[20,21] d'éléments de $\{0, \dots, b-1\}$. Le cas 0 étant mis à part (la seule suite $(a_k)_{k \in \mathbb{N}}$ permettant d'avoir $0 = \sum_{k=0}^{\infty} a_k b^k$ est la suite nulle), cela revient à écrire tout entier naturel a (non nul) sous la forme $a = a_n b^n + a_{n-1} b^{n-1} + \dots + a_1 b^1 + a_0 b^0$, pour un certain $n \in \mathbb{N}$, avec $a_i \in \{0, \dots, b-1\}$ pour tout $i \in \{0, \dots, n-1\}$ et $a_n \in \{1, \dots, b-1\}$.

Dans toute la suite, on suppose $a \neq 0$, le cas $a = 0$ ayant déjà été explicité.

Existence de cette écriture :

Comme $b^k \underset{k \to +\infty}{\longrightarrow} +\infty$, il existe $K \in \mathbb{N}$ tel que pour tout $k \geqslant K$, $a < b^k$. Ainsi l'ensemble $\mathcal{A} = \{k \in \mathbb{N},\ b^k \leqslant a\}$ est majoré. Comme $a \geqslant 1$, on a cependant $0 \in \mathcal{A}$ donc $\mathcal{A}$ est non vide. Ainsi $\mathcal{A}$ est une partie non vide majorée de $\mathbb{N}$ donc admet un plus grand élément, que l'on note n.

On a ainsi $b^n \leqslant a < b^{n+1}$. Par division euclidienne de a par b^n, il existe $a_n \in \mathbb{Z}$ et $r_n \in \{0, \dots, b^n - 1\}$ tels que $a = a_n b^n + r_n$. Comme $b^n \leqslant a < b^{n+1}$, on a $a_n \neq 0$ et $\frac{a}{b^n} < b$, cette seconde inégalité se réécrivant $a_n < b - \frac{r_n}{b^n} \leqslant b$.

On opère maintenant la division euclidienne de r_n par b^{n-1} : il existe $a_{n-1} \in \mathbb{Z}$ et $r_{n-1} \in \{0, \dots, b^{n-1} - 1\}$ tels que $r_n = a_{n-1} b^{n-1} + r_{n-1}$. Comme $r_n \in \{0, \dots, b^n - 1\}$, on peut même montrer qu'on a $0 \leqslant a_{n-1} < b$.

On constate qu'on a maintenant : $a = a_n b^n + a_{n-1} b^{n-1} + r_{n-1}$.

On opère ensuite la division euclidienne de r_{n-1} par b^{n-2} et on répète de même le processus sur chacun des restes obtenus. On obtient au bout de $n-1$ étapes un reste

19. Les informaticiens sont notamment accoutumés au développement dit binaire (base 2) et au développement dit hexadécimal (base 16).

20. Voir p. 149.

21. Ce qui assure que la somme $\sum_{k=0}^{\infty} a_k b^k$ est en fait finie.

r_1 vérifiant $0 \leqslant r_1 < b$. On s'arrête alors et on pose $a_0 = r_1$. On constate qu'on a ainsi obtenu : $a = a_n b^n + a_{n-1} b^{n-1} + \cdots + a_1 b^1 + a_0 b^0$.

Unicité de cette écriture :

Supposons que a s'écrive $a = a_n b^n + a_{n-1} b^{n-1} + \cdots + a_1 b^1 + a_0 b^0$, pour un certain $n \in \mathbb{N}$, avec $a_i \in \{0, \ldots, b-1\}$ pour tout $i \in \{0, \ldots, n-1\}$ et $a_n \in \{1, \ldots, b-1\}$. Notons $r_n = a_{n-1} b^{n-1} + \cdots + a_1 b^1 + a_0 b^0$. Alors, comme tous les a_i sont compris entre 0 et $b-1$, on a $0 \leqslant r_n \leqslant (b-1)(b^{n-1} + \cdots + b + 1) = b^n - 1$, ce qui signifie, vu que $a = a_n b^n + r_n$, que r_n est le reste de la division euclidienne de a par b^n. Par conséquent a_n est le quotient de cette division euclidienne donc est uniquement défini !

Posant maintenant $r_{n-1} = a_{n-2} b^{n-2} + \cdots + a_1 b^1 + a_0 b^0$, on écrit ainsi $r_n = a_{n-1} b^{n-1} + r_{n-1}$. Comme $0 \leqslant r_{n-1} \leqslant (b-1)(b^{n-2} + \cdots + b + 1) = b^{n-1} - 1$, r_{n-1} est le reste de la division euclidienne de r_n par b^{n-1}. Donc a_{n-1} est le quotient de cette division euclidienne et est uniquement défini. On poursuit ainsi de suite.

Un exemple : on cherche l'écriture en base 4 de 177. On a : $4^2 = 16$, $4^3 = 64$ et $4^4 = 256$ d'où $4^3 \leqslant 177 < 4^4$ et on pose donc $n = 3$.

La division euclidienne de 177 par 64 donne : $177 = 2 \times 64 + 49$.

Ensuite la division euclidienne de 49 par 16 donne : $49 = 3 \times 16 + 1$.

La division euclidienne de 1 par 4 a pour quotient 0 et donc finalement : 177 s'écrit[22] $\overline{2301}^4$.

3 Factorisation d'un entier

3.1 Nombres premiers

Définition 5

1. On dit d'un entier naturel p qu'il est *premier* lorsqu'il admet exactement deux diviseurs[23] positifs distincts.
2. On dit d'un entier naturel qu'il est *composé* lorsqu'il est produit de deux entiers naturels non nuls et différents de 1.

22. On peut prendre pour convention l'écriture $\overline{a_n \ldots a_1 a_0}^b$ pour préciser qu'il s'agit de l'écriture en base b.

23. Au risque de nous répéter, nous faisons ici de l'arithmétique dans $\mathbb{Z}$; il est donc implicite qu'un diviseur doit être entier.

Notation 2

On notera dans ce chapitre $\mathcal{P}$ l'ensemble des nombres premiers.

Exemples 6

- Ainsi 0 n'est pas premier car 0 admet une infinité de diviseurs positifs (en l'occurrence tous les entiers naturels).
- 1 n'est pas premier non plus car 1 admet un seul diviseur positif : lui-même.
- Comme 0 ne peut s'écrire comme produit de deux entiers naturels non nuls (vu que le produit de deux nombres non nuls est non nul), 0 n'est pas composé.

  Comme 1 ne peut s'écrire comme produit de deux entiers naturels non nuls que de la façon $1 = 1 \times 1$, 1 n'est pas composé non plus.

  On peut facilement se convaincre que 0 et 1 sont les seuls nombres à la fois non composés et non premiers.
- 2 est premier car il admet exactement deux diviseurs positifs : 1 et 2.
- 3 est premier car il admet exactement deux diviseurs positifs : 1 et 3.
- 4 n'est pas premier car il admet trois diviseurs positifs : 1, 2 et 4.

  Plus généralement, si n est un entier pair vérifiant $n \geqslant 4$ alors n n'est pas premier car il admet au moins trois diviseurs positifs distincts : 1, 2 et n.
- Ainsi 2 **est le seul nombre premier pair**. On a déjà vu que 3 est impair. Si l'on continue à parcourir les entiers, en ne regardant plus que les impairs, on obtient que 5 est premier, 7 est premier, 9 n'est pas premier (car $9 = 3 \times 3$), 11 est premier, etc.

En résumé, on peut finalement caractériser les nombres premiers ainsi :

Proposition 5

Soit $p \in \mathbb{N}$. Alors l'entier naturel p est premier si et seulement si on a $p \geqslant 2$ et que les seuls diviseurs positifs de p sont 1 et p.

Cette proposition justifie la définition en compréhension vue au chapitre 1, p. 252.

On peut aussi le formuler comme suit :

Proposition 6

Soit $p \in \mathbb{N}$. Alors l'entier naturel p est premier si et seulement si on a $p \geqslant 2$ et $\forall u \in \mathbb{N},\ \forall v \in \mathbb{N},\ p = uv \Rightarrow p = u$ ou $p = v$.

Autrement dit, un nombre premier est un entier naturel non nul, distinct de l'unité, et **que l'on ne peut pas réduire**, au sens où l'on ne peut l'écrire comme produit d'entiers tous les deux strictement plus petits pour la relation de divisibilité. Cette définition se généralise dans tout anneau[24] et donne lieu à la notion d'*élément irréductible* : on en présente une autre instance au chapitre 10.

La recherche des nombres premiers, la mise en œuvre de règles et d'algorithmes pour les déterminer, est une question hautement importante des mathématiques. C'est un problème complexe auquel nous nous contentons ici d'apporter une réponse naïve, suffisante pour travailler sur des nombres de petite taille.

Voyons ce que l'on appelle la méthode du *crible d'Ératosthène*[25] : le principe est, lorsque l'on connaît un nombre premier p, d'éliminer de la liste de nos entiers tous les multiples de p qui soient strictement plus grands que p, donc d'éliminer $2p$, $3p$, $4p$, etc.

Concentrons-nous sur les entiers plus petits que 100, que nous représentons dans un tableau (cf. plus bas). Le plus petit nombre premier est 2 et les nombres 4, 6, 8, etc. ne sont donc pas premiers. On a coloré leurs cases en rouge dans le tableau qui suit.

Après 2, le prochain nombre premier est 3. On élimine par conséquent 6, 9, 12, etc. de notre tableau (en constatant que plusieurs ont déjà été éliminés car aussi multiples de 2). Les nombres ainsi éliminés et qui n'étaient pas déjà multiples de 2 ont leur case colorée en bleu.

On passe ensuite au nombre premier 5 : les cases des nombres nouvellement éliminés sont colorées en vert.

C'est ensuite au tour de 7 : les cases des nombres nouvellement éliminés sont colorées en rouge.

Comme nous l'expliquons juste après, on peut s'arrêter là. Dans le tableau qui suit, les cases blanches contiennent tous les nombres premiers inférieurs ou égaux à 100.

	2	3	4	5	6	7	8	9	10
11	12	13	14	15	16	17	18	19	20
21	22	23	24	25	26	27	28	29	30
31	32	33	34	35	36	37	38	39	40
41	42	43	44	45	46	47	48	49	50
51	52	53	54	55	56	57	58	59	60
61	62	63	64	65	66	67	68	69	70
71	72	73	74	75	76	77	78	79	80
81	82	83	84	85	86	87	88	89	90
91	92	93	94	95	96	97	98	99	100

24. Voir chapitre 8.

25. Mathématicien grec du IIIe siècle avant notre ère, également philosophe, astronome et géographe. Il est notamment l'auteur de la plus ancienne mesure du diamètre de la Terre que l'on connaisse.

Nous avons besoin de deux résultats pour expliquer la raison pour laquelle il suffit de regarder les multiples de 2, 3, 5 et 7 pour éliminer tous les nombres composés compris entre 2 et 100.

Le premier résultat est fondamental[26] :

Théorème 8 (Euclide[27])

Tout entier supérieur ou égal à 2 est divisible par un nombre premier.

DÉMONSTRATION

Soit $n \in \mathbb{N}$ avec $n \geqslant 2$.
On note $\mathcal{E} = \big\{d \in \{2, \ldots, n\},\ d \mid n\big\}$. Comme $n \in \mathcal{E}$, $\mathcal{E}$ est non vide. Ainsi $\mathcal{E}$ est une partie non vide de $\mathbb{N}$ donc admet un plus petit élément, que l'on note p.
Raisonnons par l'absurde : supposons p non premier. Alors comme $p \geqslant 2$, p est composé. Il existe donc $(a, b) \in (\mathbb{N} \setminus \{0, 1\})^2$ tel que $p = ab$.
Comme en particulier $b \geqslant 2$, $a < p$. De plus a est un diviseur de p, donc de n par transitivité de la relation de divisibilité. Ainsi $a \in \mathcal{E}$ et $a < p$, ce qui contredit le fait que p est le plus petit élément de $\mathcal{E}$.
Par conséquent n admet un diviseur premier.

Le deuxième résultat n'est pas strictement au programme mais néanmoins extrêmement classique et utile :

Proposition 7

Soit n un entier naturel composé.
Alors n admet un diviseur premier p tel que $p \leqslant \sqrt{n}$.

DÉMONSTRATION

Raisonnons par l'absurde : supposons que n n'admette aucun diviseur premier inférieur ou égal à $\sqrt{n}$. Alors, comme on sait par le théorème 8 que n admet au moins un diviseur premier, c'est que tous ses diviseurs premiers sont strictement plus grands que $\sqrt{n}$.
Prenons le plus petit des diviseurs premiers de n et notons-le p. On a $p > \sqrt{n}$. Comme $p \mid n$, le nombre $\dfrac{n}{p}$ est un entier. Par le théorème 8 encore, $\dfrac{n}{p}$ admet un diviseur premier.

26. Il est crucial pour obtenir le TFA.
27. Propositions 30 et 31 du livre VII des *Éléments*.

Soit q un tel élément. Il existe $k \in \mathbb{N}$ tel que $\frac{n}{p} = kq$, d'où $n = (kp)q$ avec $kp \in \mathbb{N}$, ce qui prouve que q est aussi un diviseur de n.
Par hypothèse, on a $q > \sqrt{n}$. Ainsi $pq > \sqrt{n} \times \sqrt{n} = n$. Or $n = k(pq)$ avec $k \in \mathbb{N}$ et même $k \in \mathbb{N} \setminus \{0\}$ vu que n est non nul ; contradiction[28].

Revenons au crible d'Ératosthène :
Ainsi, pour déterminer si un nombre $n \in \{2, \ldots, 100\}$ est premier, il suffit de vérifier qu'il n'a aucun diviseur premier $p \leqslant \sqrt{100} = 10$. Comme 2, 3, 5 et 7 sont les seuls nombres premiers compris entre 2 et 10, cela explique qu'il suffit d'enlever les multiples de 2, 3, 5 ou 7 pour obtenir la liste des nombres premiers compris entre 2 et 100.

Exemple 7
Pour insister sur cette dernière idée, un autre exemple : on veut déterminer si 919 est premier.
Comme $30^2 = 900$ et $31^2 = 961$, on a $30 < \sqrt{919} < 31$ et par conséquent, si 919 est composé, il doit admettre un diviseur premier $p \leqslant 30$ (car ce doit être un entier strictement inférieur à $\sqrt{919}$, donc en particulier strictement inférieur à 31).
Reportons-nous au tableau vu plus haut : on doit donc vérifier s'il est, parmi les nombres premiers 2, 3, 5, 7, 11, 13, 17, 19, 23, 29, un diviseur de 919. Les critères de divisibilités vus dans les petites classes[29] permettent au lecteur de se convaincre que 2, 3 et 5 ne divisent pas 919. Reste ensuite au lecteur à chercher pour chacun des nombres premiers restants s'il admet 919 pour multiple (on peut par exemple poser la division euclidienne pour cela). Comme ce n'est le cas pour aucun d'entre eux, on peut conclure que 919 est premier.

Si l'on contemple le tableau des cent premiers nombres, on peut commencer à percevoir une raréfaction des nombres premiers. S'il y a en effet 4 nombres premiers dans la première dizaine (2, 3, 5 et 7) et la deuxième dizaine (11, 13, 17 et 19), on n'en a par la suite plus que 2 ou 3 par dizaine, et même un seul (97) entre 90 et 100. Cela dit on pourrait vérifier que l'on en a à nouveau 4 dans la dizaine suivante (101, 103, 107 et 109)...
Dans le même ordre d'idées, si l'on voit paraître entre les entiers 83 et 89, ou 89 et 97 des écarts plus importants que ceux notés entre des nombres premiers plus petits, cela ne veut pas dire que l'on ne trouve pas encore par la suite des nombres premiers seulement

28. Contradiction déjà mise en évidence dans la remarque 1.
29. Ils seront d'ailleurs démontrés en détail dans l'exercice 5.2. Il y a également un critère simple pour la divisibilité par 11.

séparés[30] de 2 (ainsi de 101 et 103 justement, ou de 107 et 109).
La répartition des nombres premiers est difficile à cerner et l'étude de cette répartition est toujours très vivace à l'heure actuelle. Le résultat de base à ce sujet est néanmoins abordable :

Théorème 9 (Euclide[31])

L'ensemble $\mathcal{P}$ des nombres premiers est infini.

DÉMONSTRATION

Raisonnons par l'absurde : supposons que $\mathcal{P}$ ne soit pas infini, c'est-à-dire qu'il soit fini. Alors $\mathcal{P}$ admet un nombre $n \in \mathbb{N}$ d'éléments, avec $n \geqslant 1$ étant donné que $\mathcal{P}$ est non vide (ne serait-ce que parce qu'on a $2 \in \mathcal{P}$).
Notons $p_1, p_2, \ldots, p_n$ les éléments de $\mathcal{P}$. On peut même les supposer ordonnés avec $2 = p_1 < p_2 < \cdots < p_n$, ce qui fait alors de p_n le plus grand élément de $\mathcal{P}$. Considérons le nombre $p = p_1 p_2 \cdots p_n + 1$. On sait que le plus petit nombre premier est 2 donc on a $1 < p_k$ pour tout $k \in \{1, \ldots, n\}$. Par conséquent, l'écriture $p = p_k \times \prod_{\substack{j=1 \\ j \neq k}}^{n} p_j + 1$ nous donne la division euclidienne de p par p_k et on constate que le reste en est 1. Par conséquent aucun des p_k ne divise p.
Cela implique que p est un nombre premier car sinon on aurait une contradiction avec le théorème 8.
Or comme tous les p_k sont supérieurs ou égaux à 2, on a
$p = p_n \times \prod_{j=1}^{n-1} p_j + 1 \geqslant 2^{n-1} p_n + 1 > p_n$, ce qui contredit le fait que p_n est le plus grand des nombres premiers.
Ainsi $\mathcal{P}$ compte une infinité d'éléments.

Remarque 11

On sait même estimer la fréquence d'apparition d'un nombre premier. C'est le théorème (hors programme) dit *théorème des nombres premiers* qui le précise : si l'on note $\pi(x)$ le nombre de nombres premiers inférieurs à x, on a $\dfrac{\pi(x)}{x} \underset{x \to +\infty}{\sim} \dfrac{1}{\ln(x)}$. Comme on a $\dfrac{1}{\ln(x)} \underset{x \to +\infty}{\longrightarrow} 0$, cela traduit bien l'idée de raréfaction des nombres premiers.

30. On appelle justement *nombres premiers jumeaux* deux nombres premiers ne différant que de 2. On en connaît des très grands et on conjecture même qu'il en existe une infinité...
31. Proposition 20 du livre IX des *Éléments*.

3.2 Lemme d'Euclide et applications - MPSI

Il reste encore un résultat essentiel pour obtenir le TFA :

Théorème 10 (Lemme d'Euclide)

Soit $p \in \mathcal{P}$. Alors on a : $\forall (a,b) \in \mathbb{N}^2,\ p \mid ab \Rightarrow (p \mid a \text{ ou } p \mid b)$.
Dit autrement, un nombre premier ne peut diviser un produit que s'il divise (au moins) l'un des facteurs du produit.

Ce résultat est la proposition 30 du livre VII des *Éléments*. Euclide l'y démontre en utilisant la notion de nombres *premiers entre eux*, que nous n'introduisons que plus loin dans ce chapitre. Nous proposons donc ici une démonstration différente, dans l'esprit des *Disquisitiones Arithmeticae* de Gauss. Pour cela on utilise un résultat démontré par Gauss[32] :

Lemme 1

Soit $p \in \mathcal{P}$. Alors : $\forall (a,b) \in (\mathbb{N} \setminus \{0\})^2,\ (a < p \text{ et } b < p) \Rightarrow p \nmid ab$.

Démonstration (du lemme 1)
Raisonnons par l'absurde : supposons qu'il existe $(a,b) \in (\mathbb{N} \setminus \{0\})^2$ tel que $a < p$, $b < p$ et $p \mid ab$.
Introduisons l'ensemble $\mathcal{E} = \big\{n \in \{1,\dots,p-1\},\ p \mid an\big\}$. Cet ensemble est non vide car contenant b et, en tant que partie de $\mathbb{N}$, il admet un plus petit élément que l'on note n_0.
Notons qu'on a $n_0 > 1$ car si on avait $n_0 = 1$ alors on aurait $0 < an_0 = a < p$, ce qui contredirait le fait que p divise an_0.
Comme p est premier et comme on a $1 < n_0 < p$, n_0 ne peut pas diviser p. Écrivons la division euclidienne de p par n_0 ; il existe $k \in \mathbb{N}$ et $r \in \{0,\dots,n_0-1\}$ tel que $p = kn_0 + r$.
Comme n_0 ne divise pas p, on a $r \neq 0$ et donc $1 \leqslant r < n_0$.
Maintenant, comme p divise an_0, on a $an_0 \equiv 0\ [p]$ et donc $kan_0 \equiv 0\ [p]$. Comme aussi $ap \equiv 0\ [p]$, on en déduit $a(p - kn_0) = ap - akn_0 \equiv 0\ [p]$. Or $p - kn_0 = r$ donc on on a $ar \equiv 0\ [p]$, ce qui signifie que p divise ar. Or on a aussi $1 \leqslant r < n_0 \leqslant p-1$ donc $r \in \mathcal{E}$, ce qui contredit la minimalité de n_0.

Revenons maintenant à la démonstration du lemme d'Euclide :

32. C'est la proposition 13 des *Disquisitiones Arithmeticae*.

Démonstration

(du lemme d'Euclide).

Raisonnons par l'absurde : supposons qu'il existe p premier et a et b des entiers naturels tels que p divise ab sans que p ne divise a ni b.

Soient r et s les restes respectifs des divisions euclidiennes de a et de b par p. On a $0 \leqslant r < p$ et $0 \leqslant s < p$ et même en fait $1 \leqslant r < p$ et $1 \leqslant s < p$ vu que p ne divise pas a ni b.

De plus on a $a \equiv r\ [p]$ et $b \equiv s\ [p]$ donc $ab \equiv rs\ [p]$. Or comme p divise ab, $ab \equiv 0\ [p]$ et donc $rs \equiv 0\ [p]$, ce qui signifie que p divise rs. Ceci est en contradiction avec le lemme précédent.

Remarque 12

Le lemme d'Euclide peut être précisé. Il permet en réalité d'obtenir une **caractérisation** des nombres premiers. En effet, pour tout entier $p \in \mathbb{N}$, on a :

$$p \in \mathcal{P} \Leftrightarrow \big(p \geqslant 2 \text{ et } \forall (a,b) \in \mathbb{N}^2,\ p \mid ab \Rightarrow (p \mid a \text{ ou } p \mid b)\big).$$

La définition 5 ou la caractérisation de la proposition 6 étaient des définitions « par le bas » des nombres premiers : un nombre premier y était caractérisé par une propriété des entiers plus petits que lui pour la relation de divisibilité. La version précisée du lemme d'Euclide est quant à elle une définition « par le haut » des nombres premiers : un nombre premier y est caractérisé par une propriété des entiers plus grands que lui pour la relation de divisibilité. L'équivalence de ces caractérisations est remarquable.

Démonstration

Le sens direct constitue le Lemme d'Euclide. Reste à montrer le sens réciproque[33]. Soit p un entier et supposons $p \geqslant 2$ et $\forall (a,b) \in \mathbb{N}^2$, $p \mid ab \Rightarrow (p \mid a \text{ ou } p \mid b)$.

Montrons que p est premier à l'aide de la proposition 6. Par hypothèse, on a $p \geqslant 2$. Reste à voir qu'on a $\forall u \in \mathbb{N},\ \forall v \in \mathbb{N},\ p = uv \Rightarrow p = u$ ou $p = v$. Soient $u \in \mathbb{N}$ et $v \in \mathbb{N}$, et supposons avoir $p = uv$. Par réflexivité, on a $p \mid p$ c'est-à-dire $p \mid uv$, on en déduit par hypothèse $p \mid u$ ou $p \mid v$.

- Si $p \mid u$ alors, comme $u \mid p$, on a $p = u$.
- Si $p \mid v$ alors, comme $v \mid p$, on a $p = v$.

Le lecteur pourra vérifier que, par une récurrence immédiate, on déduit du lemme d'Euclide :

33. Ce sens réciproque est en fait plus simple et sa généralisation naturelle reste vraie dans tout anneau intègre (voir Chapitre 8) alors que le sens direct ne l'est pas toujours.

Théorème 11 (Lemme d'Euclide généralisé)

$\forall p \in \mathcal{P}$, $\forall (a_1, a_2, \ldots, a_n) \in \mathbb{N}^n$, $p \mid a_1 a_2 \cdots a_n \Rightarrow (p \mid a_1$ ou $p \mid a_2$ ou $\ldots$ ou $p \mid a_n)$.

Application 2

Une propriété des coefficients binomiaux

Grâce au lemme d'Euclide, on peut démontrer que, si p est premier, alors tous les coefficients binomiaux $\binom{p}{k}$, pour $1 \leqslant k \leqslant p-1$, sont divisibles par p.

En effet, on a : $\binom{p}{k} = \dfrac{p!}{k!(p-k)!} = \dfrac{p \times (p-1)!}{k \times (k-1)!(p-k)!} = \dfrac{p}{k} \times \dfrac{(p-1)!}{(k-1)!(p-k)!}$.

Comme $p - k = (p-1) - (k-1)$, on reconnaît ainsi : $\binom{p}{k} = \dfrac{p}{k}\binom{p-1}{k-1}$, ou encore : $k\binom{p}{k} = p\binom{p-1}{k-1}$.

Les coefficients binomiaux étant tous entiers, on voit ainsi que p divise $k\binom{p}{k}$. Or, lorsque k est un élément de $\{1, \ldots, p-1\}$, k n'est pas divisible par p donc, par le lemme d'Euclide, p divise $\binom{p}{k}$.

On déduit de cette application le théorème suivant :

Théorème 12 (Petit théorème de Fermat)

Soit $p \in \mathcal{P}$. Pour tout entier a non divisible par p, on a : $a^{p-1} \equiv 1$ $[p]$.

DÉMONSTRATION

- On commence par montrer qu'on a, pour tout $(x, y) \in \mathbb{Z}^2$, $(x+y)^p \equiv x^p + y^p$ $[p]$:

  Soit $(x, y) \in \mathbb{Z}^2$. Par la formule du binôme, on a : $(x+y)^p = \displaystyle\sum_{k=0}^{p} \binom{p}{k} x^k y^{p-k}$.

  Comme pour tout $k \in \{1, \ldots, p-1\}$, p divise $\binom{p}{k}$ par l'application précédente, on aboutit à : $\binom{p}{k} x^k y^{p-k} \equiv 0$ $[p]$ si $1 \leqslant k \leqslant p-1$.

  Ainsi $(x+y)^p \equiv \binom{p}{0} x^0 y^{p-0} + \binom{p}{p} x^p y^{p-p}$ $[p]$, c'est-à-dire $(x+y)^p \equiv x^p + y^p$ $[p]$.
- On prouve maintenant par récurrence sur $n \in \mathbb{N}$ la propriété $\mathcal{P}_n$: $n^p \equiv n$ $[p]$:

  Initialisation : $0^p = 0$ donc $0^p \equiv 0$ $[p]$. Ainsi $\mathcal{P}_0$ est vraie.

  Hérédité : On suppose $\mathcal{P}_n$ vraie pour un certain $n \in \mathbb{N}$. Alors $(n+1)^p \equiv n^p + 1^p$ $[p]$ par le point précédent et, comme on a $n^p \equiv n$ $[p]$ par hypothèse de récurrence, on en déduit : $(n+1)^p \equiv n+1$ $[p]$.

  Ainsi $\mathcal{P}_{n+1}$ est vraie.

Conclusion : La propriété étant vraie au rang 0 et héréditaire, elle est vraie pour tout $n \in \mathbb{N}$ d'après le théorème de récurrence.

- Soit maintenant $n \in \mathbb{Z}$.
  Comme on vient de le voir, si $n \in \mathbb{N}$ alors $n^p \equiv n\ [p]$.
  Si $n < 0$ alors on écrit $n = -|n|$. On a deux cas :
  ⋆ si $p = 2$ alors $n^p = n^2 = (-|n|)^2 = |n|^2 \equiv |n|\ [2]$ mais on a aussi $n \equiv |n|\ [2]$ (car $n - (-n) = 2n \equiv 0\ [2]$) donc : $n^2 \equiv n\ [2]$.
  ⋆ si $p > 2$ alors p est impair et on a donc $n^p = (-|n|)^p = (-1)^p|n|^p = -|n|^p$.
  Comme on a $|n|^p \equiv |n|\ [p]$, on en déduit : $n^p \equiv -|n|\ [p]$, c'est-à-dire $n^p \equiv n\ [p]$.
  Ainsi on a, quel que soit p premier, $n^p \equiv n\ [p]$ pour tout $n \in \mathbb{Z}$.
- Maintenant soit un entier a non divisible par p.
  On sait déjà qu'on a $a^p \equiv a\ [p]$. Toute l'idée est de « diviser » par a... mais en faisant attention[34] ! Voici comment : $a^p \equiv a\ [p]$ signifie que $a^p - a$ est divisible par p. Or $a^p - a = a(a^{p-1} - 1)$. Comme a n'est pas divisible par p qui est premier, le lemme d'Euclide impose que $a^{p-1} - 1$ soit divisible par p, c'est-à-dire : $a^{p-1} \equiv 1\ [p]$.

Applications 3

1. Si l'on reprend l'application 1.1 où il fallait calculer le reste de la division euclidienne de 3^{12961} par 5, on constate qu'on a eu besoin de déterminer un entier naturel non nul k (si possible assez petit) tel que $3^k \equiv 1\ [5]$. Par le petit théorème de Fermat, on sait maintenant que $k = 4$ convient.
   Si l'on veut par exemple plutôt calculer le reste de la division euclidienne de 519^{12961} par 11 alors on écrit : $519 = 550 - 31 = 550 - 33 + 2 = 50 \times 11 - 3 \times 11 + 2$ donc $519 \equiv 2\ [11]$ et par conséquent $519^{12961} \equiv 2^{12961}\ [10]$.
   Ensuite, par le petit théorème de Fermat (vu que 11 est premier), $2^{10} \equiv 1\ [11]$.
   Or $12961 = 1296 \times 10 + 1$ donc $2^{12961} = 2 \times (2^{10})^{1296} \equiv 2 \times 1^{1296}\ [11]$ puis $2^{12961} \equiv 2\ [11]$.
   Et finalement : $519^{12961} \equiv 2\ [11]$.
2. On se demande si 53 divise $S = \sum_{k=1}^{51} k^{53}$.
   Comme 53 est premier, on a par le petit théorème de Fermat, $k^{52} \equiv 1\ [53]$ et donc, en multipliant[35] par k, $k^{53} \equiv k\ [53]$. Ainsi $S \equiv \sum_{k=1}^{51} k\ [53]$.
   Or, comme somme des termes d'une progression arithmétique, on a

34. Diviser par un entier tout en restant dans les entiers, ce n'est pas toujours possible. Le danger guette donc. Mais grâce au fait que a soit non divisible par p, on va pouvoir « diviser par a modulo p » !
35. On n'est pas tenu d'invoquer cet argument vu qu'au cours de la démonstration du petit théorème de Fermat, on a démontré que pour tout premier p on a $n^p \equiv n\ [p]$ pour tout $n \in \mathbb{Z}$. On peut d'ailleurs trouver ce dernier résultat lui-même appelé « petit théorème de Fermat ».

$\sum_{k=1}^{51} k = \frac{(51) \times (51+1)}{2} = 51 \times 26.$

Le nombre premier 53 ne peut pas diviser cette somme car sinon, par le lemme d'Euclide, il diviserait 51 ou 26.

Ainsi $\sum_{k=1}^{51} k \not\equiv 0$ [53] et donc S n'est pas divisible par 53.

3.3 Théorème fondamental de l'arithmétique

On peut maintenant énoncer :

Théorème 13 (Théorème fondamental de l'arithmétique (TFA))

Tout entier naturel non nul n se décompose de manière unique, à l'ordre près des facteurs, comme un produit de nombres premiers. Plus précisément, dans le cas $n \geqslant 2$, n s'écrit de manière unique, à l'ordre près des facteurs, sous la forme :

$$n = \prod_{k=1}^{r} p_k^{\alpha_k},$$

où $r \geqslant 1$, les p_k sont des nombres premiers et les α_k sont des entiers strictement positifs.

La démonstration de ce résultat est admise en PCSI.

Remarques 13

1. On parle de *décomposition en facteurs premiers* de l'entier n et on peut aussi trouver dans la littérature cette décomposition appelée *décomposition primaire*. Nous utiliserons indifféremment ces deux appellations par la suite.
2. L'unicité à l'ordre près signifie que si n s'écrit aussi $n = \prod_{i=1}^{s} q_i^{\beta_i}$, où les q_i sont premiers, alors $r = s$ et tout β_i est égal à un des α_k. On peut d'ailleurs avoir unicité (tout court) en exigeant que les p_k soient ordonnés, *i. e.* $p_1 < p_2 < \cdots < p_r$.
3. Le théorème précédent peut aussi se reformuler en disant que pour tout $n \in \mathbb{N} \setminus \{0\}$, il existe une unique famille presque nulle $(\mu_p)_{p \in \mathcal{P}}$ d'entiers naturels telle que n s'écrive : $n = \prod_{p \in \mathcal{P}} p^{\mu_p}$.

DÉMONSTRATION

- *Existence de la décomposition* :

– Tout d'abord, si $n = 1$ alors n est le produit vide.
– Soit maintenant à prouver par récurrence forte sur $n \geqslant 2$ la propriété
  $\mathcal{P}_n$: tout entier non nul k tel que $k < n$ s'écrit comme produit de nombres premiers.
  Soit $n \geqslant 2$. Alors on a deux cas :

  1. Si n est premier alors n s'écrit comme produit d'un seul facteur premier, à savoir lui-même.

  2. Si n est composé alors n admet par le théorème 8 un diviseur premier p, distinct de n vu que n n'est pas premier, donc tel que $p < n$. On écrit alors $n = p \times \frac{n}{p}$. Comme on a $1 < p$, on a $\frac{n}{p} < n$ donc, par hypothèse de récurrence, $\frac{n}{p}$ s'écrit comme produit de facteurs premiers. Multipliant ce produit par p qui est premier, on obtient que n lui-même s'écrit comme produit de facteurs premiers.

• *Unicité de la décomposition* :
  ⋆ Si $n = 1$ alors de fait n admet une unique décomposition primaire qui se trouve être le produit vide.
  ⋆ Si $n \geqslant 2$ alors supposons que n admette aussi comme décomposition primaire
  $n = \prod_{i=1}^{s} q_i^{\beta_i}$, avec $s \geqslant 1$, les q_i des nombres premiers et les β_i strictement positifs.
  Prenons par exemple p_1. Ce nombre est un diviseur de $n = \prod_{i=1}^{s} q_i^{\beta_i}$ donc, par le lemme d'Euclide généralisé, il divise l'un des nombres premiers $q_1, \ldots, q_s$. Ces nombres étant premiers justement, et comme on a $p_1 \geqslant 2$, p_1 est même nécessairement égal à l'un d'eux.
  On divise n par p_1 et on répète ce principe, d'abord jusqu'à épuiser p_1 puis en passant ensuite à p_2, etc.

Exemples 8

Voici un algorithme naïf pour déterminer la décomposition primaire d'un entier $n \geqslant 2$. On teste dans l'ordre croissant si les nombres premiers sont des diviseurs de n. Ainsi si 2 divise n alors on écrit $n = 2 \times \frac{n}{2}$ et on se demande si 2 est encore facteur de $\frac{n}{2}$, etc. Lorsqu'on a épuisé la contribution de 2, on passe ensuite à 3, puis à 5, etc.

• Soit à décomposer en facteurs premiers l'entier 198.
  Comme 198 est pair, il est divisible par 2. On a $198 = 2 \times 99$.
  Comme 99 est impair, il n'est pas divisible par 2. On passe donc au nombre premier 3, qui est bien un diviseur de 99 vu que $99 = 3 \times 33$.
  On en est donc à $198 = 2 \times 3 \times 33$.
  On constate que 33 est encore divisible par 3 ; on a en effet $33 = 3 \times 11$.

Ainsi $198 = 2 \times 3 \times 3 \times 11$. Comme enfin 11 est premier, on s'arrête là. On a ainsi montré que 198 a pour décomposition primaire $198 = 2 \times 3^2 \times 11$.

- Soit à décomposer en facteurs premiers l'entier $N = 4725$.

  Comme N est impair, N n'est pas divisible par 2.

  La somme des chiffres de N est $4+7+2+5 = 18$ qui est un multiple de 3 donc N est divisible par 3. On calcule le quotient et on obtient : $N = 3 \times 1575$.

  La somme des chiffres de 1575 est également un multiple de 3 donc ce nombre est divisible par 3. On vérifie qu'on a : $1575 = 3 \times 525$ et on a donc pour l'instant $N = 3^2 \times 525$.

  Or la somme des chiffres de 525 est encore un multiple de 3 donc ce nombre est divisible par 3. On vérifie qu'on a $525 = 3 \times 175$ et on en est donc à : $N = 3^3 \times 175$.

  La somme des chiffres de 175 n'est pas un multiple de 3 donc 175 n'est pas divisible par 3.

  On passe maintenant au nombre premier 5. Comme le dernier chiffre de 175 est 5, ce nombre est divisible par 5. On a $175 = 5 \times 35$ et donc $N = 3^3 \times 5 \times 35$.

  On obtient enfin facilement que $35 = 5 \times 7$.

  On en déduit la décomposition primaire : $4725 = 3^3 \times 5^2 \times 7$.

  On peut remarquer dans ce dernier exemple qu'il était évident que 4725 est divisible par 5 donc on aurait pu commencer par écrire $4725 = 5 \times 945 = 5 \times 5 \times 189$ et chercher ensuite la décomposition primaire de 189.

On peut étendre sans difficulté le TFA aux entiers relatifs :

Théorème 14 (TFA dans $\mathbb{Z}$ - MPSI)

Pour tout $n \in \mathbb{Z} \setminus \{0\}$, il existe une unique famille presque nulle $(\mu_p)_{p\in\mathcal{P}}$ d'entiers naturels et un unique élément $\varepsilon \in \{-1, 1\}$ tels que $n = \varepsilon \prod_{p\in\mathcal{P}} p^{\mu_p}$.

DÉMONSTRATION

Comme pour toute famille presque nulle $(\mu_p)_{p\in\mathcal{P}}$ d'entiers naturels, on a $\prod_{p\in\mathcal{P}} p^{\mu_p} \geqslant 1 > 0$, le signe de n doit être porté par ε. Ainsi :

- Si $n > 0$ alors nécessairement $\varepsilon = 1$ et l'unicité de la famille $(\mu_p)_{p\in\mathcal{P}}$ est donnée par le TFA.
- Si $n < 0$ alors nécessairement $\varepsilon = -1$. Posant $m = -n$, on a $m > 0$ et m admet par le TFA une unique décomposition primaire, c'est-à-dire qu'il existe une unique famille presque nulle $(\mu_p)_{p\in\mathcal{P}}$ telle que $m = \prod_{p\in\mathcal{P}} p^{\mu_p}$. D'où $n = -1 \times \prod_{p\in\mathcal{P}} p^{\mu_p}$.

Remarque 14

L'information importante sur ε dans ce théorème est, fondamentalement, que ε est un élément inversible de $\mathbb{Z}$.

3.4 Valuations d'un entier - MPSI

Le TFA indique que tout entier non nul s'écrit de manière unique comme produit de nombres premiers. L'outil qui suit mesure la contribution d'un nombre premier dans la décomposition primaire d'un entier :

Proposition-Définition 1

Pour $n \in \mathbb{Z} \setminus \{0\}$ et un nombre premier p, on appelle *valuation p-adique* de n, et on note $v_p(n)$, la plus grande puissance de p divisant n.
Dit autrement, $v_p(n)$ est l'unique entier vérifiant $p^{v_p(n)} \mid n$ et $p^{v_p(n)+1} \nmid n$

DÉMONSTRATION

Il faut tout de même s'assurer que cet entier $v_p(n)$ existe, c'est-à-dire que l'ensemble $\mathcal{A}_{p,n} = \{k \in \mathbb{N},\ p^k \mid n\}$ a bien un plus grand élément. Comme c'est une partie de $\mathbb{N}$, et que cette partie est non vide (elle comprend 0), il suffit de voir qu'elle est majorée. Montrons par l'absurde que $\mathcal{A}_{p,n}$ est majoré par $|n|$. Supposons qu'il existe $m > |n|$ tel que $m \in \mathcal{A}_{p,n}$, c'est-à-dire tel que $p^m \mid n$. Comme $n \neq 0$, on a en particulier $p^m \leqslant |n|$. On en déduit que les entiers strictement positifs $p^0 < p^1 < \cdots < p^m$ sont $m+1$ entiers distincts compris entre 1 et $|n|$, et comme il existe précisément $|n|$ entiers compris entre 1 et $|n|$, on conclut $m+1 \leqslant |n|$ c'est-à-dire $m < |n|$. Contradiction.

On a immédiatement :

Proposition 8

Si un entier non nul n s'écrit $n = \varepsilon \prod_{p \in \mathcal{P}} p^{\mu_p}$, où $(\mu_p)_{p \in \mathcal{P}}$ est une famille presque nulle d'entiers naturels et $\varepsilon \in \{-1, 1\}$, alors, pour tout $p \in \mathcal{P}$, $v_p(n) = \mu_p$.

DÉMONSTRATION

Soit $p_0 \in \mathcal{P}$. On a $n = p_0^{\mu_{p_0}} \times \varepsilon \prod_{p \in \mathcal{P} \setminus \{p_0\}} p^{\mu_p}$ où $\varepsilon \prod_{p \in \mathcal{P} \setminus \{p_0\}} p^{\mu_p} \in \mathbb{Z}$ donc $p_0^{\mu_{p_0}}$ divise n et par conséquent $v_{p_0}(n) \geqslant \mu_{p_0}$.
Raisonnons par l'absurde en supposant $v_{p_0}(n) > \mu_{p_0}$. Alors comme $v_{p_0}(n)$ est un entier, $v_{p_0}(n) \geqslant \mu_{p_0} + 1$. Il existe donc $k \in \mathbb{Z}$ tel que $n = p_0^{\mu_{p_0}+1} k$. On a même $k \in \mathbb{Z} \setminus \{0\}$ vu

que $n \neq 0$.

Or, par le théorème 14, l'entier k peut lui-même s'écrire $k = \varepsilon' \prod_{p \in \mathcal{P}} p^{\nu_p}$, où $(\nu_p)_{p \in \mathcal{P}}$ est une famille presque nulle d'entiers naturels et $\varepsilon' \in \{-1, 1\}$. Ainsi :

$n = p_0^{\mu_{p_0}+1} \times \varepsilon' \prod_{p \in \mathcal{P}} p^{\nu_p} = \varepsilon' \times p_0^{\mu_{p_0}+1+\nu_{p_0}} \prod_{p \in \mathcal{P} \setminus \{p_0\}} p^{\nu_p}$. Cela est en contradiction avec l'unicité de l'écriture donnée par le théorème 14.

Ainsi $v_{p_0} = \mu_{p_0}$.

Exemples 9

- $\forall p \in \mathcal{P}$, $v_p(1) = 0$.
- Soit p premier. Alors $v_p(p) = 1$ et $v_q(p) = 0$ pour tout nombre premier q distinct de p.
- Soit $n = 40$. Alors $n = 2^3 \times 5^1$ donc $v_2(n) = 3$, $v_3(n) = 0$, $v_5(n) = 1$ et $v_p(n) = 0$ pour tout nombre premier p strictement supérieur à 5.
- Soit $n = -15$. On a $n = -1 \times 3^1 \times 5^1$ donc $v_2(n) = 0$, $v_3(n) = 1$, $v_5(n) = 1$ et $v_p(n) = 0$ pour tout nombre premier p strictement supérieur à 5.

Remarque 15

On peut donc, pour $n \in \mathbb{Z} \setminus \{0\}$, réécrire le produit $n = \varepsilon \prod_{p \in \mathcal{P}} p^{\mu_p}$ sous la forme

$n = \varepsilon \prod_{p \in \mathcal{P}} p^{v_p(n)}$.

On peut prendre pour convention que pour tout premier p, $v_p(0) = \infty$. Cela permet alors de définir pour tout premier p l'application $v_p : \mathbb{Z} \to \mathbb{N} \cup \{\infty\}$. Cette application a les propriétés suivantes :

Proposition 9

Soit $p \in \mathcal{P}$.

1. $\forall n \in \mathbb{Z}$, $v_p(n) = \infty \Leftrightarrow n = 0$.
2. $\forall (m, n) \in \mathbb{Z}^2$, $v_p(mn) = v_p(m) + v_p(n)$.
3. $\forall (m, n) \in \mathbb{Z}^2$, $m \mid n \Rightarrow v_p(m) \leqslant v_p(n)$.
4. $\forall (m, n) \in \mathbb{Z}^2$, $v_p(m+n) \geqslant \min\big(v_p(m), v_p(n)\big)$ et même :
   si $v_p(m) \neq v_p(n)$ alors $v_p(m+n) = \min\big(v_p(m), v_p(n)\big)$

Démonstration

1. On a par convention $v_p(0) = \infty$.
   Si $n \in \mathbb{Z} \setminus \{0\}$ alors, par le théorème 14, n s'écrit $n = \varepsilon \prod_{q \in \mathcal{P}} q^{\mu_q}$ où $(\mu_q)_{q \in \mathcal{P}}$ est une famille presque nulle d'entiers naturels et $\varepsilon \in \{-1, 1\}$. Or $v_p(n) = \mu_p$ par la proposition

8 et donc $v_p(n) \in \mathbb{N}$, ce qui implique bien entendu qu'on a $v_p(n) \neq \infty$.

Ainsi $v_p(n) = \infty$ si et seulement si $n = 0$.

2. Soit $(m, n) \in \mathbb{Z}^2$.
   - Si $m = 0$ ou $n = 0$ alors $mn = 0$ et l'égalité $v_p(mn) = v_p(m) + v_p(n)$ est bien vérifiée vu qu'elle coïncide avec « $\infty = \infty$ ».
   - Si $m \neq 0$ et $n \neq 0$ alors on écrit $m = \varepsilon \prod_{q \in \mathcal{P}} q^{v_q(m)}$ et $n = \varepsilon' \prod_{q \in \mathcal{P}} q^{v_q(n)}$ par la remarque 15. On a ainsi $mn = \varepsilon\varepsilon' \prod_{q \in \mathcal{P}} q^{v_q(m)+v_q(n)}$, avec $\varepsilon\varepsilon' \in \{-1, 1\}$, et donc $v_p(mn) = v_p(m) + v_p(n)$.

3. Soit $(m, n) \in \mathbb{Z}^2$ tel que $m \mid n$.

   Il existe $k \in \mathbb{Z}$ tel que $n = km$.

   Par le point précédent, $v_p(n) = v_p(m) + v_p(k)$. Comme $v_p(k) \in \mathbb{N} \cup \{\infty\}$, on en déduit : $v_p(n) \geqslant v_p(m)$.

4. - Ici aussi le résultat annoncé est évident si $m = 0$ ou $n = 0$.
   - Si $m \neq 0$ et $n \neq 0$ alors avec les décompositions introduites au point précédent, on obtient : $m + n = \varepsilon \prod_{q \in \mathcal{P}} q^{v_q(m)} + \varepsilon' \prod_{q \in \mathcal{P}} q^{v_q(n)}$.

     Notons $\alpha = \min\big(v_p(m), v_p(n)\big)$. Comme on a $\alpha \leqslant v_p(m)$ et $\alpha \leqslant v_p(n)$, on a $p^\alpha \mid p^{v_p(m)}$ et $p^\alpha \mid p^{v_p(n)}$ et donc $p^\alpha \mid m$ et $p^\alpha \mid n$, d'où $p^\alpha \mid m + n$. Par le point précédent, on a donc $v_p(p^\alpha) \leqslant v_p(m+n)$, *i. e.* $\alpha \leqslant v_p(m+n)$. On a bien établi : $\min\big(v_p(m), v_p(n)\big) \leqslant v_p(m+n)$.

     Maintenant si $v_p(m) \neq v_p(n)$: supposons par exemple $v_p(m) < v_p(n)$. Alors $\alpha = v_p(m)$ et $\alpha \leqslant v_p(m+n)$ par ce qui précède.

     Raisonnons par l'absurde en supposant qu'on a $\alpha < v_p(m+n)$. Alors comme la valuation est à valeurs entières, $v_p(m+n) \geqslant \alpha + 1$ et donc $p^{\alpha+1}$ divise $m + n$. Or comme $\alpha = v_p(m) < v_p(n)$, on a $\alpha + 1 \leqslant v_p(n)$ donc $p^{\alpha+1}$ divise n. On en déduit que $p^{\alpha+1}$ divise $(m+n) - n = m$; contradiction !

     Ainsi $\alpha = v_p(m+n)$, c'est-à-dire $v_p(m+n) = \min\big(v_p(m) + v_p(n)\big)$.

On déduit notamment le résultat fondamental suivant :

Théorème 15

Soit $(m, n) \in \mathbb{Z}^2$.

Alors m divise n si et seulement si on a, pour tout nombre premier p, $v_p(m) \leqslant v_p(n)$.

DÉMONSTRATION

Par le point 3 de la proposition 9, il est clair que si m divise n alors on a $v_p(m) \leqslant v_p(n)$ pour tout nombre premier p.

Réciproquement, supposons qu'on ait $v_p(m) \leqslant v_p(n)$ pour tout nombre premier p. Alors, en écrivant $m = \varepsilon \prod_{p \in \mathcal{P}} p^{v_p(m)}$ et $n = \varepsilon' \prod_{p \in \mathcal{P}} p^{v_p(n)}$ (cf. remarque 15.), on a

$$\frac{n}{m} = \frac{\varepsilon'}{\varepsilon} \times \frac{\prod_{p \in \mathcal{P}} p^{v_p(n)}}{\prod_{p \in \mathcal{P}} p^{v_p(m)}} = \frac{\varepsilon'}{\varepsilon} \times \prod_{p \in \mathcal{P}} p^{v_p(n) - v_p(m)}.$$

Or $\frac{\varepsilon'}{\varepsilon} \in \{-1, 1\}$ et $v_p(n) - v_p(m) \in \mathbb{N}$ pour tout nombre premier p donc $\frac{n}{m} \in \mathbb{Z}$, ce qui prouve que m divise n.

Application 4

Nombre de diviseurs d'un entier.

Soit un entier non nul $n = \varepsilon' \prod_{p \in \mathcal{P}} p^{v_p(n)}$. On veut déterminer le nombre de ses diviseurs positifs distincts.

Soit $m = \prod_{p \in \mathcal{P}} p^{v_p(m)}$ un entier naturel non nul quelconque. Par le théorème 15, m divise n si et seulement si on a $v_p(m) \leqslant v_p(n)$ pour tout $p \in \mathcal{P}$. Or pour un nombre premier p fixé, il y a $v_p(n) + 1$ entiers naturels inférieurs ou égaux à $v_p(n)$, ce qui laisse donc $v_p(n) + 1$ possibilités de valeurs pour chaque $v_p(m)$.

Les choix d'une valeur pour chaque $v_p(m)$ étant indépendants, il y a $\prod_{p \in \mathcal{P}} \big(v_p(n) + 1\big)$ choix de familles $(\mu_p)_{p \in \mathcal{P}}$ pour obtenir un diviseur m de n.

L'unicité de la décomposition primaire assure qu'à chaque choix d'une famille $(\mu_p)_{p \in \mathcal{P}}$ correspond un nombre m distinct. Ainsi n possède $\prod_{p \in \mathcal{P}} \big(v_p(n) + 1\big)$ diviseurs positifs distincts.

Par exemple, soit à calculer le nombre de diviseurs distincts de 600.

On calcule la décomposition primaire de 600 ; on trouve $600 = 2^3 \times 3^1 \times 5^2$. Ainsi 600 possède $(3 + 1) \times (1 + 1) \times (2 + 1) = 4 \times 2 \times 3 = 24$ diviseurs distincts.

On en obtient précisément la liste en formant tous les nombres $2^a 3^b 5^c$ avec $0 \leqslant a \leqslant 3$, $0 \leqslant b \leqslant 1$ et $0 \leqslant c \leqslant 2$.

4 PGCD

4.1 PGCD de deux entiers

La proposition 2 du livre VII des *Éléments* explique comment déterminer la mesure commune à deux nombres la plus grande qui soit. Pour reprendre les idées géométriques introduites en début de chapitre, cela signifie déterminer la règle la plus grande qui soit permettant de mesurer deux entiers a et b. En appelant ℓ la longueur de cette règle, il s'agit donc de trouver l'entier ℓ le plus grand possible tel que ℓ divise a et b.

La définition du PGCD telle que pensée par Euclide se traduirait donc en langage moderne de la façon suivante :

Définition 6 (Définition « à la Euclide » du PGCD)

Soit $(a, b) \in (\mathbb{N})^2$, non tous nuls. On appelle *plus grand commun diviseur de a et b*, le plus grand entier naturel, pour la relation d'ordre standard $\leqslant$, qui divise simultanément a et b.

Cette définition[36] est néanmoins très dangereuse car elle masque la réelle nature de l'objet PGCD. La restriction aux entiers positifs non tous nuls est artificielle, et la réelle définition du PGCD est la suivante :

Proposition-Définition 2 (Véritable définition du PGCD)

Soit $(a, b) \in \mathbb{Z}^2$. La partie de $\mathbb{N}$ formée des diviseurs positifs communs à a et à b a un plus grand élément pour la relation de divisibilité (qui est bien une relation d'ordre sur $\mathbb{N}$).
On l'appelle le *plus grand commun diviseur de a et b*, et on le note $a \wedge b$ (ou $\operatorname{pgcd}(a, b)$).

Ainsi l'aspect « plus grand » mis en avant dans la terminologie ne fait pas du tout référence à la relation d'ordre usuelle sur $\mathbb{N}$ mais bien à la divisibilité sur $\mathbb{N}$.

Démonstration

Notons D l'ensemble des diviseurs positifs communs à a et à b. Comme D est une partie de $\mathbb{N}$ et que $\mid$ est une relation d'ordre sur $\mathbb{N}$, $\mid$ est bien une relation d'ordre sur D. Reste à voir que D a bien un plus grand élément pour $\mid$. Traitons deux cas :

- Si l'un des deux entiers a et b est nul, on peut supposer à renommage près qu'on a $b = 0$. L'ensemble D est alors simplement l'ensemble des diviseurs de a, qui a bien par définition un plus grand élément pour la divisibilité, qui est $|a|$.

36. Qui n'est préconisée par le programme de MPSI qu'exclusivement dans le cas d'entiers naturels non tous nuls.

- Si $a \neq 0$ ou $b \neq 0$, notons $\mathcal{M}$ l'ensemble des entiers strictement positifs qui soient simultanément multiples de a et de b. La partie $\mathcal{M}$ de $\mathbb{N}$ est non vide (elle comprend $|ab|$), elle a donc un plus petit élément m pour l'ordre standard. Montrons que m est aussi le plus petit élément de $\mathcal{M}$ pour la divisibilité. Soit $\mu \in \mathcal{M}$ et effectuons la division euclidienne de μ par m : il existe q et r tels que $0 \leqslant r < m$ et $\mu = mq + r$, cette dernière égalité se réécrivant $r = \mu - mq$. Comme μ et m sont tous les deux simultanément des multiples de a et de b, c'est aussi le cas de r, autrement dit r est nul ou bien c'est un élément de $\mathcal{M}$, mais ce dernier cas est exclu par minimalité de m, puisqu'on a $r < m$. Ainsi on a $r = 0$ et donc $\mu = mq$ est un multiple de m. Ceci étant vrai pour tout entier $\mu \in \mathcal{M}$, m est bien le plus petit élément de $\mathcal{M}$ pour la divisibilité. Posons maintenant $d = \dfrac{|ab|}{m}$. Comme m est simultanément un multiple de a et de b, on en déduit que d est entier, et plus précisément qu'on a $d \in D$. Montrons que d est le plus grand élément de D pour la divisibilité. Soit $\delta \in D$, et posons $\mu = \dfrac{|ab|}{\delta}$. Comme δ divise simultanément a et b, on en déduit que μ est entier, et plus précisément qu'on a $\mu \in \mathcal{M}$. Par suite on a $m \mid \mu$, d'où l'on tire immédiatement $\delta \mid d$.

Exemples 10

1. Soient $a = 12$ et $b = 8$. L'entier a a pour diviseurs positifs : 1, 2, 3, 4, 6 et 12. L'entier b a pour diviseurs positifs 1, 2, 4 et 8. Les diviseurs positifs de a et b sont : 1, 2 et 4. Le plus grand entier naturel, pour la divisibilité, divisant à la fois a et b est donc 4. Ainsi $12 \wedge 8 = 4$.

2. Soient $a = -35$ et $b = 24$. L'entier a a pour diviseurs positifs : 1, 5, 7, et 35. L'entier b a pour diviseurs positifs 1, 2, 3, 4, 6, 8, 12 et 24. Le seul diviseur positif commun à a et b est 1. Le plus grand entier naturel, pour la divisibilité, divisant à la fois a et b est donc 1. Ainsi $-35 \wedge 24 = 1$.

3. Soient $a = b = 0$. L'ensemble des diviseurs positifs de 0 est $\mathbb{N}$. Autrement dit, $\mathbb{N}$ est l'ensemble des diviseurs positifs de a et b. Le plus grand élément de $\mathbb{N}$ pour la divisibilité étant 0, on a $0 \wedge 0 = 0$.

4. Plus généralement, pour tout entier a, l'ensemble des diviseurs positifs de a et a est l'ensemble des diviseurs positifs de a, dont le plus grand élément pour la divisibilité est $|a|$. Ainsi $a \wedge a = |a|$.

5. L'unique diviseur positif de 1 est 1, donc pour tout entier a l'ensemble des diviseurs positifs de a et 1 sera $\{1\}$. Ainsi $a \wedge 1 = 1$.

Remarque 16

Bien évidemment, lorsque a et b sont non nuls, le PGCD de a et b est **aussi** le plus grand entier positif, pour l'ordre standard, divisant a et b. Mais cette propriété est **anecdotique** : le point important dans l'usage qu'on en fera est que le PGCD est l'unique diviseur maximal pour la divisibilité.

Remarquons que, par définition, on a immédiatement :

Proposition 10 (Le PGCD est commutatif)

$\forall(a, b) \in \mathbb{Z}^2,\ a \wedge b = b \wedge a.$

On va maintenant voir trois façons de paraphraser la définition du PGCD. Les deux premières peuvent être occasionnellement utiles, la troisième est fondamentale.

On peut tout d'abord énoncer :

Proposition 11

Soit $(a, b) \in \mathbb{Z}^2$. Le PGCD de a et b est l'unique entier naturel d tel que :

1. d est un diviseur commun de a et b, c'est-à-dire $d \mid a$ et $d \mid b$;
2. d est un multiple de tout diviseur commun de a et b, c'est-à-dire :
   $\forall \delta \in \mathbb{Z},\ (\delta \mid a \text{ et } \delta \mid b) \Rightarrow \delta \mid d.$

DÉMONSTRATION

En reprenant les notations de la démonstration précédente, l'égalité $d = a \wedge b$ signifie que d appartient à D et est plus grand, pour la divisibilité, que tous les éléments de D. Le premier point paraphrase $d \in D$ et le second point paraphrase que d est plus grand que tout élément de D.

Remarque 17

Par définition, on a clairement : $\forall(a, b) \in \mathbb{Z}^2$, $\forall(\varepsilon, \varepsilon') \in \{-1, 1\}^2$, $(\varepsilon a) \wedge (\varepsilon' b) = a \wedge b$. Ceci permet de ramener le calcul du PGCDde deux entiers quelconques a et b à celui de $|a|$ et de $|b|$. Dit autrement, $a \wedge b = |a| \wedge |b|$. Ainsi on peut se contenter de travailler sur les entiers naturels pour calculer un PGCD.

Plus précisément, on a :

Proposition 12

Soit $(a, b) \in \mathbb{Z}^2$. Le PGCD de a et b est la borne inférieure, dans $\mathbb{N}$ muni de la divisibilité, de la partie $\{|a|, |b|\}$.

DÉMONSTRATION

Le point 1. de la proposition 11 indique que d est un minorant de $\{|a|, |b|\}$, le point 2. de la proposition 11 indique que d est plus grand que tout minorant de $\{|a|, |b|\}$. Le résultat suit par définition d'une borne inférieure.

Notation 3

Pour un entier a quelconque, on note $\mathcal{D}(a)$ l'ensemble des diviseurs de a.

Cette notation permet de formuler :

Théorème 16 (Formulation moderne de la définition du PGCD)

$\forall (a, b) \in \mathbb{Z}^2$, $\mathcal{D}(a) \cap \mathcal{D}(b) = \mathcal{D}(a \wedge b)$.

DÉMONSTRATION

C'est immédiat du fait de la proposition 11. En effet :

- Soit $n \in \mathcal{D}(a \wedge b)$. Alors n est un diviseur de $a \wedge b$ qui est lui-même un diviseur de a et de b. Par transitivité de la relation de divisibilité, n est donc un diviseur de a et de b, d'où $n \in \mathcal{D}(a) \cap \mathcal{D}(b)$.

  On a ainsi prouvé : $\mathcal{D}(a \wedge b) \subset \mathcal{D}(a) \cap \mathcal{D}(b)$.
- Soit $n \in \mathcal{D}(a) \cap \mathcal{D}(b)$. Alors n est un diviseur commun de a et b. Or par la définition 2, tout diviseur commun de a et b est un diviseur de $a \wedge b$. D'où $n \in \mathcal{D}(a \wedge b)$.

  On a ainsi prouvé : $\mathcal{D}(a) \cap \mathcal{D}(b) \subset \mathcal{D}(a \wedge b)$.

D'où le résultat par double inclusion.

Pour l'instant, le seul moyen que nous avons vu pour déterminer le PGCD de deux nombres non nuls consiste – et c'est notre première définition du PGCD– à dresser la liste des diviseurs communs et à en prendre le plus grand. Cette méthode n'est raisonnable que pour des petits nombres non nuls ; il faut donc trouver mieux.

Euclide lui-même avait indiqué une méthode bien plus performante, basée sur la division euclidienne. C'est ce qu'on appelle l'*algorithme d'Euclide*. Nous exposons cet algorithme juste après un résultat qui est fondamental pour en comprendre l'idée :

Lemme 2 (Lemme préparatoire à l'algorithme d'Euclide)

1. Soit $d \in \mathbb{N}$. Alors $d \wedge 0 = d$.
2. Soit $(a, b) \in \mathbb{Z} \times \mathbb{N} \setminus \{0\}$ et soit r le reste de la division euclidienne de a par b. Alors $a \wedge b = b \wedge r$.

DÉMONSTRATION

1. Le premier point est immédiat et a déjà été explicité dans la démonstration de l'existence du PGCD.
2. Soit q le quotient de la division euclidienne de a par b. On a la relation $a = bq + r$. Ainsi :
   - $a \wedge b$ est un diviseur commun de a et de b. C'est donc aussi un diviseur de r puisque $r = a - bq$. Par conséquent $a \wedge b$ divise b et r donc divise $b \wedge r$.
   - $b \wedge r$ est un diviseur commun de b et de r. C'est donc aussi un diviseur de a puisque $a = bq + r$. Par conséquent $b \wedge r$ divise a et b donc divise $a \wedge b$.

   Ainsi $a \wedge b$ et $b \wedge r$ se divisent l'un l'autre donc sont associés. Mais comme par définition du PGCD, ce sont deux nombres positifs, ils sont égaux.

Ce qui est particulièrement intéressant en utilisant le reste r de la division euclidienne de a par b, c'est qu'il vérifie $0 \leqslant r < b$. Ainsi si on suppose qu'au départ on a $a \geqslant b$, ce lemme permet de ramener le PGCD de a et b au PGCD de deux quantités plus petites (dont une au moins strictement) vu que $b \leqslant a$ et $r < b$. L'algorithme d'Euclide consiste à itérer ce processus. Le second point du lemme précédent assure la *correction*[37] de l'algorithme, le premier point assure sa *terminaison*[38].

Théorème 17 (Algorithme d'Euclide)

Soit $(a, b) \in \mathbb{N}^2$.
On pose $r_0 = a$ et $r_1 = b$.
Si l'on définit, pour tout $n \geqslant 1$ tel que $r_n \neq 0$, l'entier r_{n+1} comme étant le reste de la division euclidienne de r_{n-1} par r_n et si N est le plus petit entier $\geqslant 1$ tel que $r_N = 0$ alors $r_{N-1} = a \wedge b$.

DÉMONSTRATION

- Si $b = 0$, c'est-à-dire si $r_1 = 0$, alors on a $N = 1$ et $r_0 = a$ vérifie bien $r_0 = a \wedge b$ vu que $a \wedge 0 = |a| = a$.
- Si $b \neq 0$ alors pour tout $n \geqslant 1$ tel que $r_n \neq 0$, on a $0 \leqslant r_{n+1} < r_n$. On a donc $b = r_1 > r_2 > r_3 > \cdots \geqslant 0$. Comme il n'y a qu'un nombre fini d'entiers compris entre 0 et b, il existe nécessairement un rang $N \geqslant 2$ tel que $r_N = 0$ et $r_{N-1} > 0$.

  On a alors, par le lemme 2, $r_{n-1} \wedge r_n = r_n \wedge r_{n+1}$ pour tout $n \in \{1, \ldots, N-1\}$, ce

37. L'algorithme calcule bien le PGCD.
38. L'algorithme se termine en temps fini.

dont on déduit :

$a \wedge b = r_0 \wedge r_1 = r_1 \wedge r_2 = \cdots = r_{N-2} \wedge r_{N-1} = r_{N-1} \wedge r_N = r_{N-1} \wedge 0 = r_{N-1}$.

Remarques 18

1. Si $a = b = 0$ alors on a $r_1 = 0$, $N = 1$ et $r_0 = a = 0$ est bien le PGCD de 0 et 0.
2. Si $a = 0$ et $b \neq 0$ alors la division euclidienne de $r_0 = a$ par $r_1 = b$ a pour reste 0. En particulier $r_2 = 0$ donc $N = 2$ et $r_1 = b$ est bien le PGCD de 0 et de b.
3. Comme on a, par la remarque 17, $a \wedge b = |a| \wedge |b|$, on peut adapter l'algorithme d'Euclide aux cas où a ou b ne sont pas positifs en commençant par remplacer a et b par leurs valeurs absolues.
4. Notons que si $b > a \geqslant 0$ alors la division euclidienne de a par b s'écrit : $a = b \times 0 + a$. On a donc $r_2 = a$ et on constate ainsi que la première itération de l'algorithme revient simplement à échanger les rôles de a et de b, vu qu'on passe ainsi de $(r_0 = a, r_1 = b)$ à $(r_1 = b, r_2 = a)$.

   Lorsqu'on veut appliquer cet algorithme « à la main », on peut donc simplement commencer par échanger les rôles de a et de b si $b > a$. On sait de toute manière que cela ne change pas le résultat obtenu à la fin vu qu'on a $a \wedge b = b \wedge a$ par commutativité du PGCD.

Exemple 11

Soit à calculer $a \wedge b$, où $a = 598$ et $b = 84$. On forme les divisions euclidiennes successives : $598 = 84 \times 7 + 10$, puis $84 = 10 \times 8 + 4$, $10 = 4 \times 2 + 2$, $4 = 2 \times 2 + 0$.

Le dernier reste non nul est donc 2, ce qui prouve qu'on a $598 \wedge 84 = 2$.

On peut notamment déduire de l'algorithme d'Euclide :

Proposition 13 (Homogénéité du PGCD)

Soit $(a, b) \in \mathbb{Z}^2$.

1. $\forall k \in \mathbb{Z}$, $(ka) \wedge (kb) = |k|(a \wedge b)$.
2. Si $d \in \mathbb{Z} \setminus \{0\}$ est un diviseur commun de a et b, alors : $\dfrac{a}{d} \wedge \dfrac{b}{d} = \dfrac{a \wedge b}{|d|}$.

Démonstration

1. Soit $k \in \mathbb{Z}$.

   Notons pour commencer que, par la remarque 17, on a $(ka) \wedge (kb) = |ka| \wedge |kb| = (|k||a|) \wedge (|k||b|)$.

Ensuite, si nous reprenons les notations de l'algorithme d'Euclide en l'appliquant à $r_0 = |a|$ et $r_1 = |b|$, notons que si l'on a pour un rang quelconque $n \in \{1, \dots, N-1\}$, la relation $r_{n-1} = q_n r_n + r_{n+1}$ (où l'on note q_n le quotient de la division euclidienne de r_{n-1} par r_n), alors on a aussi pour tout $n \in \{1, \dots, N-1\}$,

$$(\mathcal{R}_n) \qquad |k|r_{n-1} = q_n|k|r_n + |k|r_{n+1}.$$

De $0 \leqslant r_{n+1} < r_n$ on déduit $0 \leqslant |k|r_{n+1} < |k|r_n$, ce qui prouve que l'égalité $(\mathcal{R}_n)$ est exactement la division euclidienne de $|k|r_{n-1}$ par $|k|r_n$. Ainsi $|k|r_2, \dots, |k|r_N$ sont les restes successifs donnés par l'algorithme d'Euclide appliqué à $(|k|r_0, |k|r_1)$, c'est-à-dire à $(|k||a|, |k||b|)$. Par conséquent le dernier reste non nul en est $|k|r_{N-1} = |k|(|a| \wedge |b|)$, ce qui prouve qu'on a $|ka| \wedge |kb| = |k|(|a| \wedge |b|)$.
Finalement : $(ka) \wedge (kb) = |k|(|a| \wedge |b|) = |k|(a \wedge b)$.

2. Soit $d \in \mathbb{Z} \setminus \{0\}$ tel que $d \mid a$ et $d \mid b$. On a : $a \wedge b = \left(d \times \dfrac{a}{d}\right) \wedge \left(d \times \dfrac{b}{d}\right) = |d| \left(\dfrac{a}{d} \wedge \dfrac{b}{d}\right)$ par le point précédent. D'où le résultat en divisant par $|d|$.

Ce dernier résultat permet de faire le lien entre PGCD et décomposition primaire de deux éléments :

Proposition 14

Soit $(a, b) \in (\mathbb{Z} \setminus \{0\})^2$ avec[39] $a = \varepsilon \prod_{p \in \mathcal{P}} p^{v_p(a)}$ et $b = \varepsilon' \prod_{p \in \mathcal{P}} p^{v_p(b)}$.
Alors $a \wedge b = \prod_{p \in \mathcal{P}} p^{\min\left(v_p(a), v_p(b)\right)}$.

Démonstration

Comme $a \wedge b = |a| \wedge |b|$, on cherche finalement le PGCD de $|a| = \prod_{p \in \mathcal{P}} p^{v_p(a)}$ et $|b| = \prod_{p \in \mathcal{P}} p^{v_p(b)}$.
On note $D = \prod_{p \in \mathcal{P}} p^{m_p}$, où $m_p = \min\left(v_p(a), v_p(b)\right)$. Comme D divise $\prod_{p \in \mathcal{P}} p^{v_p(a)}$ et $\prod_{p \in \mathcal{P}} p^{v_p(b)}$, on a : $|a| \wedge |b| = D \left(\dfrac{|a|}{D} \wedge \dfrac{|b|}{D}\right)$ par la proposition précédente.
Raisonnons par l'absurde : supposons que $\dfrac{|a|}{D}$ et $\dfrac{|b|}{D}$ admettent un diviseur positif commun d qui soit strictement plus grand que 1. Alors d possède au moins un diviseur premier.

39. Notations de la remarque 15.

Soit q un tel diviseur. On a donc q qui divise $\dfrac{|a|}{D}$ et $\dfrac{|b|}{D}$. Ainsi on a $\dfrac{|a|}{D} = \prod_{p\in\mathcal{P}} p^{v_p(a)-m_p}$ et $\dfrac{|b|}{D} = \prod_{p\in\mathcal{P}} p^{v_p(b)-m_p}$ qui sont divisibles tous deux par q. Cela impose $v_q(a) - m_q \geqslant 1$ et $v_q(b) - m_q \geqslant 1$, ce qui est absurde vu que l'une de ces deux quantités vaut 0 étant donné qu'on a soit $m_q = v_q(a)$, soit $m_q = v_q(b)$.

Ainsi $\dfrac{|a|}{D}$ et $\dfrac{|b|}{D}$ ont pour seul diviseur positif 1, ce qui implique qu'on a : $\dfrac{|a|}{D} \wedge \dfrac{|b|}{D} = 1$.

D'où $a \wedge b = D \times 1 = \prod_{p\in\mathcal{P}} p^{\min\left(v_p(b), v_p(b)\right)}$.

Remarque 19

Dans cette dernière démonstration on s'est ramené en divisant par le PGCD à des entiers dont le PGCD vaut 1. C'est une idée importante et on donne un peu plus loin un nom[40] à ces couples d'entiers de PGCD égal à 1, en étudiant leurs propriétés.

Exemple 12

Soit à calculer $a \wedge b$ avec $a = 945$ et $b = 1764$.

On invite le lecteur à vérifier qu'on a les décompositions primaires : $a = 3^3 \times 5 \times 7$ et $b = 2^2 \times 3^2 \times 7^2$.

Avec les notations de la démonstration précédente, on a donc : $v_2(a) = 0$, $v_3(a) = 3$, $v_5(a) = 1$, $v_7(a) = 1$ et $v_p(a) = 0$ pour tout premier $p > 7$ d'une part, $v_2(b) = 2$, $v_3(b) = 2$, $v_5(b) = 0$, $v_7(b) = 2$ et $v_p(b) = 0$ pour tout premier $p > 7$ d'autre part.

Ainsi $m_2 = 0$, $m_3 = 2$, $m_5 = 0$, $m_7 = 1$ et $m_p = 0$ pour tout premier $p > 7$.

D'où $a \wedge b = 3^2 \times 7^1 = 63$.

4.2 Coefficients de Bézout - MPSI

Le programme de MPSI mentionne sous l'appellation « relation de Bézout » un résultat fondamental en arithmétique, aussi appelé « théorème de Bachet-Bézout ».

Après avoir énoncé et démontré ce théorème, nous reviendrons sur son histoire et ses appellations :

Théorème-Définition 2 (Relation de Bézout)

Soit $(a, b) \in \mathbb{Z}^2$. Il existe $(u, v) \in \mathbb{Z}^2$ tel que $au + bv = a \wedge b$.

On dit de (u, v) que c'est un couple de *coefficients de Bézout*.

DÉMONSTRATION

40. On dit qu'ils sont « premiers entre eux ».

- Traitons le cas $(a, b) \in \mathbb{N}^2$ pour commencer.

  En reprenant les notations de l'algorithme d'Euclide, remarquons simplement qu'en notant q le quotient de la division euclidienne de a par b, on a $r_2 = r_0 - qr_1 = a - bq$. Ainsi r_2 est une combinaison linéaire à coefficients entiers de a et b.

  il est d'ailleurs évident que r_0 et r_1 sont des combinaisons linéaire à coefficients entiers de a et b vu que r_0 s'écrit $r_0 = 1 \times a + 0 \times b$ et vu que r_1 s'écrit $r_1 = 0 \times a + 1 \times b$.

  Maintenant pour n quelconque dans $\{1, \ldots, N-1\}$, si on note q_n le reste de la division euclidienne de r_{n-1} par r_n, on a $r_{n+1} = r_{n-1} - q_n r_n$. Si r_n et r_{n-1} sont des combinaisons linéaire à coefficients entiers de a et b alors il en résulte que r_{n+1} est aussi une combinaison linéaire à coefficients entiers de a et b. On peut ainsi démontrer par une récurrence double que tout r_n est une combinaison linéaire à coefficients entiers de a et b ; c'est en particulier le cas de $r_{N-1} = a \wedge b$.

  Nous invitons le lecteur à rédiger cette récurrence par lui-même. Pour notre part nous insistons peu après sur une méthode concrète de détermination des coefficients de Bézout.

- Notons que le cas général $(a, b) \in \mathbb{Z}^2$ se ramène sans difficulté au cas précédent. Si en effet, on a $a = \varepsilon|a|$ et $b = \varepsilon'|b|$ avec $(\varepsilon, \varepsilon') \in \{-1, 1\}^2$, alors d'un couple (u, v) de coefficients de Bézout de $(|a|, |b|)$ on déduit le couple $(\varepsilon u, \varepsilon' v)$ de coefficients de Bézout de (a, b) vu qu'on a : $a\varepsilon u + b\varepsilon' v = |a|u + |b|v = |a| \wedge |b| = a \wedge b$.

⚠ Si remonter l'algorithme d'Euclide comme exposé dans la démonstration précédente donne un couple bien déterminé de coefficients de Bézout, il n'y a jamais unicité d'un couple de coefficients de Bézout !

En effet si a et b sont nuls alors $a \wedge b = 0$ et tout couple (u, v) d'entiers vérifie bien $au + bv = 0$.

Et si un des deux entiers a et b est non nul alors d'un couple (u, v) de coefficients de Bézout on déduit une infinité de couples de coefficients de Bézout :

les $(u - kb, v + ka)$, $k \in \mathbb{Z}$.

On trouve ce qu'on appelle *relation de Bézout* dès le début du XVIIe siècle, dans les écrits[41] de Bachet[42].

Si le nom de Bézout est également attaché à ce théorème, c'est du fait d'un résultat analogue sur les polynômes, datant de 1764, que nous verrons dans le chapitre 10. Sans avoir non plus réellement énoncé la relation analogue pour les polynômes, Bézout a

41. Précisément dans les propositions préliminaires de l'édition de 1624 des *Problèmes plaisants et délectables*.

42. Son nom complet : Claude-Gaspard Bachet de Méziriac, déjà mentionné dans l'introduction de ce chapitre.

cependant démontré que le PGCD de deux polynômes A et B est de la forme $AU + BV$ où U et V sont deux polynômes également.
En réalité cette propriété n'a pas été remarquée du temps de Bézout[43]. Mais en 1871, les travaux de Dedekind[44] sur les idéaux aboutirent à un résultat encore plus général dont celui de Bézout est le cas particulier au sein des polynômes. L'intérêt pour cette identité fut alors relancé ; le nom de Bézout commencera à lui être attaché au XXe siècle et sera notamment popularisé par Bourbaki.

Étienne Bézout
(1730–1783)

Issu d'une famille de Nemours, son père étant procureur au baillage de cette ville, Étienne Bézout[a] a suivi une éducation classique, donc peu proprice aux mathématiques. On peut par conséquent s'étonner de le voir se lancer dans des études de mathématiques à la mort de son père en 1750. La lecture d'Euler semble avoir été un déclic pour s'engager dans cette voie. En 1755 son talent mathématique lui permet de paraître dans l'entourage de d'Alembert et il est élu en 1758 comme adjoint dans la classe de Mécanique à l'Académie royale des sciences. Il se consacrera cependant bientôt exclusivement à la théorie des équations.
À cette époque où furent créées les premières écoles militaires[b], il fallait des scientifiques compétents pour en définir l'enseignement et le superviser. Bézout fut ainsi nommé examinateur des écoles des Gardes de la Marine en 1764. Sa carrière fut alors principalement consacrée à l'enseignement et à la rédaction de cours de mathématiques qui furent longtemps utilisés par les candidats aux écoles militaires.
Son traité principal est la *Théorie générale des équations algébriques* (1779) et son nom reste attaché, outre à la fameuse identité, à un théorème très célèbre sur le nombre de points d'intersection de deux courbes algébriques.

a. On renvoie à la bibliographie de Bézout par Liliane Alfonsi pour toutes les informations restituées ici.
Un mot sur l'habituelle hésitation autour de la présence d'un « é » et non d'un « e » dans l'orthographe du nom « Bézout ». La graphie retenue par le programme et semble-t-il maintenant communément acceptée comporte le e accent aigu. Selon Liliane Alfonsi, le nom était à l'époque de la naissance de Bézout orthographié sans accent (c'est ce que l'on retrouve sur les actes notariaux et paroissiaux) mais on a pu constater que Bézout signait avec un e accent aigu à partir de 1765 et que ses textes imprimés à compter de 1770 affichent comme auteur « Bézout ».
b. Par exemple l'École Royale des ponts et chaussées fut créée en 1747, l'École royale du Génie de Mézières en 1748 et l'École royale des mines en 1783.

Méthode de détermination de coefficients de Bézout :
On met en œuvre le principe présenté dans la démonstration de la relation de Bézout. Il s'agit de partir du dernier reste non nul de l'algorithme d'Euclide et de l'exprimer en fonction des deux restes précédents. En remontant les divisions euclidiennes successives

43. Pour des informations plus complètes sur Étienne Bézout, cf. la biographie de Liliane Alfonsi, *Étienne Bézout (1730-1783), Mathématicien des Lumières*, L'Harmattan (2011).
44. Richard Dedekind (1831-1916), mathématicien allemand.

de l'algorithme d'Euclide et en remplaçant systématiquement r_{n+1} par $r_{n-1} - q_n r_n$, on aboutit à un moment à une expression qui est fonction de r_0 et de r_1, donc de a et de b.

Exemples 13

1. Reprenons l'exemple 11. On y avait prouvé : $598 \wedge 84 = 2$.

   Réécrivons les divisions euclidiennes qui avaient conduit à ce résultat, en faisant apparaître clairement les restes successifs :

   $\underset{r_0}{598} = \underset{r_1}{84} \times 7 + \underset{r_2}{10}$, $\quad \underset{r_1}{84} = \underset{r_2}{10} \times 8 + \underset{r_3}{4}$, $\quad \underset{r_2}{10} = \underset{r_3}{4} \times 2 + \underset{r_4}{2}$.

   Dans cet exemple $r_4 = 2$ est le dernier reste non nul, donc le PGCD.

   On part de la dernière relation ; on exprime r_4 en fonction de r_2 et r_3.

   On utilise ensuite l'avant-dernière relation : elle permet d'exprimer r_3 en fonction de r_1 et r_2.

   Enfin on utilise la première division euclidienne pour exprimer r_2 en fonction de r_0 et r_1... Voici :

   $\underset{r_4}{2} = \underset{r_2}{10} - \underset{r_3}{4} \times 2.$

   Comme $\underset{r_3}{4} = \underset{r_1}{84} - \underset{r_2}{10} \times 8$, on obtient en remplaçant dans la relation précédente :

   $$\underset{r_4}{2} = \underset{r_2}{10} - \left(\underset{r_1}{84} - \underset{r_2}{10} \times 8\right) \times 2 = \underset{r_1}{84} \times (-2) + \underset{r_2}{10} \times (1 + 16) = \underset{r_1}{84} \times (-2) + \underset{r_2}{10} \times 17.$$

   Comme $\underset{r_2}{10} = \underset{r_0}{598} - \underset{r_1}{84} \times 7$, on obtient en remplaçant dans la relation précédente :

   $$2 = \underset{r_1}{84} \times (-2) + \left(\underset{r_0}{598} - \underset{r_1}{84} \times 7\right) \times 17 = \underset{r_0}{598} \times 17 + \underset{r_1}{84} \times (-2 - 7 \times 17),$$

   $2 = \underset{a}{598} \times 17 + \underset{b}{84} \times (-121).$

   Ainsi un couple de coefficients de Bézout de 598 et 84 est $(u = 17, v = -121)$.

2. Soit à calculer le PGCD de $a = 451$ et $b = 19$ ainsi qu'un couple de coefficients de Bézout.

   Pour le PGCD, on écrit :

   $451 = 19 \times 23 + 14$, $\quad 19 = 14 \times 1 + 5$, $\quad 14 = 2 \times 5 + 4$, $\quad 5 = 4 \times 1 + 1$, $\quad 4 = 1 \times 4 + 0$.

   Ainsi le dernier reste non nul est 1 donc $451 \wedge 19 = 1$.

   En remontant de la relation $5 = 4 \times 1 + 1$ à la relation $451 = 19 \times 23 + 14$, le lecteur pourra s'entraîner à trouver un couple de coefficients de Bézout de 451 et 19 à l'aide de la méthode exposée ci-dessus. On obtient ainsi $(u = -4, v = 95)$.

On peut déduire de la relation de Bézout un résultat qui donne l'idée d'une définition (équivalente dans le cas de $\mathbb{Z}$) du PGCD dans d'autres anneaux[45] que $\mathbb{Z}$:

45. Notion abordée dans le chapitre 8. Les anneaux pour lesquels ces définitions sont équivalentes sont justement dits *de Bézout* en hommage à Bézout.

Proposition 15 (Formulation moderne de la relation de Bézout)

Soient $(a, b) \in \mathbb{Z}^2$ et $d \in \mathbb{N}$. Alors $a\mathbb{Z} + b\mathbb{Z} = d\mathbb{Z}$ si et seulement si $d = a \wedge b$.

DÉMONSTRATION

- Supposons $a\mathbb{Z} + b\mathbb{Z} = d\mathbb{Z}$.

  1. Comme $d = d \times 1 \in d\mathbb{Z} = a\mathbb{Z} + b\mathbb{Z}$, il existe $(k, k') \in \mathbb{Z}^2$ tel que $d = ak + bk'$. Or $a \wedge b$ divise $ak + bk'$ donc $a \wedge b$ divise d.
  2. Par la relation de Bézout, il existe $(u, v) \in \mathbb{Z}^2$ tel que $au + bv = a \wedge b$. Or $au + bv \in a\mathbb{Z} + b\mathbb{Z}$ donc $a \wedge b$ est un élément de $a\mathbb{Z} + b\mathbb{Z} = d\mathbb{Z}$. Cela signifie que d divise $a \wedge b$.

  Ainsi $a \wedge b$ et d sont deux entiers naturels associés, donc sont égaux.

- Réciproquement, supposons $d = a \wedge b$.

  $\boxed{\subset}$ Comme $a \wedge b$ divise à la fois a et b, $a \wedge b$ divise tout nombre de la forme $ak + bk'$, où $(k, k') \in \mathbb{Z}^2$. Par conséquent $a \wedge b$ divise tout élément de $a\mathbb{Z} + b\mathbb{Z}$, ce qui prouve qu'on a $a\mathbb{Z} + b\mathbb{Z} \subset (a \wedge b)\mathbb{Z}$.

  $\boxed{\supset}$ Par la relation de Bézout, il existe $(u, v) \in \mathbb{Z}^2$ tel que $au + bv = a \wedge b$.
  Soit $n \in (a \wedge b)\mathbb{Z}$. Il existe $k \in \mathbb{Z}$ tel que $n = k(a \wedge b)$ donc on a $n = kua + k'vb$, avec ku et $k'v$ entiers, ce qui prouve qu'on a $n \in a\mathbb{Z} + b\mathbb{Z}$.
  D'où l'inclusion $(a \wedge b)\mathbb{Z} \subset a\mathbb{Z} + b\mathbb{Z}$.

  On a ainsi établi, par double inclusion, l'égalité $a\mathbb{Z} + b\mathbb{Z} = (a \wedge b)\mathbb{Z}$.

Exemple 14

On a $24\mathbb{Z} + 15\mathbb{Z} = 3\mathbb{Z}$ vu qu'on a $24 \wedge 15 = 3$.

4.3 Nombres premiers entre eux - MPSI

On introduit enfin la notion effleurée dans la remarque 19 :

Définition 7 (Nombres premiers entre eux)

On dit que deux entiers sont *premiers entre eux* lorsque leur seul diviseur positif commun est 1.
De manière équivalente, deux entiers a et b sont dits *premiers entre eux* lorsque $a \wedge b = 1$.

Remarque 20

D'après la proposition 13.2, lorsqu'on divise deux entiers a et b par leur PGCD, on obtient deux entiers premiers entre eux. Précisément, pour $(a, b) \in \mathbb{Z}^2$, si on introduit $(a', b') \in \mathbb{Z}^2$ tel que $a = (a \wedge b)a'$ et $b = (a \wedge b)b'$, alors $a' \wedge b' = 1$.
On dispose ainsi d'un moyen simple de ramener un couple d'entiers à un couple d'entiers premiers entre eux. Cela s'avère souvent utile au vu des résultats énoncés plus loin (théorème de Bézout, lemme de Gauss...).

Exemples 15

1. Les entiers 8 et 15 sont premiers entre eux ; de même les entiers 5 et -24.
   Par contre les entiers -18 et 33 ne sont pas premiers entre eux car $(-18) \wedge 33 = 3$.
2. Deux nombres premiers distincts sont toujours premiers entre eux.
   Mieux : soient $(p, q) \in \mathcal{P}^2$ et $(\alpha, \beta) \in (\mathbb{N} \setminus \{0\})^2$, alors p^α et q^β sont premiers entre eux si et seulement si $p \neq q$.

Au vu du TFA et de ses conséquences, on a immédiatement le critère suivant :

Proposition 16

Soit $(a, b) \in \mathbb{Z}^2$. Alors a et b sont premiers entre eux si et seulement si aucun nombre premier n'est un diviseur commun de a et b.

Application 5

Soit à montrer le résultat : pour tous entiers a et b, si a et b sont premiers entre eux alors a^2 et b^2 sont premiers entre eux.
On procède par contraposée : soit $(a, b) \in \mathbb{Z}^2$ avec a^2 et b^2 non premiers entre eux.
Il existe donc p premier divisant à la fois a^2 et b^2. Par le lemme d'Euclide, on a donc p qui divise a et p qui divise b. Ainsi a et b ne sont pas premiers entre eux.
On peut facilement généraliser ce résultat en remplaçant a^2 et b^2 par a^m et b^n avec m et n des entiers naturels quelconques...

On a un résultat très important, qui offre une réciproque à la relation de Bézout pour deux entiers premiers entre eux :

Théorème 18 (Théorème de Bézout [46])

Deux entiers a et b sont premiers entre eux si et seulement s'il existe $(u, v) \in \mathbb{Z}^2$ tel que $au + bv = 1$.

DÉMONSTRATION

Soit $(a, b) \in \mathbb{Z}^2$.

- Si a et b sont premiers entre eux alors on a $a \wedge b = 1$.
  Par la relation de Bézout, il existe donc bien $(u, v) \in \mathbb{Z}^2$ tel que $au + bv = 1$.
- Réciproquement, si l'on suppose qu'il existe $(u, v) \in \mathbb{Z}^2$ tel que $au + bv = 1$ alors, comme $a \wedge b$ divise a et b par définition de PGCD, $a \wedge b$ divise $au + bv$ donc divise 1. Le seul entier naturel divisant 1 est 1 donc $a \wedge b = 1$, c'est-à-dire que a et b sont premiers entre eux.

Exemple 16

Ainsi l'équation $35u - 15v = 1$ ne possède aucun couple d'entiers (u, v) solution, puisque 35 et -15 ne sont pas premiers entre eux $(35 \wedge (-15) = 5)$.

Application 6

Soit à montrer : pour tous entiers α, β_1 et β_2 tels que $\begin{cases} \alpha \wedge \beta_1 = 1 \\ \alpha \wedge \beta_2 = 1 \end{cases}$ on a $\alpha \wedge \beta_1\beta_2 = 1$.
D'après le sens direct du théorème de Bézout, il existe des entiers u_1, v_1 et u_2, v_2 tels que

$$\begin{cases} \alpha u_1 + \beta_1 v_1 = 1 \\ \alpha u_2 + \beta_2 v_2 = 1 \end{cases}.$$

D'où $(\alpha u_1 + \beta_1 v_1)(\alpha u_2 + \beta_2 v_2) = 1$, *i. e.* $\alpha(\alpha u_1 u_2 + \beta_2 u_1 v_2 + \beta_1 v_1 u_2) + \beta_1\beta_2(v_1 v_2) = 1$.
D'après le sens réciproque du théorème de Bézout, les entiers α et $\beta_1\beta_2$ sont donc premiers entre eux.
En appliquant ce résultat à $\alpha = a$ et $\beta_1 = \beta_2 = b$, puis à $\alpha = b^2$ et $\beta_1 = \beta_2 = a$, on retrouve le résultat de l'application 5. On obtient aussi aisément la généralisation.

Le résultat suivant est parfois bien utile dans la résolution de certains exercices d'arithmétique :

Application 7

Deux entiers a et b sont premiers entre eux si et seulement si leur somme et leur produit sont premiers entre eux.

$\boxed{\Leftarrow}$ Supposons $(a + b) \wedge (ab) = 1$.
Alors, d'après le sens direct du théorème de Bézout, il existe deux entiers U et V tels que $(a+b)U + (ab)V = 1$, c'est-à-dire $aU + b(U + Va) = 1$ ou encore $au + bv = 1$

46. Il serait là aussi plus correct d'un point de vue historique d'associer le nom de Bachet à ce théorème. Le nom « théorème de Bézout » fixé par le programme à ce résultat se justifie finalement surtout par sa proximité avec la relation de Bézout.

en posant $u = U$ et $v = U + Va$. Par conséquent, d'après le sens réciproque du théorème de Bézout, on a $a \wedge b = 1$.

$\boxed{\Rightarrow}$ Supposons $a \wedge b = 1$.
Alors, d'après le sens direct du théorème de Bézout, il existe deux entiers u et v tels que $au + bv = 1$, et donc $(au + bv)^2 = 1$ c'est-à-dire $a^2u^2 + b^2v^2 + 2abuv = 1$. Or on a $a^2u^2 + b^2v^2 = (a + b)(au^2 + bv^2) - abu^2 - abv^2$. En conclusion on a $1 = (au + bv)^2 = (a + b)(au^2 + bv^2) + ab(2uv - u^2 - v^2) = (a + b)U + (ab)V$ en posant $u = au^2 + bv^2$ et $v = 2uv - u^2 - v^2 = -(u - v)^2$. Par conséquent, d'après le sens réciproque du théorème de Bézout, on a $(a + b) \wedge (ab) = 1$.

On a bien montré, par double implication, l'équivalence demandée.

Autre résultat fondamental, qu'on peut voir comme une généralisation du lemme d'Euclide[47] :

Théorème 19 (Lemme de Gauss[48] (1801)[49])

Soit $(a, b, c) \in \mathbb{Z}^3$. Si a divise bc et si a et b sont premiers entre eux alors a divise c.

DÉMONSTRATION

Comme a et b sont premiers entre eux, on sait par le théorème de Bézout (ou même simplement par la relation de Bézout) qu'il existe $(u, v) \in \mathbb{Z}^2$ tel que $au + bv = 1$. Multipliant cette égalité par c, on obtient : $c = auc + bvc = a(uc) + (bc)v$.
Or a divise bc par hypothèse et a divise évidemment $a(uc)$ donc a divise $a(uc) + (bc)v$, *i. e.* a divise c.

Corollaire 2

Soient $(a, b, n) \in \mathbb{Z}^3$. Si on a $a \mid n$, $b \mid n$ et $a \wedge b = 1$ alors $ab \mid n$.

DÉMONSTRATION

Comme a divise n, il existe $k \in \mathbb{Z}$ tel que $n = ka$. Ensuite, de b qui divise $n = ka$, on déduit que b divise k par le lemme de Gauss (vu que a et b sont premiers entre eux). Ainsi il existe $k' \in \mathbb{Z}$ tel que $k = k'b$ et ainsi $n = ka = k'ba$, d'où ab divise n.

47. On montre facilement qu'un nombre premier est premier avec tous les entiers qu'il ne divise pas.
48. Attention, vu la formidable quantité de résultats démontrés par Gauss, il y en a de nombreux autres qui s'appellent aussi communément « lemme de Gauss ». En outre ce lemme, étant très proche du lemme d'Euclide, était probablement connu bien avant Gauss. Le nom de Gauss lui a été certainement attribué du fait de l'importance des *Disquisitiones Arithmeticae*, où il figure explicitement. Toujours est-il que le programme officiel a fixé l'appellation « lemme de Gauss » pour ce seul résultat-ci.
49. C'est le dernier point de la proposition 19 des *Disquisitiones Arithmeticae*.

Remarque 21

On sait déjà par le TFA et ses conséquences que si deux nombres premiers distincts p et q divisent un même entier a alors pq divise a. Le corollaire qui précède généralise ce résultat à deux entiers p et q non nécessairement premiers mais premiers entre eux.

On a une première application du lemme de Gauss, connue en pratique du lecteur depuis longtemps :

Théorème-Définition 3 (Forme irréductible d'un rationnel)

Soit $r \in \mathbb{Q} \setminus \{0\}$. Il existe un unique couple $(p, q) \in \mathbb{Z} \times (\mathbb{N} \setminus \{0\})$ d'entiers premiers entre eux tel que $r = \dfrac{p}{q}$.

On appelle l'écriture $\dfrac{p}{q}$ la *forme irréductible* de r.

DÉMONSTRATION

Existence : Par définition d'un rationnel, il existe $(a, b) \in \mathbb{Z} \times (\mathbb{Z} \setminus \{0\})$ tel que $r = \dfrac{a}{b}$.
On peut même imposer $b \in \mathbb{N} \setminus \{0\}$ quitte à remplacer a et b par leurs opposés si $b < 0$.
Par la remarque 20, on sait que si l'on pose $p = \dfrac{a}{a \wedge b}$ et $q = \dfrac{b}{a \wedge b}$ alors p et q sont premiers entre eux. Et on a de plus : $r = \dfrac{a}{b} = \dfrac{\frac{a}{a\wedge b}}{\frac{b}{a\wedge b}} = \dfrac{p}{q}$.
Comme on a $b \in \mathbb{N} \setminus \{0\}$ et $a \wedge b \in \mathbb{N}$ par définition du PGCD, on a bien $q \in \mathbb{N} \setminus \{0\}$.
D'où l'existence d'un couple (p, q) satisfaisant aux propriétés demandées.
Unicité : Soient deux couples (p_1, q_1) et (p_2, q_2) d'entiers premiers entre eux de $\mathbb{Z}\times(\mathbb{N}\setminus\{0\})$ tels que $r = \dfrac{p_1}{q_1}$ et $r = \dfrac{p_2}{q_2}$.

Alors $\dfrac{p_1}{q_1} = \dfrac{p_2}{q_2}$, d'où $p_1 q_2 = p_2 q_1$.

Ainsi q_2 divise $p_2 q_1$ et, p_2 et q_2 étant premiers entre eux, on en déduit que q_2 divise q_1 par le lemme de Gauss.

De même on prouve que q_1 divise q_2. Ainsi q_1 et q_2 sont deux entiers naturels associés donc $q_1 = q_2$.

Comme on a $p_1 = rq_1$ et $p_2 = rq_2$, on en déduit enfin $p_1 = p_2$.

D'où l'unicité voulue.

Exemple 17

Soit à réduire la fraction $r = \dfrac{1764}{945}$.
Reprenons les calculs déjà effectués dans l'exemple 12 : on a $945 = 3^3 \times 5 \times 7$, $1764 = 2^2 \times 3^2 \times 7^2$ et $1764 \wedge 945 = 3^2 \times 7$.

Ainsi on écrit : $r = \dfrac{2^2 \times 3^2 \times 7^2}{3^3 \times 5 \times 7} = \dfrac{2^2 \times 7}{3 \times 5}$, ce qui revient bien à diviser numérateur et dénominateur par $1764 \wedge 945 = 3^2 \times 7$.
Finalement r a pour forme irréductible : $r = \dfrac{28}{15}$.
Nous verrons également dans l'exercice 5.4 une autre application classique du lemme de Gauss : la résolution des équations de la forme $ax + by = c$, de coefficients a, b, c et d'inconnues x, y entiers.

4.4 PPCM de deux entiers

Proposition-Définition 3

Soit $(a, b) \in (\mathbb{Z} \setminus \{0\})^2$. On appelle *plus petit commun multiple de a et b*, et on note $a \vee b$ (ou $\text{ppcm}(a, b)$), le plus petit entier naturel, pour la relation de divisibilité, qui soit simultanément multiple de a et b.

Démonstration

L'existence de $a \vee b$ dans le cas où a et b sont non nuls a déjà été implicitement montrée pour établir celle de $a \wedge b$ (c'est l'entier m de la démonstration de la proposition-définition 2). On renvoie donc le lecteur à cette démonstration.
Dans le cas où a ou b est nul, alors, comme 0 est le seul multiple de 0, le seul entier simultanément multiple de a et de b est 0. Le PPCM existe donc et vaut donc 0.

Exemples 18

1. Pour tout entier a, on a $a \vee 0 = 0$ et $a \vee 1 = a \vee a = |a|$.
2. Soient $a = 12$ et $b = 8$. La liste ordonnée des multiples de a est : 12, 24, 36, 48, 60, etc. Celle de b est : 8, 16, 24, 32, 40, 48, etc.

   Le plus petit entier commun à ces deux listes, pour la divisibilité, est 24. On a donc $a \vee b = 24$.

   On sent bien que cette méthode est naïve et ne peut convenir en pratique sur des grands nombres. Nous allons rapidement voir mieux...

Là encore, par définition, on a immédiatement :

Proposition 17 (Le ppcm est commutatif)

$\forall (a, b) \in \mathbb{Z}^2,\ a \vee b = b \vee a$.

Sur le modèle suivi pour le PGCD, on peut paraphraser d'au moins trois façons la définition du PPCM.

Proposition 18

Soit $(a, b) \in \mathbb{Z}^2$. Le PPCM de a et b est l'unique entier naturel m tel que :

1. m est un multiple commun de a et b, c'est-à-dire $a \mid m$ et $b \mid m$;
2. m est un diviseur de tout multiple commun de a et b, c'est-à-dire : $\forall \mu \in \mathbb{Z},\ (a \mid \mu \text{ et } b \mid \mu) \Rightarrow m \mid \mu$.

DÉMONSTRATION

En reprenant les notations de la démonstration de la proposition-définition 2, l'égalité $m = a \vee b$ signifie que m appartient à $\mathcal{M}$ et est plus petit, pour la divisibilité, que tous les éléments de $\mathcal{M}$. Le premier point paraphrase $m \in \mathcal{M}$ et le second point paraphrase que m est plus petit que tout élément de $\mathcal{M}$.

Remarque 22

Par définition, on a $\forall (a, b) \in \mathbb{Z}^2$, $\forall (\varepsilon, \varepsilon') \in \{-1, 1\}^2$, $(\varepsilon a) \vee (\varepsilon' b) = a \vee b$. En particulier on a toujours $a \vee b = |a| \vee |b|$. Comme pour le PGCD, on peut donc se contenter de travailler sur les entiers naturels pour calculer un PPCM.

Plus précisément, on a :

Proposition 19

Soit $(a, b) \in \mathbb{Z}^2$. Le PPCM de a et b est la borne supérieure, dans $\mathbb{N}$ muni de la divisibilité, de la partie $\{|a|, |b|\}$.

DÉMONSTRATION

Le point 1. de la proposition 18 indique que m est un majorant de $\{|a|, |b|\}$, le point 2. de la proposition 18 indique que m est plus petit que tout majorant de $\{|a|, |b|\}$. Le résultat suit par définition d'une borne supérieure.

Notation 4

Pour un entier a quelconque, si l'on note $\mathcal{M}(a)$ l'ensemble des multiples positifs de a, on peut prouver de manière totalement analogue au théorème 16 qu'on a :

$$\forall (a, b) \in \mathbb{Z}^2,\ \mathcal{M}(a) \cap \mathcal{M}(b) = \mathcal{M}(a \vee b).$$

Or l'ensemble des multiples d'un entier a est simplement l'ensemble $a\mathbb{Z}$!

L'égalité précédente se réécrit donc :

Proposition 20 (Formulation moderne de la définition du ppcm)

$\forall (a,b) \in \mathbb{Z}^2$, $a\mathbb{Z} \cap b\mathbb{Z} = (a \vee b)\mathbb{Z}$.

Avec cette dernière proposition on a, comme avec la proposition 15, un résultat qui donne l'idée d'une définition (équivalente dans le cas de $\mathbb{Z}$) du PPCM dans d'autres anneaux[50] que $\mathbb{Z}$.

On a un premier lien entre PGCD et PPCM dans un cas particulier :

Théorème 20

Soit $(a,b) \in \mathbb{N}^2$. Si a et b sont premiers entre eux alors $a \vee b = ab$.

DÉMONSTRATION

Tout d'abord, il est clair que ab est un multiple commun à a et b.
De plus, comme a et b sont premiers entre eux, si un entier quelconque m est un multiple commun de a et b alors ab divise m par le corollaire 2.
Ainsi $ab = a \vee b$ en vertu de la proposition 18.

On en déduit un lien entre PGCD et PPCM en toute généralité :

Théorème 21

$\forall (a,b) \in \mathbb{Z}^2$, $|ab| = (a \wedge b)(a \vee b)$.

DÉMONSTRATION

Il suffit de le montrer pour $(a,b) \in \mathbb{N}^2$ d'après la remarque 22.
On pose $d = a \wedge b$.
Remarquons que le résultat à démontrer est clair si $a = b = 0$. On peut donc supposer $(a,b) \in (\mathbb{N} \setminus \{0\})^2$ et alors $d \neq 0$.
Introduisons $(a',b') \in \mathbb{N}^2$ tel que $a = a'd$ et $b = b'd$. On sait par la remarque 20 que a' et b' sont premiers entre eux.
Avec ces écritures, il est clair que $a'b'd$ est un multiple commun de a et b.

50. Notion abordée dans le chapitre 8.

En outre, soit $\mu \in \mathbb{Z}$ un multiple commun de a et b. Alors l'entier $\frac{\mu}{d}$ est un multiple commun de a' et b', donc de $a' \vee b'$, qui est égal à $a'b'$ par le théorème précédent. Ainsi $a'b'$ divise $\frac{\mu}{d}$, d'où $a'b'd$ divise μ.
Cela prouve qu'on a $a'b'd = a \vee b$. Et ainsi $(a \wedge b)(a \vee b) = d \times a'b'd = (a'd)(b'd) = ab$.
Remarquons qu'on avait en réalité déjà implicitement démontré ce résultat dans la démonstration de la proposition-définition 2.

Exemple 19

On peut utiliser avec avantage le théorème précédent pout calculer un PPCM.

Ainsi soit à calculer $186 \vee 33$.

Notons que 33 a pour décomposition primaire $33 = 3 \times 11$. On a 3 qui divise 186 mais 11 ne divise pas 186 donc $186 \wedge 33 = 3$.

Par le théorème précédent, on en déduit :
$186 \vee 33 = \dfrac{186 \times 33}{3} = \dfrac{186 \times 3 \times 11}{3} = 186 \times 11 = 2046.$

Exemples 20

Si l'on utilise la vision du PPCM donnée par la proposition 20, on trouve :

1. On a $2\mathbb{Z} \cap 3\mathbb{Z} = 6\mathbb{Z}$ vu qu'on a $2 \vee 3 = 2 \times 3 = 6$ (2 et 3 étant premiers entre eux).
2. On a $24\mathbb{Z} \cap 15\mathbb{Z} = 120\mathbb{Z}$.
   En effet on a $24 \wedge 15 = 3$, d'où $24 \vee 15 = \dfrac{24 \times 15}{3} = \dfrac{24 \times 5 \times 3}{3} = 24 \times 5 = 120$.

Ce lien entre PGCD et PPCM permet d'obtenir plusieurs nouveaux résultats...

Tout d'abord, comme corollaire de la proposition 13 :

Proposition 21

Soit $(a, b) \in \mathbb{Z}^2$.

1. $\forall k \in \mathbb{Z}$, $(ka) \vee (kb) = |k|(a \vee b)$.
2. Si $d \in \mathbb{Z} \setminus \{0\}$ est un diviseur commun de a et b, alors : $\dfrac{a}{d} \vee \dfrac{b}{d} = \dfrac{a \vee b}{|d|}$.

Ensuite, comme corollaire de la proposition 14 :

Proposition 22

Soit $(a, b) \in (\mathbb{Z} \setminus \{0\})^2$ avec[51] $a = \varepsilon \prod_{p \in \mathcal{P}} p^{v_p(a)}$ et $b = \varepsilon' \prod_{p \in \mathcal{P}} p^{v_p(b)}$.

Alors $a \wedge b = \prod_{p \in \mathcal{P}} p^{\max\left(v_p(a), v_p(b)\right)}$.

DÉMONSTRATION

On se contente de démontrer le résultat pour $(a,b) \in (\mathbb{N}\setminus\{0\})^2$.

On a alors $ab = (a \wedge b)(a \vee b)$, c'est-à-dire $a \vee b = \dfrac{\left(\prod_{p\in\mathcal{P}} p^{v_p(a)}\right)\left(\prod_{p\in\mathcal{P}} p^{v_p(b)}\right)}{\prod_{p\in\mathcal{P}} p^{\min\left(v_p(a),v_p(b)\right)}}$.

Ce qui donne encore : $a \vee b = \prod_{p\in\mathcal{P}} p^{v_p(a)+v_p(b)-\min\left(v_p(a),v_p(b)\right)}$.

Or pour deux réels x et y quelconques, on a[52] $\min(x,y) + \max(x,y) = x + y$, donc pour $p \in \mathcal{P}$ quelconque, on a $\max\left(v_p(a), v_p(b)\right) = v_p(a) + v_p(b) - \min\left(v_p(a), v_p(b)\right)$. D'où : $a \wedge b = \prod_{p\in\mathcal{P}} p^{\max\left(v_p(a),v_p(b)\right)}$.

Exemples 21

1. À titre de comparaison, reprenons l'exemple 19 et traitons-le par la méthode suggérée par le dernier résultat.

   On a les décompositions primaires : $33 = 3 \times 11$ et $186 = 2 \times 93 = 2 \times 3 \times 31$.

   Ainsi $186 \vee 33 = 2 \times 3 \times 11 \times 31 = (2 \times 3 \times 31) \times 11 = 186 \times 11 = 2046$.

2. Soit à calculer $280 \vee 100$.

   On a les décompositions primaires $280 = 2^3 \times 5 \times 7$ et $100 = 2^2 \times 5^2$ d'où $280 \vee 100 = 2^3 \times 5^2 \times 7 = 1400$.

4.5 PGCD de plusieurs entiers - MPSI

Dans toute cette sous-section, n désigne un entier naturel.

Pour clore ce chapitre, on propose une extension rapide de la notion de PGCD à plusieurs éléments et les résultats principaux sur le sujet.

La définition est la même que pour le PGCD de deux entiers :

Proposition-Définition 4

Soit $(a_1, a_2, \ldots, a_n) \in \mathbb{Z}^n$. La partie de $\mathbb{N}$ formée des diviseurs positifs communs à a_1, a_2, …, a_n a un plus grand élément pour la relation de divisibilité.

On l'appelle le *plus grand commun diviseur de la famille* $(a_k)_{1\leqslant k\leqslant n}$, et on le note $a_1 \wedge a_2 \wedge \cdots \wedge a_n$.

De plus, on a $a_1 \wedge a_2 \wedge \cdots \wedge a_n = \Big(\big(\cdots(a_1 \wedge a_2) \wedge \cdots\big) \wedge a_{n-1}\Big) \wedge a_n$.

51. Notations de la remarque 15.
52. Vu qu'additionner deux réels revient à additionner le plus petit et le plus grand des deux !

Démonstration

L'énoncé est clair pour $n = 0$ (l'ensemble des diviseurs positifs communs à a_1, a_2, ..., a_n est alors $\mathbb{N}$, qui a bien un plus grand élément 0 pour la divisibilité) et pour $n = 1$ (l'ensemble des diviseurs positifs communs à a_1, a_2, ..., a_n est alors $D(a_1)$, qui a bien un plus grand élément $|a_1|$ pour la divisibilité). Supposons désormais $n \geqslant 2$.

L'ensemble des diviseurs positifs communs à a_1, a_2, ..., a_n est :

$$\begin{aligned}
& D(a_1) \cap D(a_2) \cap \cdots \cap D(a_{n-1}) \cap D(a_n) && \text{par définition} \\
= & \Big(\Big(\cdots((D(a_1) \cap D(a_2)) \cap D(a_3)) \cap \cdots\Big) \cap D(a_{n-1})\Big) \cap D(a_n) && \text{par associativité} \\
= & \Big(\Big(\cdots(D(a_1 \wedge a_2) \cap D(a_3)) \cap \cdots\Big) \cap D(a_{n-1})\Big) \cap D(a_n) && \text{par définition} \\
= & \Big(\Big(\cdots D\big((a_1 \wedge a_2) \wedge a_3\big) \cap \cdots\Big) \cap D(a_{n-1})\Big) \cap D(a_n) && \text{par définition} \\
\vdots & \\
= & D\big(\cdots(a_1 \wedge a_2) \wedge \cdots\big) \cap D(a_n) && \text{par récurrence} \\
= & D\Big(\big(\cdots(a_1 \wedge a_2) \wedge \cdots\big) \wedge a_n\Big) && \text{par définition}
\end{aligned}$$

Cet ensemble a donc bien un plus grand élément pour la divisibilité qui est $\Big(\big(\cdots(a_1 \wedge a_2) \wedge \cdots\big) \wedge a_n\Big)$.

Remarques 23

1. Associativité du PGCD :

   Dans la démonstration précédente, on a utilisé l'associativité de $\cap$ pour pouvoir simplifier notre intersection « en cascade » de gauche à droite, mais on aurait pu tout aussi bien utiliser l'associativité de $\cap$ pour la simplifier de droite à gauche, ou pour la simplifier suivant tout autre ordre. Autrement dit, les expressions de la forme $a_1 \wedge a_2 \wedge \cdots \wedge a_{n-1} \wedge a_n$ où l'on rajoute des parenthèses sont toutes égales au PGCD de la famille $(a_k)_{1 \leqslant k \leqslant n}$, où que l'on place les parenthèses.

   En particulier : $(a \wedge b) \wedge c = a \wedge (b \wedge c) = a \wedge b \wedge c$.

2. Commutativité du PGCD :

   On aurait tout aussi bien pu utiliser la commutativité de $\cap$. On aurait obtenu que toutes les expressions de la forme $a_{i_1} \wedge a_{i_2} \wedge \cdots \wedge a_{i_{n-1}} \wedge a_{i_n}$, où l'on a $\{i_1, \ldots, i_n\} = \{1, \ldots, n\}$, sont égales à $a_1 \wedge a_2 \wedge \cdots \wedge a_{n-1} \wedge a_n$.

   En particulier : $b \wedge c \wedge a = c \wedge a \wedge b = b \wedge a \wedge c = c \wedge b \wedge a = a \wedge c \wedge b = a \wedge b \wedge c$.

3. Comme on a $a \wedge 0 = a$ pour tout entier naturel a, il est clair que, si l'un des a_k est égal à 0, on peut l'enlever de la famille sans modifier la valeur du PGCD.

   Et comme précédemment, le signe ne change pas la valeur du PGCD donc on peut toujours se ramener, si on le souhaite, à considérer une famille d'entiers naturels.

En conclusion on peut toujours se ramener, si on le souhaite, à considérer une famille d'entiers strictement positifs (éventuellement vide).

Exemple 22

On a $6 \wedge 15 \wedge 24 = 3$. En effet on a $6 \wedge 15 = 3$ et $3 \wedge 24 = 3$ vu que 3 divise 24.

Du fait de l'associativité et de la commutativité du PGCD, on aurait pu mener ce calcul de diverses autres façons. Par exemple en commençant par dire qu'on a $6 \wedge 24 = 6$ vu que 6 divise 24 puis $6 \wedge 15 = 3$.

On peut là encore paraphraser de diverses façons la définition du PGCD d'une famille. Les trois propositions qui suivent sont de simples reformulations de la définition :

Proposition 23

Soit $(a_1, \dots, a_n) \in \mathbb{Z}^n$. Alors $a_1 \wedge a_2 \wedge \cdots \wedge a_n$ est l'unique entier naturel d tel que :

1. d divise a_k pour tout $k \in \{1, \dots, n\}$;
2. d est un multiple de tout diviseur commun des a_k pour $k \in \{1, \dots, n\}$, c'est-à-dire : $\forall \delta \in \mathbb{Z}, \; (\forall k \in \{1, \dots, n\}, \delta \mid a_k) \Rightarrow \delta \mid d$.

Proposition 24

Soit $(a_1, a_2, \dots, a_n) \in \mathbb{Z}^n$. Le PGCD de la famille $(a_k)_{1 \leqslant k \leqslant n}$ est la borne inférieure, dans $\mathbb{N}$ muni de la divisibilité, de la partie $\{|a_1|, \dots, |a_n|\}$.

Proposition 25

$$\forall (a_1, \dots, a_n) \in \mathbb{Z}^n, \; \bigcap_{k=1}^{n} \mathcal{D}(a_k) = \mathcal{D}(a_1 \wedge \cdots \wedge a_n).$$

On peut généraliser les principaux résultats valables pour le PGCD de deux éléments :

Théorème 22 (Relation de Bézout généralisée)

Soit $(a_1, \dots, a_n) \in \mathbb{Z}^n$. Il existe $(u_1, \dots, u_n) \in \mathbb{Z}^n$, $\displaystyle\sum_{k=1}^{n} a_k u_k = a_1 \wedge a_2 \wedge \cdots \wedge a_n$.

DÉMONSTRATION

On prouve par récurrence sur $n \geqslant 2$ la propriété

$$\mathcal{P}_n : \forall (a_1, \dots, a_n) \in \mathbb{Z}^n, \exists (u_1, \dots, u_n) \in \mathbb{Z}^n, \sum_{k=1}^{n} a_k u_k = a_1 \wedge a_2 \wedge \cdots \wedge a_n.$$

Initialisation $(n = 2)$: la propriété $\mathcal{P}_2$ est vraie car elle correspond à la relation de Bézout.

Hérédité : on suppose $\mathcal{P}_n$ vraie pour un certain $n \geqslant 2$.

Soit $(a_1, \ldots, a_n, a_{n+1}) \in \mathbb{Z}^{n+1}$. Par hypothèse de récurrence, il existe $(u_1, \ldots, u_n) \in \mathbb{Z}^n$ tel que $\displaystyle\sum_{k=1}^{n} a_k u_k = d$, où l'on note $d = a_1 \wedge a_2 \wedge \cdots \wedge a_n$.

Par la relation de Bézout, il existe aussi $(u, v) \in \mathbb{Z}^2$ tel que $du + a_{n+1}v = d \wedge a_{n+1}$.

Ainsi $\displaystyle\left(\sum_{k=1}^{n} a_k u_k u\right) + a_{n+1}v = d \wedge a_{n+1}$.

Or, par associativité de $\wedge$, on a $d \wedge a_{n+1} = (a_1 \wedge a_2 \wedge \cdots \wedge a_n) \wedge a_{n+1} = a_1 \wedge a_2 \wedge \cdots \wedge a_n \wedge a_{n+1}$.

D'où, en posant $v_k = u_k u$ pour $1 \leqslant k \leqslant n$ et $v_{n+1} = v$, l'existence d'une famille $(v_1, \ldots, v_n, v_{n+1})$ d'entiers telle que $\displaystyle\sum_{k=1}^{n+1} a_k v_k = a_1 \wedge a_2 \wedge \cdots \wedge a_{n+1}$.

Ainsi $\mathcal{P}_{n+1}$ est vraie. On a démontré que la propriété est héréditaire.

Conclusion : la propriété étant vraie au rang 2 et héréditaire, elle est vraie pour tout $n \geqslant 2$ par le théorème de récurrence.

Remarque 24

Le théorème de Bézout généralisé indique qu'on aurait donc pu définir le PGCD par la relation $a_1\mathbb{Z} + a_2\mathbb{Z} + \cdots + a_n\mathbb{Z} = (a_1 \wedge a_2 \wedge \cdots \wedge a_n)\mathbb{Z}$. L'associativité de $\wedge$ aurait été tout aussi immédiate, se ramenant à l'associativité de $+$.

Définition 8

On dit que des entiers $a_1, \ldots, a_n$ sont *premiers entre eux dans leur ensemble* lorsque $a_1 \wedge \cdots \wedge a_n = 1$.

Remarques 25

1. Par les propositions 25 et 23, cela revient à dire que des entiers sont premiers entre eux lorsque leur seul diviseur positif commun est 1.

2. Le théorème de Bézout peut être généralisé en énonçant que des entiers $a_1, \ldots, a_n$ sont premiers entre eux dans leur ensemble si et seulement s'il existe des entiers $u_1, \ldots, u_n$ vérifiant $\displaystyle\sum_{k=1}^{n} a_k u_k = 1$.
   Cette généralisation n'est *a priori* pas au programme ; on en laisse la démonstration au lecteur.

⚠ Il ne faut pas confondre la notion d'entiers *premiers entre eux dans leur ensemble* avec la notion d'entiers *deux à deux premiers entre eux*, qui demande, elle, qu'on ait $a_i \wedge a_j = 1$ pour tous i et j distincts de $\{1, \ldots, n\}$.

En effet, si des entiers sont deux à deux premiers entre eux alors ils sont premiers entre eux dans leur ensemble vu que si $a_1 \wedge a_2 = 1$ alors 1 est le seul diviseur positif de a_1 et a_2, donc le seul diviseur positif commun aux a_k pour $k \in \{1, \ldots, n\}$.
Mais la réciproque est fausse comme on le voit dans le point 2 des exemples suivants :

Exemples 23

1. Les entiers $2, 6, 98$ ne sont pas premiers entre eux dans leur ensemble car tous divisibles par 2.

2. Les entiers 6, 8 et 15 sont premiers entre eux dans leur ensemble car 1 est leur seul diviseur positif commun. Mais ils ne sont pas deux à deux premiers entre eux par exemple car $6 \wedge 8 = 2$ (ainsi le fait qu'on ait $8 \wedge 15 = 1$ est insuffisant pour affirmer que 6, 8 et 15 sont deux à deux premiers entre eux).
   Il est même des exemples d'entiers premiers entre eux dans leur ensemble dont aucun couple n'est de PGCD égal à 1. Ainsi de 6, 10 et 15 dont le seul diviseur positif commun est 1 mais pour lesquels on a $6 \wedge 10 = 2$, $6 \wedge 15 = 3$ et $10 \wedge 15 = 5$.

   Autre exemple du même genre : 30, 42, 70 et 105...

⚠ Ces exemples illustrent aussi la chose suivante : on pourrait, comme pour le PGCD, définir le PPCM de n entiers, mais la relation $(a \wedge b)(a \vee b) = |ab|$ ne se généralise pas !

5 Exercices corrigés - MPSI

Pour le programme de PCSI, ce chapitre n'offre que des rudiments qui ne servent guère que d'outils lors de calculs divers. On peut difficilement en faire un exercice autonome. Les exercices qui suivent sont donc indiqués uniquement pour les étudiants de la filière MPSI.

5.1 Une équation

On cherche à résoudre $\begin{cases} x^y = y^x \\ 0 < x < y \end{cases}$, où les inconnues x et y sont entières.
Soit (x, y) un couple solution.

1. En utilisant les propriétés des valuations p-adiques, montrer qu'on a $x \mid y$.
2. Montrer plus précisément qu'il existe $k \in \mathbb{N}$ tel qu'on ait $y = (k+2)x$.
3. Justifier qu'on a $x^{k+1} = k + 2 \quad (*)$.

4. Justifier que l'entier $n = x - 1$ est positif et qu'on a $k+2 \geqslant kn^2 + (k+1)n + 1 \quad (**)$.
5. En déduire qu'on a $n \leqslant 1$.
6. Conclure.

C 5.1 Une équation

Avant de commencer la résolution, signalons qu'on peut très rapidement résoudre l'équation considérée en faisant l'étude de la fonction $t \mapsto \frac{\ln(t)}{t}$. Cette solution analytique est davantage dans l'esprit de l'enseignement secondaire. En revanche, la démonstration présentée ici est purement algébrique et n'utilise essentiellement que des outils présentés dans ce livre.

1. Soit $p \in \mathcal{P}$. On a $x^y = y^x$ et donc $v_p(x^y) = v_p(y^x)$.
   D'après les propriétés des valuations p-adiques, cela se réécrit $yv_p(x) = xv_p(y)$.
   Si on a $v_p(x) = 0$, alors on obtient $v_p(y) = 0$ et en particulier $v_p(y) = v_p(x)$.
   Sinon, on peut écrire $\dfrac{v_p(y)}{v_p(x)} = \dfrac{y}{x}$.
   Comme on a $x \leqslant y$, on a $\dfrac{y}{x} \geqslant 1$ c'est-à-dire $\dfrac{v_p(y)}{v_p(x)} \geqslant 1$ ou encore $v_p(x) \leqslant v_p(y)$.
   Ainsi dans tous les cas, et pour tout nombre premier p, on a $v_p(x) \leqslant v_p(y)$, ce qui implique d'après les propriétés des valuations p-adiques qu'on a $x \mid y$.
2. On obtient donc qu'il existe un entier relatif $K \in \mathbb{Z}$ tel qu'on ait $y = Kx$.
   Mais $x \geqslant 0$ et $y \geqslant 0$, on a donc $K \geqslant 0$.
   Si on avait $K = 0$, on aurait $y = 0$, ce qui est exclu par hypothèse. Donc $K \geqslant 1$.
   Si on avait $K = 1$, on aurait $y = x$, ce qui est exclu par hypothèse. Donc $K \geqslant 2$, c'est-à-dire qu'on peut écrire K sous la forme $K = k + 2$, où $k \in \mathbb{N}$.
3. On réinjecte dans l'équation :
$$\begin{aligned}
x^y = y^x \quad & \Leftrightarrow \quad x^{(k+2)x} = ((k+2)x)^x \\
& \Leftrightarrow \quad \left(x^{(k+2)}\right)^x = ((k+2)x)^x && \text{d'après les propriétés des puissances} \\
& \Rightarrow \quad x^{k+2} = (k+2)x && \text{par injectivité de } m \mapsto m^x \ (x > 0) \\
& \Rightarrow \quad x^{k+1} = (k+2) && \text{puisqu'on a } x > 0.
\end{aligned}$$
4. On a $x > 0$ donc $n = x - 1 \geqslant 0$. D'après l'inégalité de Bernoulli (exemple 28 du chapitre 1) on a $(1+n)^k \geqslant 1 + kn$. On en déduit qu'on a :
   $k + 2 = x^{k+1} = (n+1)(n+1)^k \geqslant (n+1)(1+kn) = kn^2 + (k+1)n + 1$.
5. Raisonnons par l'absurde : si on avait $n \geqslant 2$, on aurait :
   $k + 2 = kn^2 + (k+1)n + 1 \geqslant 4k + 2(k+1) + 1 = 6k + 3 \geqslant k + 3$, ce qui est manifestement impossible. C'est donc qu'on a $n < 2$, c'est-à-dire $n \leqslant 1$.
6. On a $n \leqslant 1$ c'est-à-dire $n \in \{0, 1\}$.

- Si $n = 0$ alors $x = 1$ et en réinjectant dans $(*)$ on trouve $k + 2 = 1$. C'est impossible.
- Si $n = 1$ alors en réinjectant dans $(**)$ on trouve $2k \leqslant k$ c'est-à-dire $k = 0$. Comme on a $n = 1$, on a $x = 2$. Comme on a $k = 0$, on a $y = (k+2)x = 4$.

Finalement, le seul candidat possible pour être solution à l'équation est le couple $(2, 4)$. **Vérifions que ce candidat est bien solution**[53] : on a $2^4 = 16 = 4^2$, le candidat est donc bien solution.

<u>Conclusion</u> : l'équation proposée a une unique solution, le couple $(x = 2, y = 4)$.

5.2 Critères de divisibilité

Soit $n \in \mathbb{N}$. On écrit n sous forme décimale : $n = \overline{a_r a_{r-1} \dots a_1 a_0}$.

Par exemple, pour $n = 3167$, on a $r = 3$, $a_3 = 3$, $a_2 = 1$, $a_1 = 6$, $a_0 = 7$.

1. À quelle condition sur les a_k, $k \in \{1, \dots, r\}$, n est-il divisible par 2 ?
   Même question avec 4, 5 et 10.
2. Quel est le reste de la division euclidienne de 10 par 3. Quel est celui de 100 ?
   Plus généralement, quel est le reste de la division euclidienne de 10^k par 3, où $k \in \mathbb{N}$?
   Retrouver un critère bien connu de divisibilité d'un nombre par 3.
3. Adapter la méthode précédente pour déterminer un critère de divisibilité par 9, puis par 11.

C 5.2 Critères de divisibilité

Commençons par indiquer que l'écriture (qui est l'écriture dite *en base* 10) $n = \overline{a_r a_{r-1} \dots a_1 a_0}$ signifie qu'on a $n = a_r \times 10^r + a_{r-1} \times 10^{r-1} + \cdots + a_1 \times 10^1 + a_0 \times 10^0$.

1. • On a $10 = 5 \times 2$ donc 10 est divisible par 2. Il s'ensuit que pour tout $k \geqslant 1$, 10^k est divisible par 2. En termes de congruence, on a donc $10^k \equiv 0\ [2]$ pour tout $k \geqslant 1$, dont on déduit :
   $n = a_r \times 10^r + a_{r-1} \times 10^{r-1} + \cdots + a_1 \times 10^1 + a_0 \equiv a_0\ [2]$.
   Ainsi n est divisible par 2 si et seulement si a_0 est divisible par 2. Ou, dit autrement, un entier n est pair si et seulement si le chiffre de ses unités est pair.
   • On a $100 = 25 \times 4$ donc 100 est divisible par 4. Il s'ensuit que pour tout $k \geqslant 2$, 10^k est divisible par 4. En termes de congruence, on a donc $10^k \equiv 0\ [4]$ pour tout

53. Rappel : lorsqu'on résout une équation par analyse-synthèse, il ne faut **jamais** oublier de faire la synthèse !

$k \geqslant 2$, dont on déduit : $n \equiv 10a_1 + a_0$ [2].

Ainsi n est divisible par 4 si et seulement si $\overline{a_1 a_0}$ est divisible par 4.

- On a $10 = 5 \times 2$ donc 10 est divisible par 5. Il s'ensuit que pour tout $k \geqslant 1$, 10^k est divisible par 5. En termes de congruence, on a donc $10^k \equiv 0$ [5] pour tout $k \geqslant 1$, dont on déduit : $n \equiv a_0$ [5].

  Ainsi n est divisible par 5 si et seulement si a_0 est divisible par 5. Comme on a $a_0 \in \{0, \ldots, 9\}$, on en déduit qu'un entier n est divisible par 5 si et seulement si le chiffre de ses unités vaut 0 ou 5.
- De la même façon, on obtient $n \equiv a_0$ [10].

  Ainsi n est divisible par 10 si et seulement si a_0 est divisible par 10. Ou, dit autrement, un entier n est divisible par 10 si et seulement si le chiffre de ses unités vaut 0.

2. On a la division euclidienne $10 = 3 \times 3 + 1$ d'où $10 \equiv 1$ [3]. On en déduit $10^k \equiv 1$ [3] pour tout $k \geqslant 1$. Ainsi on a :
   $n = a_r \times 10^r + a_{r-1} \times 10^{r-1} + \cdots + a_1 \times 10^1 + a_0 \equiv a_r + a_{r-1} + \cdots + a_1 + a_0$ [3].
   Ainsi un entier est divisible par 3 si et seulement si la somme de ses chiffres est divisible par 3 !
   C'est un principe peut-être connu du lecteur, parfois appelé *preuve par* 3.

3. - On applique le même principe pour établir le principe de la preuve par 9, qui stipule qu'un entier est divisible par 9 si et seulement si la somme de ses chiffres est divisible par 9.
   - On a $10 \equiv -1$ [11] donc $10^k \equiv (-1)^k$ [11] pour tout $k \in \mathbb{N}$.
     Ainsi on a $10^k \equiv 1$ [11] si $k \in 2\mathbb{N}$ et $10^k \equiv -1$ [11] si $k \in 2\mathbb{N}+1$. Par conséquent, $n \equiv (-1)^r a_r + (-1)^{r-1} a_{r-1} + \cdots - a_1 + a_0$ [11].
     Concrètement, pour déterminer si un nombre n est divisible par 11, on ajoute entre eux les chiffres de rang pair de son développement décimal et on leur retranche les chiffres de rang impair. Le nombre ainsi obtenu est divisible par 11 si et seulement si n est divisible par 11.
     Par exemple, si on se donne $n = 73865$, on a $5 + 8 + 7 - (6 + 3) = 11$ qui est divisible par 11, donc 73865 est divisible par 11.

5.3 Restes de puissances

1. Quel est le reste de 5^{4321} modulo 7 ?
2. Quel est le chiffre des unités de $2012^{2013^{2014}}$? de $2013^{2014^{2015}}$?

C 5.3 Restes de puissances

1. Comme 7 est premier, on sait par le petit théorème de Fermat que pour tout entier a non divisible par 7, on a $a^6 \equiv 1$ [7]. En particulier on a $5^6 \equiv 1$ [7].
   On a $4321 = 720 \times 6 + 1$ donc $5^{4321} = (5^6)^{720} \times 5 \equiv 1^{720} \times 5$ [7].
   Ainsi on a $5^{4321} \equiv 5$ [7], ce qui signifie que 5 est le reste modulo 7 de 5^{4321}.

2. • On veut déterminer le chiffre des unités de $n = 2012^{2013^{2014}}$, c'est-à-dire le reste de n modulo 10.
   On a $2012 \equiv 2$ [10] donc $n \equiv 2^{2013^{2014}}$ [10].
   On note qu'on a $2^2 = 4$, $2^3 = 8$, $2^4 = 16 \equiv 6$ [10], $2^5 = 32 \equiv 2$ [10], et on déduit ainsi qu'on a, pour tout $k \in \mathbb{N}$, $2^{4k+1} \equiv 2$ [10], $2^{4k+2} \equiv 4$ [10], $2^{4k+3} \equiv 8$ [10] et $2^{4k+4} \equiv 6$ [10] (ou, si l'on préfère, $2^{4k} \equiv 2$ [10] pour tout $k \geqslant 1$).
   Or on a $2013 = 2000 + 12 + 1 = 103 \times 4 + 1$ donc $2013 \equiv 1$ [4]. On en déduit $2013^{2014} \equiv 1$ [4].
   Il s'ensuit qu'on a $n \equiv 2$ [10], ce qui signifie que le chiffre des unités de n est 2.
   • On note $m = 2013^{2014^{2015}}$; on cherche son reste modulo 10.
   On a $2013 \equiv 3$ [10] donc $m \equiv 3^{2014^{2015}}$ [10].
   On a $3^2 = 9 \equiv -1$ [10] donc $3^4 \equiv 1$ [10].
   Or on a $2014 = 2000 + 12 + 2 \equiv 2$ [4] donc $2014^2 \equiv 0$ [4] puis $2014^{2015} \equiv 0$ [4].
   On en déduit $m \equiv 1$ [10], ce qui signifie que le chiffre des unités de m est 1.

5.4 Méthode générale pour les équations diophantiennes linéaires d'ordre 1

Soient $a, b, c \in \mathbb{Z}$. On veut déterminer tous les couples $(x, y) \in \mathbb{Z}^2$ solutions de l'équation :

$$(E) \qquad ax + by = c.$$

1. Montrer que si $(a \wedge b)$ ne divise pas c, alors il n'y a aucune solution.
2. On se place donc dans le cas $(a \wedge b) \mid c$.
   a. Comment peut-on se ramener au cas où a et b sont premiers entre eux ?
   b. On considère donc à partir de maintenant l'équation (E') : $ax + by = c$, où a et b sont supposés premiers entre eux.
   Rappeler comment on peut obtenir un couple (x, y) solution de (E').
   c. On suppose avoir obtenu une solution particulière de (E'). Comment l'utilise-t-on pour ramener l'équation (E') à l'équation $aX + bY = 0$ d'inconnue $(X, Y) \in \mathbb{Z}^2$?

d. Donner finalement toutes les solutions de (E').

3. *Applications :* résoudre les équations diophantiennes :

a. $8x + 13y = 2$.

b. $48x - 27y = 6$.

C 5.4 Méthode pour les équations diophantiennes linéaires d'ordre 1

1. Comme $a \wedge b$ divise a et b, $a \wedge b$ divise $ax + by$ pour tout $(x, y) \in \mathbb{Z}^2$. Donc s'il existe une solution à l'équation $ax + by = c$, alors $a \wedge b$ divise c.

   Par contraposée, si $a \wedge b$ ne divise pas c, alors il n'y a aucune solution à l'équation $ax + by = c$.

2. a. Supposons $(a \wedge b) \mid c$. On pose $a' = \dfrac{a}{a \wedge b}$, $b' = \dfrac{b}{a \wedge b}$, $c' = \dfrac{c}{a \wedge b}$. L'équation $ax + by = c$ est équivalente à l'équation $a'x + b'y = c'$, et a' et b' sont premiers entre eux.

   Ainsi, quitte à diviser par $a \wedge b$, on peut toujours se ramener au cas d'une équation (E') où a et b sont premiers entre eux.

   b. Si a et b sont premiers entre eux, la méthode de détermination de coefficients de Bézout[54] nous fournit un couple $(u, v) \in \mathbb{Z}^2$ tel que $au + bv = 1$. Alors le couple $(x = cu, y = cv)$ est solution de (E').

   c. Soit (x_p, y_p) une solution particulière de (E'). Alors un couple $(x, y) \in \mathbb{Z}^2$ vérifie $ax + by = c$ ssi $ax + by = c = ax_p + by_p$, *i. e.* $a(x - x_p) + b(y - y_p) = 0$. Donc un couple (x, y) est solution de (E') ssi le couple $(x - x_p, y - y_p)$ est solution de l'équation $aX + bY = 0$, d'inconnue $(X, Y) \in \mathbb{Z}^2$.

   Dit autrement, les solutions de (E') sont les couples de la forme $(x_p + X, y_p + Y)$, où (X, Y) décrit l'ensemble des solutions dans $\mathbb{Z}^2$ de l'équation $aX + bY = 0$.

   On retrouve ici, avec l'utilisation d'une solution particulière, un principe de résolution que le lecteur a déjà vu et reverra dans divers contextes, qui tient à l'aspect ***linéaire*** *de l'équation étudiée.*

   d. Soit maintenant à résoudre l'équation $aX + bY = 0$ d'inconnue $(X, Y) \in \mathbb{Z}^2$.

   - Si l'un des deux nombres a, b est nul, par exemple si $a = 0$, alors on a $bY = 0$. Comme a et b sont premiers entre eux, on ne peut pas avoir $b = 0$ et cela implique donc $Y = 0$.

     Il est clair alors que l'ensemble des solutions de l'équation $aX + bY = 0$ est $\mathbb{Z} \times \{0\}$.

54. Cf. les exemples 13 notamment.

- Examinons maintenant le cas où a et b sont non nuls.

  Analyse : Soit (X, Y) une solution de cette équation. On a donc $aX = -bY$. On en déduit notamment que a divise $-bY$ et, par le théorème de Gauss, vu que a et b sont premiers entre eux, on obtient que a divise Y.

  Le même argument permet de montrer que b divise X.

  Il existe donc des entiers k et k' tels que $X = kb$ et $Y = k'a$. En remplaçant dans l'équation, on obtient : $kab = -k'ab$.

  Comme on a $ab \neq 0$, on en déduit $k = -k'$.

  Synthèse : On vérifie sans peine que pour tout $k \in \mathbb{Z}$, le couple $(kb, -ka)$ est solution de l'équation $aX + bY = 0$.

  Conclusion : L'ensemble des solutions de l'équation $aX + bY = 0$ est donc : $\{(kb, -ka),\ k \in \mathbb{Z}\}$.

  Ainsi l'ensemble des solutions de (E') est : $\{(x_p + kb, y_p - ka),\ k \in \mathbb{Z}\}$, où (x_p, y_p) est une solution particulière.

3. a. Une solution particulière est $(-3, 2)$. *On n'est même pas obligé d'en passer par l'algorithme de Bézout, cette solution est plutôt évidente.*

   On note que 8 et 13 sont premiers entre eux et non nuls, d'où l'ensemble solution : $\{(-3 + 13k, 2 - 8k), k \in \mathbb{Z}\}$.

   b. On a $48 \wedge 27 = 3$. En outre 6 est divisible par 3 et ainsi, en divisant par 3, on prouve que l'équation $48x - 27y = 6$ est équivalente à $(E') : 16x - 9y = 2$.

   Les entiers 16 et 9 sont premiers entre eux. On obtient par la méthode de détermination des coefficients de Bézout le couple $(4, 7)$ qui vérifie $16 \times 4 - 9 \times 7 = 1$.

   On en déduit que le couple $(2 \times 4, 2 \times 7) = (8, 14)$ est une solution particulière de l'équation (E').

   D'après les questions précédentes, l'ensemble des solutions de l'équation diophantienne $48x - 27y = 6$ est donc : $\{(8 + 9k, 14 + 16k),\ k \in \mathbb{Z}\}$.

5.5 Systèmes de congruences

Résoudre les systèmes suivants, d'inconnue $x \in \mathbb{Z}$:

a. $\Sigma_a : \begin{cases} x \equiv 2\ [10] \\ x \equiv 6\ [13] \end{cases}$, b. $\Sigma_b : \begin{cases} x \equiv 1\ [3] \\ x \equiv 2\ [5] \\ x \equiv 3\ [8] \end{cases}$.

C 5.5 Systèmes de congruences

a. Trouver $x \in \mathbb{Z}$ tel que $\begin{cases} x \equiv 2\ [10] \\ x \equiv 6\ [13] \end{cases}$, c'est trouver k et k' entiers tels que $10k + 2 = 13k' + 6$, *i. e.* $10k - 13k' = 4$.

On reconnaît une équation diophantienne linéaire d'ordre 1, d'inconnue $(k, k') \in \mathbb{Z}^2$.

On applique la méthode de l'exercice 5.4.

On a $10 \wedge (-13) = 1$ donc on peut trouver un couple $(u, v) \in \mathbb{Z}^2$ tel que $10u - 13v = 1$.

Le couple $(4, 3)$, par exemple, convient.

Ainsi le couple $(4 \times 4, 3 \times 4) = (16, 12)$ est une solution particulière de l'équation $10k - 13k' = 4$.

Comme 10 et -13 sont premiers entre eux, un raisonnement vu dans l'exercice 5.4 prouve que l'ensemble des solutions de l'équation $10k - 13k' = 4$ est :

$$\{(16 + 13\lambda, 12 + 10\lambda),\ \lambda \in \mathbb{Z}\}.$$

En effectuant le changement de variable $\mu = \lambda + 1$, on peut même écrire cet ensemble sous la forme : $\{(3 + 13\mu, 2 + 10\mu),\ \mu \in \mathbb{Z}\}$.

Ainsi les solutions x de Σ_a sont les $x = 10 \times (3 + 13\mu) + 2 = 32 + 130\mu$, $\mu \in \mathbb{Z}$.

On vérifie qu'on obtient la même expression en prenant $x = 13 \times (2 + 10\mu) + 6$.

b. Avec la même méthode que dans la question précédente, on trouve que les solutions x du sous-système Σ'_b : $\begin{cases} x \equiv 1\ [3] \\ x \equiv 2\ [5] \end{cases}$ sont les $x = 7 + 15\lambda$, $\lambda \in \mathbb{Z}$.

Comme on cherche les solutions de Σ_b, on veut uniquement, parmi les $x = 7 + 15\lambda$, ceux qui vérifient aussi $x \equiv 3[8]$, c'est-à-dire ceux qui sont de la forme $x = 3 + 8\mu$, $\mu \in \mathbb{Z}$.

On cherche donc les couples $(\lambda, \mu) \in \mathbb{Z}^2$ tels que $7 + 15\lambda = 3 + 8\mu$, *i. e.* vérifiant $8\mu - 15\lambda = 4$.

On applique à nouveau le principe de l'exercice précédent et on trouve que les couples (μ, λ) cherchés sont ceux pour lesquels il existe $k \in \mathbb{Z}$ tel que $\mu = 8 + 15k$ et $\lambda = 4 + 8k$.

On en déduit que les solutions x de Σ_b sont les $x = 7 + 15 \times (4 + 8k) = 67 + 120k$, $k \in \mathbb{Z}$.

5.6 Formule de Legendre (1808)[55]

Établir que pour tout entier naturel n et tout nombre premier p, on a :

$$v_p(n!) = \sum_{k\geqslant 1} \left\lfloor \frac{n}{p^k} \right\rfloor.$$

C 5.6 Formule de Legendre

Soit p premier fixé.

On peut déjà noter que la formule est évidente pour $n = 0$ et $n = 1$. En effet on a d'une part $n! = 1$ et donc $v_p(n!) = 0$, d'autre part, comme on a $p \geqslant 2$, on a $n < p^k$ pour tout $k \geqslant 1$, donc $0 < \dfrac{n}{p^k} < 1$, ce qui implique $\left\lfloor \dfrac{n}{p^k} \right\rfloor = 0$.

Ainsi on a $\displaystyle\sum_{k\geqslant 1} \left\lfloor \frac{n}{p^k} \right\rfloor = 0$, d'où la formule de Legendre pour $n = 0$ et $n = 1$.

Soit maintenant $n \geqslant 2$.

Pour $k \geqslant 1$ fixé, si l'on note a_k le nombre d'entiers compris entre 1 et n et divisibles par p^k, alors la liste de ces entiers est $p^k, 2p^k, 3p^k, \ldots, a_k p^k$. En particulier on a $a_k p^k \leqslant n < (a_k+1)p^k$, d'où $a_k \leqslant \dfrac{n}{p^k} < a_k + 1$, ce qui prouve qu'on a $a_k = \left\lfloor \dfrac{n}{p^k} \right\rfloor$.

Ainsi $a_1 = \dfrac{n}{p}$ est le nombre d'éléments de $\{1, \ldots, n\}$ divisibles par p ; $a_2 = \dfrac{n}{p^2}$ est le nombre d'éléments de $\{1, \ldots, n\}$ divisibles par p^2, etc.

L'intérêt est que $v_p(n!) = v_p(1) + v_p(2) + \cdots + v_p(n)$ est égal au nombre de fois que p est facteur dans la liste des entiers naturels $1, 2, \ldots, n$.

Tous les éléments de $\{1, \ldots, n\}$ divisibles par p mais pas par p^2 donnent une contribution de 1 à $v_p(n)$; leur contribution totale est donc a_1.

Tous les éléments de $\{1, \ldots, n\}$ divisibles par p^2 mais pas par p^3 donnent une contribution de 2 à $v_p(n)$ mais ont déjà été comptés une fois dans a_1 car ils sont divisibles par p. Ils donnent donc une contribution supplémentaire de a_2.

Tous les éléments de $\{1, \ldots, n\}$ divisibles par p^3 mais pas par p^4 donnent une contribution de 3 à $v_p(n)$ mais ont déjà été comptés une fois dans a_1 car ils sont divisibles par p et une fois dans a_2 car ils sont divisibles par p^2. Ils donnent donc une contribution supplémentaire de a_3.

Ainsi de suite, cela nous donne : $v_p(n!) = a_1 + a_2 + \cdots = \displaystyle\sum_{k\geqslant 1} a_k = \sum_{k\geqslant 1} \left\lfloor \frac{n}{p^k} \right\rfloor$.

55. Cf. le point XVI pp. 8-9 de l'*Essai sur la théorie des nombres* d'Adrien-Marie Legendre, seconde édition, Courcier (Paris), 1808.

5.7 Premiers dans une progression arithmétique

Démontrer qu'il existe une infinité de nombres premiers de la forme $4k+3$, $k \in \mathbb{N}$.

C 5.7 Premiers dans une progression arithmétique

On sait qu'il existe des nombres premiers de la forme $4k+3$, $k \in \mathbb{N}$, c'est-à-dire congrus à 3 modulo 4 : les premiers 3, 7, 11, 19 en sont les premiers exemples.

Raisonnons par l'absurde et supposons qu'il n'y ait qu'un nombre fini de premiers congrus à 3 modulo 4. Notons-les p_1, p_2, ..., p_n, où n désigne donc le nombre de ces nombres premiers.

Formons le nombre $N = 4p_1 \times p_2 \times \cdots \times p_n - 1$. On a, pour tout $k \in \{1, \ldots, n\}$, $N \equiv -1\ [p_k]$, donc N n'est divisible par aucun p_k.

De plus N est impair donc ses diviseurs premiers sont nécessairement impairs. Comme il ne peut avoir aucun diviseur parmi les p_k, cela signifie que ses diviseurs premiers sont tous congrus à 1 modulo 4.

Or un produit de nombres congrus à 1 modulo 4 est congru à 1 modulo 4 donc on est censé avoir $N \equiv 1\ [4]$. Ceci est en contradiction avec le fait qu'on a :

$$N = 4p_1p_2 \ldots p_n - 1 \equiv -1\ [4].$$

On a ainsi prouvé, par l'absurde, qu'il existe une infinité de nombres premiers congrus à 3 modulo 4.

5.8 Problème de fin de chapitre [56]

Dans ce problème, on note $\mathbb{Z}[\mathbf{i}] = \{a + \mathbf{i}b,\ a \in \mathbb{Z}, b \in \mathbb{Z}\}$. On utilise les notations et définitions suivantes :

- Un élément de $\mathbb{Z}[\mathbf{i}]$ est appelé un *entier de Gauss*.
- On note N le carré du module, *i. e.* l'application définie par $N(a + \mathbf{i}b) = a^2 + b^2$.
- On définit sur $\mathbb{Z}[\mathbf{i}]$ la relation de $\mathbb{Z}[\mathbf{i}]$-divisibilité (notée $|$) de la façon suivante : $\alpha|\beta \Leftrightarrow \exists \gamma \in \mathbb{Z}[\mathbf{i}],\ \beta = \gamma \times \alpha$.
- On dit qu'un élément $\alpha \in \mathbb{Z}[\mathbf{i}]$ est $\mathbb{Z}[\mathbf{i}]$-inversible lorsqu'il $\mathbb{Z}[\mathbf{i}]$-divise 1 (c'est-à-dire lorsqu'il existe $\beta \in \mathbb{Z}[\mathbf{i}]$ tel que $\alpha\beta = 1$).
- Étant donnés α et β dans $\mathbb{Z}[\mathbf{i}]$, on appelle $\mathbb{Z}[\mathbf{i}]$-pgcd de α et β tout $d \in \mathbb{Z}[\mathbf{i}]$ tel que :

  i/ $d|\alpha$ et $d|\beta$;

  ii/ $\forall \delta \in \mathbb{Z}[\mathbf{i}],\ (\delta|\alpha \wedge \delta|\beta) \Rightarrow \delta|d$.

- On dit que deux éléments α et β de $\mathbb{Z}[\mathbf{i}]$ sont $\mathbb{Z}[\mathbf{i}]$-premiers entre eux lorsque 1 est un $\mathbb{Z}[\mathbf{i}]$-pgcd de α et β.

I. Arithmétique dans $\mathbb{Z}[\mathbf{i}]$

1. Déterminer l'ensemble des $\mathbb{Z}[\mathbf{i}]$-inversibles et montrer que cet ensemble coïncide avec l'ensemble des entiers de Gauss de norme 1.

2. La relation $|$ est-elle réflexive ? transitive ? antisymétrique ?

3. a. Montrer que $|$ est stable par $\mathbb{Z}[\mathbf{i}]$-combinaisons linéaires (CL), c'est-à-dire :
$\forall \alpha, \beta, \gamma, \lambda, \mu \in \mathbb{Z}[\mathbf{i}],\ \alpha|\beta \wedge \alpha|\gamma \Rightarrow \alpha|\lambda\beta + \mu\gamma.$

   b. Montrer que $|$ est stable par conjugaison, c'est-à-dire :
$\forall \alpha, \beta \in \mathbb{Z}[\mathbf{i}],\ \alpha \,|\, \beta \Rightarrow \overline{\alpha} \,|\, \overline{\beta}.$

4. L'objet de cette question est de montrer le $\mathbb{Z}[\mathbf{i}]$-théorème de division euclidienne : $\forall \alpha \in \mathbb{Z}[\mathbf{i}],\ \forall \beta \in \mathbb{Z}[\mathbf{i}] \setminus \{0\},\ \exists q \in \mathbb{Z}[\mathbf{i}],\ \exists r \in \mathbb{Z}[\mathbf{i}],\ \begin{cases} \alpha = \beta q + r \\ N(r) < N(\beta) \end{cases}.$

   a. Soient $\alpha \in \mathbb{Z}[\mathbf{i}]$ et $\beta \in \mathbb{Z}[\mathbf{i}] \setminus \{0\}$.
Justifier qu'il existe $q \in \mathbb{Z}[\mathbf{i}]$ tel que $N\left(\dfrac{\alpha}{\beta} - q\right) < 1$.
Indication : on pourra poser $\dfrac{\alpha}{\beta} = x + \boldsymbol{i}y$ *et considérer les entiers* $\lfloor x \rfloor$, $\lfloor x \rfloor + 1$, $\lfloor y \rfloor$ *et* $\lfloor y \rfloor + 1$.

   b. En déduire le $\mathbb{Z}[\mathbf{i}]$-théorème de division euclidienne.

   c. Y a-t-il toujours unicité du couple (q, r) ?

5. Montrer les deux propositions suivantes :

   i/ Pour tout $d \in \mathbb{Z}[\mathbf{i}]$, d est un $\mathbb{Z}[\mathbf{i}]$-pgcd de 0 et de d.

   ii/ Pour tous $\alpha, \beta, q, r \in \mathbb{Z}[\mathbf{i}]$, si $\alpha = \beta q + r$ et d est un $\mathbb{Z}[\mathbf{i}]$-pgcd de β et r, alors d est un $\mathbb{Z}[\mathbf{i}]$-pgcd de α et de β.

Les deux propositions précédentes, avec le $\mathbb{Z}[\boldsymbol{i}]$-théorème de division euclidienne, permettent de montrer qu'un $\mathbb{Z}[\boldsymbol{i}]$-pgcd existe toujours, et donne un moyen de le calculer : étant donné α et β, on pose $r_0 = \alpha$, $r_1 = \beta$, et, pour tout i, r_{i+2} le reste dans la $\mathbb{Z}[\boldsymbol{i}]$-division euclidienne de r_i par r_{i+1}. Le plus petit entier $n \geqslant 1$ tel que $r_n = 0$ est alors tel que r_{n-1} est un $\mathbb{Z}[\boldsymbol{i}]$-pgcd de α et β. De plus, en remontant les $\mathbb{Z}[\boldsymbol{i}]$-divisions euclidiennes effectuées, on obtient les $\mathbb{Z}[\boldsymbol{i}]$-relations de Bézout : pour tout $\alpha \in \mathbb{Z}[\boldsymbol{i}]$ et tout $\beta \in \mathbb{Z}[\boldsymbol{i}]$, il existe $u \in \mathbb{Z}[\boldsymbol{i}]$ et $v \in \mathbb{Z}[\boldsymbol{i}]$ tels que $\alpha u + \beta v$ est un $\mathbb{Z}[\boldsymbol{i}]$-pgcd de α et β.

6. Démontrer le $\mathbb{Z}[\mathbf{i}]$-théorème de Bézout : deux éléments de $\mathbb{Z}[\mathbf{i}]$ α et β sont $\mathbb{Z}[\mathbf{i}]$-premiers entre eux si et seulement si il existe u et v dans $\mathbb{Z}[\mathbf{i}]$ tels que $\alpha u + \beta v = 1$.

7. Démontrer le $\mathbb{Z}[\mathbf{i}]$-lemme de Gauss : si $\alpha, \beta, \gamma \in \mathbb{Z}[\mathbf{i}]$ sont tels que α et β sont $\mathbb{Z}[\mathbf{i}]$-premiers entre eux et $\alpha \mid \beta\gamma$, alors on a $\alpha \mid \gamma$.

8. Démontrer le corollaire suivant du $\mathbb{Z}[\mathbf{i}]$-lemme de Gauss : si $\alpha, \beta, \gamma \in \mathbb{Z}[\mathbf{i}]$ sont tels que α et β sont $\mathbb{Z}[\mathbf{i}]$-premiers entre eux, $\alpha \mid \gamma$ et $\beta \mid \gamma$, alors $\alpha\beta \mid \gamma$.

   On dit qu'un élément $\omega \in \mathbb{Z}[\boldsymbol{i}]$ est $\mathbb{Z}[\boldsymbol{i}]$-irréductible lorsqu'on a :
   $\forall u, v \in \mathbb{Z}[\boldsymbol{i}], \omega = uv \Rightarrow u$ ou v est $\mathbb{Z}[\boldsymbol{i}]$-inversible.

9. Soient $\alpha, \beta, \omega \in \mathbb{Z}[\mathbf{i}]$ tels que ω soit $\mathbb{Z}[\mathbf{i}]$-irréductible. Montrer le $\mathbb{Z}[\mathbf{i}]$-lemme d'Euclide : $\omega \mid \alpha\beta \Rightarrow \omega \mid \alpha$ ou $\omega \mid \beta$.

10. a. Montrer que tout élément non nul de $\mathbb{Z}[\mathbf{i}]$ peut s'écrire comme produit d'un inversible et de $\mathbb{Z}[\mathbf{i}]$-irréductibles.

    b. Montrer l'unicité d'une telle décomposition à l'ordre des facteurs près et à multiplication par un $\mathbb{Z}[\mathbf{i}]$-inversible près, c'est-à-dire : si $\omega_1, \dots, \omega_r, \sigma_1, \dots, \sigma_s$ sont des $\mathbb{Z}[\mathbf{i}]$-irréductibles et $a_1, \dots, a_r, b_1, \dots b_s$ des entiers non nuls tels que $\omega_1^{a_1}\omega_2^{a_2} \cdots \omega_r^{a_r} = \sigma_1^{b_1}\sigma_2^{b_2} \cdots \sigma_s^{b_s}$, alors $r = s$ et, pour tout k, on a $\omega_k = u_k\sigma_j$ pour un certain indice j et un certain $\mathbb{Z}[\mathbf{i}]$-inversible u_k.

11. Donner avec jutification la décomposition de l'élément $2 \in \mathbb{Z}[\mathbf{i}]$ en produit de $\mathbb{Z}[\mathbf{i}]$-irréductibles.

II. Une équation diophantienne elliptique.
Dans cette partie, on se propose de résoudre l'équation (E) : $y^3 = x^2 + 1$ **dans $\mathbb{Z}$**.
Dans toute la suite, (x, y) désigne une éventuelle solution de (E).

1. Quelles sont les parités de x et y ?

2. a. Montrer qu'un $\mathbb{Z}[\mathbf{i}]$-pgcd de $x + \mathbf{i}$ et $x - i$ $\mathbb{Z}[\mathbf{i}]$-divise 2.

   b. Montrer que 2 ne peut pas être un $\mathbb{Z}[\mathbf{i}]$-pgcd de $x + \mathbf{i}$ et $x - \mathbf{i}$.

   c. Montrer que $x + \mathbf{i}$ et $x - \mathbf{i}$ sont $\mathbb{Z}[\mathbf{i}]$-premiers entre eux.

3. Montrer que $x + \mathbf{i}$ et $x - \mathbf{i}$ sont des cubes dans $\mathbb{Z}[\mathbf{i}]$, c'est-à-dire qu'il existe $\alpha \in \mathbb{Z}[\mathbf{i}]$ et $\beta \in \mathbb{Z}[\mathbf{i}]$ tels que $x + \mathbf{i} = \alpha^3$ et $x - \mathbf{i} = \beta^3$. *On pourra calculer $(x + \boldsymbol{i})(x - \boldsymbol{i})$.*

4. Résoudre (E) dans $\mathbb{Z}$.

III. Théorème des deux carrés.

On note $S = \{a^2 + b^2,\ a \in \mathbb{Z},\ b \in \mathbb{Z}\}$.

On admet le résultat suivant : pour tout nombre premier p, on a $p \equiv 3\ [4]$ si et seulement si p est $\mathbb{Z}[\mathbf{i}]$-irréductible.

1. Soit p un nombre premier impair. Montrer qu'on a $p \in S \Leftrightarrow p \equiv 1\ [4]$.
2. Soit $n \geqslant 2$ un nombre entier. On suppose que, pour tout nombre premier p congru à 3 modulo 4, l'entier $v_p(n)$ est pair. Montrer qu'alors $n \in S$.
   On pourra montrer qu'on a : $\forall a \in S,\ \forall b \in S,\ ab \in S$.
3. Montrer que, pour tout entier $n \geqslant 2$ appartenant à S, pour tout nombre premier p congru à 3 modulo 4, l'entier $v_p(n)$ est pair.
   On pourra procéder par récurrence sur n *en observant que, si* p *est congru à* 3 *modulo* 4*, il est en particulier* $\mathbb{Z}[\mathbf{i}]$*-irréductible.*

C 5.8

I. Arithmétique dans $\mathbb{Z}[i]$

1. Soit $z = a + \mathbf{i}b \in \mathbb{Z}[\mathbf{i}]$. Montrons que les propositions

   i/ z est $\mathbb{Z}[\mathbf{i}]$-inversible ;

   ii/ $N(z) = 1$;

   iii/ $z \in \mathbb{U}_4$;

   sont équivalentes.

   i/⇒ii/ Supposons z $\mathbb{Z}[\mathbf{i}]$-inversible, c'est-à-dire $z^{-1} \in \mathbb{Z}[\mathbf{i}]$. On a alors : $1 = N(1) = N(zz^{-1}) = N(z)N(z^{-1})$ par propriétés sur le module. Par conséquent $N(z)$ est un entier naturel qui divise 1, c'est donc 1.

   ii/⇒iii/ Supposons $N(z) = 1$, c'est-à-dire $a^2 + b^2 = 1$. Si $|a| \geqslant 2$ ou $|b| \geqslant 2$, on a $a^2 + b^2 \geqslant 4$, ces cas sont donc exclus. Si $|a| = |b| = 1$, on a $a^2 + b^2 = 2$, ce cas est donc exclu. C'est donc qu'on a $|a| = 1,\ |b| = 0$ ou $|a| = 0,\ |b| = 1$, autrement dit $z \in \mathbb{U}_4$.

   iii/⇒i/ Supposons $z \in \mathbb{U}_4$. Alors z est bien $\mathbb{Z}[i]$-inversible puisque son inverse appartient à $U_4 \subset \mathbb{Z}[i]$ (on a : $1^{-1} = 1$, $(-1)^{-1} = -1$, $\mathbf{i}^{-1} = -\mathbf{i}$, $(-\mathbf{i})^{-1} = \mathbf{i}$).

2. Réflexivité : soit $\alpha \in \mathbb{Z}[\mathbf{i}]$. On a $\alpha = 1 \times \alpha$ et $1 \in \mathbb{Z}[\mathbf{i}]$ donc $\alpha | \alpha$.

   Transitivité : soient $\alpha, \beta, \gamma \in \mathbb{Z}[\mathbf{i}]$ tels que $\alpha \mid \beta$ et $\beta \mid \gamma$. Il existe alors $\lambda, \mu \in \mathbb{Z}[\mathbf{i}]$

56. Adapté du concours d'entrée à l'ISFA, session 2010

tels que $\beta = \lambda\alpha$ et $\gamma = \mu\beta$. Par suite on a $\gamma = (\lambda\mu)\alpha$, et comme il est clair que le produit de deux éléments de $\mathbb{Z}[\mathbf{i}]$ est un élément de $\mathbb{Z}[\mathbf{i}]$, on a $\lambda\mu \in \mathbb{Z}[\mathbf{i}]$ et on déduit : $\alpha \mid \gamma$.

La $\mathbb{Z}[\mathbf{i}]$-divisibilité n'est évidemment pas antisymétrique (donc n'est pas un ordre) puisqu'on a, par exempe, $2\mathbf{i} \mid 2$ et $2 \mid 2\mathbf{i}$.

3. a. Soient $\alpha, \beta, \gamma, \lambda, \mu \in \mathbb{Z}[\mathbf{i}]$ et supposons $\alpha|\beta$ et $\alpha|\gamma$. Il existe alors δ et η dans $\mathbb{Z}[\mathbf{i}]$ tels que $\beta = \delta\alpha$ et $\gamma = \eta\alpha$. Il vient alors $\lambda\beta + \mu\gamma = (\lambda\delta + \mu\eta)\alpha$, et comme on a clairement $\lambda\delta + \mu\eta \in \mathbb{Z}[\mathbf{i}]$, on a bien $\alpha|\lambda\beta + \mu\gamma$.

   b. Soient $\alpha, \beta \in \mathbb{Z}[\mathbf{i}]$ et supposons $\alpha|\beta$. Il existe donc $\gamma \in \mathbb{Z}[\mathbf{i}]$ tel que $\beta = \gamma\alpha$. Par multiplicativité de la conjugaison, on trouve $\overline{\beta} = \overline{\gamma}\,\overline{\alpha}$ et donc $\overline{\alpha} \mid \overline{\beta}$.

4. a. Posons x et y comme proposé.

   On commence par faire un dessin qui permet de bien comprendre l'idée :

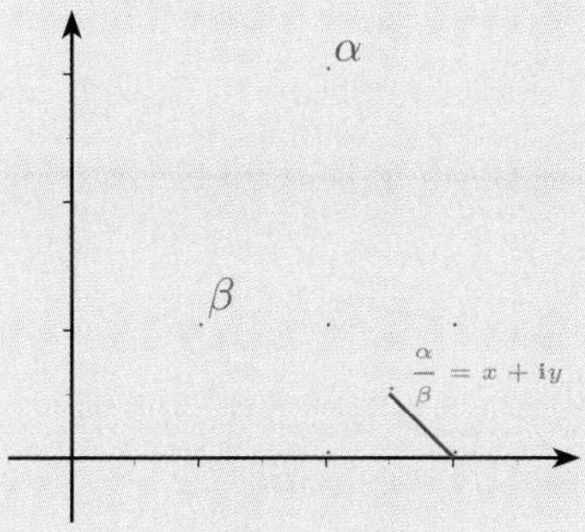

   Un point situé dans un carré de côté 1 est toujours à distance au plus 1 de l'un des sommets au moins. On en profite pour comprendre à quoi correspondent les points $(\lfloor x\rfloor, \lfloor y\rfloor)$, $(\lfloor x\rfloor+1, \lfloor y\rfloor)$, $(\lfloor x\rfloor, \lfloor y\rfloor+1)$, $(\lfloor x\rfloor+1, \lfloor y\rfloor+1)$ (les sommets du carré).

   On a $x \in \big[\lfloor x\rfloor, \lfloor x\rfloor+1\big]$, il existe donc $a \in \big\{\lfloor x\rfloor, \lfloor x\rfloor+1\big\}$ tel que $|x-a| \leqslant \frac{1}{2}$ ($a = \lfloor x\rfloor$ si $x < \dfrac{2\lfloor x\rfloor+1}{2}$, $a = \lfloor x\rfloor + 1$ sinon).
   De même, il existe $b \in \{\lfloor y\rfloor, \lfloor y\rfloor+1\}$ tel que $|x-b| \leqslant \frac{1}{2}$.
   On pose $q = a + \mathbf{i}b$ et on a $N\left(\dfrac{\alpha}{\beta} - q\right) \leqslant \left(\dfrac{1}{2}\right)^2 + \left(\dfrac{1}{2}\right)^2 < 1$. D'où l'existence puisque a et b sont entiers.

   b. On pose q comme dans la question précédente et $r = \alpha - q\beta$, de sorte qu'on a bien $\alpha = q\beta + r$. De plus, on a $N\left(\dfrac{\alpha}{\beta} - q\right) < 1$ d'après la question précédente. Et donc en multipliant par $N(\beta)$ (multiplicativité du module) on obtient $N(\alpha - q\beta) < N(\beta)$, c'est-à-dire $N(r) < N(b)$.

c. Le dessin avec le carré nous a convaincu qu'il n'y a pas toujours unicité ! Si par exemple on prend un point au milieu du carré, il est équidistant des quatre sommets. Reste à le traduire algébriquement avec un contre-exemple explicite. On peut prendre comme sur le dessin précédent : $\alpha = 2 + 3\mathbf{i}$ et $\beta = 1 + \mathbf{i}$. On a d'une part $\alpha = \beta \times 2 + \mathbf{i}$, où $N(\mathbf{i}) = 1 < 2 = N(\beta)$, mais aussi d'autre part $\alpha = \beta \times (2 + \mathbf{i}) + 1$, où $N(1) = 1 < 2 = N(\beta)$.

5. i/ Vérifions les deux points intervenant dans la définition du $\mathbb{Z}[\mathbf{i}]$-pgcd :
   - $0 = d \times 0$ et $0 \in \mathbb{Z}[\mathbf{i}]$ donc $d|0$. Par réflexivité on a $d|d$. Finalement on a bien $d|0$ et $d|d$.
   - Soit $\delta \in \mathbb{Z}[\mathbf{i}]$ tel que $\delta|0$ et $\delta|d$. On a vu que tout élément de $\mathbb{Z}[\mathbf{i}]$ divisait 0, cette hypothèse équivaut donc à $\delta|d$.

   ii/ Soient $\alpha, \beta, q, r \in \mathbb{Z}[\mathbf{i}]$, si $\alpha = \beta q + r$ et d est un $\mathbb{Z}[i]$-pgcd de β et r. Montrons que d est un $\mathbb{Z}[\mathbf{i}]$-pgcd de α et de β en vérifiant les deux points intervenant dans la définition du $\mathbb{Z}[\mathbf{i}]$-pgcd :
   - Par hypothèse d $\mathbb{Z}[\mathbf{i}]$-divise β et r. Par stabilité de la $\mathbb{Z}[\mathbf{i}]$-divisibilité par CL, d $\mathbb{Z}[\mathbf{i}]$-divise donc β et $q \times \beta + 1 \times r = \alpha$
   - Soit δ tel que δ $\mathbb{Z}[\mathbf{i}]$-divise α et β. Par stabilité de la $\mathbb{Z}[\mathbf{i}]$-divisibilité par CL, δ $\mathbb{Z}[\mathbf{i}]$-divise donc β et $1 \times \alpha - q \times \beta = r$, puis, par définition du $\mathbb{Z}[\mathbf{i}]$-pgcd, δ $\mathbb{Z}[\mathbf{i}]$-divise d.

6. $\boxed{\Rightarrow}$ Supposons que α et β soient $\mathbb{Z}[\mathbf{i}]$-premiers entre eux, donc que 1 est un $\mathbb{Z}[\mathbf{i}]$-pgcd de α et β. Par les $\mathbb{Z}[\mathbf{i}]$-relations de Bézout, α et β ont un $\mathbb{Z}[\mathbf{i}]$-pgcd de la forme $\alpha u_0 + \beta v_0$. Attention, il n'est pas dit que deux $\mathbb{Z}[\mathbf{i}]$-pgcd soient nécessairement égaux ! Par contre, il est clair que deux $\mathbb{Z}[\mathbf{i}]$-pgcd se $\mathbb{Z}[\mathbf{i}]$-divisent mutuellement. On a donc $\alpha u_0 + \beta v_0 | 1$ et il existe donc $\eta \in \mathbb{Z}[i]$ tel que $1 = (\alpha u_0 + \beta v_0)\eta$. Posant $u = \eta u_0$ et $v = \eta v_0$, on trouve donc $\alpha u + \beta v = 1$.
   $\boxed{\Leftarrow}$ Supposons qu'il existe $u \in \mathbb{Z}[\mathbf{i}]$ et $v \in \mathbb{Z}[\mathbf{i}]$ tels que $\alpha u + \beta v = 1$. Montrons que 1 est un $\mathbb{Z}[\mathbf{i}]$-pgcd de α et β en vérifiant les deux points de la définition.
   - Clairement 1 $\mathbb{Z}[\mathbf{i}]$-divise α et β !
   - Soit d un $\mathbb{Z}[\mathbf{i}]$-diviseur de α et β. Alors d $\mathbb{Z}[\mathbf{i}]$-divise α et β, donc d $\mathbb{Z}[\mathbf{i}]$-divise $\alpha u + \beta v = 1$ par stabilité par CL.

7. Par hypothèse il existe $\lambda \in \mathbb{Z}[\mathbf{i}]$ tel que $\beta\gamma = \lambda\alpha$. De plus, d'après le $\mathbb{Z}[\mathbf{i}]$-théorème de Bezout, il existe u et v dans $\mathbb{Z}[\mathbf{i}]$ tels que $\alpha u + \beta v = 1$. Par suite on a $\gamma\alpha u + \gamma\beta v = \gamma$ c'est-à-dire $\gamma\alpha u + \lambda\alpha v = \gamma$ ou encore $(\gamma u + \lambda v)\alpha = \gamma$ et donc $\alpha|\gamma$.

8. On a $\beta|\gamma$ donc il existe $\eta \in \mathbb{Z}[\mathbf{i}]$ tel que $\gamma = \beta\eta$. On a $\alpha|\gamma = \beta\eta$ et α et β sont $\mathbb{Z}[\mathbf{i}]$-premiers entre eux, donc d'après le $\mathbb{Z}[\mathbf{i}]$-lemme de Gauss on a $\alpha|\eta$, donc il existe $\kappa \in \mathbb{Z}[\mathbf{i}]$ tel que $\eta = \kappa\alpha$ et par suite $\gamma = \kappa(\alpha\beta)$ si bien qu'on a $\alpha\beta|\gamma$.

9. Montrons d'abord le lemme suivant : si ω ne $\mathbb{Z}[\mathbf{i}]$-divise pas α, alors ω et α sont $\mathbb{Z}[\mathbf{i}]$-premiers entre eux.
Supposons donc que ω ne $\mathbb{Z}[\mathbf{i}]$-divise pas α. Comme $1|\omega$ et $1|\alpha$, il s'agit de montrer que tout $\mathbb{Z}[\mathbf{i}]$-diviseur de ω et α $\mathbb{Z}[\mathbf{i}]$-divise 1, c'est-à-dire est $\mathbb{Z}[\mathbf{i}]$-inversible. Soit u un tel $\mathbb{Z}[i]$-diviseur. On peut alors écrire $\omega = uv$, et, comme ω est $\mathbb{Z}[\mathbf{i}]$-irréductible, on a u $\mathbb{Z}[\mathbf{i}]$-inversible ou v $\mathbb{Z}[\mathbf{i}]$-inversible. Si v est $\mathbb{Z}[\mathbf{i}]$-inversible, comme $u|\alpha$, on a $\omega = uv|\alpha v$ et $\alpha v|\alpha v v^{-1} = \alpha$, puis par transitivité on a $\omega|\alpha$, ce qui est exclu par hypothèse. C'est donc qu'on a u $\mathbb{Z}[\mathbf{i}]$-inversible, ce qui démontre le lemme.

Montrons maintenant le sens direct du $\mathbb{Z}[\mathbf{i}]$-théorème d'Euclide. Supposons $\omega \mid \alpha\beta$.

i. Si $\omega \mid \alpha$, c'est fini.

ii. Sinon, le lemme indique que ω et α sont $\mathbb{Z}[\mathbf{i}]$-premiers entre eux : on applique le $\mathbb{Z}[\mathbf{i}]$-lemme de Gauss et on obtient $\omega \mid \beta$.

10. a. Commençons par montrer un lemme : tout z de $\mathbb{Z}[\mathbf{i}]$ tel que $N(z) \geqslant 2$ a un $\mathbb{Z}[\mathbf{i}]$-diviseur $\mathbb{Z}[\mathbf{i}]$-irréductible. Procédons par récurrence forte sur $N(z)$. Soit $z \in \mathbb{Z}[\mathbf{i}]$ tel que $N(z) \geqslant 2$ et supposons que tout élément η de norme $2 \leqslant N(\eta) < N(z)$ a un $\mathbb{Z}[\mathbf{i}]$-diviseur $\mathbb{Z}[\mathbf{i}]$-irréductible. Traitons deux cas :

- Si z est $\mathbb{Z}[\mathbf{i}]$-irréductible, il a en particulier un $\mathbb{Z}[\mathbf{i}]$-diviseur $\mathbb{Z}[\mathbf{i}]$-irréductible par réflexivité.
- Sinon, il existe u et v non $\mathbb{Z}[\mathbf{i}]$-inversibles tels que $uv = z$.
  On a $N(u)N(v) = N(z)$ par multiplicativité du module. Si on avait $N(u) = 1$, u serait $\mathbb{Z}[\mathbf{i}]$-inversible, donc $N(u) > 1$, donc $N(v) < N(z)$. De même, $N(v) > 1$ donc $N(v) \geqslant 2$. Par hypothèse de récurrence forte, v a donc un $\mathbb{Z}[\mathbf{i}]$-diviseur $\mathbb{Z}[\mathbf{i}]$-irréductible, et finalement z a un $\mathbb{Z}[\mathbf{i}]$-diviseur $\mathbb{Z}[\mathbf{i}]$-irréductible par transitivité.
- La propriété est fortement héréditaire, donc d'après le théorème de récurrence forte elle est vraie pour tout entier $n \geqslant 2$.

Montrons maintenant que tout élément non nul z de $\mathbb{Z}[\mathbf{i}]$ peut s'écrire comme produit d'un $\mathbb{Z}[\mathbf{i}]$-inversible et de $\mathbb{Z}[\mathbf{i}]$-irréductibles. Procédons par récurrence forte sur $N(z)$.

Soit $z \in \mathbb{Z}[\mathbf{i}]$ et supposons que, pour tout élément de norme strictement inférieure à $N(z)$ puisse sécrire comme produit d'un $\mathbb{Z}[\mathbf{i}]$-inversible et de $\mathbb{Z}[\mathbf{i}]$-irréductibles. Traitons trois cas :

A. Si $N(z) = 0$, alors $z = 0$ et ce cas est exclu.

B. Si $N(z) = 1$, alors z est $\mathbb{Z}[\mathbf{i}]$-inversible et le résultat est acquis.

C. Si $N(z) \geqslant 2$, alors z a un $\mathbb{Z}[\mathbf{i}]$-diviseur $\mathbb{Z}[\mathbf{i}]$-irréductible ω. On a alors $N\left(\frac{z}{\omega}\right) = \frac{N(z)}{N(\omega)} < N(z)$. Par hypothèse de récurrence forte, $\frac{z}{\omega}$ peut se décomposer en produit de $\mathbb{Z}[\mathbf{i}]$-irréductibles, il en va donc de même de $z = \omega \times \frac{z}{\omega}$.

La propriété est fortement héréditaire, donc d'après le théorème de récurrence forte elle est vraie pour tout entier $n \geqslant 0$..

b. En appliquant de façon répétée le $\mathbb{Z}[i]$-lemme d'Euclide, on obtient que, si ε est un $\mathbb{Z}[\mathbf{i}]$-irréductible qui $\mathbb{Z}[\mathbf{i}]$-divise $z = \omega_1^{a_1}\omega_2^{a_2}\cdots\omega_r^{a_r}$ (où les ω_i sont irréductibles et les a_i strictement positifs), alors il existe un $\mathbb{Z}[\mathbf{i}]$-inversible u et un i_0 tels que $\varepsilon = u\omega_{i_0}$.

Montrons maintenant le résultat par récurrence forte sur $N(z)$.

Soit $z \in \mathbb{Z}[\mathbf{i}]$, non nul, et supposons que, pour tout élément de norme strictement inférieure à $N(z)$, on ait au plus une décomposition de cet élément en produit d'un $\mathbb{Z}[\mathbf{i}]$-inversible et de $\mathbb{Z}[\mathbf{i}]$-irréductibles (à l'ordre des facteurs près). Traitons deux cas :

- Si $N(z) = 1$, alors z est $\mathbb{Z}[\mathbf{i}]$-inversible et c'est terminé.
- Sinon soient deux décomposition de z : $z = \omega_1^{a_1}\omega_2^{a_2}\cdots\omega_r^{a_r} = \sigma_1^{b_1}\sigma_2^{b_2}\cdots\sigma_s^{b_s}$. Ainsi σ_1 $\mathbb{Z}[\mathbf{i}]$-divise $\omega_1^{a_1}\omega_2^{a_2}\cdots\omega_r^{a_r}$ et d'après le lemme précédent il existe un $\mathbb{Z}[\mathbf{i}]$-inversible u_1 et un indice i tel que $\sigma_1 = u_1\omega_i$. On trouve alors $\omega_1^{a_1}\cdots\omega_i^{a_i-1}\cdots\omega_r^{a_r} = \sigma_1^{b_1-1}\cdots\sigma_s^{b_s}$, et par hypothèse de récurrence forte on trouve bien que, pour tout k, on a $\omega_k = u_k\sigma_j$ pour un certain indice j et un certain $\mathbb{Z}[\mathbf{i}]$-inversible u_k.

La propriété est fortement héréditaire, donc d'après le théorème de récurrence forte elle est vraie pour tout entier $n \geqslant 0$..

11. On a $2 = \mathbf{i}(1-\mathbf{i})^2$. On a déjà vu que $\mathbf{i}$ est $\mathbb{Z}[\mathbf{i}]$-inversible ; si on montre que $1-\mathbf{i}$ est irréductible, on a fini. Supposons avoir $1 - \mathbf{i} = uv$ avec u et v dans $\mathbb{Z}[\mathbf{i}]$. On a alors $N(uv) = N(1 - \mathbf{i}) = 2$. Comme 2 est premier, on a, à renommage près, $N(u) = 1$ et $N(v) = 2$, donc u est $\mathbb{Z}[\mathbf{i}]$-inversible. On a montré que $1 - \mathbf{i}$ est irréductible, une décomposition en irréductibles de 2 est donc bien $2 = \mathbf{i}(1 - \mathbf{i})^2$.

Remarque : on peut aussi proposer $2 = -\mathbf{i}(1+\mathbf{i})^2$. Par contre, $2 = (1+\mathbf{i})(1-\mathbf{i})$

ne fait pas apparaître que $1+\mathbf{i}$ et $1-\mathbf{i}$ sont le même irréductible à multiplication par un $\mathbb{Z}[\mathbf{i}]$-inversible près.

II. Une équation diophantienne elliptique.

1. Si x et y sont de même parité, y^3 et x^2+1 n'ont pas la même parité : ce cas est donc exclu.
   Si x est impair et y pair, il existe p et k entiers tels que $y=2p$ et $x=2k+1$. En réinjectant on trouve $8p^3=4(k^2+k)+2$, puis, en considérant cette égalité modulo 4, $0\equiv 2$ [4], ce qui est impossible. Ce cas est donc exclu. Conclusion : x est pair et y est impair.

2. a. Un tel $\mathbb{Z}[i]$-pgcd d $\mathbb{Z}[\mathbf{i}]$-divise toute CL de $x+\mathbf{i}$ et $x-i$, en particulier $(x+\mathbf{i})-(x-\mathbf{i})=2\mathbf{i}$. Comme $\mathbf{i}$ est $\mathbb{Z}[i]$-inversible, on a $d|2$.

   b. 2 divise x, donc $\mathbb{Z}[\mathbf{i}]$-divise x d'après la question précédente. Si 2 $\mathbb{Z}[\mathbf{i}]$-divisait $x+\mathbf{i}$, il $\mathbb{Z}[\mathbf{i}]$-diviserait $\mathbf{i}$ par stabilité par CL. Ce n'est pas le cas puisque $\mathbf{i}$ est $\mathbb{Z}[\mathbf{i}]$-inversible alors que 2 ne l'est pas. Donc 2 ne $\mathbb{Z}[\mathbf{i}]$-divise pas $x+\mathbf{i}$ et en particulier n'est pas un $\mathbb{Z}[\mathbf{i}]$-pgcd de $x+\mathbf{i}$ et $x-\mathbf{i}$.

   c. On sait déjà que le $\mathbb{Z}[i]$-pgcd de $x+\mathbf{i}$ et $x-\mathbf{i}$ $\mathbb{Z}[i]$-divise 2 et n'est pas 2. Il n'y a donc que deux cas possibles : soit $1+\mathbf{i}$ est un $\mathbb{Z}[i]$-pgcd de $x+\mathbf{i}$ et $x-\mathbf{i}$, soit $x+\mathbf{i}$ et $x-\mathbf{i}$ sont $\mathbb{Z}[\mathbf{i}]$-premiers entre eux. Voyons que le premier cas est exclu : supposons que $1+\mathbf{i}$ $\mathbb{Z}[i]$-divise $x+\mathbf{i}$. Par stabilité par conjugaison, $1-\mathbf{i}$ $\mathbb{Z}[i]$-divise $x-\mathbf{i}$, et il s'ensuit que 2 $\mathbb{Z}[i]$-divise x^2+1. Ainsi il existe $\lambda\in\mathbb{Z}[\mathbf{i}]$ tel que $x^2+1=2\lambda$, ce qui implique $\lambda\in\mathbb{Z}$ et finalement x est impair, ce qui n'est pas : ce second cas était donc bien impossible.

3. Considérons une $\mathbb{Z}[i]$-décomposition en irréductible de y : $y=\omega_1^{a_1}\cdots\omega_r^{a_r}$. On a ainsi $(x+\mathbf{i})(x-\mathbf{i})=x^2+1=y^3=\omega_1^{3a_1}\cdots\omega_r^{3a_r}$.
   Comme $x+\mathbf{i}$ et $x-\mathbf{i}$ sont $\mathbb{Z}[\mathbf{i}]$-premiers entre eux, ils ne peuvent pas avoir de facteurs $\mathbb{Z}[i]$-irréductibles en commun. On a donc $(x+\mathbf{i})=\omega_{i_1}^{3a_{i_1}}\cdots\omega_{i_p}^{3a_{i_p}}=\left(\omega_{i_1}^{a_{i_1}}\cdots\omega_{i_p}^{a_{i_p}}\right)^3$ et $(x-\mathbf{i})=\omega_{i_{p+1}}^{3a_{i_{p+1}}}\cdots\omega_{i_r}^{3a_{i_r}}=\left(\omega_{i_{p+1}}^{a_{i_{p+1}}}\cdots\omega_{i_r}^{a_{i_r}}\right)^3$, avec $\{i_1,\ldots,i_p\}\sqcup\{i_{p+1},\ldots,i_r\}=\{1,\ldots,r\}$. En particulier $x+\mathbf{i}$ et $x-\mathbf{i}$ sont des cubes.

4. On a x pair donc il existe $k\in\mathbb{Z}$ tel que $x+\mathbf{i}$ peut s'écrire $x+\mathbf{i}=2k+\mathbf{i}$. Par ailleurs $x+\mathbf{i}$ est un cube donc il existe $a\in\mathbb{Z}$ et $b\in\mathbb{Z}$ tels que $x+\mathbf{i}=(a+\mathrm{i}b)^3=(a^3-3ab^2)+\mathbf{i}(3a^2b-b^3)$. En particulier $b(3a^2-b^2)=3a^2b-b^3=1$. Il s'ensuit qu'on a $b=1$ ou $b=-1$ et donc $b^2=1$. De même $3a^2-b^2=\pm1$ c'est-à-dire $3a^2=\pm1+1$. Si $3a^2$ était non nul, il serait strictement supérieur à

2, c'est donc qu'on a $3a^2 = 0$, puis $a = 0$. Par suite on a $(x + \mathbf{i}) = (\pm\mathbf{i})^3 = \pm\mathbf{i}$ et finalement $x = 0$.

Par suite on a $y^3 = 0^2 + 1 = 1$ et donc $y = 1$.

En réinjectant, le candidat trouvé est bien solution. L'équation a finalement une unique solution : $x = 0$, $y = 1$.

III. Théorème des deux carrés.

1. D'après le résultat admis, et puisque p est impair, il suffit de montrer qu'on $p \in S$ si et seulement si p n'est pas $\mathbb{Z}[\mathbf{i}]$-irréductible.

$\boxed{\Leftarrow}$ Supposons $p \in S$. On peut écrire $p = a^2 + b^2$. Comme p est premier, ce n'est pas le carré d'un entier et a et b sont non nuls. On écrit $p = (a+\mathbf{i}b)(a-\mathbf{i}b)$. Comme a et b sont non nuls, on a $a + \mathbf{i}b \notin \mathbb{U}_4$ et $a - \mathbf{i}b \notin \mathbb{U}_4$. Finalement, p n'est pas irréductible.

$\boxed{\Rightarrow}$ Par contraposition. Supposons $p \notin S$. On veut montrer que p est irréductible. Supposons pouvoir écrire $p = \alpha\beta$ avec $\alpha = (a + \mathbf{i}b) \in \mathbb{Z}[\mathbf{i}]$ et $\beta = (c + \mathbf{i}d) \in \mathbb{Z}[\mathbf{i}]$. En appliquant N, on trouve $p^2 = N(\alpha)N(\beta)$. Les seuls diviseurs positifs de p^2 sont 1, p et p^2. On a donc trois cas.

- Premier cas : $N(\alpha) = 1$ et $N(\beta) = p^2$. Auquel cas $\alpha \in \mathbb{U}_4$ (cf. la première question du problème).
- Deuxième cas : $N(\alpha) = p^2$ et $N(\beta) = 1$. Auquel cas $\beta \in \mathbb{U}_4$.
- Troisième cas : $N(\alpha) = p$ et $N(\beta) = p$. Mais ce cas est impossible car on aurait alors $p = N(\alpha) = a^2 + b^2 \in S$, ce qui est exclu par hypothèse.

Finalement, on a bien montré que p était irréductible.

Remarque : le résultat admis n'est néanmoins nullement nécessaire pour obtenir l'implication directe. En effet, modulo 4, les restes possibles de $a^2 + b^2$ sont synthétisés dans le tableau suivant en fonction des restes possibles de a et b :

a \ b	0	±1	2
0	0	1	0
±1	1	2	1
2	0	1	0

Le reste 3 (alias -1) ne faisant pas partie des restes possibles, un élément de S (alias un $a^2 + b^2$) ne peut pas être congru à 3 modulo 4. Si de plus on suppose qu'un tel élément est impair, il ne reste plus qu'une possibilité : il est congru à 1 modulo 4 (on n'a même pas utilisé que p était premier).

2. Commencons par montrer le lemme en question : clairement $n \in S$ si et seulement si $n = N(z)$ pour un certain $z \in \mathbb{Z}[\mathbf{i}]$. Par conséquent, si a et b appartiennent à S, alors il existe z_a et z_b dans $\mathbb{Z}[\mathbf{i}]$ tels que $a = N(z_a)$ et $b = N(z_b)$. Par suite on a $ab = N(z_a z_b)$ (multiplicativité de la norme) et comme $z_a z_b$ appartient clairement à $\mathbb{Z}[\mathbf{i}]$ on trouve bien $ab \in S$.
Montrons maintenant le résultat. Écrivons $n = 2^m p_1^{\alpha_1} \cdots p_r^{\alpha_r} q_1^{\beta_1} \cdots q_s^{\beta_s}$ où les p_i seront congrus à 1 modulo 4 et les q_j congrus à 3 modulo 4. L'hypothèse stipule que les β_j sont pairs, c'est-à-dire peuvent s'écrire sous la forme $\beta_j = 2\gamma_j$.
   - On a $2 = 1+1 = 1^2+1^2 \in S$. Quitte à utiliser $m-1$ fois le lemme, on trouve $2^m \in S$ (en remarquant que, pour $m = 0$, on a bien $2^m = 1 = 1^2 + 0^2 \in S$).
   - Pour tout i on a $p_i \in S$ d'après la question précédente. Quitte à utiliser $\alpha_i - 1$ fois le lemme, on trouve $p_i^{\alpha_i} \in S$. Quitte à utiliser $r - 1$ fois le lemme, on trouve $p_1^{\alpha_1} \cdots p_r^{\alpha_r} \in S$ (en remarquant que, pour $r = 0$, on a bien $1 = 1^2 + 0^2 \in S$).
   - Pour tout j on a $q_j^{\beta_j} = q_j^{2\gamma_j} = \left(q_j^{\gamma_j}\right)^2 + 0^2 \in S$. Quitte à utiliser $s - 1$ fois le lemme, on trouve $q_1^{\beta_1} \cdots q_s^{\beta_s} \in S$ (en remarquant que, pour $s = 0$, on a bien $1 = 1^2 + 0^2 \in S$).
   - On utilise alors deux fois le lemme pour conclure qu'on a bien $n \in S$.

3. Notons $\mathcal{P}(n)$ l'énoncé « n appartient à S si et seulement si pour tout premier congru à 3 modulo 4, $v_p(n)$ est pair ». Montrons $\forall n \geqslant 2,\ \mathcal{P}(n)$ par récurrence forte sur n.
Soit $n \geqslant 2$ et supposons $\forall 2 \leqslant k < n,\ \mathcal{P}(k)$. Traitons deux cas :
   - Si $n = 2$, on a évidemment $\mathcal{P}(2)$ puisque tous les $v_p(2)$ sont nuls.
   - Si $n \geqslant 3$ et $n \in S$, on peut écrire $n = a^2 + b^2 = (a - \mathbf{i}b)(a + \mathbf{i}b)$ pour un certain entier a et un certain b. Soit p un diviseur premier de n congru à 3 modulo 4. Il s'agit de montrer qu'on a $v_p(n)$ pair. D'après le résultat admis, p est $\mathbb{Z}[\mathbf{i}]$-irréductible. D'après le $\mathbb{Z}[i]$-théorème d'Euclide, p $\mathbb{Z}[\mathbf{i}]$-divise donc $a - \mathbf{i}b$ ou $a + \mathbf{i}b$. Mais par stabilité par conjugaison, p $\mathbb{Z}[\mathbf{i}]$-divise alors $a - \mathbf{i}b$ **et** $a + \mathbf{i}b$. Par suite, p^2 $\mathbb{Z}[\mathbf{i}]$-divise $(a - \mathbf{i}b)(a + \mathbf{i}b) = n$, ce qui implique que p^2 divise n dans $\mathbb{Z}$. De plus, p $\mathbb{Z}[\mathbf{i}]$-divise $(a - \mathbf{i}b) + (a + \mathbf{i}b) = 2a$, donc $\mathbb{Z}[i]$-divise a (car p est impair) donc divise a dans $\mathbb{Z}$. De même, p $\mathbb{Z}[\mathbf{i}]$-divise $(a + \mathbf{i}b) - (a - \mathbf{i}b) = 2\mathbf{i}b$, donc p divise b dans $\mathbb{Z}$. On peut alors écrire $\dfrac{n}{p^2} = \left(\dfrac{a}{p}\right)^2 + \left(\dfrac{b}{p}\right)^2 \in S$. Clairement $\frac{n}{p} < n$, donc par hypothèse de récurrence forte $v_p\left(\dfrac{n}{p^2}\right)$ est pair et enfin $v_p(n) = 2 + v_p\left(\dfrac{n}{p^2}\right)$ est pair également.

La propriété est fortement héréditaire, donc d'après le théorème de récurrence forte elle est vraie pour tout entier $n \geqslant 2$.

Le résultat des deux dernières questions se reformule ainsi : pour $n \geqslant 2$, n *est somme de deux carrés si et seulement si pour tout nombre premier* p *congru à* 3 *modulo* 4, *l'entier* $v_p(n)$ *est pair. C'est le théorème des deux carrés.*

CHAPITRE 6

L'espace $\mathbb{R}^n$

1 Introduction

Dans le développement historique des mathématiques, le concept de *point* précède de plusieurs millénaires celui de *vecteur*. L'enseignement en CPGE prend le contrepied de ce développement historique en débutant par l'enseignement des vecteurs. L'intérêt (ou l'un des principaux intérêts) d'un vecteur est pourtant bien d'agir sur un point (par translation). Conformément aux programmes en vigueur, on présente dans ce livre l'étude des espaces vectoriels (ensembles de vecteurs) avant l'étude des sous-espaces affines (ensembles de points), qui sont au programme exclusivement dans la filière MPSI et dont le traitement restera beaucoup plus modeste.

Avant d'introduire ces concepts en toute généralité, il semble important de commencer par présenter brièvement les structures vectorielle et affine de l'espace $\mathbb{R}^n$. Ce survol succinct sera éclairant pour les généralisations des chapitres suivants et permettra de fixer quelques intuitions géométriques. De plus, cette présentation est conforme au développement historique[1] : aux origines du concept, on appelait en effet vecteur une liste de réels, c'est-à-dire, *in fine*, un élément de $\mathbb{R}^n$.

1. Comme nous le mentionnons dans la sous-section 1.2 du chapitre 12, la première axiomatisation d'un espace vectoriel effectuée par Peano se contente en fait de traiter d'ensemble de quantités de la forme $[x_1, \ldots, x_n]$, où les x_i sont des réels. Modulo la notation $[x_1, \ldots, x_n]$ au lieu de la notation $(x_1, \ldots, x_n)$ qui est devenue habituelle, il s'agit donc essentiellement d'une axiomatisation de $\mathbb{R}^n$ en tant qu'espace vectoriel.
L'étude d'objets de la forme $[x_1, \ldots, x_n]$, appelés à l'époque « complexes », voire « hypercomplexes », est à voir comme un développement naturel dans le cadre de la recherche historique de nombres qui seraient l'analogue des complexes mais avec plus de deux dimensions (comme nous l'expliquons dans le chapitre 12, on peut voir l'ensemble des nombres complexes comme un $\mathbb{R}$-espace vectoriel de dimension 2).

Dans ce chapitre, n désigne un entier naturel. Rappelons que $\mathbb{R}^n$ désigne l'ensemble des n-uplets de réels. Un tel n-uplet sera indifféremment noté $(a_1, \ldots, a_n)$ ou $\begin{pmatrix} a_1 \\ \vdots \\ a_n \end{pmatrix}$. Les résultats des sections 2 et 3, conventions de représentation exclues, se généralisent sans peine à $\mathbb{C}^n$: on laisse au lecteur le soin de mener à bien cette généralisation.

Le lecteur ne devra pas s'étonner qu'on donne successivement deux noms aux éléments de $\mathbb{R}^n$, qui seront dans la section 2 appelés *vecteurs* et dans la section 3 appelés *points*. Cela est dû au fait que le regard qu'on porte sur ces objets va changer : les opérations que l'on définira dans la section 2 sont d'une autre nature que celles qu'on définira dans la section 3. Une autre façon de le dire est qu'on considèrera dans ce chapitre deux copies de $\mathbb{R}^n$: une pour nos vecteurs, et une pour nos points. Le fait de définir vecteurs et points comme des n-uplets n'est au fond qu'un codage ensembliste, dans le même esprit que le codage ensembliste d'un couple[2].

2 Structure vectorielle

Définition 1

On appelle *vecteur de* $\mathbb{R}^n$ un n-uplet de réels. On appelle *scalaire* un nombre réel. Si $x = \begin{pmatrix} x_1 \\ \vdots \\ x_n \end{pmatrix}$ est un vecteur de $\mathbb{R}^n$, on appelle *coefficients de* x les scalaires x_i.

Rappelons que, par définition des n-uplets, deux vecteurs sont donc égaux si et seulement s'ils ont les mêmes coefficients. C'est bien sûr ce qui est important : le choix d'utiliser des n-uplets pour définir l'objet est donc ce qu'il y a de plus naturel, mais reste conventionnel.

2.1 Représentations d'un vecteur pour $n \in \{1, 2, 3\}$

On rappelle les conventions de représentation présentées en classes de première et de terminale scientifiques (ces représentations font en fait figurer de façon implicite les structures affine et même euclidienne[3] de la droite, du plan et de l'espace). On restera très informel lorsqu'on évoquera ces conventions de représentation. Les exemples suivants illustrent en particulier que **la représentation d'un vecteur n'est pas unique**. La

2. Définition 2, chapitre 2.
3. Voir C. Antonini, *Algèbre.* 2e année, De Boeck (2013).

raison en est simple : un vecteur a pour principale utilité d'agir sur les points : on verra plus bas que si l'origine d'un vecteur u repésente un point A de $\mathbb{R}^2$, alors son extrémité représentera le point obtenu lorsqu'on translate A de u.

1. $\mathbb{R}^1$ se représente généralement par une droite horizontale. Un vecteur (x) de $\mathbb{R}^1$ est représenté par une flèche ; la droite représentant $\mathbb{R}^1$ ayant été fléchée vers la droite (c'est la convention généralement choisie par tous), l'extrémité de la flèche représentant (x) pointe vers la droite si on a $x > 0$, vers la gauche si on a $x < 0$.

Exemple : deux représentations du vecteur $e_1 = (1)$.

2. $\mathbb{R}^2$ se représente par un plan, qu'on figure en dessinant deux axes (en général orthogonaux, ce qui fait en fait apparaître la structure euclidienne), l'un pointant vers la droite et l'autre vers le haut (c'est la convention généralement choisie par tous). Un vecteur $u = \begin{pmatrix} x_1 \\ x_2 \end{pmatrix}$ de $\mathbb{R}^2$ est représenté par une flèche ; est représenté par une flèche, l'extrémité de la flèche étant, par rapport à son origine, décalée dans la direction du premier axe de x_1 et dans la direction du second axe de x_2.

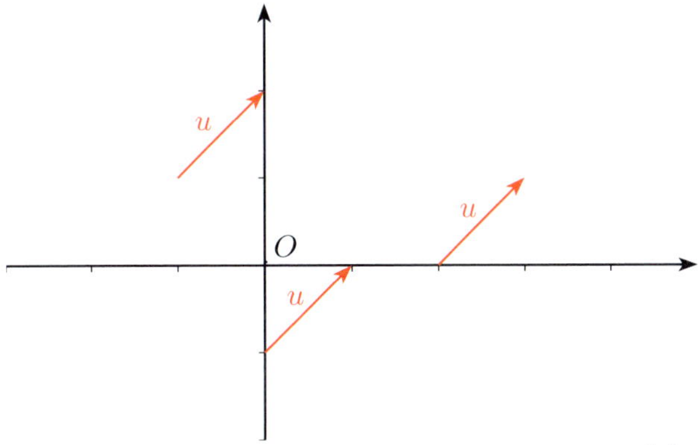

Exemple : trois représentations du vecteur $u = \begin{pmatrix} 1 \\ 1 \end{pmatrix}$.

3. Pour représenter $\mathbb{R}^3$, on utilise les règles de la perspective. On se contente ici d'une illustration.

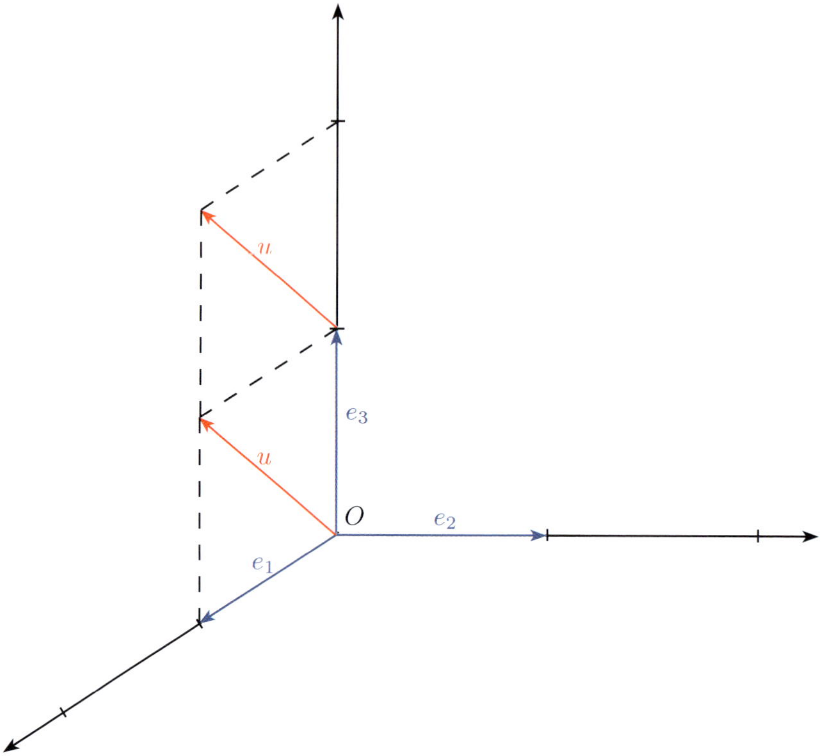

Exemple :

une représentation du vecteur $e_1 = \begin{pmatrix} 1 \\ 0 \\ 0 \end{pmatrix}$, une représentation du vecteur $e_2 = \begin{pmatrix} 0 \\ 1 \\ 0 \end{pmatrix}$,

une représentation du vecteur $e_3 = \begin{pmatrix} 0 \\ 0 \\ 1 \end{pmatrix}$ et deux représentations de $u = \begin{pmatrix} 1 \\ 0 \\ 1 \end{pmatrix}$.

Remarque 1

L'application $\left\{ \begin{array}{ccc} \mathbb{R}^1 & \longrightarrow & \mathbb{R} \\ (x) & \longmapsto & x \end{array} \right.$ étant une bijection particulièrement naturelle entre $\mathbb{R}^1$ et $\mathbb{R}$, on convient d'identifier ces deux ensembles. Autrement dit, pour $n = 1$, vecteurs et scalaires se confondent.

2.2 Axiomes d'espace vectoriel

Définissons tout de suite un premier vecteur remarquable :

Définition 2 (Vecteur nul)

On appelle *vecteur nul* de $\mathbb{R}^n$ le vecteur $0_{\mathbb{R}^n} = \begin{pmatrix} 0 \\ \vdots \\ 0 \end{pmatrix}$.

Définition 3 (Addition)

Soient $x = \begin{pmatrix} x_1 \\ \vdots \\ x_n \end{pmatrix} \in \mathbb{R}^n$ et $y = \begin{pmatrix} y_1 \\ \vdots \\ y_n \end{pmatrix} \in \mathbb{R}^n$.

On appelle *somme* de x et y le vecteur $x + y = \begin{pmatrix} x_1 + y_1 \\ \vdots \\ x_n + y_n \end{pmatrix} \in \mathbb{R}^n$.

On obtient ainsi une loi de composition interne $+$ sur $\mathbb{R}^n$ qu'on appellera *addition*.

On notera qu'on n'a pas défini **une** application addition, mais une infinité d'additions, correspondant à tous les entiers n possibles. Pour $n = 1$, on retrouve l'addition des réels. Toutes ces additions sont dénotées par le même symbole $+$ car le contexte permet sans difficulté d'identifier de quoi l'on parle.

On remarque déjà un intérêt de la convention de représentation choisie pour $n \in \{2, 3\}$: si on représente deux vecteurs x et y de sorte que l'extrémité du premier coïncide avec l'origine du second, on peut aisément représenter la somme.

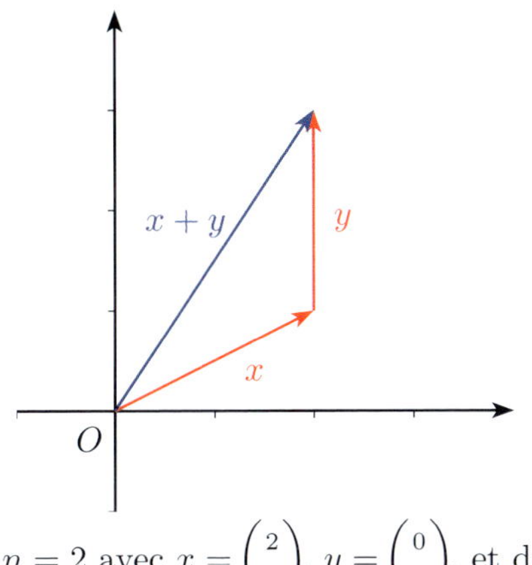

Illustration pour $n = 2$ avec $x = \begin{pmatrix} 2 \\ 1 \end{pmatrix}$, $y = \begin{pmatrix} 0 \\ 2 \end{pmatrix}$, et donc $x + y = \begin{pmatrix} 2 \\ 3 \end{pmatrix}$.

Proposition 1 (Structure de groupe)

1. $+$ est associative, c'est-à-dire : $\forall(x,y,z) \in \left(\mathbb{R}^n\right)^3,\ x+(y+z)=(x+y)+z,$
2. $0_{\mathbb{R}^n}$ est élément neutre de $+$, c'est-à-dire : $\forall x \in \mathbb{R}^n,\ x+0_{\mathbb{R}^n}=0_{\mathbb{R}^n}+x=x,$
3. tout élément de $\mathbb{R}^n$ a un symétrique pour $+$, c'est-à-dire :

$$\forall x \in \mathbb{R}^n,\ \exists y \in \mathbb{R}^n,\ x+y=y+x=0_{\mathbb{R}^n}.$$

On dit que $(\mathbb{R}^n,+)$ forme un groupe commutatif d'élément neutre $0_{\mathbb{R}^n}$.

Démonstration

La démonstration relève de la suite de vérifications fastidieuses mais immédiates. Lorsque cela se reproduira à l'avenir, on ne s'astreindra plus à les écrire et on se contentera de le signaler. En effet, il est plus profitable pour le lecteur de faire lui-même de telles vérifications, si possible de tête, que de lire pas à pas une suite de calculs qui n'apportent aucun sens supplémentaire. Voyons néanmoins ce que cela donne, sur cet exemple uniquement.

1. Tout d'abord, $+$ est bien, par construction, une loi de composition interne sur $\mathbb{R}^n$ comme cela a déjà été mentionné.

2. Vérifions que $+$ est bien associative.

   Soient $x,y,z \in \mathbb{R}^n$. Notons ces vecteurs par leurs coefficients : $x=\begin{pmatrix} x_1 \\ \vdots \\ x_n \end{pmatrix}$, $y=\begin{pmatrix} y_1 \\ \vdots \\ y_n \end{pmatrix}$ et $z=\begin{pmatrix} z_1 \\ \vdots \\ z_n \end{pmatrix}$. On a $x+y=\begin{pmatrix} x_1+y_1 \\ \vdots \\ x_n+y_n \end{pmatrix}$ et donc $(x+y)+z=\begin{pmatrix} (x_1+y_1)+z_1 \\ \vdots \\ (x_n+y_n)+z_n \end{pmatrix}$.

   C'est-à-dire $(x+y)+z=\begin{pmatrix} x_1+(y_1+z_1) \\ \vdots \\ x_n+(y_n+z_n) \end{pmatrix}$ par associativité de l'addition des scalaires.

   On a de même $y+z=\begin{pmatrix} y_1+z_1 \\ \vdots \\ y_n+z_n \end{pmatrix}$ et donc $x+(y+z)=\begin{pmatrix} x_1+(y_1+z_1) \\ \vdots \\ x_n+(y_n+z_n) \end{pmatrix}=(x+y)+z.$

3. Vérifions que le vecteur nul $0_{\mathbb{R}^n}$ est bien un élément neutre de l'addition.

   Soit $x=\begin{pmatrix} x_1 \\ \vdots \\ x_n \end{pmatrix} \in \mathbb{R}^n$. On a $x+0_{\mathbb{R}^n}=\begin{pmatrix} x_1+0 \\ \vdots \\ x_n+0 \end{pmatrix}=\begin{pmatrix} x_1 \\ \vdots \\ x_n \end{pmatrix}$ puisque 0 est l'élément nul du corps $\mathbb{R}$. De même on a $0_{\mathbb{R}^n}+x=x$. Par conséquent $0_{\mathbb{R}^n}$ est bien neutre pour $+$.

4. Vérifions que tout vecteur $x = \begin{pmatrix} x_1 \\ \vdots \\ x_n \end{pmatrix} \in \mathbb{R}^n$ a bien un symétrique pour $+$.

   Posons $-x = \begin{pmatrix} -x_1 \\ \vdots \\ -x_n \end{pmatrix}$, vecteur qu'on s'empresse d'appeler le *vecteur opposé de* x.

   On a $-x + x = \begin{pmatrix} -x_1 + x_1 \\ \vdots \\ -x_n + x_n \end{pmatrix} = \begin{pmatrix} 0 \\ \vdots \\ 0 \end{pmatrix} = 0_{\mathbb{R}^n}$ et de même $x + (-x) = 0_{\mathbb{R}^n}$, puisque pour tout i on sait que $-c_i$ est le symétrique de x_i pour l'addition des scalaires. Tout vecteur x a donc bien un symétrique pour $+$, son opposé $-x$.

5. On a donc bien montré que $(\mathbb{R}^n, +)$ formait un groupe. Vérifions que ce groupe est bien commutatif.

   Soients $x = \begin{pmatrix} x_1 \\ \vdots \\ x_n \end{pmatrix} \in \mathbb{R}^n$ et $y = \begin{pmatrix} y_1 \\ \vdots \\ y_n \end{pmatrix} \in \mathbb{R}^n$. On a $x + y = \begin{pmatrix} x_1 + y_1 \\ \vdots \\ x_n + y_n \end{pmatrix} = \begin{pmatrix} y_1 + x_1 \\ \vdots \\ y_n + x_n \end{pmatrix}$ par commutativité de l'addition des scalaires. C'est-à-dire $x + y = y + x$.

Ces vérifications fastidieuses mais immédiates ayant été menées à bout, on a bien montré $(\mathbb{R}^n, +)$ forme un groupe commutatif d'élément neutre $0_{\mathbb{R}^n}$.

Définition 4 (Multiplication externe)

Soient $\lambda \in \mathbb{R}$ et $x = \begin{pmatrix} x_1 \\ \vdots \\ x_n \end{pmatrix} \in \mathbb{R}^n$. On appelle *produit* de x par λ le vecteur notée $\lambda \cdot x$ ou λx et défini par $\lambda x = \begin{pmatrix} \lambda x_1 \\ \vdots \\ \lambda x_n \end{pmatrix}$. On obtient ainsi une loi de composition externe $\cdot$ sur $\mathbb{R}^n$ qu'on appellera *multiplication externe*.

On notera qu'on n'a pas défini **une** application multiplication externe, mais une infinité de multiplications externes, correspondant à tous les entiers n possibles. Pour $n = 1$, on retrouve la multiplication des réels.

Revenons aux représentations pour $n \in \{2, 3\}$, en restant toujours très informel : une fois représenté un vecteur x, on représentera λx en « étirant » la représentation de x. Pour $|\lambda| \geqslant 1$ on « dilate » le vecteur, pour $|\lambda| \leqslant 1$ on le « contracte ». Pour $\lambda \geqslant 0$ on « conserve le sens » du vecteur, pour $\lambda \leqslant 0$ on « change son sens ».

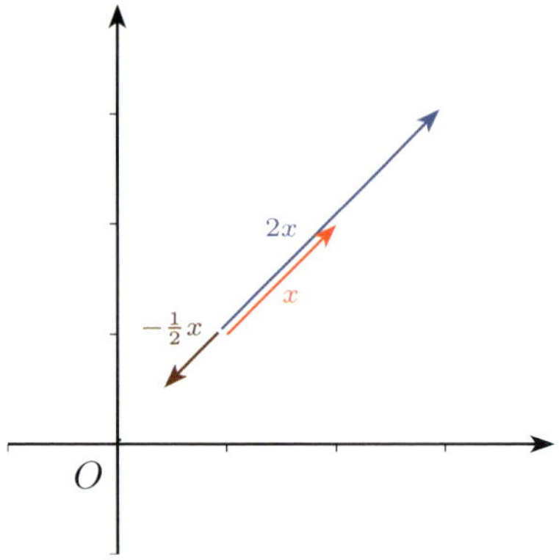

Illustration pour $n = 2$ avec $x = \begin{pmatrix} 1 \\ 1 \end{pmatrix}$, $2x = \begin{pmatrix} 2 \\ 2 \end{pmatrix}$, et $-\frac{1}{2}x = \begin{pmatrix} -1/2 \\ -1/2 \end{pmatrix}$.

Théorème 1 (Structure de $\mathbb{R}$-ev)

1. $\cdot$ est distributive (à gauche) sur $+$:
   $\forall \lambda \in \mathbb{R},\ \forall (x,y) \in \left(\mathbb{R}^n\right)^2,\ \lambda \cdot (x+y) = \lambda \cdot x + \lambda \cdot y$,
   et elle est distributive (à droite) sur l'addition de $\mathbb{R}$:
   $\forall (\lambda, \mu) \in \mathbb{R}^2,\ \forall x \in \mathbb{R}^n,\ (\lambda + \mu) \cdot x = \lambda \cdot x + \mu \cdot x$.
2. $\cdot$ est compatible avec la multiplication des réels :
   $\forall (\lambda, \mu) \in \mathbb{R}^2,\ \forall x \in \mathbb{R}^n,\ (\lambda \times \mu) \cdot x = \lambda \cdot (\mu \cdot x)$,
   et elle est compatible avec l'unité de $\mathbb{R}$: $\forall x \in E,\ 1 \cdot x = x$.

On dit que $(\mathbb{R}^n, +, \cdot)$ forme un $\mathbb{R}$-espace vectoriel de vecteur nul $0_{\mathbb{R}^n}$.

DÉMONSTRATION

La démonstration relève de la suite de vérifications fastidieuses mais immédiates.

2.3 Base canonique de $\mathbb{R}^n$, bases de $\mathbb{R}^n$

Définition 5

Pour $1 \leqslant i \leqslant n$, on appelle i-ième vecteur de la base canonique de $\mathbb{R}^n$ le vecteur

$$e_i = \begin{pmatrix} 0 \\ \vdots \\ 0 \\ 1 \\ 0 \\ \vdots \\ 0 \end{pmatrix} \leftarrow \text{i-ème ligne}$$

. On appelle *base canonique de* $\mathbb{R}^n$ la famille $(e_1, \ldots, e_n)$.

L'intérêt de la base canonique est le suivant : pour tout vecteur $x = \begin{pmatrix} x_1 \\ \vdots \\ x_n \end{pmatrix} \in \mathbb{R}^n$ on a :

$x = x_1 e_1 + x_2 e_2 + \cdots + x_n e_n$. Autrement dit tout vecteur de $\mathbb{R}^n$ peut s'écrire comme combinaison linéaire des vecteurs de la base canonique. De plus, cette écriture est toujours unique, puisque l'égalité de deux vecteurs implique l'égalité de leurs coefficients correspondants.

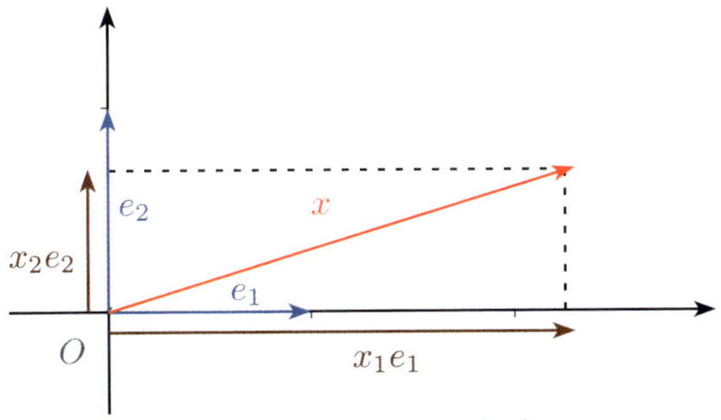

Illustration pour $n = 2$: tout vecteur $x = \begin{pmatrix} x_1 \\ x_2 \end{pmatrix}$ s'écrit $x = x_1 e_1 + x_2 e_2$.

Remarque 2

Bien que leur étude ne soit pas le propos de ce chapitre, signalons qu'il existe d'autres *bases de* $\mathbb{R}^n$: on appelle base de $\mathbb{R}^n$ une famille $(\varepsilon_1, \ldots, \varepsilon_m)$ de vecteurs de $\mathbb{R}^n$ telle que tout vecteur de $\mathbb{R}^n$ peut s'écrire de façon unique comme combinaison linéaire des ε_i. On verra même dans le chapitre 12 qu'une telle base est toujours formée d'exactement n vecteurs, c'est-à-dire, en reprenant les notations précédentes, qu'on a toujours $m = n$.

On se contente ici d'un exemple (on en verra un autre dans l'exercice 6.2) : la famille $\left(\begin{pmatrix}1\\1\end{pmatrix},\begin{pmatrix}1\\2\end{pmatrix}\right)$ forme une base de $\mathbb{R}^2$. En effet, tout vecteur $x = \begin{pmatrix}x_1\\x_2\end{pmatrix}$ peut s'écrire sous la forme $x = (2x_1 - x_2)\begin{pmatrix}1\\1\end{pmatrix} + (-x_1 + x_2)\begin{pmatrix}1\\2\end{pmatrix}$, et uniquement de cette façon-là comme combinaison linéaire de ces deux vecteurs[4].

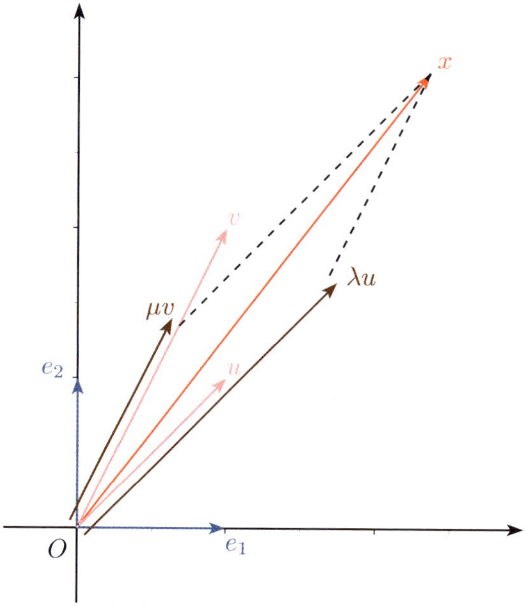

Illustration pour $n = 2$: $x = \begin{pmatrix}x_1\\x_2\end{pmatrix}$, $u = \begin{pmatrix}1\\1\end{pmatrix}$, $v = \begin{pmatrix}1\\2\end{pmatrix}$, $\lambda = (2x_1 - x_2)$, $\mu = (-x_1 + x_2)$.

Le lecteur curieux pourra se reporter aux chapitres 11 et 12 pour approfondir cette notion.

3 Structure affine

Définition 6

On appelle *point de* $\mathbb{R}^n$ un n-uplet de réels.

Un point de $\mathbb{R}^n$ ou un vecteur de $\mathbb{R}^n$, c'est donc la même chose en termes ensemblistes. C'est le regard qu'on porte sur ces objets qui diffère, et qui justifie le changement de terminologie. Dans les généralisations à venir du chapitre 15, on verra des espaces dont les vecteurs et les points ne sont pas codés ensemblistement de la même façon (mais

4. On laisse au lecteur le soin de vérifier ces deux points, ou mieux, de déterminer quelle technique déjà présentée dans un précédent chapitre a permis d'obtenir ce résultat. La mèche est vendue dans l'exercice 6.2

même dans le cadre le plus général il est bon de considérer que vecteur et point sont des avatars d'un même objet) .

Définissons tout de suite un point remarquable :

Définition 7

On appelle *origine canonique* de $\mathbb{R}^n$ le point $O = \begin{pmatrix} 0 \\ \vdots \\ 0 \end{pmatrix}$.

3.1 Représentation d'un point pour $n \in \{1, 2, 3\}$

Rappelons très rapidement comment représenter un point en restant très informel. Notons que, contrairement à celles d'un vecteur, **la représentation d'un point est unique**.

1. Le point (x) de $\mathbb{R}^1$ se représente sur la droite représentant $\mathbb{R}^1$ en « avançant de x sur la droite ».

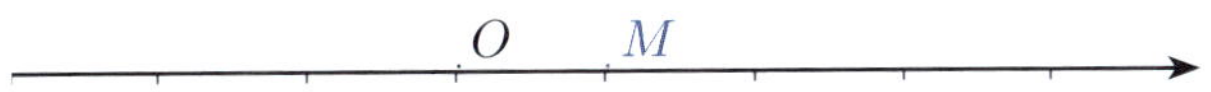

Exemple : la représentation des points $O = (0)$ et $M = (1)$.

2. Le point $\begin{pmatrix} x_1 \\ x_2 \end{pmatrix}$ de $\mathbb{R}^2$ se représente en « avançant de x_1 à droite et de x_2 en haut ».

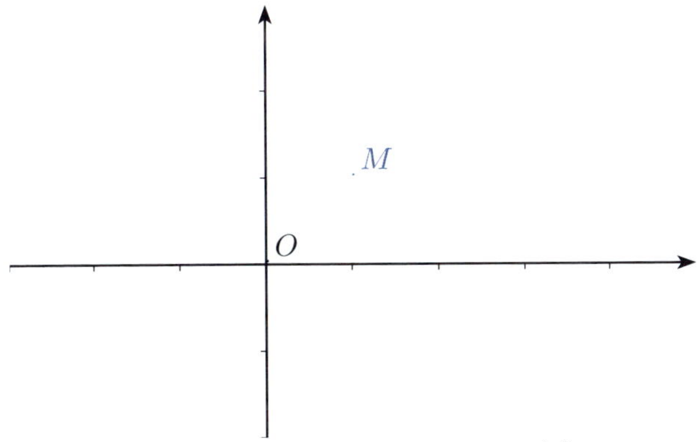

Exemple : la représentation des points $O = \begin{pmatrix} 0 \\ 0 \end{pmatrix}$ et $M = \begin{pmatrix} 1 \\ 1 \end{pmatrix}$.

3. Les règles de représentation sont analogues dans $\mathbb{R}^3$.

Représenter un ensemble de points est possible et revient souvent à tracer une courbe. Par exemple, on représente ci-dessous l'ensemble des points $\begin{pmatrix} x_1 \\ x_2 \end{pmatrix}$ pour lesquels on a $x_1 = x_2$ (le point M de l'exemple précédent lui appartient).

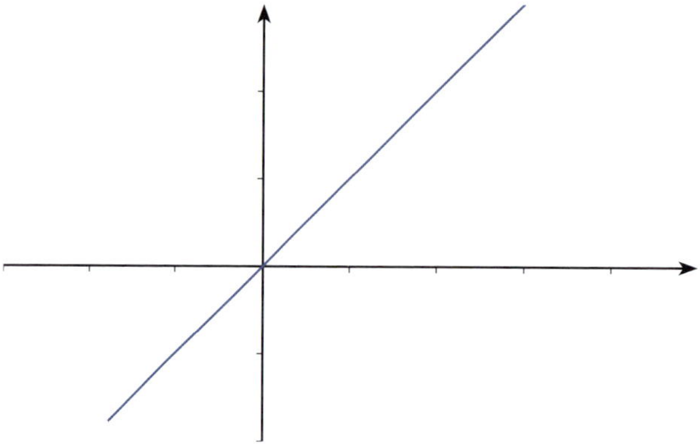

Remarque 3

Si l'on souhaite représenter un ensemble de vecteurs, on représentera simplement l'ensemble de points correspondant, chaque vecteur de $\mathbb{R}^n$ étant un n-uplet de réels et pouvant à ce titre être vu comme un point. On peut ainsi tout aussi bien dire, par exemple, que la droite du dessin précédent est la représentation d'un ensemble de vecteurs.

3.2 Translations

Définition 8

Étant donnés deux points $A = \begin{pmatrix} a_1 \\ \vdots \\ a_n \end{pmatrix}$ et $B \begin{pmatrix} b_1 \\ \vdots \\ b_n \end{pmatrix}$ de $\mathbb{R}^n$, on appelle vecteur associé à A et B le vecteur de $\mathbb{R}^n$ noté $\overrightarrow{AB}$ et défini par $\overrightarrow{AB} = \begin{pmatrix} b_1 - a_1 \\ \vdots \\ b_n - a_n \end{pmatrix}$.

Moralement, on considère A et B comme des points, mais $\overrightarrow{AB}$ comme un vecteur. En identifiant A et B aux vecteurs correspondant, on pourrait néanmoins écrire $\overrightarrow{AB} = B - A$. Si l'on représente les points A et B, le vecteur dont une représentation a pour origine A et pour extrémité B est le vecteur $\overrightarrow{AB}$.

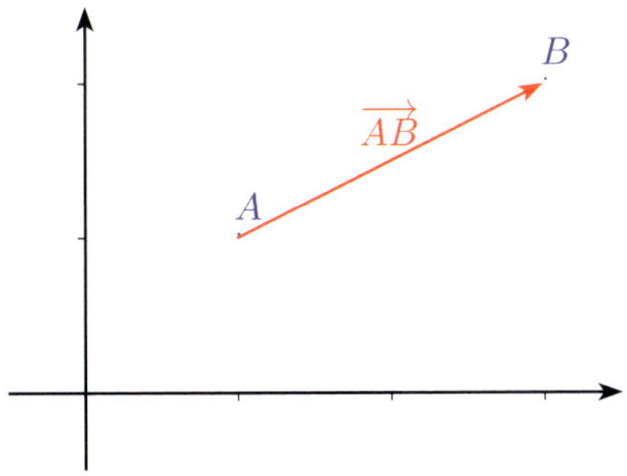

Illustration pour $n = 2$ avec $A = \begin{pmatrix} 1 \\ 1 \end{pmatrix}$, $B = \begin{pmatrix} 3 \\ 2 \end{pmatrix}$, $\overrightarrow{AB} = \begin{pmatrix} 2 \\ 1 \end{pmatrix}$.

Définition 9

Soit u un vecteur de $\mathbb{R}^n$. On appelle *translation de vecteur* u l'application
$$\tau_u : \begin{cases} \mathbb{R}^n & \longrightarrow & \mathbb{R}^n \\ A & \longmapsto & A + u \end{cases}.$$

En général, lorsque l'on considère une translation τ_u, on considère l'argument A de la translation comme un point (plutôt qu'un vecteur) et on considère également le résultat $B = \tau_u(A) = A + u$ de la translation comme un point : c'est l'unique point pour lequel on a $\overrightarrow{AB} = u$. Ceci éclaire encore un peu les conventions de représentations : si l'on représente le vecteur u en prenant pour origine le point A, son extrémité est le point $\tau_u(A)$, comme annoncé.

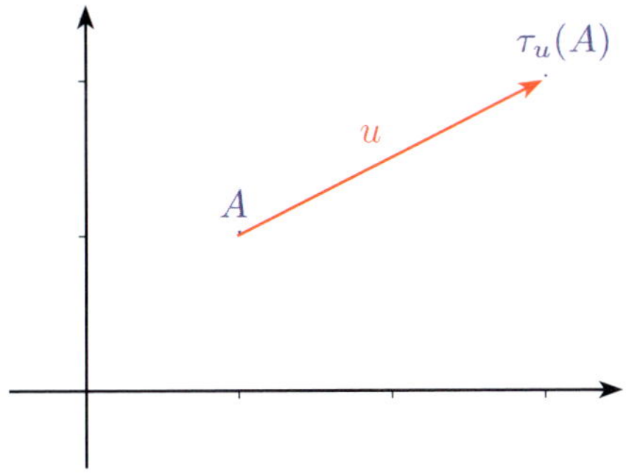

Illustration précédente pour laquelle on change de point de vue.

3.3 Droites

Définition 10

Une partie D de $\mathbb{R}^n$ est appelée une *droite affine* lorsqu'il existe un point A et un vecteur non nul u pour lesquels on peut écrire $D = \left\{M \in \mathbb{R}^n,\ \exists \lambda \in \mathbb{R},\ \overrightarrow{AM} = \lambda u\right\}$.

Lorsque D est une droite affine et que, de plus, on a $\begin{pmatrix} 0 \\ \vdots \\ 0 \end{pmatrix} \in D$, on dit que D est une *droite vectorielle.*

Cette notion correspond, dans le plan et l'espace, à l'idée qu'on se fait d'une droite : si l'on n'en est pas encore convaincu, on tirera profit de la lecture des chapitres 11 et 15. Les droites vectorielles sont celles qui passent par l'origine canonique.

Exemple 1

Considérons l'ensemble $D = \left\{\begin{pmatrix} x_1 \\ x_2 \end{pmatrix} \in \mathbb{R}^2,\ x_1 = x_2\right\}$ rencontré précédemment. Cet ensemble peut encore se noter $D = \left\{\begin{pmatrix} \lambda \\ \lambda \end{pmatrix},\ \lambda \in \mathbb{R}\right\}$. Montrons qu'il s'agit bien d'une droite affine. Notons $O = \begin{pmatrix} 0 \\ 0 \end{pmatrix}$ et $u = \begin{pmatrix} 1 \\ 1 \end{pmatrix} \neq 0_{\mathbb{R}^2}$, il vient $\left\{M \in \mathbb{R}^n,\ \exists \lambda \in \mathbb{R},\ \overrightarrow{OM} = \lambda u\right\} = \left\{\begin{pmatrix} x_1 \\ x_2 \end{pmatrix} \in \mathbb{R}^2,\ \exists \lambda \in \mathbb{R},\ \begin{pmatrix} x_1 \\ x_2 \end{pmatrix} = \begin{pmatrix} \lambda \\ \lambda \end{pmatrix}\right\} = \left\{\begin{pmatrix} x_1 \\ x_2 \end{pmatrix} \in \mathbb{R}^2,\ \exists \lambda \in \mathbb{R},\ x_1 = x_2 = \lambda\right\} = D.$

De plus, c'est une droite vectorielle car $\begin{pmatrix} 0 \\ 0 \end{pmatrix} \in D$ (puisqu'on a bien $0 = 0$).

4 Exercices corrigés

6.1 Dimension 0

Donner une description la plus pertinente possible de l'ensemble des vecteurs de $\mathbb{R}^0$. Argumentez.

C 6.1 Dimension 0

On a vu dans le chapitre 2 que $\mathbb{R}^0$ a un unique élément. Cet unique 0-uplet est en particulier le vecteur qui ne contient que des 1, et c'est aussi le vecteur qui ne contient que des 42, et c'est aussi le vecteur nul. La description intéressante est de voir ce vecteur comme le vecteur nul : en effet, un point essentiel est que $(\mathbb{R}^n, +)$ forme un groupe (et que $(\mathbb{R}^n, +, \cdot)$ forme un $\mathbb{R}$-espace vectoriel). Étant réduit à un unique élément, le groupe $(\mathbb{R}^n, +)$ est le groupe trivial (et $(\mathbb{R}^n, +, \cdot)$ est l'espace vectoriel nul, voir chapitre

11) : son unique élément est donc le neutre du groupe $0_{\mathbb{R}^0}$.

Conclusion : une description pertinente est $\mathbb{R}^0 = \{0_{\mathbb{R}^0}\}$.

6.2 Une autre base de $\mathbb{R}^n$

On suppose $n \geqslant 2$. Pour $1 \leqslant i \leqslant n$, notons $f_i = \begin{pmatrix} 1 \\ \vdots \\ 1 \\ 0 \\ 1 \\ \vdots \\ 1 \end{pmatrix} \begin{matrix} \\ \\ \\ \leftarrow \text{i-ème ligne} \\ \\ \\ \\ \end{matrix}$.

Montrer que $(f_1, \ldots, f_n)$ forme une base de $\mathbb{R}^n$. On rappelle que cela signifie que tout vecteur $x = \begin{pmatrix} x_1 \\ \vdots \\ x_n \end{pmatrix}$ de $\mathbb{R}^n$ peut s'écrire sous la forme $x = \lambda_1 f_1 + \cdots + \lambda_n f_n$ pour un unique n-uplet $(\lambda_1, \ldots, \lambda_n)$.

C 6.2 Une autre base de $\mathbb{R}^n$

Traduisons le problème : il s'agit de montrer, pour tout $x \in \mathbb{R}^n$, l'existence d'un unique $(\lambda_1, \ldots, \lambda_n) \in \mathbb{R}^n$ tel que $x = \lambda_1 f_1 + \cdots + \lambda_n f_n$.

Soit $x = \begin{pmatrix} x_1 \\ \vdots \\ x_n \end{pmatrix} \in \mathbb{R}^n$. Par définition de l'égalité entre deux vecteurs de $\mathbb{R}^n$, on veut montrer qu'il existe un unique n-uplet $(\lambda_1, \ldots, \lambda_n)$ tel que

$$\begin{matrix} L_1 \\ L_2 \\ \vdots \\ L_{n-1} \\ L_n \end{matrix} \quad \left\{ \begin{array}{l} 0\lambda_1 + 1\lambda_2 + \cdots + 1\lambda_{n-1} + 1\lambda_n = x_1 \\ 1\lambda_1 + 0\lambda_2 + \cdots + 1\lambda_{n-1} + 1\lambda_n = x_2 \\ \qquad\qquad\qquad\qquad\qquad\qquad\quad \vdots \\ 1\lambda_1 + 1\lambda_2 + \cdots + 0\lambda_{n-1} + 1\lambda_n = x_{n-1} \\ 1\lambda_1 + 1\lambda_2 + \cdots + 1\lambda_{n-1} + 0\lambda_n = x_n \end{array} \right. .$$

On est donc ramené à une résolution de système linéaire, problème sur lequel on a déjà étudié des techniques de résolution !

Procédons ici par analyse-synthèse.

Analyse : En sommant toutes les lignes puis en divisant par $n-1$ qui est bien non nul ($n \geqslant 2$) on obtient l'égalité :

$$\lambda_1 + \lambda_2 + \cdots + \lambda_{n-1} + \lambda_n = \frac{x_1 + x_2 + \cdots + x_{n-1} + x_n}{n-1} \qquad (L).$$

Pour tout i, la différence $L - L_i$ donne alors $\lambda_i = \frac{x_1+\cdots+x_{i-1}+(2-n)x_i+x_{i+1}+\cdots+x_n}{n-1}$.

Synthèse : On a un unique candidat pour $(\lambda_1, \dots, \lambda_n)$, obtenu en posant, pour tout i, $\lambda_i = \frac{x_1+\cdots+x_{i-1}+(2-n)x_i+x_{i+1}+\cdots+x_n}{n-1}$. Vérifions qu'il convient : le i-ième coefficient de $\lambda_1 f_1 + \lambda_2 f_2 + \cdots + \lambda_{n-1} f_{n-1} + \lambda_n f_n$ est $\lambda_1 + \cdots + \lambda_{i-1} + \lambda_{i+1} + \cdots + \lambda_n$, c'est-à-dire :
$\frac{\big((2-n)+(n-2)\big)x_1+\cdots+\big((2-n)+(n-2)\big)x_{i-1}+(n-1)x_i+\big((2-n)+(n-2)\big)x_{i+1}+\cdots+\big((2-n)+(n-2)\big)x_n}{n-1}$,
qui, clairement, est bien égal à x_i.

Le candidat trouvé est bien une solution.

Conclusion : Le système a bien a une unique solution.

Ceci étant vrai pour tout vecteur $x \in \mathbb{R}^n$, on a bien montré que $(f_1, \dots, f_n)$ forme une base de $\mathbb{R}^n$.

6.3 Droites confondues

Soit A un point de $\mathbb{R}^n$ et u, v deux vecteurs non nuls de $\mathbb{R}^n$. On considère les droites $D = \Big\{M \in \mathbb{R}^n,\ \exists \lambda \in \mathbb{R},\ \overrightarrow{AM} = \lambda u\Big\}$ et $D' = \Big\{N \in \mathbb{R}^n,\ \exists \mu \in \mathbb{R},\ \overrightarrow{AN} = \mu v\Big\}$.

Donner une condition nécessaire et suffisante sur u et v pour qu'on ait $D = D'$.

C 6.3 Droites confondues

Une CNS est[5] : $\exists \alpha \in \mathbb{R},\ v = \alpha u$.

- Montrons que la condition donnée est nécessaire. Supposons $D = D'$.
  Notons $N = \tau_v(A)$, si bien qu'on a $\overrightarrow{AN} = 1v$. Par définition on a $N \in D'$ et donc $N \in D$. Par suite, il existe $\lambda \in \mathbb{R}$ tel que $\overrightarrow{AN} = \lambda u$, c'est-à-dire $v = \lambda u$.
- Montrons que la condition donnée est suffisante. Supposons qu'il existe α tel qu'on ait $v = \alpha u$. Notons que, v étant non nul, on a nécessairement $\alpha \neq 0$, et en particulier on a $u = \dfrac{1}{\alpha} v$. Montrons $D = D'$ par double inclusion.

  $\boxed{\supset}$ Soit $N \in D'$, c'est-à-dire tel qu'il existe $\mu \in \mathbb{R}$ pour lequel on a $\overrightarrow{AN} = \mu v$. On en tire $\overrightarrow{AN} = \mu\alpha u = \lambda u$ en posant $\lambda = \mu\alpha$. D'où $N \in D$.

  $\boxed{\subset}$ Soit $M \in D$, c'est-à-dire tel qu'il existe $\lambda \in \mathbb{R}$ pour lequel on a $\overrightarrow{AM} = \lambda u$. On en tire $\overrightarrow{AN} = \dfrac{\lambda}{\alpha} v = \mu v$ en posant $\mu = \dfrac{\lambda}{\alpha}$. D'où $M \in D'$.

5. On dit que u et v sont colinéaires. Cette notion de colinéarité généralise donc naturellement les notions vue en classes de première et terminale scientifiques (correspondant aux cas $n = 2$ et $n = 3$), et sera encore généralisée dans le chapitre 11.

CHAPITRE 7

Systèmes linéaires

1 Introduction

1.1 Position du problème

On appelle *système linéaire* la donnée d'un nombre fini d'équations en un nombre fini d'inconnues $x_1, x_2, \ldots, x_n$, telle que chaque équation soit de la forme :

$$a_1x_1 + a_2x_2 + \cdots + a_nx_n = \alpha,$$

où les a_i et α sont des éléments d'un ensemble (ou plus précisément d'un corps, voir le chapitre 8) à préciser. Concrètement, il s'agira de $\mathbb{R}$ ou de $\mathbb{C}$ dans le cadre de ce cours.
Si on dit qu'un tel système est *linéaire*, c'est parce que chaque équation impose la valeur d'une *combinaison linéaire* des inconnues, en l'occurrence la quantité notée plus haut $a_1x_1 + a_2x_2 + \cdots + a_nx_n$.
À titre d'exemple le système

$$\left\{\begin{array}{rcl} 2x_1 - \sqrt{2}x_2 + x_3 & = & -1 \\ 4x_1 + \pi x_3 & = & 0 \end{array}\right.$$

est linéaire.
En revanche, le système

$$\left\{\begin{array}{rcl} x_1^2 - x_2 & = & 1 \\ \sqrt{2}x_1 + x_2 & = & 0 \end{array}\right.,$$

ne l'est pas, car la première équation impose la valeur de la quantité $x_1^2 - x_2$, dont on peut montrer que ce n'est pas une combinaison linéaire des inconnues x_1 et x_2.

Le but de ce chapitre est de donner des méthodes de résolution de systèmes linéaires, sachant qu'on entend par là déterminer tous les n-uplets $(x_1, x_2, \ldots, x_n)$ solutions de toutes les équations d'un système donné. On fera en particulier la distinction entre les systèmes dits *compatibles* (qui admettent au moins une solution) et ceux dits *incompatibles* (qui n'admettent aucune solution). En guise d'exemple, le système suivant à deux inconnues est clairement incompatible vu qu'aucun couple (x, y) ne peut en satisfaire les deux équations à la fois :

$$\left\{\begin{array}{rcr} 5x_1 - 2x_2 & = & 3 \\ 5x_1 - 2x_2 & = & -2 \end{array}\right. .$$

1.2 Un problème antique

On trouve la résolution de systèmes linéaires particuliers dans des textes très anciens, comme des tablettes babyloniennes vieilles de quatre millénaires, dans lesquelles les inconnues représentent souvent des surfaces (de champ de blé par exemple) ou des volumes (production d'un champ).

Voici un exemple un peu plus récent traité par le mathématicien grec Diophante[1] d'Alexandrie au IIIe siècle de notre ère :

Trouver trois nombres qui, pris deux à deux, forment des nombres proposés.
Il faut toutefois que la moitié de la somme des nombres proposés soit plus grande que chacun de ces nombres.
Proposons donc que le premier nombre, augmenté du second, forme 20 *unités ; que le second, augmenté du troisième, forme* 30 *unités, et que le troisième, augmenté du premier, forme* 40 *unités.*
Posons que la somme des trois nombres est 1 *arithme*[2]*...*

On remarque que Diophante pose son problème et énonce sa résolution **en toutes lettres**, sans aucun recours à des symboles algébriques (tels $+$, $=$, x, etc.). On imagine bien la difficulté à développer des stratégies de calcul efficaces dans ces conditions.

1. qui a donné son nom aux équations dite *diophantiennes*, c'est-à-dire dont les coefficients sont des nombres entiers et dont on recherche des solutions entières également.

2. Exemple proposé par A. Michel-Pajus dans *Fragments d'une histoire des systèmes linéaires*, Mnémosyne **3** (1993), pp. 19-58, reprenant une traduction des *Livres d'Arithmétique* de Diophante par Paul Ver Eecke (1926).

Pour clarifier, nous l'écrivons dans le symbolisme actuel. La première phrase devient :

$$\begin{cases} x+y &= a \\ y+z &= b \\ x+z &= c \end{cases}.$$

La troisième phrase précise les valeurs à donner à a, b et c. Ainsi obtient-on :

$$\begin{cases} x+y &= 20 \\ y+z &= 30 \\ x+z &= 40 \end{cases}.$$

La deuxième phrase impose en fait que les solutions x, y et z soient positives (le contraire étant inconcevable à l'époque).
La quatrième phrase amorce la résolution. On introduit une quantité (que le traducteur appelle l'arithme) : $S = x+y+z$. La traduction moderne du raisonnement de Diophante fournit le raisonnement suivant :

- le système se réécrit à l'aide de S :

$$\begin{cases} z &= S-20 \\ x &= S-30 \\ y &= S-40 \end{cases}.$$

- En sommant ces trois équations, on obtient :

$$S = x+y+z = S-20+S-30+S-40 = 3S-90, \text{ d'où } 2S = 90 \text{ et donc } S = 45.$$

- On en déduit finalement : $z = S-20 = 45-20 = 25$, $x = 45-30 = 15$ et $y = 45-40 = 5$.

La technique proposée par Diophante dans cet exemple n'est pas reproductible pour tous les systèmes. Le choix de la quantité $S = x+y+z$ est propre à cet exemple et n'aura aucune utilité pour d'autres systèmes. Mais il y a une idée intéressante dans l'introduction de cette quantité : faire intervenir une nouvelle variable, combinaison linéaire des inconnues du système, permettant de réécrire le système sous une forme plus simple à résoudre... Nous verrons par la suite comment cette idée peut être systématisée.
Car un des buts principaux de tout mathématicien est de mettre au point des méthodes générales, applicables dans tous les problèmes d'un type donné, et pas de se cantonner à des astuces qui ne seraient valables que pour un problème bien précis ! Or, pour y arriver, la première chose à faire est de réécrire le problème sous une forme simplifiée.

1.3 Le symbolisme algébrique

L'emploi d'un symbolisme algébrique concis et efficace a longtemps manqué aux mathématiciens ; grâce à lui, les problèmes sont synthétisés, leur écriture est raccourcie et, de fait, l'esprit humain peut plus facilement concevoir des calculs et des méthodes de résolution sur des expressions plus courtes !

Les Grecs utilisaient déjà des lettres pour désigner certains objets. Il s'agissait d'objets donnés de façon non spécifiée comme des points ou des droites dans le plan. Mais en aucun cas ne s'agissait-il de désigner des grandeurs inconnues par des lettres, et encore moins d'effectuer des opérations d'une quelconque nature avec ces lettres.

De même on peut trouver des traces assez anciennes de symboles désignant des opérations telles que l'addition ou traduisant l'égalité. Mais pas de calcul combinant ces symboles.

On peut noter quelques progrès importants dans la voie du symbolisme au cours du XVIe siècle. Si l'on ne devait retenir qu'un contributeur, il s'agirait de François Viète[3], avec son ouvrage *Introduction à l'Art Analytique* (1591) : il y note les inconnues, leurs puissances, ainsi que les coefficients indéterminés par des lettres, et forme ainsi des mots qu'il manipule au gré d'opérations algébriques.

Revisité et simplifié quelques décennies plus tard par Descartes[4], le symbolisme de Viète devient alors proche de celui qu'on utilise à l'heure actuelle. Son emploi, systématisé par Descartes pour traiter des problèmes de géométrie[5], donne ce qu'on appelle la géométrie analytique. L'idée est qu'une fois fixé un repère cartésien du plan, on peut repérer tout point par son abscisse x et son ordonnée y dans ce repère. On peut notamment caractériser certaines courbes du plan par une équation, appelée équation cartésienne, qui donne une relation entre x et y satisfaite par tous les points de la courbe et uniquement par ceux-là. Ainsi toute droite du plan possède une équation cartésienne de la forme $ax + by = c$, où a, b et c sont trois réels.

La recherche de l'intersection entre deux droites du plan donne un premier exemple simple de système linéaire, vu qu'il s'agit de chercher tous les points du plan, de coordonnées inconnues (x, y) satisfaisant deux équations de droites à la fois, donc solutions d'un système linéaire de la forme :

$$\left\{\begin{array}{rcl} ax + by & = & c \\ a'x + b'y & = & c' \end{array}\right. .$$

3. Mathématicien français (1540-1603).
4. René Descartes (1596-1650)
5. Descartes a exposé son principe général dans la *Géométrie* (1637), appendice au fameux *Discours de la méthode*.

On entre maintenant dans la résolution proprement dite de tels systèmes.

1.4 La notion de systèmes équivalents

À l'instar des équations évoquées dans le chapitre 1, les systèmes d'équations peuvent se résoudre à l'aide de deux stratégies bien distinctes : en raisonnant par équivalences successives ou en raisonnant par analyse-synthèse. Sans revenir sur les mérites de la seconde méthode (mise en œuvre plus bas pour démontrer le théorème 1), on s'attachera ici à présenter les méthodes de résolution par équivalences successives. En effet, ce sont celles qui se sont imposées historiquement. De plus, elles possèdent une qualité remarquable que ne présente pas l'analyse-synthèse en général : elles sont *automatisables* et peuvent donc donner lieu à des développements informatiques.

Le fait de repérer clairement que les manipulations effectuées en vue de la résolution d'un système laissent inchangé l'ensemble des solutions à chaque étape n'est pas explicite dans les textes historiques qui ont inspiré les méthodes de résolution présentées par la suite. Néanmoins il s'agit d'une exigence absolument essentielle, à tel point qu'on veut la mettre en avant dès l'introduction.

Définition 1 (Systèmes équivalents)

On dit que deux systèmes Σ et Σ' à n inconnues $(x_1, \ldots, x_n)$ sont *équivalents* lorsque tout n-uplet $(x_1, \ldots, x_n)$ est solution de l'un si et seulement s'il est solution de l'autre. Ou, si l'on préfère, Σ et Σ' sont dits équivalents lorsque leurs ensembles de solutions sont égaux.

Une façon simple de transformer un système en un système équivalent est de remplacer l'une des équations du système par une équation qui lui est directement équivalente. Rappelons ici la remarque faite dans le chapitre 1, p. 13 :

- lorsqu'on a une équation (dans $\mathbb{R}$ ou $\mathbb{C}$), on obtient une équation équivalente en additionnant une même quantité à chaque membre de l'équation ;
- lorsqu'on a une équation (dans $\mathbb{R}$ ou $\mathbb{C}$), on obtient une équation équivalente en multipliant par un même nombre **non nul** chaque membre de l'équation.

Ces deux points étant rappelés ici, nous n'y reviendrons plus et considérerons ce type d'équivalence comme allant de soi dans la suite du chapitre.

Bien évidemment, comme on va le voir, il y a bien d'autres façons de transformer un système en système équivalent.

Il est très important, lorsqu'on résout un système, d'être sûr que chaque étape franchie a bien modifié le système de départ Σ en un système Σ' qui lui est équivalent. Cela assure que l'ensemble des solutions déterminé à la fin du procédé de résolution coïncide exactement avec celui du système à résoudre, sans avoir perdu ni ajouté de solution.

Voici un exemple d'écueil dans lequel on peut facilement tomber lorsqu'on ne fait pas attention à produire un système équivalent à celui à résoudre. Supposons que l'on recherche dans l'espace usuel muni d'un repère cartésien l'intersection entre les plans $\mathcal{P}_1$ et $\mathcal{P}_2$ d'équations respectives $2x + y = 1$ et $-x + 4y - z = 1$. Si l'on dit que l'on a $2x + y = 1 = -x + 4y - z$ et donc $2x + y = -x + 4y - z$, d'où $3x - 3y + z = 0$, on ne peut en déduire pour autant que l'intersection de $\mathcal{P}_1$ et $\mathcal{P}_2$ est l'ensemble (en l'occurrence un plan) d'équation $3x - 3y + z = 0$. En effet ce faisant, on a perdu une condition (par exemple le fait que $2x + y$ est égal à 1). En fait le système

$$\Sigma : \left\{ \begin{array}{rcl} 2x + y & = & 1 \\ -x + 4y - z & = & 1 \end{array} \right.$$

implique $3x - 3y + z = 0$, mais on n'a pas équivalence au sens où $3x - 3y + z = 0$ n'implique pas Σ. L'erreur commise nous a fait perdre des solutions...

Voici maintenant un exemple de transformation d'un système en un système équivalent. Considérons le système :

$$\Sigma : \left\{ \begin{array}{rcl} 2x + 2y & = & 0 \\ -x + y & = & 1 \end{array} \right. .$$

L'équation $2x + 2y = 0$ est équivalente à l'équation $x + y = 0$ vu que l'on passe de l'une à l'autre en divisant par 2 dans un sens, et en multipliant par 2 dans l'autre. Ainsi, conservant la deuxième équation du système (sinon on perdrait de l'information), le système Σ est équivalent au suivant :

$$\Sigma' : \left\{ \begin{array}{rcl} x + y & = & 0 \\ -x + y & = & 1 \end{array} \right. .$$

Nous explicitons plus loin les opérations de base, appelées *opérations élémentaires*, permettant de transformer les systèmes en des systèmes équivalents.

Entrons dans le cœur du sujet. Nous allons commencer par traiter des cas simples...

2 Les systèmes 2×2

Définition 2

On appelle de manière abrégée *système* 2×2 tout système linéaire de deux équations à deux inconnues.

Il y a deux grandes méthodes de résolution :

2.1 Résolution par substitution

La résolution par substitution est probablement la première méthode systématique mise en œuvre pour une résolution de système linéaire. On la trouve notamment employée par le mathématicien écossais Colin Maclaurin[6] dans son *Treatise of Algebra*, publié de manière posthume[7] en 1748, pour les systèmes 2×2 et les systèmes 3×3 (cf. plus loin). Cette méthode consiste à utiliser une des deux équations du système (a priori n'importe laquelle) et à exprimer grâce à cette équation une des deux inconnues en fonction de l'autre. On remplace ensuite cette inconnue par la nouvelle expression dans l'équation non utilisée et on obtient ainsi une équation en une seule inconnue, que l'on résout facilement.

Exemple 1

Soit le système 2×2

$$\Sigma : \begin{cases} 2x - y & = & -2 \\ 4x + 3y & = & 1 \end{cases} .$$

On remarque qu'il est particulièrement simple d'exprimer y en fonction de x via la première équation : $y = 2x + 2$.

On remplace y par l'expression $2x + 2$ dans la deuxième équation : $4x + 3(2x + 2) = 1$.

On calcule :

$$4x + 6x + 6 = 1,$$

$$10x = -5,$$

$$x = -\frac{1}{2}.$$

6. Cf. sa notice biographique dans G. Costantini, *Analyse*. 1re année, De Boeck (2013), p. 440.

7. *A treatise of Algebra : In Three Parts*, Printed for A. Millar & J. Nourse, London (1748). Sa rédaction date probablement de 1729.

On en déduit enfin : $y = 2x + 2 = 2 \times \left(-\frac{1}{2}\right) + 2 = -1 + 2 = 1.$

Conclusion : le système Σ admet un unique couple solution, le couple $\left(-\frac{1}{2}, 2\right)$.

Cela a l'air convaincant mais assurons-nous néanmoins d'avoir bien déterminé exactement les solutions du système Σ, en vérifiant que chacune des étapes précédentes a transformé Σ en un système équivalent.

Déjà les deux équations $2x - y = -2$ et $y = 2x + 2$ sont équivalentes : voir le rappel du paragraphe 1.4. Donc lorsqu'on écrit $y = 2x + 2$, il est implicite que l'on a transformé Σ en le système équivalent :

$$\Sigma' : \left\{ \begin{array}{rcl} y & = & 2x + 2 \\ 4x + 3y & = & 1 \end{array} \right. .$$

Maintenant, lorsqu'on substitue y dans la deuxième équation par $2x+2$, **tout en conservant la première équation**, on obtient un système équivalent

$$\Sigma'' : \left\{ \begin{array}{rcl} y & = & 2x + 2 \\ 4x + 3(2x + 2) & = & 1 \end{array} \right. , \; i.\ e. \; \left\{ \begin{array}{rcl} y & = & 2x + 2 \\ 10x + 6 & = & 1 \end{array} \right. .$$

Les systèmes Σ' et Σ'' sont bien équivalents vu qu'on ne fait que substituer dans la deuxième équation une quantité (y) par une quantité qui, d'après la première équation, lui est égale ($2x + 2$).

En utilisant à nouveau, dans la seconde équation cette fois, le rappel du paragraphe 1.4, on aboutit à :

$$\Sigma''' : \left\{ \begin{array}{rcl} y & = & 2x + 2 \\ x & = & -\frac{1}{2} \end{array} \right. .$$

Et une dernière substitution (qui fournit donc un système encore équivalent aux précédents) mène à :

$$\left\{ \begin{array}{rcl} y & = & 2 \times \left(-\frac{1}{2}\right) + 2 \\ x & = & -\frac{1}{2} \end{array} \right. , \; i.\ e. \; \left\{ \begin{array}{rcl} y & = & 1 \\ x & = & -\frac{1}{2} \end{array} \right. .$$

On retrouve ainsi le fait qu'un couple (x, y) est solution de Σ si et seulement si $x = -\frac{1}{2}$ et $y = 1$.

L'exemple détaillé que nous venons de traiter doit suffire à assurer qu'une méthode de substitution menée proprement donnera bien l'ensemble des solutions d'un système. Nous poursuivons donc dans la suite avec une rédaction allégée et montrons qu'il existe des exemples de systèmes 2×2 ne possédant pas une unique solution :

Exemple 2

Résoudre sur $\mathbb{R}$ le système 2×2

$$\Sigma : \left\{ \begin{array}{rcl} -3x + 2y & = & 1 \\ 6x - 4y & = & -2 \end{array} \right. .$$

On peut remarquer que la deuxième équation de ce système n'est rien d'autre que la première multipliée par -2. Ces deux équations sont donc équivalentes et l'on ne perd rien à ôter l'une des deux. Ainsi résoudre Σ sur $\mathbb{R}$ c'est trouver tous les couples (x, y) d'éléments de $\mathbb{R}$ satisfaisant la relation $-3x + 2y = 1$. On peut, une fois fixé un repère cartésien, représenter l'ensemble de ces solutions par une droite dans le plan, ou encore décrire l'ensemble des solutions à l'aide d'un paramètre en écrivant :

$$(x, y) \text{ est solution de } \Sigma \Leftrightarrow -3x + 2y = 1 \Leftrightarrow y = \frac{3x+1}{2}.$$

Donc Σ a pour ensemble de solutions : $\left\{ \left(x, \frac{3x+1}{2} \right), x \in \mathbb{R} \right\}$.

Mais examinons ce que donnerait la résolution par substitution dans cet exemple : de la première équation on tire $y = \frac{3x+1}{2}$. Remplaçant dans la deuxième équation, on obtient :

$$6x - 4\left(\frac{3x+1}{2}\right) = -2, \ \textit{i. e.} \ \ 6x - 6x - 2 = -2, \ \textit{i. e.} \ \ 0 = 0.$$

On aboutit ainsi à une tautologie, ce qui traduit le fait que la deuxième équation de Σ est satisfaite par tout couple (x, y) vérifiant la première équation de Σ : on peut donc éliminer la deuxième équation du système et on retrouve bien le même résultat que précédemment.

Nous venons de voir un exemple de système admettant une infinité de solutions. Mais il en est aussi qui n'en admettent aucune :

Exemple 3

$$\Sigma : \left\{ \begin{array}{rcl} x - 3y & = & 0 \\ 3x - 9y & = & 1 \end{array} \right. .$$

Ici les deux équations du système sont dites *incompatibles* car elles ne peuvent être vérifiées à la fois par un même couple. En effet, si un couple (x, y) vérifie $x - 3y = 0$ alors, en multipliant par 3, on doit avoir $3x - 9y = 0$, ce qui empêche donc d'avoir $3x - 9y = 1$.

Comme il est impossible qu'un couple (x, y) satisfasse les deux équations de Σ en même temps, le système Σ n'admet aucune solution. Dit autrement, l'ensemble de ses solutions est $\emptyset$.

Si l'on applique la méthode de substitution ici, la première équation donne $x = 3y$ qui, en remplaçant dans la deuxième équation, conduit à :

$$3(3y) - 9y = 1, \ \textit{i. e.} \ \ 0 = 1.$$

Cette dernière relation étant absurde, cela traduit le fait que Σ n'a aucune solution.

Remarque 1

On peut constater sur ces exemples qu'on a soit 0, soit 1, soit une infinité de solutions. Ces 3 possibilités sont en fait les seules que l'on puisse rencontrer avec les systèmes linéaires. Dans des chapitres ultérieurs, on pourra expliquer pourquoi, en développant même un outil adapté pour qualifier et quantifier la « taille » des ensembles solutions dans le cas infini.

2.2 Résolution par combinaisons linéaires

La méthode présentée ici n'est peut-être pas celle qui semble la plus simple au premier abord mais il s'agit par contre de celle qui permettra de traiter le plus facilement les systèmes ayant plus d'équations et d'inconnues. On a donc tout à gagner à la voir mise en œuvre dans le cas simple des systèmes 2×2.

Observons simplement le procédé sur un exemple : reprenons le système

$$\Sigma : \left\{ \begin{array}{rcr} 2x - y & = & -2 \\ 4x + 3y & = & 1 \end{array} \right. .$$

On peut facilement faire disparaître une inconnue dans une équation en ajoutant à cette équation un multiple bien choisi de l'autre. Par exemple, si l'on soustrait 2 fois la première équation à la deuxième, on obtient :

$$(4x + 3y) - 2(2x - y) = 1 - 2 \times (-2), \ \textit{i. e.} \ \ 5y = 5, \ \text{dont on déduit } y = 1.$$

On en déduit ensuite sans problème la valeur de x.

On aurait évidemment pu s'efforcer de faire disparaître l'inconnue y en ajoutant 3 fois la première équation à la deuxième.

Là aussi, même si le raisonnement semble convaincant, assurons-nous que chaque étape transforme bien le système de départ en un système équivalent. Appelons L_1 la première équation du système et L_2 la deuxième. Notons $L_2 - 2L_1$ l'équation obtenue en soustrayant 2 fois la première équation à la deuxième. On a équivalence entre le système Σ et le système Σ' donné par les équations :

$$\Sigma' : \left\{ \begin{array}{c} L_1 \\ L_2 - 2L_1 \end{array} \right. .$$

On se convainc de l'équivalence ainsi : si un couple (x, y) est solution de Σ alors il vérifie L_1 et L_2 et donc il vérifie L_1 et $L_2 - 2L_1$. Réciproquement si un couple (x, y) est solution de Σ' alors il vérifie L_1 et L'_2, où l'on note $L'_2 = L_2 - 2L_1$ et donc il vérifie $L'_2 + 2L_1 = L_2 - 2L_1 + 2L_1 = L_2$. Comme il satisfait aussi L_1 par hypothèse, il est solution de Σ.

Notation 1

Dans la suite nous désignerons par la flèche $\leftarrow$ le fait de remplacer une équation par une autre. Ainsi dans l'exemple précédent a-t-on effectué l'opération :

$$L_2 \leftarrow L_2 - 2L_1.$$

La flèche orientée vers la gauche peut se lire comme une affectation : on affecte à la deuxième ligne du système l'équation obtenue comme résultat de $L_2 - 2L_1$.

Exposons maintenant la méthode dans le cas général. Soit le système :

$$\Sigma : \left\{ \begin{array}{rcl} ax + by & = & c \\ a'x + b'y & = & c' \end{array} \right. .$$

On note L_1 et L_2 les deux équations de ce système et on appelle *combinaison linéaire* de L_1 et L_2 toute équation de la forme $\alpha L_1 + \beta L_2$ où α et β sont deux nombres (réels si on résout sur $\mathbb{R}$, complexes si on résout sur $\mathbb{C}$). Ainsi concrètement $\alpha L_1 + \beta L_2$ désigne l'équation :

$$\alpha(ax + by) + \beta(a'x + b'y) = \alpha c + \beta c', \ \textit{i. e.} \ (\alpha a + \beta a')x + (\alpha b + \beta b')y = \alpha c + \beta c'.$$

On obtient un système Σ' équivalent à Σ si l'on remplace L_2 par une combinaison linéaire $\alpha L_1 + \beta L_2$, **où β est non nul**. En effet, notons $L_2' = \alpha L_1 + \beta L_2$, le système Σ' est alors formé des équations L_1 et L_2'. Il est clair que si un couple (x, y) est solution de Σ, c'est-à-dire satisfait L_1 et L_2, alors (x, y) satisfait L_1 et $\alpha L_1 + \beta L_2 = L_2'$, donc est solution de Σ'. Et réciproquement, si un couple (x, y) est solution de Σ', donc satisfait L_1 et L_2', alors il satisfait L_1 et $\frac{1}{\beta}(L_2' - \alpha L_1) = L_2$, donc est solution de Σ.
On voit toute l'importance d'avoir β non nul vu que l'équivalence entre Σ et Σ' est prouvée si et seulement si on peut diviser par β.
Toute l'idée au final de cette méthode est de choisir une combinaison linéaire de L_1 et L_2 annulant une des deux inconnues. On obtient ainsi une équation à une seule inconnue que l'on résout facilement et l'on termine par substitution.

Exemple 4

Nous nous attachons dans l'exemple suivant à raisonner proprement, en mettant en avant l'équivalence entre les différents systèmes et en indiquant les opérations effectuées (c'est plus agréable pour le lecteur ainsi que pour le correcteur lors d'un examen ou d'un concours...).
Soit à résoudre sur $\mathbb{C}$ le système 2×2 suivant :

$$\Sigma : \left\{ \begin{array}{lcl} jx - j^2 y & = & 1 \\ j^2 x + jy & = & -1 \end{array} \right. ,$$

où on rappelle que $j = e^{\mathbf{i}\frac{2\pi}{3}}$.
On a :

$$\Sigma \underset{L_2 \leftarrow L_2 - jL_1}{\Leftrightarrow} \left\{ \begin{array}{lcl} jx - j^2 y & = & 1 \\ (j - j \times (-j^2))y & = & -1 - j \end{array} \right. .$$

Or $j^3 = 1$ donc le système se réécrit :

$$\left\{ \begin{array}{lcl} jx - j^2 y & = & 1 \\ (j+1)y & = & -1 - j \end{array} \right. \Leftrightarrow \left\{ \begin{array}{lcl} jx - j^2 y & = & 1 \\ y & = & -1 \end{array} \right. \Leftrightarrow \left\{ \begin{array}{lcl} jx - j^2 \times (-1) & = & 1 \\ y & = & -1 \end{array} \right. .$$

$$\Leftrightarrow \left\{ \begin{array}{lcl} jx & = & 1 - j^2 \\ y & = & -1 \end{array} \right. .$$

On résout à part l'équation $jx = 1 - j^2$. Divisant par j elle équivaut à $x = \frac{1}{j} - j$ et utilisant $j^3 = 1$, elle équivaut à $x = j^2 - j = \overline{j} - j = -2\,\mathbf{i}\,\mathrm{Im}(j) = -\mathbf{i}\sqrt{3}$.

Au final,

$$\Sigma \Leftrightarrow \begin{cases} x = -\mathbf{i}\sqrt{3} \\ y = -1 \end{cases}$$

et donc Σ a comme ensemble de solutions le singleton : $\{(-\mathbf{i}\sqrt{3}, -1)\}$.

2.3 Déterminant d'un système 2×2

Définition 3

On appelle *déterminant* d'un système 2×2

$$\Sigma : \begin{cases} ax + by = e \\ cx + dy = f \end{cases}$$

la quantité notée $\det(\Sigma)$ ou $\begin{vmatrix} a & b \\ c & d \end{vmatrix}$ et valant $ad - bc$.

Remarque 2

Le déterminant d'un système 2×2 ne dépend donc pas des valeurs de e et f.

Théorème 1

Si un système 2×2 a un déterminant non nul, alors il possède une unique solution.

DÉMONSTRATION

Soit un système 2×2

$$\Sigma : \begin{matrix} L_1 \\ L_2 \end{matrix} \begin{cases} ax + by = e \\ cx + dy = f \end{cases}.$$

Raisonnons par analyse-synthèse pour résoudre ce système.

Analyse : Soit un couple (x, y) solution de Σ.

Formons la combinaison linéaire $dL_1 - bL_2$ des deux équations du système. On obtient :

$$d(ax + by) - b(cx + dy) = de - bf, \text{ d'où } (ad - bc)x = de - bf.$$

Comme le déterminant $ad - bc$ du système Σ est supposé non nul, on peut diviser par $ad - bc$ et on obtient $x = \dfrac{de - bf}{ad - bc}$.

Formons maintenant la combinaison linéaire $cL_1 - aL_2$ des deux équations du système. On obtient :

$$c(ax+by) - a(cx+dy) = ce - af, \text{ d'où } (bc-ad)y = ce - af.$$

Comme $bc - ad = -(ad-bc)$ est supposé non nul, on obtient en divisant par $bc - ad$:

$$y = \frac{af-ce}{ad-bc}.$$

En particulier, si Σ admet une solution, ce ne peut être que le couple $\left(\frac{de-bf}{ad-bc}, \frac{af-ce}{ad-bc}\right)$, et on a par conséquent unicité de la solution.

Synthèse : Reste à s'assurer néanmoins que le seul couple potentiellement solution en est bien une ! On évalue donc les deux quantités $ax+by$ et $cx+dy$ en posant $x = \frac{de-bf}{ad-bc}$ et $y = \frac{af-ce}{ad-bc}$. On obtient :

$$a \times \frac{de-bf}{ad-bc} + b \times \frac{af-ce}{ad-bc} = \frac{ade - abf + abf - bce}{ad-bc} = \frac{(ad-bc)e}{ad-bc} = e$$

$$\text{et } c \times \frac{de-bf}{ad-bc} + d \times \frac{af-ce}{ad-bc} = \frac{cde - bcf + adf - cde}{ad-bc} = \frac{(ad-bc)f}{ad-bc} = f.$$

Ainsi le couple $\left(\frac{de-bf}{ad-bc}, \frac{af-ce}{ad-bc}\right)$ est bien solution de Σ.

Conclusion : On a montré que, si Σ est de déterminant non nul, il admet une et une seule solution : le couple $\left(\frac{de-bf}{ad-bc}, \frac{af-ce}{ad-bc}\right)$.

Remarque 3

On peut interpréter géométriquement ce résultat, dans le cas d'un système pour lequel a, b, c, d, e et f sont réels. Fixons un repère orthonormé direct $\mathcal{R}$ dans le plan et considérons que (x, y) désignent les coordonnées dans $\mathcal{R}$ d'un point quelconque du plan.

On peut noter que la non-annulation du déterminant impose $(a, b) \neq (0, 0)$ ainsi que $(c, d) \neq (0, 0)$. Introduisons donc les vecteurs $\overrightarrow{n_1}$ et $\overrightarrow{n_2}$ du plan de coordonnées respectives $\binom{a}{b}$ et $\binom{c}{d}$ dans $\mathcal{R}$: ces deux vecteurs sont non nuls et sont des vecteurs normaux aux droites D_1 et D_2 d'équations respectives L_1 et L_2.

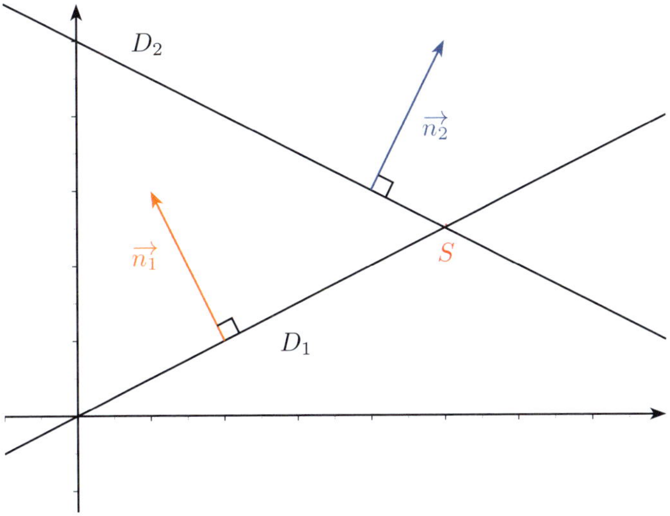

L'hypothèse $\det(\Sigma) \neq 0$ traduit le fait que les vecteurs $\overrightarrow{n_1}$ et $\overrightarrow{n_2}$ ne sont pas colinéaires, donc que les droites D_1 et D_2 ne sont pas parallèles. Or on sait que deux droites non parallèles dans le plan possèdent un unique point d'intersection, ce qui donne une vision géométrique du fait que Σ possède une unique solution.

Exemple 5

On considère le système suivant

$$\Sigma : \begin{cases} \omega x + \omega^2 y &= 1 \\ \omega^3 x + \omega y &= 1 \end{cases}, \text{ où } \omega = e^{\mathbf{i}\frac{2\pi}{5}}.$$

Discuter le nombre de solutions de Σ et les expliciter.

→ Ce système a pour déterminant $\omega \times \omega - \omega^2 \times \omega^3 = \omega^2 - 1$. Ce déterminant est non nul donc Σ admet une unique solution.

Analyse : Soit (x, y) une solution de Σ. On a alors :

$$L_1 - \omega L_2 : (\omega x + \omega^2 y) - \omega(\omega^3 x + \omega y) = 1 - \omega, \text{ qui donne } (\omega - \omega^4)x = 1 - \omega.$$

Or $\omega^4 = \overline{\omega}$ donc $\omega - \omega^4 = 2\mathbf{i}\mathrm{Im}(\omega) = 2\mathbf{i}\sin\left(\frac{2\pi}{5}\right)$ donc $x = \dfrac{1-\omega}{2\mathbf{i}\sin\left(\frac{2\pi}{5}\right)}$.

On effectue ensuite :

$$L_2 - \omega^2 L_1 : \omega^3 x + \omega y - \omega^2(\omega x + \omega^2 y) = 1 - \omega^2, \text{ qui donne } (\omega - \omega^4)y = 1 - \omega^2.$$

On en déduit $y = \dfrac{1-\omega^2}{2\mathbf{i}\sin\left(\dfrac{2\pi}{5}\right)}$.

Ainsi le couple :

$$\left(\frac{1-\omega}{2\mathbf{i}\sin\left(\dfrac{2\pi}{5}\right)}, \frac{1-\omega^2}{2\mathbf{i}\sin\left(\dfrac{2\pi}{5}\right)}\right)$$

est une solution de Σ.

Synthèse : Le couple déterminé dans l'analyse est le seul couple potentiellement solution. Comme on sait que Σ admet une et une seule solution, ce couple est l'unique solution de Σ.

Conclusion : L'ensemble des solutions de Σ est $\left\{\left(\dfrac{1-\omega}{2\mathbf{i}\sin\left(\dfrac{2\pi}{5}\right)}, \dfrac{1-\omega^2}{2\mathbf{i}\sin\left(\dfrac{2\pi}{5}\right)}\right)\right\}$.

On pourrait alléger la rédaction de l'exemple précédent. L'argument initial donnant le nombre de solutions permet en effet d'escamoter la synthèse du fait suivant : dans l'analyse, on détermine un sous-ensemble T de $\mathbb{C}^2$ contenant l'ensemble S des solutions de Σ. Or on sait dès le départ que $\operatorname{card}(S) = 1$. Comme on a $S \subset T$, si à la fin de l'analyse on trouve un ensemble T vérifiant également $\operatorname{card}(T) = 1$, c'est que $S = T$. On peut donc directement conclure.

Une question éminemment légitime se pose : que se passe-t-il si le déterminant du système est nul ?...

Examinons alors la situation. Soit un système 2×2

$$\Sigma : \begin{array}{l} L_1 \\ L_2 \end{array} \left\{ \begin{array}{rcl} ax + by & = & e \\ cx + dy & = & f \end{array} \right. ,$$

avec $ad - bc = 0$.

Supposons qu'il existe un couple solution (x, y).

Formons la combinaison linéaire $dL_1 - bL_2$ des deux équations de Σ. On obtient :

$$d(ax + by) - b(cx + dy) = de - bf, \ \textit{i. e.} \ \ (ad - bc)x = de - bf \text{ ou encore } 0 = de - bf.$$

Formons de même la combinaison linéaire $cL_1 - aL_2$. On obtient :

$$c(ax+by) - a(cx+dy) = ce - af, \text{ i. e. } (ad-bc)y = af - ce \text{ ou encore } 0 = af - ce.$$

Ainsi il est nécessaire d'avoir $\begin{vmatrix} e & b \\ f & d \end{vmatrix} = \begin{vmatrix} a & e \\ c & f \end{vmatrix} = 0$ pour que Σ admette des solutions.
Une autre condition nécessaire semble claire : si $a = b = c = d = 0$, alors le système n'a de solution qu'à la condition $e = f = 0$. De plus, lorsque cette condition est vérifiée, tout couple (x, y) est automatiquement solution.
Supposons maintenant que les quantités $\begin{vmatrix} e & b \\ f & d \end{vmatrix}$ et $\begin{vmatrix} a & e \\ c & f \end{vmatrix}$ soient nulles, mais les nombres a, b, c et d non tous nuls. Quitte à réordonner nos équations et à renommer nos inconnues, on peut supposer que c'est a qui est non nul. On peut alors former la combinaison linéaire $\frac{c}{a}L_1$, et on trouve $cx + \frac{bc}{a}y = \frac{ec}{a}$ ce qui, en exploitant les relations $ad - bc = 0$, $af - ce = 0$ et $a \neq 0$, se réecrit $cx + dy = f$, c'est-à-dire L_2. En résumé, la seconde équation est impliquée par la première à laquelle le système se réduit donc. Comme a est non nul, l'ensemble des solutions se représente donc par une droite.

Résumons. On a observé quatre cas possibles :

1. Si $\begin{vmatrix} e & b \\ f & d \end{vmatrix}$ ou $\begin{vmatrix} a & e \\ c & f \end{vmatrix}$ est non nul, le système n'admet aucune solution.
2. Si $a = b = c = d = 0$ mais e ou f est non nul, le système n'admet aucune solution.
3. Si $a = b = c = d = e = f = 0$, tout couple (x, y) est solution.
4. Si $\begin{vmatrix} e & b \\ f & d \end{vmatrix} = \begin{vmatrix} a & e \\ c & f \end{vmatrix} = 0$ mais $(a, b, c, d) \neq (0, 0, 0, 0)$, alors l'ensemble des solutions du système forme une droite.

Dans le cas d'un système pour lequel a, b, c, d, e et f sont réels, on peut également rapidement se convaincre de ce qui précède via une interprétation géométrique dans le plan, comme évoquée dans la remarque 3.

Si l'on considère en effet que (x, y) représente les coordonnées d'un point quelconque dans le plan muni d'un repère orthonormé direct $\mathcal{R}$ alors le système Σ s'interprète alors comme la recherche d'un lieu géométrique, à savoir l'ensemble des points du plan dont les coordonnées (x, y) satisfont les équations $L_1 : ax + by = e$ et $L_2 : cx + dy = f$.

Notons que si $a = b = 0$ alors l'équation L_1 énonce soit une tautologie (si $e = 0$), auquel cas le système se réduit à l'équation L_2, soit une incompatibilité (si $e \neq 0$), ce qui entraîne que Σ n'a pas de solution.
On a le même type d'interprétation si $c = d = 0$.

Supposons donc $(a, b) \neq (0, 0)$ et $(c, d) \neq (0, 0)$. Alors les vecteurs $\overrightarrow{n_1}$ et $\overrightarrow{n_2}$ de coordonnées respectives $\begin{pmatrix} a \\ b \end{pmatrix}$ et $\begin{pmatrix} c \\ d \end{pmatrix}$ dans $\mathcal{R}$ sont non nuls et peuvent être considérés comme les vecteurs normaux respectifs des droites D_1 et D_2 d'équations respectives L_1 et L_2. L'annulation du déterminant de Σ correspond alors à $\det(\overrightarrow{n_1}, \overrightarrow{n_2}) = 0$. Les deux vecteurs $\overrightarrow{n_1}$ et $\overrightarrow{n_2}$ sont donc colinéaires, ce qui signifie que les droites D_1 et D_2 sont parallèles : elles possèdent alors 0 ou une infinité de points d'intersection, selon qu'elles sont distinctes ou non.

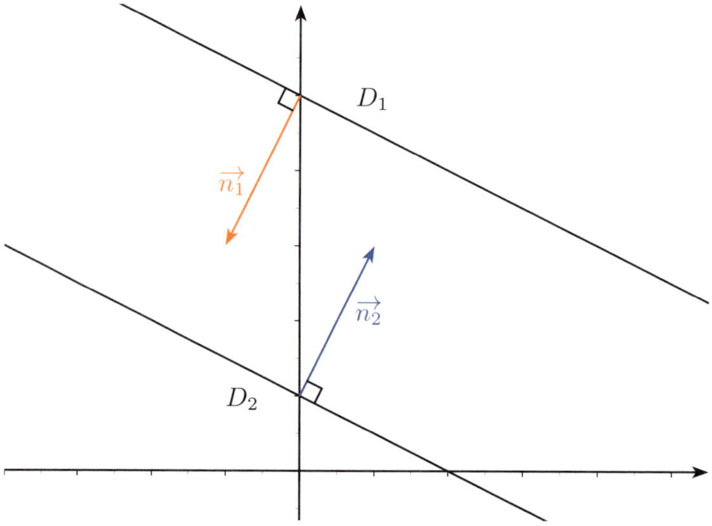

On constate en particulier que lorsque le déterminant du système est nul, il n'y a jamais une unique solution. On peut donc préciser le théorème 1 vu plus tôt :

Théorème 2

Un système 2×2 a un déterminant non nul si et seulement s'il possède une unique solution.

Exemple 6

Soit à résoudre sur $\mathbb{C}$ le système :

$$\Sigma : \begin{cases} \mathbf{i}x + 2y &= \mathbf{i} \\ x - 2\mathbf{i}y &= 1 \end{cases}.$$

Calculons le déterminant de Σ. Il vaut : $\mathbf{i} \times (-2\mathbf{i}) - 2 \times 1 = 2 - 2 = 0$.

D'après ce que nous avons expliqué plus haut, on peut essayer de chercher un coefficient multiplicatif permettant de passer de la première à la deuxième équation. Il est facile de se rendre compte que $L_2 = -\mathbf{i}L_1$, ce qui signifie que les deux équations de Σ sont équivalentes.

Ainsi le système Σ se réduit à une seule de ses deux équations, par exemple la deuxième :

$$x - 2\mathbf{i}y = 1.$$

Choisissons y comme paramètre. Les couples (x, y) solutions de Σ sont ceux tels que $x = 1 + 2\mathbf{i}y$. Ainsi l'ensemble des solutions de Σ est :

$$\{(1 + 2\mathbf{i}y, y),\ y \in \mathbb{C}\}.$$

Cet ensemble est bien évidemment infini.

On peut bien sûr remarquer que si l'on modifie le second membre de la deuxième équation, alors celle-ci devient incompatible avec la première, et le système n'admet donc aucune solution.

3 Systèmes 3 × 3

Définition 4

On appelle de manière abrégée *système* 3×3 tout système linéaire de trois équations à trois inconnues.

Il est tout à fait possible d'adapter la méthode de substitution vue dans le cas 2×2 pour résoudre les systèmes 3×3. C'est d'ailleurs ce que fit Colin Maclaurin dans son *Treatise of Algebra*. De cette manière, on aboutit aux formules de Cramer, présentées plus loin, correspondant au cas 3×3.

On pourrait également reprendre l'idée de former des combinaisons linéaires bien choisies des équations du système. Si on devait essayer de traduire le problème de Diophante présenté en introduction avec les méthodes proposées dans ce chapitre, c'est assurément à l'aide de combinaisons linéaires des équations que cela se ferait le plus naturellement. En effet, lorsque pour résoudre le système

$$\begin{array}{l} L_1 \\ L_2 \\ L_3 \end{array} \left\{ \begin{array}{rcl} x+y & = & 20 \\ y+z & = & 30 \\ x+z & = & 40 \end{array} \right. ,$$

Diophante introduit la quantité $S = x+y+z$, on peut interpréter cela comme la formation de la combinaison linéaire $\frac{1}{2}(L_1 + L_2 + L_3)$, qui fournit l'équation :

$$L_4 : \quad x + y + z = \frac{1}{2}(20 + 30 + 40) = 45.$$

On constate qu'on peut ensuite déduire les valeurs de x, y et z via les combinaisons linéaires respectives $L_4 - L_2$, $L_4 - L_3$ et $L_4 - L_1$.

Pour rendre le raisonnement inattaquable, on pourrait par exemple procéder par analyse-synthèse. Étant arrivé dans les explications précédentes à la fin de l'analyse, il faudrait encore faire la synthèse (qui est une vérification rapide).

On pourrait à vrai dire également procéder par équivalences (en commençant par effectuer $L_3 \leftarrow \frac{1}{2}(L_1 + L_2 + L_3)$) : nous laissons le lecteur s'en convaincre.

Mais nous présentons tout de suite une méthode en un sens meilleure que celles évoquées jusque-là.

3.1 Méthode du pivot de Gauss[8]

C'est la méthode à retenir comme étant la plus efficace en principe et celle que l'on généralisera pour aborder les systèmes linéaires à plus de 3 équations. Il s'agit d'un procédé de résolution, pas de formules : il y a donc des étapes à suivre pour arriver à résoudre le système. Pour décrire simplement cette méthode, on commence par définir les *opérations élémentaires* (pour un système avec un nombre fini quelconque d'équations) :

8. Le lecteur trouvera une notice biographique de Gauss p. 384.

Définition 5

On appelle *opérations élémentaires* sur les équations, notées L_i, $i \in \{1, \ldots, n\}$, d'un système d'équations, les opérations suivantes :

1. Échanger deux équations L_i et L_j, ce que l'on note $L_i \leftrightarrow L_j$.
2. Ajouter à l'équation L_i un multiple d'une autre équation L_j du système, ce que l'on note $L_i \leftarrow L_i + \lambda L_j$.
3. Multiplier l'équation L_i par une constante non nulle, ce que l'on note $L_i \leftarrow \alpha L_i$, avec $\alpha \neq 0$.

Outre leur simplicité, le grand intérêt de ces opérations réside en le résultat suivant :

Proposition 1

Toute opération élémentaire transforme un système en un système équivalent.

DÉMONSTRATION

Notons Σ un système quelconque, Σ' le système obtenu en appliquant une opération élémentaire à Σ.
Il est clair que toute solution de Σ est solution de Σ' ; il faut donc montrer que toute solution de Σ' est solution de Σ, ce qui signifie concrètement qu'il faut montrer que toute opération élémentaire peut être « défaite ».

1. Si l'on a obtenu Σ' en échangeant deux lignes de Σ, il suffit de procéder à nouveau au même échange pour revenir à Σ.

2. Si Σ' est obtenu à partir de Σ via l'opération $L_i \leftarrow L_i + \lambda L_j$ alors on revient à Σ en appliquant à Σ' l'opération $L_i \leftarrow L_i - \lambda L_j$.

3. Si Σ' est obtenu à partir de Σ via l'opération $L_i \leftarrow \alpha L_i$, avec $\alpha \neq 0$, alors on revient à Σ en appliquant à Σ' l'opération $L_i \leftarrow \dfrac{1}{\alpha} L_i$, avec $\alpha \neq 0$.

Ainsi toute opération élémentaire tranforme un système en un système équivalent.

Nous expliquons ici dans le cas particulier des systèmes 3×3 le principe de la méthode du pivot. Nous la détaillons dans le cas général un peu plus loin.

Partant d'un système 3×3

$$\Sigma : \begin{cases} a_{11}x + a_{12}y + a_{13}z & = & \alpha_1 \\ a_{21}x + a_{22}y + a_{23}z & = & \alpha_2 \\ a_{31}x + a_{32}y + a_{33}z & = & \alpha_3 \end{cases},$$

le but est de transformer Σ, via des opérations élémentaires, en un système Σ' de la forme :

$$\Sigma' : \begin{cases} a'_{11}x + a'_{12}y + a'_{13}z & = & \alpha'_1 \\ a'_{22}y + a'_{23}z & = & \alpha'_2 \\ a'_{33}z & = & \alpha'_3 \end{cases}.$$

L'utilisation exclusive d'opérations élémentaires assure l'équivalence entre Σ et Σ'.

Voici le procédé, qui consiste en deux étapes :

1. On cherche à obtenir aux deuxième et troisième lignes des équations dont le terme en x est nul. Différents cas se présentent :
   - Si $a_{11} \neq 0$, on effectue l'opération élémentaire $L_2 \leftarrow L_2 - \frac{a_{21}}{a_{11}} L_1$ puis l'opération élémentaire $L_3 \leftarrow L_3 - \frac{a_{31}}{a_{11}} L_1$.
   - Supposons $a_{11} = 0$ mais que l'un des coefficients a_{21} et a_{31} est non nul, par exemple a_{21}. Alors on effectue $L_1 \leftrightarrow L_2$ ce qui permet d'obtenir à la première ligne un coefficient non nul en x ; on s'est ainsi ramené au cas précédent.
   - S a_{11}, a_{21} et a_{31} sont nuls, il n'y a rien à faire.

2. Après l'étape précédente, le système a été mis sous la forme suivante :

$$\begin{cases} b_{11}x + b_{12}y + b_{13}z & = & \beta_1 \\ b_{22}y + b_{23}z & = & \beta_2 \\ b_{32}y + b_{33}z & = & \beta_3 \end{cases}.$$

   Plusieurs cas se présentent encore :
   - Si $b_{22} \neq 0$, on effectue l'opération élémentaire $L_3 \leftarrow L_3 - \frac{b_{32}}{b_{22}} L_2$.
   - Si $b_{22} = 0$ et $b_{32} \neq 0$ alors on effectue $L_2 \leftrightarrow L_3$.
   - Dans tous les cas restants, il n'y a rien à faire.

Remarque 4

L'idée profonde de cette méthode est bien mise en évidence à la première étape, lorsqu'on effectue les opérations $L_2 \leftarrow L_2 - \frac{a_{21}}{a_{11}} L_1$ et $L_3 \leftarrow L_3 - \frac{a_{31}}{a_{11}} L_1$. En effet, le but cherché est d'annuler les termes en x des deuxième et troisième équations. Pour cela, comme on ne peut utiliser que des opérations élémentaires, il est nécessaire d'ajouter des multiples convenables de la première équation aux deuxième et troisième équations. Ce multiple doit être pris de sorte à annuler le terme en x : ainsi pour la deuxième équation, où l'on a a_{21} comme coefficient en x, le bon multiple m de L_1 à ajouter doit vérifier $a_{21}+ma_{11}=0$:

$$\begin{array}{ccccccccc} & a_{21}x & + & a_{22}y & + & a_{23}z & = & \alpha_2 & \\ + \quad m\times(& a_{11}x & + & a_{12}y & + & a_{13}z & = & \alpha_1 &) \\ \hline & (a_{21}+ma_{11})x & + & (a_{22}+ma_{12})y & + & (a_{23}+ma_{13})z & = & \alpha_2+m\alpha_1 & \end{array}$$

Ainsi sous l'hypothèse $a_{11}\neq 0$, on prend $m=-\dfrac{a_{21}}{a_{11}}$.
Le coefficient dont on ajoute un certain multiple pour annuler les coefficients correspondants des autres lignes, en l'occurrence a_{11} dans l'explication précédente, est ce qu'on appelle le *pivot*.

Dans la deuxième étape, on répète la même idée : dans le cas où b_{22} est non nul, b_{22} est le pivot.

On notera qu'on peut très bien échanger des lignes pour utiliser un pivot « plus simple ». Comme on le voit dans la description de la méthode, il apparaît une division par a_{11}. Cette division sera particulièrement agréable (surtout à la main) si $a_{11}=-1$ ou 1 ! Cf. notamment l'exemple 7-2 suivant.

Une fois obtenu un système de la forme

$$\Sigma' : \left\{\begin{array}{rcl} a'_{11}x+a'_{12}y+a'_{13}z & = & \alpha'_1 \\ a'_{22}y+a'_{23}z & = & \alpha'_2 \\ a'_{33}z & = & \alpha'_3 \end{array}\right. ,$$

il devient très aisé de le résoudre. En effet la dernière équation ne comporte qu'une seule inconnue donc se résout sans difficulté. On remonte ensuite les équations de la dernière à la première, en substituant au fur et à mesure.

Il n'y a pas nécessairement existence et unicité de la solution comme nous le mettons en évidence dans les exemples qui suivent. Il se peut en effet qu'on ait $a'_{33}=0$...

Exemples 7

1. Soit à résoudre sur $\mathbb{R}$ le système 3×3

$$\Sigma : \left\{ \begin{array}{rcl} x + 3y - z & = & -1 \\ 2x + 5y + z & = & 0 \\ 3x + 2z & = & 3 \end{array} \right. .$$

On effectue les opérations élémentaires qui suivent :

$$\Sigma \underset{\substack{L_2 \leftarrow L_2 - 2L_1 \\ L_3 \leftarrow L_3 - 2L_1}}{\Leftrightarrow} \left\{ \begin{array}{rcl} x + 3y - z & = & -1 \\ -y + 3z & = & 2 \\ -9y + 5z & = & 5 \end{array} \right. \underset{L_3 \leftarrow L_3 - 9L_2}{\Leftrightarrow} \left\{ \begin{array}{rcl} x + 3y - z & = & -1 \\ -y + 3z & = & 2 \\ -22z & = & -13 \end{array} \right. .$$

Ainsi, par substitutions successives, on obtient qu'un triplet (x, y, z) de $\mathbb{R}^3$ est solution de Σ si et seulement si :

$$\left\{ \begin{array}{rcl} z & = & \frac{13}{22} \\ y & = & 3 \times \left(\frac{13}{22}\right) - 2 \\ x & = & -3y + z - 1 \end{array} \right. , \ i.\ e. \ \left\{ \begin{array}{rcl} z & = & \frac{13}{22} \\ y & = & -\frac{5}{22} \\ x & = & -3\left(-\frac{5}{22}\right) + \frac{13}{22} - 1 = \frac{6}{22} = \frac{3}{11} \end{array} \right. .$$

Ainsi Σ admet une unique solution, le triplet $\left(\dfrac{3}{11}, -\dfrac{5}{22}, \dfrac{13}{22}\right)$.

2. Soit à résoudre sur $\mathbb{R}$ le système 3×3

$$\Sigma : \left\{ \begin{array}{rcl} -y - z & = & 1 \\ 4x + 3y + 11z & = & -2 \\ 2x - y + 4z & = & 1 \end{array} \right. .$$

On constate que la première équation de Σ ne contient pas de terme en x. On doit donc l'échanger avec une autre équation de Σ contenant un terme en x : comme le coefficient de ce terme en x jouera le rôle du pivot, on s'efforce de le prendre le plus « simple » possible. On privilégie donc l'opération $L_1 \leftrightarrow L_3$ plutôt que $L_1 \leftrightarrow L_2$.

$$\Sigma \overset{L_1 \leftrightarrow L_3}{\Leftrightarrow} \left\{ \begin{array}{rcl} 2x - y + 4z & = & 1 \\ 4x + 3y + 11z & = & -2 \\ -y - z & = & 1 \end{array} \right. \underset{L_2 \leftarrow L_2 - 2L_1}{\Leftrightarrow} \left\{ \begin{array}{rcl} 2x - y + 4z & = & 1 \\ 5y + 3z & = & -4 \\ -y - z & = & 1 \end{array} \right. .$$

À cette étape, il apparaît plus commode d'échanger L_2 et L_3 afin de prendre -1 plutôt que 5 comme pivot :

$$\Sigma \underset{L_2 \leftrightarrow L_3}{\Leftrightarrow} \left\{ \begin{array}{rcl} 2x - y + 4z &=& 1 \\ -y - z &=& 1 \\ 5y + 3z &=& -4 \end{array} \right. \underset{L_3 \leftarrow L_3 + 5L_2}{\Leftrightarrow} \left\{ \begin{array}{rcl} 2x - y + 4z &=& 1 \\ -y - z &=& 1 \\ -2z &=& 1 \end{array} \right. .$$

On conclut à nouveau par substitutions successives, en remontant à partir de la dernière équation. Un triplet (x, y, z) de $\mathbb{R}^3$ est solution de Σ si et seulement si :

$$\left\{ \begin{array}{rcl} z &=& -\frac{1}{2} \\ y &=& -z - 1 = -\left(-\frac{1}{2}\right) - 1 \\ x &=& \frac{1}{2} + \frac{1}{2}y - 2z \end{array} \right. , \ i.\ e. \left\{ \begin{array}{rcl} z &=& -\frac{1}{2} \\ y &=& -\frac{1}{2} \\ x &=& \frac{1}{2} + \frac{1}{2}\left(-\frac{1}{2}\right) - 2\left(-\frac{1}{2}\right) = \frac{5}{4} \end{array} \right. .$$

Ainsi Σ admet une unique solution, le triplet $\left(\dfrac{5}{4}, -\dfrac{1}{2}, -\dfrac{1}{2}\right)$.

Évidemment, les systèmes 3×3 n'admettent pas tous une unique solution. Certains n'en admettent aucune tandis que d'autres en admettent une infinité, ce qu'illustrent les exemples suivants :

3. Soit à résoudre sur $\mathbb{C}$ le système 3×3

$$\Sigma : \left\{ \begin{array}{rcl} -3x + (2 + \mathbf{i})y + (-3 + 5\mathbf{i})z &=& 1 \\ x - \mathbf{i}y + (1 - \mathbf{i})z &=& -1 \\ \mathbf{i}x + (2 + \mathbf{i})y + \mathbf{i}z &=& 2\mathbf{i} \end{array} \right. .$$

On a :

$$\Sigma \underset{L_1 \leftrightarrow L_2}{\Leftrightarrow} \left\{ \begin{array}{rcl} x - \mathbf{i}y + (1 - \mathbf{i})z &=& -1 \\ -3x + (2 + \mathbf{i})y + (-3 + 5\mathbf{i})z &=& 1 \\ \mathbf{i}x + (2 + \mathbf{i})y + \mathbf{i}z &=& 2\mathbf{i} \end{array} \right.$$

$$\underset{\substack{L_2 \leftarrow L_2 + 3L_1 \\ L_3 \leftarrow L_3 - \mathbf{i}L_1}}{\Leftrightarrow} \left\{ \begin{array}{rcl} x - \mathbf{i}y + (1 - \mathbf{i})z &=& -1 \\ (2 - 2\mathbf{i})y + 2\mathbf{i}z &=& -2 \\ (1 + \mathbf{i})y - z &=& 3\mathbf{i} \end{array} \right.$$

$$\underset{L_2 \leftarrow \frac{1}{2} L_2}{\Leftrightarrow} \left\{ \begin{array}{rcl} x - \mathbf{i}y + (1-\mathbf{i})z & = & -1 \\ (1-\mathbf{i})y + \mathbf{i}z & = & -1 \\ (1+\mathbf{i})y - z & = & 3\mathbf{i} \end{array} \right.$$

$$\underset{L_3 \leftarrow L_3 - \mathbf{i}L_2}{\Leftrightarrow} \left\{ \begin{array}{rcl} x - \mathbf{i}y + (1-\mathbf{i})z & = & -1 \\ (1-\mathbf{i})y + \mathbf{i}z & = & -1 \\ 0 & = & 4\mathbf{i} \end{array} \right. .$$

Ainsi Σ est équivalent à un système incompatible (du fait de l'égalité impossible $0 = 4\mathbf{i}$), ce qui signifie que Σ n'admet aucune solution.

4. Soit à résoudre sur $\mathbb{R}$ le système 3×3

$$\Sigma : \left\{ \begin{array}{rcl} 2x - y + 3z & = & 2 \\ 3x + 2y + 2z & = & 3 \\ x + 10y - 6z & = & 1 \end{array} \right. .$$

On a :

$$\Sigma \underset{L_1 \leftrightarrow L_3}{\Leftrightarrow} \left\{ \begin{array}{rcl} x + 10y - 6z & = & 1 \\ 3x + 2y + 2z & = & 3 \\ 2x - y + 3z & = & 2 \end{array} \right. \underset{\substack{L_2 \leftarrow L_2 - 3L_1 \\ L_3 \leftarrow L_3 - 2L_1}}{\Leftrightarrow} \left\{ \begin{array}{rcl} x + 10y - 6z & = & 1 \\ -28y + 20z & = & 0 \\ -21y + 15z & = & 0 \end{array} \right.$$

$$\underset{\substack{L_2 \leftarrow \frac{1}{4} L_2 \\ L_3 \leftarrow \frac{1}{3} L_3}}{\Leftrightarrow} \left\{ \begin{array}{rcl} x + 10y - 6z & = & 1 \\ -7y + 5z & = & 0 \\ -7y + 5z & = & 0 \end{array} \right. \underset{L_3 \leftarrow L_3 - L_2}{\Leftrightarrow} \left\{ \begin{array}{rcl} x + 10y - 6z & = & 1 \\ -7y + 5z & = & 0 \\ 0 & = & 0 \end{array} \right.$$

$$\Leftrightarrow \left\{ \begin{array}{rcl} x + 10y - 6z & = & 1 \\ -7y + 5z & = & 0 \end{array} \right. .$$

L'algorithme du pivot se termine ici et on ne peut simplifier le système plus que cela. On choisit dans la dernière équation une des inconnues comme paramètre (disons z par exemple). Ce paramètre apparaîtra dans la description de l'ensemble des solutions. Ainsi un triplet (x, y, z) de $\mathbb{R}^3$ est solution de Σ si et seulement si :

$$\left\{ \begin{array}{rcl} y & = & \frac{5}{7} z \\ & & \\ x & = & 1 - 10 \times \frac{5}{7} z + 6z = -\frac{1}{7} z \end{array} \right. .$$

L'ensemble des solutions de Σ est donc : $\left\{ \left(-\dfrac{1}{7} z, \dfrac{5}{7} z, z \right),\ z \in \mathbb{R} \right\}$.

Remarque 5

Le nom de Gauss a été attaché à cette méthode du fait de son utilisation par Carl Friedrich Gauss, dans *De Elementis Ellipticis Palladis*[9] (rédigé entre 1803 et 1809) pour résoudre un système linéaire intervenant dans son étude de l'orbite de Pallas, un des plus grands astéroïdes de la ceinture d'astéroïdes située entre les orbites de Mars et Jupiter.
Néanmoins on trouve ce principe de très nombreux siècles auparavant dans les mathématiques chinoises. Dans *Les Neuf Chapitres sur l'art mathématique*, compilation de problèmes mathématiques et de méthodes de résolution, enrichie et commentée au cours des siècles, le commentateur Liu Hui (IIIe siècle de notre ère) met en œuvre à plusieurs reprises dans le chapitre 8 cette fameuse méthode que nous appelons pivot de Gauss. Il attribue d'ailleurs la paternité de cette méthode à Chang Tsang, chancelier de l'empereur de Chine au IIe siècle avant notre ère ! Il semble néanmoins avéré que cette méthode, et de manière générale les mathématiques chinoises, demeurèrent très longtemps inconnues des Occidentaux.
Le terme « pivot » semble propre aux mathématiques françaises, peut-être popularisé par certains enseignants. Les mathématiques anglo-saxonnes ont plutôt tendance à parler simplement de « Gaussian elimination ».

3.2 Déterminant d'un système 3×3

Définition 6

On appelle *déterminant* d'un système 3×3

$$\Sigma : \left\{ \begin{array}{rcl} a_{11}x + a_{12}y + a_{13}z & = & \alpha_1 \\ a_{21}x + a_{22}y + a_{23}z & = & \alpha_2 \\ a_{31}x + a_{32}y + a_{33}z & = & \alpha_3 \end{array} \right.$$

la quantité notée $\det(\Sigma)$ ou $\begin{vmatrix} a_{11} & a_{12} & a_{13} \\ a_{21} & a_{22} & a_{23} \\ a_{31} & a_{32} & a_{33} \end{vmatrix}$ et valant :

$$a_{11}a_{22}a_{33} + a_{12}a_{23}a_{31} + a_{13}a_{21}a_{32} - a_{31}a_{22}a_{13} - a_{32}a_{23}a_{11} - a_{33}a_{21}a_{12}.$$

9. qu'on peut trouver dans le tome 6, pp. 3-24, de ses *Werke*, Königlichen Gesellschaft der Wissenschaften, Göttingen (1874).

Remarque 6

Le déterminant d'un système 3×3 ne dépend donc pas des valeurs de α_1, α_2 et α_3.

Il existe un procédé visuel, appelé *règle de Sarrus*, permettant de retrouver aisément la valeur de ce déterminant :

a_{11}	a_{12}	a_{13}	a_{11}	a_{12}	
a_{21}	a_{22}	a_{23}	a_{21}	a_{22}	affectés d'un signe +
a_{31}	a_{32}	a_{33}	a_{31}	a_{32}	

a_{11}	a_{12}	a_{13}	a_{11}	a_{12}	
a_{21}	a_{22}	a_{23}	a_{21}	a_{22}	affectés d'un signe −
a_{31}	a_{32}	a_{33}	a_{31}	a_{32}	

On constitue deux fois le même tableau, formé des coefficients du système considéré auxquels on adjoint les deux premières colonnes de ces coefficients. Dans le premier tableau, on fait le produit des quantités auxquelles on a attribué les mêmes couleurs et on ajoute ces produits entre eux. On retranche à ce qu'on a obtenu les produits des coefficients affectés de la même couleur dans le deuxième tableau. Le résultat est, comme le lecteur est invité à le vérifier, le déterminant du système.

⚠ Ce procédé visuel ne se généralise absolument pas à des déterminants de systèmes $n \times n$ avec $n > 3$. La règle de Sarrus concerne uniquement les déterminants 3×3.

Théorème 3

Un système 3×3 admet un déterminant non nul si et seulement s'il possède une unique solution.

Il existe un théorème énonçant le même résultat pour des systèmes $n \times n$ avec n un entier naturel non nul quelconque. Ce théorème général sera démontré plus loin, une fois défini le déterminant d'une matrice (ou d'un système) $n \times n$.

Nous ne démontrons donc pas ici ce cas particulier correspondant à $n = 3$. Que le lecteur sache qu'il peut néanmoins en chercher lui-même la démonstration, par exemple via une analyse-synthèse s'inspirant de la démonstration du théorème 1.

Exemple 8

On note Φ le nombre d'or. On a $\Phi = \dfrac{1+\sqrt{5}}{2}$ et on rappelle que Φ est l'unique solution positive de l'équation $X^2 = X + 1$.

Soit à résoudre sur $\mathbb{R}$ le système 3×3 suivant :

$$\Sigma : \left\{ \begin{array}{rcl} \Phi x + \Phi^2 y - z & = & 0 \\ \Phi^2 x - y + \Phi z & = & 0 \\ -x + \Phi y + \Phi^2 z & = & 0 \end{array} \right. .$$

Ce système a pour déterminant $D = \begin{vmatrix} \Phi & \Phi^2 & -1 \\ \Phi^2 & -1 & \Phi \\ -1 & \Phi & \Phi^2 \end{vmatrix}$ que l'on calcule via la règle de Sarrus :

$$D = -\Phi^3 - \Phi^3 - \Phi^3 - (-1 + \Phi^3 + \Phi^6) = 1 - 4\Phi^3 - \Phi^6.$$

Explicitons D à l'aide de la relation $\Phi^2 = \Phi + 1$. On a :

$$\Phi^3 = \Phi^2 \times \Phi = (\Phi + 1) \times \Phi = \Phi^2 + \Phi = \Phi + 1 + \Phi = 2\Phi + 1.$$

$$\Phi^6 = (\Phi^3)^2 = (2\Phi + 1)^2 = 4\Phi^2 + 4\Phi + 1 = 4(\Phi + 1) + 4\Phi + 1 = 8\Phi + 5.$$

On en déduit : $D = 1 - 4(2\Phi + 1) - (8\Phi + 5) = -16\Phi - 8$.

Il est clair que $D \neq 0$, notamment parce qu'on a rappelé que Φ est positif.

Ainsi Σ possède un déterminant non nul, donc admet une unique solution.

Le triplet $(0, 0, 0)$ étant une solution évidente de Σ, on en déduit que Σ admet comme ensemble de solutions : $\{(0, 0, 0)\}$.

4 Systèmes de Cramer - MPSI

Définition 7

Un système est dit *carré* lorsqu'il a autant d'équations que d'inconnues.

Définition 8

Un système linéaire 2×2 ou 3×3 est dit *de Cramer* lorsque c'est un système carré de déterminant associé non nul.

On a déjà vu précédemment pour les systèmes 2×2 et 3×3 que si le déterminant est non nul, il y a une unique solution. On peut ainsi reformuler :

Théorème 4

Tout système 2×2 ou 3×3 qui est de Cramer possède une unique solution.

Gabriel Cramer
(1704–1752)

Né à Genève, Gabriel Cramer y fait des études brillantes couronnées d'une thèse sur la théorie du son à l'âge de 18 ans ! Il devient deux ans plus tard professeur de mathématiques à l'Académie de Calvin, toujours à Genève, sur une chaire destinée initialement à la philosophie et finalement scindée en plusieurs chaires (de philosophie et de mathématiques) afin d'attirer plusieurs candidats brillants.
Se trouvant dans les premières années titulaire d'une chaire scindée en deux, Cramer a la possibilité de voyager la moitié de l'année et, se rendant notamment à Bâle, en Angleterre, en Hollande et en France, il rencontre les plus éminents scientifiques de son temps, tels les Bernoulli[a], Halley[b], Stirling[c] et bien d'autres.
Il devient seul titulaire de la chaire de mathématiques en 1734 puis titulaire de celle de philosophie en 1750.
Comme la plupart des grands esprits de son temps, Cramer travaille dans de nombreux domaines autres que les mathématiques. On répertorie ainsi des publications de Cramer en astronomie, physique, philosophie et théologie. Il semble également avoir mis en application ses connaissances scientifiques pour l'artillerie, l'édification de fortifications et la reconstruction de bâtiments.
Son œuvre qui demeure la plus connue est son traité intitulé *Introduction à l'analyse des lignes courbes algébriques*, publié en 1750. Il y consacre un appendice à la résolution de systèmes linéaires, en fournissant explicitement pour les systèmes 2×2 et 3×3 les formules auxquelles on donna plus tard son nom (sans utiliser la notation de déterminant) et expliquant comment les généraliser à un nombre quelconque n d'équations. Il met en avant l'utilité de cet appendice sur un exemple faisant intervenir 5 équations, consistant à prouver que toute courbe algébrique de degré 2 (c'est-à-dire tout ensemble du plan d'équation cartésienne $Ax + By + Cx^2 + Dxy + Ey^2 + F = 0$) est uniquement déterminée par la donnée de 5 points.
Il est à noter que Cramer n'est pas le premier à avoir trouvé de telles formules. Elles figurent par exemple pour des systèmes à 5 équations dans un manuscrit de Gottfried Wilhelm Leibniz de 1678 qui, faute de publication, demeura inconnu. Il est fort possible que ces formules étaient connues avant que Cramer ne les publie mais le fait que le traité de Cramer fut une référence de la géométrie de son temps, largement diffusé et traduit, explique que son nom ait été attaché à ces fameuses formules.

a. Les Bernoulli forment une famille de scientifiques bâlois, dont les plus célèbres furent Jacques (1654-1705), Jean (1667-1748) et Daniel (1700-1782). Leur nom reste notamment attaché à la *lemniscate* et à la *loi de Bernoulli*.
b. Edmond Halley (1656-1742), qui a donné son nom à une fameuse comète qui vient visiter la Terre tous les 76 ans.
c. James Stirling (1692-1770). Son nom reste notamment associé à une formule célèbre donnant un équivalent de $n!$.

Nous avons même vu une forme explicite de la solution dans le cas 2×2, dans la démonstration du théorème 1. Le théorème qui suit en donne une forme synthétique :

Théorème 5 (Formules de Cramer 2×2 - Complément)

Dans le cas d'un système de Cramer 2×2, $\Sigma : \begin{cases} ax + by = e \\ cx + dy = f \end{cases}$, l'unique couple solution est donné par : $x = \dfrac{\begin{vmatrix} e & b \\ f & d \end{vmatrix}}{\begin{vmatrix} a & b \\ c & d \end{vmatrix}}$, $y = \dfrac{\begin{vmatrix} a & e \\ c & f \end{vmatrix}}{\begin{vmatrix} a & b \\ c & d \end{vmatrix}}$.

Démonstration

Il s'agit simplement d'une reformulation d'un résultat déjà démontré précédemment. En effet, les expressions $x = \dfrac{\begin{vmatrix} e & b \\ f & d \end{vmatrix}}{\begin{vmatrix} a & b \\ c & d \end{vmatrix}}$ et $y = \dfrac{\begin{vmatrix} a & e \\ c & f \end{vmatrix}}{\begin{vmatrix} a & b \\ c & d \end{vmatrix}}$ obtenues dans le cas 2×2 donnent, lorsqu'on explicite la valeur des déterminants : $x = \dfrac{ed - bf}{ad - bc}$ et $y = \dfrac{af - ec}{ad - bc}$, et l'on retrouve les résultats obtenus dans le paragraphe 2.3.

On a l'analogue, que l'on admet, pour les systèmes 3×3 :

Théorème 6 (Formules de Cramer 3×3 - Complément)

Dans le cas d'un système de Cramer 3×3, $\Sigma : \begin{cases} a_{11}x + a_{12}y + a_{13}z = \alpha_1 \\ a_{21}x + a_{22}y + a_{23}z = \alpha_2 \\ a_{31}x + a_{32}y + a_{33}z = \alpha_3 \end{cases}$, l'unique triplet solution est donné par :

$$x = \frac{\begin{vmatrix} \alpha_1 & a_{12} & a_{13} \\ \alpha_2 & a_{22} & a_{23} \\ \alpha_3 & a_{32} & a_{33} \end{vmatrix}}{\begin{vmatrix} a_{11} & a_{12} & a_{13} \\ a_{21} & a_{22} & a_{23} \\ a_{31} & a_{32} & a_{33} \end{vmatrix}}, \quad y = \frac{\begin{vmatrix} a_{11} & \alpha_1 & a_{13} \\ a_{21} & \alpha_2 & a_{23} \\ a_{31} & \alpha_3 & a_{33} \end{vmatrix}}{\begin{vmatrix} a_{11} & a_{12} & a_{13} \\ a_{21} & a_{22} & a_{23} \\ a_{31} & a_{32} & a_{33} \end{vmatrix}}, \quad z = \frac{\begin{vmatrix} a_{11} & a_{12} & \alpha_1 \\ a_{21} & a_{22} & \alpha_2 \\ a_{31} & a_{32} & \alpha_3 \end{vmatrix}}{\begin{vmatrix} a_{11} & a_{12} & a_{13} \\ a_{21} & a_{22} & a_{23} \\ a_{31} & a_{32} & a_{33} \end{vmatrix}}.$$

Remarque 7
Les résultat précédents sont généralisables, au sens où tout système de Cramer $n \times n$ possède une unique solution, que l'on peut exprimer via des formules de Cramer généralisées.

5 Systèmes $p \times n$

On pose la question plus générale du traitement de systèmes linéaires avec un nombre quelconque p d'équations et n d'inconnues, que nous appellerons les *systèmes* $p \times n$. En particulier, on ne se contente plus de l'étude de systèmes carrés.
Un système $p \times n$ est donc de la forme

$$\Sigma : \begin{array}{c} L_1 \\ L_2 \\ \vdots \\ L_p \end{array} \left\{ \begin{array}{rcl} a_{11}x_1 + a_{12}x_2 + \cdots + a_{1n}x_n & = & \alpha_1 \\ a_{21}x_1 + a_{22}x_2 + \cdots + a_{2n}x_n & = & \alpha_2 \\ \vdots & \vdots & \vdots \\ a_{p1}x_1 + a_{p2}x_2 + \cdots + a_{pn}x_n & = & \alpha_p \end{array} \right.$$

où les a_{ij} ($i \in \{1, \ldots, p\}$, $j \in \{1, \ldots, n\}$) seront appelés les *coefficients* de Σ, et où $(\alpha_1, \ldots, \alpha_p)$ sera appelé le *second membre* du système.
Parmi les outils abordés précédemment, il faut savoir que les déterminants doivent être abandonnés car ils ne peuvent être définis que pour des systèmes carrés.
Par contre la méthode du pivot de Gauss s'adapte sans problème aux systèmes $p \times n$, comme nous l'expliquons en 5.3.
Nous commençons par présenter quelques exemples de systèmes $p \times n$ simples à interpréter géométriquement, ce qui donnera une première idée du type d'ensembles de solutions possible.

5.1 Systèmes non carrés avec $p = 2$ ou $n = 2$

- Prenons le cas $p > 2$ et $n = 2$. Il s'agit alors de résoudre un système de la forme :

$$\Sigma : \left\{ \begin{array}{rcl} a_{11}x + a_{12}y & = & \alpha_1 \\ a_{21}x + a_{22}y & = & \alpha_2 \\ \vdots & \vdots & \vdots \\ a_{p1}x + a_{p2}y & = & \alpha_p \end{array} \right. .$$

Dans le cas où les coefficients sont tous réels, non tous nuls, et le second membre formé de réels, fixons un repère orthonormé direct $\mathcal{R}$ dans le plan et considérons que (x, y) représente les coordonnées dans $\mathcal{R}$ d'un point quelconque du plan.
Résoudre Σ revient alors à chercher tous les points du plan dont les coordonnées satisfont aux p équations de droites $a_{i1}x + a_{i2}y = \alpha_i$, $i = 1 \ldots p$. Il s'agit donc de la recherche des points communs à ces p droites – ce qu'on appelle leur intersection.
Le lecteur sait bien déjà que deux droites du plan peuvent n'avoir aucun point d'intersection – si elles sont parallèles et distinctes. Or plus il y a de droites, plus il est légitime d'attendre que leur intersection commune soit vide. Ainsi trois droites deux à deux non parallèles dans le plan n'ont aucune intersection commune.
Il se peut néanmoins qu'un système comme Σ admette exactement une solution, comme l'illustre le dessin qui suit, voire une infinité (auxquelles cas les droites sont toutes confondues, ce qui correspond au fait que les équations de Σ sont deux à deux équivalentes).

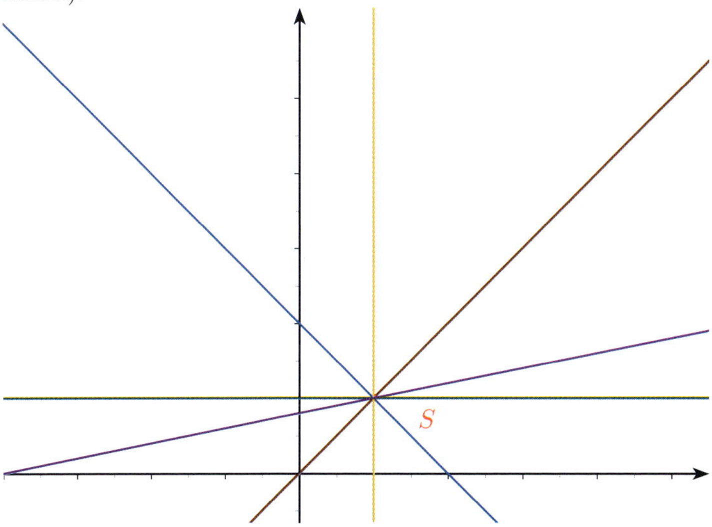

- Prenons maintenant le cas $p = 2$ et $n = 3$. Il s'agit alors de résoudre un système de la forme :

$$\Sigma : \begin{cases} ax + by + cz = d \\ a'x + b'y + c'z = d' \end{cases}.$$

Toujours dans le cas où les coefficients sont tous réels, non tous nuls, on peut fixer un repère orthonormé direct $\mathcal{R}$ de l'espace et considérer que (x, y, z) représente les coordonnées dans $\mathcal{R}$ d'un point quelconque de l'espace.
Résoudre Σ revient alors à chercher tous les points de l'espace dont les coordonnées

satisfont aux deux équations de plans $ax + by + cz = d$ et $a'x + b'y + c'z = d'$. Il s'agit donc de la recherche des points communs à ces deux plans. Or on sait bien qu'il y a trois cas possibles :

1. Si les deux plans sont confondus, ils coïncident alors avec leur intersection commune. Ainsi Σ a une infinité de solutions.

2. Si les deux plans ne sont pas parallèles, ils se coupent selon une droite et l'ensemble des solutions de Σ est donc infini.

3. Si les deux plans sont parallèles mais non confondus, ils n'ont aucune intersection commune donc l'ensemble des solutions de Σ est vide.

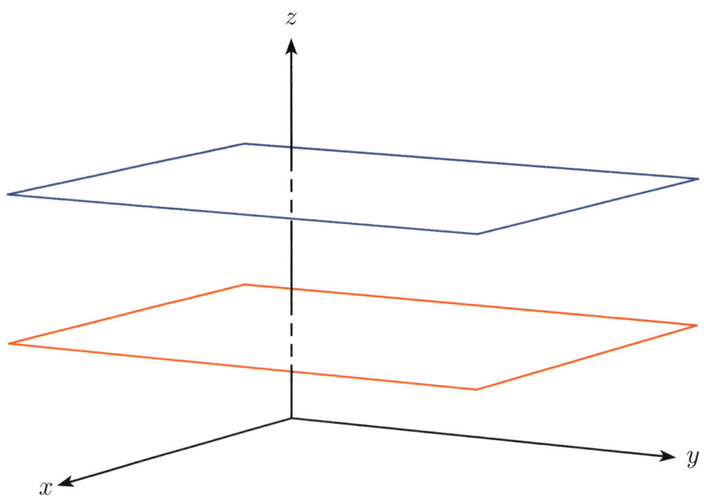

5.2 Systèmes échelonnés

Définition 9

On dit d'un système $p \times n$

$$\Sigma : \begin{array}{c} L_1 \\ L_2 \\ \vdots \\ L_p \end{array} \left\{ \begin{array}{ccc} a_{11}x_1 + a_{12}x_2 + \cdots + a_{1n}x_n & = & \alpha_1 \\ a_{21}x_1 + a_{22}x_2 + \cdots + a_{2n}x_n & = & \alpha_2 \\ \vdots & \vdots & \vdots \\ a_{p1}x_1 + a_{p2}x_2 + \cdots + a_{pn}x_n & = & \alpha_p \end{array} \right.$$

qu'il est *échelonné* lorsque :

· si dans une équation L_i, il existe $j \in \{1, \ldots, p-1\}$ tel que tous les coefficients a_{ik}, avec $k < j$, sont nuls, alors tous les coefficients $a_{i+1,k}$, avec $k < j+1$, sont nuls.

· si dans une équation L_i, tous les coefficients a_{ij} sont nuls, alors tous les coefficients des équations suivantes sont nuls également.

Il est immédiat de par cette définition que les systèmes échelonnés sont des systèmes *triangulaires supérieurs*, au sens suivant :

Définition 10

On dit d'un système $p \times n$

$$\Sigma : \left\{ \begin{array}{ccc} a_{11}x_1 + a_{12}x_2 + \cdots + a_{1n}x_n & = & \alpha_1 \\ a_{21}x_1 + a_{22}x_2 + \cdots + a_{2n}x_n & = & \alpha_2 \\ \vdots & \vdots & \vdots \\ a_{p1}x_1 + a_{p2}x_2 + \cdots + a_{pn}x_n & = & \alpha_p \end{array} \right.$$

qu'il est *triangulaire supérieur* lorsqu'on a :
$\forall (i,j) \in \{1, \ldots, p\} \times \{1, \ldots, n\}, \ \big(i > j \Rightarrow a_{ij} = 0\big)$.

Voici la forme que possède un système triangulaire supérieur suivant le lien entre p et n :

1. si $p = n$ alors un système triangulaire supérieur est de la forme :

$$\Sigma : \left\{ \begin{array}{rcl} a_{11}x_1 + a_{12}x_2 + \cdots + a_{1n}x_n & = & \alpha_1 \\ a_{22}x_2 + \cdots + a_{2n}x_n & = & \alpha_2 \\ \ddots \quad \vdots & \vdots & \vdots \\ a_{nn}x_n & = & \alpha_n \end{array} \right. .$$

2. si $p > n$ alors un système triangulaire supérieur est de la forme :

$$\Sigma : \left\{ \begin{array}{rcl} a_{11}x_1 + a_{12}x_2 + \cdots + a_{1n}x_n & = & \alpha_1 \\ a_{22}x_2 + \cdots + a_{2n}x_n & = & \alpha_2 \\ \ddots \quad \vdots & \vdots & \vdots \\ a_{nn}x_n & = & \alpha_n \\ 0 & = & \alpha_{n+1} \\ \vdots & \vdots & \vdots \\ 0 & = & \alpha_p \end{array} \right. .$$

   Évidemment un tel système n'est compatible que si $\alpha_1 = \cdots = \alpha_n = 0$. Sous cette condition, on est ramené au cas précédent.

3. si $p < n$ alors un système triangulaire supérieur est de la forme :

$$\Sigma : \left\{ \begin{array}{rcl} a_{11}x_1 + a_{12}x_2 + \cdots + a_{1p}x_p + a_{1,p+1}x_{p+1} + \cdots + a_{1n}x_n & = & \alpha_1 \\ a_{22}x_2 + \cdots + a_{2p}x_p + a_{2,p+1}x_{p+1} + \cdots + a_{2n}x_n & = & \alpha_2 \\ \ddots \qquad \vdots & \vdots & \vdots \\ a_{pp}x_p + a_{p,p+1}x_{p+1} + \cdots + a_{pn}x_n & = & \alpha_p \end{array} \right. .$$

Voici quelques exemples de systèmes échelonnés (bien sûr certains systèmes peuvent être incompatibles) :

Exemples 9

1. $$\Sigma : \left\{ \begin{array}{rcrcrcrcr} 2x & + & 9y & & & - & 4t & = & 3 \\ & & 3y & - & z & + & 2t & = & 0 \\ & & & & & & 3t & = & -1 \\ & & & & & & 2t & = & -3 \end{array} \right. .$$

2. $$\Sigma : \left\{ \begin{array}{rcrcrcrcr} 3x & & & + & 3z & - & 4t & = & 3 \\ & & y & - & 4z & + & t & = & 11 \\ & & & & & & 3t & = & -1 \end{array} \right. .$$

3. $\Sigma : \begin{cases} 5x - 2y + 3z - 4t = -2 \\ \quad - 4y - 3z + t = 1 \\ \quad\quad 7z - 3t = -1 \\ \quad\quad\quad 0 = 2 \end{cases}.$

4. Attention le système suivant est triangulaire supérieur mais pas échelonné :

$$\Sigma : \begin{cases} 4x - 8y + 2z - 4t = 11 \\ \quad 4z + 5t = -2 \\ \quad 3z - 4t = 7 \\ \quad\quad 2t = -3 \end{cases}.$$

Il n'est néanmoins pas très difficile de transformer ce système en un système échelonné à l'aide d'opérations élémentaires. Cela est expliqué dans la suite.

Les systèmes échelonnés sont particulièrement simples à résoudre et obéissent à un principe général. Nous expliquons ci-dessous comment parvenir à la résolution, et quels types d'ensembles de solutions sont susceptibles de se présenter suivant les cas. Afin d'éviter les cas particuliers simples, nous nous concentrons sur les systèmes échelonnés ne possédant aucune ligne dont les coefficients a_{ij} soient tous nuls. Cela implique $p \leqslant n$ car le fait d'être échelonné impose que la deuxième équation possède au moins son premier coefficient nul, que la troisième équation au moins les deux premiers nuls et donc, en poursuivant de même, que la n-ième équation possède au moins ses $n-1$ premiers coefficients nuls. Ainsi tout système échelonné avec au moins $n+1$ équations aura à partir de la $(n+1)$-ième équation tous ses coefficients a_{ij} nuls !
On peut distinguer deux cas :

1. Si $p = n$ alors nécessairement tous les a_{ii} sont différents de 0 $(1 \leqslant i \leqslant n)$, car sinon le système posséderait une équation aux coefficients a_{ij} tous nuls. On peut par conséquent résoudre le système en remontant par substitutions successives ; on obtient finalement forcément une unique solution.

2. Si $p < n$ alors le système admet une infinité de solutions et on aura besoin de $n - p$ paramètres pour décrire l'ensemble de ces solutions. Le plus simple consiste en général à remonter le système par substitutions successives en choisissant d'exprimer dans la dernière équation une inconnue en fonction des autres, qui joueront dès lors le rôle de paramètre.

Voyons cela dans les exemples suivants.

Exemples 10

1. Soit le système

$$\Sigma : \left\{ \begin{array}{ccccccccc} x & + & 5y & & & - & 4t & = & 3 \\ & & 3y & - & z & + & 2t & = & 0 \\ & & & & & 2z- & t & = & 6 \\ & & & & & & 2t & = & -4 \end{array} \right. .$$

Remontant par substitutions, on obtient qu'un quadruplet (x, y, z, t) est solution de Σ si et seulement si :

$$\left\{ \begin{array}{lcl} t & = & -\frac{4}{2} = -2 \\ z & = & \frac{1}{2}(6+t) = \frac{1}{2}(6-2) = 2 \\ y & = & \frac{1}{3}(-2t+z) = \frac{1}{3}\big(-2\times(-2)+2\big) = 2 \\ x & = & 3+4t-5y = 3+4\times(-2)-5\times 2 = -15 \end{array} \right. .$$

Ainsi le système Σ admet une unique solution, le quadruplet $(-15, 2, 2, -2)$.

2. Soit $n \in \mathbb{N} \setminus \{0\}$ et soit le système à résoudre sur $\mathbb{R}$:

$$\Sigma : \left\{ \begin{array}{rcc} x_1 + x_2 + \cdots + x_n & = & n^n \\ x_2 + \cdots + x_n & = & n^{n-1} \\ \ddots \quad \vdots & \vdots & \vdots \\ x_n & = & n \end{array} \right. .$$

La dernière équation donne $x_n = n$.
Substituant dans l'avant-dernière équation, on obtient : $x_{n-1} + n = n^2$ d'où $x_{n-1} = n^2 - n = n = n(n-1)$.
Substituant à nouveau dans l'antépénultième équation, on trouve : $x_{n-2} + n^2 = n^3$ d'où $x_{n-2} = n^3 - n^2 = n^2(n-1)$.
Remontant ainsi de suite jusqu'à la première équation, on montre que Σ possède une unique solution, le n-uplet $(x_1, \ldots, x_n)$ tel que :

$$\forall k \in \{1, \ldots, n-1\},\ x_k = n^{n-k}(n-1) \text{ et } x_n = n.$$

3. Soit à résoudre sur $\mathbb{R}$ le système :

$$\Sigma : \left\{ \begin{array}{ccccccccc} 3x & + & y & - & z & + & 4t & = & 11 \\ & & 3y & - & z & + & 2t & = & 3 \\ & & & & 2z & - & t & = & 5 \end{array} \right. .$$

Un élément (x, y, z, t) de $\mathbb{R}^4$ est solution de Σ si et seulement si :

$$\Sigma : \begin{cases} t &= 2z - 5 \\ y &= \frac{1}{3}(3 - 2t + z) = \frac{1}{3}\big(3 - 2(2z-5) + z\big) = \frac{13}{3} - z \\ x &= \frac{1}{3}(11 - 4t + z - y) = \frac{1}{3}\left(11 - 4(2z-5) + z - \left(\frac{13}{3} - z\right)\right) = \frac{80}{9} - 2z \end{cases}.$$

Ainsi l'ensemble des solutions de Σ est : $\left\{\left(\dfrac{80}{9} - 2z, \dfrac{13}{3} - z, z, 2z - 5\right),\ z \in \mathbb{R}\right\}$.

5.3 Algorithme du pivot de Gauss

Théorème 7

Soit un système linéaire Σ à p équations et n inconnues. Il est possible, par des opérations élémentaires sur les équations, de transformer Σ en un système Σ' échelonné et équivalent à Σ.

Démonstration

On prouve par récurrence sur $p \geqslant 1$ la propriété $\mathcal{P}_p$ qui s'énonce comme suit : pour tout $n \geqslant 1$, tout système linéaire à p équations et n inconnues peut être transformé via opérations élémentaires en un système échelonné et équivalent.

Initialisation : $(p = 1)$. Soit $n \geqslant 1$. Tout système linéaire à 1 ligne et n inconnues est échelonné ; il n'y a donc rien à faire.

Hérédité : Supposons la propriété $\mathcal{P}_p$ vraie pour un certain $p \geqslant 1$. On veut prouver que $\mathcal{P}_{p+1}$ est vraie.

Soit donc un entier quelconque $n \geqslant 1$ et un système linéaire $(p+1) \times n$ quelconque

$$\Sigma : \begin{array}{c} L_1 \\ L_2 \\ \vdots \\ L_{p+1} \end{array} \begin{cases} a_{11}x_1 + a_{12}x_2 + \cdots + a_{1n}x_n &= \alpha_1 \\ a_{21}x_1 + a_{22}x_2 + \cdots + a_{2n}x_n &= \alpha_2 \\ \vdots & \vdots \quad \vdots \\ a_{p+1,1}x_1 + a_{p+1,2}x_2 + \cdots + a_{p+1,n}x_n &= \alpha_{p+1} \end{cases}.$$

On cherche à obtenir un système équivalent dont tous les termes en x_1 sont nuls, sauf éventuellement celui de la première ligne. Pour cela on reprend les idées de la méthode du pivot présentée pour les systèmes 3×3. On a plusieurs cas :

- Si $a_{11} \neq 0$, on peut prendre ce nombre pour pivot et on effectue, pour $i \in \{2, \ldots, p+1\}$, les opérations élémentaires $L_i \leftarrow L_i - \dfrac{a_{i1}}{a_{11}} L_1$. On obtient ainsi le système équivalent :

$$\tilde{\Sigma} : \left\{ \begin{array}{ccccccccc} a_{11}x_1 & + & a_{12}x_2 & + & \cdots & + & a_{1n}x_n & = & \alpha_1 \\ & & a'_{22}x_2 & + & \cdots & + & a'_{2n}x_n & = & \alpha'_2 \\ & & \vdots & & & & \vdots & \vdots & \vdots \\ & & a'_{p+1,2}x_2 & + & \cdots & + & a'_{p+1,n}x_n & = & \alpha'_{p+1} \end{array} \right. ,$$

  où l'on a noté : $\forall (i,j) \in \{2, \ldots, p+1\} \times \{2, \ldots, n\}$, $a'_{ij} = a_{ij} - \dfrac{a_{i1}}{a_{11}} a_{ij}$ et $\forall i \in \{2, \ldots, p+1\}$, $\alpha'_i = \alpha_i - \dfrac{a_{i1}}{a_{11}} \alpha_1$.
- Si $a_{11} = 0$ mais que l'un des coefficients a_{i1} est non nul pour $i \in \{2, \ldots, p+1\}$. Notons i_0 un élément de $\{2, \ldots, p+1\}$ tel que $a_{i_0 1} \neq 0$ et effectuons l'opération $L_1 \leftrightarrow L_{i_0}$. On est alors ramené au cas précédent vu que l'on a placé sur la première ligne une équation dont le terme en x_1 est non nul.
- Si tous les a_{i1} sont nuls, pour $i \in \{1, \ldots, p+1\}$, mais qu'il existe un coefficient non nul dans Σ, alors on peut se ramener aux cas précédents en travaillant sur la première inconnue dont un coefficient est non nul dans le système. On notera que dans ce cas l'inconnue x_1 n'apparaît pas dans le système.
- Si tous les coefficients de Σ sont nuls alors le système est échelonné et il n'y a rien à faire !

Dans le dernier cas, le système Σ est bien échelonné.

Les trois autres cas mènent à un système équivalent de la forme de $\tilde{\Sigma}$. À partir de là, on peut en considérer le sous-système

$$\left\{ \begin{array}{ccccccc} a'_{22}x_2 & + & \cdots & + & a'_{2n}x_n & = & \alpha'_2 \\ \vdots & & & & \vdots & \vdots & \vdots \\ a'_{p+1,2}x_2 & + & \cdots & + & a'_{p+1,n}x_n & = & \alpha'_{p+1} \end{array} \right. .$$

Il s'agit d'un système linéaire à p équations donc, par hypothèse de récurrence, il peut être transformé via opérations élémentaires en un système échelonné. Effectuant cela, on transforme Σ lui-même en un système échelonné.

Ce que nous venons d'expliquer étant valable pour tout $n \geqslant 1$ et pour tout système linéaire Σ à $p+1$ équations et n inconnues, la propriété $\mathcal{P}_{p+1}$ est démontrée.

La propriété est donc bien héréditaire.

Conclusion : La propriété étant vraie au rang 1 et héréditaire, elle est vraie pour tout $p \geqslant 1$.

Concrètement, si l'on est face à un système linéaire avec un nombre $p \geqslant 2$ d'équations, le procédé décrit dans l'hérédité permet de se ramener à un système à $p-1$ équations. Poursuivant selon le même principe, on arrivera en au plus $p-1$ étapes à un système réduit à une seule équation, auquel il n'y a rien à faire, ce qui marque la fin du procédé. On suit ainsi un algorithme : une suite d'opérations bien définies menant en un nombre fini d'étapes au résultat souhaité, quel que soit le système pris au départ. Bien sûr le nombre d'étapes dépend du nombre d'équations du système.

Exemples 11

1. Soit à résoudre sur $\mathbb{R}$ le système :

$$\Sigma : \left\{\begin{array}{rcr} 3x+12y-z-10t &=& 12 \\ -2x-y+z+8t &=& -10 \\ -x+y+2z+5t &=& -6 \\ x+2y-z-4t &=& 5 \end{array}\right. .$$

On applique l'algorithme du pivot de Gauss :

$$\Sigma \Leftrightarrow \begin{array}{l} L_1 \leftrightarrow L_4 \\ \\ \\ \\ \end{array} \left\{\begin{array}{rcr} x+2y-z-4t &=& 5 \\ -2x-y+z+8t &=& -10 \\ -x+y+2z+5t &=& -6 \\ 3x+12y-z-10t &=& 12 \end{array}\right.$$

$$\Leftrightarrow \begin{array}{l} \\ L_2 \leftarrow L_2+2L_1 \\ L_3 \leftarrow L_3+L_1 \\ L_4 \leftarrow L_4-3L_1 \end{array} \left\{\begin{array}{rcrcrcrcr} x &+& 2y &-& z &-& 4t &=& 5 \\ && 3y &-& z &&&=& 0 \\ && 3y &+& z &+& t &=& -1 \\ && 6y &+& 2z &+& 2t &=& -3 \end{array}\right.$$

$$\Leftrightarrow \begin{array}{l} \\ \\ L_3 \leftarrow L_3-L_2 \\ L_4 \leftarrow L_4-2L_2 \end{array} \left\{\begin{array}{rcrcrcrcr} x &+& 2y &-& z &-& 4t &=& 5 \\ && 3y &-& z &&&=& 0 \\ &&&& 2z &+& t &=& -1 \\ &&&& 4z &+& 2t &=& -3 \end{array}\right.$$

$$\Leftrightarrow \begin{array}{l} \\ \\ \\ L_4 \leftarrow L_4-2L_3 \end{array} \left\{\begin{array}{rcrcrcrcr} x &+& 2y &-& z &-& 4t &=& 5 \\ && 3y &-& z &&&=& 0 \\ &&&& 2z &+& t &=& -1 \\ &&&&&& 0 &=& -1 \end{array}\right. .$$

Ainsi le système Σ est équivalent à un système incompatible, donc n'admet aucune solution.

2. Soit à résoudre sur $\mathbb{R}$ le système :

$$\Sigma : \left\{ \begin{array}{rcrcrcrcrcr} 2p & - & 2q & + & r & - & 5s & + & 3t & = & 8 \\ & & 2q & - & 4r & - & 9s & + & 7t & = & 6 \\ -6p & + & 7q & - & 6r & + & 11s & - & 7t & = & -23 \\ 2p & - & 5q & + & 14r & + & 5s & + & 3t & = & 13 \\ & & q & - & 7r & - & 2s & - & 4t & = & -7 \end{array} \right. .$$

On applique l'algorithme du pivot de Gauss :

$$\Sigma \Leftrightarrow \begin{array}{l} \\ \\ L_3 \leftarrow L_3 + 3L_1 \\ L_4 \leftarrow L_4 - L_1 \\ \\ \end{array} \left\{ \begin{array}{rcrcrcrcrcr} 2p & - & 2q & + & r & - & 5s & + & 3t & = & 8 \\ & & 2q & - & 4r & - & 9s & + & 7t & = & 6 \\ & & q & - & 3r & - & 4s & + & 2t & = & 1 \\ & - & 3q & + & 13r & + & 10s & & & = & 5 \\ & & q & - & 7r & - & 2s & - & 4t & = & -7 \end{array} \right.$$

$$\Leftrightarrow \begin{array}{l} \\ L_2 \leftrightarrow L_3 \\ \\ \\ \\ \end{array} \left\{ \begin{array}{rcrcrcrcrcr} 2p & - & 2q & + & r & - & 5s & + & 3t & = & 8 \\ & & q & - & 3r & - & 4s & + & 2t & = & 1 \\ & & 2q & - & 4r & - & 9s & + & 7t & = & 6 \\ & - & 3q & + & 13r & + & 10s & & & = & 5 \\ & & q & - & 7r & - & 2s & - & 4t & = & -7 \end{array} \right.$$

$$\Leftrightarrow \begin{array}{l} \\ \\ L_3 \leftarrow L_3 - 2L_2 \\ L_4 \leftarrow L_4 + 3L_2 \\ L_5 \leftarrow L_5 - L_2 \end{array} \left\{ \begin{array}{rcrcrcrcrcr} 2p & - & 2q & + & r & - & 5s & + & 3t & = & 8 \\ & & q & - & 3r & - & 4s & + & 2t & = & 1 \\ & & & & 2r & - & s & + & 3t & = & 4 \\ & & & & 4r & - & 2s & + & 6t & = & 8 \\ & & & - & 4r & + & 2s & - & 6t & = & -8 \end{array} \right.$$

$$\Leftrightarrow \begin{array}{l} \\ \\ \\ L_4 \leftarrow L_4 - 2L_3 \\ L_5 \leftarrow L_5 + 2L_3 \end{array} \left\{ \begin{array}{rcrcrcrcrcr} 2p & - & 2q & + & r & - & 5s & + & 3t & = & 8 \\ & & q & - & 3r & - & 4s & + & 2t & = & 1 \\ & & & & 2r & - & s & + & 3t & = & 4 \\ & & & & & & & & 0 & = & 0 \\ & & & & & & & & 0 & = & 0 \end{array} \right.$$

$$\Leftrightarrow \left\{ \begin{array}{r} 2p - 2q + r - 5s + 3t = 8 \\ q - 3r - 4s + 2t = 1 \\ 2r - s + 3t = 4 \end{array} \right. .$$

Prenant par exemple r et t comme paramètres, on obtient ainsi qu'un élément (p, q, r, s, t) de $\mathbb{R}^5$ est solution de Σ si et seulement si :

$$\left\{ \begin{array}{rcl} s & = & 4 - 2r - 3t \\ q & = & 1 + 3r - 2t + 4s \\ 2p & = & 8 - r - 3t + 5s + 2q \end{array} \right.$$

$$i.\ e. \left\{ \begin{array}{rcl} s & = & 4 - 2r - 3t \\ q & = & 1 + 3r - 2t + 4(4 - 2r - 3t) = 17 - 5r - 14t \\ 2p & = & 8 - r - 3t + 5(4 - 2r - 3t) + 2q \end{array} \right.$$

$$i.\ e. \left\{ \begin{array}{rcl} s & = & 4 - 2r - 3t \\ q & = & 17 - 5r - 14t \\ 2p & = & 28 - 11r - 18t + 2(17 - 5r - 14t) = 62 - 21r - 46t \end{array} \right. .$$

Ainsi Σ a comme ensemble de solutions :

$$\left\{ \left(31 - \frac{21}{2}r - 23t, 17 - 5r - 14t, r, 4 - 2r - 3t, t\right),\ (r, t) \in \mathbb{R}^2 \right\}.$$

5.4 Systèmes homogènes

Définition 11

On dit d'un système $p \times n$ qu'il est *homogène* lorsque son second membre est nul, c'est-à-dire lorsqu'il est de la forme

$$\begin{array}{c} L_1 \\ L_2 \\ \vdots \\ L_p \end{array} \left\{ \begin{array}{rcl} a_{11}x_1 + a_{12}x_2 + \cdots + a_{1n}x_n & = & 0 \\ a_{21}x_1 + a_{22}x_2 + \cdots + a_{2n}x_n & = & 0 \\ \vdots & \vdots & \vdots \\ a_{p1}x_1 + a_{p2}x_2 + \cdots + a_{pn}x_n & = & 0 \end{array} \right. .$$

Définition 12

À tout système

$$\Sigma : \begin{array}{c} L_1 \\ L_2 \\ \vdots \\ L_p \end{array} \left\{ \begin{array}{ccc} a_{11}x_1 + a_{12}x_2 + \cdots + a_{1n}x_n & = & \alpha_1 \\ a_{21}x_1 + a_{22}x_2 + \cdots + a_{2n}x_n & = & \alpha_2 \\ \vdots & \vdots & \vdots \\ a_{p1}x_1 + a_{p2}x_2 + \cdots + a_{pn}x_n & = & \alpha_p \end{array} \right. ,$$

on peut associer le système homogène

$$\Sigma_h : \begin{array}{c} L_{1'} \\ L'_2 \\ \vdots \\ L'_p \end{array} \left\{ \begin{array}{ccc} a_{11}x_1 + a_{12}x_2 + \cdots + a_{1n}x_n & = & 0 \\ a_{21}x_1 + a_{22}x_2 + \cdots + a_{2n}x_n & = & 0 \\ \vdots & \vdots & \vdots \\ a_{p1}x_1 + a_{p2}x_2 + \cdots + a_{pn}x_n & = & 0 \end{array} \right.$$

obtenu en remplaçant le second membre $(\alpha_1, \ldots, \alpha_p)$ de Σ par $(0, \ldots, 0)$.
On appelle Σ_h le *système homogène associé à* Σ.

En particulier, dans le cas des systèmes carrés 2×2 ou 3×3, le déterminant d'un système est donc le déterminant du système homogène associé.

Les systèmes homogènes sont donc toujours compatibles, puisqu'une solution évidente en est $(0, 0, \ldots, 0)$. Il se peut, comme on l'a vu, que cette solution évidente soit la seule solution du système (comme dans le cas d'un système 2×2 ou 3×3 de déterminant non nul) comme il se peut que ce ne soit pas la seule (comme dans le cas où $n \geqslant 2$ et toutes les équations sont proportionnelles). Le théorème ci-dessous précise ce résultat :

Théorème 8 (Théorème de structure vectorielle)

Soit Σ_h un système $p \times n$ homogène. Alors

1. $(0, \ldots, 0)$ est solution de Σ_h, et
2. si $(x_1, \ldots, x_n)$, $(y_1, \ldots, y_n)$ sont deux solutions de Σ_h et λ, μ deux nombres (réels si on résout sur $\mathbb{R}$, complexes si on résout sur $\mathbb{C}$), alors $(\lambda x_1 + \mu y_1, \ldots, \lambda x_n + \mu y_n)$ est solution de Σ_h.

Ce théorème est le premier d'une grande famille du même type. Il exprime en fait que l'ensemble des solutions d'un système linéaire homogène est un sous-espace vectoriel de $\mathbb{R}^n$, ce sur quoi nous reviendrons en détails dans des chapitres ultérieurs. Ce qu'il faut retenir pour le moment est que lorsque l'on résout un problème de nature linéaire homogène (ici, un système linéaire homogène), l'ensemble des solutions est stable par combinaisons linéaires.

DÉMONSTRATION

Notons

$$\Sigma_h : \begin{matrix} L_{1'} \\ L'_2 \\ \vdots \\ L'_p \end{matrix} \left\{ \begin{array}{lcl} a_{11}x_1 + a_{12}x_2 + \cdots + a_{1n}x_n & = & 0 \\ a_{21}x_1 + a_{22}x_2 + \cdots + a_{2n}x_n & = & 0 \\ \vdots & \vdots & \vdots \\ a_{p1}x_1 + a_{p2}x_2 + \cdots + a_{pn}x_n & = & 0 \end{array} \right. .$$

1. Le fait que $(0, \ldots, 0)$ soit solution résulte directement du fait que toute combinaison linéaire formée de 0 est nulle, ce qui est immédiat.
2. Soient $(x_1, \ldots, x_n)$ et $(y_1, \ldots, y_n)$ deux solutions. Pour tout $i \in \{1, \ldots, p\}$, on a donc $a_{i1}x_1 + a_{i2}x_2 + \cdots + a_{in}x_n = 0$ et $a_{i1}y_1 + a_{i2}y_2 + \cdots + a_{in}y_n = 0$. Par suite on a, pour tout $i \in \{1, \ldots, p\}$, $a_{i1}(\lambda x_1 + \mu y_1) + a_{i2}(\lambda x_2 + \mu y_2) + \cdots + a_{in}(\lambda x_n + \mu y_n) = \lambda(a_{i1}x_1 + a_{i2}x_2 + \cdots + a_{in}x_n) + \mu(a_{i1}y_1 + a_{i2}y_2 + \cdots + a_{in}y_n) = 0$. Ce qui signifie bien que $(\lambda x_1 + \mu y_1, \ldots, \lambda x_n + \mu y_n)$ est solution de Σ_h.

Ce résultat a des applications que l'on étudiera dans des chapitres ultérieurs. On se contente pour l'instant d'en donner une interprétation géométrique dans le cas des systèmes $p \times 2$ ou 2×3.

- Cas des systèmes $p \times 2$.
  On a vu dans la section 5.1 que l'ensemble des solutions d'un système $p \times 2$ à coefficients réels, non tous nuls, était soit vide, soit de représentation un point, soit de représentation une droite. Si l'on suppose de plus que le système considéré est homogène, alors on peut être plus précis : l'ensemble des solutions se représente soit par l'origine du repère, soit par une droite passant par l'origine.
- Cas des systèmes 2×3.
  On a vu dans la section 5.1 que l'ensemble des solutions d'un système 2×3 à coefficients réels, non tous nuls, était soit vide, soit de représentation une droite, soit de représentation un plan. Si l'on suppose de plus que le système considéré est homogène, alors on peut être plus précis : l'ensemble des solutions se représente soit par une droite passant par l'origine, soit par un plan passant par l'origine.

Théorème 9 (Théorème de structure affine)

Soit Σ un système $p \times n$ et Σ_h le système linéaire homogène associé à Σ. Si $(x_1, \ldots, x_n)$ désigne une solution quelconque de Σ et que S_h désigne l'ensemble des solutions de Σ_h alors l'ensemble des solutions de Σ est $\{(x_1 + y_1, \ldots, x_n + y_n),\ (y_1, \ldots, y_n) \in S_h\}$.

Ce théorème exprime en fait que l'ensemble des solutions d'un système linéaire compatible est un sous-espace affine de $\mathbb{R}^n$ de direction l'ensemble des solutions du système homogène associé, ce sur quoi nous reviendrons brièvement dans un chapitre ultérieur. La notion de sous-espace affine, au programme en classe de MPSI, n'est pas au programme de la classe de PCSI, mais le résultat précédent, par contre, l'est bel est bien. Il est ainsi important de retenir, toute filières confondues, que lorsque l'on résout un problème de nature linéaire non homogène (ici, un système linéaire non homogène), résoudre le problème se ramène à en trouver une solution particulière et résoudre le problème homogène associé. Cette idée est réellement fondamentale en algèbre et nous la retrouverons dans de nombreuses situations ; il est essentiel de bien l'assimiler.

DÉMONSTRATION

Notons S l'ensemble des solutions de Σ et introduisons une notation éclairante pour la démonstration : notons $(x_1, \ldots, x_n) + S_h$ l'ensemble dont les éléments sont les $(x_1 + y_1, \ldots, x_n + y_n)$ avec $(y_1, \ldots, y_n) \in S_h$. On souhaite donc montrer qu'on a $S = (x_1, \ldots, x_n) + S_h$. Procédons par double inclusion.

- $\boxed{\subset}$ Soit $(z_1, \ldots, z_n) \in S$. Notons $y_1 = z_1 - x_1$, $y_2 = z_2 - x_2$, …, $y_n = z_n - x_n$, de sorte qu'on a $(z_1, \ldots, z_n) = (x_1 + y_1, \ldots, x_n + y_n)$. Pour montrer que $(z_1, \ldots, z_n)$ est élément de $(x_1, \ldots, x_n) + S_h$, il suffit donc de voir qu'on a $(y_1, \ldots, y_n) \in S_h$. Mais par hypothèse $(z_1, \ldots, z_n)$ et $(x_1, \ldots, x_n)$ sont des solutions de S. On a donc, pour tout entier $i \in \{1, \ldots, p\}$, $a_{i1}z_1 + a_{i2}z_2 + \cdots + a_{in}z_n = \alpha_i$ et $a_{i1}x_1 + a_{i2}x_2 + \cdots + a_{in}x_n = \alpha_i$. En soustrayant ces deux équations on trouve :
  $a_{i1}(z_1 - x_1) + a_{i2}(z_2 - x_2) + \cdots + a_{in}(z_n - x_n) = \alpha_i - \alpha_i$, c'est-à-dire
  $a_{i1}y_1 + a_{i2}y_2 + \cdots + a_{in}y_n = 0$. Ceci étant vrai pour tout entier $i \in \{1, \ldots, p\}$, $(y_1, \ldots, y_n)$ est bien solution de Σ_h, c'est-à-dire $(y_1, \ldots, y_n) \in S_h$.

- $\boxed{\supset}$ Soit $(z_1, \ldots, z_n) \in (x_1, \ldots, x_n) + S_h$. Par définition, il existe donc $(y_1, \ldots, y_n) \in S_h$ tel que $(z_1, \ldots, z_n) = (x_1 + y_1, \ldots, x_n + y_n)$. Pour tout entier $i \in \{1, \ldots, p\}$, on a
  $a_{i1}x_1 + a_{i2}x_2 + \cdots + a_{in}x_n = \alpha_i$ (puisqu'on a $(x_1, \ldots, x_n) \in S$) et
  $a_{i1}y_1 + a_{i2}y_2 + \cdots + a_{in}y_n = 0$ (puisqu'on a $(y_1, \ldots, y_n) \in S_h$). En sommant ces deux

équations on trouve $a_{i1}(x_1+y_1)+a_{i2}(x_2+y_2)+\cdots+a_{in}(x_n+y_n)=\alpha_i+0$ c'est-à-dire $a_{i1}z_1+a_{i2}z_2+\cdots+a_{in}z_n=\alpha_i$. Ceci étant vrai pour tout entier $i \in \{1,\ldots,p\}$, $(z_1,\ldots,z_n)$ est bien solution de Σ, c'est-à-dire $(z_1,\ldots,z_n) \in S$.

Ce qu'illustre également cette démonstration, c'est que si l'on connaît l'ensemble S des solutions de Σ, on en déduit immédiatement l'ensemble des solutions de Σ_h en choisissant un élément de S et en le soustrayant aux éléments de S.

Exemples 12

On considère les deux systèmes suivants :

$$\Sigma_1 : \left\{\begin{array}{rcrcrcrcrcr} 2p & - & 2q & + & r & - & 5s & + & 3t & = & 2 \\ & & 2q & - & 4r & - & 9s & + & 7t & = & 0 \\ -6p & + & 7q & - & 6r & + & 11s & - & 7t & = & -6 \\ 2p & - & 5q & + & 14r & + & 5s & + & 3t & = & 2 \\ & & q & - & 7r & - & 2s & - & 4t & = & 0 \end{array}\right.$$

et

$$\Sigma_2 : \left\{\begin{array}{rcrcrcrcrcr} 2p & - & 2q & + & r & - & 5s & + & 3t & = & -2 \\ & & 2q & - & 4r & - & 9s & + & 7t & = & 2 \\ -6p & + & 7q & - & 6r & + & 11s & - & 7t & = & 7 \\ 2p & - & 5q & + & 14r & + & 5s & + & 3t & = & -5 \\ & & q & - & 7r & - & 2s & - & 4t & = & 1 \end{array}\right. .$$

On pourrait évidemment résoudre ces systèmes à l'aide de l'algorithme du pivot de Gauss, mais nous allons gagner du temps en remarquant que nous l'avons déjà essentiellement fait. En effet, ces systèmes ont tous les deux le même système homogène associé Σ_0 que le système Σ de l'exemple 11-2.

Or on a vu que $\left\{\left(31-\dfrac{21}{2}r-23t, 17-5r-14t, r, 4-2r-3t, t\right),\ (r,t) \in \mathbb{R}^2\right\}$ était l'ensemble des solutions de Σ. On en déduit une solution particulière de Σ (par exemple en prenant $r=t=0$) : $(31,17,0,4,0)$. Le théorème de structure affine permet d'en déduire, par différence, que $\left\{\left(-\dfrac{21}{2}r-23t, -5r-14t, r, -2r-3t, t\right),\ (r,t) \in \mathbb{R}^2\right\}$ est l'ensemble des solutions de Σ_0.

Pour résoudre Σ_1 et Σ_2, il suffit donc de trouver une solution particulière pour chacun de ces systèmes et d'appliquer le théorème de structure affine. En général, trouver une telle solution particulière n'est pas plus facile que de trouver toutes les solutions à l'aide de l'algorithme du pivot de Gauss. Néanmoins, les deux exemples proposés ont une forme bien particulière : les second membres ont pour coefficients les coefficients respectifs de

p et de q. Par conséquent une solution particulière de Σ_1 est $(1,0,0,0,0)$ et une solution particulière de Σ_2 est $(0,1,0,0,0)$.

Finalement, d'après le théorème de structure affine, l'ensemble des solutions de Σ_1 est $\left\{\left(1-\frac{21}{2}r-23t,-5r-14t,r,-2r-3t,t\right),\ (r,t)\in\mathbb{R}^2\right\}$ et l'ensemble des solutions de Σ_2 est $\left\{\left(-\frac{21}{2}r-23t,1-5r-14t,r,-2r-3t,t\right),\ (r,t)\in\mathbb{R}^2\right\}$.

6 Exercices corrigés

7.1 Des systèmes à paramètres réels

Dans tout l'exercice, x, y et z désignent les inconnues.

1. Résoudre sur $\mathbb{R}$ les systèmes suivants, de paramètres tous réels :

$$\Sigma_1 : \left\{\begin{array}{rcrcrcl} x & + & 2y & - & z & = & a \\ -2x & - & y & + & 2z & = & b \\ -x & + & 3y & - & z & = & c \end{array}\right., \quad \Sigma_2 : \left\{\begin{array}{rcrcrcl} x & + & y & + & kz & = & 1 \\ x & + & ky & + & z & = & 1 \\ kx & + & y & + & kz & = & 1 \end{array}\right..$$

2. Calculer le déterminant du système Σ_3, puis déterminer l'ensemble des solutions de ce système lorsque son déterminant est nul.

$$\Sigma_3 : \left\{\begin{array}{rcccccl} 3x & + & (k+2)y & + & 4z & = & 5 \\ x & + & ky & + & (3-k)z & = & k \\ x & + & y & + & (k-1)z & = & 1 \end{array}\right..$$

C 7.1 Des systèmes à paramètres réels

1.

$$\Sigma_1 \underset{\substack{L_2 \leftrightarrow L_2+2L_1 \\ L_3 \leftrightarrow L_3+L_1}}{\Leftrightarrow} \left\{\begin{array}{rcrcrcl} x & + & 2y & - & z & = & a \\ & & 3y & & & = & b+2a \\ & & 5y & - & 2z & = & c+a \end{array}\right.$$

$$\Leftrightarrow \left\{\begin{array}{l} x = a - 2\left(\frac{2a+b}{3}\right) + z \\ y = \frac{2a+b}{3} \\ z = -\frac{a+c}{2} + \frac{5}{2}\left(\frac{2a+b}{3}\right) \end{array}\right. \Leftrightarrow \left\{\begin{array}{l} x = \frac{-a-2b}{3} + \frac{7a+5b-3c}{6} \\ y = \frac{2a+b}{3} \\ z = \frac{7a+5b-3c}{6} \end{array}\right. \Leftrightarrow \left\{\begin{array}{l} x = \frac{5a+b-3c}{6} \\ y = \frac{2a+b}{3} \\ z = \frac{7a+5b-3c}{6} \end{array}\right..$$

Ainsi Σ_1 admet une unique solution : le triplet $\left(\frac{5a+b-3c}{6}, \frac{2a+b}{3}, \frac{7a+5b-3c}{6}\right)$.

$$\Sigma_2 \underset{\substack{L_2 \leftrightarrow L_2-L_1 \\ L_3 \leftrightarrow L_3-kL_1}}{\Leftrightarrow} \left\{\begin{array}{rcccccl} x & + & y & + & kz & = & 1 \\ & & (k-1)y & + & (1-k)z & = & 0 \\ & & (1-k)y & + & k(1-k)z & = & 1-k \end{array}\right.$$

$$\underset{L_3 \leftrightarrow L_3+L_2}{\Leftrightarrow} \left\{ \begin{array}{rcrcrcl} x & + & y & + & kz & = & 1 \\ & & (k-1)y & + & (1-k)z & = & 0 \\ & & & & (k+1)(1-k)z & = & 1-k \end{array} \right. .$$

On a donc trois cas à traiter :

- Si $k = 1$, en remplaçant dans le dernier système, on obtient $\Sigma_2 \Leftrightarrow x + y + z = 1$. L'ensemble des solutions de Σ_2 est donc dans ce cas : $\{(x, y, z) \in \mathbb{R}^3,\ x + y + z = 1\} = \{(x, y, 1 - x - y),\ (x, y) \in \mathbb{R}^2\}$.
- Si $k = -1$, la dernière équation du système se réécrit $0 = 2$, ce qui est impossible et signifie donc que Σ est incompatible. L'ensemble de ses solutions est $\emptyset$.
- Si on a $k \in \mathbb{R} \setminus \{-1, 1\}$, alors $(k + 1)(1 - k) \neq 0$. Ainsi :

$$\Sigma_2 \Leftrightarrow \left\{ \begin{array}{l} x = 1 - z - kz \\ y = z \\ z = \frac{1}{k+1} \end{array} \right. \Leftrightarrow \left\{ \begin{array}{l} x = 1 - (k+1)z = 0 \\ y = \frac{1}{k+1} \\ z = \frac{1}{k+1} \end{array} \right. .$$

Donc dans ce dernier cas, Σ_2 admet un unique triplet solution : $\left(0, \frac{1}{k+1}, \frac{1}{k+1}\right)$.

2. Par la règle de Sarrus, on obtient :
$\det(\Sigma_3) = 3k(k-1) + (k+2)(3-k) + 4 - 4k - 3(3-k) - (k-1)(k+2) = k^2 - 4k + 3$ après développement.
On résout aisément l'équation $k^2 - 4k + 3 = 0$; elle a comme solutions 1 et 3. Cela signifie que $\det(\Sigma_3)$ est nul si et seulement si $k \in \{1, 3\}$. Notons en passant que pour $k \notin \{1, 3\}$, le système Σ_3 a donc une unique solution.

- Si $k = 1$, le système se réécrit $\Sigma_3 : \left\{ \begin{array}{rcrcrcl} 3x & + & 3y & + & 4z & = & 5 \\ x & + & y & + & 2z & = & 1 \\ x & + & y & & & = & 1 \end{array} \right.$. Ainsi :

$$\Sigma_3 \Leftrightarrow \underset{L_3 \leftrightarrow L_3 - L_2}{} \left\{ \begin{array}{rcrcrcl} 3x & + & 3y & + & 4z & = & 5 \\ x & + & y & + & 2z & = & 1 \\ & & & & -2z & = & 0 \end{array} \right. \Leftrightarrow \left\{ \begin{array}{l} 3x + 3y = 5 \\ x + y = 1 \\ z = 0 \end{array} \right. ,$$

donc Σ_3 est clairement incompatible ; il n'a aucune solution.

- Si $k = 3$, le système se réécrit $\Sigma_3 : \left\{ \begin{array}{rcrcrcl} 3x & + & 5y & + & 4z & = & 5 \\ x & + & 3y & & & = & 3 \\ x & + & y & + & 2z & = & 1 \end{array} \right.$. Ainsi :

$$\Sigma_3 \underset{L_1 \leftarrow L_1 - L - 2 - 2L_3}{\Leftrightarrow} \left\{ \begin{array}{rcrcrcl} & & & & 0 & = & 0 \\ x & + & 3y & & & = & 3 \\ x & + & y & + & 2z & = & 1 \end{array} \right. \Leftrightarrow \left\{ \begin{array}{l} x = 3 - 3y \\ z = \frac{1-x-y}{2} \end{array} \right.$$

$$\Leftrightarrow \left\{ \begin{array}{l} x = 3 - 3y \\ z = -1 + y \end{array} \right. .$$

Ainsi l'ensemble des solutions de Σ_3 est $\{(3-3y, y, -1+y),\ y \in \mathbb{R}\}$.

7.2 Des systèmes à paramètres complexes

Dans tout l'exercice, x, y et z désignent les inconnues et $\mathbf{j}$ désigne toujours $\mathrm{e}^{\mathbf{i}\frac{2\pi}{3}}$.

Résoudre sur $\mathbb{C}$ les systèmes suivants, de paramètres tous complexes :

$$\Sigma_1 : \begin{cases} x + y + z = a \\ x + \mathbf{j}^2 y + \mathbf{j} z = b \\ x + \mathbf{j} y + \mathbf{j}^2 z = c \end{cases},\quad \Sigma_2 : \begin{cases} x - my + m^2 z = 2m \\ mx - m^2 y + mz = 2m \\ mx + y - m^2 z = 1-m \end{cases}.$$

C 7.2 Des systèmes à paramètres complexes

On propose pour Σ_1 une variante agréable évitant la méthode du pivot ; il faut simplement bien connaître les relations $1 + \mathbf{j} + \mathbf{j}^2 = 0$ et $\mathbf{j}^3 = 1$.

On a $\det(\Sigma_1) = \mathbf{j}^4 + \mathbf{j} + \mathbf{j} - (\mathbf{j}^2 + \mathbf{j}^2 + \mathbf{j}^2) = 3(\mathbf{j} - \mathbf{j}^2) \neq 0$, donc Σ_1 admet une unique solution pour tout $(a, b, c) \in \mathbb{C}^3$.

Donnons-nous ce triplet solution (x, y, z). Alors :

- Via $L_1 + L_2 + L_3$, on obtient $3x = a + b + c$, d'où $x = \dfrac{a+b+c}{3}$.
- Via $L_1 + \mathbf{j}L_2 + \mathbf{j}^2 L_3$, on obtient $3y = a + b\mathbf{j} + c\mathbf{j}^2$, d'où $y = \dfrac{a + b\mathbf{j} + c\mathbf{j}^2}{3}$.
- Via $L_1 + \mathbf{j}^2 L_2 + \mathbf{j} L_3$, on obtient $3z = a + b\mathbf{j}^2 + c\mathbf{j}$, d'où $y = \dfrac{a + b\mathbf{j}^2 + c\mathbf{j}}{3}$.

Ainsi Σ_1 a un unique triplet solution : $\left(\dfrac{a+b+c}{3}, \dfrac{a+b\mathbf{j}+c\mathbf{j}^2}{3}, \dfrac{a+b\mathbf{j}^2+c\mathbf{j}}{3}\right)$.

Pour Σ_2, on commence par appliquer la méthode du pivot de Gauss :

$$\Sigma_2 \underset{\substack{L_2 \leftarrow L_2 - mL_1 \\ L_3 \leftarrow L_3 - mL_1}}{\Leftrightarrow} \begin{cases} x - my + m^2 z = 2m \\ m(1-m^2)z = 2m(1-m) \\ (1+m^2)y - m^2(1+m)z = 1 - m - 2m^2 \end{cases}.$$

On remarque que $m(1-m^2) = m(1-m)(1+m)$, ce qui donne plusieurs cas à traiter :

1. Si $m \notin \{-1, 0, 1\}$ alors, divisant la deuxième ligne par $m(1-m^2)$,

$$\Sigma_2 \Leftrightarrow \begin{cases} x - my + m^2 z = 2m \\ (1+m^2)y - m^2(1+m)z = 1 - m - 2m^2 \\ z = \frac{2(1-m)}{1-m^2} = \frac{2}{1+m} \end{cases}$$

$$\Leftrightarrow \begin{cases} x - my + \frac{2m^2}{1+m} = 2m \\ (1+m^2)y - 2m^2 = 1-m-2m^2 \\ z = \frac{2}{1+m} \end{cases}$$

$$\Leftrightarrow \begin{cases} x - my = \frac{2m}{1+m} \\ (1+m^2)y = 1-m \\ z = \frac{2}{1+m} \end{cases}.$$

On doit alors encore distinguer plusieurs cas :

a. Si $m \notin \{-\mathbf{i}, \mathbf{i}\}$ alors $1+m^2 \neq 0$ et, divisant la deuxième ligne par $1+m^2$,

$$\Sigma_2 \Leftrightarrow \begin{cases} x - m\frac{1-m}{1+m^2} = \frac{2m}{1+m} \\ y = \frac{1-m}{1+m^2} \\ z = \frac{2}{1+m} \end{cases}.$$

Tous calculs faits, on obtient dans ce cas que Σ_2 possède une unique solution, le triplet :

$$\left(\frac{m(3+m^2)}{(1+m)(1+m^2)}, \frac{1-m}{1+m^2}, \frac{2}{1+m}\right).$$

b. Si $m \in \{-\mathbf{i}, \mathbf{i}\}$ alors $1+m^2 = 0$ et donc on a :

$$\Sigma_2 \Leftrightarrow \begin{cases} x - my = \frac{2m}{1+m} \\ 0 = 1-m \\ z = \frac{2}{1+m} \end{cases}.$$

Que m vaille $-\mathbf{i}$ ou $\mathbf{i}$, la deuxième ligne met bien en évidence le caractère incompatible du système. Ainsi dans ce cas, Σ_2 n'a aucune solution.

2. Si $m \in \{-1, 0, 1\}$ alors $m(1-m^2) = 0$ et on trois cas à traiter :

a. Si $m = -1$ alors on a : $\Sigma_2 \Leftrightarrow \begin{cases} x + y + z = -2 \\ 0 = -2 \\ 2y = 0 \end{cases}$,

donc Σ_2 est incompatible et n'a par conséquent aucune solution.

b. Si $m = 0$ alors on a $\Sigma_2 \Leftrightarrow \begin{cases} x = 0 \\ 0 = 0 \\ y = 1 \end{cases}$,

donc Σ_2 admet comme ensemble de solutions : $\{(0,1,z),\ z \in \mathbb{C}\}$.

c. Si $m = 1$ alors on a :

$$\Sigma_2 \Leftrightarrow \left\{\begin{array}{rcrcrcr} x & - & y & + & z & = & 2 \\ & & & & 0 & = & 0 \\ & & 2y & - & 2z & = & -2 \end{array}\right. \Leftrightarrow \left\{\begin{array}{rcr} x-(y-z) & = & 2 \\ y-z & = & -1 \end{array}\right.$$

$$\Leftrightarrow \left\{\begin{array}{rcr} x & = & 1 \\ y-z & = & -1 \end{array}\right. .$$

Dans ce cas, Σ_2 admet donc comme ensemble de solutions : $\{(1,-1+z,z),\ z\in\mathbb{C}\}$.

Pour récapituler , on a donc :

- Si $m \notin \{-1,-\mathbf{i},0,\mathbf{i},1\}$, alors Σ_2 admet une unique solution : $\left(\dfrac{m(3+m^2)}{(1+m)(1+m^2)}, \dfrac{1-m}{1+m}, \dfrac{2}{1+m}\right)$.
- Si $m \in \{-1,-\mathbf{i},\mathbf{i}\}$, alors Σ_2 n'admet aucune solution.
- Si $m=0$, alors Σ_2 admet comme ensemble de solutions $\{(0,1,z),\ z\in\mathbb{C}\}$.
- Si $m=1$, alors Σ_2 admet comme ensemble de solutions $\{(1,-1+z,z),\ z\in\mathbb{C}\}$.

7.3 Des systèmes non carrés

Résoudre sur $\mathbb{R}$ les systèmes suivants :

$$\Sigma_1 : \left\{\begin{array}{rcrcrcr} x & - & y & + & 2z & = & 1 \\ & & & & 4z & = & 3 \end{array}\right. , \quad \Sigma_2 : \left\{\begin{array}{rcrcr} 2x & + & y & = & 2 \\ x & + & 2y & = & 1 \\ x & + & y & = & 1 \end{array}\right. .$$

$$\Sigma_3 : \left\{\begin{array}{rcrcrcrcr} x & - & y & + & z & + & 3t & = & -1 \\ & & 2y & - & 3z & + & t & = & 0 \\ & & & & 2z & - & t & = & 2 \end{array}\right. ,$$

$$\Sigma_4 : \left\{\begin{array}{rcrcrcrcr} 3x & + & y & - & 4z & + & 3t & = & 2 \\ x & - & 2y & + & 2z & + & 5t & = & 8 \\ -2x & + & 5y & - & z & - & t & = & -3 \end{array}\right. .$$

C 7.3 Des systèmes non carrés

- On a $\Sigma_1 \Leftrightarrow \left\{\begin{array}{l} z=\frac{3}{4} \\ x-y=-1-2z=-\frac{1}{2} \end{array}\right.$ donc l'ensemble des solutions de Σ_1 est $\left\{\left(y-\frac{1}{2}, y, \frac{3}{4}\right),\ y\in\mathbb{R}\right\}$.

- En retranchant la troisième équation aux deux premières, on obtient que Σ_2 est équivalent au système $\left\{\begin{array}{ccccc} x & & & = & 1 \\ & & y & = & 0 \\ x & + & y & = & 1 \end{array}\right.$, qui admet une unique solution $(1,0)$.

- $$\Sigma_3 \Leftrightarrow \left\{\begin{array}{l} x = y - z - 3(-2z-2) - 1 \\ 2y = 3z - (2z-2) \\ t = 2z - 2 \end{array}\right. \Leftrightarrow \left\{\begin{array}{l} x = \frac{z}{2} + 5z + 5 = \frac{11z}{2} + 5 \\ y = \frac{z}{2} + 1 \\ t = 2z - 2 \end{array}\right. .$$

  Donc l'ensemble des solutions de Σ_3 est $\left\{\left(\frac{11z}{2}+5, \frac{z}{2}+1, z, 2z-2\right),\ z \in \mathbb{R}\right\}$.

- $$\Sigma_4 \underset{L_1 \leftrightarrow L_2}{\Leftrightarrow} \left\{\begin{array}{ccccccccc} x & - & 2y & + & 2z & + & 5t & = & 8 \\ 3x & + & y & - & 4z & + & 3t & = & 2 \\ -2x & + & 5y & - & z & - & t & = & -3 \end{array}\right.$$

$$\underset{\substack{L_2 \leftrightarrow L_2 - 3L_1 \\ L_3 \leftrightarrow L_3 + 2L_1}}{\Leftrightarrow} \left\{\begin{array}{ccccccccc} x & - & 2y & + & 2z & + & 5t & = & 8 \\ & & 7y & - & 10z & - & 12t & = & -22 \\ & & y & + & 3z & + & 9t & = & 13 \end{array}\right.$$

$$\underset{L_2 \leftrightarrow L_2 - 7L_3}{\Leftrightarrow} \left\{\begin{array}{ccccccccc} x & - & 2y & + & 2z & + & 5t & = & 8 \\ & & & - & 31z & - & 75t & = & -113 \\ & & y & + & 3z & + & 9t & = & 13 \end{array}\right.$$

$$\Leftrightarrow \left\{\begin{array}{l} x = 2y - 2\left(\frac{113-75t}{31}\right) - 5t + 8 \\ z = \frac{113-75t}{31} \\ y = 13 - 3\left(\frac{113-75t}{31}\right) - 9t \end{array}\right. \Leftrightarrow \left\{\begin{array}{l} x = 2\left(\frac{64-54t}{31}\right) + \frac{22-5t}{31} \\ z = \frac{113-75t}{31} \\ y = \frac{64-54t}{31} \end{array}\right. .$$

Ainsi l'ensemble des solutions de Σ_4 est $\left\{\left(\frac{150-113t}{31}, \frac{64-54t}{31}, \frac{113-75t}{31}, t\right),\ t \in \mathbb{R}\right\}$.

CHAPITRE 8

Structures algébriques

1 Introduction - MPSI

Dans son cours *Theoria Residuorum Biquadraticorum, commentation secunda*, présenté à l'Académie royale de Prusse en 1831, Carl Friedrich Gauss introduit et étudie l'ensemble[1] des quantités de la forme $a+b\mathbf{i}$, pour a et b des entiers. Il traite cet ensemble de la même manière que $\mathbb{Z}$, au sens où il y définit une addition et une multiplication, y fait l'étude de la relation de divisibilité (avec notamment une division euclidienne bien adaptée), en cherche les éléments inversibles, les éléments « premiers », etc.
Ce genre de constructions de Gauss – et il y en eut bien d'autres – qui mettent en lumière des analogies profondes entre des objets *a priori* différents, est la source première de l'émergence des concepts structurels. En effet, c'est bien parce que, d'une part, plusieurs analogies entre des domaines *a priori* distincts furent peu à peu découvertes et, d'autre part, parce qu'un mouvement croissant d'axiomatisation des mathématiques accompagnait le XIXe siècle que le concept de structure fut peu à peu dégagé.

Comme disait Gauss[2], ce qui prouve sa compréhension stupéfiante des mathématiques et son avant-gardisme :

Le mathématicien fait complètement abstraction de la nature des objets et de la signifi--cation de leurs relations ; il n'a qu'à énumérer les relations et les comparer entre elles.[3]

Le lecteur devrait garder cet adage à l'esprit tout au long de ce chapitre.

1. Appelé aujourd'hui *ensemble des entiers de Gauss*, et en général noté $\mathbb{Z}[\mathbf{i}]$. Cf p. 301.
2. Cf. encore *Theoria residuorum biquadraticorum, commentatio secunda*
3. « Der Mathematiker abstrahirt ganzlich von der Beschaffenheit der Gegenstande und dem Inhalt ihrer Relationen ; er hat es blos mit der Abzahlung und Vergleichung des Relationen unter sich zu tun ».

Johann Carl Friedrich Gauss
(1777–1855)

L'homme de science allemand Carl Friedrich Gauss a une place prépondérante dans l'histoire des mathématiques, que reflète bien son surnom de « prince des mathématiques ».
Le talent de Gauss ayant été très tôt reconnu[a], il vécut durant de nombreuses années grâce à une bourse que lui dispensait le duc de Brunswick-Wolfenbüttel. Cela permit à Gauss, dégagé de certaines contraintes matérielles, de se consacrer dès sa prime jeunesse à la recherche mathématique. Il publia ainsi en 1801 son œuvre la plus célèbre, les *Disquisitiones Arithmeticae*, somme colossale en sept volumes de découvertes accumulées par Gauss en arithmétique, comprenant notamment la construction à la règle et au compas du polygone régulier à dix-sept côtés. Il y introduisit aussi l'ensemble dit *des entiers de Gauss* que l'on voit apparaître dans ce chapitre.
En 1801 toujours, il connut une grande réussite en astronomie, parvenant à prédire par le calcul les positions de Cérès, l'objet le plus grand de la ceinture d'astéroïdes. L'année suivante il fit de même pour l'astéroïde Pallas. Cela explique que Gauss ait été nommé directeur de l'Observatoire de Göttingen en 1807 ; il n'eut alors plus besoin de sa bourse. Son arrivée à Göttingen a donné un grand élan à cette ville universitaire qui allait devenir dans les années 1920-1930 le berceau de l'algèbre moderne.
Gauss fut un génie précoce autant qu'un scientifique à la longue carrière ; ses découvertes sont innombrables et il est impossible de les résumer ici. On pourra par exemple simplement retenir qu'il est le premier à avoir démontré rigoureusement le théorème dit *fondamental de l'algèbre*, aussi appelé *théorème de d'Alembert-Gauss* et qu'il en donna même plusieurs preuves différentes ! On lui doit également la méthode des moindres carrés et d'innombrables travaux en lien avec la physique. Le lecteur aura bien l'occasion d'appréhender l'importance de Gauss par l'insistance avec laquelle son nom revient dans certaines branches des sciences.
Le plus remarquable est que Gauss attendait toujours d'être totalement sûr de ses résultats et prenait le temps de les mûrir avant de les diffuser. Ainsi s'est-on rendu compte qu'il avait dans ses manuscrits plusieurs avancées mathématiques décisives qu'il n'avait pas encore jugé à propos de révéler et on sait qu'il a laissé à d'autres la paternité de plusieurs découvertes qui mûrissait encore dans son esprit...

a. Une anecdote relative à son enfance – de nombreuses sources indiquent qu'il avait alors sept ans – nous en donne une idée. Selon la légende, son instituteur aurait demandé à la classe de calculer la somme des entiers de 1 à 100. Gauss aurait obtenu la réponse très rapidement, via le procédé ingénieux suivant :

$$\begin{array}{ccccccccccccc} & S & = & 1 & + & 2 & + & \cdots & + & 99 & + & 100 & \\ + & S & = & 100 & + & 99 & + & \cdots & + & 2 & + & 1 & \\ \hline & 2S & = & 101 & + & 101 & + & \cdots & + & 101 & + & 101 & = 100 \times 101 \end{array}$$

ce qui donne ensuite immédiatement $S = \dfrac{100 \times 101}{2} = 50 \times 101 = 5050$.
C'est d'ailleurs, dans un cas particulier, l'idée qui régit la formule donnant la valeur de la somme d'un certain nombre de termes consécutifs d'une suite arithmétique.

Dans la lignée de Gauss, les idées structurelles furent peu à peu développées lors de la deuxième moitié du XIXe siècle, principalement par les mathématiques anglaises, américaines, et surtout allemandes.

Un changement conceptuel décisif eut lieu au début du XXe siècle, que l'on associe souvent au travail d'Ernst Steinitz sur les corps[4]. Si des définitions abstraites de différentes structures avaient déjà été données jusque-là, leur étude restait essentiellement liée à $\mathbb{R}$ et à $\mathbb{C}$ ou à des domaines particuliers des mathématiques. Steinitz décida non seulement de définir, mais d'étudier les corps de manière abstraite. En procédant ainsi, il put s'extraire des contextes particuliers pour se concentrer sur les propriétés uniquement liées à la structure de corps elle-même.

Emmy Noether reprit ensuite les principes de Steinitz, les développa et les appliqua systématiquement en algèbre. Selon un de ses étudiants, Bartel Leendert van der Waerden[5], on peut résumer la démarche de Noether dans ses recherches par la maxime suivante :

Toutes les relations entre les nombres, les fonctions, ainsi que les opérations, deviennent transparentes, généralisables et vraiment fécondes si elles sont dissociées de leurs objets particuliers et réduites à des relations conceptuelles générales. [6]

On considère souvent Emmy Noether comme la fondatrice de l'algèbre moderne et l'université de Göttingen, où elle travailla de 1915 à 1933, comme le cœur de ce courant mathématique. Les mathématiciens français qui créèrent le groupe Bourbaki, et notamment André Weil[7] qui fit plusieurs séjours dans les années 1920 à Göttingen, ont été profondément influencés par les mathématiques telles qu'elles étaient pratiquées par Noether et ses étudiants. Le structuralisme qu'ils développèrent ensuite en France a grandement influencé les programmes de mathématiques de l'enseignement français à partir des années 1960. Ainsi l'algèbre est enseignée depuis en CPGE dans le même esprit que les premiers cours publiés sous l'influence de Noether, comme le *Moderne Algebra* de van der Waerden (1930).

4. Cf. *Algebraische Theorie der Körper*, Journal für die reine und angewandte Mathematik (1910), pp. 167-309.
5. Mathématicien hollandais (1903-1996).
6. « Alle Beziehungen zwischen Zahlen, Funktionen und Operationen werden erst dann durchsichtig, verallgemeinerungsfähig und wirklich fruchtbar, wenn sie von ihren besonderen Objekten losgelöst und auf allgemeine begriffliche Zusammenhänge zurückgeführt sind », cf. B. L. van der Waerden, *Nachruf auf Emmy Noether*, Mathematische Annalen **111** (1935), pp. 469-476.
7. Mathématicien français (1906-1998), membre fondateur de Bourbaki.

Emmy Amalie Noether
(1882–1935)

Emmy Noether est née à Erlangen (Allemagne) en 1882. Fille du mathématicien de renom Max Noether, qui fut professeur à Erlangen, elle suivit des études de mathématiques à l'université, à une époque où les Allemandes n'étaient autorisées à suivre des études que de manière officieuse, sous réserve d'accord des professeurs concernés.
Felix Klein et David Hilbert la convièrent à les rejoindre à Göttingen en 1915 et se battirent pour lui obtenir un poste reconnu officiellement par la Faculté. Malgré le talent de Noether, les difficultés durèrent jusqu'en 1919.
Cette même année, alors que les travaux de Noether portaient jusque-là essentiellement sur les invariants et donc naturellement sur la physique mathématique[a], Noether aborda un nouveau domaine, celui des idéaux[b], et mit ainsi un pied en algèbre abstraite. S'inspirant des travaux de Steinitz, elle développa ensuite l'algèbre dite moderne et influença de manière prodigieuse les algébristes de l'époque.
Suite à l'avènement du Troisième Reich, Noether fut renvoyée de l'université à cause de sa judéité, comme de nombreux autres grands mathématiciens allemands de l'époque. Elle fut accueillie en tant que professeur au Bryn Mawr College, une université américaine réservée aux femmes. Elle mourut peu après, en 1935, de complications inattendues suite à une opération pour une tumeur[c].

a. La théorie de la relativité générale d'Einstein s'en inspire
b. Cf. *Idealtheorie in Ringbereichen*, Mathematische Annalen 83 (1921), pp. 24-66.
c. Cf. Israel Kleiner, *A history of abstract algebra*, Birkhäuser Boston (2007), p. 161.

2 Structures - MPSI

Les structures que l'on rencontre régulièrement en CPGE sont les structures de groupe (commutatif ou non), d'anneau (commutatif ou non), de corps, d'espace vectoriel, et d'algèbre (commutative ou non). En réalité, on a déjà rencontré précédemment des exemples de chacune de ces structures. On pourrait dire de manière un peu naïve que le but de ce chapitre est de fixer une terminologie qui permettrait de désigner d'une seule manière des objets certes *a priori* différents mais qui vérifient tous certaines propriétés bien précises. Le programme propose aussi l'étude de la notion de *sous-groupe*, dont l'étude sera menée à la section 3 (en fait, la notion de sous-structure est très naturelle et se généralise sans peine aux autres types de structures une fois étudiée en détail dans le cas des groupes). Enfin, on évoquera la notion de *morphisme*, indissociablement liée à la notion de structure.

2.1 Lois de composition

Le lecteur a sûrement l'habitude depuis longtemps de « composer » ensemble des objets de diverses natures. Dans le pur cadre mathématique, le lecteur a ainsi déjà additionné des nombres entre eux, additionné des vecteurs, multiplié des nombres, composé des fonctions, réuni des ensembles... Dans tous les cas, il s'agit de prendre deux objets mathématiques de même nature et de les faire interagir en suivant une loi de calcul. Ce principe de composition dépasse d'ailleurs évidemment largement le cadre mathématique. Par exemple, si l'on mélange de la peinture bleue et de la peinture jaune, on obtient de la peinture verte ; il existe ainsi une loi de composition des couleurs...
On peut à vrai dire également composer des éléments de nature différente ; par exemple si l'on se donne un réel α et un vecteur du plan $\overrightarrow{u}$ quelconques, on peut former le vecteur $\alpha\overrightarrow{u}$; ou si l'on se donne une fonction f de la variable réelle et un réel x quelconques, on peut former le réel $f(x)$...
Nous commençons par formaliser ces opérations, ces lois basiques que nous retrouvons dans tout domaine mathématique. L'étude des propriétés de ces lois permettra de dégager des « structures », c'est-à-dire des ensembles munis d'opérations dont on peut notamment montrer que certains types de calculs sont toujours valables, quelle que soit la nature des objets dudit ensemble.

Définition 1 (Loi de composition interne)

Étant donné un ensemble I, on appelle *loi de composition interne* sur I toute application $* : \left\{\begin{array}{ccc} I \times I & \longrightarrow & I \\ (x,y) & \longmapsto & x * y \end{array}\right.$.

Le qualificatif « interne » vient du fait que la loi permet de combiner des éléments d'un même monde I sans en sortir. À l'inverse on peut définir des lois de composition « externes » permettant d'obtenir des éléments de notre monde I en combinant un élément de I et un élément d'un « monde extérieur » E. On voit cela après quelques exemples.

Notation 1

Par commodité, nous utiliserons par la suite le sigle « lci » à la place de « loi de composition interne ».

Exemples 1

1. Sur $I = \mathbb{N}$, $+$ et $\times$ sont des lci mais pas $-$ et $\div$ qui ne sont pas toujours définies. En effet, prenons par exemple 1 et 2 qui appartiennent à $\mathbb{N}$; ni $1 - 2 = -1$ ni $1 \div 2 = \dfrac{1}{2}$ ne sont des éléments de $\mathbb{N}$.
2. Sur $I = \mathbb{Z}$, $+$, $\times$ et $-$ sont des lci mais pas $\div$.
3. Sur $I = \mathbb{R}$, $+$, $-$ et $\times$ sont des lci mais pas $\div$.
4. Sur $I =]0\,;+\infty[$, $+$, $\times$ et $\div$ sont des lci mais pas $-$.
5. Sur $I = \mathcal{F}(\mathbb{R},\mathbb{R})$, $+$, $-$, $\times$ et $\circ$ sont des lci mais pas $\div$.
6. Sur l'ensemble $I = \overrightarrow{\mathcal{E}}$ des vecteurs de l'espace usuel, $+$ et $\wedge$ (produit vectoriel[8]) sont des lci mais pas le produit scalaire usuel car un produit scalaire de deux vecteurs n'est pas un vecteur mais un réel !
7. Sur $I = \mathcal{P}(F)$ où F est un ensemble, $\cap$ et $\cup$ sont des lci.
8. Nous n'avons donné jusque-là que des exemples de lois classiques mais il est possible d'en considérer bien d'autres, plus « exotiques ». Ainsi par exemple, sur $\mathbb{N}$, une lci $*$ définie par $n * m = 2n + m$; ou encore sur $]0\,;+\infty[$, $x * y = x^y$; sur $\mathcal{F}(\mathbb{R},\mathbb{R})$, $f * g = \dfrac{f+g}{2}\ldots$
   Le lecteur comprend bien que les variations sur les lci sont infinies.

Définition 2 (Loi de composition externe)

Étant donné un ensemble I et un ensemble E (en contexte) on appelle *loi de composition externe* sur I toute application $\cdot : \begin{cases} E \times I & \longrightarrow & I \\ (t,x) & \longmapsto & t \cdot x \end{cases}$.

Notation 2

Par commodité, nous utiliserons par la suite le sigle « lce » à la place de « loi de composition externe ».

Exemples 2

1. $\cdot : \begin{cases} \mathbb{R} \times \mathbb{R}^n & \longrightarrow & \mathbb{R}^n \\ (\lambda\ ,\ (x_1,\ldots,x_n)) & \longmapsto & (\lambda x_1,\ldots,\lambda x_n) \end{cases}$ est une lce sur $\mathbb{R}^n$.
2. $\cdot : \begin{cases} \mathbb{C} \times \mathcal{F}(\mathbb{R},\mathbb{C}) & \longrightarrow & \mathcal{F}(\mathbb{R},\mathbb{C}) \\ (\lambda\ ,\ f) & \longmapsto & \lambda f \end{cases}$, où λf est la fonction définie par $(\lambda f)(x) = \lambda \times f(x)$ pour tout réel x, est une lce sur $\mathcal{F}(\mathbb{R},\mathbb{C})$.

8. Voir un cours de Sciences Industrielles ou de Sciences Physiques.

3. $\cdot : \begin{cases} \mathbb{R} \times \mathbb{R}^{\mathbb{N}} \longrightarrow \mathbb{R}^{\mathbb{N}} \\ (\lambda\ ,\ (u_n)_{n\in\mathbb{N}}) \longmapsto (\lambda u_n)_{n\in\mathbb{N}} \end{cases}$ est une lce sur $\mathbb{R}^{\mathbb{N}}$.

4. Les lce qui précèdent sont toutes classiques ; nous les retrouverons sur les espaces vectoriels[9] au programme. Mais on peut également définir sans difficulté des lce plus « exotiques », comme par exemple $\cdot : \begin{cases} \mathcal{F}(\mathbb{R},\mathbb{R}) \times \mathbb{R} \longrightarrow \mathbb{R} \\ (f\ ,\ x) \longmapsto f(x) \end{cases}$.

2.2 Propriétés des lois de composition internes

Lorsqu'on analyse la façon dont on effectue des calculs élémentaires (à l'aide essentiellement de $+$ et $\times$) dans les ensembles de nombres classiques ($\mathbb{N}$, $\mathbb{Z}$, $\mathbb{Q}$, $\mathbb{R}$, $\mathbb{C}$...), on constate que les mécanismes utilisés se réduisent à certaines propriétés simples, que l'on retrouve dans d'autres contextes.

Ainsi, si l'on doit calculer $N = 887 + 389 + 111$, on peut tout autant former $N = (887+389)+111 = 1276+111 = 1387$ que $N = 887+(389+111) = 887+500 = 1387$. La règle stipulant que ces deux façons de calculer sont licites est ce qu'on appelle *l'associativité* de l'addition dans $\mathbb{N}$. On peut constater qu'avoir le choix dans la manière de calculer N offre une facilité ; la deuxième façon peut apparaître plus simple car évitant le calcul plus fastidieux de $887 + 389$.

Si l'on nous donne ensuite $N' = 389 + 887 + 111$, on trouvera probablement avantageux, plutôt que de refaire tout un calcul, d'utiliser aussi ce qu'on appelle la *commutativité* de l'addition dans $\mathbb{N}$, afin d'écrire $N' = 389 + 887 + 111 = 887 + 389 + 111$ et de retomber ainsi sur N.

Autre exemple : soit à calculer $M = 3 \times 47 + 3 \times 13$. On peut bien entendu calculer directement $M = 3 \times 47 + 3 \times 13 = 141 + 39 = 180$ mais il apparaît un peu plus simple d'effectuer plutôt : $M = 3 \times (47 + 13) = 3 \times 60 = 180$. Ce que l'on a utilisé ici est ce qu'on appelle la *distributivité* de $\times$ par rapport à $+$ dans $\mathbb{N}$.

On retrouve des règles analogues dans des ensembles qui ne sont pas des ensembles de nombres. Par exemple, si A et B désignent deux parties d'un ensemble E, et que l'on doit calculer $C = A \cap \left(B \cap \complement_E^A\right)$, on utilise la commutativité de $\cap$ pour écrire $C = A \cap \left(\complement_E^A \cap B\right)$ puis l'associativité de $\cap$ pour obtenir $C = \left(A \cap \complement_E^A\right) \cap B$. On en déduit ainsi $C = \emptyset \cap B = \emptyset$.

Formalisons donc ces concepts :

9. Cf. chapitre 11.

Définition 3 (Associativité / Commutativité)

Soit I un ensemble muni d'une lci $*$. On dit que :

1. $*$ est *associative* lorsque : $\forall (a,b,c) \in I^3,\ a*(b*c)=(a*b)*c$;
2. $*$ est *commutative* lorsque : $\forall (a,b) \in I^2,\ a*b=b*a$.

Remarque 1

Ainsi, lorsqu'une lci $*$ est associative, on peut se permettre d'écrire la quantité $a*b*c$ sans parenthèse, étant entendu qu'on peut la calculer comme l'on préfère, soit via $a*(b*c)$, soit via $(a*b)*c$. Bien entendu, cette remarque se généralise à toute expression de la forme $a_1 * a_2 * \cdots * a_n$.

Remarque 2

Même si la lci $*$ n'est pas commutative, il se peut qu'il existe deux éléments a et b dans I tels que $a*b=b*a$. On dit alors que a et b *commutent*.

Exemples 3

1. Sur $\mathbb{R}$, $+$ et $\times$ sont associatives et commutatives car pour tous réels x, y, z, on a : $(x+y)+z=x+(y+z)$, $x+y=y+x$, $(x\times y)\times z = x\times(y\times z)$ et $x\times y=y\times x$.
   Par contre $-$ n'est ni associative ni commutative car par exemple :
   $(3-2)-1 \neq 3-(2-1)$ et $3-2\neq 2-3$.
2. Sur $\mathcal{F}(\mathbb{R},\mathbb{R})$, la composition est associative : on a toujours $(f\circ g)\circ h = f\circ(g\circ h)$. En effet pour tout réel x on a $[(f\circ g)\circ h](x) = \big(f\circ g\big)\big(h(x)\big) = f\big(g(h(x))\big)$ et $[f\circ(g\circ h)](x) = f\big((g\circ h)(x)\big) = f\big(g(h(x))\big)$.
   Par contre $\circ$ n'est pas commutative car en général $f\circ g\neq g\circ f$. Prenons par exemple $f=\exp$ et $g : x\mapsto x+1$. On a, pour tout réel x, $(f\circ g)(x) = e^{x+1}$ alors que $(g\circ f)(x) = e^x+1$. Les fonctions $f\circ g$ et $g\circ f$ ne sont donc pas égales vu qu'on peut se rendre compte par exemple qu'elles n'ont pas la même valeur en 0.
3. Sur $\overrightarrow{\mathcal{E}}$, $+$ est associative et commutative, par contre $\wedge$ n'est ni l'un ni l'autre : en général $\overrightarrow{u}\wedge\overrightarrow{v}\neq\overrightarrow{v}\wedge\overrightarrow{u}$ et $(\overrightarrow{u}\wedge\overrightarrow{v})\wedge\overrightarrow{w}\neq\overrightarrow{u}\wedge(\overrightarrow{v}\wedge\overrightarrow{w})$.
4. Sur $\mathcal{P}(F)$, $\cap$ et $\cup$ sont associatives et commutatives.

Définition 4 (Élément neutre)

Soit I un ensemble muni d'une lci $*$. On dit que $*$ a un *élément neutre* lorsque : $\exists e\in I,\ \forall a\in I,\ a*e=e*a=a$.

Proposition 1 (Unicité du neutre)

Pour une même lci il ne peut y avoir qu'un seul élément neutre.

DÉMONSTRATION

Supposons qu'il existe deux éléments neutres e et e'. Cela signifie que pour tout élément a de I, on a $a * e = e * a = a$ et $a * e' = e' * a = a$.

Calculons alors $e * e'$: puisque e est élément neutre, $e * e' = e'$. Et puisque e' est élément neutre, on a aussi $e * e' = e$. Ainsi $e = e'$.

Remarque 3

Le neutre est donc toujours unique, s'il existe. Mais certaines lci n'admettent aucun élément neutre. Ainsi en est-il du produit vectoriel sur l'ensemble des vecteurs du plan (ou de l'espace) usuel. Supposons en effet qu'un vecteur $\overrightarrow{u}$ soit neutre pour $\wedge$. Alors on devrait avoir en particulier $\overrightarrow{u} \wedge \overrightarrow{u} = \overrightarrow{u}$ mais comme on sait que $\overrightarrow{u} \wedge \overrightarrow{u} = \overrightarrow{0}$, cela impliquerait $\overrightarrow{u} = \overrightarrow{0}$. Il s'ensuivrait qu'on aurait, pour tout vecteur $\overrightarrow{v}$, $\overrightarrow{v} = \overrightarrow{u} \wedge \overrightarrow{v} = \overrightarrow{0} \wedge \overrightarrow{v} = \overrightarrow{0}$, ce qui est absurde.

Exemples 4

1. Sur $I = \mathbb{N}$, $\mathbb{Z}$, $\mathbb{Q}$, $\mathbb{R}$ ou $\mathbb{C}$ notamment, 0 est élément neutre pour $+$ car on a $x + 0 = 0 + x = x$ pour tout x de I.

   Et 1 est élément neutre pour $\times$ car on a toujours $x \times 1 = 1 \times x = x$.
2. Sur $\mathbb{R}^{\mathbb{N}}$, la lci $+$ a pour neutre la suite nulle. La lci $\times$ a pour neutre la suite constante égale à 1.
3. Sur $\mathcal{P}(F)$, $\cap$ a pour élément neutre F car pour toute partie A de F, $A \cap F = F \cap A = A$. Et $\cup$ a pour élément neutre $\emptyset$ car pour toute partie A de F on a $A \cup \emptyset = \emptyset \cup A = A$. □

On a la notion de distributivité pour deux lci :

Définition 5 (Distributivité d'une lci)

Soient I un ensemble que l'on suppose muni de deux lci $*$ et $\diamond$.

On dit que la loi $\diamond$ est *distributive à gauche* sur (ou par rapport à) la lci $*$ lorsque :

$$\forall (a, b, x) \in I^3, \; x \diamond (a * b) = (x \diamond a) * (x \diamond b).$$

On dit qu'elle est *distributive à droite* sur (ou par rapport à) la lci $*$ lorsque :

$$\forall (a, b, x) \in I^3, \; (a * b) \diamond x = (a \diamond x) * (b \diamond x).$$

On dit enfin simplement qu'elle est *distributive* lorsqu'elle est à la fois distributive à gauche et à droite.

Exemples 5

1. Dans les ensembles de nombres classiques, la lci $\times$ est distributive sur la lci $+$.
   On sait bien en effet que pour trois éléments quelconques x, y et z de $\mathbb{C}$, on a
   $x \times (y+z) = x \times y + x \times z$ et $(y+z) \times x = y \times x + z \times x$.

2. Par contre, dans $\mathcal{F}(\mathbb{R}, \mathbb{R})$, la lci $\circ$ n'est pas distributive sur $+$. En effet si l'on prend $f = \exp$, $g = \mathrm{id}_{\mathbb{R}}$ et $h = -\mathrm{id}_{\mathbb{R}}$ alors, pour tout réel x, on a :
   $$\begin{aligned} \big(f \circ (g+h)\big)(x) &= f\big((g+h)(x)\big) \\ &= f\big(g(x) + h(x)\big) \\ &= f(x-x) = f(0) \\ &= 1, \end{aligned}$$
   tandis qu'on a :
   $$\begin{aligned} \big((f \circ g) + (f \circ h)\big)(x) &= (f \circ g)(x) + (f \circ h)(x) \\ &= f\big(g(x)\big) + f\big(h(x)\big) \\ &= f(x) + f(-x) = e^x + e^{-x}. \end{aligned}$$
   Il est clair qu'on n'a pas toujours $e^x + e^{-x} = 1$ (c'est par exemple faux pour $x = 0$), ce qui signifie que $f \circ (g+h) \neq (f \circ g) + (f \circ h)$.
   Ainsi $\circ$ n'est pas distributive à gauche sur $+$, donc pas distributive. Le lecteur pourra néanmoins vérifier qu'elle est distributive à droite...

2.3 Éléments symétrisables pour une loi

Définition 6 (Symétrique)

Soit I muni d'une lci $*$ admettant un élément neutre e.
On dit qu'un élément a de I admet un *symétrique* (ou un *inverse*) pour $*$ lorsqu'il existe b dans I tel que $a * b = b * a = e$.
On dit d'un élément admettant un symétrique qu'il est *symétrisable* (ou *inversible*).

Proposition 2 (Unicité du symétrique)

Si un ensemble I est muni d'une lci associative $*$ et si un élément de I admet un symétrique alors celui-ci est unique.

DÉMONSTRATION

Supposons que $a \in I$ admette les éléments b et b' de I pour symétriques. On a alors $a * b = b * a = e$ et $a * b' = b' * a = e$. Par associativité : $b * a * b' = (b * a) * b' = e * b' = b'$ mais aussi $b * a * b' = b * (a * b') = b * e = b$. D'où $b = b'$.

Notation 3

Sous les hypothèses de cette proposition, il y a donc un unique élément b tel que $a * b = b * a = e$. On appelle alors cet élément **le** *symétrique* (ou **l'***inverse*) de a pour $*$ et on le note a^{-1} lorsque cela ne prête pas à confusion.

Exemples 6

1. Dans $\mathbb{C}$ muni de la lci $+$ (qui a 0 pour élément neutre), tout élément z admet pour symétrique $-z$ car $z + (-z) = 0$ et $(-z) + z = 0$.

   À ce propos, de manière générale, lorsque la loi est l'addition, on évite de parler d'inverse (ce qui créerait une confusion malheureuse) et on appelle plutôt le symétrique l'*opposé*. Évidemment, on n'écrit pas z^{-1} mais $-z$.
2. Dans $\mathbb{N}$ muni de $+$ (qui a 0 pour élément neutre), le seul élément symétrisable est 0. En effet si $n \in \mathbb{N} \setminus \{0\}$, il n'existe aucun élément m de $\mathbb{N}$ tel que $n + m = 0$.
3. Dans $\mathbb{C}$ muni de la lci $\times$ (qui a 1 pour élément neutre), tout élément z admet un symétrique sauf l'élément 0.

   Il n'existe en effet aucun complexe y tel que $0 \times y = y \times 0 = 1$.

   Le symétrique (dans ce cas, par contre, on utilisera évidemment plus volontiers le terme d'inverse) d'un élément z de $\mathbb{C} \setminus \{0\}$ est $\dfrac{1}{z}$ car $z \times \dfrac{1}{z} = \dfrac{1}{z} \times z = 1$.
4. Dans $\mathcal{F}(\mathbb{R}, \mathbb{R})$ muni de la lci $\circ$ (qui a $\mathrm{id}_{\mathbb{R}} : x \mapsto x$ pour élément neutre), un élément f est symétrisable si et seulement s'il existe $g : \mathbb{R} \to \mathbb{R}$ tel que $f \circ g = \mathrm{id}$ et $g \circ f = \mathrm{id}$. Un élement f est donc symétrisable si et seulement si c'est une bijection et son symétrique est alors sa bijection réciproque – que l'on a justement l'habitude de noter f^{-1}, ce qui est cohérent.

⚠ Même si la loi $*$ est associative, il ne suffit pas d'avoir $a * b = e$ pour dire que b est le symétrique de a.

Par exemple prenons dans $\mathcal{F}(\mathbb{R}, \mathbb{R})$ les fonctions $f : x \mapsto e^x$ et

$$g : x \mapsto \left| \begin{array}{ll} \ln(x) & \text{si } x > 0 \\ 0 & \text{si } x \leqslant 0 \end{array} \right. .$$

On a $g \circ f = \mathrm{id}_{\mathbb{R}}$ mais $f \circ g \neq \mathrm{id}_{\mathbb{R}}$.

En fait ni f ni g ne sont symétrisables (ce ne sont pas des bijections) mais on peut dire que f possède un *symétrique à gauche* (g) et que g possède un *symétrique à droite* (f).

Proposition 3

Soit I un ensemble muni d'une lci associative $*$.

Soit a un élement symétrisable de I. Alors :

1. a^{-1} est symétrisable et $(a^{-1})^{-1} = a$.
2. Si $b \in I$ est également symétrisable alors $a * b$ est symétrisable et $(a * b)^{-1} = b^{-1} * a^{-1}$.

DÉMONSTRATION

1. Par définition de a^{-1} on a $a^{-1} * a = a * a^{-1} = e$ donc a^{-1} est bien symétrisable de symétrique a.
2. Posons $c = b^{-1} * a^{-1}$. Montrons que c est le symétrique de $a * b$:
   $(a * b) * c = (a * b) * (b^{-1} * a^{-1}) = a * (b * b^{-1}) * a^{-1} = (a * e) * a^{-1} = a * a^{-1} = e$,
   $c * (a * b) = (b^{-1} * a^{-1}) * (a * b) = b^{-1} * (a^{-1} * a) * b = b^{-1} * (e * b) = a^{-1} * b = e$.
   Ainsi $a * b$ a bien un symétrique qui est $c = b^{-1} * a^{-1}$.

⚠ Si la lci n'est pas commutative, il n'est donc en général pas vrai que les éléments $(a * b)^{-1}$ et $a^{-1} * b^{-1}$ soient égaux.

Exemples 7 Dans le cas $E = \mathcal{F}(\mathbb{R}, \mathbb{R})$ muni de $\circ$, les éléments symétrisables sont les bijections. On retrouve ainsi :

1. que la composée $f \circ g$ de deux bijections f et g est une bijection, et que la bijection réciproque de $f \circ g$ est $g^{-1} \circ f^{-1}$;
2. que si f est une bijection alors f^{-1} aussi, avec $\left(f^{-1}\right)^{-1} = f$.

Application 1

Puissances

Dans un ensemble muni d'une lci $*$ associative on note, pour un élément x :

$$\begin{cases} & x^n = x * x * \cdots * x \ (n \text{ facteurs}) & \text{pour } n \in \mathbb{N} \setminus \{0\}, \\ \textbf{s'il existe un neutre } e, & x^0 = e\ , & \\ \textbf{si } x \textbf{ est symétrisable}, & x^n = (x^{-1})^{|n|} & \text{pour } n \in \mathbb{Z},\ n < 0. \end{cases}$$

Notons que dans ce dernier cas, on a aussi $x^n = (x^{|n|})^{-1}$.

En effet :

$$\begin{aligned}
x^{|n|} * (x^{-1})^{|n|} &= x^{|n|} * (x^{-1})^{|n|} \\
&= \underbrace{x * \cdots * x}_{|n| \text{ facteurs}} * \underbrace{x^{-1} * \cdots * x^{-1}}_{|n| \text{ facteurs}} \\
&= \underbrace{x * \cdots * x}_{|n|-1 \text{ facteurs}} * (x * x^{-1}) * \underbrace{x^{-1} * \cdots * x^{-1}}_{|n|-1 \text{ facteurs}} \\
&= \underbrace{x * \cdots * x}_{|n|-1 \text{ facteurs}} * e * \underbrace{x^{-1} * \cdots * x^{-1}}_{|n|-1 \text{ facteurs}} \\
&= \underbrace{x * \cdots * x}_{|n|-1 \text{ facteurs}} * \underbrace{x^{-1} * \cdots * x^{-1}}_{|n|-1 \text{ facteurs}} \\
&= \cdots \\
&= e \quad \text{en répétant le procédé.}
\end{aligned}$$

De même, on a $(x^{-1})^{|n|} * x^{|n|} = e$.
On en déduit qu'on a : $x^n = (x^{-1})^{|n|} = (x^{|n|})^{-1}$.
On peut vérifier d'ailleurs de la même façon qu'on a, pour tout $n \in \mathbb{N}$, $(x^n)^{-1} = (x^{-1})^n$.

2.4 Groupes

Le concept de groupe est absolument fondamental en mathématiques. De plus, c'est un concept particulièrement populaire de par l'histoire tragique de son principal créateur, à savoir Évariste Galois.
Les groupes peuvent revêtir toutes sortes d'aspects et intervenir dans de nombreux champs. Une de leurs principales facettes est géométrique : selon le fameux *programme d'Erlangen* présenté par Felix Klein en 1872, les différentes géométries connues à l'époque (affine, projective, euclidienne, non euclidienne) peuvent être classées et traitées en fonction des groupes de transformations qui opèrent naturellement dessus. Ainsi, par exemple, la géométrie euclidienne, c'est-à-dire la géométrie la plus classique, correspond-elle à l'étude des propriétés invariantes par isométrie.
Mais de point de vue historique, les groupes sont apparus sous la forme de groupes de substitutions, et ce en lien avec la question de la résolution des équations par radicaux.

Évariste Galois
(1811–1832)

La figure d'Évariste Galois est mythique dans le monde des mathématiques. Galois est en effet une sorte d'incarnation de l'époque romantique dont il fut contemporain.
Entré au collège Louis-Le-Grand en 1823 en classe de quatrième[a], il se distingua parmi les meilleurs élèves en classe de troisième. Mais il commençait à connaître une crise morale profonde : les aspirations libérales et républicaines de nombre de ses camarades trouvaient en lui un fort écho, et se heurtaient aux autorités légitimistes régissant le collège. Son travail commença alors à se dégrader et finalement, après un début de première médiocre il dut retourner en seconde ! Mais il put par la même occasion intégrer la classe de première année de Mathématiques Supérieures[b]. Il y révéla des compétences hors du commun en mathématiques, tout en ayant des difficultés à supporter les aspects les plus scolaires de l'enseignement et en délaissant totalement ses études parallèles au lycée, s'y montrant dissipé au possible.
Dès qu'il prit conscience de ses capacités en mathématiques, Galois s'attela à la lecture des grands maîtres de son époque et de la génération précédente : Legendre, Lagrange, Gauss... Il fut ainsi tout naturellement au contact des questions sur la résolution algébrique des équations.
Il eut alors pour unique but d'entrer à l'École polytechnique, seule à même pour lui de développer ses capacités et en outre à l'esprit profondément attaché aux valeurs de la Révolution. Il s'y présenta dès la fin de l'année de Math Sup, soit un an plus tôt que le veut la tradition, et y fut refusé. Il vécut cet échec comme une injustice.
Il eut en classe de Mathématiques Spéciales comme professeur M. Richard, passé à la postérité pour avoir œuvré à élever Galois au niveau de son potentiel et pour les éloges que l'on retrouve de sa main au sujet d'Évariste. C'est cette année-là, en 1829, que Galois publia son premier Mémoire. Il présenta aussi un premier papier à l'Académie des sciences, qui fut malheureusement perdu par Cauchy. Deuxième injustice marquante pour Galois...
Suivie d'une troisième : il échoua à nouveau à intégrer Polytechnique, la légende voulant qu'il ait jeté de rage son torchon à effacer la craie au visage de son examinateur, dont il jugeait qu'il se trompait.
Sur ce fait, Galois fut endeuillé par le suicide de son père, qui était maire de Bourg-la-Reine, poussé à bout par des calomnies sur fond de lutte politique.
La mort dans l'âme, Galois entra finalement à l'École préparatoire, résurgence de l'éphémère École normale de l'an III dépouillée de son ambition originelle, et qui ne retrouva son lustre que plus tard.

a. Pour les éléments biographiques mentionnés ici et de nombreux autres, cf . le travail de P. Dupuy : *La Vie d'Évariste Galois*, Annales scientifiques de l'É.N.S. 3e série, **13** (1896), pp. 197-266.
b. Le programme du lycée de l'époque, menant au baccalauréat, était essentiellement littéraire. Il se concentrait en effet sur les disciplines suivantes : langues anciennes, rhétorique, logique, morale, sciences mathématiques et physiques, et enfin philosophie, qui donnait son nom à l'année de terminale. Il était alors possible de suivre en parallèle les études correspondant à ce que sont à l'heure actuelle les classes préparatoires scientifiques sans avoir le baccalauréat !

Évariste Galois
(1811–1832)

Galois avait poursuivi ses recherches mathématiques pendant ce temps et il communiqua ses résultats à l'Académie des Sciences en 1830 afin de concourir au grand prix de Mathématiques. Joseph Fourier, alors secrétaire perpétuel de l'Académie, emporta le manuscrit de Galois chez lui et mourut sans avoir rendu son jugement. Pire : on ne retrouva pas le manuscrit dans les documents de Fourier. Ainsi Galois ne put même pas prendre part à la compétition pour l'attribution du prix...
La Révolution de Juillet éclata peu après et, à son grand dam, Galois ne put y prendre part. Celle-ci ne déboucha pas sur un changement de régime mais seulement sur un changement de dynastie, à la grande déception de Galois. Il s'engagea alors de manière active dans des mouvements républicains. Il fut renvoyé de l'École normale[a] en décembre 1830 après avoir transmis à un journal une lettre dans laquelle il critiquait vertement l'attitude du directeur de l' École préparatoire durant les trois jours que dura la Révolution de Juillet.
Galois fut par la suite un militant républicain actif et fut emprisonné à plusieurs reprises, tout en continuant ses recherches mathématiques (qu'il effectuait le plus souvent de tête), donnant notamment son plus fameux mémoire, *Sur les conditions de résolubilité des équations par radicaux*, en janvier 1831.
Sa santé se dégradant, il lui fut permis de sortir de prison à condition de rester à résidence sur parole. Las pour lui, il conçut alors un amour qui s'avéra cruel : sa relation semble avoir été à l'origine d'un duel mais les faits exacts ne sont pas connus. En tout cas Galois ne put éviter le duel et, lucide sur la fin qui l'attendait, passa la nuit précédant l'affrontement à rédiger une lettre à son ami Auguste Chevalier, sorte de testament mathématique qui fait le point sur ses découvertes et conclut de manière déchirante :
« Après cela, il y aura, j'espère, des gens qui trouveront leur profit à déchiffrer tout ce gâchis ».
Galois meurt des suites de la blessure reçue au duel le 31 mai 1832, à même pas 21 ans. Sa lettre à Auguste Chevalier est publiée quelques mois plus tard.
Le temps passant, le frère de Galois et Auguste Chevalier s'efforcent de rendre publics les travaux d'Évariste. Il faut attendre 1843 avant qu'un mathématicien, en l'occurrence Joseph Liouville, ait la volonté et la patience de démêler les écrits de Galois. Il en reconnaît les mérites et parvient à les faire publier en 1846 par le *Journal de mathématiques pures et appliquées*, qui leur assure un rayonnement très important. La communauté mathématique prend alors peu à peu conscience des idées novatrices de Galois et de leur puissance. Le concept phare introduit par Galois est celui de groupe. Évidemment il n'était pas formalisé comme le concept enseigné actuellement, car il était introduit sans la rigueur actuelle et uniquement dans le cadre des équations, en tant que groupe de substitutions. Mais la pensée à l'origine des résultats de Galois sur la résolubilité des équations par radicaux a profondément influencé l'algèbre durant de très nombreuses décennies.

a. l'École préparatoire fut rebaptisée ainsi suite à la Révolution de Juillet, en référence à son appellation originelle de 1794.

Définition 7 (Groupe)

Un *groupe* est un couple $(G, *)$, où G est un ensemble et $* : G \times G \longrightarrow G$ une loi de composition interne, vérifiant les axiomes suivants :

1. $*$ est associative, c'est-à-dire : $\forall (a, b, c) \in G^3,\ a * (b * c) = (a * b) * c$,
2. $*$ a un élément neutre, c'est-à-dire : $\exists e \in G,\ \forall a \in G,\ a * e = e * a = a$,
3. tout élément de G a un symétrique pour $*$, c'est-à-dire :
$$\forall x \in G,\ \exists y \in G,\ x * y = y * x = e.$$

Pour faire simple, on appellera *loi de groupe sur* G une lci $*$ sur G vérifiant les axiomes précédents.

Exemples 8

1. $(\mathbb{Z}, +)$ forme un groupe : l'élément neutre est 0, les symétriques sont les opposés.
   De même, $(\mathbb{Q}, +)$, $(\mathbb{R}, +)$ et $(\mathbb{C}, +)$ forment des groupes au sein desquels 0 est à chaque fois l'élément neutre et les symétriques sont les opposés.
2. $(\mathbb{C} \setminus \{0\}, \times)$ forme un groupe : l'élément neutre est 1, les symétriques sont les inverses.
3. $(\{-1, 1\}, \times)$ forme un groupe : l'élément neutre est 1, les symétriques sont les éléments eux-mêmes.
   On remarquera que contrairement aux exemples précédents, ce groupe est fini.

   En revanche :

4. $(\mathbb{N}, +)$ ne forme pas un groupe : il existe bien un élément neutre qui est 0, mais il n'est pas vrai que tout entier a un symétrique pour $+$. En fait, seul 0 a un symétrique.
5. $(\mathbb{R}, \times)$ ne forme pas un groupe : il existe bien un élément neutre qui est 1, mais il n'est pas vrai que tout réel a un symétrique pour $\times$ puisque 0 n'en a pas.
6. $(\mathbb{R}, \min)$ ne forme pas un groupe : il n'existe pas d'élément neutre.

Suite à l'exemple de $\{-1, 1\}$, on peut pousser à l'extrême la recherche du nombre minimal d'éléments pour un groupe. Cela donne l'exemple suivant :

Exemple 9

Groupe trivial.

Pour tout e, on peut munir l'ensemble $\{e\}$ d'une unique loi de composition interne : celle-ci est automatiquement une loi de groupe, et le groupe obtenu s'appelle *le groupe trivial*. Bien qu'il y ait une infinité de groupe triviaux, parler « du » groupe trivial est naturel, puisque tous ces groupes sont identiques à renommage près de leur élément neutre !

Remarque 4

Dans un souci de simplification du discours, on s'autorisera notamment l'abus suivant : lorsque la loi de groupe sera clairement donnée sans ambiguïté par le contexte, on s'autorisera à parler « du groupe G » au lieu de parler du groupe $(G, *)$.

Le premier théorème à énoncer sur les groupes est le suivant, et il est fondamental.

Théorème 1 (Unicité du neutre et des symétriques)

Dans un groupe :

1. l'élément neutre est unique ;
2. tous les éléments ont un unique symétrique.

Voici en quoi ce théorème est fondamental. L'unicité du neutre et des symétriques signifie qu'une fois fixée une loi de groupe $*$ sur G, on a totalement déterminé l'élément neutre e de G et l'application $\iota : \left\{\begin{array}{ccc} G & \longrightarrow & G \\ g & \longmapsto & g^{-1} \end{array}\right.$ où g^{-1} est le symétrique (unique donc) de g. On aurait donc pu[10] définir un groupe non comme un couple $(G, *)$ mais comme un quadruplet $(G, e, \iota, *)$. L'unicité de e et de ι une fois $*$ fixée nous en dispense et c'est donc dans un souci d'économie que l'on ne spécifie que la loi $*$ dans la définition. Il est néanmoins important de comprendre que **la structure de groupe, ce n'est pas seulement $*$: c'est e, ι et $*$**. D'après les axiomes, dans un groupe, on peut certes multiplier, mais on peut aussi symétriser ou considérer e.

Voici une manière importante d'obtenir des groupes :

Théorème 2

Soit E un ensemble muni d'une lci $*$ associative et qui admet un élément neutre e. Alors le sous-ensemble G formé des éléments symétrisables est un groupe pour $*$.

DÉMONSTRATION

Il faut d'abord s'assurer que $*$ est encore une loi de composition **interne** pour G. Soit donc $(x, y) \in G^2$. Par la proposition 3, comme x et y sont symétrisables, on sait que $x * y$ est symétrisable (de symétrique $(x * y)^{-1} = y^{-1} * x^{-1}$). Ainsi $*$ est bien une lci.

La lci $*$ est associative puisqu'elle l'est dans l'ensemble plus grand (pour l'inclusion) E.

Le neutre e pour la lci $*$ appartient bien à G. En effet, e est symétrisable, avec $e^{-1} = e$,

10. D'aucuns considèrent même, par exigence intellectuelle, que c'est une nécessité, et certains ouvrages adoptent donc cette présentation.

vu que $e * e = e$.

Par définition de G, tous les éléments de G ont un symétrique pour la loi $*$. Il faut néanmoins vérifier que leur symétrique est un élément de G, c'est-à-dire un élément symétrisable de E : c'est le cas car si x est symétrisable, son symétrique x^{-1} est lui-même symétrisable et a pour symétrique $(x^{-1})^{-1} = x$ d'après la proposition 3.

Exemples 10

On peut retrouver grâce à ce procédé de nombreux groupes déjà rencontrés plus tôt dans ce chapitre. Ainsi :

1. Dans $\mathbb{Z}$, la lci $\times$ est associative et admet un neutre (1). Les éléments inversibles de $\mathbb{Z}$ pour $\times$ sont -1 et 1. Comme application du théorème précédent, on retrouve ainsi que $(\{-1, 1\}, \times)$ est un groupe.

2. Dans $\mathbb{C}$, la lci $\times$ est associative et admet un neutre (1). Les éléments inversibles de $\mathbb{C}$ pour $\times$ sont les complexes non nuls. Comme application du théorème précédent, on retrouve ainsi que $(\mathbb{C} \setminus \{0\}, \times)$ est un groupe.

   On obtient aussi un nouvel exemple de groupe :

3. La loi $\circ$ est associative et admet un neutre ($\mathrm{id}_{\mathbb{R}}$) dans $\mathcal{F}(\mathbb{R}, \mathbb{R})$. Or comme on l'a vu dans l'exemple 7, un élément f de $\mathcal{F}(\mathbb{R}, \mathbb{R})$ est symétrisable pour la loi $\circ$ si et seulement si c'est une bijection. On obtient ainsi par le théorème précédent que l'ensemble $S_{\mathbb{R}}$ des bijections[11] de $\mathbb{R}$, est un groupe pour la loi $\circ$.

Ce résultat se généralise à d'autres types d'ensembles que $\mathbb{R}$. En particulier :

Proposition-Définition 1 (Groupe symétrique[12])

Étant donné un entier n, on appelle *groupe symétrique* le groupe $(S_n, \circ)$ où $S_n = S_{\{1,2,\ldots,n\}}$ est l'ensemble des bijections de $\{1, 2, \ldots, n\}$ dans $\{1, 2, \ldots, n\}$.

DÉMONSTRATION

On prouve pour $n \in \mathbb{N}$ que $(S_n, \circ)$ forme bien un groupe en procédant strictement de la même façon que pour $S_{\mathbb{R}}$, simplement en remplaçant $\mathbb{R}$ par $\{1, 2, \ldots, n\}$.

11. Cf. le chapitre 2 de $\mathbb{R}$ dans $\mathbb{R}$, aussi appelées permutations.
12. Ce groupe sera véritablement étudié dans le chapitre 17. On ne fait qu'effleurer le sujet ici.

Définition 8

Un groupe $(G, *)$ est dit *commutatif* (ou *abélien*[13]) lorsque tous ses éléments commutent, c'est-à-dire : $\forall (a, b) \in G^2,\ a * b = b * a$.

On peut aussi exprimer cette relation en écrivant : la loi $*$ est commutative.

Exemples 11

1. Tous les groupes présentés dans les exemples 8 sont commutatifs.
   On a déjà vu en effet que $(\mathbb{Z}, +)$ est commutatif dans le chapitre d'arithmétique et que $(\mathbb{C} \setminus \{0\}, \times)$ ou $(\{-1, 1\}, \times) = (\mathbb{U}_2, \times)$ étaient commutatifs dans le chapitre consacré aux nombres complexes.
2. En revanche $(S_{\mathbb{R}}, \circ)$, qui forme bien un groupe d'après l'exemple 10.3, n'est pas un groupe commutatif. En effet on peut exhiber deux éléments de $S_{\mathbb{R}}$ ne commutant pas. On peut proposer par exemple : $f = x \mapsto x^3$ et $g = x \mapsto x + 1$. Il s'agit bien de bijections puisqu'elles ont des applications réciproques ($f^{-1} : y \mapsto \sqrt[3]{y}$ et $g^{-1} : y \mapsto y - 1$). Mais on a $f \circ g \neq g \circ f$ car $(f \circ g)(1) = 8 \neq 2 = (g \circ f)(1)$.
3. Le constat fait sur $S_{\mathbb{R}}$ se généralise à presque tous les S_n : pour $n \geqslant 3$, $(S_n, \circ)$ est non commutatif[14].

2.5 Règles de calcul dans un groupe

Il faut bien reconnaître que les groupes de permutations sont pour l'instant les seuls exemples de groupes non commutatifs que nous connaissons. Lorsqu'on veut raisonner abstraitement sur les groupes et que notre esprit cherche un exemple sur lequel appuyer sa réflexion, il est donc sage de s'appuyer sur ceux-ci plutôt que sur les exemples que l'on connaît depuis plus longtemps, de peur de se fourvoyer. Cela permettra notamment de retrouver le résultat suivant :

Théorème 3

Dans un groupe $(G, *)$, on a :

1. $\forall a \in G,\ (a^{-1})^{-1} = a$.
2. $\forall (a, b) \in G^2,\ (a * b)^{-1} = b^{-1} * a^{-1}$.

13. Terminologie provenant du nom du mathématicien norvégien Niels Henrik Abel (1802-1829).
14. Cf. la démonstration dans le chapitre 17.

DÉMONSTRATION

Cela vient directement de la proposition 3 car la lci $*$ est associative dans le groupe $(G, *)$.

Remarque 5

Comme nous l'avons déjà évoqué plus haut, le groupe G n'étant pas forcément commutatif, on n'a en général pas $(a*b)^{-1} = a^{-1} * b^{-1}$. Pour éviter de tomber dans ce piège, rien de mieux que de se souvenir de la relation $(f \circ g)^{-1} = g^{-1} \circ f^{-1}$ pour des permutations f et g d'un même ensemble.

Proposition 4

1. Dans un groupe $(G, *)$, on peut simplifier à gauche : si $a * b = a * c$ alors $b = c$.
2. Dans un groupe $(G, *)$, on peut simplifier à droite : si $b * a = c * a$ alors $b = c$.
3. En particulier, dans un groupe : si $a * b = a$ alors $b = e$; si $b * a = a$ alors $b = e$.

DÉMONSTRATION

1. Si $a * b = a * c$, on en déduit $a^{-1} * (a * b) = a^{-1} * (a * c)$ d'où par associativité $(a^{-1} * a) * b = (a^{-1} * a) * c \Leftrightarrow e * b = e * c \Leftrightarrow b = c$.
2. Même chose en composant à droite par a^{-1}.
3. $a * b = a \Leftrightarrow a * b = a * e$ d'où $b = e$ d'après le point 1. Même démarche pour le dernier point.

Proposition 5

Si dans un groupe $(G, *)$ on a $a * b = e$ alors a et b sont inverses l'un de l'autre.

DÉMONSTRATION

Comme a et b sont dans un groupe ils sont inversibles et $a*b = e$ donne $a*b*b^{-1} = e*b^{-1}$ d'où $a = b^{-1}$ puis aussi $a^{-1} = (b^{-1})^{-1} = b$.

Remarque 6

Ainsi dans un groupe, il suffit d'une seule des deux égalités $a * b = e$ ou $b * a = e$ pour dire que a et b sont inverses l'un de l'autre. On se rappelle que ce n'est en général pas vrai hors d'un groupe.

Comme dans un groupe la lci est associative et possède un neutre, on peut définir les puissances d'un élément quelconque comme nous l'avons déjà vu dans l'application 1.

Ainsi, pour tout élément x d'un groupe $(G,*)$:

$$\begin{cases} x^n & = & x*x*\cdots*x \ (n \text{ facteurs}) & \text{si } n \in \mathbb{N} \setminus \{0\}, \\ x^0 & = & e\,, & \\ x^n & = & (x^{-n})^{-1} & \text{si } n \in \mathbb{Z} \text{ et } n < 0. \end{cases}$$

En particulier on peut vérifier que, dans un groupe, on a :

Proposition 6

$\forall x \in G,\ \forall (n,m) \in \mathbb{Z}^2$,

1. $(x^n)^{-1} = x^{-n}$;
2. $x^n * x^m = x^{n+m}$;
3. $(x^n)^m = x^{nm}$.

2.6 Anneaux

Définition 9 (Anneaux)

Un *anneau* est un triplet $(A,+,\times)$, où A est un ensemble et $+,\times\ :\ A\times A \longrightarrow A$ deux lois de composition internes, les lci $+$ (appelée *addition*) et $\times$ (appelée *multiplication*), vérifiant les axiomes suivants :

1. $(A,+)$ forme un groupe commutatif,
2. $\times$ a un élément neutre,
3. $\times$ est associative,
4. $\times$ est distributive sur $+$, c'est-à-dire :
   $\forall (a,b,c) \in A^3, a\times(b+c) = a\times b + a\times c$ (distributivité à gauche)
   et $\forall (a,b,c) \in A^3, (a+b)\times c = a\times c + b\times c$ (distributivité à droite).

Remarques 7

1. De la même façon que pour les groupes, le neutre de $+$ est unique, les symétriques pour $+$ sont uniques, le neutre pour $\times$ est unique, et les symétriques pour $\times$, lorsqu'ils existent, sont uniques.
2. On a donc coutume de toujours noter :

   i/ 0_A ou 0 le neutre de $+$, qu'on appelle *élément nul*, ii/ $-a$ le symétrique de a pour $+$, qu'on appelle *opposé de* a,

iii/ 1_A ou 1 le neutre de $\times$, qu'on appelle *unité*,

iv/ a^{-1} l'éventuel symétrique de a pour $\times$, s'il existe, qu'on appelle alors *inverse de* a.

De même que pour les groupes, la structure d'anneau, ce n'est pas $+$ et $\times$, c'est 0_A, 1_A, $+$, $x \mapsto -x$ et $\times$. Les inverses n'existant pas nécessairement, ils ne font pas partie intégrante de la structure.

Notation 4

Comme le lecteur en a déjà l'habitude dans les anneaux de nombres classiques, on omet souvent de faire apparaître le symbole multiplicatif $\times$. Ainsi pour deux éléments a et b d'un même anneau, on écrira souvent ab à la place de $a \times b$.

Exemples 12

1. $(\mathbb{Z}, +, \times)$, $(\mathbb{Q}, +, \times)$, $(\mathbb{R}, +, \times)$ et $(\mathbb{C}, +, \times)$ sont des anneaux.

2. $\big(\mathcal{F}(\mathbb{R}, \mathbb{R}), +, \times\big)$ est un anneau, où l'on rappelle que la somme de deux fonctions f et g est définie comme la fonction $f + g : x \longmapsto f(x) + g(x)$ et que le produit de deux fonctions f et g est défini comme la fonction $fg : x \longmapsto f(x)g(x)$.
   On pourra constater que la structure d'anneau de $\mathcal{F}(\mathbb{R}, \mathbb{R})$ découle de la structure d'anneau de $\mathbb{R}$...
   L'élément nul de cet anneau est la fonction identiquement nulle sur $\mathbb{R}$ et l'élément unité est la fonction constante égale à 1.

3. $(\mathbb{N}, +, \times)$ n'est pas un anneau car, comme on l'a vu dans les exemples 8, $(\mathbb{N}, +)$ n'est pas un groupe.

4. $(\{0\}, +, \times)$ forme un anneau : les lois sont définies de la seule façon possible et les deux neutres sont égaux. On l'appelle *l'anneau nul*.

Exemple 13

On invite le lecteur à vérifier que l'ensemble $\mathbb{Z}[\mathbf{i}] = \{a + \mathbf{i}b,\ (a, b) \in \mathbb{Z}^2\}$ est un anneau commutatif ; il est appelé *anneau des entiers de Gauss*.

En fait les points les plus « délicats » sont de montrer que $+$ et $\times$ sont des lci sur $\mathbb{Z}[\mathbf{i}]$. Ainsi, soit z et z' deux éléments quelconques de $\mathbb{Z}[\mathbf{i}]$. Il existe $(a, b) \in \mathbb{Z}^2$ et $(a', b') \in \mathbb{Z}^2$ tels que $z = a + \mathbf{i}b$ et $z' = a' + \mathbf{i}b'$. D'où :

1. $z + z' = (a + \mathbf{i}b) + (a' + \mathbf{i}b') = (a + a') + \mathbf{i}(b + b') \in \mathbb{Z}[\mathbf{i}]$ car $a + a'$ et $b + b'$ sont entiers comme somme d'entiers.

2. $z \times z' = (a+\mathbf{i}b) \times (a'+\mathbf{i}b') = aa' + \mathbf{i}ba' + \mathbf{i}ab' + \mathbf{i}^2bb' = (aa'-bb') + \mathbf{i}(a'b+ab') \in \mathbb{Z}[\mathbf{i}]$ car $aa'-bb'$ et $a'b+ab'$ sont entiers comme sommes de produits d'entiers.

Le lecteur vérifiera que pour le reste des axiomes à satisfaire pour que $\mathbb{Z}[\mathbf{i}]$ soit un anneau commutatif, tout vient de ce que $+$ et $\times$ font de $\mathbb{C}$ un anneau commutatif et de ce que $\mathbb{Z}[\mathbf{i}] \subset \mathbb{C}$. On vient en fait de démontrer que $\mathbb{Z}[\mathbf{i}]$ est un sous-anneau de $\mathbb{C}$. La notion de sous-anneau n'est pas au programme[15] mais celle de sous-groupe l'est et son étude fait l'objet de la section 3.

Définition 10 (Commutativité)

Un anneau $(A,+,\times)$ est dit commutatif lorsque la loi $\times$ est commutative.

Exemples 14

1. Tous les anneaux des exemples 12 sont commutatifs !

2. Présentons ici rapidement un anneau non commutatif qui sera étudié en détail dans le chapitre 9, l'anneau $\big(\mathcal{M}_2(\mathbb{R}),+,\times\big)$ des matrices carrées réelles 2×2 :
   - Les éléments de $\mathcal{M}_2(\mathbb{R})$ sont les tableaux de réels à deux lignes et deux colonnes de la forme $\begin{pmatrix} a & b \\ c & d \end{pmatrix}$.
   - L'addition de $\mathcal{M}_2(\mathbb{R})$ est définie coefficient par coefficient :
   $$\begin{pmatrix} a & b \\ c & d \end{pmatrix} + \begin{pmatrix} a' & b' \\ c' & d' \end{pmatrix} = \begin{pmatrix} a+a' & b+b' \\ c+b' & d+b' \end{pmatrix}.$$
   - La multiplication de $\mathcal{M}_2(\mathbb{R})$ est définie par :
   $$\begin{pmatrix} a & b \\ c & d \end{pmatrix} \times \begin{pmatrix} a' & b' \\ c' & d' \end{pmatrix} = \begin{pmatrix} aa+bc' & ab'+bd' \\ ca'+dc' & cb+dd' \end{pmatrix}.$$

   Son élément nul est $O = \begin{pmatrix} 0 & 0 \\ 0 & 0 \end{pmatrix}$, les opposés se calculent coefficient par coefficient, et son unité est $I_2 = \begin{pmatrix} 1 & 0 \\ 0 & 1 \end{pmatrix}$.

   Nous invitons le lecteur sceptique à vérifier par lui-même que les axiomes d'un anneau sont vérifiés. Le lecteur qui découvre cet anneau peut dès à présent en vérifier la

15. Si elle n'est pas au programme, il se trouve néanmoins qu'on en est passé naturellement par là pour démontrer que $\mathbb{Z}[\mathbf{i}]$ est un anneau.

non commutativité en effectuant les produits $A \times B$ et $B \times A$ où $A = \begin{pmatrix} 0 & 1 \\ 0 & 0 \end{pmatrix}$ et $B = \begin{pmatrix} 0 & 0 \\ 1 & 0 \end{pmatrix}$.

2.7 Règles de calcul dans un anneau

Dans toute cette sous-section, A désigne un anneau, muni des lci $+$ et $\times$.

Proposition 7 (0_A est absorbant)

L'élément 0_A est absorbant pour la loi $\times$, c'est-à-dire :
$\forall a \in A,\ a \times 0_A = 0_A$ et $0_A \times a = 0_A$.

DÉMONSTRATION

Soit $(A, +, \times)$ un anneau et $a \in A$.
On a $a \times 0_A = a \times \big(0_A + 0_A\big) = a \times 0_A + a \times 0_A$.
En ajoutant à chaque membre l'opposé de $a \times 0_A$, on trouve bien $0_A = a \times 0_A$.
L'autre égalité se prouve de même.

Remarque 8

Ainsi 0_A n'a jamais d'inverse, sauf dans l'anneau nul.

Proposition 8 (Opposé et multiplication)

Pour tout $a \in A$, $-a = (-1_A) \times a$.

DÉMONSTRATION

Par unicité de l'opposé, il suffit de montrer que $a + (-1_A) \times a = 0_A$.
Or on a $a + (-1_A) \times a = 1_A \times a + (-1_A) \times a = (1_A + (-1_A)) \times a = 0_A \times a = 0_A$.

Proposition 9

$\forall (a, b) \in A^2,\ (-a)b = -(ab) = a(-b)$.

DÉMONSTRATION

On a $(-a)b + ab = (-a + a)b = 0_A \cdot b = 0_A$ donc en ajoutant $-(ab)$ à l'égalité, on obtient : $(-a)b = -(ab)$.
Un raisonnement similaire fournit l'égalité : $-(ab) = a(-b)$.

D'un raisonnement par récurrence reposant sur la distributivité, on obtient :

Proposition 10

Soit $n \in \mathbb{N}$. On a :

$$\forall (a_1, ..., a_n) \in A^n,\ \forall b \in A,\ \left(\sum_{k=1}^{n} a_k\right) b = \sum_{k=1}^{n} a_k b.$$

$$\forall a \in A,\ \forall (b_1, ..., b_n) \in A^n,\ a\left(\sum_{k=1}^{n} b_k\right) = \sum_{k=1}^{n} a b_k.$$

où le symbole $\sum$ est défini dans un anneau quelconque de la même façon que dans $\mathbb{R}$ et $\mathbb{C}$.

Comme $(A, +)$ est un groupe, on retrouve la définition suivante, déjà vue dans un cadre plus général dans l'application 1 :

Définition 11

Pour tout $(n, a) \in \mathbb{Z} \times A$, on note :

$$\begin{cases} na = a + \cdots + a & (n \text{ facteurs}) \text{ si } n \in \mathbb{N} \setminus \{0\} \\ na = 0 & \text{si } n = 0 \\ na = -(|n|a) & \text{si } n < 0 \end{cases}$$

On retrouve, sous certaine hypothèse :

Théorème 4 (Formule du binôme de Newton)

Soient $n \in \mathbb{N}$, $(a, b) \in A^2$ tel que a et b commutent. On a :

$$(a+b)^n = \sum_{k=0}^{n} \binom{n}{k} a^k b^{n-k}.$$

On peut retrouver encore d'autres formules analogues à celles que l'on connaît déjà dans $\mathbb{R}$ ou $\mathbb{C}$:

Proposition 11

Soit $(A, +, \cdot)$ un anneau, $n \in \mathbb{N} \setminus \{0\}$, $(a, b) \in A^2$. On a :

$1_A - a^n = (1_A - a)(1_A + a + a^2 + ... + a^{n-1})$.

Si $ab = ba$, $a^n - b^n = (a-b) \sum_{k=0}^{n-1} a^{n-1-k} b^k$.

DÉMONSTRATION

Les démonstrations du théorème 4 et de la proposition 11 ne posent pas plus de difficulté à établir dans le cadre plus général proposé ici que pour le cas $(A, +, \cdot) = (\mathbb{R}, +, \times)$, si l'on identifie bien où interviennent la distributivité de $\times$ sur $+$, la commutativité de $+$ et la commutativité de $\times$.

- Identité du binôme : nous en proposons deux démonstrations.

Première version : On a $(a+b)^n = \underbrace{(a+b)(a+b)\cdots(a+b)}_{n \text{ fois}}$. En utilisant la distributivité, on réécrit cette expression comme la somme des 2^n termes de la forme $c_1 c_2 \cdots c_n$ où les c_i appartiennent à $\{a, b\}$. **En utilisant le fait que a et b commutent**, on trouve que ces termes sont tous de la forme $a^k b^{n-k}$ pour un certain entier $k \in \{0, \ldots, n\}$. Il suffit de compter alors le nombre de fois qu'apparaît chacun de ces termes, et de réécrire la définition 11. Or, pour obtenir $a^k b^{n-k}$, il faut et suffit que a apparaisse k fois dans la liste c_1, c_2, ..., c_n, il y a donc autant de façons de le faire que de choisir k éléments parmi n, à savoir $\binom{n}{k}$.

Deuxième version : on montre par récurrence sur $n \in \mathbb{N}$ la propriété
$P(n)$: pour tout $(a, b) \in A^2$ tel que a et b commutent, $(a+b)^n = \sum_{k=0}^{n} \binom{n}{k} a^k b^{n-k}$.
Initialisation : Pour $n = 0$, on vérifie que la formule proposée se réécrit $1 = 1$, ce qui prouve que $P(0)$ est vraie.
Hérédité : Supposons $P(n)$ vraie pour un certain $n \in \mathbb{N}$.
Soit $(a, b) \in A^2$. On a alors :

$$\begin{aligned}
(a+b)^{n+1} &= (a+b) \times (a+b)^n && \text{par définition} \\
&= (a+b) \sum_{k=0}^{n} \binom{n}{k} a^k b^{n-k} && \text{car } P(n) \text{ vraie} \\
&= a \sum_{k=0}^{n} \binom{n}{k} a^k b^{n-k} + b \sum_{k=0}^{n} \binom{n}{k} a^k b^{n-k} && \text{par la proposition 10} \\
&= \left(\sum_{k=0}^{n} \binom{n}{k} a^{k+1} b^{n-k} \right) + \left(\sum_{k=0}^{n} \binom{n}{k} a^k b^{n+1-k} \right) && \text{car } a \text{ et } b \text{ commutent} \\
&= \left(\sum_{l=1}^{n+1} \binom{n}{l-1} a^l b^{n+1-l} \right) + \left(\sum_{k=0}^{n} \binom{n}{k} a^k b^{n+1-k} \right) && \text{par réindiçage} \\
&= a^{n+1} b^0 + a^0 b^{n+1} + \sum_{k=1}^{n} \left(\binom{n}{k-1} + \binom{n}{k} \right) a^k b^{n+1-k} \\
&= a^{n+1} b^0 + a^0 b^{n+1} + \sum_{k=1}^{n} \binom{n+1}{k} P^{(k)} Q^{(n+1-k)} \\
&\qquad \text{par la relation de Pascal}^{16} \\
&= \sum_{k=0}^{n+1} \binom{n+1}{k} a^k b^{n+1-k}.
\end{aligned}$$

Donc $P(n+1)$ est vraie.

Conclusion : La propriété est vraie au rang 0, et elle est héréditaire, donc d'après le théorème de récurrence elle est vraie pour tout entier $n \in \mathbb{N}$.

- Identité de la proposition 11 : le premier point est un cas particulier du second, sur lequel on se concentre donc.

  On a : $(a-b)\sum_{k=0}^{n-1} a^{n-1-k}b^k = (a-b)\left(a^{n-1}+a^{n-2}b+\cdots+ab^{n-2}+b^{n-1}\right)$ qui se réécrit $\left(a^n+a^{n-1}b+\cdots+a^2b^{n-2}+ab^{n-1}\right)-\left(a^{n-1}b+a^{n-2}b^2+\cdots+ab^{n-1}+b^n\right)$ par distributivité, puis a^n-b^n par télescopage.

On fera extrêmement attention au fait qu'il est essentiel, pour les deux propositions précédentes, d'avoir $ab = ba$. En effet, de manière générale, on n'a pas $(ab)^n = a^n b^n$ dans un anneau, car $(ab)^n = (ab)(ab)...(ab)$.

2.8 Divisibilité dans un anneau

Définition 12 (Intégrité)

Un anneau $(A,+,\times)$ est dit *intègre* lorsqu'on a :
$\forall (a,b) \in A^2,\ a \times b = 0_A \Leftrightarrow a = 0_A$ ou $b = 0_A$.

Les anneaux intègres sont donc précisément ceux pour lesquels le théorème « un produit est nul si et seulement si l'un de ses facteurs est nul » est vrai.
Par contraposée, on obtient qu'un anneau A intègre satisfait par définition :

$$\forall (a,b) \in A^2,\ a \times b \neq 0_A \Leftrightarrow a \neq 0_A \text{ et } b \neq 0_A.$$

Remarque 9

Dans la littérature, on trouve parfois d'autres définitions de l'intégrité, qui ajoutent une hypothèse de commutativité ou une hypothèse de non nullité. Les programmes ne sont pas explicites sur la définition à prendre.

Exemples 15

1. Les anneaux de nombres classiques, $(\mathbb{Z},+,\times)$, $(\mathbb{Q},+,\times)$, $(\mathbb{R},+,\times)$ et $(\mathbb{C},+,\times)$ sont intègres.
2. $\left(\mathcal{F}(\mathbb{R},\mathbb{R}),+,\times\right)$ n'est pas un anneau intègre. En effet si l'on considère les fonctions $f : x \mapsto \left| \begin{array}{ll} 1 & \text{si } x > 0 \\ 0 & \text{si } x \leqslant 0 \end{array}\right.$ et $g : x \mapsto \left| \begin{array}{ll} 0 & \text{si } x > 0 \\ 1 & \text{si } x \leqslant 0 \end{array}\right.$, aucune de ces deux fonctions n'est

16. Cf. G. Costantini, *Analyse*. 1re année, De Boeck (2013), p. 63.

identiquement nulle (donc aucune ne coïncide avec l'élément nul de $\mathcal{F}(\mathbb{R},\mathbb{R})$) mais le produit fg donne la fonction identiquement nulle sur $\mathbb{R}$.

3. On verra dans le chapitre 9 que $(\mathcal{M}_2(\mathbb{R}),+,\times)$ n'est pas intègre.

Définition 13 (Divisibilité)

Dans tout anneau commutatif, pour tout couple (a,b) d'éléments de A, on dit que a divise b et on note $a|b$ lorsqu'on a : $\exists k \in A,\ b = a \times k$.

Ceci signifie qu'on peut « faire de l'arithmétique » dans tout anneau commutatif[17], et pas seulement dans $\mathbb{Z}$. Par contre, tous les anneaux n'ont pas les mêmes propriétés arithmétiques que $\mathbb{Z}$. Par exemple, le théorème de division euclidienne n'est pas toujours vrai dans un anneau quelconque. On verra dans le chapitre 10 qu'il est néanmoins vrai dans l'anneau de polynômes $\mathbb{K}[X]$, ce qui nous permettra de développer l'arithmétique de $\mathbb{K}[X]$, qui sera donc essentiellement identique à celle de $\mathbb{Z}$.

2.9 Inversibles dans un anneau

Notation 5

Soit $(A,+,\times)$ un anneau. On note $A^\times$ l'ensemble des éléments qui ont un symétrique (on parle plus souvent dans ce cas d'inverse) pour $\times$.

Exemples 16

1. $\mathbb{R}^\times = \mathbb{R} \setminus \{0\}$.
2. Dans le cas de $\mathbb{Z}$, les seuls inversibles sont -1 et 1 donc $\mathbb{Z}^\times = \{-1, 1\}$.
3. Une fonction est inversible si et seulement si elle ne s'annule jamais donc $\mathcal{F}(\mathbb{R},\mathbb{R})^\times = \mathcal{F}(\mathbb{R},\mathbb{R}\setminus\{0\})$.

La loi $\times$ étant associative et ayant un élément neutre, on a d'après le théorème 2 :

Théorème 5

Si $(A,+,\times)$ est un anneau, alors $(A^\times,\times)$ est un groupe, appelé *groupe des inversibles* de A.

Exemples 17

Voici des conséquences directes de ce théorème :

17. Dans les anneaux non commutatifs c'est plus compliqué : on aura des diviseurs à gauche et des diviseurs à droite, ce qui rend l'analogie avec $\mathbb{Z}$ bien difficile.

1. En l'appliquant aux anneaux $(\mathbb{Q}, +, \times)$, $(\mathbb{R}, +, \times)$ et $(\mathbb{C}, +, \times)$, on trouve ou retrouve le fait que $(\mathbb{Q} \setminus \{0\}, \times)$, $(\mathbb{R} \setminus \{0\}, \times)$ et $(\mathbb{C} \setminus \{0\}, \times)$ sont des groupes.

2. On a $\mathbb{Z}^\times = \{-1, 1\}$; on retrouve donc le groupe à deux éléments $(\{-1, 1\}, \times)$.

3. Cherchons les éléments inversibles de l'anneau des entiers de Gauss $(\mathbb{Z}[\mathbf{i}], +, \times)$.
Pour cela on introduit l'application communément appelée *norme* :

$$N : \left\{ \begin{array}{ccc} Z[\mathbf{i}] & \longrightarrow & \mathbb{N} \\ z = a + \mathbf{i}b & \longmapsto & |z|^2 = a^2 + b^2 \end{array} \right. .$$

Analyse : Soit z un élément inversible de $\mathbb{Z}[\mathbf{i}]$. Il existe $z' \in \mathbb{Z}[\mathbf{i}]$ tel que $zz' = 1$. On a donc $N(zz') = N(1) = 1$.
Or du fait des propriétés du module, $N(zz') = N(z)N(z')$ (on dit de cette application norme qu'elle est *multiplicative*). On a donc $N(z)N(z') = 1$, où $N(z)$ et $N(z')$ sont des entiers naturels. Ainsi on a nécessairement $N(z) = N(z') = 1$.
Or $N(z) = a^2 + b^2$ donc $a^2 + b^2 = 1$. Comme a^2 et b^2 sont des entiers naturels, on a soit $a^2 = 1$ et $b^2 = 0$ soit $a^2 = 0$ et $b^2 = 1$, ce qui conduit à quatre couples (a, b) possibles, à savoir $(1, 0)$, $(-1, 0)$, $(0, 1)$ et $(0, -1)$, auxquels correspondent les quatre éléments de $\mathbb{Z}[\mathbf{i}]$ suivants : 1, -1, $\mathbf{i}$, $-\mathbf{i}$.
Synthèse : On vérifie que ces quatre éléments sont bien inversibles dans $\mathbb{Z}[\mathbf{i}]$. C'est le cas car 1 a pour inverse $1 \in \mathbb{Z}[\mathbf{i}]$, -1 a pour inverse $-1 \in \mathbb{Z}[\mathbf{i}]$, $\mathbf{i}$ a pour inverse $-\mathbf{i} \in \mathbb{Z}[\mathbf{i}]$ et $-\mathbf{i}$ a pour inverse $\mathbf{i} \in \mathbb{Z}[\mathbf{i}]$.
Conclusion : Ainsi $\mathbb{Z}[\mathbf{i}]^\times = \{1, -1, \mathbf{i}, -\mathbf{i}\}$, et c'est donc un groupe multiplicatif par le théorème précédent, chose que le lecteur peut aussi vérifier directement.

Proposition 12

Si un anneau $(A, +, \times)$ possède au moins deux éléments alors $1_A \neq 0_A$ et 0_A n'est pas inversible pour la loi $\times$.

DÉMONSTRATION

L'ensemble A ayant au moins deux éléments, l'ensemble $A \setminus \{0_A\}$ est non vide.
Soit donc $a \in A \setminus \{0_A\}$.
On a $a \cdot 0_A = 0_A$ et $a \cdot 1_A = a \neq 0_A$ d'où $a \cdot 0_A \neq a \cdot 1_A$, ce qui n'est possible que si $0_A \neq 1_A$.
De plus, pour tout élément b de A, on a $0_A \cdot b = 0_A \neq 1_A$ donc 0_A ne peut pas avoir d'inverse.

Ainsi dans un anneau non nul l'élement nul n'est pas inversible (autrement dit on ne peut jamais diviser par 0 !). Le meilleur cas est donc celui où tous les éléments non nuls sont inversibles. Cela nous conduit à la notion de corps :

2.10 Corps

Définition 14 (Corps)

Un *corps* est un triplet $(K, +, \times)$, où K est un ensemble et $+, \times : K \times K \longrightarrow K$ deux lois de composition internes, vérifiant les axiomes suivants :

1. $(K, +, \times)$ forme un anneau **commutatif et non nul**.
2. Tout élément de $K \setminus \{0\}$ a un inverse.

Ce qui peut se reformuler de la façon suivante[18] :

Définition 14 (Corps)

Un *corps* est un triplet $(K, +, \times)$, où K est un ensemble et $+, \times : K \times K \longrightarrow K$ deux lois de composition internes, vérifiant les axiomes suivants :

1. $(K, +)$ forme un groupe commutatif.
2. $(K \setminus \{0\}, \times)$ forme un groupe commutatif.
3. $\times$ est distributive sur $+$.

Le point important, et qui s'avèrera fondamental dans les applications en algèbre linéaire, est donc le suivant : **dans un corps, on peut inverser** (sauf 0). Ou encore : **dans un corps, on peut diviser** (sauf par 0).

Exemples 18

1. $(\mathbb{Q}, +, \times)$, $(\mathbb{R}, +, \times)$ et $(\mathbb{C}, +, \times)$ forment des corps.
2. L'ensemble $\mathbb{K}(X)$ des fractions rationnelles à coefficients dans $\mathbb{K}$ est un corps comme on le verra dans le chapitre 10. Avec les trois exemples précédents, ce sont les seuls corps au programme en première année de CPGE.
   Il existe néanmoins de nombreux autres corps, et notamment des corps avec un nombre fini d'éléments contrairement aux exemples proposés ici. Un exemple en est proposé dans l'exercice 8.4.

18. Déjà évoquée dans le chapitre 4.

3. $(\mathbb{Z}, +, \times)$ ne forme pas un corps : seuls 1 et -1 sont inversibles.

4. $(\mathbb{Z}[\mathbf{i}], +, \times)$ ne forme pas un corps : seuls 1, -1, $-\mathbf{i}$ et $\mathbf{i}$ sont inversibles.

5. $(\mathcal{M}_2(\mathbb{R}), +, \times)$ ne forme pas un corps, par exemple parce qu'il n'est pas commutatif.

Le résultat immédiat le plus intéressant sur les corps est le suivant :

Théorème 6

Un corps est un anneau intègre.

DÉMONSTRATION

Soit $(K, +, \times)$ un corps et soient x et y dans K. Supposons $xy = 0_K$.
Traitons deux cas :

- si $x \neq 0$, alors x^{-1} existe et est dans $\mathbb{K}$. On a donc $y = x^{-1}xy = x^{-1}0_K = 0_K$.
- sinon, $x = 0$.

Dans tous les cas, x ou y est bien nul.

Ceci nous donne un autre argument pour voir que $\mathcal{M}_2(\mathbb{R})$ n'est pas un corps. Notons que la réciproque est fausse puisque $\mathbb{Z}$ est intègre.

2.11 Espaces vectoriels sur un corps

Un chapitre entier de cet ouvrage étant consacré aux premières propriétés des espaces vectoriels, on ne donne ici que quelques définitions, des propriétés fondamentales et immédiates, et l'exemple que l'on a déjà rencontré.

Cette sous-section est la seule de ce chapitre qui soit incluse dans le programme de PCSI.

Définition 15 ($\mathbb{K}$-ev[19])

Étant donné un corps $(\mathbb{K}, +_{\mathbb{K}}, \times_{\mathbb{K}})$, en contexte une bonne fois pour toutes[20], un *espace vectoriel sur* $\mathbb{K}$ (ou $\mathbb{K}$-ev) est un triplet $(E, +, \cdot)$, où E est un ensemble, $+ : E \times E \longrightarrow E$ une loi de composition interne et $\cdot : \mathbb{K} \times E \longrightarrow E$ une loi de composition *externe* vérifiant les axiomes suivants :

1. $(E, +)$ forme un groupe **commutatif** (on notera $\overrightarrow{0}$ son élément neutre),
2. $\cdot$ est distributive (à gauche) sur l'addition de E :
   $\forall \lambda \in \mathbb{K},\ \forall (u, v) \in E^2,\ \lambda \cdot (u + v) = \lambda \cdot u + \lambda \cdot v$,
   et elle est distributive (à droite) sur l'addition de $\mathbb{K}$:
   $\forall (\lambda, \mu) \in \mathbb{K}^2,\ \forall u \in E,\ (\lambda +_{\mathbb{K}} \mu) \cdot u = \lambda \cdot u + \mu \cdot u$.
3. $\cdot$ est compatible avec $\times_{\mathbb{K}}$: $\forall (\lambda, \mu) \in \mathbb{K}^2,\ \forall u \in E,\ (\lambda \times_{\mathbb{K}} \mu) \cdot u = \lambda \cdot (\mu \cdot u)$,
   et elle est compatible avec 1_K : $\forall u \in E,\ 1_{\mathbb{K}} \cdot u = u$.

Exemple 19

Ainsi : $(\mathbb{R}^n, +, \cdot)$ forme un $\mathbb{R}$-ev.

Comme $(E, +)$ forme un groupe (commutatif), toutes les règles de calcul au sein d'un groupe présentées en 2.5 sont également valables dans un espace vectoriel.

Les théorèmes suivants se démontrent à l'aide de la distributivité :

Théorème 7 (0_K et 0_E sont absorbants)

1. Dans un $\mathbb{K}$-ev E, on a $\forall x \in E, 0_K \cdot x = 0_E$.
2. Dans un $\mathbb{K}$-ev E, on a $\forall \lambda \in \mathbb{K}, \lambda \cdot 0_E = 0_E$.

DÉMONSTRATION

C'est la même que celle du théorème 7.

En corollaire :

Corollaire 1 (Opposé et multiplication externe)

Dans un $\mathbb{K}$-ev E, on a, pour tout $x \in E$, $-x = (-1_{\mathbb{K}}) \cdot x$.

19. Cette définition dite « moderne » d'un espace vectoriel est en général attribuée à Hermann Weyl ; on la trouve (en fait uniquement dans le cadre de la dimension finie) à la page 15 de son *Raum-Zeit-Materie : Vorlesungen über allgemeine Relativitätstheorie*, 3e éd (1919), Julius Springer, Berlin.
20. Dans notre programme on supposera toujours $\mathbb{K} = \mathbb{R}$ ou $\mathbb{C}$.

DÉMONSTRATION

On a : $x + (-1_{\mathbb{K}}) \cdot x = 1_{\mathbb{K}} \cdot x + (-1_{\mathbb{K}}) \cdot x = (1_{\mathbb{K}} + (-1_{\mathbb{K}})) \cdot x = 0_{\mathbb{K}} \cdot x = 0_E$.

D'où le résultat par unicité des symétriques dans un groupe.

Théorème 8 (Produit nul dans un espace vectoriel)

Dans un $\mathbb{K}$-ev E, on a, pour tout $x \in E$ et tout $\lambda \in \mathbb{K}$, on a :

$$\lambda \cdot x = 0_E \Leftrightarrow \lambda = 0_{\mathbb{K}} \text{ ou } x = 0_E.$$

DÉMONSTRATION

Soient $x \in E$ et $\lambda \in \mathbb{K}$. On veut montrer $\lambda \cdot x = 0_E \Leftrightarrow \lambda = 0_{\mathbb{K}}$ ou $x = 0_E$. L'implication réciproque résulte du thèorème 7. Montrons l'implication directe. Supposons $\lambda \cdot x = 0_E$. Soit λ est nul, et le résultat est démontré, soit on a $\lambda \neq 0_K$, et λ est inversible car $\mathbb{K}$ est un corps, mais dans ce second cas on a $x = \lambda^{-1} \cdot \lambda \cdot x = \lambda^{-1} \cdot 0_E = 0_E$ d'après 7.

2.12 Algèbre (unitaire, sur un corps) - Complément

Cette structure ne figure pas explicitement dans les programmes de CPGE, mais elle est fondamentale et apparaît de manière implicite dans de nombreuses situations explicitement au programme.

Définition 16 ($\mathbb{K}$-algèbre)

Étant donné un corps $(\mathbb{K}, +_{\mathbb{K}}, \times_{\mathbb{K}})$ (comprendre : $\mathbb{K} = \mathbb{R}$ ou $\mathbb{C}$), une *algèbre unitaire sur* $\mathbb{K}$ (ou plus simplement une $\mathbb{K}$-*algèbre*) est un quadruplet $(\mathcal{A}, +, \times, \cdot)$, où $\mathcal{A}$ est un ensemble, $+, \times : \mathcal{A} \times \mathcal{A} \longrightarrow \mathcal{A}$ deux lois de composition internes et $\cdot : \mathbb{K} \times \mathcal{A} \longrightarrow \mathcal{A}$ une loi de composition externe vérifiant les axiomes suivants :

1. $(\mathcal{A}, +, \times)$ forme un anneau (on notera $0_{\mathcal{A}}$ et $1_{\mathcal{A}}$ ses éléments neutres),
2. $(\mathcal{A}, +, \cdot)$ est un $\mathbb{K}$-ev,
3. $\cdot$ et $\times$ sont compatibles : $(a \cdot x) \times (b \cdot y) = (a \times_{\mathbb{K}} b) \cdot (x \times y)$.

Dans l'immédiat, on peut se contenter d'un exemple :

Exemple 20

$\big(\mathcal{F}(\mathbb{R}, \mathbb{R}), +, \times, \cdot\big)$ est un exemple d'algèbre que le lecteur connaît bien. Les lois qui font de $\mathcal{F}(\mathbb{R}, \mathbb{R})$ une $\mathbb{R}$-algèbre sont la somme de fonctions, le produit de fonctions et le produit d'une fonction par un scalaire.

L'ensemble des fonctions paires muni des mêmes lois est un autre exemple d'algèbre comme le lecteur peut s'entraîner à le vérifier.

Nous rencontrerons d'autres exemples d'algèbres par la suite, avec $(\mathbb{K}[X], +, \times, \cdot)$ dans le chapitre 10 et $(\mathcal{M}_n(\mathbb{R}), +, \times, \cdot)$ dans le chapitre 9 notamment.

3 Sous-structures et morphismes - MPSI

3.1 Sous-groupes

Définition 17 (Sous-groupe)

Soit $(G, *)$ un groupe. On appelle *sous-groupe* de $(G, *)$ un ensemble H inclus dans G stable pour la structure de groupe de G c'est-à-dire tel que :

1. $e \in H$ (en notant e le neutre de G),
2. $\forall (x, y) \in H^2,\ x * y \in H$,
3. $\forall x \in H,\ x^{-1} \in H$ (en notant x^{-1} le symétrique de x pour $*$).

Remarque 10

On dit aussi, pour traduire le point « $\forall (x, y) \in H^2,\ x * y \in H$ » de la définition précédente, que « H est *stable* pour la loi $*$ ». Ainsi une partie H du groupe $(G, *)$ est stable pour la loi $*$ lorsque la composée de deux éléments quelconques de H à l'aide de $*$ reste dans H.

On peut trouver le qualificatif « stable » employé dans divers domaines des mathématiques. Comme on précise toujours ce pour quoi un objet est stable, il ne peut pas y avoir de confusion sur le sens précis à donner à ce terme. Ainsi le lecteur comprend bien par exemple qu'être stable pour la structure de groupe de G est plus exigeant qu'être simplement stable par $*$, car nécessite également la stabilité par ι et par e.

Théorème 9 (Sous-groupe)

Si H est un sous-groupe de $(G, *)$ alors les lois de G induisent des lois sur H et H, muni des lois induites, forme un groupe.

DÉMONSTRATION

Pour bien comprendre ce qu'exprime ce théorème, commençons par reformuler la définition d'un sous-groupe. Dire qu'une partie H de G est stable par les opérations structurelles e, ι et $*$, c'est dire que ces opérations peuvent se restreindre à H : c'est cela qu'il faut endendre par le fait que les lois de G induisent des lois sur H. Il reste à voir que, muni de ces opérations structuelles, H forme bien un groupe, c'est-à-dire

- que la restriction de $*$ à H est bien associative,
- que e est bien élément neutre de la restriction de $*$ à H,
- que pour tout x dans H, l'élément x^{-1} vérifie bien $x * x^{-1} = x^{-1} * x = e$.

Regardons la première condition. Soit $(x, y, z) \in H^3$. Comme $H \subset G$, $(x, y, z) \in G^3$. Par associativité de $*$ dans G, on en déduit que $(x * y) * z = x * (y * z)$.
Cela prouve l'associativité de $*$ dans H.
Plus généralement, on remarque qu'on obtient directement les trois propriétés voulues en utilisant la remarque évidente suivante :
si $H \subset G$ et si $\big(\forall g \in G,\ P(g)\big)$ alors $\big(\forall h \in H,\ P(h)\big)$.

Exemples 21 Voici des exemples que le lecteur pourra plus facilement vérifier à l'aide de la caractérisation que nous donnons ci-après.

1. $\mathbb{Z}$, $\mathbb{Q}$ et $\mathbb{R}$ forment des sous-groupes de $(\mathbb{C}, +)$.
2. $\mathbb{R} \setminus \{0\}$, $\mathbb{R}_+^\times$, $\{-1, 1\}$ ou $\mathbb{U}$ forment des sous-groupes de $(\mathbb{C} \setminus \{0\}, \times)$.
3. $\mathbb{N}$ n'est pas un sous-groupe de $(\mathbb{C}, +)$ étant donné que $(\mathbb{N}, +)$ n'est pas un groupe.

Dans toute la suite, on s'autorisera à écrire « H est un sous-groupe de G » pour « H est un sous-groupe de $(G, *)$ », lorsque le contexte laisse peu d'ambiguïté sur la détermination de la loi $*$.

À l'inverse, pour bien insister sur la loi considérée, on se permettra d'écrire « $(H, *)$ est un sous-groupe de $(G, *)$ », notamment quand le contexte fera apparaître de nombreuses lois.

Si $(H, \star)$ et $(G, *)$ sont deux groupes tels qu'on a $H \subset G$, il n'y a pas de raison en général pour que H soit un sous-groupe de $(G, *)$. Par exemple, l'ensemble $\mathbb{U}$ est inclus dans l'ensemble $\mathbb{C}$, et $\mathbb{U}$ est muni naturellement d'une loi de groupe (la multiplication), de même que $\mathbb{C}$ est muni naturellement d'une loi de groupe (l'addition), mais en aucun cas $\mathbb{U}$ n'est un sous-groupe de $\mathbb{C}$. Cela signifierait que la structure (additive) de groupe de $\mathbb{C}$ induit une structure de groupe sur $\mathbb{U}$ (ce qui est grossièrement faux, par exemple parce que $0 \notin \mathbb{U}$).

Remarquons qu'on peut donner une caractérisation plus synthétique des sous-groupes :

Théorème 10 (Caractérisation des sous-groupes)

Soit $(G, *)$ un groupe. Alors H est un sous-groupe de $(G, *)$ si et seulement si H est non vide et : $\forall (x, y) \in H^2,\ x * y^{-1} \in H$.

Démonstration

- Pour l'implication directe, soit H un sous-groupe de G.
  Alors $e \in H$ donc H est non vide.
  De plus, soit $(x, y) \in H^2$. Alors comme H est un sous-groupe de G on a $y^{-1} \in H$ puis, comme H est stable par $*$, $x * y^{-1} \in H$.
- Pour l'implication réciproque, soit H une partie non vide de G telle que $\forall (x, y) \in H^2,\ x * y^{-1} \in H$.
  Soit $x \in H$ et posons $y = x$. Alors $x * x^{-1} = e \in H$ donc le premier point de la définition d'un sous-groupe est vérifié.
  De plus $e * x^{-1} = x^{-1} \in H$ donc le troisième point de la définition d'un sous-groupe est vérifié.
  Enfin si l'on se donne deux éléments x et y de H, on a $y^{-1} \in H$ par ce qui précède et donc $x * (y^{-1})^{-1} = x * y \in H$, ce qui prouve le point deuxième point de la définition d'un sous-groupe.
  On a ainsi démontré que H est un sous-groupe de G. On a donc démontré l'implication réciproque.

Remarque 11

Comme on peut le voir dans la démonstration précédente, on peut très bien remplacer dans cette caractérisation des sous-groupes l'hypothèse « H est non vide » par « $e \in H$ ». C'est d'ailleurs souvent en prouvant que e appartient à H que l'on montre que H est non vide.

Exemple 22

Le lecteur peut grâce à cette caractérisation vérifier que tous les exemples donnés dans les exemples 21 sont bien des sous-groupes.

À titre d'exemple, prouvons que $\mathbb{U}$ est un sous-groupe de $(\mathbb{C} \setminus \{0\}, \times)$.

On a $\mathbb{U} = \{z \in \mathbb{C},\ |z| = 1\}$ donc $\mathbb{U} \subset \mathbb{C}$ et, comme 0 a pour module 0, on a même $\mathbb{U} \subset \mathbb{C} \setminus \{0\}$.

Soit $(z, z') \in \mathbb{U}^2$. Alors $z' \neq 0$ donc on peut considérer la quantité $zz'^{-1} = \dfrac{z}{z'}$ et on a $\left|\dfrac{z}{z'}\right| = \dfrac{|z|}{|z'|} = \dfrac{1}{1}$ car z et z' sont dans $\mathbb{U}$, d'où finalement $\left|\dfrac{z}{z'}\right| = 1$, ce qui prouve que

$zz'^{-1} \in \mathbb{U}$.

On a ainsi achevé de vérifier la caractérisation des sous-groupes pour $\mathbb{U}$.

Théorème 11 (Propriétés de « être un sous-groupe de »)

1. La relation « être un sous-groupe de » est réflexive au sens suivant : si $(G, *)$ est un groupe, alors G est un sous-groupe de $(G, *)$.
2. La relation « être un sous-groupe de » est antisymétrique au sens suivant : si $(G, *)$ est un groupe, tel que H soit un sous-groupe de $(G, *)$, et G un sous-groupe de $(H, *)$, alors $H = G$.
3. La relation « être un sous-groupe de » est transitive au sens suivant : supposons que $(G_1, *)$ soit un groupe. Si G_3 est un sous-groupe de $(G_2, *)$ où G_2 est un sous-groupe de $(G_1, *)$, alors G_3 est un sous-groupe de $(G_1, *)$.

Ainsi, en considérant que la relation « être un sous-groupe de » ne met pas en relation un groupe $(G, *)$ et une de ses parties H, mais bien deux groupes $(G, *)$ et $(H, *)$ (ce qui, on l'a vu, est équivalent), le théorème précédent se reformule par le fait que, étant donné un groupe G, la relation « être un sous-groupe de » est une relation d'ordre sur l'ensemble des sous-groupes de G.

Démonstration

1. On a bien $G \subset G$ et évidemment G est stable pour sa propre structure de groupe.
2. Si H est un sous-groupe de G et si G est un sous-groupe de H alors on a en particulier $H \subset G$ et $G \subset H$, d'où $G = H$.
3. Si G_3 est un sous-groupe de $(G_2, *)$ alors $G_3 \subset G_2$ et si G_2 est un sous-groupe de $(G_1, *)$ alors $G_2 \subset G_1$ donc $G_3 \subset G_1$.
   De plus G_3 est stable pour la structure de groupe de $(G_2, *)$, qui est elle-même induite par celle de $(G_1, *)$. Donc G_3 est stable pour la structure de groupe de $(G_1, *)$.

Exemples 23

Dans les deux exemples suivants, la détermination des lois est à la charge du lecteur.

1. $\mathbb{Z}$ est un sous-groupe de $\mathbb{Q}$ qui est lui-même un sous-groupe de $\mathbb{R}$. C'est donc un sous-groupe de $\mathbb{R}$.
2. $\mathbb{U}_n = \{z \in \mathbb{C},\ z^n = 1\}$ est un sous-groupe de $\mathbb{U}$ qui est lui même un sous-groupe de $\mathbb{C} \setminus \{0\}$. C'est donc un sous-groupe de $\mathbb{C} \setminus \{0\}$.

Remarque 12

L'intersection de deux sous-groupes d'un même groupe $(G, *)$ est toujours un sous-groupe de $(G, *)$. Nous invitons le lecteur à en chercher la démonstration. Nous prouvons le résultat analogue et plus général sur l'intersection de deux sous-espaces vectoriels dans le chapitre 11.

Par contre la réunion de deux sous-groupes n'est pas en général un sous-groupe. En guise de contre-exemple, si l'on considère les sous-groupes $2\mathbb{Z}$ et $3\mathbb{Z}$ de $\mathbb{Z}$, leur réunion $A = 2\mathbb{Z} \cup 3\mathbb{Z}$ n'est pas un sous-groupe de $\mathbb{Z}$. En effet 2 et 3 sont des éléments de A donc, si A était un sous-groupe de $\mathbb{Z}$, $5 = 2 + 3$ serait également un élément de A ; ce n'est bien sûr pas le cas vu que 5 n'est divisible ni par 2 ni par 3.

Proposition 13 (Commutativité)

Un sous-groupe d'un groupe commutatif est commutatif.

DÉMONSTRATION

Comme dans la démonstration du théorème 9, cela vient simplement de ce que si $H \subset G$ et si $\big(\forall g \in G,\ P(g)\big)$ alors $\big(\forall h \in H,\ P(h)\big)$.

Il est à noter que, en mettant en œuvre la même idée que celle régissant le concept de sous-groupe, c'est-à-dire la préservation de la structure sur un sous-ensemble, on peut définir sans plus de difficulté les notions de sous-anneau, sous-corps, sous-espace vectoriel, sous-algèbre.... Bien que ces notions hors du programme de première année (à l'exception notable de celle de sous-espace vectoriel, traitée dans le chapitre 11 et qui y tient une place prépondérante), ce serait un excellent entraînement pour le lecteur que d'essayer de définir et de caractériser les sous-structures évoquées ici ainsi que d'en chercher des exemples.

3.2 Morphismes de groupes - Complément

La notion de *morphisme* en soi n'est pas au programme de première année de CPGE mais se trouve bien au programme de la deuxième année. Le lecteur pourra néanmoins tirer avantage d'une étude rapide de cette notion dès maintenant pour les raisons suivantes.

- La notion d'*application linéaire*, qui est elle bien au programme de première année, n'est qu'un exemple particulier de morphisme (c'est en particulier un morphisme de groupes).
- Quand on a étudié un type de morphisme (comme les applications linéaires), il est toute une série de propriétés qui ne sont pas plus difficiles à comprendre dans le cas général

que dans le cas particulier. En particulier si le lecteur prend le temps de parcourir cette section, il devrait comprendre avec bien plus de profondeur ce qu'il rencontrera d'analogue dans le chapitre 13.

- Le lecteur a déjà rencontré moult morphismes alors autant lui donner les clés pour qu'il s'en rende compte à l'avenir par lui-même.

Le mot *morphisme* dérive du grec μορφή (qui signifie « forme »). On trouve d'ailleurs souvent le mot *homomorphisme* employé à la place de *morphisme* et qui renforce l'idée centrale du concept : un morphisme est une application $f : E \to F$ entre deux ensembles E et F munis d'une même structure (par exemple deux groupes, deux anneaux, etc.) et qui conserve la « forme » de E, c'est-à-dire qui agit sur les éléments de E mais en respectant la structure dont E est pourvu.

Nous ne présentons ici que les morphismes de groupes, pour ne pas nous aventurer sur un trop grand nombre de considérations qui ne sont pas strictement au programme. Mais le lecteur pourra, à partir de la définition de morphisme de groupes que nous lui présentons ci-après, définir par lui-même la notion de morphisme pour toutes les autres structures, simplement en respectant cette idée qu'un morphisme doit préserver la structure.

Définition 18 (Morphisme de groupes)

Étant donnés deux groupes $(G_1, *)$ et $(G_2, \Box)$, on appelle *morphisme de groupes* de $(G_1, *)$ dans $(G_2, \Box)$ une application $f : G_1 \longrightarrow G_2$ qui préserve la structure de groupe, c'est-à-dire telle que :

1. $f(e_1) = e_2$ (préservation des éléments neutres).
2. $\forall x \in G_1,\ f(x^{-1}) = f(x)^{-1}$ (préservation des symétriques).
3. $\forall (x, y) \in G_1^2,\ f(x * y) = f(x) \Box f(y)$ (préservation des produits).

Donnons tout de suite une caractérisation des morphismes de groupe :

Théorème 12 (Morphisme de groupes)

Étant donnés deux groupes $(G_1, *)$ et $(G_2, \Box)$, une application $f : G_1 \longrightarrow G_2$ est un morphisme de groupes si et seulement si elle préserve les produits, c'est-à-dire : $\forall (x, y) \in G_1^2,\ f(x * y) = f(x) \Box f(y)$.

Bien évidemment, on utilisera en pratique cette caractérisation plus simple pour montrer qu'une application est un morphisme de groupe.

Démonstration

L'implication directe est évidente. Reste à montrer qu'une application qui préserve les produits préserve l'élément neutre et les symétriques. Soit f une telle application d'un groupe $(G_1, *)$ dans un groupe $(G_2, \square)$.

1. On a $f(e_1) = f(e_1 * e_1) = f(e_1) \square f(e_1)$. Comme on peut « simplifier » une égalité au sein d'un groupe (cf. la proposition 4), on obtient : $f(e_1) = e_2$. Ainsi f préserve bien les éléments neutres.

2. On sait maintenant que f préserve les éléments neutres.
   Soit $x \in G_1$. On a $f(x) \square f(x^{-1}) = f(x * x^{-1}) = f(e_1) = e_2$. Par unicité du symétrique[21], on a donc $f(x^{-1}) = f(x)^{-1}$.
   Ainsi f préserve bien les symétriques.

Exemples 24

1. $\varphi_1 : \begin{cases} \mathbb{R} & \longrightarrow & \mathbb{U} \\ t & \longmapsto & \mathrm{e}^{\mathbf{i}t} \end{cases}$ est un morphisme de groupes.
   En effet, ayant préalablement muni $\mathbb{R}$ de la loi $+$ et $\mathbb{U}$ de la loi $\times$ pour en faire des groupes, on a, pour tout $(t, t') \in \mathbb{R}^2$,
   $\varphi_1(t + t') = \mathrm{e}^{\mathbf{i}(t+t')} = \mathrm{e}^{\mathbf{i}t + \mathbf{i}t'} = \mathrm{e}^{\mathbf{i}t} \times \mathrm{e}^{\mathbf{i}t'} = \varphi_1(t) \times \varphi_1(t')$.

2. $\varphi_2 : \begin{cases} \mathbb{R}^\times & \longrightarrow & \mathbb{R}_+^\times \\ x & \longmapsto & |x| \end{cases}$ est un morphisme de groupes.
   En effet, ayant préalablement muni $\mathbb{R}^\times$ et $\mathbb{R}_+^\times$ tous deux de la loi $\times$ pour en faire des groupes, on a, pour tout $(x, x') \in (\mathbb{R}^\times)^2$,
   $\varphi_2(x \times x') = |x \times x'| = |x| \times |x'| = \varphi_2(x) \times \varphi_2(x')$.

   On laisse au lecteur le soin, en guise d'entraînement, de vérifier les points suivants :

3. $\varphi_3 : \begin{cases} \mathbb{R}^\times & \longrightarrow & \{-1, 1\} \\ x & \longmapsto & \mathrm{sg}(x) = \begin{cases} 1 \text{ si } x > 0 \\ -1 \text{ si } x < 0 \end{cases} \end{cases}$ est un morphisme de groupes.

4. Si H est un sous-groupe strict de $(G, \cdot)$, l'injection canonique $i : \begin{cases} H & \longrightarrow & G \\ x & \longmapsto & x \end{cases}$ est un morphisme de groupes.

21. Rappelons que pour conclure que $f(x^{-1}) = f(x)^{-1}$, on doit normalement aussi établir $f(x^{-1}) \square f(x) = e_2$, ce qui se fait sans plus de difficulté. Mais comme déjà mentionné dans la remarque 6, une seule des deux relations $a * b = e$ et $b * a = e$ suffit au sein d'un groupe pour conclure que a et b sont symétriques l'un de l'autre.

Proposition-Définition 2 (Isomorphisme de groupes)

Soient $(G_1, *)$ et $(G_2, \square)$ deux groupes, et $\varphi : G_1 \longrightarrow G_2$ un morphisme de groupes.
Les propositions suivantes sont équivalentes :

i/ φ est bijective,

ii/ il existe un morphisme de groupe $\psi : G_2 \longrightarrow G_1$ tel que $\psi \circ \varphi = id_{G_1}$ et $\varphi \circ \psi = id_{G_2}$.

Un tel mophisme est appelé *isomorphisme de groupes.*

DÉMONSTRATION

ii/⇒i/ Supposons ii/. L'application φ a alors une application réciproque qui est un morphisme de groupes. En particulier elle a une fonction réciproque, ce qui équivaut à dire qu'elle est une bijection.

i/⇒ii/ Supposons i/. L'application φ est alors une bijection, ce qui équivaut à dire qu'elle a une application réciproque $\psi : G_2 \longrightarrow G_1$. Reste à montrer que ψ est un morphisme de groupe.

Soient $a \in G_2$ et $b \in G_2$. On a :

$$\begin{aligned}
\psi(a \square b) &= \psi\Big(\varphi(\psi(a)) \square \varphi(\psi(b))\Big) && \text{car } \psi \text{ est inverse à droite de } \varphi \\
&= \psi\Big(\varphi(\psi(a) * \psi(b))\Big) && \text{puisque } \varphi \text{ est un morphisme de groupe} \\
&= \psi(a) * \psi(b) && \text{car } \psi \text{ est inverse à gauche de } \varphi.
\end{aligned}$$

Ceci étant vrai pour tout couple $(a, b) \in G_2^2$, on a bien montré que ψ est un morphisme de groupes.

Exemples 25

Aucun des exemples de 24 n'est un isomorphisme de groupes.

Par contre :

1. Le lecteur connaît bien l'application $f : \left\{ \begin{array}{ccc} \mathbb{R} & \longrightarrow & \mathbb{R}_+^\times \\ x & \longmapsto & \mathrm{e}^x \end{array} \right.$ et sait qu'elle est bijective.

   Comme il s'agit de plus d'un morphisme de groupes, vu que :

   $$\forall (x, x') \in \mathbb{R}^2,\ f(x + x') = \mathrm{e}^{x+x'} = \mathrm{e}^x \times \mathrm{e}^{x'} = f(x) \times f(x'),$$

   il s'agit finalement d'un isomorphisme de groupes.

2. Puisque l'application réciproque de tout isomorphisme de groupes est elle-même un isomorphisme de groupes, $\ln : \mathbb{R}_+^\times \longrightarrow \mathbb{R}$ est un isomorphisme de groupes (ce que le lecteur peut vérifier directement sans difficulté).

3. $\psi : \left\{ \begin{array}{ccc} \mathbb{R}^\times & \longrightarrow & \mathbb{R}_+^\times \times \{-1,1\} \\ x & \longmapsto & (|x|, \mathrm{sg}(x)) \end{array} \right.$ est un isomorphisme de groupes.

Notation 6

Lorsqu'il existe un isomorphisme entre deux groupes $(G_1, *)$ et $(G_2, \Box)$, on dit que ces deux groupes sont **isomorphes** et on note $(G_1, *) \simeq (G_2, \Box)$, ou plus simplement $G_1 \simeq G_2$ lorsque le contexte permet d'induire sans ambiguïté les lois considérées.

Cette notation se généralise plus généralement à tout type d'isomorphisme, lorsque le contexte permet d'induire sans ambiguïté la structure considérée. À l'inverse, en l'absence de toute structure, on peut dire que deux ensembles sont isomorphes pour signaler qu'ils sont en bijection : ce point a déjà été signalé au chapitre 2. Le chapitre 13 traite en détail du cas des espaces vectoriels isomorphes. On sera également parfois amené à signaler que deux algèbres sont isomorphes.

Remarque 13

La notion d'isomorphisme de groupes est absolument essentielle. En effet toutes les propriétés structurelles sont préservées par un isomorphisme. Il est malheureusement difficile dans le cadre restreint du programme de mettre en évidence cette idée forte, si ce n'est peut-être pour le résultat suivant : si G_1 et G_2 sont deux groupes isomorphes, la commutativité de l'un équivaut à la commutativité de l'autre. Le lecteur peut tout à fait chercher cela en guise d'exercice.

Il est de nombreuses autres propriétés conservées par un isomorphisme mais qui ne pourront parler qu'à un lecteur ayant des connaissances dépassant le programme de première année de CPGE ; citons la préservation de l'ordre d'un élément, de l'ordre d'un sous-groupe, de l'arbre des sous-groupes...

En fait les mathématiciens ont pris l'habitude de dire que deux groupes isomorphes peuvent être considérés comme un seul et même objet, au sens où les relations existant entre les éléments des deux groupes étant parfaitement identiques, ils se confondent totalement dès lors que l'on fait abstraction de la nature de leurs éléments.

3.3 Image et noyau

Théorème 13 (Image directe ou réciproque d'un sous-groupe)

Soit f un morphisme de groupes de $(G_1, *)$ dans $(G_2, \Box)$

1. Si H_1 est un sous-groupe de $(G_1, *)$, alors son image directe par f est un sous-groupe de $(G_2, \Box)$.
2. Si H_2 est un sous-groupe de $(G_2, \Box)$, alors son image réciproque par f est un sous-groupe de $(G_1, *)$.

Démonstration

1. Soit H_1 un sous-groupe de $(G_1, *)$ et notons $H_2 = \{f(h),\ h \in H_1\}$ son image directe par f. Montrons que H_2 est un sous-groupe de $(G_2, \Box)$.
   - $e_1 \in H_1$ car H_1 est un sous-groupe donc $e_2 = f(e_1) \in H_2$.
   - Soit $x \in H_2$. Il existe alors $h \in H_1$ tel que $x = f(h)$ et par suite on a $x^{-1} = f(h)^{-1} = f(h^{-1}) \in H_2$ car $h^{-1} \in H_1$ puisque H_1 est un sous-groupe.
   - Soient $x, x' \in H_2$. Il existe alors $h, h' \in H_1$ tels que $x = f(h)$ et $x' = f(h')$. Par suite on a $x \Box x' = f(h) \Box f(h') = f(h * h') \in H_2$ car $h * h' \in H_1$ puisque H_1 est un sous-groupe.
2. Soit H_2 un sous-groupe de $(G_2, \Box)$ et notons $H_1 = \{g \in G_1,\ f(g) \in H_2\}$ son image réciproque par f. Montrons que H_1 est un sous-groupe de $(G_1, *)$.
   - $f(e_1) = e_2 \in H_2$ car H_2 est un sous-groupe donc $e_1 \in H_1$.
   - Soit $x \in H_1$. On a alors $f(x) \in H_2$ et donc $f(x^{-1}) = f(x)^{-1} \in H_2$ puisque H_2 est un sous-groupe. On a donc bien $x^{-1} \in H_1$, par définition.
   - Soient $x, x' \in H_1$. On a alors $f(x) \in H_2$ et $f(x') \in H_2$ d'où, puisque H_2 est un sous-groupe, $f(x * x') = f(x) \Box f(x') \in H_2$. On a donc bien $x * x' \in H_1$.

Définition 19 (Image, Noyau)

Étant donné un morphisme de groupes $f : (G_1, *) \longrightarrow (G_2, \Box)$, on appelle :

1. Noyau de f la partie de G_1 suivante : $\mathrm{Ker}(f) = \{x \in G_1,\ f(x) = e_2\}$.
2. Image de f la partie de G_2 suivante : $\mathrm{Im}(f) = \{f(x),\ x \in G_1\}$.

Remarque 14

$\mathrm{Ker}(f)$ est donc l'image réciproque de $\{e_2\}$ et $\mathrm{Im}(f)$ l'image directe de G_1.

Théorème 14 (Caractérisation de l'injectivité et la surjectivité)

Soit f un morphisme de groupes de $(G_1, *)$ dans $(G_2, \square)$

1. f est surjective si et seulement si $\text{Im}(f) \supset G_2$, si et seulement si $\text{Im}(f) = G_2$.
2. f est injective si et seulement si $\text{Ker}(f) = \{e_1\}$, si et seulement si $\text{Ker}(f) \subset \{e_1\}$.
3. f est un isomorphisme si et seulement si $\text{Im}(f) = G_2$ et $\text{Ker}(f) = \{e_1\}$.

Démonstration

1. La première équivalence est la définition de la surjectivité, la seconde est immédiate puisqu'on a $\text{Im}(f) \subset G_2$.
2. Pour les implications directes, supposons f injective.

   Alors comme f est un morphisme de groupes, $f(e_1) = e_2$, ce qui signifie qu'on a $e_1 \in \text{Ker}(f)$. Mais par définition $\text{Ker}(f) = f^{-1}(\{e_2\})$ et, par injectivité de f, tout élément de G_2 possède au plus un antécédent par f. Ainsi e_2 en particulier possède au plus un antécédent par f. On en connaît déjà un ; il s'agit de e_1. C'est donc le seul. Ainsi $\text{Ker}(f) = \{e_1\}$, et en particulier $\text{Ker}(f) \subset \{e_1\}$.

   Réciproquement, supposons qu'on ait $\text{Ker}(f) \subset \{e_1\}$ et montrons que f est injective. Soient x et y dans $\text{Ker}(f)$ et supposons $f(x) = f(y)$.
   On a alors : $f(x * y^{-1}) = f(x) \square f(y)^{-1} = f(y) \square f(y)^{-1} = e_2$.
   Ainsi $x * y^{-1} \in \text{Ker}(f)$ et donc $x * y^{-1} = e_1$, d'où en composant à droite par y : $x = y$.
3. On sait qu'une application est bijective si et seulement si elle est injective et surjective, d'où le résultat.

Théorème 15 (Structure d'un noyau, d'une image)

Soit f un morphisme de groupes de $(G_1, *)$ dans $(G_2, \square)$

1. $\text{Ker}(f)$ est un sous-groupe de $(G_1, *)$.
2. $\text{Im}(f)$ est un sous-groupe de $(G_2, \square)$.

Démonstration

Cela résulte immédiatement du théorème 13 et de la remarque 14, $\{e_2\}$ étant un sous-groupe de $(G_2, \square)$ et G_1 un sous-groupe de $(G_1, *)$.

Exemple 26

Soit $f : \left\{\begin{array}{ccc} \mathbb{C}^\times & \longrightarrow & \mathbb{R}^\times \\ z & \longmapsto & |z| \end{array}\right.$ qui est un morphisme groupes de $(\mathbb{C}^\times, \times)$ dans $(\mathbb{R}^\times, \times)$ puisque pour tout $(z, z') \in (\mathbb{C}^\times)^2$, $|zz'| = |z|\,|z'|$.

Le noyau de f est $\mathrm{Ker}(f) = \{z \in \mathbb{C}^\times,\ |z| = 1\} = \mathbb{U}$. On retrouve ainsi sans effort le fait que $\mathbb{U}$ est un sous-groupe de $(\mathbb{C}^\times, \times)$.

L'image de f est $\mathrm{Im}(f) = f(\mathbb{C}^\times) = \mathbb{R}_+^\times$. On retrouve ainsi également le fait que $\mathbb{R}_+^\times$ est un sous-groupe de $(\mathbb{R}^\times, \times)$.

Comme nous l'avons laissé entendre au début de cette section, à chaque structure correspond un morphisme. Il existe donc aussi des morphismes d'anneaux, de corps, d'espaces vectoriels[22] et d'algèbres. Nous encourageons le lecteur à essayer de définir ces notions par lui-même.

3.4 Structure catégorielle - Complément

Théorème 16 (Structure catégorielle)

1. L'identité d'un groupe est toujours un morphisme de groupe.
2. La composée de deux morphismes de groupes est un morphisme de groupe.

DÉMONSTRATION

Ces deux points sont laissés au lecteur. Le deuxième en particulier est un bon exercice.

4 Exercices corrigés - MPSI

8.1 Sous-groupes de $\mathbb{Z}$

Pour tout entier naturel a, on note $a\mathbb{Z} = \{ak,\ k \in \mathbb{Z}\} = \{ka,\ k \in \mathbb{Z}\}$. On souhaite montrer que les sous-groupes de $(\mathbb{Z}, +)$ sont les $a\mathbb{Z}$, pour un certain $a \in \mathbb{N}$.

1. Montrer que, pour tout $a \in \mathbb{N}$, $a\mathbb{Z}$ est bien un sous groupe de $(\mathbb{Z}, +)$.
2. On montre maintenant que tous les sous-groupes de $(\mathbb{Z}, +)$ sont bien de cette forme. On se donne donc un sous-groupe G de $(\mathbb{Z}, +)$.
   a. Si $G = \{0\}$, justifier qu'il existe $a \in \mathbb{N}$ tel qu'on ait bien $G = a\mathbb{Z}$.
   b. On suppose maintenant $G \neq \{0\}$.

22. Ce sont alors ce qu'on appelle des *applications linéaires*, que l'on étudie dans le chapitre 13.

i. Justifier que l'ensemble $G_{>0} = \{g \in G,\ g > 0\}$ est non vide.

ii. En déduire que $G_{>0}$ possède un plus petit élément que l'on notera a.

iii. Finalement, conclure qu'on a $G = a\mathbb{Z}$.

c. Conclure.

C 8.1 Sous-groupes de $\mathbb{Z}$

1. Le produit de deux entiers étant un entier, on a $a\mathbb{Z} \subset \mathbb{Z}$. De plus, on a :
   - $0 = a \times 0$ donc $0 \in a\mathbb{Z}$.
   - Si $x \in a\mathbb{Z}$, alors $\exists k \in \mathbb{Z}$, $x = a \times k$, d'où $-x = (-k) \times a$ et $-x \in a\mathbb{Z}$.
   - Si $x \in a\mathbb{Z}$ et $y \in a\mathbb{Z}$, alors $\exists k \in \mathbb{Z}$, $x = a \times k$ et $\exists \ell \in \mathbb{Z}$, $y = a \times \ell$, d'où $x + y = a \times (k + \ell)$ et $x + y \in a\mathbb{Z}$.

   On a donc montré que $a\mathbb{Z}$ est bien un sous-groupe de $\mathbb{Z}$.

2. a. Si $G = \{0\}$ alors on peut écrire $G = 0\mathbb{Z}$ et il suffit donc de prendre $a = 0$.

   b. i. Comme $G \neq \{0\}$, il existe un élément $g \in G$ non nul. On a alors deux cas possibles : soit $g > 0$ et $g \in G_{>0}$, soit $g < 0$ et $-g \in G_{>0}$ car G est un sous-groupe de $\mathbb{Z}$. Dans tous les cas $G_{>0}$ est non vide.

   ii. Propriété fondamentale de $\mathbb{Z}$: d'après la question précédente on a $G_{>0}$ non vide, et par définition $G_{>0}$ est minorée par 0.

   iii. On raisonne par double inclusion.

   $\boxed{\supset}$ $a \in G_{>0} \subset G$. Comme G est un sous-groupe, on a $a + a = 2a \in G$, puis $a + 2a = 3a \in G$, puis, par une récurrence immédiate, $\forall n \in \mathbb{N} \setminus \{0\}, na \in G$.
   De plus, G est un sous-groupe donc $0 = 0a \in G$, et on a aussi
   $\forall n \in \mathbb{N} \setminus \{0\}, -(na) = (-n)a \in G$.
   Finalement, on a bien $\forall n \in \mathbb{Z}, an \in G$, c'est-à-dire $a\mathbb{Z} \subset G$.

   $\boxed{\subset}$ Soit $g \in G$. On effectue la division euclidienne de g par a. On trouve qu'il existe deux entiers relatifs q et r tels que $g = aq + r$ et $0 \leqslant r < a$.
   On a $r = g - aq$ et, puisqu'on a déjà vu $a\mathbb{Z} \subset G$, on a $-aq \in G$, donc $g - aq \in G$ puisque G est un sous-groupe, c'est-à-dire $r \in G$. Si on avait $r > 0$, on aurait $r \in G_{>0}$ et $r < a$ contredirait le fait que a est le plus petit élément de $G_{>0}$, c'est donc qu'on a $r = 0$ et $g = aq \in a\mathbb{Z}$.
   D'où $G \subset a\mathbb{Z}$

   c. On a montré, d'une part, que les $a\mathbb{Z}$, $a \in \mathbb{N}$, sont bien des sous-groupes de $\mathbb{Z}$, et, d'autre part, que tout sous-groupe G de $\mathbb{Z}$ est bien de la forme $a\mathbb{Z}$, avec

$a = 0$ ou $a \in \mathbb{N} \setminus \{0\}$. En résumé, on a montré : G est un sous-groupe de $\mathbb{Z}$ si et seulement si il est de la forme $a\mathbb{Z}$ avec $a \in \mathbb{N}$.

8.2 Partie finie stable

Soit P une partie non vide et stable par $\star$ d'un groupe $(G, \star)$.

1. Montrer que P est un sous-groupe de $(G, \star)$.
2. Donner un contre-exemple si on ne suppose pas P finie.

C 8.2 Partie finie stable

1. Il faut montrer que P est stable par neutre, par inverse et par produit.

   a. La stabilité par produit est acquise par hypothèse.

   b. Comme P est non vide, il existe un élément $x \in P$. Considérons l'ensemble $H = \{x, x^2, \dots, x^n, \dots\} = \{x^n,\ n \in \mathbb{N} \setminus \{0\}\}$. Comme P est stable par produit, cet ensemble est inclus dans P. Comme P est fini, cet ensemble est fini. L'énumération $\{x^n,\ n \in \mathbb{N} \setminus \{0\}\}$ comporte donc des répétitions. En particulier il existe deux entiers naturels non nuls i et $j > i$ tels que $x^i = x^j$. Comme $x \in H \subset P \subset G$, x a un inverse x^{-1} dans G. De $x^i = x^j$, on tire donc $\left(x^{-1}\right)^i x^i = \left(x^{-1}\right)^i x^j$ c'est-à-dire $e = x^{j-i}$. Comme $j - i$ est un entier naturel non nul, on a donc $e = x^{j-i} \in H \subset P$ ce qui montre que P est stable pour e, et qu'on a $H = \{x^n,\ n \in \mathbb{N}\}$.

   c. De plus, on a $x^{-1} = x^{j-i-1}$. Comme $j - i - 1$ est un entier naturel, on a donc $x^{-1} \in H \subset P$. Ceci étant vrai pour tout élément $x \in P$, cela montre que P est stable par inverse.

   On a finalement bien montré que P est un sous-groupe de $(G, \star)$.

2. Un contre-exemple dans le cas P infini est immédiat : $\mathbb{N}$ est une partie de $\mathbb{Z}$ stable par $+$, mais ce n'est pas un sous-groupe. Elle comprend bien le neutre 0, mais n'est pas stable par opposés : $1 \in \mathbb{N}$ mais $-1 \notin \mathbb{N}$.

8.3 Groupe produit

Étant donnés deux groupes $(G_1, \cdot)$ et $(G_2, *)$, on appelle *groupe produit de* $(G_1, \cdot)$ *et* $(G_2, *)$ le couple $(G_1 \times G_2, \star)$ où $\star$ est définie par $(x_1, x_2) \star (y_1, y_2) = (x_1 \cdot y_1, x_2 * y_2)$. Montrer que les groupes produits sont des groupes.

C 8.3 Groupe produit

On a typiquement ici le type d'exercice que l'on résout en enchaînant des vérifications fastidieuses mais immédiates. Le résultat en lui-même, néanmoins, est important. Notons $G = G_1 \times G_2$. Tout élément $g \in G$ s'écrit $g = (g_1, g_2)$ avec $g_1 \in G_1$ et $g_2 \in G_2$.

1. Soit $(a, b) \in G^2$. On a $a \star b = (a_1, a_2) \star (b_1, b_2) = (a_1 \cdot b_1, a_2 * b_2)$. Par stabilité de G_1 par $\cdot$, on a $a_1 \cdot b_1 \in G_1$ et par stabilité de G_2 par $*$, on a $a_2 \cdot b_2 \in G_2$. On a donc bien $a \star b = (a_1 \cdot b_1, a_2 * b_2) \in G^2$. On a donc montré que $\star$ est bien une loi de composition interne sur G.

2. La loi $\star$ est bien associative. En effet, soit $(a, b, c) \in G^3$. On a :
$$\begin{aligned}
a \star (b \star c) &= (a_1, a_2) \star \big((b_1 \cdot c_1, b_2 * c_2)\big) && \text{par définition} \\
&= \big(a_1 \cdot (b_1 \cdot c_1), a_2 * (b_2 * c_2)\big) && \text{par définition} \\
&= \big((a_1 \cdot b_1) \cdot c_1, (a_2 * b_2) * c_2\big) && \text{par associativité de } \cdot \text{ et } * \\
&= (a_1 \cdot b_1, a_2 * b_2) \star (c_1, c_2) && \text{par définition} \\
&= \big((a_1, a_2) \star (b_1, b_2)\big) \star (c_1, c_2) && \text{par définition} \\
&= (a \star b) \star c.
\end{aligned}$$

3. La loi $\star$ a bien un élément neutre : $e = (e_1, e_2)$ (où e_i est le neutre de G_i). En effet, soit $a \in G$. On a $a \star e = (a_1, a_2) \star (e_1, e_2) = (a_1 \cdot e_1, a_2 * e_2) = (a_1, a_2) = a$, et de même $e \star a = a$.

4. Tout élément a de G a bien un symétrique pour $\star$: l'élément (a_1^{-1}, a_2^{-1}). En effet on a $a \star (a_1^{-1}, a_2^{-1}) = (a_1, a_2) \star (a_1^{-1}, a_2^{-1}) = (a_1 \cdot a_1^{-1}, a_2 * a_2^{-1}) = (e_1, e_2) = e$, et de même $(a_1^{-1}, a_2^{-1}) \star a = e$.

8.4 Anneaux de Boole

On dit que $(A, +, \times)$ est un anneau de Boole si c'est un anneau non nul dans lequel tout élément est idempotent pour le produit, c'est-à-dire : $\forall x \in A,\ x^2 = x$. Dans la suite, on considère un anneau de Boole $(A, +, \times)$.

1. a. Montrer qu'on a $\forall (x, y) \in A^2$, $xy + yx = 0_A$.

   b. En déduire : $\forall x \in A$, $x + x = 0_A$.

   c. En déduire que l'anneau A est commutatif.

2. On définit une relation binaire $\preccurlyeq$ sur A par $x \preccurlyeq y \Leftrightarrow xy = x$.

   a. Montrer que $\preccurlyeq$ est une relation d'ordre sur A.

   b. Montrer que A a un plus petit élément et un plus grand élément pour $\preccurlyeq$, que l'on précisera.

c. Montrer que deux éléments quelconques x et y ont toujours une borne supérieure et une borne inférieure pour $\preccurlyeq$, que l'on précisera.
On les notera respectivement $x \vee y$ et $x \wedge y$

3. a. Déterminer tous les anneaux de Boole intègres.
b. Donner d'autres exemples d'anneaux de Boole et interpréter la relation $\preccurlyeq$ et les opérations $\wedge$ et $\vee$ sur ces exemples.

C 8.4 Anneaux de Boole

1. a. Soient x et y dans A. Par définition d'un anneau de Boole on a :
$x^2 + y^2 = x + y = (x+y)^2 = x^2 + xy + yx + y^2$.
En soustrayant $x^2 + y^2$ à chaque membre il vient bien $xy + yx = 0_A$.
b. Il suffit de prendre $y = 1_A$ dans le résultat précédemment obtenu. On obtient $\forall x \in A,\ x + x = 0_A$.
c. Soient x et y dans A. D'après les deux résultats précédents, on a d'une part $xy + yx = 0_A$, c'est-à-dire $yx = -xy$, mais on a aussi d'autre part $xy + xy = 0_A$, c'est-à-dire $-xy = xy$. Par transitivité de l'égalité, il vient $yx = xy$.
D'où la commutativité.

2. a. On a typiquement ici le type de question que l'on résout en enchaînant des vérifications fastidieuses mais immédiates.
· Réflexivité : soit $x \in A$. Par définition d'un anneau de Boole on a $x \times x = x$, c'est-à-dire $x \preccurlyeq x$.
· Antisymétrie : soient $x, y \in A$ tels que $x \preccurlyeq y$ et $y \preccurlyeq x$. On a donc $x = xy$ et $yx = y$. Par commutativité, on a $xy = yx$, puis, par transitivité, $x = y$.
· Transitivité : soient $x, y, z \in A$ et supposons $x \preccurlyeq y$ et $y \preccurlyeq z$. On a donc $xy = x$ et $yz = y$. Il vient donc $xz = (xy)z = x(yz) = xy = x$.
b. Soit $x \in A$. On a $0_A \times x = 0_A$, c'est-à-dire $0_A \leqslant x$. Ceci étant vrai pour tout élément x de A, 0_A est le plus petit élément de A.
Soit $x \in A$. On a $x \times 1_A = x$, c'est-à-dire $x \leqslant 1_A$. Ceci étant vrai pour tout élément x de A, 1_A est le plus grand élément de A.
c. Soient x et y dans A.
· Montrons que xy est la borne inférieure de $\{x, y\}$. Par commutativité, on a $xyx = x^2y = xy$ donc $xy \preccurlyeq x$. On a $xyy = xy^2 = xy$ donc $xy \preccurlyeq y$. Enfin si z minore $\{x, y\}$ alors $z = zx = zy$ et donc $zxy = zy = z$, c'est-à-dire $z \preccurlyeq xy$: xy est donc bien plus grand que tout minorant de $\{x, y\}$. Finalement, xy est bien

la borne inférieure de $\{x, y\}$.

· Montrons que $s = x + y + xy$ est la borne supérieure de $\{x, y\}$.

On a $xs = x(x+y+xy) = x^2 + xy + x^2y = x + xy + xy = x$ donc $x \preccurlyeq s$. On a $ys = y(x+y+xy) = (x+y+xy)y = xy + y^2 + xy^2 = y$ donc $y \preccurlyeq s$. Enfin si z majore $\{x, y\}$ alors $x = xz$ et $y = yz$ et donc

$sz = (x+y+xy)z = xz + yz + xyz = x + y + xy = s$, c'est-à-dire $s \preccurlyeq z$: ainsi s est bien plus petit que tout majorant de $\{x, y\}$. Finalement, $x + y + xy$ est bien la borne supérieure de $\{x, y\}$.

3. a. Supposons A intègre.

La relation $\forall x \in A,\ x^2 = x$ se réécrit $\forall x \in A,\ x(x - 1_A) = 0_A$, ou encore, comme on a supposé A intègre, $\forall x \in A,\ x = 0_A$ ou $x = 1_A$. Tout élément de A est l'élément nul ou l'unité, lesquelles diffèrent car un anneau de Boole est non nul. Par conséquent A est nécessairement un anneau à deux éléments : $A = \{0_A, 1_A\}$. À renommage des ces deux éléments 0_A et 1_A, il n'existe qu'un seul tel anneau, car les axiomes d'un anneau impliquent qu'on a nécessairement les tables d'addition et de multiplication suivantes.

$+_A$	0_A	1_A
0_A	0_A	1_A
1_A	1_A	0_A

$\times_A$	0_A	1_A
0_A	0_A	0_A
1_A	0_A	1_A

Remarquons qu'on peut voir cet anneau comme un anneau de *propositions*, 0_A dénotant la proposition fausse, 1_A dénotant la proposition vraie, $+_A$ dénotant la disjonction exclusive, et $\times_A$ dénotant la conjonction (on remarquera que, très agréablement, $\vee$ désigne alors la disjonction et $\wedge$ la conjonction). Cet anneau, réciproquement, étant bien un anneau de Boole, la question est réglée.

b. Un bon exemple : $(\mathcal{P}(E), \Delta, \cap)$ où E est non vide. Si E est un singleton, on retrouve l'anneau de Boole intègre. Les résultats vus dans le cas général se particularisent en : $\preccurlyeq$ est l'inclusion, $\wedge$ est évidemment $\cap$ et $\vee$ est $\cup$.

8.5 Anneau intègre fini

1. Soit A un anneau commutatif intègre et soit $a \neq 0$. On définit l'application γ_a par : $\forall x \in A,\ \gamma_a(x) = ax$. Montrer que γ_a est injective, puis qu'elle est bijective.
2. En déduire que tout anneau intègre fini commutatif et non nul est un corps.
3. Essayer de généraliser autant que possible le résultat obtenu lorsque l'on ne suppose pas l'anneau commutatif.

C 8.5 Anneau intègre fini

1. L'application γ_a n'a pas de raison d'être un morphisme d'anneau. Par contre, par distributivité, γ_a est un morphisme du groupe $(A, +)$ dans lui-même.
   On utilise la caractérisation de l'injectivité pour les morphismes de groupes : on a $\text{Ker}(\gamma_a) = \{x \in A, ax = 0\} = \{0\}$ par intégrité et puisqu'on a $a \neq 0$. Ainsi γ_a est bien injective.
   Rappelons le résultat vu dans le chapitre 2, p. 87 : une application injective entre deux ensembles finis de même cardinal est toujours bijective. D'où la bijectivité de γ_a.

2. Soit A un tel anneau. Pour tout $a \in A \setminus \{0\}$, on peut définir γ_a comme précédemment, et on obtient que γ_a est bijective d'après la question précdente. En particulier, 1 a un antécédent par γ_a, c'est-à-dire qu'il existe $x \in A$ tel que $ax = 1$ (et donc $xa = 1$ par commutativité). Ainsi a a un inverse. Ceci étant vrai pour tout élément non nul a, et A étant commutatif, on a bien montré que A est un corps.

3. Essayons. On vient de montrer que dans un anneau commutatif intègre, tout élément non nul est inversible. On peut interpréter qu'il s'agit de généraliser ce résultat : « tout élément non nul de A est inversible », ou plus globalement qu'il s'agit de généraliser le résultat : « A est un corps ».

   Montrons que si A est un anneau fini intègre quelconque, alors tout élément non nul de A a un inverse. On procède comme dans la question précédente : on considère l'application $\gamma_a : x \mapsto ax$, mais on considère aussi l'application $\delta_a : x \mapsto xa$. Comme dans la question précédente, on obtient que 1 a un antécédent x par γ_a et un antécédent y par δ_a. Ainsi on a $ax = 1$ et $ya = 1$. On calcule alors yax. On a, d'une part, $yax = y(ax) = y$ et, d'autre part, $yax = (ya)x = x$. Donc $x = y$ et tout élément de A a bien un inverse.

   La question qui reste à trancher est la suivante : un anneau fini non nul dont tout élément non nul a un inverse est-il nécessairement commutatif, c'est-à-dire, est-il toujours un corps ? Il se trouve que oui, c'est le *théorème de Wedderburn*[23], mais ce théorème sort très largement du cadre du programme des CPGE[24].

8.6 Morphismes presque nuls

On rappelle qu'on note $\mathbb{Z}^{\mathbb{N}}$ l'ensemble des suites à valeurs dans $\mathbb{Z}$ et que cet ensemble est naturellement muni d'une loi de composition interne $+$ (consistant à additionner terme à terme).

1. Montrer que $(\mathbb{Z}^{\mathbb{N}}, +)$ est un groupe. Est-il commutatif ?
2. On rappelle qu'on dit qu'une suite est *presque nulle* lorsqu'elle n'a qu'un nombre fini de termes non nuls, c'est-à-dire lorsqu'elle stationne sur 0.
   Montrer qu'un morphisme de groupe $\phi : \mathbb{Z}^{\mathbb{N}} \longrightarrow \mathbb{Z}$ qui envoie toute suite presque nulle sur 0 est en fait identiquement nul.
   Indication : on pourra s'intéresser à l'image d'une suite de la forme $(2^n a_n)_{n\in\mathbb{N}}$ *ou de la forme* $(3^n b_n)_{n\in\mathbb{N}}$.

C 8.6 Morphismes presque nuls

Cet exercice est extrait des olympiades iraniennes de 2002. C'est un résultat extrêmement remarquable, il n'est plus vrai, par exemple, si l'on remplace $\mathbb{Z}$ par $\mathbb{R}$.

1. On a typiquement ici le type de question que l'on résout en enchaînant des vérifications fastidieuses mais immédiates. Il s'agit en fait d'une généralisation de l'exerice 8.3, mais on procède ici à un produit infini.
   - L'énoncé rappelle que $+$ est bien une loi de composition interne sur $\mathbb{Z}^{\mathbb{N}}$. On ne s'y attarde donc pas.
   - La loi $+$ est bien associative puisqu'elle l'est composante par composante. C'est immédiat et fastidieux, mais détaillons-le tout de même.
     Soit $\big((u_n)_n, (v_n)_n, (w_n)_n\big) \in (\mathbb{Z}^{\mathbb{N}})^3$. On a :
     $$\begin{aligned}
     (u_n)_n + \big((v_n)_n + (w_n)_n\big) &= (u_n)_n + (v_n + w_n)_n && \text{par définition}\\
     &= \big(u_n + (v_n + w_n)\big)_n && \text{par définition}\\
     &= \big((u_n + v_n) + w_n\big)_n && \text{par associativité de } +\\
     &= (u_n + v_n)_n + (w_n)_n && \text{par définition}\\
     &= \big((u_n)_n + (v_n)_n\big) + (w_n)_n && \text{par définition}
     \end{aligned}$$

23. Joseph Henry Maclagan Wedderburn, mathématicien écossais (1882-1948) qui a travaillé une grande partie de sa vie aux États-Unis. Ce que l'on appelle communément *théorème de Wedderburn* vient de son article *A Theorem on Finite Algebras*, Transactions of the American Mathematical Society **6-3**, pp. 349-352 (1905).

24. Voir par exemple *Cours d'Algèbre* de Michel Demazure, Machin Editeur ou *Cours d'Algèbre* de Daniel Perrin, Bidule Editeur. ? ?

- La suite nulle $(0)_{n\in\mathbb{N}}$ est bien un élément neutre pour l'addition de $\mathbb{Z}^{\mathbb{N}}$. C'est encore immédiat et fastidieux, on ne le détaillera pas cette fois.
- Pour toute suite $(u_n)_n \in \mathbb{Z}^{\mathbb{N}}$, la suite $(-u_n)_{n\in\mathbb{N}}$ est bien symétrique de $(u_n)_n$ pour $+$. C'est encore immédiat.
- Enfin, la loi $+$ est aussi commutative puisqu'elle l'est composante par composante. C'est encore immédiat.

2. Soit $(x_n)_n \in \mathbb{Z}^{\mathbb{N}}$.

Comme 2^n et 3^n sont premiers entre eux, il existe par Bezout des entiers relatifs u_n et v_n tels que$1 = 2^n u_n + 3^n v_n$.

En notant $a_n = x_n u_n$ et $b_n = x_n v_n$ on trouve donc $(x_n)_n = (a_n 2^n)_n + (b_n 3^n)_n$ et par suite $\phi\big((x_n)_n\big) = \phi\big((a_n 2^n)_n\big) + \phi\big((b_n 3^n)_n\big)$.

Soit $k \geqslant 1$ un entier, on a $\phi\big((a_n 2^n)_n\big) = \phi\left((a_0, 2a_1, \ldots, 2^{k-1}a_{k-1}, 0, \ldots, 0, \ldots)\right) + \phi\left((0, \ldots, 0, 2^k a_k, 2^{k+1}a_{k+1}, \ldots)\right) = 2^k \phi\big((0, \ldots, 0, a_k, 2a_{k+1}, \ldots)\big)$ et par conséquent 2^k divise $\phi\big((a_n 2^n)_n\big)$.

Ceci étant vrai pour tout entier k, on a $\phi\big((a_n 2^n)_n\big) = 0$.

On obtient de même $\phi\big((b_n 3^n)_n\big) = 0$.

Finalement, on trouve $\phi\big((x_n)_n\big) = 0 + 0 = 0$.

Ceci étant vrai pour toute suite $(x_n)_n$, ϕ est bien le morphisme nul.

8.7 Problème de fin de chapitre

Ce problème est motivé par l'énigme suivante : *On observe une nuée d'oiseaux qui volent en formation triangulaire parfaite. Soudain, la nuée se sépare en deux groupes de même effectif, eux-même disposés en formations triangulaires parfaites. Combien y a-t-il d'oiseaux, sachant qu'il n'y en a pas plus de* 10000 *?*

Dans toute la suite, on note $\mathbb{Z}[\sqrt{2}] = \{a + b\sqrt{2},\ (a, b) \in \mathbb{Z}^2\}$.

Pour tout élément $x = a + b\sqrt{2} \in \mathbb{Z}[\sqrt{2}]$, on appellera *norme de x* l'entier relatif $N(x) = a^2 - 2b^2$.

1. Montrer que N est multiplicative, c'est-à-dire qu'on a :
$\forall x, y \in \mathbb{Z}[\sqrt{2}],\ N(xy) = N(x)N(y)$.
2. Montrer que $(\mathbb{Z}[\sqrt{2}], +, \times)$ forme un anneau commutatif et intègre.
3. Comme d'habitude, on note $\mathbb{Z}[\sqrt{2}]^\times$ l'ensemble des éléments inversibles de $\mathbb{Z}[\sqrt{2}]$ pour la loi $\times$. Donner trois éléments distincts de $\mathbb{Z}[\sqrt{2}]^\times$ et démontrer qu'ils sont bien inversibles.
4. Montrer qu'on a : $\forall x \in \mathbb{Z}[\sqrt{2}],\ x \in \mathbb{Z}[\sqrt{2}]^\times \Leftrightarrow N(x) = \pm 1$.

5. Montrer qu'on a : $\forall n \in \mathbb{N},\ \pm(1 \pm \sqrt{2})^n \in \mathbb{Z}[\sqrt{2}]^\times$ (il y a quatre appartenances à montrer).
6. Pour $(a,b) \in \mathbb{Z}^2$, justifier que les propositions suivantes sont équivalentes :
   i/ $a + b\sqrt{2}$ est inversible,
   ii/ $a - b\sqrt{2}$ est inversible,
   iii/ $-a + b\sqrt{2}$ est inversible,
   iv/ $-a - b\sqrt{2}$ est inversible.
7. Soient $(a,b) \in \mathbb{N}^2$ et supposons $x = a + b\sqrt{2} \in \mathbb{Z}[\sqrt{2}]^\times$.
   a. Justifier qu'on a $a \neq 0$.
   b. Si $b = 0$, déterminer x.
   c. Si $b \neq 0$, montrer qu'on a $b \leqslant a < 2b$.
   d. Si $b \neq 0$, simplifier $\frac{x}{1+\sqrt{2}}$.
   e. Montrer qu'il existe un entier n tel que $x = (1+\sqrt{2})^n$.
   On pourra procéder par récurrence forte sur $a+b$, en distinguant les cas $b = 0$ et $b \neq 0$, et en calculant $\frac{x}{1+\sqrt{2}}$ pour $b \neq 0$.
8. En déduire la réciproque de 5 : $\forall x \in \mathbb{Z}[\sqrt{2}]^\times,\ \exists n \in \mathbb{N},\ x = \pm(1 \pm \sqrt{2})^n$.
9. On revient à notre enigme. Notons N le nombre total d'oiseaux. D'après l'énoncé, celui-ci est pair, puisqu'en cours de vol les oiseaux se séparent en deux groupes de même effectif.
   a. Justifier qu'il existe m et n entiers naturels tels que $N = \dfrac{n(n+1)}{2} = m(m+1)$.
   b. On pose $a = 2n+1$ et $b = 2m+1$. Justifier qu'on a : $a + b\sqrt{2} \in \mathbb{Z}[\sqrt{2}]^\times$.
   c. En déduire toutes les solutions de l'énigme.

C 8.7 Problème de fin de chapitre

On peut remarquer qu'on a $N(a+b\sqrt{2}) = (a+b\sqrt{2})(a-b\sqrt{2})$.

1. Soient x et y dans $\mathbb{Z}[\sqrt{2}]$ et notons $x = a + b\sqrt{2}$, $y = a' + b'\sqrt{2}$. On a :
   $N(xy) = N((aa'+2bb') + (ab'+a'b)\sqrt{2}) = (aa'+2bb')^2 - 2(ab'+a'b)^2$.
   On peut vérifier qu'on a $(aa'+2bb')^2 - 2(ab'+a'b)^2 = (a^2-2b^2)(a'^2-2b'^2)$, dont on déduit $N(xy) = N(x)N(y)$.

2. En fait l'addition et la multiplication considérées sont l'addition et la multiplication des réels, et on sait bien que $(\mathbb{R}, +, \times)$ forme un anneau, d'élément nul 0 et

d'unité 1. Son sous-ensemble $\mathbb{Z}[\sqrt{2}]$, muni de ces opérations, vérifie donc automatiquement les axiomes d'un anneau... à condition que ces opérations soient bien des lois de composition interne sur $\mathbb{Z}[\sqrt{2}]$, autrement dit que $\mathbb{Z}[\sqrt{2}]$ soit stable par ces opérations.

- Stabilité pour les neutres : $0 = 0 + 0\sqrt{2}$ et $1 = 1 + 0\sqrt{2}$.
- Stabilité par somme : $(a + b\sqrt{2}) + (a' + b'\sqrt{2}) = a'' + b''\sqrt{2}$ en posant $a'' = a + a'$ et $b'' = b + b'$.
- Stabilité par opposé : $-(a + b\sqrt{2}) = a' + b'\sqrt{2}$ en posant $a' = -a$ et $b' = -b$.
- Stabilité par produit : $(a+b\sqrt{2}) \times (a'+b'\sqrt{2}) = a''+b''\sqrt{2}$ en posant $a'' = aa'+2bb'$ et $b'' = ab' + a'b$.

On a bien montré que que $\mathbb{Z}[\sqrt{2}]$ est stable par les opérations qui font de $\mathbb{R}$ un anneau. On peut donc bien se demander si les axiomes d'un anneau sont vérifiés pour $(\mathbb{Z}[\sqrt{2}], +, \times)$ avec les neutres 0 et 1, et ils le sont automatiquement, puisqu'ils le sont déjà lorsque l'on quantifie sur tous les réels plutôt que sur les seuls éléments de $\mathbb{Z}[\sqrt{2}]$. (On a en fait montré que $\mathbb{Z}[\sqrt{2}]$ forme un sous-anneau de $(\mathbb{R}, +, \times)$.) Comme de plus $(\mathbb{R}, +, \times)$ est commutatif et intègre, l'anneau $(\mathbb{Z}[\sqrt{2}], +, \times)$ l'est automatiquement aussi (une propriété vraie pour tous les couples de réels l'est évidement pour tous les couples d'éléments de $\mathbb{Z}[\sqrt{2}]$).

3. On ne s'engage pas beaucoup en donnant 1 puisqu'on a $1 \times 1 = 1$. Quitte à « tricher » en regardant l'intitulé des questions qui suivent, on est enclin à donner aussi $-1+\sqrt{2}$ et $1 + \sqrt{2}$ puisqu'on a $(-1 + \sqrt{2}) \times (1 + \sqrt{2}) = 1$.

4. Supposons x inversible et notons y son inverse.
   On a alors $xy = 1$ donc $N(x)N(y) = N(xy) = N(1) = 1$. Comme $N(x), N(y) \in \mathbb{Z}$ et que les seuls diviseurs de 1 dans $\mathbb{Z}$ sont ± 1, on conclut : $N(x) = \pm 1$.
   Réciproquement, soit $x = a + b\sqrt{2} \in \mathbb{Z}[\sqrt{2}]$ de norme de $N(x) = \pm 1$.
   Posons $y = (a - b\sqrt{2})N(x)$. Clairement on a $y \in \mathbb{Z}[\sqrt{2}]$, et de plus
   $xy = (a + b\sqrt{2})(a - b\sqrt{2})N(x) = N(x)^2 = 1$. L'élément x est donc bien inversible.

5. Calculons la norme d'un tel élément. Par multiplicativité de N, on a
   $N\big(\pm(1 \pm \sqrt{2})^n\big) = N(\pm 1)N(1 \pm \sqrt{2})^n = \pm 1 \times (-1)^n \in \{\pm 1\}$.
   D'après la question précédente, un tel élément est donc bien inversible.

6. Ces quatre éléments de $\mathbb{Z}[\sqrt{2}]$ ont la même norme $a^2 - 2b^2$, et comme l'inversibilité équivaut au fait d'avoir une norme égale à ± 1, l'équivalence entre les quatre propriétés est immédiate.

7. a. Par l'absurde : si $a = 0$ alors $N(x)$ est pair, or 2 ne divise pas ± 1. Contradiction.

b. Si $b = 0$ on a $N(x) = a^2$, donc $x = a = 1$ (le cas -1 est exclus puisqu'on a $a \in \mathbb{N}$).

c. On a $a^2 - 2b^2 = \pm 1 \leqslant 1$ donc $a^2 \leqslant 2b^2 + 1 < 4b^2$ car $1 < 2b^2$.
Par stricte croissance de la racine il vient $a = |a| < |2b| = 2b$.
On a $a^2 - 2b^2 = \pm 1 \geqslant -1$ donc $2b^2 \leqslant a^2 + 1$ donc $b^2 \leqslant \frac{a^2+1}{2} \leqslant \frac{a^2+a^2}{2} = a^2$.
Par croissance de la racine il vient $b = |b| \leqslant |a| = a$.

d. $\frac{x}{1+\sqrt{2}} = x(-1+\sqrt{2}) = (2b-a) + (a-b)\sqrt{2}$.

e. Procédons par récurrence forte sur $r = a + b$. Soit $r \in \mathbb{N}$ et supposons que, pour tout $(a,b) \in \mathbb{N}^2$ tels que $a + b\sqrt{2} \in \mathbb{Z}[\sqrt{2}]^\times$ et $a + b < r$, il existe $n \in \mathbb{N}$ tel que $a + b\sqrt{2} = (1+\sqrt{2})^n$.
Soit (a,b) tels que $a + b\sqrt{2} \in \mathbb{Z}[\sqrt{2}]^\times$ et $a + b = r$. Si $b = 0$ c'est fini. Sinon, on a $\frac{a+b\sqrt{2}}{1+\sqrt{2}} = (2b-a)+(a-b)\sqrt{2} = a' + b'\sqrt{2} \in \mathbb{Z}[\sqrt{2}]^\times$ comme quotient d'inversibles. De plus on a $a' < a$ et $b' \leqslant b$ donc $a' + b' < r$. Par hypothèse de récurrence forte, il existe donc k tel que $a' + b'\sqrt{2} = (1+\sqrt{2})^k$ et en posant $n = k+1$ il vient donc $a + b\sqrt{2} = (1+\sqrt{2})^n$.
La propriété est fortement héréditaire à partir du rang 0, donc d'après le théorème de récurrence forte elle est vraie pour tout entier $r \geqslant 0$.

8. Si a et b sont positifs, cela résulte de la question précédente. Sinon, cela résulte des deux questions précédentes.

9. a. Il est ici important d'interpréter convenablement l'énoncé. Il faut entendre par « formation triangulaire parfaite » qu'on observe 1 oiseau en tête de la nuée, suivi de 2 oiseaux, suivis de 3 oiseaux, etc. On se rappelle que pour tout entier naturel n on a $1 + 2 + \cdots + n = \dfrac{n(n+1)}{2}$. Le fait que la nuée soit initialement en formation triangulaire montre qu'il existe un entier n tel que $N = \dfrac{n(n+1)}{2}$.
Ensuite, la nuée se sépare en deux nuées d'effectif $\dfrac{N}{2}$. Ces deux nouvelles nuées sont encore en formation triangulaire ce qui se traduit là encore par l'existence d'un entier m tel que $\dfrac{N}{2} = \dfrac{m(m+1)}{2}$. D'où le résultat.

b. On a :
$$\begin{aligned} n(n+1)/2 = m(m+1) \quad &\Leftrightarrow \quad 4n^2 + 4n = 8m^2 + 8m \\ &\Leftrightarrow \quad 4n^2 + 4n + 1 = 8m^2 + 8m + 2 - 1 \\ &\Leftrightarrow \quad (2n+1)^2 = 2(2m+1)^2 - 1 \\ &\Leftrightarrow \quad N(a + b\sqrt{2}) = -1. \end{aligned}$$
D'où l'inversibilité de $a + b\sqrt{2}$.

c. Comme a et b sont positifs (m et n le sont) on a $a + b\sqrt{2}$ de la forme $(1+\sqrt{2})^k$ d'après la question 7.

On peut donc calculer les valeurs possibles de a et de b, donc de n et donc de N en calculant toutes les puissances de $1+\sqrt{2}$ jusqu'à obtenir des valeurs de a dépassant 10000. Pour économiser le nombre de calculs à faire, faisons deux remarques :

- Premièrement, on peut calculer l'unique couple (a_k, b_k) tel que $(1+\sqrt{2})^k = a_k + b_k\sqrt{2}$ de proche en proche : on a en effet $a_0 = b_0 = 1$ et pour tout entier k, $a_{k+1} = a_k + 2b_k$ et $b_{k+1} = a_k + b_k$. On peut aussi les calculer comme somme de coefficients binomiaux. La formule du binôme donne en effet $(1+\sqrt{2})^k = \sum_{p \text{ pair}} \binom{k}{p} 2^{\frac{p}{2}} + \sqrt{2} \sum_{p \text{ impair}} \binom{k}{p} 2^{\frac{p-1}{2}}$ c'est-à-dire $a_k = \sum_{p \text{ pair}} \binom{k}{p} 2^{\frac{p}{2}}$ et $b_k = \sum_{p \text{ impair}} \binom{k}{p} 2^{\frac{p-1}{2}}$.
- Deuxièmement, il est inutile de considérer les puissances paires de $1+\sqrt{2}$. En effet, lorsque k est pair, on a $\binom{k}{1}$ pair et $b_k = \sum_{p \text{ impair}} \binom{k}{p} 2^{\frac{p-1}{2}} = \binom{k}{1} + 2 \times \sum_{p \text{ impair } \geqslant 3} \binom{k}{p} 2^{\frac{p-3}{2}}$ serait pair. Or on a $b = 2m+1$ qui est impair. C'est donc que k est impair.

Testons :

- Pour $k = 1$ on trouve $(1+\sqrt{2})^1 = 1 + 1\sqrt{2}$, donc $a = 1$ et donc $n = 0$ puis $N = 0$.
- Pour $k = 3$ on trouve $(1+\sqrt{2})^3 = 7 + 5\sqrt{2}$, donc $a = 7$ et donc $n = 3$ puis $N = 6$.
- Pour $k = 5$ on trouve $(1+\sqrt{2})^5 = 41 + 29\sqrt{2}$, donc $a = 41$, et donc $n = 20$ puis $N = 210$.
- Pour $k = 7$ on trouve $(1+\sqrt{2})^7 = 239 + 169\sqrt{2}$, donc $a = 239$, et donc $n = 119$ puis $N = 7140$.
- Pour $k \geqslant 9$ on trouve que N dépasse 10000.

On a donc seulement quatre candidats, dont on vérifie immédiatement qu'ils sont bien des solutions : $N = 0$ ou $N = 6$ ou $N = 210$ ou $N = 7140$.

CHAPITRE 9

Calcul matriciel

1 Introduction

Ce chapitre est consacré aux matrices : il s'agit essentiellement de tableaux rectangulaires de nombres, sur lesquels on définit notamment une addition et une multiplication. Les définitions données ici peuvent sembler relever du jeu formel ; on verra néanmoins par la suite différentes façons de les interpréter naturellement, outre une explication historique. Il faut voir ce nouvel objet comme un outil, permettant de formaliser aisément différents types de problèmes mathématiques. Notamment, les matrices apparaissent naturellement lorsqu'on étudie un phénomène évolutif linéaire (suites récurrentes linéaires croisées, suites récurrentes linéaires multiples, systèmes différentiels linéaires, chaînes de Markov) et nous en donnerons plusieurs exemples ici. Elles sont également un outil fondamental en algèbre linéaire et nous y reviendrons dans le chapitre 14. Elles facilitent aussi le codage synthétique des systèmes linéaires et des opérations élémentaires sur ces systèmes. Elles permettent enfin un encodage naturel des graphes pondérés, objets mathématiques qui figurent dans le programme de l'option informatique en MPSI.

On a pu voir précédemment[1] que la recherche de solutions des systèmes linéaires est un problème très ancien, même si la mise au jour de formules générales pour les solutions ne date guère que de la fin du XVIIe siècle avec Leibniz. Ce dernier utilisait d'ailleurs déjà une notation à double indice pour désigner les coefficients du système (12 désignait pour lui le coefficient que l'on noterait aujourd'hui $a_{1,2}$, ainsi que nous l'avons déjà aperçu dans le chapitre 7), idée reprise largement dans le présent chapitre.

1. Dans le chapitre 7

Gauss, qui travaillait sur les formes quadratiques dans ses *Recherches arithmétiques*[2], avait besoin de réaliser des substitutions linéaires de variables, consistant à remplacer dans une quantité dépendant de variables x, x' et x'' ces dites variables par des expressions dépendant de nouvelles variables y, y' et y'' via les relations :

$$x = \alpha y + \beta y' + \gamma y'', \quad x' = \alpha' y + \beta' y' + \gamma' y'', \quad x'' = \alpha'' y + \beta'' y' + \gamma'' y''.$$

Il opta pour une notation sous forme de tableau[3], précurseur de la notation matricielle :

$$\begin{matrix} \alpha & \beta & \gamma \\ \alpha' & \beta' & \gamma' \\ \alpha'' & \beta'' & \gamma'' \end{matrix} .$$

Certes on trouvait déjà des tableaux analogues contenant des coefficients chez Leibniz mais ils désignaient le déterminant[4] du système. Avec Gauss ce tableau n'a pas le même sens et a pour première fonction une simplification d'écriture : inutile de réécrire systématiquement les variables, écrire dans le bon ordre les coefficients qui leur sont affectés suffit à la compréhension de l'objet. En outre, il arriva même à Gauss de désigner simplement par (S) un tel tableau, laissant entrevoir ainsi la possibilité future de combiner des tableaux entre eux comme d'autres symboles.

À partir de cette notation, Gauss donna la règle de composition de deux substitutions, qui s'exprime comme suit : si comme on l'a déjà supposé plus haut, les variables x, x' et x'' dépendent de variables y, y' et y'' de la manière suivante :

$$x = \alpha y + \beta y' + \gamma y'', \quad x' = \alpha' y + \beta' y' + \gamma' y'', \quad x'' = \alpha'' y + \beta'' y' + \gamma'' y'',$$

et si les variables y, y' et y'' dépendent elles-mêmes de variables z, z' et z'' ainsi :

$$y = \delta z + \varepsilon z' + \zeta z'', \quad y' = \delta' z + \varepsilon' z' + \zeta' z'', \quad y'' = \delta'' z + \varepsilon'' z' + \zeta'' z'',$$

alors x, x' et x'' s'expriment en fonction de z, z' et z'' comme suit :

$$x = (\alpha\delta + \beta\delta' + \gamma\delta'')z + (\alpha\varepsilon + \beta\varepsilon' + \gamma\varepsilon'')z' + (\alpha\zeta + \beta\zeta' + \gamma\zeta'')z'',$$

$$x' = (\alpha'\delta + \beta'\delta' + \gamma'\delta'')z + (\alpha'\varepsilon + \beta'\varepsilon' + \gamma'\varepsilon'')z' + (\alpha'\zeta + \beta'\zeta' + \gamma'\zeta'')z'',$$

$$x'' = (\alpha''\delta + \beta''\delta' + \gamma''\delta'')z + (\alpha''\varepsilon + \beta''\varepsilon' + \gamma''\varepsilon'')z' + (\alpha''\zeta + \beta''\zeta' + \gamma''\zeta'')z''.$$

Dit autrement, lorsqu'on compose la substitution linéaire $\begin{matrix} \alpha & \beta & \gamma \\ \alpha' & \beta' & \gamma' \\ \alpha'' & \beta'' & \gamma'' \end{matrix}$ avec la substi-

2. Le titre original, comme le cœur du texte d'ailleurs, est latin : *Disquisitiones Arithmeticae*. C'est une des œuvres les plus célèbres de l'histoire des mathématiques, dont nous avons déjà parlé par ailleurs dans ce livre, notamment dans le chapitre 5.

3. On trouve cette écriture dans la cinquième section des *Disquisitiones Arithmeticae*, précisément à partir du paragraphe 268.

4. Notion déjà définie dans les cas 2×2 et 3×3 dans le chapitre 7 et qui est plus généralement étudiée dans le chapitre 17 de ce livre.

tution linéaire $\begin{matrix} \delta & \varepsilon & \zeta \\ \delta' & \varepsilon' & \zeta' \\ \delta'' & \varepsilon'' & \zeta'' \end{matrix}$, on obtient la substitution linéaire :

$$\begin{matrix} x\alpha\delta + \beta\delta' + \gamma\delta'' & \alpha\varepsilon + \beta\varepsilon' + \gamma\varepsilon'' & \alpha\zeta + \beta\zeta' + \gamma\zeta'' \\ \alpha'\delta + \beta'\delta' + \gamma'\delta'' & \alpha'\varepsilon + \beta'\varepsilon' + \gamma'\varepsilon'' & \alpha'\zeta + \beta'\zeta' + \gamma'\zeta'' \\ \alpha''\delta + \beta''\delta' + \gamma''\delta'' & \alpha''\varepsilon + \beta''\varepsilon' + \gamma''\varepsilon'' & \alpha''\zeta + \beta''\zeta' + \gamma''\zeta'' \end{matrix} .$$

Cette opération préfigure le produit de matrices tel qu'on le définit plus loin. On peut donc en attribuer la paternité à Gauss.

Le mathématicien allemand Gotthold Eisenstein travailla à développer la théorie des formes abordée par Gauss dans les *Disquisitiones Arithmeticae* en considérant un nombre supérieur de variables ou en augmentant le degré notamment. Il reprit bien volontiers l'utilisation des substitutions linéaires par Gauss, en se permettant de les désigner par de simples lettres (S, T,...). Il décida de représenter[5] par $S \times T$ le résultat de la composition des deux substitutions linéaires S et T. Il considéra également la substitution inverse d'une substitution linéaire, en lui attribuant une notation spécifique.

F. Gotthold M. Eisenstein
(1823–1852)

Gotthold Eisenstein fait partie de cette triste liste de mathématiciens morts très jeunes lors du siècle romantique (les plus connus étant Évariste Galois et Niels Henrik Abel, ce dernier ayant succombé à une tuberculose comme Eisenstein). Il semble avoir été un immense talent, à tel point que Gauss, pourtant difficile à impressionner, soutint sa candidature à l'Académie de Göttingen. Il fut peu après élu à l'Académie de Berlin sur la recommandation de Dirichlet.

Il poursuivit notamment les travaux de Gauss en arithmétique sur les formes quadratiques, obtenant des résultats qui avaient jusque-là résisté à ce dernier ! Outre l'arithmétique, Eisenstein est également reconnu pour ses travaux en analyse, en particulier sur les fonctions elliptiques[a] (reprenant d'ailleurs par là un thème cher à Niels Abel...).

a. Notamment un article en plusieurs parties, *Beiträge zur Theorie der elliptischen Functionen*, publié par Eisenstein dans ce qui s'appelait à l'époque le Journal de Crelle. Par exemple le premier extrait : *Ableitung des biquadratischen Fundamentaltheorems aus der Theorie der Lemniskatenfunctionen nebst Bemerkungen zu den Mulitplications- und Transformationsformeln*, Journal für die reine und angewandte Mathematik **30** (1846), pp. 185-210.

5. Notamment dans *Allgemeine Untersuchungen über die Formen dritten Grades mit drei Variabeln, welche der Kreistheilung ihre Enstehung verdanken*, Journal für die reine und angewandte Mathematik (anciennement Journal de Crelle) **28**, pp. 289-374 (1844).

Si l'usage des substitutions linéaires et surtout de leur notation sous forme de tableau a des origines et un développement initial dans les mathématiques continentales (en Allemagne pour commencer, avec Gauss et Eisenstein, puis en France avec Hermite[6] et Laguerre[7] et en Suisse avec Frobenius[8] notamment[9]), deux mathématiciens anglais, en partie indépendamment des mathématiciens continentaux, ont également utilisé ces tableaux pour représenter les substitutions linéaires, et en ont développé un début de théorie. Il s'agit de James Joseph Sylvester et d'Arthur Cayley.

Le terme « matrix » est dû à Sylvester dans un addendum à un article[10] de 1850. Son étude des intersections entre deux coniques le mena à s'intéresser à certains déterminants et à leurs « mineurs ». Les mineurs d'un déterminant D sont en fait les déterminants des tableaux obtenus en rayant un même nombre quelconque de lignes et de colonnes du déterminant D intial. Sylvester ressentit ainsi la nécessité de donner un nom au tableau lui-même, vu qu'il était susceptible d'être modifié avant d'en prendre le déterminant. Il appela donc le tableau « matrice ». Les mineurs sont alors les déterminants de sous-matrices de la matrice de départ, c'est-à-dire de matrices obtenues en enlevant des lignes et des colonnes à la matrice initiale.

On présente souvent Cayley et Sylvester[11] comme les fondateurs de la notion de matrice. Pour Sylvester, une des raisons est qu'il est le père de la terminologie de matrice. Pour Cayley, c'est en bonne partie du fait d'un mémoire, devenu célèbre depuis mais fort peu connu à l'époque, intitulé *A memoir on the theory of matrices*[12]. Dans ce papier, Cayley est le premier à traiter les matrices en tant que telles, comme des objets sur lesquels un calcul symbolique est possible. Il y définit ainsi nombre d'opérations et de concepts élémentaires, que nous présentons justement dans ce chapitre, à savoir notamment : somme, produit, puissances, définition de matrice nulle et de matrice unité (qui sont les éléments neutres respectifs pour les lois somme et produit), définition d'un produit externe, additivité des puissances d'une matrice, définition de matrice inverse et explicitation d'une formule de l'inverse à l'aide du déterminant, définition et propriétés de base de la transposition, définition de matrice symétrique et antisymétrique. Et encore laissons-nous sous silence quantité d'autres concepts ou résultats relevant du programme

6. Charles Hermite, mathématicien français (1822-1901).
7. Edmond Laguerre, mathématicien français (1834-1886).
8. Georg Frobenius, mathématicien allemand (1849-1917).
9. Cf. T. Hawkins, *The Theory of Matrices in the 19th Century*, Proceedings of the International Congress of Mathematicians (1974), pp. 561-570.
10. *On a new class of theorems in elimination between quadratic functions*, Philosophical Magazine **37**, pp. 213-218.
11. Voir leurs notices biographiques p. 445 et 446.
12. Publié en 1858 dans les Philosophical Transactions of the Royal Society of London, ce qui explique qu'il ait peu rayonné hors d'Angleterre.

de deuxième année (comme le théorème de Cayley-Hamilton).
Ce mémoire de Cayley a le grand mérite, en traitant le concept de matrice détaché de toute application, d'en faire un sujet d'étude pour soi. Il ne faut cependant pas s'illusionner sur la portée de ce mémoire. Cayley n'y présente à peu près aucun résultat et surtout n'y développe aucun contenu réel. La plupart des aspects fondamentaux des matrices, dont beaucoup sont étudiés en CPGE et que nous verrons dans des chapitres ultérieurs, sont absents de l'étude de Cayley : on peut citer la notion de valeur propre, l'étude des matrices symétriques, orthogonales, hermitiennes, unitaires, des théorèmes de classification. La plupart de ces notions et problèmes, ayant des racines très géométriques, avaient déjà été abordés, sans qu'il soit nécessaire d'identifier le concept de matrice, par Gauss et Cauchy, et furent poursuivis sur le continent par des mathématiciens tels que Weierstrass[13], Frobenius, Jordan[14]... Ce sont surtout ces développements qui placèrent l'étude des matrices comme un enjeu majeur des mathématiques de la deuxième moitié du XIXe siècle.

Arthur Cayley
(1821-1895)

Encouragé à poursuivre des études en mathématiques du fait des capacités qu'il y montra à la King's College School, Cayley entra au Trinity College de Cambridge en 1838. Il obtint à la fin de ses études un poste de chercheur à Cambridge, mais d'une durée limitée, et au bout de quatre ans il s'orienta vers de nouvelles études à l'issue desquelles il fut admis au barreau en 1849. Il avait déjà publié de nombreux articles de mathématiques et continua à en produire une grande quantité malgré son métier d'avocat. Il devint finalement professeur de mathématiques à Cambridge en 1863 et put alors se consacrer pleinement à cette carrière de chercheur, faisant fi de la diminution substantielle de ses revenus.
Arthur Cayley est surtout connu pour ses travaux en algèbre[a] et en géométrie[b]. Son nom reste attaché aux célèbres *octonions* (aussi appelés *octaves*), qui se placent dans la lignée des quaternions comme construction d'une algèbre de dimension finie sur $\mathbb{R}$ s'efforçant de conserver un maximum des propriétés de $\mathbb{R}$ et de $\mathbb{C}$ (les quaternions perdent la commutativité du produit, les octonions perdent en plus l'associativité).

a. Comme *On the Theory of Linear Transformations*, Cambridge Mathematical Journal **4** (1845), pp. 193-209.
b. Cf. par exemple *A Sixth Memoir upon Quantics*, Philosophical Transactions of the Royal Society of London **149** (1859), pp. 61-90.

Les *octonions* (ou *octaves*) semblent avoir été la découverte de John T. Graves[15]. Or celui-ci se contenta dans un premier temps d'en faire part par courrier à William R. Hamilton,

13. Karl Weierstrass, mathématicien allemand (1815-1897). Cf. la notice biographique dans O. Rodot, *Analyse. 2*^{e} année, De Boeck (2010).
14. Camille Jordan, mathématicien français (1838-1922).
15. Mathématicien et juriste irlandais (1806-1870).

le découvreur des quaternions, avant d'en développer les idées dans de nouvelles lettres. Malheureusement pour lui, Arthur Cayley les découvrit de son côté et les fit connaître à l'ensemble de la communauté scientifique via une communication[16] très courte en 1845 dans le Philosophical Magazine. John Graves avait de son côté considéré que l'absence d'associativité était un sérieux défaut à ses octaves et Hamilton l'avait conforté dans son point de vue. Mais voyant Cayley publier une idée qu'il avait eue en premier, il voulut se rattraper en communiquant un résultat démontré à l'aide des octonions, à savoir que le produit de deux entiers qui s'écrivent chacun comme somme de huit carrés est un entier somme de huit carrés[17]. Cela ne suffit cependant pas à rendre à Graves la paternité des octonions et c'est ainsi le nom de Cayley qui leur est attaché...

James Joseph Sylvester
(1814–1897)

James Joseph Sylvester semble avoir eu une vie assez agitée et faite de quelques déceptions. Issu d'une famille juive, son nom était en fait Joseph, mais celui-ci devint son deuxième prénom et fut remplacé par le nom Sylvester. Les difficultés connues par Sylvester du seul fait qu'il était juif furent probablement pour beaucoup dans l'adoption de cet autre nom de famille. À titre d'exemple, bien que Sylvester fut un brillant étudiant du St John's College de Cambridge, il lui fut impossible d'accéder à de nombreux diplômes et à de nombreux postes car il fallait pour cela adhérer aux doctrines de l'Église anglicane.
Chose incroyable, Cayley et Sylvester se rencontrèrent... durant leurs études de droit ! Cette rencontre redonna à Sylvester la flamme nécessaire à la reprise de recherches mathématiques[a]. Ils développèrent une longue amitié et collaborèrent régulièrement dans leurs travaux ultérieurs.
Sylvester fit plusieurs voyages aux États-Unis, où il enseigna et fonda notamment une revue, l'American Journal of Mathematics.
Il reste particulièrement connu pour ses travaux sur la théorie naissante des matrices[b] et est associé à Cayley comme initiateur de la théorie des invariants[c].

a. Cf. page 231 de K. H. Parshall, *Joseph H. M. Wedderburn and the Structure Theory of Algebras*, Archive for History of Exact Sciences 32, 3-4 (1985), pp. 223-349.
b. Le premier, *Additions to the articles, "On a new class of theorems", and "On Pascal's theorem"*, Philosophical Magazine 37 (1850), pp. 363-370. Aussi, par exemple, *On the principles of the calculus of forms*, Cambridge and Dublin Mathematical Journal 8 (1853), pp. 256-269.
c. Cf. notamment *On the calculus of forms, otherwise the theory of invariants*, Cambridge and Dublin Mathematical Journal 7 (1852), pp. 52-97.

16. *On Jacobi's Elliptic Fuctions, in reply to the Rev. B. Bronwin : and on Quaternions*, Phil. Mag **26** (1845), pp. 208, 211.
17. Voir le chapitre 5 de l'ouvrage de Tony Crilly, *Arthur Cayley : Mathematician Laureate of the Victorian Age*, Baltimore and London : The Johns Hopkins University Press, 2006.

Dans tout le chapitre, on notera $\mathbb{K}$ le corps $\mathbb{R}$ ou $\mathbb{C}$. On appellera *scalaire* un élément de $\mathbb{K}$. Les lettres p, q, r, s, n seront utilisées pour désigner des éléments quelconques de $\mathbb{N}$.

On rappelle qu'un élément de $\mathbb{K}^n$ peut se noter indifféremment $(a_1, a_2, \ldots, a_n)$ ou $\begin{pmatrix} a_1 \\ a_2 \\ \vdots \\ a_n \end{pmatrix}$.

Dans ce chapitre, on privilégiera systématiquement cette seconde notation.

2 Espace vectoriel $\mathcal{M}_{p,q}(\mathbb{K})$

2.1 Matrices à p lignes et q colonnes.

Définition 1 ($\mathcal{M}_{p,q}(\mathbb{K})$)

On appelle matrice $p \times q$ à coefficients dans $\mathbb{K}$ un tableau de scalaires ayant p lignes et q colonnes. Ces scalaires sont appelés les *coefficients* de la matrice.
L'ensemble des matrices $p \times q$ se note $\mathcal{M}_{p,q}(\mathbb{K})$.
L'ensemble des matrices $n \times n$ (dites *carrées*) se note $\mathcal{M}_n(\mathbb{K})$.

On a déjà renconté l'exemple de $\mathcal{M}_2(\mathbb{R}) = \left\{ \begin{pmatrix} a & b \\ c & d \end{pmatrix}, (a, b, c, d) \in \mathbb{R}^4 \right\}$.

On a de même $\mathcal{M}_{2,3}(\mathbb{R}) = \left\{ \begin{pmatrix} a & b & c \\ d & e & f \end{pmatrix}, (a, b, c, d, e, f) \in \mathbb{R}^6 \right\}$.

La matrice $\begin{pmatrix} 1 & 2 & 3 \\ 4 & 5 & 6 \end{pmatrix}$, qui appartient à $\mathcal{M}_{2,3}(\mathbb{K})$, ne doit pas être confondue avec, par exemple, la matrice $\begin{pmatrix} 1 & 2 \\ 3 & 4 \\ 5 & 6 \end{pmatrix}$, qui appartient à $\mathcal{M}_{3,2}(\mathbb{K})$.

On peut représenter une matrice $p \times q$ d'au moins trois façons pertinentes :

1. Par ses coefficients : on notera $A = (a_{i,j})_{\substack{1 \leqslant i \leqslant p \\ 1 \leqslant j \leqslant q}}$ ou plus simplement $A = (a_{i,j})_{i,j}$.
2. Par ses lignes : on notera $A = \begin{pmatrix} - & L_1 & - \\ & \vdots & \\ - & L_p & - \end{pmatrix}$ où les L_i sont les lignes de A, appartenant toutes à $\mathcal{M}_{1,q}(\mathbb{K})$.

3. Par ses colonnes : on notera $A = \begin{pmatrix} | & & | \\ C_1 & \dots & C_q \\ | & & | \end{pmatrix}$ où les C_j sont les colonnes de A, appartenant toutes à $\mathcal{M}_{p,1}(\mathbb{K})$.

Une matrice ayant une seule colonne sera appelée une *matrice colonne*. Une matrice ayant une seule ligne sera appelée une *matrice ligne*. Il est bien clair que $\mathcal{M}_{p,1}(\mathbb{K})$ est en bijection avec $\mathbb{K}^p$ et que $\mathcal{M}_{1,q}(\mathbb{K})$ est en bijection avec $\mathbb{K}^q$. Un élément de $\mathcal{M}_{p,1}(\mathbb{K})$ et un élément de $\mathbb{K}^p$ peuvent même se noter de la même façon ! Dans toute la suite, on identifiera purement et simplement $\mathcal{M}_{p,1}(\mathbb{K})$ et $\mathbb{K}^p$. En particulier, on identifiera purement et simplement une matrice colonne avec son unique colonne, une matrice ligne avec son unique ligne, et une matrice de $\mathcal{M}_{1,1}(\mathbb{K})$ avec son unique coefficient.
On n'identifiera pas $\mathcal{M}_{1,q}(\mathbb{K})$ avec $\mathbb{K}^q$ mais on verra une opération permettant de transformer une matrice ligne en matrice colonne et donc de réaliser cette identification.
Plus généralement, on dispose de nombreuses bijections entre $\mathcal{M}_{p,q}(\mathbb{K})$ et $\mathbb{K}^{pq}$, notamment :

$$\Psi : \left\{ \begin{array}{ccc} \mathcal{M}_{p,q}(\mathbb{K}) & \longrightarrow & \mathbb{K}^{pq} \\ \begin{pmatrix} a_{1,1} & \dots & a_{1,q} \\ \vdots & & \vdots \\ a_{p,1} & \dots & a_{p,q} \end{pmatrix} & \longmapsto & \begin{pmatrix} a_{1,1} \\ \vdots \\ a_{1,q} \\ a_{2,1} \\ \vdots \\ a_{2,q} \\ a_{3,1} \\ \vdots \\ \vdots \\ a_{p,q} \end{pmatrix} \end{array} \right. .$$

Définissons tout de suite une première matrice remarquable :

Définition 2 (Matrice nulle)

On appelle *matrice nulle* de $\mathcal{M}_{p,q}(\mathbb{K})$ la matrice $O = (0)_{i,j} = \begin{pmatrix} 0 & \dots & 0 \\ \vdots & & \vdots \\ 0 & \dots & 0 \end{pmatrix}$.

2.2 Opérations sur $\mathcal{M}_{p,q}(\mathbb{K})$

Définition 3 (Somme de matrices)

Soient $A = (a_{i,j})_{i,j} \in \mathcal{M}_{p,q}(\mathbb{K})$ et $B = (b_{i,j})_{i,j} \in \mathcal{M}_{p,q}(\mathbb{K})$.
On appelle *somme* de A et B la matrice $A + B = (a_{i,j} + b_{i,j})_{i,j} \in \mathcal{M}_{p,q}(\mathbb{K})$.
On obtient ainsi une loi de composition interne $+$ sur $\mathcal{M}_{p,q}(\mathbb{K})$ qu'on appellera *addition.*

On notera qu'on n'a pas défini **une** application addition, mais une infinité d'additions, correspondant à tous les couples (p, q) possibles.

Remarques 1

On a donc :

1. $$\begin{pmatrix} | & & | \\ C_1 & \dots & C_q \\ | & & | \end{pmatrix} + \begin{pmatrix} | & & | \\ C'_1 & \dots & C'_q \\ | & & | \end{pmatrix} = \begin{pmatrix} | & & | \\ C_1 + C'_1 & \dots & C_q + C'_q \\ | & & | \end{pmatrix},$$
où les $+$ du membre de droite désignent l'addition de $\mathbb{K}^p$.
2. $$\begin{pmatrix} - & L_1 & - \\ & \vdots & \\ - & L_p & - \end{pmatrix} + \begin{pmatrix} - & L'_1 & - \\ & \vdots & \\ - & L'_p & - \end{pmatrix} = \begin{pmatrix} - & L_1 + L'_1 & - \\ & \vdots & \\ - & L_p + L'_p & - \end{pmatrix},$$
où les $+$ du membre de droite désignent l'addition de $\mathcal{M}_{1,q}(\mathbb{K})$ (essentiellement celle de $\mathbb{K}^q$).

Proposition 1 (Structure de groupe)

$(\mathcal{M}_{p,q}(\mathbb{K}), +)$ forme un groupe commutatif d'élément neutre O.

DÉMONSTRATION

La démonstration relève de la suite de vérifications fastidieuses mais immédiates.

Définition 4 (Multiplication externe)

Soient $\lambda \in \mathbb{K}$ et $A = (a_{i,j})_{i,j} \in \mathcal{M}_{p,q}(\mathbb{K})$. On appelle *produit* de A par λ la matrice notée $\lambda \cdot A$ ou λA et définie par $\lambda A = (\lambda a_{i,j})_{i,j} \in \mathcal{M}_{p,q}(\mathbb{K})$. On obtient ainsi une loi de composition externe $\cdot$ sur $\mathcal{M}_{p,q}(\mathbb{K})$ qu'on appellera *multiplication externe.*

On notera qu'on n'a pas défini **une** application multiplication externe, mais une infinité de multiplications externes, correspondant à tous les couples (p, q) possibles.

Remarques 2

On a donc :

1. $\lambda \begin{pmatrix} | & & | \\ C_1 & \dots & C_q \\ | & & | \end{pmatrix} = \begin{pmatrix} | & & | \\ \lambda \cdot C_1 & \dots & \lambda \cdot C_q \\ | & & | \end{pmatrix}$,
   où les $\cdot$ du membre de droite désignent la multiplication externe de $\mathbb{K}^p$.
2. $\lambda \begin{pmatrix} - & L_1 & - \\ & \vdots & \\ - & L_p & - \end{pmatrix} = \begin{pmatrix} - & \lambda \cdot L_1 & - \\ & \vdots & \\ - & \lambda \cdot L_p & - \end{pmatrix}$,
   où les $\cdot$ du membre de droite désignent la multiplication externe de $\mathcal{M}_{1,q}(\mathbb{K})$ (essentiellement celle de $\mathbb{K}^q$).

Théorème 1 (Structure de $\mathbb{K}$-ev)

$(\mathcal{M}_{p,q}(\mathbb{K}), +, \cdot)$ forme un $\mathbb{K}$-espace vectoriel de vecteur nul O.

Démonstration

La démonstration relève de la suite de vérifications fastidieuses mais immédiates.

Remarque 3

Jusqu'à présent, les matrices à p lignes et q colonnes ne se distinguent des vecteurs de $\mathbb{K}^{pq}$ que par leur notation ! L'addition et la multiplication externe sont définies de façon totalement identique, c'est-à-dire coefficient par coefficient, et finalement la bijection Ψ définie précédemment est un isomorphisme d'espaces vectoriels.

Voyons justement l'analogue des vecteurs e_i rencontrés dans le chapitre 6 dans ce nouveau formalisme matriciel.

Définition 5 (Matrice élémentaire)

Pour $1 \leqslant i \leqslant p$ et $1 \leqslant j \leqslant q$, on appelle (i, j)-ième matrice élémentaire la matrice $E_{i,j} = (e_{k,l})_{k,l}$ où

$$\forall k, \forall l, e_{k,l} = \delta_{i,k}\delta_{j,l} = \begin{cases} 1 \text{ si } (k,l) = (i,j) \\ 0 \text{ si } (k,l) \neq (i,j) \end{cases}.$$

E_{ij} est donc la matrice dont tous les coefficients sont nuls, sauf le coefficient en ligne i et colonne j qui vaut 1.

$$E_{i,j} = \begin{pmatrix} 0 & \dots & 0 & \dots & 0 \\ \vdots & & \vdots & & \vdots \\ 0 & \dots & 1 & \dots & 0 \\ \vdots & & \vdots & & \vdots \\ 0 & \dots & 0 & \dots & 0 \end{pmatrix} \begin{matrix} \\ \\ \text{lig } i \\ \\ \\ \end{matrix}$$

(où le 1 est en col j, lig i)

À p et q fixés, il y a donc pq matrices élémentaires, correspondant aux différents choix de couples (i, j) possibles. Cependant, on notera qu'on n'a pas défini pq matrices élémentaires, mais bien une infinité, correspondant à tous les couples (p, q) possibles.

On peut déjà remarquer que toute matrice peut s'écrire comme combinaison linéaire des matrices $E_{i,j}$. En effet, par définition de la somme, écrire $A = (a_{i,j})_{i,j} \in \mathcal{M}_{p,q}(\mathbb{K})$ équivaut à écrire $A = \sum_{i=1}^{p} \sum_{j=1}^{q} a_{i,j} E_{i,j}$.

2.3 Transposition

Définition 6 (Transposition, matrice transposée)

Étant donnée une matrice $A = (a_{i,j})_{i,j} \in \mathcal{M}_{p,q}(\mathbb{K})$, on appelle *matrice transposée de A* la matrice ${}^tA = (a_{j,i})_{i,j} \in \mathcal{M}_{q,p}(\mathbb{K})$. Ceci définit une application ${}^t\cdot$ de $\mathcal{M}_{p,q}(\mathbb{K})$ dans $\mathcal{M}_{q,p}(\mathbb{K})$ appelée *transposition*.

La transposée de A est donc obtenue en renversant les rôles des lignes et des colonnes pour A. Par exemple on aura ${}^t\begin{pmatrix} 1 & 2 & 3 \\ 4 & 5 & 6 \end{pmatrix} = \begin{pmatrix} 1 & 4 \\ 2 & 5 \\ 3 & 6 \end{pmatrix}$, et on aura également ${}^t\begin{pmatrix} 0 \\ 0 \\ 0 \\ 0 \end{pmatrix} = \begin{pmatrix} 0 & 0 & 0 & 0 \end{pmatrix}$.

On notera qu'on n'a pas défini **une** application transposition, mais une infinité de transpositions, correspondant à tous les couples (p, q) possibles.

La notation anglo-saxonne pour ${}^tA$ est A^T : c'est celle qui est recommandée dans le programme de PCSI. On lui préfèrera ici la notation que l'on a donné.

Remarque 4

On a vu qu'on identifiait $\mathcal{M}_{p,1}(\mathbb{K})$ à $\mathbb{K}^p$. La transposée d'une matrice colonne étant une matrice ligne, et la transposée d'une matrice ligne une matrice colonne, $\mathcal{M}_{1,q}(\mathbb{K})$ n'est autre que ${}^t(\mathbb{K}^q)$.

Proposition 2 (Propriétés fondamentales de la transposition)

1. La transposition ${}^t\cdot\ : \mathcal{M}_{p,q}(\mathbb{K}) \longrightarrow \mathcal{M}_{q,p}(\mathbb{K})$ est linéaire, c'est-à-dire :
   $\forall (A,B) \in \mathcal{M}_{p,q}(\mathbb{K})^2,\ \forall (\lambda,\mu) \in \mathbb{K}^2,\ {}^t(\lambda A + \mu B) = \lambda\, {}^tA + \mu\, {}^tB.$
2. On a : $\forall M \in \mathcal{M}_{p,q}(\mathbb{K}),\ {}^t({}^tM) = M.$

En particulier, **dans le cas où** $p = q = n$, la transposition est une involution de $\mathcal{M}_n(\mathbb{K})$.

Démonstration

1. Il est clair que renverser lignes et colonnes **après** ou **avant** avoir effectué une combinaison linéaire ne change pas le résultat du calcul. Formellement, on peut écrire, pour $A = (a_{i,j})_{i,j}$ et $B = (b_{i,j})_{i,j}$, avec λ et μ deux scalaires, qu'on a :
   ${}^t(\lambda A + \mu B) = {}^t(\lambda a_{i,j} + \mu b_{i,j})_{i,j} = (\lambda a_{j,i} + \mu b_{j,i})_{i,j} = \lambda {}^tA + \mu {}^tB.$

2. Considérer ${}^t({}^tM)$ revient à appliquer deux transpositions successives à M. La première transposition renverse lignes et colonnes de M, la seconde renverse lignes et colonnes de la matrice obtenue, et redonne donc la matrice M de départ. Formellement, on peut écrire, pour $M = (m_{i,j})_{i,j}$, qu'on a ${}^tM = (m_{j,i})_{i,j}$ et donc ${}^t({}^tM) = (m_{i,j})_{i,j} = M$.

3 Anneau $\mathcal{M}_n(\mathbb{K})$

3.1 Produit de deux matrices

Plusieurs approches permettent de faire émerger *a priori* la définition du produit matriciel. Plutôt que d'en privilégier une, on préfère n'en mettre en avant aucune et donner directement la définition abstraite. Les exemples de la fin de ce chapitre ainsi que le théorème 9 du chapitre 14 devraient convaincre le lecteur de la pertinence de cette définition.

Définition 7 (Produit d'une matrice ligne par une matrice colonne)

Étant donné $L = \begin{pmatrix} a_1 & \dots & a_n \end{pmatrix} \in \mathcal{M}_{1,n}(\mathbb{K})$ et $C = \begin{pmatrix} b_1 \\ \vdots \\ b_n \end{pmatrix} \in \mathcal{M}_{n,1}(\mathbb{K})$, on appelle *produit de L par C* le scalaire $L \times C = \sum_{k=1}^{n} a_i b_i$.

Rappelons que l'on identifie un scalaire à une matrice de $\mathcal{M}_{1,1}(\mathbb{K})$. En particulier le produit défini pour $n = 1$ n'est autre que le produit usuel sur $\mathbb{K}$. Par ailleurs, pour n quelconque, l'identification des scalaires aux matrices de $\mathcal{M}_{1,1}(\mathbb{K})$ fait qu'on pourra aussi bien écrire $L \times C = \left(\sum_{k=1}^{n} a_k b_k \right)$.

Remarque 5

Dans le cas particulier où $\mathbb{K} = \mathbb{R}$, le produit d'une matrice ligne par une matrice colonne n'est donc rien d'autre que le produit scalaire usuel : $L \times C = \langle {}^t L | C \rangle$.

⚠ Pour que ceci ait un sens, il est donc fondamental que le nombre de colonnes de L coïncide avec le nombre de lignes de C !

Définition 8 (Produit de matrices)

Soient $A \in \mathcal{M}_{p,q}(\mathbb{K})$ et $B \in \mathcal{M}_{q,r}(\mathbb{K})$.

Notons $A = \begin{pmatrix} - & L_1 & - \\ & \vdots & \\ - & L_p & - \end{pmatrix}$ et $B = \begin{pmatrix} | & & | \\ C_1 & \dots & C_r \\ | & & | \end{pmatrix}$.

On appelle *produit de A par B* la matrice

$$A \times B = \begin{pmatrix} L_1 \times C_1 & \dots & L_1 \times C_r \\ \vdots & L_i \times C_j & \vdots \\ L_p \times C_1 & \dots & L_p \times C_r \end{pmatrix}.$$

On a ainsi défini une opération, appelée *multiplication* :

$$\left\{ \begin{array}{ccc} \mathcal{M}_{p,q}(\mathbb{K}) \times \mathcal{M}_{q,r}(\mathbb{K}) & \longrightarrow & \mathcal{M}_{p,r}(\mathbb{K}) \\ (A, B) & \longmapsto & A \times B \end{array} \right. .$$

Dit autrement, pour $A = (a_{i,j})_{i,j}$ et $B = (b_{i,j})_{i,j}$, on a donc $A \times B = (c_{i,j})_{i,j}$ où $c_{i,j} = \sum_{k=1}^{n} a_{i,k} b_{k,j}$.

Cette définition généralise évidemment la précédente, puisqu'on a identifié une matrice ligne avec son unique ligne, et une matrice colonne avec son unique colonne.

⚠ Pour que ceci ait un sens, il est donc fondamental là encore que le nombre de colonnes de A coïncide avec le nombre de lignes de B. Mais c'est la seule contrainte : on pourra aussi bien faire le produit d'une matrice 2×3 par une matrice 3×2 (on obtient alors une matrice 2×2) que d'une matrice 3×2 par une matrice 2×4 (on obtient alors une matrice 3×4).

On notera qu'on n'a pas défini **une** application multiplication, mais une infinité de multiplications, correspondant à tous les triplets (p, q, r) possibles. Pour $p = q = r = 1$, on retrouve la multiplication usuelle sur $\mathbb{K}$. Pour $\mathbb{K} = \mathbb{R}$ et $p = q = r = 2$, on retrouve la multiplication de l'anneau $\mathcal{M}_2(\mathbb{R})$, défini dans le chapitre 8. L'encart suivant donne un exemple pour $p = q = 3$, $r = 4$.

Poser un produit matriciel

On calcule agréablement un produit matriciel $A \times B$ en le « posant ». On fait figurer la matrice A en bas à gauche, la matrice B en haut à droite, et le produit apparaîtra en bas à droite. Pour obtenir chaque coefficient du produit, on trace mentalement la ligne et la colonne de ce coefficient, mettant en évidence la ligne de A et la colonne de B dont il faut faire le produit.

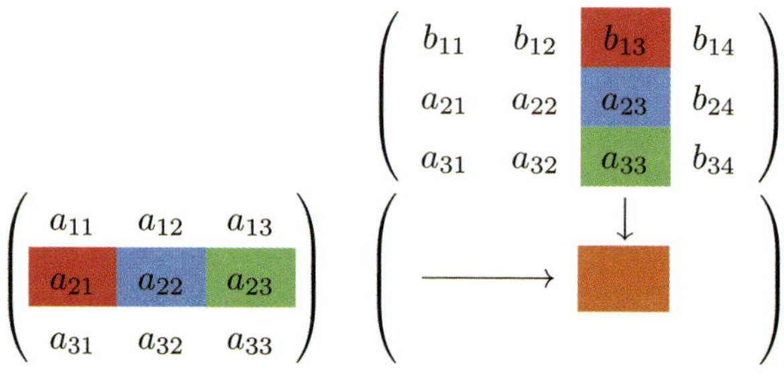

Exemple 1

On a : $\begin{pmatrix} 0 & 1 \\ 2 & 3 \end{pmatrix} \times \begin{pmatrix} 4 & 5 & 6 \\ 7 & 8 & 9 \end{pmatrix} = \begin{pmatrix} 7 & 8 & 9 \\ 29 & 34 & 39 \end{pmatrix}$.

On invite le lecteur à poser le produit et à vérifier ce résultat par lui-même.

Dans ce chapitre, on s'efforcera de toujours noter $A \times B$ le produit d'une matrice A par une matrice B. Dans les chapitres suivants, on s'autorisera à le noter AB.

Exemple 2

Posons $L = \begin{pmatrix} a_1 & \dots & a_n \end{pmatrix} \in \mathcal{M}_{1,n}(\mathbb{K})$ et $C = \begin{pmatrix} b_1 \\ \vdots \\ b_n \end{pmatrix} \in \mathcal{M}_{n,1}(\mathbb{K})$.

On a vu qu'on avait $L \times C = \left(\sum_{k=1}^{n} a_k b_k \right)$.

Mais on peut aussi calculer $C \times L$. Posons le produit :

$$\begin{array}{ccc} & & \begin{array}{c} \text{col } j \\ \begin{pmatrix} a_1 & \dots & a_j & \dots & a_n \end{pmatrix} \end{array} \\ \begin{array}{c} \\ \\ \text{lig } i \\ \\ \\ \end{array} & \begin{pmatrix} b_1 \\ \vdots \\ b_i \\ \vdots \\ b_n \end{pmatrix} & \begin{pmatrix} b_1 a_1 & \dots & b_1 a_j & \dots & b_1 a_n \\ \cdot & & \vdots & & \cdot \\ b_i a_1 & \dots & b_i a_j & \dots & b_i a_n \\ \cdot & & \vdots & & \cdot \\ b_n a_1 & \dots & b_n a_j & \dots & b_n a_n \end{pmatrix} \end{array}.$$

On a donc $C \times L = (b_i a_j)_{i,j}$.

L'exemple précédent montre qu'on peut définir plus simplement la matrice $E_{i,j}$ de la façon suivante : $E_{i,j} = e_i \times {}^t e_j$, où $e_i \in \mathbb{K}^p$ et $e_j \in \mathbb{K}^q$:

$$\begin{array}{ccc} & & \begin{array}{c} \text{col } j \\ \begin{pmatrix} 0 & \dots & 1 & \dots & 0 \end{pmatrix} \end{array} \\ \begin{array}{c} \\ \\ \text{lig } i \\ \\ \\ \end{array} & \begin{pmatrix} 0 \\ \vdots \\ 1 \\ \vdots \\ 0 \end{pmatrix} & \begin{pmatrix} 0 & \dots & 0 & \dots & 0 \\ \vdots & & \vdots & & \vdots \\ 0 & \dots & 1 & \dots & 0 \\ \vdots & & \vdots & & \vdots \\ 0 & \dots & 0 & \dots & 0 \end{pmatrix} \end{array}.$$

Remarques 6

Pour calculer rapidement certains produits, il peut être intéressant de raisonner sur les colonnes ou les lignes des matrices considérées. En particulier, sous réserve de compatibilité des formats, on a les égalités très utiles suivantes :

1. $\begin{pmatrix} | & & | \\ C_1 & \dots & C_q \\ | & & | \end{pmatrix} \times e_i = \begin{pmatrix} | \\ C_i \\ | \end{pmatrix}$.

2. $${}^te_i \times \begin{pmatrix} - & L_1 & - \\ & \vdots & \\ - & L_p & - \end{pmatrix} = \begin{pmatrix} - & L_i & - \end{pmatrix}.$$

3. $$M \times \begin{pmatrix} | & & | \\ C_1 & \dots & C_r \\ | & & | \end{pmatrix} = \begin{pmatrix} | & & | \\ M \times C_1 & \dots & M \times C_r \\ | & & | \end{pmatrix}.$$

4. $$\begin{pmatrix} - & L_1 & - \\ & \vdots & \\ - & L_p & - \end{pmatrix} \times M = \begin{pmatrix} - & L_1 \times M & - \\ & \vdots & \\ - & L_p \times M & - \end{pmatrix}.$$

DÉMONSTRATION

Le lecteur est invité à poser ces quatre multiplications et à constater le résultat par lui-même. On détaille néanmoins ces calculs ci-dessous.

1. Notons $\begin{pmatrix} | & & | \\ C_1 & \dots & C_q \\ | & & | \end{pmatrix} = (a_{i,j})_{i,j}$.

   On a, par définition, $\begin{pmatrix} | & & | \\ C_1 & \dots & C_q \\ | & & | \end{pmatrix} \times e_i = \begin{pmatrix} b_1 \\ \vdots \\ b_q \end{pmatrix}$ avec, pour $1 \leqslant j \leqslant q$,

   $b_j = \sum\limits_{k=1}^{q} a_{j,k}\delta_{k,i} = a_{j,i}$ qui est bien le j-ième coefficient de C_i.
2. Cette égalité est obtenue immédiatement en transposant la précédente.
3. Notons $M = \begin{pmatrix} - & L_1 & - \\ & \vdots & \\ - & L_p & - \end{pmatrix}$. Le (i,j)-ième coefficient de $M \times \begin{pmatrix} | & & | \\ C_1 & \dots & C_r \\ | & & | \end{pmatrix}$

   est, par définition, $L_i \times C_j$. Le (i,j)-ième coefficient de $\begin{pmatrix} | & & | \\ M \times C_1 & \dots & M \times C_r \\ | & & | \end{pmatrix}$

   est, par définition, $L_i \times C_j$.

   Les matrices considérées ont les mêmes coefficients, elles sont donc bien égales.
4. Cette égalité est obtenue immédiatement en transposant la précédente.

Exemple 3

Soit à calculer le produit de matrices $\begin{pmatrix} 1 & 2 & 3 \\ 4 & 5 & 6 \\ 7 & 8 & 9 \end{pmatrix} \times \begin{pmatrix} 0 & 1 & 0 \\ 1 & 0 & 0 \\ 0 & 1 & 1 \end{pmatrix}$.

Notons $M = \begin{pmatrix} 1 & 2 & 3 \\ 4 & 5 & 6 \\ 7 & 8 & 9 \end{pmatrix}$.
La première colonne du produit est $M \times e_2$, c'est donc la seconde colonne de M. De même la troisième colonne du produit est $M \times e_3$, c'est donc la troisième colonne de M. Enfin, la deuxième colonne du produit est $M \times (e_1 + e_3)$, c'est donc la somme des première et troisième colonnes de M.
Finalement, le produit vaut $\begin{pmatrix} 2 & 4 & 3 \\ 5 & 10 & 6 \\ 8 & 16 & 9 \end{pmatrix}$. Bien sûr, on aurait pu poser le produit comme indiqué dans l'encart *Poser un produit matriciel* et on aurait trouvé le même résultat.

Maintenant qu'on a défini les produits matriciels, on peut compléter la proposition 2 :

Proposition 2 (suite)

3. On a : $\forall (A, B) \in \mathcal{M}_{p,q}(\mathbb{K}) \times \mathcal{M}_{q,p}(\mathbb{K}),\ {}^t(A \times B) = {}^tB \times {}^tA$.

En particulier, **si** $p = q = n$, la transposition renverse les produits.

Démonstration

3. Notons $A = (a_{i,j})_{i,j}$, $B = (b_{i,j})_{i,j}$ et $C = A \times B = (c_{i,j})_{i,j}$. On a ${}^t(A \times B) = (c_{j,i})$ avec $c_{i,j} = \sum\limits_{k=1}^{n} a_{i,k} b_{k,j}$.
Notons aussi $D = {}^tA = (d_{i,j})_{i,j}$ et $E = {}^tB = (e_{i,j})_{i,j}$. On a ${}^tB \times {}^tA = E \times D = (f_{i,j})_{i,j}$ avec $f_{i,j} = \sum\limits_{k=1}^{n} e_{i,k} d_{k,j}$. Or comme $D = {}^tA$, $d_{k,j} = a_{j,k}$ et comme $E \times {}^tB$, $e_{i,k} = b_{k,i}$.
Ainsi $f_{i,j} = \sum\limits_{k=1}^{n} b_{k,i} a_{j,k} = \sum\limits_{k=1}^{n} a_{j,k} b_{k,i} = c_{j,i}$. D'où ${}^tB \times {}^tA = {}^t(A \times B)$.

Proposition 3 (Compatibilité des produits)

On a : $\forall \lambda \in \mathbb{K}$, $\forall A \in \mathcal{M}_{p,q}(\mathbb{K})$, $\forall B \in \mathcal{M}_{q,r}(\mathbb{K})$, $(\lambda \cdot A) \times B = A \times (\lambda \cdot B) = \lambda \cdot (A \times B)$.

Démonstration

Notons $A = (a_{i,j})_{i,j}$ et $B = (b_{i,j})_{i,j}$. Par associativité, commutativité et distributivité de la multiplication de $\mathbb{K}$ sur l'addition de $\mathbb{K}$, les trois expressions considérées ont pour $(i, j)^{\text{ième}}$ coefficient le scalaire $\lambda \sum\limits_{k=1}^{n} a_{i,k} b_{k,j}$. D'où le résultat.

Proposition 4 (Associativité)

On a : $\forall A \in \mathcal{M}_{p,q}(\mathbb{K}),\ \forall B \in \mathcal{M}_{q,r}(\mathbb{K}),\ \forall C \in \mathcal{M}_{r,s}(\mathbb{K}),\ (A\times B)\times C = A\times(B\times C)$.

DÉMONSTRATION

Soient $A = (a_{i,j})_{i,j} \in \mathcal{M}_{p,q}(\mathbb{K})$, $B = (b_{i,j})_{i,j} \in \mathcal{M}_{q,r}(\mathbb{K})$ et $C = (c_{i,j})_{i,j} \in \mathcal{M}_{r,s}(\mathbb{K})$. Notons $A\times B = (d_{i,j})_{i,j}$, $B\times C = (e_{i,j})_{i,j}$, $(A\times B)\times C = (f_{i,j})_{i,j}$ et $A\times(B\times C) = (g_{i,j})_{i,j}$. Il s'agit de montrer qu'on a, pour tout couple (i,j), $f_{i,j} = g_{i,j}$.
Soit $(i,j) \in \{1,\dots,p\}\times\{1,\dots,s\}$. Calculons :

$$\begin{aligned}
f_{i,j} &= \sum_{k=1}^{r} d_{i,k}c_{k,j} && \text{par définition}\\
&= \sum_{k=1}^{r}\left(\sum_{l=1}^{q} a_{i,l}b_{l,k}\right)c_{k,j} && \text{par définition}\\
&= \sum_{k=1}^{r}\sum_{l=1}^{q}(a_{i,l}b_{l,k})c_{k,j} && \text{par distributivité de } \times_{\mathbb{K}} \text{ sur } +_{\mathbb{K}}\\
&= \sum_{k=1}^{r}\sum_{l=1}^{q} a_{i,l}b_{l,k}c_{k,j} && \text{par associativité de } \times_{\mathbb{K}}\\
&= \sum_{l=1}^{q}\sum_{k=1}^{r} a_{i,l}b_{l,k}c_{k,j} && \text{par commutativité de } +_{\mathbb{K}}\\
&= \sum_{l=1}^{q} a_{i,l}\left(\sum_{k=1}^{r} b_{l,k}c_{k,j}\right) && \text{par distributivité de } \times_{\mathbb{K}} \text{ sur } +_{\mathbb{K}}\\
&= \sum_{l=1}^{r} a_{i,l}e_{l,j} && \text{par définition}\\
&= g_{i,j} && \text{par définition.}
\end{aligned}$$

Ceci étant vrai pour tout couple (i,j), les matrices $(A\times B)\times C$ et $A\times(B\times C)$ ont les mêmes coefficients, elles sont donc égales.

Remarque 7

En écho à la remarque 1 du chapitre 8, on notera donc $A\times B\times C$ pour $(A\times B)\times C$ et $A\times(B\times C)$ lorsque ces produits ont un sens, ceci se généralisant immédiatement aux expressions de la forme $A_1\times\cdots\times A_n$.

Proposition 5 (Distributivité)

On a les deux propriétés suivantes :

1. $\forall A \in \mathcal{M}_{p,q}(\mathbb{K}),\ \forall (B,C) \in \mathcal{M}_{q,r}(\mathbb{K})^2,\ A\times(B+C) = A\times B + A\times C$.
2. $\forall (A,B) \in \mathcal{M}_{p,q}(\mathbb{K})^2,\ \forall C \in \mathcal{M}_{q,r}(\mathbb{K}),\ (A+B)\times C = A\times C + B\times C$.

DÉMONSTRATION

On ne montrera que le premier des deux énoncés, le second s'obtenant de façon identique.
Soient $A = (a_{i,j})_{i,j} \in \mathcal{M}_{p,q}(\mathbb{K})$ et $B = (b_{i,j})_{i,j}, C = (c_{i,j})_{i,j} \in \mathcal{M}_{q,r}(\mathbb{K})$.
On a :

$$\begin{aligned}
& A \times (B + C) \\
= \ & (a_{i,j})_{i,j} \times (b_{i,j} + c_{i,j})_{i,j} && \text{par définition de l'addition dans } \mathcal{M}_{q,r}(\mathbb{K}) \\
= \ & \left(\sum_{k=1}^{q} a_{i,k}(b_{k,j} + c_{k,j}) \right)_{i,j} && \text{par définition du produit} \\
= \ & \left(\sum_{k=1}^{q} a_{i,k}b_{k,j} + \sum_{k=1}^{q} a_{i,k}c_{k,j} \right)_{i,j} && \text{par distributivité de } \times_{\mathbb{K}} \text{ sur } +_{\mathbb{K}} \\
= \ & \left(\sum_{k=1}^{q} a_{i,k}b_{k,j} \right)_{i,j} + \left(\sum_{k=1}^{q} a_{i,k}c_{k,j} \right)_{i,j} && \text{par définition de l'addition dans } \mathcal{M}_{q,r}(\mathbb{K}) \\
= \ & A \times B + A \times C && \text{par définition du produit.}
\end{aligned}$$

Il est important de remarquer que, dans ce cadre général, une question comme celle de la commutativité du produit des matrices ne saurait avoir de sens : si on a $p \neq r$, alors $A \times B$ est bien définie mais pas $B \times A$. Même lorsque $p = r$ et que les deux produits sont définis, si $q \neq p$, les matrices $A \times B$ et $B \times A$ ne sont pas de même format et la question de l'égalité de $A \times B$ et de $B \times A$ n'a pas de sens.

3.2 Anneau des matrices carrées

Définition 9 (Matrice identité)

On appelle *matrice identité* de $\mathcal{M}_n(\mathbb{K})$ la matrice $I_n = (\delta_{i,j})_{i,j} = \begin{pmatrix} 1 & 0 & \cdots & 0 \\ 0 & 1 & \ddots & \vdots \\ \vdots & \ddots & \ddots & 0 \\ 0 & \cdots & 0 & 1 \end{pmatrix}$.

Proposition 6 (I_n est neutre)

On a : $\forall A \in \mathcal{M}_n(\mathbb{K}),\ A \times I_n = I_n \times A = A$.

Démonstration

Soit $A = (a_{i,j})_{i,j} \in \mathcal{M}_n(\mathbb{K})$. On a bien $A \times I_n = \left(\sum_{k=1}^{n} a_{i,k}\delta_{k,j}\right)_{i,j} = (a_{i,j})_{i,j} = A$ et de même $I_n \times A = \left(\sum_{k=1}^{n} \delta_{i,k}a_{k,j}\right)_{i,j} = (a_{i,j})_{i,j} = A$.

Théorème 2 (Structure d'anneau)

$(\mathcal{M}_n(\mathbb{K}), +, \times)$ forme un anneau d'unité I_n.

Démonstration

Tout a déjà été démontré.

1. $(\mathcal{M}_n(\mathbb{K}), +)$ forme un groupe commutatif d'après la proposition 1.
2. I_n est bien l'élément neutre de $\times$ d'après la proposition 6.
3. $\times$ est bien associative d'après la proposition 4.
4. $\times$ est bien distributive sur $+$ d'après la proposition 5.

Remarque 8

Pour $n = 1$, l'anneau obtenu n'est autre que le corps des réels. Pour $n = 2$, on a déjà fait une présentation rapide de l'anneau obtenu dans le chapitre 8.

Attention, cet anneau n'est pas commutatif pour $n \geqslant 2$.

On l'a déjà vu pour $n = 2$: reprenons simplement le même contre-exemple.

Les matrices $A = \begin{pmatrix} 0 & 1 & 0 & \dots & 0 \\ 0 & 0 & 0 & \dots & 0 \\ 0 & 0 & 0 & \dots & 0 \\ \vdots & \vdots & \vdots & \vdots & \vdots \\ 0 & 0 & 0 & \dots & 0 \end{pmatrix}$ et $B = \begin{pmatrix} 0 & 0 & 0 & \dots & 0 \\ 1 & 0 & 0 & \dots & 0 \\ 0 & 0 & 0 & \dots & 0 \\ \vdots & \vdots & \vdots & \vdots & \vdots \\ 0 & 0 & 0 & \dots & 0 \end{pmatrix}$ ont pour produits $A \times B = \begin{pmatrix} 1 & 0 & 0 & \dots & 0 \\ 0 & 0 & 0 & \dots & 0 \\ 0 & 0 & 0 & \dots & 0 \\ \vdots & \vdots & \vdots & \vdots & \vdots \\ 0 & 0 & 0 & \dots & 0 \end{pmatrix}$ et $B \times A = \begin{pmatrix} 0 & 0 & 0 & \dots & 0 \\ 0 & 1 & 0 & \dots & 0 \\ 0 & 0 & 0 & \dots & 0 \\ \vdots & \vdots & \vdots & \vdots & \vdots \\ 0 & 0 & 0 & \dots & 0 \end{pmatrix}$.

Remarque 9

Pour autant, les matrices de la forme λI_n commutent avec toutes les matrices de $\mathcal{M}_n(\mathbb{K})$.

C'est immédiat en remarquant que I_n commute avec toute matrice (puisque c'est l'élément neutre de $\times$) et en utilisant la compatibilité des deux produits.

Corollaire 1

$\big(\mathcal{M}_n(\mathbb{K}), +, \times, \cdot\big)$ forme une $\mathbb{K}$-algèbre.

DÉMONSTRATION

Tout a déjà été démontré.

1. $\big(\mathcal{M}_n(\mathbb{K}), +, \times\big)$ forme un anneau d'après le théorème 2.
2. $\big(\mathcal{M}_n(\mathbb{K}), +, \cdot\big)$ forme un $\mathbb{K}$-ev d'après le théorème 1.
3. $\cdot$ et $\times$ sont compatibles d'après la proposition 3.

3.3 Éléments inversibles

Définition 10 (Matrice inversible)

On dira qu'une matrice est *inversible* lorsque c'est un élément inversible de l'anneau $\mathcal{M}_n(\mathbb{K})$, c'est-à-dire lorsqu'il existe une matrice N telle que $N \times M = M \times N = I_n$. On notera $\mathrm{GL}_n(\mathbb{K})$ l'ensemble $\mathcal{M}_n(\mathbb{K})^\times$ des matrices inversibles.

D'après le théorème 5 du chapitre sur les structures, p. 410, $\big(\mathrm{GL}_n(\mathbb{K}), \times\big)$ forme donc un groupe : c'est le groupe des inversibles de l'anneau $\big(\mathcal{M}_n(\mathbb{K}), +, \times\big)$. Comme dans tout groupe, les inverses sont uniques, et l'unique matrice N intervenant dans la définition est appelé l'*inverse* de M et notée M^{-1}.

En particulier, comme dans tout groupe, on a :

Proposition 7

Si A et B appartiennent à $\mathrm{GL}_n(\mathbb{K})$, alors $A \times B$ appartient à $\mathrm{GL}_n(\mathbb{K})$ et on a $(A \times B)^{-1} = B^{-1} \times A^{-1}$.

On prendra garde que, de même que l'anneau $\big(\mathcal{M}_n(\mathbb{K}), +, \times\big)$ n'est pas commutatif, le groupe $\big(\mathrm{GL}_n(\mathbb{K}), \times\big)$ n'est pas commutatif. Pour $n = 2$, on peut donner l'exemple des matrices $\begin{pmatrix} 1 & 1 \\ 0 & 1 \end{pmatrix}$ et $\begin{pmatrix} 1 & 0 \\ 1 & 1 \end{pmatrix}$ qui sont inversibles mais ne commutent pas, laissant à la charge du lecteur de généraliser ce contre-exemple pour $n \geqslant 2$ sur le modèle proposé dans le paragraphe précédent.

Il n'y a pas de description simple de $\mathrm{GL}_n(\mathbb{K})$ et calculer l'inverse d'une matrice inversible se ramène à déterminer l'ensemble des solutions de n systèmes linéaires de n équations à n inconnues, ce qui n'a rien d'immédiat : nous y reviendrons par la suite. On sait néanmoins calculer rapidement les solutions d'un système 2×2 à l'aide des formules de Cramer, et de même, il est possible d'inverser une matrice 2×2 à la main. Cette compétence est d'ailleurs souvent très utile en pratique ; se référer à la sous-section 6.2.

3.4 Sous-algèbres remarquables

Définition 11 (Matrices diagonales)

On appelle *matrice diagonale* une matrice de $\mathcal{M}_n(\mathbb{K})$ de la forme $D = (d_{i,j})_{i,j}$, où $\forall i \neq j,\ d_{i,j} = 0$, c'est-à-dire $D = \begin{pmatrix} \lambda_1 & 0 & \dots & 0 \\ 0 & \lambda_2 & \ddots & \vdots \\ \vdots & \ddots & \ddots & 0 \\ 0 & \dots & 0 & \lambda_n \end{pmatrix}$.

Seuls ses coefficients diagonaux peuvent être non nuls (mais ils peuvent aussi être nuls). L'ensemble des matrices diagonales de $\mathcal{M}_n(\mathbb{K})$ est noté $D_n(\mathbb{K})$.

On remarquera que la matrice nulle et la matrice identité sont diagonales.

Proposition 8

$D_n(\mathbb{K})$ est naturellement muni d'une structure d'algèbre.

Démonstration

Plus que le résultat, c'est la démonstration qui est intéressante ici au sens où elle exprime comment calculer une somme ou un produit avec des matrices diagonales. Le point-clé est de montrer que $D_n(\mathbb{K})$ est stable pour les lois de $\mathcal{M}_n(\mathbb{K})$ (on va en fait montrer que $D_n(\mathbb{K})$ est une sous-algèbre de $\mathcal{M}_n(\mathbb{K})$).

- Soient $A = \begin{pmatrix} \alpha_1 & 0 & \dots & 0 \\ 0 & \alpha_2 & \ddots & \vdots \\ \vdots & \ddots & \ddots & 0 \\ 0 & \dots & 0 & \alpha_n \end{pmatrix} \in D_n(\mathbb{K})$ et $B = \begin{pmatrix} \beta_1 & 0 & \dots & 0 \\ 0 & \beta_2 & \ddots & \vdots \\ \vdots & \ddots & \ddots & 0 \\ 0 & \dots & 0 & \beta_n \end{pmatrix} \in D_n(\mathbb{K})$.

  Soit $\lambda \in \mathbb{K}$.

  – Le calcul direct donne $A + B = \begin{pmatrix} \alpha_1 + \beta_1 & 0 & \dots & 0 \\ 0 & \alpha_2 + \beta_2 & \ddots & \vdots \\ \vdots & \ddots & \ddots & 0 \\ 0 & \dots & 0 & \alpha_n + \beta_n \end{pmatrix}$.

  – Le calcul direct donne $A \times B = \begin{pmatrix} \alpha_1 \times \beta_1 & 0 & \dots & 0 \\ 0 & \alpha_2 \times \beta_2 & \ddots & \vdots \\ \vdots & \ddots & \ddots & 0 \\ 0 & \dots & 0 & \alpha_n \times \beta_n \end{pmatrix}$.

  – Le calcul direct donne $\lambda \cdot B = \begin{pmatrix} \lambda\beta_1 & 0 & \dots & 0 \\ 0 & \lambda\beta_2 & \ddots & \vdots \\ \vdots & \ddots & \ddots & 0 \\ 0 & \dots & 0 & \lambda\beta_n \end{pmatrix}$.

  On peut donc considérer l'addition $+$ et la multiplication $\times$ des matrices $n \times n$ comme des lois de composition internes sur $D_n(\mathbb{K})$, et de même on peut considérer la multiplication externe $\cdot$ comme une loi de composition externe sur $D_n(\mathbb{K})$. Par ailleurs, on a déjà remarqué que O et I_n sont des matrices de $D_n(\mathbb{K})$.

- Reste à voir que le triplet $(D_n(\mathbb{K}), +, \times, \cdot)$ est bien une $\mathbb{K}$-algèbre de neutres O et I_n, mais les propriétés définissant une $\mathbb{K}$-algèbre étant vérifiées par toutes les matrices de $\mathcal{M}_n(\mathbb{K})$, elles le sont en particulier par celles de $D_n(\mathbb{K})$.

La terminologie suivante est très visuelle :

Définition 12 (Matrices triangulaires supérieures)

On appelle *matrice triangulaire supérieure* une matrice de $\mathcal{M}_n(\mathbb{K})$ de la forme $T = (a_{i,j})_{i,j}$ telle que $\forall i > j,\ a_{i,j} = 0$.

Ou encore : $T = \begin{pmatrix} * & * & \dots & * \\ 0 & * & \ddots & \vdots \\ \vdots & \ddots & \ddots & * \\ 0 & \dots & 0 & * \end{pmatrix}$.

Les coefficients en dessous de la diagonale sont nuls, les autres sont arbitraires. L'ensemble des matrices triangulaires supérieures est noté $T_n^s(\mathbb{K})$.

On peut, de façon parfaitement symétrique, définir des matrices triangulaires *inférieures*.

Définition 13 (Matrices triangulaires inférieures)

On appelle *matrice triangulaire inférieure* une matrice de $\mathcal{M}_n(\mathbb{K})$ qui est de la forme $T = (a_{i,j})_{i,j}$ avec $\forall i < j,\ a_{i,j} = 0$.

Ou encore : $T = \begin{pmatrix} * & 0 & \dots & 0 \\ * & * & \ddots & \vdots \\ \vdots & \ddots & \ddots & 0 \\ * & \dots & * & * \end{pmatrix}$.

Les coefficients au-dessus de la diagonale sont nuls, les autres sont arbitraires. L'ensemble des matrices triangulaires inférieures est noté $T_n^i(\mathbb{K})$.

Notons qu'on a $M \in T_n^s(\mathbb{K}) \Leftrightarrow {}^tM \in T_n^i(\mathbb{K})$ et bien sûr ${}^tM \in T_n^s(\mathbb{K}) \Leftrightarrow M \in T_n^i(\mathbb{K})$.

Proposition 9

$T_n^s(\mathbb{K})$ et $T_n^i(\mathbb{K})$ sont naturellement munies de structures de $\mathbb{K}$-algèbres.

Remarquons qu'il s'agit en fait essentiellement de la même algèbre (au sens où ces deux algèbres sont isomorphes), la transposition étant un isomorphisme d'algèbre de l'une dans l'autre.

DÉMONSTRATION

La démonstration se mène de façon identique à celle de la proposition 8. On concentrera nos efforts sur le détail du seul point suivant, laissant les autres au lecteur : le produit de deux matrices triangulaires supérieures est bien une matrice triangulaire supérieure.

Soient $A = (a_{i,j})_{i,j} \in T_n^s(\mathbb{K})$ et $B = (b_{i,j})_{i,j} \in T_n^s(\mathbb{K})$. On a donc $\forall i > j,\ a_{i,j} = 0$ et $\forall i > j,\ b_{i,j} = 0$. Montrons qu'on a $A \times B \in T_n^s(\mathbb{K})$ c'est-à-dire $\forall i > j,\ c_{i,j} = 0$ en notant $c_{i,j} = \sum\limits_{k=1}^{n} a_{i,k} b_{k,j}$.

Soit donc (i,j) tel que $i > j$. On a :

$$\begin{aligned} c_{i,j} &= \sum_{k=1}^{n} a_{i,k} b_{k,j} \\ &= \sum_{k=1}^{i-1} a_{i,k} b_{k,j} + \sum_{k=i}^{n} a_{i,k} b_{k,j} \\ &= \sum_{k=1}^{i-1} 0 \times b_{k,j} + \sum_{k=i}^{n} a_{i,k} \times 0 \\ &= 0 + 0 = 0. \end{aligned}$$

4 Puissances de matrices

4.1 Premières propriétés

Comme tout ensemble muni d'une loi de composition interne associative (voir l'exemple 1 du chapitre 8), $\mathcal{M}_n(\mathbb{K})$ est muni d'une opération puissance induite par $\times$. On en rappelle la définition dans ce cas particulier.

Définition 14

Soit $M \in \mathcal{M}_n(\mathbb{K})$ et $k \in \mathbb{Z}$. On appelle *puissance k-ième de M* et on note M^k la matrice définie par :

$$\begin{cases} M^k = M \times M \times \cdots \times M \ (k \text{ facteurs}) & \text{si } k \in \mathbb{N} \setminus \{0\}, \\ M^0 = I_n , & \\ M^k = (M^{-1})^{|k|} = (M^{|k|})^{-1} & \text{si } k < 0 \text{ et } M \in \mathrm{GL}_n(\mathbb{K}). \end{cases}$$

On notera que, si k est négatif, M^k n'est défini que pour $M \in \mathrm{GL}_n(\mathbb{K})$.

Exemple 4

Comme I_n est le neutre de $\times$, on a, pour tout $k \in \mathbb{Z}$, $I_n^k = I_n$.

Généralisons un peu l'exemple précédent.

Exemples 5

1. Si $D = \begin{pmatrix} \lambda_1 & 0 & \dots & 0 \\ 0 & \lambda_2 & \ddots & \vdots \\ \vdots & \ddots & \ddots & 0 \\ 0 & \dots & 0 & \lambda_n \end{pmatrix} \in D_n(\mathbb{K})$, une récurrence immédiate montre qu'on a, pour tout entier $k \geqslant 0$, $D^k = \begin{pmatrix} \lambda_1^k & 0 & \dots & 0 \\ 0 & \lambda_2^k & \ddots & \vdots \\ \vdots & \ddots & \ddots & 0 \\ 0 & \dots & 0 & \lambda_n^k \end{pmatrix}$.

2. Si de plus tous les λ_i sont non nuls, il est clair d'après la démonstration de la proposition 8 que D est inversible d'inverse $D^{-1} = \begin{pmatrix} \lambda_1^{-1} & 0 & \dots & 0 \\ 0 & \lambda_2^{-1} & \ddots & \vdots \\ \vdots & \ddots & \ddots & 0 \\ 0 & \dots & 0 & \lambda_n^{-1} \end{pmatrix}$, si bien que la même récurrence immédiate montre que le résultat se maintient pour $k < 0$.

⚠ On prendra garde que, comme la multiplication matricielle n'est pas commutative, les matrices $(A \times B)^n$ et $A^n \times B^n$ sont en général distinctes.

On pourra par exemple considérer $A = \begin{pmatrix} 0 & 1 \\ 0 & 0 \end{pmatrix}$ et $B = \begin{pmatrix} 0 & 0 \\ 1 & 0 \end{pmatrix}$.

Pour $n \geqslant 2$, on a $(A \times B)^n = \begin{pmatrix} 1 & 0 \\ 0 & 0 \end{pmatrix}$ alors qu'on a $A^n \times B^n = \begin{pmatrix} 0 & 0 \\ 0 & 0 \end{pmatrix}$.

On rappelle également les deux résultats suivants, vrais dans tout anneau et vus dans le chapitre 8 (théorème 4 et proposition 11) :

Proposition 10

Soient $p \in \mathbb{N}$ et $(A, B) \in \mathcal{M}_n(\mathbb{K})^2$ tels que A et B commutent. On a :

1. $(A+B)^p = \sum_{k=0}^{p} \binom{p}{k} A^k B^{p-k}$ (formule du binôme de Newton).
2. $A^p - B^p = (A-B) \sum_{k=0}^{p-1} A^{p-1-k} B^k$.

On fera extrêmement attention à l'hypothèse de commutativité, essentielle ici.

Si l'on reprend l'exemple précédent $A = \begin{pmatrix} 0 & 1 \\ 0 & 0 \end{pmatrix}$, $B = \begin{pmatrix} 0 & 0 \\ 1 & 0 \end{pmatrix}$, ces deux formules sont clairement fausses pour $n = 2$. Le lecteur est invité à se convaincre que la première est plus généralement fausse pour tout entier $n \geqslant 2$.

Pour autant, on peut trouver des couples (A, B) de matrices ne commutant pas et des entiers p tels que l'une ou l'autre de ces formules soit tout de même vraie (éventuellement les deux).

- En reprenant notre exemple $A = \begin{pmatrix} 0 & 1 \\ 0 & 0 \end{pmatrix}$, $B = \begin{pmatrix} 0 & 0 \\ 1 & 0 \end{pmatrix}$, la seconde formule est vraie dès qu'on a $p \geqslant 3$.
- Prenons maintenant l'exemple $A = \begin{pmatrix} 0 & 0 \\ 1 & -2 \end{pmatrix}$ et $B = \begin{pmatrix} 1 & 0 \\ 0 & 2 \end{pmatrix}$. Le lecteur est invité à vérifier que ces matrices ne commutent pas. En revanche, la première formule est vraie pour tout entier impair supérieur à 3 (on invite le lecteur à s'en convaincre pour $p = 3$).
- Prenons enfin l'exemple $A = \begin{pmatrix} 0 & 1 & 0 \\ 0 & 0 & 0 \\ 0 & 0 & 0 \end{pmatrix}$ et $B = \begin{pmatrix} 0 & 0 & 0 \\ 0 & 0 & 1 \\ 0 & 0 & 0 \end{pmatrix}$. Le lecteur est invité à vérifier que ces matrices ne commutent pas. En revanche, la première formule est vraie pour tout $p \geqslant 3$ et la seconde formule est vraie pour tout $p \geqslant 2$ (le lecteur se convaincra sans peine de ces deux résultats pour $p = 3$).

4.2 Matrices nilpotentes - MPSI

Définition 15

On dit qu'une matrice $M \in \mathcal{M}_n(\mathbb{K})$ est *nilpotente* lorsqu'il existe un entier $k \in \mathbb{N}$ tel que $M^k = O$.

Le plus petit entier p tel que $M^p = O$ est appelé l'*indice de nilpotence de* M.

Exemples 6

1. Reprenons les matrices $A = \begin{pmatrix} 0 & 1 \\ 0 & 0 \end{pmatrix}$ et $B = \begin{pmatrix} 0 & 0 \\ 1 & 0 \end{pmatrix}$ précédentes, ainsi que la matrice $C = \begin{pmatrix} -2 & -1 \\ 4 & 2 \end{pmatrix}$. On a $A^2 = B^2 = C^2 = O$. Ces trois matrices sont donc nilpotentes d'indice de nilpotence 2 (puisqu'on a $A^1 = A \neq O$, $B^1 = B \neq O$ et $C^1 = C \neq O$).

2. Considérons la matrice $E = \begin{pmatrix} 0 & 1 & 1 & 1 \\ 0 & 0 & 1 & 1 \\ 0 & 0 & 0 & 1 \\ 0 & 0 & 0 & 0 \end{pmatrix}$.

   On a $E^2 = \begin{pmatrix} 0 & 0 & 1 & 2 \\ 0 & 0 & 0 & 1 \\ 0 & 0 & 0 & 0 \\ 0 & 0 & 0 & 0 \end{pmatrix}$, $E^3 = \begin{pmatrix} 0 & 0 & 0 & 1 \\ 0 & 0 & 0 & 0 \\ 0 & 0 & 0 & 0 \\ 0 & 0 & 0 & 0 \end{pmatrix}$, et $E^k = \begin{pmatrix} 0 & 0 & 0 & 0 \\ 0 & 0 & 0 & 0 \\ 0 & 0 & 0 & 0 \\ 0 & 0 & 0 & 0 \end{pmatrix}$ pour $k \geqslant 4$. La matrice E est donc nilpotente d'indice de nilpotence 4.

3. Si M est une matrice nilpotente quelconque et λ un scalaire quelconque, alors λM est nilpotente. Si de plus λ est non nul, l'indice de nilpotence de λM est le même que celui de M.

⚠ Attention, le produit de deux matrices nilpotentes n'est pas nécessairement une matrice nilpotente, de même que la somme de deux matrices nilpotentes n'est pas nécessairement nilpotente.

Reprenons les matrices $A = \begin{pmatrix} 0 & 1 \\ 0 & 0 \end{pmatrix}$ et $B = \begin{pmatrix} 0 & 0 \\ 1 & 0 \end{pmatrix}$ précédentes, dont on a vu qu'elles sont nilpotentes.

- On a $A \times B = \begin{pmatrix} 1 & 0 \\ 0 & 0 \end{pmatrix}$ et donc $(A \times B)^k = \begin{pmatrix} 1 & 0 \\ 0 & 0 \end{pmatrix} \neq O$ pour $k \geqslant 2$. En particulier $A \times B$ n'est pas nilpotente.
- De même on a $A + B = \begin{pmatrix} 0 & 1 \\ 1 & 0 \end{pmatrix}$ et une récurrence immédiate montre qu'on a $(A+B)^k = \begin{cases} I_2 \neq O & \text{si } k \text{ est pair} \\ A+B \neq O & \text{si } k \text{ est impair} \end{cases}$. En particulier $A + B$ n'est pas nilpotente.

En revanche, on a le résultat suivant, qui n'est pas explicitement au programme mais que l'on est amené à implicitement utiliser régulièrement.

Proposition 11

Si A et B sont nilpotentes et commutent, alors $A \times B$ et $A + B$ sont nilpotentes.

Démonstration

Soient A et B deux matrices nilpotentes qui commutent. Notons p_A l'indice de nilpotence de A, p_B l'indice de nilpotence de B, et $p = p_A + p_B$.

1. Comme A et B commutent, on a $(A \times B)^p = A^p \times B^p = O \times O = O$ puisqu'on a $p \geqslant p_A$ et $p \geqslant p_B$.
2. Comme A et B commutent, par binôme de Newton, $(A+B)^p = \displaystyle\sum_{k=0}^{p} \binom{p}{k} A^k \times B^{p-k}$.
   Montrons que tous les termes de cette somme sont nuls. Pour $k \geqslant p_A$, on a $A^k = O$ et donc $\binom{p}{k} A^k \times B^{p-k} = O$. Pour $k < p_A$, on a $p - k > p - p_A = p_B$, donc $B^{p-k} = O$ et donc $\binom{p}{k} A^k \times B^{p-k} = O$. Tous les termes de la somme sont donc bien nuls, si bien que la somme elle-même est nulle.

4.3 Méthodes de calcul d'une puissance de matrice

On illustre ici sur des exemples trois méthodes de calcul des puissances positives d'une matrice.

a. Par contemplation des premiers termes et récurrence

Exemple 7

Soient à calculer les puissances de $A = \begin{pmatrix} 1 & 0 & 1 \\ 0 & 1 & 1 \\ 0 & 0 & 1 \end{pmatrix}$. Calculons les premières puissances de A.

On trouve $A^2 = \begin{pmatrix} 1 & 0 & 2 \\ 0 & 1 & 2 \\ 0 & 0 & 1 \end{pmatrix}$ et $A^3 = \begin{pmatrix} 1 & 0 & 3 \\ 0 & 1 & 3 \\ 0 & 0 & 1 \end{pmatrix}$. Ceci suggère qu'on pourrait avoir $\forall p \in \mathbb{N}, A^p = \begin{pmatrix} 1 & 0 & p \\ 0 & 1 & p \\ 0 & 0 & 1 \end{pmatrix}$. Montrons-le par récurrence.

- La propriété est clairement vraie pour $p = 0$ et $p = 1$. On l'a aussi déjà vue pour $p = 2$ et $p = 3$.

- Soit $p \in \mathbb{N}$ et supposons la propriété vraie au rang p. On a alors :

$$\begin{array}{lcll} A^{p+1} & = & A^p \times A & \text{par définition} \\ A^{p+1} & = & \begin{pmatrix} 1 & 0 & p \\ 0 & 1 & p \\ 0 & 0 & 1 \end{pmatrix} \times \begin{pmatrix} 1 & 0 & 1 \\ 0 & 1 & 1 \\ 0 & 0 & 1 \end{pmatrix} & \text{par hypothèse de récurrence} \\ A^{p+1} & = & \begin{pmatrix} 1 & 0 & p+1 \\ 0 & 1 & p+1 \\ 0 & 0 & 1 \end{pmatrix} & \text{après calcul.} \end{array}$$

  La propriété est donc bien héréditaire.

- La propriété est vraie au rang 0, et elle est héréditaire, donc d'après le théorème de récurrence elle est vraie pour tout entier $p \in \mathbb{N}$.

On a donc obtenu, pour $p \in \mathbb{N}$, l'expression explicite de A^p en fonction de p.

Exemple 8

Soient à calculer les puissances de $J = \begin{pmatrix} 1 & \dots & 1 \\ \vdots & (1) & \vdots \\ 1 & \dots & 1 \end{pmatrix} \in \mathcal{M}_n(\mathbb{K})$. Calculons les premières puissances de J.

On trouve $J^2 = \begin{pmatrix} n & \dots & n \\ \vdots & (n) & \vdots \\ n & \dots & n \end{pmatrix} = nJ$. Par compatibilité des produits on a donc $J^3 = J^2 \times J = nJ \times J = nJ^2 = n^2 J$. Ceci indique qu'on a $\forall p \in \mathbb{N} \setminus \{0\}, J^p = n^{p-1} J$. Montrons-le par récurrence.

- La propriété est clairement vraie pour $p = 1$. On l'a aussi déjà vue pour $p = 2$ et $p = 3$.
- Soit $p \in \mathbb{N}$ et supposons la propriété vraie au rang p. On a alors :

$$\begin{array}{lcll} J^{p+1} & = & J^p \times J & \text{par définition} \\ & = & n^{p-1} J \times J & \text{par hypothèse de récurrence} \\ & = & n^{p-1} J^2 \times & \text{par compatibilité des produits} \\ & = & n^p J & \text{via } J^2 = nJ. \end{array}$$

  La propriété est donc bien héréditaire.

- La propriété est vraie au rang 1, et elle est héréditaire, donc d'après le théorème de récurrence elle est vraie pour tout entier $p \geqslant 1$.

On prendra bien garde que la formule donnée n'est valable que pour $p \geqslant 1$.
Pour $p = 0$, on a $J^0 = I_n \neq \dfrac{1}{n} J$.

b. Par binôme de Newton

La formule du binôme est parfois très utile pour calculer les puissances d'une matrice M. L'idée est alors de décomposer M comme somme de deux matrices **qui commutent** et dont les puissances sont faciles à calculer puis d'utiliser la formule du binôme.

Un cas particulier fondamental est, lorsque c'est possible, de décomposer M sous la forme $M = N + \lambda I_n$ avec N nilpotente (deux telles matrices commutent nécessairement d'après la remarque 9).

Exemples 9

1. Reprenons l'exemple de A^p avec $A = \begin{pmatrix} 1 & 0 & 1 \\ 0 & 1 & 1 \\ 0 & 0 & 1 \end{pmatrix}$. La forme de la matrice A invite à poser $A = N + I_3$ avec $N = \begin{pmatrix} 0 & 0 & 1 \\ 0 & 0 & 1 \\ 0 & 0 & 0 \end{pmatrix}$. On a $N^2 = O$, c'est-à-dire que N est nilpotente d'indice de nilpotence 2. Les matrices N et I_3 commutent évidemment, on peut donc appliquer la formule du binôme de Newton :
$$\begin{aligned} A^p &= (N + I_3)^p && \text{par définition} \\ &= \sum_{k=0}^{p} \binom{p}{k} N^k I_3^{p-k} && \text{d'après la formule du binôme} \\ &= \sum_{k=0}^{n} \binom{p}{k} N^k && \text{d'après la remarque 4} \\ &= \sum_{k=0}^{1} \binom{p}{k} N^k && \text{car } N \text{ est nilpotente d'indice de nilpotence 2} \\ &= N^0 + pN^1 = I_3 + pN \\ &= \begin{pmatrix} 1 & 0 & p \\ 0 & 1 & p \\ 0 & 0 & 1 \end{pmatrix}. \end{aligned}$$
On retrouve bien le résultat attendu.

2. Soient à calculer les puissances de $Q = \begin{pmatrix} 0 & -4 \\ 1 & 4 \end{pmatrix}$. On observe qu'on a $Q = N + 2I_2$ avec $N = \begin{pmatrix} -2 & -4 \\ 1 & 2 \end{pmatrix}$ qui vérifie $N^2 = O$ et qui est donc nilpotente d'indice de nilpotence 2. Les matrices N et I_2 commutent évidemment, on peut donc appliquer la formule du binôme de Newton :

$$\begin{array}{rcll}
Q^p & = & (N+2I_2)^p & \text{par définition} \\
& = & \sum\limits_{k=0}^{p} \binom{p}{k} N^k (2I_2)^{p-k} & \text{d'après la formule du binôme} \\
& = & \sum\limits_{k=0}^{p} 2^{p-k} \binom{p}{k} N^k & \text{d'après la remarque 5} \\
& = & \sum\limits_{k=0}^{1} \binom{p}{k} 2^{p-k} N^k & \text{puisque } \forall k \geqslant 2,\ N^k = O \\
& = & 2^p N^0 + p2^{p-1} N^1 = 2^p I_2 + p2^{p-1} N & \\
& = & \begin{pmatrix} 2^p(1-p) & -p2^{p+1} \\ p2^{p-1} & 2^p(1+p) \end{pmatrix}. &
\end{array}$$

Et l'on a l'expression explicite de Q^p en fonction de p.

La formule du binôme peut bien sûr s'appliquer plus généralement. Voyons un exemple.

Exemple 10

Soient à calculer les puissances de $K = \begin{pmatrix} 2 & 1 & \dots & 1 \\ 1 & 2 & \ddots & \vdots \\ \vdots & \ddots & \ddots & 1 \\ 1 & \dots & 1 & 2 \end{pmatrix}$. On observe qu'on a $K = J + I_n$ avec J la matrice de l'exemple 8. La matrice J n'est pas nilpotente, mais on a vu comment calculer ses puissances. Les matrices N et I_n commutent évidemment, on peut donc appliquer la formule du binôme de Newton :

$$\begin{array}{rcll}
K^p & = & (J+I_n)^p & \text{par définition} \\
& = & \sum\limits_{k=0}^{p} \binom{p}{k} J^k (I_n)^{p-k} & \text{d'après la formule du binôme} \\
& = & \sum\limits_{k=0}^{p} \binom{p}{k} J^k & \text{d'après la remarque 4} \\
& = & J^0 + \sum\limits_{k=1}^{p} \binom{p}{k} J^k & \text{par définition} \\
& = & I_n + \sum\limits_{k=1}^{p} \binom{p}{k} n^{k-1} J & \text{d'après l'exemple 8} \\
& = & I_n + \left(\sum\limits_{k=1}^{p} \binom{p}{k} n^{k-1} \right) J & \text{par distributivité} \\
& = & I_n + \frac{(n+1)^p - 1}{n} J & \text{d'après la formule du binôme dans } \mathbb{Z}.
\end{array}$$

C'est-à-dire $K^p = \begin{pmatrix} \frac{(n+1)^p+n-1}{n} & \frac{(n+1)^p-1}{n} & \cdots & \frac{(n+1)^p-1}{n} \\ \frac{(n+1)^p-1}{n} & \frac{(n+1)^p+n-1}{n} & \ddots & \vdots \\ \vdots & \ddots & \ddots & \frac{(n+1)^p-1}{n} \\ \frac{(n+1)^p-1}{n} & \cdots & \frac{(n+1)^p-1}{n} & \frac{(n+1)^p+n-1}{n} \end{pmatrix}$.

c. Utilisation d'un polynôme annulateur

On reviendra dans le chapitre 10 sur le fait qu'on peut appliquer tout polynôme à tout élément de toute algèbre. Remarquons déjà que, pour toute matrice $M \in \mathcal{M}_n(\mathbb{K})$, les expressions I_n, M, $M^2, \ldots$ ayant un sens, on peut en former des combinaisons linéaires de la forme $a_0 I_n + a_1 M + \ldots + a_d M^d$. Lorsqu'une telle expression est nulle, on peut déduire des informations sur M. On donne ici des exemples d'application très basiques.

Exemples 11

1. Reprenons l'exemple de A^p avec $A = \begin{pmatrix} 1 & 0 & 1 \\ 0 & 1 & 1 \\ 0 & 0 & 1 \end{pmatrix}$.

   On observe qu'on a $A^2 = \begin{pmatrix} 1 & 0 & 2 \\ 0 & 1 & 2 \\ 0 & 0 & 1 \end{pmatrix}$. On a donc $2A - A^2 = I_3$, ou encore $A^2 - 2A + I_3 = O$. Ceci permet d'obtenir de proche en proche les premières puissances de A :

   $$\begin{aligned} A^2 &= 2A - I_3, \\ A^3 &= A \times A^2 = A \times (2A - I_3) = 2A^2 - A = 4A - 2I_3 - A = 3A - 2I_3, \\ A^4 &= A \times A^3 = A \times (3A - 2I_3) = 3A^2 - 2A = 6A - 3I_3 - 2A = 4A - 3I_3. \end{aligned}$$

   Ce qui invite à montrer par récurrence qu'on a $\forall p \in \mathbb{N}$, $A^p = pA - (p-1)I_3$.

   - La propriété est clairement vraie pour $p = 0$ et $p = 1$. On l'a aussi vue pour $p = 2$, $p = 3$ et $p = 4$.
   - Soit $p \in \mathbb{N}$ et supposons la propriété vraie au rang p. On a alors :

$$\begin{array}{rcll} A^{p+1} & = & A \times A^p & \text{par définition} \\ & = & A \times (pA - (p-1)I_3) & \text{par hypothèse de récurrence} \\ & = & pA^2 - (p-1)A & \\ & = & 2pA - pI_3 - (p-1)A & \text{via } A^2 = 2A - I_3 \\ & = & (p+1)A - pI_3 & \text{en développant.} \end{array}$$

La propriété est donc bien héréditaire.

- La propriété est vraie au rang 1, et elle est héréditaire, donc d'après le théorème de récurrence elle est vraie pour tout entier $p \geqslant 1$.

Il est important de souligner qu'on a en fait montré ici que **toute** matrice M vérifiant $M^2 = 2M - I_n$ vérifie $M^p = pM - (p-1)I_n$ pour tout entier naturel p (et pas seulement pour les matrices de $\mathcal{M}_3(\mathbb{K})$, mais bien pour tout $n \geqslant 1$ et toute matrice M de $\mathcal{M}_n(\mathbb{K})$ vérifiant $M^2 = 2M - I_n$).

Ici on a $A = \begin{pmatrix} 1 & 0 & 1 \\ 0 & 1 & 1 \\ 0 & 0 & 1 \end{pmatrix}$ qui redonne bien $pA - (p-1)I_n = \begin{pmatrix} 1 & 0 & p \\ 0 & 1 & p \\ 0 & 0 & 1 \end{pmatrix}$.

2. Soient à calculer les puissances de $B = \begin{pmatrix} 4 & 9 \\ -1 & -2 \end{pmatrix}$.

   On observe qu'on a $B^2 = \begin{pmatrix} 7 & 18 \\ -2 & -5 \end{pmatrix} = 2B - I_3$.

   D'après les calculs précédents, on a donc, pour tout entier naturel p,

   $B^p = pB - (p-1)I_2$ c'est-à-dire ici $B^p = \begin{pmatrix} 3p+1 & 9p \\ -p & -3p+1 \end{pmatrix}$.

On généralise l'exemple précédent de la façon suivante : s'il existe un entier d tel que M^d puisse s'exprimer comme combinaison linéaire de I_n, M, …, M^{d-1}, alors toutes les puissances M^p de M avec $p \geqslant d$ peuvent s'exprimer en fonction de I_n, M, …, M^{d-1}. Ce qui est par contre difficile en général, c'est d'expliciter directement en fonction de p les coefficients de cette combinaison linéaire. Prenons un second exemple.

Exemple 12

Soient à calculer les puissances de $H = \begin{pmatrix} 4 & 2 & -2 \\ -3 & -1 & 3 \\ -1 & -1 & 3 \end{pmatrix}$.

On observe qu'on a $H^2 = \begin{pmatrix} 12 & 8 & -8 \\ -12 & -8 & 12 \\ -4 & -4 & 8 \end{pmatrix} = 4H - 4I_3$. Montrons par récurrence que, pour tout entier naturel p, il existe deux réels a_p et b_p tels qu'on ait $H^p = a_pI_3 + b_pH$.

- La propriété est clairement vraie pour $p = 0$ (il suffit de prendre $a_0 = 1$ et $b_0 = 0$) et pour $p = 1$ (il suffit de prendre $a_1 = 0$ et $b_1 = 1$). On l'a aussi vue pour $p = 2$.
- Soit $p \in \mathbb{N}$ et supposons la propriété vraie au rang p. On a alors :

$$\begin{array}{rcll} H^{p+1} & = & H \times H^p & \text{par définition} \\ & = & H \times (a_pI_3 + b_pH) & \text{par hypothèse de récurrence} \\ & = & b_pH^2 + a_pH & \\ & = & (4b_p + a_p)H - 4b_pI_3 & \text{via } H^2 = 4H - 4I_3 \\ & = & a_{p+1}I_3 + b_{p+1}H & \text{en posant } a_{p+1} = -4b_p \text{ et } b_{p+1} = a_p + 4b_p. \end{array}$$

  La propriété est donc bien héréditaire.
- La propriété est vraie au rang 1, et elle est héréditaire, donc d'après le théorème de récurrence elle est vraie pour tout entier $p \geqslant 1$.

On a montré que, pour tout entier naturel p, il existe deux réels a_p et b_p tels qu'on ait $H^p = a_pI_3 + b_pH$. Plus précisément, on a vu que les suites $(a_p)_{p\in\mathbb{N}}$ et $(b_p)_{p\in\mathbb{N}}$ définies par récurrence par $a_0 = 1$, $b_1 = 0$, et pour tout entier p, $a_{p+1} = -4b_p$ et $b_{p+1} = a_p + 4b_p$ convenaient.

Illustrons maintenant sur cet exemple la méthode qui fait l'objet de la section suivante. Par définition du produit matriciel, on a $\begin{pmatrix} -4b_p \\ a_p + 4b_p \end{pmatrix} = \begin{pmatrix} 0 & -4 \\ 1 & 4 \end{pmatrix} \times \begin{pmatrix} a_p \\ b_p \end{pmatrix}$, autrement dit on a $\begin{pmatrix} a_{p+1} \\ b_{p+1} \end{pmatrix} = Q \times \begin{pmatrix} a_p \\ b_p \end{pmatrix}$ où Q est la matrice de l'exemple 9.2.

On a donc $\begin{pmatrix} a_1 \\ b_1 \end{pmatrix} = Q \times \begin{pmatrix} a_0 \\ b_0 \end{pmatrix}$, $\begin{pmatrix} a_2 \\ b_2 \end{pmatrix} = Q \times \begin{pmatrix} a_1 \\ b_1 \end{pmatrix} = Q^2 \times \begin{pmatrix} a_0 \\ b_0 \end{pmatrix}$ et une récurrence immédiate montre qu'on a $\begin{pmatrix} a_n \\ b_n \end{pmatrix} = Q^n \times \begin{pmatrix} a_0 \\ b_0 \end{pmatrix} = Q^n \times \begin{pmatrix} 1 \\ 0 \end{pmatrix}$.

On a donc tout juste ramené le calcul des puissances de la matrice H au calcul des puissances de la matrice Q. On a néanmoins légèrement simplifié le problème, puisque Q est seulement une matrice 2×2 là où H était une matrice 3×3. Le calcul des puissances de Q a déjà été mené dans l'exemple 9.2. On exploite directement le résultat qui donne

$$\begin{pmatrix} a_p \\ b_p \end{pmatrix} = \begin{pmatrix} 2^p(1-p) & -p2^{p+1} \\ p2^{p-1} & 2^p(1+p) \end{pmatrix} \times \begin{pmatrix} 1 \\ 0 \end{pmatrix} = \begin{pmatrix} 2^p(1-p) \\ p2^{p-1} \end{pmatrix}.$$

Et finalement $H^p = 2^p(1-p)I_3 + p2^{p-1}H$.

Ou encore : $H^p = \begin{pmatrix} (p+1)2^p & p2^p & -p2^p \\ -3p2^{p-1} & (2-3p)2^{p-1} & 3p2^{p-1} \\ -p2^{p-1} & -p2^{p-1} & (p+2)2^{p-1} \end{pmatrix}$.

4.4 Suites récurrentes linéaires mutuelles

Dans cette question, on généralise le résultat vu dans le dernier exemple.

On s'intéresse ici aux suites mutuellement définies par une récurrence linéaire. On dit que n suites $(u_{1,p})_{p\in\mathbb{N}}$, $(u_{2,p})_{p\in\mathbb{N}}$, ..., $(u_{n,p})_{p\in\mathbb{N}}$ sont mutuellement définies par une récurrence linéaire lorsqu'elles sont données par leurs premiers termes et une relation de la forme

$$\forall p \in \mathbb{N}, \begin{cases} u_{1,p+1} = a_{1,1}u_{1,p} + a_{1,2}u_{2,p} + \ldots + a_{1,n}u_{n,p} \\ u_{2,p+1} = a_{2,1}u_{1,p} + a_{2,2}u_{2,p} + \ldots + a_{2,n}u_{n,p} \\ \vdots \\ u_{n,p+1} = a_{n,1}u_{1,p} + a_{n,2}u_{2,p} + \ldots + a_{n,n}u_{n,p} \end{cases},$$

où les $a_{i,j}$ sont des scalaires.

Le théorème de construction par récurrence (simple, non dépendante) assure l'existence d'une telle suite, et son unicité une fois $(u_{1,0}, \ldots, u_{n,0})$ fixé.

Exemples 13

1. En particulier $(u_p)_{p\in\mathbb{N}}$ et $(v_p)_{p\in\mathbb{N}}$ sont deux suites récurrentes linéaires mutuelles lorsqu'il existe des scalaires α, β, γ et δ tels que $\forall p \in \mathbb{N}, \begin{cases} u_{p+1} = \alpha u_p + \beta v_p \\ v_{p+1} = \gamma u_p + \delta v_p \end{cases}$.
2. Un exemple de trois suites récurrentes linéaires mutuelles est donné par $(u_p)_{p\in\mathbb{N}}$, $(v_p)_{p\in\mathbb{N}}$ et $(w_p)_{p\in\mathbb{N}}$ définies par $\begin{cases} u_0 = 1 \\ v_0 = 0 \\ w_0 = 0 \end{cases}$ et $\forall p \in \mathbb{N}, \begin{cases} u_{p+1} = 2u_p + v_p + w_p \\ v_{p+1} = u_p + 2v_p + w_p \\ w_{p+1} = u_p + v_p + 2w_p \end{cases}$.

Remarque 10

Notons donc que n suites $(u_{1,p})_{p\in\mathbb{N}}$, $(u_{2,p})_{p\in\mathbb{N}}$, ..., $(u_{n,p})_{p\in\mathbb{N}}$ sont mutuellement définies par une récurrence linéaire si et seulement s'il existe une matrice M vérifiant la relation

$$\forall p \in \mathbb{N}, \begin{pmatrix} u_{1,p+1} \\ \vdots \\ u_{n,p+1} \end{pmatrix} = M \times \begin{pmatrix} u_{1,p} \\ \vdots \\ u_{n,p} \end{pmatrix}.$$

DÉMONSTRATION

Il s'agit de la définition du produit matriciel.

L'énoncé $\forall p \in \mathbb{N}, \begin{cases} u_{1,p+1} = a_{1,1}u_{1,p} + a_{1,2}u_{2,p} + \ldots + a_{1,n}u_{n,p} \\ u_{2,p+1} = a_{2,1}u_{1,p} + a_{2,2}u_{2,p} + \ldots + a_{2,n}u_{n,p} \\ \vdots \\ u_{n,p+1} = a_{n,1}u_{1,p} + a_{n,2}u_{2,p} + \ldots + a_{n,n}u_{n,p} \end{cases}$

se reformule : $\forall p \in \mathbb{N}, \begin{pmatrix} u_{1,p+1} \\ \vdots \\ u_{n,p+1} \end{pmatrix} = M \times \begin{pmatrix} u_{1,p} \\ \vdots \\ u_{n,p} \end{pmatrix}$ en posant $M = (a_{i,j})_{i,j}$.

La remarque 10 se reformule de la façon suivante : si $(u_{1,p})_{p\in\mathbb{N}}$, $(u_{2,p})_{p\in\mathbb{N}}$, …, $(u_{n,p})_{p\in\mathbb{N}}$ sont mutuellement définies par une récurrence linéaire, alors la suite $\left(\begin{pmatrix} u_{1,p} \\ \vdots \\ u_{n,p} \end{pmatrix}\right)_{p\in\mathbb{N}}$ est géométrique au sens du produit matriciel.

Une récurrence immédiate donne alors la proposition suivante :

Proposition 12

Soient $(u_{1,p})_{p\in\mathbb{N}}$, $(u_{2,p})_{p\in\mathbb{N}}$, …, $(u_{n,p})_{p\in\mathbb{N}}$ des suites telles que

$$\forall p \in \mathbb{N}, \begin{cases} u_{1,p+1} = a_{1,1}u_{1,p} + a_{1,2}u_{2,p} + \ldots + a_{1,n}u_{n,p} \\ u_{2,p+1} = a_{2,1}u_{1,p} + a_{2,2}u_{2,p} + \ldots + a_{2,n}u_{n,p} \\ \vdots \\ u_{n,p+1} = a_{n,1}u_{1,p} + a_{n,2}u_{2,p} + \ldots + a_{n,n}u_{n,p} \end{cases}.$$

Alors on a $\forall p \in \mathbb{N}, \begin{pmatrix} u_{1,p} \\ \vdots \\ u_{n,p} \end{pmatrix} = M^p \times \begin{pmatrix} u_{1,0} \\ \vdots \\ u_{n,0} \end{pmatrix}$ où l'on a noté $M = (a_{i,j})_{i,j}$.

Exemple 14

Reprenons l'exemple des suites $(u_p)_{p\in\mathbb{N}}$, $(v_p)_{p\in\mathbb{N}}$ et $(w_p)_{p\in\mathbb{N}}$ définies par

$$\begin{cases} u_0 = 1 \\ v_0 = 0 \\ w_0 = 0 \end{cases} \text{ et } \forall p \in \mathbb{N}, \begin{cases} u_{p+1} = 2u_p + v_p + w_p \\ v_{p+1} = u_p + 2v_p + w_p \\ w_{p+1} = u_p + v_p + 2w_p \end{cases}.$$

Soit $p \in \mathbb{N}$. On a ainsi $\begin{pmatrix} u_p \\ v_p \\ w_p \end{pmatrix} = K^p \begin{pmatrix} u_0 \\ v_0 \\ w_0 \end{pmatrix}$ où K est la matrice de l'exemple 10, dans le cas particulier où l'on a $n = 3$, c'est-à-dire $K = \begin{pmatrix} 2 & 1 & 1 \\ 1 & 2 & 1 \\ 1 & 1 & 2 \end{pmatrix}$.

Le calcul de K^p a été mené dans l'exemple 10.

On a trouvé $K^p = \begin{pmatrix} \frac{4^p-1}{3}+1 & \frac{4^p-1}{3} & \frac{4^p-1}{3} \\ \frac{4^p-1}{3} & \frac{4^p-1}{3}+1 & \frac{4^p-1}{3} \\ \frac{4^p-1}{3} & \frac{4^p-1}{3} & \frac{4^p-1}{3}+1 \end{pmatrix}$.

Par suite, on a $\begin{pmatrix} u_p \\ v_p \\ w_p \end{pmatrix} = K^p \begin{pmatrix} 1 \\ 0 \\ 0 \end{pmatrix} = \begin{pmatrix} \frac{4^p-1}{3}+1 \\ \frac{4^p-1}{3} \\ \frac{4^p-1}{3} \end{pmatrix}$.

Exemple 15

Considérons l'application $f : x \mapsto (1-x+x^2)\mathrm{e}^{3x}$ qui est clairement indéfiniment dérivable sur $\mathbb{R}$. On va s'aider du formalisme matriciel pour calculer la dérivée p-ième de f.

Pour comprendre, calculons les premières dérivées de f :
$\forall x \in \mathbb{R},\ f'(x) = (2 - x + 3x^2)\mathrm{e}^{3x}$,
$\forall x \in \mathbb{R},\ f''(x) = (5 + 3x + 9x^2)\mathrm{e}^{3x}$.

Ceci invite à montrer par récurrence qu'il existe trois suites $(u_p)_{p\in\mathbb{N}}$, $(v_p)_{p\in\mathbb{N}}$, $(w_p)_{p\in\mathbb{N}}$ telles que, pour tout entier p, on a $\forall x \in \mathbb{R},\ f^{(p)}(x) = (u_p + v_p x + w_p x^2)\mathrm{e}^{3x}$.

- La propriété a été vue aux rangs 0, 1 et 2.
- Soit $p \in \mathbb{N}$ et supposons la propriété vraie au rang p.
  On a alors $f^{(p)}(x) = (u_p + v_p x + w_p x^2)\mathrm{e}^{3x}$ pour tout réel x et de $f^{(p+1)} = \left(f^{(p)}\right)'$ on déduit : $\forall x \in \mathbb{R},\ f^{(p+1)}(x) = \big((3u_p + v_p) + (3v_p + 2w_p)x + (3w_p)x^2\big)\mathrm{e}^{3x}$. La propriété est donc bien héréditaire.
- La propriété est vraie au rang 0, et elle est héréditaire, donc d'après le théorème de récurrence elle est vraie pour tout entier $p \geqslant 0$.

On a en fait vu plus précisément qu'on avait $\forall x \in \mathbb{R},\ f^{(p)}(x) = (u_p + v_p x + w_p x^2)\mathrm{e}^{3x}$ où $(u_p)_{p\in\mathbb{N}}$, $(v_p)_{p\in\mathbb{N}}$, $(w_p)_{p\in\mathbb{N}}$ sont définies par $\begin{cases} u_0 = 1 \\ v_0 = -1 \\ w_0 = 1 \end{cases}$ et $\forall p \in \mathbb{N}, \begin{cases} u_{p+1} = 3u_p + v_p \\ v_{p+1} = 3v_p + 2w_p \\ w_{p+1} = 3w_p \end{cases}$.

On a donc $\forall p \in \mathbb{N}, \begin{pmatrix} u_p \\ v_p \\ w_p \end{pmatrix} = \begin{pmatrix} 3 & 1 & 0 \\ 0 & 3 & 2 \\ 0 & 0 & 3 \end{pmatrix}^p \begin{pmatrix} 1 \\ -1 \\ 1 \end{pmatrix}$.

Notons $N = \begin{pmatrix} 0 & 1 & 0 \\ 0 & 0 & 2 \\ 0 & 0 & 0 \end{pmatrix}$. On a $N^2 = \begin{pmatrix} 0 & 0 & 2 \\ 0 & 0 & 0 \\ 0 & 0 & 0 \end{pmatrix}$ et $N^3 = O$. En particulier N est nilpotente d'indice de nilpotence 2. On doit calculer la puissance p-ième de $N + 3I_3$.

Les matrices N et $3I_3$ commutent, on peut donc appliquer la formule du binôme :

$$\begin{aligned}(N+3I_3)^p &= \sum_{k=0}^{p} \binom{p}{k} N^k (3I_3)^{p-k} \\ &= \sum_{k=0}^{p} \binom{p}{k} 3^{p-k} N^k \\ &= \sum_{k=0}^{2} \binom{p}{k} 3^{p-k} N^k \\ &= 3^p I_3 + 3^{p-1} p N + 3^{p-2} \frac{p(p-1)}{2} N^2.\end{aligned}$$

Autrement dit, on a $(N+3I_3)^p = \begin{pmatrix} 3^p & p3^{p-1} & p(p-1)3^{p-2} \\ 0 & 3^p & 2p3^{p-1} \\ 0 & 0 & 3^p \end{pmatrix}$.

Finalement, on a donc $\begin{pmatrix} u_p \\ v_p \\ w_p \end{pmatrix} = \begin{pmatrix} 3^p - p3^{p-1} + p(p-1)3^{p-2} \\ -3^p + 2p3^{p-1} \\ 3^p \end{pmatrix}$.

Ou encore : $\begin{pmatrix} u_p \\ v_p \\ w_p \end{pmatrix} = \begin{pmatrix} (p^2 - 4p + 9)3^{p-2} \\ (2p-3)3^{p-1} \\ 3^p \end{pmatrix}$.

Et en conclusion, pour tout entier p, on a :
$\forall x \in \mathbb{R},\ f^{(p)}(x) = 3^{p-2}\big((p^2 - 4p + 9) + (6p - 9)x + 9x^2\big)e^{3x}$.

Remarque 11

On peut aussi déterminer la dérivée p-ième de f en utilisant la *formule de Leibniz*, qui sera vue dans ce livre dans le cadre des polynômes[18] p. 527.

4.5 Suites récurrentes linéaires multiples

On dit qu'une suite $(u_p)_{p\in\mathbb{N}}$ est définie par une récurrence linéaire homogène d'ordre n lorsqu'on a $\forall p \in \mathbb{N},\ u_{p+n} = a_{n-1}u_{p+n-1} + \ldots + a_1 u_{p+1} + a_0 u_p$ où les a_i sont des scalaires.

On ramène aisément l'étude d'une suite récurrente linéaire d'ordre n à l'étude de n suites mutuellement définies par une récurrence linéaire.

18. Et dont le lecteur pourra trouver la version générale dans G. Costantini, *Analyse*. 1re année, De Boeck (2013), p. 433.

Proposition 13

Soient $(u_p)_{p\in\mathbb{N}}$ une suite telle que $\forall p \in \mathbb{N},\ u_{p+n} = a_{n-1}u_{p+n-1}+\ldots+a_1u_{p+1}+a_0u_p$.

Notons $X_p = \begin{pmatrix} u_p \\ u_{p+1} \\ \vdots \\ u_{p+n-1} \end{pmatrix}$. Alors on a $\forall p \in \mathbb{N}, X_p = M^p \times X_0$ où l'on a ici noté

$$M = \begin{pmatrix} 0 & 1 & 0 & \ldots & 0 \\ \vdots & \ddots & \ddots & \ddots & \vdots \\ \vdots & & \ddots & \ddots & 0 \\ 0 & \ldots & \ldots & 0 & 1 \\ a_0 & a_1 & \ldots & a_{n-2} & a_{n-1} \end{pmatrix}.$$

DÉMONSTRATION

On remarque tout d'abord, via la définition du produit matriciel, qu'on a $X_{p+1} = M \times X_p$ pour tout $p \in \mathbb{N}$, puis il s'agit d'écrire une récurrence immédiate (ou même de reconnaître une suite géométrique de raison matricielle M).

Remarque 12

En particulier, si $(u_p)_{p\in\mathbb{N}}$ est une suite telle que $\forall p \in \mathbb{N},\ u_{p+2} = au_{p+1} + bu_p$, on a :

$$\forall p \in \mathbb{N}, \begin{pmatrix} u_p \\ u_{p+1} \end{pmatrix} = \begin{pmatrix} 0 & 1 \\ b & a \end{pmatrix}^p \times \begin{pmatrix} u_0 \\ u_1 \end{pmatrix}.$$

On laisse le lecteur se convaincre que le cas $b = 0$ correspond en fait, au premier terme de la suite près, au cas bien connu des suites géométriques.

Calculer les puissances d'une matrice de la forme $M = \begin{pmatrix} 0 & 1 & 0 & \ldots & 0 \\ \vdots & \ddots & \ddots & \ddots & \vdots \\ \vdots & & \ddots & \ddots & 0 \\ 0 & \ldots & \ldots & 0 & 1 \\ a_0 & a_1 & \ldots & a_{n-2} & a_{n-1} \end{pmatrix}$ ne peut pas toujours se faire à l'aide des techiques présentées plus haut. On traitera néanmoins le cas $n = 2$ en détail dans le problème final du chapitre.

4.6 Une application en probabilités - Complément

Les matrices sont un outil adapté pour modéliser des systèmes évolutifs non déterministes. On l'illustre ici simplement sur quelques exemples.

Exemple 16

Considérons un système clos[19] à trois états numérotés 1, 2 et 3 et qui évolue au cours du temps. On considère qu'à chaque instant $n \in \mathbb{N} \setminus \{0\}$, le système, s'il se trouvait dans un état i à l'instant $n-1$, peut passer dans l'état j avec probabilité $p_{i,j}$ (les $p_{i,j}$ ne dépendent donc ni de l'instant considéré ni des états dans lequel se trouvait le système avant l'instant $n-1$, mais seulement de l'état dans lequel se trouve le système à l'instant $n-1$).

L'usage est de représenter un tel système par un graphe orienté pondéré[20], dont les sommets représentent les états du système et pour lequel l'arête d'origine l'état i et d'extrémité l'état j est pondérée par la probabilité $p_{i,j}$ de passer de l'état i à l'état j.

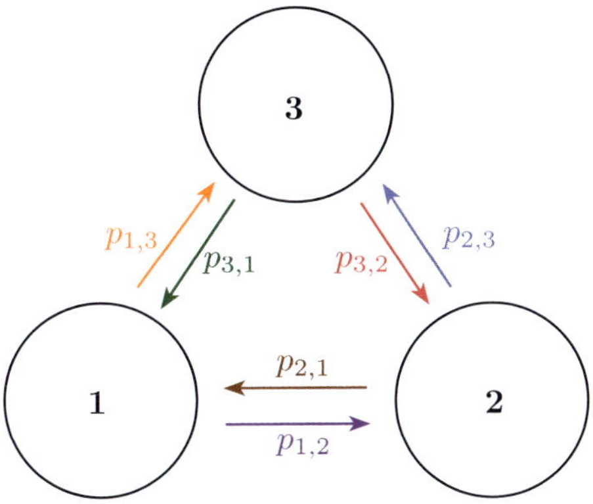

Les axiomes d'une probabilité indiquent qu'on a $\begin{cases} p_{1,1}+p_{1,2}+p_{1,3}=1 \\ p_{2,1}+p_{2,2}+p_{2,3}=1 \\ p_{3,1}+p_{3,2}+p_{3,3}=1 \end{cases}$.

Supposons qu'à l'instant initial donné, le système se trouve dans l'état 1 avec probabilité $\pi_{1,0}$, dans l'état 2 avec probabilité $\pi_{2,0}$ et dans l'état 3 avec probabilité $\pi_{3,0}$.

Pour tout état i et tout entier n, notons $\pi_{i,n}$ la probabilité que le système se trouve dans l'état i à l'instant n et notons $\Pi_n = \begin{pmatrix} \pi_{1,n} \\ \pi_{2,n} \\ \pi_{3,n} \end{pmatrix}$. La formule des probabilités totales indique qu'on a, pour tout état j, $\pi_{j,n+1} = \pi_{1,n}p_{1,j} + \pi_{2,n}p_{2,j} + \pi_{3,n}p_{3,j}$.

Les suites $(\pi_{1,n})_n$, $(\pi_{2,n})_n$ et $(\pi_{3,n})_n$ sont donc récurrentes linéaires mutuelles.

Plus précisément, avec le formalisme matriciel, ceci se réécrit

19. Sans interaction avec l'extérieur.

20. Voir par exemple L. Albert, *Cours et exercices d'informatique*, Vuibert, 1998.

$$\Pi_{n+1} = \begin{pmatrix} p_{1,1} & p_{2,1} & p_{3,1} \\ p_{1,2} & p_{2,2} & p_{3,2} \\ p_{1,3} & p_{2,3} & p_{3,3} \end{pmatrix} \times \Pi_n, \text{ ou encore } \Pi_{n+1} = M \times \Pi_n, \text{ avec } M = (p_{j,i})_{i,j},$$

c'est-à-dire $M = {}^t(p_{i,j})_{i,j}$.

Ce type de système évolutif non déterministe est un exemple rudimentaire de *chaîne de Markov*[21]. Ces problèmes étaient déjà étudiés avant d'être formalisés en termes matriciels. Henri Poincaré, par exemple, écrit en 1912 les lignes suivantes dans l'introduction de la seconde édition[22] de son *Calcul des probabilités*[23] :

Je suppose qu'un joueur batte un jeu de cartes. A chaque battement, il intervertit l'ordre des cartes, et il peut les intervertir de plusieurs manières. Supposons trois cartes seulement pour simplifier l'exposition. Les cartes qui, avant le battement, occupaient respectivement les rangs 1 2 3, *pourront, après le battement, occuper les rangs*
1 2 3, 2 3 1, 3 1 2, 3 2 1, 1 3 2, 2 1 3.
Chacune de ces six hypothèses est possible et elles ont respectivement pour probabilités
p_1, p_2, p_3, p_4, p_5, p_6.
La somme de ces six nombres est égale à 1 *mais c'est tout ce que nous en savons ; ces six probabilités dépendent naturellement des habitudes du joueur, que nous ne connaissons pas.*
Au second battement et aux suivants, cela recommencera et dans les mêmes conditions ; je veux dire que p_4, *par exemple, représente toujours la probabilité pour que les trois cartes qui occupaient après le* n^e *battement et avant le* $(n+1)^e$ *les rangs* 1 2 3, *pour que ces trois cartes, dis-je, occupent les rangs* 3 2 1 *après le* $(n+1)^e$ *battement. Et cela reste vrai, quel que soit le nombre* n, *puisque les habitudes du joueur, sa façon de battre restent les mêmes.*
Mais, si le nombre des battements est très grand, les cartes qui, avant le Ier battement, occupaient les rangs 1 2 3, *pourront, après le dernier battement, occuper les rangs*
1 2 3, 2 3 1, 3 1 2, 3 2 1, 1 3 2, 2 1 3,
et la probabilité de ces six hypothèses sera sensiblement la même et égale à $\frac{1}{6}$ *; et cela sera vrai, quels que soient les nombres* p_1, p_2, p_3, p_4, p_5, p_6 *que nous ne connaissons pas. Le grand nombre des battements, c'est-à-dire la complexité des causes, a produit l'uniformité.*

21. Du nom d'Andrei Markov (1856 - 1922), mathématicien russe. L'expression *chaîne de Markov* rend hommage à ses travaux ayant fait émerger le concept, même si certains de ses contemporains s'intéressaient aussi à ce type de problèmes. Il a notamment publié en 1913 *Un exemple de recherche statistique sur le texte d'Eugène Onéguine illustrant la lisaison des épreuves en chaîne* dans le Bulletin de l'Académie impériale des sciences, 6e série, t. 7, p. 153 et suivantes.

22. La première édition de 1896 ne traite pas cette question.

23. *Calcul des probabilités*, Éditions Gauthier-Villars, 1912. Une réédition est publiée par les Éditions Jacques Gabay en 1987, le texte cité s'y trouve p.13 et 14.

Poincaré démontre ensuite ce résultat dans le chapitre XVI de son cours, et ce en toute généralité, quel que soit le nombre de cartes (en prenant garde aux hypothèses : il est par exemple suffisant qu'aucune des probabilités entrant en jeu ne soit nulle). Il utilise pour cela le formalisme des *nombres complexes généralisés*, mais sa démonstration est remarquablement moderne et se traduit très naturellement dans le formalisme matriciel. Elle est néanmoins trop longue et trop technique pour être reproduite ici ; on se contentera de donner la traduction matricielle du problème simplifié qu'il présente avec trois cartes.

Poincaré commence par lister les 6 mélanges possibles de trois cartes (il s'agit des *permutations* d'un ensemble à trois éléments : le lecteur pourra se référer au chapitre 17 pour approfondir ce sujet) qu'il note 1 2 3, 2 3 1, 3 1 2, 3 2 1, 1 3 2, 2 1 3. Il suppose alors que, le paquet de cartes étant dans l'état 1 2 3, il se trouvera après battage dans les états 1 2 3, 2 3 1, 3 1 2, 3 2 1, 1 3 2 , 2 1 3 avec probabilités respectives p_1, p_2, p_3, p_4, p_5, p_6.

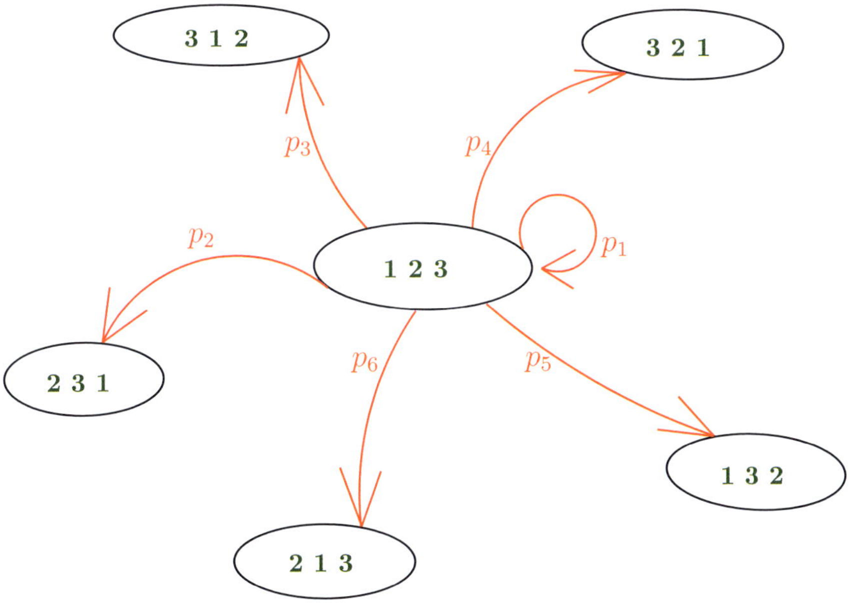

La probabilité p_1, par exemple, est donc la probabilité que le mélange ne modifie pas le paquet de cartes ; c'est donc non seulement la probabilité de passer du mélange 1 2 3 au mélange 1 2 3, mais aussi la probabilité de passer du mélange 2 3 1 au mélange 2 3 1, ou la probabilité de passer du mélange 3 1 2 au mélange 3 1 2, etc. De même, la probabilité p_2 est la probabilité que le mélange donne lieu à une permutation circulaire des cartes vers le sommet du tas ; c'est donc non seulement la probabilité de passer du mélange

1 2 3 au mélange 2 3 1, mais aussi la probabilité de passer du mélange 2 3 1 au mélange 3 1 2, ou la probabilité de passer du mélange 3 1 2 au mélange 1 2 3, etc. Il en va de même pour les probabilités p_3, …, p_6, ce que Poincaré exprime en écrivant que « *les habitudes du joueur, sa façon de battre restent les mêmes* ». On peut donc compléter le dessin précédent. Pour gagner en lisibilité, on n'a pas fait pas figurer ici toutes les arêtes possibles, mais on invite le lecteur à compléter mentalement les 18 probabilités des arêtes manquantes, c'est un excellent exercice.

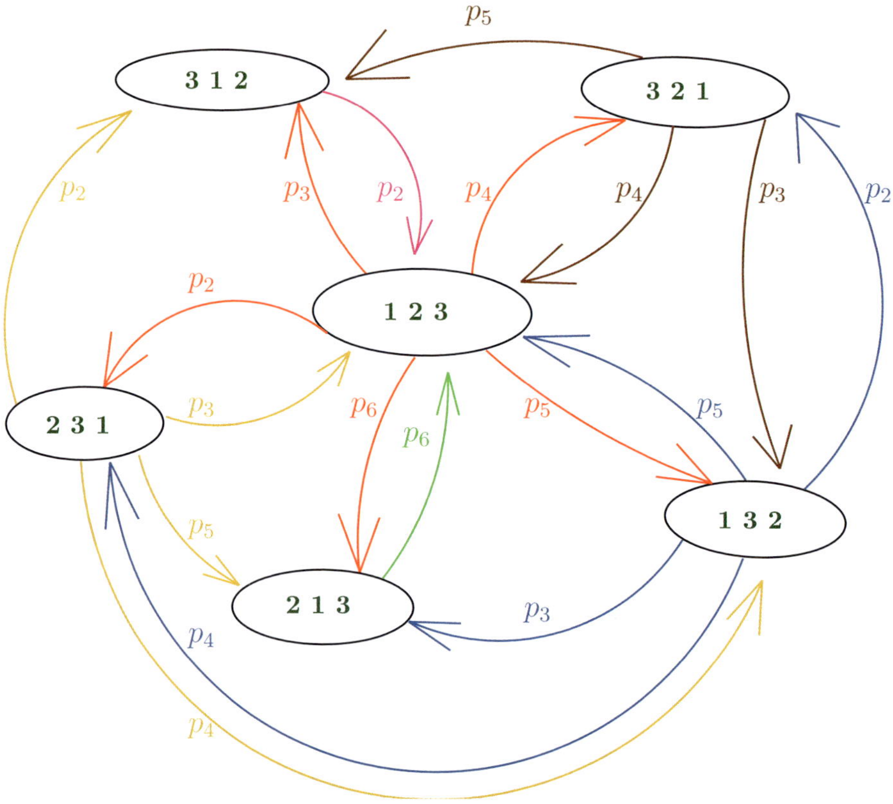

Finalement en notant $M = \begin{pmatrix} p_1 & p_3 & p_2 & p_4 & p_5 & p_6 \\ p_2 & p_1 & p_3 & p_6 & p_4 & p_5 \\ p_3 & p_2 & p_1 & p_5 & p_6 & p_4 \\ p_4 & p_6 & p_5 & p_1 & p_2 & p_3 \\ p_5 & p_4 & p_6 & p_3 & p_1 & p_2 \\ p_6 & p_5 & p_4 & p_2 & p_3 & p_1 \end{pmatrix}$, la définition du produit matriciel indique que si le paquet est dans le premier état avant battage, le produit matriciel $M \times e_1$ dénote les différentes probabilités de se trouver dans chaque état après un premier battage, et, en itérant la formule des probabilités totales, on obtient que le produit matriciel $M^n \times e_1$ dénote, pour $n \geqslant 1$, les différentes probabilités de se trouver dans chaque état après n battages. L'énoncé de Poincaré exprime que la suite de vecteurs $(M^n \times e_1)_{n\in\mathbb{N}}$ converge vers le vecteur $(1/6, 1/6, 1/6, 1/6, 1/6, 1/6)$.

Pour ne pas laisser le lecteur trop frustré par l'absence de la démonstration, on propose ci-dessous la démonstration du résultat pour un paquet de 2 cartes. Il n'existe alors que deux mélanges possibles

$$1\ 2 \quad \text{et} \quad 2\ 1.$$

Notons p la probabilité qu'un battage ne modifie pas le mélange, et $q = 1-p$ la probabilité que le battage le modifie. On suppose qu'on a $0 < p < 1$.

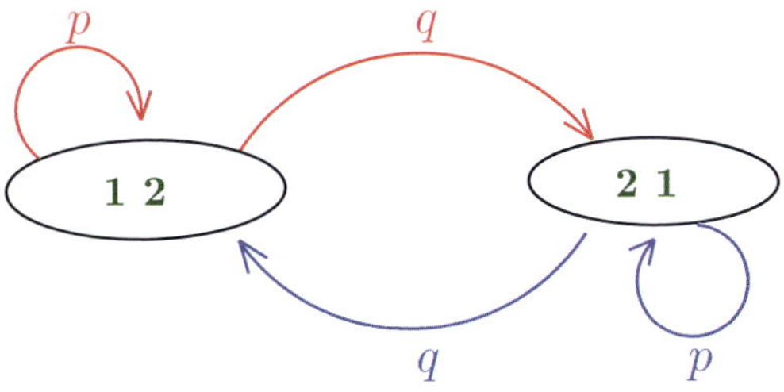

En notant $M = \begin{pmatrix} p & q \\ q & p \end{pmatrix}$, la définition du produit matriciel et la formule des probabilités totales itérée indiquent que si le paquet est dans l'état 1 2 avant battage, le produit matriciel $M^n \times e_1$ dénote, pour $n \geqslant 1$, les différentes probabilités de se trouver dans chaque état après n battages. Il s'agit de montrer ici que la suite de vecteurs $(M^n \times e_1)_{n\in\mathbb{N}}$ converge vers le vecteur $\begin{pmatrix} 1/2 \\ 1/2 \end{pmatrix}$.

Notons $L = \begin{pmatrix} 0 & 1 \\ 1 & 0 \end{pmatrix}$. On a $M^n = (qL + pI_2)^n$ et comme I_2 et L commutent, la formule du binôme de Newton donne $M^n = \sum_{k=0}^{n} \binom{n}{k} q^k p^{n-k} I_2^{n-k} L^k = \sum_{k=0}^{n} \binom{n}{k} q^k p^{n-k} L^k$. Une récurrence immédiate montre que, pour tout entier k, on a $L^k = \begin{cases} I_2 \text{ si } k \text{ est pair} \\ L \text{ si } k \text{ est impair} \end{cases}$.

On trouve donc finalement qu'on a $M^n = a_n I_2 + b_n L$ et donc $M^n e_1 = \begin{pmatrix} a_n \\ b_n \end{pmatrix}$, où l'on a noté $a_n = \sum_{\substack{0 \leqslant k \leqslant n \\ k \text{ pair}}} \binom{n}{k} q^k p^{n-k}$ et $b_n = \sum_{\substack{0 \leqslant k \leqslant n \\ k \text{ impair}}} \binom{n}{k} q^k p^{n-k}$.

Observons qu'on a $\begin{cases} a_n + b_n = \displaystyle\sum_{k=0}^{n} \binom{n}{k} q^k p^{n-k} = (p+q)^n = 1 \\ a_n - b_n = \displaystyle\sum_{k=0}^{n} \binom{n}{k} (-q)^k p^{n-k} = (p-q)^n = (2p-1)^n \end{cases}$.

Les formules de Cramer donnent donc immédiatement $\begin{cases} a_n = \dfrac{1+(2p-1)^n}{2} \\ b_n = \dfrac{1-(2p-1)^n}{2} \end{cases}$.

Comme on a $0 < p < 1$, on a $-1 < 2p - 1 < 1$ et par conséquent la suite géométrique $\left((2p-1)^n\right)_{n\in\mathbb{N}}$ a une raison $2p-1$ de module strictement inférieur à 1 : elle converge donc vers 0. Par suite on a $\lim\limits_{n\to+\infty} a_n = \lim\limits_{n\to+\infty} b_n = \dfrac{1}{2}$.

Finalement, on trouve bien $M^n e_1 = \begin{pmatrix} a_n \\ b_n \end{pmatrix} \longrightarrow \begin{pmatrix} 1/2 \\ 1/2 \end{pmatrix}$.

5 Trace - MPSI

5.1 Premières propriétés

Définition 16 (Trace d'une matrice)

Soit $M = (a_{i,j})_{i,j} \in \mathcal{M}_n(\mathbb{K})$. On appelle *trace* de M la somme des coefficients diagonaux de M, c'est-à-dire $\operatorname{tr}(M) = \sum\limits_{k=1}^{n} a_{k,k}$.

On obtient ainsi une application $\operatorname{tr} : \mathcal{M}_n(\mathbb{K}) \longrightarrow \mathbb{K}$.

On notera qu'on n'a pas défini **une** application trace, mais une infinité correspondant à tous les entiers n possibles.

Proposition 14 (Propriétés immédiates de la trace)

1. La trace $\operatorname{tr} : \mathcal{M}_n(\mathbb{K}) \longrightarrow \mathbb{K}$ est linéaire, c'est-à-dire :
   $\forall (A, B) \in \mathcal{M}_n(\mathbb{K})^2,\ \forall (\lambda, \mu) \in \mathbb{K}^2,\ \operatorname{tr}(\lambda A + \mu B) = \lambda \operatorname{tr}(A) + \mu \operatorname{tr}(B)$.
2. On a : $\forall M \in \mathcal{M}_n(\mathbb{K}),\ \operatorname{tr}({}^tM) = \operatorname{tr}(M)$.

Démonstration

On démontre seulement le premier point, le second étant réellement immédiat (vu que transposer une matrice n'altère pas ses coefficients diagonaux).

Soient A, B des matrices de $\mathcal{M}_n(\mathbb{K})$, et λ, μ des scalaires. Notons $A = (a_{i,j})_{i,j}$ et $B = (b_{i,j})_{i,j}$. On a $\lambda A + \mu B = (\lambda a_{i,j} + \mu b_{i,j})_{i,j}$. On a donc :

$$\begin{aligned}
\operatorname{tr}(\lambda A+\mu B) &= \sum_{k=1}^{n}(\lambda a_{k,k}+\mu b_{k,k}) && \text{par définition}\\
&= \left(\sum_{k=1}^{n}\lambda a_{k,k}\right)+\left(\sum_{k=1}^{n}\mu b_{k,k}\right) && \text{par associativité de } +_{\mathbb{K}}\\
&= \lambda\left(\sum_{k=1}^{n}a_{k,k}\right)+\mu\left(\sum_{k=1}^{n}b_{k,k}\right) && \text{par distributivité de } \times_{\mathbb{K}} \text{ sur } +_{\mathbb{K}}\\
&= \lambda\operatorname{tr}(A)+\mu\operatorname{tr}(B) && \text{par définition.}
\end{aligned}$$

5.2 Propriété fondamentale de la trace

Proposition 15 (Propriété fondamentale de la trace)

Soit $A \in \mathcal{M}_{p,q}(\mathbb{K})$ et $B \in \mathcal{M}_{q,p}(\mathbb{K})$. On a $\operatorname{tr}(A \times B) = \operatorname{tr}(B \times A)$.

En particulier, on a $\forall (A,B) \in \mathcal{M}_n(\mathbb{K})^2, \operatorname{tr}(A\times B) = \operatorname{tr}(B \times A)$.

Démonstration

Notons $A = (a_{i,j})_{i,j}$, $B = (b_{i,j})_{i,j}$, $A \times B = (c_{i,j})_{i,j}$ et $B \times A = (d_{i,j})_{i,j}$. On rappelle qu'on a $\forall (i,j) \in \{1,\dots,p\}^2,\ c_{i,j} = \sum_{l=1}^{q} a_{i,l}b_{l,j}$ et $\forall (i,j) \in \{1,\dots,q\}^2,\ d_{i,j} = \sum_{k=1}^{p} b_{i,k}a_{k,j}$.

Calculons :

$$\begin{aligned}
\operatorname{tr}(A\times B) &= \sum_{k=1}^{p} c_{k,k} && \text{par définition de la trace}\\
&= \sum_{k=1}^{p}\sum_{l=1}^{q} a_{k,l}b_{l,k} && \text{par définition du produit matriciel}\\
&= \sum_{k=1}^{p}\sum_{l=1}^{q} b_{l,k}a_{k,l} && \text{par commutativité de } \times_{\mathbb{K}}\\
&= \sum_{l=1}^{q}\sum_{k=1}^{p} b_{l,k}a_{k,l} && \text{par permutation des sommations}\\
&= \sum_{l=1}^{q} d_{l,l} && \text{par définition du produit matriciel}\\
&= \operatorname{tr}(B\times A).
\end{aligned}$$

6 Étude plus complète de $\mathcal{M}_2(\mathbb{K})$

6.1 Déterminant d'une matrice 2×2

On peut définir le *déterminant* d'une matrice 2×2 de la même façon que l'on a défini le déterminant d'un système 2×2 dans le chapitre 7. Cela se généralise également pour les matrices 3×3, et plus généralement, on verra au chapitre 17 comment définir des déterminants $n \times n$.

Définition 17 (Déterminant)

Soit $M = \begin{pmatrix} a & b \\ c & d \end{pmatrix} \in \mathcal{M}_2(\mathbb{K})$.

On appelle *déterminant de M* le scalaire $\det(M) = ad - bc$.

On a ainsi défini une application $\det : \left\{ \begin{array}{ccc} \mathcal{M}_2(\mathbb{K}) & \longrightarrow & \mathbb{K} \\ M & \longmapsto & \det(M) \end{array} \right.$.

6.2 Matrices 2×2 inversibles

Théorème 3 (Matrices 2×2 inversibles)

Soit $M = \begin{pmatrix} a & b \\ c & d \end{pmatrix} \in \mathcal{M}_2(\mathbb{K})$. Alors M est inversible si et seulement si $ad - bc \neq 0$, auquel cas on a $M^{-1} = \dfrac{1}{ad - bc} \begin{pmatrix} d & -b \\ -c & a \end{pmatrix}$.

Autrement dit, une matrice est inversible si et seulement si son déterminant est non nul : pour obtenir l'inverse, on divise par le déterminant, on permute les éléments diagonaux, et on oppose les éléments non diagonaux.

DÉMONSTRATION

Posons $N = \begin{pmatrix} d & -b \\ -c & a \end{pmatrix}$. On remarque qu'on a $M \times N = N \times M = (ad - bc)I_2$. Procédons par double implication.

$\boxed{\Leftarrow}$ Si $ad - bc \neq 0$, on peut multiplier l'égalité $M \times N = N \times M = (ad - bc)I_2$ par $\frac{1}{ad-bc}$. Par compatibilité des produits, on obtient bien que $\frac{1}{ad-bc}N$ est l'inverse de M.

$\boxed{\Rightarrow}$ Si M est inversible, notons M^{-1} son inverse et montrons par l'absurde qu'on a $ad - bc \neq 0$. Supposons qu'on a $ad - bc = 0$. On a $M \times N = (ad - bc)I_2 = O$. Multiplions cette égalité à gauche par M^{-1}, on trouve $N = O$, c'est-à-dire $d = -b = -c = a = 0$ ou

encore $a = b = c = d = 0$ c'est-à-dire $M = O$. Or la matrice nulle n'est pas inversible puisque l'anneau $(\mathcal{M}_n(\mathbb{K}), +, \times)$ est non nul : contradiction.
La première partie du théorème permet de voir $\mathrm{GL}_2(\mathbb{K})$ comme une image réciproque : $GL_2(\mathbb{K}) = \det^{-1}(\mathbb{K}^\times)$.

Exemple 17

Comme on a $\det\left(\begin{pmatrix} \lambda & 0 \\ 1 & \lambda \end{pmatrix}\right) = \lambda^2$, la matrice $T = \begin{pmatrix} \lambda & 0 \\ 1 & \lambda \end{pmatrix}$ est inversible pour tout $\lambda \neq 0$, d'inverse $\begin{pmatrix} \lambda^{-1} & 0 \\ -\lambda^{-2} & \lambda^{-1} \end{pmatrix}$.

6.3 Sous-groupes remarquables de $\mathrm{GL}_2(\mathbb{K})$

On se réfèrera à la proposition-définition 2 du chapitre 8 pour la définition des isomorphismes de groupe.

Remarque 13

Pour tout $\lambda \neq 0$, l'ensemble $\left\{\begin{pmatrix} \lambda & 0 \\ 1 & \lambda \end{pmatrix}^n, n \in \mathbb{Z}\right\}$ forme un sous-groupe de $\mathrm{GL}_2(\mathbb{R})$ isomorphe à $(\mathbb{Z}, +)$.

On remarquera qu'on a $\forall \lambda \in \mathbb{R}^\times$, $\forall n \in \mathbb{N}$, $\begin{pmatrix} \lambda & 0 \\ 1 & \lambda \end{pmatrix}^n = \begin{pmatrix} \lambda^n & 0 \\ n\lambda^{n-1} & \lambda^n \end{pmatrix}$, à l'aide d'une récurrence immédiate ou de la formule du binôme.

Définition 18 (Matrices de rotation)

On appelle *matrice de rotation* une matrice de la forme $R_\theta = \begin{pmatrix} \cos(\theta) & -\sin(\theta) \\ \sin(\theta) & \cos(\theta) \end{pmatrix}$.

Remarque 14

Le terme « matrice de rotation » se justifie ainsi : si une fois fixée une base orthonormée directe du plan on se donne un vecteur $\overrightarrow{u}$ de coordonnées $\begin{pmatrix} a \\ b \end{pmatrix}$ dans cette base, le produit matriciel $R_\theta \times \begin{pmatrix} a \\ b \end{pmatrix} = \begin{pmatrix} a\cos(\theta) - b\sin(\theta) \\ a\sin(\theta) + b\cos(\theta) \end{pmatrix}$ donne les coordonnées du vecteur $\overrightarrow{u}$ tourné de θ. Une manière de s'en convaincre pour le lecteur est de passer par l'identification avec le plan complexe. Le vecteur $\overrightarrow{u}$ a pour affixe $a + \mathbf{i}b$ et effectuer sa rotation d'angle θ revient à multiplier son affixe par $e^{\mathbf{i}\theta}$. Calculons donc :

$e^{\mathbf{i}\theta}(a+\mathbf{i}b) = \big(\cos(\theta)+\mathbf{i}\sin(\theta)\big)(a+\mathbf{i}b) = a\cos(\theta) - b\sin(\theta) + \mathbf{i}\big(a\sin(\theta)+b\cos(\theta)\big)$, ce qui prouve que le vecteur $\overrightarrow{u}$ tourné de θ a bien pour coordonnées $\begin{pmatrix} a\cos(\theta) - b\sin(\theta) \\ a\sin(\theta) + b\cos(\theta) \end{pmatrix}$.

Proposition 16

L'ensemble des matrices de rotation forme un sous-groupe de $\mathrm{GL}_2(\mathbb{R})$ isomorphe à $(\mathbb{U}, \times)$.

Là encore, c'est la démonstration plus que le résultat lui-même qui est intéressante.

DÉMONSTRATION

- $I_2 = R_0$, c'est donc bien une matrice de rotation.
- Si R_α et R_β sont deux matrices de rotation, le calcul direct donne, après utilisation des formules trigonométriques : $R_\alpha \times R_\beta = R_{\alpha+\beta}$.
- Si R_θ est une matrice de rotation, son déterminant est $\cos^2(\theta) + \sin^2(\theta) = 1 \neq 0$ donc R_θ est bien inversible, d'inverse $\begin{pmatrix} \cos(\theta) & \sin(\theta) \\ -\sin(\theta) & \cos(\theta) \end{pmatrix} = R_{-\theta}$ d'après le théorème 3.

L'ensemble $\mathcal{R}$ des matrices de rotation forme donc bien un sous-groupe de $\mathrm{GL}_2(\mathbb{R})$. On a montré plus précisément que l'application $\left\{ \begin{array}{ccc} \mathbb{R} & \longrightarrow & \mathcal{R} \\ \theta & \longmapsto & R_\theta \end{array} \right.$, qui est bien définie et surjective, transforme 0 en I_2, transforme une somme en un produit, et transforme un opposé en un inverse. Comme deux réels congrus modulos 2π ont la même image par cette application, l'application $\left\{ \begin{array}{ccc} \mathbb{U} & \longrightarrow & \mathcal{R} \\ \mathrm{e}^{\mathbf{i}\theta} & \longmapsto & R_\theta \end{array} \right.$ est bien définie, et c'est un isomorphisme de groupe par construction.

Remarque 15

En utilisant $R_\alpha \times R_\beta = R_{\alpha+\beta}$, on montre à l'aide d'une récurrence immédiate qu'on a $\forall \theta \in \mathbb{R},\ \forall n \in \mathbb{N},\ R_\theta^n = R_{n\theta}$.

En outre on a aussi évidemment $R_\alpha \times R_\beta = R_{\alpha+\beta} = R_{\beta+\alpha} = R_\beta \times R_\alpha$, ce qui prouve la commutativité du groupe des matrices de rotation. Cette commutativité se retrouve d'ailleurs par la proposition qui vient d'être démontrée, étant donné que $(\mathbb{U}, \times)$ est commutatif et que la commutativité est préservée par isomorphisme.

En application des propriétés des matrices de rotation, le problème présenté en conclusion de la série d'exercices suivants permet de déterminer l'expression explicite du terme général d'une suite récurrente linéaire double.

7 Exercices corrigés

9.1 Produits de matrices élémentaires

On se place dans $\mathcal{M}_n(\mathbb{K})$ et on considère $1 \leqslant i, j, k, l \leqslant n$.

Calculer $E_{i,j} \times E_{k,l}$.

C 9.1 Produits de matrices élémentaires

Notons $M = E_{i,j} \times E_{k,l}$.

- Toutes les lignes de $E_{i,j}$ sont nulles à l'exception de la i-ème. D'après la remarque 6, toutes les lignes de M sont nulles sauf peut-être la i-ème.
- Toutes les colonnes de $E_{k,l}$ sont nulles à l'exception de la l-ième. D'après la remarque 6, toutes les colonnes de M sont nulles sauf peut-être la l-ième.
- Finalement, le seul coefficient de M que l'on n'a pas encore déterminé est celui situé en ligne i et colonne l. Celui-ci est par définition égal à ${}^t e_j \times e_k$ puisque la i-ième ligne de $E_{i,j}$ est ${}^t e_j$ et la l-ième colonne de $E_{k,l}$ est e_k. Comme ${}^t e_j$ a un unique coefficient non nul (le j-ième), et e_k un unique coefficient non nul (le k-ième), ce produit est nul sauf si les positions de ces deux coefficients coïncident, c'est-à-dire si $j = k$.

  Ainsi, le coefficient situé en ligne i et colonne l de M est ${}^t e_j \times e_k = \begin{cases} 0 \text{ si } j \neq k \\ 1 \text{ si } j = k \end{cases}$.

  On rappelle qu'on peut le noter ${}^t e_j \times e_k = \delta_{j,k}$.

En conclusion, on a deux cas : soit $j \neq k$ et tous les coefficients de M sont nuls, *i. e.* $M = O$, soit $j = k$ et tous les coefficients de M sont nuls à l'exception du (i,l)-ième qui vaut 1, *i. e.* $M = E_{i,l}$.

Plus synthétiquement : $E_{i,j} \times E_{k,l} = \delta_{j,k} E_{i,l}$.

9.2 Trois suites mutuellement et linéairement récurrentes

Les suites $(u_n)_n$, $(v_n)_n$ et $(w_n)_n$ sont mutuellement définies par récurrence de la façon suivante : u_0, v_0, w_0 sont fixés et $\forall n \in \mathbb{N}, \begin{cases} u_{n+1} = v_n - u_n \\ v_{n+1} = w_n - v_n \\ w_{n+1} = v_n - w_n \end{cases}$.

Exprimer, pour tout entier n, u_n, v_n et w_n en fonction de u_0, v_0 et w_0.

C 9.2 Trois suites mutuellement et linéairement récurrentes

Posons $M = \begin{pmatrix} -1 & 1 & 0 \\ 0 & -1 & 1 \\ 0 & 1 & -1 \end{pmatrix}$. La traduction matricielle de l'énoncé (proposition 12) est qu'on a $\forall n \in \mathbb{N}$, $\begin{pmatrix} u_n \\ v_n \\ w_n \end{pmatrix} = M^n \begin{pmatrix} u_0 \\ v_0 \\ w_0 \end{pmatrix}$. La formule du binôme de Newton permet de calculer $M^n = \big((M + I_n) - I_n\big)^n$, mais proposons ici une méthode moins calculatoire.

On observe que la suite $(u_n)_n$ n'intervient finalement pas dans l'expression des suites $(v_n)_n$ et $(w_n)_n$. Ces deux suites sont donc définies par une récurrence mutuelle linéaire double. Plus précisément, en notant $H = \begin{pmatrix} -1 & 1 \\ 1 & -1 \end{pmatrix}$, on a $\begin{pmatrix} v_n \\ w_n \end{pmatrix} = H^n \begin{pmatrix} v_0 \\ w_0 \end{pmatrix}$.
Observons qu'on a $H^2 = -2H$, une récurrence immédiate montre donc qu'on a $\forall n \geqslant 1,\ H^n = (-2)^{n-1} H$ et par suite, pour $n \geqslant 1$, $\begin{cases} v_n = (-2)^{n-1}(w_0 - v_0) \\ w_n = (-2)^{n-1}(v_0 - w_0) \end{cases}$.

On a :

$$u_1 + u_0 = v_0 \quad (E_1),$$

et, pour $k \geqslant 2$,

$$(-1)^{k-1}\left(u_k + u_{k-1}\right) = (-1)^{k-1} v_{k-1} = 2^{k-2}(v_0 - w_0) \quad (E_k).$$

Sommons les égalités (E_k) pour $1 \leqslant k \leqslant n$, on trouve :

$$1\,(u_1 + u_0) - 1\,(u_2 + u_1) + \cdots + (-1)^{n-1}\left(u_n + u_{n-1}\right) = v_0 + 1(v_0 - w_0) + \cdots + 2^{n-2}(v_0 - w_0).$$

C'est-à-dire $(-1)^{n-1} u_n + u_0 = (2^{n-1} - 1)(v_0 - w_0) + v_0$.

Ou encore $u_n = (-1)^{n-1}\left((2^{n-1} - 1)(w_0 - v_0) + (v_0 - u_0)\right)$.

Finalement, pour tout entier $n \geqslant 1$, on a $\begin{cases} u_n = (-2)^{n-1}(v_0 - w_0) + (-1)^n (u_0 - w_0) \\ v_n = (-2)^{n-1}(w_0 - v_0) \\ w_n = (-2)^{n-1}(v_0 - w_0) \end{cases}$.

9.3 Des calculs d'inverse

Déterminer les matrices inversibles de la liste suivante. Inverser celles qui sont inversibles.

1. $A = \begin{pmatrix} 1 & 2 \\ 3 & 4 \end{pmatrix}$;
2. $B = \begin{pmatrix} 1 & 2 & 3 \\ 4 & 5 & 6 \\ 7 & 8 & 9 \end{pmatrix}$;
3. $J = \begin{pmatrix} 1 & \dots & 1 \\ \vdots & (1) & \vdots \\ 1 & \dots & 1 \end{pmatrix} \in \mathcal{M}_n(\mathbb{K})$;
4. $D \in \mathcal{M}_n(\mathbb{K})$ une matrice telle que $D^2 - D - I_n = (0)$;
5. $E \in \mathcal{M}_n(\mathbb{K})$ une matrice telle que $E^p = (0)$ pour un certain entier $p > 0$;
6. $I_n - E$, où E est comme précédemment.

C 9.3 Des calculs d'inverse

1. On a $\det(A) = -2 \neq 0$, donc $A \in \mathrm{GL}_2(\mathbb{K})$: $A^{-1} = \dfrac{1}{-2}\begin{pmatrix} 4 & -2 \\ -3 & 1 \end{pmatrix} = \begin{pmatrix} -2 & 1 \\ 3/2 & -1/2 \end{pmatrix}$.

2. On a $B \times \begin{pmatrix} 1 \\ -2 \\ 1 \end{pmatrix} = \begin{pmatrix} 0 \\ 0 \\ 0 \end{pmatrix}$. Montrons par l'absurde que B n'est pas inversible. Si elle l'était, alors on aurait $B^{-1} \times B \times \begin{pmatrix} 1 \\ -2 \\ 1 \end{pmatrix} = I_2 \times \begin{pmatrix} 1 \\ -2 \\ 1 \end{pmatrix} = \begin{pmatrix} 1 \\ -2 \\ 1 \end{pmatrix}$, mais on aurait aussi $B^{-1} \times B \times \begin{pmatrix} 1 \\ -2 \\ 1 \end{pmatrix} = B^{-1} \times \begin{pmatrix} 0 \\ 0 \\ 0 \end{pmatrix} = \begin{pmatrix} 0 \\ 0 \\ 0 \end{pmatrix}$, et donc $\begin{pmatrix} 1 \\ -2 \\ 1 \end{pmatrix} = \begin{pmatrix} 0 \\ 0 \\ 0 \end{pmatrix}$, ce qui n'est pas.

3. Si $n = 1$ alors $J = (1)$ est inversible d'inverse (1). Sinon posons $u = e1 - e2$. On a $J \times u = 0_{\mathbb{R}^n}$, et donc J n'est pas inversible avec le même argument que pour B.

4. C'est purement un exercice sur les anneaux et pas sur les matrices. On a $D^2 - D = I_n$ donc $(D - I_n)D = D(D - I_n) = I_n$. Ainsi D est inversible d'inverse $D - I_n$.

5. C'est purement un exercice sur les anneaux et pas sur les matrices. Si E était inversible on aurait $\left(E^{-1}\right)^p \times E^p = \left(E^p\right)^{-1} \times E^p = I_n$, mais on aurait également $\left(E^{-1}\right)^p \times E^p = \left(E^{-1}\right)^p \times O = O$ et par suite $I_n = O$, ce qui est une contradition. C'est donc que E n'est pas inversible.

6. On a $(I_n - E)(I_n + E + E^2 + \cdots + E^{p-1}) = I_n - E^p = I_n$ donc $I_n - E$ est inversible d'inverse $I_n + E + E^2 + \cdots + E^{p-1}$.

9.4 Centre de $\mathcal{M}_n(\mathbb{K})$

On appelle *centre d'un anneau* l'ensemble des éléments commutant avec tout élément de l'anneau. Donner une description simple du centre de $\mathcal{M}_n(\mathbb{K})$, c'est-à-dire de l'ensemble $\mathcal{C} = \{A \in \mathcal{M}_n(\mathbb{K}),\ \forall B \in \mathcal{M}_n(\mathbb{K}),\ AB = BA\}$.

Indication : Une matrice qui commute avec toute matrice commute en particulier avec une matrice élémentaire.

C 9.4 Centre de $\mathcal{M}_n(\mathbb{K})$

Analyse : Soit $A = (a_{i,j})_{\substack{1 \leqslant i \leqslant p \\ 1 \leqslant j \leqslant q}} \in \mathcal{C}$. Comme A commute avec toute matrice, A commute en particulier avec une matrice élémentaire. Soient $1 \leqslant i, j \leqslant n$.

D'après la remarque 6, les colonnes de $A \times E_{i,j}$ sont toutes nulles à l'exception de la j-ième qui est la i-ème colonne de A :

$$A \times E_{i,j} = \begin{pmatrix} 0 & & 0 & a_{1,i} & 0 & & 0 \\ \vdots & (0) & \vdots & \vdots & \vdots & (0) & \vdots \\ 0 & & 0 & a_{p,i} & 0 & & 0 \end{pmatrix}.$$
$$\uparrow$$
$$j\text{-ième}$$

D'après la remarque 6, les lignes de $E_{i,j} \times A$ sont toutes nulles à l'exception de la i-ième qui est la j-ème ligne de A :

$$E_{i,j} \times A = \begin{pmatrix} 0 & \dots & 0 \\ & (0) & \\ 0 & \dots & 0 \\ a_{j,1} & \dots & a_{j,q} \\ 0 & \dots & 0 \\ & (0) & \\ 0 & \dots & 0 \end{pmatrix} \leftarrow i\text{-ème}.$$

On a $A \times E_{i,j} = E_{i,j} \times A$, en particulier les coefficients d'indice (i,j) sont égaux, donc $a_{i,i} = a_{j,j}$, et les autres coefficients sont égaux, donc $a_{i,k} = 0$ pour $k \neq i$.
Ceci étant vrai pour tout couple (i,j), A a tous ses coefficients diagonaux égaux et tous ses autres coefficients nuls, *i. e.* A est de la forme λI_n.
Synthèse : Clairement, toute matrice de la forme λI_n commute avec toute matrice.
Conclusion : $\mathcal{C} = \{\lambda I_n,\ \lambda \in \mathbb{K}\}$.

9.5 Des puissances matricielles

Considérons les matrices de $\mathcal{M}_n(\mathbb{K})$ suivantes :

$$U = U_1 = \begin{pmatrix} 0 & 1 & 0 & \dots & 0 \\ \vdots & \ddots & 1 & \ddots & \vdots \\ \vdots & & \ddots & \ddots & 0 \\ \vdots & & & \ddots & 1 \\ 0 & \dots & \dots & \dots & 0 \end{pmatrix},\ U_2 = \begin{pmatrix} 0 & 0 & 1 & \dots & 0 \\ \vdots & \ddots & 0 & \ddots & \vdots \\ \vdots & & \ddots & \ddots & 1 \\ \vdots & & & \ddots & 0 \\ 0 & \dots & \dots & \dots & 0 \end{pmatrix}, \dots,$$

$$U_{n-1} = \begin{pmatrix} 0 & \dots & \dots & 0 & 1 \\ \vdots & & & & 0 \\ \vdots & & & & \vdots \\ \vdots & & & & \vdots \\ 0 & \dots & \dots & \dots & 0 \end{pmatrix},\ R = \begin{pmatrix} 1 & 1 & 0 & \dots & 0 \\ \vdots & \ddots & \ddots & \ddots & \vdots \\ \vdots & & \ddots & \ddots & 0 \\ \vdots & & & \ddots & 1 \\ 0 & \dots & \dots & \dots & 1 \end{pmatrix},$$

$$\text{et } T = \begin{pmatrix} 0 & 1 & \dots & \dots & 1 \\ \vdots & \ddots & \ddots & & \vdots \\ \vdots & & \ddots & 1 & \vdots \\ \vdots & & & \ddots & 1 \\ 0 & \dots & \dots & \dots & 0 \end{pmatrix}.$$

1. Calculer, pour tout $p \in \{1, \dots, n-1\}$, les puissances de U_p.
2. Calculer les puissances de R.
3. Montrer qu'on a $T^n = O$.

C 9.5 Des puissances matricelles

1. Un calcul direct montre qu'on a $\forall p \in \{1, \dots, n-1\}, U_p = U^p$, et $U^n = O$. En particulier U est nilpotente d'indice de nilpotence n. Plus généralement on a, pour tout entier $p \in \{1, \dots, n-1\}$ et tout entier k, $U_p^k = U_{kp}$, avec la convention $U_r = O$ si $r \geqslant n$.
2. On observe qu'on a $R = U + I_n$. Les matrices U et I_n commutent évidemment, on peut donc appliquer la formule du binôme de Newton :

$$\begin{aligned} R^p &= (U+I_n)^p && \text{par définition} \\ &= \sum_{k=0}^{p} \binom{p}{k} U^k (I_n)^{p-k} && \text{d'après la formule du binôme} \\ &= \sum_{k=0}^{p} \binom{p}{k} U^k && \text{d'après l'exemple 4} \\ &= \sum_{k=0}^{\max(n-1,p)} \binom{p}{k} U^k && \text{puisque } U \text{ est nilpotente d'indice de nilpotence } n. \end{aligned}$$

On termine en traitant deux cas :

- Si on a $p < n-1$, alors on a $R^p = \sum_{k=0}^{p} \binom{p}{k} U^k = \begin{pmatrix} \binom{p}{0} & \dots & \binom{p}{p} & 0 & \dots & 0 \\ 0 & \ddots & & \ddots & & \vdots \\ \vdots & & \ddots & & \ddots & 0 \\ \vdots & & & \ddots & & \binom{p}{p} \\ \vdots & & & & \ddots & \vdots \\ 0 & \dots & \dots & \dots & 0 & \binom{0}{p} \end{pmatrix}$.

- Si on a $p \geqslant n-1$, on a $R^p = \sum_{k=0}^{n-1} \binom{p}{k} U^k = \begin{pmatrix} 1 & p & \binom{p}{2} & \dots & \binom{p}{n-2} & \binom{p}{n-1} \\ 0 & \ddots & \ddots & \ddots & & \binom{p}{n-2} \\ \vdots & \ddots & \ddots & \ddots & \ddots & \vdots \\ \vdots & & \ddots & \ddots & \ddots & \binom{p}{2} \\ \vdots & & & \ddots & \ddots & p \\ 0 & \dots & \dots & \dots & 0 & 1 \end{pmatrix}$.

3. Un calcul direct montre qu'on a $T = U_1 + U_2 + \cdots + U_{n-1}$, c'est-à-dire $T = U + U^2 + \cdots + U^{n-1}$. Ainsi a-t-on $T^n = \left(U + U^2 + \cdots + U^{n-1}\right)^n$. Comme deux

puissances de U commutent toujours entre elles, on obtient que T est une somme de puissances de U de la forme $U^{i_1+i_2+\cdots+i_n}$ avec $i_1,\dots,i_n \in \{1,\dots,n-1\}$. Pour un tel n-uplet $(i_1,\dots,i_n)$, on a en particulier $i_1+i_2+\cdots+i_n \geqslant 1+1+\cdots+1 = n$. Ainsi, T est une somme de puissances de la forme $U^{i_1+i_2+\cdots+i_n}$ avec $U^{i_1+i_2+\cdots+i_n} = O$ puisque U est nilpotente d'indice de nilpotence n. La matrice T^n est ainsi une somme de matrices nulles, c'est donc la matrice nulle, d'où le résultat.

9.6 Une équation avec trace - MPSI

On se donne une matrice $A \in \mathcal{M}_n(\mathbb{K})$ fixée.

Résoudre l'équation d'inconnue $X \in \mathcal{M}_n(\mathbb{K})$ suivante : $X + \operatorname{tr}(X)A = O$.

On pourra procéder par analyse-synthèse et distinguer plusieurs cas possibles sur A.

C 9.6 Une équation avec trace - MPSI

Procédons comme le suggère l'énoncé.

Analyse : L'équation initiale montre qu'on a $X = -\operatorname{tr}(X)A$. En particulier X est de la forme λA avec $\lambda \in \mathbb{K}$.

Synthèse : Réinjectons : $X+\operatorname{tr}(X)A = \lambda A+\operatorname{tr}(\lambda A)A = \big(\operatorname{tr}(A)+1\big)\lambda A$ par linéarité de la trace. Le fait que $X = \lambda A$ soit solution signifie donc qu'on a $\lambda = 0$ ou $\operatorname{tr}(A) = -1$ ou $A = O$. On a donc trois cas. Si $A = O$, alors toute matrice de la forme λA est solution, mais seule la matrice nulle est de cette forme. Si $\operatorname{tr}(A) = -1$, alors toute matrice de la forme λA est solution, et il y en a une infinité car A ne peut être nul. Enfin si A est non nulle et $\operatorname{tr}(A) \neq -1$, alors l'unique solution est la matrice nulle.

Conclusion : L'ensemble des solutions est $\begin{cases} \{O\} \text{ si } \operatorname{tr}(A) \neq 1 \\ \{\lambda A,\ \lambda \in \mathbb{K}\} \text{ si } \operatorname{tr}(A) = -1 \end{cases}$.

9.7 Problème de fin de chapitre

Dans ce problème, on utilise les matrices pour expliciter le terme général d'une suite récurrente linéaire double, comme suggéré dans la section 4.5. On verra dans le chapitre 12 une autre méthode, plus abstraite, permettant de traiter le cas général.

On considère $(\alpha,\beta,a,b) \in \mathbb{R}\times\mathbb{R}\times\mathbb{R}\times\mathbb{R}^\times$ et on note $(u_n)_{n\in\mathbb{N}}$ la suite définie par

$$\left\| \begin{array}{l} u_0 = \alpha \\ u_1 = \beta \\ \forall n \in \mathbb{N},\ u_{n+2} = a u_{n+1} + b u_n \end{array} \right. .$$

On note aussi $M = \begin{pmatrix} 0 & 1 \\ b & a \end{pmatrix}$ et on note enfin $P_{a,b}(X) = X^2 - aX - b$.

Introduction

1. Montrer qu'on a $\forall n \in \mathbb{N},\ M^n \times \begin{pmatrix} \alpha \\ \beta \end{pmatrix} = \begin{pmatrix} u_n \\ u_{n+1} \end{pmatrix}$.

Première partie : dans cette partie, on suppose que $P_{a,b}$ a un discriminant $\Delta > 0$, et donc deux racines réelles $r_1 < r_2$. On note P la matrice $P = \begin{pmatrix} b & r_1 \\ b & r_2 \end{pmatrix}$.

2. Exprimer a et b en fonction de r_1 et r_2.
3. Montrer que la matrice P est inversible et expliciter son inverse P^{-1}.

   On note D la matrice $D = P \times M \times P^{-1}$.
4. Expliciter D en fonction de r_1 et r_2.
5. Exprimer M en fonction de P et de D, et en déduire une expression de M^n en fonction de r_1, r_2 et n.
6. Finalement, expliciter u_n.

Deuxième partie : dans cette partie, on suppose que $P_{a,b}$ a un discriminant $\Delta = 0$, et donc une racine double r_0. On note P la matrice $P = \begin{pmatrix} b & r_0 \\ b & r_0 + 1 \end{pmatrix}$.

7. Exprimer a et b en fonction de r_0.
8. Montrer que la matrice P est inversible et expliciter son inverse P^{-1}.

   On note T la matrice $T = P \times M \times P^{-1}$.
9. Expliciter T en fonction de r_0.
10. Expliciter T^n en fonction de r_0 et n.
11. Exprimer M en fonction de P et de T, et en déduire une expression de M^n en fonction de r_0 et n.
12. Finalement, expliciter u_n.

Troisème partie : dans cette partie, on suppose que $P_{a,b}$ a un discriminant $\Delta < 0$, donc deux racines complexes conjuguées $r e^{i\theta}$ et $r e^{-i\theta}$. On note $P = \begin{pmatrix} b & r\cos(\theta) \\ 0 & r\sin(\theta) \end{pmatrix}$.

13. Exprimer a et b en fonction de r et θ.
14. Montrer que la matrice P est inversible et expliciter son inverse P^{-1}.

    On note R la matrice $R = P \times M \times P^{-1}$.
15. Expliciter R en fonction de r et θ.
16. Expliciter R^n en fonction de r, θ et n.
17. Expliciter M^n en fonction de r, θ et n.
18. Finalement, expliciter u_n.

C 9.7 Problème de fin de chapitre

1. Pour $n \geqslant 1$ on a $M \times \begin{pmatrix} u_n \\ u_{n+1} \end{pmatrix} = \begin{pmatrix} 0 \times u_n + 1 \times u_{n+1} \\ b \times u_n + a \times u_{n+1} \end{pmatrix} = \begin{pmatrix} u_{n+1} \\ u_{n+2} \end{pmatrix}$. Une récurrence immédiate donne alors $\begin{pmatrix} u_n \\ u_{n+1} \end{pmatrix} = M \times \cdots \times M \times \begin{pmatrix} u_0 \\ u_1 \end{pmatrix} = M^n \times \begin{pmatrix} \alpha \\ \beta \end{pmatrix}$.
2. C'est la question clé pour aborder sereinement la suite. Les relations entre coefficients et racines[24] dans le cas d'un polynôme du second degré nous donnent la somme et le produit des racines d'un polynôme du second degré : $a = r_1 + r_2$ et $b = -r_1 r_2$.
3. On calcule le déterminant : $\det(P) = b(r_2 - r_1)$. Par hypothèse on a $b \neq 0$ et $r_2 - r_1 > 0$, il est donc non nul et P est inversible.

   Son inverse est $P^{-1} = \dfrac{1}{b(r_2 - r_1)} \begin{pmatrix} r_2 & -r_1 \\ -b & b \end{pmatrix}$ d'après une formule du cours.

   En utilisant l'expression de b, on a même $P^{-1} = \begin{pmatrix} \frac{-1}{r_1(r_2-r_1)} & \frac{1}{r_2(r_2-r_1)} \\ \frac{-1}{r_2-r_1} & \frac{1}{r_2-r_1} \end{pmatrix}$.
4. On calcule : $P \times M = \begin{pmatrix} -r_1 r_2 & r_1 \\ -r_1 r_2 & r_2 \end{pmatrix} \times \begin{pmatrix} 0 & 1 \\ -r_1 r_2 & r_1 + r_2 \end{pmatrix} = \begin{pmatrix} -r_1^2 r_2 & r_1^2 \\ -r_1 r_2^2 & r_2^2 \end{pmatrix}$.

   Puis : $P \times M \times P^{-1} = \begin{pmatrix} -r_1^2 r_2 & r_1^2 \\ -r_1 r_2^2 & r_2^2 \end{pmatrix} \times \begin{pmatrix} \frac{-1}{r_1(r_2-r_1)} & \frac{1}{r_2(r_2-r_1)} \\ \frac{-1}{r_2-r_1} & \frac{1}{r_2-r_1} \end{pmatrix} = \begin{pmatrix} r_1 & 0 \\ 0 & r_2 \end{pmatrix}$.
5. De $D = P \times M \times P^{-1}$ on tire $M = P^{-1} \times D \times P$.

   Puis $M^n = P^{-1} \times D \times P \times P^{-1} \times D \times P \times \cdots \times P^{-1} \times D \times P = P^{-1} \times D^n \times P$ après télescopage. Et on a $D^n = \begin{pmatrix} r_1^n & 0 \\ 0 & r_2^n \end{pmatrix}$ d'après le cours.

   D'où $M^n = \dfrac{1}{r_2 - r_1} \begin{pmatrix} r_1^n \times r_2 - r_2^n \times r_1 & -r_1^n + r_2^n \\ r_1^{n+1} \times r_2 - r_2^{n+1} \times r_1 & -r_1^{n+1} + r_2^{n+1} \end{pmatrix}$.
6. De $\begin{pmatrix} u_n \\ u_{n+1} \end{pmatrix} = M^n \times \begin{pmatrix} \alpha \\ \beta \end{pmatrix}$ on tire :

   $u_n = \dfrac{1}{r_2 - r_1}(r_1^n \times r_2 - r_2^n \times r_1 \quad - r_1^n + r_2^n) \times \begin{pmatrix} \alpha \\ \beta \end{pmatrix}$ (première ligne).

   Soit $u_n = \dfrac{(r_1^n \times r_2 - r_2^n \times r_1) \times \alpha + (-r_1^n + r_2^n) \times \beta}{r_2 - r_1} = \dfrac{\alpha r_2 - \beta}{r_2 - r_1} r_1^n + \dfrac{\alpha r_1 - \beta}{r_1 - r_2} r_2^n$.
7. C'est la même question que dans la partie précédente : $a = 2r_0$ et $b = -r_0^2$.
8. On calcule le déterminant : $\det(P) = b(r_0 + 1 - r_0) = b$. Par hypothèse on a $b \neq 0$, il est donc non nul et P est inversible. Son inverse est $P^{-1} = \dfrac{1}{b} \begin{pmatrix} r_0 + 1 & -r_0 \\ -b & b \end{pmatrix}$

24. Cf. chapitre 10 pour l'énoncé général.

d'après une formule du cours.

En utilisant l'expression de b, on a même $P^{-1} = \begin{pmatrix} \frac{-1}{r_0} - \frac{1}{r_0^2} & \frac{1}{r_0} \\ -1 & 1 \end{pmatrix}$.

9. On a : $P \times M = \begin{pmatrix} -r_0^2 & r_0 \\ -r_0^2 & r_0+1 \end{pmatrix} \times \begin{pmatrix} 0 & 1 \\ -r_0^2 & 2r_0 \end{pmatrix} = \begin{pmatrix} -r_0^3 & r_0^2 \\ -r_0^3 - r_0^2 & r_0^2 + 2r_0 \end{pmatrix}$.

Puis : $P \times M \times P^{-1} = \begin{pmatrix} -r_0^3 & r_0^2 \\ -r_0^3 - r_0^2 & r_0^2 + 2r_0 \end{pmatrix} \times \begin{pmatrix} \frac{-1}{r_0} - \frac{1}{r_0^2} & \frac{1}{r_0} \\ -1 & 1 \end{pmatrix} = \begin{pmatrix} r_0 & 0 \\ 1 & r_0 \end{pmatrix}$.

10. D'après le cours (remarque 13) on a $T^n = \begin{pmatrix} r_0^n & 0 \\ nr_0^{n-1} & r_0^n \end{pmatrix}$.

11. De $T = P \times M \times P^{-1}$ on tire $M = P^{-1} \times T \times P$.

Puis $M^n = P^{-1} \times T \times P \times P^{-1} \times T \times P \times \cdots \times P^{-1} \times T \times P = P^{-1} \times T^n \times P$ après télescopage.

On a donc $M^n = \begin{pmatrix} (-n+1)r_0^n & nr_0^{n-1} \\ -nr_0^{n+1} & (n+1)r_0^n \end{pmatrix}$.

12. De $\begin{pmatrix} u_n \\ u_{n+1} \end{pmatrix} = M^n \times \begin{pmatrix} \alpha \\ \beta \end{pmatrix}$ on tire : $u_n = \begin{pmatrix} (-n+1)r_0^n & nr_0^{n-1} \end{pmatrix} \times \begin{pmatrix} \alpha \\ \beta \end{pmatrix}$ (ligne 1).

Donc $u_n = \alpha(1-n)r_0^n + \beta n r_0^{n-1}$.

13. Même chose : $a = re^{i\theta} + re^{-i\theta} = 2r\cos(\theta)$ et $b = -re^{i\theta} \times re^{-i\theta} = -r^2$.

14. On calcule le déterminant : $\det(P) = br\sin(\theta) = -r^3\sin(\theta)$. Par hypothèse les deux racines sont non nulles (car non réelles) donc $r \neq 0$ et elles sont non réelles donc $\sin(\theta) \neq 0$. Le déterminant est donc non nul et P est inversible.

Son inverse est $P^{-1} = \dfrac{1}{br\sin(\theta)} \begin{pmatrix} r\sin(\theta) & -r\cos(\theta) \\ 0 & b \end{pmatrix}$ d'après une formule du cours.

En utilisant l'expression de b, on a même $P^{-1} = \begin{pmatrix} \frac{-1}{r^2} & \frac{\cos(\theta)}{r^2\sin(\theta)} \\ 0 & \frac{1}{r\sin(\theta)} \end{pmatrix}$.

15. On calcule :

$$P \times M = \begin{pmatrix} -r^2 & r\cos(\theta) \\ 0 & r\sin(\theta) \end{pmatrix} \times \begin{pmatrix} 0 & 1 \\ -r^2 & 2r\cos(\theta) \end{pmatrix}$$
$$= \begin{pmatrix} -r^3\cos(\theta) & -r^2 + 2r^2\cos(\theta) \\ -r^3\sin(\theta) & 2r^2\cos(\theta)\sin(\theta) \end{pmatrix}.$$

Puis : $P \times M \times P^{-1} = \begin{pmatrix} -r^3\cos(\theta) & -r^2 + 2r^2\cos(\theta) \\ -r^3\sin(\theta) & 2r^2\cos(\theta)\sin(\theta) \end{pmatrix} \times \begin{pmatrix} -\frac{1}{r^2} & \frac{\cos(\theta)}{r^2\sin(\theta)} \\ 0 & \frac{1}{r\sin(\theta)} \end{pmatrix}$

$$= \begin{pmatrix} r\cos(\theta) & \frac{r(\cos^2(\theta)-1)}{\sin(\theta)} \\ r\sin(\theta) & r\cos(\theta) \end{pmatrix}.$$

C'est-à-dire $P \times M \times P^{-1} = \begin{pmatrix} r\cos(\theta) & -r\sin(\theta) \\ r\sin(\theta) & r\cos(\theta) \end{pmatrix}$ via $\sin^2(\theta) = 1 - \cos^2(\theta)$.

16. On a $R = r \begin{pmatrix} \cos(\theta) & -\sin(\theta) \\ \sin(\theta) & \cos(\theta) \end{pmatrix}$ donc $R^n = r^n \begin{pmatrix} \cos(\theta) & -\sin(\theta) \\ \sin(\theta) & \cos(\theta) \end{pmatrix}^n$

$= r^n \begin{pmatrix} \cos(n\theta) & -\sin(n\theta) \\ \sin(n\theta) & \cos(n\theta) \end{pmatrix}$ d'après le cours (remarque 15).

17. De $R = P \times M \times P^{-1}$ on tire $M = P^{-1} \times R \times P$.

Puis $M^n = P^{-1} \times R \times P \times P^{-1} \times R \times P \times \cdots \times P^{-1} \times R \times P = P^{-1} \times R^n \times P$ après télescopage.

On a donc $M^n = \dfrac{r^n}{\sin(\theta)} \begin{pmatrix} -\sin\big((n-1)\theta\big) & \frac{\sin(n\theta)}{r} \\ -r\sin(n\theta) & \sin\big((n+1)\theta\big) \end{pmatrix}$.

18. De $\begin{pmatrix} u_n \\ u_{n+1} \end{pmatrix} = M^n \times \begin{pmatrix} \alpha \\ \beta \end{pmatrix}$ on tire : $u_n = \dfrac{r^n}{\sin(\theta)} \begin{pmatrix} -\sin\big((n-1)\theta\big) & \frac{\sin(n\theta)}{r} \end{pmatrix} \times \begin{pmatrix} \alpha \\ \beta \end{pmatrix}$.

Soit $u_n = \dfrac{r^n}{\sin(\theta)} \left(\frac{\sin(n\theta)}{r}\beta - \sin\big((n-1)\theta\big)\alpha \right) = \left(\alpha\cos(n\theta) + \frac{\beta - \alpha r\cos(\theta)}{r} \sin(n\theta) \right) r^n$.

CHAPITRE 10

Polynômes et fractions rationnelles

1 Introduction

Il est un théorème essentiel et très célèbre du programme du CPGE, dont l'histoire peut être liée de manière forte avec celle des notions abordées dans ce chapitre : il s'agit du *théorème de d'Alembert-Gauss*, encore appelé *théorème fondamental de l'algèbre*, et qui s'énonce comme suit :

Tout polynôme non constant de $\mathbb{C}[X]$ admet une racine dans $\mathbb{C}$.

Comme nous le verrons dans le développement de ce chapitre, grâce à un peu d'arithmétique sur les polynômes et notamment leur factorisation, ce théorème est en fait équivalent au théorème suivant :

Tout polynôme de degré $n \in \mathbb{N}$ de $\mathbb{C}[X]$ admet exactement n racines (comptées avec multiplicité) dans $\mathbb{C}$.

Si ce théorème est dit « fondamental » en algèbre, c'est que l'algèbre fut dans ses premiers développements la science s'efforçant de résoudre les équations polynomiales. Mais il est bien difficile maintenant de circonscrire ce qu'on entend par « algèbre » car ce terme regroupe théoriquement toutes les théories mathématiques développées dans le prolongement du problème initial des équations polynomiales ; or ces théories sont innombrables et leur lien avec les équations est de plus en plus ténu, si tant est qu'il existe encore.

Le théorème de d'Alembert-Gauss, tout en répondant positivement à la question de l'existence de solutions pour les équations polynomiales à coefficients complexes, est bien loin de clore le problème ; il ne dit pas en effet comment trouver ces solutions ni s'il possible de les exprimer comme des fonctions algébriques – c'est-à-dire s'écrivant à l'aide des opérations élémentaires $+$, $\times$, $-$, $\div$ et de l'extraction de racines – des coefficients de l'équation.

Si la résolution d'équations n'est pas étrangère aux mathématiques de l'Antiquité grecque, avec notamment une algèbre géométrique (c'est-à-dire qui cherche des solutions d'équations via des constructions géométriques, comme le fameux problème de la quadrature du cercle) et une arithmétique développée par Diophante d'Alexandrie, l'histoire des mathématiques a tendance à désigner les travaux du mathématicien arabe Al-Khwarizmi comme fondateurs de l'algèbre.

La raison en est qu'Al-Khwarizmi est le premier à avoir développé une étude systématique de certaines équations polynomiales (de degré 1 et 2), en s'appuyant notamment sur deux opérations : « al-jabr » (qui a donné plus tard le mot « algèbre »[1]) qui consiste à ajouter la même quantité aux deux membres de l'équation, et « al-muqabala » qui consiste à réduire des termes égaux aux deux membres de l'équation[2]. Ces opérations donnent d'ailleurs leur nom au principal ouvrage d'Al-Khwarizmi sur le sujet, *Kitab al-mukhtasar fi hisab al-jabr wa-l-muqabala*[3] et les méthodes mises en place par Al-Khwarizmi pour résoudre chaque type d'équation, indiquant pour chaque situation le type d'opération à effectuer, sont l'origine du mot « algorithme » qui est une déformation du nom Al-Khwarizmi.

Les mathématiques arabes se développèrent durant de nombreux siècles et leur savoir filtra peu à peu notamment en Italie puis en Espagne à la fin du XVe siècle lors de la reconquête par Isabelle la Catholique des terres abandonnées les siècles précédents aux musulmans. Le mouvement de la Renaissance en Europe s'appuya en partie sur le savoir arabe et l'on vit se développer aux XVe siècle et XVIe siècle des écoles algébristes, en Italie notamment. Parallèlement à l'introduction d'un symbolisme algébrique (lettres désignant les coefficients ou inconnues, symboles pour désigner les opérations comme la somme ou le produit, pour désigner l'égalité, etc.), les algébristes italiens parvinrent à résoudre l'équation polynomiale du troisième degré[4]. Peu après, Ludovico Ferrari (1522-

1. Selon Amy Dahan-Dalmedico et Jeanne Peiffer, dans *Une histoire des mathématiques - Routes et dédales*, Éditions du Seuil (1986), le mot « al-jabr » fut employé par la suite pour désigner tous les traités arabes sur les équations et fin son apparition en Europe au XIVe siècle en donnant le mot « algèbre ».

2. Le lecteur peut avoir l'impression que ces deux opérations sont les mêmes mais il comprendra ce qui les distingue en sachant qu'Al-Khwarizmi ne manipulait que des quantités positives.

3. Livre remontant au début du IXe siècle, dont on peut traduire le titre par : L'abrégé du calcul par la restauration et la comparaison.

4. Si l'on a appelé *formules de Cardan* les formules donnant la forme des solutions d'une équation du type $x^3 + px + q = 0$, Gerolamo Cardano (1501-1576) n'a apparemment aucunement découvert par

1565) indiqua comment ramener la résolution des équations du quatrième degré à la résolution d'une équation du troisième degré.

Dans les travaux des mathématiciens italiens de la Renaissance apparaissaient des quantités dites « impossibles » : les racines carrées de nombres négatifs. Des quantités impossibles n'avaient pas le statut de solutions et pourtant les mathématiciens se rendirent compte au fur et à mesure qu'ils pouvaient opérer avec ces quantités comme avec les nombres usuels[5]. En guise d'exemple simple, l'équation de second degré $x^2 + x + 1 = 0$ n'a que des solutions impossibles mais on peut pourtant calculer leur somme et vérifier qu'elle donne un nombre « réel » : -1.

Avec le temps, les mathématiciens acquirent l'intuition, voire en un sens la certitude, que toute équation polynomiale de degré n admet exactement n solutions, quitte à compter aussi les solutions impossibles[6]. Seulement, comme Gauss le pointa avec une grande pertinence, les mathématiques vécurent durant des siècles avec la confusion suivante : penser qu'avoir recours aux solutions dites « impossibles », mais qui désignaient en fait des quantités bien précises (les nombres complexes actuels), assuraient d'avoir toutes les solutions de l'équation. Or pourquoi n'y aurait-il pas d'autres types d'impossibles ?

Ce qui suit éclairera peut-être mieux le lecteur :

- l'équation $2x = 1$ est certes à coefficients entiers mais sa solution, $\frac{1}{2}$, n'est pas un entier mais un rationnel.
- l'équation $x^2 = 2$ est à coefficients entiers, donc rationnels, mais ses solutions, $-\sqrt{2}$ et $\sqrt{2}$, ne sont pas rationnelles.
- l'équation $x^2 = -1$ est elle aussi à coefficients entiers, donc rationnels, donc réels, mais ses solutions, $-\mathbf{i}$ et $\mathbf{i}$, ne sont pas réelles.

Ainsi pourquoi ne pourrait-on continuer à trouver des équations qui ne sauraient être satisfaites par tous les types de nombres introduits dans les exemples précédents ? Et étant donné que l'on s'est contenté dans les exemples précédents d'équations à coefficients entiers, on pourrait même imaginer de nouvelles difficultés en considérant des équations à coefficients réels ou complexes !

Dans ses *Recherches sur le calcul intégral*[7], Jean le Rond D'Alembert reprit une méthode élaborée précédemment par Jean Bernoulli pour déterminer des primitives de fractions

lui-même de méthode de résolution des équations du troisième degré ; il les aurait apprises de Tartaglia (1499-1557) et un de leurs prédécesseurs, Scipione del Ferro (1465-1526), les aurait même découvertes avant eux sans le révéler.

5. « réels » pourrait-on dire de manière un peu anachronique.

6. Il semblerait qu'Albert Girard (1595-1632) ait énoncé le premier ce principe dans *Invention nouvelle en l'Algèbre*, cf. Amy Dahan-Dalmedico et Jeanne Peiffer, *Ibid.*, p. 248.

7. Actes de l'Académie des Sciences (1746), pp. 182-224.

rationnelles[8]. Cette méthode ne peut s'appliquer à toute fraction rationnelle réelle que si tout polynôme à coefficients réels peut bien être factorisé à l'aide de polynômes réels de degré 1 et 2 (en effet il est nécessaire de factoriser ainsi le dénominateur de la fraction rationnelle considérée). D'Alembert se proposa donc de démontrer ce résultat de factorisation, qui n'est rien d'autre que la version du théorème fondamental de l'algèbre adaptée au cas des polynômes réel. La preuve de d'Alembert n'est pas complète du point de vue des critères actuels de rigueur car elle repose sur des arguments analytiques alors non prouvés, l'époque de d'Alembert étant bien antérieure à la refonte rigoureuse de l'analyse (moitié du XIXe siècle). Néanmoins il s'agit du premier essai sérieux de démonstration du théorème fondamental de l'algèbre et c'est pourquoi le nom de d'Alembert y est resté attaché.

Jean le Rond d'Alembert
(1717–1783)

Enfant illégitime, d'Alembert fut abandonné à sa naissance devant l'Église Saint-Jean-le-Rond de Paris, ce qui lui valut son prénom.
Parvenu au bout de sa formation d'avocat, d'Alembert se rendit compte que les mathématiques formaient la seule discipline qui le passionnait. D'Alembert se fit rapidement connaître dans ce domaine, travaillant surtout en analyse, et fut admis dès 1741 à l'Académie des Sciences de Paris.
Nombre de ses travaux avaient trait à la physique mais d'Alembert se reposait sur des principes métaphysiques qui étaient déconnectés de certaines réalités physiques mises en évidence par l'expérience. Cela lui valut de nombreuses critiques, notamment de Daniel Bernoulli.
D'Alembert reste très connu en mathématiques pour sa contribution au théorème fondamental de l'algèbre mais aussi pour son étude de la corde vibrante, pour laquelle il donna la première équation d'onde de l'histoire, ainsi que pour ses recherches sur les phénomènes limites (on a notamment attribué le nom de *règle de d'Alembert* à un procédé permettant dans certains cas de décider si une série numérique converge ou pas).
À partir de 1746, d'Alembert se trouva engagé dans le projet de l'Encyclopédie avec Denis Diderot. Il fut l'éditeur principal de la partie scientifique et rédigea la plupart des articles de mathématiques.
Se tournant dans la deuxième partie de sa vie vers la littérature et la philosophie, il délaissa quelque peu les mathématiques. Il fut élu à l'Académie française en 1754 et en devint le secrétaire perpétuel en 1772.

8. Nous verrons justement dans ce chapitre la décomposition en éléments simples des fractions rationnelles, qui permet d'appréhender ensuite assez simplement la recherche de leurs primitives.

On attribue finalement à Gauss la première démonstration complète du théorème. Il en proposa plusieurs ; en fait la première (1799) est aussi incomplète et, de plus, il ne s'est occupé dans ses premières démonstrations que du cas des polynômes à coefficients réels. Mais sa deuxième démonstration apparaît sans reproche et il est aussi le premier à avoir démontré le théorème dans sa version la plus complète, avec des coefficients complexes (1849). Si l'on ajoute à cela la compréhension des défauts des essais précédents de démonstrations, Gauss apparaît réellement comme le premier à avoir cerné et maîtrisé les subtilités de ce théorème.

Dans tout ce chapitre, $\mathbb{K}$ désignera le corps $\mathbb{R}$ ou le corps $\mathbb{C}$.

2 Opérations sur les polynômes et structures

2.1 L'espace vectoriel $\mathbb{K}[X]$

On introduit ici un nouvel objet, appelé *indéterminée* X, et noté simplement X. C'est un objet formel, rien de plus. On s'autorise à former les expressions X^0, X^1, X^2, …, X^n, …, formelles elles aussi, que sont les puissances de l'indéterminée. Dans un souci de cohérence bien compréhensible, on identifie X^0 avec le scalaire 1 et X^1 avec l'indéterminée X.

On a déjà évoqué le concept de *combinaison linéaire*, qui fera plus précisément l'objet du chapitre 11. Une combinaison linéaire des puissances de l'indéterminée est une expression de la forme $a_1X^{i_1} + a_2X^{i_2} + \cdots + a_rX^{i_r}$ où les a_k sont des scalaires et les i_k des entiers distincts. Une telle combinaison linéaire des puissances de l'indéterminée est là encore une expression formelle, mais on convient néanmoins de faire systématiquement les deux identifications suivantes :

1. on identifie les combinaisons linéaires qui ne se distinguent que par l'ordre des termes, par exemple $a_1X^{i_1} + a_2X^{i_2} + a_3X^{i_3}$ et $a_3X^{i_3} + a_1X^{i_1} + a_2X^{i_2}$;
2. on identifie une combinaison linéaire de la forme $a_1X^{i_1} + a_2X^{i_2} + \cdots + a_rX^{i_r} + 0X^{i_{r+1}}$ avec la combinaison linéaire correspondante $a_1X^{i_1} + a_2X^{i_2} + \cdots + a_rX^{i_r}$.

Définition 1

On appelle *polynôme* à une indéterminée X à coefficients dans $\mathbb{K}$ toute combinaison linéaire de puissances de l'indéterminée X.
On appelle *monôme* tout polynôme de la forme a_nX^n.
On note $\mathbb{K}[X]$ l'ensemble des polynômes à coefficients dans $\mathbb{K}$.

Proposition-Définition 1

Un polynôme est toujours de la forme $P = a_0 + a_1X + \cdots + a_nX^n = \sum_{k=0}^{n} a_kX^k$, où n désigne un entier naturel et $a_0,...,a_n$ des éléments de $\mathbb{K}$.

Les éléments a_0, ..., a_n sont alors appelés les *coefficients* de P.

Lorsqu'ils sont tous nuls, on dit que P est *le polynôme nul.*

DÉMONSTRATION

Il suffit d'utiliser de façon répétée les deux règles d'identification présentées précédemment : on note n le plus grand des entiers i_k (ou même un entier quelconque plus grand que le plus grand des i_k), on ajoute des coefficients nuls pour toutes les puissances de X absentes de la somme, et on réordonne enfin les termes.

Toujours en appliquant nos deux règles, on a immédiatement :

Théorème 1 (Identification)

Deux polynômes $P = \sum_{k=0}^{+\infty} a_kX^k$ et $Q = \sum_{k=0}^{+\infty} b_kX^k$ sont égaux si et seulement si les suites presque nulles $(a_k)_{k\in\mathbb{N}}$ et $(b_k)_{k\in\mathbb{N}}$ sont identiques.

Dit autrement, $P = Q \Leftrightarrow \forall k \in \mathbb{N},\ a_k = b_k$.

Le procédé d'« identifiation » souvent utilisé au lycée sur les polynômes (ou plutôt, par abus, sur les fonctions polynomiales[9]) correspond à ce dernier théorème.

Exemple 1

Soit $P = 2X^3 - 9X^2 + 13X - 6$.

On demande de déterminer des réels a, b et c tels que $P = (X - 2)(aX^2 + bX + c)$.

On développe : $(X-2)(aX^2+bX+c) = aX^3+(b-2a)X^2+(c-2b)X-2c$ et donc, par identification, on a $P = (X - 2)(aX^2 + bX + c)$ si et seulement si : $\begin{cases} a = 2 \\ b - 2a = -9 \\ c - 2b = 13 \\ -2c = -6 \end{cases}$.

On résout ce système et on trouve comme unique solution le triplet $(a = 2, b = -5, c = 3)$.

9. Cf. la définition 8.

Remarque 1

On peut également noter un polynôme $\sum_{k=0}^{+\infty} a_k X^k$, où la suite $(a_k)_{k\in\mathbb{N}}$ est nulle à partir d'un certain rang (on dit aussi qu'elle est *presque nulle*). C'est pratique pour ce qui suit. Le polynôme nul correspond alors à la suite $(a_k)_{k\in\mathbb{N}}$ telle que $a_k = 0$ pour tout $k \in \mathbb{N}$.

Notation 1

On notera génériquement dans la suite du chapitre un polynôme quelconque P sous la forme $P = \sum_{k=0}^{n} a_k X^k$ ou $\sum_{k=0}^{+\infty} a_k X^k$, sans toujours le préciser à nouveau à chaque fois.

Définition 2

On définit une loi de composition interne $+$ sur $\mathbb{K}[X]$ de la manière suivante : si $P = \sum_{k=0}^{+\infty} a_k X^k$ et $Q = \sum_{k=0}^{+\infty} b_k X^k$ sont deux éléments de $\mathbb{K}[X]$, on note $P + Q$ le polynôme $P + Q = \sum_{k=0}^{+\infty} (a_k + b_k) X^k$.

Remarque 2

Soient deux suites presque nulles $(a_k)_{k\in\mathbb{N}}$ et $(b_k)_{k\in\mathbb{N}}$. Il existe alors $n_a \in \mathbb{N}$ et $n_b \in \mathbb{N}$ tels que $a_k = 0$ pour tout $k \geqslant n_a$ et $b_k = 0$ pour tout $k \geqslant n_b$. Par conséquent, si l'on note $M = \max(n_a, n_b)$, on a $a_k = 0$ et $b_k = 0$ pour tout $k \geqslant M$, donc $a_k + b_k = 0$ pour tout $k \geqslant M$.

On a ainsi démontré que la somme de deux suites presque nulles est presque nulle.

Il s'ensuit que la quantité $P + Q$ définie ci-dessus est bien un polynôme. Cela explique en quoi la loi $+$ est bien interne à $\mathbb{K}[X]$.

Exemple 2

Si on a $P = 5X^2 - 3$ et $Q = 2X^3 - 5X^2 + 7X + 1$ alors on a :

$P + Q = (0 + 2)X^3 + (5 - 5)X^2 + (0 + 7)X + (-3 + 1) = 2X^3 + 7X - 2.$

Définition 3

On définit une loi de composition externe $\cdot$: $\begin{cases} \mathbb{K} \times \mathbb{K}[X] & \longrightarrow & \mathbb{K}[X] \\ (\lambda, P) & \longmapsto & \lambda \cdot P \end{cases}$ par : $\lambda \cdot P = \sum_{k=0}^{+\infty} (\lambda \times a_k) X^k$ si $P = \sum_{k=0}^{+\infty} a_k X^k$.

Remarque 3

Reprenons les deux lois précédentes en revenant à la première écriture proposée des polynômes : si n et m sont les plus grands entiers tels que $a_n \neq 0$ et $b_m \neq 0$ alors on peut écrire $P = \sum_{k=0}^{n} a_k X^k$ et $Q = \sum_{k=0}^{m} b_k X^k$.

On a alors $\lambda P = \sum_{k=0}^{n} \lambda a_k X^k$ et, si par exemple $n \geqslant m$, on a :

$$P + Q = \sum_{k=0}^{m} (a_k + b_k) X^k + \sum_{k=m+1}^{n} a_k X^k.$$

Théorème 2

$(\mathbb{K}[X], +, \cdot)$ est un $\mathbb{K}$-espace vectoriel.

DÉMONSTRATION

La démonstration relève de la suite de vérifications fastidieuses mais immédiates.

Remarque 4

Pour alléger les notations, et comme cela se fait le plus souvent en pratique, on notera dans la suite λP au lieu de $\lambda \cdot P$.

Remarque 5

Il est à noter que le lecteur peut voir défini dans d'autres livres un polynôme simplement comme une suite presque nulle $(a_k)_{k \in \mathbb{N}}$ d'éléments de $\mathbb{K}$. Cela revient disons à identifier un polynôme à ses coefficients. Ce n'est pas un point de vue utilisé concrètement pour les exercices proposés aux concours mais il possède le grand intérêt de pouvoir éviter de lourdes démonstrations sur les aspects structurels de $\mathbb{K}[X]$. Ainsi la preuve de la proposition qui précède peut être considérablement raccourcie si l'on vérifie plutôt que l'ensemble des suites presque nulles à coefficients dans $\mathbb{K}$ est un sous-espace vectoriel de $\mathbb{K}^{\mathbb{N}}$.

Le lecteur pourra donc s'entraîner également à vérifier les aspects structurels que nous avons laissés de côté dans la suite à l'aide de ce point de vue. On fera attention néanmoins que le produit défini plus loin ne coïncide pas avec le produit classique sur les suites. □

2.2 Degré d'un polynôme

Définition 4

Pour un polynôme non nul $P = \sum_{k=0}^{+\infty} (\lambda \times a_k) X^k$, on appelle *degré* de P et on note $\deg(P)$ l'entier naturel défini par : $\deg(P) = \max\{k \in \mathbb{N},\ a_k \neq 0\}$.

Si l'on note $d = \deg(P)$, le coefficient a_d est appelé *coefficient dominant* de P.

On définit le degré du polynôme nul comme étant $-\infty$.

Remarque 6

Dans tous les cas on a donc $\deg(P) = \sup\{k \in \mathbb{N},\ a_k \neq 0\}$, le sup étant pris dans $\overline{\mathbb{R}}$.[10]

Exemple 3

Le polynôme $-3X^4 + \pi X^2 - 7X + 1$ a pour degré 4 et pour coefficient dominant -3.

Remarque 7

La suite $(a_k)_{k \in \mathbb{N}}$ des coefficients d'un polynôme P étant nulle à partir d'un certain rang, l'ensemble $E = \{k \in \mathbb{N},\ a_k \neq 0\}$ est majoré. Si P est non nul alors E est de plus une partie non vide de $\mathbb{N}$ et admet donc un plus grand élément[11]. Cela justifie l'existence de d dans la définition précédente.

Exemples 4

1. Les polynômes de degré 0 sont les a_0, où $a_0 \in \mathbb{K}^\times$. Si l'on ajoute 0 à l'ensemble de ces polynômes, on obtient l'ensemble des polynômes dits *constants*.
2. Les polynômes de degré 1 sont les $a_1 X + a_0$ avec $a_1 \neq 0$.
3. Les polynômes de degré 2 sont les $a_2 X^2 + a_1 X + a_0$ avec $a_2 \neq 0$.

Définition 5

1. On appelle *terme de plus haut degré* d'un polynôme non nul P de degré d le monôme $a_d X^d$.
2. On dit d'un polynôme qu'il est *unitaire* lorsqu'il est de coefficient dominant 1.

Notation 2

On notera dans ce chapitre $\mathcal{U}$ l'ensemble des polynômes unitaires de $\mathbb{K}[X]$, où l'on considèrera en général $\mathbb{K}$ comme implicitement connu.

10. Voir G. Costantini, *Analyse*. 1re année, De Boeck (2013), p.170 et 171.
11. Pour mémoire, il s'agit d'un corollaire de la propriété du bon ordre, cf. le début du chapitre 3.

Proposition 1

1. Soient P et Q deux polynômes. Alors on a $\deg(P+Q) \leqslant \max(\deg P, \deg Q)$ et, si $\deg(P) \neq \deg(Q)$, alors on a $\deg(P+Q) = \max(\deg P, \deg Q)$.
2. Si $\lambda \neq 0$, on a $\deg(\lambda P) = \deg(P)$.

Démonstration

1. Supposons P de degré n et Q de degré m.
   Alors on peut écrire $P = \sum_{k=0}^{n} a_k X^k$ et $Q = \sum_{k=0}^{m} b_k X^k$, avec $a_n \neq 0$ et $b_m \neq 0$.
   Si P et Q sont de degrés distincts, quitte à échanger leurs rôles (ce qui est licite grâce à la commutativité de $+$), on peut supposer qu'on a $n > m$. Alors on a $P + Q = \sum_{k=0}^{m} (a_k + b_k) X^k + \sum_{k=m+1}^{n} a_k X^k$ qui est de degré $n = \max(\deg P, \deg Q)$.
   Si $m = n$, alors on a $P + Q = \sum_{k=0}^{n} (a_k + b_k) X^k$ qui est de degré au plus n (et éventuellement de degré strictement inférieur si $a_n + b_n = 0$).
2. Élémentaire et laissé aux bons soins du lecteur.

Exemple 5

Soient $A = 3X^3 + 5X^2 - X - 1$ et $B = -3X^3 + X^2 + 3$. On a $\deg(A) = \deg(B) = 3$ mais $\deg(A + B) = 2 < \max\big(\deg(A), \deg(B)\big)$.

Notation 3

Pour $n \in \mathbb{N}$, on note $\mathbb{K}_n[X]$ l'ensemble des polynômes de $\mathbb{K}[X]$ de degré $\leqslant n$.

La proposition précédente nous indique que pour $(P, Q) \in \mathbb{K}_n[X]^2$, on a $P + Q \in \mathbb{K}_n[X]$ et, pour $\lambda \in \mathbb{K}$, on a $\lambda P \in \mathbb{K}_n[X]$. Comme on a aussi $0 \in \mathbb{K}_n[X]$, on peut en déduire :

Proposition 2

$\mathbb{K}_n[X]$ est un sous-espace vectoriel de $\mathbb{K}[X]$.

Remarque 8

En particulier le sous-ensembles $\mathbb{K}_0[X]$ des polynômes constants est un sous-espace vectoriel de $\mathbb{K}[X]$. Dans la suite, on identifiera systématiquement ce sous-espace à $\mathbb{K}$, c'est-à-dire que l'on identifiera les constantes avec les polynômes constants.

2.3 Produit de polynômes

On veut définir sur $\mathbb{K}[X]$ une multiplication (qui soit une lci) $\times$ vérifiant les points suivants :

- $\forall (k,\ell) \in \mathbb{N}^2,\ X^k \times X^\ell = X^{k+\ell}$.
- $\times$ est distributive par rapport à $+$.
- $\times$ est compatible avec la lce $\cdot$, *i. e.* : $(\lambda P) \times Q = \lambda(P \times Q) = P \times (\lambda Q)$.

Pour cela, il est donc nécessaire d'avoir, si $P = \sum_{k=0}^{n} a_k X^k$ et $Q = \sum_{j=0}^{m} b_j X^j$:

$$\begin{aligned} P \times Q &= \left(\sum_{k=0}^{n} a_k X^k\right) \times \left(\sum_{j=0}^{m} b_j X^j\right) \\ &= a_0 \left(\sum_{j=0}^{m} b_j X^j\right) + a_1 X \left(\sum_{j=0}^{m} b_j X^j\right) + \cdots + a_n X^n \left(\sum_{j=0}^{m} b_j X^j\right) \\ &= a_0 b_0 + (a_0 b_1 + a_1 b_0) X + (a_0 b_2 + a_1 b_1 + a_2 b_0) X^2 + \cdots + a_n b_m X^{n+m} \\ &= \sum_{k=0}^{n+m} (a_0 b_k + a_1 b_{k-1} + a_2 b_{k-2} + \cdots + a_k b_0) X^k. \end{aligned}$$

Cela motive la définition suivante :

Définition 6

Soit $P = \sum_{k=0}^{n} a_k X^k$ et $Q = \sum_{j=0}^{m} b_j X^j$. On définit le polynôme noté $P \times Q$ par : $P \times Q = \sum_{k=0}^{n+m} c_k X^k$ avec $c_k = \sum_{i=0}^{k} a_i b_{k-i}$, *i. e.* $c_k = \sum_{\substack{0 \leqslant i,j \leqslant n \\ i+j=k}} a_i b_j$.[12]

Notation 4

On notera le plus souvent simplement PQ pour $P \times Q$.

Remarque 9

Notons que dans la somme $\sum_{i=0}^{k} a_i b_{k-i}$ définissant c_k, on peut éventuellement trouver de nombreux termes nuls.

Prenons par exemple $c_{n+m} = \sum_{i=0}^{n+m} a_i b_{n+m-i} = a_0 b_{n+m} + a_1 b_{n+m-1} + \cdots + a_{n+m} b_0$; comme on a $b_k = 0$ pour tout $k > m$, on sait que si on a $n \geqslant 1$ par exemple, alors on a

12. En général, dans une somme comme celle-ci, la mention « $0 \leqslant i,j \leqslant n$ » n'est pas précisée pour cause de lourdeur. On trouve ainsi bien souvent $\sum_{i+j=k} a_i b_j$. Il est de toute façon obligatoire, même si elle n'est pas explicite, qu'il y ait une restriction à l'ensemble des indices i et j, car sinon on obtiendrait une sommation infinie.

$n+m \geqslant 1+m > m$ et donc $b_{n+m} = 0$, d'où $a_0 b_{n+m} = 0$.

On laisse le vecteur vérifier que, plus généralement, il ne reste qu'un terme non nul dans la somme $\sum_{i=0}^{n+m} a_i b_{n+m-i}$, qui correspond à $i = n$ et vaut donc $a_n b_m$ comme on l'a vu dans le calcul préliminaire à la définition 6.

Notation 5

Pour un polynôme P quelconque, on note $P^2 = P \times P$, $P^3 = P^2 \times P$, etc.

Proposition 3

$(\mathbb{K}[X], +, \times)$ est un anneau commutatif, d'élément unité le polynôme constant 1.

DÉMONSTRATION

1. Comme nous l'avons déjà vu pour la proposition 2, $(\mathbb{K}[X], +)$ forme un groupe commutatif.
2. Soient trois polynômes $P = \sum_{k=0}^{n} a_k X^k$, $Q = \sum_{k=0}^{m} b_k X^k$ et $R = \sum_{k=0}^{\ell} c_k X^k$. On a :

$$\begin{aligned}
(P \times Q) \times R &= \left(\sum_{k=0}^{n+m} \left(\sum_{i=0}^{k} a_i b_{k-i}\right) X^k\right) \times \sum_{k=0}^{\ell} c_k X^k && \text{par définition de } \times \\
&= \sum_{k=0}^{n+m+\ell} \sum_{i=0}^{k} \left(\sum_{j=0}^{i} a_j b_{i-j}\right) c_{k-i} X^k && \text{par définition de } \times \\
&= \sum_{k=0}^{n+m+\ell} \sum_{i=0}^{k} \left(\sum_{j=0}^{i} a_j b_{i-j} c_{k-i}\right) X^k && \text{par distributivité} \\
&= \sum_{k=0}^{n+m+\ell} \sum_{j=0}^{k} \left(\sum_{i=j}^{k} a_j b_{i-j} c_{k-i}\right) X^k && \text{par permutation de } \Sigma \\
&= \sum_{k=0}^{n+m+\ell} \sum_{j=0}^{k} a_j \left(\sum_{i=j}^{k} b_{i-j} c_{k-i}\right) X^k && \text{par distributivité} \\
&= \sum_{k=0}^{n+m+\ell} \sum_{j=0}^{k} a_j \left(\sum_{i=0}^{k-j} b_i c_{k-j-i}\right) X^k && \text{par réindiçage} \\
&= \left(\sum_{k=0}^{n} a_k X^k\right) \times \sum_{k=0}^{m+\ell} \left(\sum_{i=0}^{k} b_i c_{k-i}\right) X^k && \text{par définition de } \times \\
&= P \times (Q \times R) && \text{par définition de } \times.
\end{aligned}$$

   Ainsi la lci $\times$ est associative.
3. Soit $P = \sum_{k=0}^{n} a_k X^k \in \mathbb{K}[X]$. Si l'on note $Q = b_0 = 1$, alors le coefficient général $c_k = \sum_{i=0}^{k} a_i b_{k-i}$ de $P \times Q$ vaut $a_k b_0 = a_k$ car pour $i \neq k$, on a $k - i \neq 0$ et donc

$b_{k-i} = 0$. Ainsi $P \times 1 = P$.

Il est aussi aisé d'établir qu'on a $1 \times P = P$, ou alors on peut déduire cette relation de la commutativité de $\times$ que nous mentionnons un peu plus bas.

En tout cas, la lci $\times$ possède un élément neutre dans $\mathbb{K}[X]$, à savoir le polynôme 1.

On laisse le lecteur vérifier lui-même les points restants, à savoir :

4. $\times$ est commutative.
5. $\times$ est distributive sur $+$, c'est-à-dire :
   $\forall (P, Q, R) \in \mathbb{K}[X]^3,\ P \times (Q + R) = P \times Q + P \times R$ (distributivité à gauche)
   et $\forall (P, Q, R) \in \mathbb{K}[X]^3,\ (P + Q) \times R = P \times R + Q \times R$ (distributivité à droite).

Tous ces points établis font bien de $(\mathbb{K}[X], +, \times)$ un anneau commutatif.

Remarque 10

On peut même vérifier que cette multiplication est bilinéaire, au sens où l'on a, pour tous polynômes P, Q, R et tous scalaires λ et μ :

$(\lambda P + \mu Q)R = \lambda PR + \mu QR$ et $R(\lambda P + \mu Q) = \lambda RP + \mu RQ$.

La combinaison de la structure de $\mathbb{K}$-espace vectoriel et d'anneau nous permettent essentiellement de conclure qu'on a aussi la structure suivante :

Proposition 4 (Structure de $\mathbb{K}$-algèbre - Complément)

$(\mathbb{K}[X], +, \times, \cdot)$ est une algèbre unitaire sur $\mathbb{K}$.

Remarque 11

Nous laissons le lecteur retourner voir la définition d'algèbre donnée dans le chapitre 8 pour qu'il constate qu'il ne lui manque presque rien pour établir le résultat précédent.

⚠ Par contre $(\mathbb{K}_n[X], +, \times, \cdot)$ n'est pas pas une $\mathbb{K}$-algèbre (sauf pour $n = 0$, cf. l'argument donné plus loin dans la remarque 19 pour s'en convaincre rapidement), et même pas un anneau, car $\times$ n'est pas une lci sur cet ensemble.

En effet on a $X^n \times X^n = X^{2n} \notin \mathbb{K}_n[X]$ si $n \geqslant 1$, ce qui constitue un exemple de produit d'éléments de $\mathbb{K}_n[X]$ dont le produit n'est pas dans $\mathbb{K}_n[X]$.

Le degré a d'ailleurs un comportement très intéressant vis-à-vis de la multiplication :

Théorème 3

Soient P et Q deux polynômes. On a $\deg(PQ) = \deg P + \deg Q$.

Démonstration

Soit $n = \deg P$ et $m = \deg Q$. On écrit $P = \sum_{k=0}^{n} a_k X^k$ et $Q = \sum_{j=0}^{m} b_j X^j$ avec $a_n \neq 0$ et $b_m \neq 0$.

Dans le produit PQ, il n'y a aucun terme en X^k avec $k > n+m$. Le terme en $k = n+m$ est $c_{n+m} = a_n b_m \neq 0$. Ainsi $\deg(PQ) = n + m$.

Exemple 6

On a $(2X^3 - X + 1)(X^2 + 2X + 4) = 2X^5 + 4X^4 + 7X^3 - X^2 - 2X + 4$, où le produit d'un polynôme de degré 3 et d'un polynôme de degré 2 donne bien un polynôme de degré $5 = 3 + 2$.

Corollaire 1

L'anneau $\mathbb{K}[X]$ est intègre.

Démonstration

Soit $(P, Q) \in \mathbb{K}[X]^2$ avec $PQ = 0$. Alors $-\infty = \deg(0) = \deg(PQ) = \deg P + \deg Q$, ce qui implique $\deg P = -\infty$ ou $\deg Q = -\infty$, donc $P = 0$ ou $Q = 0$.

2.4 Applications polynomiales

Dans l'expression d'un polynôme, l'indéterminée X n'est pas une variable, c'est bien un objet mathématique abstrait à part entière. L'intention est néanmoins d'utiliser les polynômes concrètement, en les « appliquant » à des objets précis, c'est-à-dire en substituant à l'indéterminée une expression mathématique. À quel type d'expression souhaite-t-on appliquer un polynôme ? Il est bien clair qu'un polynôme à coefficients dans $\mathbb{K}$ doit pouvoir s'appliquer à un élément de $\mathbb{K}$, c'est le point de départ de la théorie avec la notion d'équation. Mais justement, ce point de départ nous a conduit à accepter qu'une équation polynomiale à coefficients réels puisse avoir des racines complexes : en particulier, un polynôme à coefficients dans $\mathbb{R}$ doit aussi pouvoir s'appliquer à un élément de $\mathbb{C}$. Allons plus loin : on a vu au chapitre 9 qu'il était potentiellement utile d'appliquer un polynôme de $\mathbb{K}[X]$ à une matrice de $\mathcal{M}_n(\mathbb{K})$; cet usage doit donc aussi être pris en compte. Finalement, pour pouvoir appliquer un polynôme de $\mathbb{K}[X]$ à un objet mathématique, il suffit que cet objet vive dans un monde où l'on peut multiplier par des scalaires, additionner et multiplier... c'est-à-dire dans une algèbre.

Définition 7

Soit $(\mathcal{A}, +, \times, \cdot)$ une $\mathbb{K}$-algèbre. À tout polynôme $P = \sum_{k=0}^{d} a_k X^k$ de $\mathbb{K}[X]$ on associe l'*application polynomiale associée à* P *dans* $\mathcal{A}$: $\widetilde{P}^{\mathcal{A}} \left\{ \begin{array}{ccc} \mathcal{A} & \longrightarrow & \mathcal{A} \\ A & \longmapsto & \sum_{k=0}^{d} a_k A^k \end{array} \right.$, la somme et les multiplications considérées dans cette expression étant celles de l'algèbre $\mathcal{A}$.

En général, on note encore P l'application $\widetilde{P}^{\mathcal{A}}$ pour éviter trop de lourdeurs, le contexte permettant de déterminer dans quelle algèbre on se trouve.

Le cas particulier le plus important étant bien sûr le cas $\mathcal{A} = \mathbb{K}$:

Définition 8

À tout polynôme $P = \sum_{k=0}^{d} a_k X^k$ de $\mathbb{K}[X]$ on associe ce qu'on appelle la *fonction polynomiale* $\tilde{P} = \widetilde{P}^{\mathbb{K}} : \left\{ \begin{array}{ccc} \mathbb{K} & \longrightarrow & \mathbb{K} \\ x & \longmapsto & \sum_{k=0}^{d} a_k x^k \end{array} \right.$.

Dans la suite, on essaiera autant que possible de distinguer $\tilde{P}$ de P, mais l'usage veut qu'on s'encombre rarement de cet alourdissement de notation.

On a de manière évidente, du fait des définitions de la somme et du produit de fonctions :

Proposition 5 (Règles de calcul)

$\forall (P, Q) \in \mathbb{K}[X]^2$, $\forall \lambda \in \mathbb{K}$, $\widetilde{\lambda P}^{\mathcal{A}} = \lambda \widetilde{P}^{\mathcal{A}}$, $\widetilde{P+Q}^{\mathcal{A}} = \widetilde{P}^{\mathcal{A}} + \widetilde{Q}^{\mathcal{A}}$ et $\widetilde{PQ}^{\mathcal{A}} = \widetilde{P}^{\mathcal{A}}\, \widetilde{Q}^{\mathcal{A}}$.

Remarque 12

Si l'on se permet d'utiliser la terminologie propre au programme de deuxième année mais évoquée dans le chapitre 8, on pourrait préciser la proposition précédente en disant que l'application $\left\{ \begin{array}{ccc} \mathbb{K}[X] & \longrightarrow & \mathcal{A}^{\mathcal{A}} \\ P & \longmapsto & \widetilde{P}^{\mathcal{A}} \end{array} \right.$ est non seulement une application linéaire, mais aussi un morphisme d'anneaux, et donc même un morphisme d'algèbres !

2.5 Composition de polynômes

Remarque 13

On a vu dans la proposition 4 que $(\mathbb{K}[X], +, \times, \cdot)$ est justement une $\mathbb{K}$-algèbre. À tout polynôme P, on peut donc associer une application $\widetilde{P}^{\mathbb{K}[X]} : \mathbb{K}[X] \longrightarrow \mathbb{K}[X]$!

Définition 9

Soient $P = \sum_{k=0}^{+\infty} a_k X^k$ et $Q \in \mathbb{K}[X]$. On définit le polynôme composé $P \circ Q$, noté parfois simplement $P(Q)$, par : $P \circ Q = \widetilde{P}^{\mathbb{K}[X]}(Q) = \sum_{k=0}^{+\infty} a_k Q^k$.

Exemples 7

Pour $Q = X + 1$, on a $P \circ Q = \sum_{k=0}^{+\infty} a_k (X+1)^k$; pour $Q = X^3$, on a $P \circ Q = \sum_{k=0}^{+\infty} a_k X^{3k}$.
Plus concrètement, si on a $P = 3X^2 - 2X + 1$ et $Q = X - 1$, on obtient :
$P \circ Q = 3(X-1)^2 - 2(X-1) + 1 = 3X^2 - 6X + 3 - 2X + 2 + 1 = 3X^2 - 8X + 6$.
Si on a $Q = 2$, alors $P \circ Q = 3(2)^2 - 2(2) + 1 = 9$.

Remarque 14

La notation $P(Q)$ vient de la surcharge de notation consistant à noter encore P l'application $\widetilde{P}^{\mathbb{K}[X]}$: elle est agréable et on aurait tort de s'en priver. Cette surcharge donne d'ailleurs un sens clair à l'objet noté $P(X)$ que l'on retrouve dans de nombreux livres et sujets de concours. On a tout simplement $P = P(X)$.
Ainsi, dans les exemples 7, il apparaît naturel de remplacer la notation $P \circ Q$ par, respectivement, $P(X+1)$, $P(X^3)$, $P(X-1)$ et $P(2)$.
Encore une fois, nous avons voulu éviter ici d'écrire $P(X)$ au moment de définir les polynômes pour insister sur le caractère abstrait de l'objet polynôme. S'il peut *a posteriori* être concrétisé en application polynomiale, il n'est pas destiné à s'appliquer aux seuls éléments de $\mathbb{K}$ mais bien à des éléments de toute $\mathbb{K}$-algèbre. En particulier, un polynôme n'est pas une fonction, et dans l'expression $P(X)$ l'indéterminée X ne désigne pas un élément de $\mathbb{K}$. □

⚠ Que le lecteur prenne garde néanmoins à une certaine confusion : si l'on a par exemple $P = 3X^2 - 5$ et $Q = 2X + 1$, les notations $P \circ Q$ et $P(2X+1)$ désigneront la même composée, mais écrire $(3X^2 - 5)(2X + 1)$ sera par contre toujours compris comme étant $P \times Q$ et non $P \circ Q$.

Application 1

Les polynômes constitués uniquement de termes de degré pair, *i. e.* ceux de l'ensemble $\mathcal{P} = \left\{ P = \sum_{k=0}^{+\infty} a_k X^k \in \mathbb{K}[X],\ \forall j \in \mathbb{N},\ a_{2j+1} = 0 \right\}$, sont ceux vérifiant $P(X) = P(-X)$.

En effet, $P(X) = P(-X) \Leftrightarrow \sum_{k=0}^{+\infty} a_k X^k = \sum_{k=0}^{+\infty} a_k (-1)^k X^k \Leftrightarrow \forall k \in \mathbb{N},\ a_k = (-1)^k a_k$. Ainsi on a $P \in \mathcal{P}$ si et seulement si $a_k = 0$ pour tout k impair.

Par exemple le polynôme $A = X^4 + X^2 + 1$ est un élément de $\mathcal{P}$. Étant constitué uniquement de termes de degré pair, il lui correspond d'ailleurs un unique polynôme $Q \in \mathbb{K}[X]$ tel que $A = Q(X^2)$; il s'agit du polynôme $Q = X^2 + X + 1$.

Le lecteur peut vérifier de même que les polynômes constitués uniquement de termes de degré impair sont ceux vérifiant $P(X) = -P(-X)$, pour lesquels d'ailleurs il existe un unique polynôme $Q \in \mathbb{K}[X]$ tel que $P = XQ(X^2)$.

On laisse le soin au lecteur de vérifier qu'on a les propriétés suivantes :

Proposition 6

$\forall (P, Q, R) \in \mathbb{K}[X]^3$, $\forall (\lambda, \mu) \in \mathbb{K}^2$, $(\lambda P + \mu Q) \circ R = \lambda (P \circ R) + \mu (Q \circ R)$ et $(PQ) \circ R = (P \circ R)(Q \circ R)$.

On a aussi l'associativité : $P \circ (Q \circ R) = (P \circ Q) \circ R$.

Proposition 7

Si Q n'est pas constant, $\deg(P \circ Q) = \deg(P) \times \deg(Q)$.

DÉMONSTRATION

Notons $n = \deg(P)$ et $m = \deg(Q)$.

Comme Q est supposé non constant, on a $m \geqslant 1$.

- Si $P = 0$, on a $P \circ Q = 0$. Ainsi on a $\deg(P) = -\infty = \deg(P \circ Q)$ et, comme $m \geqslant 1$, $\deg(P) \times \deg(Q) = -\infty$. L'égalité annoncée est donc vérifiée dans ce cas.
- Si $\deg(P) = 0$, c'est-à-dire si P est un polynôme constant non nul, alors $P \circ Q = P$ et $0 = \deg(P \circ Q)$ est bien égal à $\deg(P) \times \deg(Q)$.
- Si $n \geqslant 1$ alors on écrit $P = a_n X^n + P_1$ et $Q = b_m X^m + Q_1$ avec $a_n \neq 0$, $b_m \neq 0$, $\deg(P_1) < n$ et $\deg(Q_1) < m$.

  On obtient $P \circ Q = a_n (b_m X^m + Q_1)^n + P_1(b_m X^m + Q_1)$. Le terme de plus haut degré de $a_n (b_m X^m + Q_1)^n$ est $a_n b_m X^{nm}$ qui a pour degré nm, tandis que le terme de plus haut degré de $P_1(b_m X^m + Q_1)$ a pour degré $(n-1)m$. Comme on a $m \geqslant 1$, on a

$nm > (n-1)m$, ce qui signifie que $P \circ Q$ a pour terme de plus haut degré $a_n b_m X^{mn}$. Ainsi $\deg(P \circ Q) = nm = \deg(P) \times \deg(Q)$.

Remarque 15

Supposons $P \neq 0$.

Si Q est un polynôme constant et se trouve être une racine non nulle de P, alors on a $P(Q) = 0$, d'où $\deg(P \circ Q) = -\infty$, tandis que, P et Q étant non nuls, $\deg(P) \times \deg(Q) = 0$. Dans ce cas, on a donc $\deg(P \circ Q) < \deg(P) \times \deg(Q)$.

Par exemple, si on a $P = X + 1$ et $Q = -1$, on constate qu'on a $P \circ Q = 0$, qui est donc de degré $-\infty$, tandis qu'on a $\deg(P) \times \deg(Q) = 1 \times 0 = 0$.

3 Divisibilité dans $\mathbb{K}[X]$

Comme nous venons de le voir, $\mathbb{K}[X]$ est muni d'une addition et d'un produit qui en font un anneau commutatif, au même titre que $\mathbb{Z}$. Nous allons constater dans ce chapitre qu'il est possible d'édifier dans $\mathbb{K}[X]$ une arithmétique analogue à celle de $\mathbb{Z}$.

Dans un premier temps, examinons la notion de divisibilité.

3.1 Divisibilité des polynômes

Définition 10

On dit d'un polynôme B de $\mathbb{K}[X]$ qu'il *divise* un polynôme A de $\mathbb{K}[X]$, et on écrit $B \mid A$, lorsqu'il existe un polynôme C de $\mathbb{K}[X]$ vérifiant $A = BC$. On dit alors de B qu'il est un *diviseur* de A, et de A qu'il est un *multiple* de B.

Exemple 8

On peut vérifier qu'on a $(2X^2 + 5) \times (-X^3 + 3X + 1) = -2X^5 + X^3 + 2X^2 + 15X + 5$, ce qui permet de dire que $2X^2 + 5$ et $-X^3 + 3X + 1$ sont des diviseurs du polynôme $-2X^5 + X^3 + 2X^2 + 15X + 5$.

Proposition 8

Soit $A \in \mathbb{K}[X] \setminus \{0\}$. Si un polynôme B divise A alors $\deg B \leqslant \deg A$.

Démonstration

Soit $C \in \mathbb{K}[X]$ tel que $A = BC$. Alors on a $\deg A = \deg B + \deg C$. Comme A est non nul et $\mathbb{K}[X]$ intègre, C est non nul, donc on a $\deg C \geqslant 0$. D'où $\deg A \geqslant \deg B$.

Remarque 16

Il n'y a que lorsqu'on a $A = 0$ qu'on peut avoir un polynôme B divisant A tout en vérifiant $\deg(B) > \deg(A)$.

Théorème 4

La relation de divisibilité sur $\mathbb{K}[X]$ est réflexive et transitive mais n'est pas antisymétrique.
Si on la restreint à l'ensemble $\mathcal{U}$ des polynômes unitaires de $\mathbb{K}[X]$, elle devient alors antisymétrique et est par conséquent une relation d'ordre sur $\mathcal{U}$.

DÉMONSTRATION

Pour ce qui est de la réflexivité et de la transitivité, il n'y a rien d'essentiellement nouveau par rapport à la démonstration du résultat analogue dans $\mathbb{Z}$.
La relation de divisibilité n'est pas antisymétrique sur $\mathbb{K}[X]$ car si on prend un polynôme non nul P, on a $P \mid (-P)$ vu que $-P = -1 \times P$ et $-P \mid P$ vu que $P = -1 \times (-P)$, et pour autant $P \neq -P$.
Notons d'ailleurs que l'on peut remplacer dans le raisonnement précédent $-P$ par λP avec pour λ n'importe quel élément de $\mathbb{K} \setminus \{0, 1\}$.
Plaçons-nous maintenant dans $\mathcal{U}$: soit $(P, Q) \in \mathcal{U}^2$ et supposons $P \mid Q$ et $Q \mid P$. Il existe $K \in \mathbb{K}[X]$ tel que $Q = KP$ et il existe $K' \in \mathbb{K}[X]$ tel que $P = K'Q$. On en déduit $P = K'KP$ et donc on a soit $P = 0$, soit $K'K = 1$.
Dans le cas $P = 0$, on obtient $Q = 0$ et en particulier $P = Q$.
Dans le cas $K'K = 1$, notons que, via les relations $Q = KP$ et $P = K'Q$, on sait que K et K' sont unitaires.
De $K'K = 1$, on déduit $\deg(K') + \deg(K) = 0$, donc $\deg(K) = \deg(K') = 0$ et ainsi K et K' sont des polynômes constants. Étant unitaires, ils sont égaux à 1. Ainsi $K = K' = 1$ et $P = Q$.
Dans tous les cas, on obtient $P = Q$. On a ainsi prouvé que la relation de divisibilité est antisymétrique sur $\mathcal{U}$.
Étant réflexive, transitive et antisymétrique, c'est donc une relation d'ordre sur $\mathcal{U}$.

Remarque 17

La relation d'ordre $\mid$ sur $\mathcal{U}$ n'est pas totale car si l'on prend par exemple les polynômes X et $X + 1$, on n'a ni $X \mid (X + 1)$ ni $(X + 1) \mid X$.
Notons que $\mathcal{U}$ admet un plus petit élément pour la relation d'ordre de la divisibilité, à

savoir le polynôme 1 vu que celui-ci divise tout polynôme, mais n'a pas de plus grand élément.

L'étude de l'antisymétrie de la relation de divisibilité met naturellement l'accent sur :

Définition 11

On dit de deux polynômes P et Q qu'ils sont *associés* lorsqu'on a $P \mid Q$ et $Q \mid P$.

Comme déjà mentionné dans le chapitre 5, l'association est donc la relation d'équivalence canoniquement associée à la divisibilité (voir l'exercice 25 du chapitre 2).

Proposition 9

Deux polynômes P et Q sont associés si et seulement s'il existe $\lambda \in \mathbb{K}^\times$ tel que $P = \lambda Q$.

Remarque 18

Les rôles de P et Q sont interchangeables évidemment vu que si on a $P = \lambda Q$ avec $\lambda \in \mathbb{K}^\times$, on en déduit $Q = \frac{1}{\lambda} P$ avec $\frac{1}{\lambda} \in \mathbb{K}^\times$.

Démonstration

$\boxed{\Rightarrow}$ Soit $(P, Q) \in \mathbb{K}[X]^2$ avec P et Q associés.

Notons que si l'un des deux polynômes est nul, l'autre l'est automatiquement car 0 ne divise que lui-même. Et on a alors bien $0 = \lambda \times 0$, peu importe l'élément λ de $\mathbb{K}^\times$ que l'on choisisse d'ailleurs.

Supposons donc P et Q non nuls.

Alors de $P \mid Q$ on déduit qu'il existe $C \in \mathbb{K}[X]$ tel que $P = QC$. De $Q \mid P$ on déduit qu'il existe $D \in \mathbb{K}[X]$ tel que $Q = PD$.

On a en particulier les relations $\deg(P) = \deg(Q) + \deg(C)$ et $\deg(Q) = \deg(P) + \deg(D)$, dont on déduit en sommant : $\deg(C) + \deg(D) = 0$.

Or P et Q étant non nuls, C et D sont non nuls également par intégrité de $\mathbb{K}[X]$, donc $\deg(C) \in \mathbb{N}$ et $\deg(D) \in \mathbb{N}$. On en déduit $\deg(C) = \deg(D) = 0$.

Ainsi C est un polynôme contant non nul ; en posant $\lambda = C$, on a bien $P = \lambda Q$ avec $\lambda \in \mathbb{K}^\times$.

$\boxed{\Leftarrow}$ Évident, d'autant plus avec la remarque 18.

Remarque 19

Notons qu'à l'étape de la démonstration précédente où nous avons posé $\lambda = C$, nous avons identifié sans le dire polynômes constants et constantes ou, si l'on préfère, $\mathbb{K}_0[X]$ et $\mathbb{K}$, comme on l'avait annoncé à la remarque 8 p. 510.

Rappelons qu'est associé à tout anneau A l'ensemble de ses éléments inversibles, noté génériquement $A^\times$. Qu'en est-il de $\mathbb{K}[X]^\times$?

Proposition 10

$\mathbb{K}[X]^\times = \mathbb{K}^\times$.

DÉMONSTRATION

$\boxed{\subset}$ Soit $P \in \mathbb{K}[X]^\times$. Alors il existe $Q \in \mathbb{K}[X]$ tel que $PQ = 1$.
On a donc $\deg(P) + \deg(Q) = 0$ mais aussi $\deg(P) \in \mathbb{N}$ et $\deg(Q) \in \mathbb{N}$ car on ne peut avoir $P = 0$ ni $Q = 0$ du fait de l'intégrité de $\mathbb{K}[X]$.
Ainsi $\deg(P) = \deg(Q) = 0$ et en particulier P est un polynôme constant non nul, c'est-à-dire qu'on a $P \in \mathbb{K}^\times$ si l'on s'autorise l'identification évoquée dans la remarque 19.
$\boxed{\supset}$ Soit $\lambda \in \mathbb{K}^\times$. On a $\lambda \times \dfrac{1}{\lambda} = 1$ donc $\lambda \in \mathbb{K}[X]^\times$.

Remarque 20

Comme dans tout anneau, les inversibles divisent tout élément de l'anneau...

Comme dans le chapitre 5, ce dernier résultat permet d'éclairer d'un nouveau jour la proposition 9 :

Proposition 11

Deux polynômes P et Q sont associés si et seulement s'il existe un polynôme U inversible tel que $P = UQ$.

La proposition 9 a donc le même contenu sémantique que la proposition 1 du chapitre 5. La démonstration est d'ailleurs la même : on laisse au lecteur le soin de se convaincre que le résultat est plus généralement vrai dans tout anneau intègre.

Revenons à des propriétés classiques générales sur la divisibilité :

Théorème 5

Soient $(A, B, C, D) \in \mathbb{K}[X]^4$ et $(\lambda, \mu) \in \mathbb{K}^2$.

1. Stabilité par combinaison linéaire : si $D \mid A$ et $D \mid B$ alors $D \mid (\lambda A + \mu B)$.
2. Compatibilité avec le produit : si $B \mid A$ et $D \mid C$ alors $BD \mid AC$.
3. En particulier, on a la stabilité par produit : si $B \mid A$ alors $BD \mid AD$.

Démonstration

Le lecteur peut reprendre les démonstrations des propriétés analogues vues dans le chapitre 5 et se rendre compte qu'elles s'adaptent parfaitement ici.

Et on peut également préciser le dernier point du théorème 5 :

Théorème 6

Soient $(A, B) \in \mathbb{K}[X]^2$ et $D \in \mathbb{K}[X] \setminus \{0\}$. Alors $A \mid B \Leftrightarrow AD \mid BD$.

3.2 Division euclidienne

Théorème-Définition 4 (Division euclidienne des polynômes)

Soit $(A, B) \in \mathbb{K}[X] \times (\mathbb{K}[X] \setminus \{0\})$. Il existe un unique couple $(Q, R) \in \mathbb{K}[X]^2$ tel que :

$$A = BQ + R \text{ et } \deg(R) < \deg(B).$$

Cette opération s'appelle *division euclidienne* du polynôme A par le polynôme B. On appelle A le *dividende*, B le *diviseur*, Q le *quotient* et R le *reste* de cette division.

Exemple 9

Soit à effectuer la division euclidienne de $A = X^4 + 3X^3 + 7X^2 - X + 5$ par $B = X^2 + 1$. Voici comment poser cette division euclidienne :

$$
\begin{array}{cccccccccccc|l}
 & X^4 & + & 3X^3 & + & 7X^2 & - & X & + & 5 & & X^2+1 \\ \cline{13-13}
- & (X^4 & & & + & X^2) & & & & & & X^2+3X+6 \\ \cline{1-11}
= & & & 3X^3 & + & 6X^2 & - & X & + & 5 & & \\
- & & & (3X^3 & & & + & 3X) & & & & \\ \cline{1-11}
= & & & & & 6X^2 & - & 4X & + & 5 & & \\
- & & & & & (6X^2 & & & + & 6) & & \\ \cline{1-11}
= & & & & & & - & 4X & - & 1 & &
\end{array}
$$

Concrètement donc, à la première étape, on regarde les termes de plus haut degré de A et B, à savoir respectivement X^4 et X^2. On cherche par quel monôme il faut multiplier X^2 pour obtenir X^4 ; il s'agit du monôme X^2 et on retranche X^2B, à savoir $X^4 + X^2$ dans cet exemple, à A.
On obtient ainsi un polynôme de degré moindre que A, à savoir $3X^3 + 6X^2 - X + 5$, et on reproduit le même schéma. On isole son terme de plus haut degré, à savoir $3X^3$, on continue à prendre le terme de plus haut degré de B, à savoir X^2, et on cherche par quoi il faut multiplier X^2 pour obtenir $3X^3$. La réponse est $3X$ et on retranche donc à $3X^3 + 6X^2 - X + 5$ le polynôme $3XB = 3X^3 + 3X$.
On poursuit le principe jusqu'à obtenir un polynôme de degré strictement inférieur à B : c'est le reste de la division euclidienne de A par B.
Au final, on a ici $A = B(X^2 + 3X + 6) + (-4X - 1)$, avec $\deg(-4X - 1) < \deg(X^2 + 1)$.
Le quotient de la division euclidienne de A par B est donc $X^2 + 3X + 6$ et le reste est $-4X - 1$.

Remarque 21

L'algorithme de division euclidienne pour les polynômes est donc le même que pour les entiers, mais en **plus simple** : il n'y a aucune retenue à gérer !

Démonstration

- *Unicité* : Soient $(Q, R) \in \mathbb{K}[X]^2$ et $(Q', R') \in \mathbb{K}[X]^2$ tels que $\begin{cases} A = BQ + R \\ \deg(R) < \deg(B) \end{cases}$ et $\begin{cases} A = BQ' + R' \\ \deg(R') < \deg(B) \end{cases}$.
  On a en particulier $BQ + R = BQ' + R'$ d'où $B(Q - Q') = R' - R$.
  Or $\deg(R' - R) \leqslant \max(\deg R, \deg R') < \deg B$, et si on a $Q - Q' \neq 0$, alors on a $\deg\big(B(Q - Q')\big) = \deg B + \deg(Q - Q') \geqslant \deg B$. La seule possibilité est qu'on ait $Q - Q' = 0$, donc $Q = Q'$, et il s'ensuit $R = R'$.

- *Existence* : La démonstration proposée ici s'inspire fortement du principe mis en œuvre dans l'exemple présenté précédemment...

  On fixe B et on montre par récurrence sur $n \in \mathbb{N}$ la propriété

  $\mathcal{P}_n : \forall A \in \mathbb{K}_n[X], \exists (Q,R) \in \mathbb{K}[X]^2, A = BQ + R$ et $\deg(R) < \deg(B)$.

  Initialisation : Soit $A = a_0 \in \mathbb{K}_0[X]$. Si on a $\deg B > 0$, alors on écrit $A = B \times 0 + a_0$. Si on a $\deg B = 0$, alors $B = b_0 \neq 0$ et on écrit $A = B \times \dfrac{a_0}{b_0} + 0$.

  Ainsi $\mathcal{P}_0$ est vraie.

  Hérédité : Supposons $\mathcal{P}_n$ vraie pour un certain n et soit $A \in \mathbb{K}_{n+1}[X]$.

  Si on a $\deg B > n+1$, alors on écrit $A = B \times 0 + A$.

  Sinon, on écrit :

  $$A = a_{n+1}X^{n+1} + a_nX^n + \cdots + a_1X + a_0 \text{ et } B = b_dX^d + \cdots + b_1X + b_0, \text{ où } d \leqslant n+1.$$

  Soit $A_1 = A - \dfrac{a_{n+1}}{b_d}X^{n+1-d}B$. Le polynôme A_1 est de degré au plus n donc on peut appliquer l'hypothèse de récurrence : il existe Q_1 et R_1, avec $\deg R_1 < \deg B$, tels que $A_1 = BQ_1 + R_1$. On en déduit :

  $$A = A_1 + \frac{a_{n+1}}{b_d}X^{n+1-d}B = B\left(Q_1 + \frac{a_{n+1}}{b_d}X^{n+1-d}\right) + R_1,$$

  donc $Q = \left(Q_1 + \dfrac{a_{n+1}}{b_d}X^{n+1-d}\right)$ et $R = R_1$ conviennent et $\mathcal{P}_{n+1}$ est vraie.

  La propriété est donc bien héréditaire.

  Conclusion : La propriété est vraie au rang 0, et elle est héréditaire, donc d'après le théorème de récurrence elle est vraie pour tout entier $n \in \mathbb{N}$.

Remarque 22

Le terme $\dfrac{a_{n+1}}{b_d}X^{n+1-d}$ qui apparaît dans l'hérédité est justement, dans la mise en œuvre pratique de l'algorithme, celui par lequel on cherche à multiplier le terme de plus haut degré de B à chaque étape pour obtenir le terme de plus haut degré du polynôme qui nous reste dans la gauche du tableau.

L'unicité dans le théorème de division euclidienne a une conséquence remarquable :

Proposition 12 (Invariance par extension de corps)

Soit $(A, B) \in \mathbb{R}[X] \times (\mathbb{R}[X] \setminus \{0\})$. En particulier on a $(A, B) \in \mathbb{C}[X] \times (\mathbb{C}[X] \setminus \{0\})$. Le quotient et le reste de la division euclidienne de A par B sont les mêmes pour la division euclidienne dans $\mathbb{C}[X]$ que pour la division euclidienne dans $\mathbb{R}[X]$.

DÉMONSTRATION

Il existe un quotient et un reste pour la division euclidienne dans $\mathbb{R}[X]$: ceux-ci appartiennent en particulier à $\mathbb{C}[X]$ et par unicité de la division euclidienne dans $\mathbb{C}[X]$ ils sont donc bien le quotient et le reste pour la division euclidienne dans $\mathbb{C}[X]$.

Remarque 23

On a $B|A$ si et seulement si le reste de la division euclidienne de A par B est nul.

Corollaire 2

Si A et B sont des polynômes de $\mathbb{R}[X]$, alors A divise B dans $\mathbb{C}[X]$ si et seulement si A divise B dans $\mathbb{R}[X]$.

DÉMONSTRATION

Il suffit d'utiliser la remarque 23 et la proposition 12.

Pour se convaincre que ce résultat d'apparence modeste est remarquable, il suffit de prendre le cas de $\mathbb{Z}$ et $\mathbb{Q}$ au lieu de $\mathbb{R}[X]$ et $\mathbb{C}[X]$: 2 divise 3 dans $\mathbb{Q}$ mais pas dans $\mathbb{Z}$.

Avoir à disposition une division euclidienne est ce qui permet d'élaborer une théorie arithmétique similaire à celle de $\mathbb{Z}$. Le lecteur doit juste bien identifier le rôle du degré, notion propre aux polynômes, dans cette division euclidienne.

4 Racines d'un polynôme

L'arithmétique dans $\mathbb{Z}$ a pour résultat de base la division euclidienne, dont nous venons d'obtenir un équivalent dans $\mathbb{K}[X]$.

Elle s'appuie aussi de manière essentielle sur la notion de nombre premier. La notion analogue dans $\mathbb{K}[X]$, qui sera celle de polynôme *irréductible*, ne peut être bien étudiée que si l'on dispose de la notion de *racine* d'un polynôme, d'où la motivation de cette section.

Les racines ont de toute façon un rôle historique majeur, vu que résoudre une équation polynomiale revient à déterminer les racines d'un polynôme comme nous allons le voir...

4.1 Racines

Fixons $P \in \mathbb{K}[X]$ et $\alpha \in \mathbb{K}$ et examinons la division euclidienne de P par $X - \alpha$.

On a $P = (X - \alpha)Q + R$ avec $\deg R < 1$ donc $R = c \in \mathbb{K}$. En passant aux fonctions polynomiales, on obtient : $\tilde{P}(\alpha) = 0 + c$. Ainsi :

$$P = (X - \alpha)Q + \tilde{P}(\alpha).$$

Théorème-Définition 5

Soit $P \in \mathbb{K}[X]$ et $\alpha \in \mathbb{K}$. Les deux propositions suivantes sont équivalentes :

1. $\tilde{P}(\alpha) = 0$.
2. Le polynôme $(X - \alpha)$ divise P.

Dans ce cas on dit que α est une *racine* de P.

Exemple 10

Soit $P = 2X^3 - X^2 - 5X + 4$. On a $\tilde{P}(1) = 0$ donc 1 est racine de P et on peut écrire $P = (X - 1)Q$ avec Q de degré 2.

En posant la division euclidienne par exemple, on trouve : $Q = 2X^2 + X - 4$.

4.2 Polynôme dérivé

Définition 12

Soit $P = \sum_{k=0}^{d} a_k X^k \in \mathbb{K}[X]$. On appelle **polynôme dérivé** de P le polynôme $P' = \sum_{k=1}^{d} a_k k X^{k-1} = \sum_{k=0}^{d-1} (k+1) a_{k+1} X^k$.

Proposition 13

Si $\mathbb{K} = \mathbb{R}$ alors la fonction polynomiale associée à P' est la dérivée de $\tilde{P}$: $\widetilde{P'} = \left(\tilde{P}\right)'$.

Remarque 24

Si $\mathbb{K} = \mathbb{C}$, $\tilde{P}$ est une fonction de $\mathbb{C}$ vers $\mathbb{C}$. La proposition précédente est toujours vraie mais hors programme de CPGE, car la notion de dérivabilité d'une fonction d'une variable complexe n'y est pas étudiée.

On a aisément :

Proposition 14

1. Si on a $\deg P > 0$ alors $\deg P' = \deg P - 1$.
2. $P' = 0 \Leftrightarrow \deg P \leqslant 0 \Leftrightarrow P \in \mathbb{K}$.
3. Linéarité de la dérivation : $\forall (P,Q) \in \mathbb{K}[X]^2, \forall (\lambda,\mu) \in \mathbb{K}^2, (\lambda P + \mu Q)' = \lambda P' + \mu Q'$.

Définition 13

De même que pour les fonctions, on définit par récurrence les polynômes dérivés de P par $P^{(0)} = P$ et, pour tout $n \in \mathbb{N}$, $P^{(n+1)} = \left(P^{(n)}\right)'$.

Théorème 7 (Dérivées successives d'un produit)

Soit $(P,Q) \in \mathbb{K}[X]^2$. Alors on a :

1. Dérivée d'un produit : $(PQ)' = P'Q + PQ'$.
2. *Formule de Leibniz (1684)*[13] : pour tout entier $n \in \mathbb{N}$,
$(PQ)^{(n)} = \sum_{k=0}^{n} \binom{n}{k} P^{(k)} Q^{(n-k)}$.

Démonstration

Notons $p = \deg(P)$, $q = \deg(Q)$, $P = \sum_{k=0}^{p} a_k X^k$ et $Q = \sum_{k=0}^{q} b_k X^k$.

1. Dérivation d'un produit :

$$
\begin{aligned}
(PQ)' &= \left(\sum_{k=0}^{p+q}\left(\sum_{i=0}^{k} a_i b_{k-i}\right) X^k\right)' && \text{par définition du produit}\\
&= \sum_{k=1}^{p+q} k\left(\sum_{i=0}^{k} a_i b_{k-i}\right) X^{k-1} && \text{par définition de la dérivation}\\
&= \sum_{l=0}^{p+q-1} (l+1)\left(\sum_{i=0}^{l+1} a_i b_{l+1-i}\right) X^l && \text{par changement d'indice } l = k-1\\
&= \sum_{l=0}^{p+q-1} \left(\sum_{i=0}^{l+1} (l+1) a_i b_{l+1-i}\right) X^l && \text{par distributivité .}
\end{aligned}
$$

13. La « formule de Leibniz » désigne plus généralement une formule donnant l'expression des dérivées successives d'un produit de fonctions, établie par Gottfried Wilhelm von Leibniz dans le texte *Nova methodus pro maximis et minimis, itemque tangentibus, quae nec fractas nec irrationales quantitates moratur et singulare pro illis calculi genus* des Acta Eruditorum d'octobre 1684. Elle est ici particularisée aux polynômes.
La formule de Leibniz au sens élargi est traitée dans le cours d'analyse, cf. G. Costantini, *Analyse. 1re année*, De Boeck (2013), p. 433.

Mais on a aussi $P' = \sum_{k=0}^{p-1}(k+1)a_{k+1}X^k$ et $Q' = \sum_{k=0}^{q-1}(k+1)b_{k+1}X^k$, donc :
$P'Q = \left(\sum_{k=0}^{p-1}(k+1)a_{k+1}X^k\right) \times \left(\sum_{k=0}^{q} b_k X^k\right) = \sum_{k=0}^{p+q-1}\left(\sum_{i=0}^{k}(i+1)a_{i+1}b_{k-i}\right)X^k$ d'où,
par changement d'indice, $P'Q = \sum_{k=0}^{p+q-1}\left(\sum_{i=1}^{k+1} i a_i b_{k-i+1}\right)X^k$. Aussi :
$PQ' = \left(\sum_{k=0}^{p} a_k X^k\right) \times \left(\sum_{k=0}^{q-1}(k+1)b_{k+1}X^k\right) = \sum_{k=0}^{p+q-1}\left(\sum_{i=0}^{k}(k-i+1)a_i b_{k-i+1}\right)X^k.$

On en déduit donc :

$$\begin{aligned} P'Q + PQ' &= \sum_{k=0}^{p+q-1}\left(\sum_{i=1}^{k+1} i a_i b_{k-i+1}\right)X^k + \sum_{k=0}^{p+q-1}\left(\sum_{i=0}^{k}(k-i+1)a_i b_{k-i+1}\right)X^k \\ &= \sum_{k=0}^{p+q-1}\left(\left(\sum_{i=1}^{k+1} i a_i b_{k-i+1}\right) + \left(\sum_{i=0}^{k}(k-i+1)a_i b_{k-i+1}\right)\right)X^k. \end{aligned}$$

Or le coefficient $\left(\sum_{i=1}^{k+1} i a_i b_{k-i+1}\right) + \left(\sum_{i=0}^{k}(k-i+1)a_i b_{k-i+1}\right)$ est égal à
$(k+1)a_{k+1}b_0 + \left(\sum_{i=1}^{k} i a_i b_{k-i+1}\right) + \left(\sum_{i=1}^{k}(k-i+1)a_i b_{k-i+1}\right) + (k+1)a_0 b_{k+1}$, c'est-à-dire à $\sum_{i=0}^{k+1}(k+1)a_i b_{k+1-i}$, ce qui fait qu'on trouve :

$$P'Q + PQ' = \sum_{k=0}^{p+q-1}\left(\sum_{i=0}^{k+1}(k+1)a_i b_{k+1-i}\right)X^k = (PQ)'.$$

2. Formule de Leibniz : la preuve est parfaitement similaire à celle de la formule du binôme de Newton. Nous ne saurions trop encourager le lecteur à la chercher seul pour commencer.

   Sinon, voici comment on procède : on montre par récurrence sur $n \in \mathbb{N}$ la propriété $\mathcal{P}_n : \forall (P,Q) \in \mathbb{K}[X]^2,\ (PQ)^{(n)} = \sum_{k=0}^{n}\binom{n}{k}P^{(k)}Q^{(n-k)}$.

   Initialisation : Pour $n = 0$, on vérifie que la formule proposée se réécrit $PQ = PQ$, ce qui prouve que $\mathcal{P}_0$ est vraie.

   Hérédité : Supposons $\mathcal{P}_n$ vraie pour un certain $n \in \mathbb{N}$.

   Soit $(P,Q) \in \mathbb{K}[X]^2$. On a alors[14] :

14. Nous n'avons pas indiqué les arguments permettant de passer de chaque ligne du calcul à la suivante. À l'aide de la preuve analogue de la formule du binôme, le lecteur devrait pouvoir compléter seul.

$$\begin{aligned}
(PQ)^{(n+1)} &= \left((PQ)'\right)^{(n)} \\
&= (P'Q+PQ')^{(n)} \\
&= (P'Q)^{(n)}+(PQ')^{(n)} \\
&= \left(\sum_{k=0}^{n}\binom{n}{k}P^{(k+1)}Q^{(n-k)}\right)+\left(\sum_{k=0}^{n}\binom{n}{k}P^{(k)}Q^{(n+1-k)}\right) \\
&= \left(\sum_{l=1}^{n+1}\binom{n}{l-1}P^{(l)}Q^{(n+1-l)}\right)+\left(\sum_{k=0}^{n}\binom{n}{k}P^{(k)}Q^{(n+1-k)}\right) \\
&= P^{(n+1)}Q^{(0)}+P^{(0)}Q^{(n+1)}+\left(\sum_{k=1}^{n}\left(\binom{n}{k-1}+\binom{n}{k}\right)P^{(k)}Q^{(n+1-k)}\right) \\
&= P^{(n+1)}Q^{(0)}+P^{(0)}Q^{(n+1)}+\left(\sum_{k=1}^{n}\binom{n+1}{k}P^{(k)}Q^{(n+1-k)}\right) \\
&= \left(\sum_{k=0}^{n+1}\binom{n+1}{k}P^{(k)}Q^{(n+1-k)}\right).
\end{aligned}$$

La propriété est donc bien héréditaire.

Conclusion : La propriété est vraie au rang 0, et elle est héréditaire, donc d'après le théorème de récurrence elle est vraie pour tout entier $n \in \mathbb{N}$.

On a aussi la formule naturelle :

Théorème 8

Dérivée d'une composée : $\forall (P,Q) \in \mathbb{K}[X]$, $(P \circ Q)' = (P' \circ Q) \times Q'$.

Démonstration

Notons $P = \sum_{k=0}^{p} a_k X^k$.

Par une récurrence immédiate utilisant la dérivation d'un produit, on trouve qu'on a, pour tout $i \geqslant 1$, $(Q^i)' = iQ'Q^{i-1}$. On a aussi $(Q^0)' = 1' = 0$. D'où :

$$\begin{aligned}
(P\circ Q)' &= \left(\sum_{i=0}^{p} a_i Q^i\right)' \\
&= \sum_{i=0}^{p} a_i (Q^i)' && \text{par linéarité de la dérivation} \\
&= \sum_{i=1}^{p} a_i i Q' Q^{i-1} && \text{d'après la remarque initiale} \\
&= \left(\sum_{i=1}^{p} i a_i Q^{i-1}\right) Q' && \text{par linéarité de la somme} \\
&= (P'\circ Q)Q' && \text{par définition.}
\end{aligned}$$

Enfin on a une formule reliant l'expression d'un polynôme à ses dérivées successives évaluées en un élément quelconque de $\mathbb{K}$. C'est une version particulière de la *formule de Taylor-Lagrange*, qui est au programme d'analyse, et que l'on pourra trouver dans G. Costantini, *Analyse.* 1re année, De Boeck (2013), p. 435.

Théorème 9 (Formule de Taylor[15] pour les polynômes (1715)[16])

Soit $P \in \mathbb{K}[X]$, de degré p. Alors on a :

1. $P(X) = \displaystyle\sum_{k=0}^{p} \frac{P^{(k)}(0)}{k!} X^k$.
2. Pour tout $\lambda \in \mathbb{K}$, $P(X) = \displaystyle\sum_{k=0}^{p} \frac{P^{(k)}(\lambda)}{k!} (X-\lambda)^k$.
3. Pour tout $\lambda \in \mathbb{K}$, $P(X+\lambda) = \displaystyle\sum_{k=0}^{p} \frac{P^{(k)}(\lambda)}{k!} X^k$.

Pour démontrer la formule de Taylor, on commence par un lemme tout simple.

Lemme 1

Soient $P \in \mathbb{K}[X]$ et $n \in \mathbb{N}$. Alors on a :

1. Pour tout $\lambda \in \mathbb{K}$, $\big(P(X+\lambda)\big)^{(n)} = P^{(n)}\big(X+\lambda\big)$.
2. Pour tout $\alpha \in \mathbb{K}$ et tout $\beta \in \mathbb{K}$, $\big(P(\alpha X+\beta)\big)^{(n)} = \alpha^n \, P^{(n)}\big(\alpha X+\beta\big)$.

Démonstration (du lemme 1.)

C'est le premier point seulement qui sera utile pour démontrer la formule de Taylor, mais le second dont il est clairement un cas particulier ne coûtant pas plus cher, démontrons ce dernier.

D'après le théorème 8, on a $\big(P(\alpha X+\beta)\big)' = \alpha \, P'(\alpha X+\beta)$.

Par linéarité de la dérivation et d'après le théorème 8, $\big(P(\alpha X+\beta)\big)'' = \alpha^2 \, P''(\alpha X+\beta)$.

Pour les mêmes raisons, $\big(P(\alpha X+\beta)\big)^{(3)} = \alpha^3 \, P^{(3)}(\alpha X+\beta)$.

Une récurrence immédiate donne bien $\big(P(\alpha X+\beta)\big)^{(n)} = \alpha^n \, P^{(n)}(\alpha X+\beta)$.

15. Brook Taylor, mathématicien anglais (1685-1731). Cf. sa notice biographique dans G. Costantini, *Analyse.* 1re année, De Boeck (2013), p. 436.

16. Comme pour la formule de Leibniz, la formule de Taylor proposée ici n'est que l'expression dans le cas particulier des polynômes d'une formule de Taylor plus générale.
On appelle « développement de Taylor » le polynôme (d'un certain degré fixé) qui approche le mieux une fonction au voisinage d'un point. Ce développement a été donné par Taylor en 1715 dans son traité *Methodus Incrementorum Directa & Inversa*, prop. VII. Comme on peut évidemment approcher un polynôme par un polynôme sans qu'il n'y ait d'erreur, ou plutôt de « reste » comme on dit traditionnellement, le développement de Taylor polynomial est une formule exacte.
Le problème analytique de l'approximation des fonctions est plus difficile car il demande de préciser ce que vaut le reste, ce que Taylor n'a pas fait en son temps. Les formules du programme d'analyse de CPGE comme l'inégalité de Taylor-Lagrange (cf. G. Costantini, *Analyse.* 1re année, De Boeck (2013), p. 435) reprennent le développement de Taylor en précisant le reste.

DÉMONSTRATION (de la formule de Taylor.)

1. Notons $P = a_0 + a_1X + a_2X^2 + \cdots + a_pX^p$.
   On a $P(0) = a_0$, puis, par définition de la dérivation, $P'(0) = a_1$, $P''(0) = 2a_2$, ..., $P^{(k)}(0) = k!a_k$, ..., $P^{(n)}(0) = n!a_n$.
   Comme une factorielle n'est jamais nulle, on peut réécrire ces égalités $a_0 = P(0)$, $a_1 = P'(0)$, $a_2 = \dfrac{P''(0)}{2}$, ..., $a_k = \dfrac{P^{(k)}(0)}{k!}$, ..., $a_n = \dfrac{P^{(n)}(0)}{n!}$.
   On a donc bien $P = \displaystyle\sum_{k=0}^{p} a_kX^k = \sum_{k=0}^{p} \frac{P^{(k)}(0)}{k!}X^k$.

2. On applique la formule précédente au polynôme $Q(X) = P(X + \lambda)$.
   On a $P(X + \lambda) = \displaystyle\sum_{k=0}^{p} \frac{Q^{(k)}(0)}{k!}X^k$. D'après le lemme 1, on a, pour tout entier k, $Q^{(k)}(0) = P^{(k)}(0 + \lambda) = P^{(k)}(\lambda)$. D'où le résultat.

3. Il suffit de composer l'égalité précédente à droite par $X - \lambda$.

4.3 Racines multiples

Introduisons le concept de *multiplicité* d'une racine à l'aide d'un exemple. Considérons le polynôme $P = X^5 - 3X^4 + 3X^3 - X^2$. On constate qu'on a $\tilde{P}(1) = 0$. Le théorème-définition 5 indique donc que $(X - 1)$ divise P. Explicitement, on obtient facilement (par exemple en posant la division euclidienne) $P = (X - 1)(X^4 - 2X^3 + X^2)$. Mais on constate que 1 est de nouveau racine de $(X^4 - 2X^3 + X^2)$, et explicitement, on a $P = (X - 1)^2(X^3 - X^2)$. Et on constate encore que 1 est racine de $(X^3 - X^2)$, ce qui donne explicitement $P = (X - 1)^3X^2$. Et cette fois 1 n'est plus racine de X^2. On peut « factoriser P par $(X - 1)$ trois fois » : on dira que 1 est une racine de multiplicité 3.
Maintenant, observons le comportement des dérivées successives de P.
On a $P' = 5X^4 - 12X^3 + 9X^2 - 2X$ et donc $\widetilde{P'}(1) = 0$. On a $P'' = 20X^3 - 36X^2 + 18X - 2$ et donc $\widetilde{P''}(1) = 0$. Par contre on a $P^{(3)} = 60X^2 - 72X + 18$ et donc $\widetilde{P^{(3)}}(1) = 6 \neq 0$. Sur cet exemple, la multiplicité de 1 est précisément l'ordre de la première dérivée à partir de laquelle 1 n'est plus racine.
Le lecteur peut vérifier qu'il en va de même pour la racine 0 de P. Voyons maintenant ce résultat en toute généralité.

Théorème-Définition 6

Soit $P \in \mathbb{K}[X] \setminus \{0\}$, $\alpha \in \mathbb{K}$ et $r \in \mathbb{N}$. Les trois propositions suivantes sont équivalentes :

i. $r = \max\{k \in \mathbb{N} \setminus \{0\},\ (X-\alpha)^k \text{ divise } P\}$.

ii. On peut écrire $P = (X-\alpha)^r Q$ avec $\tilde{Q}(\alpha) \neq 0$.

iii. $\tilde{P}(\alpha) = 0$, $\widetilde{P'}(\alpha) = 0, \dots, \widetilde{P^{(r-1)}}(\alpha) = 0$ et $\widetilde{P^{(r)}}(\alpha) \neq 0$.

Lorsqu'elles sont vérifiées, on dit que α est une **racine de multiplicité** r de P.

Pour $r = 1$ on parle de racine *simple*, pour $r = 2$ de racine *double*, pour $r = 3$ de racine *triple*, etc., et on parle de *racine multiple* dès qu'on a $r \geqslant 2$.

DÉMONSTRATION

$i. \Leftrightarrow ii.$ $(X-\alpha)^r$ divise P et $(X-\alpha)^{r+1}$ ne divise pas $P \Leftrightarrow P = (X-\alpha)^r Q$, où $X-\alpha$ ne divise pas $Q \Leftrightarrow P = (X-\alpha)^r Q$ avec $\tilde{Q}(\alpha) \neq 0$.

$ii. \Rightarrow iii.$ Écrivons $P = (X-\alpha)^r Q$ et notons $p = \deg(P)$. On remarque qu'on a nécessairement $r \leqslant p$. Appliquons la formule de Taylor pour les polynômes :

$$P(X) = \sum_{k=0}^{p} \frac{P^{(k)}(\alpha)}{k!}(X-\alpha)^k = \sum_{k=0}^{r-1} \frac{P^{(k)}(\alpha)}{k!}(X-\alpha)^k + \sum_{k=r}^{p} \frac{P^{(k)}(\alpha)}{k!}(X-\alpha)^k,$$

d'où $P(X) = \displaystyle\sum_{k=0}^{r-1} \frac{P^{(k)}(\alpha)}{k!}(X-\alpha)^k + (X-\alpha)^r \sum_{k=r}^{p} \frac{P^{(k)}(\alpha)}{k!}(X-\alpha)^{k-r}$.

La première de ces deux sommes est de degré $< r$ donc on a sous les yeux la division euclidienne de P par $(X-\alpha)^r$, le terme $\displaystyle\sum_{k=0}^{r-1} \frac{P^{(k)}(\alpha)}{k!}(X-\alpha)^k$ en étant le reste et le terme $\displaystyle\sum_{k=r}^{p} \frac{P^{(k)}(\alpha)}{k!}(X-\alpha)^{k-r}$ en étant le quotient.

Mais sachant qu'on a aussi $P = (X-\alpha)^r Q + 0$, on a, par unicité de la division euclidienne (et en particulier des restes) : $\displaystyle\sum_{k=0}^{r-1} \frac{P^{(k)}(\alpha)}{k!}(X-\alpha)^k = 0$.

Composant par le polynôme $X+\alpha$, on trouve $\displaystyle\sum_{k=0}^{r-1} \frac{P^{(k)}(\alpha)}{k!}X^k = 0$, ce qui signifie que les coefficients de ce dernier polynôme sont nuls[17], *i. e.* : $\forall k \in \{0, \dots, r-1\}$, $P^{(k)}(\alpha) = 0$.

Toujours par unicité de la division euclidienne, on a aussi : $Q = \displaystyle\sum_{k=r}^{p} \frac{P^{(k)}(\alpha)}{k!}(X-\alpha)^{k-r}$,

d'où $\tilde{Q}(\alpha) = \dfrac{\tilde{P}^{(r)}(\alpha)}{r!} \neq 0$.

$iii. \Rightarrow i.$ Supposons $\tilde{P}(\alpha) = 0$, $\widetilde{P'}(\alpha) = 0, \dots, \widetilde{P^{(r-1)}}(\alpha) = 0$ mais $\widetilde{P^{(r)}}(\alpha) \neq 0$.

17. D'après le théorème 1 évidemment.

Alors la formule de Taylor devient : $P = (X-\alpha)^r \sum_{k=r}^{p} \frac{P^{(k)}(\alpha)}{k!}(X-\alpha)^{k-r} = (X-\alpha)^r Q$,

où $\tilde{Q}(\alpha) = \frac{\tilde{P}^{(r)}(\alpha)}{r!} \neq 0$.

Remarques 25

1. L'ensemble $\{r \in \mathbb{N} \setminus \{0\},\ (X-\alpha)^r \text{ divise } P\}$ est non vide vu qu'il contient au moins 0. En outre cet ensemble est majoré par $\deg(P)$. Il admet donc bien un maximum en tant que partie non vide de $\mathbb{N}$.
2. On notera que, dans la définition précédente, on a été conduit à considérer qu'un scalaire α est *racine de multiplicité* 0 *de* P lorsque $\tilde{P}(\alpha) \neq 0$, c'est-à-dire ... lorsque α n'est pas racine de P !

Exemple 11

La multiplicité de la racine 1 dans le polynôme $P = X^4 + 3X^3 - 3X^2 - 7X + 6$ est égale à 2. En effet, on a $\tilde{P}(1) = 0$, puis $P' = 4X^3 + 9X^2 - 6X - 7$ donc $\tilde{P'}(1) = 0$, puis $P'' = 12X^2 + 18X - 6$ donc $\tilde{P''}(1) = 24 \neq 0$.

Remarque 26

Bien évidemment, pour $P \in \mathbb{K}[X] \setminus \{0\}$ et $\alpha \in \mathbb{K}$, sont équivalentes :

i. α est racine de P de multiplicité **au moins** r.

ii. On peut écrire $P = (X-\alpha)^r Q$ pour un certain polynôme Q.

iii. $\tilde{P}(\alpha) = 0,\ \widetilde{P'}(\alpha) = 0, \ldots,\ \widetilde{P^{(r-1)}}(\alpha) = 0$.

Il suffit pour le voir d'utiliser les équivalences précédentes.

⚠ Nous n'avons pas jusqu'à présent défini la multiplicité d'une racine du polynôme nul. La convention la plus raisonnable est de reprendre le théorème-définition 6 en se plaçant dans $\mathbb{N} \cup \{+\infty\}$ plutôt que $\mathbb{N}$: on obtient alors que tout scalaire est racine de multiplicité $+\infty$ du polynôme nul. En particulier, pour tout $r \in \mathbb{N}$, tout scalaire est racine de multiplicité au moins r du polynôme nul.

Proposition 15

Si P est un polynôme admettant des racines distinctes α_i, pour $i \in \{1, \ldots, s\}$, de multiplicités respectives r_i, alors P est divisible par $(X-\alpha_1)^{r_1}(X-\alpha_2)^{r_2}\ldots(X-\alpha_s)^{r_s}$. Précisément, il existe même $Q \in \mathbb{K}[X]$ tel que : $P = \left(\prod_{i=1}^{s}(X-\alpha_i)^{r_i}\right) Q$, avec $\tilde{Q}(\alpha_1) \neq 0$, ..., $\tilde{Q}(\alpha_s) \neq 0$.

DÉMONSTRATION

Par récurrence sur $s \geqslant 1$.

Initialisation : Pour $s = 1$, la propriété est vérifiée d'après le théorème-définition 6.

Hérédité : On suppose la propriété vraie pour un certain $s \geqslant 1$.

Soit P un polynôme admettant des nombres α_i, pour $i \in \{1, \dots, s+1\}$, comme racines distinctes de multiplicités respectives r_i.

Par hypothèse de récurrence, il existe $Q \in \mathbb{K}[X]$ tel que : $P = \left(\prod_{i=1}^{s}(X - \alpha_i)^{r_i}\right) Q$, avec $\tilde{Q}(\alpha_1) \neq 0$, ..., $\tilde{Q}(\alpha_s) \neq 0$.

Ce polynôme Q s'écrit de manière unique sous la forme $Q = (X - \alpha_{s+1})^n Q_1$, où n est un entier naturel éventuellement nul, et Q_1 un polynôme vérifiant $\tilde{Q}_1(\alpha_{s+1}) \neq 0$. Si l'on pose $Q_2 = \left(\prod_{i=1}^{s}(X - \alpha_i)^{r_i}\right) Q_1$, on obtient alors $P = (X - \alpha_{s+1})^n Q_2$, avec $\tilde{Q}_2(\alpha_{s+1}) \neq 0$. Il apparaît ainsi que α_{s+1} est racine de P de multiplicité n, mais comme α_{s+1} est par hypothèse racine de P de multiplicité r_{s+1}, on obtient $n = r_{s+1}$ par le théorème 6.

Le polynôme Q_1 introduit est donc tel que $P = \left(\prod_{i=1}^{s+1}(X - \alpha_i)^{r_i}\right) Q_1$ et on peut vérifier en outre qu'on a $\tilde{Q}_1(\alpha_1) \neq 0$, ..., $\tilde{Q}_1(\alpha_s) \neq 0$, $\tilde{Q}_1(\alpha_{s+1}) \neq 0$.

Ainsi la propriété est vraie au rang $s + 1$.

La propriété est donc bien héréditaire.

Conclusion : La propriété est vraie au rang 1, et elle est héréditaire, donc d'après le théorème de récurrence elle est vraie pour tout entier $s \geqslant 1$.

Exemple 12

Soit P un polynôme admettant 2 pour racine de multiplicité 1 et -1 pour racine de multiplicité 3. Alors P est de la forme $P = (X - 2)(X + 1)^3 Q$, avec $\tilde{Q}(1) \neq 0$ et $\tilde{Q}(-2) \neq 0$.

Supposons qu'on sache de plus que P est de degré 5. Alors nécessairement on a $\deg Q = 1$ et P est de la forme $P = (X - 2)(X + 1)^3(aX + b)$, avec $a \neq 0$.

Exemple 13

Si l'on reprend les données de l'exemple 12 mais que l'on recherche maintenant une solution P de degré au plus 3, alors il n'y en a aucune.

Mais si l'on transforme quelque peu l'énoncé ainsi : « déterminer tous les polynômes P de degré au plus 3 tels que 2 soit racine de multiplicité au moins 1 et -1 racine de multiplicité au moins 3 de P », alors on obtient une unique solution : le polynôme nul. □

Corollaire 3

1. Si P est un polynôme non nul admettant des nombres α_i, pour $i \in \{1, \ldots, s+1\}$, comme racines distinctes de multiplicités respectives r_i, alors on a $\deg P \geqslant \sum_{i=1}^{s} r_i$.
2. En particulier, un polynôme de degré $n \in \mathbb{N}$ ne peut pas avoir plus de n racines !

Démonstration

Cela vient du résultat précédent et de ce que le degré d'un produit est la somme des degrés.

Remarque 27

Et donc, si un polynôme de degré inférieur ou égal à n possède strictement plus de n racines, alors ce polynôme est nul !

Corollaire 4

L'application $\left\{ \begin{array}{ccc} \mathbb{K}[X] & \longrightarrow & \mathbb{K}^{\mathbb{K}} \\ P & \longmapsto & \tilde{P} \end{array} \right.$ est injective.

Démonstration

On sait que cette application est en particulier un morphisme de groupes additifs[18]. Déterminons donc son noyau. Cela revient à chercher l'ensemble des polynômes P de $\mathbb{K}[X]$ tels que $\tilde{P} = 0$. Or un polynôme P vérifiant $\tilde{P} = 0$ admet tout élément de $\mathbb{K}$ comme racine, donc il possède une infinité de racines. Cela n'est possible que s'il s'agit du polynôme nul.
Donc le noyau de ce morphisme est réduit à $\{0\}$, ce qui prouve qu'il est injectif.

Remarque 28

L'injectivité traduit le fait qu'une fonction polynomiale est associée à un seul polynôme. Comme on a déjà vu que cette application $P \mapsto \tilde{P}$ réalise un transfert total de la structure algébrique (morphisme d'algèbres), ce second aspect explique que l'on confonde le plus souvent les objets P et $\tilde{P}$. Nous allons nous-mêmes nous autoriser parfois à le faire à partir de maintenant.

18. On a même mentionné dans la remarque 12 qu'il s'agit d'un morphisme d'algèbres.

4.4 Relations entre coefficients et racines

Définition 14

Un polynôme non nul P de $\mathbb{K}[X]$ est dit *scindé* sur $\mathbb{K}$ lorsqu'il peut s'écrire sous la forme $P = \lambda \prod_{i=1}^{p} (X - \alpha_i)$, où $p \in \mathbb{N}$, $\lambda \in \mathbb{K}$ et où les α_i sont des éléments de $\mathbb{K}$ non nécessairement distincts.

Remarques 29

1. Dans l'écriture $P = \lambda \prod_{i=1}^{p} (X - \alpha_i)$, l'entier p désigne nécessairement le degré de P et λ le coefficient dominant de P.
   Si on a $p = 0$, alors on a $P = \lambda \in \mathbb{K}^{\times}$.
   Comme, d'après le corollaire 3.1, un polynôme a au plus autant de racines comptées avec multiplicités que son degré, un polynôme P scindé sur $\mathbb{K}$ est finalement un polynôme admettant p racines (comptées avec multiplictés) dans $\mathbb{K}$, si $p = \deg(P)$.
2. Nous ne l'avons pas encore démontré mais le théorème de d'Alembert-Gauss évoqué en introduction assure que tout polynôme de $\mathbb{C}[X]$ est scindé sur $\mathbb{C}$. Par contre, tout polynôme de $\mathbb{R}[X]$ n'est pas scindé sur $\mathbb{R}$.
   En effet, si par exemple $X^2 + 1$ était scindé sur $\mathbb{R}$, il admettrait deux racines réelles (comptées avec multiplicités). Or ce polynôme n'en admet aucune.

Exemples 14

1. Le polynôme $P = (X-1)^3(X+1)(X+2)^2$, qui est de degré 6, est scindé sur $\mathbb{R}$ et ses 6 racines comptées avec multiplicités sont $1, 1, 1, -1, -2, -2$.
2. Le polynôme $P = X^3 + X + 1$ n'est pas scindé sur $\mathbb{R}$.
   En effet on a $P' = 3X^2 + 1$ donc P' est strictement positif[19] sur $\mathbb{R}$. Ainsi P est strictement croissant et admet donc au plus une racine réelle. On peut même montrer grâce au théorème de la valeur intermédiaire que P admet exactement une racine et que celle-ci, que l'on note α, appartient à $]-1, 0[$.
   Maintenant, pour que P soit scindé sur $\mathbb{R}$, il est nécessaire que α soit une racine triple de P, et en particulier que α soit racine de P' d'après le théorème-définition 6. Or P' n'admet clairement aucune racine réelle...

19. Comme déjà dit plus haut, on s'autorise la confusion entre polynôme et fonction polynomiale.

On cherche à établir un lien entre les racines et les coefficients d'un polynôme scindé. Pour cela on compare, pour un polynôme $P = \sum_{k=0}^{n} a_k X^k$ de degré n et de racines $\alpha_1, \dots, \alpha_n$, les deux écritures :

$$P = a_n X^n + a_{n-1} X^{n-1} + \dots + a_1 X + a_0 \quad \text{et} \quad P = a_n (X - \alpha_1)(X - \alpha_2) \dots (X - \alpha_n).$$

Lorsqu'on développe le produit correspondant à la deuxième écriture, on obtient $P = a_n \big(X^n - \sigma_1 X^{n-1} + \dots + (-1)^p \sigma_p X^{n-p} + \dots + (-1)^n \sigma_n \big)$, où les σ_i sont définis ainsi :

Définition 15

Soit P un polynôme de degré n scindé sur $\mathbb{K}$ et $\alpha_1, \dots, \alpha_n \in \mathbb{K}$ ses racines.

On définit, pour $p \in \{1, \dots, n\}$, les *fonctions symétriques élémentaires* :

$\sigma_p = \sum_{1 \leqslant i_1 < i_2 < \dots < i_p \leqslant n} \alpha_{i_1} \alpha_{i_2} \dots \alpha_{i_p}.$

Remarque 30

Dans le programme de PCSI, seules les fonctions σ_1 et σ_n sont à connaître, et le théorème n'est à maîtriser que dans ces cas-là. Notons que pour les polynômes du second degré, on retrouve les relations coefficients-racines vues dans le chapitre 4

En particulier, on a $\sigma_1 = \sum_{i=1}^{n} \alpha_i = \alpha_1 + \alpha_2 + \dots + \alpha_n$, $\sigma_2 = \sum_{1 \leqslant i < j \leqslant n} \alpha_i \alpha_j$ et

$\sigma_n = \prod_{i=1}^{n} \alpha_i = \alpha_1 \times \alpha_2 \times \dots \times \alpha_n.$

Lorsqu'on identifie l'écriture $P = a_n \big(X^n - \sigma_1 X^{n-1} + \dots + (-1)^p \sigma_p X^{n-p} + \dots + (-1)^n \sigma_n \big)$ à l'écriture $P = a_n X^n + a_{n-1} X^{n-1} + \dots + a_1 X + a_0$, on obtient :

Théorème 10 (Relations coefficients-racines)

Soit $P = \sum_{k=0}^{n} a_k X^k$ scindé de racines $\alpha_1, \dots, \alpha_n$ comptées avec multiplicité (donc éventuellement avec répétition). Alors pour tout $k \in \{1, \dots, n\}$, on a $\sigma_p = (-1)^p \dfrac{a_{n-p}}{a_n}$.

Remarque 31

Nous avons déjà vu les relations coefficients-racines dans le cas des polynômes du second degré, dans le chapitre 4. Nous invitons le lecteur à aller comparer ces formules particulières avec les formules générales données ici.

Exemple 15

Pour $n = 4$, les fonctions symétriques élémentaires sont données par :

$\sigma_1 = \alpha_1 + \alpha_2 + \alpha_3 + \alpha_4$,

$\sigma_2 = \alpha_1\alpha_2 + \alpha_1\alpha_3 + \alpha_1\alpha_4 + \alpha_2\alpha_3 + \alpha_2\alpha_4 + \alpha_3\alpha_4$,

$\sigma_3 = \alpha_1\alpha_2\alpha_3 + \alpha_1\alpha_2\alpha_4 + \alpha_1\alpha_3\alpha_4 + \alpha_2\alpha_3\alpha_4$,

$\sigma_4 = \alpha_1\alpha_2\alpha_3\alpha_4$.

Maintenant testons le théorème 10 sur un exemple.

Prenons le polynôme $P = (X-1)^2(X+1)(X+2)$ scindé sur $\mathbb{R}$ et de degré 4. On a les racines, comptées avec multplicité $\alpha_1 = 1$, $\alpha_2 = 1$, $\alpha_3 = -1$, $\alpha_4 = -2$. On calcule :

$$\sigma_1 = 1+1-1-2 = -1, \quad \sigma_2 = 1-1-2-1-2+2 = -3, \quad \sigma_3 = -1-2+2+2 = 1, \quad \sigma_4 = 2.$$

D'autre part :

$$P = (X^2-2X+1)(X+1)(X+2) = (X^3-X^2-X+1)(X+2) = X^4+X^3-3X^2-X+2,$$

donc $P = a_4X^4 + a_3X^3 + a_2X^2 + a_1X + a_0$ avec $a_0 = 2$, $a_1 = -1$, $a_2 = -3$, $a_3 = 1$ et $a_4 = 1$. On peut alors vérifier les relations coefficients-racines :

$\sigma_1 = (-1)^3\dfrac{a_3}{a_4} = -1$; $\sigma_2 = (-1)^2\dfrac{a_2}{a_4} = -3$; $\sigma_3 = (-1)^1\dfrac{a_1}{a_4} = 1$; $\sigma_4 = (-1)^0\dfrac{a_0}{a_4} = 2$.

Application 2

Il est un théorème hors programme stipulant que toute quantité *symétrique* en des nombres $\alpha_1, \ldots, \alpha_n$, *i. e.* invariante quelle que soit la manière de permuter les α_i entre eux, comme $\alpha_1^3 + \cdots + \alpha_n^3$ ou $\displaystyle\sum_{1\leqslant i<j\leqslant n} (\alpha_i - \alpha_j)^2$ par exemple, peut s'écrire à l'aide des fonctions symétriques élémentaires. De nombreux exercices de concours semblent se baser sur l'idée que le candidat a connaissance de la possibilité d'arriver à cette écriture et saura la trouver, au moins par tâtonnements.

Par exemple, considérons le polynôme $P = X^3+2X^2-5X+1$. Il est scindé sur $\mathbb{C}$ comme tout polynôme et on note α_1, α_2 et α_3 ses racines (éventuellement non distinctes). On demande de calculer $s_2 = \alpha_1^2 + \alpha_2^2 + \alpha_3^2$ et $s_3 = \alpha_1^3 + \alpha_2^3 + \alpha_3^3$.

On écrit $s_2 = (\alpha_1 + \alpha_2 + \alpha_3)^2 - 2\alpha_1\alpha_2 - 2\alpha_1\alpha_3 - 2\alpha_2\alpha_3 = \sigma_1^2 - 2\sigma_2$.

Par les relations coefficients-racines, on a $\sigma_1 = -2$ et $\sigma_2 = -5$, d'où :

$$s_2 = (-2)^2 - 2 \times (-5) = 14.$$

Pour ce qui est de s_3, on part de la même idée. On écrit :

$s_3 = (\alpha_1 + \alpha_2 + \alpha_3)^3 - 3(\alpha_1^2\alpha_2 + \alpha_1^2\alpha_3 + \alpha_2^2\alpha_1 + \alpha_2^2\alpha_3 + \alpha_3^2\alpha_1 + \alpha_3^2\alpha_2) - 6\alpha_1\alpha_2\alpha_3$,

$s_3 = (\alpha_1 + \alpha_2 + \alpha_3)^3 - 3(\alpha_1\alpha_2 + \alpha_1\alpha_3 + \alpha_2\alpha_3)(\alpha_1 + \alpha_2 + \alpha_3) - 3\alpha_1\alpha_2\alpha_3$.

Et on obtient ainsi : $s_3 = \sigma_1^3 - 3\sigma_2\sigma_1 - 3\sigma_3 = (-2)^3 - 3\times(-5)\times(-2) - 3\times(-1) = -35$.

5 Arithmétique dans $\mathbb{K}[X]$ - MPSI

5.1 PGCD de deux polynômes

Si l'on essaie d'adapter aux polynômes la définition du PGCD pensée par Euclide, on obtient :

Définition 16 (Définition « à la Euclide » du PGCD)

Soit $(A, B) \in \mathbb{K}[X]^2$, non tous nuls. On appelle *plus grand commun diviseur de A et B*, le polynôme unitaire de plus grand degré qui divise simultanément A et B.

Cette définition[20] est néanmoins très dangereuse car elle masque la réelle nature de l'objet PGCD. De plus l'unicité du PGCD affichée dans la définition demande démonstration. La réelle définition du PGCD est la suivante :

Proposition-Définition 2 (Véritable définition du PGCD)

Soit $(A, B) \in \mathbb{K}[X]^2$. La partie de $\mathbb{K}[X]$ formée des diviseurs unitaires communs à A et à B a un plus grand élément pour la relation de divisibilité (qui est bien une relation d'ordre sur l'ensemble $\mathcal{U}$ des polynômes unitaires de $\mathbb{K}[X]$).
On l'appelle le *plus grand commun diviseur de A et B*, et on le note $A \wedge B$ (voire $\text{pgcd}(A, B)$).

Ainsi l'aspect « plus grand » mis en avant dans la terminologie ne fait pas du tout référence à la relation d'ordre usuelle sur $\mathbb{N} \cup \{-\infty\}$ qui est le domaine de valeurs du degré, mais bien à la divisibilité sur $\mathbb{K}[X]$.

Démonstration

Notons $\mathcal{D}$ l'ensemble des diviseurs unitaires communs à A et à B. Comme $\mathcal{D}$ est une partie de $\mathcal{U}$ et que $|$ est une relation d'ordre sur $\mathcal{U}$, $|$ est bien une relation d'ordre sur $\mathcal{D}$. Reste à voir que $\mathcal{D}$ a bien un plus grand élément pour $|$. Traitons deux cas :

- Si l'un des deux polynômes A et B est nul, on peut supposer à renommage près qu'on a $B = 0$. L'ensemble $\mathcal{D}$ est alors simplement l'ensemble des diviseurs unitaires de A, qui a bien par définition un plus grand élément pour la divisibilité, qui est 0 si A est nul, et $\dfrac{1}{a_n}A$, où a_n désigne le coefficient dominant de A, sinon.

20. Le programme de MPSI préconise la définition d'**un** PGCD, et non **du** PGCD, pour deux polynômes A et B non tous nuls, comme un diviseur commun à A et B de degré maximal. Le fait qu'ainsi défini, le PGCD ne soit pas unique en général, tient au fait qu'on n'impose pas qu'il soit unitaire.

- Si $A \neq 0$ et $B \neq 0$, notons $\mathcal{M}$ l'ensemble des polynômes unitaires qui soient simultanément multiples de A et de B. La partie $\mathcal{M}$ de $\mathbb{K}[X]$ est non vide (elle comprend $P = \dfrac{1}{a_n b_m} AB$, où a_n et b_m sont les coefficients dominants respectifs de A et B), elle a donc un élément M de plus petit degré. Montrons que M est aussi le plus petit élément de $\mathcal{M}$ pour la divisibilité. Soit $\mu \in \mathcal{M}$ et effectuons la division euclidienne de μ par M : il existe Q et R tels que $\deg(R) < \deg(M)$ et $\mu = MQ + R$, cette dernière égalité se réécrivant $R = \mu - MQ$. Comme μ et M sont tous les deux simultanément des multiples de A et de B, c'est aussi le cas de R, autrement dit R est nul ou bien c'est un élément de $\mathcal{M}$, mais ce dernier cas est exclu par minimalité de M, puisqu'on a $\deg(R) < \deg(M)$. Ainsi on a $R = 0$ et donc $\mu = MQ$ est un multiple de M. Ceci étant vrai pour tout polynôme $\mu \in \mathcal{M}$, M est bien le plus petit élément de $\mathcal{M}$ pour la divisibilité ; il s'ensuit notamment, vu que P est un élément de $\mathcal{M}$, qu'il existe un polynôme Δ tel que $M\Delta = P$. Comme M et P sont unitaires, Δ est également unitaire et appartient par conséquent à $\mathcal{D}$.

  Montrons que Δ est le plus grand élément de $\mathcal{D}$ pour la divisibilité. Soit $\delta \in \mathcal{D}$; comme δ divise en particulier A, il divise P, et on peut donc introduire le polynôme μ tel que $\mu\delta = P$. Mais comme plus précisément δ divise à la fois A et B, le polynôme μ ainsi défini est un multiple commun de A et B, donc appartient à $\mathcal{M}$.
  Par suite on a $M \mid \mu$, et des égalités $\mu\delta = P = MD$, on tire immédiatement : $\delta \mid \Delta$.

Exemples 16

1. Soient $A = X^2 - 1$ et $B = 3X - 3$. On a $A = (X-1)(X+1)$ et $B = 3(X-1)$ donc $X - 1$ est clairement un diviseur commun de A et B et est unitaire de plus. En outre, tout diviseur Q de A et B doit vérifier $\deg(Q) \leqslant \deg(A)$ et $\deg(Q) \leqslant \deg(B)$, donc $\deg(Q) \leqslant \min\big(\deg(A), \deg(B)\big) = 1$. Comme on a $\deg(X-1) = 1$, on a $X-1 = A \wedge B$.
2. Soient $A = 2X^3 - 2X = 2X(X-1)(X+1)$ et $B = X^2 - 3X + 2 = (X-1)(X-2)$. On a $\min\big(\deg(A), \deg(B)\big) = 2$ donc le PGCD de A et B est au plus de degré 2. On a aussi clairement $X - 1$ qui est un diviseur commun de A et B.
   On en déduit que $X - 1$ divise $A \wedge B$.
   Raisonnons par l'absurde en supposant qu'on a $\deg(A \wedge B) = 2$. Par ce qui précède, on a $X - 1$ qui divise $A \wedge B$ donc il existe α réel tel que $A \wedge B = (X-1)(X-\alpha)$. Mais alors comme $(X-1)(X-\alpha)$ divise A et B, le réel α est une racine commune de A et B. Or on constate que A et B n'ont aucune autre racine commune que 1 et on ne peut avoir $\alpha = 1$ car alors $(X-1)^2$ diviserait A et B, ce qui est impossible car 1

est racine simple de ces deux polynômes.

Ainsi $A \wedge B = X - 1$.

La situation, on l'aura remarqué, est la même que dans le chapitre 5. On ne démontre donc pas les propriétés suivantes du PGCD : les démonstrations sont les mêmes que dans $\mathbb{Z}$.

Proposition 16 (Propriétés immédiates du pgcd)

1. Le PGCD est commutatif : $\forall (A, B) \in \mathbb{K}[X]^2$, $A \wedge B = B \wedge A$.
2. $\forall (A, B) \in (\mathbb{K}[X])^2$, $\forall (\lambda, \mu) \in (\mathbb{K}^\times)^2$, $(\lambda A) \wedge (\mu B) = A \wedge B$.

Proposition 17 (Définitions équivalentes du pgcd)

Pour tout couple $(A, B) \in \mathbb{K}[X]^2$, le PGCD de A et B est l'unique polynôme unitaire D tel que :

1. D vérifie les deux propriétés suivantes :
   - D est un diviseur commun de A et B, c'est-à-dire $D \mid A$ et $D \mid B$;
   - D est un multiple de tout diviseur commun de A et B, c'est-à-dire : $\forall \Delta \in \mathbb{K}[X]$, $(\Delta \mid A \text{ et } \Delta \mid B) \Rightarrow \Delta \mid D$.
2. D est la borne inférieure, dans $\mathcal{U}$ muni de la divisibilité, de la partie $\left\{\dfrac{1}{a_n}A, \dfrac{1}{b_m}B\right\}$
3. $\mathcal{D}(A) \cap \mathcal{D}(B) = \mathcal{D}(A \wedge B)$, en notant $\mathcal{D}(A)$ l'ensemble des diviseurs de A.

Pour l'instant, le seul moyen que nous avons vu pour déterminer le PGCD de deux polynômes non nuls consiste – et c'est notre première définition du PGCD– à dresser la liste des diviseurs communs et à en prendre celui de plus grand degré. Cette méthode n'est raisonnable que pour des polynômes simples à factoriser ; il faut donc trouver mieux.
On a justement un algorithme similaire à celui d'Euclide pour le PGCD d'entiers, et auquel nous donnerons également le nom d'Euclide. On l'expose juste après le résultat fondamental :

Lemme 2 (Lemme préparatoire à l'algorithme d'Euclide)

1. Soit $D \in \mathbb{K}[X]$. Alors $D \wedge 0 = D$.
2. Soit $(A, B) \in \mathbb{K}[X] \times (\mathbb{K}[X] \setminus \{0\})$ et soit R le reste de la division euclidienne de A par B. Alors $A \wedge B = B \wedge R$.

Démonstration

Preuve strictement similaire au résultat analogue de l'arithmétique dans $\mathbb{Z}$.

Théorème 11 (Algorithme d'Euclide)

Soit $(A, B) \in \mathbb{K}[X]^2$.

On pose $R_0 = A$ et $R_1 = B$.

Si l'on définit, pour tout $n \geqslant 1$ tel que $R_n \neq 0$, le polynôme R_{n+1} comme étant le reste de la division euclidienne de R_{n-1} par R_n et si N est le plus petit entier $\geqslant 1$ tel que $R_N = 0$ alors R_{N-1} est associé à $A \wedge B$.

Démonstration

- Si $B = 0$, c'est-à-dire si $R_1 = 0$, alors on a $N = 1$ et $R_0 = A$ vérifie bien que R_0 est associé à $A \wedge B$ vu que $A \wedge 0 = \dfrac{1}{a_n} A$.
- Si $B \neq 0$ alors pour tout $n \geqslant 1$ tel que $R_n \neq 0$, on a $\deg(R_{n+1}) < \deg(R_n)$. On a donc $\deg(B) = \deg(R_1) > \deg(R_2) > \deg(R_3) > \cdots$. Comme il n'y a qu'un nombre fini d'éléments dans $\{-\infty\} \cup \{0, \ldots, \deg(B)\}$, il existe nécessairement un rang $N \geqslant 2$ tel que $\deg(R_N) = -\infty$, c'est-à-dire $R_N = 0$ et $\deg(R_{N-1}) \geqslant 0$.

  On a alors, par le lemme 2, $R_{n-1} \wedge R_n = R_n \wedge R_{n+1}$ pour tout $n \in \{1, \ldots, N-1\}$, ce dont on déduit :

  $A \wedge B = R_0 \wedge R_1 = R_1 \wedge R_2 = \cdots = R_{N-2} \wedge R_{N-1} = R_{N-1} \wedge R_N = R_{N-1} \wedge 0$, qui est donc associé à R_{N-1}.

Remarques 32

1. Si $A = B = 0$ alors on a $R_1 = 0$, $N = 1$ et $R_0 = A = 0$ est bien le PGCD de 0 et 0.
2. Si $A = 0$ et $B \neq 0$ alors la division euclidienne de $R_0 = A$ par $R_1 = B$ a pour reste 0. En particulier $R_2 = 0$ donc $N = 2$ et $R_1 = B$ est bien associé au PGCD de 0 et de B.
3. Comme on a, par la proposition 17.2, $A \wedge B = \dfrac{1}{a_n} A \wedge \dfrac{1}{b_m} B$, on peut adapter l'algorithme d'Euclide aux cas où A ou B ne sont pas unitaires en commençant par remplacer A et B par les polynômes unitaires qui leur sont associés.
4. Notons que si $\deg(B) > \deg(A) \geqslant 0$ alors, comme pour la division euclidienne sur les entiers lorsqu'on a $b > a$, la première itération revient simplement à échanger les rôles de A et de B. Lorsqu'on veut appliquer cet algorithme « à la main », on peut donc simplement commencer par échanger les rôles de A et de B si $\deg(B) > \deg(A)$. □

Exemple 17

Soit à calculer le PGCD des polynômes $A = 2X^3 - 11X^2 + 14X - 3$ et $B = 6X^2 - 5X - 6$.

On laisse le lecteur poser la division euclidienne de A par B, selon le principe exposé dans l'exemple 9. On trouve que cette division euclidienne a pour quotient $\frac{1}{3}X - \frac{14}{9}$ et pour reste $\frac{74}{9}X - \frac{37}{3}$. Avec les notations qui précèdent, on a donc $R_2 = \frac{74}{9}X - \frac{37}{3}$.
Comme on sait que le PGCD est invariant lorsqu'on multiplie les polynômes par des constantes non nulles (cf. proposition 16), on peut conserver au lieu de R_2 le polynôme $\frac{37}{9}R_2 = 2X - 3$ qui est plus maniable.
On effectue ensuite la division euclidienne de $B = 6X^2 - 5X - 6$ par $2X - 3$; le lecteur trouvera sans peine que le quotient en vaut $3X + 2$ et surtout que le reste en est nul.
En tant que dernier reste non nul dans la suite des restes, R_2 est associé à $A \wedge B$ et on en déduit $A \wedge B = \frac{1}{2}(2X - 3) = X - \frac{3}{2}$.

On en déduit, comme dans $\mathbb{Z}$:

Proposition 18 (Homogénéité du PGCD)

Soit $(A, B) \in \mathbb{K}[X]^2$.

1. $\forall K \in \mathbb{K}[X] \setminus \{0\}$, $(KA) \wedge (KB) = \frac{1}{k_d}K(A \wedge B)$, où k_d désigne le coefficient dominant de K.
2. Si $D \in \mathbb{K}[X]$ est un polynôme unitaire qui divise à la fois A et B, et si l'on note A', B' et D' les polynômes tels que $A = A'D$, $B = B'D$, $A \wedge B = DD'$ [21], alors : $A' \wedge B' = D'$.

Une application remarquable du fait que le PGCD soit donné par l'algorithme d'Euclide est la suivante :

Proposition 19 (Invariance du PGCD par extension de corps)

Soit $(A, B) \in \mathbb{R}[X]^2$. En particulier on a $(A, B) \in \mathbb{C}[X]^2$.
Les PGCD de A et B sont les mêmes dans $\mathbb{C}[X]$ et dans $\mathbb{R}[X]$.

DÉMONSTRATION

Dans $\mathbb{C}[X]$ comme dans $\mathbb{R}[X]$, le PGCD est donné par l'algorithme d'Euclide. Chaque étape de cet algorithme consiste en une division eulidienne. Or, les divisions euclidiennes donnent le même résultat, qu'elles soient effectuées dans $\mathbb{R}[X]$ comme dans $\mathbb{C}[X]$. Le déroulement de l'algorithme est donc identique dans chaque cas, et par conséquent le résultat de l'algorithme l'est aussi.

21. Comme D est un diviseur commun à A et B, c'est aussi un diviseur de leur PGCD.

5.2 Coefficients de Bézout

On poursuit l'analogie avec les résultats d'arithmétique dans $\mathbb{Z}$:

Théorème-Définition 7 (Relation de Bézout polynomiale)

Soit $(A, B) \in \mathbb{K}[X]^2$. Il existe $(U, V) \in \mathbb{K}[X]^2$ tel que $AU + BV = A \wedge B$.
On dit de (U, V) que c'est un couple de *coefficients de Bézout.*

Il n'y a jamais unicité d'un couple de coefficients de Bézout !
En effet si A et B sont nuls alors $A \wedge B = 0$ et tout couple (U, V) de polynômes vérifie bien $AU + BV = 0$.
Et si un des deux polynômes A et B est non nul alors d'un couple (U, V) de coefficients de Bézout on déduit une infinité de couples de coefficients de Bézout : les $(U - KB, V + KA)$, $K \in \mathbb{K}[X]$.

Remarque 33

On peut déterminer des coefficients de Bézout de la même façon que dans $\mathbb{Z}$, c'est-à-dire en remontant les divisions euclidiennes successives qui ont permis d'obtenir le PGCD.

Exemple 18

Soient $A = 2X^3 + X^2 - 3$ et $B = X^3 - 2X^2 + 3X - 2$.
Si l'on pose la division euclidienne de A par B, on obtient $A = 2B + R_2$, où on a $R_2 = 5X^2 - 6X + 1$.
Le lecteur peut vérifier ensuite que la division euclidienne de B par R_2 donne :
$B = \left(\frac{1}{5}X - \frac{4}{25}\right) R_2 + \frac{46}{25}X - \frac{46}{25}$.
On peut pour simplifier noter plutôt $R_3 = X - 1$, obtenu en factorisant par $\frac{46}{25}$ le reste précédent.
On remarque ensuite que R_3 divise R_2 vu qu'en posant la division euclidienne on obtient $5X^2 - 6X + 1 = (X - 1)(5X - 1)$.
Ainsi R_3 est unitaire et est le dernier reste non nul de l'algorithme, donc on a $R_3 = A \wedge B$, c'est-à-dire $A \wedge B = X - 1$.
Maintenant pour obtenir un couple de coefficients de Bézout, on reprend les relations successivement obtenues :

$$B = \left(\frac{1}{5}X - \frac{4}{25}\right) R_2 + \frac{46}{25}R_3, \quad A = 2B + R_2,$$

et on remonte ces relations en écrivant :

$$R_3 = \frac{25}{46}\left(B - \left(\frac{1}{5}X - \frac{4}{25}\right)R_2\right), \quad R_2 = A - 2B,$$

dont on déduit : $R_3 = \dfrac{25}{46}\left(B - \left(\dfrac{1}{5}X - \dfrac{4}{25}\right)(A-2B)\right)$, donc :

$$X - 1 = \left(-\frac{5}{46}X + \frac{2}{23}\right)A + \left(\frac{5}{23}X + \frac{17}{46}\right)B.$$

Ainsi un couple de coefficients de Bézout est $\left(U = -\dfrac{5}{46}X + \dfrac{2}{23}, V = \dfrac{5}{23}X + \dfrac{17}{46}\right)$.

5.3 Polynômes premiers entre eux

Définition 17

Deux polynômes A et B sont dits *premiers entre eux* lorsque leurs seuls diviseurs communs sont les polynômes constants non nuls, *i. e.* si leur PGCD est égal à 1.

Remarque 34

D'après la proposition 18.2, lorsqu'on divise deux entiers A et B par leur PGCD, on obtient deux polynômes premiers entre eux. Précisément, pour $(A, B) \in \mathbb{K}[X]^2$, si on introduit $(A', B') \in \mathbb{K}[X]^2$ tel que $A = (A \wedge B)A'$ et $B = (A \wedge B)B'$, alors $A' \wedge B' = 1$.
On dispose ainsi d'un moyen simple de ramener un couple de polynômes à un couple de polynômes premiers entre eux. Cela s'avère souvent utile au vu des résultats énoncés plus loin (théorème de Bézout, lemme de Gauss...).

Exemple 19

$X^3 + 1$ et $X^2 + 1$ sont premiers entre eux car on a $X^3 + 1 = (X^2 + 1) \times X - X + 1$, $X^2 + 1 = (-X-1)(-X+1) + 2$, donc le dernier reste non nul dans l'algorithme d'Euclide est 2, ce qui signifie que le PGCD des polynômes 1.
Plus tard, via la factorisation en irréductibles (ou, ce qui est en un sens équivalent, la recherche des racines), on pourra se passer de la division euclidienne.

On retrouve les théorèmes classiques d'arithmétique, qui se démontrent de même que dans $\mathbb{Z}$:

Théorème 12 (Théorème de Bézout)

Soit $(A, B) \in \mathbb{K}[X]^2$. Les polynômes A et B sont premiers entre eux si et seulement s'il existe $(U, V) \in \mathbb{K}[X]^2$ tel que $AU + BV = 1$.

Théorème 13 (Lemme de Gauss)

Soit $(A, B, C) \in \mathbb{K}[X]^3$. Si A divise BC et si A et B sont premiers entre eux, alors A divise C.

Corollaire 5

Soient $(A, B, P) \in \mathbb{K}[X]^3$. Si on a $A \mid P$, $B \mid P$ et $A \wedge B = 1$, alors $AB \mid P$.

5.4 PPCM de deux polynômes

Proposition-Définition 3

Soit $(A, B) \in (\mathbb{K}[X] \setminus \{0\})^2$. On appelle *plus petit commun multiple de* A *et* B, et on note $A \vee B$ (voire éventuellement $\mathrm{ppcm}(A, B)$), le polynôme unitaire le plus petit, pour la relation de divisibilité, qui soit simultanément multiple de A et B.

Démonstration

L'existence de $A \vee B$ dans le cas où A et B sont non nuls a déjà été implicitement montrée pour établir celle de $A \wedge B$ (c'est le polynôme M de la démonstration de la proposition-définition 2). On renvoie donc le lecteur à cette démonstration.
Dans le cas où A ou B est nul alors, comme 0 est le seul multiple de 0, le seul polynôme simultanément multiple de A et de B est 0. Le PPCM existe donc et vaut 0.

Exemples 20

1. Pour tout polynôme A, on a $A \vee 0 = 0$ et $A \vee 1 = A \vee A = \dfrac{1}{a_n} A$, où a_n désigne comme d'habitude le coefficient dominant de A.
2. Soient $A = X - 1$ et $B = 2X - 4$. Un polynôme multiple de A possède 1 comme racine. Un polynôme multiple de B possède 2 comme racine. Ainsi $A \vee B$ possède 1 et 2 comme racines donc, par la proposition 15, est divisible par $(X - 1)(X - 2)$.
   Or le sous-ensemble de $\mathcal{U}$ des polynômes unitaires divisibles par $(X-1)(X-2)$ admet comme plus petit élément $(X-1)(X-2)$ pour la relation de divisibilité. On en déduit : $A \wedge B = (X - 1)(X - 2)$.

Le programme de CPGE passe très vite sur la notion de PPCM, qui est rarement employée dans les problèmes de concours. Les propriétés du PPCM sont les mêmes que dans $\mathbb{Z}$ et on laisse au lecteur le soin de mener à bien cette généralisation : si l'on a bien compris l'arithmétique dans $\mathbb{Z}$, cela doit pouvoir se faire sans effort.

5.5 PGCD de plusieurs polynômes

Dans toute cette sous-section, n désigne un entier naturel.

La définition est la même que pour le PGCD de deux polynômes :

Proposition-Définition 4

Soit $(A_1, A_2, \ldots, A_n) \in \mathbb{K}[X]^n$. La partie de $\mathcal{U}$ formée des diviseurs unitaires communs à A_1, A_2, …, A_n a un plus grand élément pour la relation de divisibilité.
On l'appelle le *plus grand commun diviseur de la famille* $(A_k)_{1\leqslant k\leqslant n}$, et on le note $A_1 \wedge A_2 \wedge \cdots \wedge A_n$.
De plus, on a $A_1 \wedge A_2 \wedge \cdots \wedge A_n = \Big(\big(\cdots(A_1 \wedge A_2) \wedge \cdots\big) \wedge A_{n-1}\Big) \wedge A_n$.

DÉMONSTRATION

Même chose que pour le PGCD de n entiers.

Remarque 35

On a bien entendu l'associativité de $\wedge$.
Rappelons qu'on a déjà établi la commutativité de $\wedge$, qui permet de permuter à volonté les termes dans la quantité $A_1 \wedge A_2 \wedge \cdots \wedge A_n$, au sens où on a, dès lors que $\{i_1, \ldots, i_n\} = \{1, \ldots, n\}$, $A_{i_1} \wedge A_{i_2} \wedge \cdots \wedge A_{i_{n-1}} \wedge A_{i_n} = A_1 \wedge A_2 \wedge \cdots \wedge A_{n-1} \wedge A_n$.

On peut là encore paraphraser de diverses façons la définition du PGCD d'une famille. On laisse ce soin au lecteur, ainsi que le soin de généraliser les proproétés vues dans $\mathbb{Z}$. On se contente de signaler la généralisation suivante, utile en seconde année :

Théorème 14 (Relation de Bézout généralisée)

Soit $(A_1, \ldots, A_n) \in \mathbb{K}[X]^n$. Il existe $(U_1, \ldots, U_n) \in \mathbb{K}[X]^n$ tel que :
$\displaystyle\sum_{k=1}^{n} A_k U_k = A_1 \wedge A_2 \wedge \cdots \wedge A_n$.

Définition 18

On dit que des polynômes $A_1, \ldots, A_n$ sont *premiers entre eux dans leur ensemble* lorsque $A_1 \wedge \cdots \wedge A_n = 1$.

Remarques 36

1. Par définition, cela revient à dire que des polynomes sont premiers entre eux lorsque leur seul diviseur unitaire commun est 1.
2. Le théorème de Bézout peut être généralisé en énonçant que des polynômes $A_1, \ldots, A_n$ sont premiers entre eux dans leur ensemble si et seulement s'il existe des polynômes $U_1, \ldots, U_n$ vérifiant $\sum_{k=1}^{n} A_k U_k = 1$.
   Cette généralisation n'est *a priori* pas au programme; on en laisse la démonstration au lecteur.

⚠ Comme pour l'arithmétique dans $\mathbb{Z}$, il ne faut pas confondre la notion de polynômes *premiers entre eux dans leur ensemble* avec la notion de polynômes *deux à deux premiers entre eux*, qui demande, elle, qu'on ait $A_i \wedge A_j = 1$ pour tous i et j distincts de $\{1, \ldots, n\}$.

Exemples 21

1. Les polynômes $X-1, X^2-1, X^3-1$ ne sont pas premiers entre eux dans leur ensemble car tous divisibles par $X-1$ (vu qu'ils admettent tous clairement 1 comme racine).
2. Les polynômes $A = (X-1)(X-2)$, $B = (X-1)^2$ et $C = (X-2)^2$ sont premiers entre eux dans leur ensemble car 1 est leur seul diviseur unitaire commun. Mais ils ne sont pas deux à deux premiers entre eux par exemple car $A \wedge B = X-1$ (ainsi le fait qu'on ait $B \wedge C = 1$ est insuffisant pour affirmer que A, B et C sont deux à deux premiers entre eux).
   Il est même des exemples de polynômes premiers entre eux dans leur ensemble dont aucun couple n'est de PGCD égal à 1. Ainsi de $A = (X-1)(X-2)$, $B = (X-1)(X-3)$ et $C = (X-2)(X-3)$ dont le seul diviseur unitaire commun est 1 mais pour lesquels on a $A \wedge B = X-1$, $A \wedge C = X-2$ et $B \wedge C = X-3$.

6 Factorisation des polynômes

6.1 Polynômes irréductibles

On cherche un analogue à la décomposition d'un nombre entier en produit de nombres premiers. Pour cela on commence par s'interroger sur l'analogue dans $\mathbb{K}[X]$ de la notion de nombre premier, ce qu'on appellera *polynôme irréductible*.
Un nombre premier a été défini comme étant un entier naturel admettant exactement deux diviseurs positifs distincts. En imposant la positivité des diviseurs, on élimine tous les diviseurs négatifs, que l'on peut juger comme étant redondants.
Si l'on veut prendre l'analogue pour les polynômes, on peut éviter les diviseurs redondants en les imposant unitaires, vu qu'on sait que si un polynôme donné B divise un polynôme A alors tout polynôme de la forme BI, où $I \in \mathbb{K}[X]^{\times} = \mathbb{K}^{\times}$ est aussi un diviseur de A.
Ainsi on obtient de manière naturelle la définition suivante :

Définition 19

On dit d'un polynôme $P \in \mathbb{K}[X]$ qu'il est *irréductible* sur $\mathbb{K}$ lorsqu'il admet exactement deux diviseurs unitaires distincts dans $\mathbb{K}[X]$.

Remarque 37

Comme nous le verrons peu après, un polynôme peut être irréductible sur $\mathbb{R}$ sans l'être sur $\mathbb{C}$. Contrairement à la notion de divisibilité et à la notion de PGCD, la notion d'irréductibilité dépend totalement du corps de base $\mathbb{K}$ considéré, et c'est pourquoi il vaut mieux toujours préciser sur quel corps on se place.

Notation 6

On notera dans ce chapitre $\mathcal{I}$ l'ensemble des polynômes irréductibles de $\mathbb{K}[X]$, le contexte permettant en général de connaître $\mathbb{K}$.

Exemples 22

- Ainsi 0 n'est pas irréductible sur $\mathbb{K}$ car 0 admet une infinité de diviseurs unitaires dans $\mathbb{K}[X]$ (en l'occurrence tous les polynômes unitaires de $\mathbb{K}[X]$).
- 1 n'est pas irréductible non plus sur $\mathbb{K}$ car 1 admet un seul diviseur unitaire dans $\mathbb{K}[X]$: lui-même.
  Plus généralement, aucun polynôme constant n'est irréductible.
- X est irréductible sur $\mathbb{K}$ car il admet exactement deux diviseurs unitaires dans $\mathbb{K}[X]$: 1 et X.

- Plus généralement tout polynôme de degré 1 est irréductible sur $\mathbb{K}$.
- X^2 n'est pas irréductible sur $\mathbb{K}$ car il admet trois diviseurs unitaires dans $\mathbb{K}[X]$: 1, X et X^2.

  Plus généralement, si n est un entier vérifiant $n \geqslant 2$ alors X^n n'est pas irréductible sur $\mathbb{K}$ car il admet au moins trois diviseurs unitaires distincts dans $\mathbb{K}[X]$: 1, X et X^2.

En résumé, on peut finalement caractériser les polynômes irréductibles sur $\mathbb{K}$ ainsi : ce sont les polynômes $P \in \mathbb{K}[X]$ de degré supérieur ou égal à 1 et tels que les seuls diviseurs unitaires dans $\mathbb{K}[X]$ de P sont 1 et $\dfrac{1}{p_n}P$, où p_n désigne le coefficient dominant de P.

On peut le formuler[22] ainsi :

Proposition 20

Soit $P \in \mathbb{K}[X]$. Alors le polynôme P est irréductible sur $\mathbb{K}$ si et seulement si on a $\deg(P) \geqslant 1$ et $\forall (U,V) \in \mathbb{K}[X]^2,\ P = UV \Rightarrow P$ est associé à U ou à V.

Autrement dit, un polynôme irréductible est un polynôme non constant, et **que l'on ne peut pas réduire**, au sens où l'on ne peut l'écrire comme produit de polynômes tous les deux strictement plus petits pour la relation de divisibilité.
On en déduit très facilement l'équivalence suivante :

Proposition 21

Un polynôme $P \in \mathbb{K}[X]$ est irréductible sur $\mathbb{K}$ si et seulement si $\deg(P) \geqslant 1$ et P n'est divisible par aucun polynôme $Q \in \mathbb{K}[X]$ tel que $0 < \deg Q < \deg P$.

Exemples 23

1. Tout polynôme de degré 1 de $\mathbb{K}[X]$ est irréductible sur $\mathbb{K}$ car il n'y a aucun polynôme de degré strictement compris entre 0 et 1.

2. Le polynôme $X^2 + 1$ est irréductible sur $\mathbb{R}$. En effet, sinon il serait divisible par un polynôme de degré 1, donc de la forme $a_1X + a_0$ avec $(a_0, a_1) \in \mathbb{R} \times \mathbb{R}^*$, et aurait donc $-\dfrac{a_0}{a_1}$ comme racine réelle, ce qui est impossible.
   Mais ce même polynôme n'est pas irréductible sur $\mathbb{C}$ puisqu'on a la relation
   $X^2 + 1 = (X + \mathbf{i})(X - \mathbf{i})$.

On a le premier résultat fondamental, analogue du théorème 8 du chapitre 5.

22. Cf. pour comparaison la proposition 6 du chapitre 5, ainsi que le commentaire qui la suit.

Théorème 15

Tout polynôme de $\mathbb{K}[X]$ de degré supérieur ou égal à 1 est divisible par un polynôme irréductible.

DÉMONSTRATION

Soit $P \in \mathbb{K}[X]$ avec $n = \deg(P) \geqslant 1$.
On note $\mathcal{E} = \{D \in \mathbb{K}[X] \setminus \mathbb{K}^{\times},\ D \mid P\}$. Comme $P \in \mathcal{E}$, $\mathcal{E}$ est non vide. Si on forme l'ensemble $\mathcal{A} = \{\deg(D),\ D \in \mathcal{E}\}$, il s'agit donc d'un ensemble non vide d'entiers compris entre 1 et n. En tant que partie non vide de $\mathbb{N}$, $\mathcal{A}$ admet un plus petit élément, que l'on note m, et il lui correspond un polynôme $Q \in \mathcal{E}$.
Raisonnons par l'absurde : supposons Q non irréductible. Alors comme on a $m = \deg(Q) \geqslant 1$ par définition de $\mathcal{E}$, il existe, par la proposition 20, deux polynômes U et V non associés à Q tels que $Q = UV$. Ces deux polynômes sont nécessairement de degrés strictement inférieurs à m, sans être nuls (car U et V ne peuvent être constants) et divisent évidemment P, donc appartiennent à $\mathcal{E}$, ce qui contredit le caractère minimal de Q.
Par conséquent P admet un diviseur irréductible.

Sans donner plus de détails, que le lecteur sache que l'on peut obtenir l'analogue du lemme d'Euclide, à savoir :

Théorème 16 (Lemme d'Euclide)

Soit $P \in \mathcal{I}$. Alors on a : $\forall (A, B) \in \mathbb{K}[X]^2$, $P \mid AB \Rightarrow (P \mid A \text{ ou } P \mid B)$.
Dit autrement, un polynôme irréductible ne peut diviser un produit que s'il divise (au moins) l'un des facteurs du produit.

Et on peut évidemment en déduire :

Théorème 17 (Lemme d'Euclide amélioré)

$\forall P \in \mathcal{I}$, $\forall (A_1, A_2, \ldots, A_n) \in \mathbb{K}[X]^n$,
$P \mid A_1 A_2 \cdots A_n \Rightarrow (P \mid A_1 \text{ ou } P \mid A_2 \text{ ou } \ldots \text{ ou } P \mid A_n)$.

Et puis, l'analogie se poursuivant, on a un résultat analogue au théorème fondamental de l'arithmétique :

Théorème 18 (Décomposition en facteurs irréductibles)

Tout polynôme non nul P de $\mathbb{K}[X]$ peut s'écrire sous la forme $P = \lambda \prod_{i=1}^{s} \Pi_i^{r_i}$, où on a $\lambda \in \mathbb{K}^\times$, $s \in \mathbb{N}$, $r_i \in \mathbb{N} \setminus \{0\}$ et où les Π_i sont des polynômes unitaires irréductibles et deux à deux distincts de $\mathbb{K}[X]$.

De plus cette décomposition est unique à l'ordre près des facteurs.

DÉMONSTRATION

- *Existence de la décomposition* :

  ⋆ Tout d'abord, si $P \in \mathbb{K}^\times$ alors $\lambda = P$ et le produit cherché est le produit vide.

  ⋆ Soit maintenant à prouver par récurrence forte sur $n \geqslant 1$ la propriété

  $\mathcal{P}_n$: tout polynôme non nul de degré $\leqslant n$ s'écrit sous la forme proposée par le théorème.

  Soit $n \geqslant 1$ et $P \in \mathbb{K}[X]$ tel que $\deg(P) \leqslant n$. Alors on a deux cas :

  1. Si P est irréductible alors, si l'on note λ le coefficient dominant de P, on a $P = \lambda \times \left(\frac{1}{\lambda} P\right)$, où $\frac{1}{\lambda} P$ est irréductible.
  2. Si P n'est pas irréductible alors P admet par le théorème 15 un diviseur irréductible Π, distinct de P vu que P n'est pas irréductible, donc vérifiant $\deg(\Pi) < \deg(P)$. Si on introduit le polynôme quotient Q tel que $P = Q\Pi$, on a alors $1 \leqslant \deg(Q) < \deg(P)$ donc, par hypothèse de récurrence, Q s'écrit sous la forme proposée par le théorème. Multipliant ce produit par Π qui est irréductible, on obtient que P lui-même admet une décomposition sous la forme annoncée.

- *Unicité de la décomposition* :

  ⋆ Si $P \in \mathbb{K}^\times$ alors de fait P admet une unique décomposition telle que donnée dans le premier point précédent.

  ⋆ Si $\deg(P) \geqslant 1$ alors supposons que P admette aussi comme décomposition $P = \lambda \prod_{i=1}^{t} Q_i^{\rho_i}$, avec $\lambda \in \mathbb{K}^\times$, $t \geqslant 1$, les ρ_i strictement positifs et les Q_i des polynômes irréductibles unitaires.

  Tout d'abord, les polynômes Π_i et Q_i étant unitaires, λ et μ doivent nécessairement coïncider avec le coefficient dominant de P, donc on a $\lambda = \mu$.

  Prenons ensuite Q_1 par exemple. Ce polynôme est un diviseur de $P = \lambda \prod_{i=1}^{s} \Pi_i^{r_i}$ donc, par le lemme d'Euclide amélioré, il divise l'un des polynômes irréductibles $\Pi_1, \ldots, \Pi_s$. Ces polynômes étant irréductibles justement, et comme Q_1 n'est pas constant, Q_1 est même nécessairement égal à l'un d'eux.

On divise P par Π_1 et on répète ce principe, d'abord jusqu'à épuiser Π_1 puis en passant ensuite à Π_2, etc.

Remarque 38

L'écriture $P = \lambda \prod_{i=1}^{s} P_i^{r_i}$ qui, lorsque P est non nul, fait intervenir un élément λ de $\mathbb{K}^\times = \mathbb{K}[X]^*$, ainsi qu'un produit de polynômes irréductibles sur $\mathbb{K}$, est l'exact analogue dans $\mathbb{K}[X]$ du théorème fondamental de l'arithmétique (dans $\mathbb{Z}$).

On appelle souvent le produit $P = \lambda \prod_{i=1}^{s} P_i^{r_i}$ la *décomposition en facteurs irréductibles* de P, comme pendant de la décomposition primaire d'un entier.

On explicite un peu plus loin les polynômes irréductibles de $\mathbb{C}[X]$ et $\mathbb{R}[X]$, ce qui permet de préciser la forme de la décomposition en irréductibles dans ces deux anneaux de polynômes.

6.2 Factorisation sur $\mathbb{C}$

Comme déjà dit plusieurs fois jusque-là, on a le théorème fondamental (admis) :

Théorème 19 (Théorème de d'Alembert-Gauss)

Tout polynôme de $\mathbb{C}[X]$ de degré $\geqslant 1$ admet une racine dans $\mathbb{C}$.

On en déduit (le second point du théorème suivant est souvent confondu avec le théorème de d'Alembert-Gauss) :

Théorème 20

1. Les polynômes irréductibles sur $\mathbb{C}$ sont les polynômes de degré 1.
2. Tout polynôme $P \in \mathbb{C}[X]$ se factorise sous la forme $P = \lambda \prod_{i=1}^{s} (X - \alpha_i)^{r_i}$ où λ est le coefficient dominant de P, $s \in \mathbb{N}$, $\alpha_i \in \mathbb{C}$ et $r_i \in \mathbb{N} \setminus \{0\}$.
   Cette écriture est unique à l'ordre près des facteurs.

Remarque 39

Dans le second point, le cas des polynômes constants correspond à $s = 0$.

DÉMONSTRATION

1. Soit $P \in \mathbb{C}[X]$. Si on a $\deg P \geqslant 2$ alors P a une racine $\alpha \in \mathbb{C}$ par le théorème de d'Alembert-Gauss donc il est divisible par $(X - \alpha)$ et n'est par conséquent pas

irréductible.

Réciproquement, d'après l'exemple 23.1, les polynômes de degré 1 de $\mathbb{C}[X]$ sont bien irréductibles sur $\mathbb{C}$.

2. Le cas du polynôme nul est clair ; il suffit de poser $\lambda = 0$.

   Il s'agit d'une simple traduction du théorème 18, maintenant que l'on sait par le point précédent que les polynômes irréductibles de $\mathbb{C}[X]$ sont les polynômes de degré 1.

Exemple 24

Soit à factoriser $P = 3X^6 + 3X^4 + 3X^2$.

Le polynôme P a pour coefficient dominant 3 donc on commence par écrire :
$P = 3(X^6 + X^4 + X^2)$.

On peut évidemment factoriser par X^2 ensuite : $P = 3X^2(X^4 + X^2 + 1)$.

Notons qu'on peut écrire $X^4 + X^2 + 1 = Q(X^2)$, où $Q = X^2 + X + 1$.

On connaît bien ce polynôme, par la relation $\mathbf{j}^2 + \mathbf{j} + 1 = 0$, et on sait qu'on a
$Q = (X - \mathbf{j})(X - \mathbf{j}^2)$.

Ainsi on a $P = 3X^2(X^2 - \mathbf{j})(X^2 - \mathbf{j}^2)$.

Via une identité remarquable classique, on a : $X^2 - \mathbf{j}^2 = (X - \mathbf{j})(X + \mathbf{j})$.

Notons qu'on a $\mathbf{j} = \mathbf{j}^4 = \left(\mathbf{j}^2\right)^2$ donc $\mathbf{j}$ admet pour racines carrées $\mathbf{j}^2$ et $-\mathbf{j}^2$. On en déduit :
$X^2 - \mathbf{j} = (X - \mathbf{j}^2)(X + \mathbf{j}^2)$.

Finalement, on obtient la factorisation : $P = 3X^2(X - \mathbf{j})(X + \mathbf{j})(X - \mathbf{j}^2)(X + \mathbf{j}^2)$.

Remarque 40

Le deuxième point du théorème précédent assure notamment que tout polynôme de $\mathbb{C}[X]$ est scindé.

On peut également donner une forme équivalente du théorème de d'Alembert-Gauss, mais légèrement plus explicite :

Théorème 21 (D'Alembert-Gauss précisé)

Tout polynôme de degré $n \geqslant 0$ de $\mathbb{C}[X]$ admet exactement n racines comptées avec multiplicté.

DÉMONSTRATION

La preuve en est immédiate si l'on repart de la forme $P = \lambda \prod_{i=1}^{s} (X - \alpha_i)^{r_i}$ du théorème précédent où, en comparant les degrés, on a $\deg(P) = \sum_{i=1}^{s} r_i$, et où il est clair que P a exactement pour racines dans $\mathbb{C}$ les α_i avec multiplicité r_i.

On déduit du théorème de d'Alembert-Gauss et de ses conséquences un critère simple de divisibilité dans $\mathbb{C}[X]$:

Théorème 22

Soit $(P, Q) \in \mathbb{C}[X]^2$. Alors Q divise P si et seulement si les racines de Q dans $\mathbb{C}$ sont toutes racines de P dans $\mathbb{C}$ avec des multiplicités en tant que racines de P toutes au moins égales à celles qu'elles ont en tant que racines de Q.

DÉMONSTRATION

Si Q est nul alors Q divise un polynôme P si et seulement si $P = 0$, c'est-à-dire si et seulement si $P = Q = 0$ et donc l'équivalence donnée par le théorème est claire dans ce cas.
Si Q est non nul alors on peut écrire $Q = \lambda \prod_{i=1}^{s}(X - \alpha_i)^{r_i}$, où on a $\lambda \neq 0$ et où les α_i sont les racines de Q et ont pour multiplicités respectives r_i.

$\boxed{\Rightarrow}$ Soit un polynôme P divisé par Q. Alors $\prod_{i=1}^{s}(X - \alpha_i)^{r_i}$ divise P et donc P admet les α_i comme racines de multiplicté au moins r_i.

$\boxed{\Leftarrow}$ Si P est un polynôme admettant les α_i comme racines de multiplicité au moins α_i, alors on sait, par la proposition 15, que $\prod_{i=1}^{s}(X - \alpha_i)^{r_i}$ divise P et on en déduit donc que $\lambda \prod_{i=1}^{s}(X - \alpha_i)^{r_i} = Q$ divise P.

Exemple 25

Soient $Q = (X - 1)^2(X - 2)$ et $P = X^5 - 3X^4 - X^3 + 11X^2 - 12X + 4$.
Les racines de Q dans $\mathbb{C}$ sont 1 (de multiplicité 2) et 2 (de multiplicité 1).
Tout d'abord, on vérifie aisément qu'on a $P(1) = 0$.
Ensuite on a $P' = 5X^4 - 12X^3 - 3X^2 + 22X - 12$ et on vérifie qu'on a aussi $P'(1) = 0$.
Ainsi 1 est une racine de multiplicité au moins 2 de P.
Ensuite on a $P(2) = 2^5 - 3 \times 2^4 - 2^3 + 11 \times 2^2 - 12 \times 2 + 4 = 32 - 3 \times 16 + 11 \times 4 - 24 + 4 = 0$ donc 2 est racine de multiplicité au moins 1 de P.
Par conséquent, on a $Q \mid P$.

On a enfin un critère simple pour reconnaître si des polynômes de $\mathbb{C}[X]$ sont premiers entre eux :

Proposition 22

Soit $(P, Q) \in \mathbb{C}[X]^2$. Alors P et Q sont premiers entre eux si et seulement si P et Q n'ont aucune racine commune dans $\mathbb{C}$.

DÉMONSTRATION

$\boxed{\Rightarrow}$ Procédons par contraposition.

Supposons que P et Q ont une racine commune α dans $\mathbb{C}$. Alors $X - \alpha$ divise P et Q donc P et Q ne sont pas premiers entre eux.

$\boxed{\Leftarrow}$ Procédons par contraposition.

Supposons que P et Q ne sont pas premiers entre eux. Alors leur PGCD, que l'on note D, est un polynôme nul ou non constant.

- Si $D = 0$ alors $P = Q = 0$ et donc P et Q possèdent une racine commune dans $\mathbb{C}$ (en fait tous les éléments de $\mathbb{C}$ sont racines de ces deux polynômes).
- Si D est non constant alors il admet au moins une racine dans $\mathbb{C}$ d'après le théorème de d'Alembert-Gauss, et cette racine est commune à P et Q.

Remarque 41

On fera bien attention au fait que même si les polynômes P et Q sont à coefficients simplement réels, ce sont bien leurs racines dans $\mathbb{C}$ qu'il faut regarder pour décider de leur caractère « premiers entre eux ».

Exemples 26

1. Considérons, pour tout $(m, n) \in (\mathbb{N} \setminus \{0\})^2$, les polynômes $P = X^n - 1$ et $Q = X^m - 2$. Le polynôme P admet pour racines les racines n-ièmes de l'unité, qui sont toutes de module 1, tandis que si z est un complexe de module 1, alors on a $|z^m| = 1$ donc $z^m - 2 \neq 0$, ce qui prouve que z n'est pas racine de Q.

   Comme P et Q n'ont aucune racine commune (dans $\mathbb{C}$), ils sont premiers entre eux.

2. Les polynômes $P = X^8 + X^4 + 1$ et $Q = X^4 + X^2 + 1$ de $\mathbb{R}[X]$ n'ont aucune racine réelle vu que leurs fonctions polynomiales sont à valeurs strictement positives. Ils n'ont en particulier aucune racine réelle commune. Ils ne sont cependant pas premiers entre eux car ont comme racine commune $\mathbf{j}$ (les relations $\mathbf{j}^3 = 1$ et $\mathbf{j}^2 + \mathbf{j} + 1 = 0$ permettent facilement de s'en rendre compte).

   Le lecteur sceptique peut d'ailleurs vérifier, en posant les divisions euclidiennes[23], qu'on a $X^8 + X^4 + 1 = (X^6 - X^5 + X^3 - X + 1)(X^2 + X + 1)$ ainsi que $X^4 + X^2 + 1 =$

23. Ou à l'aide des résultats de la sous-section 6.3.

$(X^2 - X + 1)(X^2 + X + 1)$, ce qui prouve que $X^2 + X + 1$ est un diviseur commun de P et Q et, en particulier, que P et Q ne sont pas premiers entre eux.

6.3 Factorisation sur $\mathbb{R}$

Définition 20

Soit $P = \sum_{k=0}^{d} a_k X^k \in \mathbb{C}[X]$. On appelle *polynôme conjugué* de P et on note $\overline{P}$ le polynôme $\overline{P} = \sum_{k=0}^{d} \overline{a_k} X^k \in \mathbb{C}[X]$.

Proposition 23

$\forall P \in \mathbb{C}[X],\ \forall x \in \mathbb{C},\ \overline{\tilde{P}(x)} = \tilde{\overline{P}}(\overline{x})$.

DÉMONSTRATION

Soient $P = \sum_{k=0}^{d} a_k X^k \in \mathbb{C}[X]$ et $x \in \mathbb{C}$. On a $\overline{\tilde{P}(x)} = \overline{\sum_{k=0}^{d} a_k x^k} = \sum_{k=0}^{d} \overline{a_k} \times \overline{x}^k$ par les propriétés de la conjugaison.

Or on a $\overline{P} = \sum_{k=0}^{d} \overline{a_k} X^k$, d'où $\overline{\tilde{P}(x)} = \tilde{\overline{P}}(\overline{x})$.

Proposition 24

Soit $P \in \mathbb{R}[X]$. Si β est une racine complexe de multiplicité r de P alors $\overline{\beta}$ est également racine de multiplicité r de P.

DÉMONSTRATION

On peut écrire $P = (X - \beta)^r Q$ avec $\tilde{Q}(\beta) \neq 0$. Appliquons la conjugaison à cette relation, sachant que $P = \overline{P}$ puisque P est à coefficients réels : $\overline{P} = (X - \overline{\beta})^r \overline{Q}$ avec $\tilde{\overline{Q}}(\overline{\beta}) \neq 0$. Ainsi $\overline{\beta}$ est racine de P de multiplicité r.

On peut répartir les racines complexes d'un polynôme P de $\mathbb{R}[X]$ en trois catégories :

- Les racines réelles.
- Les racines complexes de partie imaginaire > 0.

- Les racines complexes de partie imaginaire < 0 ; le résultat précédent stipule qu'elles sont les conjuguées des racines précédentes et qu'elles ont chacune même multiplicité que leur conjuguée.

Donc si un polynôme $P \in \mathbb{R}[X]$ possède les racines réelles $a_1, \dots, a_s$ de multiplicités $r_1, \dots, r_s$ et les racines complexes de partie imaginaire > 0, $\beta_1, \dots, \beta_t$ de multiplicités $s_1, \dots, s_t$, il a pour racines de partie imaginaire < 0 les complexes $\overline{\beta_1}, \dots, \overline{\beta_t}$ de mêmes multiplicités $s_1, \dots, s_t$, et il se factorise ainsi dans $\mathbb{C}[X]$:

$$P = \lambda \left(\prod_{j=1}^{s} (X - a_j)^{r_j} \right) \left(\prod_{k=1}^{t} (X - \beta_k)^{s_k} (X - \overline{\beta_k})^{s_k} \right).$$

D'où la factorisation sur $\mathbb{R}$: $P = \lambda \left(\prod_{j=1}^{s} (X - a_j)^{r_j} \right) \left(\prod_{k=1}^{t} \left((X - \beta_k)(X - \overline{\beta_k}) \right)^{s_k} \right)$, *i. e.* $P = \lambda \left(\prod_{j=1}^{s} (X - a_j)^{r_j} \right) \left(\prod_{k=1}^{t} \left(X^2 - 2\mathrm{Re}(\beta_k) X + |\beta_k|^2 \right)^{s_k} \right)$.

Exemple 27

Le polynôme $X^6 - 1$ a comme racines les racines sixièmes de l'unité donc :

$$\begin{aligned} X^6 - 1 &= \prod_{k=0}^{5} (X - \mathrm{e}^{\mathrm{i}\frac{2k\pi}{6}}) \\ &= (X-1)(X+1)(X - \mathrm{e}^{\mathrm{i}\frac{\pi}{3}})(X - \mathrm{e}^{-\mathrm{i}\frac{\pi}{3}})(X - \mathrm{e}^{\mathrm{i}\frac{2\pi}{3}})(X - \mathrm{e}^{-\mathrm{i}\frac{2\pi}{3}}) \\ &= (X-1)(X+1)\left(X^2 - 2\cos\left(\frac{\pi}{3}\right) X + 1 \right)\left(X^2 - 2\cos\left(\frac{2\pi}{3}\right) X + 1 \right) \\ &= (X-1)(X+1)(X^2 - X + 1)(X^2 + X + 1). \end{aligned}$$

Théorème 23

1. Les polynômes irréductibles sur $\mathbb{R}$ sont les polynômes de degré 1 et les polynômes de degré 2 à discriminant strictement négatif.
2. Tout polynôme $P \in \mathbb{R}[X]$ se factorise sous la forme :

$$P = \lambda \left(\prod_{j=1}^{s} (X - a_j)^{r_j} \right) \left(\prod_{k=1}^{t} (X^2 + b_k X + c_k)^{s_k} \right),$$

où λ est le coefficient dominant de P et les polynômes $X^2 + b_k X + c_k$ sont de discriminant < 0.

DÉMONSTRATION

1. • On a déjà vu que les polynômes de degré 1 sont irréductibles.

- Soit $P \in \mathbb{R}[X]$ de degré 2.
  Si P admet une racine réelle a alors $P = (X - a)Q$ où $Q \in \mathbb{R}[X]$ est de degré 1, donc P n'est pas irréductible sur $\mathbb{R}$.
  Si $P \in \mathbb{R}[X]$ n'admet pas de racine réelle, *i. e.* si P est de discriminant < 0, alors P n'est pas divisible par un polynôme réel de degré 1 (car sinon, si un polynôme $a_1X + a_0$, avec $a_1 \neq 0$, divisait P, alors P admettrait $-\dfrac{a_0}{a_1}$ comme racine) donc P est irréductible sur $\mathbb{R}$.
- Si $P \in \mathbb{R}[X]$ est de degré $\geqslant 3$ alors soit P admet une racine réelle a et $X - a \in \mathbb{R}[X]$ divise P donc P n'est pas irréductible, soit P possède une racine non réelle β, donc aussi $\overline{\beta}$ par la proposition 24, et $(X - \beta)(X - \overline{\beta}) = X^2 - 2\mathrm{Re}(\beta)X + |\beta|^2 \in \mathbb{R}[X]$ divise P donc P n'est pas irréductible.

2. Le cas du polynôme nul est clair ; il suffit de poser $\lambda = 0$.
   Sinon, il s'agit d'une simple traduction du théorème 18, maintenant que l'on sait par le point précédent quels sont les polynômes irréductibles de $\mathbb{R}[X]$.

Exemple 28

Soit à factoriser, pour $n \in \mathbb{N} \setminus \{0\}$ quelconque, $X^n - 1$ dans $\mathbb{C}[X]$ et dans $\mathbb{R}[X]$.
Les racines de ce polynôme sont les racines n-ièmes de l'unité, *i. e.* les $\omega_k = \mathrm{e}^{\mathrm{i}\frac{2k\pi}{n}}$, pour $0 \leqslant k \leqslant n - 1$. Comme de plus $X^n - 1$ est unitaire, on en déduit qu'il se factorise dans $\mathbb{C}[X]$ sous la forme : $X^n - 1 = \displaystyle\prod_{k=0}^{n}(X - \mathrm{e}^{\mathrm{i}\frac{2k\pi}{n}})$.
Essayons maintenant de factoriser dans $\mathbb{R}$. Pour cela, cherchons quelles sont les racines réelles : on constate que $\omega_0 = 1$ est toujours réel et que, si n est pair, $\omega_{\frac{n}{2}} = -1$ est réel aussi. Par contre les autres ω_k sont toujours non réels et on a $\omega_k = \overline{\omega_{n-k}}$.
Sortant les facteurs avec une racine réelle et regroupant ceux avec des racines complexes conjuguées, on obtient :

- Si n est pair, $X^n - 1 = X^{2m} - 1 = (X - 1)(X + 1)\displaystyle\prod_{k=1}^{m-1}(X - \omega_k)(X - \overline{\omega_k})$ donc
  $$X^n - 1 = (X - 1)(X + 1)\prod_{k=1}^{m-1}\left(X^2 - 2\cos\left(\frac{k\pi}{m}\right)X + 1\right).$$
- Si n est impair, $X^n - 1 = X^{2m+1} - 1 = (X - 1)\displaystyle\prod_{k=1}^{m}(X - \omega_k)(X - \overline{\omega_k})$ donc
  $$X^n - 1 = (X - 1)\prod_{k=1}^{m}\left(X^2 - 2\cos\left(\frac{2k\pi}{2m+1}\right)X + 1\right).$$

Exemples de répartition des racines de l'unité pour $n = 5$ (impair) et $n = 6$ (pair). On constate que -1 n'est pas racine pour $n = 5$ et les racines reliées par des pointillés sont conjuguées l'une de l'autre :

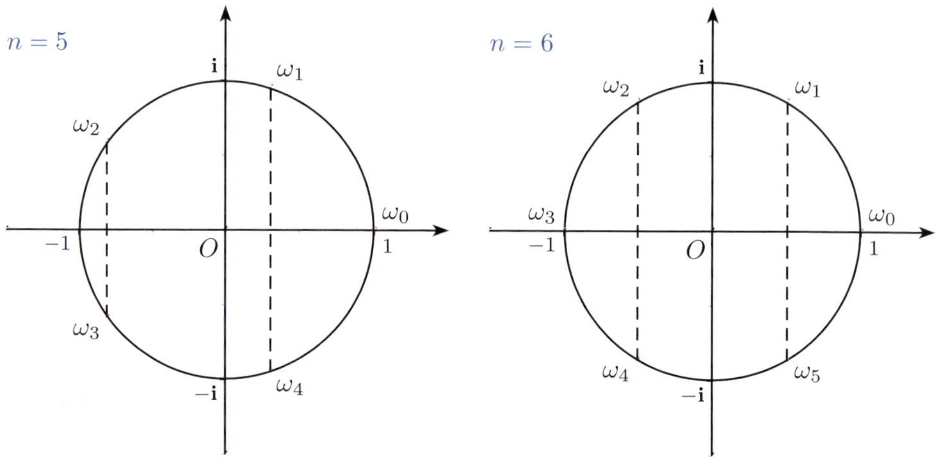

7 Fractions rationnelles - MPSI

7.1 Définition et structure

Définition 21

On dit de deux couples (A, B) et (C, D) de $\mathbb{K}[X] \times (\mathbb{K}[X] \setminus \{0\})$ que ce sont des *représentants* d'une même *fraction rationnelle* F *à coefficient dans* $\mathbb{K}$ lorsqu'on a $AD = BC$.
On note alors $F = \dfrac{A}{B} = \dfrac{C}{D}$.

Éclairons cette terminologie à la lumière de la remarque 27 du chapitre 2 : la relation $\simeq$ définie par $(A, B) \simeq (C, D) \Leftrightarrow AD = BC$ est clairement une relation d'équivalence, et un représentant de $\dfrac{A}{B}$ est vu ici comme un représentant de sa classe d'équivalence pour cette relation. Par commodité, on se permet en général de confondre (A, B) et $\dfrac{A}{B}$, ce qui revient à identifier les couples en relation pour $\simeq$.

Exemple 29
$\dfrac{X-1}{X^2-1}$ et $\dfrac{1}{X+1}$ représentent la même fraction rationnelle car on a $(X-1)(X+1) = 1 \times (X^2-1)$.

Notation 7

On note $\mathbb{K}(X)$ l'ensemble des fractions rationnelles sur $\mathbb{K}$, c'est-à-dire dont les représentants sont dans $\mathbb{K}[X] \times (\mathbb{K}[X] \setminus \{0\})$.

Définition 22

On identifie tout polynôme $P \in \mathbb{K}[X]$ avec la fraction rationnelle $\dfrac{P}{1} \in \mathbb{K}(X)$ et on se permet d'écrire $P = \dfrac{P}{1}$.
En ce sens, on a $\mathbb{K}[X] \subset \mathbb{K}(X)$.

Remarque 42

Pour dire les choses plus proprement, on vérifie aisément que l'application
$\varphi : \left\{ \begin{array}{ccc} \mathbb{K}[X] & \longrightarrow & \mathbb{K}(X) \\ P & \longmapsto & \dfrac{P}{1} \end{array} \right.$ est injective, donc réalise une bijection de $\mathbb{K}[X]$ sur $\varphi(\mathbb{K}[X])$.
Cette bijection conserve toutes les propriétés algébriques usuelles et on dit qu'on identifie ainsi $\mathbb{K}[X]$ avec le sous-ensemble $\varphi(\mathbb{K}[X])$ de $\mathbb{K}(X)$, ce qui par abus permet d'écrire qu'on a $\mathbb{K}[X] \subset \mathbb{K}(X)$.

Définition 23

On définit une loi externe et deux lci sur $\mathbb{K}(X)$ de la manière suivante :
Si $F = \dfrac{A}{B}$ et $G = \dfrac{C}{D}$ sont deux éléments de $\mathbb{K}(X)$ et si $\lambda \in \mathbb{K}$,

$$\lambda F = \frac{\lambda A}{B}, \quad F + G = \frac{AD + BC}{BD}, \quad FG = \frac{AC}{BD}.$$

On peut vérifier que ces lois prolongent celles déjà définies sur $\mathbb{K}[X]$.

Remarque 43

Ces opérations sont, fort heureusement, indépendantes des rapports représentant F et G. Ainsi, si l'on a des couples $(\hat{A}, \hat{B})$ et $(\hat{C}, \hat{D})$ de $\mathbb{K}[X] \times (\mathbb{K}[X] \setminus \{0\})$ tels que $F = \dfrac{\hat{A}}{\hat{B}}$ et $G = \dfrac{\hat{C}}{\hat{D}}$, c'est-à-dire tels que $A\hat{B} = \hat{A}B$ et $C\hat{D} = \hat{C}D$, on en déduit qu'on a :
$\dfrac{\lambda A}{B} = \dfrac{\lambda \hat{A}}{\hat{B}}$, $\dfrac{AD + BC}{BD} = \dfrac{\hat{A}\hat{D} + \hat{B}\hat{C}}{\hat{B}\hat{D}}$, et $\dfrac{AC}{BD} = \dfrac{\hat{A}\hat{C}}{\hat{B}\hat{D}}$.

Exemple 30

Soit $F = \dfrac{X+3}{X^2-1}$ et $G = \dfrac{2X^2}{3X+9}$.

On a $F + G = \dfrac{(X+3)(3X+9) + 2X^2(X^2-1)}{(X^2-1)(3X+9)} = \dfrac{2X^4 + X^2 + 18X + 27}{(X^2-1)(3X+9)}$.

On a aussi $FG = \dfrac{2X^2}{3(X^2-1)}$.

Proposition 25

$(\mathbb{K}(X), +, \times, \cdot)$ est une algèbre sur $\mathbb{K}$, dont $\mathbb{K}[X]$ est une sous-algèbre.

Remarques 44

1. L'inverse d'une fraction rationnelle F est génériquement noté $\frac{1}{F}$. Mais si $F \neq 0$ s'écrit $\frac{A}{B}$, où $A \neq 0$, alors $\frac{1}{F} = \frac{B}{A}$.
2. On dit que $\mathbb{K}(X)$ est le *corps des fractions* de $\mathbb{K}[X]$. Pour poursuivre l'analogie entre $\mathbb{Z}$ et $\mathbb{K}[X]$, remarquons que $\mathbb{Z}$ possède aussi un corps des fractions bien connu : $\mathbb{Q}$. Ainsi $\mathbb{K}(X)$ est l'analogue pour les polynômes de $\mathbb{Q}$ pour les entiers.

Théorème-Définition 8

Pour tout $F \in \mathbb{K}(X)$, il existe un unique couple $(P, Q) \in \mathbb{K}[X]^2$ tel que :

1. $F = \frac{P}{Q}$.
2. P et Q sont premiers entre eux.
3. Q est unitaire.

On dit alors que $\frac{P}{Q}$ est le *représentant irréductible*, ou la *forme irréductible*, de F.

On a une illustration des représentants canoniques évoqués dans la remarque 27 du chapitre 2, et qui sont ici les représentants irréductibles.

Démonstration

- *Existence* : Soit $(A, B) \in \mathbb{K}[X] \times (\mathbb{K}[X] \setminus \{0\})$ tel que $F = \frac{A}{B}$.
  Soit $(A', B') \in \mathbb{K}[X]^2$ tel que $A = (A \wedge B)A'$ et $B = (A \wedge B)B'$. Comme B est non nul, B' est non nul également donc (A', B') est un élément de $\mathbb{K}[X] \times (\mathbb{K}[X] \setminus \{0\})$. On a de plus $F = \frac{A}{B} = \frac{A'}{B'}$, où A' et B' sont premiers entre eux d'après la remarque 34.
  Si l'on note maintenant b'_m le coefficient dominant de B' et que l'on note $P = \frac{1}{b'_m} A'$ et $Q = \frac{1}{b'_m} B'$, alors on a $F = \frac{P}{Q}$, où P et Q sont, comme A' et B', premiers entre eux, et où de plus Q est unitaire.
- *Unicité* : Soient (P, Q) et (P', Q') deux couples de $\mathbb{K}[X] \times (\mathbb{K}[X] \setminus \{0\})$ vérifiant les trois points du théorème à démontrer.
  Alors on a $\frac{P}{Q} = F = \frac{P'}{Q'}$, d'où $PQ' = P'Q$. Ainsi Q' divise $P'Q$ et, P' et Q' étant premiers entre eux, on en déduit par le théorème de Gauss que Q' divise Q.

On prouve de même que Q divise Q', ce qui assure finalement que Q et Q' sont associés. Ces deux polynômes étant tous deux unitaires, ils sont donc égaux.
L'égalité $PQ' = P'Q$ devient ainsi $PQ = P'Q$, d'où $P = P'$ par intégrité de $\mathbb{K}[X]$.
D'où l'unicité.

Remarque 45
Comme on l'a vu précédemment dans la proposition 22, deux polynômes sont premiers entre eux si et seulement s'ils n'ont aucune racine complexe commune. Pour être sûr d'avoir une représentation irréductible, il suffit ainsi de vérifier que A et B n'ont aucune racine complexe commune.

Exemple 31
Le représentant irréductible de $\frac{X^6-1}{X^4-1}$ est $\frac{X^4+X^2+1}{X^2+1}$. On peut en effet vérifier que ces deux fractions sont égales (via factorisation par X^2-1) et que X^4+X^2+1 et X^2+1 n'ont aucune racine complexe commune ($\mathbf{i}$ et $-\mathbf{i}$ n'étant clairement pas racines de X^4+X^2+1).

7.2 Degré d'une fraction rationnelle

Proposition 26

Soient $\frac{A}{B}$ et $\frac{C}{D}$ deux représentants d'une même fraction F.
On a $\deg A - \deg B = \deg C - \deg D$.

DÉMONSTRATION

Comme on a $\frac{A}{B} = F = \frac{C}{D}$, on a $AD = BC$, d'où $\deg A + \deg D = \deg B + \deg C$, et donc $\deg A - \deg B = \deg C - \deg D$.

Définition 24

Soit $F \in \mathbb{K}(X)$. On appelle *degré de* F l'élément $\deg A - \deg B \in \mathbb{Z} \cup \{-\infty\}$, où $\frac{A}{B}$ est n'importe quel représentant de F. En effet, d'après ce qui précède, cette quantité est indépendante du représentant choisi pour F.

Exemple 32
Si $P \in \mathbb{K}[X]$ alors $\deg \frac{P}{1} = \deg P - \deg 1 = \deg P$ donc la notion de degré sur $\mathbb{K}(X)$ prolonge celle déjà introduite sur $\mathbb{K}[X]$.

On vérifie aisément que le degré satisfait dans $\mathbb{K}(X)$ les mêmes propriétés que dans $\mathbb{K}[X]$, à savoir :

Proposition 27

Soient F et G deux fractions rationnelles.

1. Si $\lambda \neq 0$, $\deg(\lambda F) = \deg(F)$.
2. $\deg(F+G) \leqslant \max(\deg F, \deg G)$,
   et si $\deg(F) \neq \deg(G)$, on a $\deg(F+G) = \max(\deg F, \deg G)$.
3. $\deg FG = \deg F + \deg G$.

DÉMONSTRATION

Nous ne prouvons que le point le plus délicat, à savoir le 2.
On se donne un représentant $\dfrac{A}{B}$ de F et un représentant $\dfrac{C}{D}$ de G.
On a $F + G = \dfrac{AD+BC}{BD}$ donc $\deg(F+G) = \deg(AD+BC) - \deg BD$.
Or on a $\deg(AD+BC) \leqslant \max\big(\deg(AD), \deg(BC)\big)$, avec égalité si $\deg(AD) \neq \deg(BC)$.

- Si on a $\max\big(\deg(AD), \deg(BC)\big) = \deg AD$, alors on obtient :
  $\max\big(\deg(AD), \deg(BC)\big) - \deg BD \leqslant \deg AD - \deg BD = \deg A - \deg B = \deg F$,
  donc $\deg(F+G) \leqslant \deg(F)$.
- Si on a $\max\big(\deg(AD), \deg(BC)\big) = \deg BC$, on obtient de même $\deg(F+G) \leqslant \deg G$.

Donc dans tous les cas, on a $\deg(F+G) \leqslant \max(\deg F, \deg G)$.
Le cas d'égalité correspond à $\deg(AD) \neq \deg(BC)$, *i. e.* $\deg A + \deg D \neq \deg B + \deg C$, *i. e.* $\deg A - \deg B \neq \deg C - \deg D$, *i. e.* $\deg F \neq \deg G$.

7.3 Racines et pôles d'une fraction rationnelle

Définition 25

Soit $F \in \mathbb{K}(X)$ de représentant irréductible $\dfrac{P}{Q}$. On appelle *racine* de F toute racine de P et *pôle* de F toute racine de Q.

Remarques 46

1. Comme P et Q sont premiers entre eux, un même élément ne peut être à la fois pôle et racine. Ainsi, pour $F = \dfrac{X^2-1}{X^2+3X+2}$, on pourrait penser au premier abord que -1 est à la fois racine et pôle mais on prendra garde que $F = \dfrac{X^2-1}{X^2+3X+2}$ n'est pas

le représentant irréductible de F. Comme en fait le représentant irréductible de F est $\dfrac{X-1}{X+2}$ (obtenu en factorisant numérateur et dénominateur par $X+1$), -1 n'est ni racine ni pôle de F.

2. Une fraction rationnelle n'a qu'un nombre fini de pôles vu qu'on a toujours $Q \neq 0$!

Définition 26

Soit $F \in \mathbb{K}(X)$ de représentant irréductible $\dfrac{P}{Q}$, et $a \in \mathbb{K}$.
Si a est racine de F (resp. pôle de F), la multiplicité de a en tant que racine de P (resp. de Q) est appelée *multiplicité* de la racine a (resp. du pôle a) dans F.

Exemple 33
Soit $F = \dfrac{X(X-1)(X-2)^2}{(X+1)^3(X-3)} \in \mathbb{R}(X)$. La fraction F est bien écrite sous forme irréductible car on constate que numérateur et dénominateur n'ont aucune racine commune. On en déduit que 0 et 1 sont racines simples de F, que 2 est racine double, que -1 est pôle triple de F tandis que 3 est pôle simple.

Définition 27

Soit $F = \dfrac{P}{Q} \in \mathbb{K}(X)$, écrite sous forme irréductible. La fonction $\tilde{F} = \dfrac{\tilde{P}}{\tilde{Q}}$, définie sur $\mathbb{K}$ privé des racines de Q, est appelé *fonction rationnelle associée à* F.

Remarques 47

1. On impose que F soit sous forme irréductible pour que Q ait le moins de racines possible, et donc que $\tilde{F}$ soit définie sur le domaine le plus grand possible.
2. Ainsi si on a $F \in \mathbb{R}(X)$, alors $\tilde{F}$ est définie sur $\mathbb{R}$ privé des pôles de F. Dans l'exemple 33, on a $D_{\tilde{F}} = \mathbb{R} \setminus \{-1, 3\}$.

7.4 Décomposition en éléments simples

Théorème-Définition 9

Pour tout $F \in \mathbb{K}(X)$ il existe un unique couple $(E, G) \in \mathbb{K}[X] \times \mathbb{K}(X)$ tel que : $F = E + G$ et $\deg G < 0$.
Le polynôme E est appelé *partie entière* de F. Il est égal, si $F = \dfrac{A}{B}$, au quotient de la division euclidienne de A par B.

DÉMONSTRATION

- *Unicité :* Supposons qu'il existe $(E_1, E_2) \in \mathbb{K}[X]^2$ et $(G_1, G_2) \in \mathbb{K}(X)^2$, tels que $F = E_1 + G_1 = E_2 + G_2$ et $\deg G_1 < 0$ et $\deg G_2 < 0$. Alors on a $E_1 - E_2 = G_2 - G_1$ avec $\deg(G_2 - G_1) \leqslant \max(\deg G_1, \deg G_2) < 0$. Comme $E_1 - E_2$ est un polynôme, il ne peut être de degré < 0 sauf s'il est nul. Ainsi on a $E_1 - E_2 = 0$, d'où $E_1 = E_2$, puis $G_1 = G_2$.
- *Existence :* Écrivons $F = \dfrac{A}{B}$ et effectuons la division euclidienne de A par B. Soit E le quotient de celle-ci ; on a donc $A = EB + R$, où $\deg R < \deg B$.
  Alors $F = \dfrac{EB + R}{B} = E + \dfrac{R}{B}$, où $E \in \mathbb{K}[X]$ et $\deg\left(\dfrac{R}{B}\right) = \deg R - \deg B < 0$.

Exemple 34

On souhaite déterminer la partie entière de $F = \dfrac{X^4 + X^3 - X + 2}{X^2 + 2}$. Pour cela on effectue simplement la division euclidienne de $X^4 + X^3 - X + 2$ par $X^2 + 2$.
On trouve $X^4 + X^3 - X + 2 = (X^2 + 2)(X^2 + X - 2) + (-3X + 6)$, d'où F admet pour partie entière $X^2 + X - 2$ et peut s'écrire : $F = X^2 + X - 2 + \dfrac{-3X + 6}{X^2 + 2}$.

Remarque 48

Si on a $\deg F < 0$ alors la partie entière de F est 0.

On peut se rendre compte, au vu de la démonstration du théorème précédent, que lorsqu'on a isolé la partie entière d'une fraction rationnelle, il reste une fraction rationnelle $\dfrac{R}{B}$, qui a les mêmes pôles que F avec les mêmes multiplicités.
Si l'on part de la forme irréductible $\dfrac{P}{Q}$ de F et si l'on connaît la décomposition en facteurs irréductibles de Q, alors on peut en déduire une écriture théorique de F, dite « décomposition en éléments simples » de F, qui possède de nombreuses applications.
Ce théorème est admis, et la théorie générale permettant de l'établir est passée sous silence par le programme de CPGE. Nous en énoncerons deux formes, une sur $\mathbb{C}$ et une sur $\mathbb{R}$, la décomposition théorique en facteurs irréductibles étant différente sur ces deux corps.
Nous présentons après les méthodes permettant de calculer une décomposition en éléments simples (on abrègera par D.E.S.).

Théorème-Définition 10 (D.E.S. sur $\mathbb{C}$)

Soit $F \in \mathbb{C}(X)$ de représentant irréductible $\frac{P}{Q}$.

Si la factorisation de Q dans $\mathbb{C}[X]$ est $Q = \prod_{k=1}^{s}(X - a_k)^{r_k}$, avec les a_k deux à deux distincts, alors les pôles de F sont les a_k, de multiplicité r_k, et on peut écrire de manière unique F sous la forme :

$F = E + \sum_{k=1}^{s}\sum_{j=1}^{r_k} \frac{\lambda_{k,j}}{(X - a_k)^j}$, où E est la partie entière de F et $\lambda_{k,j} \in \mathbb{C}$.

Cette écriture est la *décomposition de F en éléments simples* sur $\mathbb{C}$. Les $\lambda_{k,j}$ sont appelés les *coefficients* de cette D.E.S.

Exemples 35

1. La fraction rationnelle $F = \frac{1}{X}$, étant de partie entière nulle (car $\deg(F) = -1 < 0$) et ayant un unique pôle simple (0), est déjà décomposée en éléments simples sur $\mathbb{C}$.

2. Soit $F = \frac{1}{X(X+1)}$, donnée sous forme irréductible. On a $\deg(F) = -2 < 0$ donc la partie entière de F est nulle. D'après le théorème précédent, F admet donc une D.E.S. sur $\mathbb{C}$ de la forme : $F = \frac{a}{X} + \frac{b}{X+1}$, avec $(a, b) \in \mathbb{C}^2$.
   Le lecteur peut vérifier (en réduisant au même dénominateur le membre de droite de l'égalité qui suit) qu'on a précisément $F = \frac{1}{X} - \frac{1}{X+1}$.

3. Soit $F = \frac{3X^3 + X + 2}{X^2 + 1}$. On peut vérifier que F est sous forme irréductible et a deux pôles (simples) $-\mathbf{i}$ et $\mathbf{i}$. De plus, en posant la division euclidienne de $3X^3 + X + 2$ par $X^2 + \mathbf{i}$, on trouve que F a pour partie entière $3X$.
   D'après le théorème précédent, F admet donc une D.E.S. sur $\mathbb{C}$ de la forme :
   $F = 3X + \frac{a}{X - \mathbf{i}} + \frac{b}{X + \mathbf{i}}$, avec $(a, b) \in \mathbb{C}^2$.
   Le lecteur peut vérifier qu'on a précisément $F = 3X + \frac{-1 - \mathbf{i}}{X - \mathbf{i}} + \frac{-1 + \mathbf{i}}{X + \mathbf{i}}$.
   On pourra voir un peu plus loin, avec la définition 28 et l'exemple 41, que l'on peut savoir à l'avance que les coefficients $-1 - \mathbf{i}$ et $-1 + \mathbf{i}$ que l'on voit associés aux pôles simples $\mathbf{i}$ et $-\mathbf{i}$ doivent être conjugués.

4. Soit $F = \frac{X^2 + 2\mathbf{i}}{X(X - \mathbf{i})^2}$, donnée sous forme irréductible. On a $\deg(F) = -1 < 0$ donc la partie entière de F est nulle. D'après le théorème précédent, F admet donc une D.E.S. sur $\mathbb{C}$ de la forme :
   $F = \frac{a}{X} + \frac{b}{X - \mathbf{i}} + \frac{c}{(X - \mathbf{i})^2}$, avec $(a, b, c) \in \mathbb{C}^3$.
   Le lecteur peut vérifier qu'on a précisément $F = \frac{-2\mathbf{i}}{X} + \frac{1 + 2\mathbf{i}}{X - \mathbf{i}} + \frac{2 + \mathbf{i}}{(X - \mathbf{i})^2}$.

5. Soit $F = \dfrac{2X^3 - 3X^2 + 1}{(X-2)(X^2+1)^2}$. On peut vérifier que F est sous forme irréductible et possède 2 comme pôle simple et $-\mathbf{i}$ et $\mathbf{i}$ comme pôles doubles. De plus, comme on a $\deg(F) = 3 - 5 = -2 < 0$, la partie entière de F est nulle.

D'après le théorème précédent, F admet donc une D.E.S. sur $\mathbb{C}$ de la forme :
$F = \dfrac{a}{X-2} + \dfrac{b}{(X-\mathbf{i})} + \dfrac{c}{(X-\mathbf{i})^2} + \dfrac{d}{(X+\mathbf{i})} + \dfrac{e}{(X+\mathbf{i})^2}$, avec $(a,b,c,d,e) \in \mathbb{C}^5$.
Le lecteur peut vérifier qu'on a précisément :
$F = \dfrac{1}{5(X-2)} + \dfrac{-\frac{1}{10} - \frac{3\mathbf{i}}{10}}{X-\mathbf{i}} + \dfrac{-\frac{1}{10} + \frac{3\mathbf{i}}{10}}{X+\mathbf{i}} + \dfrac{1}{2(X-\mathbf{i})^2} + \dfrac{1}{2(X+\mathbf{i})^2}$.

Exemple 36

On cherche la décomposition en éléments simples de $\dfrac{P'}{P}$, où $P = \lambda \displaystyle\prod_{k=1}^{n} (X - a_k)^{\alpha_k}$ est un polynôme de $\mathbb{C}[X]$ donné par sa décomposition en irréductibles (on suppose $n \geqslant 1$).
Vu qu'on a $P' = \lambda \displaystyle\sum_{k=1}^{n} (X-a_1)^{\alpha_1} \cdots [(X-a_k)^{\alpha_k}]' \cdots (X-a_n)^{\alpha_n}$, on a :
$P' = \lambda \displaystyle\sum_{k=1}^{n} \alpha_k (X-a_1)^{\alpha_1} \cdots (X-a_k)^{\alpha_k - 1} \cdots (X-a_n)^{\alpha_n}$, et donc $\dfrac{P'}{P} = \displaystyle\sum_{k=1}^{n} \dfrac{\alpha_k}{X-a_k}$.
Par l'unicité de la D.E.S., cette dernière écriture est bien la D.E.S. de $\dfrac{P'}{P}$, et on retrouve *a posteriori* le fait que cette fraction a une partie entière nulle, vu qu'on a :
$\deg\left(\dfrac{P'}{P}\right) = \deg(P') - \deg(P) = n - 1 - n < 0$.

Théorème-Définition 11 (D.E.S. sur $\mathbb{R}$)

Soit $F \in \mathbb{R}(X)$ de représentant irréductible $\dfrac{P}{Q}$.
Si la factorisation de Q dans $\mathbb{R}[X]$ est :

$$Q = \lambda \left(\prod_{j=1}^{s} (X - a_j)^{r_j} \right) \left(\prod_{k=1}^{t} (X^2 + b_k X + c_k)^{s_k} \right),$$

avec les a_j deux à deux distincts, alors les pôles réels de F sont les a_j, de multiplicités r_j, et on peut écrire de manière unique F sous la forme :
$F = E + \displaystyle\sum_{j=1}^{s} \sum_{i=1}^{r_j} \dfrac{\alpha_{i,j}}{(X-a_j)^i} + \sum_{k=1}^{t} \sum_{l=1}^{s_k} \dfrac{\beta_{l,k} X + \gamma_{l,k}}{(X^2 + b_k X + c_k)^l}$, où E est la partie entière de F et $\alpha_{i,j}, \beta_{l,k}, \gamma_{l,k} \in \mathbb{R}$.
Cette écriture est la *décomposition de F en éléments simples sur* $\mathbb{R}$. Les $\alpha_{i,j}$, $\beta_{l,k}$ et $\gamma_{l,k}$ sont appelés les *coefficients* de cette D.E.S.

Exemples 37

Dans les exemples 35, nous avons considéré plusieurs fractions rationnelles qui étaient en particulier à coefficients réels. Reprenons-les (le lecteur pourra comparer par la même occasion leurs D.E.S. sur $\mathbb{R}$ et sur $\mathbb{C}$) :

1. La fraction rationnelle $\dfrac{1}{X}$ de l'exemple 35.1 est à coefficients réels et à pôles réels donc ses D.E.S. sur $\mathbb{R}$ et sur $\mathbb{C}$ coïncident.
2. Même chose pour la fraction rationnelle $F = \dfrac{1}{X(X+1)}$ de l'exemple 35.2. Ainsi, le fait que cette fraction soit à coefficients et pôles tous réels permet de savoir à l'avance que les constantes a et b cherchées pour sa D.E.S. sur $\mathbb{C}$ sont en fait réelles.
3. Comme le polynôme X^2+1 est irréductible sur $\mathbb{R}$, la fraction $F = \dfrac{3X^3+X+2}{X^2+1}$ de l'exemple 35.3 n'a aucun pôle réel et admet, d'après le théorème précédent, une D.E.S. sur $\mathbb{R}$ de la forme :
   $F = 3X + \dfrac{aX+b}{X^2+1}$, avec $(a,b) \in \mathbb{R}^2$.
   Le lecteur peut vérifier qu'on a précisément $F = 3X + \dfrac{2-2X}{X^2+1}$.
4. La fraction rationnelle $F = \dfrac{X^2+2\mathbf{i}}{X(X-\mathbf{i})^2}$ de l'exemple 35.4 est à coefficients non réels donc ça n'a pas de sens d'en espérer une D.E.S. sur $\mathbb{R}$.
5. La fraction rationnelle $F = \dfrac{2X^3-3X^2+1}{(X-2)(X^2+1)^2}$ de l'exemple 35.5 admet un unique pôle réel (2), le polynôme X^2+1 étant irréductible sur $\mathbb{R}$. On sait déjà qu'elle est de partie entière nulle et elle admet donc, d'après le théorème précédent, une D.E.S. sur $\mathbb{R}$ de la forme : $F = \dfrac{a}{X-2} + \dfrac{bX+c}{X^2+1} + \dfrac{dX+e}{(X^2+1)^2}$, avec $(a,b,c,d,e) \in \mathbb{R}^5$.
   Le lecteur peut vérifier qu'on a $F = \dfrac{1}{5(X-2)} + \dfrac{8-X}{5(X^2+1)} - \dfrac{2}{(X^2+1)^2}$.

Nous proposons encore d'autres exemples de D.E.S. sur $\mathbb{R}$ et $\mathbb{C}$ dans ce qui suit.

7.5 Méthodes de D.E.S.

Démarche :

Soit $F \in \mathbb{K}(X)$. Pour former la décomposition en éléments simples de F :

- On exprime F sous forme irréductible $\dfrac{P}{Q}$.
- On détermine la partie entière de F en réalisant la division euclidienne de P par Q.
- On factorise Q dans $\mathbb{K}[X]$ afin de déterminer les pôles de F avec leurs multiplicités.
- On exprime, grâce au théorème de D.E.S. sur $\mathbb{R}$ ou $\mathbb{C}$, la D.E.S. de F à l'aide de coefficients inconnus : $a, b, c, d.... \in \mathbb{K}$.
- On détermine ces coefficients par diverses méthodes vues plus bas.

⚠ Dans ce qui suit, on supposera toujours F donnée sous forme irréductible $\frac{P}{Q}$, cela étant nécessaire pour en connaître les pôles et leurs multiplicités. Le lecteur devra néanmoins faire attention au fait que dans les exercices, les fractions ne sont pas nécessairement données sous forme irréductible...

a. Identification

La méthode d'identification consiste à égaler $F = \frac{P}{Q}$ avec la forme théorique de sa D.E.S. sur $\mathbb{K}$. En réduisant au même dénominateur cette D.E.S., de manière à retrouver Q au dénominateur, on obtient au numérateur un polynôme dont les coefficients dépendent des coefficients inconnus de la D.E.S.. Égalant ce polynôme avec P, on obtient un système linéaire dont les inconnues sont les coefficients de la D.E.S. ; ne reste plus qu'à résoudre ce système.

Exemples 38

1. Reprenons la fraction sous forme irréductible $F = \frac{1}{X(X+1)}$ de l'exemple 35.2, dont nous avons vu que la D.E.S. sur $\mathbb{R}$ comme sur $\mathbb{C}$ est de la forme $\frac{a}{X} + \frac{b}{X+1}$, avec $(a, b) \in \mathbb{R}^2$. Écrivons :
$F = \frac{a}{X} + \frac{b}{X+1} \Leftrightarrow \frac{1}{X(X+1)} = \frac{a(X+1)+bX}{X(X+1)} \Leftrightarrow \frac{1}{X(X+1)} = \frac{(a+b)X+a}{X(X+1)}$.
On doit donc résoudre le système $\begin{cases} a = 1 \\ a + b = 0 \end{cases}$, dont on obtient très facilement l'unique[24] couple solution $(a = 1, b = -1)$.
Ainsi F a pour D.E.S. $\frac{1}{X} - \frac{1}{X+1}$.

2. Reprenons la fraction sous forme irréductible $F = \frac{3X^3 + X + 2}{X^2 + 1}$ de l'exemple 35.3. Nous avons déjà dit plus haut que cette fraction a pour partie entière $3X$. Plus précisément, si l'on pose la division euclidienne de $3X^3 + X + 2$ par $X^2 + 1$, on obtient un reste valant $-2X + 2$. Ainsi on a $F = 3X + \frac{-2X+2}{X^2+1}$.
La fraction F admet une D.E.S. sur $\mathbb{C}$ de la forme :
$F = 3X + \frac{a}{X - \mathrm{i}} + \frac{b}{X + \mathrm{i}}$, avec $(a, b) \in \mathbb{C}^2$. Comme nous avons déjà isolé la partie entière, on peut écrire :

24. Les théorèmes de D.E.S. assurent à l'avance cette unicité.

$$F = 3X + \frac{a}{X-\mathbf{i}} + \frac{b}{X+\mathbf{i}} \Leftrightarrow \frac{-2X+2}{X^2+1} = \frac{a}{X-\mathbf{i}} + \frac{b}{X+\mathbf{i}}$$
$$\Leftrightarrow \frac{-2X+2}{X^2+1} = \frac{a(X+\mathbf{i})+b(X-\mathbf{i})}{X^2+1}$$
$$\Leftrightarrow \frac{-2X+2}{X^2+1} = \frac{(a+b)X+(a-b)\mathbf{i}}{X^2+1}.$$

On doit donc résoudre le système $\begin{cases} (a-b)\mathbf{i} = 2 \\ a+b = -2 \end{cases}$, qui équivaut à $\begin{cases} a-b = -2\mathbf{i} \\ a+b = -2 \end{cases}$, dont on obtient très facilement l'unique couple solution $(a = -1-\mathbf{i}, b = -1+\mathbf{i})$.

Ainsi on obtient la D.E.S. sur $\mathbb{C}$: $F = 3X + \dfrac{-1-\mathbf{i}}{X-\mathbf{i}} + \dfrac{-1+\mathbf{i}}{X+\mathbf{i}}$.

Il n'y a pas de réel intérêt à développer plus avant cette méthode. La méthode d'identification pour déterminer une D.E.S. est certes toujours exploitable mais elle peut conduire à des calculs longs et fastidieux[25]. Il s'agit donc plus d'une méthode « de secours » et elle ne devrait être employée que faute de mieux.

Le programme de CPGE met par contre l'accent sur la méthode suivante :

b. Coefficient relatif à un pôle simple

Soit $F \in \mathbb{C}(X)$ de représentant irréductible $\dfrac{P}{Q}$ et soit a un pôle simple de F.

On peut écrire $Q = (X-a)S$ avec $\tilde{S}(a) \neq 0$. Par le théorème de décomposition en éléments simples, on sait que F peut se réécrire $F = \dfrac{\lambda}{X-a} + G$, où $\lambda \in \mathbb{C}$ et où $G \in \mathbb{C}(X)$ n'admet pas de pôle en a. Multipliant cette égalité par $X-a$, on obtient : $(X-a)F = \lambda + (X-a)G$.

Or on a $F = \dfrac{P}{Q} = \dfrac{P}{(X-a)S}$, d'où $(X-a)F = \dfrac{P}{S}$. Ainsi : $\dfrac{P}{S} = \lambda + (X-a)G$.

En évaluant en a, on trouve[26] $\lambda = \dfrac{\tilde{P}(a)}{\tilde{S}(a)}$. On obtient ainsi la valeur du coefficient λ relatif au pôle a.

Exemples 39

1. Reprenons la fraction sous forme irréductible $F = \dfrac{1}{X(X+1)}$ de l'exemple 35.2, dont la D.E.S. sur $\mathbb{R}$ comme sur $\mathbb{C}$ est de la forme $\dfrac{a}{X} + \dfrac{b}{X+1}$, avec $(a,b) \in \mathbb{R}^2$.

25. Le lecteur peut déjà s'en faire une idée en esayant de l'appliquer à l'exemple 35.5.
26. car G n'a pas de pôle en a.

- Le coefficient a est relatif au pôle simple 0. On considère donc $XF = \dfrac{1}{X+1}$.

  Or on a aussi F qui s'écrit $F = \dfrac{a}{X} + \dfrac{b}{X+1}$, d'où :

$$XF = X\left(\frac{a}{X} + \frac{b}{X+1}\right) = a + \frac{bX}{X+1}.$$

  Ainsi on a $a + \dfrac{bX}{X+1} = \dfrac{1}{X+1}$ et, en évaluant en 0, on obtient : $a = 1$.
- Le coefficient b est relatif au pôle simple -1. On considère donc $(X+1)F = \dfrac{1}{X}$.

  De $F = \dfrac{a}{X} + \dfrac{b}{X+1}$, on déduit aussi :

$$(X+1)F = (X+1)\left(\frac{a}{X} + \frac{b}{X+1}\right) = \frac{a(X+1)}{X} + b.$$

  Ainsi on a $\dfrac{a(X+1)}{X} + b = \dfrac{1}{X}$ et, en évaluant en -1, on obtient : $b = -1$.

On retrouve bien ainsi la D.E.S. $F = \dfrac{1}{X} - \dfrac{1}{X+1}$.

2. Reprenons la fraction sous forme irréductible $F = \dfrac{3X^3 + X + 2}{X^2+1}$ de l'exemple 35.3, dont la D.E.S. sur $\mathbb{C}$ est de la forme $3X + \dfrac{a}{X-\mathbf{i}} + \dfrac{b}{X+\mathbf{i}}$, avec $(a,b) \in \mathbb{C}^2$. On a déjà vu dans l'exemple 38.2 qu'une fois isolée sa partie entière, F s'écrit $F = 3X + \dfrac{-2X+2}{X^2+1}$.

On cherche donc finalement a et b tels que : $\dfrac{-2X+2}{X^2+1} = \dfrac{a}{X-\mathbf{i}} + \dfrac{b}{X+\mathbf{i}}$. $(*)$
- Le coefficient a est relatif au pôle simple $\mathbf{i}$. On multiplie donc les membres de l'égalité $(*)$ par $X - \mathbf{i}$ et on obtient : $\dfrac{-2X+2}{X+\mathbf{i}} = a + \dfrac{b(X-\mathbf{i})}{X+\mathbf{i}}$.

  En évaluant en $\mathbf{i}$, on trouve : $a = \dfrac{-2\mathbf{i}+2}{\mathbf{i}+\mathbf{i}} = -1 - \mathbf{i}$.
- Le coefficient b est relatif au pôle simple $-\mathbf{i}$. On multiplie donc les membres de l'égalité $(*)$ par $X + \mathbf{i}$ et on obtient : $\dfrac{-2X+2}{X-\mathbf{i}} = \dfrac{a(X+\mathbf{i})}{X-\mathbf{i}} + b$.

  En évaluant en $-\mathbf{i}$, on trouve : $b = \dfrac{2\mathbf{i}+2}{-\mathbf{i}-\mathbf{i}} = -1 + \mathbf{i}$.

On retrouve bien ainsi la D.E.S. $F = 3X + \dfrac{-1-\mathbf{i}}{X-\mathbf{i}} + \dfrac{-1+\mathbf{i}}{X+\mathbf{i}}$.

c. Détermination des coefficients relatifs aux facteurs irréductibles sur $\mathbb{R}$

Ce problème se pose lorsque l'on cherche la D.E.S. sur $\mathbb{R}$ d'une fraction $F = \dfrac{P}{Q}$ et que le polynôme $Q \in \mathbb{R}[X]$ admet un facteur irréductible sur $\mathbb{R}$ de degré 2.

La méthode consiste à calculer la D.E.S. sur $\mathbb{C}$ de F puis à réduire au même dénominateur les termes conjugués. Un exemple sera parlant :

Exemple 40

Soit $F = \dfrac{X^2+X-1}{X(X^2+1)} \in \mathbb{R}(X)$. On laisse le lecteur vérifier que cette fraction est donnée sous forme irréductible et est de partie entière nulle.

Cette fraction admet un seul pôle réel, 0, qui est d'ailleurs pôle simple.

Elle possède aussi deux pôles simples non réels et conjugués, à savoir $-\mathbf{i}$ et $\mathbf{i}$, qui sont les racines du polynôme X^2+1 irréductible sur $\mathbb{R}$.

La forme théorique de sa D.E.S. sur $\mathbb{R}$ est : $F = \dfrac{a}{X} + \dfrac{bX+c}{X^2+1}$, avec $(a,b,c) \in \mathbb{R}^3$. C'est cette décomposition que l'on veut déterminer. Mais, comme indiqué ci-dessus, nous allons passer par la D.E.S. sur $\mathbb{C}$, qui est elle de la forme : $F = \dfrac{\alpha}{X} + \dfrac{\beta}{X-\mathbf{i}} + \dfrac{\gamma}{X+\mathbf{i}}$, $(\alpha,\beta,\gamma) \in \mathbb{C}^3$.

On écrit donc la relation $\dfrac{X^2+X-1}{X(X^2+1)} = \dfrac{\alpha}{X} + \dfrac{\beta}{X-\mathbf{i}} + \dfrac{\gamma}{X+\mathbf{i}}$. $(*)$

- Multipliant $(*)$ par X, on obtient $\dfrac{X^2+X-1}{X^2+1} = \alpha + \dfrac{\beta X}{X-\mathbf{i}} + \dfrac{\gamma X}{X+\mathbf{i}}$.

  Évaluant en 0, on en déduit[27] : $\alpha = -1$.
- Multipliant $(*)$ par $X-\mathbf{i}$, on obtient $\dfrac{X^2+X-1}{X(X+\mathbf{i})} = \dfrac{\alpha(X-\mathbf{i})}{X} + \beta + \dfrac{\gamma(X-\mathbf{i})}{X+\mathbf{i}}$.

  Évaluant en $\mathbf{i}$, on en déduit : $\beta = \dfrac{\mathbf{i}^2+\mathbf{i}-1}{\mathbf{i}(\mathbf{i}+\mathbf{i})} = \dfrac{-2+\mathbf{i}}{-2} = 1 - \dfrac{1}{2}\mathbf{i}$.
- Multipliant $(*)$ par $X+\mathbf{i}$, on obtient $\dfrac{X^2+X-1}{X(X-\mathbf{i})} = \dfrac{\alpha(X+\mathbf{i})}{X} + \dfrac{\beta(X+\mathbf{i})}{X-\mathbf{i}} + \gamma$.

  Évaluant en $-\mathbf{i}$, on en déduit : $\gamma = \dfrac{(-\mathbf{i})^2-\mathbf{i}-1}{-\mathbf{i}(-\mathbf{i}-\mathbf{i})} = \dfrac{-2-\mathbf{i}}{-2} = 1 + \dfrac{1}{2}\mathbf{i}$.

D'où la D.E.S. sur $\mathbb{C}$: $F = -\dfrac{1}{X} + \dfrac{1-\frac{1}{2}\mathbf{i}}{X-\mathbf{i}} + \dfrac{1+\frac{1}{2}\mathbf{i}}{X+\mathbf{i}}$.

On réduit maintenant au même dénominateur la somme des deux termes correspondant aux pôles conjugués, à savoir :

$$\frac{1-\frac{1}{2}\mathbf{i}}{X-\mathbf{i}} + \frac{1+\frac{1}{2}\mathbf{i}}{X+\mathbf{i}} = \frac{\left(1-\frac{1}{2}\mathbf{i}\right)(X+\mathbf{i}) + \left(1+\frac{1}{2}\mathbf{i}\right)(X-\mathbf{i})}{(X-\mathbf{i})(X+\mathbf{i})} = \frac{2X+1}{X^2+1}.$$

Et on obtient enfin la D.E.S. sur $\mathbb{R}$: $F = -\dfrac{1}{X} + \dfrac{2X+1}{X^2+1}$.

d. Compléments sur la d.e.s.

Définition 28

Pour $F \in \mathbb{K}(X)$, on note $\overline{F} = \dfrac{\overline{P}}{\overline{Q}}$ et on appelle cette fraction la *fraction conjuguée* de F.

27. On notera d'ailleurs que α est réel. Cf. la remarque 49 à ce sujet.

Lorsqu'on a à décomposer en élements simples sur $\mathbb{R}$ une fraction $F = \frac{P}{Q}$ de $\mathbb{R}(X)$, et que le polynôme Q possède des facteurs irréductibles sur $\mathbb{R}$ de degré 2, alors la remarque selon laquelle on a $\overline{F} = F$ (ce qui est clair car P et Q sont à coefficients réels) permet de réduire le nombre de coefficients inconnus.
Un exemple sera parlant :

Exemple 41

Reprenons la fraction $F = \frac{X^2+X-1}{X(X^2+1)} \in \mathbb{R}(X)$ de l'exemple 40.
La forme théorique de sa D.E.S. sur $\mathbb{C}$ est : $F = \frac{\alpha}{X} + \frac{\beta}{X-\mathbf{i}} + \frac{\gamma}{X+\mathbf{i}}$, avec $(\alpha,\beta,\gamma) \in \mathbb{C}^3$.
On a $\overline{F} = \frac{\overline{\alpha}}{X} + \frac{\overline{\beta}}{X-\overline{\mathbf{i}}} + \frac{\overline{\gamma}}{X+\overline{\mathbf{i}}} = \frac{\overline{\alpha}}{X} + \frac{\overline{\beta}}{X+\mathbf{i}} + \frac{\overline{\gamma}}{X-\mathbf{i}}$.
Mais comme $F \in \mathbb{R}(X)$, on a $F = \overline{F}$, d'où $\frac{\alpha}{X} + \frac{\beta}{X-\mathbf{i}} + \frac{\gamma}{X+\mathbf{i}} = \frac{\overline{\alpha}}{X} + \frac{\overline{\gamma}}{X-\mathbf{i}} + \frac{\overline{\beta}}{X+\mathbf{i}}$.

Par unicité de la D.E.S., on obtient : $\begin{cases} \alpha = \overline{\alpha} \\ \beta = \overline{\gamma} \\ \gamma = \overline{\beta} \end{cases}$.

La relation $\alpha = \overline{\alpha}$ indique que α est réel et les deux autres relations sont équivalentes et se réduisent donc à $\gamma = \overline{\beta}$ par exemple. En tout cas, si l'on a déterminé β, on obtient immédiatement γ.
On justifie ainsi *a posteriori* le fait que les coefficients $1 - \frac{1}{2}\mathbf{i}$ et $1 + \frac{1}{2}\mathbf{i}$ déterminés dans l'exemple 40 sont conjugués ; c'est parce qu'ils sont relatifs à des pôles conjugués.

Remarque 49

De manière plus générale, on peut démontrer que dans la D.E.S. sur $\mathbb{C}$ d'un élément de $\mathbb{R}(X)$, les coefficients relatifs à des pôles réels sont réels, et que si deux coefficients sont relatifs à des pôles conjugués, alors ils sont conjugués.

Définition 29

Une fraction $F \in \mathbb{K}(X)$ est dite *paire* lorsqu'on a $F(-X) = F(X)$; *impaire* lorsqu'on a $F(-X) = -F(X)$.

Pour que cette dernière définition soit totalement rigoureuse, il faudrait avoir défini la loi de composition au sein de $\mathbb{K}(X)$. On peut très bien l'admettre, ou alors se contenter de savoir que si on a $F = \frac{P}{Q}$, alors $F(X) = \frac{P(X)}{Q(X)} = \frac{P}{Q} = F$ et $F(-X) = \frac{P(-X)}{Q(-X)}$, se ramenant ainsi à la loi de composition sur les polynômes.

On peut exploiter la parité ou l'imparité d'une fraction pour réduire le nombre de coefficients inconnus.

Un exemple sera parlant :

Exemple 42

Soit $F = \dfrac{X}{X^4 - 1}$; le lecteur peut vérifier que F est donnée sous forme irréductible et a pour partie entière 0.

Les pôles de F sont les racines quatrièmes de l'unité, à savoir 1, -1, $\mathbf{i}$ et $-\mathbf{i}$. On peut donc écrire F sous la forme : $F = \dfrac{a}{X-1} + \dfrac{b}{X+1} + \dfrac{c}{X-\mathbf{i}} + \dfrac{d}{X+\mathbf{i}}$, $(a,b,c,d) \in \mathbb{C}^4$.

On remarque qu'on a $F(-X) = \dfrac{-X}{(-X)^4 - 1} = -\dfrac{X}{X^4-1} = -F(X)$ donc F est impaire, et lorsqu'on écrit la relation $F(X) = -F(-X)$ en y substituant la forme théorique de la D.E.S. sur $\mathbb{C}$ de F, on obtient :

$$\frac{a}{X-1} + \frac{b}{X+1} + \frac{c}{X-\mathbf{i}} + \frac{d}{X+\mathbf{i}} = -\left(\frac{a}{-X-1} + \frac{b}{-X+1} + \frac{c}{-X-\mathbf{i}} + \frac{d}{-X+\mathbf{i}}\right), \text{ d'où}$$

$$\frac{a}{X-1} + \frac{b}{X+1} + \frac{c}{X-\mathbf{i}} + \frac{d}{X+\mathbf{i}} = \frac{b}{X-1} + \frac{a}{X+1} + \frac{d}{X-\mathbf{i}} + \frac{c}{X+\mathbf{i}}.$$

Ainsi obtient-on par unicité de la D.E.S. les relations $b = a$ et $d = c$.

Il ne reste plus qu'à déterminer les coefficients a et c par les techniques relatives aux pôles simples par exemple, ce que nous encourageons le lecteur à faire lui-même.

Pour vérification, on trouve : $F = \dfrac{1}{4(X-1)} + \dfrac{1}{4(X+1)} - \dfrac{1}{4(X-\mathbf{i})} - \dfrac{1}{4(X+\mathbf{i})}$.

Remarque 50

On notera, pour clore ce chapitre, que le programme de CPGE n'indique pas de méthode à connaître pour déterminer les coefficients relatifs à des pôles multiples[28]. Mais que le lecteur se rassure, des méthodes efficaces existent bien, des algorithmes en ont été inspirés, et ainsi le titulaire d'un calculateur formel peut obtenir les D.E.S. sur $\mathbb{R}$ et $\mathbb{C}$ de toute fraction.

Quoi qu'il en soit, le lecteur a toujours la solution de secours de l'identification si besoin...

8 Exercices corrigés

10.1 Factorisation en irréductibles

Déterminer la factorisation en irréductibles sur $\mathbb{C}$ et sur $\mathbb{R}$ des polynômes :

1. $A = X^3 - X^2 + 2$.

28. Ainsi, en l'état, on ne peut par exemple pas déterminer sans aide la D.E.S. sur $\mathbb{R}$ ou sur $\mathbb{C}$ de la fraction $F = \dfrac{2X^3 - 3X^2 + 1}{(X-2)(X^2+1)^2}$ de l'exemple 35.5.

2. $B = X^6 + 1$.
3. $C = X^4 - \sqrt{2}X^2 + 1$

C 10.1 Factorisation en irréductibles

1. Le polynôme $A = X^3 - X^2 + 2$ a pour racine évidente -1 donc est divisible par $X + 1$.

   Par division euclidienne par exemple, on trouve : $A = (X + 1)(X^2 - 2X + 2)$.

   Les seules autres racines de A sont donc celles du polynôme $X^2 - 2X + 2$. On a $\Delta = (-2)^2 - 4 \times 2 = -4 = (2\mathbf{i})^2$ donc ce polynôme est irréductible sur $\mathbb{R}$ et on en déduit la factorisation en irréductibles de A sur $\mathbb{R}$: $A = (X + 1)(X^2 - 2X + 2)$.

   De plus on trouve que $X^2 - 2X + 2$ a pour racines $\dfrac{2 - 2\mathbf{i}}{2} = 1 - \mathbf{i}$ et $1 + \mathbf{i}$, d'où la factorisation en irréductibles de A sur $\mathbb{C}$: $A = (X - 1)\big(X - (1 - \mathbf{i})\big)\big(X - (1 + \mathbf{i})\big)$.

2. $B = X^6 + 1$. Soit $z \in \mathbb{C}$. On a :

$$\begin{aligned} z \text{ est racine de } B \quad &\Leftrightarrow \quad z^6 + 1 = 0 \quad \Leftrightarrow \quad z^6 = -1 \quad \Leftrightarrow \quad z^6 = \mathrm{e}^{\mathbf{i}\pi} \\ &\Leftrightarrow \quad \frac{z^6}{\mathrm{e}^{\mathbf{i}\pi}} = 1 \quad \Leftrightarrow \quad \left(\frac{z}{\mathrm{e}^{\mathbf{i}\frac{\pi}{6}}}\right)^6 = 1 \quad \Leftrightarrow \quad \frac{z}{\mathrm{e}^{\mathbf{i}\frac{\pi}{6}}} \in \mathbb{U}_6. \end{aligned}$$

   Or les éléments de $\mathbb{U}_6$, c'est-à-dire les racines sixièmes de l'unité, sont les $\omega_k = \mathrm{e}^{\mathbf{i}\frac{2k\pi}{6}} = \mathrm{e}^{\mathbf{i}\frac{k\pi}{3}}$, $k \in \{0, \ldots, 5\}$, donc les racines de B sont les $\mathrm{e}^{\mathbf{i}\frac{\pi}{6}} \times \mathrm{e}^{\mathbf{i}\frac{k\pi}{3}} = \mathrm{e}^{\mathbf{i}\frac{(2k+1)\pi}{6}}$, $k \in \{0, \ldots, 5\}$.

   On peut donc d'ores et déjà donner la factorisation en irréductibles de B sur $\mathbb{C}$: $B = \displaystyle\prod_{k=0}^{5}\left(X - \mathrm{e}^{\mathbf{i}\frac{(2k+1)\pi}{6}}\right)$.

   Parmi les racines de B, celles obtenues pour $k = 0$ et $k = 5$ sont conjuguées, à savoir $\mathrm{e}^{\mathbf{i}\frac{\pi}{6}}$ et $\mathrm{e}^{\mathbf{i}\frac{11\pi}{6}} = \mathrm{e}^{-\mathbf{i}\frac{\pi}{6}}$.

   Celles obtenues pour $k = 1$ et $k = 4$ sont aussi conjuguées, à savoir $\mathrm{e}^{\mathbf{i}\frac{3\pi}{6}} = \mathrm{e}^{\mathbf{i}\frac{\pi}{2}} = \mathbf{i}$ et $\mathrm{e}^{\mathbf{i}\frac{9\pi}{6}} = \mathrm{e}^{\mathbf{i}\frac{3\pi}{2}} = -\mathbf{i}$. Et enfin celles obtenues pour $k = 2$ et $k = 3$ sont également conjuguées, à savoir $\mathrm{e}^{\mathbf{i}\frac{5\pi}{6}}$ et $\mathrm{e}^{\mathbf{i}\frac{7\pi}{6}} = \mathrm{e}^{-\mathbf{i}\frac{5\pi}{6}}$.

   Pour finir, on regroupe les facteurs correspondant.

   On a $\left(X - \mathrm{e}^{\mathbf{i}\frac{\pi}{6}}\right)\left(X - \mathrm{e}^{-\mathbf{i}\frac{\pi}{6}}\right) = X^2 - 2\mathrm{Re}\left(\mathrm{e}^{\mathbf{i}\frac{\pi}{6}}\right)X + \left|\mathrm{e}^{\mathbf{i}\frac{\pi}{6}}\right|^2 = X^2 - \sqrt{3}X + 1$, $\left(X - \mathrm{e}^{\mathbf{i}\frac{5\pi}{6}}\right)\left(X - \mathrm{e}^{-\mathbf{i}\frac{5\pi}{6}}\right) = X^2 - 2\mathrm{Re}\left(\mathrm{e}^{\mathbf{i}\frac{5\pi}{6}}\right)X + \left|\mathrm{e}^{\mathbf{i}\frac{5\pi}{6}}\right|^2 = X^2 + \sqrt{3}X + 1$ et $(X - \mathbf{i})(X + \mathbf{i}) = X^2 + 1$, d'où la factorisation en irréductibles de B sur $\mathbb{R}$: $B = (X^2 + 1)(X^2 - \sqrt{3}X + 1)(X^2 + \sqrt{3}X + 1)$.

3. On a $C = X^4 - \sqrt{2}X^2 + 1$ qui s'écrit $C = P(X^2)$, où $P = X^2 - \sqrt{2}X + 1$.

   Ce dernier polynôme a pour discriminant $\Delta = (-\sqrt{2})^2 - 4 = -2 = (\sqrt{2}\mathbf{i})^2$, d'où les racines $\dfrac{\sqrt{2} + \sqrt{2}\mathbf{i}}{2} = \mathrm{e}^{\mathbf{i}\frac{\pi}{4}}$ et $\mathrm{e}^{-\mathbf{i}\frac{\pi}{4}}$.

   On a donc $P = \left(X - \mathrm{e}^{\mathbf{i}\frac{\pi}{4}}\right)\left(X - \mathrm{e}^{-\mathbf{i}\frac{\pi}{4}}\right)$, dont on déduit $C = \left(X^2 - \mathrm{e}^{\mathbf{i}\frac{\pi}{4}}\right)\left(X^2 - \mathrm{e}^{-\mathbf{i}\frac{\pi}{4}}\right)$.

Ainsi C a pour racines les racines carrées de $\mathrm{e}^{\mathrm{i}\frac{\pi}{4}}$ et de $\mathrm{e}^{-\mathrm{i}\frac{\pi}{4}}$.

Le complexe $\mathrm{e}^{\mathrm{i}\frac{\pi}{8}}$ est une racine carrée évidente de $\mathrm{e}^{\mathrm{i}\frac{\pi}{4}}$, et l'autre racine carrée est par conséquent $-\mathrm{e}^{\mathrm{i}\frac{\pi}{8}}$.

Le complexe $\mathrm{e}^{-\mathrm{i}\frac{\pi}{8}}$ est une racine carrée évidente de $\mathrm{e}^{-\mathrm{i}\frac{\pi}{4}}$, et l'autre racine carrée est par conséquent $-\mathrm{e}^{-\mathrm{i}\frac{\pi}{8}}$.

Par conséquent la factorisation en irréductibles sur $\mathbb{C}$ de C est :

$C = \left(X - \mathrm{e}^{\mathrm{i}\frac{\pi}{8}}\right)\left(X + \mathrm{e}^{\mathrm{i}\frac{\pi}{8}}\right)\left(X - \mathrm{e}^{-\mathrm{i}\frac{\pi}{8}}\right)\left(X + \mathrm{e}^{-\mathrm{i}\frac{\pi}{8}}\right)$.

On regroupe les termes conjugués et on calcule :

$\left(X - \mathrm{e}^{\mathrm{i}\frac{\pi}{8}}\right)\left(X - \mathrm{e}^{-\mathrm{i}\frac{\pi}{8}}\right) = X^2 - 2\mathrm{Re}\left(\mathrm{e}^{\mathrm{i}\frac{\pi}{8}}\right)X + \left|\mathrm{e}^{\mathrm{i}\frac{\pi}{8}}\right|^2 = X^2 - 2\cos\left(\frac{\pi}{8}\right)X + 1.$

$\left(X + \mathrm{e}^{\mathrm{i}\frac{\pi}{8}}\right)\left(X + \mathrm{e}^{-\mathrm{i}\frac{\pi}{8}}\right) = X^2 + 2\mathrm{Re}\left(\mathrm{e}^{\mathrm{i}\frac{\pi}{8}}\right)X + \left|\mathrm{e}^{\mathrm{i}\frac{\pi}{8}}\right|^2 = X^2 + 2\cos\left(\frac{\pi}{8}\right)X + 1.$

On obtient la valeur de $\alpha = \cos\left(\frac{\pi}{8}\right)$ en appliquant la formule de duplication $\cos(2\theta) = 2\cos^2(\theta) - 1$ pour $\theta = \frac{\pi}{8}$. Elle fournit en effet $\cos\left(\frac{\pi}{4}\right) = 2\alpha^2 - 1$, d'où $\alpha^2 = \frac{1}{2}\left(\frac{\sqrt{2}}{2} + 1\right) = \frac{2+\sqrt{2}}{4}$.

Comme on a $\frac{\pi}{8} \in \left]-\frac{\pi}{2}\,;\frac{\pi}{2}\right[$, on a $\alpha > 0$, d'où $\alpha = \frac{\sqrt{2+\sqrt{2}}}{2}$.

Finalement la factorisation en irréductibles sur $\mathbb{R}$ de C est :

$C = \left(X^2 - \left(\sqrt{2+\sqrt{2}}\right)X + 1\right)\left(X^2 + \left(\sqrt{2+\sqrt{2}}\right)X + 1\right).$

10.2 Changement de variable

Soit le polynôme $P = X^4 - 5X^3 + 4X^2 + 5X + 1$.

1. Montrer qu'un complexe x est racine de P si et seulement si $y = x - \frac{1}{x}$ est racine d'un polynôme du second degré que l'on précisera.
2. En déduire les racines de P et donner la factorisation en irréductibles de P sur $\mathbb{C}$ et sur $\mathbb{R}$.

C 10.2 Changement de variable

1. Tout d'abord il est clair que 0 n'est pas racine de P.

   Soit donc $x \in \mathbb{C}^*$. Notons $y = x - \frac{1}{x}$. On a $y^2 = x^2 - 2 + \frac{1}{x^2}$.

   On a :

$$\begin{aligned} P(x) = 0 \;\Leftrightarrow\; & x^4 - 5x^3 + 4x^2 + 5x + 1 = 0 \;\Leftrightarrow\; x^2 - 5x + 4 + \frac{5}{x} + \frac{1}{x^2} = 0 \\ \Leftrightarrow\; & x^2 - 2 + \frac{1}{x^2} + 2 + 4 - 5x + \frac{5}{x} = 0 \;\Leftrightarrow\; y^2 + 6 - 5y = 0 \\ \Leftrightarrow\; & y^2 - 5y + 6 = 0. \end{aligned}$$

   Ainsi x est racine de P si et seulement si y est racine du polynôme $Q = X^2 - 5X + 6$.

2. Le polynôme Q se factorise en $Q = (X-2)(X-3)$ et donc x est racine de P si et seulement si $y = 2$ ou $y = 3$.
   - On a $y = 2 \Leftrightarrow x - \dfrac{1}{x} = 2 \Leftrightarrow x^2 - 1 = 2x$ car x est non nul.
     On résout aisément l'équation $x^2 - 1 = 2x$, qui est équivalente à $x^2 - 2x - 1 = 0$, et on trouve comme solutions $1 - \sqrt{2}$ et $1 + \sqrt{2}$.
   - On a $y = 3 \Leftrightarrow x - \dfrac{1}{x} = 3 \Leftrightarrow x^2 - 1 = 3x$ car x est non nul.
     On résout aisément l'équation $x^2 - 1 = 3x$, qui est équivalente à $x^2 - 3x - 1 = 0$, et on trouve comme solutions $\dfrac{3-\sqrt{13}}{2}$ et $\dfrac{3+\sqrt{13}}{2}$.

   Ainsi x est racine de P si et seulement si $x \in \left\{1-\sqrt{2}, 1+\sqrt{2}, \dfrac{3-\sqrt{13}}{2}, \dfrac{3+\sqrt{13}}{2}\right\}$.
   Nous connaissons donc toutes les racines de P et elles sont au nombre de $4 = \deg(P)$, donc elles sont toutes des racines simples de P.
   On en déduit la factorisation en irréductibles de P sur $\mathbb{C}$:
   $P = \left(X - (1-\sqrt{2})\right)\left(X - (1+\sqrt{2})\right)\left(X - \dfrac{3-\sqrt{13}}{2}\right)\left(X - \dfrac{3+\sqrt{13}}{2}\right)$.
   Cette factorisation est d'ailleurs identique à la factorisation en irréductibles de P sur $\mathbb{R}$ vu que toutes les racines de P sont réelles.

10.3 Équations d'inconnue polynôme

1. Déterminer tous les polynômes $P \in \mathbb{C}[X]$ vérifiant $P = XP'$.
2. Déterminer tous les polynômes $P \in \mathbb{C}[X]$ vérifiant $P'P'' = 18P$.
3. Déterminer tous les polynômes $P \in \mathbb{K}[X]$ vérifiant $P \circ P = P$.

C 10.3 Équations d'inconnue polynôme

1. Déterminons tous les polynômes $P \in \mathbb{C}[X]$ vérifiant $P = XP'$.
   On cherche les polynômes solutions sous la forme $P = \sum_{k=0}^{+\infty} a_k X^k$, où $(a_k)_{k\in\mathbb{N}}$ est une suite presque nulle de complexes.
   On a alors $P' = \sum_{k=0}^{+\infty} (k+1)a_{k+1}X^k$ et donc l'équation $P = XP'$ équivaut à :
   $$\sum_{k=0}^{+\infty} a_k X^k = X\sum_{k=0}^{+\infty}(k+1)a_{k+1}X^k, \ i.\ e.\ \sum_{k=0}^{+\infty} a_k X^k = \sum_{k=0}^{+\infty}(k+1)a_{k+1}X^{k+1}$$
   $$i.\ e.\ \sum_{k=0}^{+\infty} a_k X^k = \sum_{k=1}^{+\infty} k a_k X^k.$$

Deux polynômes étant égaux si et seulement s'ils ont les mêmes coefficients, notre équation revient à : $a_0 = 0$ et $\forall k \in \{1, \ldots, +\infty\}$, $a_k = ka_k$. Ainsi P est solution si et seulement si tous les a_k, sauf éventuellement pour $k = 1$, sont nuls.
L'ensemble des solutions est donc : $\{a_1X,\ a_1 \in \mathbb{C}\}$.

2. Déterminons tous les polynômes $P \in \mathbb{C}[X]$ vérifiant $P'P'' = 18P$.
Commençons par examiner des conditions de degré sur les polynômes solutions de l'équation proposée[29].
On rappelle pour cela que lorsqu'on a un polynôme Q de degré $\geqslant 1$, alors il vérifie $\deg(Q') = \deg(Q) - 1$. Mais cette formule n'est pas valable pour un polynôme constant, ce qui oblige à traiter des cas particuliers :

- Si P est constant alors $P' = 0$ et $P'' = 0$. Seul le polynôme nul peut donc dans ce cas satisfaire l'équation $P'P'' = 18P$.
- Si $\deg(P) = 1$ alors P' est constant et donc $P'' = 0$. Ainsi $P'P'' = 0$ et aucun polynôme P de degré 1 ne peut donc être solution de l'équation $P'P'' = 18P$.
- Si $\deg(P) \geqslant 2$ alors $\deg(P') = \deg(P) - 1 \geqslant 1$, d'où $\deg(P'') = \deg(P) - 2$.
Par conséquent pour que P soit solution de $P'P'' = 18P$, il est nécessaire d'avoir $\deg(P'P'') = \deg(P)$, ce qui donne : $\deg(P') + \deg(P'') = \deg(P)$, c'est-à-dire $\deg(P) - 1 + \deg(P) - 2 = \deg(P)$ donc $\deg(P) = 3$.

On cherche donc dans la suite les polynômes solutions sous la forme
$P = aX^3 + bX^2 + cX + d$, où a, b, c et d sont des complexes (avec $a \neq 0$).
Pour un tel polynôme, on a : $P' = 3aX^2 + 2bX + c$ et $P'' = 6aX + 2b$, donc :
$P'P'' = (3aX^2 + 2bX + c)(6aX + 2b) = 18a^2X^3 + 18abX^2 + (4b^2 + 6ac)X + 2bc$.
L'équation $P'P'' = 18P$ équivaut donc à :

$$18a^2X^3 + 18abX^2 + (4b^2 + 6ac)X + 2bc = 18aX^3 + 18bX^2 + 18cX + 18d,$$

et deux polynômes étant égaux si et seulement s'ils ont les mêmes coefficients, on a :

$$P'P'' = 18P \Leftrightarrow \left\{\begin{array}{rcl} 18a^2 & = & 18a \\ 18ab & = & 18b \\ 4b^2 + 6ac & = & 18c \\ 2bc & = & 18d \end{array}\right. .$$

29. C'est toujours une bonne idée !

Comme on a supposé a non nul, ce système équivaut à :

$$\begin{cases} a = 1 \\ 18b = 18b \\ 4b^2 + 6c = 18c \\ 2bc = 18d \end{cases}.$$

On résout et on obtient, en exprimant les solutions en fonction d'un paramètre (b par exemple) : $a = 1$, $c = \dfrac{b^2}{3}$ et $d = \dfrac{b^3}{27}$.
L'ensemble des solutions est donc, en n'omettant pas la solution nulle trouvée dans un des cas particuliers : $\{0\} \bigcup \left\{ X^3 + bX^2 + \dfrac{b^2}{3}X + \dfrac{b^3}{27},\ b \in \mathbb{C} \right\}$.

3. Déterminons tous les polynômes $P \in \mathbb{K}[X]$ vérifiant $P \circ P = P$.
Clairement tout polynôme constant est solution. Cherchons maintenant les solutions non constantes. Commençons par examiner des conditions de degré sur les polynômes solutions de l'équation proposée.
On a $\deg(P \circ P) = \deg(P) \times \deg(P)$ car P est non constant. D'où $\deg(P)^2 = \deg(P)$ et $\deg(P) = 1$ car P est non constant. Une solution non constante est donc de la forme $P = aX + b$ avec $a \neq 0$. Réinjectons, il vient $a(aX + b) + b = aX + b$ *i. e.* $a^2X + b(a+1) = aX + b$ et donc $\begin{cases} a^2 = a \\ b(a+1) = b \end{cases}$. Comme $a \neq 0$ cela équivaut à $\begin{cases} a = 1 \\ 2b = b \end{cases}$ *i. e.* $\begin{cases} a = 1 \\ b = 0 \end{cases}$ *i. e.* $P = X$.
L'ensemble des solutions est donc $\left\{\lambda,\ \lambda \in \mathbb{K}\right\} \bigcup \left\{X\right\}$.

10.4 PGCD de deux polynômes

Calculer le PGCD de $X^m - 1$ et $X^n - 1$ pour tout $(m, n) \in (\mathbb{N} \setminus \{0\})^2$.

On pourra penser à l'algorithme d'Euclide.

C 10.4 PGCD de deux polynômes

Quitte à échanger les rôles de m et n, ce qui est licite car le PGCD est symétrique, on peut supposer $m \geqslant n$.

Opérons la division euclidienne de m par n ; on écrit $m = nq + r$, avec $n \in \mathbb{N}$ et $0 \leqslant r < n$.

On a $X^m - 1 = X^{nq+r} - 1 = X^r(X^{nq} - 1) + X^r - 1$.

Or on a $X^{nq} - 1 = (X^n)^q - 1^q = (X^n - 1) \sum\limits_{k=0}^{q-1} (X^n)^k 1^{q-1-k} = (X^n - 1) \sum\limits_{k=0}^{q-1} X^{nk}$ donc, en posant $Q = \sum_{k=0}^{q-1} X^{nk}$ et $R = X^r - 1$, on obtient : $X^m - 1 = (X^n - 1)Q + R$, où $\deg(R) = \deg(X^r - 1) = r < n = \deg(X^n - 1)$.

Nous venons donc d'écrire la division euclidienne de $X^m - 1$ par $X^n - 1$.

Par le lemme préparatoire à l'algorithme d'Euclide, on a donc $(X^m - 1) \wedge (X^n - 1) = (X^n - 1) \wedge (X^r - 1)$, où r est le reste de la division euclidienne de m par n. En poursuivant selon le même principe, jusqu'à atteindre le premier reste nul dans l'algorithme d'Euclide pour le calcul de $m \wedge n$, on obtient :
$(X^m - 1) \wedge (X^n - 1) = (X^{m\wedge n} - 1) \wedge (X^0 - 1) = (X^{m\wedge n} - 1) \wedge 0 = X^{m\wedge n} - 1$.

10.5 Multiples d'un polynôme

Déterminer tous les $n \in \mathbb{N} \setminus \{0\}$ tels que $(X^2 + X + 1)^2$ divise $(X + 1)^n - X^n - 1$.

C 10.5 Multiples des diviseurs d'un polynôme

Soit $n \in \mathbb{N} \setminus \{0\}$.

On a $X^2 + X + 1 = (X - \mathbf{j})(X - \bar{\mathbf{j}})$ donc $A = (X^2 + X + 1)^2 = (X - \mathbf{j})^2(X - \bar{\mathbf{j}})^2$ et ainsi A divise P_n si et seulement si $\mathbf{j}$ et $\bar{\mathbf{j}}$ sont racines au moins doubles de P_n.

O, P_n étant à coefficients réels, $\mathbf{j}$ est racine au moins double de P_n si et seulement si $\bar{\mathbf{j}}$ est racine au moins double de P_n. Par conséquent, A divise P_n si et seulement si $\mathbf{j}$ est racine au moins double de P_n. On en déduit encore que A divise P_n si et seulement si $P_n(\mathbf{j}) = P_n'(\mathbf{j}) = 0$. Or, on a grâce à la relation $\mathbf{j} + 1 = -\mathbf{j}^2$:

$$\begin{cases} P_n(\mathbf{j}) = (\mathbf{j}+1)^n - \mathbf{j}^n - 1 = (-\mathbf{j}^2)^n - \mathbf{j}^n - 1 \\ P_n'(\mathbf{j}) = n(\mathbf{j}+1)^{n-1} - n\mathbf{j}^{n-1} = n(-\mathbf{j}^2)^{n-1} - n\mathbf{j}^{n-1} \end{cases}.$$

Ainsi $\begin{cases} P_n(\mathbf{j}) = 0 \\ P_n'(\mathbf{j}) = 0 \end{cases} \Leftrightarrow \begin{cases} (-\mathbf{j}^2)^n - \mathbf{j}^n - 1 = 0 \\ n(-\mathbf{j}^2)^{n-1} - n\mathbf{j}^{n-1} = 0 \end{cases} \Leftrightarrow \begin{cases} (-\mathbf{j}^2)^n - \mathbf{j}^n - 1 = 0 \\ (-\mathbf{j}^2)^{n-1} = \mathbf{j}^{n-1} \end{cases}$

$$\Leftrightarrow \begin{cases} (-\mathbf{j}^2) \times \mathbf{j}^{n-1} - \mathbf{j}^n - 1 = 0 \\ (-\mathbf{j}^2)^{n-1} = \mathbf{j}^{n-1} \end{cases} \Leftrightarrow \begin{cases} \mathbf{j}^{n+1} + \mathbf{j}^n + 1 = 0 \\ (-\mathbf{j}^2)^{n-1} = \mathbf{j}^{n-1} \end{cases} \Leftrightarrow \begin{cases} \mathbf{j}^n(\mathbf{j}+1) = -1 \\ (-\mathbf{j}^2)^{n-1} = \mathbf{j}^{n-1} \end{cases}$$

$$\Leftrightarrow \begin{cases} \mathbf{j}^n(-\mathbf{j}^2) = -1 \\ (-\mathbf{j}^2)^{n-1} = \mathbf{j}^{n-1} \end{cases} \Leftrightarrow \begin{cases} \mathbf{j}^{n+2} = 1 \\ (-\mathbf{j}^2)^{n-1} = \mathbf{j}^{n-1} \end{cases}.$$

On connaît les puissances de $\mathbf{j}$: on a $\mathbf{j}^{n+2} = 1 \Leftrightarrow n + 2 \equiv 0\ [3] \Leftrightarrow n \equiv 1\ [3]$.

On teste ensuite sur la deuxième équation, avec $n = 3k + 1$, $k \in \mathbb{N}$:
$(-\mathbf{j}^2)^{n-1} = \mathbf{j}^{n-1} \Leftrightarrow (-\mathbf{j}^2)^{3k} = \mathbf{j}^{3k} \Leftrightarrow (-1)^k \mathbf{j}^{6k} = 1 \Leftrightarrow (-1)^k = 1 \Leftrightarrow k \equiv 0\ [2]$.

Ainsi n est solution si et seulement si $n \equiv 1\ [6]$.

10.6 Polynômes positifs à racines réelles

Soit $P \in \mathbb{R}[X]$ n'ayant que des racines réelles et vérifiant : $\forall x \in \mathbb{R},\ P(x) \geqslant 0$.

Montrer : $\exists Q \in \mathbb{R}[X],\ P = Q^2$.

C 10.6 Polynômes positifs à racines réelles

Soit $P \in \mathbb{R}[X]$ n'ayant que des racines réelles et vérifiant : $\forall x \in \mathbb{R},\ P(x) \geqslant 0$.

Comme P admet toutes ses racines dans $\mathbb{R}$, il se factorise sous la forme

$$P = \lambda \prod_{k=1}^{n} (X - a_k)^{r_k},$$

où $\lambda \in \mathbb{R}^*$ et les a_k sont les racines deux à deux distinctes de P (donc des réels) et ont pour multiplicités respectives r_k.

Raisonnons par l'absurde en supposant qu'une des racines de P soit d'ordre impair. Quitte à renommer les racines, on peut supposer qu'il s'agit de a_1. On a donc P qui s'écrit :

$$P = (X - a_1)^{r_1} U,$$

où $U = \lambda \prod_{k=2}^{n} (X - a_k)^{r_k}$ est un polynôme dont a_1 n'est pas racine.

Le polynôme U (que l'on confond avec sa fonction polynomiale associée pour alléger) ne s'annule pas en a_1 donc, étant continu, est de signe constant sur un certain voisinage $]a_1 - \eta, a_1 + \eta[$ de a_1.

Or, r_1 étant impair, le polynôme $(X - a_1)^{r_1}$ change de signe sur tout voisinage de a_1. Donc par produit, P change de signe sur $]a_1 - \eta, a_1 + \eta[$, ce qui contredit l'hypothèse selon laquelle P est de signe constant.

On a ainsi démontré par l'absurde que toutes les racines de P sont d'ordre pair, *i. e.* : $\forall k \in \{1, \ldots, n\},\ \exists \alpha_k \in \mathbb{N},\ r_k = 2\alpha_k$. Comme P prend toujours des valeurs positives, on a aussi clairement $\lambda \geqslant 0$.

Ainsi on peut écrire $P = Q^2$ en posant $Q = \sqrt{\lambda} \prod_{k=1}^{n} (X - a_k)^{\alpha_k}$.

10.7 Une équation dont l'inconnue est une fraction rationnelle

Dans ce problème, on cherche à déterminer toutes les fractions rationnelles $F \in \mathbb{C}(X)$ telles que :

(E_1) $$F(X) - F(X^2) = \frac{X}{X^2 - 1}.$$

1. **Question préliminaire** : montrer que si A et B sont deux polynômes premiers entre eux de $\mathbb{C}[X]$ alors $A(X^2)$ et $B(X^2)$ sont également premiers entre eux.

   On entre dans la résolution de l'équation proprement dite. On mène un raisonnement par analyse-synthèse :

2. **Analyse**

   Soit F une solution de l'équation (E_1), (P,Q) le représentant irréductible de F.

   a. Montrer que : $(X^2-1)\big(Q(X^2)P(X)-Q(X)P(X^2)\big)=XQ(X)Q(X^2)$.

   b. En déduire que 1 est racine de Q. Est-ce aussi une racine de P ?

   c. Soit $A\in\mathbb{C}[X]$ tel que $Q(X)=(X-1)A(X)$. Montrer que :

   $$(X+1)A(X^2)P(X)-A(X)P(X^2)=XA(X)A(X^2).$$

   d. En déduire que $A(X^2)$ divise $A(X)$.

   e. En déduire que $Q(X)=X-1$.

   L'équation (E_1) devient donc :

   $$(E_1') \qquad \frac{P(X)}{X-1}-\frac{P(X^2)}{X^2-1}=\frac{X}{X^2-1}.$$

   f. Montrer que : $(X+1)P(X)-P(X^2)=X$.

   g. En déduire que $\deg(P)\leqslant 1$.

   h. Déterminer finalement toutes les solutions P de (E_1').

3. **Synthèse**

   Rédiger la synthèse à l'aide des solutions trouvées précédemment et déterminer finalement l'ensemble des solutions de (E_1).

4. **Une autre équation...**

   On introduit maintenant l'équation :

   $$(E_2) \qquad G(X)-G(X^2)=\frac{X^2}{X^4-1},$$

   d'inconnue $G\in\mathbb{C}(X)$.

   a. Expliquer comment des solutions de (E_2) à partir de celles de (E_1).

   b. Montrer qu'une fraction $H\in\mathbb{C}(X)$ vérifie $H(X)=H(X^2)$ si et seulement si H est une constante.

c. En déduire finalement l'ensemble des solutions de (E_2).

5. **Généralisation**

Pour $n \in \mathbb{N}$, on note $(\mathcal{E}_n)$ l'équation d'inconnue $F \in \mathbb{C}(X)$:

$$F(X) - F(X^2) = \frac{X^{2^n}}{X^{2^{n+1}} - 1}.$$

Déterminer l'ensemble des solutions de $(\mathcal{E}_n)$ à l'aide de ce qui précède.

C 10.7 Une équation dont l'inconnue est une fraction rationnelle

1. **Question préliminaire** : Soient A et B deux polynômes premiers entre eux de $\mathbb{C}[X]$. Par le théorème de Bézout, il existe $(U, V) \in \mathbb{C}[X]^2$ tel que $AU + BV = 1$ ou, si l'on préfère, tel que $A(X)U(X) + B(X)V(X) = 1$.
On en déduit, par composition, $A(X^2)U(X^2) + B(X^2)V(X^2) = 1$ ce qui, toujours par le théorème de Bézout, prouve que $A(X^2)$ et $B(X^2)$ sont premiers entre eux.

2. **Analyse**

Soit F une solution de l'équation (E_1), (P, Q) le représentant irréductible de F.

a. On a $F = \dfrac{P}{Q}$ donc le fait que F est solution de (E_1) donne :

$$\frac{P(X)}{Q(X)} - \frac{P(X^2)}{Q(X^2)} = \frac{X}{X^2-1}, \quad i.\ e.\quad \frac{Q(X^2)P(X) - Q(X)P(X^2)}{Q(X)Q(X^2)} = \frac{X}{X^2-1},$$

$$i.\ e.\quad (X^2-1)\big(Q(X^2)P(X) - Q(X)P(X^2)\big) = XQ(X)Q(X^2).$$

b. Évaluant ce qui précède en 1, on trouve : $0 = 1 \times Q(1) \times Q(1^2) = 0$, *i. e.* $Q(1) = 0$. Ainsi 1 est racine de Q.
Les polynômes P et Q étant premiers entre eux, ils ne peuvent avoir aucune racine commune donc 1 n'est pas racine de P.

c. Soit $A \in \mathbb{C}[X]$ tel que $Q(X) = (X-1)A(X)$. En remplaçant dans la relation $(X^2-1)\big(Q(X^2)P(X) - Q(X)P(X^2)\big) = XQ(X)Q(X^2)$, on obtient :

$$(X^2-1)\big((X^2-1)A(X^2)P(X) - (X-1)A(X)P(X^2)\big) = X(X-1)A(X)(X^2-1)A(X^2).$$

Par intégrité dans $\mathbb{C}[X]$, on en déduit :

$$(X^2-1)A(X^2)P(X) - (X-1)A(X)P(X^2) = X(X-1)A(X)A(X^2).$$

Et comme $X^2 - 1 = (X-1)(X+1)$, et en utilisant à nouveau l'intégrité :

$$(X+1)A(X^2)P(X) - A(X)P(X^2) = XA(X)A(X^2).$$

d. La relation précédente s'écrit encore :

$$\begin{aligned}(X+1)A(X^2)P(X)+XA(X)A(X^2) &= A(X)P(X^2),\\ i.\ e.\quad \big((X+1)P(X)+XA(X)\big)A(X^2) &= A(X)P(X^2).\end{aligned}$$

On en déduit que $A(X^2)$ divise $A(X)P(X^2)$. Or comme P et Q sont premiers entre eux et comme A divise Q, on en déduit que A et P sont premiers entre eux. Mais par la question 1 des préliminaires, cela implique que $A(X^2)$ et $P(X^2)$ sont premiers entre eux.

Ainsi, par le théorème de Gauss, $A(X^2)$ divise $A(X)$.

e. On en déduit que A est un polyôme constant. En effet si l'on supposait A de degré $n \geqslant 1$, on aurait $A(X^2)$ de degré $2n$ qui diviserait le polynôme $A(X)$ de degré n, avec $1 \leqslant n < 2n$, ce qui est impossible.

Enfin comme on a $Q = (X-1)A$ avec Q unitaire, nécessairement $A = 1$ et donc finalement $Q = X - 1$.

L'équation (E_1) devient donc :

$$(E_1') \qquad \frac{P(X)}{X-1} - \frac{P(X^2)}{X^2-1} = \frac{X}{X^2-1}.$$

f. Comme $X^2 - 1 = (X+1)(X-1)$, l'équation (E_1') équivaut à :
$\dfrac{(X+1)P(X)}{X^2-1} - \dfrac{P(X^2)}{X^2-1} = \dfrac{X}{X^2-1}$, *i. e.* $(X+1)P(X) - P(X^2) = X$.

g. Notons $n = \deg(P)$. Raisonnons par l'absurde en supposant $n \geqslant 2$.

Alors $\deg\big(P(X^2)\big) = 2n > n+1 = \deg\big((X+1)P(X)\big)$ donc

$\deg\big((X+1)P(X) - P(X^2)\big) = \max\big(\deg\big(P(X^2)\big), \deg\big((X+1)P(X)\big)\big) = 2n \neq 1$, d'où $\deg\big((X+1)P(X) - P(X^2)\big) \neq \deg(X)$, ce qui est en contradiction avec le fait que $(X+1)P(X) - P(X^2) = X$.

Ainsi $\deg(P) \leqslant 1$.

h. On cherche donc les solutions P de $(X+1)P(X) - P(X^2) = X$ sous la forme $P = aX + b$, $(a, b) \in \mathbb{C}^2$. On a alors :

$$\begin{aligned}(X+1)P(X) - P(X^2) = X \quad &\Leftrightarrow \quad (X+1)(aX+b) - (aX^2+b) = X\\ &\Leftrightarrow \quad aX^2 + (a+b)X + b - aX^2 - b = X\\ &\Leftrightarrow \quad (a+b)X = X\\ &\Leftrightarrow \quad b = 1 - a.\end{aligned}$$

Ainsi les solutions de (E_1') sont les polynômes $aX + 1 - a$, $a \in \mathbb{C}$.

3. **Synthèse**

Ainsi si F est solution de (E_1) alors $F = \dfrac{P}{Q}$ avec, d'après ce qui précède, $Q = X - 1$

et $P = aX + (1-a)$, où $a \in \mathbb{C}$. Donc les solutions de (E_1) sont nécessairement de la forme $\dfrac{aX+1-a}{X-1} = a + \dfrac{1}{X-1}$, $a \in \mathbb{C}$.

Maintenant vérifions : soit $a \in \mathbb{C}$ et $F = a + \dfrac{1}{X-1}$. Alors :

$F(X) - F(X^2) = a + \dfrac{1}{X-1} - \left(a + \dfrac{1}{X^2-1}\right) = \dfrac{1}{X-1} - \dfrac{1}{X^2-1} = \dfrac{X+1}{X^2-1} - \dfrac{1}{X-1}$,

donc $F(X) - F(X^2) = \dfrac{X}{X^2-1}$.

Ainsi F est solution de (E_1).

Finalement l'ensemble des solutions de (E_1) est : $\left\{a + \dfrac{1}{X-1},\ a \in \mathbb{C}\right\}$.

4. **Une autre équation...**

On introduit maintenant l'équation :

$$(E_2) \qquad G(X) - G(X^2) = \frac{X^2}{X^4-1},$$

d'inconnue $G \in \mathbb{C}(X)$.

a. Soit F une solution de (E_1).
On a $F(X) - F(X^2) = \dfrac{X}{X^2-1}$ donc $F(X^2) - F\left((X^2)^2\right) = \dfrac{X^2}{(X^2)^2-1}$, *i. e.* $F(X^2) - F(X^4) = \dfrac{X^2}{X^4-1}$.
Ainsi pour F solution de (E_1), la fraction $G = F(X^2)$ est solution de (E_2).

b. Soit $H \in \mathbb{C}(X)$, (P, Q) le représentant irréductible de H (ce qui implique que P et Q sont premiers entre eux). On suppose $H(X) = H(X^2)$. Alors on a :

$$\frac{P(X)}{Q(X)} = \frac{P(X^2)}{Q(X^2)}, \ \textit{i. e.} \ P(X)Q(X^2) = Q(X)P(X^2).$$

Ainsi $P(X^2)$ divise $P(X)Q(X^2)$ et, comme $P(X^2)$ et $Q(X^2)$ sont premiers entre eux (par la question 1), $P(X^2)$ divise $P(X)$ par le théorème de Gauss. Or ceci n'est possible que si P est constant (sinon on a une contradiction sur les degrés). Les rôles symétriques de P et Q dans l'égalité $P(X)Q(X^2) = Q(X)P(X^2)$ permettent de déduire qu'on a aussi Q constant. Par conséquent H est constante.
Il est clair réciproquement que si H est constante alors $H(X) = H(X^2)$, d'où l'équivalence demandée.

c. Soit F une solution quelconque de E_1 ; par exemple $F = \dfrac{1}{X-1}$. Alors, comme on l'a vu, $F(X^2) - F(X^4) = \dfrac{X^2}{X^4-1}$ et donc G est solution de (E_2) si et seulement si $G(X) - G(X^2) = F(X^2) - F(X^4)$.
Or ceci équivaut à $G(X) - F(X^2) = G(X^2) - F(X^4)$, ce qui équivaut encore à $H(X) = H(X^2)$ en posant $H(X) = G(X) - F(X^2)$.

Ainsi G est solution de (E_2) si et seulement si $G(X) - F(X^2)$ est constante.

On a donc établi que l'ensemble des solutions de (E_2) est :

$$\{a + F(X^2),\ a \in \mathbb{C}\} = \left\{a + \frac{1}{X^2 - 1},\ a \in \mathbb{C}\right\}.$$

5. **Généralisation**

Pour $n \in \mathbb{N}$, on note $(\mathcal{E}_n)$ l'équation d'inconnue $F \in \mathbb{C}(X)$:

$$F(X) - F(X^2) = \frac{X^{2^n}}{X^{2^{n+1}} - 1}.$$

Montrons par récurrence sur $n \in \mathbb{N}$ la propriété

$\mathcal{P}_n$: l'ensemble des solutions de $(\mathcal{E}_n)$ est $\left\{a + \dfrac{1}{X^{2^n} - 1},\ a \in \mathbb{C}\right\}$.

- Initialisation ($n = 0$) : on note qu'on a $(\mathcal{E}_0) = (E_1)$ et que l'on a déterminé l'ensemble des solutions de (E_1) lors de la synthèse plus haut. Cet ensemble est $\left\{a + \dfrac{1}{X - 1},\ a \in \mathbb{C}\right\}$, c'est-à-dire $\left\{a + \dfrac{1}{X^{2^0} - 1},\ a \in \mathbb{C}\right\}$. Ainsi $\mathcal{P}_0$ est vraie.
- Hérédité : on suppose $\mathcal{P}_n$ vraie pour un certain $n \in \mathbb{N}$.

  Posons $F = \dfrac{1}{X^{2^n} - 1}$, qui est une solution de $(\mathcal{E}_n)$ par hypothèse de récurrence.

  On a donc $F(X) - F(X^2) = \dfrac{X^{2^n}}{X^{2^{n+1}} - 1}$ ce qui, en composant par X^2, donne :

$$F(X^2) - F(X^4) = \frac{X^{2^{n+1}}}{X^{2^{n+2}} - 1}.$$

  Ainsi $F(X^2)$ est solution de $(\mathcal{E}_{n+1})$.

  Soit maintenant $G \in \mathbb{C}(X)$.

  G est solution de $(\mathcal{E}_{n+1})$ si et seulement si $G(X) - G(X^2) = \dfrac{X^{2^{n+1}}}{X^{2^{n+2}} - 1}$, c'est-à-dire si et seulement si $G(X) - G(X^2) = F(X^2) - F(X^4)$.

  Cette dernière relation équivaut à $G(X) - F(X^2) = G(X^2) - F(X^4)$, ce qui signifie que, si l'on pose $H = G(X) - F(X^2)$, G est solution de $(\mathcal{E}_{n+1})$ si et seulement si $H(X) = H(X^2)$. Comme nous l'avons déjà démontré dans les questions 4b et 4c, cela équivaut à : H est constante, c'est-à-dire $G(X) - F(X^2)$ est constante.

  Ainsi l'ensemble des solutions de $(\mathcal{E}_{n+1})$ est :

$$\{a + F(X^2),\ a \in \mathbb{C}\} = \left\{a + \frac{1}{X^{2^{n+1}} - 1},\ a \in \mathbb{C}\right\}.$$

  Ainsi $\mathcal{P}_{n+1}$ est vraie.

  On a donc prouvé que la propriété est héréditaire.

- Conclusion : La propriété proposée étant vraie au rang 0 et héréditaire, elle est vraie pour tout $n \in \mathbb{N}$ d'après le théorème de récurrence.

En conclusion, pour tout $n \in \mathbb{N}$, l'ensemble des solutions de $(\mathcal{E}_n)$ est :

$$\left\{a + \frac{1}{X^{2^n} - 1},\ a \in \mathbb{C}\right\}.$$

CHAPITRE 11

Espaces Vectoriels

1 Introduction

1.1 L'algèbre linéaire

Les espaces vectoriels sont, avec les applications linéaires, les objets fondamentaux de ce qu'on appelle *l'algèbre linéaire*.

Si l'enseignement des mathématiques présente ces objets comme points de départ de la théorie, il faut bien garder en tête que c'est à l'encontre du développement historique de ces notions. Comme souvent, mais peut-être ici de manière particulièrement prononcée, la volonté de clarification et de simplification propre à l'enseignement, mais aussi simplement la restructuration des mathématiques au cours de leur histoire, ont conduit à ce chamboulement entre l'ordre historique des découvertes et l'exposition actuelle de la théorie.

Les problèmes de nature linéaire abondent dans des champs extrêmement variés et nombreux des mathématiques. Il a d'abord fallu aux mathématiciens reconnaître le caractère linéaire de problèmes *a priori* très distincts, puis développer l'intérêt qu'il y avait à adopter un point de vue abstrait pour traiter ces problèmes. Cela a pris du temps, *grosso modo* tout le XIXᵉ siècle.

Les systèmes linéaires, étudiés plus tôt, forment l'origine la plus évidente de l'algèbre linéaire. Le concept de matrice dégagé à partir de l'étude des systèmes linéaires est le précurseur de celui d'application linéaire. En fait les matrices peuvent être vues *a posteriori* comme un mode de représentation de certaines applications linéaires.

Les équations différentielles sont une autre source primordiale de l'algèbre linéaire. Leonhard Euler avait déjà bien identifié au XVIIIᵉ siècle que la somme d'une solution par-

ticulière d'une équation différentielle et d'une solution de l'équation homogène associée est elle-même une solution de l'équation différentielle. C'est un cas très particulier de ce qu'on appelle le *principe de superposition*, fondamental dans la théorie des équations différentielles linéaires, et que l'on retrouva encore employé quelques décennies plus tard dans la résolution des équations aux dérivées partielles par Joseph Fourier notamment[1].
Un autre domaine très célèbre des mathématiques, mais non étudié en CPGE, la théorie de Galois, a participé à l'essor de l'algèbre linéaire et à la reconnaissance du concept d'espace vectoriel. Cette théorie naquit sous une forme assez osbcure entre les mains d'Évariste Galois, celui-ci essayant de déterminer des méthodes pour décider si une équation algébrique était résoluble par radicaux. Le concept phare mis initialement en avant par Galois et ceux qui, comme Liouville, s'efforcèrent de clarifier et diffuser les idées de Galois après sa mort, est celui de groupe, que l'on a pu aborder ici dans le chapitre 8.
Les idées issues des travaux en théorie des nombres à la fin du XIXe siècle de Kronecker et Dedekind notamment, et les liens mis en évidence avec la théorie de Galois, menèrent à une reformulation de la théorie par Emil Artin en plusieurs temps à partir de 1926, prenant comme concept de base celui d'extension de corps[2] et, ainsi, d'espace vectoriel.
Mais la géométrie est certainement le domaine qui, avec l'étude des systèmes linéaires, est le plus évident dans la genèse du concept d'espace vectoriel. Le lecteur aura l'occasion de s'en rendre compte dans les pages qui suivent ne serait-ce que par le vocabulaire utilisé. L'intuition géométrique est constamment à la base des définitions : l'algèbre linéaire parle de vecteurs[3], d'espaces, de directions, d'(hyper)plans et même, sous réserve d'avoir un produit scalaire à disposition, d'orthogonalité...
Nous allons développer les racines géométriques de l'algèbre linéaire, celles-ci étant propres

1. Cf. par exemple *Mémoire sur la théorie analytique de la chaleur*, Mémoires de l'Académie Royale des Sciences de l'Institut de France pour l'année 1825, t. VIII, pp. 581-622. Paris, Didot, 1829. in Œuvres complètes, tome second, Paris : Gauthier-Villars et fils (1890), pp. 147-181.

2. Un exemple permet d'illustrer simplement cette notion : on peut dire que $\mathbb{C}$ est une extension de corps de degré 2 de $\mathbb{R}$, au sens où $\mathbb{R}$ et $\mathbb{C}$ sont deux corps avec $\mathbb{R} \subset \mathbb{C}$ et où, de plus, $\mathbb{C}$ peut être vu comme un $\mathbb{R}$-espace vectoriel de dimension 2, dont $(1, \mathbf{i})$ est une base. Cette dernière idée traduit simplement le fait que tout complexe s'écrit de manière unique comme combinaison linéaire à coefficients réels de 1 et $\mathbf{i}$, *i. e.* tout complexe est de la forme $a.1 + b\mathbf{i} = a + b\mathbf{i}$ avec a et b réels. Cette remarque deviendra claire pour le lecteur une fois qu'il aura lu le début du chapitre 12.

3. Dans le développement de l'idée d'espace vectoriel, il faut évidemment passer par le concept de vecteur. Nous allons examiner ce point dans la suite mais en laissant sous silence deux domaines importants dans la formation de ce concept :
- les nombres complexes, notamment de par les tentatives de représentation de ces derniers (à ce propos, on pourra consulter le chapitre de ce livre consacré aux nombres complexes) ;
- le concept de force en physique qui, s'il a pu être exprimé pendant des siècles sans parler de vecteur, contenait déjà avec Newton l'idée que lorsque deux forces agissent sur un objet, celui-ci se meut le long de la diagonale du parallélogramme dont les côtés correspondent aux trajectoires que suivrait le solide s'il n'était soumis qu'à une seule des forces. Ainsi se fait jour l'idée de composition ou de somme de forces, qui préfigure la somme des vecteurs qui nous servent maintenant à représenter ces forces.

Le terme *vecteur* (*vector* en anglais) était déjà utilisé en physique et en particulier en astronomie au cours du dix-huitième siècle, notamment dans l'expression *rayon-vecteur*.

à éclairer le lecteur des idées essentielles à la base des espaces vectoriels sans nécessiter un grand bagage mathématique.

1.2 Un nouveau traitement de la géométrie

Dans ses célèbres *Éléments*, Euclide fonda la première axiomatique – qui nous soit connue en tout cas – de la géométrie. Ce procédé, permettant de déduire par des principes logiques reconnus par tous des théorèmes sur les objets géométriques à partir d'axiomes (c'est-à-dire d'évidences, de vérités indémontrables admises comme points de départ, comme le premier axiome d'Euclide énonçant que par deux points distincts du plan passe toujours une droite) fut la source même de toute géométrie pendant près de deux millénaires.

La géométrie devint analytique avec Descartes : on fut à même de traduire les problèmes géométriques par des équations dont les inconnues sont les coordonnées des points du plan ou de l'espace dans un repère bien choisi.

Mais peu après la révolution de la géométrie par Descartes, Gottfried Leibniz imaginait déjà, à la fin du XVIIe siècle, une nouvelle approche, qui semble avoir été le projet de sa vie. Ce travail est resté inachevé. Il s'agissait de développer non plus un calcul portant sur les grandeurs numériques (les longueurs, les coordonnées, etc.) mais directement sur les objets géométriques eux-mêmes. Leibniz voulait aussi plus généralement interroger les axiomes et les définitions des géométries établies précédemment pour les améliorer et atteindre plus de généralité[4].

Leibniz ne publia rien de son vivant concernant ses recherches sur cette nouvelle approche de la géométrie. Bien qu'ayant imaginé le faire à un moment, il semble en avoir été dissuadé par le mathématicien[5] néerlandais Christiaan Huygens, grande figure de son temps et initiateur de Leibniz aux mathématiques.

Ces travaux demeurèrent donc pour l'essentiel inconnus, seulement révélés à la communauté mathématique via la publication en 1833 de la correspondance entre Huygens et Leibniz. Un concours fut ouvert pour développer les idées géométriques de Descartes et ce fut un certain Hermann Grassmann[6], qui le remporta en 1846. La divulgation des réflexions géométriques de Leibniz fut certainement important dans le développement

4. Pour des informations détaillées sur le projet leibnizien, on pourra consulter *La caractéristique géométrique, G. W. Leibniz*, aux éditions Vrin (1995) par Javier Echeverría et Marc Parmentier. Notre propos sur Leibniz reprend essentiellement les explications données par cet ouvrage.

5. À vrai dire, comme beaucoup d'intellectuels de son temps, Huygens (1629-1695) ne peut pas être réduit aux mathématiques ; il est également connu par exemple pour avoir découvert Titan, le plus grand satellite de Saturne, et pour avoir proposé un modèle ondulatoire de la lumière.

6. Cf. un peu plus loin sa biographie dans ce chapitre.

historique menant aux espaces vectoriels mais de nouveaux traitements de la géométrie avaient néanmoins été envisagés par différents mathématiciens au début du XIXe siècle, sans qu'ils aient *a priori* eu connaissance des idées de Leibniz.

Ainsi l'école française fut le fer de lance de ce qu'on appelle la *géométrie synthétique*, qui refusa les principes de la géométrie de Descartes notamment car les arguments employés, les calculs faits sur les coordonnées, pouvaient masquer des raisons géométriques assez limpides. On peut citer dans ce courant Gaspard Monge, Michel Chasles ou encore Jean-Victor Poncelet, dont le *Traité des propriétés projectives des figures* (1822) posa les bases de l'étude des projections, des propriétés invariantes par projections et des perspectives. On peut également mentionner le calcul barycentrique[7] introduit par August Ferdinand Möbius comme un pas important dans l'élaboration des vecteurs. Une idée phare est à retenir dans cette perspective : Möbius considère des grandeurs orientées. Étant donnés deux points distincts A et B du plan, si un sens arbitraire de parcours de la droite (AB) est fixé (par exemple de A vers B), alors Möbius écrit : $AB + BA = 0$. Ce que Möbius entend par AB, c'est une longueur orientée (le sens importe !) : dans l'enseignement secondaire, on désigne souvent ce concept par *longueur algébrique*[8].

Même si les longueurs orientées que manipule Möbius sont portées par des droites parallèles, ce qui restreint Möbius à un calcul qui ne peut pas combiner des longueurs orientées quelconques, un pas est fait vers l'élaboration des vecteurs par la considération de l'orientation (ce qui donnera le *sens* d'un vecteur ensuite) et de combinaisons linéaires de quantités orientées.

Peu après, le mathématicien italien Giusto Bellavitis propose un calcul plus général que celui de Möbius. Il ne se contente notamment pas de combiner des longueurs parallèles. Le but profond de Bellavitis est de développer un calcul géométrique, impliquant donc directement des quantités géométriques plutôt que des coordonnées, ce qui doit notamment permettre de représenter des théorèmes géométriques par des équations ; il est en cela parfaitement dans la lignée du projet de Leibniz.

Le concept servant de base à l'édification de son calcul est celui d'*équipollence*[9]. Si l'on se donne deux points A et B dans le plan, Bellavitis désigne par AB la ligne droite allant de A vers B ; cette ligne droite est donc orientée, elle est différente de BA (et même précisément opposée). Bellavitis dit de deux lignes droites AB et CD qu'elles sont *équipollentes* si elles ont même longueur, qu'elles sont parallèles, et qu'elles ont même sens. Il

7. *Der barycentrische Calcul* (1827), disponible dans le recueil des œuvres de Möbius.

8. Dans l'enseignement actuel, AB désigne seulement la longueur séparant le point B du point A ; on a l'habitude de noter la longueur algébrique $\overline{AB}$.

9. Introduit dans *Saggio di applicazioni di un nuovo metodo di Geometrica analitica*, Annali delle scienze del regno Lombardo-Veneto **5** (1835). Ce concept ne figure cependant pas au programme de CPGE.

définit même une addition sur ces lignes droites, au sens où il décrète $AB + BC$ comme équipollent à AC.

Dans le langage moderne, les lignes droites orientées de Bellavitis sont ce qu'on appelle les *vecteurs*. Nous les notons $\overrightarrow{AB}$ plutôt que AB. L'équipollence entre des lignes AB et CD se décrit maintenant par l'égalité de vecteurs $\overrightarrow{AB} = \overrightarrow{CD}$. L'équipollence entre $AB + BC$ et AC correspond tout simplement à l'égalité $\overrightarrow{AB} + \overrightarrow{BC} = \overrightarrow{AC}$, c'est-à-dire ce que nous appelons actuellement la relation de Chasles.

1.3 L'apport de Grassmann

Nous avons évoqué brièvement plus haut Hermann Grassmann. Son œuvre est de toute première importance pour les espaces vectoriels, car de nombreux résultats de base de l'algèbre linéaire (en dimension finie[10]) sont contenus dans *Die lineale Ausdehnungslehre*[11], le traité le plus célèbre de Grassmann.

Si l'*Ausdehnungslehre* est maintenant considéré comme une pièce importante de l'histoire des mathématiques, il n'eut cependant aucun succès auprès de ses contemporains et son influence ne fut donc que tardive et, de fait, rapidement dépassée. Cet insuccès tient à plusieurs raisons[12] : l'abstraction même du propos ; une quantité formidable de nouveaux objets introduits ; des considérations philosophiques ayant tendance à brouiller le propos mathématique, etc. L'échec fut tel que les tentatives de Grassmann pour obtenir un commentaire sur son traité de la part notamment de Möbius n'eurent aucun effet.

Grassmann prit néanmoins le temps de retravailler son œuvre pour la publier à nouveau, la dépouillant de ses considérations philosophiques et faisant intervenir les coordonnées. Il devait espérer pouvoir toucher une plus grande audience en se conformant à un traitement plus familier de la géométrie. Seulement cette tentative, qui aboutit en 1862, n'eut pas vraiment plus de succès.

Grassmann fut tellement déçu par l'accueil réservé à ses travaux qu'il se détourna finalement des mathématiques et reprit ses recherches dans d'autres domaines, notamment la linguistique où il fut, là, reconnu ! Son nom reste aussi attaché à des lois colorimétriques[13].

10. Ces résultats concernent donc particulièrement le chapitre 12.

11. La première édition : *Die lineale Ausdehnungslehre*, Leipzig : Otto Wigand éd (1844).
L'édition retravaillée, dont on parle un peu plus loin : *Die Ausdehnungslehre, vollständig und in strenger Form*, Berlin : Th. Chr. Fr. Enslin éd (1862).
On parle en général simplement de l' *Ausdehnungslehre* de 1844 ou de 1862 pour faire référence à une de ces deux éditions.
Cf. aussi la biographie de Grassmann ci-après, pour des détails sur ce mémoire.

12. Cf. *A History of Vector Analysis* par M. J. Crowe, p.7.

13. Ces lois énoncent notamment que toute sensation colorée provient de l'addition de composantes monochromatiques. Ainsi l'exemple bien connu, quand on mélange de la peinture bleue et de la peinture jaune, on obtient du vert.

Hermann Günther Grassmann
(1809–1877)

Hermann Günther Grassmann, figure atypique des mathématiques, naquit à Stettin, en Prusse, en 1809, et s'y éteignit en 1877.
Il était petit-fils de pasteur par sa mère, et son père Justus avait été ordonné également mais enseignait les mathématiques et la physique au lycée de Stettin. Justus était un scientifique accompli, auteur de nombreux ouvrages que Hermann consulta régulièrement.
Hermann Grassmann se décrivait dans sa jeunesse comme peu talentueux, handicapé par une mémoire incertaine et assez lente[a]. Il semble cependant avoir progressé au fur et à mesure des années et il put poursuivre des études après le secondaire ; il partit pour cela à Berlin en 1827. Il y étudia principalement la théologie et la philologie dans un premier temps puis se tourna un peu plus tard vers les mathématiques. Il se destina finalement à une carrière de professeur de mathématiques mais échoua à ses premiers examens et dut se contenter d'un poste d'assistant. C'est à cette époque (vers 1832) qu'il commença à élaborer son calcul géométrique.
Dans les années qui suivirent, Grassmann revint à Stettin et n'occupa pas de fonction très élevée. Mais il poursuivit assidûment ses études et recherches dans divers domaines (théologie, mathématiques, physique, chimie...), passant différents examens. Il parvint enfin en 1840 à tous les valider, ce qui l'autorisa à enseigner plusieurs matières au lycée, voire même à un niveau supérieur. Il demeura cependant professeur à Stettin.
En 1839 il avait déjà produit une première contribution scientifique en poursuivant une étude des cristaux initiée par son père. Son travail fut plutôt bien reçu par Möbius. Peu après il présenta un mémoire sur les marées, contenant déjà un calcul géométrique spatial avec de nombreuses idées reprises depuis par les mathématiciens. L'évaluateur de l'Académie chargé de se prononcer quant au travail de Grassmann ne reconnut pas l'intérêt de l'approche qu'il y développait. Grassmann était cependant sûr de la pertinence de ses idées et se consacra d'autant plus à mettre sur pied ses théories. C'est ainsi que vit le jour en 1844 *Die lineale Ausdehnungslehre* (qu'on peut traduire par *La théorie de l'extension linéaire*), qui constitue probablement l'avancée la plus importante dans le développement historique du calcul géométrique et des espaces vectoriels.
La théorie mathématique de Grassmann n'acquit quasiment aucune reconnaissance du vivant de son auteur ! Il s'agit d'une des pires méconnaissances du travail d'un auteur par ses pairs que l'on puisse trouver dans l'histoire des mathématiques.
Destin bien singulier pour un esprit finalement éclectique et imaginatif, précurseur de très nombreux concepts vectoriels en mathématiques et que les mathématiciens ont heureusement su redécouvrir et diffuser – une réédition de la première version de l'*Ausdehnungslehre* fut réalisée en 1878, du fait de l'intérêt grandissant de plusieurs mathématiciens (Hankel, Schlegel, Klein) pour ce travail très riche mais initialement mal compris.

a. Grassmann dut tracer en 1831 une sorte d'histoire de sa vie lorsqu'il candidata à un poste de professeur. On peut trouver une reproduction de ce témoignage dans *Hermann Grassmann - Roots and Traces* aux éditions Birkhäuser (2009).

1.4 La part des quaternions

Comme nous l'avons déjà vu dans le chapitre 4, les nombres complexes commencèrent à être véritablement compris et leur usage totalement adopté au début du XIXe siècle. Dans un article[14] de 1837, William Rowan Hamilton fut le premier à proposer de définir les nombres complexes comme des couples de réels (a, b) sur lesquels opèrent une loi $+$ et une loi $\times$ possédant certaines propriétés (associativité, commutativité, distributivité...). Le lien entre l'ensemble des complexes et le plan obtenu par la volonté de représenter géométriquement les nombres complexes suggéra à Hamilton de tenter de construire un système analogue aux complexes, à base de triplets de réels et non plus de couples, afin d'obtenir un calcul algébrique pouvant s'interpréter dans l'espace[15]. Cette quête le mena aux *quaternions* ; le projet était en fait impossible à mener pour les triplets et il ne put aboutir qu'en considérant des quadruplets et en acceptant la non-commutativité de la multiplication. Les propriétés telles que l'associativité et la commutativité étaient tellement inhérentes aux habitudes des mathématiciens de l'époque, qui n'avaient jusqu'alors jamais considéré de systèmes dans lesquels ces propriétés étaient mises en défaut, que Hamilton mit treize ans à concevoir que la seule solution pour construire un nouveau système satisfaisant était d'en abandonner une.

C'est donc en 1843 que Hamilton parvint à bâtir son fameux système des quaternions et sa première publication[16] sur le sujet parut en 1844.

Les quaternions de Hamilton eurent du succès ; leur auteur était déjà reconnu par le milieu scientifique et, outre les succès initiaux, Hamilton développa grandement sa théorie par un nombre conséquent de papiers jusqu'à sa mort en 1865. Plusieurs mathématiciens britanniques participèrent à accroître les connaissances sur les quaternions et à les diffuser, mais cela ne se cantonna pas à la Grande-Bretagne vu que Benjamin Peirce, aux États-Unis, mit également sa pierre à l'édifice. De plus Hamilton eut la chance de trouver en Peter Guthrie Tait un successeur enthousiaste dans la recherche sur les quaternions. Il prit le relais de manière active dès la mort de Hamilton.

Pendant ce temps, les théories de Grassmann demeuraient à un niveau hyperconfidentiel si on compare aux succès des quaternions. Mais la (re-)découverte de Grassmann allait bientôt s'opérer.

14. *Theory of Conjugate Functions, or Algebraic Couples ; with a Preliminary and Elementary Essay on Algebra as the Science of Pure Time*, Transactions of the Royal Irish Academy, **17** (1837), pp. 293-422.

15. C'est le vœu clairement affiché par Hamilton dans la dernière phrase de l'article de 1837, mais qui semble l'avoir occupé dès 1830.

16. *On a new species of Imaginary Quantities connected with a theory of Quaternions*, Proceedings of the Royal Irish Academy **2** (1844), pp. 424-434.

1.5 L'analyse vectorielle

Les quaternions, par le rayonnement qu'ils eurent et leurs liens avec l'espace (que nous ne pouvons détailler ici), furent employés à partir des années 1870 pour traiter des problèmes issus de la physique comme les phénomènes électriques et magnétiques par James Clerke Maxwell ou des problèmes de dynamique par William Kingdon Clifford. Mais avec la réédition en 1878 de l'*Ausdehnungslehre* de Grassmann, les scientifiques commençèrent à se rendre compte de la proximité entre la manière qu'ils avaient d'utiliser la théorie des quaternions pour traiter les problèmes physiques dans l'espace et les outils introduits par Grassmann sans aucun lien avec les quaternions.

L'analyse vectorielle moderne naît dans le traité *Elements of Vector Analysis*[17] du physicien américain Josiah Willard Gibbs. Travaillant le *Treatise on Electricity and Magnetism* de Maxwell, qui utilisait nombre de notations et propriétés dérivées des quaternions, Gibbs ressentit le besoin de maîtriser ce sujet. Il se rendit compte que les quaternions étaient quand même assez éloignés de ses considérations et essaya de retravailler les concepts en fonction de ce qui l'intéressait vraiment pour ses recherches physiques. Il entendit parler des travaux de Grassmann pendant ce temps et put se rendre compte de la convergence entre la théorie qu'il était en train d'édifier et ce que Grassmann avait déjà établi auparavant. En fait, élaborée indépendamment des quaternions et mue par la volonté d'établir un calcul géométrique, la théorie de Grassmann se trouvait bien plus naturelle et plus à même de satisfaire les physiciens pour leurs descriptions et leurs études des champs électriques et magnétiques notamment.

Le traité de Gibbs se fonde au final sur la notion de vecteur dans l'espace et introduit tous les concepts usuels de la géométrie de l'espace (somme de vecteurs, multiplication d'un vecteur par un scalaire, système orthogonal de vecteurs, produit scalaire, produit vectoriel, expression d'un vecteur en base orthonormée à l'aide du produit scalaire...) ainsi que ceux de l'analyse vectorielle propre aux physiciens (gradient, divergence, rotationnel, potentiel, laplacien...).

1.6 Synthèse historique

L'algèbre linéaire, et en particulier l'étude des espaces vectoriels, se situe donc au carrefour entre différentes influences mathématiques (algébriques, géométriques, analytiques, physiques), et se présente ainsi naturellement comme un domaine d'une grande richesse et aux multiples applications, ce que nous allons essayer de mettre en évidence dans les prochains chapitres.

17. Publié à titre privé en deux parties, la première en 1881, la seconde en 1884.

Si le travail de Grassmann est celui que l'on peut retenir comme prépondérant dans la naissance des espaces vectoriels, il serait néanmoins plus juste de dire qu'il a une importance tout particulièrement pour ce qui concerne les espaces vectoriels de dimension finie, qui font l'objet du chapitre 12.
Nous présentons ici pour commencer une théorie abstraite et dégagée du carcan de la dimension finie, inspirée par les développements de l'algèbre moderne (années 1920-1930).

1.7 Notations et terminologie du chapitre

Nous renvoyons l'étudiant concerné par le programme de PCSI à la sous-section 2.11 du chapitre 8 pour la définition d'un espace vectoriel.
Dans tout le chapitre, $\mathbb{K}$ désignera le corps $\mathbb{R}$ ou le corps $\mathbb{C}$, et $(E, +, \cdot)$ désignera un $\mathbb{K}$-espace vectoriel, que l'on identifiera à E par souci synthétique. Un élément de $\mathbb{K}$ sera appelé un *scalaire* tandis qu'un élément de E sera appelé un *vecteur*.

On a déjà vu la définition d'un $\mathbb{K}$-espace vectoriel dans le chapitre 8, et plusieurs exemples dans les chapitres suivants ou même précédents. On connaît ainsi $\mathbb{K}^n$, $\mathbb{K}_n[X]$, $\mathcal{M}_{p,q}(\mathbb{K})$. Ces $\mathbb{K}$-espaces vectoriels ont un point commun : ils n'ont qu'un nombre fini de « degrés de liberté ». Mais on connaît également $\mathbb{K}[X]$, $\mathbb{K}(X)$, ou encore[18] $\mathbb{K}^{\mathbb{N}}$, $\mathbb{K}^I$, $\mathcal{C}(I, \mathbb{K})$. Ces $\mathbb{K}$-espaces vectoriels, au contraire des précédents, ont une infinité de « degrés de liberté ». On reviendra en détail sur cette distinction au chapitre suivant (p. 649 et suivantes). Dans le chapitre présent, au contraire, le propos est d'illustrer toute la généralité du langage des espaces vectoriels qui s'applique aussi bien à chacun de ces exemples. Ainsi, dans le cas où $E = \mathbb{K}[X]$, un « vecteur de E » n'est autre qu'un polynôme, dans le cas où $E = \mathcal{C}([0,1], \mathbb{K})$, un « vecteur de E » n'est autre qu'une application continue, etc. L'universalité du langage présenté dans ce chapitre fait sa force, mais se paie par un niveau d'abstraction plus important.

Par commodité, nous utiliserons par la suite le sigle « $\mathbb{K}$-ev » à la place de « $\mathbb{K}$-espace vectoriel ». Comme le veut l'usage, lorsque λ est un scalaire et x un vecteur, on notera λx pour $\lambda \cdot x$.

18. Voir G. Costantini, *Analyse*. 1re année, De Boeck (2013).

2 Familles

2.1 Familles et combinaisons linéaires

Définition 1 (Famille)

On appelle *famille de vecteurs de E indexée par I* une application $\mathcal{F} : I \longrightarrow E$ (c'est-à-dire la donnée, pour tout $i \in I$, d'un vecteur $v_i \in E$).

Bien qu'une famille ne soit autre qu'une application, le contexte un peu particulier de l'utilisation des familles conduit à adopter des conventions de représentation et des définitions spécifiques.

Rappelons les conventions de représentation suivantes :

1. La famille $\mathcal{F} : \left\{\begin{array}{ccc} I & \longrightarrow & E \\ i & \longmapsto & v_i \end{array}\right.$ sera notée $(v_i)_{i\in I}$. Cette notation généralise la notation bien connue pour les suites, c'est-à-dire dans le cas où $I = \mathbb{N}$.
2. Lorsque I est un ensemble au plus dénombrable sur lequel il existe un ordre naturel, au sens où le contexte ne laisse aucune ambiguïté sur la relation d'ordre en question (typiquement : le cas où I est une partie de $\mathbb{N}$), on peut écrire $I = \{i_1, i_2, \ldots\}$ avec $i_1 < i_2 < \cdots$. La famille $\mathcal{F} : i \mapsto v_i$ sera alors notée *in extenso* : $(v_{i_1}, v_{i_2}, \ldots)$.
3. L'unique famille $(v_i)_{i\in\emptyset}$ indexée par $I = \emptyset$ sera notée $\emptyset$.

Exemples 1

Une famille peut être infinie.

1. Pour $\mathbb{K} = \mathbb{R}$, dans $E = \mathbb{R}^3$, on peut considérer la famille $\mathcal{F} = \left(\begin{pmatrix} 3n+1 \\ 3n+2 \\ 3n+3 \end{pmatrix}\right)_{n\in\mathbb{N}}$, que l'on peut aussi noter : $\mathcal{F} = \left(\begin{pmatrix} 1 \\ 2 \\ 3 \end{pmatrix}, \begin{pmatrix} 4 \\ 5 \\ 6 \end{pmatrix}, \ldots, \begin{pmatrix} 3k+1 \\ 3k+2 \\ 3k+3 \end{pmatrix}, \ldots\right)$.
2. Pour $\mathbb{K} = \mathbb{R}$, dans $E = \mathcal{C}^\infty(\mathbb{R}, \mathbb{R})$, on peut considérer la famille $\mathcal{F} = \left(t \mapsto \mathrm{e}^{\lambda t}\right)_{\lambda\in\mathbb{R}}$. Convenons, dans toute la suite de ce chapitre, de noter f_λ l'application définie sur $\mathbb{R}$ par $f_\lambda(t) = \mathrm{e}^{\lambda t}$. Ainsi, la famille précédente peut aussi se noter $\mathcal{F} = (f_\lambda)_{\lambda\in\mathbb{R}}$.

Exemples 2

Une famille peut être finie.

1. Pour $\mathbb{K}=\mathbb{R}$, dans $E=\mathbb{R}^3$, on peut considérer la famille $\mathcal{F}=\left(\begin{pmatrix}3n+1\\3n+2\\3n+3\end{pmatrix}\right)_{n\in\{1,2,3\}}$ que l'on peut aussi noter : $\mathcal{F}=\left(\begin{pmatrix}1\\2\\3\end{pmatrix},\begin{pmatrix}4\\5\\6\end{pmatrix},\begin{pmatrix}7\\8\\9\end{pmatrix}\right)$.
2. Pour $\mathbb{K}=\mathbb{R}$, dans $E=\mathcal{C}^\infty(\mathbb{R},\mathbb{R})$, on peut considérer la famille $\mathcal{F}=\left(t\mapsto \mathrm{e}^{\lambda t}\right)_{\lambda\in\{\pm 1\}}$, que l'on peut aussi noter $\mathcal{F}=(t\mapsto \mathrm{e}^{-t}, t\mapsto \mathrm{e}^{t})$, ou encore $\mathcal{F}=(f_{-1},f_1)$.

Notation 1

Par convention, on appellera *cardinal de la famille* $(v_i)_{i\in I}$ le cardinal de I. Cela correspond au « nombre de vecteurs » de la famille, en comptant autant de fois que nécessaire les vecteurs qui se répètent.

Définition 2 (Sous-famille)

On appelle *sous-famille* de $\mathcal{F}=(v_i)_{i\in I}$ une famille de la forme $\mathcal{F}=(v_i)_{i\in J}$ avec $J\subset I$.

Une sous-famille n'est donc rien d'autre qu'une restriction de la famille de départ.

Exemples 3

Considérons, pour $\mathbb{K}=\mathbb{R}$ et $E=\mathbb{R}^3$, la famille $\mathcal{F}=\left(\begin{pmatrix}3n+1\\3n+2\\3n+3\end{pmatrix}\right)_{n\in\mathbb{N}}$, c'est-à-dire

$$\mathcal{F}=\left(\begin{pmatrix}1\\2\\3\end{pmatrix},\begin{pmatrix}4\\5\\6\end{pmatrix},\dots,\begin{pmatrix}3k+1\\3k+2\\3k+3\end{pmatrix},\dots\right).$$

1. La famille $\left(\begin{pmatrix}3n+1\\3n+2\\3n+3\end{pmatrix}\right)_{n\in\{1,2\}}=\left(\begin{pmatrix}1\\2\\3\end{pmatrix},\begin{pmatrix}4\\5\\6\end{pmatrix}\right)$ est une sous-famille de $\mathcal{F}$.
2. La famille $\left(\begin{pmatrix}3n+1\\3n+2\\3n+3\end{pmatrix}\right)_{n\in 2\mathbb{N}}=\left(\begin{pmatrix}1\\2\\3\end{pmatrix},\begin{pmatrix}7\\8\\9\end{pmatrix},\dots,\begin{pmatrix}6k+1\\6k+2\\6k+3\end{pmatrix},\dots\right)$ en est une autre.

Exemple 4

Considérons, pour $\mathbb{K}=\mathbb{R}$ et $E=\mathcal{C}^\infty(\mathbb{R},\mathbb{R})$, la famille $\mathcal{F}=(f_\lambda)_{\lambda\in\mathbb{R}}$.

La famille $(f_\lambda)_{\lambda\in[0,+\infty[}$ est une sous-famille de $\mathcal{F}$.

⚠ La famille $\left(f_{\mu^2}\right)_{\mu\in\mathbb{R}}$ est distincte de la famille $(f_\lambda)_{\lambda\in[0,+\infty[}$ bien qu'elle comprenne les mêmes vecteurs, à cause des répétitions : les f_α avec $\alpha > 0$ apparaissent deux fois dans la première, mais une seule fois dans la seconde.

Remarque 1

La relation « être une sous-famille de » est une relation d'ordre sur l'ensemble des familles de E. Si E n'est pas réduit à $\{0_E\}$, cet ordre est partiel.

Démonstration

1. Réflexivité : soit $\mathcal{F} = (v_i)_{i\in I}$ une famille de vecteurs de E. On a $I \subset I$ donc $\mathcal{F}$ est bien une sous-famille de $\mathcal{F}$.

2. Antisymétrie : soient $\mathcal{F}$ et $\mathcal{G}$ deux familles telles que $\mathcal{F}$ soit une sous-famille de $\mathcal{G}$ et $\mathcal{G}$ une sous-famille de $\mathcal{F}$. Notons $\mathcal{F} = (v_i)_{i\in I}$. Comme $\mathcal{G}$ est une sous-famille de $\mathcal{F}$, on a $\mathcal{G} = (v_i)_{i\in J}$ pour un certain ensemble $J \subset I$. Comme $\mathcal{F}$ est une sous-famille de $\mathcal{G}$, on a $\mathcal{F} = (v_i)_{i\in K}$ pour un certain ensemble $K \subset J$. On a donc $(v_i)_{i\in I} = (v_i)_{i\in K}$ ce qui implique en particulier $K = I$, puis $I \subset J \subset I$ donc $J = I$ et $\mathcal{G} = (v_i)_{i\in I} = \mathcal{F}$.

3. Transitivité : soient $\mathcal{F}$, $\mathcal{G}$ et $\mathcal{H}$ trois familles telles que $\mathcal{F}$ soit une sous-famille de $\mathcal{G}$ et $\mathcal{G}$ une sous-famille de $\mathcal{H}$. Notons $\mathcal{H} = (v_i)_{i\in I}$. Comme $\mathcal{G}$ est une sous-famille de $\mathcal{H}$, on a $\mathcal{G} = (v_i)_{i\in J}$ pour un certain ensemble $J \subset I$. Comme $\mathcal{F}$ est une sous-famille de $\mathcal{G}$, on a $\mathcal{F} = (v_i)_{i\in K}$ pour un certain ensemble $K \subset J$. Par transitivité de l'inclusion, on a $K \subset I$ et $\mathcal{F}$ est une sous-famille de $\mathcal{H}$.

4. Caractère partiel pour $E \neq \{0_E\}$: considérons un vecteur $u \neq 0_E$ et les familles $\mathcal{F} = (0_E)$ et $\mathcal{G} = (u)$. Aucune de ces familles n'est une sous-famille de l'autre.

Notation 2

Si $\mathcal{F}_1 = (u_i)_{i\in I}$ et $\mathcal{F}_2 = (v_j)_{j\in J}$ sont deux familles, on notera $\mathcal{F}_1 \sqcup \mathcal{F}_2$ la famille $(w_k)_{k\in K}$ où $K = (\{1\}\times I) \amalg (\{2\}\times J)$ et où $w_{(1,i)} = u_i$, $w_{(2,j)} = v_j$.

La famille $\mathcal{F}_1 \sqcup \mathcal{F}_2$ correspond à la "concaténation" des familles $\mathcal{F}_1$ et $\mathcal{F}_2$: concrètement, si $\mathcal{F}_1 = (u_1,\dots,u_p)$ et $\mathcal{F}_2 = (v_1,\dots,v_q)$, on a $\mathcal{F}_1 \sqcup \mathcal{F}_2 = (u_1,\dots,u_p,v_1,\dots,v_q)$.

2.2 Combinaisons linéaires

Définition 3 (Combinaison linéaire)

On appelle *combinaison linéaire* des vecteurs d'une famille $\mathcal{F} = (v_i)_{i \in I}$ toute expression de la forme $\alpha_1 v_{i_1} + \alpha_2 v_{i_2} + \cdots + \alpha_r v_{i_r}$ où les α_k sont des scalaires et les i_k des éléments de I.

Par commodité, nous utiliserons par la suite le sigle « CL » à la place de « combinaison linéaire ».

⚠ Une CL des vecteurs de $(v_i)_{i \in I}$ est donc une somme **finie** de vecteurs de la forme $\alpha_k v_{i_k}$! À notre niveau, en algèbre, on ne donne aucun sens aux sommes infinies.

Exemple 5

Considérons, pour $\mathbb{K} = \mathbb{R}$ et $E = \mathbb{R}^3$, la famille $\mathcal{F} = \left(\begin{pmatrix} 2 \\ 3 \\ 1 \end{pmatrix}, \begin{pmatrix} 1 \\ 2 \\ 0 \end{pmatrix}, \begin{pmatrix} 2 \\ 0 \\ 4 \end{pmatrix} \right)$.

Les expressions $-2\begin{pmatrix} 2 \\ 3 \\ 1 \end{pmatrix} + 8\begin{pmatrix} 1 \\ 2 \\ 0 \end{pmatrix} + 3\begin{pmatrix} 2 \\ 0 \\ 4 \end{pmatrix}$ et $2\begin{pmatrix} 2 \\ 3 \\ 1 \end{pmatrix} + 2\begin{pmatrix} 1 \\ 2 \\ 0 \end{pmatrix} + 2\begin{pmatrix} 2 \\ 0 \\ 4 \end{pmatrix}$ sont des CL des vecteurs de $\mathcal{F}$.

Selon les cas, l'expression CL pourra désigner ou bien l'expression purement formelle $\alpha_1 v_{i_1} + \alpha_2 v_{i_2} + \cdots + \alpha_r v_{i_r}$, ou bien le résultat de l'opération désignée par cette expression. Lorsque l'expression CL désignera l'expression formelle, on distinguera, par exemple,

$$\text{la CL} \quad -2\begin{pmatrix} 2 \\ 3 \\ 1 \end{pmatrix} + 8\begin{pmatrix} 1 \\ 2 \\ 0 \end{pmatrix} + 3\begin{pmatrix} 2 \\ 0 \\ 4 \end{pmatrix}$$

$$\text{de la CL} \quad 2\begin{pmatrix} 2 \\ 3 \\ 1 \end{pmatrix} + 2\begin{pmatrix} 1 \\ 2 \\ 0 \end{pmatrix} + 2\begin{pmatrix} 2 \\ 0 \\ 4 \end{pmatrix}.$$

Lorsque l'expression CL désignera le résultat, on ne distinguera plus les deux CL précédentes, puisqu'elles s'évaluent toutes les deux en $\begin{pmatrix} 10 \\ 10 \\ 10 \end{pmatrix}$. Le contexte permettra sans peine de déterminer le sens considéré.

Quand bien même on se réfèrerait à l'expression formelle, on convient néanmoins de faire systématiquement les deux identifications suivantes :

1. on identifiera les CL qui ne se distinguent que par l'ordre des vecteurs, par exemple $\alpha_1 v_{i_1} + \alpha_2 v_{i_2} + \alpha_3 v_{i_3}$ et $\alpha_3 v_{i_3} + \alpha_1 v_{i_1} + \alpha_2 v_{i_2}$,

2. on identifiera une CL de la forme $\alpha_1 v_{i_1} + \alpha_2 v_{i_2} + \cdots + \alpha_r v_{i_r} + 0 v_{i_{r+1}}$ avec la CL correspondante $\alpha_1 v_{i_1} + \alpha_2 v_{i_2} + \cdots + \alpha_r v_{i_r}$.

En particulier, pour $I = \{1, 2, \ldots, n\}$, les deux identifications précédentes montrent qu'une CL des vecteurs d'une famille de la forme $(u_i)_{i \in I}$ peut toujours s'écrire sous la forme $\alpha_1 u_1 + \alpha_2 u_2 + \cdots + \alpha_n u_n$ (quitte à réordonner les termes et rajouter artificiellement des termes nuls). Les deux identifications présentées permettent donc de s'épargner des doubles indices parfois pénibles. De même, pour $I = \mathbb{N}$, une CL des vecteurs d'une famille de la forme $(u_i)_{i \in \mathbb{N}}$ peut toujours s'écrire sous la forme $\alpha_1 u_1 + \alpha_2 u_2 + \cdots + \alpha_n u_n$ pour un certain entier $n \in \mathbb{N}$ puisqu'une CL est toujours une somme finie.

Exemples 6

1. Pour $\mathbb{K} = \mathbb{R}$ et $E = \mathbb{R}^3$, $\begin{pmatrix} 1 \\ 1 \\ 1 \end{pmatrix}$ est une CL des vecteurs de $\mathcal{F} = \left(\begin{pmatrix} 3n+1 \\ 3n+2 \\ 3n+3 \end{pmatrix} \right)_{n \in \mathbb{N}}$.

   En effet on a $\begin{pmatrix} 1 \\ 1 \\ 1 \end{pmatrix} = -\dfrac{1}{3} \begin{pmatrix} 1 \\ 2 \\ 3 \end{pmatrix} + \dfrac{1}{3} \begin{pmatrix} 4 \\ 5 \\ 6 \end{pmatrix}$.

2. Pour $\mathbb{K} = \mathbb{R}$ et $E = \mathcal{C}^\infty(\mathbb{R}, \mathbb{R})$, ch est une CL des vecteurs de la famille $\mathcal{F} = \left(t \mapsto \mathrm{e}^{\lambda t} \right)_{\lambda \in \mathbb{R}} = (f_\lambda)_{\lambda \in \mathbb{R}}$. En effet on a $\mathrm{ch} = \dfrac{1}{2} f_1 + \dfrac{1}{2} f_{-1}$.

Définition 4

Étant donnée une famille $\mathcal{F}$ de vecteurs de E, on appelle *CL triviale* des vecteurs de $\mathcal{F}$ la CL obtenue en prenant tous les α_k nuls.
La CL triviale est nulle, au sens où elle s'évalue en 0_E, le vecteur nul de E.

On remarquera que la CL triviale des vecteurs de $\mathcal{F}$ existe toujours, même lorsque la famille $\mathcal{F}$ est vide, et cette CL est alors bien nulle.

Remarque 2

À toute partie P de E, on peut canoniquement associer une famille : la famille $(v)_{v \in P}$. On pourra donc sans difficulté parler de CL des vecteurs d'une partie de E.

2.3 Liberté

Définition 5 (Liberté [19])

Une famille est dite *libre* lorsque sa seule CL nulle est la CL triviale. Dans le cas contraire, elle est dite *liée*.

Exemples 7

Plaçons-nous dans le cas $\mathbb{K} = \mathbb{R}$ et $E = \mathbb{R}^3$

1. La famille $\mathcal{F} = \left(\begin{pmatrix} 3n+1 \\ 3n+2 \\ 3n+3 \end{pmatrix}\right)_{n\in\mathbb{N}}$ n'est pas libre. En effet, $1\begin{pmatrix}1\\2\\3\end{pmatrix} - 2\begin{pmatrix}4\\5\\6\end{pmatrix} + 1\begin{pmatrix}7\\8\\9\end{pmatrix}$ en est une CL nulle non triviale.

2. Pour la même raison, la famille $\left(\begin{pmatrix}1\\2\\3\end{pmatrix}, \begin{pmatrix}4\\5\\6\end{pmatrix}, \begin{pmatrix}7\\8\\9\end{pmatrix}\right)$ est liée.

3. En revanche, la famille $\mathcal{G} = \left(\begin{pmatrix}1\\-2\\1\end{pmatrix}, \begin{pmatrix}1\\0\\-1\end{pmatrix}, \begin{pmatrix}1\\0\\1\end{pmatrix}\right)$ est libre. Considérons en effet une CL nulle des vecteurs de $\mathcal{G}$: $\lambda\begin{pmatrix}1\\-2\\1\end{pmatrix} + \mu\begin{pmatrix}1\\0\\-1\end{pmatrix} + \nu\begin{pmatrix}1\\0\\1\end{pmatrix} = \begin{pmatrix}0\\0\\0\end{pmatrix}$. Il s'agit de montrer qu'une telle CL est nécessairement triviale. L'égalité précédente peut s'écrire sous forme d'un système 3×3, que l'on résout :

$$\left\{\begin{array}{rcl} \lambda+\mu+\nu &=& 0 \\ -2\lambda &=& 0 \\ \lambda-\mu+\nu &=& 0 \end{array}\right. \underset{L_3\leftarrow L_3-L_1}{\Leftrightarrow} \left\{\begin{array}{rcl} \lambda+\mu+\nu &=& 0 \\ -2\lambda &=& 0 \\ -2\mu &=& 0 \end{array}\right.$$

$$\underset{L_1\leftarrow L_1+\frac{1}{2}L_2+\frac{1}{2}L_3}{\Leftrightarrow} \left\{\begin{array}{rcl} \nu &=& 0 \\ -2\lambda &=& 0 \\ -2\mu &=& 0 \end{array}\right. \underset{\substack{L_2\leftarrow -\frac{1}{2}L_2 \\ L_3\leftarrow -\frac{1}{2}L_3}}{\Leftrightarrow} \left\{\begin{array}{rcl} \lambda &=& 0 \\ \mu &=& 0 \\ \nu &=& 0 \end{array}\right..$$

Ce système a une unique solution qui est $(\lambda, \mu, \nu) = (0, 0, 0)$. La seule CL nulle des vecteurs de $\mathcal{G}$ est donc bien la CL triviale, si bien que $\mathcal{G}$ est libre.

Remarquons qu'on aurait pu résoudre le système autrement : il est homogène donc $\lambda = \mu = \nu = 0$ en est une solution évidente. Par ailleurs, son déterminant est

19. On trouve une définition analogue (dans le cadre restreint de la dimension finie) déjà dans l'*Ausdehnungslehre* de 1862, §16 p. 7.

$\begin{vmatrix} 1 & 1 & 1 \\ -2 & 0 & 0 \\ 1 & -1 & 1 \end{vmatrix} = 4 \neq 0$, le système a donc une unique solution d'après le théorème 6 du chapitre 7.

Exemple 8

Pour $\mathbb{K} = \mathbb{R}$ et $E = \mathcal{C}^\infty(\mathbb{R}, \mathbb{R})$, la famille $\mathcal{F} = \left(t \mapsto \mathrm{e}^{\lambda t}\right)_{\lambda \in \mathbb{R}} = (f_\lambda)_{\lambda \in \mathbb{R}}$ est libre.

Voyons une première démonstration de ce résultat.

Considérons une CL nulle : $\alpha_1 f_{\lambda_1} + \alpha_2 f_{\lambda_2} + \cdots + \alpha_r f_{\lambda_r} = (t \mapsto 0)$, où les α_i sont des réels.

Cette égalité se réécrit : $\forall t \in \mathbb{R},\ \alpha_1 \mathrm{e}^{\lambda_1 t} + \alpha_2 \mathrm{e}^{\lambda_2 t} + \cdots + \alpha_r \mathrm{e}^{\lambda_r t} = 0$.

À renommage près, on peut supposer $\lambda_1 > \lambda_2 > \cdots > \lambda_r$. En factorisant par $\mathrm{e}^{\lambda_1 t}$, on trouve : $\forall t \in \mathbb{R},\ \mathrm{e}^{\lambda_1 t}\left(\alpha_1 + \alpha_2 \mathrm{e}^{(\lambda_2 - \lambda_1)t} + \cdots + \alpha_r \mathrm{e}^{(\lambda_r - \lambda_1)t}\right) = 0$.

Ou encore : $\forall t \in \mathbb{R},\ \alpha_1 + \alpha_2 \mathrm{e}^{(\lambda_2 - \lambda_1)t} + \cdots + \alpha_r \mathrm{e}^{(\lambda_r - \lambda_1)t} = 0$.

En passant à la limite pour $t \longrightarrow +\infty$, on en déduit : $\alpha_1 = 0$.

D'où : $\forall t \in \mathbb{R},\ \alpha_2 \mathrm{e}^{\lambda_2 t} + \alpha_3 \mathrm{e}^{\lambda_3 t} + \cdots + \alpha_r \mathrm{e}^{\lambda_r t} = 0$

Ou encore : $\forall t \in \mathbb{R},\ \alpha_2 + \alpha_3 \mathrm{e}^{(\lambda_3 - \lambda_2)t} + \cdots + \alpha_r \mathrm{e}^{(\lambda_r - \lambda_2)t} = 0$.

En passant à la limite pour $t \longrightarrow +\infty$, on en déduit : $\alpha_2 = 0$.

Une récurrence immédiate montre : $\alpha_1 = \alpha_2 = \cdots = \alpha_r = 0$.

Finalement, toute CL nulle des vecteurs de $\mathcal{F}$ est nécessairement triviale : la famille $\mathcal{F}$ est bien libre !

Une autre démonstration de la liberté de la famille de l'exemple 8 est proposée à l'exercice 11.4.

Remarque 3

Par définition, une sous-famille d'une famille libre est libre. En contraposant, on obtient que si $\mathcal{F}$ a une sous-famille liée, alors $\mathcal{F}$ est liée. Par contre, une sous-famille d'une famille liée peut très bien être libre.

Exemple 9

On a vu que la famille $\left(\begin{pmatrix}1\\2\\3\end{pmatrix}, \begin{pmatrix}4\\5\\6\end{pmatrix}, \begin{pmatrix}7\\8\\9\end{pmatrix}\right)$ était liée, mais sa sous-famille $\left(\begin{pmatrix}1\\2\\3\end{pmatrix}, \begin{pmatrix}4\\5\\6\end{pmatrix}\right)$ est libre. Considérons en effet une CL nulle des vecteurs de cette sous-famille :

$\alpha\begin{pmatrix}1\\2\\3\end{pmatrix} + \beta\begin{pmatrix}4\\5\\6\end{pmatrix} = \begin{pmatrix}0\\0\\0\end{pmatrix}$. Cette égalité peut s'écrire sous forme du système 3×2 suivant :

$$\begin{cases} \alpha + 4\beta = 0 \\ 2\alpha + 5\beta = 0 \\ 3\alpha + 6\beta = 0 \end{cases} \quad \underset{\substack{L_2 \leftarrow L_2 - 2L_1 \\ L_3 \leftarrow L_3 - \frac{3}{2}L_1}}{\Leftrightarrow} \quad \begin{cases} \alpha + 4\beta = 0 \\ -3\beta = 0 \\ \frac{3}{2}\alpha = 0 \end{cases}, \text{ qui donne } \alpha = \beta = 0.$$

On peut en fait justifier plus rapidement la liberté de $\left(\begin{pmatrix}1\\2\\3\end{pmatrix}, \begin{pmatrix}4\\5\\6\end{pmatrix}\right)$, en utilisant la notion de colinéarité.

Définition 6

On dit que deux vecteurs u et v de E sont *colinéaires*, et on note $u \mathbin{/\!/} v$, lorsqu'on a : $\exists k \in \mathbb{K}, u = kv$ ou $\exists k \in \mathbb{K}, v = ku$.

On notera bien que tout vecteur est colinéaire au vecteur nul.

Théorème 1 (CNS de liberté d'une famille de 0, 1 ou 2 vecteurs)

0. La famille $\emptyset$ est libre.
1. Pour $u \in E$, la famille (u) est libre si et seulement si on a $u \neq 0_E$.
2. Pour $(u, v) \in E^2$, la famille (u, v) est libre si et seulement si u et v sont non colinéaires.

Par contraposition, le théorème 1.2 se reformule : (u, v) est liée si et seulement si on a $u \mathbin{/\!/} v$.

Démonstration

0. Une CL des vecteurs de $\emptyset$ est de la forme $\alpha_1 u_{i_1} + \cdots + \alpha_r u_{i_r}$ avec les i_k dans $\emptyset$. Il n'y a donc aucun i_k et on a $r = 0$. Une telle CL est ainsi composée de 0 terme, il en existe donc une seule. En particulier, toutes les CL des vecteurs de $\emptyset$ sont égales, et sont par conséquent égales à la CL triviale.

1. Soit $u \in E$. Procédons par double implication.

   $\boxed{\Rightarrow}$ Raisonnons par contraposition. Supposons avoir $u = 0_E$. Alors $1 \cdot 0_E = 0_E$ est une CL nulle et non triviale des vecteurs de la famille $(u) = (0_E)$, qui est donc liée.

   $\boxed{\Leftarrow}$ Supposons avoir $u \neq 0_E$. Considérons une CL nulle des vecteurs de (u) : une telle CL s'écrit $\lambda u = 0_E$. D'après le théorème 8 du chapitre 8, on a donc $\lambda = 0_{\mathbb{K}}$, et donc la CL considérée est triviale.

2. Soient $u \in E$ et $v \in E$. Procédons par double implication.

$\boxed{\Rightarrow}$ Raisonnons par contraposition. Supposons que (u, v) ne soit pas libre, c'est-à-dire qu'il existe une CL nulle et non triviale $\lambda u + \mu v = 0_E$. Comme cette CL est non triviale, on a $\lambda \neq 0_E$ ou $\mu \neq 0_E$. Dans le premier cas λ est inversible et on a $u = kv$ en posant $k = -\lambda^{-1}\mu$. Dans le second cas μ est inversible et on a $v = ku$ en posant $k = -\mu^{-1}\lambda$. Dans tous les cas on trouve bien $u \mathbin{/\!/} v$.

$\boxed{\Leftarrow}$ Raisonnons par contraposition. Supposons avoir $u \mathbin{/\!/} v$. Alors on a deux cas possibles : ou bien il existe un scalaire k tel que $u = kv$, ou bien il existe un scalaire k tel que $v = ku$. Dans le premier cas, $1u + (-k)v = 0_E$ est une CL nulle non triviale des vecteurs de (u, v), et dans le second cas $(-k)u + 1v = 0_E$ est une CL nulle non triviale des vecteurs de (u, v). Dans tous les cas on peut trouver une CL nulle et non triviale des vecteurs la famille (u, v), qui est donc liée.

En corollaire du théorème 1 (points 1. et 2.) et de la remarque 3, on peut faire les remarques suivantes :

Remarques 4

1. Si une famille comprend le vecteur nul alors elle est liée.
2. Si une famille comprend deux vecteurs colinéaires alors elle est liée.

⚠ Une famille de trois vecteurs (ou davantage) non colinéaires deux à deux n'a aucune raison d'être libre !

Exemple 10

Plaçons-nous dans le cas $\mathbb{K} = \mathbb{R}$, $E = \mathbb{R}^2$, et considérons la famille $\mathcal{F} = (e_1, e_2, e_1 + e_2)$, avec $e_1 = \begin{pmatrix} 1 \\ 0 \end{pmatrix}$ et $e_2 = \begin{pmatrix} 0 \\ 1 \end{pmatrix}$ (et donc $e_1 + e_2 = \begin{pmatrix} 1 \\ 1 \end{pmatrix}$). Les vecteurs e_1 et e_2 sont non colinéaires, et de même pour les vecteurs e_1 et $e_1 + e_2$ ainsi que e_2 et $e_1 + e_2$, et pourtant on a $1 \cdot e_1 + 1 \cdot e_2 + (-1) \cdot (e_1 + e_2) = 0_{\mathbb{R}^2}$, si bien que cette famille est liée !

2.4 Caractère générateur

Définition 7

Une famille $\mathcal{F}$ de vecteurs de E est dite *génératrice* de E lorsque tout vecteur de E peut s'écrire comme CL des vecteurs de $\mathcal{F}$.

Exemple 11

La famille $\left(\begin{pmatrix}1\\1\\1\end{pmatrix},\begin{pmatrix}0\\1\\1\end{pmatrix},\begin{pmatrix}0\\0\\1\end{pmatrix},\begin{pmatrix}0\\0\\0\end{pmatrix}\right)$ est génératrice de $\mathbb{K}^3$.

En effet, tout vecteur $\begin{pmatrix}x\\y\\z\end{pmatrix} \in \mathbb{K}^3$ peut s'écrire, par exemple :

$$\begin{pmatrix}x\\y\\z\end{pmatrix} = x\begin{pmatrix}1\\1\\1\end{pmatrix} + (y-x)\begin{pmatrix}0\\1\\1\end{pmatrix} + (z-y)\begin{pmatrix}0\\0\\1\end{pmatrix} + 42\begin{pmatrix}0\\0\\0\end{pmatrix}.$$

Remarquons au passage que la famille de l'exemple précédent est liée puisqu'elle comprend le vecteur nul (remarque 4.1), mais qu'en retirant le vecteur nul à cette famille, on obtient une famille libre, qui reste génératrice. On laisse au lecteur le soin de se convaincre de ces deux points. On pourra aussi se référer à l'exemple 14.

Exemple 12

La famille $\left(\begin{pmatrix}1\\2\\3\end{pmatrix},\begin{pmatrix}1\\1\\1\end{pmatrix}\right)$ n'est pas génératrice de $\mathbb{K}^3$.

En effet, le vecteur $\begin{pmatrix}1\\0\\0\end{pmatrix} \in \mathbb{K}^3$ ne peut pas s'écrire comme CL des vecteurs de cette famille. Montrons-le par l'absurde.

Supposons qu'il existe λ et μ tels que $\begin{pmatrix}1\\0\\0\end{pmatrix} = \lambda\begin{pmatrix}1\\2\\3\end{pmatrix} + \mu\begin{pmatrix}1\\1\\1\end{pmatrix}$.

Cette égalité se réécrit :

$$\left\{\begin{array}{rcl}\lambda+\mu &=& 1\\ 2\lambda+\mu &=& 0\\ 3\lambda+\mu &=& 0\end{array}\right. \quad \underset{\substack{L_2\leftarrow L_2-L_1\\ L_3\leftarrow \frac{1}{2}(L_3-L_1)}}{\Leftrightarrow} \quad \left\{\begin{array}{rcl}\lambda+\mu &=& 1\\ \lambda &=& -1\\ \lambda &=& -\frac{1}{2}\end{array}\right.$$

, et ce système est clairement incompatible. On obtient une contradiction.

Le résultat de l'exemple qui précède est assez intuitif : on peut dire intuitivement que l'espace vectoriel $\mathbb{K}^3$ présente « trois degrés de liberté », alors qu'en formant des combinaisons linéaires de *deux* vecteurs, on n'obtient que « *deux* degrés de liberté ». Il est possible de formaliser cette intuition et c'est l'objet du chapitre 12. On ne reviendra plus sur ce point dans le présent chapitre.

Exemples 13

1. La famille $\left(\begin{pmatrix}3n+1\\3n+2\\3n+3\end{pmatrix}\right)_{n\in\mathbb{N}}$ n'est pas génératrice de $\mathbb{K}^3$.

   Voyons pourquoi : commençons par poser $u = \begin{pmatrix}1\\1\\1\end{pmatrix}$ et $v = \begin{pmatrix}1\\2\\3\end{pmatrix}$.

On remarque qu'un vecteur de cette famille s'écrit $\begin{pmatrix} 3n+1 \\ 3n+2 \\ 3n+3 \end{pmatrix} = 3n \cdot u + v \quad (*)$.

Considérons maintenant une CL des vecteurs de cette famille. Une telle CL s'écrit :
$\alpha_1 \begin{pmatrix} 3n_1+1 \\ 3n_1+2 \\ 3n_1+3 \end{pmatrix} + \alpha_2 \begin{pmatrix} 3n_2+1 \\ 3n_2+2 \\ 3n_2+3 \end{pmatrix} + \cdots + \alpha_r \begin{pmatrix} 3n_r+1 \\ 3n_r+2 \\ 3n_r+3 \end{pmatrix}$.

En réinjectant l'égalité $(*)$, on obtient qu'une telle CL peut s'écrire :

$$\begin{aligned} & \alpha_1 (3n_1 \cdot u + v) + \alpha_2 (3n_2 \cdot u + v) + \cdots + \alpha_r (3n_r \cdot u + v) \\ = \; & 3(\alpha_1 n_1 + \alpha_2 n_2 + \cdots + \alpha_r n_r) u + (\alpha_1 + \alpha_2 + \cdots + \alpha_r) v \\ = \; & \lambda u + \mu v, \text{ où } \lambda = 3(\alpha_1 n_1 + \alpha_2 n_2 + \cdots + \alpha_r n_r) \text{ et } \mu = \alpha_1 + \alpha_2 + \cdots + \alpha_r. \end{aligned}$$

Ainsi, si la famille $\left(\begin{pmatrix} 3n+1 \\ 3n+2 \\ 3n+3 \end{pmatrix} \right)_{n \in \mathbb{N}}$ était génératrice, on obtiendrait que la famille $\left(\begin{pmatrix} 1 \\ 2 \\ 3 \end{pmatrix}, \begin{pmatrix} 1 \\ 1 \\ 1 \end{pmatrix} \right)$ l'est aussi, et on a vu dans l'exemple 12 que ce n'est pas le cas.

2. La famille $\mathcal{F} = \left(t \mapsto \mathrm{e}^{\lambda t}\right)_{\lambda \in \mathbb{R}} = (f_\lambda)_{\lambda \in \mathbb{R}}$ n'est pas génératrice de $\mathcal{C}^\infty(\mathbb{R}, \mathbb{R})$.

   Voyons pourquoi : un argument possible est que le vecteur $t \mapsto t$ ne peut s'écrire comme CL des vecteurs de $\mathcal{F}$. Montrons-le par l'absurde : supposons que le vecteur $t \mapsto t$ soit CL des vecteurs de $\mathcal{F}$. Il existe alors des réels $\lambda_1, \lambda_2, \ldots, \lambda_r$ et des scalaires $\alpha_1, \alpha_2, \ldots, \alpha_r$ tels que $(t \mapsto t) = \alpha_1 f_{\lambda_1} + \alpha_2 f_{\lambda_2} + \cdots + \alpha_r f_{\lambda_r}$.

   À renommage près on peut supposer $|\lambda_1| < |\lambda_2| < \cdots < |\lambda_r|$ et en particulier les λ_i sont non nuls pour $i > 1$.

   En dérivant deux fois l'expression précédente on trouve :
   $\alpha_1 \lambda_1^2 f_{\lambda_1} + \alpha_2 \lambda_2^2 f_{\lambda_2} + \cdots + \alpha_r \lambda_r^2 f_{\lambda_r} = (t \mapsto 0)$.

   Par liberté de $\mathcal{F}$ (exemple 8) on a donc $\alpha_1 \lambda_1^2 = \alpha_2 \lambda_2^2 = \cdots = \alpha_r \lambda_r^2 = 0$, et comme les λ_i sont non nuls pour $i > 1$, il vient $\alpha_2 = \alpha_3 = \cdots = \alpha_r = 0$, et par suite $(t \mapsto t) = \alpha_1 f_{\lambda_1}$ avec $\alpha_1 \lambda_1^2 = 0$, c'est-à-dire $\alpha_1 = 0$ ou $\lambda_1 = 0$. Dans les deux cas possibles, on trouve que $(t \mapsto t)$ est une fonction constante, ce qui n'est pas : contradiction.

Une autre démonstration du fait que $(f_\lambda)_{\lambda \in \mathbb{R}}$ n'est pas génératrice de $\mathcal{C}^\infty(\mathbb{R}, \mathbb{R})$ est proposée à l'exercice 11.4.

2.5 Bases, bases canoniques

Définition 8

On dit d'une famille $\mathcal{B}$ de vecteurs de E que c'est une *base de E* lorsque tout vecteur de E peut s'écrire de façon unique comme CL des vecteurs de $\mathcal{B}$.

Exemples 14

1. La famille $\left(\begin{pmatrix}1\\1\\1\end{pmatrix},\begin{pmatrix}0\\1\\1\end{pmatrix},\begin{pmatrix}0\\0\\1\end{pmatrix}\right)$ forme une base de $\mathbb{K}^3$.

   Il s'agit en effet de vérifier que, pour tout vecteur $\begin{pmatrix}x\\y\\z\end{pmatrix} \in \mathbb{K}^3$, il existe un unique triplet $(\lambda, \mu, \nu) \in \mathbb{K}^3$ tel que $\lambda\begin{pmatrix}1\\1\\1\end{pmatrix} + \mu\begin{pmatrix}0\\1\\1\end{pmatrix} + \nu\begin{pmatrix}0\\0\\1\end{pmatrix} = \begin{pmatrix}x\\y\\z\end{pmatrix}$.

   Autrement dit, il s'agit de voir que le système $\begin{cases}\lambda & = & x\\ \lambda+\mu & = & y\\ \lambda+\mu+\nu & = & z\end{cases}$, d'inconnues λ, μ et ν, a une unique solution.

   Ce système étant triangulaire, on pourrait le résoudre très rapidement, mais on peut aussi bien se contenter de dire que son déterminant est $\begin{vmatrix}1 & 0 & 0\\ 1 & 1 & 0\\ 1 & 1 & 1\end{vmatrix} = 1 \neq 0$, ce qui implique d'après le théorème 6 du chapitre 7 qu'il a bien une unique solution.

2. La famille $\left(\begin{pmatrix}1\\-2\\1\end{pmatrix},\begin{pmatrix}1\\0\\-1\end{pmatrix},\begin{pmatrix}1\\0\\1\end{pmatrix}\right)$ de l'exemple 7.3 forme une base de $\mathbb{K}^3$.

   On laisse au lecteur le soin de s'en convaincre sur le modèle de l'exemple 14.1.

La proposition suivante est un corollaire immédiat de la définition.

Proposition 1 (Caractérisation des bases)

Une famille $\mathcal{B}$ de vecteurs de E est une base si et seulement si elle est libre et génératrice de E.

Démonstration

Soit $\mathcal{B} = (v_i)_{i\in I}$ une famille de vecteurs de E. La famille $\mathcal{B}$ est une base si et seulement si pour tout vecteur v de E il existe exactement une décomposition de v comme CL des vecteurs de E. La famille $\mathcal{B}$ est génératrice si et seulement si pour tout vecteur v de E il existe au moins une décomposition de v comme CL des vecteurs de E. Pour montrer la proposition, il suffit donc de montrer que la famille $\mathcal{B}$ est libre si et seulement si pour tout vecteur v de E il existe au plus une décomposition de v comme CL des vecteurs de E.

Montrons ce point par double implication.

$\boxed{\Rightarrow}$ Supposons $\mathcal{B}$ libre. Soit $v \in E$ et supposons avoir deux décompositions de v comme

CL des vecteurs de $\mathcal{B}$: $v = \alpha_1 v_{i_1} + \alpha_2 v_{i_2} + \cdots + \alpha_r v_{i_r} = \beta_1 v_{j_1} + \beta_2 v_{j_2} + \cdots + \beta_s v_{j_s}$. Quitte à réordonner les termes de chaque CL et à rajouter des termes nuls (voir la convention présentée dans la section 2.1), on peut supposer avoir $s = r$ et, pour tout $k \in \{1, \ldots, n\}$, $j_k = i_k$. On trouve donc $(\alpha_1 - \beta_1)v_{i_1} + (\alpha_2 - \beta_2)v_{i_2} + \cdots + (\alpha_r - \beta_r)v_{i_r} = 0_E$, puis, par liberté de $\mathcal{B}$, $\alpha_1 = \beta_1$, $\alpha_2 = \beta_2$, ..., $\alpha_r = \beta_r$. D'où l'unicité d'une telle décomposition.

$\boxed{\Leftarrow}$ Supposons que, pour tout vecteur $v \in E$, il existe au plus une décomposition de v comme CL des vecteurs de E. C'est en particulier vrai pour le vecteur nul 0_E, ce qui signifie qu'il existe au plus une CL nulle des vecteurs de $\mathcal{B}$. Comme la CL triviale est clairement nulle, on en déduit que la seule CL nulle des vecteurs de E est la CL triviale, c'est-à-dire que $\mathcal{B}$ est libre.

La définition suivante est informelle.

Définition 9 (informelle)

Lorsqu'un espace vectoriel est donné avec une base $\mathcal{C}$, c'est-à-dire lorsque les vecteurs de cet espace sont, par définition, des CL uniques des vecteurs de $\mathcal{C}$, cette base est appelée *base canonique* de E.

Exemples 15

1. L'espace vectoriel $\mathbb{K}^n$ a pour base canonique $(e_1, e_2, \ldots, e_n)$ où e_i est le n-uplet dont toutes les coordonnées sont nulles, sauf la i-ième qui vaut 1. En effet, les coefficients du n-uplet $\begin{pmatrix} x_1 \\ \vdots \\ x_n \end{pmatrix}$ sont x_1, ..., x_n, et on a bien $\begin{pmatrix} x_1 \\ \vdots \\ x_n \end{pmatrix} = x_1 e_1 + x_2 e_2 + \cdots + x_n e_n$.

2. L'espace vectoriel $\mathbb{K}[X]$ a pour base canonique $(1, X, X^2, \ldots, X^n, \ldots)$. En effet, les coefficients du polynôme $a_N X^N + \cdots + a_1 X + a_0$ sont a_0, ..., a_N, et on a bien $a_N X^N + \cdots + a_1 X + a_0 = a_0 \cdot 1 + a_1 \cdot X + \cdots + a_N \cdot X^N$.

3. Pour la même raison, l'espace $\mathbb{K}_n[X]$ a pour base canonique $(1, X, X^2, \ldots, X^n)$.

4. L'espace $\mathcal{M}_{p,q}(\mathbb{K})$ a pour base canonique $(E_{1,1}, E_{1,2}, \ldots, E_{1,q}, E_{2,1}, \ldots, \ldots, E_{p,q})$. En effet, les coefficients de $M = (a_{i,j})_{\substack{1 \leqslant i \leqslant p \\ 1 \leqslant j \leqslant q}}$ sont $a_{1,1}$, $a_{1,2}$, ..., $a_{1,q}$, $a_{2,1}$, ..., ..., $a_{p,q}$. Et comme exposé dans le chapitre 9, on a effectivement bien :

$$(a_{i,j})_{\substack{1 \leqslant i \leqslant p \\ 1 \leqslant j \leqslant q}} = a_{1,1}E_{1,1} + a_{1,2}E_{1,2} + \cdots + a_{1,q}E_{1,q} + a_{2,1}, E_{2,1} + \cdots + \cdots + a_{p,q}E_{p,q}.$$

On remarquera néanmoins que ce dernier exemple est très conventionnel. Il n'y a pas d'ordre naturel pour les coefficients d'une matrice (les coefficients sont ici ordonnés par lignes, mais on pourrait les ordonner par colonnes), l'ordre des matrices $E_{i,j}$ pourrait donc être changé.

5. L'espace nul $\{0_E\}$ a pour base canonique $\emptyset$.

⚠ $\mathbb{K}^{\mathbb{N}}$ ou $\mathcal{C}(\mathbb{R}, \mathbb{K})$ n'ont pas de base canonique.

Remarques 5

Soit $\mathcal{F}$ une famille de vecteurs de E.

1. $\mathcal{F}$ est libre si et seulement si toute famille obtenue en permutant les vecteurs de $\mathcal{F}$ est libre.
2. $\mathcal{F}$ est génératrice de E si et seulement si toute famille obtenue en permutant les vecteurs de $\mathcal{F}$ est génératrice de E.
3. $\mathcal{F}$ est une base de E si et seulement si toute famille obtenue en permutant les vecteurs de $\mathcal{F}$ est une base de E.

3 Opérations sur les $\mathbb{K}$-ev et sur les sev

3.1 Sous-espaces vectoriels

On a déjà brièvement évoqué les sous-espaces vectoriels au chapitre 8. Comme toute sous-structure, un sous-espace vectoriel d'un $\mathbb{K}$-espace vectoriel E est une partie de E stable par les opérations structurelles d'espace vectoriel. Formellement, on obtient la définition suivante.

Définition 10 (Sous-espace vectoriel)

On appelle *sous-espace vectoriel* de $(E, +, \cdot)$ un ensemble F inclus dans E stable pour la structure d'espace vectoriel de E, c'est-à-dire tel que :

1. $0_E \in F$,
2. $\forall (x, y) \in F^2, \ x + y \in F$,

(3. $\forall x \in F, \ -x \in F$,)

4. $\forall x \in F, \ \forall \lambda \in \mathbb{K}, \ \lambda x \in F$.

Autrement dit un sous-espace vectoriel est un sous-groupe stable par multiplication externe. Remarquons que 3. est un cas particulier de 4. d'après le corollaire 1 du chapitre 8, ce qui explique qu'on ne mentionne jamais cet axiome : on dira plutôt qu'un sous-espace vectoriel est un sous-ensemble stable pour le vecteur nul, par somme et par multiplication externe.

On a immédiatement les deux caractérisations équivalentes suivantes.

Proposition 2 (Sous-espace vectoriel)

Un sous-ensemble F de E est un sous-espace vectoriel de $(E,+,\cdot)$ si et seulement s'il est stable par combinaisons linéaires, c'est-à-dire si et seulement si

$$\forall r\in\mathbb{N},\ \forall(\alpha_1,\dots,\alpha_r)\in\mathbb{K}^r,\ \forall(u_1,\dots,u_r)\in F^r,\ \alpha_1u_1+\alpha_2u_2+\cdots+\alpha_ru_r\in F.$$

Démonstration

Soit $F\subset E$. Raisonnons par double implication.

$\boxed{\Rightarrow}$ Supposons que F soit un sous-espace vectoriel de E, et montrons que pour tout entier r, F est stable par CL de r vecteurs.

Pour $r=0$, on a déjà vu qu'une CL de r vecteurs de F est nécessairement triviale, donc nulle. Comme F est un sous-espace vectoriel, il comprend le vecteur nul par définition. Le sous-ensemble F est donc stable par CL de 0 vecteur.

Pour $r=1$, une CL de r vecteurs de F est de la forme $\lambda\cdot u$ avec $\lambda\in\mathbb{K}$ et $u\in F$. Comme F est un sous-espace vectoriel, il est stable par multiplication externe, et comprend donc alors $\lambda\cdot u$. Le sous-ensemble F est donc stable par CL de 1 vecteur.

Pour $r=2$, une CL de 2 vecteurs de F est de la forme $\lambda u+\mu v$ avec $(\lambda,\mu)\in\mathbb{K}^2$ et $(u,v)\in F^2$. On vient de voir que λu et μv appartenaient à F. Comme F est un sous-espace vectoriel, il est stable par somme, et comprend donc alors $\lambda u+\mu v$. Le sous-ensemble F est donc stable par CL de 2 vecteurs.

Pour $r=3$, une CL de 2 vecteurs de F est de la forme $\lambda u+\mu v+\nu w$ avec $(\lambda,\mu,\nu)\in\mathbb{K}^3$ et $(u,v,w)\in F^3$. On vient de voir que $\lambda u+\mu v$ et νw appartenaient à F. Comme F est un sous-espace vectoriel, il est stable par somme, et comprend donc alors $\lambda u+\mu v+\nu w$. Le sous-ensemble F est donc stable par CL de 3 vecteurs.

Une récurrence immédiate montre alors que, pour tout entier r, F est bien stable par CL de r vecteurs.

$\boxed{\Leftarrow}$ Supposons avoir :

$\forall r\in\mathbb{N},\ \forall(\alpha_1,\dots,\alpha_r)\in\mathbb{K}^r,\ \forall(u_1,\dots,u_r)\in F^r,\ \alpha_1u_1+\alpha_2u_2+\cdots+\alpha_ru_r\in F.$

- Pour $r = 0$, on trouve $0_E \in F$.
- Pour $r = 2$ et $\alpha_1 = \alpha_2 = 1$, on obtient que F est stable par somme.
- Pour $r = 1$, on obtient que F est stable par multiplication externe.

F est donc bien un sous-espace vectoriel de E.

Proposition 3 (Sous-espace vectoriel)

Un sous-ensemble F de E est un sous-espace vectoriel de $(E, +, \cdot)$ si et seulement s'il est non vide et stable par combinaisons linéaires de deux vecteurs, c'est-à-dire si et seulement si $F \neq \emptyset$ et $\forall(\lambda, \mu) \in \mathbb{K}^2,\ \forall(x, y) \in F^2,\ \lambda x + \mu y \in F$.

En pratique, dans la plupart des cas, c'est cette caractérisation que l'on utilisera pour montrer qu'une partie F de E en est un sous-espace vectoriel. Pour montrer que F est non vide, on montrera qu'on a $0_E \in F$.

Démonstration

Ce résultat s'obtiendrait facilement comme corollaire du précédent. Néanmoins, pour plus de clarté, redémontrons-le à partir de la définition.

Soit $F \subset E$. Raisonnons par double implication.

$\boxed{\Rightarrow}$ Supposons que F soit un sous-espace vectoriel de E.

Alors $0_E \in F$ donc F est non vide. Soient $(\lambda, \mu) \in \mathbb{K}^2$ et $(x, y) \in F^2$. Comme F est un sous-espace vectoriel, il est stable par multiplication externe, on a donc $\lambda x \in F$ et $\mu y \in F$. Comme F est un sous-espace vectoriel, il est stable par somme, on a donc $\lambda x + \mu y \in F$.

$\boxed{\Leftarrow}$ Supposons avoir F non vide et stable par CL de deux vecteurs. La partie F étant non vide, il existe un élément $x_0 \in F$.

- Comme F est stable par CL, on a $0_E = 1x_0 + (-1)x_0 \in F$.
- Soient $x \in F$ et $y \in F$. Par stabilité par CL, on a $\forall(\lambda, \mu) \in \mathbb{K}^2,\ \lambda x + \mu y \in F$. Pour $\lambda = \mu = 1$, on obtient $x + y \in F$. On a donc bien la stabilité par somme de F.
- Soient $x \in F$ et $\lambda \in F$. Par stabilité par CL, on a $\forall(y, \mu) \in F \times \mathbb{K},\ \lambda x + \mu y \in F$. Pour $y = x_0$ et $\mu = 0_E$, on obtient $\lambda x \in F$. On a donc bien la stabilité par multiplication externe de F.

Exemple 16

L'ensemble F des matrices carrées $n \times n$ de trace nulle est un sous-espace vectoriel de $\mathcal{M}_n(\mathbb{K})$. En effet la matrice nulle est bien de trace nulle et, si A et B sont deux matrices de traces nulles quelconques et λ et μ deux scalaires quelconques, on a $\operatorname{tr}(\lambda A + \mu B) = \lambda \operatorname{tr}(A) + \mu \operatorname{tr}(B) = 0 + 0 = 0$ par linéarité de la trace. On remarque qu'ici c'est la linéarité de la trace qui permet directement de conclure : on trouvera dans le chapitre 13 une généralisation de ce résultat, que l'on retrouvera comme corollaire.

Exemples 17

1. On a déjà vu dans le chapitre 8 que l'ensemble $E = \mathbb{R}^\mathbb{R}$ des applications de $\mathbb{R}$ dans $\mathbb{R}$, muni des lois usuelles, est bien un espace vectoriel. La fonction nulle étant continue, la somme de deux fonctions continues étant continue et le produit d'une fonction continue par une contante étant continue[20], le sous-ensemble $\mathcal{C}(\mathbb{R}, \mathbb{R})$ des applications continues est un sous-espace vectoriel de E.
2. De même[21], pour tout entier $n \geqslant 1$, l'ensemble $\mathcal{D}^n(\mathbb{R}, \mathbb{R})$ des applications n fois dérivables sur $\mathbb{R}$ est un sous-espace vectoriel de E.
3. Considérons maintenant l'ensemble $\mathcal{P}$ des fonctions paires de $\mathbb{R}$ dans $\mathbb{R}$, et montrons que c'est un sous-espace vectoriel de E.
   - La fonction nulle est bien paire.
   - Soient $(f, g) \in \mathcal{P}^2$ et $(\lambda, \mu) \in \mathbb{R}^2$. On a :
   $$\begin{aligned} (\lambda f + \mu g)(-x) &= \lambda f(-x) + \mu g(-x) \\ &= \lambda f(x) + \mu g(x) \\ &= (\lambda f + \mu g)(x), \end{aligned}$$
   donc $\lambda f + \mu g \in \mathcal{P}$.

   Ainsi $\mathcal{P}$ comprend la fonction nulle et est stable par CL de deux vecteurs de $\mathcal{P}$. C'est donc bien un sous-espace vectoriel de E.
   On montrerait de même que l'ensemble $\mathcal{I}$ des fonctions impaires de $\mathbb{R}$ dans $\mathbb{R}$ est un sous-espace vectoriel de E.

Notation 3
Dans toute la suite, on s'autorisera à écrire « sev » pour « sous-espace vectoriel ».

Théorème 2 (Sous-espace vectoriel)

Si F est un sev de E, alors les lois de E induisent des lois sur F, et F, muni des lois induites, forme un $\mathbb{K}$-ev.

20. On trouvera dans G. Costantini, *Analyse.* 1re année, De Boeck (2013)la démonstration de ce point, théorème 83 p. 350 pour la première édition.
21. Pour $n = 1$, on trouvera dans G. Costantini, *Analyse.* 1re année, De Boeck (2013)la démonstration de ce point, théorème 95 page 409 pour la première édition.

Démonstration

Voyons que les lois de E induisent des lois sur F.

Tout d'abord on a bien $0_E \in F$ par définition d'un sous-espace vectoriel.

Comme un sous-espace vectoriel est stable par somme, on a $\forall (x,y) \in F^2,\ x+y \in F$. Ainsi, en restreignant la loi $+$ à $F \times F$, on obtient une application $+ : F \times F \longrightarrow E$ que l'on peut corestreindre en une application $+ : F \times F \longrightarrow F$.

Un sous-espace vectoriel est stable par multiplication externe, c'est-à-dire qu'on a $\forall (\lambda, x) \in \mathbb{K} \times F,\ \lambda \cdot x \in F$. Ainsi, en restreignant la loi $\cdot$ à $\mathbb{K} \times F$, on obtient une application $\cdot : \mathbb{K} \times F \longrightarrow E$ que l'on peut corestreindre en une application $+ : \mathbb{K} \times F \longrightarrow F$.

Les axiomes d'espace vectoriel sont vérifiés pour tous les éléments de E, donc *a fortiori* pour les éléments de F.

Exemples 18 D'après l'exemple 17,

1. L'ensemble des fonctions continues de $\mathbb{R}$ dans $\mathbb{R}$ est naturellement muni d'une structure d'espace vectoriel $(\mathcal{C}(\mathbb{R},\mathbb{R}), +, \cdot)$.
2. L'ensemble des fonctions n fois dérivables de $\mathbb{R}$ dans $\mathbb{R}$ est naturellement muni d'une structure d'espace vectoriel $(\mathcal{D}^n(\mathbb{R},\mathbb{R}), +, \cdot)$.
3. L'ensemble des fonctions paires de $\mathbb{R}$ dans $\mathbb{R}$ et l'ensemble des fonctions impaires de $\mathbb{R}$ dans $\mathbb{R}$ sont naturellement munis de structures d'espace vectoriel.

Exemple 19

Considérons l'espace vectoriel $\mathbb{R}^{\mathbb{N}}$ des suites à valeurs dans $\mathbb{R}$ et notons E le sous-ensemble des suites convergentes. Alors E est un sous-espace vectoriel de $\mathbb{R}^{\mathbb{N}}$, il est donc en particulier naturellement muni d'une structure d'espace vectoriel. En effet la suite nulle converge (vers 0), la somme de deux suites convergentes est une suite convergente et le produit d'une suite convergente par un scalaire est une suite convergente. Il s'agit des propriétés algébriques des limites : on renvoie le lecteur à G. Costantini, *Analyse.* 1re année, De Boeck (2013), théorème 42 p. 232, pour les détails de la démonstration de ces points.

Les définitions et propositions précédentes énoncées sur E gardent donc un sens en remplaçant E par un sous-espace vectoriel F de E. En particulier, lorsque F est un sous-espace vectoriel de E, on peut parler de famille de vecteurs de F, de liberté d'une famille de vecteurs de F, de famille de vecteurs de F génératrice de F, de base de F, etc.

Remarque 6

Soit F un sous-espace vectoriel de E et $\mathcal{F}$ une famille de vecteurs de F.
En particulier, $\mathcal{F}$ est une famille de vecteurs de E. De plus, $\mathcal{F}$ est libre, vue comme famille de vecteurs de F, si et seulement si elle est libre, vue comme famille de vecteurs de E.

Exemple 20

On a montré dans l'exemple 8 que la famille $\mathcal{F} = \left(t \mapsto \mathrm{e}^{\lambda t}\right)_{\lambda \in \mathbb{R}}$ est libre comme famille de vecteurs de $\mathcal{C}^{\infty}(\mathbb{R}, \mathbb{R})$. On montre aisément que $\mathcal{C}^{\infty}(\mathbb{R}, \mathbb{R})$ forme un sous-espace vectoriel de $\mathbb{R}^{\mathbb{R}}$ (on verra une formulation expéditive de la démonstration de ce point à l'exemple 21). La famille $\mathcal{F}$ est donc libre comme famille de vecteurs de $\mathbb{R}^{\mathbb{R}}$.

On a aussi, par définition :

Théorème 3

Un sous-espace vectoriel d'un sous-espace vectoriel est un sous-espace vectoriel de l'espace vectoriel de départ.

3.2 Produits de $\mathbb{K}$-espaces vectoriels

Proposition-Définition 1 (Produit de $\mathbb{K}$-ev)

Soient $n \in \mathbb{N}$ et E_1, E_2, ..., E_n des $\mathbb{K}$-espaces vectoriels.
Alors l'ensemble $E_1 \times E_2 \times \cdots \times E_n$ est naturellement muni d'une structure d'espace vectoriel donné par les opérations composante par composante.

1. $0_{E_1 \times \cdots \times E_n} = (0_{E_1}, \ldots, 0_{E_n})$,
2. $\forall (u_1, \ldots, u_n) \in E_1 \times E_2 \times \cdots \times E_n,\ \forall (v_1, \ldots, v_n) \in E_1 \times E_2 \times \cdots \times E_n$,
$(u_1, \ldots, u_n) + (v_1, \ldots, v_n) = (u_1 + v_1, \ldots, u_n + v_n)$,
3. $\forall \lambda \in \mathbb{K},\ \forall (u_1, \ldots, u_n) \in E_1 \times E_2 \times \cdots \times E_n,\ \lambda \cdot (u_1, \ldots, u_n) = (\lambda u_1, \ldots, \lambda u_n)$.

DÉMONSTRATION

La vérification des axiomes d'espace vectoriel est immédiate.

On notera que c'est ainsi que l'on a obtenu que $\mathbb{K}^n$ est un $\mathbb{K}$-espace vectoriel, le corps $\mathbb{K}$ étant naturellement muni d'une structure d'espace vectoriel sur lui-même (en prenant pour multiplication externe la multiplication interne).

3.3 Intersection de sous-espaces vectoriels

Proposition 4

Soient $(F_i)_{i\in I}$ une famille de sous-espaces vectoriels de E. Alors $\bigcap_{i\in I} F_i$ est un sev de E.

DÉMONSTRATION

Soit $(F_i)_{i\in I}$ une famille de sous-espaces vectoriels de E. Notons $F = \bigcap_{i\in I} F_i$. Montrons que F est un sous-espace vectoriel de E.

- Pour tout indice $i \in I$, F_i est un sous-espace vectoriel et comprend donc 0_E. Le vecteur nul appartient donc à tous les F_i, ce qui équivaut à dire qu'il appartient à leur intersection.
- Soient $(u, v) \in F^2$ et $(\lambda, \mu) \in \mathbb{K}^2$. Pour tout indice i, on a $u \in F_i$ et $v \in F_i$ par définition de l'intersection. On a donc $\lambda u + \mu v \in F_i$ puisque F_i est un sous-espace vectoriel de E. Ainsi, le vecteur $\lambda u + \mu v$ appartient à tous les F_i, ce qui équivaut à dire qu'il appartient à leur intersection.

La proposition précédente peut se reformuler ainsi : l'ensemble $\mathcal{S}$ des sous-espaces vectoriels de E, ordonné par l'inclusion, est tel que toute partie de $\mathcal{S}$ a une borne inférieure dans $\mathcal{S}$ (l'intersection de ses éléments).

Exemple 21

$\mathcal{C}^\infty(\mathbb{R}, \mathbb{R})$ est un sous-espace vectoriel de $\mathbb{R}^\mathbb{R}$. En effet, on a $\mathcal{C}^\infty(\mathbb{R}, \mathbb{R}) = \bigcap_{n\in\mathbb{N}\setminus\{0\}} \mathcal{D}^n(\mathbb{R}, \mathbb{R})$ et on a brièvement rappelé dans l'exemple 17 que $\mathcal{D}^n(\mathbb{R}, \mathbb{R})$ est un sous-espace vectoriel de $\mathbb{R}^\mathbb{R}$ pour tout entier $n \geqslant 1$.

Remarque 7

En particulier, pour $I = \{1, 2\}$, on obtient que l'intersection de deux sous-espaces vectoriels de E est un sous-espace vectoriel de E.

Exemple 22

Illustrons la remarque précédente avec un exemple. Plaçons-nous dans le cas $\mathbb{K} = \mathbb{R}$, $E = \mathbb{R}^3$. On peut interpréter géométriquement E comme l'espace usuel à 3 dimensions. On a vu dans le chapitre 7 que les ensembles $F_1 = \left\{ \begin{pmatrix} x \\ y \\ z \end{pmatrix}, \ x + y + z = 0 \right\}$ et $F_2 =$

$\left\{\begin{pmatrix} x \\ y \\ z \end{pmatrix},\ x - z = 0\right\}$ sont des plans passant par 0_E. On vérifie sans difficulté que ce sont des sous-espaces vectoriels de E. Leur intersection est donc également un sous-espace vectoriel de E. On peut ici être plus précis : $F_1 \cap F_2 = \left\{\begin{pmatrix} x \\ y \\ z \end{pmatrix},\ \begin{vmatrix} x + y + z & = & 0 \\ x - z & = & 0 \end{vmatrix}\right.\Bigg\}$ et donc $F_1 \cap F_2 = \left\{\begin{pmatrix} x \\ y \\ x \end{pmatrix},\ 2x + y = 0\right\} = \left\{\begin{pmatrix} x \\ -2x \\ x \end{pmatrix},\ x \in \mathbb{R}\right\} = \left\{x\begin{pmatrix} 1 \\ -2 \\ 1 \end{pmatrix},\ x \in \mathbb{R}\right\}$.

Il s'agit de la droite passant par 0_E et dirigée par le vecteur $\begin{pmatrix} 1 \\ -2 \\ 1 \end{pmatrix}$.

On touche du doigt plusieurs phénomènes avec cet exemple :

1. Une partie de $\mathbb{R}^n$ décrite par une ou plusieurs équations linéaires homogènes forme un sous-espace vectoriel de $\mathbb{R}^n$. Il s'agit en fait d'une reformulation du théorème de structure vectorielle vu au chapitre 7. On donnera une formulation beaucoup plus générale de ce résultat dans le chapitre 13.
2. Pour décrire explicitement un sous-espace vectoriel de $\mathbb{R}^n$ donné par des équations linéaires homogènes, on est ramené à la résolution d'un système linéaire homogène.

3.4 Espaces vectoriels engendrés

Lemme 1

Une CL de CL est une CL.
Autrement dit, si $\mathcal{F} = (u_i)_{i \in I}$ est une famille de vecteurs de E, si $\mathcal{G} = (v_j)_{j \in J}$ est une famille de vecteurs obtenus comme CL de $\mathcal{F}$, alors une CL des vecteurs de $\mathcal{G}$ est aussi une CL des vecteurs de $\mathcal{F}$.

On notera que dans cette formulation, l'expression CL est employée dans ses deux sens possibles. On reconstitue l'énoncé formel sans difficulté.

DÉMONSTRATION

La démonstration reprend l'idée présentée dans l'exemple 13.1.

Soit $\mathcal{F} = (u_i)_{i \in I}$ une famille de vecteurs de E. La famille $\mathcal{G} = (v_j)_{j \in J}$ est une famille de vecteurs obtenus comme CL de $\mathcal{F}$, et w un vecteur obtenu comme CL des vecteurs de $\mathcal{G}$. Il s'agit de montrer que w est aussi obtenu comme CL des vecteurs de $\mathcal{F}$.
Comme une CL est toujours une somme finie, w est obtenu en ne considérant qu'un

nombre fini de vecteurs de $\mathcal{G}$. On peut donc supposer sans perte de généralité que l'ensemble J est fini, et quitte à renommer ses éléments on peut même supposer qu'on a $J = \{1, 2, \ldots, r\}$ pour un certain entier r. De même, chaque u_j est obtenu en ne considérant qu'un nombre fini de vecteurs de $\mathcal{F}$, et comme il n'y a maintenant plus qu'un nombre fini de vecteurs u_j, on peut supposer sans perte de généralité que l'ensemble I est lui aussi fini, et quitte à renommer ses éléments on peut même supposer $I = \{1, 2, \ldots, n\}$ pour un certain entier n.

L'hypothèse exprime que pour tout $j \in J$, il existe des scalaires $\alpha_{j,1}$, …, $\alpha_{j,n}$ tels que $v_j = \alpha_{j,1}u_1 + \cdots + \alpha_{j,n}u_n$. Considérons maintenant une CL des v_j. Une telle CL s'écrit $w = \lambda_1 v_1 + \cdots + \lambda_r v_r$, pour un certain r-uplet de scalaires $(\lambda_1, \ldots, \lambda_r)$.

On a donc :

$$\begin{aligned} w &= \lambda_1(\alpha_{1,1}u_1 + \cdots + \alpha_{1,n}u_n) + \cdots + \lambda_r(\alpha_{r,1}u_1 + \cdots + \alpha_{r,n}u_n) \\ &= (\lambda_1\alpha_{1,1} + \cdots + \lambda_r\alpha_{r,1})u_1 + \cdots + (\lambda_1\alpha_{1,n} + \cdots + \lambda_r\alpha_{r,n})u_n \\ &= \gamma_1 u_1 + \cdots + \gamma_n u_n, \end{aligned}$$

en notant, pour tout $i \in \{1, \ldots, n\}$, $\gamma_i = (\lambda_1\alpha_{1,i} + \cdots + \lambda_r\alpha_{r,i})$.

Si bien que w est une CL des vecteurs de $\mathcal{F}$.

Proposition-Définition 2 (Sous-espace vectoriel engendré)

Soit $\mathcal{F}$ une famille de vecteurs de E et F un sous-espace vectoriel de E. Les trois propriétés suivantes sont équivalentes :

1. F est le plus petit sous-espace vectoriel (pour l'inclusion) contenant $\mathcal{F}$.
2. F est l'intersection de tous les sous-espaces vectoriels contenant $\mathcal{F}$.
3. F est l'ensemble des CL des vecteurs de $\mathcal{F}$.

Lorsqu'elles sont vérifiées, on dit que F est le *sous-espace vectoriel engendré par* $\mathcal{F}$ et on note $F = \mathrm{Vect}\,(\mathcal{F})$.

La première caractérisation est une caractérisation « par le haut ». On voit F à l'aide d'objets « plus gros » que F. La seconde caractérisation est aussi une caractérisation « par le haut », mais plus explicite : F y est construit. La troisième caractérisation est aussi une caractérisation explicite, mais « par le bas » : on construit F à l'aide d'objets « plus petits » que F.

Remarque 8

L'existence d'un plus petit sous-espace vectoriel de E contenant F n'est pas évidente *a priori*. La proposition précédente assure en particulier cette existence.

Démonstration

Commençons par noter G l'ensemble des CL des vecteurs de $\mathcal{F}$. On va montrer que G est simultanément l'intersection de tous les sous-espaces vectoriels contenant $\mathcal{F}$ et le plus petit sous-espace vectoriel contenant $\mathcal{F}$, ce qui établira les équivalences proposées.

Montrons tout d'abord que G est bien un sous-espace vectoriel : il suffit pour cela d'établir que G est stable par CL quelconque de vecteurs de G. Or, une CL de vecteurs de G est une CL de CL de vecteurs de $\mathcal{F}$, c'est donc une CL de vecteurs de $\mathcal{F}$ d'après le lemme sur les CL de CL (lemme 1), c'est-à-dire un élément de G. Ainsi G est bien stable par CL quelconques, c'est donc bien un sous-espace vectoriel de E. Remarquons également que G contient $\mathcal{F}$ (il suffit de considérer des CL de la forme $1 \cdot u$).

Montrons maintenant que G est le plus petit sous-espace vectoriel contenant $\mathcal{F}$. Comme on a déjà vu que G est un sous-espace vectoriel contenant $\mathcal{F}$, il ne reste qu'à montrer que G est inclus dans tout sous-espace vectoriel contenant $\mathcal{F}$. Tout sous-espace vectoriel contenant $\mathcal{F}$ étant stable par CL quelconque, un tel sous-espace vectoriel contient toute CL des vecteurs de $\mathcal{F}$. Autrement dit, un tel sous-espace vectoriel contient G, c'est-à-dire que G est bien inclus dans tout sous-espace vectoriel contenant $\mathcal{F}$.

Montrons enfin que G est l'intersection des sous-espaces vectoriels contenant $\mathcal{F}$. On a déjà vu que G est inclus dans tout sous-espace vectoriel contenant $\mathcal{F}$, il est donc inclus dans l'intersection de tous ces sous-espaces vectoriels. Comme G est lui-même un sous-espace vectoriel de E contenant $\mathcal{F}$, l'intersection de tous les sous-espaces vectoriels contenant $\mathcal{F}$ est incluse dans G. Finalement, par double inclusion, G est égale à l'intersection de tous les sous-espaces vectoriels de E contenant $\mathcal{F}$.

Remarquons que, si $\mathcal{F}$ est une famille dont on écrit les vecteurs *in extenso*, c'est-à-dire de la forme $\mathcal{F} = (u_1, \ldots, u_n)$ ou $\mathcal{F} = (u_1, \ldots, u_k, \ldots)$, la notation $\operatorname{Vect}(\mathcal{F})$ peut faire apparaître des doubles parenthèses bien inutiles. On convient donc d'adopter les notations suivantes :

Notations 4

- On notera $\operatorname{Vect}(u_1, \ldots, u_k, \ldots)$ pour $\operatorname{Vect}\Big((u_1, \ldots, u_k, \ldots)\Big)$.
- On notera $\operatorname{Vect}(u_1, \ldots, u_n)$ pour $\operatorname{Vect}\Big((u_1, \ldots, u_n)\Big)$.

Exemples 23

1. $\operatorname{Vect}(\emptyset) = \{0_E\}$.

2. Notons $\mathcal{F} = \left(\begin{pmatrix} 3n+1 \\ 3n+2 \\ 3n+3 \end{pmatrix}\right)_{n\in\mathbb{N}}$ et $\mathcal{G} = \left(\begin{pmatrix} 1 \\ 2 \\ 3 \end{pmatrix}, \begin{pmatrix} 1 \\ 1 \\ 1 \end{pmatrix}\right)$.

   Alors on a $\text{Vect}(\mathcal{F}) = \text{Vect}(\mathcal{G}) = \left\{ x\begin{pmatrix} 1 \\ 2 \\ 3 \end{pmatrix} + y\begin{pmatrix} 1 \\ 1 \\ 1 \end{pmatrix},\ \begin{pmatrix} x \\ y \end{pmatrix} \in \mathbb{K}^2 \right\}$.

   L'égalité $\text{Vect}(\mathcal{G}) = \left\{ x\begin{pmatrix} 1 \\ 2 \\ 3 \end{pmatrix} + y\begin{pmatrix} 1 \\ 1 \\ 1 \end{pmatrix},\ \begin{pmatrix} x \\ y \end{pmatrix} \in \mathbb{K}^2 \right\}$ reformule simplement la troisième caractérisation des sous-espaces vectoriels engendrés.

   L'égalité $\text{Vect}(\mathcal{F}) = \text{Vect}(\mathcal{G})$ reformule simplement qu'une CL des vecteurs de $\mathcal{F}$ est la même chose qu'une CL des vecteurs de $\mathcal{G}$: ceci est vrai d'après le lemme sur les CL de CL (lemme 1), puisque les vecteurs de $\mathcal{F}$ sont des CL des vecteurs de $\mathcal{G}$, et que les vecteurs de $\mathcal{G}$ sont des vecteurs de $\mathcal{F}$, donc en particulier des CL de vecteurs de $\mathcal{F}$.

Il n'aura pas échappé au lecteur que l'exemple 23.2 reformule plus simplement l'exemple 13.1. Plus généralement, on a la proposition suivante, par simple reformulation des définitions.

Proposition 5

Soit F un sous-espace vectoriel de E et $\mathcal{F}$ une famille de vecteurs de E. Alors $\mathcal{F}$ est une famille génératrice de F si et seulement si on a $F = \text{Vect}(\mathcal{F})$.

Remarque 9

Comme indiqué dans la remarque 2, on pourra sans difficulté parler du sous-espace vectoriel engendré par une partie de E. Là encore, si P est une partie de E, on notera $\text{Vect}(P)$ le sous-espace vectoriel engendré par P.

Exemple 24

Pour $\mathbb{K} = \mathbb{R}$, $E = \mathbb{R}^2$ et $P = \mathbb{Q}^2$, on a $\text{Vect}(P) = \mathbb{R}^2$.

Voyons pourquoi : on a $e_1 = \begin{pmatrix} 1 \\ 0 \end{pmatrix} \in \mathbb{Q}^2 = P$ et $e_2 = \begin{pmatrix} 0 \\ 1 \end{pmatrix} \in \mathbb{Q}^2 = P$. Par suite toute CL de e_1 et e_2 appartient à $\text{Vect}(P)$. Autrement dit $\mathbb{R}^2 = \{xe_1 + ye_2,\ (x,y) \in \mathbb{R}^2\} \subset \text{Vect}(P)$. Comme $\text{Vect}(P)$ est un sous-espace vectoriel de $\mathbb{R}^2$, on a gratuitement l'autre inclusion, d'où l'égalité annoncée.

En reprenant les idées du dernier exemple, on énonce naturellement la proposition suivante.

Proposition 6 (Propriétés fondamentales de Vect)

1. Vect est croissante pour l'inclusion, c'est-à-dire :
   - si $\mathcal{F}$ est une sous-famille de $\mathcal{F}'$, alors $\text{Vect}(\mathcal{F}) \subset \text{Vect}(\mathcal{F}')$.
   - si $P \subset P'$, alors $\text{Vect}(P) \subset \text{Vect}(P')$.
2. Vect est idempotente, c'est-à-dire :
   - $\text{Vect}\Big(\text{Vect}(\mathcal{F})\Big) = \text{Vect}(\mathcal{F})$.
   - $\text{Vect}\Big(\text{Vect}(P)\Big) = \text{Vect}(P)$.
3. $P = \text{Vect}(P) \Leftrightarrow P$ est un sous-espace vectoriel de E.

DÉMONSTRATION

Il suffit évidemment de traiter le cas des parties de E.

1. Supposons $P \subset P'$. Tout vecteur de P est un vecteur de P', donc toute CL des vecteurs de P est une CL des vecteurs de P', c'est-à-dire que tout vecteur de $\text{Vect}(P)$ est un vecteur de $\text{Vect}(P')$
2. L'ensemble $\text{Vect}(P)$ est un sous-espace vectoriel. L'ensemble $\text{Vect}(\text{Vect}(P))$ est le plus petit sous-espace vectoriel de E contenant $\text{Vect}(P)$, c'est donc $\text{Vect}(P)$.
3. L'ensemble $\text{Vect}(P)$ est un sous-espace vectoriel. Si $P = \text{Vect}(P)$, P est donc un sous-espace vectoriel. Réciproquement, si P est un sous-espace vectoriel, $\text{Vect}(P)$ est le plus petit sous-espace vectoriel de E contenant P, c'est donc P.

Exemples 25

1. Plaçons-nous dans le cas $\mathbb{K} = \mathbb{R}$, $E = \mathcal{C}^\infty(\mathbb{R}, \mathbb{R})$. On note toujours $f_{-1} : t \mapsto e^{-t}$. On a $\text{Vect}(\text{ch}, \text{sh}) = \text{Vect}(\exp, f_{-1})$.

   Montrons-le par double inclusion.

   $\boxed{\subset}$ On a $\text{ch} = \frac{1}{2} \cdot \exp + \frac{1}{2} \cdot f_{-1}$ donc $\text{ch} \in \text{Vect}(\exp, f_{-1})$. On a $\text{sh} = \frac{1}{2} \cdot \exp + (-\frac{1}{2}) \cdot f_{-1}$ donc $\text{sh} \in \text{Vect}(\exp, f_{-1})$. Finalement on a $\{\text{ch}, \text{sh}\} \subset \text{Vect}(\exp, f_{-1})$. Par croissance et idempotence de Vect, on a donc $\text{Vect}(\text{ch}, \text{sh}) \subset \text{Vect}(\exp, f_{-1})$.

   $\boxed{\supset}$ On a $\exp = 1 \cdot \text{ch} + 1 \cdot \text{sh}$ donc $\exp \in \text{Vect}(\text{ch}, \text{sh})$. On a $f_{-1} = 1 \cdot \text{ch} + (-1) \cdot \text{sh}$ donc $f_{-1} \in \text{Vect}(\text{ch}, \text{sh})$. Finalement on a $\{\text{ch}, \text{sh}\} \subset \text{Vect}(\exp, f_{-1})$. Par croissance et idempotence de Vect, on a donc $\text{Vect}(\exp, f_{-1}) \subset \text{Vect}(\text{ch}, \text{sh})$.

   On a bien montré, par double inclusion, l'égalité $\text{Vect}(\text{ch}, \text{sh}) = \text{Vect}(\exp, f_{-1})$.

2. Plaçons-nous dans le cas $\mathbb{K} = \mathbb{R}$, $E = [0,1]^{\mathbb{R}}$ et notons P l'ensemble des fonctions croissantes de $[0,1]$ dans $\mathbb{R}$. Alors on a[22] $\text{Vect}\,(P) = \{f - g,\ (f,g) \in P^2\}$.
Montrons-le par double inclusion.
$\boxed{\subset}$ Soit $h \in \text{Vect}\,(P)$. On peut donc écrire $h = \lambda_1 f_1 + \cdots + \lambda_n f_n$, où les λ_k sont des scalaires, c'est-à-dire des réels. Un certain nombre d'entre eux, disons p, sont positifs. À renommage près on peut considérer qu'il s'agit des p premiers. Les $q = n-p$ scalaires restant étant négatifs, on peut les écrire $\lambda_{p+i} = -\mu_i$, où les μ_i sont positifs. On a ainsi $h = (\lambda_1 f_1 + \cdots + \lambda_p f_p) - (\mu_1 f_{p+1} + \cdots + \mu_q f_n)$. Les $\lambda_i f_i$ s'obtiennent par produit d'une fonction croissante par un sclaire positif, ce sont donc des fonctions croissantes. Leur somme $\lambda_1 f_1 + \cdots + \lambda_p f_p$ est donc également croissante, c'est-à-dire dans P (si p est nul, on obtient la fonction nulle qui est bien croissante). De même les $\mu_i f_{p+i}$ sont des fonctions croissantes et par suite leur somme l'est aussi.
Finalement, en notant $f = \lambda_1 f_1 + \cdots + \lambda_p f_p$ et $g = \mu_1 f_{p+1} + \cdots + \mu_q f_n$, on a bien $f \in P$, $g \in P$ et $h = f - g$.
$\boxed{\supset}$ Soient $f \in P$ et $g \in P$, alors $f - g = 1 \cdot f + (-1) \cdot g$ est une CL des vecteurs de P et appartient bien à $\text{Vect}\,(P)$.
On a bien montré, par double inclusion, l'égalité $\text{Vect}\,(P) = \{f - g,\ (f,g) \in P^2\}$.

Proposition-Définition 3

Soit F un sous-espace vectoriel de E.

1. On a équivalence entre :
   - F a une base formée d'un unique vecteur,
   - $\exists u \in E \setminus \{0_E\},\ F = \text{Vect}\,(u)$,

   un tel sous-espace vectoriel est appelé une *droite (vectorielle)*.
2. On a équivalence entre :
   - F a une base formée d'exactement deux vecteurs,
   - $\exists (u,v) \in E^2,\ \neg\,(u \mathbin{/\!/} v)$ et $F = \text{Vect}\,(u,v)$,

   un tel sous-espace vectoriel est appelé un *plan (vectoriel)*.

DÉMONSTRATION

Dans les deux cas, l'équivalence est donnée par le théorème 1.

Il existe aussi une notion de droite affine et de plan affine, mais sauf mention explicite du contraire, lorsqu'on parlera de droite ou de plan, il s'agira de droite et de plan vectoriels.

22. Ce sous-espace vectoriel $\text{Vect}\,(P)$ s'appelle l'ensemble des *fonctions à variations bornées* sur $[0,1]$.

Remarque 10

Bien évidemment, cette notion de droite et cette notion de plan généralisent les notions connues dans $\mathbb{R}^2$ et $\mathbb{R}^3$.

Exemple 26

Pour se convaincre de la remarque précédente, reprenons l'exemple 22.

On a $F_1 = \left\{ \begin{pmatrix} x \\ y \\ z \end{pmatrix},\ x+y+z=0 \right\}$, $F_2 = \left\{ \begin{pmatrix} x \\ y \\ z \end{pmatrix},\ x-z=0 \right\}$ et $D = F_1 \cap F_2$ c'est-à-dire $D = \left\{ \begin{pmatrix} x \\ -2x \\ x \end{pmatrix},\ x \in \mathbb{R} \right\}$.

On a $D = \text{Vect}\left(\begin{pmatrix} 1 \\ -2 \\ 1 \end{pmatrix} \right)$. Comme $\begin{pmatrix} 1 \\ -2 \\ 1 \end{pmatrix}$ est non nul, D est bien une droite.

On a : $F_1 = \left\{ \begin{pmatrix} x \\ y \\ -x-y \end{pmatrix},\ \begin{pmatrix} x \\ y \end{pmatrix} \in \mathbb{R}^2 \right\} = \left\{ x\begin{pmatrix} 1 \\ 0 \\ -1 \end{pmatrix} + y\begin{pmatrix} 0 \\ 1 \\ -1 \end{pmatrix},\ \begin{pmatrix} x \\ y \end{pmatrix} \in \mathbb{R}^2 \right\}$

C'est-à-dire : $F_1 = \text{Vect}\left(\begin{pmatrix} 1 \\ 0 \\ -1 \end{pmatrix}, \begin{pmatrix} 0 \\ 1 \\ -1 \end{pmatrix} \right)$.

Comme $\begin{pmatrix} 1 \\ 0 \\ -1 \end{pmatrix}$ et $\begin{pmatrix} 0 \\ 1 \\ -1 \end{pmatrix}$ sont bien non colinéaires, F_1 est bien un plan.

De même, on a : $F_2 = \left\{ x\begin{pmatrix} 1 \\ 0 \\ 1 \end{pmatrix} + y\begin{pmatrix} 0 \\ 1 \\ 0 \end{pmatrix},\ \begin{pmatrix} x \\ y \end{pmatrix} \in \mathbb{R}^2 \right\} = \text{Vect}\left(\begin{pmatrix} 1 \\ 0 \\ 1 \end{pmatrix}, \begin{pmatrix} 0 \\ 1 \\ 0 \end{pmatrix} \right)$.

Comme $\begin{pmatrix} 1 \\ 0 \\ 1 \end{pmatrix}$ et $\begin{pmatrix} 0 \\ 1 \\ 0 \end{pmatrix}$ sont bien non colinéaires, F_2 est bien un plan.

3.5 Sommes de sous-espaces vectoriels

Proposition-Définition 4

Soient F_1 et F_2 deux sous-espaces vectoriels de E. On appelle *somme de F_1 et F_2* l'ensemble $F_1 + F_2 = \{u_1 + u_2,\ u_1 \in F_1,\ u_2 \in F_2\}$.

C'est un sous-espace vectoriel de E.

Plus généralement, pour n un entier naturel et $F_1, F_2, \ldots, F_n$ des sous-espaces vectoriels de E, on appelle *somme de $F_1, F_2, \ldots, F_n$* l'ensemble

$F_1 + F_2 + \cdots + F_n = \{u_1 + u_2 + \cdots + u_n,\ u_1 \in F_1,\ u_2 \in F_2,\ \ldots, u_n \in F_n\}$.

C'est un sous-espace vectoriel de E.

Démonstration

On montre le résultat pour la somme de deux sous-espaces vectoriels, la démonstration étant identique pour la somme de n sous-espaces vectoriels.

- On a $0_E \in F_1$ car F_1 est un sous-espace vectoriel de E, et $0_E \in F_2$ car F_2 est un sous-espace vectoriel de E, donc $0_E = 0_E + 0_E \in F_1 + F_2$.
- Soient u et v deux vecteurs de F_1+F_2 et λ et μ deux scalaires. Par définition, il existe u_1 et v_1 dans F_1, et u_2 et v_2 dans F_2 tels qu'on ait $u = u_1+u_2$ et $v = v_1+v_2$. Comme F_1 est un sous-espace vectoriel on a $\lambda u_1 + \mu v_1 \in F_1$; comme F_2 est un sous-espace vectoriel on a $\lambda u_2 + \mu v_2 \in F_2$. Finalement on a $\lambda u + \mu v = (\lambda u_1 + \mu v_1) + (\lambda u_2 + \mu v_2) \in F_1 + F_2$ par définition.

Remarque 11

On notera qu'on a, pour tout sev F de E, la relation $F + F = F$.

Proposition 7

Soient F_1 et F_2 deux sous-espaces vectoriels de E. Alors on a $F_1+F_2 = \operatorname{Vect}(F_1 \cup F_2)$. Plus généralement, pour n un entier naturel et F_1, F_2, …, F_n des sous-espaces vectoriels de E, on a $F_1 + F_2 + \cdots + F_n = \operatorname{Vect}\left(\bigcup_{i=1}^{n} F_i\right)$.

Démonstration

Montrons directement le cas général, par double inclusion.

$\boxed{\subset}$ Soit $u \in F_1 + F_2 + \cdots + F_n$. Par définition il existe des vecteurs $u_1 \in F_1$, $u_2 \in F_2$, …, $u_n \in F_n$ tels que $u = u_1 + u_2 + \cdots + u_n$. En particulier les u_i appartiennent à $\bigcup_{i=1}^{n} F_i$ et u est une CL des vecteurs de $\bigcup_{i=1}^{n} F_i$, donc appartient à $\operatorname{Vect}\left(\bigcup_{i=1}^{n} F_i\right)$.

$\boxed{\supset}$ Soit $u \in \operatorname{Vect}\left(\bigcup_{i=1}^{n} F_i\right)$. Par définition, u est une CL des vecteurs de $\bigcup_{i=1}^{n} F_i$. Quitte à réordonner les termes de cette CL, on peut l'écrire de la façon suivante :

$$u = \alpha_{1,1}u_{1,1}+\cdots+\alpha_{1,r_1}u_{1,r_1}+\alpha_{2,1}u_{2,1}+\cdots+\alpha_{2,r_2}u_{2,r_2}+\cdots+\alpha_{n,1}u_{n,1}+\cdots+\alpha_{n,r_n}u_{n,r_n},$$

où les $\alpha_{i,j}$ sont des scalaires et où, pour tout i et tout j, on a $u_{i,j} \in F_i$. Notons, pour tout i, $u_i = \alpha_{i,1}u_{i,1} + \cdots + \alpha_{i,r_i}u_{i,r_i}$. Pour tout i, F_i est un sous-espace vectoriel de E, on a donc $u_i \in F_i$. On a ainsi $u = u_1 + u_2 + \cdots + u_n \in F_1 + F_2 + \cdots + F_n$.

La proposition précédente peut se reformuler ainsi : l'ensemble $\mathcal{S}$ des sous-espaces vectoriels de E, ordonné par l'inclusion, est tel que toute partie finie de $\mathcal{S}$ a une borne supérieure dans $\mathcal{S}$ (la somme de ses éléments). Le résultat reste vrai pour les parties quelconques de $\mathcal{S}$, mais n'est pas au programme des classes préparatoires.

Exemple 27

Reprenons l'exemple 22.

On a $F_1 = \left\{ \begin{pmatrix} x \\ y \\ z \end{pmatrix},\ x+y+z=0 \right\} = \operatorname{Vect}\left(\begin{pmatrix} 1 \\ 0 \\ -1 \end{pmatrix}, \begin{pmatrix} 0 \\ 1 \\ -1 \end{pmatrix} \right)$ et $F_2 = \left\{ \begin{pmatrix} x \\ y \\ z \end{pmatrix},\ x-z=0 \right\}$, c'est-à-dire $F_2 = \operatorname{Vect}\left(\begin{pmatrix} 1 \\ 0 \\ 1 \end{pmatrix}, \begin{pmatrix} 0 \\ 1 \\ 0 \end{pmatrix} \right)$. Par suite $F_1 + F_2$ est l'ensemble des CL qu'on peut former avec des vecteurs de $\operatorname{Vect}\left(\begin{pmatrix} 1 \\ 0 \\ -1 \end{pmatrix}, \begin{pmatrix} 0 \\ 1 \\ -1 \end{pmatrix} \right) \bigcup \operatorname{Vect}\left(\begin{pmatrix} 1 \\ 0 \\ 1 \end{pmatrix}, \begin{pmatrix} 0 \\ 1 \\ 0 \end{pmatrix} \right)$, qui n'est autre, d'après le lemme sur les CL de CL (lemme 1), que $G = \operatorname{Vect}\left(\begin{pmatrix} 1 \\ 0 \\ -1 \end{pmatrix}, \begin{pmatrix} 0 \\ 1 \\ -1 \end{pmatrix}, \begin{pmatrix} 1 \\ 0 \\ 1 \end{pmatrix}, \begin{pmatrix} 0 \\ 1 \\ 0 \end{pmatrix} \right)$.

Observons qu'on a : $\frac{1}{2}\begin{pmatrix} 1 \\ 0 \\ -1 \end{pmatrix} + \frac{1}{2}\begin{pmatrix} 1 \\ 0 \\ 1 \end{pmatrix} = e_1$, $\begin{pmatrix} 0 \\ 1 \\ 0 \end{pmatrix} = e_2$, et $-\frac{1}{2}\begin{pmatrix} 1 \\ 0 \\ -1 \end{pmatrix} + \frac{1}{2}\begin{pmatrix} 1 \\ 0 \\ 1 \end{pmatrix} = e_3$.

On a donc $\{e_1, e_2, e_3\} \subset \operatorname{Vect}\left(\begin{pmatrix} 1 \\ 0 \\ -1 \end{pmatrix}, \begin{pmatrix} 0 \\ 1 \\ -1 \end{pmatrix}, \begin{pmatrix} 1 \\ 0 \\ 1 \end{pmatrix}, \begin{pmatrix} 0 \\ 1 \\ 0 \end{pmatrix} \right)$.

Puis $\mathbb{R}^3 = \operatorname{Vect}\Big(e_1, e_2, e_3\Big) \subset \operatorname{Vect}\left(\begin{pmatrix} 1 \\ 0 \\ -1 \end{pmatrix}, \begin{pmatrix} 0 \\ 1 \\ -1 \end{pmatrix}, \begin{pmatrix} 1 \\ 0 \\ 1 \end{pmatrix}, \begin{pmatrix} 0 \\ 1 \\ 0 \end{pmatrix} \right)$ par croissance et idempotence de Vect. Comme l'inclusion réciproque est vraie par définition, on conclut qu'on a $F_1 + F_2 = \mathbb{R}^3$.

Remarque 12

Dans le cas où l'on a $F_1 = \operatorname{Vect}(P_1)$ et $F_2 = \operatorname{Vect}(P_2)$, où P_1 et P_2 sont des parties de E, la proposition 7 se reformule ainsi : $\operatorname{Vect}(P_1) + \operatorname{Vect}(P_2) = \operatorname{Vect}(P_1 \cup P_2)$.

De même, si $F_1 = \operatorname{Vect}(P_1)$, ..., $F_n = \operatorname{Vect}(P_n)$, où P_1, ..., P_n sont des parties de E, la proposition 7 se reformule ainsi : $\operatorname{Vect}(P_1) + \ldots + \operatorname{Vect}(P_n) = \operatorname{Vect}(P_1 \cup \ldots \cup P_n)$.

Démonstration

Montrons le résultat pour une somme de deux sous-espaces vectoriels engendrés. D'après la proposition 7, on a $\operatorname{Vect}(P_1) + \operatorname{Vect}(P_2) = \operatorname{Vect}(\operatorname{Vect}(P_1) \cup \operatorname{Vect}(P_2))$. Reste à voir qu'on a $\operatorname{Vect}(\operatorname{Vect}(P_1) \cup \operatorname{Vect}(P_2)) = \operatorname{Vect}(P_1 \cup P_2)$. Montrons-le par double inclusion.

$\boxed{\subset}$ On a $P_1 \subset P_1 \cup P_2$ donc $\operatorname{Vect}(P_1) \subset \operatorname{Vect}(P_1 \cup P_2)$ par croissance de Vect. De même on a $\operatorname{Vect}(P_2) \subset \operatorname{Vect}(P_1 \cup P_2)$ et par suite $\operatorname{Vect}(P_1) \cup \operatorname{Vect}(P_2) \subset \operatorname{Vect}(P_1 \cup P_2)$. Par croissance et idempotence de Vect, il vient donc $\operatorname{Vect}(\operatorname{Vect}(P_1) \cup \operatorname{Vect}(P_2)) \subset$

$\text{Vect}(\text{Vect}(P_1 \cup P_2)) = \text{Vect}(P_1 \cup P_2)$.

$\boxed{\supset}$ On a $P_1 \subset \text{Vect}(P_1)$ et $P_2 \subset \text{Vect}(P_2)$ donc $P_1 \cup P_2 \subset \text{Vect}(P_1) \cup \text{Vect}(P_2)$ puis $\text{Vect}(P_1 \cup P_2) \subset \text{Vect}(\text{Vect}(P_1) \cup \text{Vect}(P_2))$ par croissance de Vect.

On a bien montré, par double inclusion, l'égalité $\text{Vect}(P_1) + \text{Vect}(P_2) = \text{Vect}(P_1 \cup P_2)$ que l'on souhaitait obtenir.

Dans les exemples qui précèdent, on s'est limité jusqu'à présent à des sommes de deux sous-espaces vectoriels. Remarquons qu'on peut toujours ramener une somme de n sous-espaces vectoriels à des sommes de deux sous-espaces vectoriels en utilisant le simple constat suivant.

Remarques 13

- L'addition des sous-espaces vectoriels est associative. Plus précisément, si F_1, F_2, ..., F_n sont des sous-espaces vectoriels la somme $F_1+F_2+\cdots+F_n$ est égale à toute somme que l'on peut former en rajoutant des parenthèses dans l'expression précédente.

- L'addition des sous-espaces vectoriels est commutative.

DÉMONSTRATION

Cela provient de l'associativité et de la commutativité de l'addition de E.

Ainsi, par exemple, si F_1, F_2 et F_3 sont des sous-espaces vectoriels, on aura :

$$(F_1 + F_2) + F_3 = F_1 + (F_2 + F_3) = F_1 + F_2 + F_3.$$

Exemple 28

Reprenons l'exemple 22. Adoptons les notations suivantes :

$D_1 = \left\{ \begin{pmatrix} x \\ 0 \\ -x \end{pmatrix}, \ x \in \mathbb{R} \right\} = \text{Vect}\left(\begin{pmatrix} 1 \\ 0 \\ -1 \end{pmatrix} \right)$, $D = \left\{ \begin{pmatrix} x \\ -2x \\ x \end{pmatrix}, \ x \in \mathbb{R} \right\} = \text{Vect}\left(\begin{pmatrix} 1 \\ -2 \\ 1 \end{pmatrix} \right)$ et $D_2 = \left\{ \begin{pmatrix} x \\ 0 \\ x \end{pmatrix}, \ x \in \mathbb{R} \right\} = \text{Vect}\left(\begin{pmatrix} 1 \\ 0 \\ 1 \end{pmatrix} \right)$. On a $D_1 + D + D_2 = \text{Vect}(D_1 \cup D \cup D_2)$ et

donc $D_1 + D + D_2 = \text{Vect}\left(\begin{pmatrix} 1 \\ 0 \\ -1 \end{pmatrix}, \begin{pmatrix} 1 \\ -2 \\ 1 \end{pmatrix}, \begin{pmatrix} 1 \\ 0 \\ 1 \end{pmatrix} \right)$ d'après la remarque 12.

On a déjà vu dans l'exemple 14.2 que $\left(\begin{pmatrix} 1 \\ 0 \\ -1 \end{pmatrix}, \begin{pmatrix} 1 \\ -2 \\ 1 \end{pmatrix}, \begin{pmatrix} 1 \\ 0 \\ 1 \end{pmatrix} \right)$ était une base de $\mathbb{K}^3$, en particulier c'en est une famille génératrice et $D_1 + D + D_2 = \mathbb{R}^3$.

Vérifions que l'on retrouve ce résultat à l'aide des remarques 11 et 13.

On a $D_1 + D = \text{Vect}\,(D \cup D_1) = \text{Vect}\left(\begin{pmatrix}1\\0\\-1\end{pmatrix}, \begin{pmatrix}1\\-2\\1\end{pmatrix}\right)$ d'après la remarque 12.

On a $\begin{pmatrix}1\\-2\\1\end{pmatrix} = \begin{pmatrix}1\\0\\-1\end{pmatrix} - 2\begin{pmatrix}0\\1\\-1\end{pmatrix}$, donc $\text{Vect}\left(\begin{pmatrix}1\\0\\-1\end{pmatrix}, \begin{pmatrix}1\\-2\\1\end{pmatrix}\right) \subset \text{Vect}\left(\begin{pmatrix}1\\0\\-1\end{pmatrix}, \begin{pmatrix}0\\1\\-1\end{pmatrix}\right)$

c'est-à-dire $\text{Vect}\left(\begin{pmatrix}1\\0\\-1\end{pmatrix}, \begin{pmatrix}1\\-2\\1\end{pmatrix}\right) \subset F_1$.

On a $\begin{pmatrix}0\\1\\-1\end{pmatrix} = \frac{1}{2}\begin{pmatrix}1\\0\\-1\end{pmatrix} - \frac{1}{2}\begin{pmatrix}1\\-2\\1\end{pmatrix}$, donc $\text{Vect}\left(\begin{pmatrix}1\\0\\-1\end{pmatrix}, \begin{pmatrix}0\\1\\-1\end{pmatrix}\right) \subset \text{Vect}\left(\begin{pmatrix}1\\0\\-1\end{pmatrix}, \begin{pmatrix}1\\-2\\1\end{pmatrix}\right)$

c'est-à-dire $F_1 \subset \text{Vect}\left(\begin{pmatrix}1\\0\\-1\end{pmatrix}, \begin{pmatrix}1\\-2\\1\end{pmatrix}\right)$.

Finalement $D_1 + D = F_1$.

On montre de même : $D + D_2 = F_2$.

D'après les remarques 11 et 13, on a :

$D_1 + D + D_2 = D_1 + (D + D) + D_2 = (D_1 + D) + (D + D_2) = F_1 + F_2$.

On retrouve bien $D_1 + D + D_2 = \mathbb{R}^3$ d'après le résultat établi dans l'exemple 27.

3.6 Sommes directes

Définition 11

Une somme $F = F_1 + F_2 + \cdots + F_n$ est dire *directe* lorsque tout vecteur u de F peut s'écrire **de façon unique** sous la forme $u = u_1 + u_2 + \cdots + u_n$ où l'on a $\forall i \in \{1, \ldots, n\},\ u_i \in F_i$. On note alors $F = F_1 \oplus F_2 \oplus \cdots \oplus F_n$

Ainsi, lorsqu'on écrit une expression de la forme $F_1 \oplus F_2 \oplus \cdots \oplus F_n$, on décrit un objet (la somme des sous-espaces vectoriels F_i), **et**, simultanément, on donne une information sur cet objet (le fait que cette somme est directe). On a rencontré une situation totalement analogue avec l'exemple des réunions disjointes, entre autres.

Exemple 29

Reprenons l'exemple 22. Pour $F_1 = \left\{\begin{pmatrix}x\\y\\z\end{pmatrix},\ x + y + z = 0\right\}$ et $F_2 = \left\{\begin{pmatrix}x\\y\\z\end{pmatrix},\ x - z = 0\right\}$, la somme $F_1 + F_2$ n'est pas directe. En effet on a, par exemple :

$$\begin{pmatrix}1\\2\\1\end{pmatrix} = \begin{pmatrix}1\\-2\\1\end{pmatrix} + \begin{pmatrix}0\\4\\0\end{pmatrix} = \begin{pmatrix}-1\\2\\-1\end{pmatrix} + \begin{pmatrix}2\\0\\2\end{pmatrix}.$$

Comme on a $\begin{pmatrix}1\\-2\\1\end{pmatrix} \in F_1$ et $\begin{pmatrix}0\\4\\0\end{pmatrix} \in F_2$, **mais aussi** $\begin{pmatrix}-1\\2\\-1\end{pmatrix} \in F_1$ et $\begin{pmatrix}2\\0\\2\end{pmatrix} \in F_2$, la décomposition d'un élément de $F_1 + F_2$ comme somme d'un élément de F_1 et d'un élément de F_2 n'est en général pas unique. La somme n'est donc pas directe.

Exemple 30

Reprenons l'exemple 28. Pour $D_1 = \text{Vect}\left(\begin{pmatrix}1\\0\\-1\end{pmatrix}\right)$, pour $D = \text{Vect}\left(\begin{pmatrix}1\\-2\\1\end{pmatrix}\right)$ et pour $D_2 = \text{Vect}\left(\begin{pmatrix}1\\0\\1\end{pmatrix}\right)$, la somme $D_1 + D + D_2$ est directe. Considérons en effet un vecteur $v \in D_1 + D + D_2$. Supposons avoir $v = u_1 + u + u_2$ avec $u_1 \in D_1$, $u \in D$, $u_2 \in D_2$. Par définition, il existe des scalaires λ_1, λ et λ_2 tels que $u_1 = \lambda_1\begin{pmatrix}1\\0\\-1\end{pmatrix}$, $u = \lambda\begin{pmatrix}1\\-2\\1\end{pmatrix}$ et $u_2 = \lambda_2\begin{pmatrix}1\\0\\1\end{pmatrix}$, et par suite $u = \lambda_1\begin{pmatrix}1\\0\\-1\end{pmatrix} + \lambda\begin{pmatrix}1\\-2\\1\end{pmatrix} + \lambda_2\begin{pmatrix}1\\0\\1\end{pmatrix}$. On a vu dans l'exemple 14.2 que $\left(\begin{pmatrix}1\\0\\-1\end{pmatrix}, \begin{pmatrix}1\\-2\\1\end{pmatrix}, \begin{pmatrix}1\\0\\1\end{pmatrix}\right)$ était une base de $\mathbb{K}^3$. Tout vecteur de $\mathbb{K}^3$ se décompose donc de façon unique comme CL des vecteurs de cette base. D'où l'unicité de λ_1, λ et λ_2, et par suite de u_1, u et u_2.

Dans l'exemple précédent, on voit bien que c'est la liberté de $\left(\begin{pmatrix}1\\0\\-1\end{pmatrix}, \begin{pmatrix}1\\-2\\1\end{pmatrix}, \begin{pmatrix}1\\0\\1\end{pmatrix}\right)$, et non son caractère générateur, qui a permis d'obtenir le caractère direct de la somme. On généralise immédiatement ce point.

Proposition 8 (Caractérisation des sommes directes)

Soient F_1, F_2, ..., F_n des sous-espaces vectoriels de E.
La somme $F_1 + F_2 + \cdots + F_n$ est directe si et seulement si on a :
$\forall (u_1, u_2, \ldots, u_n) \in F_1 \times F_2 \times \cdots \times F_n,\ 0_E = u_1 + u_2 + \cdots + u_n \Rightarrow u_1 = u_2 = \cdots = 0_E$.

Démonstration

$\boxed{\Rightarrow}$ Supposons que la somme $F_1 + F_2 + \cdots + F_n$ soit directe.
On a évidemment $0_E = 0_E + 0_E + \cdots + 0_E$ et donc, par unicité d'une décomposition, si on a $0_E = u_1 + u_2 + \cdots + u_n$ on a $u_1 = u_2 = \cdots = 0_E$.

$\boxed{\Leftarrow}$ Supposons avoir :

$\forall(u_1, u_2, \ldots, u_n) \in F_1 \times F_2 \times \cdots \times F_n, 0_E = u_1 + u_2 + \cdots + u_n \Rightarrow u_1 = u_2 = \cdots = 0_E$. Montrons que la somme $F_1 + F_2 + \cdots + F_n$ est directe. Soit $x \in F_1 + F_2 + \cdots + F_n$. Supposons avoir deux décompositions $x = x_1 + \cdots + x_n = y_1 + \cdots + y_n$ de x, avec pour tout $i \in \{1, \ldots, n\}$ $x_i \in F_i$ et $y_i \in F_i$. On a $0_E = x - x = (x_1 - y_1) + \cdots + (x_n - y_n)$ par associativité. Par hypothèse, on a donc $x_1 - y_1 = \cdots = x_n - y_n = 0_E$, c'est-à-dire $\forall i \in \{1, \ldots, n\}$, $x_i = y_i$. On vient de voir que pour tout élément de $F_1 + F_2 + \cdots + F_n$ on avait unicité d'une décomposition, c'est-à-dire que la somme est directe.

En corollaire, et sur le modèle de l'exemple précédent, on obtient immédiatement :

Corollaire 1

Soient $v_1, v_2, \ldots, v_n$ des vecteurs non nuls de E.
La somme $\text{Vect}(v_1) + \text{Vect}(v_2) + \cdots + \text{Vect}(v_n)$ est directe si et seulement si la famille $(v_1, v_2, \ldots, v_n)$ est libre.

Il est nécessaire de supposer les v_i non nuls car ajouter l'espace nul à une somme directe donne clairement lieu à une somme directe.

DÉMONSTRATION

Pour tout entier i, un vecteur de $\text{Vect}(v_i)$ est un vecteur de la forme $\lambda_i v_i$ avec λ_i un scalaire. D'après la proposition précédente, la somme $\text{Vect}(v_1) + \cdots + \text{Vect}(v_n)$ est directe si et seulement si

$$\forall(u_1, \ldots, u_n) \in \text{Vect}(v_1) \times \cdots \times \text{Vect}(v_n), 0_E = u_1 + \cdots + u_n \Rightarrow u_1 = \cdots = u_n = 0_E,$$

c'est-à-dire si et seulement si

$$\forall(\lambda_1, \ldots, \lambda_n) \in \mathbb{K}^n, 0_E = \lambda_1 v_1 + \cdots + \lambda_n v_n \Rightarrow \lambda_1 v_1 = \cdots = \lambda_n v_n = 0_E.$$

Ce qui équivaut bien à la liberté de $(v_1, v_2, \ldots, v_n)$ puisque les v_i sont non nuls si bien qu'on a $\lambda_i v_i = 0_E \Leftrightarrow \lambda_i = 0$.

Dans le cas des sommes directes de deux sous-espaces, on a une caractérisation simple :

Proposition 9 (Caractérisation d'une somme directe)

Soient F_1 et F_2 deux sous-espaces vectoriels de E. La somme $F_1 + F_2$ est directe si et seulement si on a $F_1 \cap F_2 = \{0_E\}$.

DÉMONSTRATION

$\boxed{\Rightarrow}$ Supposons que la somme $F_1 + F_2$ soit directe.
Soit $x \in F_1 \cap F_2$. Alors on a $x \in F_1$, $x \in F_2$ et $x \in F_1 + F_2$. On peut décomposer x sous la forme $x = x + 0_E$ avec $x \in F_1$ et $0_E \in F_2$, mais on peut aussi décomposer x sous la forme $x = 0_E + x$ avec $0_E \in F_1$ et $x \in F_2$. D'où $x = 0_E$ par unicité d'une décomposition. Ceci étant vrai pour tout $x \in F_1 \cap F_2$, on a $F_1 \cap F_2 \subset \{0_E\}$, et comme l'inclusion réciproque est évidente, on trouve bien $F_1 \cap F_2 = \{0_E\}$.
$\boxed{\Leftarrow}$ Supposons avoir $F_1 \cap F_2 = \{0_E\}$.
Soit $x \in F_1 + F_2$ et supposons avoir deux décomposition $x = x_1 + x_2 = y_1 + y_2$ de x. Comme F_1 est un sev, on a $x_1 - y_1 \in F_1$ et de même on a $y_2 - x_2 \in F_2$. Or on a $x_1 - y_1 = y_2 - x_2$, ce vecteur appartient donc à $F_1 \cap F_2$ et il est donc nul. On a donc $x_1 = y_1$, $x_2 = y_2$, d'où l'unicité de la décomposition de x. Ceci étant vrai pour tout $x \in F_1 + F_2$, la somme est bien directe.

⚠ Attention, une somme de trois sous-espaces vectoriels peut très bien ne pas être directe alors que ces sous-espaces vectoriels sont deux à deux d'intersection nulle.

Exemple 31

On reprend l'exemple 10.
Plaçons-nous dans le cas $\mathbb{K} = \mathbb{R}$, $E = \mathbb{R}^2$, considérons les vecteurs $e_1 = \begin{pmatrix} 1 \\ 0 \end{pmatrix}$ et $e_2 = \begin{pmatrix} 0 \\ 1 \end{pmatrix}$.
Les sous-espaces vectoriels $(Ox) = \operatorname{Vect}(e_1)$, $(Oy) = \operatorname{Vect}(e_2)$ et $\Delta = \operatorname{Vect}(e_1 + e_2)$. On a bien $(Ox) \cap (Oy) = (Ox) \cap \Delta = (Oy) \cap \Delta = \{0_E\}$, mais la somme n'est pas directe puisque le vecteur nul peut se décomposer d'au moins deux façons : on a en effet $0_E = 0 \cdot e_1 + 0 \cdot e_2 + 0 \cdot (e_1 + e_2)$, mais aussi $0_E = 1 \cdot e_1 + 1 \cdot e_2 + (-1) \cdot (e_1 + e_2)$.

3.7 Supplémentaires

Définition 12

Deux sous-espaces vectoriels F et G de E sont dit *supplémentaires* lorsqu'on a $F \oplus G = E$.

La méthode naturelle pour montrer que deux sous-espaces vectoriels F et G d'un espace vectoriel E sont supplémentaires consiste à procéder par analyse-synthèse. Il s'agit en effet de montrer que tout vecteur $x \in E$ peut se décomposer de façon unique comme somme d'un vecteur $y \in F$ et d'un vecteur $z \in G$. Dans la partie analyse, on montre qu'on a un unique candidat pour le couple (y, z). Dans la partie synthèse, on vérifie que ce couple convient bien.

Exemple 32

Plaçons-nous dans le cas $\mathbb{K} = \mathbb{R}$, $E = \mathbb{R}^{\mathbb{R}}$. Notons $\mathcal{P}$ le sous-espace vectoriel des fonctions paires de $\mathbb{R}$ dans $\mathbb{R}$ et $\mathcal{I}$ le sous-espace vectoriel des fonctions impaires de $\mathbb{R}$ dans $\mathbb{R}$. Alors $\mathcal{P}$ et $\mathcal{I}$ sont supplémentaires.
Voyons pourquoi. Il s'agit de montrer que pour toute fonction $f \in E$, il existe une unique fonction paire f_p et une unique fonction impaire f_i telles que $f = f_p + f_i$.
Soit $f \in E$. Raisonnons par analyse-synthèse.

Analyse : Soit (f_p, f_i) un couple convenable. Fixons un réel x : par définition de la parité et de l'imparité, on a $f_p(-x) = f_p(x)$ et $f_i(-x) = -f_i(x)$. En appliquant l'égalité $f = f_p + f_i$ à x et à $-x$, on trouve :

$$\begin{cases} f(x) = f_p(x) + f_i(x) \\ f(-x) = f_p(-x) + f_i(-x) = f_p(x) - f_i(x) \end{cases}.$$

Par somme de ces deux égalités on obtient $f_p(x) = \dfrac{f(x)+f(-x)}{2}$. Par différence on obtient $f_i(x) = \dfrac{f(x)-f(-x)}{2}$.
Ceci étant vrai pour tout réel x, on a un unique candidat pour f_p et un unique candidat pour f_i : $f_p = x \mapsto \dfrac{f(x)+f(-x)}{2}$ et $f_i = x \mapsto \dfrac{f(x)-f(-x)}{2}$.

Synthèse : Montrons qu'on a bien f_p paire : pour tout réel x, on a
$f_p(-x) = \dfrac{f(-x)+f(-(-x))}{2} = \dfrac{f(x)+f(-x)}{2} = f_p(x)$.
Montrons qu'on a bien f_i paire : pour tout réel x, on a
$f_i(-x) = \dfrac{f(-x)-f(-(-x))}{2} = \dfrac{-f(x)+f(x)}{2} = -f_i(x)$.
Montrons qu'on a bien, $f_p + f_i = f$: pour tout réel x, on a
$f_p(x) + f_i(-x) = \dfrac{f(x)+f(-x)}{2} + \dfrac{f(x)-f(-x)}{2} = \dfrac{2f(x)}{2} = f(x)$.

Conclusion : Il existe bien un unique couple (f_p, f_i) tel que f_p soit paire, f_i impaire, et $f = f_p + f_i$. Ceci étant vrai pour toute fonction $f \in E$, on a bien $F \oplus G = E$.

Exemple 33

Reprenons l'exemple 19. On a vu que l'ensemble E des suites réelles convergentes était

naturellement muni d'une structure d'espace vectoriel. On va exhiber deux sous-espaces vectoriels de E tels que $F \oplus G = E$.
On désigne par F le sous-ensemble de E formé des suites de limite nulle. Il s'agit d'un sous-espace vectoriel de E : en effet la suite nulle est bien de limite nulle, la somme de deux suites de limite nulle est une suite de limite nulle, et le produit d'une suite de limite nulle par un scalaire est une suite de limite nulle. On renvoie le lecteur à G. Costantini, *Analyse*. 1re année, De Boeck (2013), théorème 42 p. 232, pour les détails de la démonstration de ces points.
On désigne par G le sous-ensemble de E formé des suites constantes. Il s'agit clairement d'un sous-espace vectoriel de E (c'est le sous-espace vectoriel engendré par la suite $(1)_{n\in\mathbb{N}}$).
Montrons qu'on a $F \oplus G = E$, c'est-à-dire que toute suite convergente $(u_n)_{n\in\mathbb{N}}$ peut s'écrire de façon unique comme somme d'une suite de limite nulle $(v_n)_{n\in\mathbb{N}}$ et d'une suite constante $(c)_{n\in\mathbb{N}}$.
Analyse : Soit $\big((v_n)_{n\in\mathbb{N}}, (c)_{n\in\mathbb{N}}\big)$ un couple convenable. En passant à la limite dans $(u_n)_{n\in\mathbb{N}} = (v_n)_{n\in\mathbb{N}} + (c)_{n\in\mathbb{N}}$, on trouve que c est nécessairement la limite de $(u_n)_{n\in\mathbb{N}}$ et donc que $(v_n)_{n\in\mathbb{N}}$ est nécessairement la suite de terme général $u_n - c$.
Synthèse : Par construction, la suite $(c)_{n\in\mathbb{N}}$ est bien constante et on a bien $(u_n)_{n\in\mathbb{N}} = (u_n - c)_{n\in\mathbb{N}} + (c)_{n\in\mathbb{N}}$. De plus, par propriétés algébriques sur les limites, la suite de terme général $u_n - c$ est bien de limite nulle.
Conclusion : Il existe bien un unique couple $((v_n)_{n\in\mathbb{N}}, (c)_{n\in\mathbb{N}})$ convenable.
Ceci étant vrai pour toute suite $(u_n)_{n\in\mathbb{N}} \in E$, on a bien $F \oplus G = E$.

Exemple 34

Reprenons l'exemple 22. On a vu que la somme $F_1 + F_2 = \mathbb{R}^3$ n'est pas directe. Ces sous-espaces vectoriels ne sont donc pas supplémentaires.

Remarques 14

1. E a pour unique supplémentaire $\{0_E\}$,
2. $\{0_E\}$ a pour unique supplémentaire E.

⚠ Lorsque F est un sous-espace vectoriel de E distinct de E et de $\{0_E\}$, les supplémentaires de F ne sont jamais uniques.

Exemple 35

Plaçons-nous dans le cas très simple où on a $\mathbb{K} = \mathbb{R}$, $E = \mathbb{R}^2$, $F = \Delta = \left\{\begin{pmatrix} t \\ t \end{pmatrix}, t \in \mathbb{R}\right\}$.

Alors $(Ox) = \mathbb{R} \times \{0\}$ et $(Oy) = \{0\} \times \mathbb{R}$ sont deux supplémentaires distincts de Δ. En effet, pour tout vecteur $\begin{pmatrix} x \\ y \end{pmatrix}$ on a $\begin{pmatrix} x \\ y \end{pmatrix} = \begin{pmatrix} y \\ y \end{pmatrix} + \begin{pmatrix} x-y \\ 0 \end{pmatrix}$ et $\begin{pmatrix} x \\ y \end{pmatrix} = \begin{pmatrix} x \\ x \end{pmatrix} + \begin{pmatrix} 0 \\ y-x \end{pmatrix}$, et on laisse au lecteur le soin de se convaincre que les décompositions sont uniques dans chaque cas. □

Proposition-Définition 5 (Base adaptée)

Si on a $E = F_1 \oplus F_2$, que $\mathcal{B}_1$ est une base de F_1 et que $\mathcal{B}_2$ est une base de F_2, alors $\mathcal{B} = \mathcal{B}_1 \sqcup \mathcal{B}_2$ est une base de E. Une telle base est appelée *base adaptée à la somme directe.*

Réciproquement si $\mathcal{F} = \mathcal{F}_1 \sqcup \mathcal{F}_2$ est libre, alors on a $\text{Vect}(\mathcal{F}) = \text{Vect}(\mathcal{F}_1) \oplus \text{Vect}(\mathcal{F}_2)$ et $\mathcal{F}$ est une base adaptée à cette somme directe.

Remarque 15

On dira parfois plus simplement d'une base adaptée à la somme directe $F_1 \oplus F_2 = E$ qu'elle est *adaptée à* F_1.

DÉMONSTRATION

- Supposons avoir $E = F_1 \oplus F_2$, avec $\mathcal{B}_1$ une base de F_1 et $\mathcal{B}_2$ une base de F_2. Montrons que $\mathcal{B} = \mathcal{B}_1 \sqcup \mathcal{B}_2$ est bien une base de E en montrant qu'elle est libre et génératrice.

  D'après la proposition 7, on a $\text{Vect}(\mathcal{B}) = \text{Vect}(\mathcal{B}_1 \cup \mathcal{B}_2) = \text{Vect}(\mathcal{B}_1) + \text{Vect}(\mathcal{B}_2)$ c'est-à-dire $\text{Vect}(\mathcal{B}) = F_1 + F_2 = E$. D'où le caratère générateur de $\mathcal{B}$.

  Considérons une CL nulle des vecteurs de $\mathcal{B} = \mathcal{B}_1 \sqcup \mathcal{B}_2$: une telle CL s'écrit sous la forme $\lambda_1 u_1 + \cdots + \lambda_p u_p + \mu_1 v_1 + \cdots + \mu_q v_q = 0_E$, où les u_i sont des vecteurs de $\mathcal{B}_1$ et les v_j des vecteurs de $\mathcal{B}_2$. Posons $u = \lambda_1 u_1 + \cdots + \lambda_p u_p$ et $v = \mu_1 v_1 + \cdots + \mu_q v_q$. On a ainsi $u + v = 0_E$, et comme $\mathcal{B}_1$ est une base de F_1 on a $u \in F_1$, et comme $\mathcal{B}_2$ est une base de F_2 on a $v \in F_2$. La somme $F_1 \oplus F_2$ étant directe, et d'après la caractérisation 8, on a donc $u = v = 0_E$, c'est-à-dire $\lambda_1 u_1 + \cdots + \lambda_p u_p = \mu_1 v_1 + \cdots + \mu_q v_q = 0_E$. Par liberté de $\mathcal{B}_1$ et de $\mathcal{B}_2$, on a donc bien $\lambda_1 = \cdots = \lambda_p = \mu_1 = \cdots = \mu_q = 0$. D'où la liberté de $\mathcal{B}$.
- Supposons avoir $\mathcal{F} = \mathcal{F}_1 \sqcup \mathcal{F}_2$ libre. D'après la remarque 3, les familles $\mathcal{F}_1$ et $\mathcal{F}_2$ sont libres commes sous-familles de $\mathcal{F}$. Pour $i \in \{1, 2\}$, on a par définition $\mathcal{F}_i$ génératrice de $\text{Vect}(\mathcal{F}_i)$, et par liberté elle en forme bien une base.

  Alors on a $\text{Vect}(\mathcal{F}) = \text{Vect}(\mathcal{F}_1) \oplus \text{Vect}(\mathcal{F}_2)$ et $\mathcal{F}$ est une base adaptée à cette somme directe.

Exemple 36

Une base adaptée à la somme directe $\Delta \oplus (Ox) = \mathbb{R}^2$ est $\mathcal{B} = \left(\begin{pmatrix}1\\1\end{pmatrix}, \begin{pmatrix}1\\0\end{pmatrix}\right)$.

Remarque 16

Le concept de base adaptée à une somme directe se généralise sans aucune difficulté à une somme d'un nombre fini quelconque de sous-espaces. On le traitera en détail dans le cadre spécifique des espaces de dimension finie (chapitre suivant), mais le lecteur peut sans peine induire cette notion dans le cadre général.

La proposition précédente donne un procédé explicite de construction de sous-espaces supplémentaires : on considère une base de E, on la scinde en deux, et on obtient les bases de deux sous-espaces supplémentaires de E.

Exemple 37

Un supplémentaire de $\mathbb{K}_n[X]$ dans $\mathbb{K}[X]$ est $X^{n+1}\mathbb{K}[X]$, où $X^{n+1}\mathbb{K}[X]$ désigne l'ensemble $\{a_{n+1}X^{n+1} + \cdots + a_{n+1+N}X^{n+1+N},\ N \in \mathbb{N}, (a_{n+1}, \ldots, a_{n+1+N}) \in \mathbb{K}^{N+1}\}$.
Il suffit pour le voir d'appliquer la proposition précédente avec $E = \mathbb{K}[X]$, $\mathcal{B}$ la base canonique de $\mathbb{K}[X]$, $\mathcal{B}_1 = (1, X, X^2, \ldots, X^n)$ et $\mathcal{B}_2 = (X^{n+1}, \ldots, X^{n+1+k}, \ldots)$.

Exemple 38

Reprenons l'exemple 22. Notons D la droite $D = \text{Vect}\left(\begin{pmatrix}1\\1\\1\end{pmatrix}\right)$.

Alors $F_1 = \left\{\begin{pmatrix}x\\y\\z\end{pmatrix},\ x+y+z=0\right\}$ et $F_2 = \left\{\begin{pmatrix}x\\y\\z\end{pmatrix},\ x-z=0\right\}$ sont deux supplémentaires distincts de D. En effet, on a vu que $\left(\begin{pmatrix}1\\0\\-1\end{pmatrix}, \begin{pmatrix}0\\1\\-1\end{pmatrix}\right)$ forme une base de F_1, on a vu que $\left(\begin{pmatrix}1\\0\\1\end{pmatrix}, \begin{pmatrix}0\\1\\0\end{pmatrix}\right)$ forme une base de F_2, et on montre facilement que $\left(\begin{pmatrix}1\\1\\1\end{pmatrix}, \begin{pmatrix}1\\0\\-1\end{pmatrix}, \begin{pmatrix}0\\1\\-1\end{pmatrix}\right)$ et $\left(\begin{pmatrix}1\\1\\1\end{pmatrix}, \begin{pmatrix}1\\0\\1\end{pmatrix}, \begin{pmatrix}0\\1\\0\end{pmatrix}\right)$ forment des bases de $\mathbb{R}^3$.

Définition 13

On appelle *hyperplan de* E un sous-espace vectoriel de E dont un supplémentaire est une droite.

Cette terminologie est inspirée de la géométrie. En effet, on montrera dans le prochain chapitre et il n'est pas difficile de se convaincre dès à présent que pour $E = \mathbb{R}^3$, un hyperplan est précisément un plan. La notion d'hyperplan généralise donc la notion de plan dans des espaces plus abstraits que l'espace « à trois dimensions » usuel.

Exemple 39

Reprenons l'exemple 22. Les plans F_1 et F_2 sont bien des hyperplans puisqu'un supplémentaire commun de ces deux sous-espaces vectoriels est la droite $D = \mathrm{Vect}\left(\begin{pmatrix}1\\1\\1\end{pmatrix}\right)$.

Exemple 40

Reprenons l'exemple 33. On a vu que l'ensemble F des suites réelles de limites nulles était un sous-espace vectoriel de l'espace vectoriel E des suites convergentes, et de plus qu'elle avait pour supplémentaire l'espace des suites constantes, qui est une droite puisqu'il s'agit de $\mathrm{Vect}\left((1)_{n\in\mathbb{N}}\right)$. Il s'agit donc d'un hyperplan.

Exemple 41

Pour $E = \mathcal{M}_n(\mathbb{K})$, le sous-espace F des matrices de trace nulle de l'exemple 16 est un hyperplan. En effet, pour $G = \mathrm{Vect}\left(E_{1,1}\right)$ qui est bien une droite, on a $F \oplus G = E$. Il s'agit de montrer que toute matrice M peut s'écrire de façon unique comme somme d'une matrice de trace nulle N et d'une matrice de G, c'est-à-dire de la forme $\lambda E_{1,1}$.

Analyse : Soit (N, λ) un couple convenable. En passant à la trace dans $M = N + \lambda E_{1,1}$, on trouve que λ est nécessairement la trace de M et par suite qu'on a nécessairement $N = M - \mathrm{tr}(M)E_{1,1}$.

Synthèse : Par construction, on a bien $\mathrm{tr}(M)E_{1,1} \in G$ et on a bien $M = N + \mathrm{tr}(M)E_{1,1}$. De plus, par linéarité de la trace, la matrice N est bien de trace nulle.

Conclusion : Il existe bien un unique couple (N, λ) convenable.

Ceci étant vrai pour toute matrice $M \in E$, on a bien $F \oplus G = E$.

Le lecteur est invité à prendre conscience de l'identité des démonstrations des exemples 33 et 41, la trace dans l'un jouant le rôle de la limite dans l'autre. Il s'agit en réalité de deux cas particuliers d'un même résultat qui sera présenté dans le chapitre 13.

4 Exercices corrigés

11.1 Sous-espaces vectoriels

Parmi les ensembles suivants, déterminer lesquels sont des sous-espaces vectoriels de l'espace vectoriel E proposé (les lois sont implicites).

1. $F_1 = \left\{ \begin{pmatrix} x \\ y \\ z \\ t \end{pmatrix} \in \mathbb{C}^4 \ , \ x = z, \ y = 2t \right\}$ dans $E = \mathbb{C}^4$.
2. $F_2 = \left\{ \begin{pmatrix} x \\ y \\ z \\ t \end{pmatrix} \in \mathbb{R}^4 \ , \ x = z^2 t, y = |t| \right\}$ dans $E = \mathbb{R}^4$.
3. $F_3 = \left\{ \begin{pmatrix} x \\ y \\ z \end{pmatrix} \in \mathbb{R}^3 \ , \ x \leqslant y \leqslant z \right\}$ dans $E = \mathbb{R}^3$.
4. $F_4 = \left\{ \begin{pmatrix} x+y \\ 2y-z-t \\ x-t \end{pmatrix} , \ \begin{pmatrix} x \\ y \\ z \\ t \end{pmatrix} \in \mathbb{C}^4 \right\}$ dans $\mathbb{C}^3$.
5. $F_5 = \left\{ \begin{pmatrix} x \\ y \end{pmatrix} \in \mathbb{R}^2 \ , \ x^2 + y^2 = 0 \right\}$ dans $E = \mathbb{R}^2$.
6. $F_6 = \left\{ \begin{pmatrix} x \\ y \end{pmatrix} \in \mathbb{C}^2 \ , \ x^2 + y^2 = 0 \right\}$ dans $E = \mathbb{C}^2$.
7. $F_a = \left\{ \begin{pmatrix} x \\ y \end{pmatrix} \in \mathbb{R}^2 \ , \ ax + a^2 y - a^3 + a^2 + 2a = 0 \right\}$ $(a \in \mathbb{R})$ dans $E = \mathbb{R}^2$.

C 11.1 Sous-espaces vectoriels

1. Par une vérification immédiate, F_1 est un sev de $\mathbb{C}^4$.
2. F_2 n'est pas un sev de $\mathbb{R}^4$ car on peut vérifier que $u = \begin{pmatrix} 0 \\ 1 \\ 0 \\ 1 \end{pmatrix}$ appartient à F_2 tandis que $-u$ n'appartient pas à F_2 (à cause de la condition $y = |t|$).
3. F_3 n'est pas un sev de $\mathbb{R}^3$ car on peut vérifier que $u = \begin{pmatrix} 0 \\ 1 \\ 2 \end{pmatrix}$ appartient à F_3 tandis que $-u$ n'appartient pas à F_3.

4. On a $F_4 = \left\{ x\begin{pmatrix} 1 \\ 0 \\ 1 \end{pmatrix} + y\begin{pmatrix} 1 \\ 2 \\ 0 \end{pmatrix} + z\begin{pmatrix} 0 \\ -1 \\ 0 \end{pmatrix} + t\begin{pmatrix} 0 \\ -1 \\ -1 \end{pmatrix},\ \begin{pmatrix} x \\ y \\ z \\ t \end{pmatrix} \in \mathbb{C}^4 \right\}$ donc

   $F_4 = \text{Vect}\left(\begin{pmatrix} 1 \\ 0 \\ 1 \end{pmatrix}, \begin{pmatrix} 1 \\ 2 \\ 0 \end{pmatrix}, \begin{pmatrix} 0 \\ -1 \\ 0 \end{pmatrix}, \begin{pmatrix} 0 \\ -1 \\ -1 \end{pmatrix}\right)$, d'où F_4 est une sev de $\mathbb{C}^3$.

5. Petit piège : vu la condition portant sur les éléments de F_5 ($x^2 + y^2 = 0$), on ne s'attend pas forcément à ce que F_5 soit un sous-espace vectoriel de $\mathbb{R}^2$. Mais comme en réalité $F_5 = \left\{\begin{pmatrix} 0 \\ 0 \end{pmatrix}\right\}$, il s'agit bien d'un sous-espace vectoriel de $\mathbb{R}^2$.

6. Par contre F_6 n'est pas un sous-espace vectoriel de $\mathbb{C}^2$ car on peut vérifier que $u = \begin{pmatrix} 1 \\ i \end{pmatrix}$ et $v = \begin{pmatrix} 1 \\ -i \end{pmatrix}$ sont des éléments de F_6 tandis que leur somme $u + v = \begin{pmatrix} 2 \\ 0 \end{pmatrix}$ n'est pas dans F_6.

7. On peut vérifier que F_a est un sous-espace vectoriel de $\mathbb{R}^2$ si et seulement si $-a^3+a^2+2a = 0$. En effet, lorsqu'on demande que $\begin{pmatrix} 0 \\ 0 \end{pmatrix}$ soit dans F_a, on obtient qu'il est nécessaire d'avoir $-a^3 + a^2 + 2a = 0$. On vérifie ensuite qu'avec cette condition, F_a est bien un sous-espace vectoriel de $\mathbb{R}^2$.

   Comme on a $-a^3 + a^2 + 2a = a(-a^2 + a + 2) = -a(a+1)(a-2)$, on en déduit finalement que F_a est un sev de $\mathbb{R}^2$ si et seulement si $a \in \{-1, 0, 2\}$.

11.2 Combinaisons linéaires

1. On munit l'espace usuel d'une base B et on considère $u = \begin{pmatrix} 1 \\ 3 \\ 0 \end{pmatrix}_B$ et $v = \begin{pmatrix} 3 \\ 2 \\ 0 \end{pmatrix}_B$.

   Les vecteurs $\begin{pmatrix} 4 \\ 5 \\ 1 \end{pmatrix}_B$ et $\begin{pmatrix} 1 \\ -3 \\ 0 \end{pmatrix}_B$ sont-ils combinaisons linéaires de u et v ?

2. Dans $\mathbb{R}[X]$, le polynôme $P = 4X^3 + X^2 - 5$ est-il combinaison linéaire de $X^3 + X^2$, $X^3 - X$ et $X + 1$?

3. Dans $\mathbb{R}^{\mathbb{R}}$, les fonctions exp et $x \mapsto \sin(2x)$ sont-elles combinaisons linéaires des fonctions cos et sin ?

C 11.2 Combinaisons linéaires

1. $\begin{pmatrix} 4 \\ 5 \\ 1 \end{pmatrix}_B$ est CL de u et v ssi il existe $(\lambda, \mu) \in \mathbb{R}^2$ tel que $\begin{pmatrix} 4 \\ 5 \\ 1 \end{pmatrix}_B = \lambda u + \mu v$.

   Or $\lambda u + \mu v = \lambda\begin{pmatrix} 1 \\ -3 \\ 0 \end{pmatrix}_B + \mu\begin{pmatrix} 3 \\ 2 \\ 0 \end{pmatrix}_B = \begin{pmatrix} \lambda + 3\mu \\ -3\lambda + 2\mu \\ 0 \end{pmatrix}$ donc, en examinant la troisième coordonnée, comme $1 \neq 0$, il apparaît que $\begin{pmatrix} 4 \\ 5 \\ 1 \end{pmatrix}_B$ n'est pas combinaison linéaire de u et v.

On peut par contre trouver $(\lambda, \mu) \in \mathbb{R}^2$ tel que $\begin{pmatrix} 1 \\ -3 \\ 0 \end{pmatrix}_B = \lambda u + \mu v = \begin{pmatrix} \lambda + 3\mu \\ -3\lambda + 2\mu \\ 0 \end{pmatrix}$.

On vérifie en effet aisément que le système $\begin{cases} \lambda + 3\mu = 1 \\ -3\lambda + 2\mu = -3 \end{cases}$ admet une solution.

On peut résoudre le système ou se contenter de dire qu'il a un déterminant non nul, ce qui assure l'existence (et l'unicité) de la solution.

Ainsi $\begin{pmatrix} 1 \\ -3 \\ 0 \end{pmatrix}_B$ est combinaison linéaire de u et v.

2. On se demande si, dans $\mathbb{R}[X]$, le polynôme $P = 4X^3 + X^2 - 5$ est combinaison linéaire de $X^3 + X^2$, $X^3 - X$ et $X + 1$.

   P est combinaison linéaire de $X^3 + X^2$, $X^3 - X$ et $X + 1$ ssi il existe $(a, b, c) \in \mathbb{R}^3$ tel que $P = a(X^3 + X^2) + b(X^3 - X) + c(X + 1) = (a + b)X^3 + aX^2 + (c - b)X + c$.

   Cette relation équivaut au système $\begin{cases} a + b = 4 \\ a = 1 \\ c - b = 0 \\ c = -5 \end{cases}$, dont on voit aisément qu'il est incompatible. Ainsi P n'est pas combinaison linéaire des polynômes proposés.

3. Raisonnons par l'absurde : supposons que la fonction exp soit combinaison linéaire de cos et sin. Alors il existe $(\lambda, \mu) \in \mathbb{R}^2$ tel que $\exp = \lambda \cos + \mu \sin$, ce qui signifie :

   $$\forall x \in \mathbb{R},\ \mathrm{e}^x = \lambda \cos(x) + \mu \sin(x).$$

   Or on a, pour tout réel x, $|\cos(x)| \leqslant 1$ et $|\sin(x)| \leqslant 1$, d'où $\mathrm{e}^x \leqslant |\lambda| + |\mu|$ par inégalité triangulaire.

   Ceci est en contradiction avec le fait qu'on a $\mathrm{e}^x \underset{x \to +\infty}{\longrightarrow} +\infty$.

   De même, raisonnons par l'absurde en supposant que la fonction $f : x \mapsto \sin(2x)$ soit combinaison linéaire de cos et sin. Alors il existe $(\lambda, \mu) \in \mathbb{R}^2$ tel que $f = \lambda \cos + \mu \sin$, ce qui signifie :

   $$\forall x \in \mathbb{R},\ \sin(2x) = \lambda \cos(x) + \mu \sin(x).$$

   Testant en $x = 0$, on trouve $0 = \lambda + 0$, d'où $\lambda = 0$. Ainsi la relation devient :

   $$\forall x \in \mathbb{R},\ \sin(2x) = \mu \sin(x).$$

   Mais alors, testant en $x = \frac{\pi}{2}$, on obtient : $0 = \sin(\pi) = \mu$. Ainsi la relation devient :

   $$\forall x \in \mathbb{R},\ \sin(2x) = 0.$$

Or $\sin(2x)$ n'est pas toujours nul (par exemple pour $x = \dfrac{\pi}{4}$) d'où une contradiction. Ainsi f n'est pas combinaison linéaire de cos et sin.

11.3 Liberté dans $\mathbb{R}^{\mathbb{N}}$

1. La famille $\mathcal{F} = \left((\lambda n)_{n\in\mathbb{N}}\right)_{\lambda\in\mathbb{R}_+^*}$ est-elle libre dans $\mathbb{R}^{\mathbb{N}}$? Est-elle génératrice de $\mathbb{R}^{\mathbb{N}}$?
2. La famille $\mathcal{G} = \left((q^n)_{n\in\mathbb{N}}\right)_{q\in\mathbb{R}_+^*}$ est-elle libre dans $\mathbb{R}^{\mathbb{N}}$? Est-elle génératrice de $\mathbb{R}^{\mathbb{N}}$?

C 11.3 Liberté dans $\mathbb{R}^{\mathbb{N}}$

1. Notons $s_\lambda = (\lambda n)_{n\in\mathbb{N}}$ pour $\lambda \in \mathbb{R}_+^*$.

   · On a $s_2 - 2s_1 = (0)_{n\in\mathbb{N}} = 0_{\mathbb{R}^{\mathbb{N}}}$ donc la famille (s_1, s_2) est liée, et par conséquent $\mathcal{F}$ est liée vu qu'elle admet une sous-famille liée.

   · La famille $\mathcal{F}$ n'est pas génératrice de $\mathbb{R}^{\mathbb{N}}$ car la suite $s = (1, 0, 0, \ldots)$ de $\mathbb{R}^{\mathbb{N}}$ n'est pas un élément de $\text{Vect}\,(\mathcal{F})$.

   En effet, montrons-le par l'absurde : si $s \in \text{Vect}\,(\mathcal{F})$ alors il existe[23] $r \geqslant 1$, $\lambda_1, \ldots, \lambda_r$ dans $\mathbb{R}_+^*$ et $\mu_1, \ldots, \mu_r$ dans $\mathbb{R}$ tels que $s = \mu_1 s_{\lambda_1} + \cdots + \mu_r s_{\lambda_r}$.

   Or les s_λ ont tous 0 pour élément d'indice 0, donc il en va de même de s ; c'est en contradiction avec le fait que l'élément d'indice 0 de s est 1.

2. Notons maintenant $s_q = (q^n)_{n\in\mathbb{N}}$ pour $q \in \mathbb{R}_+^*$

   · Considérons une CL nulle des s_q : $\lambda_1 s_{q_1} + \cdots + \lambda_r s_{q_r} = (0)_{n\in\mathbb{N}}$.

   On a donc : $\forall n \in \mathbb{N},\ \lambda_1 q_1^n + \cdots + \lambda_r q_r^n = 0$.

   Quitte à réordonner les q_i, supposons $q_1 > q_2 > \cdots > q_r$. On factorise par q_1^n et on obtient : $\forall n \in \mathbb{N},\ q_1^n \left(\lambda_1 + \lambda_2 \left(\dfrac{q_2}{q_1}\right)^n + \cdots + \lambda_r \left(\dfrac{q_r}{q_1}\right)^n\right) = 0$.

   Comme on a $q_1 \neq 0$, on en déduit : $\forall n \in \mathbb{N},\ \lambda_1 + \lambda_2 \left(\dfrac{q_2}{q_1}\right)^n + \cdots + \lambda_r \left(\dfrac{q_r}{q_1}\right)^n = 0$.

   Or on a, pour tout $k \in \{1, \ldots, r\}$, $0 \leqslant \dfrac{q_k}{q_1} < 1$ donc $\left(\dfrac{q_k}{q_1}\right)^n \underset{n\to+\infty}{\longrightarrow} 0$ et par conséquent, en passant à la limite pour $n \longrightarrow +\infty$, $\lambda_1 = 0$.

   Il reste donc : $\forall n \in \mathbb{N},\ \lambda_2 q_2^n + \cdots + \lambda_r q_r^n = 0$ et, en répétant le même principe, on trouve $\lambda_1 = \lambda_2 = \cdots = \lambda_r = 0$.

   On en déduit que $\mathcal{G}$ est une famille libre.

   · La famille $\mathcal{G}$ n'est pas génératrice.

   En effet, montrons-le par l'absurde : supposons $\mathcal{G}$ génératrice.

   Notons $u = (1)_{n\in\mathbb{N}}$; il existe $r \geqslant 1$, $q_1, \ldots, q_r$ dans $\mathbb{R}_+^*$ et $\lambda_1, \ldots, \lambda_r$ dans $\mathbb{R}$ tels que $u = \lambda_1 s_{q_1} + \cdots + \lambda_r s_{q_r}$.

23. On ne peut pas avoir $r = 0$ car s n'est pas la suite nulle.

Comme u n'est pas la suite nulle, les λ_1 ne peuvent pas tous être nuls. Quitte à renommer les q_i, on suppose que q_1 est le plus grand des q_i dont le coefficient λ_i est non nul.

Alors, par croissance comparée, on a $u_n \underset{n\to+\infty}{\sim} \lambda_1 q_1^n$ qui tend vers $+\infty$ ou $-\infty$ selon le signe de λ_1 ; ceci contredit en tout cas le fait qu'on a $u_n = 1$ pour tout $n \in \mathbb{N}$. Ainsi $\mathcal{G}$ n'est pas génératrice.

11.4 Liberté de $(f_\lambda)_{\lambda\in\mathbb{R}}$

On note encore dans cet exercice $f_\lambda = x \mapsto \mathrm{e}^{\lambda x}$ et on propose une autre méthode pour montrer que la famille $\mathcal{F} = (f_\lambda)_{\lambda\in\mathbb{R}}$ est libre. On la voit ici comme une famille de vecteurs de $\mathcal{C}^\infty(\mathbb{R},\mathbb{R})$ mais, comme la liberté est une notion intrinsèque qui ne dépend pas de l'espace ambiant, cela montre aussi qu'elle est libre comme famille de vecteurs de $\mathbb{R}^\mathbb{R}$, par exemple.

On raisonne par l'absurde : on suppose dans toute la suite qu'il existe une CL nulle et non triviale des vecteurs de $\mathcal{F}$.

1. Justifier qu'il existe un plus petit entier p non nul tel qu'il existe une CL nulle de la forme $\alpha_1 f_{\lambda_1} + \cdots + \alpha_p f_{\lambda_p} = 0$, avec tous les α_i non nuls.
2. Soit p cet entier non nul et $\alpha_1 f_{\lambda_1} + \cdots + \alpha_p f_{\lambda_p} = 0$ une telle CL. Qu'obtient-on en dérivant cette égalité ? Qu'obtient-on en la multipliant par λ_p ?
3. Montrer qu'il existe une CL nulle de la forme $\beta_1 f_{\lambda_1} + \cdots + \beta_{p-1} f_{\lambda_{p-1}} = 0$, où les β_i sont non nuls.
4. Conclure.

C 11.4 Liberté de $(f_\lambda)_{\lambda\in\mathbb{R}}$

1. L'ensemble $\mathcal{A}$ des tels entiers p non nuls est non vide. En effet l'hypothèse est qu'il existe une CL nulle non triviale : cette CL a au moins un coefficient non nul sinon elle serait triviale, donc quitte à supprimer tous ses coefficients nuls on obtient une CL ayant un nombre non nul de vecteurs, et dont les coefficients sont non nuls. Ainsi $\mathcal{A}$ est une partie non vide de $\mathbb{N}$, elle admet donc un plus petit élément.
2. On a :
$$\alpha_1 f_{\lambda_1} + \cdots + \alpha_p f_{\lambda_p} = 0 \quad (1).$$
En dérivant (1) on obtient :
$$\alpha_1 \lambda_1 f_{\lambda_1} + \cdots + \alpha_p \lambda_p f_{\lambda_p} = 0 \quad (2).$$

En multipliant (1) par λ_p on obtient :

$$\alpha_1\lambda_p f_{\lambda_1} + \cdots + \alpha_p\lambda_p f_{\lambda_p} = 0 \quad (3).$$

3. On soustrait les égalités (2) et (3), il vient

$$\beta_1 f_{\lambda_1} + \cdots + \beta_{p-1} f_{\lambda_{p-1}} = 0 \quad (4),$$

   en posant, pour $i \in \{1, \dots, p\}$, $\beta_i = \alpha_i(\lambda_p - \lambda_i)$.

   Les α_i étant non nuls par hypothèse et les λ_i étant tous distincts (et par intégrité de $\mathbb{R}$), les β_i sont bien non nuls.

4. On a ainsi obtenu une CL nulle des vecteurs de $\mathcal{F}$ dont tous les coefficients sont non nuls et ayant strictement moins de p vecteurs, ce qui est impossible par minimalité de p !

   On a donc bien montré, par l'absurde, qu'il ne saurait y avoir de CL nulle non triviale des vecteurs de $\mathcal{F}$: $\mathcal{F}$ est libre.

11.5 Vect

1. On munit l'espace usuel $\overrightarrow{\mathcal{E}}$ d'une base B et on considère :

$$a = \begin{pmatrix} 2 \\ 3 \\ -1 \end{pmatrix}_B, \; b = \begin{pmatrix} 1 \\ 1 \\ -2 \end{pmatrix}_B, \; c = \begin{pmatrix} 3 \\ 7 \\ 0 \end{pmatrix}_B, \; d = \begin{pmatrix} 5 \\ 0 \\ -7 \end{pmatrix}_B.$$

   On pose $F = \text{Vect}\,(a, b)$ et $G = \text{Vect}\,(c, d)$. Montrer qu'on a $F = G$.

2. Dans $E = \mathbb{R}^{\mathbb{R}}$, soit la fonction $f : x \mapsto \cos(2x)$.

   On note $1_{\mathbb{R}}$ la fonction identiquement égale à 1 sur $\mathbb{R}$.

   On considère le sous-espace vectoriel $F = \text{Vect}\,(1_{\mathbb{R}}, f)$ de E.

   Montrer que $F = \text{Vect}\left(\cos^2, \sin^2\right)$.

C 11.5 Vect

1. On veut montrer que $F = G$.

   Le principe est le suivant : on prouve l'égalité par double inclusion.

   Pour établir par exemple que $F \subset G$, on prouve que a et b sont des éléments de G, c'est-à-dire des combinaisons linéaires de c et de d. Le principe est le même que celui vu dans l'exercice 11.2.

   Une fois que l'on a prouvé $a \in G$ et $b \in G$ alors on a immédiatement $F \subset G$, i.e.

Vect $(a, b) \subset G$, car par définition Vect (a, b) est le plus petit sous-espace vectoriel de $\overrightarrow{\mathcal{E}}$ contenant a et b, et G est justement un sous-espace vectoriel (car $G = \text{Vect}\,(c, d)$) de $\overrightarrow{\mathcal{E}}$ contenant a et b.

Même principe pour établir que $G \subset F$.

2. On veut montrer que $F = \text{Vect}\left(\cos^2, \sin^2\right)$.

   Posons $G = \text{Vect}\left(\cos^2, \sin^2\right)$. On veut établir : $F = G$. Le principe est le même que dans la question précédente.

   Par exemple, on sait bien que $\cos^2 + \sin^2 = 1_{\mathbb{R}}$ donc $1_{\mathbb{R}} \in G$.

   On sait aussi que, pour tout réel x, $\cos(2x) = \cos^2 x - \sin^2 x$; ainsi $f = \cos^2 - \sin^2$ et donc $f \in G$.

   Au final G est un sous-espace vectoriel (vu que $G = \text{Vect}\left(\cos^2, \sin^2\right)$) de E contenant $1_{\mathbb{R}}$ et f, donc $F = \text{Vect}\,(1_{\mathbb{R}}, f) \subset \text{Vect}\left(\cos^2, \sin^2\right) = G$.

   On établit $G \subset F$ selon un raisonnement analogue, en utilisant les relations ($x \in \mathbb{R}$) : $\cos^2(x) = \dfrac{1}{2} + \dfrac{1}{2}\cos(2x)$ et $\sin^2(x) = \dfrac{1}{2} - \dfrac{1}{2}\cos(2x)$.

11.6 Deux sev supplémentaires de $\mathbb{R}^3$

Dans $\mathbb{R}^3$, soit $F = \left\{(x, y, z) \in \mathbb{R}^3,\ x + 2y = 3z\right\}$.

1. Montrer que F est un sous-espace vectoriel de $\mathbb{R}^3$.
2. Donner deux vecteurs u et v non colinéaires appartenant à F. *Il y a une infinité de possibilités....*
3. Montrer qu'on a $F = \text{Vect}\,(u, v)$.
4. Soit $w = (1, 0, 0)$ et $G = \text{Vect}\,(w)$. Montrer que F et G sont des sous-espaces vectoriels supplémentaires de $\mathbb{R}^3$.

C 11.6 Deux sev supplémentaires de $\mathbb{R}^3$

1. On a :

$$\begin{aligned} F &= \left\{(x, y, z) \in \mathbb{R}^3,\ x + 2y = 3z\right\} = \left\{\left(x, y, \tfrac{x+2y}{3}\right) \in \mathbb{R}^3,\ (x, y) \in \mathbb{R}^2\right\} \\ &= \left\{x(1, 0, 1) + y\left(0, 1, \tfrac{2}{3}\right),\ (x, y) \in \mathbb{R}^2\right\} = \text{Vect}\left((1, 0, 1), \left(0, 1, \tfrac{2}{3}\right)\right). \end{aligned}$$

   Donc F est un sous-espace vectoriel de $\mathbb{R}^3$.

2. Nous venons justement de trouver deux vecteurs clairement non colinéaires de F, nous allons choisir ceux-là ! On note donc $u = (1, 0, 1)$ et $v = \left(0, 1, \frac{2}{3}\right)$

3. Nous avons pris les vecteurs de sorte que l'égalité $F = \text{Vect}\,(u, v)$ soit évidente d'après le calcul de la première question.

4. Considérons la famille $\mathcal{F} = (u, v, w)$. On veut montrer que c'est une base de $\mathbb{R}^3$. Soit un vecteur quelconque $\alpha = (x, y, z) \in \mathbb{R}^3$. On cherche à montrer qu'il existe un unique $(\lambda_1, \lambda_2, \lambda_3) \in \mathbb{R}^3$ tel que $\alpha = \lambda_1 u + \lambda_2 v + \lambda_3 w$, *i. e.* $\begin{cases} \lambda_1 + \lambda_3 = x \\ \lambda_2 = y \\ \lambda_1 + \frac{2}{3}\lambda_2 = z \end{cases}$.
Ce système se résout immédiatement. On trouve qu'il a comme unique solution : $\left(\lambda_1 = z - \frac{2}{3}y, \lambda_2 = y, \lambda_3 = x + \frac{2}{3}y - z\right)$.
Ainsi tout vecteur de $\mathbb{R}^3$ s'écrit de manière unique comme CL des vecteurs de $\mathcal{F}$, donc $\mathcal{F} = (u, v, w)$ est une base de $\mathbb{R}^3$.
Enfin, comme $F = \text{Vect}\,(u, v)$ et $G = \text{Vect}\,(w)$, on en déduit $\mathbb{R}^3 = F \oplus G$; d'ailleurs $\mathcal{F}$ est une base adaptée à cette somme directe.

11.7 Problème de fin de chapitre

Matrices de permutation

On rappelle qu'une permutation de $\{1, \ldots, n\}$ est une bijection de l'ensemble $\{1, \ldots, n\}$ dans lui-même. On rappelle également qu'on note e_i le i^e vecteur de la base canonique de $\mathbb{R}^n$, c'est-à-dire le vecteur dont toutes les composantes sont nulles, sauf la i^e qui vaut 1. Enfin, on rappelle qu'on identifie tous les vecteurs de $\mathbb{R}^n$ à des matrices colonnes.
À toute permutation σ de $\{1, \ldots, n\}$, on associe la matrice $M(\sigma) = (m_{i,j})_{i,j}$ dont les coefficients sont définis de la façon suivante : $\forall i, j \in \{1, \ldots, n\}, m_{i,j} = 1$ si $j = \sigma(i)$ et 0 sinon. En d'autres termes on a $m_{i,j} = \delta_{j,\sigma(i)}$.

Partie I.

Dans cette partie, on s'intéresse aux matrices de permutations pour elles-mêmes.

1. a. Décrire très précisément les lignes de $M(\sigma)$.
   b. Décrire très précisément les colonnes de $M(\sigma)$.
   c. En déduire qu'on a $M\left(\sigma^{-1}\right) = {}^tM(\sigma)$.
2. a. Donner l'expression des matrices $M(\sigma) \times x$ et ${}^tx \times M(\sigma)$ pour $x = \begin{pmatrix} x_1 \\ \vdots \\ x_n \end{pmatrix} \in \mathbb{R}^n$.
   b. Si σ et σ' sont deux permutations, calculer $M(\sigma) \times M(\sigma')$.
   c. En déduire que $M(\sigma)$ est toujours inversible et expliciter son inverse.
3. Finalement que dire de l'ensemble des matrices de permutation ?

PARTIE II.

Dans cette partie, on s'intéresse aux sous-espaces vectoriels stables par toutes les matrices $M(\sigma)$. Précisément, un sous-espace vectoriel F de $\mathbb{R}^n$ sera dit *stable par toutes les matrices* $M(\sigma)$ s'il vérifie la propriété suivante : $\forall \sigma \in S_n,\ \forall x \in F,\ M(\sigma) \times x \in F$.

On notera $D = \left\{ \begin{pmatrix} \lambda \\ \vdots \\ \lambda \end{pmatrix},\ \lambda \in \mathbb{R} \right\}$ et $H = \left\{ \begin{pmatrix} x_1 \\ \vdots \\ x_n \end{pmatrix} \in \mathbb{R}^n,\ x_1 + \cdots + x_n = 0 \right\}$.

1. a. Justifier que D et H sont deux sous-espaces vectoriels de $\mathbb{R}^n$.

   b. Justifier que D et H sont des sevs supplémentaires de $\mathbb{R}^n$. En déduire que H est un hyperplan.

   c. Donner une base de H.

2. a. Déterminer l'ensemble des vecteurs x tels que : $\forall \sigma \in S_n,\ M(\sigma) \times x = x$.

   b. Montrer que D et H sont stables par toutes les matrices $M(\sigma)$.

   c. Donner deux autres sev de $\mathbb{R}^n$ stables par toutes les matrices $M(\sigma)$.

3. Dans cette question on souhaite déterminer tous les sous-espaces vectoriels stables par toutes les matrices $M(\sigma)$. Soit F un tel sous-espace vectoriel .

   a. Montrer que, si $F \subset D$, alors $F = D$ ou $F = \{0_{\mathbb{R}^n}\}$.

   b. Montrer que, si $F \not\subset D$, alors $H \subset F$.

   c. Conclure.

C 11.7 Problème de fin de chapitre

Matrices de permutation

PARTIE I.

1. a. Par définition, la i^e ligne de $M(\sigma)$ a des 0 partout sauf en position $\sigma(i)$ où elle a un 1. Il s'agit donc de ${}^t e_{\sigma(i)}$.

   b. Par définition, la i^e colonne de $M(\sigma)$ a des 0 partout sauf en position j où j est l'unique antécédent de i par σ, où elle a un 1. L'unique antécédent de i par σ étant $\sigma^{-1}(i)$, Il s'agit donc de $e_{\sigma^{-1}(i)}$.

   c. Résumons. La i^e ligne de $M(\sigma)$ est ${}^t e_{\sigma(i)}$, donc par définition de la transposition, la i^e colonne de ${}^t M(\sigma)$ est ${}^t\left({}^t e_{\sigma(i)}\right) = e_{\sigma(i)}$. Par ailleurs, la i^e colonne de $M\left(\sigma^{-1}\right)$ est $e_{(\sigma^{-1})^{-1}(i)} = e_{\sigma(i)}$.
   En conclusion $M\left(\sigma^{-1}\right)$ et ${}^t M(\sigma)$ ont les mêmes colonnes. Elles sont donc égales.

2. a. Donner l'expression des matrices $M(\sigma) \times x$ et ${}^t x \times M(\sigma)$ pour $x = \begin{pmatrix} x_1 \\ \vdots \\ x_n \end{pmatrix} \in \mathbb{R}^n$.

   - On rappelle que si M a pour colonnes $C_1, \ldots, C_n$, on a $M \times \begin{pmatrix} x_1 \\ \vdots \\ x_n \end{pmatrix} = \sum\limits_{i=1}^{n} x_i C_i$.

     Ici on trouve donc $M(\sigma) \times x = \sum\limits_{i=1}^{n} x_i e_{\sigma^{-1}(i)} = \sum\limits_{k=1}^{n} x_{\sigma(k)} e_k$ après le changement d'indice $i = \sigma(k)$.

     Finalement on a $M(\sigma) \times x = \begin{pmatrix} x_{\sigma(1)} \\ \vdots \\ x_{\sigma(n)} \end{pmatrix}$. En d'autres termes, multiplier x par $M(\sigma)$ à gauche, correspond à permuter les composantes de x selon σ.
   - Un raisonnement analogue sur les lignes permet de calculer ${}^t x \times M(\sigma)$, mais on peut plus rapidement écrire :

     $${}^t x \times M(\sigma) = {}^t\big({}^t M(\sigma) \times x\big) = {}^t\big(M(\sigma^{-1}) \times x\big) = {}^t\begin{pmatrix} x_{\sigma^{-1}(1)} \\ \vdots \\ x_{\sigma^{-1}(n)} \end{pmatrix},$$

     d'où finalement ${}^t x \times M(\sigma) = \big(x_{\sigma^{-1}(1)} \ \cdots \ x_{\sigma^{-1}(n)}\big)$.

   b. L'élément en ligne i et colonne j du produit est ${}^t e_{\sigma(i)} \times e_{\sigma'^{-1}(j)}$. Ce produit est nul sauf si $\sigma(i) = \sigma'^{-1}(j)$, *i. e.* $j = \sigma'\big(\sigma(i)\big)$, *i. e.* $j = (\sigma' \circ \sigma)(i)$. En d'autres termes, on a $M(\sigma) \times M(\sigma') = M(\sigma' \circ \sigma)$.

   c. En particulier, on a $M(\sigma) \times M(\sigma^{-1}) = M(\sigma^{-1} \circ \sigma) = M(\text{id}) = I_n$ et de même $M(\sigma^{-1}) \times M(\sigma) = M(\sigma \circ \sigma^{-1}) = M(\text{id}) = I_n$. Donc $M(\sigma)$ est inversible d'inverse $M(\sigma^{-1}) = {}^t M(\sigma)$. Son inverse n'est autre que sa transposée !

3. C'est un sous-goupe de $GL_n(\mathbb{K})$ isomorphe à S_n. Un isomorphisme de groupe est $M(\sigma) \mapsto \sigma^{-1}$. Attention, $M(\sigma) \mapsto \sigma$ n'est pas un morphisme de groupe car renverse l'ordre des produits.

PARTIE II.

1. a. $D = \text{Vect}\,(u)$ où $u = \begin{pmatrix} 1 \\ \vdots \\ 1 \end{pmatrix} \neq 0_{\mathbb{R}^n}$. C'est donc une droite vectorielle. H étant l'ensemble des solutions d'une équation linéaire homogène à n inconnues, il forme un sous-espace vectoriel de $\mathbb{R}^n$.

   b. Montrons par exemple que leur intersection est nulle et que leur somme fait bien $\mathbb{R}^n$.

- Soit $x = \begin{pmatrix} x_1 \\ \vdots \\ x_n \end{pmatrix} \in D \cap H$. On a $x \in D$ donc il existe $\lambda \in \mathbb{K}$ tel que $\forall i, x_i = \lambda$. On a $x \in H$ donc $x_1 + \cdots + x_n = 0$ c'est-à-dire $\lambda + \cdots + \lambda = 0 \Leftrightarrow n\lambda = 0 \Leftrightarrow \lambda = 0$. Finalement on a $\forall i, x_i = 0$ donc $x = 0_{\mathbb{R}^n}$.
- $D+H$ est un sous-espace vectoriel de $\mathbb{R}^n$, on a donc bien $D+H \subset E$. Montrons l'inclusion réciproque. Soit $x \in \mathbb{R}^n$. Notons $s = \dfrac{x_1 + \cdots + x_n}{n}$ et $y = x - su$. On a $y_1 + \cdots + y_n = x_1 + \cdots + x_n - ns = 0$ donc $y \in H$. On a donc $x = su + y$ où $su \in D$ et $y \in H$, c'est-à-dire $x \in D + H$. Ceci étant vrai pour tout vecteur x, on a bien établi l'inclusion $\mathbb{R}^n \subset D + H$, ce qui termine la preuve de supplémentarité.

c. On a l'embarras du choix. Prenons par exemple $\mathcal{B} = (e_1 - e_2, e_1 - e_3, \ldots, e_1 - e_n)$. Clairement $\mathcal{B}$ est libre : si $\lambda_2(e_1 - e_2) + \lambda_3(e_1 - e_3) + \cdots + \lambda_n(e_1 - e_n) = 0$ alors $\left(-\sum_{i=2}^{n} \lambda_i\right) e_1 + \lambda_2 e_2 + \lambda_3 e_3 + \cdots + \lambda_n e_n = 0$, et par liberté de la base canonique, on a $-\sum_{i=2}^{n} \lambda_i = \lambda_2 = \lambda_3 = \cdots = \lambda_n = 0$. Clairement aussi les vecteurs de $\mathcal{B}$ sont dans H d'où $\mathrm{Vect}(\mathcal{B}) \subset H$. Reste à voir l'inclusion réciproque. Si $x \in H$, on a $x = x_1 e_1 + x_2 e_2 + \cdots + x_n e_n$ avec $x_1 = -(x_2 + \cdots + x_n)$. En substituant il vient $x = x_2(e_2 - e_1) + \ldots + x_n(e_n - e_1) \in \mathrm{Vect}(\mathcal{B})$.

2. a. En prenant $\sigma = \tau_{1,i}$, on trouve $x_i = x_1$. Ceci étant vrai pour tout indice i, on a $x = x_1 u \in D$. Réciproquement tout vecteur de D convient clairement. L'ensemble cherché est la droite D.

   b. - La droite D est mieux que stable : elle est fixe. Pour tout $x \in D$ et toute permutation σ, on a $M(\sigma) \times x = x$ et en particulier $M(\sigma) \times x \in D$.
      - L'hyperplan H n'est pas fixe, mais il est stable. En effet, pour toute permutation σ on a $x \in H \Leftrightarrow x_1 + \cdots + x_n = 0 \Leftrightarrow x_{\sigma(1)} + \cdots + x_{\sigma(n)} = 0$ en réordonnant les termes. Ainsi a-t-on $x \in H \Leftrightarrow M(\sigma) \times x \in H$, et ceci étant vrai pour toute permutation σ, on a bien H stable.

   c. Il est bien évident que $\{0_{\mathbb{R}^n}\}$ et $\mathbb{R}^n$ conviennent. Le tout va maintenant être de voir qu'il n'y en a pas d'autres.

3. Dans cette question on souhaite déterminer tous les sous-espaces vectoriels stables par toutes les matrices $M(\sigma)$. Soit F un tel sous-espace vectoriel .

   a. Dans cette question, on n'a même pas besoin de l'hypothèse de stabilité, il suffit d'exploiter que F est un sous-espace vectoriel !

   Un sous-espace vectoriel comprend toujours le vecteur nul, on a donc $0_{\mathbb{R}^n} \in F$. De là, deux cas :

· Soit $F = \{0_{\mathbb{R}^n}\}$ et c'est fini.

· Soit F comprend un élément non nul $v \in D$, qui sécrit donc sous la forme μu avec $\mu \neq 0$. Dans ce cas on a $\text{Vect}\,(v) \subset \text{Vect}\,(F) = F$. Par ailleurs on a $\text{Vect}\,(v) = \{\lambda\mu u,\ \lambda \in \mathbb{R}\} = \{\gamma u,\ \gamma \in \mathbb{R}\} = D$. Finalement $D \subset F$ et par double inclusion $D = F$.

b. On va cette fois exploiter la stabilité. Comme on a $F \not\subset D$, il existe un vecteur $a = {}^t(a_1\ a_2\ \dots\ a_n)$ dans F qui n'est pas dans D, c'est-à-dire pour lequel il existe i et j tels que $a_i \neq a_j$. À renommage près, on peut d'ailleurs supposer $i < j$.
Par stabilité, on a $a' = M(\tau_{i,j}) \times a \in F$, c'est-à-dire
${}^t(a_1\ a_2\ \dots\ a_{i-1}\ a_j\ a_{i+1}\ \dots\ a_{j-1}\ a_i\ a_{j+1}\ \dots\ a_n) \in F$. **Or F est un sous-espace vectoriel** , donc par différence on a $a - a' \in F$, puis, comme $a_i - a_j \neq 0$, on a $\dfrac{1}{a_i - a_j}(a - a') \in F$, c'est-à-dire $e_i - e_j \in F$. En exploitant à nouveau la stabilité, on obtient, pour $k \in \{2, \dots, n\}$, $M(\tau_{1,i})M(\tau_{k,j})(e_i - e_j) \in H$, c'est-à-dire $e_1 - e_k \in H$.
Ceci étant vrai pour tout $k \in \{2, \dots, n\}$, on vient de montrer qu'on avait $\mathcal{B} \subset F$, d'où $\text{Vect}\,(\mathcal{B}) \subset \text{Vect}\,(F)$ c'est-à-dire $H \subset F$.

c. · Montrons que, si $H \subset F$, alors $F \in \{H, \mathbb{R}^n\}$.[24]
Traitons deux cas. Soit $F = H$ et c'est fini. Soit il existe un vecteur $v \in F$, $v \notin H$. Notons alors $\alpha = -v_2 - v_3 - \dots - v_n \neq v_1$ par hypothèse et $w = {}^t(\alpha\ v_2\ \dots\ v_n)$. On a alors $w \in H$, donc $w \in F$. **Comme F est un sous-espace vectoriel** , on a donc $v - w \in F$, c'est-à-dire $(\alpha - v_1)e_1 \in F$, puis, comme $\alpha - v_1 \neq 0$, $e_1 \in F$. Ainsi on a $e_1 \in F$ et, pour $k \in \{2, \dots, n\}$, $e_1 - e_k \in H \subset F$. Encore une fois, par différence, on a pour $k \in \{2, \dots, n\}$, $e_k \in F$ et en définitive les vecteurs de la base canonique de $\mathbb{R}^n$ appartiennent tous à F. D'où $F = \mathbb{R}^n$.
· Finalement, on a deux cas possibles. Soit $F \subset D$ et $F \in \big\{\{0_{\mathbb{R}^n}\}, D\big\}$. Soit $F \not\subset D$ et $H \subset F$, donc $F \in \{H, \mathbb{R}^n\}$. En résumé on a dans tous les cas $F \in \big\{\{0_{\mathbb{R}^n}\}, D, H, \mathbb{R}^n\big\}$. On a déjà vu que, réciproquement, ces quatre sous-espaces vectoriels sont stables. L'ensemble des sous-espaces vectoriels stable est donc précisément $\big\{\{0_{\mathbb{R}^n}\}, D, H, \mathbb{R}^n\big\}$.

---

24. On montre donc sur un cas particulier qu'un sev contenant un hyperplan est soit l'hyperplan, soit l'espace tout entier.

CHAPITRE 12

Espaces vectoriels de dimension finie

1 Introduction

1.1 Le langage de la dimension n

On peut dire que l'idée de considérer des objets géométriques en dimension supérieure à 3 était dans l'air du temps de la première moitié du dix-neuvième siècle. Ainsi Möbius entrouvrait timidement la porte à des considérations en dimension 4 dans son *barycentrische Calcul*[1] que nous avons déjà évoqué dans le chapitre 11. Arthur Cayley, dans son étude des déterminants $n \times n$ de 1843[2] évoqua par son titre l'idée d'une vision géométrique d'objets à n dimensions – bien que cette vision ne fut pas développée dans le cœur de l'article ! Des mathématiciens de premier plan comme Cauchy et Gauss, aux environs des années 1850, commencèrent à utiliser du langage géométrique en dimension n dans leurs articles ou leurs cours[3].

Bernhard Riemann posa enfin les bases de la géométrie en dimension n quelconque dans sa thèse d'habilitation *Über die Hypothesen, welche der Geometrie zu Grunde liegen* de

1. Dans la deuxième partie de son mémoire, à la fin du paragraphe 140, Möbius explique que l'on pourrait faire coïncider une figure de l'espace avec son reflet dans un miroir si on était capable de lui faire exécuter une demi-rotation dans un espace de dimension 4. Il conclut à l'impossibilité de ce procédé car un tel espace (de dimension 4) ne peut être pensé, conçu. Cela dit le fait de ne pas pouvoir concevoir, se représenter un objet, ne veut pas dire qu'il n'existe pas ou qu'on ne peut le définir. Les nombres complexes en sont un exemple historique remarquable.

2. *Chapters in the analytical geometry of (n) dimensions*, Cambridge Mathematical Journal **4** (1843), pp. 119-127.

3. Cf. l'article d'Erhard Scholz, *The concept of manifold, 1850-1950*, in *History of Topology*.

1854. Il y considéra des variétés à n dimensions, dont les points peuvent être exprimés par n grandeurs $x_1, \ldots, x_n$ (leurs coordonnées si l'on préfère).

1.2 Les espaces vectoriels de dimension finie

En somme, dans les années 1880, tous les ingrédients étaient présents pour voir émerger clairement l'idée d'un espace vectoriel de dimension n : le fait de pouvoir utiliser des objets géométriques, les vecteurs, et de les combiner entre eux dans ce qu'on peut appeler un calcul géométrique ; le développement par Grassmann de la linéarité ; l'utilisation grandissante de concepts de dimension n, mêlée à du vocabulaire géométrique qui prouve bien qu'une intuition se développait, selon laquelle ce qui se passe en dimension n n'est pour l'essentiel pas très différent de ce qui se passe en dimension 2 ou 3.
Une axiomatisation de la notion d'espace vectoriel de dimension n sur $\mathbb{R}$ a finalement été atteinte par Peano en 1888 dans un article sur des équations différentielles linéaires[4], ce qui marqua un retour à un domaine *a priori* bien séparé de la géométrie, mais fondamental dans l'utilisation de la linéarité, et qui offrit ainsi immédiatement la perspective d'extension du concept d'espace vectoriel à des objets de toute nature.
Dans cet article, Peano appelle *complexe d'ordre n* – reprenant ainsi l'idée d'une généralisation des complexes traditionnels vu comme couples de réels – la donnée de n nombres réels $[x_1, \ldots, x_n]$. Si l'on se donne deux complexes $x = [x_1, \ldots, x_n]$ et $y = [y_1, \ldots, y_n]$, on peut en définir la somme $x + y = [x_1 + y_1, \ldots, x_n + y_n]$ et si l'on se donne un réel k on peut former le complexe $kx = [kx_1, \ldots, kx_n]$. Comme le lecteur l'aura noté, ces deux lois mises en évidence par Peano sont les lois fondamentales dans la description d'un espace vectoriel.

1.3 L'évolution des concepts

Ainsi le cours de l'histoire mena à considérer des vecteurs à n composantes, ou si l'on préfère des n-uplets $[x_1, \ldots, x_n]$ de réels sur lesquels deux lois très simples ont été définies comme prolongement de lois bien connues dans les exemples géométriques traditionnels du plan et de l'espace :

- la somme de deux vecteurs $[x_1, \ldots, x_n] + [y_1, \ldots, y_n] = [x_1 + y_1, \ldots, x_n + y_n]$
- la multiplication d'un vecteur par un scalaire : $k[x_1, \ldots, x_n] = [kx_1, \ldots, kx_n]$.

4. *Intégration par séries des équations différentielles linéaires*, Mathematische Annalen **32** (1888), pp. 450-456.

L'utilisation et l'étude de systèmes de ce genre se répandirent largement à la fin du XIXe siècle et l'étude des systèmes linéaires, des déterminants, des matrices, fut prolongée et étendue à l'aide des concepts et de la terminologie d'essence géométrique provenant du développement du calcul vectoriel.

Néanmoins rapidement se fit jour l'idée que la généralisation qui avait permis de passer de la dimension 3 à la dimension n quelconque pouvait se prolonger à la dimension infinie. De plus l'étude d'espaces de fonctions, c'est-à-dire dans lesquels les objets ne sont plus des n-uplets traditionnels mais des fonctions, se tenait de fait en dimension infinie.

Il s'avérait ainsi restrictif de ne considérer que des n-uplets et de plus il devenait clair de par la diversité des domaines dans lesquels les aspects linéaires se retrouvaient que la nature des éléments était superflue : un vecteur ne doit pas forcément être cantonné à un objet de l'espace tridimensionnel ou même à un n-uplet. Ce qui compte n'est pas la nature d'un objet mais le type d'opérations auxquelles on peut le soumettre.

Ainsi ce qu'on appelle finalement espace vectoriel est, pour le dire de manière grossière, un ensemble dans lequel les objets sont des vecteurs, au sens où ils peuvent être additionnés entre eux et multipliés par un scalaire. À ce compte-là, la nature des éléments (nombres, vecteurs usuels, polynômes, fonctions, etc.) n'a aucune importance et même l'ensemble des scalaire n'a pas forcément à se limiter à $\mathbb{R}$ – il faut néanmoins que ce soit un corps sinon certaines propriétés essentielles sont perdues.

C'est cela qui a été mis en avant dans le chapitre 11.

L'enseignement des espaces vectoriels dans le premier cycle universitaire français a choisi d'adopter ce dernier point de vue structurel, hérité notamment du courant de l'algèbre moderne de l'Allemagne des années 1920-1930[5]. Néanmoins si l'on a compris simplement la structure d'espace vectoriel sur des n-uplets de réels, ou dans $\mathbb{R}^n$ si l'on préfère, on a déjà fait une bonne partie du chemin ! D'ailleurs de nombreux ouvrages de référence de l'enseignement de premier cycle universitaire aux États-Unis introduisent les espaces vectoriels abstraits en commençant par détailler $\mathbb{R}^n$.

Ainsi le présent chapitre, qui va certes étudier de manière approfondie le concept de dimension et l'intérêt de la dimension finie, doit aussi être l'occasion pour le lecteur de se familiariser plus fortement avec le concept d'espace vectoriel, d'en développer une intuition plus poussée.

5. C'est notamment ainsi que l'algèbre linéaire est enseignée dans l'ouvrage de référence *Moderne Algebra* de B. L. van der Waerden.

2 Le problème de la dimension

Dans le plan, il est – au moins intuitivement – acquis par le lecteur que, si l'on se donne deux vecteurs non colinéaires v et w, tout vecteur u peut se décomposer en une combinaison linéaire de ces deux vecteurs, c'est-à-dire s'écrire $u = \lambda v + \mu w$, où λ et μ sont réels.

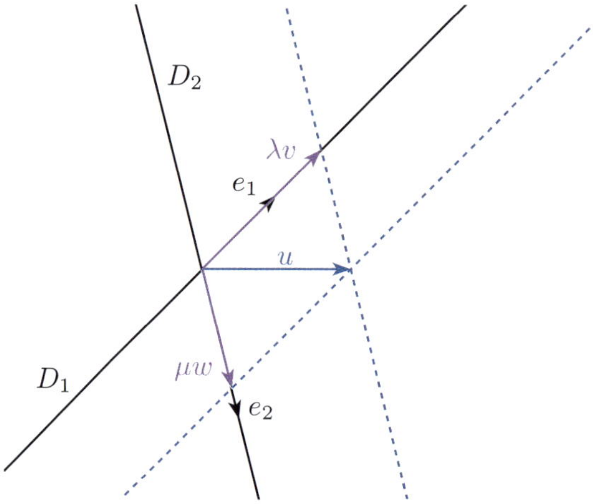

Les deux vecteurs λv et μw, portés respectivement par les droites vectorielles D_1 et D_2 dirigées par v et w, s'obtiennent en projetant u sur chaque droite, parallèlement à l'autre. Il doit aussi paraître – au moins intuitivement – évident qu'il n'y a qu'une seule décomposition possible de u en somme d'un vecteur porté par D_1 et d'un vecteur porté par D_2. Au final, la propriété d'existence et d'unicité de la décomposition de tout vecteur u du plan comme combinaison linéaire de v et w fait de (v, w) ce qu'on appelle une *base* (notion vue dans le chapitre précédent).

Une question se pose naturellement : toute base dans le plan est-elle formée d'exactement deux vecteurs non colinéaires ? La réponse est oui et peut se prouver assez facilement par exemple en considérant que :

- l'on ne peut obtenir tous les vecteurs du plan comme combinaisons linéaires de strictement moins de deux vecteurs fixés, ou de deux vecteurs colinéaires ;
- si on se donne une famille d'au moins trois vecteurs du plan, au minimum un d'entre eux s'écrit comme combinaison linéaire des autres – ce qui met en défaut l'unicité d'une décomposition à l'aide des éléments de cette famille.

Ainsi on dit que le plan est de dimension 2.[6] La dimension d'un espace vectoriel c'est le nombre nécessaire et suffisant de directions à se donner pour engendrer par combinaisons linéaires tous les vecteurs dudit espace. Cette idée est bien sûr également celle

6. On parle du plan vu comme $\mathbb{R}$-espace vectoriel toujours.

justifiant que l'on dit que l'espace que nous percevons via notre vision est à 3 dimensions : nous ressentons le besoin de disposer de trois directions pour appréhender les objets qui nous entourent : une pour évaluer la largeur, une pour la hauteur et une enfin pour la profondeur.

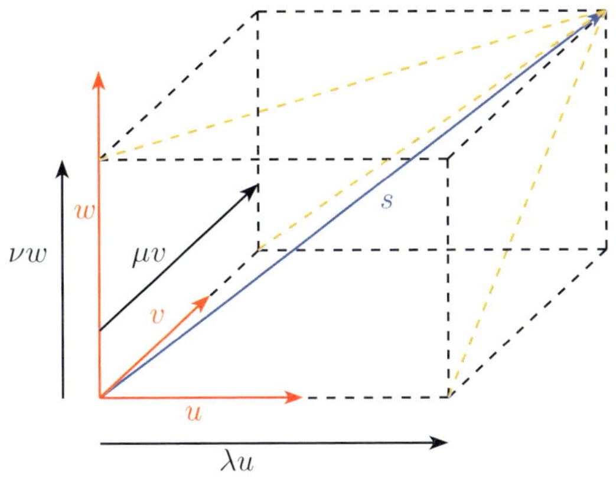

Exemple dans l'espace $\mathbb{R}^3$: le vecteur s se décompose à partir des trois vecteurs u, v, w

$$s = \lambda u + \mu v + \nu w.$$

Les considérations précédentes indiquent également que, dit de manière plus concise, la dimension est le cardinal d'une base.

Il y a néanmoins un présupposé dans cette dernière formulation : la dimension est-elle le cardinal de **toute** base ? Si oui, pourquoi toutes les bases ont-elles le même nombre d'éléments ? Si c'est relativement évident dans le plan et même dans l'espace, il faut néanmoins pouvoir extraire les véritables raisons à cela afin de prouver qu'il en va de même en dimension finie quelconque. C'est un préalable indispensable à la définition de la notion de dimension.

Ainsi, après avoir donné la définition d'un espace vectoriel de dimension finie et quelques exemples afférents à cette notion, nous nous lancerons dans l'étude qui mènera à la définition de la dimension d'un espace vectoriel. On pourra constater que la clé des démonstrations est le simple fait que, dans un corps, on peut diviser par tout élément non nul[7] !

7. Il est à noter qu'il existe des objets appelés *modules* – non étudiés en CPGE – qui obéissent à la même définition que les espaces vectoriels à la différence qu'à la place d'avoir un corps des scalaires, on exige simplement d'avoir un anneau. Ce faisant, simplement parce que dans un anneau on ne peut pas forcément diviser par tout élément non nul, on perd de nombreux résultats fondamentaux des espaces vectoriels : un module n'a pas forcément de base et, même s'il possède une base, il n'y a pas forcément unicité du cardinal d'une base !

Suivront de nombreux résultats complémentaires et applications.

Dans tout ce qui suit, et comme jusqu'à présent, $\mathbb{K}$ désigne le corps $\mathbb{R}$ ou le corps $\mathbb{C}$. E désignera toujours un $\mathbb{K}$-espace vectoriel.

3 Espaces vectoriels de dimension finie

3.1 Définition et exemples

Définition 1

On dit d'un espace vectoriel qu'il est de *dimension finie* lorsqu'il admet une famille génératrice finie. Sinon, il est dit de *dimension infinie*.

Exemple 1

Pour $n \in \mathbb{N} \setminus \{0\}$ l'espace vectoriel $\mathbb{K}^n$ est de dimension finie car il admet une famille génératrice bien connue, sa base canonique $(e_1, e_2, \ldots, e_n)$, où l'on rappelle que l'on a $e_1 = (1,0,0,\ldots,0)$, $e_2 = (0,1,0,\ldots,0)$, …, $e_n = (0,0,\ldots,0,1)$.

Exemple 2

Pour $(p,q) \in (\mathbb{N} \setminus \{0\})^2$, $\mathcal{M}_{pq}(\mathbb{K})$ est un espace vectoriel de dimension finie : on sait en effet que les matrices élémentaires engendrent cet espace (elles en forment même sa base canonique), et elles sont en nombre fini (il y en a $p \times q$).

Exemple 3

$\mathbb{K}[X]$ n'est pas un espace vectoriel de dimension finie.
Démontrons-le en raisonnant par l'absurde : supposons que $\mathbb{K}[X]$ admette une famille génératrice finie $(P_1, \ldots, P_n)$. Alors en notant d le plus haut degré des polynômes $P_1, \ldots, P_n$, on sait que tout polynôme $P = \lambda_1 P_1 + \cdots + \lambda_n P_n$, où $(\lambda_1, \ldots, \lambda_n) \in \mathbb{K}^n$, est de degré au plus d car $\deg(P) \leqslant \max\big(\deg(P_1), \ldots, \deg(P_n)\big) = d$. Ainsi l'élément X^{d+1} de $\mathbb{K}[X]$ par exemple n'est pas engendré par $(P_1, \ldots, P_n)$: contradiction !
Par conséquent $\mathbb{K}[X]$ est de dimension infinie.

3.2 Deux principes fondamentaux

Avant de prouver que toutes les bases ont même cardinal, il faut déjà trouver des méthodes pour en construire – n'oublions pas que si l'on se donne un espace vectoriel de dimension finie, il existe par définition une famille génératrice finie de cet espace mais cette famille n'en forme pas nécessairement une base !

Proposition 1 (Principe de réduction d'une famille génératrice)

Soit $(u_1, \ldots, u_{p+1})$ une famille génératrice de E.

Si $u_{p+1} \in \mathrm{Vect}(u_1, \ldots, u_p)$, alors la sous-famille $(u_1, \ldots, u_p)$ est génératrice.

DÉMONSTRATION

Soit $u \in E$.

Comme $(u_1, \ldots, u_{p+1})$ est génératrice, il existe $(\lambda_1, \ldots, \lambda_{p+1}) \in \mathbb{K}^{p+1}$ tel que

$$u = \lambda_1 u_1 + \cdots + \lambda_p u_p + \lambda_{p+1} u_{p+1}.$$

Comme $u_{p+1} \in \mathrm{Vect}(u_1, \ldots, u_p)$, u_{p+1} est lui-même combinaison linéaire de $u_1, \ldots, u_p$, c'est-à-dire qu'il existe $(\mu_1, \ldots, \mu_p) \in \mathbb{K}^p$ tel que $u_{p+1} = \mu_1 u_1 + \cdots + \mu_p u_p$.

En remplaçant, on obtient donc :

$u = \lambda_1 u_1 + \cdots + \lambda_p u_p + \lambda_{p+1}(\mu_1 u_1 + \cdots + \mu_p u_p) = (\lambda_1 + \lambda_{p+1}\mu_1) u_1 + \cdots + (\lambda_p + \lambda_{p+1}\mu_p) u_p$, ce qui signifie que $u \in \mathrm{Vect}(u_1, \ldots, u_p)$.

Ainsi $(u_1, \ldots, u_p)$ est génératrice.

Proposition 2 (Principe d'extension d'une famille libre)

Soit $(u_1, \ldots, u_p)$ une famille libre de E et soit $v \in E$.

Si $v \notin \mathrm{Vect}(u_1, \ldots, u_p)$ alors la famille $(u_1, \ldots, u_p, v)$ est libre.

DÉMONSTRATION

Soit $(\lambda_1, \ldots, \lambda_p, \lambda_{p+1}) \in \mathbb{K}^{p+1}$ tel que $\lambda_1 u_1 + \cdots + \lambda_p u_p + \lambda_{p+1} v = 0_E$. On a deux cas :

- Si $\lambda_{p+1} = 0$ alors la relation précédente devient : $\lambda_1 u_1 + \cdots + \lambda_p u_p = 0_E$.

  Comme $(u_1, \ldots, u_p)$ est libre, on a $\lambda_1 = \cdots = \lambda_p = 0$ et donc finalement :

$$\lambda_1 = \cdots = \lambda_p = \lambda_{p+1} = 0.$$

- Si $\lambda_{p+1} \neq 0$ alors la relation devient : $\lambda_1 u_1 + \ldots + \lambda_p u_p = -\lambda_{p+1} v$ puis, en divisant par λ_{p+1} qui est non nul,

$$v = -\frac{\lambda_1}{\lambda_{p+1}} u_1 - \cdots - \frac{\lambda_p}{\lambda_{p+1}} u_p.$$

  Ainsi $v \in \mathrm{Vect}(u_1, \ldots, u_p)$, ce qui contredit l'hypothèse initiale. Ce deuxième cas est donc impossible.

Par conséquent on a prouvé : $\lambda_1 u_1 + \cdots + \lambda_p u_p + \lambda_{p+1} v = 0_E \Rightarrow \lambda_1 = \cdots = \lambda_p = \lambda_{p+1} = 0$.
Cela signifie que la famille $(u_1, \ldots, u_p, v)$ est libre.

Remarque 1

Le lecteur aura noté dans cette preuve l'importance de pouvoir diviser par un scalaire non nul !

Théorème 1 (de la base extraite)

De toute famille génératrice d'un espace vectoriel E de dimension finie on peut extraire une base.

DÉMONSTRATION

Soit $G = (u_1, \ldots, u_p)$ une famille génératrice de E.
Si G est une famille libre, alors c'est une base.
Mais si cette famille est liée alors elle possède au moins un élément s'exprimant comme combinaison linéaire des autres. Quitte à réindicer $u_1, \ldots, u_p$, on suppose que c'est u_p. Alors $(u_1, \ldots, u_{p-1})$ est toujours génératrice par le principe de réduction d'une famille génératrice.
On répète le principe sur la famille $(u_1, \ldots, u_{p-1})$, etc.
Comme la famille de départ $(u_1, \ldots, u_p)$ est finie, on sait que ce processus s'arrête en un nombre fini d'itérations. Au final on obtient une famille génératrice et libre, donc une base (on peut éventuellement obtenir la famille vide, mais cela signifie alors que l'espace de départ est $\{0_E\}$ et que les vecteurs $u_1, \ldots, u_p$ sont tous nuls).
On a donc bien construit une base de E formée de vecteurs de G.

Corollaire 1

Tout espace vectoriel de dimension finie possède une base finie.

DÉMONSTRATION

Comme E est de dimension finie, E possède une famille génératrice finie $G = (u_1, \ldots, u_p)$.
D'après le théorème précédent, on peut extraire de G une base de E.
Ainsi on a montré que E possède une base finie – elle a au plus p éléments par construction.

On peut même préciser des moyens fondamentaux pour reconnaître qu'une famille extraite d'une famille génératrice de E est une base de E :

Théorème 2

Si un espace vectoriel E possède une famille génératrice finie G, alors toute sous-famille génératrice minimale de G est une base de E, ainsi que toute sous-famille libre maximale de G.

DÉMONSTRATION

- Soit H une sous-famille de G qui soit génératrice de E. Quitte à réindicer les éléments de G, on suppose que $H = (u_1, \ldots, u_q)$, avec $q \leqslant p$.
  On suppose que H est une famille génératrice minimale, c'est-à-dire qu'aucune sous-famille stricte de H n'est génératrice. On va montrer par l'absurde que H est une base de E.
  Supposons que H n'est pas une base de E. Comme H est génératrice, cela signifie que H n'est pas libre, donc est liée ; il existe par conséquent un élément de H qui est combinaison linéaire des autres. Quitte à réindicer les éléments de H, on peut supposer qu'il s'agit de u_q.
  $$\text{On a donc } u_q \in \mathrm{Vect}(u_1, \ldots, u_{q-1}).$$
  Par le principe de réduction d'une famille génératrice, la sous-famille $H' = (u_1, \ldots, u_{q-1})$ de H est génératrice. Or H' est une sous-famille stricte de H ; contradiction !
  On a ainsi démontré que toute sous-famille génératrice minimale de G est une base de E.
- Soit L une sous-famille de G qui soit libre. Quitte à réindicer les éléments de G, on suppose que $L = (u_1, \ldots, u_r)$, avec $r \leqslant p$.
  On suppose que L est une famille libre maximale, c'est-à-dire qu'aucune sur-famille stricte de L (formée d'éléments de G) n'est libre. On va montrer par l'absurde que L est une base de E.
  Supposons que L n'est pas une base de E. Comme L est libre, cela signifie que L n'est pas génératrice ; il existe donc un élément de E qui n'est pas engendré par les éléments de L.
  Cela implique qu'il existe un élément de $G \setminus L$ n'appartenant pas à $\mathrm{Vect}(L)$. En effet, si tous les éléments de $G \setminus L$ appartenaient à $\mathrm{Vect}(L)$, comme il est aussi évident que tous les éléments de L appartiennent à $\mathrm{Vect}(L)$, cela impliquerait que tous les éléments de $G = (G \setminus L) \cup L$ seraient dans $\mathrm{Vect}(L)$. Or on en déduirait $\mathrm{Vect}(G) \subset \mathrm{Vect}(L)$ et, comme G est génératrice de E, on en déduirait que L est génératrice de E ; contradiction !
  Donc il existe un élément de $G \setminus L$ n'appartenant pas à $\mathrm{Vect}(L)$. Adjoignant cet élément

à L, on forme une sur-famille stricte L' de L qui, par le principe d'extension d'une famille libre, est libre ; contradiction !

On a ainsi démontré que toute sous-famille libre maximale de G est une base de E.

Exemple 4

On considère $\mathbb{R}^2$ et la famille génératrice $\mathcal{G} = \left(\begin{pmatrix}1\\0\end{pmatrix}, \begin{pmatrix}1\\1\end{pmatrix}, \begin{pmatrix}0\\1\end{pmatrix}\right)$.

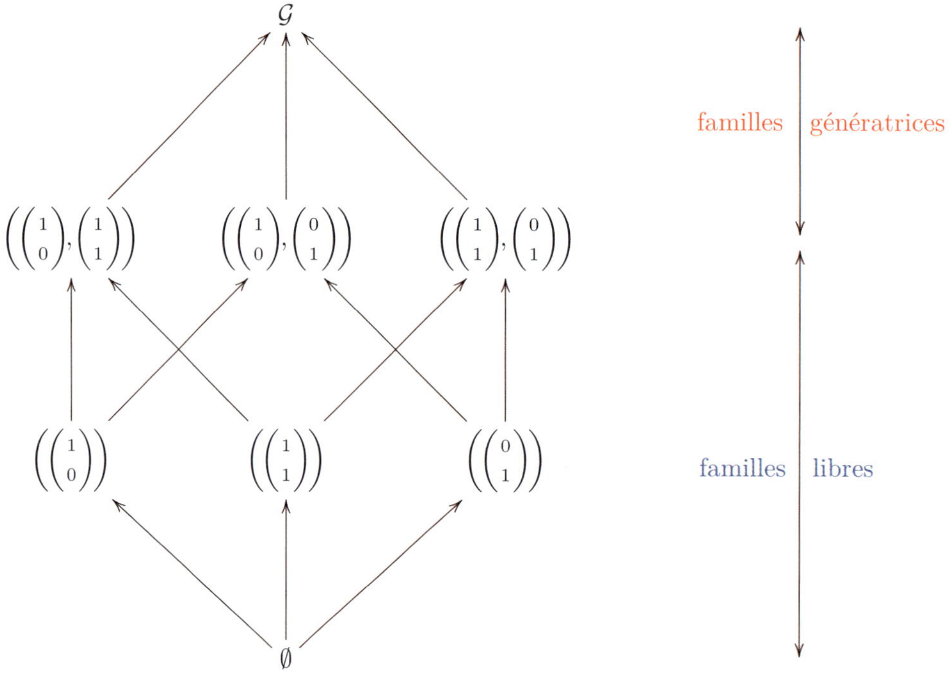

Treillis des sous-familles de $\mathcal{G}$: une flèche pour "sous-famille de".

En partant du haut : les lignes 1 et 2 sont formées de familles génératrices, les lignes 2 à 4 sont formées de familles libres, la ligne 2 est formée de bases.

3.3 Le théorème de la base incomplète

Le théorème suivant est fondamental. Il donne un procédé de construction d'une base à partir d'une famille libre, en expliquant qu'il est possible d'ajouter certains vecteurs à une telle famille pour en faire une base.

Théorème 3 (de la base incomplète[8])

Soit $(u_1, \ldots, u_p)$ une famille libre et $G = (v_1, \ldots, v_m)$ une famille génératrice de E. Alors on peut choisir certains vecteurs $v_{i_1}, \ldots, v_{i_r}$ de G de sorte que la famille $(u_1, \ldots, u_p, v_{i_1}, \ldots, v_{i_r})$ soit une base de E.

DÉMONSTRATION

Si $(u_1, \dots, u_p)$ est génératrice alors c'est une base. Il n'est donc nul besoin d'ajouter des vecteurs.
Sinon il y a au moins un élément de G qui n'est pas dans $F = \mathrm{Vect}(u_1, \dots, u_p)$.
Notons i_1 un indice tel que $v_{i_1} \notin F$. Par le principe d'extension d'une famille libre, $(u_1, \dots, u_p, v_{i_1})$ est encore libre.
Si $(u_1, \dots, u_p, v_{i_1})$ est génératrice alors c'est une base et on arrête le processus.
Sinon il existe un indice i_2 tel que $v_{i_2} \notin \mathrm{Vect}(u_1, \dots, u_p, v_{i_1})$ et on continue de même...
Comme il n'y a qu'un nombre fini de v_i, le processus compte un nombre fini d'étapes. Si l'on poursuit le processus jusqu'au bout, on obtient au final une famille libre contenant $(v_1, \dots, v_m)$, donc qui est aussi génératrice ; c'est une base.

Exemple 5

Dans $\mathbb{R}^3$, soit $u_1 = (3, 2, -4)$ et $u_2 = (2, 1, -2)$. Ces deux vecteurs ne sont pas colinéaires donc forment une famille libre. Prenons par exemple la base canonique (e_1, e_2, e_3), qui est évidemment une famille génératrice de $\mathbb{R}^3$. Par le théorème de la base incomplète, on peut choisir parmi ces vecteurs pour compléter (u_1, u_2) en une base.

On note qu'on a $e_1 = -u_1 + 2u_2$ donc $e_1 \in \mathrm{Vect}(u_1, u_2)$. Par contre $e_2 \notin \mathrm{Vect}(u_1, u_2)$. En effet, soit $(\lambda_1, \lambda_2) \in \mathbb{R}^2$. L'égalité $e_2 = \lambda_1 u_1 + \lambda_2 u_2$ se réécrit sous la forme du système

$$\Leftrightarrow \begin{cases} 3\lambda_1 + 2\lambda_2 &= 0 \\ 2\lambda_1 + \lambda_2 &= 1 \\ -4\lambda_1 - 2\lambda_2 &= 0 \end{cases} \Leftrightarrow_{L_3 \leftarrow L_3 + L_1} \begin{cases} 3\lambda_1 + 2\lambda_2 &= 0 \\ 2\lambda_1 + \lambda_2 &= 1 \\ -\lambda_1 &= 0 \end{cases} \Leftrightarrow \begin{cases} \lambda_2 &= 0 \\ \lambda_2 &= 1 \\ \lambda_1 &= 0 \end{cases},$$

qui est un système incompatible. Ainsi comme on a $e_2 \notin \mathrm{Vect}(u_1, u_2)$, la famille (u_1, u_2, e_2) est libre.

On peut montrer directement qu'il s'agit bien d'une base de $\mathbb{R}^3$: il s'agit de montrer que tout vecteur de $\mathbb{R}^3$ peut se décomposer de façon unique comme CL des vecteurs de (u_1, u_2, e_2), c'est-à-dire que, pour tout triplet (x, y, z), le système $\begin{cases} 3\lambda + 2\mu = x \\ 2\lambda + \mu + \nu = y \\ -4\lambda - 2\mu = z \end{cases}$ en (λ, μ, ν) a une unique solution. Ceci est acquis d'après le théorème 6 du chapitre 7 puisque le déterminant $\begin{vmatrix} 3 & 2 & 0 \\ 2 & 1 & 1 \\ -4 & -2 & 0 \end{vmatrix} = -2$ de ce système est non nul.

8. Établi par Grassmann dans l'*Ausdehnungslehre* de 1862, §20 p. 10.

Corollaire 2

Toute famille libre d'un $\mathbb{K}$-espace vectoriel de dimension finie peut être complétée en une base.

DÉMONSTRATION

Soit E un $\mathbb{K}$-espace vectoriel de dimension finie. On sait que E possède une base finie, que l'on note $(v_1, \ldots, v_n)$. Cette famille $(v_1, \ldots, v_n)$ est en particulier une famille génératrice. Soit $(u_1, \ldots, u_p)$ une famille libre de E. On applique le théorème de la base incomplète ; on peut compléter $(u_1, \ldots, u_p)$ en une base de E à l'aide des vecteurs de la famille $(v_1, \ldots, v_n)$.

Remarque 2

On appliquera souvent le théorème de la base incomplète (ou son corollaire) de manière abstraite, c'est-à-dire pour obtenir l'existence d'une base en complétant une famille libre, sans expliciter pour autant les vecteurs utilisés pour compléter.

4 Dimension d'un espace vectoriel de dimension finie

4.1 Unicité du cardinal d'une base

Le mathématicien allemand Hermann Grassmann est le premier à avoir senti que l'unicité du cardinal des bases, bien qu'intuitive, n'allait pas de soi. Il est parvenu à démontrer ce résultat en se servant du lemme d'échange ci-dessous :

Théorème 4 (Lemme d'échange (Grassmann[9,10]))

Soit E un $\mathbb{K}$-espace vectoriel de dimension finie.

Soit $(b_1, \ldots, b_p)$ une famille génératrice de E et a_1 un vecteur de E.

On suppose que a_1 s'écrit $a_1 = \lambda_1 b_1 + \lambda_2 b_2 + \cdots + \lambda_p b_p$ avec $\lambda_1 \neq 0$.

Alors $(a_1, b_2, \ldots, b_p)$ est génératrice.

DÉMONSTRATION

Soit $u \in E$.

Comme $(b_1, \ldots, b_p)$ est génératrice, il existe $(\mu_1, \ldots, \mu_p) \in \mathbb{K}^p$ tel que :

9. Cf. sa notice biographique p. 594.
10. On trouve ce lemme d'échange dans l'*Ausdehnungslehre* de 1862, §19, p. 9.

$$u = \mu_1 b_1 + \mu_2 b_2 + \cdots + \mu_p b_p.$$

Par hypothèse, $a_1 = \lambda_1 b_1 + \lambda_2 b_2 + \cdots + \lambda_p b_p$ avec $\lambda_1 \neq 0$ donc on peut écrire :

$$b_1 = \frac{1}{\lambda_1} a_1 - \frac{\lambda_2}{\lambda_1} b_2 - \cdots - \frac{\lambda_p}{\lambda_1} b_p.$$

En remplaçant, on obtient :

$$\begin{aligned} u &= \mu_1 \left(\frac{1}{\lambda_1} a_1 - \frac{\lambda_2}{\lambda_1} b_2 - \cdots - \frac{\lambda_p}{\lambda_1} b_p \right) + \mu_2 b_2 + \cdots + \mu_p b_p \\ &= \frac{\mu_1}{\lambda_1} a_1 + \left(\mu_2 - \frac{\mu_1 \lambda_2}{\lambda_1} \right) b_2 + \cdots + \left(\mu_p - \frac{\mu_1 \lambda_p}{\lambda_1} \right) b_2. \end{aligned}$$

Ainsi $u \in \mathrm{Vect}(a_1, b_2, \ldots, b_p)$.

Ceci étant valable pour tout vecteur u de E, on a prouvé que $(a_1, b_2, \ldots, b_p)$ est génératrice.

Remarque historique

Le mathématicien allemand Ernst Steinitz (1871-1928) est célèbre pour l'axiomatisation de plusieurs domaines algébriques et notamment pour avoir été le premier à étudier le concept de corps pour soi. C'est une figure de proue de l'algèbre moderne et certains historiens la font souvent débuter avec ses travaux. Son œuvre la plus emblématique, *Algebraische Theorie der Körper*[11] mène une étude abstraite des corps et prouve un résultat fondamental, probablement le plus célèbre de Steinitz – on lui donne en général le nom de *théorème de Steinitz* – stipulant que tout corps possède une clôture algébrique. Le nom de Steinitz a été attribué à ce qu'on appelle le *lemme d'échange* en algèbre linéaire, pour sa présence dans un de ses articles[12] de 1913. Il est amusant de constater que cet article n'a pas pour sujet principal l'algèbre linéaire mais les séries ; ce qu'on appelle lemme d'échange n'y est qu'un résultat préliminaire.

La forme qu'a le lemme d'échange dans la version de Steinitz est plus générale que celle énoncée ci-dessus ; elle stipule que si l'on se donne une famille libre $(a_1, \ldots, a_r)$ et une famille génératrice $(b_1, \ldots, b_p)$, alors on peut remplacer r éléments parmi $b_1, \ldots, b_p$ par $a_1, \ldots, a_r$. On obtient donc au final une famille génératrice contenant la famille $(a_1, \ldots, a_r)$. On peut remarquer que cette forme du lemme d'échange n'est qu'une itération du procédé décrit dans notre version précédente ; nous allons d'ailleurs mettre en œuvre cette idée dans le prochain résultat.

Nous avons préféré présenter le lemme d'échange sous cette forme simplifiée à la fois pour bien mettre en évidence le principe à la base de l'échange – échange qui consiste à remplacer un vecteur b_1 de la famille génératrice par tout vecteur ayant une composante non nulle selon b_1 – et pour reprendre la forme énoncée par Grassmann dans

11. Publiée dans le Journal für die reine und angewandte Mathematik **137** (1910), pp. 167-309.

12. *Bedingt konvergente Reihen und konvexe Systeme*, Journal für die reine und angewandte Mathematik **143**, pp. 128-176.

l'*Ausdehnungslehre* de 1862. Il est en effet curieux de voir le nom de Steinitz attribué à ce résultat qui était déjà présent cinquante ans auparavant chez Grassmann, sous une forme d'ailleurs très moderne ! Nous nous permettons ainsi de lui rendre un hommage sobre.

Corollaire 3

Soit E un espace vectoriel de dimension finie, $(b_1, \dots, b_p)$ une famille génératrice de E. Si $(a_1, \dots, a_p)$ est une famille libre de E, alors c'est une base de E.

DÉMONSTRATION

Comme $(b_1, \dots, b_p)$ est une famille génératrice de E, a_1 se décompose sous la forme :

$$a_1 = \lambda_1 b_1 + \cdots + \lambda_p b_p, \; (\lambda_1, \dots, \lambda_p) \in \mathbb{K}^p.$$

Comme $(a_1, \dots, a_p)$ est libre, on a $a_1 \neq 0_E$ donc les coefficients $\lambda_1, \dots, \lambda_p$ ne sont pas tous nuls. Quitte à réindicer $b_1, \dots, b_p$, on suppose qu'on a $\lambda_1 \neq 0$. Alors par le lemme d'échange, $(a_1, b_2, \dots, b_p)$ est génératrice.

Considérons maintenant a_2. Comme $(a_1, b_2, \dots, b_p)$ est génératrice, a_2 se décompose sous la forme :

$$a_2 = \mu_1 a_1 + \mu_2 b_2 + \cdots + \mu_p b_p, \; (\mu_1, \dots, \mu_p) \in \mathbb{K}^p.$$

Comme $(a_1, \dots, a_p)$ est libre, $\mu_2, \dots, \mu_p$ ne sont pas tous nuls (car sinon a_1 et a_2 formeraient une famille liée). Quitte à réindicer $b_2, \dots, b_p$, on suppose qu'on a $\mu_2 \neq 0$. Alors par le lemme d'échange, $(a_1, a_2, b_3, \dots, b_p)$ est génératrice.

Poursuivant de même, on obtient à la fin du processus que la famille $(a_1, \dots, a_p)$ est génératrice. Comme elle est libre par hypothèse, c'est donc une base de E.

Corollaire 4

Dans un espace vectoriel de dimension finie, toutes les bases ont le même cardinal.

DÉMONSTRATION

Soit $(a_1, \dots, a_p)$ et $(b_1, \dots, b_q)$ deux bases d'un espace vectoriel E de dimension finie.

Raisonnons par l'absurde en supposant $p \neq q$. Examinons par exemple ce qu'il advient si on a $q < p$ (sachant que le cas $p < q$ se traite de même par symétrie des variables).

Comme $(a_1, \dots, a_p)$ est une base, elle est en particulier libre. Sa sous-famille $(a_1, \dots, a_q)$ est donc également libre.

La famille $(b_1, \dots, b_q)$ est une base donc est génératrice.

On a ainsi la famille libre $(a_1, \dots, a_q)$ et la famille génératrice $(b_1, \dots, b_q)$. Par le résultat précédent, $(a_1, \dots, a_q)$ est une base.

Or comme $(a_1, \dots, a_q)$ est une base ainsi qu'une sous-famille de la famille génératrice $(a_1, \dots, a_p)$, elle est censée être une sous-famille libre maximale de $(a_1, \dots, a_p)$; on obtient une contradiction vu que $(a_1, \dots, a_p)$ est une sur-famille stricte et libre de $(a_1, \dots, a_q)$.

Conclusion : on a $p = q$.

Ce dernier résultat est fondamental dans ce chapitre car il légitime la définition suivante :

Définition 2

Soit E un $\mathbb{K}$-espace vectoriel de dimension finie. On appelle *dimension* de E le cardinal d'une base quelconque de E, et on le note $\dim_{\mathbb{K}}(E)$ ou simplement $\dim(E)$ s'il n'y a pas d'ambiguïté sur $\mathbb{K}$.

Si E n'est pas de dimension finie, on pose $\dim(E) = +\infty$.

Par exemple, avec ce nouveau formalisme, on peut reformuler immédiatement la définition d'une droite et d'un plan comme suit :

Proposition 3

Soit E un $\mathbb{K}$-espace vectoriel.

1. Un sous-espace vectoriel de E est une droite (vectorielle) si et seulement si c'est un espace vectoriel de dimension 1.
2. Un sous-espace vectoriel de E est un plan (vectoriel) si et seulement si c'est un espace vectoriel de dimension 2.

Démonstration

1. Un sous-espace est de dimension 1 si et seulement si il a une base formée d'un unique vecteur (nécessairement non nul, sinon il ne permettrait pas de former une famille libre), c'est-à-dire si et seulement si il est de la forme $\mathrm{Vect}(u)$ avec $u \neq 0_E$, c'est-à-dire si et seulement si c'est une droite vectorielle.
2. Un sous-espace est de dimension 2 si et seulement si il a une base formée de deux vecteurs (nécessairement non colinéaires, sinon ils ne permettraient pas de former une famille libre), c'est-à-dire si et seulement si il est de la forme $\mathrm{Vect}(u, v)$ avec $u \not\parallel v$, c'est-à-dire si et seulement si c'est un plan vectoriel.

4.2 Exemples

Exemples 6

Commençons par discuter la dimension d'espaces vectoriels classiques du programme :

1. $\dim(\{0\}) = 0$ car la famille vide est base de $\{0\}$.
2. $\dim_{\mathbb{K}}(\mathbb{K}) = 1$ car (1) est une base de $\mathbb{K}$. En effet tout élément x de $\mathbb{K}$ s'écrit de manière unique sous la forme $x = x \cdot 1$.
3. Cela dit attention, $\dim_{\mathbb{R}}(\mathbb{C}) = 2$ car $(1, \mathbf{i})$ est une base de $\mathbb{C}$ **vu comme un $\mathbb{R}$-espace vectoriel**. On sait bien en effet que tout complexe z s'écrit de manière unique sous la forme $z = a \cdot 1 + b \cdot \mathbf{i}$, $(a, b) \in \mathbb{R}^2$.
4. $\dim(\mathbb{K}^n) = n$ car la base canonique de $\mathbb{K}^n$ compte n éléments.
5. $\dim(\mathbb{K}_n[X]) = n+1$ car la base canonique de $\mathbb{K}_n[X]$ est $(1, X, X^2, \ldots, X^n)$, qui compte $n+1$ éléments.
6. $\dim\big(\mathcal{M}_{pq}(\mathbb{K})\big) = pq$ car la base canonique de $\mathcal{M}_{pq}(\mathbb{K})$, formée des matrices élémentaires, compte pq éléments.
7. Comme déjà expliqué plus haut, $\mathbb{K}[X]$ n'est pas de dimension finie. Par conséquent, on a $\dim(\mathbb{K}[X]) = +\infty$.

Exemple 7

Autre exemple : dans le $\mathbb{R}$-espace vectoriel $E = \mathcal{F}(\mathbb{R}, \mathbb{R})$, on forme $F = \mathrm{Vect}(\mathrm{ch}, \mathrm{sh}, \exp)$. Comme F est engendré par un nombre fini d'éléments (trois en l'occurrence), F est de dimension finie.

On note $G = (\mathrm{ch}, \mathrm{sh}, \exp)$ la famille engendrant F. Cette famille est liée vu qu'on a $\exp = \mathrm{ch} + \mathrm{sh}$. Par le principe de réduction d'une famille génératrice, $G' = (\mathrm{ch}, \mathrm{sh})$ est toujours génératrice de F. Montrons que G' est libre :

Soit $(\lambda, \mu) \in \mathbb{R}^2$ tel que $\lambda\,\mathrm{ch} + \mu\,\mathrm{sh} = 0_E$. Cela signifie :

$$\forall x \in \mathbb{R},\ \lambda\,\mathrm{ch}(x) + \mu\,\mathrm{sh}(x) = 0.$$

En particulier, on a $\lambda\,\mathrm{ch}(0) + \mu\,\mathrm{sh}(0) = 0$, c'est-à-dire $\lambda \cdot 1 + \mu \cdot 0 = 0$, d'où $\lambda = 0$.

Il reste donc : $\forall x \in \mathbb{R},\ \mu\,\mathrm{sh}(x) = 0$. Or la fonction sh ne s'annulant pas sur tout $\mathbb{R}$, cela n'est possible que si $\mu = 0$.

Ainsi on a $\lambda = \mu = 0$. On prouvé que G' est libre.

Comme G' est une famille libre et génératrice de F, c'en est une base. On a donc finalement $\dim(F) = 2$.

Proposition 4 (Dimension d'un produit)

Soient E et F deux $\mathbb{K}$-espaces vectoriels de dimension finie.

Alors $E \times F$ est de dimension finie et $\dim(E \times F) = \dim(E) + \dim(F)$.

DÉMONSTRATION

On note $n = \dim(E)$ et $m = \dim(F)$.

On sait que E et F admettent des bases ; on note $(e_1, \dots, e_n)$ une base de E et $(f_1, \dots, f_m)$ une base de F.

Considérons la famille $\mathcal{F} = \big\{(e_i, 0_F),\ i \in \{1, \dots, n\}\big\} \cup \big\{(0_E, f_j),\ j \in \{1, \dots, m\}\big\}$.

On va montrer que c'est une base de $E \times F$.

- Soit $u \in E \times F$. Il existe $v \in E$ et $w \in F$ tels que $u = (u, w)$.

  Comme $(e_1, \dots, e_n)$ est une base de E, il existe $(\lambda_1, \dots, \lambda_n) \in \mathbb{K}^n$ tel que $v = \lambda_1 e_1 + \cdots + \lambda_n e_n$.

  Comme $(f_1, \dots, f_m)$ est une base de F, il existe $(\mu_1, \dots, \mu_m) \in \mathbb{K}^m$ tel que $w = \mu_1 f_1 + \cdots + \mu_m f_m$.

  Ainsi $u = (v, w) = \left(\sum_{i=1}^{n} \lambda_i e_i, \sum_{j=1}^{m} \mu_j f_j\right) = \left(\sum_{i=1}^{n} \lambda_i e_i, 0_F\right) + \left(0_E, \sum_{j=1}^{m} \mu_j f_j\right)$, donc

$$u = \sum_{i \in \{1, \dots, n\}} \lambda_i (e_i, 0_F) + \sum_{j \in \{1, \dots, m\}} \mu_j (0_E, f_j),$$

  ce qui prouve que $\mathcal{F}$ est une famille génératrice de $E \times F$.

  En passant, comme on vient d'obtenir une famille génératrice finie de $E \times F$, on a montré que $E \times F$ est de dimension finie.

- Soit $(\lambda_1, \dots, \lambda_n, \lambda_{n+1}, \dots, \lambda_{n+m}) \in \mathbb{K}^{n+m}$ tel que :

$$\lambda_1(e_1, 0_F) + \cdots + \lambda_n(e_n, 0_F) + \lambda_{n+1}(0_E, f_1) + \cdots + \lambda_{n+m}(0_E, f_m) = 0_{E \times F}.$$

  Cela signifie qu'on a : $\left(\sum_{i=1}^{n} \lambda_i e_i, \sum_{j=1}^{m} \lambda_{n+j} f_j\right) = 0_{E \times F} = (0_E, 0_F)$, donc $\sum_{i=1}^{n} \lambda_i e_i = 0_E$ et $\sum_{j=1}^{m} \lambda_{n+j} f_j = 0_F$. Comme $(e_1, \dots, e_n)$ est une base de E, c'est en particulier une famille libre et de $\sum_{i=1}^{n} \lambda_i e_i = 0_E$ on déduit $\lambda_1 = \cdots = \lambda_n = 0$.

Comme $(f_1, \dots, f_m)$ est une base de F, c'est en particulier une famille libre et de $\sum_{j=1}^{m} \lambda_{n+j} f_j = 0_F$ on déduit $\lambda_{n+1} = \dots = \lambda_{n+m} = 0$.
On a donc $\lambda_1 = \dots = \lambda_n = \lambda_{n+1} = \dots = \lambda_{n+m} = 0$. Donc $\mathcal{F}$ est une famille libre.

- Ainsi $\mathcal{F}$ est une famille libre et génératrice de $E \times F$ donc est une base de $E \times F$.

  Comme $\mathcal{F}$ compte exactement $n + m$ éléments, on en déduit qu'on a effectivement $\dim(E \times F) = n + m = \dim(E) + \dim(F)$.

Corollaire 5

Soit $E_1, E_2, \dots, E_p$ un nombre fini de $\mathbb{K}$-espaces vectoriels de dimension finie.
Alors $E_1 \times E_2 \times \dots \times E_p$ est de dimension finie et

$$\dim\big(E_1 \times E_2 \times \dots \times E_p\big) = \dim(E_1) + \dim(E_2) + \dots + \dim(E_p).$$

En particulier, pour tout $n \in \mathbb{N}$, on a $\dim(E^n) = n \dim(E)$.

DÉMONSTRATION

Le premier point s'obtient par une récurrence immédiate à partir de la proposition précédente.
Le second point s'en déduit en posant $p = n$ et $E_1 = E_2 = \dots = E_n = E$. Pour $n = 0$, on retrouve que l'espace nul est de dimension 0.

Exemple 8
$\dim_{\mathbb{R}}(\mathbb{C}^n) = 2n$ car, d'après le résultat précédent, $\dim_{\mathbb{R}}(\mathbb{C}^n) = n \dim_{\mathbb{R}}(\mathbb{C})$ et on sait que $\dim_{\mathbb{R}}(\mathbb{C}) = 2$.

4.3 Morphisme de décomposition dans une base

La grande force des espaces vectoriels de dimension finie par rapport aux espaces vectoriels abstaits les plus généraux est que leur étude se ramène aisément à l'étude de $\mathbb{K}^n$, espace vectoriel particulièrement simple.

Définition 3

Soit E un $\mathbb{K}$-espace vectoriel de dimension finie n et $\mathcal{B} = (\varepsilon_1, \ldots, \varepsilon_n)$ une base de E. Pour tout vecteur $u \in E$, on appelle *décomposition de u dans la base $\mathcal{B}$* et on note $\left| u \right|_{\mathcal{B}}$ l'unique n-uplet $\begin{pmatrix} \lambda_1 \\ \vdots \\ \lambda_n \end{pmatrix} \in \mathbb{K}^n$ tel qu'on a $u = \lambda_1 \varepsilon_1 + \cdots + \lambda_n \varepsilon_n$.

Exemple 9

Plaçons-nous dans le cas $\mathbb{K} = \mathbb{R}$, $E = \mathbb{R}^3$. On a montré dans l'exemple 5 que la famille $\mathcal{B} = (u_1, u_2, e_2)$, où $u_1 = (3, 2, -4)$ et $u_2 = (2, 1, -2)$, forme une base de $\mathbb{R}^3$. On a $\left| e_1 \right|_{\mathcal{B}} = \begin{pmatrix} -1 \\ 2 \\ 0 \end{pmatrix}$. En effet, on l'a vu, on a $e_1 = -u_1 + 2u_2$.

Exemples 10

Considérons le cas de quelques espaces dont on connaît une base canonique.

1. Plaçons-nous dans le cas $E = \mathbb{K}^n$. Notons $\mathcal{C} = (e_1, \ldots, e_n)$ la base canonique de $\mathbb{K}^n$. Alors la décomposition d'un vecteur u de E dans $\mathcal{C}$ est le vecteur u lui-même !

   Autrement dit on a $\forall u \in E, \quad \left| u \right|_{\mathcal{C}} = u$.

   C'est la « magie de la base canonique de $\mathbb{K}^n$ ».

2. Plaçons-nous dans le cas $E = \mathbb{K}_n[X]$, qui, rappelons-le, est de dimension $n + 1$. Notons $\mathcal{C} = (1, X, \ldots, X^n)$ sa base canonique. Alors la décomposition d'un polynôme $P = a_0 + a_1 X + \cdots + a_n X^n$ de E dans $\mathcal{C}$ est le vecteur $\left| P \right|_{\mathcal{C}} = \begin{pmatrix} a_0 \\ a_1 \\ \vdots \\ a_n \end{pmatrix}$, c'est-à-dire tout simplement le vecteur de ses coefficients !

3. Plaçons-nous dans le cas $E = \mathcal{M}_{p,q}(\mathbb{K})$, qui, rappelons-le, est de dimension pq. Notons $\mathcal{C} = (E_{1,1}, E_{1,2}, \ldots, E_{1,q}, E_{2,1}, \ldots, \ldots, E_{p,q})$ sa base canonique.

   Alors la décomposition d'une matrice $M = (a_{i,j})_{\substack{1 \leqslant i \leqslant p \\ 1 \leqslant j \leqslant q}}$ de E dans $\mathcal{C}$ est le vecteur

$\begin{array}{c}|\\ M\\ |_{\mathcal{C}}\end{array} = \begin{pmatrix} a_{1,1} \\ \vdots \\ a_{1,q} \\ a_{2,1} \\ \vdots \\ \vdots \\ a_{p,q} \end{pmatrix}$. Autrement dit, l'application $M \mapsto \begin{array}{c}|\\ M\\ |_{\mathcal{C}}\end{array}$ est l'application Ψ du chapitre 9

Proposition 5 (Morphisme de décomposition)

Soit E un $\mathbb{K}$-espace vectoriel de dimension finie n et $\mathcal{B} = (\varepsilon_1, \ldots, \varepsilon_n)$ une base de E. Alors :

1. L'application $\left\{\begin{array}{ccc} E & \longrightarrow & \mathbb{K}^n \\ u & \longmapsto & \begin{array}{c}|\\ u\\ |_{\mathcal{B}}\end{array} \end{array}\right.$ de décomposition dans $\mathcal{B}$ est bijective.
2. L'application $\left\{\begin{array}{ccc} E & \longrightarrow & \mathbb{K}^n \\ u & \longmapsto & \begin{array}{c}|\\ u\\ |_{\mathcal{B}}\end{array} \end{array}\right.$ est linéaire, c'est-à-dire :

$$\forall (u, v) \in E^2,\ \forall (\lambda, \mu) \in \mathbb{K}^2,\quad \begin{array}{c}|\\ (\lambda u + \mu v)\\ |_{\mathcal{B}}\end{array} = \lambda \cdot \begin{array}{c}|\\ u\\ |_{\mathcal{B}}\end{array} + \mu \cdot \begin{array}{c}|\\ v\\ |_{\mathcal{B}}\end{array}.$$

Pour cette raison, on parlera d'*isomorphisme de décomposition* dans une base. L'application $\left\{\begin{array}{ccc} E & \longrightarrow & \mathbb{K}^n \\ u & \longmapsto & \begin{array}{c}|\\ u\\ |_{\mathcal{B}}\end{array} \end{array}\right.$ est un isomorphisme du groupe $(E, +)$ dans le groupe $(\mathbb{K}^n, +)$, qui de plus préserve les multiplications par des scalaires (ces applications font l'objet du chapitre 13). On dit que les espaces E et $\mathbb{K}^n$ sont *isomorphes*, au sens où il existe entre eux une bijection qui transporte la structure de l'un sur la structure de l'autre, et à travers laquelle on peut finalement identifier ces deux espaces. On le note $E \simeq \mathbb{K}^n$. Essentiellement, la proposition précédente exprime donc bien qu'on peut ramener l'étude de E à celle de $\mathbb{K}^n$.

Démonstration

1. La bijectivité est immédiate : un antécédent de $\begin{pmatrix} \lambda_1 \\ \vdots \\ \lambda_n \end{pmatrix} \in \mathbb{K}^n$ est, par définition, $\lambda_1\varepsilon_1 + \cdots + \lambda_n\varepsilon_n$. Un tel antécédent est toujours nécessairement unique par unicité de l'écritude d'un vecteur comme CL des vecteurs d'une base.

2. Considérons deux vecteurs u et v de E et deux scalaires λ et μ.

   Notons $\left|\; u \right._{\mathcal{B}} = \begin{pmatrix} \alpha_1 \\ \vdots \\ \alpha_n \end{pmatrix}$ et $\left|\; v \right._{\mathcal{B}} = \begin{pmatrix} \beta_1 \\ \vdots \\ \beta_n \end{pmatrix}$. On a par définition $u = \alpha_1\varepsilon_1 + \cdots + \alpha_n\varepsilon_n$ et $v = \beta_1\varepsilon_1 + \cdots + \beta_n\varepsilon_n$. Par commutativité et associativité de $+$, et par distributivité de $\cdot$ sur $+$, on a donc $\lambda u + \mu v = (\lambda\alpha_1 + \mu\beta_1)\varepsilon_1 + \cdots + (\lambda\alpha_n + \mu\beta_n)\varepsilon_n$. On a donc

$$\left|\; (\lambda u + \mu v) \right._{\mathcal{B}} = \begin{pmatrix} \lambda\alpha_1 + \mu\beta_1 \\ \vdots \\ \lambda\alpha_n + \mu\beta_n \end{pmatrix} = \lambda \begin{pmatrix} \alpha_1 \\ \vdots \\ \alpha_n \end{pmatrix} + \mu \begin{pmatrix} \beta_1 \\ \vdots \\ \beta_n \end{pmatrix} = \lambda \cdot \left|\; u \right._{\mathcal{B}} + \mu \cdot \left|\; v \right._{\mathcal{B}}.$$

5 Familles en dimension finie

5.1 Familles libres, familles génératrices, bases

Dans un espace de dimension finie n, on sait qu'une famille ne peut être une base que si elle est de cardinal n.

Pour qu'une famille soit libre ou génératrice, son cardinal doit aussi vérifier une condition :

Théorème 5

Soit E un $\mathbb{K}$-espace vectoriel de dimension finie n.

1. Toute famille génératrice de E possède au moins n éléments.
2. Toute famille libre de E possède au plus n éléments.

Démonstration

1. Soit G une famille génératrice de E. Raisonnons par l'absurde.

   Supposons que G admette strictement moins de n éléments. Alors par le théorème de la base extraite, on peut extraire de G une base de E. Or cette base aura au plus autant d'éléments que G et donc en tout cas strictement moins de n éléments, ce qui est en contradiction avec le fait que toutes les bases de E ont n éléments.

   Ainsi G admet au moins n éléments.

   On a démontré que toute famille génératrice de E possède au moins n éléments.

2. Soit L une famille libre de E. Raisonnons par l'absurde.
   Supposons que L admette strictement plus de n éléments.
   Comme E est de dimension finie n, on sait que E possède une base $(e_1, \ldots, e_n)$. En particulier $(e_1, \ldots, e_n)$ est une famille génératrice. D'après le théorème de la base incomplète, on peut compléter L en une base de E à l'aide de vecteurs parmi $e_1, \ldots, e_n$. Or on obtient ainsi une base de E possédant strictement plus de n éléments, ce qui est en contradiction avec le fait que toutes les bases de E ont n éléments.
   Ainsi L admet au plus n éléments.
   On a démontré que toute famille libre de E possède au plus n éléments.

Remarque 3

La contraposée du deuxième point de ce théorème est souvent utile : dans un espace de dimension n, toute famille de $n+1$ vecteurs (ou plus) est liée.

Le petit tableau qui suit résume le théorème précédent :

Cardinal de la famille	0	1	...	$n-1$	n	$n+1$	...
Type potentiel de la famille	Famille libre				Base	Famille génératrice	

Les bases sont les familles à la fois libres et génératrices ; par le résultat précédent elles doivent posséder au plus n éléments par leur caractère libre et au moins n par leur caractère générateur. On retrouve bien le fait qu'une base possède exactement n éléments et une idée vue précédemment, à savoir que **les bases sont les familles génératrices minimales** – au sens où elles sont de cardinal le plus petit possible parmi les familles génératrices – et aussi que **les bases sont les familles libres maximales** – au sens où elles sont de cardinal le plus grand possible parmi les familles libres.

On parle bien du type potentiel de la famille car les conditions précédentes sur le cardinal sont nécessaires pour obtenir un certain type de famille, mais absolument pas suffisantes ! Ainsi dans un espace de dimension 3, on peut très bien se donner une famille à moins de 3 éléments sans qu'elle soit libre : par exemple en prenant deux vecteurs colinéaires. Toujours en dimension 3, on peut très bien se donner une famille ayant plus de 3 vecteurs sans qu'elle soit génératrice : par exemple si on prend un vecteur $u \neq 0_E$, on forme la famille à 4 éléments $(u, 2u, 3u, 4u)$...

Cela dit on peut utiliser le cardinal d'une famille pour déterminer si c'est une base de manière plus simple qu'en étudiant à la fois les caractères libre et générateur :

Théorème 6

Soit E un $\mathbb{K}$-espace vectoriel de dimension finie n.

1. Si une famille génératrice de E possède exactement n éléments alors c'est une base.
2. Si une famille libre de E possède exactement n éléments alors c'est une base.

DÉMONSTRATION

1. Soit G une famille génératrice de E, de cardinal n.
   Raisonnons par l'absurde.
   Si G n'est pas une base alors, vu qu'elle est génératrice, c'est qu'elle n'est pas libre.
   Un de ses éléments est donc combinaison linéaire des autres. Si on l'ôte à G, on obtient par le principe de réduction d'une famille génératrice une famille qui est toujours génératrice. Or cette famille possède $n-1$ éléments, ce qui est en contradiction avec le résultat précédent.
   Ainsi G est une base de E.
   On a ainsi démontré que toute famille génératrice à n éléments est une base de E.

2. Soit L une famille libre de E, de cardinal n.
   Raisonnons par l'absurde.
   Si L n'est pas une base alors, vu qu'elle est libre, c'est qu'elle n'est pas génératrice.
   Il existe donc un élément de E qui n'est pas combinaison linéaire d'éléments de L. Si on l'ajoute à L, on obtient par le principe d'extension d'une famille libre une famille qui est toujours libre. Or cette famille possède $n+1$ éléments, ce qui est en contradiction avec le résultat précédent.
   Ainsi L est une base de E.
   On a ainsi démontré que toute famille libre à n éléments est une base de E.

On peut synthétiser ce résultat ainsi :

Corollaire 6

Soit $\mathcal{F}$ une famille à n éléments d'un $\mathbb{K}$-espace vectoriel E de dimension finie n. Les trois propositions suivantes sont équivalentes :

i. $\mathcal{F}$ est libre.

ii. $\mathcal{F}$ est génératrice.

iii. $\mathcal{F}$ est une base.

DÉMONSTRATION

Comme une base est une famille à la fois libre et génératrice, on a $iii \Rightarrow i$ et $iii \Rightarrow ii$. Par le théorème précédent, si une famille à n éléments est libre alors c'est une base, d'où $i \Rightarrow iii$; et si une famille à n éléments est génératrice alors c'est une base, d'où $ii \Rightarrow iii$. Par conséquent, on a $i \Leftrightarrow iii$ et $ii \Leftrightarrow iii$. Par transitivité et symétrie de la relation d'équivalence, on a donc aussi $ii \Leftrightarrow iii$.
On a ainsi démontré l'équivalence entre les trois propositions.

Exemple 11

Dans $\mathbb{R}^4$, soient $u = (1, 0, 1, -2)$, $v = (-1, 1, 2, 0)$, $w = (3, -2, 1, 4)$, $t = (0, -2, 1, -3)$. Montrons que la famille (u, v, w, t) est une base de $\mathbb{R}^4$: comme cette famille a 4 vecteurs, cela suffira à montrer, d'après le théorème précédent, que c'est bien une base de $\mathbb{R}^4$.
Montrons la liberté de (u, v, w, t). Considérons une CL nulle $\alpha u + \beta v + \gamma w + \delta t = 0_{\mathbb{R}^4}$. On la réécrit $(\alpha - \beta + 3\gamma, \beta - 2\gamma - 2\delta, \alpha + 2\beta + \gamma + \delta, -2\alpha + 4\gamma - 3\delta) = (0, 0, 0, 0)$, ou encore :

$$\begin{cases} \alpha - \beta + 3\gamma = 0 \\ \beta - 2\gamma - 2\delta = 0 \\ \alpha + 2\beta + \gamma + \delta = 0 \\ -2\alpha + 4\gamma - 3\delta = 0 \end{cases}$$

$$\Leftrightarrow \quad \begin{matrix} \\ \\ L_3 \leftarrow L_3 - L_1 \\ L_4 \leftarrow L_4 + 2L_1 \end{matrix} \begin{cases} \alpha - \beta + 3\gamma = 0 \\ \beta - 2\gamma - 2\delta = 0 \\ 3\beta - 2\gamma + \delta = 0 \\ -2\beta + 10\gamma - 3\delta = 0 \end{cases}$$

$$\Leftrightarrow \quad \begin{matrix} \\ \\ L_3 \leftarrow L_3 - 3L_2 \\ L_4 \leftarrow L_4 + 2L_2 \end{matrix} \begin{cases} \alpha - \beta + 3\gamma = 0 \\ \beta - 2\gamma - 2\delta = 0 \\ 4\gamma + 7\delta = 0 \\ 6\gamma - 7\delta = 0 \end{cases}$$

$$\Leftrightarrow \quad \begin{matrix} \\ \\ \\ L_4 \leftarrow L_4 + L_3 \end{matrix} \begin{cases} \alpha - \beta + 3\gamma = 0 \\ \beta - 2\gamma - 2\delta = 0 \\ 4\gamma + 7\delta = 0 \\ 10\gamma = 0 \end{cases}.$$

En remontant les équations du système par substitutions successives, on trouve $\alpha = \beta = \gamma = \delta = 0$. La combinaison linéaire considérée est donc triviale.

Ainsi la famille (u, v, w, t) est libre.

La famille (u, v, w, t) est libre et elle est de cardinal $4 = \dim(\mathbb{R}^4)$, c'est donc une base de $\mathbb{R}^4$.

Exemple 12

Soit $a \in \mathbb{K}$. La famille $\mathcal{F} = \big(1, X - a, (X - a)^2, \ldots, (X - a)^n\big)$ est une base de $\mathbb{K}_n[X]$.

En effet, d'après la formule de Taylor polynomiale, tout polynôme P de $\mathbb{K}_n[X]$ s'écrit :

$$P = \sum_{k=0}^{n} \frac{P^{(k)}(a)}{k!}(X - a)^k.$$

Cela prouve que $\mathcal{F}$ est une famille génératrice de $\mathbb{K}_n[X]$. Or cette famille est de cardinal $n + 1$ et $\dim(\mathbb{K}_n[X]) = n + 1$ donc $\mathcal{F}$ est une base de $\mathbb{K}_n[X]$.

5.2 Rang d'une famille de vecteurs

Définition 4

Soit $\mathcal{F} = (u_1, \ldots, u_p)$ une famille finie d'éléments d'un $\mathbb{K}$-espace vectoriel E de dimension finie.

On appelle *rang* de $\mathcal{F}$ et on note $\mathrm{rg}(\mathcal{F})$ ou $\mathrm{rg}(u_1, \ldots, u_p)$ la dimension de $\mathrm{Vect}(\mathcal{F})$.

Exemples 13

On commence par des exemples basiques :

1. $\mathrm{rg}(\emptyset) = 0$.
2. Soit $u \in E$. On a :
   - $\mathrm{rg}(u) = 0$ si $u = 0_E$;
   - $\mathrm{rg}(u) = 1$ si $u \neq 0_E$.
3. Soit $(u, v) \in E^2$. On a :
   - $\mathrm{rg}(u, v) = 0$ si $u = v = 0_E$;
   - $\mathrm{rg}(u, v) = 1$ si u et v sont colinéaires et non tous deux nuls ;
   - $\mathrm{rg}(u, v) = 2$ si u et v ne sont pas colinéaires ; en effet dans ce dernier cas on sait que la famille (u, v) est libre, et elle forme donc une base de $\mathrm{Vect}(u, v)$.

On a un premier résultat immédiat :

Proposition 6

$\mathrm{rg}(u_1, \ldots, u_p) \leqslant p$.

DÉMONSTRATION

Comme $(u_1, \ldots, u_p)$ est une famille génératrice de $F = \mathrm{Vect}(u_1, \ldots, u_p)$, on sait que le cardinal d'une base quelconque de F est au plus égal à p. D'où $\dim(F) \leqslant p$ et donc $\mathrm{rg}(u_1, \ldots, u_p) \leqslant p$.

Remarque 4

Les restrictions au seul cas des familles finies aussi bien qu'au seul cas des familles d'un espace vectoriel de dimension finie sont tout à fait artificielles. On définit tout aussi bien le rang d'une famille quelconque $\mathcal{F} = (v_i)_{i \in I}$ de vecteurs d'un espace vectoriel quelconque E par $\mathrm{rg}(\mathcal{F}) = \mathrm{Vect}\,(\mathcal{F})$.

On peut déjà noter que, si $\mathcal{F}$ est finie, alors $\mathrm{rg}(\mathcal{F})$ est fini et même inférieur au cardinal

de $\mathcal{F}$, y compris pour $\dim(E) = \infty$. En effet, ce point est acquis d'après la remarque précédente dont la démonstration n'utilise pas d'hypothèse sur la dimension de E.
On peut également ajouter, en anticipant un peu, que si E est de dimension finie, alors $\mathrm{rg}(\mathcal{F})$ est fini et même inférieur à $\dim(E)$, y compris si $\mathcal{F}$ est infinie. Ce point est un cas particulier du théorème 10 qui sera énoncé plus bas, en remarquant que $\mathrm{Vect}\,(\mathcal{F})$ est un sous-espace vectoriel de E.

On sait que lorsqu'on se donne un espace vectoriel engendré par un nombre fini de vecteurs $(u_1, \ldots, u_p)$, on peut en déterminer une base en extrayant une sous-famille libre maximale de $(u_1, \ldots, u_p)$. On a même démontré qu'on avait une équivalence, au sens où une sous-famille de $(u_1, \ldots, u_p)$ est une base de $F = \mathrm{Vect}(u_1, \ldots, u_p)$ si et seulement si c'est une sous-famille libre maximale. Cela nous donne :

Théorème 7 (Caractérisation pratique du rang d'une famille finie)

Le rang de $(u_1, \ldots, u_p)$ est égal au cardinal de toute sous-famille libre maximale de $(u_1, \ldots, u_p)$.

Remarque 5

Ce théorème reste vrai pour une famille infinie $(u_i)_{i \in I}$, y compris dans un espace vectoriel de dimension infinie : il peut y avoir alors, ou pas, des sous-familles libres infinies. On laisse au lecteur le soin de s'en convaincre.

Exemple 14

Dans $\mathbb{R}^3$, cherchons le rang de la famille (u_1, u_2, u_3, u_4) donnée par :

$$u_1 = (-1, 1, 2), \quad u_2 = (4, -2, -1), \quad u_3 = (3, -1, 1), \quad u_4 = (-7, 3, 0).$$

Notons $F = \mathrm{Vect}(u_1, u_2, u_3, u_4)$. On a par définition $\mathrm{rg}(u_1, u_2, u_3, u_4) = \dim(F)$.
On remarque qu'on a $u_4 = u_1 - 2u_3$. Ainsi $u_4 \in \mathrm{Vect}(u_1, u_2, u_3)$ et, par le principe de réduction d'une famille génératrice, $F = \mathrm{Vect}(u_1, u_2, u_3)$.
Or on a aussi $u_3 = u_1 + u_2$ donc $u_3 \in \mathrm{Vect}(u_1, u_2)$ et, toujours par le principe de réduction d'une famille génératrice, $\mathrm{Vect}(u_1, u_2, u_3) = \mathrm{Vect}(u_1, u_2)$ donc $F = \mathrm{Vect}(u_1, u_2)$.
Maintenant (u_1, u_2) est une famille de deux vecteurs non colinéaires donc est libre ; comme elle est génératrice de F, c'en est une base.
Finalement, cette famille étant de cardinal égal à 2, on en déduit qu'on a $\dim(F) = 2$ et

donc $\mathrm{rg}(u_1, u_2, u_3, u_4) = 2$.

Le cas particulier où on a $\mathrm{rg}(u_1, \ldots, u_p) = p$ mérite qu'on l'examine :

Théorème 8

On note $F = \mathrm{Vect}(u_1, \ldots, u_p)$. Les trois propositions suivantes sont équivalentes :

i. $\mathrm{rg}(u_1, \ldots, u_p) = p$.

ii. $(u_1, \ldots, u_p)$ est une base de F.

iii. $(u_1, \ldots, u_p)$ est une famille libre.

DÉMONSTRATION

Si $\mathrm{rg}(u_1, \ldots, u_p) = p$ alors $\dim(F) = p$. La famille $(u_1, \ldots, u_p)$ se trouve donc être une famille génératrice de F et de cardinal égal à la dimension de F ; il s'agit par conséquent d'une base de F. Cela prouve $i \Rightarrow ii$.

On a $ii \Rightarrow iii$ car une base est une famille libre.

Enfin si $(u_1, \ldots, u_p)$ est une famille libre alors c'est une famille à la fois libre et génératrice de F. C'est donc une base de F, ce qui implique $\dim(F) = p$. D'où $\mathrm{rg}(u_1, \ldots, u_p) = p$.

Corollaire 7

Soit $(u_1, \ldots, u_p)$ une famille finie d'éléments d'un $\mathbb{K}$-espace vectoriel E de dimension finie.

Alors $(u_1, \ldots, u_p)$ est une base de E si et seulement si $\mathrm{rg}(u_1, \ldots, u_p) = p = \dim(E)$.

DÉMONSTRATION

$\boxed{\Rightarrow}$ Supposons que $(u_1, \ldots, u_p)$ est une base de E.

Alors c'est une famille libre donc, par le théorème précédent, $\mathrm{rg}(u_1, \ldots, u_p) = p$.

En outre, comme la dimension d'un espace est le cardinal d'une de ses bases, $\dim(E) = p$.

D'où $\mathrm{rg}(u_1, \ldots, u_p) = p = \dim(E)$.

$\boxed{\Leftarrow}$ Supposons avoir $\mathrm{rg}(u_1, \ldots, u_p) = p = \dim(E)$.

De $\mathrm{rg}(u_1, \ldots, u_p) = p$ on déduit par le théorème précédent que $(u_1, \ldots, u_p)$ est une famille libre.

Il s'agit donc d'une famille libre de E, de cardinal égal à $\dim(E)$; c'est une base de E.

Ce résultat bien utile nous permettra d'étudier les familles échelonnées dans la prochaine sous-section. Voyons-en dès à présent une autre application :

Exemple 15

Soit la famille $\mathcal{F} = (P_1, P_2, P_3, P_4)$ de $\mathbb{K}[X]$, où

$$P_1 = X - 1, \quad P_2 = 2X, \quad P_3 = X^2 - 3X, \quad P_4 = 3X^3 + X^2 - 2.$$

La question est de déterminer $\mathrm{rg}(P_1, P_2, P_3, P_4)$ et de trouver une application au résultat obtenu.

Examinons si la famille $\mathcal{F}$ est libre. Soit $(\lambda_1, \ldots, \lambda_4) \in \mathbb{K}^4$ tel que $\sum_{i=1}^{4} \lambda_i P_i = 0$. Alors :

$$\lambda_1(X-1) + \lambda_2(2X) + \lambda_3(X^2 - 3X) + \lambda_4(3X^3 + X^2 - 2) = 0,$$

$$\text{d'où} \quad 3\lambda_4 X^3 + (\lambda_3 + \lambda_4)X^2 + (\lambda_1 + 2\lambda_2 - 3\lambda_3)X + (-\lambda_1 - 2\lambda_4) = 0,$$

et donc $(\lambda_1, \ldots, \lambda_4)$ satisfait le système :

$$\left\{ \begin{array}{rcrcrcrcl} & & & & & & 3\lambda_4 & = & 0 \\ & & & & \lambda_3 & + & \lambda_4 & = & 0 \\ \lambda_1 & + & 2\lambda_2 & - & 3\lambda_3 & & & = & 0 \\ -\lambda_1 & & & & & - & 2\lambda_4 & = & 0 \end{array} \right. .$$

On prouve facilement qu'on a $(\lambda_1, \lambda_2, \lambda_3, \lambda_4) = (0, 0, 0, 0)$.

Ainsi $\mathcal{F}$ est libre.

Comme $\mathcal{F}$ est de cardinal égal à 4, on en déduit $\mathrm{rg}(\mathcal{F}) = 4$.

Mais remarquons aussi que $\mathcal{F}$ est une famille d'éléments de $\mathbb{K}_3[X]$. De $\dim(\mathbb{K}_3[X]) = 4$, on en déduit par le résultat précédent que (P_1, P_2, P_3, P_4) est une base de $\mathbb{K}_3[X]$.

On peut finir par donner quelques propriétés simples et utiles sur le rang obtenues grâce au théorème de caractérisation pratique du rang :

Proposition 7

Soient $\mathcal{F}$ et $\mathcal{G}$ deux familles de vecteurs d'un $\mathbb{K}$-espace vectoriel E de dimension finie. Si $\mathcal{F}$ est une sous-famille de $\mathcal{G}$ alors $\mathrm{rg}(\mathcal{F}) \leqslant \mathrm{rg}(\mathcal{G})$.

Démonstration

On sait que $\mathrm{rg}(\mathcal{F})$ est égal au cardinal d'une sous-famille libre maximale de $\mathcal{F}$.

Soit $\mathcal{F}'$ une telle famille. Alors c'est également une sous-famille libre de $\mathcal{G}$. Or ce n'est

pas forcément une sous-famille libre maximale de $\mathcal{G}$ car on peut potentiellement ajouter des vecteurs de $\mathcal{G} \setminus \mathcal{F}$ pour en faire une sous-famille libre maximale de $\mathcal{G}$.
Quoi qu'il en soit, $\text{rg}(\mathcal{F}) \leqslant \text{rg}(\mathcal{G})$.

Proposition 8

Soient $\mathcal{F}$ une famille de vecteurs d'un $\mathbb{K}$-espace vectoriel E de dimension finie.
Alors on a $\text{rg}(\mathcal{F}) \leqslant \dim(E)$ et $\text{rg}(\mathcal{F}) \leqslant \text{card}(\mathcal{F})$.

DÉMONSTRATION

Comme $\text{rg}(\mathcal{F})$ est le cardinal d'une sous-famille libre maximale $\mathcal{F}'$ de $\mathcal{F}$, et que $\mathcal{F}'$ est formée d'éléments de E, on a $\text{card}(\mathcal{F}') \leqslant \dim(E)$ vu que dans un espace de dimension finie, toute famille libre a un cardinal au plus égal à la dimension de cet espace.
Ainsi $\text{rg}(\mathcal{F}) \leqslant \dim(E)$.
Enfin comme $\mathcal{F}'$ est une sous-famille de $\mathcal{F}$, on a $\text{card}(\mathcal{F}') \leqslant \text{card}(\mathcal{F})$, dont on déduit $\text{rg}(\mathcal{F}) \leqslant \text{card}(\mathcal{F})$.

Exemple 16
Soit la famille (u_1, u_2, u_3) de $\mathbb{R}^3$ où :

$$u_1 = (-2, 3, 0), \quad u_2 = (1, -5, 0), \quad u_3 = (4, 1, 0).$$

Les vecteurs u_1, u_2 et u_3 appartiennent tous évidemment au plan $\mathcal{P}$ d'équation $z = 0$, qui est un sous-espace vectoriel de dimension 2 de $\mathbb{R}^3$. Ainsi $\text{rg}(u_1, u_2, u_3) \leqslant \dim(\mathcal{P}) = 2$. Or u_1 et u_2 sont non colinéaires donc $\text{rg}(u_1, u_2) = 2$. On en déduit $\text{rg}(u_1, u_2, u_3) \geqslant 2$.
Ainsi $\text{rg}(u_1, u_2, u_3) = 2$.

Enfin on montre qu'on peut utiliser des opérations dites *élémentaires*, analogues des opérations élémentaires déjà utilisées sur les systèmes linéaires, pour transformer une famille $(u_1, \ldots, u_p)$ en une famille $(v_1, \ldots, v_r)$, avec $r \leqslant p$, de sorte que $\text{Vect}(u_1, \ldots, u_p) = \text{Vect}(v_1, \ldots, v_r)$ – et donc de sorte également que $\text{rg}(u_1, \ldots, u_p) = \text{rg}(v_1, \ldots, v_r)$.
Ce procédé est particulièrement utile en lien avec les familles échelonnées que nous voyons juste après.

Définition 5 (Opérations élémentaires sur une famille de vecteurs)

Soit $\mathcal{F} = (u_1, \dots, u_p)$ une famille finie de vecteurs d'un $\mathbb{K}$-espace vectoriel E.

On appelle *opérations élémentaires* sur les vecteurs de la famille $\mathcal{F}$ les opérations suivantes :

1. Échanger deux vecteurs de la famille.
2. Ajouter à un vecteur u_i de $\mathcal{F}$ un multiple d'un autre vecteur u_j de $\mathcal{F}$.
3. Multiplier un vecteur u_i de $\mathcal{F}$ par une constante non nulle.

Théorème 9

Soit $\mathcal{F} = (u_1, \dots, u_p)$ une famille finie de vecteurs d'un $\mathbb{K}$-espace vectoriel E.

Pour toute famille $\mathcal{G}$ obtenue à partir de $\mathcal{F}$ par opérations élémentaires, et en enlevant le vecteur nul lorsqu'il se présente, on a :

$$\mathrm{Vect}(\mathcal{F}) = \mathrm{Vect}(\mathcal{G}) \quad \text{et donc} \quad \mathrm{rg}(\mathcal{F}) = \mathrm{rg}(\mathcal{G}).$$

Démonstration

- Si le vecteur nul se présente dans $\mathcal{F}$, par exemple si $u_p = 0_E$ alors, comme 0_E appartient à tout sous-espace vectoriel de E, on est sûr que $u_p = 0_E \in \mathrm{Vect}(u_1, \dots, u_{p-1})$.
  Par le principe de réduction d'une famille génératrice, on a donc $\mathrm{Vect}(u_1, \dots, u_p) = \mathrm{Vect}(u_1, \dots, u_{p-1})$.
- Changer l'ordre des éléments dans une famille ne modifie pas le sous-espace de E qu'elle engendre (vu que permuter l'ordre dans lequel les éléments apparaissent dans une combinaison linéaire ne modifie pas sa valeur par commutativité de $+$).
- Enfin si l'on effectue à une famille une des opérations élémentaires numéro 2 ou 3, c'est le lemme d'échange qui justifie que le sous-espace de E engendré par cette famille est le même.

Notons que se déduisent immédiatement des opérations élémentaires les opérations suivantes :

- ajouter à un vecteur u_i de $\mathcal{F}$ une combinaison linéaire $\sum_{\substack{j=1 \\ j \neq i}}^{r} \lambda_j u_j$ des autres vecteurs de $\mathcal{F}$.
- remplacer u_i par une combinaison linéaire de la forme $\alpha u_i + \sum_{\substack{j=1 \\ j \neq i}}^{r} \lambda_j u_j$, où $\alpha \neq 0$.

La première de ces opérations s'obtient en effet en itérant la deuxième opération élémentaire ; et on en déduit la seconde opération en la combinant avec la troisième opération élémentaire.

On en déduit que ces opérations laissent elles aussi invariant le sous-espace vectoriel de E engendré par la famille, ainsi que son rang.

5.3 Familles échelonnées

Définition 6

Soit $\mathcal{B} = (\varepsilon_1, \dots, \varepsilon_n)$ une base d'un $\mathbb{K}$-espace vectoriel E (qui est donc de dimension n) et $(u_1, \dots, u_m)$ une famille de vecteurs de E.

Notons, pour tout $i \in \{1, \dots, m\}$, $u_i = a_{i,1}\varepsilon_1 + a_{i,2}\varepsilon_2 + \cdots + a_{i,n}\varepsilon_n$.

On dit que $(u_1, \dots, u_m)$ est une famille *échelonnée par rapport à* $\mathcal{B}$ lorsque :

· si pour un vecteur u_i, il existe $j \in \{1, \dots, m-1\}$ tel que tous les coefficients $a_{i,k}$, avec $k < j$, sont nuls, alors tous les coefficients $a_{i+1,k}$, avec $k < j+1$, sont nuls.

· si pour un vecteur u_i, tous les coefficients $a_{i,j}$ sont nuls, alors tous les coefficients des vecteurs $u_{i+1}, \dots, u_m$ sont nuls ; dit plus simplement, si $u_i = 0_{\mathbb{K}^n}$ alors $u_{i+1} = \cdots = u_m = 0_{\mathbb{K}^n}$.

Le cas le plus fréquent est celui où $E = \mathbb{K}^n$ et où $\mathcal{B}$ est la base canonique $\big(\varepsilon_1 = (1, 0, \dots, 0), \dots, \varepsilon_n = (0, \dots, 0, 1)\big)$. Lorsqu'une famille $(u_1, \dots, u_m)$ de vecteurs de $\mathbb{K}^n$ est échelonnée par rapport à la base canonique, on dira simplement qu'elle est *échelonnée*. En notant $u_1 = (a_{1,1}, a_{1,2}, \dots, a_{1,n}), u_2 = (a_{2,1}, \dots, a_{2,n}), \dots, u_m = (a_{m,1}, \dots, a_{m,n})$, cela signifie donc que :

- si pour un vecteur u_i, il existe $j \in \{1, \dots, m-1\}$ tel que tous les coefficients a_{ik}, avec $k < j$, sont nuls, alors tous les coefficients $a_{i+1,k}$, avec $k < j+1$, sont nuls.
- si pour un vecteur u_i, tous les coefficients a_{ij} sont nuls, alors tous les coefficients des vecteurs $u_{i+1}, \dots, u_m$ sont nuls ; dit plus simplement, si on a $u_i = 0_{\mathbb{K}^n}$ alors on a $u_{i+1} = \cdots = u_m = 0_{\mathbb{K}^n}$.

Remarque 6

Cette notion est analogue à celle de système échelonné vu dans le chapitre sur les systèmes linéaires. On pourra retourner la consulter pour comparaison.

Nous proposons également une définition équivalente, que le lecteur pourra éventuellement juger plus simple, d'une famille échelonnée par rapport à une base $(\varepsilon_1, \dots, \varepsilon_n)$: il s'agit d'une famille comprenant un nombre quelconque de fois (quitte à ce que ce nombre soit 0) le vecteur nul et dont les vecteurs non nuls forment une sous-famille d'une famille de vecteurs de la forme

$$\begin{array}{rcccccccl} u_1 & = & a_{1,1}\varepsilon_1 & + & a_{1,2}\varepsilon_2 & + & \cdots & + & a_{1,n}\varepsilon_n, \quad \text{avec } a_{1,1} \neq 0 \\ u_2 & = & & & a_{2,2}\varepsilon_2 & + & \cdots & + & a_{2,n}\varepsilon_n, \quad \text{avec } a_{2,2} \neq 0 \\ \vdots & & & & & \ddots & & & \vdots \qquad\qquad \vdots \\ u_n & = & & & & & & & a_{n,n}\varepsilon_n, \quad \text{avec } a_{n,n} \neq 0. \end{array}$$

L'appellation n'étant d'ailleurs pas standardisée, on pourrait aussi imposer qu'une famille échelonnée ne soit formée que de vecteurs non nuls, ce qui permettrait de reformuler plus simplement la proposition 9 qui suit. Le fait de prendre en compte des vecteurs nuls vient du mimétisme avec la notion d'échelonnement pour un système linéaire ou pour une matrice.

Dit de manière imagée, dans une famille échelonnée, des zéros apparaissent en cascade au sein des n-uplets. Constatons-le sur les exemples suivants :

Exemples 17

1. La famille de vecteurs (u_1, u_2, u_3) de $\mathbb{R}^3$, où $u_1 = (2, 1, -5)$, $u_2 = (0, -1, 3)$ et $u_3 = (0, 0, 4)$, est une famille échelonnée.

$$\begin{array}{ccccccc} (& 2 & , & 1 & , & -5 &) \\ (& 0 & , & -1 & , & 3 &) \\ (& 0 & , & 0 & , & 4 &) \end{array}$$

2. La famille de vecteurs (u_1, u_2, u_3) de $\mathbb{C}^4$, où $u_1 = (3, -\mathbf{i}, 0, 1+\mathbf{i})$, $u_2 = (0, 0, 1+2\mathbf{i}, 3-\mathbf{i})$ et $u_3 = (0, 0, 0, 4-2\mathbf{i})$, est une famille échelonnée.

$$\begin{array}{ccccccccc} (& 3 & , & -\mathbf{i} & , & 0 & , & 1+\mathbf{i} &) \\ (& 0 & , & 0 & , & 1+2\mathbf{i} & , & 3-\mathbf{i} &) \\ (& 0 & , & 0 & , & 0 & , & 4-2\mathbf{i} &) \end{array}$$

3. La famille de vecteurs (u_1, u_2, u_3, u_4) de $\mathbb{R}^4$, où $u_1 = (-2, 3, 1, -5)$, $u_2 = (0, 0, 2, -3)$, $u_3 = (0, 4, -1, 1)$ et $u_4 = (0, 0, 2, -1)$, n'est pas échelonnée.

$$\begin{array}{ccccccccc} (& -2 & , & 3 & , & 1 & , & -5 &) \\ (& 0 & , & 0 & , & 2 & , & -3 &) \\ (& 0 & , & 4 & , & -1 & , & 1 &) \\ (& 0 & , & 0 & , & 2 & , & -1 &) \end{array}$$

On constate d'ailleurs que même en permutant des vecteurs de cette famille (par exemple en échangeant u_2 et u_3), elle ne peut pas être rendue échelonnée.

Le grand intérêt des familles échelonnées tient dans les deux résultats qui suivent :

Proposition 9

Soit $\mathcal{B} = (\varepsilon_1, \ldots, \varepsilon_n)$ une base d'un $\mathbb{K}$-espace vectoriel E. Si une famille de vecteurs de E est échelonnée par rapport à $\mathcal{B}$, et si aucun de ses vecteur n'est nul, alors elle est libre.

Démonstration

On se contente de démontrer ce résultat dans le cas où l'on a $E = K^n$ et où $\mathcal{B}$ est la base canonique, ce qui suffit largement à comprendre l'idée essentielle.
Soit donc $(u_1, \ldots, u_m)$ une famille échelonnée de vecteurs de $\mathbb{K}^n$, où on note :

$$u_1 = (a_{11}, a_{12}, \ldots, a_{1n}), u_2 = (a_{21}, \ldots, a_{2n}), \ldots, u_m = (a_{m1}, \ldots, a_{mn}).$$

On raisonne par l'absurde en supposant qu'il existe un m-uplet $(\lambda_1, \ldots, \lambda_m)$ d'éléments non tous nuls de $\mathbb{K}$ tel que $\lambda_1 u_1 + \cdots + \lambda_m u_m = 0_E$.
Notons j le plus petit élément de $\{1, \ldots, m\}$ tel que $\lambda_j \neq 0$.
On considère le vecteur $u_j = (a_{j1}, a_{j2}, \ldots, a_{jn})$; on note r le plus grand élément de $\{1, \ldots, n\}$ tel que tous les coefficients a_{jk}, avec $k < r$, sont nuls – on peut avoir $r = 1$.
Comme on a $u_j \neq 0_E$, on a $a_{jr} \neq 0$.
Alors comme la famille est échelonnée on a, pour tout $l > j$, $a_{lr} = 0$.
Par conséquent, dans le n-uplet $\lambda_1 u_1 + \cdots + \lambda_m u_m$, l'élément en position r vaut $\lambda_j a_{jr}$.
Comme $\lambda_1 u_1 + \cdots + \lambda_m u_m = 0_E$, on doit avoir $\lambda_j a_{jr} = 0$.
Or $\lambda_j \neq 0$ donc $a_{jr} = 0$; cela contredit alors la définition de r.
Ainsi pour tout $(\lambda_1, \ldots, \lambda_m) \in \mathbb{K}^m$, $\lambda_1 u_1 + \cdots + \lambda_m u_m = 0_E \Rightarrow \lambda_1 = \cdots = \lambda_m = 0$, ce qui signifie que $(u_1, \ldots, u_m)$ est libre.

Application 1

Soient $n \in \mathbb{N}$ et $\mathcal{P} = (P_0, P_1, ..., P_n)$ une famille de $n + 1$ polynômes de $\mathbb{K}[X]$.
On dit de cette famille qu'elle est *de degrés échelonnés* lorsqu'elle vérifie :
$\deg(P_0) < \deg(P_1) < \cdots < \deg(P_n)$.
La famille $\mathcal{P}' = (\mathcal{P}_n, \mathcal{P}_{n-1}, \ldots, \mathcal{P}_1, \mathcal{P}_0)$, obtenue en inversant l'ordre des éléments de $\mathcal{P}$, est une famille échelonnée, au sens donné précédemment dans la définition 6, par rapport à la base $(X^d, X^{d-1}, \ldots, X, 1)$ de $\mathbb{K}_d[X]$, où $d = \deg(P_n)$.

Si on a $P_0 \neq 0$ alors les éléments de $\mathcal{P}'$ sont tous non nuls donc, par la proposition 9, $\mathcal{P}'$ est famille libre de $\mathbb{K}_d[X]$.
Comme permuter des éléments au sein d'une même famille ne change pas le caractère libre de la famille, $\mathcal{P}$ est libre également.
Précisons un cas assez courant : si on a $\deg(P_j) = j$ pour tout $j \in \{0, \ldots, n\}$, alors la famille $\mathcal{P} = (P_0, P_1, ..., P_n)$ est libre par ce qui précède et, comme on a $\dim(\mathbb{K}_n[X]) = n+1$ et comme $\mathcal{P}$ est de cardinal $n+1$, on en déduit que $\mathcal{P}$ est une base de $\mathbb{K}_n[X]$.

Proposition 10

Soit E un espace vectoriel de dimension finie, $\mathcal{B}$ une base de E.
Toute famille finie de E peut être transformée, via opérations élémentaires, en une famille échelonnée par rapport à $\mathcal{B}$.

On ne démontre pas ce résultat qui est l'exact analogue du théorème stipulant que tout système linéaire peut être transformé, via opérations élémentaires, en un système échelonné. Un exemple sera plus parlant :

Exemple 18

Soit la famille de vecteurs $\mathcal{F} = (u_1, u_2, u_3)$ de $\mathbb{R}^3$ où $u_1 = (2, 3, -3)$, $u_2 = (-1, 4, 1)$ et $u_3 = (3, -1, -2)$.
Échangeons les places des vecteurs u_1 et u_2. On écrit :

$$\begin{array}{ccccccccc} u_2 & = & (& -1 & , & 4 & , & 1 &) \\ u_1 & = & (& 2 & , & 3 & , & -3 &) \\ u_3 & = & (& 3 & , & -1 & , & -2 &) \end{array}$$

Soit $v_1 = u_1 + 2u_2$ et $v_3 = u_3 + 3u_1$. On obtient :

$$\begin{array}{ccccccccc} u_2 & = & (& -1 & , & 4 & , & 1 &) \\ v_1 & = & (& 0 & , & 11 & , & -1 &) \\ v_3 & = & (& 0 & , & 11 & , & 1 &) \end{array}$$

On introduit enfin $w_3 = v_3 - v_1$:

$$\begin{array}{ccccccccc} u_2 & = & (& -1 & , & 4 & , & 1 &) \\ v_1 & = & (& 0 & , & 11 & , & -1 &) \\ w_3 & = & (& 0 & , & 0 & , & 2 &) \end{array}$$

La famille obtenue $\mathcal{G} = (u_2, v_1, w_3)$ est échelonnée.
Mais surtout, par ce qui précède, $\text{Vect}(\mathcal{F}) = \text{Vect}(\mathcal{G})$ vu qu'on a déduit $\mathcal{G}$ de $\mathcal{F}$ par opérations élémentaires.
En outre $\mathcal{G}$ est une famille libre de $\mathbb{R}^3$ vu qu'elle est échelonnée. Comme elle est de cardinal égal à $\dim(\mathbb{R}^3)$, c'est une base de $\mathbb{R}^3$.
Et donc $\text{Vect}(\mathcal{F}) = \text{Vect}(\mathcal{G}) = \mathbb{R}^3$. La famille $\mathcal{F}$ étant de cardinal égal à $\dim(\mathbb{R}^3)$ également, c'est aussi une base de $\mathbb{R}^3$.

On a ainsi mis en évidence sur cet exemple un principe permettant de calculer le rang d'une famille finie $\mathcal{F}$ de vecteurs de $\mathbb{K}^n$: par opérations élémentaires, on déduit de cette famille une famille échelonnée. Enlevant de cette famille échelonnée les vecteurs nuls potentiellement obtenus, il reste une famille libre. Le cardinal de cette famille est égal au rang de $\mathcal{F}$.

Un autre exemple avec des polynômes :

Exemple 19

La famille $\mathcal{P} = (P_0, P_1, P_2, P_3)$ de $\mathbb{R}_3[X]$, où on pose $P_0 = 2X - 1$, $P_1 = X + 3$, $P_2 = -3X^3 - X^2 + 5X + 1$, $P_3 = 6X^3 + 3X^2 - 5$, est une base de $\mathbb{R}_3[X]$.
En effet, on obtient par opérations élémentaires à partir de $\mathcal{P}$ la famille :
$(P_0 - 2P_1 = -7, P_1 = X + 3, 2P_2 + P_3 = X^2 + 10X - 3, P_3 = 6X^3 + 3X^2 - 5)$,
qui est de degrés échelonnés, donc libre, et formant même une base de $\mathbb{R}_3[X]$ d'après l'application 1.

6 Sous-espaces vectoriels en dimension finie

6.1 Propriétés fondamentales

Comme nous allons le démontrer, un sous-espace vectoriel d'un $\mathbb{K}$-espace vectoriel E de dimension finie a une dimension au plus égale à E. C'est heureux ; plus y a de vecteurs dans un espace, plus sa dimension est importante.

Théorème 10

Soit E un $\mathbb{K}$-espace vectoriel de dimension finie, et F un sous-espace vectoriel de E.
Alors F est un $\mathbb{K}$-espace vectoriel de dimension finie et $\dim F \leqslant \dim E$.
De plus $\dim F = \dim E$ si et seulement si $F = E$, et $\dim F = 0$ si et seulement si $F = \{0_E\}$.

Démonstration

On raisonne comme dans la preuve du théorème de la base incomplète.
On note n la dimension de E.
Déjà, par définition, F est non vide (car il contient 0_E).
S'il n'y a pas d'autre vecteur dans F que le vecteur nul alors $F = \{0_E\}$ admet pour seule base la famille vide. Ainsi F est de dimension finie et $\dim(F) = 0$. En particulier, comme la dimension est un entier naturel, $\dim(F) = 0 \leqslant \dim(E)$.
Si F possède au moins un vecteur non nul, alors on en choisit un, que l'on note f_1.
Si $F = \text{Vect}(f_1)$ alors (f_1) est une base de F et on arrête le processus (on a alors $\dim(F) = 1$). Sinon on prend $f_2 \in F$ de sorte que (f_1, f_2) soit libre.
Si $F = \text{Vect}(f_1, f_2)$ on arrête le processus, sinon on prend $f_3 \in F$ tel que (f_1, f_2, f_3) soit libre, etc.
Ce processus s'arrête au plus tard au bout de n étapes puisque dans E il n'y a pas de famille libre de cardinal $n + 1$. Et donc $\dim F \leqslant n = \dim E$.
Si on est allé au bout des n étapes, c'est qu'on a trouvé une famille libre d'éléments de F de cardinal n, donc une base de E. On a alors $F = E$.
Comme on le voit dans ce raisonnement, $\dim(F) = 0$ si et seulement si $F = \{0_E\}$ et $\dim(F) = \dim(E)$ si et seulement si $F = E$.

Remarque 7
Le procédé suivi dans cette démonstration consiste à construire une base $(f_1, \dots, f_p)$ de F, où $p = \dim(F)$.
Notons que, par le théorème de la base incomplète, cette base de F, étant une famille libre de E, peut être complétée en une base $\mathcal{B} = (f_1, \dots, f_p, f_{p+1}, \dots, f_n)$ de E.
On a vu au chapitre précédent qu'une telle base de E est dite *adaptée* au sous-espace vectoriel F.

Corollaire 8

Soient F et G deux sous-espaces vectoriels de E.
Si on a $F \subset G$, alors $\dim F \leqslant \dim G$ et $\dim F = \dim G$ si et seulement si $F = G$.

DÉMONSTRATION

Comme G est un sous-espace vectoriel de E, on sait qu'il est de dimension finie, et on peut donc appliquer le théorème précédent à F vu comme sous-espace vectoriel du $\mathbb{K}$-espace vectoriel G.

Ce corollaire permet de simplifier la preuve d'une égalité $F = G$ entre sous-espaces vectoriels. L'égalité est établie si on a seulement une inclusion et l'égalité des dimensions.

Remarque 8
Ainsi la dimension, vue comme application

$$\dim : \{\text{sous-espaces vectoriels de } E\} \longrightarrow \mathbb{N},$$

est une application croissante (au sens où on munit l'ensemble de départ de la relation d'ordre $\subset$ et l'ensemble d'arrivée $\mathbb{N}$ de la relation d'ordre usuelle $\leqslant$).

La dimension permet de classer les sous-espaces vectoriels d'un espace de dimension finie par taille croissante. Pour les espaces de petite dimension, on a déjà introduit la terminologie idoine : un sous-espace de dimension 0 est l'espace nul (théorème 10), un sous-espace de dimension 1 est une droite (proposition 3), un sous-espace de dimension 2 est un plan (proposition 3).

6.2 Supplémentaires en dimension finie

Rappelons que, si F et G sont deux sous-espaces vectoriels supplémentaires d'un $\mathbb{K}$-espace vectoriel E, supposé ici de dimension finie, que $(f_1, \ldots, f_p)$ est une base de F et que $(g_1, \ldots, g_q)$ est une base de G, alors $(f_1, \ldots, f_p, g_1, \ldots, g_g)$ est une base de E, plus précisément une base *adaptée* à la somme directe $E = F \oplus G$.

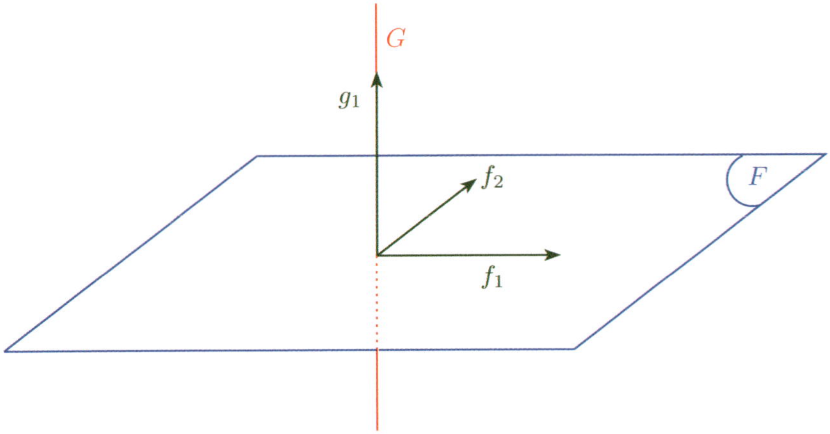

Illustration avec F un plan ($p = 2$) et G une droite ($q = 1$) dans l'espace.

Exemple 20

On rappelle qu'on dit d'un polynôme P de $\mathbb{K}[X]$ qu'il est *pair* si $P(-X) = P(X)$; on dit qu'il est impair si $P(-X) = -P(X)$.

Si on note $P = \sum_{k=0}^{d} \lambda_k X^k$, avec $d = \deg(P)$, on a $P(-X) = \sum_{k=0}^{d} (-1)^k \lambda_k X^k$.

Ainsi un polynôme P est pair si et seulement si pour tout $k \in \{0, \ldots, d\}$, $\lambda_k = (-1)^k \lambda_k$, ce qui équivaut à :

$$\forall k \in \{0, \ldots, d\},\ k \text{ impair} \Rightarrow \lambda_k = 0.$$

On prouve facilement aussi que P est impair si et seulement si

$$\forall k \in \{0, \ldots, d\},\ k \text{ pair} \Rightarrow \lambda_k = 0.$$

Pour $n \in \mathbb{N}$, considérons $E = \mathbb{K}_n[X]$ et notons F l'ensemble des polynômes pairs de E et G l'ensemble des polynômes impairs de E.

On laisse au lecteur le soin de vérifier les résultats simples suivants :

- F et G sont des sous-espaces vectoriels de E ;
- la famille $\mathcal{F}=\{X^{2k},\ k \in \mathbb{N},\ 2k \leqslant n\}$ est une base de F ;
- la famille $\mathcal{G} = \{X^{2k+1},\ k \in \mathbb{N},\ 2k+1 \leqslant n\}$ est une base de G.

On constate que la famille $\mathcal{H}$ obtenue en réunissant $\mathcal{F}$ et $\mathcal{G}$ est la base canonique de $\mathbb{K}_n[X]$. Cette base est adaptée à la somme directe $\mathbb{K}_n[X] = F \oplus G$.

Proposition 11

Soient F et G deux sous-espaces vectoriels supplémentaires d'un $\mathbb{K}$-espace vectoriel E de dimension finie. Alors $\dim(E) = \dim(F) + \dim(G)$.

Cette proposition est donc l'analogue vectoriel de la proposition ensembliste 20 du chapitre 2.

DÉMONSTRATION

C'est un corollaire du théorème 5 du chapitre 11. En effet, d'après le théorème 10, F et G sont de dimension finie. Notons p la dimension de F et q la dimension de G, et considérons une base $(f_1, \ldots, f_p)$ de F et une base $(g_1, \ldots, g_q)$ de G.
La famille à $p + q$ éléments $\mathcal{H} = (f_1, \ldots, f_p, g_1, \ldots, g_g)$ est une base de E puisque c'est une base adaptée à la somme directe $F \oplus G = E$, d'où $\dim(E) = p + q$.
Ainsi $\dim(E) = p + q = \dim(F) + \dim(G)$.

Notons que les résultats vus précédemment pour un couple (F, G) de sous-espaces vectoriels supplémentaires s'étendent à un nombre fini de sous-espaces vectoriels supplémentaires :

Théorème-Définition 12

Soient un nombre fini $F_1, F_2, \ldots, F_m$ de sous-espaces vectoriels d'un $\mathbb{K}$-espace vectoriel E de dimension finie tels que $E = F_1 \oplus F_2 \oplus \cdots \oplus F_m$.
Si $(f_1^1, \ldots, f_{p_1}^1)$ est une base de F_1, si $(f_1^2, \ldots, f_{p_2}^2)$ est une base de F_2,..., et si $(f_1^m, \ldots, f_{p_m}^m)$ est une base de F_m, alors la famille

$$\mathcal{F} = (f_1^1, \ldots, f_{p_1}^1, f_1^2, \ldots, f_{p_2}^2, \ldots, \ldots, f_1^m, \ldots, f_{p_m}^m)$$

est une base de E.
On dit encore que $\mathcal{F}$ est une base *adaptée* à la somme directe $E = F_1 \oplus F_2 \oplus \cdots \oplus F_m$.

DÉMONSTRATION

La démonstration reprend exactement les mêmes idées que celle vue plus haut pour le cas de deux sous-espaces vectoriels supplémentaires :

- Montrons que $\mathcal{F}$ est une famille libre.
  Soit $(\lambda_1^1, \dots, \lambda_{p_1}^1, \lambda_1^2, \dots, \lambda_{p_2}^2, \dots, \lambda_1^m, \dots, \lambda_{p_m}^m) \in \mathbb{K}^{p_1+p_2+\dots+p_m}$ tel que

$$\lambda_1^1 f_1^1 + \dots + \lambda_{p_1}^1 f_{p_1}^1 + \lambda_1^2 f_1^2 + \dots + \lambda_{p_2}^2 f_{p_2}^2 + \dots + \lambda_1^m f_1^m + \dots + \lambda_{p_m}^m f_{p_m}^m = 0_E.$$

  On a donc :

$$\lambda_1^1 f_1^1 + \dots + \lambda_{p_1}^1 f_{p_1}^1 = -\lambda_1^2 f_1^2 - \dots - \lambda_{p_2}^2 f_{p_2}^2 - \dots - \lambda_1^m f_1^m - \dots - \lambda_{p_m}^m f_{p_m}^m.$$

  On a $-\lambda_1^2 f_1^2 - \dots - \lambda_{p_2}^2 f_{p_2}^2 - \dots - \lambda_1^m f_1^m - \dots - \lambda_{p_m}^m f_{p_m}^m \in F_2 \oplus \dots \oplus F_m$ tandis que $\lambda_1^1 f_1^1 + \dots + \lambda_{p_1}^1 f_{p_1}^1 \in F_1$ donc, comme $F_1 \cap \left(F_2 \oplus \dots \oplus F_m\right) = \{0_E\}$ (vu que $F_1, F_2, \dots, F_m$ sont en somme directe), on a $\lambda_1^1 f_1^1 + \dots + \lambda_{p_1}^1 f_{p_1}^1 = 0_E$ ainsi que $-\lambda_1^2 f_1^2 - \dots - \lambda_{p_2}^2 f_{p_2}^2 - \dots - \lambda_1^m f_1^m - \dots - \lambda_{p_m}^m f_{p_m}^m = 0_E$.
  Par la liberté de la famille $(f_1^1, \dots, f_{p_1}^1)$, on en déduit $\lambda_1^1 = \dots = \lambda_{p_1}^1 = 0$.
  Il nous reste donc $\lambda_1^2 f_1^2 + \dots + \lambda_{p_2}^2 f_{p_2}^2 + \dots + \lambda_1^m f_1^m + \dots + \lambda_{p_m}^m f_{p_m}^m = 0_E$ et on applique le même raisonnement pour démontrer que $\lambda_1^2 = \dots = \lambda_{p_2}^2 = 0$, et ainsi de suite jusqu'à montrer que $\lambda_1^1 = \dots = \lambda_{p_1}^1 = \lambda_1^2 = \dots = \lambda_{p_2}^2 = \dots = \lambda_1^m = \dots = \lambda_{p_m}^m = 0$, et obtenir ainsi que $\mathcal{H}$ est une famille libre.
- Montrons que $\mathcal{H}$ est une famille génératrice.
  Soit $u \in E$. Comme $E = F_1 + F_2 + \dots + F_m$, il existe $u_1 \in F_1, u_2 \in F_2, \dots, u_m \in F_m$ tels que $u = u_1 + u_2 + \dots + u_m$.
  Comme $(f_1^1, \dots, f_{p_1}^1)$ est une base de F_1, il existe $(\lambda_1^1, \dots, \lambda_{p_1}^1) \in \mathbb{K}^{p_1}$ tel que $u_1 = \lambda_1^1 f_1^1 + \dots + \lambda_{p_1}^1 f_{p_1}^1$.
  On raisonne de même pour $u_2, \dots, u_m$ et on obtient au final que u peut se décomposer ainsi :

$$u = u_1 + u_2 + \dots + u_m = \lambda_1^1 f_1^1 + \dots + \lambda_{p_1}^1 f_{p_1}^1 + \lambda_1^2 f_1^2 + \dots + \lambda_{p_2}^2 f_{p_2}^2 + \dots + \lambda_1^m f_1^m + \dots + \lambda_{p_m}^m f_{p_m}^m.$$

  Ainsi tout vecteur u de E peut s'écrire comme combinaison linéaire des éléments de la famille $\mathcal{H}$, ce qui prouve que $\mathcal{H}$ est génératrice.
- Conclusion : la famille $\mathcal{H}$ étant libre et génératrice, c'est une base de E.

On revient à la considération de deux sous-espaces vectoriels supplémentaires – mais le lecteur pourra chercher à généraliser les résultats qui suivent dans le cas de m sous-espaces vectoriels en somme directe, cela fonctionne très bien.

Proposition 12

Soit E un $\mathbb{K}$-espace vectoriel de dimension finie n et $(\varepsilon_1, \dots, \varepsilon_n)$ une base de E. Si, pour $p \in \{1, \dots, n\}$, on note $F = \text{Vect}(\varepsilon_1, \dots, \varepsilon_p)$ et $G = \text{Vect}(\varepsilon_{p+1}, \dots, \varepsilon_n)$, alors F et G sont des sous-espaces vectoriels supplémentaires de E.

DÉMONSTRATION

Soit $p \in \{1, \dots, n\}$.

On note $F = \text{Vect}(\varepsilon_1, \dots, \varepsilon_p)$ et $G = \text{Vect}(\varepsilon_{p+1}, \dots, \varepsilon_n)$.

On veut montrer qu'on a $E = F \oplus G$. On sait que la preuve peut se décomposer en deux temps.

1. Montrons qu'on a $F + G = E$.

   Comme F et G sont par définition deux sous-espaces vectoriels de E, on a $F + G \subset E$.

   Réciproquement, soit $u \in E$.

   Comme $(\varepsilon_1, \dots, \varepsilon_n)$ est une base de E, il existe $(\lambda_1, \dots, \lambda_n) \in \mathbb{K}^n$ tel que :

   $u = \lambda_1\varepsilon_1 + \dots + \lambda_n\varepsilon_n = (\lambda_1\varepsilon_1 + \dots + \lambda_p\varepsilon_p) + (\lambda_{p+1}\varepsilon_{p+1} + \ldots + \lambda_n\varepsilon_n)$, donc u est bien somme d'un élément de F et d'un élément de G. Ainsi $u \in F + G$.

   Cela prouve qu'on a $E \subset F + G$.

   On a ainsi démontré que $E = F + G$ par double inclusion.

2. Montrons qu'on a $F \cap G = \{0_E\}$.

   Comme F et G sont deux sous-espaces vectoriels de E, ils contiennent tous deux 0_E. D'où $\{0_E\} \subset F \cap G$.

   Réciproquement, soit $u \in F \cap G$.

   Comme $u \in F$, il existe $(\lambda_1, \dots, \lambda_p) \in \mathbb{K}^p$ tel que $u = \lambda_1\varepsilon_1 + \dots + \lambda_p\varepsilon_p$.

   Comme $u \in G$, il existe $(\lambda_{p+1}, \dots, \lambda_n) \in \mathbb{K}^{n-p}$ tel que $u = \lambda_{p+1}\varepsilon_{p+1} + \dots + \lambda_n\varepsilon_n$.

   On obtient $\lambda_1\varepsilon_1 + \dots + \lambda_p\varepsilon_p = \lambda_{p+1}\varepsilon_{p+1} + \dots + \lambda_n\varepsilon_n$, d'où :

   $$\lambda_1\varepsilon_1 + \dots + \lambda_p\varepsilon_p - \lambda_{p+1}\varepsilon_{p+1} - \dots - \lambda_n\varepsilon_n = 0_E.$$

   Or la famille $(\varepsilon_1, \dots, \varepsilon_n)$ étant une base de E, c'est une famille libre donc dans la relation précédente, tous les coefficients doivent être nuls. Ainsi $\lambda_1 = \dots = \lambda_p = 0$ (et $-\lambda_{p+1} = \dots = -\lambda_n = 0$) et donc $u = 0_E$.

   Par conséquent on a $F \cap G \subset \{0_E\}$.

   On a ainsi démontré que $F \cap G = \{0_E\}$ par double inclusion.

Au final, on a démontré qu'on a $E = F \oplus G$.

Remarque 9

On aurait aussi pu partir de ce dernier théorème pour traiter l'exemple 20.

Ce dernier résultat permet notamment de démontrer l'existence de supplémentaires en dimension finie :

Théorème 11

Soit F un sous-espace vectoriel d'un $\mathbb{K}$-espace vectoriel E de dimension finie.

Alors il existe un sous-espace vectoriel G de E tel que $E = F \oplus G$.

Dit autrement, F possède un supplémentaire dans E.

Démonstration

Comme F est un sous-espace vectoriel de E qui est de dimension finie, F est lui-même un $\mathbb{K}$-espace vectoriel de dimension finie, et on sait que $\dim(F) \leqslant \dim(E)$.
Soit $(\varepsilon_1, \dots, \varepsilon_p)$ une base de F. C'est une famille libre de E donc par le théorème de la base incomplète, il existe des vecteurs de E, que nous noterons $\varepsilon_{p+1}, \dots, \varepsilon_n$, tels que $(\varepsilon_1, \dots, \varepsilon_p, \varepsilon_{p+1}, \dots, \varepsilon_n)$ soit une base de E.
Par le résultat précédent, le sous-espace vectoriel $G = \mathrm{Vect}(\varepsilon_{p+1}, \dots, \varepsilon_n)$ de E est un supplémentaire de F dans E.

Exemple 21

Dans $\mathbb{R}_3$, soit $\mathcal{P} = \mathrm{Vect}(u_1, u_2)$, où $u_1 = (1, 4, -2)$ et $u_2 = (-3, 0, 1)$.
Les vecteurs u_1 et u_2 sont clairement non colinéaires donc la famille de deux vecteurs (u_1, u_2) est libre. C'est donc une base de $\mathcal{P}$ et $\mathcal{P}$ est un plan vectoriel.
Complétons (u_1, u_2) en une base de $\mathbb{R}_3$. On peut pour cela piocher par exemple parmi les vecteurs (e_1, e_2, e_3) de la base canonique de $\mathbb{R}_3$.
Supposons qu'il existe $(\lambda_1, \lambda_2) \in \mathbb{R}^2$ tel que $\lambda_1 u_1 + \lambda_2 u_2 = e_1 = (1, 0, 0)$.
Alors, comme $\lambda_1 u_1 + \lambda_2 u_2 = (\lambda_1 - 3\lambda_2, 4\lambda_1, -2\lambda_1 + \lambda_2)$, on obtient le système :

$$\left\{ \begin{array}{rcl} \lambda_1 - 3\lambda_2 & = & 1 \\ 4\lambda_1 & = & 0 \\ -2\lambda_1 + \lambda_2 & = & 0 \end{array} \right. .$$

On aboutit facilement à une contradiction vu que les deuxième et troisième équations de ce système donnent $\lambda_1 = 0$ et $\lambda_2 = 0$, ce qui est incompatible avec la première équation.
Ainsi il n'existe aucun couple (λ_1, λ_2) de $\mathbb{R}^2$ tel que $e_1 = \lambda_1 u_1 + \lambda_2 u_2$, ce qui signifie que

$e_1 \notin \text{Vect}(u_1, u_2)$. Par le principe d'extension des familles libres, la famille $\mathcal{H} = (u_1, u_2, e_1)$ est donc libre.
Or $\mathcal{H}$ est une famille libre de cardinal $3 = \dim(\mathbb{R}^3)$ donc c'est une base de $\mathbb{R}^3$.
La droite vectorielle $\mathcal{D}_1 = \text{Vect}(e_1)$ est, par ce qui précède, un supplémentaire de $\mathcal{P}$ dans $\mathbb{R}^3$.

Remarque 10

Concernant cet exemple, on peut vérifier également qu'on a $e_2 \notin \text{Vect}(u_1, u_2)$ ainsi que $e_3 \notin \text{Vect}(u_1, u_2)$, ce qui signifie que les droites vectorielles $\mathcal{D}_2 = \text{Vect}(e_2)$ et $\mathcal{D}_3 = \text{Vect}(e_3)$ sont elles aussi des supplémentaires de $\mathcal{P}$ dans $\mathbb{R}^3$.
On touche encore une fois dans cet exemple le fait qu'il n'y a pas en général unicité d'un supplémentaire. La seule chose que des supplémentaires d'un même sous-espace vectoriel ont en commun, c'est la dimension.
Autre exemple simple : si l'on se donne une droite vectorielle D de $\mathbb{R}^2$ alors toute droite vectorielle D' de $\mathbb{R}^2$ non confondue avec D est un supplémentaire de D dans $\mathbb{R}^2$.
On illustre cela dans ce qui suit en considérant pour une même droite D fixée au départ et un même vecteur u la manière dont il se décompose dans la somme directe $D \oplus D'$ en choisissant dans chaque cas une droite quelconque (distincte de D) pour D'.

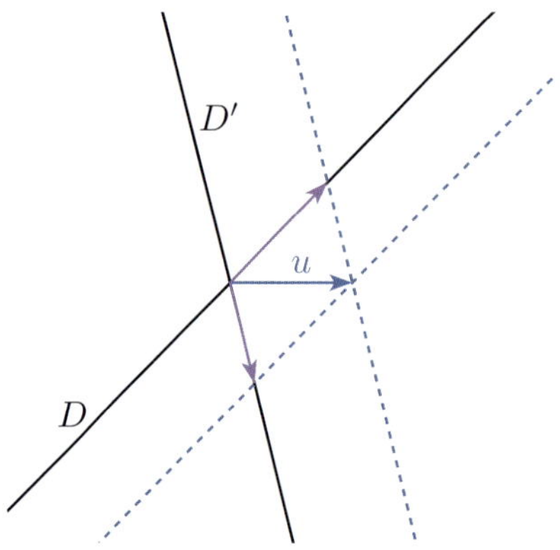

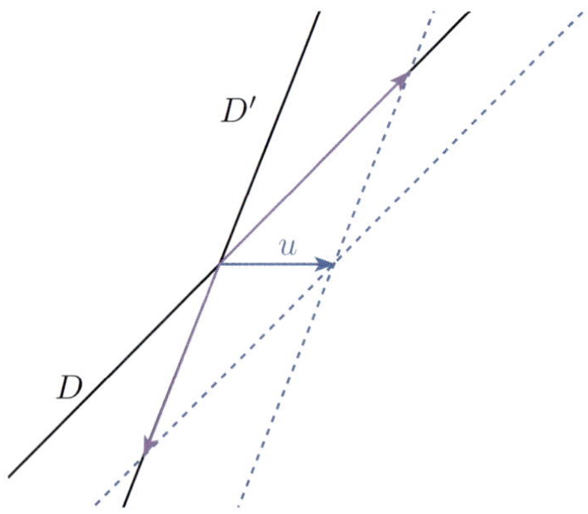

6.3 Hyperplans en dimension finie

Théorème 12

Soit E un $\mathbb{K}$-espace vectoriel de dimension finie n.

Un sous-espace vectoriel H de E est un hyperplan de E si et seulement si on a $\dim(H) = n - 1$.

DÉMONSTRATION

Soit H un sous-espace vectoriel de E. On a vu que H a toujours un supplémentaire D, et qu'il existe toujours une base $(h_1, \dots, h_k, d_{k+1}, \dots, d_n)$ adaptée à cette somme directe. Or H est un hyperplan si et seulement si on peut choisir pour D une droite, donc un espace dont une base est formée d'un unique vecteur, c'est-à-dire si et seulement si $k = n - 1$, c'est-à-dire si et seulement si $\dim(H) = n - 1$.

Applications 2

1. Les sous-espaces vectoriels de $\mathbb{K}$ sont $\{0_{\mathbb{K}}\}$ et $\mathbb{K}$.
2. Les sous-espaces vectoriels de $\mathbb{K}^2$ sont : $\{0_{\mathbb{K}^2}\}$, les droites et $\mathbb{K}^2$.
3. Les sous-espaces vectoriels de $\mathbb{K}^3$ sont : $\{0_{\mathbb{K}^3}\}$, les droites, les plans et $\mathbb{K}^3$.
4. Les sous-espaces vectoriels de $\mathbb{K}^4$ sont : $\{0_{\mathbb{K}^4}\}$, les droites, les plans, les hyperplans et $\mathbb{K}^4$.

DÉMONSTRATION

1. Un sous-espace vectoriel de $\mathbb{K}$ est de dimension inférieure à $\dim(\mathbb{K}) = 1$. Il n'y a que deux dimensions possibles : 0 et 1. D'après le théorème 10, il ne peut donc s'agir que de $\{0_{\mathbb{K}}\}$ et $\mathbb{K}$.
2. Un sous-espace vectoriel de $\mathbb{K}^2$ est de dimension inférieure à $\dim(\mathbb{K}^2) = 2$. S'il est de dimension 0, alors c'est $\{0_{\mathbb{K}^2}\}$ d'après le théorème 10. S'il est de dimension 1, alors c'est une droite d'après la proposition 3. Enfin, s'il est de dimension 2, alors c'est $\mathbb{K}^2$ d'après le théorème 10.
3. Un sous-espace vectoriel de $\mathbb{K}^3$ est de dimension inférieure à $\dim(\mathbb{K}^3) = 3$. S'il est de dimension 0, alors c'est $\{0_{\mathbb{K}^3}\}$ d'après le théorème 10. S'il est de dimension 1, alors c'est une droite d'après la proposition 3. S'il est de dimension 2, alors c'est un plan d'après la proposition 3. Enfin, s'il est de dimension 3, alors c'est $\mathbb{K}^3$ d'après le théorème 10.

4. Un sous-espace vectoriel de $\mathbb{K}^4$ est de dimension inférieure à $\dim(\mathbb{K}^4) = 4$. S'il est de dimension 0, alors c'est $\{0_{\mathbb{K}^4}\}$ d'après le théorème 10. S'il est de dimension 1, alors c'est une droite d'après la proposition 3. S'il est de dimension 2, alors c'est un plan d'après la proposition 3. S'il est de dimension $3 = 4 - 1$, alors c'est un hyperplan d'après le théorème 12. Enfin, s'il est de dimension 4, alors c'est $\mathbb{K}^4$ d'après le théorème 10.

Exemples 22

1. Dans le plan, toute droite vectorielle est un hyperplan.
2. Dans l'espace, tout plan vectoriel est un hyperplan.
3. Dans $E = \mathbb{K}_n[X]$, soit $H = \{P \in \mathbb{K}_n[X],\ P(0) = 0\}$.
   On vérifie aisément que H est un sous-espace vectoriel de $\mathbb{K}_n[X]$.
   Notons que la famille $(X, X^2, \ldots, X^n)$ est une famille d'éléments de H. On a donc $\mathrm{Vect}(X, X^2, \ldots, X^n) \subset H$.
   De plus la famille $(X, X^2, \ldots, X^n)$ est libre comme sous-famille de la base canonique de $\mathbb{K}_n[X]$, qui comme toute base est une famille libre. Comme elle est de cardinal n, on en déduit qu'on a $\dim\big(\mathrm{Vect}(X, X^2, \ldots, X^n)\big) = n$.
   Or on a $H \neq E$ vu qu'il existe dans E des polynômes ne s'annulant pas en 0, comme le polynôme constant égal à 1 par exemple. Donc on a $\dim(H) < \dim(E) = n + 1$, d'où $\dim(H) = n = \dim\big(\mathrm{Vect}(X, X^2, \ldots, X^n)\big)$.
   On en déduit que $H = \mathrm{Vect}(X, X^2, \ldots, X^n)$ est un hyperplan de $\mathbb{K}_n[X]$.

On peut même caractériser les supplémentaires d'un hyperplan : par définition, l'un de ses supplémentaires est une droite, mais il devient clair à présent que **tous** ses supplémentaires sont des droites, et mieux encore que toute droite non contenue dans un hyperplan en est un supplémentaire. Synthétiquement, cela donne :

Proposition 13

Soit H un hyperplan d'un $\mathbb{K}$-espace vectoriel E de dimension finie.
Alors D est un supplémentaire de H dans E si et seulement s'il existe $a \in E \setminus H$ tel que $D = \mathrm{Vect}(a)$.

Démonstration

$\boxed{\Rightarrow}$ Si D est un supplémentaire de H dans E alors, par ce qui précède, $\dim(D) = 1$.
Il existe donc $a \neq 0_E$ tel que $D = \mathrm{Vect}(a)$.
Raisonnons par l'absurde. Si $a \in H$ alors $D = \mathrm{Vect}(a) \subset H$ donc $H \cap D = D \neq \{0_E\}$, ce qui signifie que H et D ne sont pas en somme directe : contradiction.

D'où $a \notin H$.

$\boxed{\Leftarrow}$ Réciproquement, soit $a \in E \setminus H$. Posons $D = \text{Vect}(a)$.

Soit $u \in H \cap D$. Alors il existe $\lambda \in \mathbb{K}$ tel que $u = \lambda a$.

Raisonnons par l'absurde. Si $\lambda \neq 0$ alors, comme H est un sous-espace vectoriel de E contenant u, on a $a = \frac{1}{\lambda} u \in H$, d'où une contradiction.

D'où $\lambda = 0$, et donc $u = 0_E$.

Ainsi on a $H \cap D \subset \{0_E\}$.

On a évidemment l'inclusion réciproque vu que H et D sont deux sous-espaces vectoriels de E. Ainsi on a $H \cap D = \{0_E\}$, ce qui signifie que H et D sont en somme directe.

On en déduit $\dim(H \oplus D) = \dim(H) + \dim(D) = (n-1) + 1 = n = \dim(E)$. D'où $E = H \oplus D$, c'est-à-dire que D est un supplémentaire de H dans E.

6.4 La formule de Grassmann

Cette formule, aussi appelée *formule de la dimension*, que l'on peut déjà trouver dans l'*Ausdehnungslehre* de Grassmann[13], donne un lien entre les dimensions de la somme et de l'intersection de deux sous-espaces vectoriels en dimension finie. C'est l'analogue vectoriel de la proposition ensembliste 21 du chapitre 2.

Théorème 13 (Formule de Grassmann[14])

Soient F et G deux sous-espaces vectoriels d'un $\mathbb{K}$-espace vectoriel E de dimension finie. Alors on a : $\dim(F + G) = \dim(F) + \dim(G) - \dim(F \cap G)$.

Démonstration

Comme intersection de sous-espaces vectoriels de E, $F \cap G$ est un sous-espace vectoriel de E. Mais on a $F \cap G \subset F$ donc $F \cap G$ est aussi un sous-espace vectoriel de F.

Comme E est de dimension finie, F est de dimension finie. Par conséquent, $F \cap G$ admet un supplémentaire dans F. Notons H un tel supplémentaire, on a :

$\dim(F) = \dim(F \cap G) + \dim(H)$.

Montrons que H et G sont supplémentaires dans $F + G$.

- Pour commencer, comme $H \subset F$, il est clair que $H \subset F + G$. On a aussi bien sûr $G \subset F + G$. Donc $H + G \subset F + G$.

  Montrons qu'on a l'inclusion réciproque. Soit $u \in F + G$. Il existe $(u_F, u_G) \in F \times G$

13. Il s'agirait donc d'un des rares exemples de théorème portant le nom du mathématicien qui l'a réellement établi !

14. Présente sous une forme moderne dans l'*Ausdehnungslehre* de 1862, §25 p. 13 et même déjà, sous une forme plus obscure, dans l'*Ausdehnungslehre* de 1844, §126 p. 185.

tel que $u = u_F + u_G$.

Or $F = (F \cap G) \oplus H$ donc il existe $(v_{F\cap G}, v_H) \in (F \cap G) \times H$ tel que $u_F = v_{F\cap G} + v_H$.

Ainsi $u = u_F + u_G = v_{F\cap G} + v_H + u_G = v_H + (v_{F\cap G} + u_G)$, où $v_H \in H$ et $v_{F\cap G} + u_G \in G$ donc $u \in H + G$.

Ainsi on a démontré que $F + G \subset H + G$.

On a donc établi, par double inclusion, que $F + G = H + G$.

- Comme H et G sont deux sous-espaces vectoriels de E, on sait que $\{0_E\} \subset H + G$.

  Réciproquement, soit $u \in H \cap G$. On a $u \in H \subset F$ donc $u \in F \cap G$. Or $F = (F \cap G) \oplus H$ et $u \in (F \cap G) \cap H$ donc $u = 0_E$.

  Ainsi $H \cap G \subset \{0_E\}$.

  On a démontré par double inclusion que $H \cap G = \{0_E\}$.

Par conséquent H et G sont supplémentaires dans $F + G$. On en déduit :

$$\dim(F + G) = \dim(H) + \dim(G).$$

Or on a établi, au début de la démonstration, la relation $\dim(F) = \dim(F \cap G) + \dim(H)$, d'où $\dim(H) = \dim(F) - \dim(F \cap G)$. En remplaçant,

$$\dim(F + G) = \big(\dim(F) - \dim(F \cap G)\big) + \dim(G) = \dim(F) + \dim(G) - \dim(F \cap G).$$

De la formule de Grassmann, on peut déduire des caractérisations pratiques, faisant intervenir les dimensions, des couples de sous-espaces supplémentaires :

Corollaire 9

On reprend les mêmes hypothèses que dans la formule de Grassmann.

On suppose qu'on a $\dim(F) + \dim(G) = \dim(E)$. Alors on a équivalence entre les propositions :

i. $E = F \oplus G$;

ii. $E = F + G$;

iii. $F \cap G = \{0_E\}$.

Démonstration

- Si F et G sont supplémentaires dans E alors on a $E = F + G$ (et $F \cap G = \{0_E\}$). Ainsi $i \Rightarrow ii$ (et $i \Rightarrow iii$).
- Si on a $E = F + G$ alors on a $\dim(E) = \dim(F + G)$ et donc, par la formule de Grassmann, $\dim(E) = \dim(F) + \dim(G) - \dim(F \cap G)$.

  Or par hypothèse $\dim(E) = \dim(F) + \dim(G)$ donc $\dim(F \cap G) = 0$, ce qui prouve que $F \cap G = \{0_E\}$.

On a ainsi montré $ii \Rightarrow iii$.

- Si on a $F \cap G = \{0_E\}$ alors on a $\dim(F \cap G) = 0$ et, par la formule de Grassmann, $\dim(F+G) = \dim(F) + \dim(G) = \dim E$. Comme on a $F + G \subset E$, on en déduit $F + G = E$. Et donc $E = F \oplus G$.

  On a ainsi montré $iii \Rightarrow i$.
- On a établi $i \Rightarrow ii$, $ii \Rightarrow iii$ et $iii \Rightarrow i$, ce qui prouve que les trois propositions sont équivalentes.

Exemple 23

Soient P_1 et P_2 deux plans vectoriels distincts d'un $\mathbb{K}$-espace vectoriel E de dimension 3 (autrement dit, P_1 et P_2 sont des sous-espaces vectoriels de dimension 2 de E). Soit à montrer que $P_1 \cap P_2$ est une droite vectorielle de E, *i. e.* un sous-espace vectoriel de dimension 1 de E.

Étudions $P_1 + P_2$. Il s'agit d'un sous-espace vectoriel de E donc on a $\dim(P_1 + P_2) \leqslant 3$. Mais $P_1 + P_2$ contient P_1 qui est de dimension 2 donc on a $\dim(P_1 + P_2) = 2 = \dim P_1$ si et seulement si $P_1 + P_2 = P_1$.

De même, on a $\dim(P_1 + P_2) = 2 = \dim P_2$ si et seulement si $P_1 + P_2 = P_2$.

Ainsi on ne peut pas avoir $\dim(P_1 + P_2) = 2$ car, sinon, on en déduirait $P_1 = P_2$, ce qui contredirait l'hypothèse initiale.

Ainsi on a $\dim(P_1 + P_2) = 3$ et donc, par la formule de Gassmann, on a $\dim(P_1 \cap P_2) = \dim P_1 + \dim P_2 - \dim(P_1 + P_2) = 2 + 2 - 3 = 1$.

On finit par :

Proposition 14 (Dimension d'une somme de sev - MPSI)

Soient $F_1, \ldots, F_m$ des sous-espaces vectoriels d'un $\mathbb{K}$-espace vectoriel E de dimension finie, avec $m \geqslant 2$. On a :

$$\dim\left(\sum_{i=1}^{m} F_i\right) \leqslant \sum_{i=1}^{m} \dim(F_i),$$

avec égalité si et seulement si la somme est directe.

DÉMONSTRATION

Prouvons par récurrence sur $m \geqslant 2$ la propriété

$\mathcal{P}_m$: pour tout m-uplet $(F_1, \ldots, F_m)$ de sous-espaces vectoriels de E, on a

$$\dim\left(\sum_{i=1}^{m} F_i\right) \leqslant \sum_{i=1}^{m} \dim(F_i),$$

avec égalité si et seulement si la somme est directe.

Initialisation : pour $m = 2$, soit F_1 et F_2 deux sous-espaces vectoriels de E.

Par la formule de Grassmann, on a $\dim(F_1 + F_2) = \dim(F_1) + \dim(F_2) - \dim(F_1 \cap F_2)$ donc $\dim(F_1 + F_2) \leqslant \dim(F_1) + \dim(F_2)$, avec égalité si et seulement si $\dim(F_1 \cap F_2) = 0$, c'est-à-dire si et seulement si $F_1 \cap F_2 = \{0_E\}$, ce qui correspond au cas où F_1 et F_2 sont en somme directe.

Hérédité : On suppose $\mathcal{P}_m$ vraie pour un certain $m \geqslant 2$.

Soient $F_1, \ldots, F_{m+1}$ des sous-espaces vectoriels de E.

On a $\dim\left(\sum_{i=1}^{m+1} F_i\right) = \dim\left(\sum_{i=1}^{m} F_i + F_{m+1}\right) \leqslant \dim\left(\sum_{i=1}^{m} F_i\right) + \dim(F_{m+1})$ avec égalité si et seulement si F_{m+1} et $\sum_{i=1}^{m} F_i$ sont en somme directe, c'est-à-dire si et seulement si

$$F_{m+1} \cap \sum_{i=1}^{m} F_i = \{0_E\}.$$

Or, par hypothèse de récurrence, on a $\dim\left(\sum_{i=1}^{m} F_i\right) \leqslant \sum_{i=1}^{m} \dim(F_i)$ avec égalité si et seulement si $F_1, \ldots, F_m$ sont en somme directe. Donc on a :

$$\dim\left(\sum_{i=1}^{m+1} F_i\right) \leqslant \sum_{i=1}^{m+1} \dim(F_i),$$

avec égalité si et seulement si $F_{m+1} \cap \sum_{i=1}^{m} F_i = \{0_E\}$ et $F_1, \ldots, F_m$ sont en somme directe.

Dire que $F_1, \ldots, F_m$ sont en somme directe signifie : $\forall i \in \{1, \ldots, m\},\ F_i \cap \sum_{\substack{j=1 \\ j \neq i}}^{m} F_j = \{0_E\}$.

Remarquons que si pour un i de $\{1, \ldots, m\}$, on a $F_i \cap \sum_{\substack{j=1 \\ j \neq i}}^{m+1} F_j = \{0_E\}$ alors on a en particulier $F_i \cap \sum_{\substack{j=1 \\ j \neq i}}^{m} F_j = \{0_E\}$ vu que $\sum_{\substack{j=1 \\ j \neq i}}^{m} F_j \subset \sum_{\substack{j=1 \\ j \neq i}}^{m+1} F_j$.

On veut établir la réciproque, sous l'hypothèse $F_{m+1} \cap \sum_{i=1}^{m} F_i = \{0_E\}$.

Soit donc $u \in F_i \cap \sum_{\substack{j=1 \\ j \neq i}}^{m+1} F_j$.

Comme $u \in \sum_{\substack{j=1 \\ j \neq i}}^{m+1} F_j$, il existe $(u_1, \ldots, u_{i-1}, u_{i+1}, \ldots, u_{m+1}) \in F_1 \times \cdots \times F_{i-1} \times F_{i+1} \times \cdots \times F_{m+1}$ tel que $u = \sum_{\substack{j=1 \\ j \neq i}}^{m+1} u_j$. On a donc $u_{m+1} = u - \sum_{\substack{j=1 \\ j \neq i}}^{m} u_j \in F_i + \sum_{\substack{j=1 \\ j \neq i}}^{m} F_j = \sum_{j=1}^{m} F_j$ donc $u_{m+1} \in F_{m+1} \cap \sum_{i=1}^{m} F_i$, ce qui signifie qu'on a $u_{m+1} = 0_E$.

On en déduit $u = \sum_{\substack{j=1 \\ j \neq i}}^{m} u_j$, ce qui implique qu'on a $u \in F_i \cap \sum_{\substack{j=1 \\ j \neq i}}^{m} F_j$. Or par hypothèse $F_i \cap \sum_{\substack{j=1 \\ j \neq i}}^{m} F_j = \{0_E\}$ donc on a $u = 0_E$.

On a ainsi démontré : $F_i \cap \sum_{\substack{j=1 \\ j \neq i}}^{m+1} F_j \subset \{0_E\}$; l'inclusion réciproque étant évidente, on a finalement $F_i \cap \sum_{\substack{j=1 \\ j \neq i}}^{m+1} F_j = \{0_E\}$.

On a démontré au final que le cas d'égalité dans l'inégalité $\dim\left(\sum_{i=1}^{m+1} F_i\right) \leqslant \sum_{i=1}^{m+1} \dim(F_i)$ correspond au cas où $F_{m+1} \cap \sum_{i=1}^{m} F_i = \{0_E\}$ et $\forall i \in \{1, \ldots, m\}$, $F_i \cap \sum_{\substack{j=1 \\ j \neq i}}^{m+1} F_j = \{0_E\}$, ce qui équivaut à : $\forall i \in \{1, \ldots, m+1\}$, $F_i \cap \sum_{\substack{j=1 \\ j \neq i}}^{m+1} F_j = \{0_E\}$.

Ainsi on a égalité si et seulement si $F_1, \ldots, F_{m+1}$ sont en somme directe, ce qui achève de prouver que $\mathcal{P}_{m+1}$ est vraie.

La propriété est donc bien héréditaire.

Conclusion : La propriété est vraie au rang 2, et elle est héréditaire, donc d'après le théorème de récurrence elle est vraie pour tout entier $m \geqslant 2$.

7 Exemples et applications

7.1 Systèmes linéaires homogènes

Dans cette sous-section, on considère un système linéaire $p \times n$ homogène, dont l'inconnue est notée $(x_1, \ldots, x_n)$:

$$\Sigma : \begin{array}{c} L_1 \\ L_2 \\ \vdots \\ L_p \end{array} \left\{ \begin{array}{rcl} a_{11}x_1 + a_{12}x_2 + \cdots + a_{1n}x_n & = & 0 \\ a_{21}x_1 + a_{22}x_2 + \cdots + a_{2n}x_n & = & 0 \\ \vdots & \vdots & \vdots \\ a_{p1}x_1 + a_{p2}x_2 + \cdots + a_{pn}x_n & = & 0 \end{array} \right. ,$$

où $\forall (i,j) \in \{1, \ldots, p\} \times \{1, \ldots, n\}$, $a_{ij} \in \mathbb{K}$.

On note S l'ensemble des n-uplets $(x_1, \ldots, x_n)$ de $\mathbb{K}^n$ solutions de Σ.

L'ensemble S a une structure bien précise :

Théorème 14

S est un sous-espace vectoriel de $\mathbb{K}^n$.

Ce théorème reformule le théorème de structure vectorielle (théorème 8 du chapitre 7).

DÉMONSTRATION

- Par définition, on a $S \subset \mathbb{K}^n$.
- Le n-uplet $(0, \ldots, 0)$ est solution évidente de Σ, ce qui signifie qu'on a $0_{\mathbb{K}^n} \in S$.
- Soient $x = (x_1, \ldots, x_n)$ et $y = (y_1, \ldots, y_n)$ deux éléments de S. Soient également λ et μ deux scalaires.

  Comme $(x, y) \in S^2$, on a, pour tout $i \in \{1, \ldots, p\}$:

$$a_{i1}x_1 + a_{i2}x_2 + \cdots + a_{in}x_n = 0$$

$$\text{et } a_{i1}y_1 + a_{i2}y_2 + \cdots + a_{in}y_n = 0.$$

  Multipliant la première de ces relations par λ, la seconde par μ, et en ajoutant les deux relations obtenues, on obtient, par commutativité de l'addition et distributivité du la multiplication sur l'addition :

$$\forall i \in \{1, \ldots, p\},\ a_{i1}(\lambda x_1 + \mu y_1) + a_{i2}(\lambda x_2 + \mu y_2) + \cdots + a_{in}(\lambda x_n + \mu y_n) = 0,$$

ce qui prouve qu'on a $\lambda x + \mu y \in S$.

Ainsi S est un sous-espace vectoriel de $\mathbb{K}^n$.

Il ressort de cette analyse la chose suivante : résoudre un système linéaire homogène, c'est se donner une base de l'espace de ses solutions.

Comme mis en évidence dans cette dernière démonstration, le n-uplet $(0,\ldots,0)$ est toujours solution. Examinons à quelle condition il s'agit de l'unique solution. Pour cela, introduisons les vecteurs $v_1,\ldots,v_n$ de $\mathbb{K}^p$ définis par :

$$\forall i \in \{1,\ldots,n\},\ v_i = (a_{1i}, a_{2i}, \ldots, a_{pi}).$$

Alors un élément $x = (x_1,\ldots,x_n)$ de $\mathbb{K}^n$ est solution de Σ si et seulement si :

$$x_1 v_1 + \cdots + x_n v_n = 0_E.$$

On en déduit :

Proposition 15

$S = \{0_{\mathbb{K}^n}\}$ si et seulement si la famille $(v_1,\ldots,v_n)$ est libre.

Démonstration

En effet, un élément $x = (x_1,\ldots,x_n)$ de $\mathbb{K}^n$ est solution de Σ si et seulement si :

$$x_1 v_1 + \cdots + x_n v_n = 0_E.$$

Et $x_1 v_1 + \cdots + x_n v_n = 0_E \Rightarrow x_1 = \cdots = x_n = 0$ si et seulement si $(v_1,\ldots,v_n)$ est libre. Donc la famille $(v_1,\ldots,v_n)$ est libre si et seulement si $(0,\ldots,0)$ est l'unique solution de Σ.

7.2 Suites récurrentes linéaires d'ordre 1 et 2

Proposition 16

Soit $a \in \mathbb{K}$.

L'ensemble $\mathcal{S}_a$ des suites de $\mathbb{K}^{\mathbb{N}}$ vérifiant la relation de récurrence linéaire d'ordre 1 :

$$\forall n \in \mathbb{N},\ u_{n+1} = au_n,$$

est une droite vectorielle. Précisément, on a $\mathcal{S}_a = \mathrm{Vect}\left((a^n)_{n\in\mathbb{N}}\right)$.

Remarquons que cette proposition reformule le résultat d'explicitation du terme général d'une suite géométrique vu en classe de première scientifique.

Démonstration

- Montrons que $\mathcal{S}_a$ est un sous-espace vectoriel de $\mathbb{K}^{\mathbb{N}}$.
  · Par définition, on a $\mathcal{S}_a \subset \mathbb{K}^{\mathbb{N}}$.
  · La suite nulle satisfait la relation de récurrence considérée donc on a $0_{\mathbb{K}^{\mathbb{N}}} \in \mathcal{S}_a$.
  · Soient $(u_n)_{n\in\mathbb{N}}$ et $(v_n)_{n\in\mathbb{N}}$ deux éléments de $\mathcal{S}_a$ et λ et μ deux scalaires. On a :

  $$\forall n \in \mathbb{N},\ u_{n+1} = au_n \text{ et } v_{n+1} = av_n.$$

  Considérons la suite $(w_n)_{n\in\mathbb{N}} = \lambda(u_n)_{n\in\mathbb{N}} + \mu(v_n)_{n\in\mathbb{N}}$. On a, pour tout $n \in \mathbb{N}$, $w_n = \lambda u_n + \mu v_n$. Ainsi :

  $$\forall n \in \mathbb{N},\ w_{n+1} = \lambda u_{n+1} + \mu v_{n+1} = \lambda a u_n + \mu a v_n = a(\lambda u_n + \mu v_n) = aw_n,$$

  donc $(w_n)_{n\in\mathbb{N}} \in \mathcal{S}_a$.
  Ainsi $\mathcal{S}_a$ est un sous-espace vectoriel de $\mathbb{K}^{\mathbb{N}}$.
- D'après le théorème de construction par récurrence, il existe une unique suite dont le premier terme est imposé et vérifiant la relation de récurrence $\forall n \in \mathbb{N},\ u_{n+1} = au_n$. Ainsi pour tout $c \in \mathbb{K}$, il existe une et une suite $(u_n)_{n\in\mathbb{N}}$ de $\mathcal{S}_a$ telle que $u_0 = c$, il s'agit donc de la suite de terme général ca^n puisque celle-ci convient manifestement.
  Ceci achève d'établir : $\mathcal{S}_a = \{(ca^n)_{n\in\mathbb{N}},\ c \in \mathbb{K}\} = \{c(a^n)_{n\in\mathbb{N}},\ c \in \mathbb{K}\} = \mathrm{Vect}\left((a^n)_{n\in\mathbb{N}}\right)$.
  Pour voir qu'il s'agit bien d'une droite, il suffit de voir que la suite $(a^n)_{n\in\mathbb{N}}$ est non nulle, ce qui est clair car son premier terme est 1.

Proposition 17

Soit $(a, b) \in \mathbb{K}^2$.

L'ensemble $\mathcal{S}_{a,b}$ des suites de $\mathbb{K}^{\mathbb{N}}$ vérifiant la récurrence linéaire d'ordre 2 :

$$(\mathcal{R}_{a,b}) \qquad \forall n \in \mathbb{N},\ u_{n+2} = au_{n+1} + bu_n,$$

est un plan vectoriel.

DÉMONSTRATION

- Montrons que $\mathcal{S}_{a,b}$ est un sous-espace vectoriel de $\mathbb{K}^{\mathbb{N}}$.

  · Par définition, on a $\mathcal{S}_{a,b} \subset \mathbb{K}^{\mathbb{N}}$.

  · La suite nulle satisfait la relation $\mathcal{R}_{a,b}$ donc on a $0_{\mathbb{K}^{\mathbb{N}}} \in \mathcal{S}_{a,b}$.

  · Soient $(u_n)_{n\in\mathbb{N}}$ et $(v_n)_{n\in\mathbb{N}}$ deux éléments de $\mathcal{S}_{a,b}$ et $(\lambda, \mu) \in \mathbb{K}^2$. On a :

  $\forall n \in \mathbb{N},\ u_{n+2} = au_{n+1} + bu_n$ et $v_{n+2} = av_{n+1} + bv_n$.

  Considérons la suite $(w_n)_{n\in\mathbb{N}} = \lambda(u_n)_{n\in\mathbb{N}} + \mu(v_n)_{n\in\mathbb{N}}$.

  On a, pour tout $n \in \mathbb{N}$, $w_n = \lambda u_n + \mu v_n$, d'où :

  $$\begin{aligned} \forall n \in \mathbb{N},\ w_{n+2} &= \lambda u_{n+2} + \mu v_{n+2} \\ &= \lambda(au_{n+1} + bu_n) + \mu(av_{n+1} + bv_n) \\ &= a(\lambda u_{n+1} + \mu v_{n+1}) + b(\lambda u_n + \mu v_n) \\ &= aw_{n+1} + bw_n, \end{aligned}$$

  donc $(w_n)_{n\in\mathbb{N}} \in \mathcal{S}_{a,b}$.

  Ainsi $\mathcal{S}_{a,b}$ est un sous-espace vectoriel de $\mathbb{K}^{\mathbb{N}}$.

- D'après le théorème de construction par récurrence, une suite $(u_n)_{n\in\mathbb{N}}$ de $\mathcal{S}_{a,b}$ est caractérisée par la donnée de ses termes u_0 et u_1.

  Il est donc possible de considérer les suites $(\alpha_n)_{n\in\mathbb{N}}$ et $(\beta_n)_{n\in\mathbb{N}}$ de $\mathcal{S}_{a,b}$ définies par $(\alpha_0, \alpha_1) = (1, 0)$ et $(\beta_0, \beta_1) = (0, 1)$.

  Montrons que ces deux suites forment une base de $\mathcal{S}_{a,b}$.

  · Soit $(\lambda, \mu) \in \mathbb{K}^2$ tel que $\lambda(\alpha_n)_{n\in\mathbb{N}} + \mu(\beta_n)_{n\in\mathbb{N}} = 0_{\mathbb{K}^{\mathbb{N}}}$.

  Alors : $\forall n \in \mathbb{N},\ \lambda\alpha_n + \mu\beta_n = 0$. En particulier, pour $n = 0$ et $n = 1$, on a $\lambda\alpha_0 + \mu\beta_0 = 0$ et $\lambda\alpha_1 + \mu\beta_1 = 0$ d'où $\lambda = 0$ et $\mu = 0$.

  Ainsi $\big((\alpha_n)_{n\in\mathbb{N}}, (\beta_n)_{n\in\mathbb{N}}\big)$ est une famille libre de $\mathcal{S}_{a,b}$.

  · Soit $(u_n)_{n\in\mathbb{N}} \in \mathcal{S}_{a,b}$. Soit $(v_n)_{n\in\mathbb{N}}$ la suite de terme général $u_0(\alpha_n)_{n\in\mathbb{N}} + u_1(\beta_n)_{n\in\mathbb{N}}$.

  Alors on a $(v_n)_{n\in\mathbb{N}} \in \mathcal{S}_{a,b}$ vu que $\mathcal{S}_{a,b}$ est un $\mathbb{K}$-espace vectoriel et, de plus, on a $v_0 = u_0\alpha_0 + v_0\beta_0 = u_0$ et $v_1 = u_1\alpha_1 + v_1\beta_1 = u_1$.

  Or une suite de $\mathcal{S}_{a,b}$ étant entièrement déterminée par la donnée de ses deux premiers termes, on a $(v_n)_{n\in\mathbb{N}} = (u_n)_{n\in\mathbb{N}}$.

  Ainsi $\big((\alpha_n)_{n\in\mathbb{N}}, (\beta_n)_{n\in\mathbb{N}}\big)$ est une famille génératrice de $\mathcal{S}_{a,b}$.

· La famille $\big((\alpha_n)_{n\in\mathbb{N}}, (\beta_n)_{n\in\mathbb{N}}\big)$ étant libre et génératrice de $\mathcal{S}_{a,b}$, c'en est une base. Donc on a $\dim(\mathcal{S}_{a,b}) = 2$ et $\mathcal{S}_{a,b}$ est un plan vectoriel.

Remarque 11

On notera que si on a $b = 0$ alors on est ramené à partir du rang 1, mais seulement à partir de celui-ci, à une suite récurrente linéaire d'ordre 1.

On peut aller plus loin en donnant, comme pour le cas d'une récurrence linéaire d'ordre 1, l'expression du terme général d'une suite de $\mathcal{S}_{a,b}$. Il est commode pour cela de distinguer selon si on a $\mathbb{K} = \mathbb{R}$ ou $\mathbb{C}$.
Avant tout, on introduit la notion suivante :

Définition 7

On appelle *équation caractéristique* associée à la relation de récurrence linéaire d'ordre 2 $(\mathcal{R}_{a,b})$ $\forall n \in \mathbb{N},\ u_{n+2} = au_{n+1} + bu_n$, l'équation en X suivante :
$(E_{a,b})$ $X^2 = aX + b$, *i. e.* $X^2 - aX - b = 0$.
Le polynôme $P_{a,b} = X^2 - aX - b$ est appelé son *polynôme caractéristique* associée.

L'intérêt de cette notion vient du résultat suivant :

Proposition 18

Si $r \in \mathbb{K}$ est une racine dans $\mathbb{K}$ du polynôme $P_{a,b}$ alors la suite $(r^n)_{n\in\mathbb{N}}$ de $\mathbb{K}^{\mathbb{N}}$ vérifie la relation $\mathcal{R}_{a,b}$.

Démonstration

Notons en effet, pour tout $n \in \mathbb{N}$, $u_n = r^n$.
Soit $n \in \mathbb{N}$, on a $u_{n+2} = r^{n+2} = r^n \times r^2 = r^n(ar + b)$, car r est solution de $E_{a,b}$.
On en tire $u_{n+2} = ar^{n+1} + br^n = au_{n+1} + bu_n$. Ceci étant vrai pour tout $n \in \mathbb{N}$, on a bien $(u_n)_{n\in\mathbb{N}} \in \mathcal{S}_{a,b}$. □

Par conséquent, si l'on connaît une solution de $E_{a,b}$ (et dans $\mathbb{K} = \mathbb{C}$, le théorème de d'Alembert-Gauss dit qu'une telle solution existe toujours), on en déduit un élément de $\mathcal{S}_{a,b}$.

Théorème 15 (Résolution dans $\mathbb{C}$)

On note $\Delta = a^2 + 4b$ le discriminant de l'équation caractéristique $E_{a,b}$.

1. Si on a $\Delta \neq 0$ alors, en notant r_1 et r_2 les deux racines distinctes dans $\mathbb{C}$ de $P_{a,b}$, on a $\mathcal{S}_{a,b} = \left\{ (\lambda r_1^n + \mu r_2^n)_{n\in\mathbb{N}},\ \begin{pmatrix}\lambda\\ \mu\end{pmatrix} \in \mathbb{C}^2 \right\}$.
2. Si on a $\Delta = 0$ alors, en notant r l'unique racine double dans $\mathbb{C}$ du polynôme $P_{a,b}$, on a $\mathcal{S}_{a,b} = \left\{ (\lambda r^n + \mu n r^{n-1})_{n\in\mathbb{N}},\ \begin{pmatrix}\lambda\\ \mu\end{pmatrix} \in \mathbb{C}^2 \right\}$, en convenant que le premier terme de la suite $\left(nr^{n-1}\right)_{n\in\mathbb{N}}$ est nul, y compris pour $r = 0$.

   Si de plus on a $b \neq 0$, on peut même écrire $\mathcal{S}_{a,b} = \left\{ \left((\lambda + \mu n) r^n\right)_{n\in\mathbb{N}},\ \begin{pmatrix}\lambda\\ \mu\end{pmatrix} \in \mathbb{C}^2 \right\}$.

DÉMONSTRATION

1. Par la proposition précédente, on sait que les suites $(r_1^n)_{n\in\mathbb{N}}$ et $(r_2^n)_{n\in\mathbb{N}}$ sont dans $\mathcal{S}_{a,b}$.

   Montrons que ces deux suites forment une famille libre.

   Soit $(\lambda_1, \lambda_2) \in \mathbb{C}^2$ tel que $\lambda_1 (r_1^n)_{n\in\mathbb{N}} + \lambda_2 (r_2^n)_{n\in\mathbb{N}} = 0_{\mathbb{C}^\mathbb{N}}$. Alors en particulier, on a $\lambda_1 r_1^0 + \lambda_2 r_2^0 = 0$ et $\lambda_1 r_1^1 + \lambda_2 r_2^1 = 0$, c'est-à-dire :

$$\Sigma : \left\{ \begin{array}{rcl} \lambda_1 + \lambda_2 & = & 0 \\ \lambda_1 r_1 + \lambda_2 r_2 & = & 0 \end{array} \right. .$$

   Or

$$\Sigma \Leftrightarrow \left\{ \begin{array}{rcl} \lambda_2 & = & -\lambda_1 \\ \lambda_1 (r_1 - r_2) & = & 0 \end{array} \right. \Leftrightarrow \left\{ \begin{array}{rcl} \lambda_2 & = & 0 \\ \lambda_1 & = & 0 \end{array} \right.$$

   car $r_1 - r_2 \neq 0$.

   Ainsi on a $\lambda_1 = \lambda_2 = 0$. Par conséquent, toute CL nulle des vecteurs de la famille $\left((r_1^n)_{n\in\mathbb{N}}, (r_2^n)_{n\in\mathbb{N}}\right)$ est nulle : cette famille est bien libre.

   Cette famille est finalement une famille libre de cardinal 2 dans le plan vectoriel $\mathcal{S}_{a,b}$, c'est donc une base de $\mathcal{S}_{a,b}$. En particulier les suites $(u_n)_{n\in\mathbb{N}}$ de $\mathcal{S}_{a,b}$ sont celles de la forme : $\lambda (r_1^n)_{n\in\mathbb{N}} + \mu (r_2^n)_{n\in\mathbb{N}} = \left(\lambda r_1^n + \mu r_2^n\right)_{n\in\mathbb{N}}$, $(\lambda, \mu) \in \mathbb{C}^2$.

2. Par la proposition précédente, on sait que la suite $(r^n)_{n\in\mathbb{N}}$ est dans $\mathcal{S}_{a,b}$.

   Il nous faut trouver une autre suite de $\mathcal{S}_{a,b}$, indépendante de $(r^n)_{n\in\mathbb{N}}$, pour obtenir une base de $\mathcal{S}_{a,b}$.

   Examinons la suite $(v_n)_{n\in\mathbb{N}}$ de terme général $v_n = nr^{n-1}$. C'est un bon candidat car c'est la dérivée formelle par rapport à n de la suite $(r^n)_{n\in\mathbb{N}}$, et on sait qu'une racine double d'un polynôme est précisément une racine de sa dérivée.

On a, pour tout $n \in \mathbb{N}$:

$$\begin{aligned} v_{n+2} - av_{n+1} - bv_n &= (n+2)r^{n+1} - a(n+1)r^n - bnr^{n-1} \\ &= nr^{n-1}(r^2 - ar - b) + r^n(2r - a) \\ &= nr^{n-1}P_{a,b}(r) + r^n P'_{a,b}(r) \\ &= 0 + 0 = 0, \end{aligned}$$

puisque r est la racine double de $P_{a,b}$, donc racine de $P_{a,b}$ et de sa dérivée.

On a donc bien $(v_n)_{n\in\mathbb{N}} \in \mathcal{S}_{a,b}$.

Montrons que $\big((r^n)_{n\in\mathbb{N}}, (nr^{n-1})_{n\in\mathbb{N}}\big)$ est une famille libre.

Soit $(\lambda_1, \lambda_2) \in \mathbb{C}^2$ tel que $\lambda_1(r^n)_{n\in\mathbb{N}} + \lambda_2(nr^{n-1})_{n\in\mathbb{N}} = 0_{\mathbb{C}^{\mathbb{N}}}$.

En particulier, en considérant les deux premiers termes, on trouve $\begin{cases} \lambda_1 = 0 \\ \lambda_1 r + \lambda_2 = 0 \end{cases}$, ce qui équivaut à : $\begin{cases} \lambda_1 = 0 \\ \lambda_2 = 0 \end{cases}$.

La famille $\big((r^n)_{n\in\mathbb{N}}, (nr^{n-1})_{n\in\mathbb{N}}\big)$ est donc libre et, étant une famille libre de cardinal 2 dans le plan vectoriel $\mathcal{S}_{a,b}$, c'est une base de $\mathcal{S}_{a,b}$.

Si on a de plus $b \neq 0$, alors on a $r \neq 0$, et la famille $\big((r^n)_{n\in\mathbb{N}}, (nr^n)_{n\in\mathbb{N}}\big)$ est obtenue en multipliant un vecteur de cette famille par un scalaire non nul (en l'occurrence r), ce qui constitue une opération élémentaire. Cette seconde famille est donc elle aussi libre, et par suite une base de $\mathcal{S}_{a,b}$. Dans le cas $b \neq 0$, on trouve donc que les suites de $\mathcal{S}_{a,b}$ sont celles de la forme : $\lambda(r^n)_{n\in\mathbb{N}} + \mu(nr^n)_{n\in\mathbb{N}} = \big((\lambda + \mu n)r^n\big)_{n\in\mathbb{N}}$, $(\lambda, \mu) \in \mathbb{C}^2$.

Exemple 24

Soit à déterminer le terme général de la suite $(u_n)_{n\in\mathbb{N}}$ de $\mathbb{C}^{\mathbb{N}}$ vérifiant $u_0 = \mathbf{i}$, $u_1 = 0$ et :

$$\forall n \in \mathbb{N},\ u_{n+2} = (\sqrt{2} + \sqrt{2}\mathbf{i})u_{n+1} - \mathbf{i}u_n.$$

L'équation caractéristique associée à cette récurrence, $X^2 - (\sqrt{2} + \sqrt{2}\mathbf{i})X + \mathbf{i} = 0$, a pour discriminant $\Delta = (\sqrt{2} + \sqrt{2}\mathbf{i})^2 - 4\mathbf{i} = 0$, et admet donc une solution double :

$$\frac{\sqrt{2} + \sqrt{2}\mathbf{i}}{2} = e^{\mathbf{i}\frac{\pi}{4}}.$$

Par conséquent, il existe $(\lambda, \mu) \in \mathbb{C}^2$ tel que :

$$\forall n \in \mathbb{N},\ u_n = (\lambda + \mu n)e^{\mathbf{i}\frac{n\pi}{4}}.$$

De plus $u_0 = \mathbf{i} \Leftrightarrow \lambda = \mathbf{i}$ et $u_1 = 0 \Leftrightarrow (\lambda + \mu)e^{\mathbf{i}\frac{\pi}{4}} = 0 \Leftrightarrow \mu = -\lambda = -\mathbf{i}$ donc l'unique suite solution est finalement celle de terme général : $u_n = (\mathbf{i} - \mathbf{i}n)e^{\mathbf{i}\frac{n\pi}{4}} = \mathbf{i}(1 - n)e^{\mathbf{i}\frac{n\pi}{4}}$.

Exemple 25

Soit à déterminer le terme général de la suite $(u_n)_{n\in\mathbb{N}}$ de $\mathbb{C}^{\mathbb{N}}$ vérifiant $u_0 = 2$, $u_1 = 1$ et :

$$\forall n \in \mathbb{N},\ u_{n+2} = u_{n+1} - u_n.$$

L'équation caractéristique associée à cette récurrence, $X^2 - X + 1 = 0$, a pour discriminant $\Delta = (-1)^2 - 4 = -3 = (\sqrt{3}\mathbf{i})^2 \neq 0$, et admet donc deux solutions complexes distinctes :

$$\frac{1-\sqrt{3}\mathbf{i}}{2} = e^{-\mathbf{i}\frac{\pi}{3}} \text{ et } \frac{1+\sqrt{3}\mathbf{i}}{2} = e^{\mathbf{i}\frac{\pi}{3}}.$$

Par conséquent, il existe $(\lambda, \mu) \in \mathbb{C}^2$ tel que :

$$\forall n \in \mathbb{N},\ u_n = \lambda\left(e^{-\mathbf{i}\frac{\pi}{3}}\right)^n + \mu\left(e^{\mathbf{i}\frac{\pi}{3}}\right)^n = \lambda e^{-\mathbf{i}\frac{n\pi}{3}} + \mu e^{\mathbf{i}\frac{n\pi}{3}}.$$

De plus, $u_0 = 2 \Leftrightarrow \lambda + \mu = 2$ et $u_1 = 1 \Leftrightarrow \lambda e^{-\mathbf{i}\frac{\pi}{3}} + \mu e^{\mathbf{i}\frac{\pi}{3}} = 1$ donc le couple (λ, μ) cherché satisfait le système :

$$\left\{\begin{array}{ccc} \lambda + \mu & = & 2 \\ \lambda e^{-\mathbf{i}\frac{\pi}{3}} + \mu e^{\mathbf{i}\frac{\pi}{3}} & = & 1 \end{array}\right. \Leftrightarrow \left\{\begin{array}{ccc} \mu & = & 2-\lambda \\ \lambda e^{-\mathbf{i}\frac{\pi}{3}} + (2-\lambda)e^{\mathbf{i}\frac{\pi}{3}} & = & 1 \end{array}\right.$$

$$\Leftrightarrow \left\{\begin{array}{ccc} \mu & = & 2-\lambda \\ \lambda(e^{-\mathbf{i}\frac{\pi}{3}} - e^{\mathbf{i}\frac{\pi}{3}}) & = & 1 - 2e^{\mathbf{i}\frac{\pi}{3}} \end{array}\right. \Leftrightarrow \left\{\begin{array}{c} \mu = 2-\lambda \\ \lambda(-\mathbf{i}\sqrt{3}) = -\mathbf{i}\sqrt{3} \end{array}\right. \Leftrightarrow \left\{\begin{array}{c} \mu = 1 \\ \lambda = 1 \end{array}\right. .$$

Ainsi on a, pour tout $n \in \mathbb{N}$, $u_n = e^{-\mathbf{i}\frac{n\pi}{3}} + e^{\mathbf{i}\frac{n\pi}{3}}$.
Mais cette dernière expression peut clairement être simplifiée :

$$u_n = e^{-\mathbf{i}\frac{n\pi}{3}} + e^{\mathbf{i}\frac{n\pi}{3}} = 2\mathrm{Re}\big(e^{-\mathbf{i}\frac{n\pi}{3}} + e^{\mathbf{i}\frac{n\pi}{3}}\big) = 2\cos\left(\frac{n\pi}{3}\right).$$

Et on constate notamment ainsi que u_n est toujours réel, ce qu'on pouvait remarquer dès de le début étant donné que u_0 et u_1 sont réels et que la relation de récurrence est à coefficients réels (le théorème de construction par récurrence montre donc que la suite définie par ces premiers termes et cette relation est réelle).

Le principe sous-jacent au calcul dans ce dernier permet de déduire du résultat sur les suites complexes les suites réelles solutions d'une relation de type $\mathcal{R}_{a,b}$:

Théorème 16 (Résolution dans $\mathbb{R}$)

On note $\Delta = a^2 + 4b$ le discriminant de l'équation caractéristique $E_{a,b}$.

1. Si on a $\Delta > 0$ alors, en notant r_1 et r_2 les deux solutions (distinctes) dans $\mathbb{R}$ de $E_{a,b}$, les suites de $\mathcal{S}_{a,b}$ sont celles dont le terme général est de la forme :

$$\lambda r_1^n + \mu r_2^n,\ (\lambda, \mu) \in \mathbb{R}^2.$$

2. Si on a $\Delta = 0$ alors, en notant r la solution double dans $\mathbb{R}$ de $E_{a,b}$, les suites de $\mathcal{S}_{a,b}$ sont celles dont le terme général est de la forme :

$$\lambda r^n + \mu n r^{n-1},\ (\lambda, \mu) \in \mathbb{R}^2,$$

Si de plus $b \neq 0$, les suites de $\mathcal{S}_{a,b}$ sont celles dont le terme général est de la forme :

$$(\lambda + \mu n) r^n,\ (\lambda, \mu) \in \mathbb{R}^2.$$

3. Si on a $\Delta < 0$ alors, en notant r une des solutions dans $\mathbb{C}$ de $E_{a,b}$, les suites de $\mathcal{S}_{a,b}$ sont celles dont le terme général est de la forme :

$$\alpha r^n + \overline{\alpha r^n},\ \alpha \in \mathbb{C}.$$

On peut même montrer que, si on a $r = \rho e^{\mathrm{i}\theta}$, les suites de $\mathcal{S}_{a,b}$ sont celles dont le terme général est de la forme :

$$\rho^n \big(\lambda \cos(n\theta) + \mu \sin(n\theta)\big),\ (\lambda, \mu) \in \mathbb{R}^2.$$

Remarque 12

Dans cet énoncé, $\mathcal{S}_{a,b}$ désigne l'ensemble des suites **réelles** vérifiant $\mathcal{R}_{a,b}$.

DÉMONSTRATION

- On sait que $E_{a,b}$ est un $\mathbb{R}$-espace vectoriel de dimension 2.

  Dans les cas 1 et 2, on peut prouver, strictement de la même manière que dans le cas complexe, que les familles $\big((r_1^n)_{n\in\mathbb{N}}, (r_2^n)_{n\in\mathbb{N}}\big)$, respectivement $\big((r^n)_{n\in\mathbb{N}}, (nr^n)_{n\in\mathbb{N}}\big)$, sont bases de $\mathcal{S}_{a,b}$.

  Le résultat s'ensuit immédiatement, en faisant bien attention que, cherchant un $\mathbb{R}$-espace vectoriel de solutions, les constantes λ et μ sont prises réelles.

- Examinons maintenant le troisième cas.

  On peut voir ce qui se passe dans $\mathbb{R}$ comme un cas particulier de ce qui se passe dans $\mathbb{C}$. Ainsi par le théorème énoncé dans le cas complexe, les suites de $\mathbb{C}^{\mathbb{N}}$ satisfaisant la relation $\mathcal{R}_{a,b}$ sont les suites dont le terme général est de la forme

$$\alpha r_1^n + \beta r_2^n, \ (\alpha, \beta) \in \mathbb{C}^2,$$

  où r_1 et r_2 sont les deux solutions (complexes) de $E_{a,b}$.

  Comme $E_{a,b}$ est à coefficients réels, on a $r_2 = \overline{r_1}$. Notant par exemple $r = r_1$, le terme général des solutions peut donc se réécrire :

$$u_n = \alpha r^n + \beta \overline{r}^n, \ (\alpha, \beta) \in \mathbb{C}^2.$$

  Parmi ces suites $(u_n)_{n\in\mathbb{N}}$, on cherche celles dont tous les termes sont réels.

  On se demande donc à quelle condition sur α et β on a $\alpha r^n + \beta \overline{r}^n$ qui est réel pour tout $n \in \mathbb{N}$.

  Or $\alpha r^n + \beta \overline{r}^n \in \mathbb{R}$ si et seulement si $\alpha r^n + \beta \overline{r}^n = \overline{\alpha r^n + \beta \overline{r}^n} = \overline{\alpha}\,\overline{r}^n + \overline{\beta} r^n$ si et seulement si $(\alpha - \overline{\beta}) r^n = (\overline{\alpha} - \beta)\overline{r}^n$.

  Ainsi $(u_n)_{n\in\mathbb{N}}$ est à valeurs réelles si et seulement si :

$$\forall n \in \mathbb{N}, \ (\alpha - \overline{\beta}) r^n - (\overline{\alpha} - \beta)\overline{r}^n = 0.$$

  Or, comme on a $r \neq \overline{r}$, les suites $(r^n)_{n\in\mathbb{N}}$ et $(\overline{r}^n)_{n\in\mathbb{N}}$ sont linéairement indépendantes[15] donc la relation précédente a lieu si et seulement si $\alpha - \overline{\beta} = \overline{\alpha} - \beta = 0$ *i. e.* si et seulement si $\beta = \overline{\alpha}$.

  Cela prouve que les suites de $\mathbb{R}^{\mathbb{N}}$ satisfaisant la relation $\mathcal{R}_{a,b}$ sont celles dont le terme général est de la forme :

$$\alpha r^n + \overline{\alpha r^n}, \ \alpha \in \mathbb{C}.$$

  Enfin, sachant que $r = \rho e^{\mathbf{i}\theta}$, on a $r^n = \rho^n e^{\mathbf{i}n\theta} = \rho^n \cos(n\theta) + \mathbf{i}\rho^n \sin(n\theta)$.

  Comme $\alpha r^n + \overline{\alpha r^n} = 2\mathrm{Re}(\alpha r^n)$, on a, en notant $\alpha = x + \mathbf{i}y$, $(x, y) \in \mathbb{R}^2$,

$$\alpha r^n + \overline{\alpha r^n} = 2\mathrm{Re}\big((x + \mathbf{i}y)(\rho^n \cos(n\theta) + \mathbf{i}\rho^n \sin(n\theta))\big) = 2x\rho^n \cos(n\theta) - 2y\rho^n \sin(n\theta),$$

15. On a prouvé cela dans le cas 1 du théorème de résolution dans $\mathbb{C}$.

ce qui prouve que les suites cherchées ont toutes un terme général de la forme :

$$\rho^n\big(\lambda\cos(n\theta)+\mu\sin(n\theta)\big),\ (\lambda,\mu)\in\mathbb{R}^2.$$

Comme $\left\{\Big(\rho^n\big(\lambda\cos(n\theta)+\mu\sin(n\theta)\big)\Big)_{n\in\mathbb{N}},\ (\lambda,\mu)\in\mathbb{R}^2\right\}$ est clairement un $\mathbb{R}$-espace vectoriel de dimension 2 également, il coïncide avec $\mathcal{S}_{a,b}$.

Remarque 13

Dans la forme

$$\alpha r^n+\overline{\alpha r^n},\ \alpha\in\mathbb{C},$$

il ne faut pas être surpris par le fait qu'il n'est besoin que d'une constante pour décrire l'ensemble des solutions. On sait que l'ensemble recherché est un $\mathbb{R}$-espace vectoriel de dimension 2 et α varie dans $\mathbb{C}$ qui est justement, vu comme $\mathbb{R}$-espace vectoriel, de dimension 2.

Exemple 26

Reprenons l'exemple 25 et traitons-le cette fois à l'aide du résultat que l'on vient de démontrer.

Les solutions de l'équation caractéristique, déjà déterminées plus haut, sont :

$$\frac{1-\sqrt{3}\mathbf{i}}{2}=e^{-\mathbf{i}\frac{\pi}{3}}\text{ et }\frac{1+\sqrt{3}\mathbf{i}}{2}=e^{\mathbf{i}\frac{\pi}{3}}.$$

Posons par exemple $r=e^{\mathbf{i}\frac{\pi}{3}}$; on a $|r|=1$ et $\frac{\pi}{3}$ est un argument de r.
Ainsi $(u_n)_{n\in\mathbb{N}}$ a un terme général de la forme :

$$u_n=1^n\left(\lambda\cos\left(\frac{n\pi}{3}\right)+\mu\sin\left(\frac{n\pi}{3}\right)\right)=\lambda\cos\left(\frac{n\pi}{3}\right)+\mu\sin\left(\frac{n\pi}{3}\right),\ (\lambda,\mu)\in\mathbb{R}^2.$$

De plus, on a $u_0=2\Leftrightarrow\lambda=2$ et $u_1=1\Leftrightarrow\frac{1}{2}\lambda+\frac{\sqrt{3}}{2}\mu=1$. On trouve donc $\lambda=2$ et $\mu=0$, et on obtient ainsi, plus directement que dans l'exemple 25 : $u_n=2\cos\left(\frac{n\pi}{3}\right)$.

7.3 Équations différentielles linéaires homogènes d'ordre 1 et 2

Nous conclurons néanmoins ce chapitre en mentionnant les deux résultats suivants, qui introduisent une structure d'espace vectoriel et une propriété de dimension sur l'ensemble des solutions de certaines équations différentielles. Nous ne démontrons que l'aspect structurel, la propriété de dimension relevant plutôt ici du cours d'analyse :

Théorème 17

Soit I un intervalle réel, $a : I \to \mathbb{K}$ une fonction continue.

L'ensemble des solutions sur I de l'équation différentielle linéaire d'ordre 1 et homogène

(E_1) $$y' + a(t)y = 0$$

est un sous-espace vectoriel de dimension 1 de $\mathcal{F}(I, \mathbb{K})$, en l'occurrence :

$$\left\{x \mapsto \lambda e^{-A(t)},\ \lambda \in \mathbb{K}\right\},$$

où A désigne une primitive de a sur I.

Démonstration

- Par définition, l'ensemble des solutions $\mathcal{S}_{E_1}$ de E_1 est une partie de $\mathcal{F}(I, \mathbb{K})$.
- L'élement nul de $\mathcal{F}(I, \mathbb{K})$ est la fonction identiquement nulle sur I ; notons la f. On a $f(t) = 0$ pour tout t dans I et donc $f'(t) = 0$ pour tout t dans I.

  Ainsi on a $f'(t) + a(t)f(t) = 0$ pour tout t dans I, ce qui prouve que $f \in \mathcal{S}_{E_1}$.
- Soit $(y, z) \in \mathcal{S}_{E_1}^2$, et $(\lambda, \mu) \in \mathbb{K}^2$. Alors $\lambda y + \mu z$ est dérivable sur I comme combinaison linéaire de fonctions dérivables et $(\lambda y + \mu z)' = \lambda y' + \mu z'$. Ainsi, pour tout t dans I, on a :

$$\begin{aligned}(\lambda y + \mu z)'(t) + a(t)(\lambda y + \mu z)(t) &= \lambda y'(t) + \mu z'(t) + \lambda a(t)y(t) + \mu a(t)z(t) \\ &= \lambda\big(y'(t) + a(t)y(t)\big) + \mu\big(z'(t) + a(t)z(t)\big) \\ &= 0 + 0 = 0,\end{aligned}$$

  car y et z sont solutions de (E_1). Donc $\lambda y + \mu z \in \mathcal{S}_{E_1}$.

On a ainsi démontré que $\mathcal{S}_{E_1}$ est un sous-espace vectoriel de $\mathcal{F}(I, \mathbb{K})$.

Théorème 18

Soit $(a, b, c) \in \mathbb{K}^* \times \mathbb{K}^2$.

L'ensemble des solutions sur $\mathbb{R}$ de l'équation différentielle linéaire d'ordre 2 à coefficients constants et homogène

(E_2) $$ay'' + by' + cy = 0$$

est un sous-espace vectoriel de dimension 2 de $\mathcal{F}(\mathbb{R}, \mathbb{K})$.

Remarque 14

Comme pour les suites solutions d'une relation de récurrence linéaire d'ordre 2 du type

$(\mathcal{R}_{a,b})$ que nous avons étudiées plus haut, la forme des solutions dépend de l'équation caractéristique associée à l'équation différentielle ainsi que de $\mathbb{K}$.

DÉMONSTRATION

- Par définition, l'ensemble des solutions $\mathcal{S}_{E_2}$ de E_2 est une partie de $\mathcal{F}(\mathbb{R}, \mathbb{K})$.
- L'élement nul de $\mathcal{F}(\mathbb{R}, \mathbb{K})$ est la fonction identiquement nulle sur $\mathbb{R}$; notons la f. On a $f(x) = 0$ pour tout x dans $\mathbb{R}$ et donc $f'(x) = 0$ et $f''(x) = 0$ pour tout x dans $\mathbb{R}$. Ainsi on a $af''(x) + bf'(x) + cf(x) = 0$ pour tout x dans $\mathbb{R}$, ce qui prouve que $f \in \mathcal{S}_{E_2}$.
- Soit $(y, z) \in \mathcal{S}_{E_2}^2$, $(\lambda, \mu) \in \mathbb{K}^2$. Alors $\lambda y + \mu z$ est 2 fois dérivable sur $\mathbb{R}$ comme combinaison linéaire de fonctions 2 fois dérivables et on a $(\lambda y + \mu z)' = \lambda y' + \mu z'$ et $(\lambda y + \mu z)'' = \lambda y'' + \mu z''$. Ainsi :

$$a(\lambda y + \mu z)'' + b(\lambda y + \mu z)' + (\lambda y + \mu z) = \lambda(ay'' + by' + cy) + \mu(az'' + bz' + cz) = 0,$$

  car y et z sont solutions de (E_2). Donc $\lambda y + \mu z \in \mathcal{S}_{E_2}$.

On a ainsi démontré que $\mathcal{S}_{E_2}$ est un sous-espace vectoriel de $\mathcal{F}(\mathbb{R}, \mathbb{K})$.

Le lecteur pourra s'entraîner à prouver que les ensembles des solutions des deux théorèmes précédents sont bien des espaces vectoriels. Pour ce qui est de la détermination de leur dimension, il pourra se référer à un cours d'analyse.

8 Exercices corrigés

12.1 Deux sous-espaces vectoriels de $\mathbb{R}^3$

On considère, dans $\mathbb{R}^3$, les deux parties suivantes :

$$F = \left\{ \begin{pmatrix} x \\ y \\ z \end{pmatrix} \in \mathbb{R}^3, \quad x + 2y + 3z = 0 \text{ et } x - 3y - 2z = 0 \right\},$$

$$G = \left\{ \begin{pmatrix} a-b \\ a-b \\ a+2b \end{pmatrix} \in \mathbb{R}^3, \quad \begin{pmatrix} a \\ b \end{pmatrix} \in \mathbb{R}^2 \right\}.$$

1. Justifier que F et G sont deux sous-espaces vectoriels de $\mathbb{R}^3$.
2. Justifier que F est une droite vectorielle et en donner une base (f).
   Montrer que G est un plan vectoriel et en donner une base (g_1, g_2).
3. Décrire G à l'aide d'équations cartésiennes et montrer qu'on a $F \subset G$.
   La famille (f, g_1, g_2) est-elle libre ?
4. Donner un vecteur $h \notin G$. Montrer que $\mathcal{B} = (g_1, g_2, h)$ forme une base de $\mathbb{R}^3$.

5. Donner les coordonnées de f dans la base (g_1, g_2, h).

C 12.1 Deux sous-espaces vectoriels de $\mathbb{R}^3$

1. $\star$ Montrons que F est un sous-espace vectoriel de $\mathbb{R}^3$.

   a. $0_{\mathbb{R}^3} \in F$ puisque $0+2\cdot 0+3\cdot 0=0$ et $0-3\cdot 0-2\cdot 0=0$.

   b. Soit $u=\begin{pmatrix} x \\ y \\ z \end{pmatrix}$ un vecteur de F. On a donc $x+2y+3z=0$.

   On a alors $\lambda u=\begin{pmatrix} \lambda x \\ \lambda y \\ \lambda z \end{pmatrix}$ qui appartient à F puisqu'on a
   $(\lambda x)+2(\lambda y)+3(\lambda z)=\lambda(x+2y+3z)=\lambda\cdot 0=0$.

   c. Soient $u=\begin{pmatrix} x \\ y \\ z \end{pmatrix}$ et $u'=\begin{pmatrix} x' \\ y' \\ z' \end{pmatrix}$ deux vecteurs de F.

   On a donc $x+2y+3z=x'+2y'+3z'=0$.

   Ainsi $u+u'=\begin{pmatrix} x+x' \\ y+y' \\ z+z' \end{pmatrix} \in F$ puisqu'on a
   $(x+x')+2(y+y')+3(z+z')=(x+2y+3z)+(x'+2y'+3z')=0+0=0$.

Le vecteur nul appartient à F, et F est stable par multiplication par les scalaires et par somme. Donc F est bien un sous-espace vectoriel de $\mathbb{R}^3$.
Remarque : un argument rapide est le suivant : F est l'ensemble des solutions d'un système linéaire homogène à trois inconnues, donc forme un sev de $\mathbb{R}^3$ d'après le théorème de structure vectorielle.

$\star$ Montrons que G est un sous-espace vectoriel de $\mathbb{R}^3$.

a. $0_{\mathbb{R}^3}=\begin{pmatrix} 0-0 \\ 0-0 \\ 0+2\cdot 0 \end{pmatrix} \in G$.

b. Soit $u=\begin{pmatrix} a-b \\ a-b \\ a+2b \end{pmatrix}$ un vecteur de G.

On a alors $\lambda u=\begin{pmatrix} \lambda(a-b) \\ \lambda(a-b) \\ \lambda(a+2b) \end{pmatrix}=\begin{pmatrix} (\lambda a)-(\lambda b) \\ (\lambda a)-(\lambda b) \\ (\lambda a)+2(\lambda b) \end{pmatrix} \in G$.

c. Soient $u=\begin{pmatrix} \lambda(a-b) \\ \lambda(a-b) \\ \lambda(a+2b) \end{pmatrix}$ et $u'=\begin{pmatrix} \lambda(a'-b') \\ \lambda(a'-b') \\ \lambda(a'+2b') \end{pmatrix}$ deux vecteurs de G.

Alors $u+u'=\begin{pmatrix} (a+a')-(b+b') \\ (a+a')-(b+b') \\ (a+a')+2(b+b') \end{pmatrix} \in G$.

Le vecteur nul appartient à G, et G est stable par multiplication par les scalaires et par somme. Donc G est bien un sous-espace vectoriel de $\mathbb{R}^3$.

Remarque : un argument rapide est le suivant : par définition, on a $G = \text{Vect}\left(\begin{pmatrix}1\\1\\1\end{pmatrix}, \begin{pmatrix}-1\\-1\\2\end{pmatrix}\right)$ c'est donc un sous-espace vectoriel engendré, donc un sous-espace vectoriel . On reprend ceci en détail dans la suite du corrigé.

2. $\star$ $\begin{pmatrix}x\\y\\z\end{pmatrix} \in F \Leftrightarrow \begin{cases} x+2y+3z = 0 & E_1 \\ x-3y-2z = 0 & E_2 \end{cases} \Leftrightarrow \begin{cases} x+2y+3z = 0 & E_1 \\ -5y-5z = 0 & E_2 \leftarrow E_2 - E_1 \end{cases}$

$\Leftrightarrow \begin{cases} x = -z \\ y = -z \end{cases}$

Donc $F = \left\{\begin{pmatrix}-z\\-z\\z\end{pmatrix}, \ z \in \mathbb{R}\right\} = \text{Vect}\left(\begin{pmatrix}-1\\-1\\1\end{pmatrix}\right)$.

Notons $f = \begin{pmatrix}-1\\-1\\1\end{pmatrix}$. On a f qui est non nul donc la famille (f) est libre. On vient de voir que cette famille est génératrice de F : on en conclut que F est une droite vectorielle et que (f) est une base de F.

$\star$ On a $G = \left\{\begin{pmatrix}a-b\\a-b\\a+2b\end{pmatrix} \in \mathbb{R}^3, \ \begin{pmatrix}a\\b\end{pmatrix} \in \mathbb{R}^2\right\} = \left\{a\begin{pmatrix}1\\1\\1\end{pmatrix} + b\begin{pmatrix}-1\\-1\\2\end{pmatrix}, \ a \in \mathbb{R}, \ b \in \mathbb{R}\right\}$

donc $G = \text{Vect}\left(\begin{pmatrix}1\\1\\1\end{pmatrix}, \begin{pmatrix}-1\\-1\\2\end{pmatrix}\right)$.

Notons $g_1 = \begin{pmatrix}1\\1\\1\end{pmatrix}$ et $g_2 = \begin{pmatrix}-1\\-1\\2\end{pmatrix}$. Les vecteurs g_1 et g_2 sont clairement non colinéaires, il s'ensuit que (g_1, g_2) est libre.

On vient de voir que cette famille est génératrice de G : on en conclut que G est un plan vectoriel et que (g_1, g_2) est une base de G.

3. $\star$ $\begin{pmatrix}x\\y\\z\end{pmatrix} \in G \Leftrightarrow \exists a \in \mathbb{R}, \ \exists b \in \mathbb{R}, \ \begin{cases} x = a-b \\ y = a-b \\ z = a+2b \end{cases}$.

Ceci équivaut à $x = y$: clairement, les équations précédentes impliquent $x = y$, et d'autre part si $x = y$ il suffit de poser $b = \dfrac{z-x}{3}$ et $a = \dfrac{z+2x}{3}$ pour que les équations précédentes soient vérifiées.

$\star$ Un élément de F s'écrit sous la forme $\begin{pmatrix}-z\\-z\\z\end{pmatrix}$ et vérifie donc clairement l'équation de G. On en conclut $F \subset G$.

En particulier, on a $f \in G$ et comme (g_1, g_2) est une base de G, il existe un (unique) couple (λ_1, λ_2) tel que $f = \lambda_1 g_1 + \lambda_2 g_2$, c'est-à-dire $\lambda_1 g_1 + \lambda_2 g_2 + (-1)f = 0_{\mathbb{R}^3}$, ce qui constitue une CL nulle non triviale de (f, g_1, g_2) (car $-1 \neq 0$). Cette famille est donc liée (bien sûr, on peut aussi trouver une expression explicite d'une telle CL, mais ce n'est pas nécessaire).

4. ⋆ Par exemple $h = e_1 = \begin{pmatrix} 1 \\ 0 \\ 0 \end{pmatrix}$ convient, puisqu'il ne vérifie pas l'équation de G.

⋆ Si (g_1, g_2, h) était liée, on aurait une combinaison linéaire non triviale $\alpha_1 g_1 + \alpha_2 g_2 + \beta h = 0_{\mathbb{R}^3}$, mais β serait non nul car (g_1, g_2) est libre (si β est nul, alors, par liberté, tous les coefficients sont nuls) : il s'ensuivrait qu'on aurait $h = \dfrac{-\alpha_1}{\beta} g_1 + \dfrac{-\alpha_2}{\beta} g_2 \in G$, ce qui est en contradiction avec l'hypothèse.

5. ⋆ On cherche $\alpha_1, \alpha_2, \gamma$ tels que $f = \alpha_1 g_1 + \alpha_2 g_2 + \gamma h$.

On résout $\begin{cases} \alpha_1 - \alpha_2 + \gamma & = & -1 \\ \alpha_1 - \alpha_2 & = & -1 \\ \alpha_1 + 2\alpha_2 & = & 1 \end{cases}$. Tous calculs fait on trouve $\alpha_1 = \dfrac{-1}{3}$, $\alpha_2 = \dfrac{2}{3}$, $\alpha_3 = 0$, c'est-à-dire que la décomposition de f dans la base (g_1, g_2, h) est $\begin{pmatrix} \frac{-1}{3} \\ \frac{2}{3} \\ 0 \end{pmatrix}$.

Bien sûr, le résultat dépend des g_1, g_2 et f qu'on s'est donnés, mais la dernière coordonnée est nécessairement nulle puisque $f \in \mathrm{Vect}\,(g_1, g_2)$.

12.2 Exponentielle de matrices nilpotentes

Soit n un entier naturel non nul. On se donne une matrice A *nilpotente d'indice trois* de $\mathcal{M}_n(\mathbb{R})$, c'est-à-dire vérifiant $A^2 \neq O$ et $A^3 = O$, où O désigne la matrice nulle de $\mathcal{M}_n(\mathbb{R})$. Pour tout réel t, on note $E(t)$ la matrice : $E(t) = I_n + tA + \frac{t^2}{2}A^2$.

1. Montrer qu'on a $\forall (s,t) \in \mathbb{R}^2,\ E(s)E(t) = E(s+t)$.
2. Montrer que $E(t)$ est inversible pour tout réel t et donner son inverse.
3. Montrer que la famille (I_n, A, A^2) est libre dans l'espace vectoriel $\mathcal{M}_n(\mathbb{R})$.
4. En déduire que l'application $E \begin{cases} \mathbb{R} & \longrightarrow & \mathcal{M}_n(\mathbb{R}) \\ t & \longmapsto & E(t) \end{cases}$ est injective.

C 12.2 Exponentielle de matrices nilpotentes

1. Soit $(s,t) \in \mathbb{R}^2$, on a :

$$\begin{aligned} E(s)E(t) &= \left(I_n + sA + \frac{s^2}{2}A^2\right)\left(I_n + tA + \frac{t^2}{2}A^2\right) \\ &= I_n + tA + \frac{t^2}{2}A^2 + sA + stA^2 + \frac{st^2}{2}A^3 + \frac{s^2}{2}A^2 + \frac{s^2 t}{2}A^3 + \frac{s^2t^2}{4}A^4. \end{aligned}$$

Or on a $A^3 = O$, et par suite $A^4 = O$. On en déduit :

$$E(s)E(t) = I_n+(t+s)A+\left(\frac{t^2}{2}+st+\frac{s^2}{2}\right)A^2 = I_n+(s+t)A+\frac{(s+t)^2}{2}A^2 = E(s+t).$$

2. On en déduit, pour tout réel t, $E(t)E(-t) = E(t-t) = E(0) = I_n$, d'où $E(t)$ est inversible, d'inverse $E(-t)$.

3. Soient α, β, γ des réels tels que $\alpha I_n + \beta A + \gamma A^2 = 0$.
   Multiplions cette égalité par A^2. On obtient $\alpha A^2 + \beta O + \gamma O = O$ et donc $\alpha = 0$.
   En multipliant alors l'égalité par A, on déduit $\beta = 0$ d'où $\gamma A^2 = O$ avec $A^2 \neq O$.
   Donc $\alpha = \beta = \gamma = 0$.
   Ainsi la famille (I, A, A^2) est libre.

4. Dans les deux premières questions, on a obtenu que E est un morphisme du groupe $(\mathbb{R}, +)$ dans le groupe $\big(GL_n(\mathbb{R}), \times\big)$.
   Pour montrer que E est injective, édudions son noyau $\mathrm{Ker}(E)$.
   Soit $t \in \mathbb{R}$. On a $t \in \mathrm{Ker}(E) \Leftrightarrow E(t) = I_n \Leftrightarrow I_n + tA + \frac{t^2}{2}A^2 = I_n \Leftrightarrow tA + \frac{t^2}{2}A^2 = 0$.
   Or la famille (I_n, A, A^2) est libre donc on a $t = 0$. Par conséquent, $\mathrm{Ker}(E) = \{0\}$, ce qui implique que l'application E est injective.

12.3 Une base de polynômes

On veut montrer que la famille $\mathcal{F} = \big((X-1)^2, (X-1)(X+1), (X+1)^2\big)$ engendre $\mathbb{K}_2[X]$. On note $F = \mathrm{Vect}\,\big((X-1)^2, (X-1)(X+1), (X+1)^2\big)$.

On propose deux méthodes :

1. *Première méthode* : en revenant simplement à la définition d'une base.
2. *Deuxième méthode* : en montrant que F comprend 1, X et X^2, et en concluant proprement.

C 12.3 Une base de polynômes

1. Soit $P \in \mathbb{K}_2[X]$. Il existe $(a, b, c) \in \mathbb{K}^3$ tel que $P = aX^2 + bX + c$.
   On cherche à montrer qu'il existe un unique triplet $(\lambda_1, \lambda_2, \lambda_3) \in \mathbb{K}^3$ tel que :
   $P = \lambda_1(X-1)^2 + \lambda_2(X-1)(X+1) + \lambda_3(X+1)^2$.
   Or on a :

$$\begin{aligned} & \lambda_1(X-1)^2 + \lambda_2(X-1)(X+1) + \lambda_3(X+1)^2 \\ = \; & \lambda_1(X^2-2X+1) + \lambda_2(X^2-1) + \lambda_3(X^2+2X+1) \\ = \; & (\lambda_1+\lambda_2+\lambda_3)X^2 + (2\lambda_3 - 2\lambda_1)X + \lambda_1 - \lambda_2 + \lambda_3, \end{aligned}$$

   donc, par identification, le problème revient à montrer que le système suivant (en les inconnues λ_1, λ_2, λ_3) admet une unique solution : $\begin{cases} \lambda_1+\lambda_2+\lambda_3 &= a \\ -2\lambda_1+2\lambda_3 &= b \\ \lambda_1-\lambda_2+\lambda_3 &= c \end{cases}$.

Or le déterminant associé à ce système est : $\begin{vmatrix} 1 & 1 & 1 \\ -2 & 0 & 2 \\ 1 & -1 & 1 \end{vmatrix} = 8.$

Ce déterminant étant non nul, le système admet une unique solution ! Ainsi tout élément de $\mathbb{K}_2[X]$ s'écrit de manière unique comme combinaison linéaire des éléments de $\mathcal{F}$; cela signifie que $\mathcal{F}$ est une base de $\mathbb{K}_2[X]$.

2. On note $A=(X-1)^2$, $B=(X-1)(X+1)$ et $C=(X+1)^2$.

   On a donc $F=\text{Vect}\,(A,B,C)$.

   - On remarque qu'on a $A+C=2X^2+2$, donc $A+C-2B=2X^2+2-2(X^2-1)=4$. Ainsi $1=\frac{1}{4}A+\frac{1}{4}C-\frac{1}{2}B$ et donc $1\in\text{Vect}\,(A,B,C)=F$.
   - On a $C-A=4X$ donc $X=\frac{1}{4}C-\frac{1}{4}A$. Ainsi $X\in F$.
   - Enfin $A+C=2X^2+2$ donc $A+C+2B=4X^2$ puis $X^2=\frac{1}{4}A+\frac{1}{4}C+\frac{1}{2}B$. Ainsi $X^2\in F$.

   En conclusion 1, X et X^2 sont des éléments de F donc, F étant un sous-espace vectoriel de $\mathbb{K}_2[X]$, on a $\text{Vect}\left(1,X,X^2\right)\subset F$.

   Or $\text{Vect}\left(1,X,X^2\right)=\mathbb{K}_2[X]$ donc $\mathbb{K}_2[X]\subset F$. L'inclusion réciproque étant évidente, on a $F=\mathbb{K}_2[X]$. Par conséquent $\mathcal{F}=(A,B,C)$ est une famille génératrice de $\mathbb{K}_2[X]$. Comme de plus cette famille est de cardinal $3=\dim\mathbb{K}_2[X]$, c'est une base de $\mathbb{K}_2[X]$.

12.4 Supplémentaire commun

Soient F et G deux sous-espaces vectoriels d'un $\mathbb{K}$-ev E de dimension finie.

Montrer que $\dim F=\dim G$ si et seulement si F et G ont un supplémentaire commun.

C 12.4 Supplémentaire commun

$\boxed{\Leftarrow}$ Si F et G ont un supplémentaire commun, notons-le S, on a $E=F\oplus S$ et $E=G\oplus S$, d'où $\dim(E)=\dim(F)+\dim(S)$ et $\dim(E)=\dim(G)+\dim(S)$ et donc $\dim(F)=\dim(G)$.

$\boxed{\Rightarrow}$ On établit par récurrence la propriété $P(n)$: « pour tous sous-espaces vectoriels F et G de E tels que $\dim(F)=\dim(G)=\dim(E)-n$, il existe un supplémentaire commun à F et G. »

Initialisation : Si $n=0$, alors $\dim(F)=\dim(G)=\dim(E)$ donc $F=E$, et $G=E$

aussi. Dans ce cas F et G ont bien un supplémentaire commun, à savoir $\{0_E\}$; donc $P(0)$ est vraie.

Hérédité : On suppose $P(n)$ vraie pour un certain $n \in \mathbb{N}$.

Si $\dim(E) < n+1$, alors il n'existe aucun couple (F, G) de sous-espaces vectoriels de E tels que $\dim(F) = \dim(G) = \dim(E) - (n+1)$, et donc $P(n+1)$ est vraie.

Sinon, soit (F, G) un couple de sous-espaces vectoriels de E tels que $\dim(F) = \dim(G) = \dim(E) - (n+1)$.

- Si on a $F = G$ alors, comme F est un sous-espace vectoriel de E de dimension finie, il admet un supplémentaire dans E, et $G = F$ admet évidemment le même.
- Si on a $F \neq G$, alors on n'a ni $F \subset G$ ni $G \subset F$ vu que F et G ont même dimension. Il existe donc $x \in F \setminus G$ et $y \in G \setminus F$, et on a $x+y \notin F$ et $x+y \notin G$ (si on avait $x+y \notin F$, comme on a $x \in F$, on trouverait $(x+y)-x \in F$ *i. e.* $y \in F$, ce qui n'est pas ; contradiction analogue si on suppose $x+y \in G$).

  On pose $F' = F \oplus \text{Vect}\,(x+y)$ et $G' = G \oplus \text{Vect}\,(x+y)$.

  On a $\dim(F') = \dim(G') = \dim(F) + 1 = \dim(E) - n$ donc, par hypothèse de récurrence, F' et G' possèdent un supplémentaire commun H'.

  Il s'ensuit que $H' \oplus \text{Vect}\,(x+y)$ est un supplémentaire commun de F et G.

Ainsi $P(n+1)$ est vraie.

La propriété est donc bien héréditaire.

Conclusion : La propriété est vraie au rang 0, et elle est héréditaire, donc d'après le théorème de récurrence elle est vraie pour tout entier $n \in \mathbb{N}$.

12.5 Polynômes trigonométriques

On désigne par n un entier naturel. On note $F = \text{Vect}\,(x \mapsto 1, \cos, \dots, \cos^n)$ et $G = \text{Vect}\,(x \mapsto 1, x \mapsto \cos(x), \dots, x \mapsto \cos(nx))$. Justifier que F et G sont de dimension finie, puis déterminer leur dimension, puis montrer qu'on a $F = G$.

C 12.5 Polynômes trigonométriques

On peut voir F et G comme des sous-espaces vectoriels de $\mathcal{C}^\infty(\mathbb{R}, \mathbb{R})$ par exemple. Comme ils sont engendrés par un nombre fini d'éléments ($n+1$ pour chacun), ce sont des sous-espace vectoriel de dimension finie (au plus égale à $n+1$). Montrons qu'ils sont tous les deux de dimension $n+1$ en montrant que les familles $\mathcal{F} = \big(x \mapsto 1, \cos, \dots, \cos^n\big)$ et $\mathcal{G} = \big(x \mapsto 1, x \mapsto \cos(x), \dots, x \mapsto \cos(nx)\big)$ sont libres.

- Liberté de $\mathcal{F}$. Soit $\lambda_0(x \mapsto 1) + \lambda_1 \cos + \cdots + \lambda_n \cos^n = 0$ une CL nulle des vecteurs de cette famille. Soit $x \in \mathbb{R}$ et notons $X = \cos(x)$. En évaluant la CL nulle en x on trouve $\lambda_0 + \lambda_1 X + \cdots + \lambda_n X^n = 0$. Ceci étant vrai pour tout réel x, le polynôme $\lambda_0 + \lambda_1 X + \cdots + \lambda_n X^n$ a pour racines toutes les valeurs prises par la fonction cosinus, c'est-à-dire tous les réels de l'intervalle $[-1, 1]$. Ce polynôme a donc une infinité de racines, et par conséquent il est nul. Donc $\lambda_0 = \lambda_1 = \cdots = \lambda_n = 0$, la CL est triviale. La famille $\mathcal{F}$ est libre.

- Liberté de $\mathcal{G}$. Notons $c_n = x \mapsto \cos(nx)$. On utilise la même méthode que dans l'exercice 11.4 du chapitre 11. Procédons par l'absurde. Supposons qu'il existe une CL nulle non triviale des vecteurs de $\mathcal{G}$. Il est alors loisible de considérer le plus petit p tel qu'il existe une CL nulle non triviale de la forme $\lambda_0 c_0 + \cdots + \lambda_{p-1} c_{p-1} + \lambda_p c_p$ avec $\lambda_p \neq 0$ (l'ensemble des p convenable étant une partie de $\mathbb{N}$, non vide par hypothèse). Dérivons maintenant deux fois l'égalité

$$\lambda_0 c_0 + \cdots + \lambda_{p-1} c_{p-1} + \lambda_p c_p = 0 \quad (1).$$

On obtient l'égalité

$$-0^2 \lambda_0 c_0 - \cdots - (p-1)^2 \lambda_{p-1} c_{p-1} - p^2 \lambda_p c_p = 0 \ \ (2).$$

En multipliant (1) par p^2 on obtient l'égalité

$$p^2 \lambda_0 c_0 + \cdots + p^2 \lambda_{p-1} c_{p-1} + p^2 \lambda_p c_p = 0 \ \ (3).$$

Enfin, en additionnant les égalité (2) et (3), on trouve

$$p^2 \lambda_0 c_0 + \cdots + \left(p^2 - (p-1)^2\right) \lambda_{p-1} c_{p-1} = 0 \ \ (4),$$

qui contredit manifestement la minimalité de p ! La famille $\mathcal{G}$ est libre.

On vient de voir que F et G sont tous deux de dimension $n+1$. Comme ces sev ont même dimension, il suffit d'une inclusion pour établir leur égalité.
Montrons $F \subset G$. Par croissance et idempotence de Vect, il suffit de montrer que, pour tout $m \in \{0, \ldots, n\}$, on a $\cos^m \in G$. Soit $x \in \mathbb{R}$. On a $\cos(x)^m = \mathrm{Re}\big(\cos(x)^m\big) = \mathrm{Re}\left(\left(\dfrac{\mathrm{e}^{\mathrm{i}x} + \mathrm{e}^{-\mathrm{i}x}}{2}\right)^m\right) = \frac{1}{2^m}\mathrm{Re}\left(\sum\limits_{k=0}^{m} \binom{m}{k} \mathrm{e}^{(k-(m-k))\mathrm{i}x}\right) = \frac{1}{2^m} \sum\limits_{k=0}^{m} \mathrm{Re}\left(\binom{m}{k} \mathrm{e}^{(2k-m)\mathrm{i}x}\right) = \dfrac{1}{2^m} \sum\limits_{k=0}^{m} \binom{m}{k} \cos\left((2k-m)x\right) = \dfrac{1}{2^m} \sum\limits_{k=0}^{m} \binom{m}{k} \cos\left(|2k-m| x\right)$ par parité du cosinus. Pour $0 \leqslant k \leqslant m$, on a $|2k - m| \in \{0, 1, \ldots, m\} \subset \{0, 1, \ldots, n\}$. Ainsi $\cos^m$ est CL des c_k,

ce qui montre $\cos^m \in G$. Ceci étant vrai pour tout $m \in \{0, \dots, n\}$, on a bien établi l'inclusion $F \subset G$, puis par égalité des dimensions $F = G$.

12.6 Base de Bernstein

Pour $k \in \{0, \dots, n\}$, on pose $B_k(X) = \binom{n}{k} X^k (1-X)^{n-k}$.

1. Montrer que $\mathcal{B} = (B_0, \dots, B_n)$ forme une base de $\mathbb{K}_n[X]$.
2. Donner la décomposition des polynômes 1 et X^n dans $\mathcal{B}$.
3. Calculer $\sum\limits_{k=0}^{n} kB_k$ et en déduire la décomposition du polynôme X dans $\mathcal{B}$.

C 12.6 Base de Bernstein

1. Observons tout d'abord qu'on peut écrire $B_k = X^k P_k$, où $P_k = \binom{n}{k}(1-X)^{n-k}$.
   Montrons que $\mathcal{B}$ est libre.
   Soit $\lambda_0 B_0 + \lambda_1 B_1 + \cdots + \lambda_n B_n = 0$ une CL nulle de ses vecteurs.
   Elle se réécrit $\lambda_0 P_0 + \lambda_1 X P_1 + \cdots + \lambda_n X^n P_n = 0$. Évaluons en 0, on trouve $\lambda_0 = 0$.
   D'où $\lambda_1 X P_1 + \lambda_1 X^2 P_2 + \cdots + \lambda_n X^n P_n = 0$, donc $\lambda_1 P_1 + \lambda_2 X P_2 + \cdots + \lambda_n X^{n-1} P_n = 0$ par intégrité de $\mathbb{K}[X]$. Évaluons en 0, on trouve $\lambda_1 = 0$.
   D'où $\lambda_2 X P_2 + \lambda_3 X^2 P_3 + \cdots + \lambda_n X^{n-1} P_n = 0$, donc $\lambda_2 P_2 + \lambda_3 X P_3 + \cdots + \lambda_n X^{n-2} P_n = 0$ par intégrité de $\mathbb{K}[X]$. Évaluons en 0, on trouve $\lambda_3 = 0$.
   Etc. Une récurrence immédiate donne $\lambda_0 = \lambda_1 = \cdots = \lambda_n = 0$. La CL est triviale.
   La famille $\mathcal{B}$ est donc libre, et son cardinal est égal à $n + 1 = \dim(\mathbb{K}_n[X])$, donc c'est une base de $\mathbb{K}_n[X]$.
2. Par la formule du binôme de Newton, on a $1 = \sum\limits_{k=0}^{n} \binom{n}{k} X^k (1-X)^{n-k} = \sum\limits_{k=0}^{n} B_k$,
   ou encore $\left.1\right|_{\mathcal{B}} = \begin{pmatrix} 1 \\ \vdots \\ 1 \\ 1 \end{pmatrix}$.
   On a de manière évidente $X^n = B_n$, ou encore $\left.X^n\right|_{\mathcal{B}} = \begin{pmatrix} 0 \\ \vdots \\ 0 \\ 1 \end{pmatrix}$.
3. On a plusieurs façons de procéder.
   On peut par exemple utiliser l'identité $k\binom{n}{k} = n\binom{n-1}{k-1}$ qui donne
   $\sum\limits_{k=0}^{n} kB_k = \sum\limits_{k=1}^{n} k\binom{n}{k} X^k (1-X)^{n-k} = n \sum\limits_{k=1}^{n} \binom{n-1}{k-1} X^k (1-X)^{n-k}$
   $= n \sum\limits_{i=0}^{n-1} \binom{n-1}{i} X^{i+1} (1-X)^{n-(i+1)} = nX \sum\limits_{i=0}^{n-1} \binom{n-1}{i} X^i (1-X)^{(n-1)-i}$

$= nX\big(X + (1-X)\big)^{n-1} = nX.$

Par suite on a $X = \sum_{k=0}^{n} \frac{k}{n} B_k$, *i. e.* $X \Big|_{\mathcal{B}} = \begin{pmatrix} 0 \\ 1/n \\ 2/n \\ \vdots \\ (n-1)/n \\ 1 \end{pmatrix}$.

Remarque : on obtient de même

$\sum_{k=0}^{n} k(k-1)B_k = \sum_{k=2}^{n} (k-1)k\binom{n}{k} X^k(1-X)^{n-k}$

$= n(n-1)\sum_{k=2}^{n} \binom{n-2}{k-2} X^k(1-X)^{n-k} = n(n-1)X^2,$

donc $X^2 = \sum_{k=0}^{n} \frac{k(k-1)}{n(n-1)} B_k$; puis de même $X^3 = \sum_{k=0}^{n} \frac{k(k-1)(k-2)}{n(n-1)(n-2)} B_k$, etc.

12.7 Base de Lagrange

On se donne $n+1$ scalaires distincts $\alpha_0, \alpha_1, \ldots, \alpha_n$ dans $\mathbb{K}$. Pour $i \in \{0, \ldots, n\}$, on pose $L_i(X) = \prod_{j \neq i} \frac{X - \alpha_j}{\alpha_i - \alpha_j}$.

1. Que vaut $L_i(\alpha_k)$?
2. Montrer que $\mathcal{L} = (L_0, \ldots, L_n)$ forme une base de $\mathbb{K}_n[X]$.
3. Soit $P \in \mathbb{K}_n[X]$ quelconque. Donner la décomposition de P dans $\mathcal{L}$.

C 12.7 Base de Lagrange

1. On a $L_i(\alpha_k) = \prod_{j \neq i} \frac{\alpha_k - \alpha_j}{\alpha_i - \alpha_j}$. C'est un produit de n facteurs.
   - Si $k \neq i$, alors un des facteurs est nul (celui obtenu pour $j = k$), donc $L_i(\alpha_k) = 0$.
   - Si $k = i$, alors tous les facteurs sont égaux à 1, donc $L_i(\alpha_k) = 1$.

   Synthétiquement : $L_i(\alpha_k) = \delta_{i,k}$.

2. C'est une famille de $n+1$ vecteurs dans un espace de dimension $n+1$. Pour montrer que c'est une base, il suffit de montrer qu'elle est libre ou qu'elle est génératrice. Montrons qu'elle est libre.

   Considérons une CL nulle des L_i : $\lambda_0 L_0 + \lambda_1 L_1 + \cdots + \lambda_n L_n = 0$.

   Pour $k \in \{0, 1, \ldots, n\}$, on peut évaluer en α_k, et comme tous les $L_i(\alpha_k)$ sont nuls à l'exception de $L_i(\alpha_i)$ qui vaut 1, on trouve $\lambda_i = 0$. Ceci étant vrai pour tout k, on a bien montré la liberté de la famille, qui est donc bien une base.

3. On sait maintenant qu'une telle décomposition $P \Big|_{\mathcal{L}} = \begin{pmatrix} \gamma_0 \\ \gamma_1 \\ \vdots \\ \gamma_n \end{pmatrix}$ existe[16]. On a ainsi $P = \gamma_0 L_0 + \gamma_1 L_1 + \cdots + \gamma_n L_n$. Pour $k \in \{0, 1, \ldots, n\}$, on peut évaluer en α_k,

et comme tous les $L_i(\alpha_k)$ sont nuls à l'exception de $L_i(\alpha_i)$ qui vaut 1, on trouve $P(\alpha_k) = \gamma_k$. Ceci étant vrai pour tout k, on conclut $\Big| P \Big|_{\mathcal{L}} = \begin{pmatrix} P(\alpha_0) \\ P(\alpha_1) \\ \vdots \\ P(\alpha_n) \end{pmatrix}$.

12.8 Une somme directe dans $\mathbb{R}_n[X]$

Soit un entier $n \geqslant 1$ et soit $E = \mathbb{R}_n[X]$. On fixe un élément P non nul de E.

1. Montrer que l'ensemble F_P des polynômes de E multiples de P est un sous-espace vectoriel de E.
2. Déterminer la dimension de F_P en fonction du degré de P.
3. Soit $Q \in E$ un polynôme premier avec P et tel que $\deg(P) + \deg(Q) = n + 1$. Montrer que $E = F_P \oplus F_Q$.

C 12.8 Une somme directe dans $\mathbb{R}_n[X]$

1. Un polynôme $A \in \mathbb{R}[X]$ est multiple de P si et seulement s'il existe $B \in \mathbb{R}[X]$ tel que $A = PB$. Ainsi un polynôme $A \in E$ est multiple de P si et seulement si on a de plus $\deg(PB) \leqslant n$, c'est-à-dire $\deg(B) \leqslant n - \deg(P)$. D'où $F_P = P\mathbb{K}_{n-\deg(P)}[X]$.
   - On a $0 = P \times 0 \in F_P$.
   - Soient $(A, B) \in F_P^2$ et $(\lambda, \mu) \in \mathbb{R}^2$. Par combinaison linéaire, on a d'une part P qui divise $\lambda A + \mu B$, d'autre part $\deg(\lambda A + \mu B) \leqslant \max\big(\deg(A), \deg(B)\big) \leqslant n$. Donc $\lambda A + \mu B \in F_P$.

   Ainsi F_P est un sous-espace vectoriel de E.
2. On note $p = \deg(P)$.

   On a vu qu'on pouvait écrire $F_P = P\mathbb{K}_{n-p}[X]$ donc $\mathcal{F} = (P, PX, PX^2, \ldots, PX^{n-p})$ est une famille génératrice de F_P.

   On prouve facilement en revenant à la définition de la liberté que $\mathcal{F}$ est une famille libre (en utilisant aussi l'intégrité de $\mathbb{K}[X]$) ; ou alors on remarque que cette famille est échelonnée en degrés, ce qui assure sa liberté.

   Étant libre et génératrice de F_P, la famille $\mathcal{F}$ en est une base. Comme elle comporte $n - p + 1$ éléments, on en déduit : $\dim(F_P) = n - p + 1$.
3. On a $\deg(P) + \deg(Q) = n + 1$ donc $\dim(F_Q) = n + 1 - \deg(Q) = \deg(P) = p$, puis $\dim(F_P) + \dim(F_Q) = n - p + 1 + p = n + 1 = \dim(\mathbb{K}_n[X])$.

   Il suffit donc d'établir qu'on a $F_p \cap F_Q \subset \{0\}$ pour prouver que F_P et F_Q sont supplémentaires dans E.

16. Ceci nous dispense de procéder à une synthèse après avoir mené l'analyse qui suit.

Soit donc $A \in F_P \cap F_Q$. Alors P divise A et Q divise A et donc, P et Q étant premiers entre eux, PQ divise A. Or $\deg(PQ) = \deg(P) + \deg(Q) = n + 1 > n \geqslant \deg(A)$ donc on a nécessairement $A = 0$.

On a ainsi prouvé $F_p \cap F_Q \subset \{0\}$, ce qui permet de conclure.

12.9 Quelques sous-espaces de $\mathcal{M}_n(\mathbb{K})$

On note $\mathcal{T}_n$ l'ensemble des matrices de trace nulle,

$\mathcal{A}_n(\mathbb{K}) = \{M \in \mathcal{M}_n(\mathbb{K}),\ {}^tM = -M\}$ l'ensemble des matrices **antisymétriques**, et $\mathcal{S}_n(\mathbb{K}) = \{M \in \mathcal{M}_n(\mathbb{K}),\ {}^tM = M\}$ l'ensemble des matrices **symétriques**.

1. *Généralités*

   a. Montrer que $\mathcal{T}_n$ et $\mathcal{S}_n(\mathbb{K})$ sont des sous-espaces vectoriels de $\mathcal{M}_n(\mathbb{K})$ et que $\mathcal{A}_n(\mathbb{K})$ est un sev de $\mathcal{T}_n$.

   b. Montrer que $\mathcal{A}_n(\mathbb{K})$ et $\mathcal{S}_n(\mathbb{K})$ sont des espaces de dimension finie, puis donner leur dimension.

   c. Montrer qu'on a $\mathcal{A}_n(\mathbb{K}) \oplus \mathcal{S}_n(\mathbb{K}) = \mathcal{M}_n(\mathbb{K})$.

2. *Cas $n = 3$*

   a. Montrer que $\mathcal{B} = \left(\begin{pmatrix} 0 & -1 & 0 \\ 1 & 0 & 0 \\ 0 & 0 & 0 \end{pmatrix}, \begin{pmatrix} 0 & 1 & 0 \\ -1 & 0 & -1 \\ 0 & 1 & 0 \end{pmatrix}, \begin{pmatrix} 0 & 1 & 1 \\ -1 & 0 & 1 \\ -1 & -1 & 0 \end{pmatrix} \right)$ est une base de $\mathcal{A}_3(\mathbb{K})$.

   b. Donner la décomposition de $\begin{pmatrix} 0 & 2 & 1 \\ -2 & 0 & 0 \\ -1 & 0 & 0 \end{pmatrix}$ dans la base $\mathcal{B}$.

   c. Compléter $\mathcal{B}$ en une base de $\mathcal{T}_3$.

C 12.9 Quelques sous-espaces de $\mathcal{M}_n(\mathbb{K})$

1. *Généralités*

   a. ⋆ $\mathcal{T}_n$ est sous-espace vectoriel de $\mathcal{M}_n(\mathbb{K})$ car :

   - $\mathcal{T}_n \subset \mathcal{M}_n(\mathbb{K})$ par définition.
   - La matrice nulle est bien de trace nulle.
   - Soient A et B deux matrices de trace nulle et λ, μ deux scalaires. On a alors $\operatorname{tr}(\lambda A + \mu B) = \lambda \operatorname{tr}(A) + \mu \operatorname{tr}(B)$ par linéarité de la trace, d'où $\operatorname{tr}(\lambda A + \mu B) = 0$.

   Ainsi $\mathcal{T}_n$ est inclus dans $\mathcal{M}_n(\mathbb{K})$, non vide et stable par combinaisons linéaires de deux vecteurs, c'est bien un sous-espace vectoriel de $\mathcal{M}_n(\mathbb{K})$.

⋆ $\mathcal{S}_n(K)$ est sous-espace vectoriel de $\mathcal{M}_n(\mathbb{K})$ car :

- $\mathcal{S}_n(K) \subset \mathcal{M}_n(\mathbb{K})$ par définition.
- La matrice nulle est bien symétrique.
- Soient A et B deux matrices symétriques et λ, μ deux scalaires. On a alors ${}^t(\lambda A + \mu B) = \lambda {}^tA + \mu {}^tB$ par linéarité de la transposition, d'où ${}^t(\lambda A + \mu B) = \lambda A + \mu B$, et $\lambda A + \mu B$ est bien symétrique.

Ainsi $\mathcal{S}_n(K)$ est inclus dans $\mathcal{M}_n(\mathbb{K})$, non vide et stable par combinaisons linéaires de deux vecteurs, c'est bien un sous-espace vectoriel de $\mathcal{M}_n(\mathbb{K})$.

⋆ $\mathcal{A}_n(K)$ est sous-espace vectoriel de $\mathcal{M}_n(\mathbb{K})$ car :

- Soit $M \in \mathcal{A}_n$. On a $\operatorname{tr}({}^tM) = \operatorname{tr}(M)$ par définition de la trace. Mais on a aussi ${}^tM = -M$ par définition de $\mathcal{A}_n(\mathbb{K})$, puis $\operatorname{tr}({}^tM) = -\operatorname{tr}(M)$ par linéarité de la trace. Finalement on a $\operatorname{tr}(M) = -\operatorname{tr}(M)$ d'où $2\operatorname{tr}(M) = 0$, et donc M est de trace nulle. Ainsi on a $\mathcal{A}_n(K) \subset \mathcal{T}_n$.
- La matrice nulle est bien antisymétrique.
- Soient A et B deux matrices antisymétriques et λ, μ deux scalaires. On a alors ${}^t(\lambda A + \mu B) = \lambda {}^tA + \mu {}^tB$ par linéarité de la transposition, d'où ${}^t(\lambda A + \mu B) = \lambda(-A) + \mu(-B) = -(\lambda A + \mu B)$, et $\lambda A + \mu B$ est bien symétrique.

Ainsi $\mathcal{A}_n(K)$ est inclus dans $\mathcal{T}_n$, non vide et stable par combinaisons linéaires de deux vecteurs, c'est bien un sous-espace vectoriel de $\mathcal{T}_n$.

b. D'après le cours, un sous-espace vectoriel d'un espace de dimension finie est un espace de dimension finie. Or $\mathcal{M}_n(\mathbb{K})$ est un espace de dimension finie n^2, donc $\mathcal{S}_n(\mathbb{K})$ et $\mathcal{T}_n$ sont de dimension finie, puis $\mathcal{A}_n(\mathbb{K})$ qui est un sous-espace vectoriel de $\mathcal{T}_n$ est de dimension finie.
Par définition, une base de $\mathcal{S}_n(\mathbb{K})$ est donnée par les $(E_{i,j} + E_{j,i})_{1 \leqslant i \leqslant j \leqslant n}$ (dans un ordre arbitraire). Le cardinal de cette base est celui de $\{(i,j),\ 1 \leqslant i \leqslant j \leqslant n\}$, à savoir $\sum_{i=1}^{n} (n-i+1) = \dfrac{n(n+1)}{2}$. Donc $\dim\big(\mathcal{S}_n(\mathbb{K})\big) = \dfrac{n(n+1)}{2}$.
Par définition, une base de $\mathcal{A}_n(\mathbb{K})$ est donnée par les $(E_{i,j} - E_{j,i})_{1 \leqslant i < j \leqslant n}$ (dans un ordre arbitraire). Le cardinal de cette base est celui de $\{(i,j),\ 1 \leqslant i < j \leqslant n\}$, à savoir $\sum_{i=1}^{n} (n-i) = \dfrac{n(n-1)}{2}$. Donc $\dim\big(\mathcal{A}_n(\mathbb{K})\big) = \dfrac{n(n-1)}{2}$.

c. On a $\dim\big(\mathcal{A}_n(\mathbb{K})\big) + \dim\big(\mathcal{S}_n(\mathbb{K})\big) = \dfrac{n(n-1)}{2} + \dfrac{n(n+1)}{2} = n^2 = \dim\big(\mathcal{M}_n(\mathbb{K})\big)$.
Il suffit donc de montrer qu'on a $\mathcal{A}_n(\mathbb{K}) \cap \mathcal{S}_n(\mathbb{K}) = \{O\}$.
Soit $M \in \mathcal{A}_n(\mathbb{K}) \cap \mathcal{S}_n(\mathbb{K})$. On a $M \in \mathcal{A}_n(\mathbb{K})$ donc ${}^tM = -M$. On a $M \in \mathcal{S}_n(\mathbb{K})$ donc ${}^tM = M$. En particulier on a $-M = M$ d'où $2M = O$ et finalement $M = O$.
D'où le résultat.

2. *Cas* $n = 3$

   a. La base canonique de $\mathcal{A}_3(\mathbb{K})$ donnée dans une question précédente est
   $$\mathcal{C} = \left(\begin{pmatrix} 0 & -1 & 0 \\ 1 & 0 & 0 \\ 0 & 0 & 0 \end{pmatrix}, \begin{pmatrix} 0 & 0 & 0 \\ 0 & 0 & -1 \\ 0 & 1 & 0 \end{pmatrix}, \begin{pmatrix} 0 & 0 & 1 \\ 0 & 0 & 0 \\ -1 & 0 & 0 \end{pmatrix} \right).$$
   Quitte à réordonner ses vecteurs, la famille $\mathcal{B}$ est échelonnée par rapport à cette base, c'est donc aussi une base de $\mathcal{A}_3(\mathbb{K})$.

   b. On a $\begin{pmatrix} 0 & 2 & 1 \\ -2 & 0 & 0 \\ -1 & 0 & 0 \end{pmatrix} = \begin{pmatrix} 0 & 1 & 0 \\ -1 & 0 & -1 \\ 0 & 1 & 0 \end{pmatrix} + \begin{pmatrix} 0 & 1 & 1 \\ -1 & 0 & 1 \\ -1 & -1 & 0 \end{pmatrix}.$

   Donc on a $\left.\begin{pmatrix} 0 & 2 & 1 \\ -2 & 0 & 0 \\ -1 & 0 & 0 \end{pmatrix}\right|_{\mathcal{B}} = \begin{pmatrix} 0 \\ 1 \\ 1 \end{pmatrix}.$

   c. On a déjà remarqué que $\mathcal{C}$ et $\mathcal{B}$ engendraient le même espace $\mathcal{A}_n(\mathbb{K})$. Pour compléter $\mathcal{C}$, il suffit donc de compléter $\mathcal{B}$.
   Or, une base de $\mathcal{T}_n$ est donnée par $(E_{i,j})_{i \neq j} \sqcup (E_{1,1} - E_{i,i})_{i \neq 1}$. En effet, cette famille est clairement libre et composée de $n^2 - 1$ vecteurs de $\mathcal{T}_n$ qui est un hyperplan[17], c'est donc bien une base. Les opérations élémentaires sur les familles n'en modifiant pas le rang, la famille $\mathcal{F}_n = (E_{i,j} - E_{j,i})_{i<j} \sqcup (E_{i,j} + E_{j,j})_{i<j} \sqcup (E_{1,1} - E_{i,i})_{i \neq 1}$ est également une base de $\mathcal{T}_n$.
   En particulier, pour $n = 3$, une base de $\mathcal{T}_3$ est $\mathcal{F}_3 = \mathcal{C} \sqcup \mathcal{G}_3$, où la famille $\mathcal{G}_3$ est celle formée des matrices :
   $$\begin{pmatrix} 0 & 1 & 0 \\ 1 & 0 & 0 \\ 0 & 0 & 0 \end{pmatrix}, \begin{pmatrix} 0 & 0 & 0 \\ 0 & 0 & 1 \\ 0 & 1 & 0 \end{pmatrix}, \begin{pmatrix} 0 & 0 & 1 \\ 0 & 0 & 0 \\ 1 & 0 & 0 \end{pmatrix}, \begin{pmatrix} 1 & 0 & 0 \\ 0 & -1 & 0 \\ 0 & 0 & 0 \end{pmatrix}, \begin{pmatrix} 1 & 0 & 0 \\ 0 & 0 & 0 \\ 0 & 0 & -1 \end{pmatrix}.$$
   Finalement, en utilisant la remarque préliminaire, $\mathcal{B} \sqcup \mathcal{G}_3$ est une base de $\mathcal{T}_3$ obtenue en complétant $\mathcal{B}$.

17. Cf. l'exemple 41, p. 636.

CHAPITRE 13

Applications linéaires

1 Introduction

Comme déjà dit en introduction au chapitre 12, Giuseppe Peano est le premier, en 1888, à avoir axiomatisé les espaces vectoriels de dimension finie. La même année, dans son traité *Calcolo geometrico secondo l'Ausdehnungslehre di H. Grassmann preceduto dalle Operazioni della logica deduttiva*[1], il axiomatisa également[2] les applications dites maintenant *linéaires*, qui sont en fait celles préservant la structure d'espace vectoriel. Ce sont ces applications qui font l'objet du présent chapitre.

Peano montra qu'à ces applications linéaires sont naturellement associées des matrices. La théorie des applications linéaires se situe ainsi dans le prolongement de celle des matrices, et de nombreux résultats sur les applications linéaires ne sont que des reformulations de résultats anciennement connus sur les matrices.

L'intérêt du langage des applications linéaires est qu'il permet de s'affranchir des bases pour décrire les applications et aussi qu'il peut s'étendre aux espaces de dimension infinie, au contraire du langage matriciel. Ainsi, si le travail de Peano fut d'abord méconnu, c'est son intérêt pour des branches des mathématiques où la dimension infinie était nécessaire, comme l'étude des espaces de fonctions par David Hilbert et son étudiant Ehrard Schmidt[3], qui en fit finalement le succès.

Les définitions et les résultats, tels qu'ils sont écrits dans ce chapitre et les suivants concernant l'algèbre linéaire, résultent du travail assez automatique de réécriture d'une théorie avancée dans un cadre plus abstrait et plus performant. Les enseignants et les

1. Fratelli Bocca Editori, Torino (1888).
2. *Ibid.*, p. 145.
3. Par exemple dans *Über die Auflösung linearer Gleichungen mit unendlich vielen Unbekannten*, Rendiconti del Circolo Matematico di Palermo **25**, pp. 63-77 (1908).

auteurs de livres de cours ont sûrement eu une part importante dans le format qu'a actuellement la théorie des applications linéaires.
Il est à noter que l'intérêt marqué pour le formalisme des applications linéaires est en grande partie dû au courant de l'Algèbre Moderne, relayé et développé en France par Bourbaki[4]. Mais on pourra trouver historiquement dans de nombreux autres pays, notamment aux États-Unis, une approche de l'algèbre linéaire reposant beaucoup plus sur l'étude de la dimension finie et des matrices. Le nouveau programme de CPGE en est plus proche que les précédents.

Dans tout ce qui suit, et comme jusqu'à présent, $\mathbb{K}$ désigne le corps $\mathbb{R}$ ou le corps $\mathbb{C}$.
E désignera toujours un $\mathbb{K}$-espace vectoriel.

2 Opérations sur les applications linéaires

2.1 Définitions - Exemples

Les applications linéaires sont les « morphismes d'espace vectoriel », on les définit donc comme les applications entre $\mathbb{K}$-espaces vectoriels qui préservent la structure d'espace vectoriel.

Définition 1 (Application linéaire)

Soient E et F deux $\mathbb{K}$-ev.
On appelle *application linéaire de E dans F* une application $f : E \longrightarrow F$ telle que :

1. $f(0_E) = 0_F$.
2. $\forall u \in E,\ \forall \lambda \in \mathbb{K},\ f(\lambda u) = \lambda f(u)$.
3. $\forall u, v \in E,\ f(u+v) = f(u) + f(v)$.

On notera $\mathcal{L}(E, F)$, l'ensemble des applications linéaires de E dans F.

4. Nicolas Bourbaki est le nom d'un mathématicien imaginaire derrière lequel se sont regroupés plusieurs mathématiciens français, à partir de 1935, avec pour objet la rédaction et l'édition de textes mathématiques.
Le groupe était formé à l'origine entre autres d'André Weil, d'Henri Cartan, de Jean Dieudonné... Sans nul doute André Weil notamment, par ses voyages à Göttingen au moment de la présence d'Emmy Noether, a-t-il été influencé par le développement des mathématiques allemandes des années 1920 et l'Algèbre Moderne.
On doit à Bourbaki la publication d'*Éléments de mathématique*, un traité en dix volumes, inachevé à l'heure actuelle. L'entreprise vise une présentation unifiée des mathématiques, et s'appuie sur les structures. L'influence de la vision structuraliste de Bourbaki a été très forte en France et s'est exercée notamment sur les programmes de mathématiques dans l'enseignement ; c'est ce qu'on a appelé la « réforme des maths mordernes », à la fin des années 1960 et au début des années 1970.

Tout comme pour les morphismes de groupes, on pourra utiliser de façon équivalente la caractérisation suivante :

Proposition 1 (Application linéaire)

Soient E et F deux $\mathbb{K}$-ev. Une application $f : E \longrightarrow F$ est linéaire si et seulement si elle préserve les CL, *i. e.* : $\forall(u,v) \in E^2,\ \forall(\lambda,\mu) \in \mathbb{K}^2,\ f(\lambda u+\mu v) = \lambda f(u)+\mu f(v)$.

On a déjà évoqué la linéarité de nombreuses applications dans cet ouvrage et c'est cette caractérisation qu'on a jusqu'alors utilisée. On laisse au lecteur le soin de se convaincre de l'équivalence entre les deux définitions, qui est essentiellement tautologique.

Exemples 1 Quelques exemples que l'on a déjà rencontré avec démonstration :

- Considérons $\mathbb{C}$ comme un $\mathbb{R}$-espace vectoriel (de dimension 2).
  La conjugaison $\text{conj} = z \mapsto \overline{z}$ est une application linéaire de $\mathbb{C}$ dans $\mathbb{C}$: p. 171.
- La transposition est une application linéaire de $\mathcal{M}_{p,q}(\mathbb{K})$ dans $\mathcal{M}_{q,p}(\mathbb{K})$: p.452.
- La trace est une application linéaire de $\mathcal{M}_n(\mathbb{K})$ dans $\mathcal{M}_n(\mathbb{K})$: p.487.
- Soit E un $\mathbb{K}$-espace vectoriel de dimension finie n, et $\mathcal{B}$ une base de E. L'application de décomposition dans la base $\mathcal{B}$ est une application linéaire de E dans $\mathbb{K}^n$: p. 668.
- La dérivation des polynômes est une application linéaire de $\mathbb{K}[X]$ dans $\mathbb{K}[X]$: p. 527.
- Pour toute algèbre $\mathcal{A}$, l'application $P \mapsto \widetilde{P}^{\mathcal{A}}$ est une application linéaire de $\mathbb{K}[X]$ dans $\mathcal{A}^{\mathcal{A}}$: p. 515

Le lecteur connaît certainement d'autres exemples issus de l'analyse[5] :

- La dérivation des applications est plus généralement une application linéaire de $\mathcal{D}^{n+1}(I,\mathbb{R})$ dans $\mathcal{D}^n(I,\mathbb{R})$, ou de $\mathcal{C}^{n+1}(I,\mathbb{R})$ dans $\mathcal{C}^n(I,\mathbb{R})$, ou de $\mathcal{C}^\infty(I,\mathbb{R})$ dans $\mathcal{C}^\infty(I,\mathbb{R})$.
- L'« intégration entre a et b » $\displaystyle\int_a^b : \left\{\begin{array}{ccc} \mathcal{C}_{pm}([a,b],\mathbb{R}) & \longrightarrow & \mathbb{R} \\ f & \longmapsto & \int_a^b f \end{array}\right.$, qu'on appellera par abus « l'intégrale », est une application linéaire de $\mathcal{C}_{pm}([a,b],\mathbb{R})$ dans $\mathbb{R}$.

⚠ Si l'on voit $\mathbb{C}$ comme un $\mathbb{C}$-espace vectoriel (de dimension 1), la conjugaison **n'est pas** une application linéaire de $\mathbb{C}$ dans $\mathbb{C}$.
En effet, on a par exemple $-1 = \text{conj}(\mathbf{i} \times \mathbf{i}) \neq \mathbf{i}\,\text{conj}(\mathbf{i}) = 1$.

Lorsque le contexte ne permet pas de déterminer avec certitude le corps considéré, on parlera d'application « $\mathbb{K}$-linéaire ». On peut écrire par exemple que la conjugaison est une application $\mathbb{R}$-linéaire, mais pas $\mathbb{C}$-linéaire.

5. On ne démontre pas ici la linéarité de ces deux applications mais le lecteur sceptique peut se référer à G. Costantini, *Analyse*. 1re annéc, Dc Boeck (2013).

La question à laquelle on essaiera d'apporter plusieurs réponses dans cette section est la suivante : *comment montrer qu'une application est linéaire ?*

Première méthode pour montrer qu'une application est linéaire : on revient à la définition, ou, le plus souvent, à la proposition 1. C'est ce qu'on a fait pour les exemples 1.

Exemple 2 .

Montrons que l'application $\Phi : \left\{ \begin{array}{ccc} \mathbb{K}^2 & \longrightarrow & \mathbb{K}^2 \\ \begin{pmatrix} x \\ y \end{pmatrix} & \longmapsto & \begin{pmatrix} y \\ 0 \end{pmatrix} \end{array} \right.$ est linéaire.

Soient $\begin{pmatrix} x \\ y \end{pmatrix} \in \mathbb{K}^2$, $\begin{pmatrix} x' \\ y' \end{pmatrix} \in \mathbb{K}^2$, $\lambda \in \mathbb{K}$ et $\mu \in \mathbb{K}$. On a :

$$\begin{aligned} \Phi\left(\lambda\begin{pmatrix} x \\ y \end{pmatrix} + \mu\begin{pmatrix} x' \\ y' \end{pmatrix}\right) &= \Phi\left(\begin{pmatrix} \lambda x + \mu x' \\ \lambda y + \mu y' \end{pmatrix}\right) \\ &= \begin{pmatrix} \lambda y + \mu y' \\ 0 \end{pmatrix} \\ &= \lambda\begin{pmatrix} y \\ 0 \end{pmatrix} + \mu\begin{pmatrix} y' \\ 0 \end{pmatrix} \\ &= \lambda\Phi\left(\begin{pmatrix} x \\ y \end{pmatrix}\right) + \mu\Phi\left(\begin{pmatrix} x' \\ y' \end{pmatrix}\right). \end{aligned}$$

On a donc bien $\Phi \in \mathcal{L}(\mathbb{K}^2, \mathbb{K}^2)$.

2.2 Terminologie

Définition 2

On dit qu'une application linéaire est un *un endomorphisme de* E lorsque c'est une application d'un $\mathbb{K}$-espace vectoriel E dans lui-même.
On notera $\mathcal{L}(E)$ plutôt que $\mathcal{L}(E, E)$ l'ensemble des endomorphismes de E.

Exemples 3 Reprenons les exemples précédents.

- La conjugaison est un endomorphisme du $\mathbb{R}$-espace vectoriel $\mathbb{C}$.
- La transposition ${}^t\cdot \; : \mathcal{M}_{p,q}(\mathbb{K}) \longrightarrow \mathcal{M}_{q,p}(\mathbb{K})$ est un endomorphisme si et seulement si $p = q$. En notant $n = p = q$, c'est alors un endomorphisme de $\mathcal{M}_n(\mathbb{K})$.
- L'application $\Big|\cdot\Big|_{\mathcal{B}} : E \longrightarrow \mathbb{K}^n$ est un endomorphisme si et seulement si $E = \mathbb{K}^n$. C'est alors un endomorphisme de $\mathbb{K}^n$.
- La dérivation des polynômes est un endomorphisme de $\mathbb{K}[X]$.
- L'application Φ de l'exemple est un endomorphisme de $\mathbb{K}^2$.

Définition 3

Une application linéaire d'un espace vectoriel E dans le corps de base $\mathbb{K}$ est appelée *une forme linéaire sur E*.

On notera E^* plutôt que $\mathcal{L}(E,\mathbb{K})$ l'ensemble des formes linéaires sur E.

Exemples 4 Reprenons les exemples précédents.

- La trace est une forme linéaire sur $\mathcal{M}_n(\mathbb{K})$.
- L'intégrale est une forme linéaire sur $\mathcal{C}_{pm}([a,b],\mathbb{R})$.

Proposition-Définition 1

Soient E et F deux espaces vectoriels, et $f \in \mathcal{L}(E,F)$.

Les propositions suivantes sont équivalentes :

1. f est bijective,
2. il existe une application linéaire $g \in \mathcal{L}(F,E)$ tel que $g \circ f = id_E$ et $f \circ g = id_F$.

Une telle application linéaire est appelée *un isomorphisme de E dans F*.

DÉMONSTRATION

2⇒1 Supposons 2. L'application f a alors une application réciproque qui est linéaire. En particulier elle a une application réciproque, ce qui équivaut à dire qu'elle est bijective.

1⇒2 Supposons 1. L'application f est alors une bijection, ce qui équivaut à dire qu'elle a une fonction réciproque $g : F \longrightarrow E$. Reste à montrer que g est linéaire.

Soient $u \in F$, $v \in F$, $\lambda \in \mathbb{K}$ et $\mu \in \mathbb{K}$. On a :

$$\begin{aligned} g(\lambda u + \mu v) &= g\Big(\lambda f\big(g(u)\big) + \mu f\big(g(v)\big)\Big) && \text{car } g \text{ est inverse à droite de } f \\ &= g\Big(f\big(\lambda g(u) + \mu g(v)\big)\Big) && \text{puisque } f \text{ est linéaire} \\ &= \lambda g(u) + \mu g(v) && \text{car } g \text{ est inverse à gauche de } f. \end{aligned}$$

D'où la linéarité de g.

Exemples 5 Reprenons les exemples précédents.

- La conjugaison est un isomorphisme de $\mathbb{C}$ dans $\mathbb{C}$. Elle a en effet une application réciproque linéaire : elle même.
- La transposition de $\mathcal{M}_{p,q}(\mathbb{K})$ dans $\mathcal{M}_{q,p}(\mathbb{K})$ est un isomorphisme. Son application linéaire réciproque est la transposition de $\mathcal{M}_{q,p}(\mathbb{K})$ dans $\mathcal{M}_{p,q}(\mathbb{K})$.

- L'application $\left|\,\cdot\,\right|_{\mathcal{B}} : E \longrightarrow \mathbb{K}^n$ est un isomorphisme : voir p. 668.

Notation 1

En utilisant le second point de la définition, on constate que s'il existe un isomorphisme d'un espace vectoriel E dans un espace vectoriel F, alors il existe aussi un isomorphisme de F dans E, et réciproquement. Pour cette raison, lorsque ce sera le cas, on pourra aussi bien dire que *E et F sont isomorphes*.

Remarque 1

Si E et F sont deux $\mathbb{K}$-espaces vectoriels de dimension finie et isomorphes, alors ils ont la même dimension.
Cette remarque est l'analogue vectorielle de la remarque 17 du chapitre 2.

DÉMONSTRATION

Soit $f : E \longrightarrow F$ un isomorphisme, d'isomorphisme réciproque g, et soit $(u_1, \ldots, u_n)$ une base de E. Montrons que la famille $\big(f(u_1), \ldots, f(u_n)\big)$ est une base de F : comme f est injective, cette base aura le même cardinal que la base de E de départ, ce qui montrera donc que E et F ont même dimension.

Liberté : soit $\lambda_1 f(u_1) + \cdots + \lambda_n f(u_n) = 0_F$ une CL nulle. Appliquons g, par linéarité on trouve $\lambda_1 g\big(f(u_1)\big) + \cdots + \lambda_n g\big(f(u_n)\big) = 0_E$, donc $\lambda_1 u_1 + \cdots + \lambda_n u_n = 0_E$, d'où $\lambda_1 = \cdots = \lambda_n = 0$ par liberté de $(u_1, \ldots, u_n)$.

Caractère générateur : soit $y \in F$. Par bijectivité de f il existe un unique $x \in E$ tel que $y = f(x)$. Comme $(u_1, \ldots, u_n)$ est génératrice de E x peut s'écrire comme CL des u_i : $x = \lambda_1 u_1 + \cdots + \lambda_n u_n$. En appliquant f on trouve $f(x) = \lambda_1 f(u_1) + \cdots + \lambda_n f(u_n)$, c'est-à-dire que $y = f(x)$ est CL des $f(u_i)$.

Définition 4

On dit qu'une application linéaire est *un automorphisme de E* lorsque c'est un isomorphisme de E dans E.
On notera $\mathrm{GL}(E)$ l'ensemble des automorphismes de E.

« auto = endo + iso »

Exemple 6

Pour tout espace vectoriel E, on a $\mathrm{id}_E \in \mathrm{GL}(E)$.

2.3 (Co)restriction

Définition 5

Soient E, F deux $\mathbb{K}$-ev, G un sev de E et $f : E \to F$. La *restriction de f à G* est l'application : $f_{|G} : \begin{cases} G & \longrightarrow & F \\ x & \longmapsto & f(x) \end{cases}$.

Définition 6

Soit E, F deux $\mathbb{K}$-ev, $f : E \to F$, G un sev de E et H un sev de F, tels que $f(G) \subset H$. On appelle *corestriction de $f_{|G}$ sur H* l'application : $f_{|G}^{|H} : \begin{cases} G & \longrightarrow & H \\ x & \longmapsto & f(x) \end{cases}$.

La proposition suivante est tautologique, et pourtant bien utile :

Proposition 2

Si f est linéaire et $f_{|G}^{|H}$ existe, alors $f_{|G}^{|H}$ est linéaire.

En général, on note encore f l'application $f_{|G}^{|H}$: le contexte permet de déterminer de quelle application on parle précisément.

On en tire une :

Deuxième méthode pour montrer qu'une application est linéaire : on montre que c'est la (co)restriction d'une application linéaire.

Exemple 7

Rappelons que d'après le corollaire 4 du chapitre 10 p. 535, $\mathbb{R}[X]$ s'identifie à un sous-espace vectoriel de $\mathcal{C}(\mathbb{R}, \mathbb{R})$. L'application $\Psi : \begin{cases} \mathbb{R}[X] & \longrightarrow & \mathbb{R} \\ P = \sum_{i=0}^{\deg(P)} a_i X^i & \longmapsto & \sum_{i=0}^{\deg(P)} \frac{a_i}{i+1} \end{cases}$ est donc linéaire, car c'est la restriction à $\mathbb{R}[X]$ de $\int_0^1 : \begin{cases} \mathcal{C}(\mathbb{R}, \mathbb{R}) & \longrightarrow & \mathbb{R} \\ f & \longmapsto & \int_0^1 f \end{cases}$.

On a en effet $\int_0^1 \sum_{i=0}^{n} a_i x^i \mathrm{d}x = \sum_{i=0}^{n} a_i \left(\int_0^1 x^i \mathrm{d}x \right) = \sum_{i=0}^{n} a_i \left[\frac{x^{i+1}}{i+1} \right]_0^1 = \sum_{i \geqslant 0} \frac{a_i}{i+1}$.

2.4 Stabilité par combinaison linéaire

Dans cette sous-section on se donne E, F deux $\mathbb{K}$-ev, $f, g : E \to F$ et $\lambda, \mu \in \mathbb{K}$. On rappelle que par définition, on a : $\lambda f + \mu g : \left\{ \begin{array}{ccc} E & \longrightarrow & F \\ x & \longmapsto & \lambda f(x) + \mu g(x) \end{array} \right.$.

Proposition 3

Si f et g sont linéaires alors $\lambda f + \mu g$ est linéaire.

DÉMONSTRATION

Soient $u \in E$, $v \in E$, $a \in \mathbb{K}$ et $b \in \mathbb{K}$. On a :

$$\begin{array}{rcll} (\lambda f + \mu g)(ax + by) & = & \lambda f(ax + by) + \mu g(ax + by) & \text{par définition,} \\ & = & \lambda\big(af(x) + bf(y)\big) + \mu\big(ag(x) + bg(y)\big) & \text{par linéarité,} \\ & = & a\big(\lambda f(x) + \mu g(x)\big) + b\big(\lambda f(y) + \mu g(y)\big) & \\ & = & a\big(\lambda f + \mu g\big)(x) + b\big(\lambda f + \mu g\big)(y) & \end{array}$$

D'où la linéarité de $\lambda f + \mu g$.

Cette proposition se reformule immédiatement :

Corollaire 1

$\mathcal{L}(E, F)$ est un sev de F^E.

En particulier, $\mathcal{L}(E, F)$ est un $\mathbb{K}$-espace vectoriel.

On en tire une :

Troisième méthode pour montrer qu'une application est linéaire : on montre que c'est une combinaison linéaire d'applications linéaires connues.

Exemple 8

L'application $\xi : \left\{ \begin{array}{ccc} \mathcal{M}_2(\mathbb{K}) & \longrightarrow & \mathcal{M}_2(\mathbb{K}) \\ \begin{pmatrix} a & b \\ c & d \end{pmatrix} & \longmapsto & \begin{pmatrix} 2a & b+c \\ b+c & 2d \end{pmatrix} \end{array} \right.$ est linéaire. En effet on a : $\forall M \in \mathcal{M}_2(\mathbb{K}),\ \xi(M) = M + {}^tM$. Autrement dit, on a $\xi = \mathrm{id}_{\mathcal{M}_2(\mathbb{K})} + {}^t\cdot$. Ainsi ξ est une CL de l'identité et de la transposition, qui sont linéaires, donc ξ est linéaire.

2.5 Composition

Proposition 4

Soient E, F, G trois $\mathbb{K}$-ev, $f \in \mathcal{L}(E, F)$ et $g \in \mathcal{L}(F, G)$. Alors $g \circ f \in \mathcal{L}(E, G)$.

DÉMONSTRATION

Soient $u \in E$, $v \in E$, $\lambda \in \mathbb{K}$ et $\mu \in \mathbb{K}$. On a :

$$\begin{aligned}(g \circ f)\big(\lambda u + \mu v\big) &= g\big(f(\lambda u + \mu v)\big) && \text{par définition,}\\ &= g\big(\lambda f(u) + \mu f(v)\big) && \text{par linéarité de } f,\\ &= \lambda g\big(f(u)\big) + \mu g\big(f(v)\big) && \text{par linéarité de } g,\\ &= \lambda(g \circ f)(u) + \mu(g \circ f)(v) && \text{par définition,}\end{aligned}$$

D'où la linéarité.

On en tire une :

Quatrième méthode pour montrer qu'une application est linéaire : on montre que c'est une composée d'applications linéaires.

Exemple 9

L'application $\left\{\begin{array}{ccc}\mathbb{K}[X] & \longrightarrow & \mathbb{K}\\ P & \longmapsto & P'(0)\end{array}\right.$ est linéaire. En effet, c'est la composée de la dérivation ∂ : $\left\{\begin{array}{ccc}\mathbb{K}[X] & \longrightarrow & \mathbb{K}[X]\\ P & \longmapsto & P'\end{array}\right.$ et de l'evaluation en 0 eval_0 : $\left\{\begin{array}{ccc}\mathbb{K}[X] & \longrightarrow & \mathbb{K}\\ P & \longmapsto & P(0)\end{array}\right.$.

Plus généralement, l'application ψ_k : $\left\{\begin{array}{ccc}\mathbb{K}[X] & \longrightarrow & \mathbb{K}\\ P & \longmapsto & P^{(k)}(0)\end{array}\right.$ est linéaire car elle peut s'ecrire $\text{eval}_0 \circ \underbrace{\partial \circ \partial \circ \cdots \circ \partial}_{\text{k fois}}$.

On trouve en particulier que l'application $\left\{\begin{array}{ccc}\mathbb{R}_n[X] & \longrightarrow & \mathbb{R}\\ P = \sum\limits_{i=0}^{\deg(P)} a_i X^i & \longmapsto & \sum\limits_{i=0}^{\deg(P)} \dfrac{a_i}{i+1}\end{array}\right.$ est linéaire, puisqu'elle peut s'écrire $\sum\limits_{k=0}^{n} \frac{1}{(k+1)!}\psi_k$: c'est donc une CL des applications ψ_k. Attention cette application n'est pas l'application Ψ de l'exemple 7, seulement sa restriction à $\mathbb{R}_n[X]$.

Proposition 5

Soient E, F, G des $\mathbb{K}$-ev et $h \in F^E$. La composition par h **à droite** est distributive sur l'addition et compatible avec la multiplication externe :

1. $\forall f, g \in G^F,\ (f+g) \circ h = f \circ h + g \circ h$;
2. $\forall f \in G^F,\ \forall \lambda \in \mathbb{K},\ (\lambda f) \circ h = \lambda(f \circ h)$.

Remarquons que ces deux propriétés peuvent être synthétisées en une :
$\forall f, g \in G^F,\ \forall \lambda, \mu \in \mathbb{K},\ (\lambda f + \mu g) \circ h = \lambda(f \circ h) + \mu(g \circ h)$.

DÉMONSTRATION

On montre l'énoncé unificateur. Soient $f, g \in G^F$ et $\lambda, \mu \in \mathbb{K}$. Soit $u \in E$. On a :

$$\begin{aligned}\big((\lambda f + \mu g) \circ h\big)(u) &= (\lambda f + \mu g)\big(h(u)\big) \\ &= \lambda f\big(h(u)\big) + \mu g\big(h(u)\big) \\ &= \lambda (f \circ h)(u) + \mu (g \circ h)(u) \\ &= \big(\lambda (f \circ h) + \mu (g \circ h)\big)(u)\end{aligned}$$

et ceci étant vrai pour tout $u \in E$, on a bien l'égalité voulue.

Observons que, par définition de la linéarité, cette proposition peut se reformuler ainsi :

Corollaire 2

Soient E, F, G des $\mathbb{K}$-ev et $h \in F^E$. L'application de *précomposition par h*
$\mathrm{pre}_h : \left\{ \begin{array}{ccc} G^F & \longrightarrow & G^E \\ f & \longmapsto & f \circ h \end{array} \right.$ est linéaire.

⚠ Attention, on n'a rien de tel lorsqu'on compose à gauche ! Pour le premier point, par exemple, le cas très simple de $E = F = G = \mathbb{R}$, $f = g = x \mapsto x$, $h = x \mapsto x^2$ devrait permettre au lecteur de s'en convaincre.

Par contre :

Proposition 6

Soit E, F, G des $\mathbb{K}$-ev et $h \in G^F$. **Supposons h linéaire.** Alors la composition par h à gauche est distributive sur l'addition et compatible avec la multiplication externe :

1. $\forall f, g \in F^E,\ h \circ (f + g) = h \circ f + h \circ g$.
2. $\forall f \in F^E,\ \forall \lambda \in \mathbb{K},\ h \circ (\lambda f) = \lambda (h \circ f)$.

Ou encore : $\forall f, g \in F^E,\ \forall \lambda, \mu \in \mathbb{K},\ h \circ (\lambda f + \mu g) = \lambda (h \circ f) + \mu (h \circ g)$.

DÉMONSTRATION

On montre l'énoncé unificateur. Soient $f, g \in G^F$ et $\lambda, \mu \in \mathbb{K}$. Soit $u \in E$. On a :

$$\begin{aligned}\big(h \circ (\lambda f + \mu g)\big)(u) &= h\big(\lambda f(u) + \mu g(u)\big) && \text{par définition de } \circ, \\ &= \lambda h\big(f(u)\big) + \mu h\big(g(u)\big) && \text{par linéarité de } h, \\ &= \lambda (h \circ f)(u) + \mu (h \circ g)(u) && \text{par définition de } \circ, \\ &= \big(\lambda (h \circ f) + \mu (h \circ g)\big)(u) && \text{par définition des opérations.}\end{aligned}$$

et ceci étant vrai pour tout $u \in E$, on a donc bien l'égalité voulue.

Observons que, par définition de la linéarité, cette proposition peut se reformuler ainsi :

Corollaire 3

Soit E, F, G des $\mathbb{K}$-ev **et** $\boldsymbol{h \in \mathcal{L}(F, G)}$. L'application de *postcomposition par h* $\text{post}_h : \left\{\begin{array}{ccc} F^E & \longrightarrow & G^E \\ f & \longmapsto & h \circ f \end{array}\right.$ est linéaire.

En particulier, il résulte des corollaires 2 et 3 que, pour E, F, G des $\mathbb{K}$-ev, l'application $\circ : \left\{\begin{array}{ccc} \mathcal{L}(F,G) \times \mathcal{L}(E,F) & \longrightarrow & \mathcal{L}(E,G) \\ (g,f) & \longmapsto & g \circ f \end{array}\right.$ est *bilinéaire*, c'est-à-dire linéaire par rapport à chacune de ses deux variables (voir la définition 4 du chapitre 17, p. 921).

Nous n'utiliserons des résultats précédents que la petite partie suivante :

Théorème 1

$(\mathcal{L}(E), +, \circ)$ forme un anneau.

$(\mathcal{L}(E), +, \circ, \cdot)$ forme une $\mathbb{K}$-algèbre.

Démonstration

La seule chose non évidente est que $\circ$ est distributive sur $+$ et compatible avec $\cdot$. Cela résulte des deux propositions précédentes. Le neutre pour l'addition est l'application nulle $0_{\mathcal{L}(E)} = u \mapsto 0$ et le neutre pour la multiplication est id_E.

⚠ Pour $\dim(E) \geqslant 2$, l'anneau $\mathcal{L}(E)$ n'est ni intègre, ni commutatif.

On l'illustre seulement dans le cas $E = \mathbb{K}^2$, en laissant au lecteur le soin de généraliser :

- Reprenons l'application $\Phi : \left\{\begin{array}{ccc} E & \longrightarrow & E \\ \begin{pmatrix} x \\ y \end{pmatrix} & \longmapsto & \begin{pmatrix} y \\ 0 \end{pmatrix} \end{array}\right.$ de l'exemple 3. On a $\Phi \neq 0_{\mathcal{L}(E)}$ et pourtant $\Phi \circ \Phi = 0_{\mathcal{L}(E)}$, ce qui montre le défaut d'intégrité.
- Considérons l'application Φ précédente et l'application $\Psi \left\{\begin{array}{ccc} E & \longrightarrow & E \\ \begin{pmatrix} x \\ y \end{pmatrix} & \longmapsto & \begin{pmatrix} 0 \\ x \end{pmatrix} \end{array}\right.$. On a $\Phi \circ \Psi = \begin{pmatrix} x \\ y \end{pmatrix} \mapsto \begin{pmatrix} x \\ 0 \end{pmatrix}$ et $\Psi \circ \Phi = \begin{pmatrix} x \\ y \end{pmatrix} \mapsto \begin{pmatrix} 0 \\ y \end{pmatrix}$: ces applications sont distinctes.

Remarque 2

Puisque $(\mathcal{L}(E), +, \circ)$ est un anneau, on pourra s'autoriser, comme le veut l'usage, à noter fg pour $f \circ g$. Comme dans tout anneau on notera f^n la puissance n-ième de f, c'est-à-dire ici $\underbrace{f \circ f \circ \cdots \circ f}_{\text{n fois}}$. En particulier on a $u^0 = \text{id}_E$.

D'après la définition 7 du chapitre 10, on a donc :

Corollaire 4

On peut appliquer un polynôme à un endomorphisme. On obtient un endomorphisme.

On en tire une :

Cinquième méthode pour montrer qu'une application est linéaire : on montre qu'elle est de la forme $P(u)$ avec $P \in \mathbb{K}[X]$ et $u \in \mathcal{L}(E)$. Cette méthode n'est adaptée qu'au cas des endomorphismes.

Exemple 10

$\phi : \begin{cases} \mathcal{C}^\infty(\mathbb{R}, \mathbb{R}) & \longrightarrow & \mathcal{C}^\infty(\mathbb{R}, \mathbb{R}) \\ f & \longmapsto & f'' - 2f' + f \end{cases}$ est linéaire car on a $\phi = P(u)$ où $u = \partial$ est la dérivation $f \mapsto f'$ et $P(X) = X^2 - 2X + 1$.

⚠ Lorsqu'on applique un polynôme a un endomorphisme, on fait très attention à ce que le terme constant a_0 devient, après application, $a_0 \operatorname{id}_E$.

2.6 Groupe linéaire

Paraphrasons la proposition-définition 1 : les automorphismes de E sont précisément les éléments inversibles de l'anneau $(\mathcal{L}(E), +, \circ)$. On a donc $\mathrm{GL}(E) = \mathcal{L}(E)^\times$, et on fera à profit le lien avec la notation des matrices inversibles p. 461. En particulier :

Proposition-Définition 2

$(\mathrm{GL}(E), \circ)$ forme un groupe. On l'appelle le *groupe linéaire de E*.

Remarquons que, pour montrer qu'un endomorphisme est un automorphisme ou exhiber l'automorphisme réciproque, on peut utiliser les techniques générales valables dans tout anneau.

Exemple 11

Dans tout anneau A, tout $a \in A$ vérifie $1_A - a^{n+1} = (1_A - a)(1_A + a + a^2 + \ldots + a^n)$.

Considérons maintenant l'application $\zeta : \begin{cases} \mathbb{K}_n[X] & \longrightarrow & \mathbb{K}_n[X] \\ P & \longmapsto & P - P' \end{cases}$. Cette application est bien définie puisque, si P est de degré au plus n, alors $P - P'$ l'est aussi. Elle est linéaire par linéarité de l'identité et de la dérivation. Montrons qu'il s'agit d'un automorphisme en exhibant sa réciproque. On a $\zeta = \mathrm{id}_{\mathbb{K}[X]} - \partial$, où $\partial : \left\{ \begin{array}{ccc} \mathbb{K}_n[X] & \longrightarrow & \mathbb{K}_n[X] \\ P & \longmapsto & P' \end{array} \right.$. Observons qu'on a $\partial^{n+1} = 0_{\mathcal{L}(E)}$ d'après la proposition 14 du chapitre 10. Utilisons maintenant l'identité rappelée au début de l'exemple :

$\mathrm{id}_{\mathbb{K}[X]} = \mathrm{id}_{\mathbb{K}[X]} - \partial^{n+1} = \underbrace{(\mathrm{id}_{\mathbb{K}[X]} - \partial)}_{\zeta}(\mathrm{id}_{\mathbb{K}[X]} + \partial + \partial^2 + \cdots + \partial^n)$.

Finalement, on trouve que ζ est un automorphisme d'automorphisme réciproque

$$\zeta^{-1} : \left\{ \begin{array}{ccc} \mathbb{K}_n[X] & \longrightarrow & \mathbb{K}_n[X] \\ P & \longmapsto & P + P' + P'' + \cdots + P^{(n)} \end{array} \right. .$$

3 Propriété fondamentale et théorème d'isomorphisme

3.1 Exemple de $\mathbb{K}^n$

On commence par l'exemple du $\mathbb{K}$-espace vectoriel $\mathbb{K}^n$, car il est fondamental et éclairant pour le cas général.

Théorème 2

Soit $f : \mathbb{K}^q \longrightarrow \mathbb{K}^p$. Alors f est linéaire si et seulement s'il existe des scalaires $(a_{i,j})_{\substack{1 \leqslant i \leqslant p \\ 1 \leqslant j \leqslant q}}$ tels que $f = \left\{ \begin{array}{ccc} \mathbb{K}^q & \longrightarrow & \mathbb{K}^p \\ \begin{pmatrix} x_1 \\ \vdots \\ x_q \end{pmatrix} & \longmapsto & \begin{pmatrix} a_{1,1}x_1 + a_{1,2}x_2 + \ldots + a_{1,q}x_q \\ \vdots \\ a_{p,1}x_1 + a_{p,2}x_2 + \ldots + a_{p,q}x_q \end{pmatrix} \end{array} \right.$.

Avant de démontrer ce théorème, reformulons-le d'une façon qui nous est maintenant familière :

Théorème 2

Soit $f : \mathbb{K}^q \longrightarrow \mathbb{K}^p$. Alors f est linéaire si et seulement si il existe une matrice $A \in \mathcal{M}_{p,q}(\mathbb{K})$ telle que $f = \left\{ \begin{array}{ccc} \mathbb{K}^q & \longrightarrow & \mathbb{K}^p \\ x & \longmapsto & A \times x \end{array} \right.$.

Démonstration

Procédons par analyse-synthèse.

Analyse : Soit $x = \begin{pmatrix} x_1 \\ \vdots \\ x_q \end{pmatrix} \in \mathbb{K}^q$. Utilisons la linéarité : on a

$$\begin{aligned} f\left(\begin{pmatrix} x_1 \\ \vdots \\ x_q \end{pmatrix}\right) &= f(x_1 e_1 + x_2 e_2 + \cdots + x_q e_q) \\ &= x_1 f(e_1) + x_2 f(e_2) + \cdots + x_q f(e_q). \end{aligned}$$

On a $f(e_1), f(e_2), \ldots, f(e_q) \in \mathbb{K}^p$.

On peut donc noter : $e_1 = \begin{pmatrix} a_{1,1} \\ \vdots \\ a_{p,1} \end{pmatrix}$, $e_2 = \begin{pmatrix} a_{1,2} \\ \vdots \\ a_{p,2} \end{pmatrix}$, $\ldots, e_q = \begin{pmatrix} a_{1,q} \\ \vdots \\ a_{p,q} \end{pmatrix}$ pour un certain choix de scalaires $(a_{i,j})_{\substack{1 \leqslant i \leqslant p \\ 1 \leqslant j \leqslant q}}$.

L'égalité précédente se réécrit bien $f\left(\begin{pmatrix} x_1 \\ \vdots \\ x_q \end{pmatrix}\right) = \begin{pmatrix} a_{1,1}x_1 + a_{1,2}x_2 + \ldots + a_{1,q}x_q \\ \vdots \\ a_{p,1}x_1 + a_{p,2}x_2 + \ldots + a_{p,q}x_q \end{pmatrix}$, ou encore, par définition du produit matriciel, $f(x) = A \times x$ en notant $A = \begin{pmatrix} a_{1,1} & \cdots & a_{1,q} \\ \vdots & & \vdots \\ a_{p,1} & \cdots & a_{p,q} \end{pmatrix}$.

Synthèse : Reste à voir qu'une application de la forme $x \mapsto A \times x$ est bien linéaire. Mais on a ceci par définition, en utilisant la distributivité du produit matriciel sur la somme et la compatibilité du produit matriciel avec le produit par un scalaire.

Conclusion : On a bien montré l'équivalence proposée.

Jusqu'à présent, on avait une approche abstraite des applications linéaires. On vient de voir que, dans le cas des espaces $\mathbb{K}^n$, les applications linéaires pouvaient toutes s'exprimer très concrètement : ce sont les applications obtenues en multipliant l'argument par une matrice !

Exemple 12

L'application Φ de l'exemple 3 était précisément donné sous cette forme. On peut aussi bien l'écrire $\Phi = \begin{pmatrix} x \\ y \end{pmatrix} \mapsto \begin{pmatrix} 0 & 1 \\ 0 & 0 \end{pmatrix} \begin{pmatrix} x \\ y \end{pmatrix}$.

3.2 Cas général

Pour généraliser le résultat précédent, on observe que c'est la base canonique qui nous a permis de ramener la forme de tout élément de $\mathbb{K}^q$ à une CL de vecteurs bien déterminés, ceci permettant de conclure par linéarité. On va de même, dans le cas général, utiliser une base.

Théorème 3 (Propriété fondamentale des applications linéaires)

Soient E et F deux $\mathbb{K}$-espaces vectoriels. Toute application linéaire $f \in \mathcal{L}(E,F)$ est entièrement et uniquement déterminée par ses valeurs sur une base de E.

Autrement dit : soit $\mathcal{B} = (\varepsilon_i)_{i\in I}$ une base de E. Alors, pour toute famille $(y_i)_{i\in I}$ de vecteurs de F, il existe une unique application linéaire $f \in \mathcal{L}(E,F)$ telle que $\forall i \in I,\ f(\varepsilon_i) = y_i$.

DÉMONSTRATION

Soit $(\varepsilon_i)_{i\in I}$ une base de E. Il s'agit de montrer l'existence et l'unicité d'une application linéaire $f \in \mathcal{L}(E,F)$ dont les valeurs $\big(f(\varepsilon_i)\big)_{i\in I}$ sont imposées. Procédons par analyse-synthèse.

Analyse : Soit f une application convenable. Soit $x \in E$. Par définition d'une base, il existe une unique CL des $(\varepsilon_i)_{i\in I}$ égale à x, que l'on peut écrire $x = \lambda_1\varepsilon_{i_1} + \cdots + \lambda_r\varepsilon_{i_r}$.
Par linéarité il vient $f(x) = f(\lambda_1\varepsilon_{i_1} + \cdots + \lambda_r\varepsilon_{i_r}) = \lambda_1 f(\varepsilon_{i_1}) + \cdots + \lambda_r f(\varepsilon_{i_r})$.
Il existe donc une unique application candidate f puisque, pour tout vecteur x, la CL précédente est unique.

Synthèse : Reste à voir qu'une application définie de la façon précédente est bien linéaire. Soient $x, y \in E$ et $a, b \in \mathbb{K}$. Par définition d'une base, il existe une unique CL des $(\varepsilon_i)_{i\in I}$ égale à x et une unique CL des $(\varepsilon_i)_{i\in I}$ égale à y, que l'on peut écrire $x = \lambda_1\varepsilon_{i_1} + \cdots + \lambda_r\varepsilon_{i_r}$ et $y = \mu_1\varepsilon_{i_1} + \cdots + \mu_r\varepsilon_{i_r}$.
On a alors $ax+by = (a\lambda_1+b\mu_1)\varepsilon_{i_1} + \cdots + (a\lambda_r+b\mu_r)\varepsilon_{i_r}$ et par unicité de la décomposition dans une base, $f(ax+by) = (a\lambda_1+b\mu_1)f(\varepsilon_{i_1}) + \cdots + (a\lambda_r+b\mu_r)f(\varepsilon_{i_r}) = af(x)+bf(y)$.
L'application définie précédemment est donc bien linéaire.

Conclusion : On a donc bien l'existence et l'unicité d'une telle application linéaire.

Exemple 13

L'application Φ de l'exemple 3 est parfaitement déterminée par la description suivante : c'est l'unique endomorphisme tel que $\Phi(e_1) = 0_{\mathbb{R}^2}$ et $\Phi(e_2) = e_1$.

Exemples 14 Prenons le cas $E = F = \mathbb{K}[X]$ et $\mathcal{B} = \mathcal{C} = (1, X, X^2, \ldots, X^n, \ldots)$ la base canonique de $\mathbb{K}[X]$.

1. Il existe un unique endomorphisme $f \in \mathcal{L}(\mathbb{K}[X])$ tel que, pour tout $n \in \mathbb{N}$, $f(X^n) = X^{n+1}$. Cet endomorphisme est $P \mapsto XP$.
2. Il existe un unique endomorphisme $f \in \mathcal{L}(\mathbb{K}[X])$ tel que, pour tout $n \in \mathbb{N}$, $f(X^n) = nX^{n-1}$. Cet endomorphisme est $P \mapsto P'$.

3. Il existe un unique endomorphisme $f \in \mathcal{L}(\mathbb{K}[X])$ tel que, pour tout $n \in \mathbb{N}$, $f(X^n) = X^{n^2} + X^{2^n} + n$. Cet endomorphisme n'a pas d'expression simple.

Proposition-Définition 3

Soient E un $\mathbb{K}$-espace vectoriel et $\mathcal{B} = (\varepsilon_i)_{i \in I}$ une base de E. On appelle i-ème coordonnée par rapport à la base $\mathcal{B}$ l'unique forme linéaire f telle que $f(\varepsilon_j) = \delta_{i,j}$.

Démonstration

Son existence et son unicité résultent de la propriété fondamentale.

Exemple 15

Pour $E = \mathbb{K}^3$ et $\mathcal{B} = \mathcal{C} = (e_1, e_2, e_3)$,

la première forme coordonnée est $\left\{\begin{array}{ccc} \mathbb{K}^3 & \longrightarrow & \mathbb{K} \\ \begin{pmatrix} x \\ y \\ z \end{pmatrix} & \longmapsto & x \end{array}\right.$;

la deuxième forme coordonnée est $\left\{\begin{array}{ccc} \mathbb{K}^3 & \longrightarrow & \mathbb{K} \\ \begin{pmatrix} x \\ y \\ z \end{pmatrix} & \longmapsto & y \end{array}\right.$;

la troisième forme coordonnée est $\left\{\begin{array}{ccc} \mathbb{K}^3 & \longrightarrow & \mathbb{K} \\ \begin{pmatrix} x \\ y \\ z \end{pmatrix} & \longmapsto & z \end{array}\right.$.

Voyons une application sympathique de la propriété fondamentale :

Théorème 4

Deux $\mathbb{K}$-espaces vectoriels de dimension finie E et F sont isomorphes si et seulement s'ils ont la même dimension.

Démonstration

Le sens direct est donné par la remarque 1. Montrons le sens réciproque.

Supposons E et F de même dimension n. Soit $\mathcal{B}_E = (u_1, \ldots, u_n)$ une base de E et $\mathcal{B}_F = (v_1, \ldots, v_n)$ une base de F. D'après la propriété fondamentale :

- il existe une unique application $f \in \mathcal{L}(E, F)$ telle que $\forall i \in \{1, \ldots, n\},\ f(u_i) = v_i$;
- il existe une unique application $g \in \mathcal{L}(F, E)$ telle que $\forall i \in \{1, \ldots, n\},\ g(v_i) = u_i$;
- il existe une unique application $\phi \in \mathcal{L}(E)$ telle que $\forall i \in \{1, \ldots, n\},\ \phi(u_i) = u_i$, et par unicité cette application est id_E ;

- il existe une unique application $\psi\mathcal{L}(F)$ telle que $\forall i \in \{1, \dots, n\}$, $\psi(v_i) = v_i$, et par unicité cette application est id_F.

Par définition on a $g \circ f = \phi$ et $f \circ g = \psi$, c'est-à-dire $g \circ f = \mathrm{id}_E$ et $f \circ g = \mathrm{id}_F$. En particulier f est un ismorphisme de E dans F !

3.3 Définition par restrictions

Voyons maintenant une généralisation de la propriété fondamentale qui sera utile pour la suite.

Théorème 5 (Définition par restrictions)

Soient E et F deux $\mathbb{K}$-espaces vectoriels et $E_1, E_2, \dots, E_p$ des sous-espaces vectoriels de E tels que $E_1 \oplus E_2 \oplus \dots \oplus E_p = E$. Soient $\varphi_1 \in \mathcal{L}(E_1, F)$, $\varphi_2 \in \mathcal{L}(E_2, F)$, ..., $\varphi_p \in \mathcal{L}(E_p, F)$. Alors il existe une unique application linéaire $\varphi \in \mathcal{L}(E, F)$ telle que $\forall i \in \{1, 2, \dots, p\}$, $\varphi_{|E_i} = \varphi_i$.

Remarque 3

En PCSI, ce théorème n'est au programme que dans le cas d'une somme directe de deux sous-espaces. Les exemples d'illustration qui suivent dans ce chapitre sont d'ailleurs de cette forme.

Avant de montrer ce théorème, expliquons en quoi il généralise la propriété fondamentale. Dans le cas particulier où les E_i sont tous des droites, il existe des vecteurs non nuls ε_i tels que $E_i = \mathrm{Vect}\,(\varepsilon_i)$. De plus, d'après le corollaire 1 du chapitre 11, la famille $(\varepsilon_1, \varepsilon_2 \dots, \varepsilon_p)$ est une base de E. Se donner les applications φ_i c'est se donner, en particulier, les images $\varphi_i(\varepsilon_i)$. La propriété fondamentale assure alors qu'il existe une unique application linéaire φ telle que $\forall i \in \{1, \dots, p\}$, $\varphi(\varepsilon_i) = \varphi_i(\varepsilon_i)$. Il n'est ensuite pas difficile de voir qu'on a $\forall i \in \{1, \dots, p\}$, $\varphi_{|E_i} = \varphi_i$.

DÉMONSTRATION

Procédons par analyse-synthèse.

Analyse : Soit $\varphi \in \mathcal{L}(E, F)$ convenable. Soit $x \in E = E_1 \oplus E_2 \oplus \dots \oplus E_p$. Par définition des sommes directes, il existe alors un unique p-uplet $(x_1, x_2, \dots, x_p) \in E_1 \times E_2 \times \dots \times E_p$ tel que $x = x_1 + x_2 + \dots + x_p$. On a alors :

$$\begin{array}{rcll} \varphi(x) & = & \varphi(x_1 + x_2 + \cdots + x_p) & \text{par définition,} \\ & = & \varphi(x_1) + \varphi(x_2) + \cdots + \varphi(x_p) & \text{par linéarité,} \\ & = & \varphi_{|E_1}(x_1) + \varphi_{|E_2}(x_2) + \cdots + \varphi_{|E_1}(x_p) & \text{car } \forall i \in \{1, 2, \ldots, p\},\ x_i \in E_i \\ & = & \varphi_1(x_1) + \varphi_2(x_2) + \cdots + \varphi_p(x_p) & \text{par hypothèse.} \end{array}$$

Il existe donc un unique candidat pour φ : l'application définie par $\varphi(x) = \varphi_1(x_1) + \varphi_2(x_2) + \cdots + \varphi_p(x_p)$, où $x = x_1 + x_2 + \cdots + x_p$ est l'unique décomposition de x dans la somme directe $E_1 \oplus E_2 \oplus \cdots \oplus E_p$.

Synthèse : Vérifions que ce candidat convient. Tout d'abord c'est bien une application à valeurs dans F car les φ_i sont à valeurs dans F et qu'une somme d'éléments d'un sous-espace vectoriel appartient toujours à ce sous-espace. Reste à voir que φ est linéaire. Soient $x, y \in E$ et $\lambda, \mu \in \mathbb{K}$. Par définition d'une somme directe x a une unique décomposition $x = x_1 + x_2 + \cdots + x_n$ et y une unique décomposition $y = y_1 + y_2 + \cdots + y_n$ où pour tout i on a $x_i, y_i \in E_i$. On a alors $\lambda x + \mu y = \underbrace{\lambda x_1 + \mu y_1}_{\in E_1 \text{ car } E_1 \text{ sev}} + \underbrace{\lambda x_2 + \mu y_2}_{\in E_2 \text{ car } E_2 \text{ sev}} + \cdots + \underbrace{\lambda x_p + \mu y_p}_{\in E_p \text{ car } E_p \text{ sev}}$, et ceci est la décomposition de $\lambda x + \mu y$ dans la somme directe $E_1 \oplus E_2 \oplus \cdots \oplus E_p$, par unicité d'une telle écriture. Par suite on a :

$$\begin{array}{rcl} \varphi(\lambda x + \mu y) & = & \varphi_1(\lambda x_1 + \mu y_1) + \varphi_2(\lambda x_2 + \mu y_2) + \cdots + \varphi_p(\lambda x_p + \mu y_p) \\ & = & \lambda \varphi_1(x_1) + \mu \varphi_1(y_1) + \lambda \varphi_2(x_2) + \mu \varphi_2(y_2) + \cdots + \lambda \varphi_p(x_p) + \mu \varphi_p(y_p) \\ & = & \lambda\big(\varphi_1(x_1) + \varphi_2(x_2) + \cdots + \varphi_p(x_p)\big) + \mu\big(\varphi_1(y_1) + \varphi_2(y_2) + \cdots + \varphi_p(y_p)\big) \\ & = & \lambda \varphi(x) + \mu \varphi(y). \end{array}$$

D'où la linéarité de φ.

Conclusion : Il existe bien une unique application linéaire dont les restrictions aux termes d'une somme directe soit imposée.

Exemple 16

Plaçons-nous dans le cas $\mathbb{K} = \mathbb{R}$, $E = \mathbb{R}^{\mathbb{R}}$, $F = \mathbb{R}$. On a vu p. 632 que le sous-espace vectoriel $\mathcal{P}$ des fonctions paires de $\mathbb{R}$ dans $\mathbb{R}$ et le sous-espace vectoriel $\mathcal{I}$ des fonctions impaires de $\mathbb{R}$ dans $\mathbb{R}$ sont supplémentaires.

Les applications $\left\{ \begin{array}{ccc} \mathcal{P} & \longrightarrow & \mathbb{R} \\ f & \longmapsto & f(0) \end{array} \right.$ et $\left\{ \begin{array}{ccc} \mathcal{I} & \longrightarrow & \mathbb{R} \\ f & \longmapsto & f(1) \end{array} \right.$ sont linéaires, il existe donc une unique application linéaire de $\mathbb{R}^{\mathbb{R}}$ dans $\mathbb{R}$ qui aux fonctions paires associe leur valeur en 0, et qui aux fonctions impaires associe leur valeur en 1.

Remarquons qu'en reprenant le démontration p. 632 permettant d'expliciter la décomposition de toute fonction dans la somme directe $\mathcal{P} + \mathcal{I} = \mathbb{R}^{\mathbb{R}}$, on voit que cette application est $\left\{ \begin{array}{ccc} \mathbb{R}^{\mathbb{R}} & \longrightarrow & \mathbb{R} \\ f & \longmapsto & f(0) + \dfrac{f(1)}{2} - \dfrac{f(-1)}{2} \end{array} \right.$.

3.4 Théorème d'isomorphisme - MPSI

La sous-section précédente montre comment reconstituer une application linéaire à l'aide d'applications linéaires plus atomiques. À l'inverse, on peut toujours ramener l'étude d'une application linéaire f à l'étude d'applications linéaires plus élémentaires obtenues par restriction sur les termes d'une somme directe. Un cas intéressant est obtenu en décomposant E sous la forme $E = \mathrm{Ker}(f) \oplus S$.

Théorème 6 (Théorème d'isomorphisme)

Soient E et F deux $\mathbb{K}$-espaces vectoriels et $f \in \mathcal{L}(E, F)$.
Soit S un supplémentaire de $\mathrm{Ker}(f)$ dans E. Alors $f_{|S}^{|\mathrm{Im}(f)}$ est bien définie et c'est un isomorphisme. On dit que f *induit un isomorphisme de S sur* $\mathrm{Im}(f)$.

Démonstration

- Voyons déjà que $f_{|S}^{|\mathrm{Im}(f)}$ est bien définie. On l'a vu, cela revient à voir qu'on a $f(S) \subset \mathrm{Im}(f)$. Mais ceci est évident par définition de l'image.
- Voyons que $f_{|S}^{|\mathrm{Im}(f)}$ est injective : d'après la remarque 5, on a $\mathrm{Ker}\left(f_{|S}^{|\mathrm{Im}(f)}\right) = \mathrm{Ker}(f) \cap S = \{0_E\}$ puisque $\mathrm{Ker}(f)$ et S sont supplémentaires. D'où l'injectivité.
- Voyons que $f_{|S}^{|\mathrm{Im}(f)}$ est surjective, c'est-à-dire que tout élément de $\mathrm{Im}(f)$ a un antécédent **dans S** par f. Soit $y \in \mathrm{Im}(f)$. Par définition de $\mathrm{Im}(f)$, y a un antécédent **dans E** par f. Notons x un tel antécédent. Par définition d'une somme directe, il existe un unique couple $(x_{\mathrm{Ker}(f)}, x_S) \in \mathrm{Ker}(f) \times S$ tel que $x = x_{\mathrm{Ker}(f)} + x_S$. En appliquant f on trouve $f(x_{\mathrm{Ker}(f)} + x_S) = f(x)$, c'est-à-dire $f(x_S) = y$.
  Ainsi y a bien un antécédant dans S : x_S. D'où la surjectivité.

4 Noyau, image et rang

Dans cette section on considère deux $\mathbb{K}$-espaces vectoriels E et F.

4.1 Image et noyau

On aura noté qu'une application linéaire $f \in \mathcal{L}(E, F)$ est en particulier un morphisme de groupes de $(E, +)$ dans $(F, +)$: elle a donc une image et un noyau. On redonne rapidement ici les définitions de la page 425.

Définition 7

Soit $f \in \mathcal{L}(E,F)$.

1. On appelle image de f l'ensemble $\mathrm{Im}(f) = f(E) = \{y \in F,\ \exists x \in E,\ y = f(x)\}$.
2. On appelle noyau de f l'ensemble $\mathrm{Ker}(f) = f^{-1}(\{0_E\}) = \{x \in E,\ f(x) = 0_E\}$.

La proposition suivante est un raffinement de la proposition vue p. 425.

Proposition 7

Soient G un sev de E, H un sev de F et $f \in \mathcal{L}(E,F)$.
Alors $f(G)$ est un sev de F et $f^{-1}(H)$ est un sev de E.

Démonstration

La démonstration consiste en un enchaînement de vérifications fastidieuses et immédiates, le dernier à être détaillé dans ce chapitre :

- D'abord $f(G)$ est non vide puisqu'il comprend $0_F = f(0_E)$ par linéarité. Soient maintenant $x, y \in f(G)$ et $\lambda, \mu \in \mathbb{K}$. Par définition il existe $u, v \in G$ tels que $x = f(u)$ et $y = f(v)$. Par linéarité de f on a $\lambda x + \mu y = f(\lambda u + \mu v) \in f(G)$ puisque G est un sous-espace vectoriel.
- D'abord $f^{-1}(H)$ est non vide puisqu'il comprend 0_E par linéarité. Soient maintenant $u, v \in f^{-1}(H)$ et $\lambda, \mu \in \mathbb{K}$. Par linéarité on a $f(\lambda u + \mu v) = \lambda f(u) + \mu f(v) \in H$ puisque H est un sous-espace vectoriel. D'où $\lambda u + \mu v \in f^{-1}(H)$.

Corollaire 5

Soit $f \in \mathcal{L}(E,F)$. Alors $\mathrm{Ker}(f)$ est un sous-espace vectoriel de E et $\mathrm{Im}(f)$ est un sous-espace vectoriel de F.

Enfin, le résultat suivant a déjà été montré p. 426.

Proposition 8

1. f injective $\Leftrightarrow \mathrm{Ker}(f) \subset \{0_E\} \Leftrightarrow \mathrm{Ker}(f) = \{0_E\}$.
2. f surjective $\Leftrightarrow F \subset \mathrm{Im}(f) \Leftrightarrow \mathrm{Im}(f) = F$.

Application 1

On peut donc montrer qu'une application linéaire $f \in \mathcal{L}(E,F)$ est un isomorphisme sans en exhiber la réciproque, en montrant successivement $\mathrm{Ker}(f) \subset \{0_E\}$ et $F \subset \mathrm{Im}(f)$.

Exemple 17

Considérons l'application $\gamma : \left\{ \begin{array}{ccc} \mathbb{K}[X] & \longrightarrow & \mathbb{K}[X] \\ P & \longmapsto & P + XP' \end{array} \right.$. On ne détaille pas le fait que cette application est bien définie et linéaire, à charge du lecteur de s'en convaincre en utilisant les méthodes présentées dans la première section.

Soit $P \in \mathrm{Ker}(\gamma)$. Le polynôme P est alors solution sur $\mathbb{R}$ de l'équation différentielle $xy' + y = 0$. On sait[6] que cette équation a une unique solution sur $\mathbb{R}$ qui est la fonction nulle (les autres solutions sur $]0, +\infty[$ et $]-\infty, 0[$ ne se recollent pas). En particulier le seul polynôme solution est $P = 0$. On a donc $\mathrm{Ker}(\gamma) \subset \{0_E\}$, donc f est injective.

Voyons que les monômes X^k ont un antécédent par γ.

Posons $P_k = \dfrac{X^k}{k+1}$, on a $\gamma(P_k) = P_k + XP_k' = \dfrac{X^k}{k+1} + k\dfrac{X^k}{k+1} = X^k$.

Tous les monômes X^k ont donc un antécédent par γ, autrement dit $\{1, X, \ldots, X^n, \ldots\}$ est inclus dans $\mathrm{Im}(\gamma)$. Mais $\mathrm{Im}(\gamma)$ est un sous-espace vectoriel donc d'après les propriétés de l'opération Vect, on a $\mathbb{K}[X] = \mathrm{Vect}\left(\{1, X, \ldots, X^n, \ldots\}\right) \subset \mathrm{Im}(\gamma)$, et donc f est surjective.

Finalement f est bien bijective, et d'après la proposition-définition 1, c'est un automorphisme.

Terminons sur deux remarques évidentes qui nous seront utiles par la suite.

Remarque 4

Soit $f \in \mathcal{L}(E,F)$ et $\lambda \in \mathbb{K} \setminus \{0\}$. Alors $\mathrm{Im}(\lambda f) = \mathrm{Im}(f)$ et $\mathrm{Ker}(\lambda f) = \mathrm{Ker}(f)$.

DÉMONSTRATION

Soit $x \in E$. On a :

$$\begin{array}{rcll} x \in \mathrm{Ker}(f) & \Leftrightarrow & f(x) = 0_F & \text{par définition,} \\ & \Leftrightarrow & \lambda f(x) = 0_F & \text{car } \lambda \neq 0, \\ & \Leftrightarrow & (\lambda f)(x) = 0_F & \text{par définition,} \\ & \Leftrightarrow & x \in \mathrm{Ker}(\lambda f) & \text{par définition.} \end{array}$$

Et donc $\mathrm{Ker}(f) = \mathrm{Ker}(\lambda f)$.

Soit $y \in F$. On a :

6. Voir un cours d'analyse, par exemple G. Costantini, *Analyse.* 1re année, De Boeck (2013), pp. 697 à 699.

$$\begin{aligned} y \in \mathrm{Im}(f) &\Leftrightarrow \exists x \in E,\ x = f(y) && \text{par définition,}\\ &\Leftrightarrow \exists v \in E,\ x = f(\lambda v) && \left(v = \frac{1}{\lambda}y,\ y = \lambda v\right),\\ &\Leftrightarrow \exists v \in E,\ x = (\lambda f)(v) && \text{par linéarité,}\\ &\Leftrightarrow x \in \mathrm{Im}(\lambda f) && \text{par définition.} \end{aligned}$$

Et donc $\mathrm{Im}(f) = \mathrm{Im}(\lambda f)$.

Remarque 5

Soit $f \in \mathcal{L}(E,F)$, G un sous-espace vectoriel de E, et H un sous-espace vectoriel de F tels que $f(G) \subset H$. Alors $\mathrm{Ker}\left(f_{|G}^{|H}\right) = \mathrm{Ker}(f) \cap G$.

Démonstration

Soit $x \in E$. On a bien :
$x \in \mathrm{Ker}\left(f_{|G}^{|H}\right) \Leftrightarrow x \in G$ et $f(x) = 0_F \Leftrightarrow x \in G$ et $x \in \mathrm{Ker}(f) \Leftrightarrow x \in \mathrm{Ker}(f) \cap G$.

4.2 Équation d'un hyperplan - MPSI

Théorème 7

Les hyperplans sont exactement les noyaux des formes linéaires non nulles.

Nous avons déjà vu deux cas particuliers illustrant ce théorème au chapitre 11, exemples 33 et 41. On va d'ailleurs fortement s'inspirer de ces exemples pour traiter le sens réciproque (le lecteur est encouragé à essayer par lui-même s'il a compris ces exemples !)

Démonstration

Rappelons qu'on note E^* l'espace vectoriel des formes linéaires sur E. On veut montrer :
$\left\{\text{hyperplans de } E\right\} = \left\{\mathrm{Ker}(\Phi),\ \Phi \in E^* \setminus \{0\}\right\}$.

$\boxed{\subset}$ Soit H un hyperplan. Par définition, il existe un vecteur $u \in E \setminus \{0\}$ tel que $H \oplus \mathrm{Vect}(u) = E$.

Posons $\phi : \left\{\begin{array}{ccc} E = H \oplus \mathrm{Vect}(u) & \longrightarrow & \mathbb{K} \\ x = x_h + \lambda u & \longmapsto & \lambda \end{array}\right.$.

Montrons que ϕ est linéaire.

Soit $(x,y) \in E^2$ et $(\alpha,\beta) \in \mathbb{K}^2$. Comme on a $E = H \oplus \mathrm{Vect}(u)$, on peut écrire $\left\{\begin{array}{l} \exists!(x_h,\lambda) \in H \times \mathbb{K},\ x = x_h + \lambda u \\ \exists!(y_h,\mu) \in H \times \mathbb{K},\ y = y_h + \mu u \end{array}\right.$.

Ainsi : $(\alpha x + \beta y) = (\alpha x_h + \beta y_h) + (\alpha\lambda + \beta\mu)u$ avec $\left\{\begin{array}{l} (\alpha x_h + \beta y_h) \in H \\ (\alpha\lambda + \beta\mu)u \in \mathrm{Vect}(u) \end{array}\right.$.

Par unicité d'une telle décomposition on a donc $\phi(\alpha x + \beta y) = \alpha\lambda + \beta\mu$.

Par ailleurs, on a $\phi(x) = \lambda$ et $\phi(y) = \mu$, donc $\alpha\phi(x) + \mu\phi(y) = \alpha\lambda + \beta\mu$.

Ainsi $\phi(\alpha x + \beta y) = \alpha\phi(x) + \mu\phi(y)$. D'où la linéarité de ϕ.

De plus, ϕ est non nulle. C'est immédiat car on a $\phi(u) = \phi(0_H + 1u) = 1 \neq 0$.

Enfin, soit $x = x_h + \lambda u \in E$. On a $x \in \mathrm{Ker}(\phi) \Leftrightarrow \phi(x) = 0_E \Leftrightarrow \lambda = 0 \Leftrightarrow x = x_h \Leftrightarrow x \in H$.

D'où $\mathrm{Ker}(\phi) = H$.

Tout hyperplan est bien le noyau d'une forme linéaire non nulle.

$\boxed{\supset}$ Soit Φ une forme linéaire non nulle. Ainsi $\Phi \in \mathcal{L}(E, \mathbb{K})$ et $\exists x_0 \in E$ tel que $\Phi(x_0) \neq 0_E$. On veut montrer que $\mathrm{Ker}(\Phi)$ est un hyperplan c'est-à-dire il existe une droite supplémentaire de $\mathrm{Ker}(\Phi)$.

Posons $D = \mathrm{Vect}(x_0)$; c'est une droite car $x_0 \neq 0_E$.

Montrons qu'on a $\mathrm{Ker}(\Phi) \oplus D = E$.Soit $x \in E$. Montrons qu'il existe un unique couple $(y, z) \in \mathrm{Ker}(\Phi) \times D$ tel que $x = y + z$ en procédant par analyse-synthèse.

Analyse : Soit $x = y + z$ une décomposition convenable avec $y \in \mathrm{Ker}(\Phi)$ et $z \in D$. En particulier z s'écrit $z = \lambda x_0$ pour un certain $\lambda \in \mathbb{K}$. En appliquant Φ, on trouve $\Phi(x) = \underbrace{\Phi(y)}_{=0} + \Phi(\lambda x_0) = \lambda \underbrace{\Phi(x_0)}_{\neq 0}$ et donc $\lambda = \dfrac{\Phi(x)}{\Phi(x_0)}$ et par suite $z = \dfrac{\Phi(x)}{\Phi(x_0)} x_0$ et $y = x - \dfrac{\Phi(x)}{\Phi(x_0)} x_0$. On a un unique candidat pour le couple (y, z).

Synthèse : Vérifions que ce candidat convient.

- On a bien $z \in D$, par construction !
- On a $\Phi(y) = \Phi\left(x - \dfrac{\Phi(x)}{\Phi(x_0)} x_0\right) = \Phi(x) - \dfrac{\Phi(x)}{\Phi(x_0)} \Phi(x_0) = 0$. On a donc bien $y \in \mathrm{Ker}(\Phi)$.
- On a bien $y + z = x$, par construction !

L'unique candidat trouvé convient bien.

Conclusion : On a montré $\mathrm{Ker}(\Phi) \oplus D = E$.

Et finalement, toute forme linéaire non nulle a bien pour noyau un hyperplan.

Applications 2

1. Comme la trace est une forme linéaire, on retrouve que $\{M \in M_n(\mathbb{K}),\ \mathrm{tr}(M) = 0\}$ est un hyperplan de $\mathcal{M}_n(\mathbb{K})$.
2. Comme la limite est une forme linéaire sur l'espace des suites convergentes, on retrouve que le sous-espace des suites de limite nulle en forme un hyperplan.
3. De même, $\{f \in \mathcal{C}([0,1], \mathbb{R}),\ \int_0^1 f = 0\}$ est un hyperplan de $\mathcal{C}([0,1], \mathbb{R})$.
4. De même, pour tout $\alpha \in \mathbb{K}$, $\{P \in \mathbb{K}[X],\ P(\alpha) = 0\}$ est un hyperplan de $\mathbb{K}[X]$.

Définition 8

Soit H un hyperplan de E. On appelle *équation* de H une expression de la forme $\phi(x) = 0$ où ϕ est une forme linéaire telle que $\mathrm{Ker}(\phi) = H$. D'après le théorème 7, tout hyperplan a une équation.

Exemple 18

Pour $E = \mathbb{K}^3$, le sous-espace vectoriel $H = \mathrm{Vect}\left(\begin{pmatrix}1\\2\\3\end{pmatrix}, \begin{pmatrix}4\\5\\6\end{pmatrix}\right)$ est un plan, car les deux vecteurs ne sont pas colinéaires. Donc H est un hyperplan, puisqu'on a $\dim(E) = 3$. Cherchons une équation de H. On a :

$$\begin{aligned}
\begin{pmatrix}x\\y\\z\end{pmatrix} \in H \quad & \Longleftrightarrow \quad \exists a \in \mathbb{K},\ \exists b \in \mathbb{K},\ \begin{pmatrix}x\\y\\z\end{pmatrix} = a\begin{pmatrix}1\\2\\3\end{pmatrix} + \begin{pmatrix}4\\5\\6\end{pmatrix} \\
& \Longleftrightarrow \quad \exists a \in \mathbb{K},\ \exists b \in \mathbb{K},\ \begin{cases} x = a + 4b \\ y = 2a + 5b \\ z = 3a + 6b \end{cases} \\
& \Longleftrightarrow \quad \exists a \in \mathbb{K},\ \exists b \in \mathbb{K},\ \begin{cases} a = x - 4b \\ y = 2(x - 4b) + 5b \\ z = 3(x - 4b) + 6b \end{cases} \\
& \Longleftrightarrow \quad \exists b \in \mathbb{K},\ \begin{cases} y = 2x - 8b + 5b \\ z = 3x - 12b + 6b \end{cases} \\
& \Longleftrightarrow \quad \exists b \in \mathbb{K},\ \begin{cases} b = \dfrac{2x - y}{3} \\ z = 3x - 2(2x - y) \end{cases} \\
& \Longleftrightarrow \quad z = 3x - 2(2x - y) \\
& \Longleftrightarrow \quad x - 2y + z = 0
\end{aligned}$$

En conclusion H a pour équation $x - 2y + z = 0$.

Une équation d'hyperplan n'est jamais unique. Si on a $H = \{x \in E,\ \phi(x) = 0\}$, alors on a aussi $H = \{x \in E,\ (9\phi)(x) = 0\}$.

Plus précisément :

Proposition 9

Soit H un hyperplan de E. Toutes les équations de H sont de la forme $\lambda\phi(x) = 0$, où λ est un scalaire non nul et $\phi(x) = 0$ une équation de H.

DÉMONSTRATION

Soit H un hyperplan de E et $\phi(x) = 0$ une équation de H. Par définition il existe une droite $D = \text{Vect}(x_0)$ telle que $H \oplus D = E$. On veut montrer que toute équation de H est de la forme $\lambda\phi(x) = 0$. Soit $\psi(x) = 0$ une autre équation de H ; montrons qu'il existe $\lambda \in \mathbb{K} \setminus \{0\}$ tel que $\psi = \lambda\phi$. On a $x_0 \notin H$ donc $\phi(x_0) \neq 0$. Notons $\lambda = \dfrac{\psi(x_0)}{\phi(x_0)}$. Soit $x \in E$. Comme on a on a $H \oplus D = E$, il existe $x_H \in H$ et $a \in \mathbb{K}$ tels que $x = x_H + ax_0$. On a donc $\lambda\phi(x) = \lambda\phi(x_H + ax_0) = a\lambda\phi(x_0)$ par linéarité et car $x_H \in H$. Comme on a $\lambda = \dfrac{\psi(x_0)}{\phi(x_0)}$, on trouve bien $\lambda\phi(x) = \psi(x)$. Ceci étant vrai pour tout $x \in E$, on a donc $\psi = \lambda\phi$.

4.3 Rang

Notation 2

Si $\mathcal{F}$ est une famille de vecteurs E et $f \in \mathcal{L}(E, F)$, on note $f(\mathcal{F})$ la famille obtenue en appliquant f aux vecteurs de $\mathcal{F}$. Ainsi, pour $\mathcal{F} = (u_i)_{i \in I}$, on a $f(\mathcal{F}) = \big(f(u_i)\big)_{i \in I}$.

Définition 9

Soit $f \in \mathcal{L}(E, F)$. On appelle *rang de f* et on note $\text{rg}(f)$ la quantité $\text{rg}(f) = \dim\big(\text{Im}(f)\big)$.

Explicitons la raison de cette terminologie : le rang est un rang !

Proposition 10

Soit $f \in \mathcal{L}(E, F)$. Pour toute base $\mathcal{B}$ de E, on a $\text{rg}(f) = \text{rg}\big(f(\mathcal{B})\big)$.

DÉMONSTRATION

Notons $\mathcal{B} = (u_i)_{i \in I}$. On a :

$$\begin{aligned}
\text{rg}(f) &= \dim\big(\text{Im}(f)\big) = \dim\Big(\big\{f(u), u \in E\big\}\Big) \\
&= \dim\Bigg(\bigg\{f\Big(\sum_{i \in I} \lambda_i u_i\Big), \lambda_i \in \mathbb{K}\bigg\}\Bigg) \\
&= \dim\bigg(\Big\{\sum_{i \in I} \lambda_i f(u_i)\Big\}\bigg) \\
&= \dim\Big(\text{Vect}\big(f(u_i)_{i \in I}\big)\Big) \\
&= \dim\Big(\text{Vect}\big(f(\mathcal{B})\big)\Big) = \text{rg}\big(f(\mathcal{B})\big).
\end{aligned}$$

D'où le résultat.

Lorsqu'on a $E = \mathbb{K}^n$, ou plus généralement lorsque E a une base canonique, on peut calculer agréablement un rang en choisissant pour $\mathcal{B}$ la base canonique.

Exemples 19

1. Soit à calculer le rang de $f : \left\{ \begin{array}{ccc} \mathbb{K}^3 & \longrightarrow & \mathbb{K}^3 \\ \begin{pmatrix} x \\ y \\ z \end{pmatrix} & \longmapsto & \begin{pmatrix} -2x-3y+z \\ x+2y \\ -x-2y \end{pmatrix} \end{array} \right.$. On a :

$$\begin{aligned}
\mathrm{rg}(f) &= \dim(\mathrm{Im}(f)) \\
&= \dim\left(\left\{\begin{pmatrix} -2x-3y+z \\ x+2y \\ -x-2y \end{pmatrix}, \begin{pmatrix} x \\ y \\ z \end{pmatrix} \in \mathbb{K}^3\right\}\right) \\
&= \dim\left(\mathrm{Vect}\left(\begin{pmatrix} -2 \\ 1 \\ -1 \end{pmatrix}, \begin{pmatrix} -3 \\ 2 \\ -2 \end{pmatrix}, \begin{pmatrix} 1 \\ 0 \\ 0 \end{pmatrix}\right)\right) \\
&= \dim\left(\mathrm{Vect}\left(\begin{pmatrix} -2 \\ 1 \\ -1 \end{pmatrix}, \begin{pmatrix} 1 \\ 0 \\ 0 \end{pmatrix}\right)\right) \text{ car } \begin{pmatrix} -3 \\ 2 \\ -2 \end{pmatrix} = 2\begin{pmatrix} -2 \\ 1 \\ -1 \end{pmatrix} + \begin{pmatrix} 1 \\ 0 \\ 0 \end{pmatrix}, \\
&= 2 \text{ car } \begin{pmatrix} -2 \\ 1 \\ -1 \end{pmatrix} \text{ et } \begin{pmatrix} 1 \\ 0 \\ 0 \end{pmatrix} \text{sont non colinéaires.}
\end{aligned}$$

   On a ici redémontré le théorème sur l'exemple pour bien illustrer l'articulation permettant de se ramener au rang d'une famille, mais on aurait bien sûr pu directement écrire $\mathrm{rg}(f) = \mathrm{rg}\left(f(e_1), f(e_2), f(e_3)\right) = \mathrm{rg}\left((-2,1,-1), (-3,2,-2), (1,0,0)\right)$ puis échelonner la famille $\left((-2,1,-1), (-3,2,-2), (1,0,0)\right)$.

2. Considérons, pour $n \geqslant 2$, l'application $\varphi : \left\{ \begin{array}{ccc} \mathbb{K}_n[X] & \longrightarrow & \mathbb{K}_n[X] \\ P & \longmapsto & P'' + P(0) \end{array} \right.$.

   C'est une CL d'applications linéaires donc φ est bien une application linéaire, et :

$$\begin{aligned}
\mathrm{rg}(\varphi) &= \mathrm{rg}\left(\varphi(1), \varphi(X), \varphi(X^2), \varphi(X^3), \ldots, \varphi(X^n)\right) \\
&= \mathrm{rg}\left(1, 0, 2, 6X, \ldots, n(n-1)X^{n-2}\right) \\
&= \mathrm{rg}\left(2, 6X, \ldots, n(n-1)X^{n-2}\right) \text{ car } 0 \text{ et } 1 \text{ sont colinéaires à } 2.
\end{aligned}$$

   Et finalement $\mathrm{rg}(\varphi) = n - 1$ car la famille précédente est échelonnée en degrés.

Proposition 11

Soient $\mathcal{B}_E$ une base de E et $f \in \mathcal{L}(E, F)$.

Supposons que f soit un isomorphisme. Alors $f(\mathcal{B}_E)$ est une base de F.

En particulier on a $\mathrm{rg}(f) = \dim(E) = \dim(F)$.

Remarquons que, dans le cas où E et F sont de dimension finie, on retrouve que la dimension est préservée par isomorphisme. La démonstration de cette proposition est exactement la même que celle de la remarque 1, qui au fond ne nécessite pas d'hypothèse de dimension (on a juste besoin de disposer d'une base de E).

Lemme 1

Soit $f \in \mathcal{L}(E, F)$ et $\mathcal{F}$ une famille de vecteurs de E.

Si $f(\mathcal{F})$ est libre alors $\mathcal{F}$ est libre.

Bien évidemment, la réciproque de cette proposition est fausse. Le rang permet justement de quantifier le « défaut de liberté » de $f(\mathcal{F})$ par rapport à $\mathcal{F}$.

DÉMONSTRATION

Notons $\mathcal{F} = (u_i)_{i\in I}$ et supposons $f(\mathcal{F}) = \big(f(u_i)\big)_{i\in I}$ libre.
Considérons une CL nulle des vecteurs de $\mathcal{F}$: $\lambda_1 u_{i_1} + \cdots + \lambda_n u_{i_n} = 0_E$.
On en déduit : $f(\lambda_1 u_{i_1} + \cdots + \lambda_n u_{i_n}) = f(0_E)$, *i. e.* : $\lambda_1 f(u_{i_1}) + \cdots + \lambda_n f(u_{i_n}) = 0_F$.
Comme $\big(f(u_i)\big)_{i\in I}$ est libre on déduit $\lambda_1 = \cdots = \lambda_n = 0$.
D'où la liberté de $\mathcal{F}$.

Proposition 12

Soient $f \in \mathcal{L}(E, F)$ et $\mathcal{F}$ une famille de E. On a :

1. $\mathrm{rg}\big(f(\mathcal{F})\big) \leqslant \mathrm{rg}(\mathcal{F}) \leqslant \dim(E)$;
2. $\mathrm{rg}\big(f(\mathcal{F})\big) \leqslant \mathrm{rg}(f) \leqslant \dim(F)$.

DÉMONSTRATION

1. • L'inégalité $\mathrm{rg}(\mathcal{F}) \leqslant \dim(E)$ est claire par croissance de la dimension.
   • Montrons l'inégalité $\mathrm{rg}\big(f(\mathcal{F})\big) \leqslant \mathrm{rg}(\mathcal{F})$. Utilisons la caractérisation donnée par le théorème 7 du chapitre 12 : $\mathrm{rg}(\mathcal{G})$ est le cardial maximal d'une famille libre de $\mathcal{G}$. Pour établir la première inégalité, il suffit donc de montrer : s'il existe une sous-famille libre de $f(\mathcal{F})$ ayant $n \in \mathbb{N} \cup \{+\infty\}$ vecteurs alors il existe une sous-famille libre de $\mathcal{F}$ ayant n vecteurs. Soit $f(\mathcal{G})$ une sous-famille libre de $f(\mathcal{F})$ ayant n vecteurs. D'après le lemme 1, $\mathcal{F}$ est libre. Comme elle a n vecteurs, l'inégalité $\mathrm{rg}\big(f(\mathcal{F})\big) \leqslant \mathrm{rg}(\mathcal{F})$ est acquise.
2. La famille $f(\mathcal{F})$ est une famille de vecteurs de $\mathrm{Im}(f)$ donc on a

$$\mathrm{Vect}\big(f(\mathcal{F})\big) \subset \mathrm{Im}(f) \subset \dim(F).$$

Par croissance de la dimension on trouve donc
$$\dim\Big(\mathrm{Vect}\,\big(f(\mathcal{F})\big)\Big) \leqslant \dim\Big(\mathrm{Im}(f)\Big) \leqslant \dim(F),$$
qui est le résultat demandé.

Corollaire 6

On suppose que E est muni d'une base $\mathcal{B}_E$. Soient $f \in \mathcal{L}(F, G)$ et $g \in \mathcal{L}(E, F)$. Alors on a $\mathrm{rg}(f \circ g) \leqslant \min\big(\mathrm{rg}(f), \mathrm{rg}(g)\big) \leqslant \min\big(\dim(E), \dim(F), \dim(G)\big)$.

Autrement dit : le rang ne peut que baisser par composition.

DÉMONSTRATION

- L'inégalité de droite résulte directement des inégalités $\mathrm{rg}(f) \leqslant \min\big(\dim(F), \dim(G)\big)$ et $\mathrm{rg}(g) \leqslant \min\big(\dim(E), \dim(F)\big)$ déjà vues.
- Montrons $\mathrm{rg}(f \circ g) \leqslant \mathrm{rg}(g)$.
  On a $\mathrm{rg}(f \circ g) = \mathrm{rg}\Big(f\big(g(\mathcal{B}_E)\big)\Big) \leqslant \mathrm{rg}\big(g(\mathcal{B}_E)\big) = \mathrm{rg}(g)$ en utilisant la proposition 12.1.
- Montrons $\mathrm{rg}(f \circ g) \leqslant \mathrm{rg}(f)$.
  On a $\mathrm{rg}(f \circ g) = \dim\big(\mathrm{Im}(f \circ g)\big) = \dim\Big(f\big(\mathrm{Im}(g)\big)\Big)$. Or on a $\mathrm{Im}(g) \subset F$. Par croissance de l'image directe par f, on a : $f(\mathrm{Im}(g)) \subset f(F) = \mathrm{Im}(f)$, donc par croissance de dim on obtient bien $\dim\Big(f\big(\mathrm{Im}(g)\big)\Big) \subset \dim\big(\mathrm{Im}(f)\big)$. D'où $\mathrm{rg}(f \circ g) \leqslant \mathrm{rg}(f)$.

⚠ Toutes les inégalités peuvent être strictes.

Pour $f = g = \Phi : \left\{\begin{array}{ccc} \mathbb{K}^2 & \longrightarrow & \mathbb{K}^2 \\ \begin{pmatrix} x \\ y \end{pmatrix} & \longmapsto & \begin{pmatrix} y \\ 0 \end{pmatrix} \end{array}\right.$ de l'exemple 3, on a :

- $f \circ g = 0_{\mathcal{L}(\mathbb{K}^2)}$ donc $\mathrm{rg}(f \circ g) = 0$;
- $\mathrm{rg}(f) = \mathrm{rg}(g) = \dim\left(\mathrm{Vect}\left(\begin{pmatrix} 1 \\ 0 \end{pmatrix}\right)\right) = 1$ donc $\min\big(\mathrm{rg}(f), \mathrm{rg}(g)\big) = 1$;
- $E = F = G = \mathbb{K}^2$ donc $\min\big(\dim(E), \dim(F), \dim(G)\big) = 2$.

Il est un cas où le rang ne baisse pas : lorsqu'on compose avec un isomorphisme.

Proposition 13

On suppose que E est muni d'une base $\mathcal{B}_E$. Soient $f \in \mathcal{L}(F, G)$ et $g \in \mathcal{L}(E, F)$.

1. Si g est un isomorphisme, alors $\mathrm{rg}(f \circ g) = \mathrm{rg}(f)$.
2. Si f est un isomorphisme, alors $\mathrm{rg}(f \circ g) = \mathrm{rg}(g)$.

DÉMONSTRATION

1. Supposons que g soit un isomorphisme. D'après la proposition 11, $g(\mathcal{B}_E)$ est une base de F. D'après la proposition 10, on a donc $\mathrm{rg}(f) = \mathrm{rg}\left(f(g(\mathcal{B}_E))\right)$, c'est-à-dire $\mathrm{rg}(f) = \mathrm{rg}\left((f \circ g)(\mathcal{B}_E)\right) = \mathrm{rg}(f \circ g)$.
2. Supposons que f soit un isomorphisme. On a $\mathrm{rg}(f \circ g) = \dim\Big(f\big(g(E)\big)\Big) = \dim\big(g(E)\big)$ en reprenant les mêmes arguments que dans la remarque 1, qui ne nécessitent pas d'hypothèse de dimension (on a juste besoin de disposer d'une base de E). On a donc bien $\mathrm{rg}(f \circ g) = \mathrm{rg}(g)$.

5 Endomorphismes remarquables

Dans cette section, E désigne un $\mathbb{K}$-espace vectoriel. On va s'intéresser à plusieurs familles d'endomorphismes remarquables de E.

5.1 Homothéties

Proposition-Définition 4

On appelle *homothétie vectorielle de rapport* λ, ou plus simplement *homothétie de rapport* λ l'application $\lambda\,\mathrm{id}_E : E \longrightarrow E$.

C'est un endomorphisme de E.

DÉMONSTRATION

Une homothétie est un multiple de id_E qui est linéaire, c'est donc une CL d'applications linéaires et c'est donc un endomorphisme.

Remarque 6

Dans le cas $\mathbb{K} = \mathbb{R}$, $E = \mathbb{C}$, une homothétie est donc ce que l'on avait appellé dans le chapitre 4 « homothétie de centre O ». Les homothéties du plan complexe qui n'ont pas pour centre l'origine ne sont pas linéaires, il s'agit d'homothéties *affines*. L'étude des applications affines dans d'autres espaces vectoriels que le $\mathbb{R}$-espace vectoriel $\mathbb{C}$ n'est pas au programme en CPGE.

Remarque 7

Dans le cas $E = \mathbb{K}$, qui est identifié à $\mathbb{K}^1$, on a vu que tous les endomorphismes de E sont de la forme $x \mapsto Ax$ avec $A \in \mathcal{M}_1(\mathbb{K})$, qui s'identifie à $\mathbb{K}$. Il n'y a donc pas d'autres applications linéaires que les homothéties ; mais, dans le cas général, on peut dire que les homothéties sont les plus simples des applications linéaires[7].

Les lemmes suivants sont évidents.

Lemme 2

Pour $E \neq \{0_E\}$, l'homothétie $\lambda\,\mathrm{id}$ est un automorphisme si et seulement si $\lambda \neq 0$. Lorsque c'est le cas, son inverse est $\lambda^{-1}\,\mathrm{id}$.

Lemme 3

La somme de deux homothéties est une homothétie de rapport la somme des rapports.

Lemme 4

La composée de deux homothéties est une homothétie de rapport le produit des rapports.

On en déduit :

Théorème 8

Si $\dim(E) \geqslant 1$, l'ensemble $\mathcal{H}$ des homothéties forme une sous-algèbre de $\mathcal{L}(E)$ isomorphe à $\mathbb{K}$.

Démonstration

L'isomorphisme est $\left\{\begin{array}{ccc} \mathbb{K} & \longrightarrow & \mathcal{H} \\ \lambda & \longmapsto & \lambda\,\mathrm{id}_E \end{array}\right.$. Les lemmes précédents montrent pour l'essentiel qu'il s'agit bien d'un morphisme d'algèbres. Il est bien surjectif par définition d'une homothétie. Pour montrer qu'il est injectif, on observe que comme $\dim(E) \geqslant 1$, il existe un vecteur $u \in E \setminus \{0_E\}$. Le noyau du morphisme précédent est $\{\lambda \in \mathbb{K},\ \lambda\,\mathrm{id}_E = 0_{\mathcal{L}(E)}\}$ qui est inclus dans $\{\lambda \in \mathbb{K},\ \lambda\,\mathrm{id}_E(u) = 0_E\} = \{\lambda \in \mathbb{K},\ \lambda = 0\} = \{0\}$ car $u \neq 0_E$.

Proposition 14

Toute homothétie commute avec tout endomorphisme.

7. Les homothéties sont donc une généralisation naïve des « fonctions linéaires » du collège, quand les applications linéaires en sont une généralisation plus naturelle.

DÉMONSTRATION

Cela résulte immédiatement de la compatibilité de $\cdot$ avec $\circ$ et du fait que id_E est neutre pour $\circ$.

On montrera dans l'exercice 13.8 qu'en réalité, les homothéties sont les seuls endomorphismes ayant cette propriété.

5.2 Endomorphismes nilpotents - Complément

On évoque rapidement les endomorphismes nilpotents, notamment pour leur lien avec les matrices nilpotentes qui sera mis en évidence dans le théorème 2.

Définition 10

$f \in \mathcal{L}(E)$ est dit *nilpotent* lorsqu'il existe $k \in \mathbb{N}$ tel que $f^k = 0_{\mathcal{L}(E)}$.
L'unique entier N tel que $f^{N-1} \neq 0_{\mathcal{L}(E)}$ et $f^N = 0_{\mathcal{L}(E)}$ s'appelle *l'indice de nilpotence* de f.

Remarque 8

L'endomorphisme nul $0_{\mathcal{L}(E)}$ est nilpotent : c'est l'unique endomorphisme nilpotent d'indice de nilpotence 1.

Exemple 20

L'endomorphisme Φ de l'exemple 3 est nilpotent d'indice de nilpotence 2 puisqu'on a $\Phi \neq 0_{\mathcal{L}(E)}$ et $\Phi \circ \Phi = 0_{\mathcal{L}(E)}$.

Remarquons que l'application « image » $\mathrm{Im} = a + \mathbf{i}b \mapsto b$ est l'incarnation « complexe » de cet endomorphisme.

Exemple 21

Considérons $E = \mathbb{K}^2$ et $f : \left\{ \begin{array}{ccc} \mathbb{K}^3 & \longrightarrow & \mathbb{K}^3 \\ \begin{pmatrix} x \\ y \\ z \end{pmatrix} & \longmapsto & \begin{pmatrix} -2x-3y+z \\ x+2y \\ -x-2y \end{pmatrix} \end{array} \right.$.

Montrons que f est nilpotente.

En exploitant la reformulation du théorème 2, on réécrit f sous la forme

$$f = \begin{pmatrix} x \\ y \\ z \end{pmatrix} \mapsto A \begin{pmatrix} x \\ y \\ z \end{pmatrix} \text{ où } A = \begin{pmatrix} -2 & -3 & 1 \\ 1 & 2 & 0 \\ -1 & -2 & 0 \end{pmatrix}.$$

Par suite on a $f \circ f \begin{pmatrix} x \\ y \\ z \end{pmatrix} = A^2 \begin{pmatrix} x \\ y \\ z \end{pmatrix}$ et $f \circ f \circ f \begin{pmatrix} x \\ y \\ z \end{pmatrix} = A^3 \begin{pmatrix} x \\ y \\ z \end{pmatrix}$. Or $A^2 = \begin{pmatrix} 0 & -2 & -2 \\ 0 & 1 & 1 \\ 0 & -1 & -1 \end{pmatrix}$ et $A^3 = \begin{pmatrix} 0 & 0 & 0 \\ 0 & 0 & 0 \\ 0 & 0 & 0 \end{pmatrix}$. Ainsi f est nilpotent d'indice de nilpotence 3.

Exemple 22

La dérivation est un endomorphisme nilpotent de $\mathbb{K}_n[X]$ d'indice de nilpotence $n+1$.

⚠ La dérivation n'est pas un endomorphisme nilpotent de $\mathbb{K}[X]$.

Supposons en effet qu'elle le soit. Il existerait alors k tel que $\partial^k = 0_{\mathcal{L}(\mathbb{K}[X])}$. On a alors $0 = \partial^k(X^k) = k! \neq 0$, ce qui est une contradiction.

On verra dans le problème de fin de chapitre comment majorer l'indice de nilpotence d'un endomorphisme nilpotent.

5.3 Projection

On commence par un exemple visuel pour $\mathbb{K} = \mathbb{R}$, $E = \mathbb{R}^3$. Le lecteur connaît peut-être déjà certaines projections orthogonales[8] ; il s'agit ici de généraliser. Étant donnés deux sous-espaces supplémentaires F et G, on peut définir la projection sur F parallèlement à G. Sur le dessin, F est un plan et G une droite. On garde ici la terminologie et les notations introduites au chapitre 6. Pour obtenir le projeté d'un vecteur $u = \overrightarrow{OM}$ sur F parallèlement à G, on trace la droite passant par M et parallèle à G : le point N d'intersection de cette droite et de F est tel que le projeté de u sur F parallèlement à G est $\overrightarrow{ON}$. De même, pour obtenir le projeté de u sur G parallèlement à F, on intersecte le plan parallèle à F passant par M et G.

8. L'orthogonalité relève de la structure euclidienne. Cette question sera traitée dans C. Antonini, *Algèbre. 2e année*, De Boeck (2013).

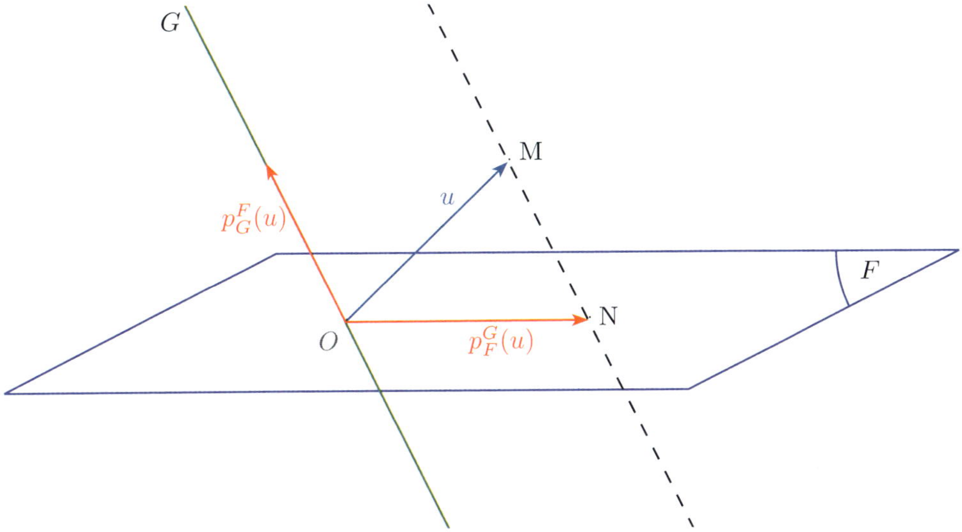

Proposition-Définition 5

Soient F et G deux sous-espaces supplémentaires de E. Il existe un unique endomorphisme $p = p_F^G$ de E tel que $p_{|F} = \mathrm{id}_F$ et $p_{|G} = 0_G$.

On l'appelle *projection vectorielle sur F parallèlement à G*, ou plus simplement *projection sur F parallèlement à G*.

DÉMONSTRATION

Comme F et G sont des sous-espaces de E, on cherche un $p \in \mathcal{L}(E, E)$ dont les restrictions à F et G sont connues, et d'après le théorème 5, il en existe un unique.

Rendons cette définition un peu plus explicite :

Proposition-Définition 5

Soit $F \oplus G = E$ une somme directe. On appelle *projection sur F parallèlement à G* l'application : $p_F^G : \begin{cases} E = F \oplus G & \longrightarrow & E \\ x = x_F + x_G & \longmapsto & x_F \end{cases}$.

C'est un endomorphisme.

Exemple 23

Considérons $E = \mathbb{K}^2$. On sait qu'on a $\Delta \oplus (Ox) = \mathbb{K}^2$, où $\Delta = \mathrm{Vect}\left(\begin{pmatrix} 1 \\ 1 \end{pmatrix}\right)$ et $(Ox) = \mathrm{Vect}\left(\begin{pmatrix} 1 \\ 0 \end{pmatrix}\right)$.

Cherchons l'expression analytique de la projection sur Δ parallèlement à (Ox).

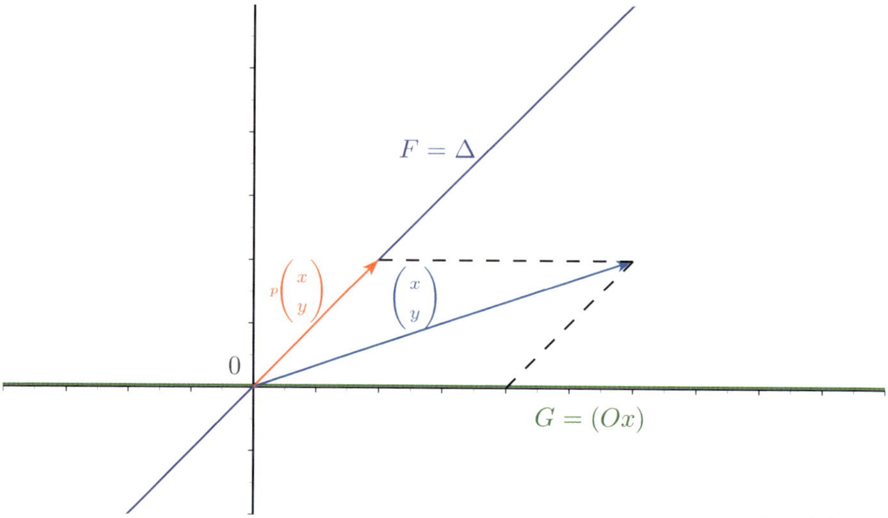

Notons $p = p_{\Delta}^{(Ox)}$ cette projection. On sait qu'on a, pour $\begin{pmatrix} x \\ y \end{pmatrix} \in \mathbb{K}^2$, $\left\{\begin{array}{l} p\begin{pmatrix} x \\ y \end{pmatrix} \in \Delta, \text{ et} \\ \begin{pmatrix} x \\ y \end{pmatrix} - p\begin{pmatrix} x \\ y \end{pmatrix} \in (Ox) \end{array}\right.$.

C'est-à-dire qu'il existe $t \in \mathbb{K}$ et $s \in \mathbb{K}$ tels que : $\left\{\begin{array}{l} p\begin{pmatrix} x \\ y \end{pmatrix} = \begin{pmatrix} t \\ t \end{pmatrix}, \text{ et} \\ \begin{pmatrix} x \\ y \end{pmatrix} - p\begin{pmatrix} x \\ y \end{pmatrix} = \begin{pmatrix} s \\ 0 \end{pmatrix} \end{array}\right.$.

En réinjectant la première égalité dans la seconde on obtient $\begin{pmatrix} x - t \\ y - t \end{pmatrix} = \begin{pmatrix} s \\ 0 \end{pmatrix}$ et donc $t = y$ (et $s = x - t = x - y$).

En conclusion on a $p\begin{pmatrix} x \\ y \end{pmatrix} = \begin{pmatrix} y \\ y \end{pmatrix}$.

Remarquons qu'on a aussi l'expression analytique de $q = p_{(Ox)}^{\Delta}$: $q\begin{pmatrix} x \\ y \end{pmatrix} = \begin{pmatrix} x - y \\ 0 \end{pmatrix}$.

Bien évidemment, on a ici détaillé à l'extrême un raisonnement pouvant être mené mentalement et instantanément par contemplation du dessin.

Exemples 24 Considérons $\mathbb{K} = \mathbb{R}$ et $E = \mathbb{C}$, vu comme $\mathbb{R}$-espace vectoriel.

- Re est la projection sur $\mathbb{R}$ parallèlement à $i\mathbb{R}$.
- **i**Im est la projection sur $i\mathbb{R}$ parallèlement à $\mathbb{R}$.
- Attention, Im n'est pas une projection mais un endomorphisme nilpotent.

Exemple 25

Considérons $\mathbb{K} = \mathbb{R}$ et $E = \mathbb{R}^{\mathbb{R}}$.

L'application « partie paire » $f \mapsto P(f) = x \mapsto \frac{f(x)+f(-x)}{2}$ est la projection sur l'espace des fonctions paires $\mathcal{P}$ parallèlement à l'espace des fonctions impaires $\mathcal{I}$.

Cela résulte de la démonstration p. 632.

Les exemples précédents mettent en évidence certaines propriétés immédiates des projections.

Proposition 15 (Propriétés immédiates des projections)

Soient F et G deux sous-espaces supplémentaires de E. Alors on a

1. $\mathrm{Ker}(p_F^G) = G$;
2. $\mathrm{Im}(p_F^G) = F$;
3. $p_G^F = \mathrm{id}_E - p_F^G$;
4. $p_G^F \circ p_F^G = 0_{\mathcal{L}(E)}$;
5. $p_F^G \circ p_F^G = p_F^G$.

DÉMONSTRATION

Il suffit à chaque fois d'écrire la définition !

1. Soit $x = \underbrace{x_F}_{\in F} + \underbrace{x_G}_{\in G} \in E$.

   $x \in \mathrm{Ker}(p_F^G) \Leftrightarrow p_F^G(x) = 0_E \Leftrightarrow x_F = 0_E \Leftrightarrow x = x_G \Leftrightarrow x \in G$. D'où l'égalité.

2. Soit $y \in E$.
   $y \in \mathrm{Im}(p_F^G) \Leftrightarrow \exists x = \underbrace{x_F}_{\in F} + \underbrace{x_G}_{\in G} \in E,\ p_F^G(x) = y \Leftrightarrow \exists x_F \in F,\ x_F = y \Leftrightarrow y \in F$.
   D'où l'égalité.

3. Soit $x = \underbrace{x_F}_{\in F} + \underbrace{x_G}_{\in G} \in E$.

   On a $p_G^F(x) = p_G^F(x_G + x_F) = x_G$.
   On a $\mathrm{id}_E(x) - p_F^G(x) = \mathrm{id}_E(x_F + x_G) - p_F^G(x_F + x_G) = x_F + x_G - x_F = x_G$.
   Ceci étant vrai pour tout vecteur x de E, on a bien l'égalité.

4. Soit $x = \underbrace{x_F}_{\in F} + \underbrace{x_G}_{\in G} \in E$.

   On a $p_G^F\big(p_F^G(x)\big) = p_G^F\big(p_F^G(x_G + x_F)\big) = p_G^F(x_F) = p_G^F(\underbrace{0_G}_{\in G} + \underbrace{x_F}_{\in F}) = 0_G = 0_E$.
   Ceci étant vrai pour tout vecteur x de E, on a bien l'égalité.

5. Soit $x = \underbrace{x_F}_{\in F} + \underbrace{x_G}_{\in G} \in E$.

   On a $p_F^G\big(p_F^G(x)\big) = p_F^G\big(p_F^G(x_G + x_F)\big) = p_F^G(x_F) = p_F^G(\underbrace{x_F}_{\in F} + \underbrace{0_G}_{\in G}) = x_F = p_F^G(x)$.
   Ceci étant vrai pour tout vecteur x de E, on a bien l'égalité.

Remarque 9

En particulier, il résulte des trois premières propriétés que, si p est une projection, alors c'est la projection sur $\mathrm{Im}(p) = \mathrm{Ker}(\mathrm{id}_E - p)$ parallèlement à $\mathrm{Ker}(p) = \mathrm{Im}(\mathrm{id}_E - p)$.

Ces propriétés montrent en particulier que les projections sont des applications *idempotentes*, au sens suivant :

Définition 11

Soit A un ensemble et $f : A \longrightarrow A$.

On dit que f est *idempotente* lorsqu'on a $f \circ f = f$.

Spectaculairement, la réciproque est vraie :

Proposition 16

Si p est un endomorphisme idempotent, alors p est une projection.

DÉMONSTRATION

Supposons $p \circ p = p$ et montrons que p est une projection. D'après la remarque 9, on veut démontrer que p est la projection sur $\mathrm{Im}(p)$ parallèlement à $\mathrm{Ker}(p)$.

Il y a donc trois choses à montrer : $\begin{cases} \mathrm{Im}(p) \oplus \mathrm{Ker}(p) = E \\ p_{|\,\mathrm{Ker}(p)} = 0_{\mathcal{L}(\mathrm{Ker}(p))} \\ p_{|\mathrm{Im}(p)} = \mathrm{id}_{\mathrm{Im}(p)} \end{cases}$.

1. Montrons qu'on a $\mathrm{Im}(p) \oplus \mathrm{Ker}(p) = E$. Soit $x \in E$. Il s'agit de montrer qu'il existe un unique couple $(y, z) \in \mathrm{Im}(p) \times \mathrm{Ker}(p)$ tel que $x = y + z$. Procédons par analyse-synthèse.

   Analyse : Soit (y, z) un couple convenable.
   Par définition de $\mathrm{Im}(p)$, il existe $v \in E$ tel que $y = p(v)$. On a donc $x = p(v) + z$, et en appliquant p, on trouve $p(x) = p(p(v)) + p(z)$. Or $z \in \mathrm{Ker}(p)$ donc $p(z) = 0_E$ et p est idempotent donc $p(p(v)) = p(v) = y$. On a donc $y = p(x)$, et par suite $z = x - p(x)$. On a un unique candidat pour le couple (y, z).

   Synthèse : Vérifions que ce candidat convient bien. On a bien $y \in \mathrm{Im}(p)$ puisque c'est l'image de x. On a bien $y + z = x$ par définition.
   Enfin, on a $p(z) = p\big(x - p(x)\big) \underbrace{=}_{\text{par linéarité}} p(x) - p\big(p(x)\big) \underbrace{=}_{\text{par hypothèse}} p(x) - p(x) = 0_E$
   et donc on a bien $z \in \mathrm{Ker}(p)$. L'unique candidat trouvé convient bien.

Conclusion : On a bien $\mathrm{Im}(p) \oplus \mathrm{Ker}(p) = E$.

2. L'égalité $p_{|\,\mathrm{Ker}(p)} = 0_{\mathcal{L}(\mathrm{Ker}(p))}$ est tautologique par définition des noyaux.

3. Soit $y \in \mathrm{Im}(p)$. Par définition de $\mathrm{Im}(p)$, il existe $v \in E$ tel que $y = p(v)$. On a donc $p(y) = p\big(p(v)\big) = p(v) = y$ par hypothèse. Donc $p_{|\mathrm{Im}(p)} = \mathrm{id}_{\mathrm{Im}(p)}$.

Remarque 10

On a ici encore détaillé à l'extrême un raisonnement **qui doit pouvoir se faire immédiatement par contemplation du dessin p. 759** ! Il **doit** paraître évident au lecteur que la seule décomposition possible de $x \in E$ dans l'éventuelle somme directe $\mathrm{Ker}(p) \oplus \mathrm{Im}(p) = E$ doit être $x = (x - p(x)) + p(x)$. Ainsi, pour montrer que $\mathrm{Ker}(p)$ et $\mathrm{Im}(p)$ sont supplémentaires, on aurait pu directement, sans mener l'analyse, vérifier qu'on a bien $x - p(x) \in \mathrm{Ker}(p)$ et $p(x) \in \mathrm{Im}(p)$, ce qui aurait permis de conclure $\mathrm{Ker}(p) + \mathrm{Im}(p) = E$. Attention, il aurait alors fallu vérifier $\mathrm{Ker}(p) \cap \mathrm{Im}(p) = \{0_E\}$.

En corollaire des propositions 15 et 16, on a donc :

Théorème 9

Les projections sont exactement les endomorphismes idempotents.

Application 3

L'application $p : \left\{ \begin{array}{ccc} \mathbb{K}^2 & \longrightarrow & \mathbb{K}^2 \\ \begin{pmatrix} x \\ y \end{pmatrix} & \longmapsto & \begin{pmatrix} \frac{x+y}{2} \\ \frac{x+y}{2} \end{pmatrix} \end{array} \right.$ est clairement linéaire d'après le théorème 2.

Montrons que p est une projection et précisons la somme directe associée.

Pour $\begin{pmatrix} x \\ y \end{pmatrix} \in \mathbb{K}^2$, on a $(p \circ p)\begin{pmatrix} x \\ y \end{pmatrix} = p\begin{pmatrix} \frac{x+y}{2} \\ \frac{x+y}{2} \end{pmatrix} = \begin{pmatrix} \frac{x+y}{2} \\ \frac{x+y}{2} \end{pmatrix} = p\begin{pmatrix} x \\ y \end{pmatrix}$.

Ainsi p est un endomorphisme idempotent, c'est donc bien une projection !

Précisons la somme directe associée.

On a : $\mathrm{Im}(p) = \left\{ \begin{pmatrix} \frac{x+y}{2} \\ \frac{x+y}{2} \end{pmatrix}, \begin{pmatrix} x \\ y \end{pmatrix} \in \mathbb{K}^2 \right\} = \mathrm{Vect}\left(\begin{pmatrix} \frac{1}{2} \\ \frac{1}{2} \end{pmatrix}, \begin{pmatrix} \frac{1}{2} \\ \frac{1}{2} \end{pmatrix} \right) = \mathrm{Vect}\left(\begin{pmatrix} 1 \\ 1 \end{pmatrix} \right)$.

Il s'agit de la première bissectrice Δ.

Et : $\mathrm{Ker}(p) = \left\{ \begin{pmatrix} x \\ y \end{pmatrix} \in \mathbb{K}^2, \begin{pmatrix} \frac{x+y}{2} \\ \frac{x+y}{2} \end{pmatrix} = \begin{pmatrix} 0 \\ 0 \end{pmatrix} \right\} = \left\{ \begin{pmatrix} x \\ y \end{pmatrix}, \; y = -x \right\}$.

Il s'agit de la seconde bissectrice Δ'.

En conclusion : p est la projection sur Δ parallèlement à Δ'.

Application 4

L'application $p : \left\{\begin{array}{ccc} \mathcal{M}_n(\mathbb{K}) & \longrightarrow & \mathcal{M}_n(\mathbb{K}) \\ M & \longmapsto & \dfrac{M + {}^tM}{2} \end{array}\right.$ est clairement linéaire par linéarité de l'identité et de la transposition. Montrons que p est une projection et précisons la somme directe associée.

Montrons que p est idempotent. Pour $M \in \mathcal{M}_n(\mathbb{K})$, on a :

$$\begin{aligned}(p \circ p)(M) &= p\left(\frac{M + {}^tM}{2}\right) \\ &= \frac{1}{2}\big(p(M) + p({}^tM)\big) \\ &= \frac{1}{2}\left(\frac{M + {}^tM}{2} + \frac{{}^tM + {}^t({}^tM)}{2}\right) \\ &= \frac{1}{2}\left(\frac{M + {}^tM}{2} + \frac{{}^tM + M}{2}\right) \\ &= \frac{1}{2}(M + {}^tM) = p(M).\end{aligned}$$

Ainsi p est un endomorphisme idempotent, c'est donc bien une projection !

Précisons la somme directe associée.

On a : $\mathrm{Im}(p) = \mathrm{Im}(2p) = \{M + {}^tM,\ M \in \mathcal{M}_n(\mathbb{K})\}$.

Il s'agit de l'espace $\mathcal{S}_n(\mathbb{K}) = \{S \in \mathcal{M}_n(\mathbb{K}),\ {}^tS = S\}$ des matrices *symétriques*, qui ont fait l'objet de l'exercice 12.9 du chapitre 12. Voici pourquoi : si $S \in \mathcal{S}_n(\mathbb{K})$, alors $S = {}^tS$ donc $S = \dfrac{S + {}^tS}{2} \in \mathrm{Im}(2p)$; réciproquement si $S \in \mathrm{Im}(2p)$, alors S peut sécrire $S = M + {}^tM$ et donc ${}^tS = {}^t(M + {}^tM) = {}^tM + M = S$ et $S \in \mathcal{S}_n(\mathbb{K})$.

Enfin $\mathrm{Ker}(p) = \mathrm{Ker}(2p) = \{M \in \mathcal{M}_n(\mathbb{K}),\ M + {}^tM = O\} = \{M \in \mathcal{M}_n(\mathbb{K}),\ {}^tM = -M\}$. Il s'agit de l'espace $\mathcal{A}_n(\mathbb{K})$ des matrices *antisymétriques* (voir l'exercice 12.9 du chapitre 12).

En conclusion : p est la projection sur $\mathcal{S}_n(\mathbb{K})$ parallèlement à $\mathcal{A}_n(\mathbb{K})$.

5.4 Symétries

On commence par reprendre l'exemple visuel pour $\mathbb{K} = \mathbb{R}$, $E = \mathbb{R}^3$ donné pour les projections.

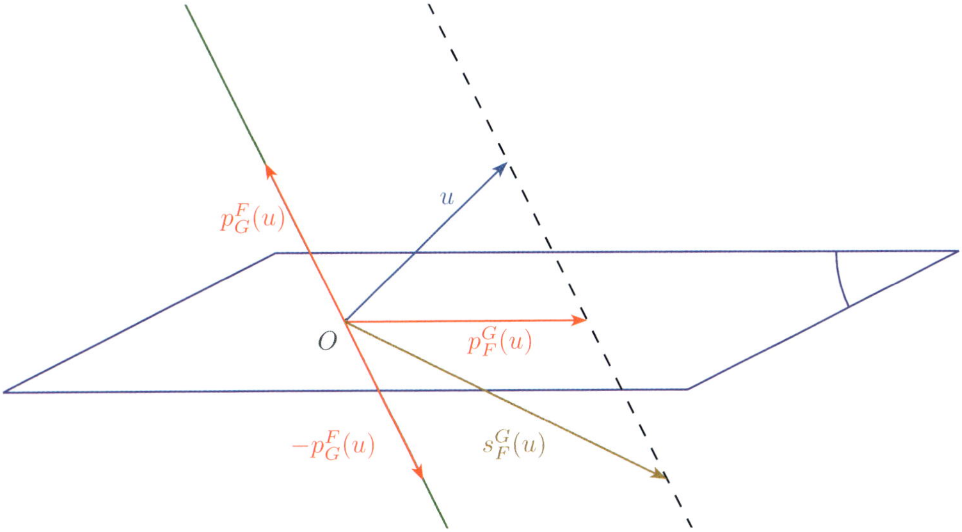

On peut définir les symétries ainsi :

Proposition-Définition 6

Soient F et G deux sous-espaces supplémentaires de E. Il existe un unique endomorphisme $s = s_F^G$ de E tel que $s_{|F} = \mathrm{id}_F$ et $s_{|G} = -\mathrm{id}_G$.
On l'appelle *symétrie vectorielle par rapport à F parallèlement à G*, ou plus simplement *symétrie par rapport à F parallèlement à G*.

Ou plus explicitement :

Proposition-Définition 6

Soit $F \oplus G = E$ une somme directe. On appelle *symétrie par rapport à F parallèlement à G* l'application : $s_F^G : \begin{cases} E = F \oplus G & \longrightarrow & E \\ x = x_F + x_G & \longmapsto & x_F - x_G \end{cases}$.
C'est un endomorphisme.

Exemple 26
Considérons $\mathbb{K} = \mathbb{R}$ et $E = \mathbb{C}$, vu comme $\mathbb{R}$-espace vectoriel. La conjugaison est la symétrie par rapport à $\mathbb{R}$ parallèlement à $i\mathbb{R}$.

Exemple 27
Les deux vecteurs $\begin{pmatrix} 2 \\ 3 \end{pmatrix}$ et $\begin{pmatrix} -3 \\ 2 \end{pmatrix}$ étant non colinéaires et $\mathbb{K}^2$ de dimension 2, ils forment une base de $\mathbb{K}^2$. Autrement dit, on a $\mathrm{Vect}\left(\begin{pmatrix} 2 \\ 3 \end{pmatrix}\right) \oplus \mathrm{Vect}\left(\begin{pmatrix} -3 \\ 2 \end{pmatrix}\right) = E$.

Déterminons l'expression explicite de la symétrie s par rapport à Vect $\left(\begin{pmatrix}2\\3\end{pmatrix}\right)$ parallèlement à Vect $\left(\begin{pmatrix}-3\\2\end{pmatrix}\right)$.

Cette symétrie est $\begin{pmatrix}x\\y\end{pmatrix} = \lambda\begin{pmatrix}2\\3\end{pmatrix} + \mu\begin{pmatrix}-3\\2\end{pmatrix} \mapsto \lambda\begin{pmatrix}2\\3\end{pmatrix} - \mu\begin{pmatrix}-3\\2\end{pmatrix}$.

On résout : $\begin{pmatrix}x\\y\end{pmatrix} = \lambda\begin{pmatrix}2\\3\end{pmatrix} + \mu\begin{pmatrix}-3\\2\end{pmatrix} \Leftrightarrow \begin{cases} 2\lambda - 3\mu = x \\ 3\lambda + 2\mu = y \end{cases} \Leftrightarrow \begin{cases} \lambda = \frac{2x+3y}{13} \\ \mu = \frac{2y-3x}{13} \end{cases}$.

Donc $s\begin{pmatrix}x\\y\end{pmatrix} = \frac{2x+3y}{13}\begin{pmatrix}2\\3\end{pmatrix} - \frac{2y-3x}{13}\begin{pmatrix}-3\\2\end{pmatrix} = \frac{1}{13}\begin{pmatrix}-5x+12y\\12x+5y\end{pmatrix}$.

Proposition 17 (Propriétés immédiates des symétries)

Soit F et G deux sous-espaces supplémentaires de E. Alors on a

1. $\operatorname{Ker}(s_F^G - \mathrm{id}_E) = \operatorname{Im}(s_F^G + \mathrm{id}_E) = F$;
2. $\operatorname{Ker}(s_F^G + \mathrm{id}_E) = \operatorname{Im}(s_F^G - \mathrm{id}_E) = G$;
3. $s_G^F = -s_F^G$;
4. $s_F^G = p_F^G - p_G^F$;
5. $p_F^G = \dfrac{s_F^G + \mathrm{id}_E}{2}$;
6. $s_F^G \circ s_F^G = \mathrm{id}_E$.

Démonstration

Là encore, ces propriétés sont immédiates et on invite **vivement** le lecteur à essayer de les établir par lui-même. Il est **indispensable** que la lecture du dessin p. 765 rende évidentes les propriétés 3, 4, 5, 6.

1. Soit $x = \underbrace{x_F}_{\in F} + \underbrace{x_G}_{\in G} \in E$.

   On a : $x \in \operatorname{Ker}(s_F^G - \mathrm{id}_E) \Leftrightarrow s_F^G(x) = x \Leftrightarrow x_F - x_G = x_F + x_G \Leftrightarrow x_G = 0_E \Leftrightarrow x \in F$.
   Et : $x \in \operatorname{Im}(s_F^G + \mathrm{id}_E) \Leftrightarrow x \in \operatorname{Im}\left(\dfrac{s_F^G + \mathrm{id}_E}{2}\right) \Leftrightarrow \exists y \in E,\ x = \dfrac{s_F^G(y) + y}{2}$
   $\Leftrightarrow \exists y_F \in F,\ \exists y_G \in G,\ x = y_F \Leftrightarrow x \in F$.

   D'où les deux égalités.

2. Soit $x = \underbrace{x_F}_{\in F} + \underbrace{x_G}_{\in G} \in E$.

   On a : $x \in \operatorname{Ker}(s_F^G + \mathrm{id}_E) \Leftrightarrow s_F^G(x) = -x \Leftrightarrow x_F - x_G = -x_F - x_G \Leftrightarrow x_F = 0_E \Leftrightarrow x \in G$.
   Et : $x \in \operatorname{Im}(s_F^G - \mathrm{id}_E) \Leftrightarrow x \in \operatorname{Im}\left(\dfrac{-s_F^G + \mathrm{id}_E}{2}\right)$

$$\Leftrightarrow \exists y \in E,\ x = \frac{-s_F^G(y) + y}{2} \Leftrightarrow \exists y_F \in F,\ \exists y_G \in G,\ x = y_G \Leftrightarrow x \in G.$$

D'où les deux égalités.

3. Soit $x = \underbrace{x_F}_{\in F} + \underbrace{x_G}_{\in G} \in E$.

   On a $s_G^F(x) = x_G - x_F$.

   On a $-s_F^G(x) = -(x_F - x_G) = x_G - x_F$.

   Ceci étant vrai pour tout vecteur x de E, on a bien l'égalité.

4. Soit $x = \underbrace{x_F}_{\in F} + \underbrace{x_G}_{\in G} \in E$.

   On a $x_F = p_F^G(x)$ et $x_G = p_G^F(x)$, donc $s_G^F(x) = x_F - x_G = p_F^G(x) - p_G^F(x)$.

   Ceci étant vrai pour tout vecteur x de E, on a bien l'égalité.

5. Soit $x = \underbrace{x_F}_{\in F} + \underbrace{x_G}_{\in G} \in E$.

   On a $s_G^F(x) + \mathrm{id}_E(x) = x_F - x_G + x_F + x_G = 2x_F$ et donc $\dfrac{s_F^G + \mathrm{id}_E}{2}(x) = p_F^G(x)$.

   Ceci étant vrai pour tout vecteur x de E, on a bien l'égalité.

6. Soit $x = \underbrace{x_F}_{\in F} + \underbrace{x_G}_{\in G} \in E$.

   On a $s_F^G\big(s_F^G(x)\big) = s_F^G(x_F - x_G) = s_F^G\big(\underbrace{x_F}_{\in F} + \underbrace{(-x_G)}_{\in G}\big) = x_F - (-x_G) = x_F + x_G = x$.

   Ceci étant vrai pour tout vecteur x de E, on a bien l'égalité.

Remarque 11

En particulier, si s est une symétrie, alors c'est la symétrie par rapport au sous-espace $\mathrm{Ker}(s - \mathrm{id}_E) = \mathrm{Im}(s + \mathrm{id}_E)$ parallèlement au sous-espace $\mathrm{Ker}(s + \mathrm{id}_E) = \mathrm{Im}(s - \mathrm{id}_E)$.

Ces propriétés montrent en particulier que les symétries sont des applications *involutives*, au sens suivant :

Définition 12

Soit A un ensemble et $f : A \longrightarrow A$.

On dit que f est *involutive*, ou est *une involution* lorsqu'on a $f \circ f = \mathrm{id}_A$, c'est-à-dire lorsque f est sa propre application réciproque.

La réciproque est vraie !

Proposition 18

Si s est un endomorphisme involutif, alors s est une symétrie.

Démonstration

Supposons $s \circ s = \mathrm{id}_E$ et montrons que s est une symétrie. D'après la remarque 11, on veut démontrer que s est la projection sur $\mathrm{Ker}(s - \mathrm{id}_E)$ parallèlement à $\mathrm{Ker}(s + \mathrm{id}_E)$.

Il y a donc trois choses à montrer : $\begin{cases} \mathrm{Ker}(s - \mathrm{id}_E) \oplus \mathrm{Ker}(s + \mathrm{id}_E) = E \\ s_{|\,\mathrm{Ker}(s-\mathrm{id}_E)} = \mathrm{id}_{\mathrm{Ker}(s-\mathrm{id}_E)} \\ s_{|\,\mathrm{Ker}(s+\mathrm{id}_E)} = -\,\mathrm{id}_{\mathrm{Ker}(s+\mathrm{id}_E)} \end{cases}$.

Montrons qu'on a $\mathrm{Ker}(s - \mathrm{id}_E) \oplus \mathrm{Ker}(s + \mathrm{id}_E) = E$. Soit $x \in E$. Il s'agit de montrer qu'il existe un unique couple $(y, z) \in \mathrm{Ker}(s - \mathrm{id}_E) \times \mathrm{Ker}(s + \mathrm{id}_E) = E$ tel que $x = y + z$. Procédons par analyse-synthèse.

Analyse : Soit (y, z) un couple convenable. Par définition d'un noyau on a $(s - \mathrm{id}_E)(y) = 0$, *i. e.* $s(y) = y$, et de même $(s + \mathrm{id}_E)(z) = 0$, *i. e.* $s(z) = -z$. En appliquant s à l'égalité $x = y + z$, on trouve $s(x) = y - z$. Par somme et différence il vient $y = \dfrac{x + s(x)}{2}$ et $z = \dfrac{x - s(x)}{2}$.

Synthèse : Vérifions que ce candidat convient bien. On a bien $y + z = x$ par définition.

$$\text{On a : } s(y) = s\left(\frac{x + s(x)}{2}\right) \underbrace{=}_{\text{linéarité}} \frac{1}{2}\Big(s(x) + s\big(s(x)\big)\Big) \underbrace{=}_{\text{hypothèse}} \frac{1}{2}\big(s(x) + x\big) = y,$$

c'est-à-dire $y \in \mathrm{Ker}(s - \mathrm{id}_E)$, et on a aussi :

$$s(z) = s\left(\frac{x - s(x)}{2}\right) \underbrace{=}_{\text{linéarité}} \frac{1}{2}(s(x) - s(s(x))) \underbrace{=}_{\text{hypothèse}} \frac{1}{2}(s(x) - x) = -z,$$

c'est-à-dire $z \in \mathrm{Ker}(s + \mathrm{id}_E)$. L'unique candidat trouvé convient bien.

Conclusion : On a bien $\mathrm{Ker}(s - \mathrm{id}_E) \oplus \mathrm{Ker}(s + \mathrm{id}_E) = E$.

Les deux égalités restantes sont tautologiques.

Remarque 12

On a ici encore détaillé à l'extrême un raisonnement **qui doit pouvoir se faire immédiatement par contemplation du dessin p. 765** ! Il **doit** paraître évident au lecteur que la seule décomposition possible de $x \in E$ dans l'éventuelle somme directe $\mathrm{Ker}(s - \mathrm{id}_E) \oplus \mathrm{Ker}(s + \mathrm{id}_E) = E$ doit être $x = \dfrac{x + s(x)}{2} + \dfrac{x - s(x)}{2}$. Ainsi, pour montrer que $\mathrm{Ker}(s - \mathrm{id}_E)$ et $\mathrm{Ker}(s + \mathrm{id}_E)$ sont supplémentaires, on aurait pu directement, sans mener l'analyse, vérifier que cette décomposition convient bien, ce qui aurait permis de conclure $\mathrm{Ker}(s - \mathrm{id}_E) + \mathrm{Ker}(s + \mathrm{id}_E) = E$. Attention, il aurait alors fallu vérifier $\mathrm{Ker}(p) \cap \mathrm{Im}(p) = \{0_E\}$.

En corollaire des propositions 17 et 18, on a donc :

Théorème 10

Les symétries sont exactement les endomorphismes involutifs.

Exemple 28

$f : \left\{\begin{array}{ccc} \mathbb{K}^2 & \longrightarrow & \mathbb{K}^2 \\ \begin{pmatrix} x \\ y \end{pmatrix} & \longmapsto & \begin{pmatrix} \frac{x+y}{\sqrt{2}} \\ \frac{x-y}{\sqrt{2}} \end{pmatrix} \end{array}\right.$ est un endomorphisme de $\mathbb{K}^2$ d'après le théorème 2 : on peut en effet écrire $f\begin{pmatrix} x \\ y \end{pmatrix} = S \times \begin{pmatrix} x \\ y \end{pmatrix}$ où $S = \dfrac{1}{\sqrt{2}}\begin{pmatrix} 1 & 1 \\ 1 & -1 \end{pmatrix}$. Observons qu'on a $(f \circ f)\begin{pmatrix} x \\ y \end{pmatrix} = S^2 \times \begin{pmatrix} x \\ y \end{pmatrix}$ et en posant le produit matriciel on trouve $S^2 = I_2$.

Ainsi f est involutive ! C'est donc une symétrie.

On a : $\operatorname{Ker}(f - \mathrm{id}) = \left\{\begin{pmatrix} x \\ y \end{pmatrix}, \left\{\begin{array}{l} x + y = \sqrt{2}x \\ x - y = \sqrt{2}y \end{array}\right.\right\} = \operatorname{Vect}\left(\begin{pmatrix} 1+\sqrt{2} \\ 1 \end{pmatrix}\right)$.

Et : $\operatorname{Ker}(f + \mathrm{id}) = \left\{\begin{pmatrix} x \\ y \end{pmatrix}, \left\{\begin{array}{l} x + y = -\sqrt{2}x \\ x - y = -\sqrt{2}y \end{array}\right.\right\} = \operatorname{Vect}\left(\begin{pmatrix} 1-\sqrt{2} \\ 1 \end{pmatrix}\right)$.

f est la symétrie par rapport à $\operatorname{Vect}\left(\begin{pmatrix} 1+\sqrt{2} \\ 1 \end{pmatrix}\right)$ parallèlement à $\operatorname{Vect}\left(\begin{pmatrix} 1-\sqrt{2} \\ 1 \end{pmatrix}\right)$.

Exemple 29

Considérons $\mathbb{K} = \mathbb{R}$ et $E = \mathbb{R}^{\mathbb{R}}$. L'application $\Phi : \left\{\begin{array}{ccc} \mathbb{R}^{\mathbb{R}} & \longrightarrow & \mathbb{R}^{\mathbb{R}} \\ f & \longmapsto & x \mapsto f(-x) \end{array}\right.$ est la symétrie par rapport au sous-espace $\mathcal{P}$ des fonctions paires parallèlement au sous-espace $\mathcal{I}$ des fonctions impaires. En effet, on vérifie immédiatement que Φ est linéaire et involutive, et qu'on a $\operatorname{Ker}(\Phi - \mathrm{id}_E) = \mathcal{P}$ et $\operatorname{Ker}(\Phi + \mathrm{id}_E) = \mathcal{I}$.

Exemple 30

Considérons $E = \mathcal{M}_n(\mathbb{K})$. La transposition est la symétrie par rapport à $\mathcal{S}_n(\mathbb{K})$ parallèlement à $\mathcal{A}_n(\mathbb{K})$. En effet, on sait que la transposition est involutive, et qu'on a $\mathcal{S}_n(\mathbb{K}) = \{S \in \mathcal{M}_n(\mathbb{K}),\ {}^tS - S = O\} = \operatorname{Ker}\left({}^t\cdot - \mathrm{id}_{\mathcal{M}_n(\mathbb{K})}\right)$
et $\mathcal{A}_n(\mathbb{K}) = \{A \in \mathcal{M}_n(\mathbb{K}),\ {}^tA + A = O\} = \operatorname{Ker}\left({}^t\cdot + \mathrm{id}_{\mathcal{M}_n(\mathbb{K})}\right)$.

Remarque 13

On retrouve bien avec les propriétés de la proposition 17 que $\left\{\begin{array}{ccc} \mathcal{M}_n(\mathbb{K}) & \longrightarrow & \mathcal{M}_n(\mathbb{K}) \\ M & \longmapsto & \frac{M+{}^tM}{2} \end{array}\right.$ est la projection sur $\mathcal{S}_n(\mathbb{K})$ parallèlement à $\mathcal{A}_n(\mathbb{K})$.

6 Applications linéaires en dimension finie

6.1 Théorème du rang

Théorème 11 (Théorème du rang)

Soit E un $\mathbb{K}$-ev de dimension finie, F un $\mathbb{K}$-ev et $f \in \mathcal{L}(E, F)$.
Alors $\dim\big(\mathrm{Ker}(f)\big) + \dim\big(\mathrm{Im}(f)\big) = \dim(E)$.
Ou encore : $\mathrm{rg}(f) = \dim(E) - \dim\big(\mathrm{Ker}(f)\big)$.

DÉMONSTRATION

C'est une conséquence immédiate du théorème de d'isomorphisme (théorème 6 p. 745). En effet, on sait que tout sous-espace de tout espace de dimension finie a un supplémentaire. En particulier, ici, $\mathrm{Ker}(f)$ a un supplémentaire S et d'après le théorème d'isomorphisme S et $\mathrm{Im}(f)$ sont isomorphes. Ils ont donc en particulier la même dimension.
Or on a $\dim\big(\mathrm{Im}(f)\big) = \mathrm{rg}(f)$ et $\dim(S) + \dim\big(\mathrm{Ker}(f)\big) = \dim(E)$,
donc $\dim(S) = \dim(E) - \dim\big(\mathrm{Ker}(f)\big)$. D'où le résultat.

Détaillons la démonstration précédente car cela nous sera utile dans le chapitre 14.

Notons $n = \dim(E)$.

On a déjà vu qu'on a $\dim\big(\mathrm{Im}(f)\big) = \mathrm{rg}(f) \leqslant \dim(E)$. Notons $r = \dim\big(\mathrm{Im}(f)\big)$.
On a $\mathrm{Ker}(f) \subset E$ donc $\dim\big(\mathrm{Ker}(f)\big) \leqslant \dim(E)$. Notons $s = \dim\big(\mathrm{Ker}(f)\big)$.
On a $r, s \leqslant n < +\infty$. Ainsi :
- $\mathrm{Ker}(f)$ a une base $(u_1, \dots, u_s)$;
- $\mathrm{Im}(f)$ a une base $\big(f(v_1), \dots, f(v_r)\big)$.

Montrons que $\mathcal{B} = (u_1, \dots, u_s, v_1, \dots, v_r)$ est une base de E.

Liberté : Soit $\lambda_1 u_1 + \cdots + \lambda_s u_s + \mu_1 v_1 + \cdots + \mu_r v_r = 0_E$ une CL nulle des vecteurs de $\mathcal{B}$. On applique f : $f(\lambda_1 u_1 + \cdots + \lambda_s u_s + \mu_1 v_1 + \cdots + \mu_r v_r) = f(0_E)$ ou encore, par linéarité : $\lambda_1 f(\underbrace{u_1}_{\in \mathrm{Ker}(f)}) + \cdots + \lambda_s f(\underbrace{u_s}_{\in \mathrm{Ker}(f)}) + \mu_1 f(v_1) + \cdots + \mu_r f(v_r) = 0_F$, c'est-à-dire, par définition d'un noyau : $\mu_1 f(v_1) + \cdots + \mu_r f(v_r) = 0_F$.
Par liberté de $\big(f(v_1), \dots, f(v_r)\big)$, on a $\mu_1 = \mu_2 = \cdots = \mu_r = 0$.
En réinjectant, on trouve $\lambda_1 u_1 + \cdots + \lambda_s u_s = 0_E$.
Par liberté de $(u_1, \dots, u_s)$, on a $\lambda_1 = \lambda_2 = \cdots = \lambda_s = 0$.
D'où la liberté.

Caractère générateur : Soit $x \in E$. Par définition, on a $f(x) \in \mathrm{Im}(f)$. Il existe donc des scalaires $\mu_1, \dots, \mu_r$ tels que $f(x) = \mu_1 f(v_1) + \cdots + \mu_r f(v_r)$. Par linéarité cela équivaut à $f(x) = f(\mu_1 v_1 + \cdots + \mu_r v_r)$ ou encore à $f\big(x - (\mu_1 v_1 + \cdots + \mu_r v_r)\big) = 0$, ou encore à $x - (\mu_1 v_1 + \cdots + \mu_r v_r) \in \mathrm{Ker}(f)$.
Il existe donc des scalaires $\lambda_1, \dots, \lambda_s$ tels que $x - (\mu_1 v_1 + \cdots + \mu_r v_r) = \lambda_1 u_1 + \cdots + \lambda_s u_s$, c'est-à-dire $x = \lambda_1 u_1 + \cdots + \lambda_s u_s + \mu_1 v_1 + \cdots + \mu_r v_r$.
D'où le caractère générateur de $\mathcal{B}$.

Conclusion : $\mathcal{B}$ est une base de E.
On a donc $\mathrm{card}(\mathcal{B}) = \dim(E) \Leftrightarrow r+s = n \Leftrightarrow \dim\big(\mathrm{Ker}(f)\big) + \dim\big(\mathrm{Im}(f)\big) = \dim(E)$.

Application 5

Le théorème du rang permet parfois de gagner un peu de temps dans le calcul d'un noyau ou la résolution d'un système linéaire homogène.

Par exemple, soit à résoudre sur $\mathbb{K}$ le système $\begin{cases} x + 2y + z - t = 0 \\ x - z + t = 0 \end{cases}$.

Remarquons que la question posée revient à déterminer une base du noyau de

$f : \begin{cases} \mathbb{K}^4 & \longrightarrow & \mathbb{K}^2 \\ \begin{pmatrix} x \\ y \\ z \\ t \end{pmatrix} & \longmapsto & \begin{pmatrix} x + 2y + z - t \\ x - z + t \end{pmatrix} \end{cases}$, puisque résoudre un système linéaire homogène c'est se donner une base de l'espace de ses solutions.

Plutôt que d'appliquer la méthode de résolution qui donne ici très rapidement le résultat, voyons comment l'obtenir par contemplation et en s'aidant du théorème du rang : on a $\mathrm{rg}(f) = \dim\left(\mathrm{Vect}\left(\begin{pmatrix} 1 \\ 1 \end{pmatrix}, \begin{pmatrix} 2 \\ 0 \end{pmatrix}, \begin{pmatrix} 1 \\ -1 \end{pmatrix}, \begin{pmatrix} -1 \\ 1 \end{pmatrix}\right)\right) = 2$ car la famille comprend deux vecteurs non colinéaires et que l'espace ambiant est de dimension 2. Par le théorème du rang, on a donc $\dim\big(\mathrm{Ker}(f)\big) = 4 - 2 = 2$.

Or en contemplant le système on observe que $\begin{pmatrix} 0 \\ 0 \\ 1 \\ 1 \end{pmatrix}$ et $\begin{pmatrix} 1 \\ -1 \\ 1 \\ 0 \end{pmatrix}$ sont solutions.

Ainsi $\mathrm{Vect}\left(\begin{pmatrix} 0 \\ 0 \\ 1 \\ 1 \end{pmatrix}, \begin{pmatrix} 1 \\ -1 \\ 1 \\ 0 \end{pmatrix}\right) \subset \mathrm{Ker}(f)$, et par égalité des dimensions, on conclut qu'on a

$\mathrm{Ker}(f) = \mathrm{Vect}\left(\begin{pmatrix} 0 \\ 0 \\ 1 \\ 1 \end{pmatrix}, \begin{pmatrix} 1 \\ -1 \\ 1 \\ 0 \end{pmatrix}\right)$.

Application 6

Le théorème du rang permet de retrouver rapidement la formule de Grassmann. On rappelle que celle-ci exprime que, si F et G sont deux sous-espaces vectoriels de dimension finie d'un espace vectoriel E, on a :

$$\dim(F+G) = \dim(F) + \dim(G) - \dim(F \cap G).$$

On introduit $\psi : \left\{ \begin{array}{ccc} F \cap G & \longrightarrow & F \times G \\ x & \longmapsto & (-x, x) \end{array} \right.$ et $\varphi : \left\{ \begin{array}{ccc} F \times G & \longrightarrow & F + G \\ (x_F, x_G) & \longmapsto & x_F + x_G \end{array} \right.$.

Quelques observations immédiates :

- Par définition, on a $\varphi \circ \psi = 0_{\mathcal{L}(F \cap G)}$.
- On a $\operatorname{Ker}(\varphi) = \{(x_F, x_G) \in F \times G,\ x_F + x_G = 0\} = \{(x_F, x_G) \in F \times G,\ x_F = -x_G\}$ c'est-à-dire $\operatorname{Ker}(\varphi) = \{(-x_G, x_G),\ x_G \in F \cap G\} = \operatorname{Im}(\psi)$.
- ψ est clairement injective par examen de son noyau, elle est donc bijective sur son image. En particulier, comme la dimension est préservée par isomorphisme, on a $\dim\big(\operatorname{Im}(\psi)\big) = \dim(F \cap G)$.
- φ est surjective par définition de $F + G$.

Appliquons le théorème du rang à φ. On trouve $\dim(F \times G) = \dim\big(\operatorname{Ker}(\varphi)\big) + \dim\big(\operatorname{Im}(\varphi)\big)$. Or on sait qu'on a $\dim(F \times G) = \dim(F) + \dim(G)$, et on vient de voir qu'on a $\dim\big(\operatorname{Ker}(\varphi)\big) = \dim\big(\operatorname{Im}(\psi)\big) = \dim(F \cap G)$ et $\operatorname{Im}(\varphi) = F + G$. En conclusion on trouve bien $\dim(F) + \dim(G) = \dim(F \cap G) + \dim(F + G)$.

Application 7

Dans le cas où E est un espace vectoriel de dimension finie, le théorème du rang permet de retrouver que le noyau d'une forme linéaire non nulle est un hyperplan.

En effet, si on considère E de dimension n et $\varphi : E \to \mathbb{K}$ non nulle, alors φ est surjective, donc $\dim\big(\operatorname{Im}(\varphi)\big) = 1$. En appliquant le théorème du rang à φ on obtient $\dim\big(\operatorname{Ker}(\varphi)\big) = n - 1$. Donc $\operatorname{Ker}(\varphi)$ est bien un hyperplan.

⚠ Même si f est un endomorphisme, on n'aucune raison d'avoir $\operatorname{Ker}(f) + \operatorname{Im}(f) = E$ ni $\operatorname{Ker}(f) \cap \operatorname{Im}(f) = \{0_E\}$.

Exemple 31

Reprenons l'application $\Phi : \left\{ \begin{array}{ccc} \mathbb{K}^2 & \longrightarrow & \mathbb{K}^2 \\ \begin{pmatrix} x \\ y \end{pmatrix} & \longmapsto & \begin{pmatrix} y \\ 0 \end{pmatrix} \end{array} \right.$ de l'exemple 3.

On a $\operatorname{Ker}(f) = \operatorname{Im}(f) = \operatorname{Vect}(e_1)$. En particulier on a $\operatorname{Ker}(f) + \operatorname{Im}(f) = \operatorname{Vect}(e_1) \neq E$ et $\operatorname{Ker}(f) \cap \operatorname{Im}(f) = \operatorname{Vect}(e_1) \neq \{0_E\}$

Par contre si on a $\mathrm{Ker}(f) + \mathrm{Im}(f) = E$ ou $\mathrm{Ker}(f) \cap \mathrm{Im}(f) = \{0\}$, alors $\mathrm{Ker}(f)$ et $\mathrm{Im}(f)$ sont en somme directe d'après le corollaire 9 du chapitre 12.

6.2 Caractérisation de l'{in/sur/bi}jectivité par le rang

Théorème 12

Soit $f \in \mathcal{L}(E, F)$ avec $\dim(E) = n < +\infty$ et $\dim(F) = m < +\infty$ alors on a :

1. f est surjective $\Leftrightarrow \mathrm{rg}(f) = m$.
2. f est injective $\Leftrightarrow \mathrm{rg}(f) = n$.
3. f est bijective $\Leftrightarrow \mathrm{rg}(f) = n = m$.

Remarque 14

Ce théorème permet de retrouver que si E et F sont isomorphes, $\dim E = \dim F$.

DÉMONSTRATION

1. On a : f surjective
$$\begin{aligned} &\Leftrightarrow \mathrm{Im}(f) = F \\ &\Leftrightarrow \begin{cases} \mathrm{Im}(f) \subset F \\ \dim\big(\mathrm{Im}(f)\big) = \dim(F) \end{cases} && \text{corollaire 9 du chapitre 12} \\ &\Leftrightarrow \dim\big(\mathrm{Im}(f)\big) = \dim(F) && \text{car l'inclusion est évidente} \\ &\Leftrightarrow \mathrm{rg}(f) = m. \end{aligned}$$

2. On a : f injective
$$\begin{aligned} &\Leftrightarrow \mathrm{Ker}(f) = \{0_E\} \\ &\Leftrightarrow \dim\big(\mathrm{Ker}(f)\big) = 0 \\ &\Leftrightarrow \dim(E) - \mathrm{rg}(f) = 0 && \text{d'après le théorème du rang} \\ &\Leftrightarrow \mathrm{rg}(f) = n. \end{aligned}$$

3. Comme f est bijective si et seulement si elle est injective et surjective, le troisième point est une conséquence immédiate des deux précédents.

Corollaire 7 (Isomorphisme entre espaces de même dimension)

Soit $f \in \mathcal{L}(E, F)$ avec $\dim(E) = \dim(F) = n < +\infty$.

Alors les propositions suivantes sont équivalentes :

1. f injective ;
2. f surjective ;
3. f bijective (*i. e.* f isomorphisme).

C'est l'analogue pour les espaces vectoriels de dimension finie de la proposition 29 du chapitre 2.

Notation 3

Soient E, F deux $\mathbb{K}$-espaces vectoriels et $f \in \mathcal{L}(E, F)$. Dans l'esprit de la remarque 14 du chapitre 2, on appelera *inverse à droite de* f une application $g \in \mathcal{L}(F, E)$ telle que $f \circ g = \mathrm{id}_F$ et *inverse à gauche de* f une application $h \in \mathcal{L}(F, E)$ telle que $h \circ f = \mathrm{id}_E$.

En corollaire du théorème 12, on a :

Corollaire 8

Un endomorphisme d'un $\mathbb{K}$-espace vectoriel E de dimension finie est inversible à gauche si et seulement s'il est inversible à droite, si et seulement si c'est un isomorphisme.

DÉMONSTRATION

Soit E un $\mathbb{K}$-espace vectoriel de dimension finie et $f \in \mathcal{L}(E)$. Si f est un isomorphisme, alors elle est inversible à gauche et à droite d'après la proposition-définition 1. Si f est inversible à droite ou à gauche alors f est surjective ou injective d'après les propositions 27 et 28 du chapitre 2, donc f est un isomorphisme d'après le théorème 12.

7 Exercices corrigés

13.1 Machinerie formelle 1

Soit E un $\mathbb{K}$-espace vectoriel et f et g deux endomorphismes de E tels que $f \circ g = \mathrm{id}_E$.

1. Démontrer qu'on a $\mathrm{Ker}(g \circ f) = \mathrm{Ker}(f)$.
2. Démontrer qu'on a $\mathrm{Im}(g \circ f) = \mathrm{Im}(g)$.
3. Démontrer qu'on a $E = \mathrm{Ker}(f) \oplus \mathrm{Im}(g)$.

C 13.1 Machinerie formelle 1

Cet exercice est régulièrement proposé aux oraux des concours CCP, *filière* MP

1. Par double inclusion :
   - Soit $u \in \mathrm{Ker}(f)$. On a $f(u) = 0_E$ donc $g\big(f(u)\big) = 0 - E$, *i. e.* $(g \circ f)(u) = 0_E$. D'où $u \in \mathrm{Ker}(g \circ f)$.
     On a ainsi prouvé $\mathrm{Ker}(f) \subset \mathrm{Ker}(g \circ f)$.

- Soit $u \in \mathrm{Ker}(g \circ f)$. On a $(g \circ f)(u) = 0_E$, *i. e.* $g\big(f(u)\big) = 0_E$.
  En composant l'égalité précédente par f, on obtient : $f\Big(g\big(f(u)\big)\Big) = f(0_E)$, ce qui donne $(f \circ g)\big(f(u)\big) = 0_E$.
  Or $f \circ g = \mathrm{id}_E$ donc on obtient $f(u) = 0_E$ et ainsi $u \in \mathrm{Ker}(f)$.
  On a bien prouvé : $\mathrm{Ker}(g \circ f) \subset \mathrm{Ker}(f)$.

2. Par double inclusion :
   - Soit $v \in \mathrm{Im}(g \circ f)$. Il existe $u \in E$ tel que $(g \circ f)(u) = v$, *i. e.* $g\big(f(u)\big) = v$. Ainsi $v \in \mathrm{Im}(g)$. On a donc prouvé l'inclusion $\mathrm{Im}(g \circ f) \subset \mathrm{Im}(g)$
   - Soit $v \in \mathrm{Im}(g)$. Il existe $u \in E$ tel que $g(u) = v$.
     Comme $f \circ g = \mathrm{id}_E$, on a $f(v) = f\big(g(u)\big) = (f \circ g)(u) = u$.
     D'où $v = g(u) = g\big(f(v)\big) = (g \circ f)(v)$. Cela prouve qu'on a $v \in \mathrm{Im}(g \circ f)$.
     On a donc montré $\mathrm{Im}(g) \subset \mathrm{Im}(g \circ f)$.

3. Méthode naïve : montrons par analyse-synthèse que, pour tout $u \in E$, il existe bien un unique $v \in \mathrm{Ker}(f)$ et un unique $w \in \mathrm{Im}(g)$ tels que $u = v + w$.
   Analyse : Supposons qu'il existe $v \in \mathrm{Ker}(f)$ et $w \in \mathrm{Im}(g)$ tels que $u = v + w$. On peut écrire $w = g(x)$ pour un certain $x \in E$. En appliquant f, on trouve $f(u) = f(w) = f\big(g(x)\big) = x$ car $f \circ g = \mathrm{id}_E$. Donc $w = g(x) = g\big(f(u)\big)$. Par suite il vient $v = u - g\big(f(u)\big)$. On a ainsi un unique candidat pour le couple (v, w).
   Synthèse : Reste à voir que l'unique candidat $(v, w) = \Big(u - g\big(f(u)\big), g\big(f(u)\big)\Big)$ trouvé vérifie bien $u = v + w$, $v \in \mathrm{Ker}(f)$ et $w \in \mathrm{Im}(g)$.
   Le premier et le troisième points sont acquis par construction. Pour le deuxième point, on a $f(v) = f\Big(u - g\big(f(u)\big)\Big) = f(u) - f\Big(g\big(f(u)\big)\Big) = f(u) - (f \circ g)\big(f(u)\big)$, donc vu qu'on a $f \circ g = \mathrm{id}_E$ par hypothèse, $f(v) = f(u) - \mathrm{id}_E\big(f(u)\big) = 0_E$, et donc $v \in \mathrm{Ker}(f)$.
   Conclusion : On a bien le résultat.

   Méthode directe : posons $p = g \circ f$. On a $f \circ g = \mathrm{id}_E$ ce qui permet de mener le calcul suivant : $p \circ p = g \circ f \circ g \circ f = g \circ \mathrm{id}_E \circ f = g \circ f = p$. Ainsi, p est une projection ! En particulier on a $E = \mathrm{Ker}(p) \oplus \mathrm{Im}(p)$, c'est-à-dire , d'après les questions 1. et 2., $E = \mathrm{Ker}(f) \oplus \mathrm{Im}(g)$

Remarque : si on ajoute une hypothèse de dimension finie, l'exercice devient trivial (et son contenu sémantique devient vide). En effet, en dimension finie, $f \circ g = \mathrm{id}_E$ implique $g \circ f = \mathrm{id}_E$... Par contre, on peut trouver des exemples avec $g \circ f \neq \mathrm{id}_E$ en dimension infinie et on invite le lecteur à en chercher.

13.2 Machinerie formelle 2

Soit $f \in \mathcal{L}(E)$.

1. Montrer : $\mathrm{Im}(f) \cap \mathrm{Ker}(f) = \{0_E\} \Leftrightarrow \mathrm{Ker}(f) = \mathrm{Ker}(f^2)$.
2. Montrer : $\mathrm{Im}(f) + \mathrm{Ker}(f) = E \Leftrightarrow \mathrm{Im}(f) = \mathrm{Im}(f^2)$.
3. Que peut-on dire de plus si $\dim(E)$ est finie ?

C 13.2 Machinerie formelle 2

1. Par double implication :

- On suppose $\mathrm{Im}(f) \cap \mathrm{Ker}(f) = \{0_E\}$.

  · Soit $x \in \mathrm{Ker}(f)$. On a $f(x) = 0_E$ donc $f\big(f(x)\big) = f(0_E) = 0_E$, *i. e.* $f^2(x) = 0_E$. D'où $x \in \mathrm{Ker}(f^2)$.

  On a ainsi montré : $\mathrm{Ker}(f) \subset \mathrm{Ker}(f^2)$.

  · Soit $x \in \mathrm{Ker}(f^2)$. On a $f^2(x) = 0_E$, *i. e.* $f\big(f(x)\big) = 0_E$ et donc $f(x) \in \mathrm{Ker}(f)$. Comme de plus on a $f(x) \in \mathrm{Im}(f)$ par définition, on en déduit $f(x) = 0_E$ vu que $\mathrm{Im}(f) \cap \mathrm{Ker}(f) = \{0_E\}$. D'où $x \in \mathrm{Ker}(f)$.

  On a ainsi montré : $\mathrm{Ker}(f^2) \subset \mathrm{Ker}(f^{)}$.

  On a donc établi, par double inclusion : $\mathrm{Ker}(f) = \mathrm{Ker}(f^2)$.

- On suppose $\mathrm{Ker}(f) = \mathrm{Ker}(f^2)$.

  · On a clairement $\{0_E\} \subset \mathrm{Im}(f) \cap \mathrm{Ker}(f)$ car $\mathrm{Im}(f)$ et $\mathrm{Ker}(f)$ sont des sous-espaces vectoriels de E.

  · Soit $x \in \mathrm{Im}(f) \cap \mathrm{Ker}(f)$. On a $x \in \mathrm{Im}(f)$ donc il existe $u \in E$ tel que $x = f(u)$. Mais on a aussi $x \in \mathrm{Ker}(f)$ donc $f(x) = 0_E$, *i. e.* $f\big(f(u)\big) = f^2(u) = 0_E$. Ainsi $u \in \mathrm{Ker}(f^2) = \mathrm{Ker}(f)$, donc $f(u) = 0_E$, c'est-à-dire $x = 0_E$. D'où $\mathrm{Im}(f) \cap \mathrm{Ker}(f) \subset \{0_E\}$.

  On a donc établi, par double inclusion : $\mathrm{Im}(f) \cap \mathrm{Ker}(f) = \{0_E\}$.

2. Par double implication :

- On suppose $\mathrm{Im}(f) + \mathrm{Ker}(f) = E$.

  · Soit $y \in \mathrm{Im}(f^2)$. Il existe $x \in E$ tel que $y = f^2(x) = f\big(f(x)\big)$, donc $y \in \mathrm{Im}(f)$. Ainsi $\mathrm{Im}(f^2) \subset \mathrm{Im}(f)$.

  · Soit $y \in \mathrm{Im}(f)$. Il existe $x \in E$ tel que $y = f(x)$.

  Comme $\mathrm{Im}(f) + \mathrm{Ker}(f) = E$, il existe $x_1 \in \mathrm{Im}(f)$ et $x_2 \in \mathrm{Ker}(f)$ tels que $x = x_1 + x_2$. On a donc $y = f(x) = f(x_1) + f(x_2) = f(x_1)$ car $x_2 \in \mathrm{Ker}(f)$. Mais comme $x_1 \in \mathrm{Im}(f)$, $f(x_1) \in \mathrm{Im}(f^2)$, d'où $y \in \mathrm{Im}(f^2)$.

Ainsi $\mathrm{Im}(f) \subset \mathrm{Im}(f^2)$.

On a donc établi, par double inclusion : $\mathrm{Im}(f) = \mathrm{Im}(f^2)$.

- On suppose $\mathrm{Im}(f) = \mathrm{Im}(f^2)$.

  · On a clairement $\mathrm{Im}(f) + \mathrm{Ker}(f) \subset E$ car $\mathrm{Im}(f)$ et $\mathrm{Ker}(f)$ sont inclus dans E.

  · Soit $x \in E$. Comme $f(x) \in \mathrm{Im}(f) = \mathrm{Im}(f^2)$, il existe $u \in E$ tel que $f(x) = f^2(u)$.

  Posons $x_1 = x - f(u)$. On a $f(x_1) = f(x) - f\big(f(u)\big) = f(x) - f^2(u) = 0_E$ donc $x_1 \in \mathrm{Ker}(f)$.

  Et on a $x = f(u) + x_1$, avec $f(u) \in \mathrm{Im}(f)$ bien sûr, d'où $x \in \mathrm{Im}(f) + \mathrm{Ker}(f)$.

  D'où $E \subset \mathrm{Im}(f) + \mathrm{Ker}(f)$.

  On a donc établi, par double inclusion : $\mathrm{Im}(f) + \mathrm{Ker}(f) = E$.

3. Par les deux questions précédentes, on a
$\mathrm{Im}(f) \oplus \mathrm{Ker}(f) = E \Leftrightarrow \big(\mathrm{Ker}(f) = \mathrm{Ker}(f^2) \text{ et } \mathrm{Im}(f) = \mathrm{Im}(f^2)\big)$.
Mais si E est de dimension finie, alors on a par le théorème du rang,
$\dim(E) = \dim\big(\mathrm{Ker}(f)\big) + \dim\big(\mathrm{Im}(f)\big)$ et $\dim(E) = \dim\big(\mathrm{Ker}(f^2)\big) + \dim\big(\mathrm{Im}(f^2)\big)$.
Ainsi, si $\mathrm{Ker}(f) = \mathrm{Ker}(f^2)$, alors $\dim\big(\mathrm{Ker}(f)\big) = \dim\big(\mathrm{Ker}(f^2)\big)$, d'où
$\dim\big(\mathrm{Im}(f))\big) = \dim\big(\mathrm{Im}(f^2)\big)$ et, comme on a $\mathrm{Im}(f^2) \subset \mathrm{Im}(f)$ (démontré précédemment), on en déduit $\mathrm{Im}(f) = \mathrm{Im}(f^2)$.
Selon la même démarche, on prouve $\mathrm{Im}(f) = \mathrm{Im}(f^2) \Rightarrow \mathrm{Ker}(f) = \mathrm{Ker}(f^2)$.
Conclusion, en dimension finie, on a :
$$E = \mathrm{Im}(f) \oplus \mathrm{Ker}(f) \Leftrightarrow \mathrm{Ker}(f) = \mathrm{Ker}(f^2) \Leftrightarrow \mathrm{Im}(f) = \mathrm{Im}(f^2).$$

13.3 Une projection

Dans un espace vectoriel E de dimension finie n, on suppose avoir un endomorphisme f tel que $f^p = \mathrm{id}_E$ où p est un entier strictement positif donné.

On notera $g = \mathrm{id}_E + f + f^2 + \cdots + f^{p-1}$ et $h = f - \mathrm{id}_E$.

1. Calculer $\mathrm{Ker}(g) \cap \mathrm{Ker}(h)$.
2. En déduire qu'on a $\dim\big(\mathrm{Ker}(g)\big) + \dim\big(\mathrm{Ker}(h)\big) \leqslant n$.
3. Montrer qu'on a $\mathrm{Im}(g) \subset \mathrm{Ker}(h)$.
4. En déduire qu'on a $\dim\big(\mathrm{Ker}(g)\big) + \dim\big(\mathrm{Ker}(h)\big) \geqslant n$.
5. Que peut-on conclure sur $\mathrm{Ker}(g)$ et $\mathrm{Ker}(h)$?

C 13.3 Une projection

1. Soit x dans l'intersection.
$x \in \mathrm{Ker}(h)$ signifie $f(x) = x$ ce qui implique donc $f^k(x) = x$ pour tout entier k.

$x \in \mathrm{Ker}(g)$ signifie $x + f(x) + \cdots + f^{p-1}(x) = 0$, qui se réécrit $px = 0$, d'où $x = 0$. Réciproquement 0 appartient évidemment à $\mathrm{Ker}(g) \cap \mathrm{Ker}(h)$ puisqu'il s'agit d'un sev (intersection de sev).

On a bien $\mathrm{Ker}(g) \cap \mathrm{Ker}(h) = \{0\}$.

2. Par la formule de Grassman, on obtient :
$\dim\big(\mathrm{Ker}(g)\big) + \dim\big(\mathrm{Ker}(h)\big) = \dim\big(\mathrm{Ker}(g) + \mathrm{Ker}(h)\big) - \dim\big(\mathrm{Ker}(g) \cap \mathrm{Ker}(h)\big)$, donc $\dim\big(\mathrm{Ker}(g)\big) + \dim\big(\mathrm{Ker}(h)\big) = \dim\big(\mathrm{Ker}(g) + \mathrm{Ker}(h)\big) \leqslant n$, par croissance de la dimension, puisque $\mathrm{Ker}(g) + \mathrm{Ker}(h)$ est un sev de E qui est de dimension n.

3. Soit $x \in \mathrm{Im}(g)$. Il existe donc $y \in E$ tel que $x = y + f(y) + \cdots + f^{p-2}(y) + f^{p-1}(y)$. D'où $f(x) = f(y) + f^2(y) + \cdots + f^{p-1}(y) + f^p(y) = f(y) + f^2(y) + \cdots + f^{p-1}(y) + y = x$ et donc $x \in \mathrm{Ker}(h)$. D'où l'inclusion demandée.

4. Par croissance de la dimension, on a $\dim\big(\mathrm{Ker}(h)\big) \geqslant \dim\big(\mathrm{Im}(g)\big)$. Ensuite, par le théorème du rang, on obtient $\dim\big(\mathrm{Ker}(g)\big) = n - \dim\big(\mathrm{Im}(g)\big) \geqslant n - \dim\big(\mathrm{Ker}(h)\big)$, d'où l'inégalité demandée.

5. Ainsi on a $\dim\big(\mathrm{Ker}(g)\big) + \dim\big(\mathrm{Ker}(h)\big) \leqslant n$ et $\dim\big(\mathrm{Ker}(g)\big) + \dim\big(\mathrm{Ker}(h)\big) \geqslant n$, donc $\dim\big(\mathrm{Ker}(g)\big) + \dim\big(\mathrm{Ker}(h)\big) = n$. Comme on a de plus $\mathrm{Ker}(g) \cap \mathrm{Ker}(h) = \{0\}$, on en déduit : $\mathrm{Ker}(g) \oplus \mathrm{Ker}(h) = E$.
Le lecteur pourra vérifier que si x est un élément quelconque de E, $\frac{1}{p}\big(x + f(x) + \cdots + f^{p-1}(x)\big)$ est sa composante selon $\mathrm{Ker}(h)$, sa composante selon $\mathrm{Ker}(g)$ étant bien évidemment alors $x - \frac{1}{p}\big(x + f(x) + \ldots + f^{p-1}(x)\big)$.

13.4 Trijections

Soit E un $\mathbb{K}$-espace vectoriel de dimension finie[9] n.

Appelons *trijection* un endomorphisme $p \in \mathcal{L}(E)$ tel que $p \circ p \circ p = p$.

1. Montrer que, si p est une projection, alors p est une trijection.
2. Montrer que, si p est une trijection, on a $\mathrm{Ker}(p) \oplus \mathrm{Im}(p) = E$.
3. Montrer que, si p est une trijection, on a $\mathrm{Im}(p) = \mathrm{Ker}(p^2 - \mathrm{id}_E)$.
4. Donner un exemple de trijection qui ne soit pas une projection.

C 13.4 Trijections

1. Ceci est vrai y compris en dimension infinie. Si p est une projection, on a $p \circ p = p$, donc $p \circ p \circ p = p \circ (p \circ p) = p \circ p = p$.

9. L'hypothèse de dimension finie peut aider le lecteur à résoudre cet exercice. Mais les résultats à démontrer sont tout aussi valables en dimension infinie, et le lecteur a intérêt aussi à travailler cet exercice sans l'hypothèse de dimension finie.

2. On peut employer plusieurs méthodes. On en détaille deux ici.

   a. On exploite le fait que E est de dimension finie n. Il suffit donc de montrer $\mathrm{Ker}(p) \cap \mathrm{Im}(p) = \{0_E\}$ et $\dim\big(\mathrm{Ker}(p)\big) + \dim\big(\mathrm{Im}(p)\big) = \dim(E)$. Le second point est acquis d'après le théorème du rang. Pour le premier point, seule l'inclusion directe est non triviale. Soit $x \in \mathrm{Ker}(p) \cap \mathrm{Im}(p)$. On a donc $p(x) = 0_E$ et il existe $y \in E$ tel que $x = p(y)$. Il s'ensuite qu'on a $0_E = p(x) = p\big(p(y)\big)$. On applique p, on utilise la linéarité de p, et le fait que $p \circ p \circ p = p$. On trouve $0_E = p(0_E) = p\Big(p\big(p(y)\big)\Big) = p(y) = x$. D'où l'inclusion $\mathrm{Ker}(p) \subset \mathrm{Im}(p) = \{0_E\}$ désirée.

   b. Le résultat est en fait vrai y compris en dimension infinie. Montrons par analyse-synthèse que, pour tout $x \in E$, il existe bien un unique $z \in \mathrm{Ker}(p)$ et un unique $v \in \mathrm{Im}(p)$ tels que $x = y + v$.

   Analyse : Supposons qu'il existe $z \in \mathrm{Ker}(p)$ et $v \in \mathrm{Im}(p)$ tels que $x = z + v$.
   On peut écrire $v = p(u)$ pour un certain $u \in E$.
   En appliquant p, on trouve $p(x) = p(v) = p\big(p(u)\big)$.
   En appliquant à nouveau p on trouve $p\big(p(x)\big) = p\Big(p\big(p(u)\big)\Big) = p(u) = v$.
   Par suite il vient $z = x - p\big(p(x)\big)$. On a ainsi un unique candidat pour le couple (z, v).

   Synthèse : Reste à voir que l'unique candidat $(z, v) = \Big(x - p\big(p(x)\big), p\big(p(x)\big)\Big)$ trouvé vérifie bien $x = z + v$, $v \in \mathrm{Im}(p)$ et $z \in \mathrm{Ker}(p)$.
   Les deux premiers points sont acquis par construction. Pour le troisième point, on a $p(z) = p\Big(x - p\big(p(x)\big)\Big) = p(x) - p\Big(p\big(p(x)\big)\Big) = p(x) - p(x) = 0_E$, et donc $z \in \mathrm{Ker}(p)$.

   Conclusion : On a bien le résultat.

3. Ceci est vrai y compris en dimension infinie. Procédons par double inclusion.

   $\boxed{\subset}$ Soit $x \in \mathrm{Im}(p)$. Il existe donc $y \in E$ tel que $x = p(y)$. Alors $(p^2 - \mathrm{id}_E)(x) = p^2(x) - x = p\Big(p\big(p(y)\big)\Big) - p(y) = 0_E$. D'où l'inclusion directe.

   $\boxed{\supset}$ Soit $x \in \mathrm{Ker}(p^2 - \mathrm{id}_E)$. On a donc $p^2(x) - x = 0_E$, c'est-à-dire $x = p\big(p(x)\big) = p(y)$ en posant $y = p(x)$. En particulier $x \in \mathrm{Im}(p)$.
   D'où l'inclusion réciproque.

4. Un tel exemple existe dès que $\dim(E) \geqslant 2$, comme $\left\{\begin{array}{ccc} \mathbb{K}^3 & \longrightarrow & \mathbb{K}^3 \\ \begin{pmatrix} x \\ y \\ z \end{pmatrix} & \longmapsto & \begin{pmatrix} y \\ x \\ 0 \end{pmatrix} \end{array}\right.$.

   On peut aussi prendre une symétrie distincte de id_E et $0_{\mathcal{L}(E)}$.

13.5 Formes linéaires ayant la propriété fondamentale de la trace

On rappelle que la trace est une forme linéaire sur $\mathcal{M}_n(\mathbb{K})$ et qu'elle vérifie : $\forall(A,B) \in \mathcal{M}_n(\mathbb{K})^2,\ \operatorname{tr}(AB) = \operatorname{tr}(BA)$.

Soit une forme linéaire $\phi \in \mathcal{M}_n(\mathbb{K})^\star$ vérifiant : $\forall(A,B) \in \mathcal{M}_n(\mathbb{K})^2,\ \phi(AB) = \phi(BA)$.

Montrez que ϕ est proportionnelle à la trace.

C 13.5 Formes linéaires ayant la propriété fondamentale de la trace

Testons la relation $\phi(AB) = \phi(BA)$ sur les éléments de la base cannique de $\mathcal{M}_n(\mathbb{K})$, à savoir les matrices élémentaires $E_{i,j}$. On rappelle qu'on a $E_{i,j}E_{k,l} = \delta_{j,k}E_{i,l}$ (cf exercice 9.1 p. 491).

Soit $(i,j) \in \{1,\dots,n\}^2$ avec $i \neq j$. On a :

- De $E_{i,i}E_{i,j} = E_{i,j}$ et $E_{i,j}E_{i,i} = (0)$, on déduit
  $\phi(E_{i,j}) = \phi(E_{i,i}E_{i,j}) = \phi(E_{i,j}E_{i,i}) = \phi\big((0)\big) = 0 = \operatorname{tr}(E_{i,j})$.
- De $E_{i,j}E_{j,i} = E_{i,i}$ et $E_{j,i}E_{i,j} = E_{j,j}$, on déduit
  $\phi(E_{i,i}) = \phi(E_{i,j}E_{j,i}) = \phi(E_{j,i}E_{i,j}) = \phi(E_{j,j})$.

  Donc, pour tout $i \in \{1,\dots,n\}$, $\phi(E_{i,i}) = \phi(E_{1,1}) = \phi(E_{1,1}) \times 1 = \phi(E_{1,1}) \times \operatorname{tr}(E_{i,i})$.

Donc, si l'on note $\lambda = \phi(E_{1,1})$, on a $\phi(E_{i,j}) = \lambda \operatorname{tr}(E_{i,j})$ pour tout $(i,j) \in \{1,\dots,n\}^2$.

Les applications ϕ et $\lambda \operatorname{tr}$ coïncident sur une base de $\mathcal{M}_n(\mathbb{K})$, donc sont égales.

Cela prouve que ϕ est proportionnelle à la trace.

13.6 Polynôme interpolateur de Lagrange

Soit $n \in \mathbb{N}$. On se donne $n+1$ éléments distincts $a_0,\dots,a_n$ de $\mathbb{K}$.

On considère l'application $\Phi : \left\{ \begin{array}{ccc} \mathbb{K}_n[X] & \longrightarrow & \mathbb{K}^{n+1} \\ P & \longmapsto & \big(P(a_0),\dots,P(a_n)\big) \end{array} \right.$.

1. Montrer que Φ est une application linéaire.
2. Calculer $\operatorname{Ker}(\Phi)$. Que peut-on en déduire sur Φ ?

C 13.6 Polynôme interpolateur de Lagrange

1. Soient $(P,Q) \in \mathbb{K}_n[X]^2$, $(\lambda,\mu) \in \mathbb{K}^2$. On a :
$$\begin{aligned} \Phi(\lambda P + \mu Q) &= \big((\lambda P + \mu Q)(a_0),\dots,(\lambda P + \mu Q)(a_n)\big) \\ &= \lambda\big(P(a_0),...,P(a_n)\big) + \mu\big(Q(a_0),...,Q(a_n)\big) \\ &= \lambda\Phi(P) + \Phi(Q). \end{aligned}$$
   Donc Φ est linéaire.
2. Soit $P \in \mathbb{K}_n[X]$. On a :
   $P \in \operatorname{Ker}(\Phi) \Leftrightarrow \big(P(a_0),\dots,P(a_n)\big) = (0,\dots,0) \Leftrightarrow \forall k \in \{0,\dots,n\},\ P(a_k) = 0.$

Ainsi, si $P \in \text{Ker}(\Phi)$, alors P a $n+1$ racines distinctes. Comme on a $\deg(P) \leqslant n$, ce n'est possible que si P est nul. Donc $\text{Ker}(\Phi) = \{0\}$.

Ainsi Φ est injective et, étant une application linéaire entre deux espaces vectoriels de même dimension, est par conséquent bijective.

L'application Φ réalise donc un isomorphisme de $\mathbb{K}_n[X]$ dans $\mathbb{K}^{n+1}$.

Ainsi, pour tout $(b_0, b_1, \ldots, b_n) \in \mathbb{K}^{n+1}$, *il existe un unique polynôme* P *de degré au plus* n *vérifiant* $P(a_k) = b_k$ *pour tout* $k \in \{0, \ldots, n\}$.

En particulier, si l'on se donne une fonction $f : \mathbb{K} \to \mathbb{K}$ *et que l'on prend* $b_k = f(a_k)$ *pour tout* $k \in \{0, \ldots, n\}$, *alors on dit que* P *est le polynôme interpolateur de* f *aux points* $a_0, \ldots, a_n$.

13.7 Endomorphismes pseudo-nilpotents - Complément

On appelle *endomorphisme pseudo-nilpotent* tout endomorphisme f de E tel que : $\forall x \in E,\ \exists n_x \in \mathbb{N},\ f^{n_x}(x) = 0_E$.

1. Montrer que tout endomorphisme nilpotent[10] est pseudo-nilpotent.
2. Montrer à l'aide d'un exemple qu'il peut en général exister des endomorphismes pseudo-nilpotents qui ne sont pas nilpotents.
3. Montrer que, si E est de dimension finie, tout endomorphisme pseudo-nilpotent est nilpotent.

C 13.7 Endomorphismes pseudo-nilpotents - Complément

1. Soit $f \in \mathcal{L}(E)$ nilpotent. Il existe $k \in \mathbb{N}$ tel que $f^k = 0_{\mathcal{L}(E)}$. Donc pour tout x de E, $f^k(x) = 0_E$. Ainsi pour tout x de E, $n_x = k$ convient ; f est pseudo-nilpotent.
2. La dérivation $\partial : \begin{cases} \mathbb{K}[X] & \longrightarrow & \mathbb{K}[X] \\ P & \longmapsto & P' \end{cases}$ est un endomorphisme de $\mathbb{K}[X]$ pseudo-nilpotent car pour tout $P \in \mathbb{K}[X]$, $\partial^{\deg(P)+1}(P) = 0$. Mais ∂ n'est pas un endomorphisme nilpotent car si c'était le cas, il existerait $k \in \mathbb{N}$ tel que $f^k = 0_{\mathcal{L}(E)}$. On devrait donc avoir $\partial^k(P) = P^{(k)} = 0$ pour tout polynôme P ; or on a $\partial^k(X^k) = k! \neq 0$; contradiction.
3. On suppose E de dimension finie m. Soit $f \in \mathcal{L}(E)$ pseudo-nilpotent.
   Soit $B = (e_1, \ldots, e_m)$ une base quelconque de E. Comme f est pseudo-nilpotent, il existe n_1, ..., n_m tels que, pour tout $i \in \{1, \ldots, m\}$, $f^{n_i}(e_i) = 0_E$.
   Comme on a un nombre fini m d'éléments n_1, ..., n_m, on peut prendre leur maximum, qu'on note N. On a, pour tout $i \in \{1, \ldots, m\}$, $f^N(e_i) = 0_E$.

10. Cf. la définition 10 p. 757.

Soit un élément x quelconque de E. Comme $(e_1, \ldots, e_m)$ est une base de E, il existe λ_1, ..., λ_m dans $\mathbb{K}$ tels que $x = \sum_{i=1}^{m} \lambda_i e_i$. On a alors, par linéarité de f^N,

$f^N(x) = f^N\left(\sum_{i=1}^{m} \lambda_i e_i\right) = \sum_{i=1}^{m} \lambda_i f^N(e_i)$, donc $f^N(x) = \sum_{i=1}^{m} \lambda_i \cdot 0_E = 0_E$.

Ceci étant valable pour tout x de E, on a $f^N = 0_{\mathcal{L}(E)}$. Ainsi f est nilpotent.

13.8 Caractérisation des homothéties

On appelle *pseudo-homothétie* tout endomorphisme f de E tel que :

$\forall x \in E,\ \exists \lambda_x \in \mathbb{K},\ f(x) = \lambda_x x.$

1. Montrer que toute homothétie est une pseudo-homothétie.
2. Montrer que toute pseudo-homothétie est une homothétie.
3. Déterminer l'ensemble des endomorphismes u tels que $\forall f \in \mathcal{L}(E),\ f \circ u = u \circ f$. *On pourra admettre que tout sous-espace vectoriel admet toujours un supplémentaire (résultat vu en dimension finie).*

C 13.8 Caractérisation des homothéties

1. Soit f une homothétie. On note λ son rapport. On a par définition $f(x) = \lambda x$ pour tout $x \in E$. Donc pour un élément x quelconque de E, $\lambda_x = \lambda$ convient.
   Ainsi toute homothétie est une pseudo-homothétie.
2. Soit f une pseudo-homothétie de E. Pour tout x de E, il existe $\lambda_x \in \mathbb{K}$ tel que $f(x) = \lambda_x x$. Comme on veut montrer que f est une homothétie, on veut montrer que λ_x est le même pour tout x.
   Pour cela, soit $(x, y) \in (E \setminus \{0_E\})^2$.
   - Si (x, y) est une famille liée, alors il existe $\alpha \in \mathbb{K}$ tel que $y = \alpha x$.
     On a alors $\lambda_y y = f(y) = f(\alpha x) = \alpha f(x)$ par linéarité de f. D'où $\lambda_y y = \alpha \lambda_x x$ et donc $\lambda_y \alpha x = \alpha \lambda_x x$.
     Or x est non nul donc on obtient $\lambda_y \alpha = \alpha \lambda_x$.
     Aussi y est non nul donc α est non nul ; la relation précédente donne $\lambda_y = \lambda_x$.
   - Si (x, y) est une famille libre, alors on a $f(x+y) = \lambda_{x+y}(x+y) = \lambda_{x+y}x + \lambda_{x+y}y$, mais aussi, vu que f est linéaire, $f(x+y) = f(x) + f(y) = \lambda_x x + \lambda_y y$.
     D'où $\lambda_{x+y}x + \lambda_{x+y}y = \lambda_x x + \lambda_y y$ et donc, par liberté de la famille (x, y), $\lambda_{x+y} = \lambda_x$ et $\lambda_{x+y} = \lambda_y$, dont on déduit $\lambda_x = \lambda_y$.

   Finalement il existe $\lambda \in \mathbb{K}$ tel que pour tout $x \neq 0_E$, $f(x) = \lambda x$. Comme on a de plus trivialement $f(0_E) = \lambda \cdot 0_E$, on a $f(x) = \lambda x$ pour tout x de E, donc $f = \lambda\, \mathrm{id}_E$.
   On a ainsi démontré que toute pseudo-homothétie est une homothétie.

3. On note $C(E) = \{u \in \mathcal{L}(E),\ \forall f \in \mathcal{L}(E),\ f \circ u = u \circ f\}$. La question posée revient à déterminer cet ensemble [11]. On raisonne par analyse-synthèse.

Analyse : Soit $u \in C(E)$.

Soit x un vecteur non nul de E et $D = \text{Vect}\,(x)$. Comme le suggère l'énoncé, on se permet de considérer un supplémentaire S de D dans E. On a donc $E = D \oplus S$. On se donne la projection $f = p_D^S$ de E, c'est-à-dire l'endomorphisme tel que pour tout vecteur $y = \underbrace{y_D}_{\in D} + \underbrace{y_S}_{\in S} \in E$, on a $f(y) = y_D$. Comme on a $u \in C(E)$, on a $f \circ u = u \circ f$. En particulier, on a $f\big(u(x)\big) = u\big(f(x)\big) = u(x)$ car $x \in D$. En outre, on a $f\big(u(x)\big) \in D$, donc il existe $\lambda_x \in \mathbb{K}$ tel que $f\big(u(x)\big) = \lambda_x x$. Ainsi on a $u(x) = \lambda_x x$. On a ainsi obtenu l'existence, pour tout x non nul de E, d'un scalaire λ_x tel que $u(x) = \lambda_x x$. C'est même vrai de tout x de E car n'importe quel scalaire convient pour $x = 0_E$. Ainsi u est une pseudo-homothétie, donc une homothétie d'après la question précédente.

Synthèse : Soit u une homothétie. On note $\lambda \in \mathbb{K}$ son rapport. On a $u = \lambda\,\text{id}_E$ donc, pour tout $f \in \mathcal{L}(E)$, $f \circ u = f \circ (\lambda\,\text{id}_E) = \lambda f \circ \text{id}_E = \lambda f = u \circ f$. Donc on a $u \in C(E)$.

Conclusion : Finalement l'ensemble des éléments cherchés est celui des homothéties.

13.9 Images et noyaux itérés

Soient E espace vectoriel et f un endomorphisme de E.

Propriétés des noyaux itérés

1. Montrer que la suite $\big(\text{Ker}(f^n)\big)_{n\in\mathbb{N}}$ est croissante pour l'inclusion.
2. Montrer que, si la suite $\big(\text{Ker}(f^n)\big)_{n\in\mathbb{N}}$ pose, alors elle stationne. *On dit qu'une suite $(u_n)_{n\in\mathbb{N}}$ pose s'il existe $i \in \mathbb{N}$ tel que $u_{i+1} = u_i$. On dit qu'une suite $(u_n)_{n\in\mathbb{N}}$ stationne s'il existe $i \in \mathbb{N}$ tel que $\forall n \geqslant i,\ u_n = u_i$.*
3. Montrer que, si $\dim(E) = N < +\infty$, alors $\big(\text{Ker}(f^n)\big)_{n\in\mathbb{N}}$ stationne, au plus tard à partir du rang N.
4. Donner un exemple, en dimension infinie bien sûr, pour lequel $\big(\text{Ker}(f^n)\big)_{n\in\mathbb{N}}$ ne stationne pas.

Propriétés des images itérées

5. Montrer que la suite $\big(\text{Im}(f^n)\big)_{n\in\mathbb{N}}$ est décroissante pour l'inclusion.
6. Montrer que, si la suite $\big(\text{Im}(f^n)\big)_{n\in\mathbb{N}}$ pose, alors elle stationne.

11. Qui est appelé le *commutant* de $\mathcal{L}(E)$.

7. Montrer que, si $\dim(E) = N < +\infty$, alors $\big(\operatorname{Im}(f^n)\big)_{n\in\mathbb{N}}$ stationne, au plus tard à partir du rang N.

8. Donner un exemple, en dimension infinie bien sûr, pour lequel $\big(\operatorname{Im}(f^n)\big)_{n\in\mathbb{N}}$ ne stationne pas.

Application aux endomorphismes nilpotents

On suppose $\dim(E) = N < +\infty$ et que f est nilpotent [12] d'indice de nilpotence k.

9. Montrer qu'on a $k \leqslant N$.

10. Justifier qu'il existe une base $(u_1, \dots, u_N)$ de E telle que : $\forall p \leqslant N,\ f(u_p) \in \operatorname{Vect}(u_1, \dots, u_{p-1})$.

C 13.9 Images et noyaux itérés

Propriétés des noyaux itérés

1. Soit $n \in \mathbb{N}$.
   Soit $x \in \operatorname{Ker}(f^n)$. Alors $f^n(x) = 0_E$. Et donc $f^{n+1}(x) = f\big(f^n(x)\big) = f(0_E) = 0_E$.
   Ainsi $x \in \operatorname{Ker}(f^{n+1})$.
   On a donc démontré : $\operatorname{Ker}(f^n) \subset \operatorname{Ker}(f^{n+1})$.

2. Soit $i \in \mathbb{N}$ tel que $\operatorname{Ker}(f^i) = \operatorname{Ker}(f^{i+1})$. On sait déjà qu'on a $\operatorname{Ker}(f^{i+1}) \subset \operatorname{Ker}(f^{i+2})$.
   Montrons que, réciproquement, on a $\operatorname{Ker}(f^{i+2}) \subset \operatorname{Ker}(f^{i+1})$.
   Soit donc $x \in \operatorname{Ker}(f^{i+2})$. On a $f^{i+2}(x) = 0_E = f^{i+1}\big(f(x)\big)$, donc $f(x) \in \operatorname{Ker}(f^{i+1})$.
   Or $\operatorname{Ker}(f^{i+1}) = \operatorname{Ker}(f^i)$ d'où $f(x) \in \operatorname{Ker}(f^i)$, c'est-à-dire qu'on a $f^i\big(f(x)\big) = 0_E$ et donc $f^{i+1}(x) = 0_E$. D'où $x \in \operatorname{Ker}(f^{i+1})$.
   Et on a ainsi démontré : $\operatorname{Ker}(f^{i+2}) \subset \operatorname{Ker}(f^{i+1})$.
   Par conséquent, on a obtenu, par double inclusion : $\operatorname{Ker}(f^{i+1}) = \operatorname{Ker}(f^{i+2})$.
   En procédant de même, on prouve ainsi de suite $\operatorname{Ker}(f^{i+2}) = \operatorname{Ker}(f^{i+3})$, $\operatorname{Ker}(f^{i+3}) = \operatorname{Ker}(f^{i+4})$, etc. Ce qui signifie finalement qu'on a, pour tout $n \geqslant i$, $\operatorname{Ker}(f^n) = \operatorname{Ker}(f^i)$.
   Ainsi la suite $\big(\operatorname{Ker}(f^n)\big)_{n\in\mathbb{N}}$ stationne (à partir du rang i).

3. Raisonnons par l'absurde : supposons que $\big(\operatorname{Ker}(f^n)\big)_{n\in\mathbb{N}}$ ne stationne pas, ou alors qu'elle stationne après le rang N.
   On a donc $\{0_E\} = \operatorname{Ker}(f^0) \subsetneq \operatorname{Ker}(f^1) \subsetneq \cdots \subsetneq \operatorname{Ker}(f^N) \subsetneq \operatorname{Ker}(f^{N+1})$.
   Notons, pour tout $n \in \mathbb{N}$, a_n la dimension de $\operatorname{Ker}(f^n)$. La dimension étant une application strictement croissante, on en déduit $a_0 < a_1 < \cdots < a_N < a_{N+1}$.

12. Cf. la définition 10 p. 757.

Or, $(a_n)_{n\in\mathbb{N}}$ étant une suite d'entiers naturels, on a $a_1 > a_0 = 0$, donc $a_1 \geqslant 1$, puis $a_2 > a_1 \geqslant 1$, donc $a_2 \geqslant 2$, etc., jusqu'à $a_{N+1} \geqslant N+1$, c'est-à-dire $\dim\big(\mathrm{Ker}(f^{N+1})\big) \geqslant N+1 > N = \dim(E)$, ce qui est impossible.
On a donc prouvé, par l'absurde, que $\big(\mathrm{Ker}(f^n)\big)_{n\in\mathbb{N}}$ stationne, au plus tard à partir du rang N.

4. La dérivation $\partial : \left\{\begin{array}{ccc} \mathbb{K}[X] & \longrightarrow & \mathbb{K}[X] \\ P & \longmapsto & P' \end{array}\right.$ est un endomorphisme de $\mathbb{K}[X]$ tel que la suite $\big(\mathrm{Ker}(\partial^n)\big)_{n\in\mathbb{N}}$ est croissante pour l'inclusion car, pour tout $P \in \mathbb{K}[X]$, si on a $\partial^n(P) = 0$, *i. e.* $P^{(n)} = 0$, alors on a $P^{(n+1)} = 0$, *i. e.* $\partial^{n+1}(P) = 0$.
Néanmoins $\big(\mathrm{Ker}(\partial^n)\big)_{n\in\mathbb{N}}$ ne stationne pas car, pour tout $n \in \mathbb{N}$, on a $X^n \in \mathrm{Ker}(\partial^{n+1}) \setminus \mathrm{Ker}(\partial^n)$.

Propriétés des images itérées

5. Soit $n \in \mathbb{N}$. Soit $y \in \mathrm{Im}(f^{n+1})$. Il existe $x \in E$ tel que $y = f^{n+1}(x)$, d'où $y = (f^n \circ f)(x) = f^n\big(f(x)\big) \in \mathrm{Im}(f^n)$.
On a ainsi démontré : $\mathrm{Im}(f^{n+1}) \subset \mathrm{Im}(f^n)$.

6. Soit $i \in \mathbb{N}$ tel que $\mathrm{Im}(f^i) = \mathrm{Im}(f^{i+1})$. On sait déjà qu'on a $\mathrm{Im}(f^{i+2}) \subset \mathrm{Im}(f^{i+1})$.
Montrons que, réciproquement, on a $\mathrm{Im}(f^{i+1}) \subset \mathrm{Im}(f^{i+2})$.
Soit donc $y \in \mathrm{Im}(f^{i+1})$. Il existe $x \in E$ tel que $y = f^{i+1}(x) = f\big(f^i(x)\big)$. Or on a $f^i(x) \in \mathrm{Im}(f^i) = \mathrm{Im}(f^{i+1})$, donc il existe $u \in E$ tel que $f^i(x) = f^{i+1}(u)$. On en déduit : $y = f\big(f^i(x)\big) = f\big(f^{i+1}(u)\big) = f^{i+2}(u)$. Donc $y \in \mathrm{Im}(f^{i+2})$.
Par conséquent, on a obtenu, par double inclusion : $\mathrm{Im}(f^{i+1}) = \mathrm{Im}(f^{i+2})$.
En procédant de même, comme pour les noyaux précédemment, on prouve que la suite $\big(\mathrm{Im}(f^n)\big)_{n\in\mathbb{N}}$ stationne (à partir du rang i).

7. Comme on suppose E de dimension finie dans cette question, on peut utiliser le théorème du rang.
Celui-ci nous dit qu'on a, pour tout $n \in \mathbb{N}$, $\dim\big(\mathrm{Im}(f^n)\big) = \dim(E) - \dim\big(\mathrm{Ker}(f^n)\big)$.
Comme on a vu précédemment que la suite $\Big(\dim\big(\mathrm{Ker}(f^n)\big)\Big)_{n\in\mathbb{N}}$ stationne, au plus tard à partir du rang N, on en déduit qu'il en va de même pour la suite $\Big(\dim\big(\mathrm{Im}(f^n)\big)\Big)_{n\in\mathbb{N}}$. En particulier, on a : $\forall n \geqslant N$, $\dim\big(\mathrm{Im}(f^n)\big) = \dim\big(\mathrm{Im}(f^N)\big)$.
Mais comme la suite $\big(\mathrm{Im}(f^n)\big)_{n\in\mathbb{N}}$ est décroissante pour l'inclusion, on a aussi $\mathrm{Im}(f^n) \subset \mathrm{Im}(f^N)$ pour tout $n \geqslant N$, d'où finalement $\mathrm{Im}(f^n) = \mathrm{Im}(f^N)$ pour tout $n \geqslant N$. Ce qui prouve que la suite $\big(\mathrm{Im}(f^n)\big)_{n\in\mathbb{N}}$ stationne, au plus tard à partir du rang N.

8. On laisse le lecteur vérifier que l'application $f : \left\{ \begin{array}{ccc} \mathbb{K}^{\mathbb{N}} & \longrightarrow & \mathbb{K}^{\mathbb{N}} \\ (u_n)_{n\in\mathbb{N}} & \longmapsto & (u_{n+1})_{n\in\mathbb{N}} \end{array} \right.$ est un endomorphisme de $\mathbb{K}^{\mathbb{N}}$ tel que la suite $\big(\mathrm{Im}(f^n)\big)_{n\in\mathbb{N}}$ ne stationne pas.

Application aux endomorphismes nilpotents

9. Comme f est nilpotent d'indice de nilpotence k, on a $f^k = 0$, c'est-à-dire $f^k(x) = 0_E$ pour tout $x \in E$, et donc $\mathrm{Im}(f^k) = \{0_E\}$.
   Comme la suite $\big(\mathrm{Im}(f^n)\big)_{n\in\mathbb{N}}$ est décroissante, on a nécessairement $\mathrm{Im}(f^n) = \{0_E\}$ pour tout $n \geqslant k$, donc la suite $\big(\mathrm{Im}(f^n)\big)_{n\in\mathbb{N}}$ stationne à partir du rang k.
   Mais comme E est supposé de dimension finie N, on sait par ce qui précède que la suite $\big(\mathrm{Im}(f^n)\big)_{n\in\mathbb{N}}$ stationne au plus tard à partir du rang N. D'où $k \leqslant N$.
10. Comme f est nilpotent d'indice de nilpotence k, on a $\mathrm{Ker}(f^k) = E$.
   Posons $\mathcal{B}_0 = \emptyset$ et considérons une base $\mathcal{B}_1$ de $\mathrm{Ker}(f)$.
   Comme $\mathrm{Ker}(f) \subset \mathrm{Ker}(f^2)$, on peut compléter $\mathcal{B}_1$ en une base $\mathcal{B}_2 = \mathcal{B}_1 \sqcup \mathcal{B}'_2$ de $\mathrm{Ker}(f^2)$ par le théorème de la base incomplète.
   Comme $\mathrm{Ker}(f^2) \subset \mathrm{Ker}(f^3)$, on peut compléter $\mathcal{B}_2$ en $\mathcal{B}_3 = \mathcal{B}_2 \sqcup \mathcal{B}'_3$ base de $\mathrm{Ker}(f^3)$. On construit ainsi par récurrence immédiate des familles $\mathcal{B}_1$, $\mathcal{B}_2$, …, $\mathcal{B}_k$ toutes obtenues en complétant la précédente, et telles que $\mathcal{B}_i$ est toujours une base de $\mathrm{Ker}(f^i)$. Comme toutes les inclusions sont strictes jusqu'à $\mathrm{Ker}(f^k)$, chaque base comprend strictement plus de vecteurs que la précédente. Notons $\mathcal{B}_N = (u_1, \ldots, u_N)$. Soit $p \leqslant N$, et i l'entier tel que $u_p \in \mathrm{Ker}(f^i)$. On a deux cas : ou bien u_p est le premier (éventuellement unique) vecteur ajouté en complétant $\mathcal{B}_{i-1}$, auquel cas on a $u_{p-1} \in \mathrm{Ker}(f^{i-1})$ ou bien on a $u_{p-1} \in \mathrm{Ker}(f^i)$. Dans le premier cas on a $f(u_p) \in \mathrm{Ker}(f^{i-2}) \subset \mathrm{Ker}(f^{i-1})$, dans le second cas on a $f(u_p) \in \mathrm{Ker}(f^{i-1})$. Dans tous les cas on a $f(u_p) \in \mathrm{Ker}(f^{i-1}) \subset \mathrm{Vect}\,(u_1, \ldots, u_{p-1})$.

CHAPITRE 14

Matrices associées à une application linéaire

Dans ce chapitre :

- on se donne $q < +\infty$, $p < +\infty$;
- E désigne un $\mathbb{K}$-espace vectoriel de dimension q et $\mathcal{B}_E = (\varepsilon_1, \ldots, \varepsilon_q)$ une base de E ;
- F désigne un $\mathbb{K}$-espace vectoriel de dimension p et $\mathcal{B}_F$ une base de F.

1 Définitions - Exemples

1.1 Matrices associées à une famille finie de vecteurs de F

Définition 1

Soit $\mathcal{U} = (u_1, u_2, \ldots, u_q)$ une famille **finie** de vecteurs de E.

On appelle *matrice représentative de la famille* $(u_1, u_2, \ldots, u_q)$ *dans* $\mathcal{B}_F$, ou plus simplement *matrice de la famille* $(u_1, u_2, \ldots, u_q)$ *dans* $\mathcal{B}_F$ la matrice :

$$\mathrm{Mat}_{\mathcal{B}_F}(\mathcal{U}) = \mathrm{Mat}_{\mathcal{B}_F}(u_1, u_2, \ldots, u_q) = \begin{pmatrix} | & | & & | \\ u_1 & u_2 & \cdots & u_q \\ |_{\mathcal{B}_F} & |_{\mathcal{B}_F} & & |_{\mathcal{B}_F} \end{pmatrix} \in \mathcal{M}_{p,q}(\mathbb{K}).$$

Exemples 1

1. Plaçons-nous dans le cas $F = \mathbb{K}^2$ et $\mathcal{U} = (u_1, u_2, u_3) = \left(\begin{pmatrix}1\\1\end{pmatrix}, \begin{pmatrix}4\\3\end{pmatrix}, \begin{pmatrix}2\\0\end{pmatrix}\right)$.

   Pour $\mathcal{B}_F = \mathcal{C}$ (la base canonique), on a $\mathrm{Mat}_{\mathcal{B}_F}(\mathcal{U}) = \begin{pmatrix} 1 & 4 & 2 \\ 1 & 3 & 0 \end{pmatrix}$, car l'application « décomposition dans la base canonique de $\mathbb{K}^2$ » est l'identité de $\mathbb{K}^2$.

   Par contre, pour $\mathcal{B}_F = \left(\begin{pmatrix}1\\1\end{pmatrix}, \begin{pmatrix}3\\2\end{pmatrix}\right)$ (qui est bien une base car formée de deux vecteurs non colinéaires), on a $u_1 = 1 \cdot \begin{pmatrix}1\\1\end{pmatrix} + 0 \cdot \begin{pmatrix}3\\2\end{pmatrix}$ donc $\left| u_1 \right|_{\mathcal{B}_F} = \begin{pmatrix}1\\0\end{pmatrix}$, $u_2 = 1 \cdot \begin{pmatrix}1\\1\end{pmatrix} + 1 \cdot \begin{pmatrix}3\\2\end{pmatrix}$ donc $\left| u_2 \right|_{\mathcal{B}_F} = \begin{pmatrix}1\\1\end{pmatrix}$, et $u_3 = -4 \cdot \begin{pmatrix}1\\1\end{pmatrix} + 2 \cdot \begin{pmatrix}3\\2\end{pmatrix}$ donc $\left| u_3 \right|_{\mathcal{B}_F} = \begin{pmatrix}-4\\2\end{pmatrix}$.

   Ainsi $\mathrm{Mat}_{\mathcal{B}_F}(\mathcal{U}) = \begin{pmatrix} 1 & 1 & -4 \\ 0 & 1 & 2 \end{pmatrix}$.

2. Plaçons-nous dans le cas $F = \mathbb{K}_3[X]$ et $\mathcal{B}_F = \mathcal{C} = (1, X, X^2, X^3)$, et considérons $\mathcal{U} = (P_1, P_2) = \left(1 + X^3, X + X^2\right)$. On a $\mathrm{Mat}_{\mathcal{B}_F}(\mathcal{U}) = \begin{pmatrix} 1 & 0 \\ 0 & 1 \\ 0 & 1 \\ 1 & 0 \end{pmatrix}$.

Le concept est surtout intéressant lorsque E est distinct de $\mathbb{K}^n$, car il permet alors de ramener l'étude d'un objet abstrait (une famille de vecteurs) à celle d'un objet concret (une matrice). Voici un exemple important de traduction matricielle d'une propriété portant sur les familles.

Proposition 1

Une famille $\mathcal{U} = (u_1, u_2, \ldots, u_q)$ de vecteurs de F est génératrice de F si et seulement si la matrice $\mathrm{Mat}_{\mathcal{B}_F}(\mathcal{U})$ est « inversible à droite », c'est-à-dire :
$\exists N \in \mathcal{M}_{q,p}(\mathbb{K}),\ \mathrm{Mat}_{\mathcal{B}_F}(\mathcal{U}) \times N = I_q$.

Démonstration

On commence par remarquer que le fait que $\mathcal{U}$ soit génératrice équivaut à ce que les vecteurs de $\mathcal{B}_F$ soient CL des vecteurs de $\mathcal{U}$. En effet, si $\mathcal{U}$ est génératrice, alors tout vecteur de F est CL des vecteurs de $\mathcal{U}$, en particulier les vecteurs de $\mathcal{B}_F$. Réciproquement si les vecteurs de $\mathcal{B}_F$ sont CL des vecteurs de $\mathcal{U}$ alors $\mathcal{B}_F \subset \mathrm{Vect}\,(\mathcal{U})$, et donc par croissance et idempotence de Vect, on a $F = \mathrm{Vect}(\mathcal{B}_F) \subset \mathrm{Vect}(\mathcal{U})$, d'où $\mathcal{U}$ génératrice.

Notons $\mathcal{B}_F = (\eta_1, \dots, \eta_p)$. Dire que les vecteurs de $\mathcal{B}_F$ sont CL des vecteurs de $\mathcal{U}$, c'est dire que pour tout $j \in \{1, \dots, p\}$, il existe des scalaires $\lambda_{1,j}, \dots, \lambda_{q,j}$ tels qu'on ait l'égalité $\eta_j = \lambda_{1,j} u_1 + \dots + \lambda_{q,j} u_q$, c'est-à-dire , vu que l'application de décomposition est un isomorphisme, $e_j = \left.\begin{array}{c}| \\ \eta_j \\ |\end{array}\right._{\mathcal{B}_F} = \lambda_{1,j} \left.\begin{array}{c}| \\ u_1 \\ |\end{array}\right._{\mathcal{B}_F} + \dots + \lambda_{q,j} \left.\begin{array}{c}| \\ u_q \\ |\end{array}\right._{\mathcal{B}_F}$.

Ceci se réécrit[1] avantageusement $I_q = \mathrm{Mat}_{\mathcal{B}_F}(\mathcal{U}) \times N$ en posant $N = (\lambda_{i,j})_{\substack{1 \leqslant i \leqslant q \\ 1 \leqslant j \leqslant p}}$.

Remarque 1

Dans le cas où la famille $\mathcal{U}$ présente un seul vecteur, $\mathcal{U} = (u)$, l'identification entre $\mathbb{K}^p$ et $\mathcal{M}_{p,1}(\mathbb{K})$ indique que la matrice de $\mathcal{U}$ dans $\mathcal{B}_F$ est tout simplement la décomposition de son vecteur u dans $\mathcal{B}_F$. On pourra parlera donc indifféremment dans la suite de *vecteur décomposition de u dans $\mathcal{B}_F$* ou de *matrice de u dans $\mathcal{B}_F$*.

1.2 Matrices associées à une application linéaire

Définition 2

Soit $f \in \mathcal{L}(E, F)$.

On appelle *matrice représentative de f de $\mathcal{B}_E$ dans $\mathcal{B}_F$* la matrice de $f(\mathcal{B}_E)$ dans $\mathcal{B}_F$, c'est-à-dire : $\mathrm{Mat}_{\mathcal{B}_E,\mathcal{B}_F}(f) = \begin{pmatrix} | & | & & | \\ f(\varepsilon_1) & f(\varepsilon_2) & \dots & f(\varepsilon_q) \\ |_{\mathcal{B}_F} & |_{\mathcal{B}_F} & & |_{\mathcal{B}_F} \end{pmatrix} \in \mathcal{M}_{p,q}(\mathbb{K})$.

⚠ L'espace de départ est de dimension q, l'espace d'arrivée est de dimension p, la matrice associée a p lignes et q colonnes (il y a un petit renversement).

Notation 1

La notation $\mathrm{Mat}_{\mathcal{B}_E,\mathcal{B}_F}(f)$ est celle proposée par le programme de MPSI, le programme de PCSI ne suggérant aucune notation particulière pour la matrice représentative de f de $\mathcal{B}_E$ dans $\mathcal{B}_F$. Dans la suite de cet ouvrage, et pour des raisons qui s'éclaireront très vite, on en préfèrera une autre : on notera $\mathrm{Mat}_{\mathcal{B}_F \leftarrow \mathcal{B}_E}(f)$ pour $\mathrm{Mat}_{\mathcal{B}_E,\mathcal{B}_F}(f)$.

On peut déjà remarquer que cette notation a l'avantage de préserver l'ordre des bases tel qu'il se présente naturellement : on a en effet $\mathrm{Mat}_{\mathcal{B}_F \leftarrow \mathcal{B}_E}(f) = \mathrm{Mat}_{\mathcal{B}_F}\big(f(\mathcal{B}_E)\big)$.

1. On pourra consulter les remarques 6 p. 455 au sujet de cette interprétation du produit matriciel.

Exemple 2

Plaçons-nous dans le cas $E = \mathbb{K}_n[X]$, $F = \mathbb{K}_{n-1}[X]$, $\mathcal{B}_E = (1, X, \ldots, X^n)$ et $\mathcal{B}_F = (1, X, \ldots, X^{n-1})$. Considérons $f = P \mapsto P'$.

$$\left| f(1) \right._{\mathcal{B}_F} = \left| 0 \right._{\mathcal{B}_F} = \begin{pmatrix} 0 \\ 0 \\ \vdots \\ 0 \end{pmatrix}, \quad \left| f(X) \right._{\mathcal{B}_F} = \left| 1 \right._{\mathcal{B}_F} = \begin{pmatrix} 0 \\ 1 \\ \vdots \\ 0 \end{pmatrix}, \ldots, \quad \left| f(X^n) \right._{\mathcal{B}_F} = \left| nX^{n-1} \right._{\mathcal{B}_F} = \begin{pmatrix} 0 \\ \vdots \\ 0 \\ n \end{pmatrix}.$$

Et donc $\mathrm{Mat}_{\mathcal{B}_F \leftarrow \mathcal{B}_E}(f) = \begin{pmatrix} 0 & 1 & 0 & \ldots & \ldots & 0 \\ \vdots & \ddots & 2 & \ddots & & \vdots \\ \vdots & & \ddots & \ddots & \ddots & \vdots \\ \vdots & & & \ddots & n-1 & 0 \\ 0 & \ldots & \ldots & \ldots & 0 & n \end{pmatrix}$.

C'est une matrice ayant n lignes et $n+1$ colonnes.

Exemple 3

Considérons le cas $E = F = \mathbb{K}^2$ et $f = \mathrm{id}_{\mathbb{K}^2}$. Notons $\mathcal{B}_1 = (u_1, u_2) = \left(\begin{pmatrix} 1 \\ 1 \end{pmatrix}, \begin{pmatrix} 3 \\ 2 \end{pmatrix} \right)$ et $\mathcal{B}_2 = (v_1, v_2) = \left(\begin{pmatrix} 2 \\ 1 \end{pmatrix}, \begin{pmatrix} 5 \\ 3 \end{pmatrix} \right)$. Ces familles sont toutes les deux formées de deux vecteurs non colinéaires, ce sont donc des bases.

On invite le lecteur à vérifier qu'on a $\left| u_1 \right._{\mathcal{B}_1} = \left| v_1 \right._{\mathcal{B}_2} = \begin{pmatrix} 1 \\ 0 \end{pmatrix}$, $\left| u_2 \right._{\mathcal{B}_1} = \left| v_2 \right._{\mathcal{B}_2} = \begin{pmatrix} 0 \\ 1 \end{pmatrix}$, $\left| u_1 \right._{\mathcal{B}_2} = \begin{pmatrix} -2 \\ 1 \end{pmatrix}$, $\left| u_2 \right._{\mathcal{B}_2} = \begin{pmatrix} -1 \\ 1 \end{pmatrix}$, $\left| v_1 \right._{\mathcal{B}_1} = \begin{pmatrix} -1 \\ 1 \end{pmatrix}$, $\left| v_2 \right._{\mathcal{B}_1} = \begin{pmatrix} -1 \\ 2 \end{pmatrix}$. On en déduit :

- $\mathrm{Mat}_{\mathcal{B}_1 \leftarrow \mathcal{B}_1}(\mathrm{id}_{\mathbb{K}^2}) = \begin{pmatrix} 1 & 0 \\ 0 & 1 \end{pmatrix}$;
- $\mathrm{Mat}_{\mathcal{B}_2 \leftarrow \mathcal{B}_1}(\mathrm{id}_{\mathbb{K}^2}) = \begin{pmatrix} -2 & -1 \\ 1 & 1 \end{pmatrix}$;
- $\mathrm{Mat}_{\mathcal{B}_1 \leftarrow \mathcal{B}_2}(\mathrm{id}_{\mathbb{K}^2}) = \begin{pmatrix} -1 & -1 \\ 1 & 2 \end{pmatrix}$;
- $\mathrm{Mat}_{\mathcal{B}_2 \leftarrow \mathcal{B}_2}(\mathrm{id}_{\mathbb{K}^2}) = \begin{pmatrix} 1 & 0 \\ 0 & 1 \end{pmatrix}$.

Cet exemple illustre que lorsqu'on prend la même base au départ et à l'arrivée, la matrice de l'identité est la matrice identité, ce qui explique la terminologie choisie pour les matrices. On généralise ce résultat dans la sous-section suivante.

1.3 Endomorphismes remarquables dans des bases remarquables

Dans cette sous-section on suppose $E = F$. En particulier une application linéaire de E dans F n'est autre qu'un endomorphisme de E.

Notation 2

Dans le cas particulier $\mathcal{B}_E = \mathcal{B}_F = \mathcal{B}$, on notera plus simplement $\mathrm{Mat}_{\mathcal{B}}(f)$ plutôt que $\mathrm{Mat}_{\mathcal{B}\leftarrow\mathcal{B}}(f)$. On l'appelle alors tout simplement la *matrice de f dans $\mathcal{B}$*.

Comme on le verra, dans le cas des endomorphismes, il sera particulièrement judicieux de prendre **la même base** au départ et à l'arrivée ; cette notation sera donc très souvent utilisée. On commence dès à présent avec quelques exemples.

Proposition 2

Si f est une homothétie de rapport λ, c'est-à-dire $f = \lambda\,\mathrm{id}_E$, et $\mathcal{B}$ **une base quelconque**, alors $\mathrm{Mat}_{\mathcal{B}}(f) = \lambda I_q$.

DÉMONSTRATION

Notons $\mathcal{B} = (v_1, \ldots, v_q)$. On a, pour tout i, $f(v_i) = \lambda v_i$ et donc $\begin{array}{c}|\\ f(v_i)\\ |\end{array}_{\mathcal{B}} = \lambda e_i$.

Ceci étant vrai pour tout i, on a bien $\mathrm{Mat}_{\mathcal{B}}(f) = \begin{pmatrix} | & & | \\ \lambda e_1 & \ldots & \lambda e_q \\ | & & | \end{pmatrix} = \lambda I_q$.

Si $\mathcal{B}_E \neq \mathcal{B}_F$, la matrice $\mathrm{Mat}_{\mathcal{B}_F\leftarrow\mathcal{B}_E}(\lambda\,\mathrm{id}_E)$ n'a aucune raison d'être de cette forme, comme on l'a vu dans l'exemple 3.

Proposition 3

Si $F \oplus G = E$, avec $\dim(F) = r$, et que f est la projection sur F parallèlement à G, c'est-à-dire $f = p_F^G$, et $\mathcal{B}$ **une base adaptée à** $F \oplus G$, alors

$\mathrm{Mat}_{\mathcal{B}}(f) = \begin{pmatrix} I_r & O \\ O & O \end{pmatrix}$.

DÉMONSTRATION

La base $\mathcal{B}$ est de la forme $(u_1, \ldots, u_r, v_1, \ldots, v_{q-r})$, avec $(u_1, \ldots, u_r)$ une base de F et $(v_1, \ldots, v_{q-r})$ une base de G. On a, pour tout i, $f(u_i) = u_i$ et donc $\begin{array}{c}|\\ f(u_i)\\ |\end{array}_{\mathcal{B}} = e_i$. On a, pour tout j, $f(v_j) = 0_E$ et donc $\left| f(v_j) \right._{\mathcal{B}} = \begin{pmatrix} 0 \\ \vdots \\ 0 \end{pmatrix}$. La matrice de f dans $\mathcal{B}$ a donc pour premières colonnes les vecteurs de la base canonique e_1, …, e_i, puis uniquement des colonnes nulles, ce qui correspond bien à la matrice que l'on a décrite par blocs.

Si $\mathcal{B}$ n'est pas une base adaptée à la somme directe, la matrice $\mathrm{Mat}_{\mathcal{B}}\big(p_F^G\big)$ n'a aucune raison d'être de cette forme.

Un contre-exemple simple est donné par la projection[2] $f : \left\{ \begin{array}{ccc} \mathbb{K}^2 & \longrightarrow & \mathbb{K}^2 \\ \begin{pmatrix} x \\ y \end{pmatrix} & \longmapsto & \begin{pmatrix} \frac{x+y}{2} \\ \frac{x+y}{2} \end{pmatrix} \end{array} \right.$ dont la matrice dans la base canonique est $\begin{pmatrix} 1/2 & 1/2 \\ 1/2 & 1/2 \end{pmatrix}$.

Proposition 4

Si $F \oplus G = E$, avec $\dim(F) = r$, et que f est la symétrie par rapport à F parallèlement à G, c'est-à-dire $f = s_F^G$, et $\mathcal{B}$ **une base adaptée à** $F \oplus G$, alors
$\mathrm{Mat}_{\mathcal{B}}(f) = \begin{pmatrix} I_r & O \\ O & -I_{q-r} \end{pmatrix}$.

DÉMONSTRATION

La base $\mathcal{B}$ est de la forme $(u_1, \ldots, u_r, v_1, \ldots, v_{q-r})$, avec $(u_1, \ldots, u_r)$ une base de F et $(v_1, \ldots, v_{q-r})$ une base de G. On a, pour tout i, $f(u_i) = u_i$ et donc $\left| f(u_i) \right._{\mathcal{B}} = e_i$. On a, pour tout j, $f(v_j) = -v_j$ et donc $\left| f(v_j) \right._{\mathcal{B}} = -e_{r+j}$. La matrice de f dans $\mathcal{B}$ a donc pour premières colonnes les vecteurs de la base canonique e_1, …, e_r, puis les opposés des vecteurs de la base canonique $-e_{r+1}$, …, $-e_q$, ce qui correspond bien à la matrice que l'on a décrite par blocs.

Si $\mathcal{B}$ n'est pas une base adaptée à la somme directe, la matrice $\mathrm{Mat}_{\mathcal{B}}\big(s_F^G\big)$ n'a aucune raison d'être de cette forme.

2. Déjà vue dans le chapitre 13.

Un contre-exemple simple est donné par $f : \left\{\begin{array}{ccc} \mathbb{K}^2 & \longrightarrow & \mathbb{K}^2 \\ \begin{pmatrix} x \\ y \end{pmatrix} & \longmapsto & \begin{pmatrix} y \\ x \end{pmatrix} \end{array}\right.$ dont la matrice dans la base canonique est $\begin{pmatrix} 0 & 1 \\ 1 & 0 \end{pmatrix}$.

Remarque 2

Sur les endomorphismes nilpotents - MPSI

Si f est un endomorphisme nilpotent, c'est-à-dire s'il existe N tel que $f^N = 0_{\mathcal{L}(E)}$, on a vu dans l'exercice 13.9 du chapitre 13 qu'on a une suite croissante d'inclusions $\operatorname{Ker}(f) \subset \operatorname{Ker}(f^2) \subset \cdots \subset \operatorname{Ker}(f^q) = E$. En utilisant de façon répétée le théorème de la base incomplète, on obtient qu'il existe des bases de E de la forme $(u_1, u_2, \dots, u_q)$ où pour tout i on a $u_i \in \operatorname{Ker}(f^i)$. Soit $\mathcal{B}$ une telle base. Alors $\operatorname{Mat}_{\mathcal{B}}(f)$ est triangulaire supérieure sticte, c'est-à-dire triangulaire supérieure avec des 0 sur la diagonale.

Démonstration

La base $\mathcal{B}$ est de la forme $(u_1, \dots, u_q)$, avec, pour tout i, $f^i(u_i) = 0_E$, c'est-à-dire $f(u_i) \in \operatorname{Ker}(f^{i-1}) = \operatorname{Vect}(u_1, \dots, u_{i-1})$. On a donc $f(u_i) \underset{\mathcal{B}}{=} \begin{pmatrix} \star \\ \vdots \\ \star \\ 0 \\ \vdots \\ 0 \end{pmatrix} \leftarrow \text{lig } i$.

La matrice de f dans $\mathcal{B}$ est donc bien de la forme décrite.

Exemple 4

On adapte l'exemple 2. Plaçons-nous dans le cas $E = \mathbb{K}_n[X]$, $\mathcal{B} = \mathcal{C} = (1, X, \dots, X^n)$ et considérons $f = P \mapsto P'$.

On a $f(1) \underset{\mathcal{C}}{=} 0 \underset{\mathcal{C}}{=} \begin{pmatrix} 0 \\ 0 \\ \vdots \\ 0 \end{pmatrix}$, $f(X) \underset{\mathcal{C}}{=} 1 \underset{\mathcal{C}}{=} \begin{pmatrix} 1 \\ 0 \\ \vdots \\ 0 \end{pmatrix}$, ..., $f(X^n) \underset{\mathcal{C}}{=} nX^{n-1} \underset{\mathcal{C}}{=} \begin{pmatrix} 0 \\ \vdots \\ n \\ 0 \end{pmatrix}$.

Et donc $\operatorname{Mat}_{\mathcal{C}}(f) = \begin{pmatrix} 0 & 1 & 0 & \dots & \dots & 0 \\ \vdots & \ddots & 2 & \ddots & & \vdots \\ \vdots & & \ddots & \ddots & \ddots & \vdots \\ \vdots & & & \ddots & n-1 & 0 \\ \vdots & & & & \ddots & n \\ 0 & \dots & \dots & \dots & \dots & 0 \end{pmatrix}$.

⚠ Si $\mathcal{B}$ n'est pas une base convenable, la matrice d'un endomorphisme nilpotent n'a aucune raison d'être de cette forme.

2 Isomorphismes structurels

2.1 Bijection ensembliste

Proposition 5

L'application $\left\{\begin{array}{ccc} \mathcal{L}(E,F) & \longrightarrow & \mathcal{M}_{p,q}(\mathbb{K}) \\ f & \longmapsto & \text{Mat}_{\mathcal{B}_F \leftarrow \mathcal{B}_E}(f) \end{array}\right.$ est bijective.

Démonstration

C'est une simple reformulation de la propriété fondamentale sur les applications linéaires vue p. 741. En effet, étant donnée une matrice $M = \begin{pmatrix} | & & | \\ C_1 & \dots & C_q \\ | & & | \end{pmatrix}$, il existe une unique famille $(u_1, \dots, u_q)$ telle que, pour tout i, C_i est la décomposition de u_i dans $\mathcal{B}_F$, puisque l'isomorphisme de décomposition dans une base est bijectif. D'après la propriété fondamentale, il existe une unique application linéaire f dont les images des vecteurs de $\mathcal{B}_E$ sont les u_i. Ainsi, pour une matrice M donnée, il existe une unique application linéaire f telle que $\text{Mat}_{\mathcal{B}_F \leftarrow \mathcal{B}_E}(f) = M$.

Dans le cas de $\mathbb{K}^n$, la version précisée de la propriété fondamentale sur les applications linéaires permet même de voir :

Proposition 6

Dans le cas $E = \mathbb{K}^q$, $F = \mathbb{K}^p$, $\mathcal{B}_E = \mathcal{C}_E$ et $\mathcal{B}_F = \mathcal{C}_F$ (les bases canoniques), l'application réciproque de l'application $\Phi : \left\{\begin{array}{ccc} \mathcal{L}(\mathbb{K}^q, \mathbb{K}^p) & \longrightarrow & \mathcal{M}_{p,q}(\mathbb{K}) \\ f & \longmapsto & \text{Mat}_{\mathcal{C}_F \leftarrow \mathcal{C}_E}(f) \end{array}\right.$ est l'application $\Psi : \left\{\begin{array}{ccc} \mathcal{M}_{p,q}(\mathbb{K}) & \longrightarrow & \mathcal{L}(\mathbb{K}^q, \mathbb{K}^p) \\ A & \longmapsto & f_A = x \mapsto A \times x \end{array}\right.$.

Démonstration

Soit $f \in \mathcal{L}(\mathbb{K}^q, \mathbb{K}^p)$. Soit $x \in \mathbb{K}^q$. On a $\Psi\big(\Phi(f)\big)(x) = \text{Mat}_{\mathcal{C}_F \leftarrow \mathcal{C}_E}(f) \times x$.

On a $\text{Mat}_{\mathcal{C}_F \leftarrow \mathcal{C}_E}(f) = \begin{pmatrix} | & & | \\ f(e_1) & \cdots & f(e_q) \\ |_{\mathcal{C}_F} & & |_{\mathcal{C}_F} \end{pmatrix} = \begin{pmatrix} | & & | \\ f(e_1) & \dots & f(e_q) \\ | & & | \end{pmatrix}$ puisque l'application de décomposition dans la base canonique est l'identité. Notons $x = \begin{pmatrix} x_1 \\ \vdots \\ x_q \end{pmatrix}$.

On a $\mathrm{Mat}_{\mathcal{C}_F \leftarrow \mathcal{C}_E}(f) \times x = \begin{pmatrix} | & & | \\ f(e_1) & \dots & f(e_q) \\ | & & | \end{pmatrix} \times \begin{pmatrix} x_1 \\ \vdots \\ x_q \end{pmatrix} = x_1 f(e_1) + \cdots + x_q f(e_q)$,
qui vaut $f(x_1e_1 + \cdots + x_qe_q)$ par linéarité. Enfin $f(x_1e_1 + \cdots + x_qe_q) = f(x)$ par définition.
Ceci étant vrai pour tout $x \in \mathbb{K}^q$, on a $\Psi\big(\Phi(f)\big) = f$.
Ceci étant vrai pour tout $f \in \mathcal{L}(\mathbb{K}^q, \mathbb{K}^p)$, on a $\Psi \circ \Phi = \mathrm{id}_{\mathcal{L}(\mathbb{K}^q, \mathbb{K}^p)}$.

Soit $A \in \mathcal{M}_{p,q}(\mathbb{K})$. On a $\Phi\big(\Psi(A)\big) = \mathrm{Mat}_{\mathcal{C}_F \leftarrow \mathcal{C}_E}(x \mapsto A \times x) = \begin{pmatrix} | & & | \\ A \times e_1 & \dots & A \times e_q \\ | & & | \end{pmatrix}$
puisque l'application de décomposition dans la base canonique est l'identité. Enfin on a
$\begin{pmatrix} | & & | \\ A \times e_1 & \dots & A \times e_q \\ | & & | \end{pmatrix} = A$ puisque $A \times e_i$ est la i-ème colonne de A.
Ceci étant vrai pour toute matrice $A \in \mathcal{M}_{p,q}(\mathbb{K})$, on a $\Phi \circ \Psi = \mathrm{id}_{\mathcal{M}_{p,q}(\mathbb{K})}$.

On a bien montré que Φ et Ψ sont réciproques l'une de l'autre.
On a mis en évidence dans cette proposition qu'à toute matrice A correspond une application $f_A = x \mapsto Ax$. Cet objet important fait l'objet de la définition :

Définition 3 (Application canoniquement associé à une matrice)

Étant donnée une matrice $A \in \mathcal{M}_{p,q}(\mathbb{K})$, on dit de $f_A : \left\{ \begin{array}{ccc} \mathbb{K}^q & \longrightarrow & \mathbb{K}^p \\ x & \longmapsto & A \times x \end{array} \right.$ que c'est *l'application (linéaire) canoniquement associée à* A.
Si $A \in \mathcal{M}_q(\mathbb{K})$, on appelle f_A *l'endomorphisme (de* $\mathbb{K}^q$*) canoniquement associé à* A.

Et ainsi A est la matrice représentative de f_A dans les bases canoniques de $\mathbb{K}^q$ et $\mathbb{K}^p$!

2.2 Matrices d'une combinaison linéaire

Proposition 7

Soient $f, g \in \mathcal{L}(E, F)$ et $\lambda, \mu \in \mathbb{K}$. On a :
$\mathrm{Mat}_{\mathcal{B}_F \leftarrow \mathcal{B}_E}(\lambda f + \mu g) = \lambda \,\mathrm{Mat}_{\mathcal{B}_F \leftarrow \mathcal{B}_E}(f) + \mu \,\mathrm{Mat}_{\mathcal{B}_F \leftarrow \mathcal{B}_E}(g)$.

Démonstration

On utilise successivement la définition des matrices représentatives, la définition de l'application $\lambda f + \mu g$, la linéarité de la décomposition, et la définition des opérations sur $\mathcal{M}_{p,q}(\mathbb{K})$.

Cela donne : $\mathrm{Mat}_{\mathcal{B}_F \leftarrow \mathcal{B}_E}(\lambda f + \mu g)$

$$= \begin{pmatrix} | & & | \\ (\lambda f+\mu g)(\varepsilon_1) & \dots & (\lambda f+\mu g)(\varepsilon_q) \\ |_{\mathcal{B}_F} & & |_{\mathcal{B}_F} \end{pmatrix}$$

$$= \begin{pmatrix} | & & | \\ \big(\lambda f(\varepsilon_1)+\mu g(\varepsilon_1)\big) & \dots & \big(\lambda f(\varepsilon_q)+\mu g(\varepsilon_q)\big) \\ |_{\mathcal{B}_F} & & |_{\mathcal{B}_F} \end{pmatrix}$$

$$= \begin{pmatrix} | & | & & | & | \\ \lambda\ f(\varepsilon_1)\ +\mu & g(\varepsilon_1) & \dots & \lambda\ f(\varepsilon_q)\ +\mu & g(\varepsilon_q) \\ |_{\mathcal{B}_F} & |_{\mathcal{B}_F} & & |_{\mathcal{B}_F} & |_{\mathcal{B}_F} \end{pmatrix}$$

$$= \lambda \begin{pmatrix} | & & | \\ f(\varepsilon_1) & \dots & f(\varepsilon_q) \\ |_{\mathcal{B}_F} & & |_{\mathcal{B}_F} \end{pmatrix} + \mu \begin{pmatrix} | & & | \\ g(\varepsilon_1) & \dots & g(\varepsilon_q) \\ |_{\mathcal{B}_F} & & |_{\mathcal{B}_F} \end{pmatrix}$$

$$= \lambda\, \mathrm{Mat}_{\mathcal{B}_F \leftarrow \mathcal{B}_E}(f) + \mu\, \mathrm{Mat}_{\mathcal{B}_F \leftarrow \mathcal{B}_E}(g).$$

⚠ Attention à la condition de compatibilité des bases !

Si $\mathcal{B}'_E$ est une base de E distincte de $\mathcal{B}_E$ ou $\mathcal{B}'_F$ une base de F distincte de $\mathcal{B}'_F$ la matrice $\lambda \mathrm{Mat}_{\mathcal{B}_F \leftarrow \mathcal{B}_E}(f) + \mu \mathrm{Mat}_{\mathcal{B}'_F \leftarrow \mathcal{B}'_E}(g)$ n'a rien de remarquable.

Cette proposition se reformule immédiatement :

Proposition 7 (Reformulation)

L'application $\left\{\begin{array}{ccc} \mathcal{L}(E,F) & \longrightarrow & \mathcal{M}_{p,q}(\mathbb{K}) \\ f & \longmapsto & \mathrm{Mat}_{\mathcal{B}_F \leftarrow \mathcal{B}_E}(f) \end{array}\right.$ est un isomorphisme.

Démonstration

Elle est bijective par la proposition 5, et elle est linéaire puisqu'elle préserve les CL.

Corollaire 1

$\dim\big(\mathcal{L}(E,F)\big) = \dim\big(\mathcal{M}_{p,q}(\mathbb{K})\big) = q \times p = \dim(E) \times \dim(F)$.

DÉMONSTRATION

Il suffit d'utiliser le fait qu'un isomorphisme préserve la dimension.

2.3 Matrices d'une évaluation

Proposition 8

Soient $f \in \mathcal{L}(E,F)$, et $x \in E$. On a : $\mathrm{Mat}_{\mathcal{B}_F \leftarrow \mathcal{B}_E}(f) \times \begin{matrix} | \\ x \\ |_{\mathcal{B}_E} \end{matrix} = \begin{matrix} | \\ f(x) \\ |_{\mathcal{B}_F} \end{matrix}$.

DÉMONSTRATION

On reprend l'idée donnée dans la proposition 6.

Notons $\begin{pmatrix} \lambda_1 \\ \vdots \\ \lambda_q \end{pmatrix} = \begin{matrix} | \\ x \\ |_{\mathcal{B}_E} \end{matrix}$, de sorte qu'on a $x = \lambda_1 \varepsilon_1 + \cdots + \lambda_q \varepsilon_q$.

$$
\begin{aligned}
\text{On a :} \quad & \mathrm{Mat}_{\mathcal{B}_F \leftarrow \mathcal{B}_E}(f) \times \begin{matrix} | \\ x \\ |_{\mathcal{B}_E} \end{matrix} \\
&= \begin{pmatrix} | & & | \\ f(\varepsilon_1) & \dots & f(\varepsilon_q) \\ |_{\mathcal{B}_F} & & |_{\mathcal{B}_F} \end{pmatrix} \times \begin{pmatrix} \lambda_1 \\ \vdots \\ \lambda_q \end{pmatrix} && \text{par définition,} \\
&= \begin{pmatrix} \lambda_1 \begin{matrix} | \\ f(\varepsilon_1) \\ |_{\mathcal{B}_F} \end{matrix} + \cdots + \lambda_q \begin{matrix} | \\ f(\varepsilon_q) \\ |_{\mathcal{B}_F} \end{matrix} \end{pmatrix} && \text{par définition du produit matriciel,} \\
&= \begin{pmatrix} | \\ \lambda_1 f(\varepsilon_1) + \cdots + \lambda_q f(\varepsilon_q) \\ |_{\mathcal{B}_F} \end{pmatrix} && \text{par linéarité de la décomposition,} \\
&= \begin{pmatrix} | \\ f(\lambda_1 \varepsilon_1 + \cdots + \lambda_q \varepsilon_q) \\ |_{\mathcal{B}_F} \end{pmatrix} && \text{par linéarité de } f,
\end{aligned}
$$

$$= \left| f(x) \right|_{\mathcal{B}_F}.$$

⚠ Attention à la condition de compatibilité des bases !

On voit déjà ici une vertu de la notation $\mathrm{Mat}_{\mathcal{B}_F \leftarrow \mathcal{B}_E}(f)$: la base dans laquelle doit être décomposé l'argument de f pour obtenir la formule précédente figure à droite, c'est-à-dire du même côté que cet argument.

Définition 4

Soient $\mathcal{B}_1, \mathcal{B}_2$ deux bases de E. On appelle *matrice de passage de la base $\mathcal{B}_2$ à la base $\mathcal{B}_1$* la matrice $P_{\mathcal{B}_2}^{\mathcal{B}_1} = \mathrm{Mat}_{\mathcal{B}_2}(\mathcal{B}_1)$.

Remarque 3

La notation $P_{\mathcal{B}_2}^{\mathcal{B}_1}$ pour la matrice de passage de $\mathcal{B}_2$ à $\mathcal{B}_1$ est proposée uniquement dans le programme de MPSI, le programme de PCSI n'en suggérant aucune.
Remarquons qu'on a $P_{\mathcal{B}_2}^{\mathcal{B}_1} = \mathrm{Mat}_{\mathcal{B}_2}(\mathrm{id}_E(\mathcal{B}_1)) = \mathrm{Mat}_{\mathcal{B}_2 \leftarrow \mathcal{B}_1}(\mathrm{id}_E)$.
La notation $P_{\mathcal{B}_2}^{\mathcal{B}_1}$ n'apportant rien, on utilisera le plus souvent, pour plus de clarté, la notation $\mathrm{Mat}_{\mathcal{B}_2 \leftarrow \mathcal{B}_1}(\mathrm{id}_E)$ dans la suite de l'ouvrage.

Exemple 5

Les matrices $\mathrm{Mat}_{\mathcal{B}_2 \leftarrow \mathcal{B}_1}(\mathrm{id}_{\mathbb{K}^2}) = \begin{pmatrix} -2 & -1 \\ 1 & 1 \end{pmatrix}$ et $\mathrm{Mat}_{\mathcal{B}_1 \leftarrow \mathcal{B}_2}(\mathrm{id}_{\mathbb{K}^2}) = \begin{pmatrix} -1 & -1 \\ 1 & 2 \end{pmatrix}$ vues dans l'exemple 3 sont des matrices de passage. La première est la matrice de passage de $\mathcal{B}_2$ et à $\mathcal{B}_1$ et la seconde celle de $\mathcal{B}_1$ à $\mathcal{B}_2$.

Observons que la proposition 8, dans le cas $f = \mathrm{id}_E$, donne :

Corollaire 2

$$\mathrm{Mat}_{\mathcal{B}_2 \leftarrow \mathcal{B}_1}(\mathrm{id}_E) \times \left| x \right|_{\mathcal{B}_1} = \left| x \right|_{\mathcal{B}_2}$$

Autrement dit, **la matrice de passage de $\mathcal{B}_2$ à $\mathcal{B}_1$ est la matrice qui permet de passer de la décomposition de x dans $\mathcal{B}_1$ à la décomposition de x dans $\mathcal{B}_2$.** Les auteurs ne peuvent que regretter ce choix de terminologie, sur lequel le programme de MPSI est malheureusement explicite, et signaler que cette terminologie ne fait pas consensus : à titre d'exemple, dans le *Cours d'Algèbre* de Roger Godement[3], c'est le choix inverse qui est fait.

2.4 Matrices d'une composée

Proposition 9

Dans cette proposition on considère, en plus de E, F, $\mathcal{B}_E$ et $\mathcal{B}_F$, un $\mathbb{K}$-espace vectoriel de dimension finie G, et une base $\mathcal{B}_G$ de G.
Soient $f \in \mathcal{L}(E,F)$ et $g \in \mathcal{L}(F,G)$.
On a $\mathrm{Mat}_{\mathcal{B}_G \leftarrow \mathcal{B}_E}(g \circ f) = \mathrm{Mat}_{\mathcal{B}_G \leftarrow \mathcal{B}_F}(g) \times \mathrm{Mat}_{\mathcal{B}_F \leftarrow \mathcal{B}_E}(f)$.

Démonstration

$$
\begin{aligned}
\text{On a :}\quad & \mathrm{Mat}_{\mathcal{B}_G \leftarrow \mathcal{B}_F}(g) \times \mathrm{Mat}_{\mathcal{B}_F \leftarrow \mathcal{B}_E}(f) \\
= \quad & \mathrm{Mat}_{\mathcal{B}_G \leftarrow \mathcal{B}_F}(g) \times \begin{pmatrix} | & & | \\ f(\varepsilon_1) & \dots & f(\varepsilon_q) \\ |_{\ \mathcal{B}_F} & & |_{\ \mathcal{B}_F} \end{pmatrix} && \text{par définition,} \\
= \quad & \begin{pmatrix} \mathrm{Mat}_{\mathcal{B}_G \leftarrow \mathcal{B}_F}(g) \times \begin{matrix} | \\ f(\varepsilon_1) \\ |_{\ \mathcal{B}_F} \end{matrix} & \dots & \mathrm{Mat}_{\mathcal{B}_G \leftarrow \mathcal{B}_F}(g) \times \begin{matrix} | \\ f(\varepsilon_q) \\ |_{\ \mathcal{B}_F} \end{matrix} \end{pmatrix} && \text{par définition,} \\
= \quad & \begin{pmatrix} | & & | \\ g\big(f(\varepsilon_1)\big) & \dots & g\big(f(\varepsilon_q)\big) \\ |_{\ \mathcal{B}_G} & & |_{\ \mathcal{B}_G} \end{pmatrix} && \text{proposition 8,} \\
= \quad & \mathrm{Mat}_{\mathcal{B}_G \leftarrow \mathcal{B}_E}(g \circ f).
\end{aligned}
$$

Attention à la condition de compatibilité des bases.

On constate ici la grande vertu de la notation $\mathrm{Mat}_{\mathcal{B}_F \leftarrow \mathcal{B}_E}(f)$: la proposition précédente indique, de façon imagée, que $\mathrm{Mat}_{\mathcal{B}_F \leftarrow \mathcal{B}_E}(f)$ prend comme argument une décomposition dans $\mathcal{B}_E$ à droite, et donne comme résultat une décomposition dans $\mathcal{B}_F$ à gauche. Si on multiplie cette matrice à gauche par $\mathrm{Mat}_{\mathcal{B}_G \leftarrow \mathcal{B}_F}(g)$, cette matrice reçoit donc une décomposition dans $\mathcal{B}_F$, et rend une décomposition dans $\mathcal{B}_G$. La notation $\mathrm{Mat}_{\mathcal{B}_E,\mathcal{B}_F}(f)$,

3. Hermann, 1966, 2e édition.

qui propose un ordre des bases contraire au sens de la composition, permet difficilement de faire ce suivi.

Dans le cas des endomorphismes, on a donc en particulier :

Proposition 10

Si $\mathcal{B}$ est une base de E et $f, g \in \mathcal{L}(E)$, alors $\mathrm{Mat}_{\mathcal{B}}(g \circ f) = \mathrm{Mat}_{\mathcal{B}}(g) \times \mathrm{Mat}_{\mathcal{B}}(f)$.

En corollaire des propositions 2, 5, 7 et 10, on a donc :

Théorème 1

Soient E un $\mathbb{K}$-ev de dimension n et $\mathcal{B}$ une base de E.

L'application $\left\{\begin{array}{ccc} \mathcal{L}(E) & \longrightarrow & \mathcal{M}_n(\mathbb{K}) \\ f & \longmapsto & \mathrm{Mat}_{\mathcal{B}}(f) \end{array}\right.$ est un isomorphisme d'algèbres.

On en déduit immédiatement les corollaires suivants.

Corollaire 3

Soient $f, g \in \mathcal{L}(E)$.

Alors f et g commutent si et seulement si $\mathrm{Mat}_{\mathcal{B}}(f)$ et $\mathrm{Mat}_{\mathcal{B}}(g)$ commutent.

Corollaire 4

Soient $f \in \mathcal{L}(E)$ et $P \in \mathbb{K}[X]$. On a $\mathrm{Mat}_{\mathcal{B}}(P(f)) = P\big(\mathrm{Mat}_{\mathcal{B}}(f)\big)$.

Tout vient de ce que, pour tout $k \in \mathbb{N}$,

$$\mathrm{Mat}_{\mathcal{B}}\big(f^k\big) = \mathrm{Mat}_{\mathcal{B}}\Bigg(\underbrace{f \circ \cdots \circ f}_{k \text{ fois}}\Bigg) = \underbrace{\mathrm{Mat}_{\mathcal{B}}(f) \times \cdots \times \mathrm{Mat}_{\mathcal{B}}(f)}_{k \text{ fois}} = \big(\mathrm{Mat}_{\mathcal{B}}(f)\big)^k.$$

Corollaire 5

Si $f : E \to F$ est un isomorphisme, alors $\mathrm{Mat}_{\mathcal{B}_F \leftarrow \mathcal{B}_E}(f)$ est inversible, et on a $\big(\mathrm{Mat}_{\mathcal{B}_F \leftarrow \mathcal{B}_E}(f)\big)^{-1} = \mathrm{Mat}_{\mathcal{B}_E \leftarrow \mathcal{B}_F}\big(f^{-1}\big)$.

En particulier :

1. Si on a $f \in GL(E)$, alors on a $\mathrm{Mat}_{\mathcal{B}}\big(f^{-1}\big) = \big(\mathrm{Mat}_{\mathcal{B}}(f)\big)^{-1}$.
2. Si $\mathcal{B}_1$ et $\mathcal{B}_2$ sont deux bases de E alors $\big(\mathrm{Mat}_{\mathcal{B}_2 \leftarrow \mathcal{B}_1}(\mathrm{id}_E)\big)^{-1} = \mathrm{Mat}_{\mathcal{B}_1 \leftarrow \mathcal{B}_2}(\mathrm{id}_E)$.

On tire de ce dernier corollaire la proposition suivante.

Proposition 11

Soit $P \in \mathcal{M}_n(\mathbb{K})$. On a P inversible si et seulement si P est une matrice de passage.

DÉMONSTRATION

$\boxed{\Leftarrow}$ Supposons avoir $P = \text{Mat}_{\mathcal{B}_2 \leftarrow \mathcal{B}_1}(\text{id})$. D'après le corollaire 5, P est inversible d'inverse $\text{Mat}_{\mathcal{B}_1 \leftarrow \mathcal{B}_2}(\text{id})$.

$\boxed{\Rightarrow}$ Supposons que P soit inversible. En particulier elle est inversible à droite.

Notons $P = \begin{pmatrix} | & & | \\ C_1 & \dots & C_n \\ | & & | \end{pmatrix}$. Comme l'isomorphisme de décomposition dans la base canonique de $\mathbb{K}^n$ est l'identité, on peut aussi écrire $P = \begin{pmatrix} | & & | \\ C_1 & \dots & C_n \\ |_{\mathcal{C}} & & |_{\mathcal{C}} \end{pmatrix} = \text{Mat}_{\mathcal{C}}(\mathcal{U})$ en notant $\mathcal{U} = \begin{pmatrix} | & & | \\ C_1 & \dots & C_n \\ | & & | \end{pmatrix}$.

La matrice P est inversible à droite donc d'après la proposition 1, $\mathcal{U}$ est une famille génératrice de $\mathbb{K}^n$, mais, étant de cardinal n, elle en forme même une base.
Et finalement on a $P = \text{Mat}_{\mathcal{C} \leftarrow \mathcal{U}}(\text{id}_{\mathbb{K}^n})$ et P est une matrice de passage.

Applications 1

Inverser $P = \text{Mat}_{\mathcal{C} \leftarrow \mathcal{B}}(\text{id})$ revient à calculer $\text{Mat}_{\mathcal{B} \leftarrow \mathcal{C}}(\text{id}) = \begin{pmatrix} | & & | \\ e_1 & \dots & e_n \\ |_{\mathcal{B}} & & |_{\mathcal{B}} \end{pmatrix}$.

Ainsi, inverser P c'est décomposer les vecteurs de la base canonique dans la base des colonnes de P.

1. Soit à calculer A^{-1}, où $A = \begin{pmatrix} 0 & 1 & 1 \\ 1 & 0 & 1 \\ 1 & 1 & 0 \end{pmatrix}$.

   On pose $u = \begin{pmatrix} 0 \\ 1 \\ 1 \end{pmatrix}$, $v = \begin{pmatrix} 1 \\ 0 \\ 1 \end{pmatrix}$, $w = \begin{pmatrix} 1 \\ 1 \\ 0 \end{pmatrix}$ et $\mathcal{B} = (u, v, w)$.

   On a $A^{-1} = \begin{pmatrix} | & | & | \\ e_1 & e_2 & e_3 \\ |_{\mathcal{B}} & |_{\mathcal{B}} & |_{\mathcal{B}} \end{pmatrix}$.

On observe qu'on a $\begin{cases} e_1 = -\frac{1}{2}u + \frac{1}{2}v + \frac{1}{2}w \\ e_2 = \frac{1}{2}u - \frac{1}{2}v + \frac{1}{2}w \\ e_3 = \frac{1}{2}u + \frac{1}{2}v - \frac{1}{2}w \end{cases}$.

D'où $\begin{pmatrix} 0 & 1 & 1 \\ 1 & 0 & 1 \\ 1 & 1 & 0 \end{pmatrix}^{-1} = \frac{1}{2}\begin{pmatrix} -1 & 1 & 1 \\ 1 & -1 & 1 \\ 1 & 1 & -1 \end{pmatrix}$.

2. Notons $M = \begin{pmatrix} 1 & & (0) \\ & \ddots & \\ (1) & & 1 \end{pmatrix}$. Les colonnes de M forment une famille échelonnée, donc libre. Elles forment donc une base de $\mathbb{K}^n$ et M est inversible.

   Les colonnes de M sont $c_1 = \begin{pmatrix} 1 \\ 1 \\ \vdots \\ 1 \end{pmatrix}, c_2 = \begin{pmatrix} 0 \\ 1 \\ \vdots \\ 1 \end{pmatrix}, \dots, c_n = \begin{pmatrix} 0 \\ \vdots \\ 0 \\ 1 \end{pmatrix}$.

   On observe qu'on a $\begin{cases} e_1 = c_1 - c_2 \\ e_2 = c_2 - c_3 \\ \vdots \\ e_{n-1} = c_{n-1} - c_n \\ e_n = c_n \end{cases}$.

   On en déduit $M^{-1} = \begin{pmatrix} 1 & & & \\ -1 & \ddots & & (0) \\ & \ddots & \ddots & \\ (0) & & -1 & 1 \end{pmatrix}$.

2.5 Formule de changement de base

Théorème 2 (Formule de changement de base)

Dans cette proposition on considère, en plus de E, F, $\mathcal{B}_E$ et $\mathcal{B}_F$,une autre base $\mathcal{B}'_E$ de E et une autre base $\mathcal{B}'_F$ de F. Soit $f \in \mathcal{L}(E, F)$. Alors on a :

$\mathrm{Mat}_{\mathcal{B}'_F \leftarrow \mathcal{B}'_E}(f) = \mathrm{Mat}_{\mathcal{B}'_F \leftarrow \mathcal{B}_F}(\mathrm{id}_F) \times \mathrm{Mat}_{\mathcal{B}_F \leftarrow \mathcal{B}_E}(f) \times \mathrm{Mat}_{\mathcal{B}_E \leftarrow \mathcal{B}'_E}(\mathrm{id}_E)$.

En particulier, dans le cas des endomorphismes, c'est-à-dire pour $F = E$, on a :

$\mathrm{Mat}_{\mathcal{B}'_E}(f) = \left(\mathrm{Mat}_{\mathcal{B}_E \leftarrow \mathcal{B}'_E}(\mathrm{id})\right)^{-1} \times \mathrm{Mat}_{\mathcal{B}_E}(f) \times \mathrm{Mat}_{\mathcal{B}_E \leftarrow \mathcal{B}'_E}(\mathrm{id})$.

DÉMONSTRATION

C'est un corollaire immédiat de la proposition 9.

Exemples 6

1. Considérons $f : \left\{\begin{array}{ccc} \mathbb{K}^2 & \longrightarrow & \mathbb{K}^2 \\ \begin{pmatrix} x \\ y \end{pmatrix} & \longmapsto & \begin{pmatrix} y \\ x \end{pmatrix} \end{array}\right.$, $\mathcal{C} = (e_1, e_2) = \left(\begin{pmatrix} 1 \\ 0 \end{pmatrix}, \begin{pmatrix} 0 \\ 1 \end{pmatrix}\right)$ la base canonique et $\mathcal{B}_1 = (u_1, u_2) = \left(\begin{pmatrix} 1 \\ 1 \end{pmatrix}, \begin{pmatrix} 3 \\ 2 \end{pmatrix}\right)$.

   Par définition, on a immédiatement $\mathrm{Mat}_{\mathcal{C}}(f) = \begin{pmatrix} 0 & 1 \\ 1 & 0 \end{pmatrix}$.

   Par définition, on a immédiatement $\mathrm{Mat}_{\mathcal{C} \leftarrow \mathcal{B}_1}(\mathrm{id}_E) = \begin{pmatrix} 1 & 3 \\ 1 & 2 \end{pmatrix}$.

   La technique de calcul de l'inverse d'une matrice 2×2 donne $\mathrm{Mat}_{\mathcal{B}_1 \leftarrow \mathcal{C}}(\mathrm{id}_E) = \begin{pmatrix} 1 & 3 \\ 1 & 2 \end{pmatrix}^{-1} = \begin{pmatrix} -2 & 3 \\ 1 & -1 \end{pmatrix}$.

   On a donc $\mathrm{Mat}_{\mathcal{B}_1}(f) = \begin{pmatrix} -2 & 3 \\ 1 & -1 \end{pmatrix} \times \begin{pmatrix} 0 & 1 \\ 1 & 0 \end{pmatrix} \times \begin{pmatrix} 1 & 3 \\ 1 & 2 \end{pmatrix} = \begin{pmatrix} 1 & 5 \\ 0 & -1 \end{pmatrix}$.

   On a donc obtenu $\mathrm{Mat}_{\mathcal{B}_1}(f)$ sans avoir besoin de décomposer dans $\mathcal{B}_1$ les images par f des vecteurs de $\mathcal{B}_1$. Mais le lecteur peut vérifier le résultat en procédant ainsi.

2. À l'inverse, considérons $f : \left\{\begin{array}{ccc} \mathbb{K}^3 & \longrightarrow & \mathbb{K}^3 \\ \begin{pmatrix} x \\ y \\ z \end{pmatrix} & \longmapsto & \begin{pmatrix} 3x + y - 2z \\ 2y \\ x + y \end{pmatrix} \end{array}\right.$, $\mathcal{C}$ la base canonique et $\mathcal{B} = (u, v, w) = \left(\begin{pmatrix} 1 \\ 1 \\ 1 \end{pmatrix}, \begin{pmatrix} 0 \\ 2 \\ 1 \end{pmatrix}, \begin{pmatrix} 1 \\ 0 \\ 1 \end{pmatrix}\right)$ (on peut vérifier à la main la liberté de cette famille pour se convaincre que c'est une base). Il est clair qu'on a $f(u) = 2u$, $f(v) = 2v$ et $f(w) = w$. On a donc $\mathrm{Mat}_{\mathcal{B}_1}(f) = \begin{pmatrix} 2 & 0 & 0 \\ 0 & 2 & 0 \\ 0 & 0 & 1 \end{pmatrix}$.

   Utilisons alors la formule de changement de base pour déterminer une expression explicite de f^n. On a $\mathrm{Mat}_{\mathcal{B}_1}(f^n) = \left(\mathrm{Mat}_{\mathcal{B}_1}(f)\right)^n = \begin{pmatrix} 2 & 0 & 0 \\ 0 & 2 & 0 \\ 0 & 0 & 1 \end{pmatrix}^n = \begin{pmatrix} 2^n & 0 & 0 \\ 0 & 2^n & 0 \\ 0 & 0 & 1 \end{pmatrix}$.

   On a donc $\mathrm{Mat}_{\mathcal{C}}(f^n) = \mathrm{Mat}_{\mathcal{C} \leftarrow \mathcal{B}_1}(\mathrm{id}) \times \mathrm{Mat}_{\mathcal{B}_1}(f^n) \times \mathrm{Mat}_{\mathcal{B}_1 \leftarrow \mathcal{C}}(\mathrm{id})$. Or on a clairement $\mathrm{Mat}_{\mathcal{C} \leftarrow \mathcal{B}_1}(\mathrm{id}) = \begin{pmatrix} 1 & 0 & 1 \\ 1 & 2 & 0 \\ 1 & 1 & 1 \end{pmatrix}$, et, en observant qu'on a $\left\{\begin{array}{l} e_1 = 2u - v - w \\ e_2 = u - w \\ e_3 = -2u + v + 2w \end{array}\right.$, il vient $\mathrm{Mat}_{\mathcal{B}_1 \leftarrow \mathcal{C}}(\mathrm{id}) = \begin{pmatrix} 2 & 1 & -2 \\ -1 & 0 & 1 \\ -1 & -1 & 2 \end{pmatrix}$.

Par suite on a $\mathrm{Mat}_{\mathcal{C}}(f^n) = \begin{pmatrix} 1 & 0 & 1 \\ 1 & 2 & 0 \\ 1 & 1 & 1 \end{pmatrix} \times \begin{pmatrix} 2^n & 0 & 0 \\ 0 & 2^n & 0 \\ 0 & 0 & 1 \end{pmatrix} \times \begin{pmatrix} 2 & 1 & -2 \\ -1 & 0 & 1 \\ -1 & -1 & 2 \end{pmatrix}$

i. e. $\mathrm{Mat}_{\mathcal{C}}(f^n) = \begin{pmatrix} 2^{n+1}-1 & 2^n-1 & 2-2^{n+1} \\ 0 & 2^n & 0 \\ 2^n-1 & 2^n-1 & 2-2^n \end{pmatrix}$.

Autrement dit on a $f^n\begin{pmatrix} x \\ y \\ z \end{pmatrix} = \begin{pmatrix} (2^{n+1}-1)x + (2^n-1)y + (2-2^{n+1})z \\ 2^n y \\ (2^n-1)(x+y) + (2-2^n)z \end{pmatrix}$.

3 Application à l'étude de E^* - MPSI

Dans cette section, on se place dans le cas $F = \mathbb{K}$. Ainsi $\mathcal{L}(E, F)$ est l'espace des formes linéaires E^*.

3.1 Compléments sur les équations d'hyperplans

Le corollaire 1 devient ici :

Corollaire 6

$\dim(E^*) = \dim(E)$.

Observons qu'on connaît déjà des formes linéaires remarquables : les formes coordonnées par rapport à la base $\mathcal{B}_E$ (cf p. 742). Dans cette section, convenons de noter x_i la i-eme forme coordonnée par rapport à la base $\mathcal{B}_E$, c'est-à-dire la forme linéaire définie par $x_i(\varepsilon_j) = \delta_{i,j}$.

Lemme 1

$(x_1, \dots, x_q)$ est une base de E^*.

DÉMONSTRATION

Puisqu'on a $\dim(E^*) = q$ et que cette famille a q vecteurs, il suffit de montrer qu'elle est libre.

Considérons une CL nulle de ses vecteurs : $\lambda_1 x_1 + \cdots + \lambda_q x_q = 0_{E^*}$.

En évaluant en ε_i on trouve $\lambda_i = 0$. Ceci étant vrai pour tout i, la CL considérée est triviale.

En conclusion, $(x_1, \dots, x_q)$ est libre, c'est donc bien une base de E^*.

Théorème 3

Les hyperplans de E sont les ensembles ayant une équation de la forme $(\lambda_1 x_1 + \cdots + \lambda_q x_q)(v) = 0$, avec $(\lambda_1, \ldots, \lambda_q) \neq (0, \ldots, 0)$.

Démonstration

On sait déjà que les hyperplans sont les parties de E ayant une équation de la forme $\varphi(v) = 0$, avec $\varphi \in E^* \setminus \{0_{E^*}\}$. Or $(x_1, \ldots, x_q)$ est une base de E^*, donc on a $\varphi \in E^* \setminus \{0_{E^*}\}$ si et seulement s'il existe des scalaires $\lambda_1, \ldots, \lambda_q$ non tous nuls[4] tels que $\varphi = \lambda_1 x_1 + \cdots + \lambda_q x_q$. D'où le résultat.

Exemple 7

Prenons le cas très simple où on a $q = n$, $E = \mathbb{K}^n$ et $\mathcal{B}_E = \mathcal{C}$ la base canonique. Les formes coordonnées sont :

$x_1 = \begin{pmatrix} u_1 \\ \vdots \\ u_n \end{pmatrix} \mapsto u_1$; $x_2 = \begin{pmatrix} u_1 \\ \vdots \\ u_n \end{pmatrix} \mapsto u_2$; ... $x_n = \begin{pmatrix} u_1 \\ \vdots \\ u_n \end{pmatrix} \mapsto u_n$.

On obtient donc que tout hyperplan de $\mathbb{K}^n$ est de la forme :

$\left\{ \begin{pmatrix} x_1 \\ \vdots \\ x_n \end{pmatrix} \in \mathbb{K}^n,\ \lambda_1 x_1 + \cdots + \lambda_n x_n = 0 \right\}$, avec $(\lambda_1, \ldots, \lambda_n) \neq (0, \ldots, 0)$.

3.2 Définition d'un sous-espace de dimension $q - m$

Commençons par un constat simple.

Proposition 12

L'intersection de m hyperplans de E est un sous-espace vectoriel de E de dimension au moins $q - m$.

Démonstration

On sait déjà que l'intersection de m sous-espaces vectoriels de E est un sous-espace vectoriel de E. Reste à voir la majoration de dimension. Notons H_1, …, H_m les m hyperplans que l'on intersecte. On sait que tout hyperplan est le noyau d'une forme linéaire non nulle, il existe donc m formes linéaires non nulles φ_1, …, φ_m telles que, pour tout i, on ait $H_i = \mathrm{Ker}(\varphi_i)$. Par suite on a

$H_1 \cap \cdots \cap H_m = \mathrm{Ker}(\varphi_1) \cap \cdots \cap \mathrm{Ker}(\varphi_m) = \{v \in E,\ \varphi_1(v) = \cdots = \varphi_m(v) = 0\}$,

4. Sinon on aurait $\varphi = 0_{E^*}$.

donc $H_1 \cap \cdots \cap H_m = \left\{ v \in E, \begin{pmatrix} \varphi_1(v) \\ \vdots \\ \varphi_m(v) \end{pmatrix} = 0_{\mathbb{K}^m} \right\} = \mathrm{Ker}(f)$,

où l'on a posé $f = \begin{pmatrix} \varphi_1 \\ \vdots \\ \varphi_m \end{pmatrix} : \left\{ \begin{array}{ccc} E & \longrightarrow & \mathbb{K}^m \\ v & \longmapsto & \begin{pmatrix} \varphi_1(v) \\ \vdots \\ \varphi_m(v) \end{pmatrix} \end{array} \right.$.

L'application f est à valeurs dans $\mathbb{K}^m$, donc $\mathrm{rg}(f) \leqslant m$.

D'après le théorème du rang on a donc finalement :

$\dim(H_1 \cap \cdots \cap H_m) = \dim\big(\mathrm{Ker}(f)\big) = q - \mathrm{rg}(f) \geqslant q - m$.

Essayons maintenant de préciser le résultat précédent : à quelle condition la dimension de $H_1 \cap \cdots \cap H_m$ est-elle **exactement** $q - m$? La réponse est dans la démonstration : une condition nécessaire est suffisante est que l'application $f = \begin{pmatrix} \varphi_1 \\ \vdots \\ \varphi_m \end{pmatrix}$ soit de rang m.

Lemme 2

Soient φ_1, …, φ_m des formes linéaires sur E.

L'application $f = \begin{pmatrix} \varphi_1 \\ \vdots \\ \varphi_m \end{pmatrix}$ est de rang m si et seulement si la famille $(\varphi_1, \ldots, \varphi_m)$ de vecteurs de E^* est libre.

Démonstration

$\boxed{\Rightarrow}$ Supposons f de rang m. On a alors $\mathrm{Im}(f) = \mathbb{K}^m$ et donc les vecteurs de la base canonique appartiennent à $\mathrm{Im}(f)$. Pour tout $i \in \{1, \ldots, m\}$, il existe ainsi $v_i \in E$ tel que $f(v_i) = e_i$. Soit $\lambda_1\varphi_1 + \cdots + \lambda_m\varphi_m$ une CL nulle des φ_i. En évaluant en v_i il vient $\lambda_i = 0$. Ceci étant vrai pour tout $i \in \{1, \ldots, m\}$, la famille $(\varphi_1, \ldots, \varphi_m)$ est libre.

$\boxed{\Leftarrow}$ Supposons $(\varphi_1, \ldots, \varphi_m)$ libre. D'après le théorème de la base incomplète, on peut compléter cette famille en une base $(\varphi_1, \ldots, \varphi_q)$ de E^*. Pour tout $i \in \{1, \ldots, q\}$, d'après la propriété fondamentale des applications linéaires, il existe une (unique) application $\Phi_i \in \mathcal{L}(E^*, \mathbb{K})$ telle que $\Phi_i(\varphi_j) = \delta_{i,j}$.

L'application $\left\{ \begin{array}{ccc} E & \longrightarrow & \mathcal{L}(E^*, \mathbb{K}) \\ x & \longmapsto & f \mapsto f(x) \end{array} \right.$ est clairement linéaire. Elle est injective par examen de son noyau. C'est donc un isomorphisme par théorème de caratérisation, puisque $\dim(E) = q = \dim\big(\mathcal{L}(E^*, \mathbb{K})\big)$. Par conséquent Φ_i a un unique antécédent x_i par cette application, et par définition on a $\varphi_j(x_i) = \Phi_i(\varphi_j) = \delta_{i,j}$. En particulier pour $i \in \{1, \ldots, m\}$ on a $f(x_i) = e_i$ et par suite $\mathrm{Im}(f) = \mathbb{K}^m$, donc $\mathrm{rg}(f) = m$.

Théorème 4

Soit S un sous-espace vectoriel de E. Alors $\dim(S) = q - m$ si et seulement s'il existe $(\varphi_1, \ldots, \varphi_m)$ libre dans E^* telle que $S = \{v \in E,\ \varphi_1(v) = \cdots = \varphi_m(v) = 0\}$.

DÉMONSTRATION

Le sens réciproque résulte de la proposition 12 et du lemme 2.

Voyons le sens direct. Supposons $\dim(S) = q - m$. Alors S a un supplémentaire R dans E de dimension $q - (q - m) = m$. Considérons une base $(u_1, \ldots, u_m, v_1, \ldots, v_{q-m})$ adaptée à la somme directe $R \oplus S = E$, et notons φ_1, …, φ_q les formes coordonnées par rapport à cette base. Par définition on a :

$S = \{\lambda_1 u_1 + \cdots + \lambda_m u_m + \mu_1 v_1 + \cdots + \mu_{q-m} v_m,\ \lambda_1 = \cdots = \lambda_m = 0\}$, *i. e.*

$S = \mathrm{Ker}(\varphi_1) \cap \cdots \cap \mathrm{Ker}(\varphi_m) = \{v \in E,\ \varphi_1(v) = \cdots = \varphi_m(v) = 0\}$. Comme $(\varphi_1, \ldots, \varphi_m)$ est une sous-famille de la famille $(\varphi_1, \ldots, \varphi_q)$ qui est libre (c'est une base), on a aussi $(\varphi_1, \ldots, \varphi_m)$ libre.

Corollaire 7

Tout sous-espace vectoriel S de E de dimension $q - m$ est l'intersection de m hyperplans.

DÉMONSTRATION

D'après le sens direct du théorème précédent, il existe m formes linéaires $\varphi_1, \ldots, \varphi_m$ non nulles (car la famille de ces m formes est libre) telles que $S = \mathrm{Ker}(\varphi_1) \cap \cdots \cap \mathrm{Ker}(\varphi_m)$. Comme tout noyau d'une forme linéaire non nulle est un hyperplan, on a le résultat.

4 Applications au calcul matriciel

4.1 Inversibilité

Théorème 5

Soit $M \in \mathcal{M}_n(\mathbb{K})$. Les propriétés suivantes sont équivalentes :

1. M est inversible ;
2. M est inversible à droite ;
3. M est inversible à gauche.

DÉMONSTRATION

Notons, comme dans la proposition 6, $f_M : \left\{ \begin{array}{ccc} \mathbb{K}^n & \longrightarrow & \mathbb{K}^n \\ x & \longmapsto & M \times x \end{array} \right.$.

On a vu les équivalences : M inversible $\Leftrightarrow$ $\mathrm{Mat}_{\mathcal{C}}(f_M)$ inversible $\Leftrightarrow$ f_M a une application réciproque $\Leftrightarrow$ f_M a un inverse à droite $\Leftrightarrow$ f_M a un inverse à gauche.

On a aussi : f_M a un inverse à gauche $\Leftrightarrow$ M a un inverse à gauche.

Et : f_M a un inverse a droite $\Leftrightarrow$ M a un inverse à droite.

D'où le résultat.

4.2 Rang d'une matrice

Proposition-Définition 1

Soit $M = \begin{pmatrix} | & & | \\ C_1 & \dots & C_q \\ | & & | \end{pmatrix} \in \mathcal{M}_{p,q}(\mathbb{K})$ et $f_M : \left\{ \begin{array}{ccc} \mathbb{K}^q & \longrightarrow & \mathbb{K}^p \\ x & \longmapsto & M \times x \end{array} \right.$.

Alors on a $\mathrm{rg} \begin{pmatrix} | & & | \\ C_1 & \dots & C_q \\ | & & | \end{pmatrix} = \mathrm{rg}(f_M)$.

Cette quantité est appelée le *rang de M*.

DÉMONSTRATION

On sait que $\mathrm{rg}(f_M) = \mathrm{rg}\left(f_M(\mathcal{C})\right)$.

On a $M \times e_1 = C_1$ et $M \times e_1 = f_M(e_1)$ par définition. D'où $C_1 = f_M(e_1)$.

De façon analogue, on obtient, pour tout i, $C_i = f_M(e_i)$.

D'où $\mathrm{rg}\left(f_M(\mathcal{C})\right) = \mathrm{rg}\left(f_M(e_1), \dots, f_M(e_q)\right) = \mathrm{rg} \begin{pmatrix} | & & | \\ C_1 & \dots & C_q \\ | & & | \end{pmatrix}$.

Exemples 8

1. $\mathrm{rg} \begin{pmatrix} 1 & & (0) \\ & \ddots & \\ (1) & & 1 \end{pmatrix} = n$.
2. $\mathrm{rg}(O) = 0$.
3. On a $\mathrm{rg} \begin{pmatrix} 1 & 2 & 3 \\ 4 & 5 & 6 \\ 7 & 8 & 9 \end{pmatrix} = 2$ car $C_3 = 2C_2 - C_1$ et les colonnes C_1 et C_2 forment clairement une famille libre.

Remarque 4

Plus généralement, soit $f \in \mathcal{L}(E,F)$. On a $\text{rg}(f) = \text{rg}\left(\text{Mat}_{\mathcal{B}_F \leftarrow \mathcal{B}_E}(f)\right)$.

DÉMONSTRATION

$$\begin{aligned}\text{rg}(f) &= \text{rg}\left(f(\varepsilon_1),\dots,f(\varepsilon_q)\right)\\ &= \text{rg}\begin{pmatrix} | & & | \\ f(\varepsilon_1) & \dots & f(\varepsilon_q) \\ |_{\mathcal{B}_F} & & |_{\mathcal{B}_F}\end{pmatrix} \quad \text{car } u \mapsto \begin{matrix}|\\ u \\ |_{\mathcal{B}_F}\end{matrix} \text{ est un isomorphisme}\\ &= \text{rg}\left(\text{Mat}_{\mathcal{B}_F \leftarrow \mathcal{B}_E}(f)\right).\end{aligned}$$

Corollaire 8

Le rang est invariant par changement de base :
$\text{rg}\left(\text{Mat}_{\mathcal{B}_F \leftarrow \mathcal{B}_E}(f)\right) = \text{rg}\left(\text{Mat}_{\mathcal{B}'_F \leftarrow \mathcal{B}'_E}(f)\right) = \text{rg}(f)$.

Théorème 6 (CNS d'inversibilité par le rang)

Soit $M \in \mathcal{M}_n(\mathbb{K})$. On a M inversible si et seulement si $\text{rg}(M) = n$.

DÉMONSTRATION

M inversible $\Leftrightarrow f_M$ inversible $\Leftrightarrow \text{rg}(f_M) = n \Leftrightarrow \text{rg}(M) = n$.

Application 2

La matrice $\begin{pmatrix} 1 & 2 & 3 \\ 4 & 5 & 6 \\ 7 & 8 & 9 \end{pmatrix}$ n'est pas inversible car son rang[5] est $2 < 3$.

4.3 Noyau et image d'une matrice

Définition 5

Soit $M \in \mathcal{M}_{p,q}(\mathbb{K})$. On rappelle que $f_M : \begin{cases} \mathbb{K}^q & \longrightarrow & \mathbb{K}^p \\ x & \longmapsto & Mx \end{cases}$ est l'application linéaire canoniquement associée à M.

1. On appelle *noyau de M* le noyau de f_M : $\text{Ker}(M) = \text{Ker}(f_M)$.
2. On appelle *image de M* l'image de f_M : $\text{Im}(M) = \text{Im}(f_M)$.

5. Nous laissons au lecteur le soin de trouver une combinaison linéaire des colonnes qui s'annule...

On notera qu'on a donc $\mathrm{rg}(M) = \dim\big(\mathrm{Im}(M)\big)$.

Proposition 13

Une matrice carrée est inversible si et seulement si son noyau est l'espace nul.

Démonstration

Soit $M \in \mathcal{M}_n(\mathbb{K})$. D'après le théorème du rang, on a $\mathrm{rg}(M) = n - \dim\big(\mathrm{Ker}(M)\big)$. L'inversibilité de M équivaut au fait que son rang est n, donc au fait que son noyau est de dimension 0, donc au fait que son noyau est l'espace nul.

On termine avec une proposition évidente.

Proposition 14

Soit $M \in \mathcal{M}_{p,q}(\mathbb{K})$. Notons $M = (a_{i,j})_{\substack{0 \leqslant i \leqslant p \\ 0 \leqslant j \leqslant q}}$.

1. Les colonnes de M engendrent $\mathrm{Im}(M)$.
2. Les lignes de M donnent un système d'équations de $\mathrm{Ker}(M)$, c'est-à-dire qu'on a

$$\mathrm{Ker}(M) = \left\{ \begin{pmatrix} x_1 \\ \vdots \\ x_q \end{pmatrix} \in \mathbb{K}^q, \ \left\{ \begin{array}{c} a_{1,1}x_1 + \cdots + a_{1,q}x_q = 0 \\ \vdots \\ a_{p,1}x_1 + \cdots + a_{p,q}x_q = 0 \end{array} \right. \right\}.$$

5 Équivalence et similitude - MPSI

Les seules relations d'équivalence sur les matrices au programme en PCSI sont les relations d'équivalence par ligne et d'équivalence par colonne : on y reviendra au chapitre 16. En revanche, en MPSI, on voit les notions de matrices *équivalentes* et de matrices *semblables* qui font l'objet de cette section.

5.1 Matrices équivalentes

Définition 6 (Relation d'équivalence matricielle)

Soient $M, N \in \mathcal{M}_{p,q}(\mathbb{K})$. On dit que M et N sont *équivalentes* lorsqu'il existe une matrice $P \in \mathrm{GL}_p(\mathbb{K})$ et une matrice $Q \in \mathrm{GL}_q(\mathbb{K})$ telles qu'on ait $M = P \times N \times Q$.

Remarque 5

La relation d'équivalence s'interprète naturellement en termes d'application linéaire : M et N sont équivalentes si et seulement si elles représentent la même application linéaire f dans deux couples de bases éventuellement différents.

Plus formellement : M et N sont équivalentes si et seulement s'il existe un espace vectoriel E de dimension q, un espace vectoriel F de dimension p, deux bases $\mathcal{B}_E, \mathcal{B}'_E$ de E, deux bases $\mathcal{B}_F, \mathcal{B}'_F$ de F, et $f \in \mathcal{L}(E, F)$ tels que $\begin{cases} M = \mathrm{Mat}_{\mathcal{B}_F \leftarrow \mathcal{B}_E}(f) \\ N = \mathrm{Mat}_{\mathcal{B}'_F \leftarrow \mathcal{B}'_E}(f) \end{cases}$.

Démonstration

Le sens réciproque est évident : en posant $P = \mathrm{Mat}_{\mathcal{B}_F \leftarrow \mathcal{B}'_F}(\mathrm{id})$ et $Q = \mathrm{Mat}_{\mathcal{B}'_E \leftarrow \mathcal{B}_E}(\mathrm{id})$ on a $M = P \times N \times Q$.

Le sens direct est clair en se rappelant qu'une matrice est inversible si et seulement si c'est une matrice de passage.

En examinant la démonstration précédente on s'aperçoit qu'on a même montré :

Remarque 6

Plus simplement, M et N sont équivalentes si et seulement s'il existe une base $\mathcal{U}$ de $\mathbb{K}^q$, une base $\mathcal{V}$ de $\mathbb{K}^p$, et $f \in \mathcal{L}(\mathbb{K}^q, \mathbb{K}^p)$ tels que $\begin{cases} M = \mathrm{Mat}_{\mathcal{C} \leftarrow \mathcal{C}}(f) \\ N = \mathrm{Mat}_{\mathcal{V} \leftarrow \mathcal{U}}(f) \end{cases}$.

Proposition 15

La relation d'équivalence (« être équivalent à ») est une relation d'équivalence (!).

Démonstration

- Réflexivité : Pour tout $M \in \mathcal{M}_{p,q}(\mathbb{K})$ on a $M = I_p \times M \times I_q$, et les matrices identité sont bien inversibles.
- Symétrie : Soient $M, N \in \mathcal{M}_{p,q}(\mathbb{K})$. On suppose $M = P \times N \times Q$ avec P et Q inversibles. On a alors $N = P^{-1}MQ^{-1}$ et $P^{-1} \in \mathrm{GL}_p(\mathbb{K})$, $Q^{-1} \in \mathrm{GL}_q(\mathbb{K})$ car $\big(\mathrm{GL}_n(\mathbb{K}), \times\big)$ est un groupe. On a donc N équivalente à M.
- Transitivité : Soient $M, N, R \in \mathcal{M}_{p,q}(\mathbb{K})$. On suppose $M = P \times N \times Q$ et $N = \tilde{P} \times R \times \tilde{Q}$. On a $M = P \times \tilde{P} \times R \times \tilde{Q} \times Q = (P \times \tilde{P}) \times R \times (\tilde{Q} \times Q)$ et $P\tilde{P} \in \mathrm{GL}_p(\mathbb{K})$, $\tilde{Q}Q \in \mathrm{GL}_q(\mathbb{K})$, car $\big(\mathrm{GL}_n(\mathbb{K}), \times\big)$ est un groupe. On a donc M équivalente à R.

5.2 Représentants canoniques

Définition 7

On note $J_{p,q,r}$, ou plus simplement J_r, la matrice $\begin{pmatrix} I_r & O \\ O & O \end{pmatrix} \in \mathcal{M}_{p,q}(\mathbb{R})$.

Exemples 9

- Dans $\mathcal{M}_{2,3}(\mathbb{K})$, on a $J_1 = \begin{pmatrix} 1 & 0 & 0 \\ 0 & 0 & 0 \end{pmatrix}$, $J_2 = \begin{pmatrix} 1 & 0 & 0 \\ 0 & 1 & 0 \end{pmatrix}$.
- Dans $\mathcal{M}_{3,2}(\mathbb{K})$, on a $J_1 = \begin{pmatrix} 1 & 0 \\ 0 & 0 \\ 0 & 0 \end{pmatrix}$, $J_2 = \begin{pmatrix} 1 & 0 \\ 0 & 1 \\ 0 & 0 \end{pmatrix}$.
- Dans $\mathcal{M}_{3,3}(\mathbb{K})$, on a $J_1 = \begin{pmatrix} 1 & 0 & 0 \\ 0 & 0 & 0 \\ 0 & 0 & 0 \end{pmatrix}$, $J_2 = \begin{pmatrix} 1 & 0 & 0 \\ 0 & 1 & 0 \\ 0 & 0 & 0 \end{pmatrix}$, $J_3 = \begin{pmatrix} 1 & 0 & 0 \\ 0 & 1 & 0 \\ 0 & 0 & 1 \end{pmatrix}$.

Remarques 7

- J_r est définie seulement pour $r \leqslant p$ et $r \leqslant q$.
- Si $p = q = r = n$, alors $J_n = I_n$.
- Si $r = 0$ alors $J_0 = O$ (la matrice nulle).

La proposition suivante est évidente :

Proposition 16

On a ${}^t(J_{p,q,r}) = J_{q,p,r}$, ou plus simplement ${}^t(J_r) = J_r$.

La dernière écriture vient de ce qu'en général le contexte permet de savoir dans quel espace de matrices on prend J_r.

Théorème 7

Soit $M \in \mathcal{M}_{p,q}(\mathbb{K})$. On a $\mathrm{rg}(M) = r$ si et seulement si M est équivalente à J_r.

Ainsi, les matrices J_r sont des représentants canoniques des classes d'équivalences de l'équivalence matricielle.

DÉMONSTRATION

$\boxed{\Leftarrow}$ Supposons M équivalente à J_r. Il existe alors deux bases $\mathcal{B}_1, \mathcal{B}_1'$ de $\mathbb{K}^q$, deux bases $\mathcal{B}_2, \mathcal{B}_2'$ de $\mathbb{K}^p$, et $f \in \mathcal{L}(\mathbb{K}^q, \mathbb{K}^p)$ tels que $M = \mathrm{Mat}_{\mathcal{B}_2 \leftarrow \mathcal{B}_1}(f)$ et $J_r = \mathrm{Mat}_{\mathcal{B}_2' \leftarrow \mathcal{B}_1'}(f)$. D'où $\mathrm{rg}(M) = \mathrm{rg}(f) = \mathrm{rg}(J_r) = r$.

$\boxed{\Rightarrow}$ On reprend la démonstration du théorème du rang p. 770, que l'on a détaillée précisément pour éclairer ce théorème.

On suppose $\mathrm{rg}(M) = r$. On note $f = f_M : \left\{ \begin{array}{ccc} \mathbb{K}^q & \longrightarrow & \mathbb{K}^p \\ x & \longmapsto & Mx \end{array} \right.$.

On a $\mathrm{rg}(f) = r$, *i. e.* $\dim(\mathrm{Im}(f)) = r$.

Soient $(u_1, \ldots, u_s)$ une base de $\mathrm{Ker}(f)$ et $\big(f(v_1), \ldots, f(v_r)\big)$ une base de $\mathrm{Im}(f)$, qu'on s'empresse de compléter par le théorème de la base incomplète en une base $\mathcal{B}_2 = \big(f(v_1), \ldots, f(v_r), w_1, \ldots w_{p-r}\big)$ de $\mathbb{K}^p$. On a vu dans la démonstration du théorème du rang que $\mathcal{B}_1 = (v_1, \ldots, v_r, u_1, \ldots, u_p)$ est une base de $\mathbb{K}^q$. On a alors :

$$\mathrm{Mat}_{\mathcal{B}_2 \leftarrow \mathcal{B}_1}(f) = \begin{pmatrix} | & & | & | & & | \\ f(v_1) & \ldots & f(v_r) & f(u_1) & \ldots & f(u_p) \\ |_{\mathcal{B}_2} & & |_{\mathcal{B}_2} & |_{\mathcal{B}_2} & & |_{\mathcal{B}_2} \end{pmatrix}.$$

Or on a $\begin{array}{c} | \\ f(v_i) \\ |_{\mathcal{B}_2} \end{array} = e_i$ par définition de $\mathcal{B}_2$, et $\begin{array}{c} | \\ f(u_i) \\ |_{\mathcal{B}_2} \end{array} = 0_{\mathbb{K}^p}$ par définition du noyau.

D'où $\mathrm{Mat}_{\mathcal{B}_2 \leftarrow \mathcal{B}_1}(f) = J_r$. On a donc bien M équivalente à J_r.

Théorème 8

Deux matrices de $\mathcal{M}_{p,q}(\mathbb{K})$ sont équivalentes si et seulement si elles ont le même rang.

DÉMONSTRATION

$\boxed{\Rightarrow}$ Supposons M et N équivalentes. Alors il existe $\mathcal{B}_1, \mathcal{B}_1'$ bases de $\mathbb{K}^q$, $\mathcal{B}_2, \mathcal{B}_2'$ bases de $\mathbb{K}^p$ et $f \in \mathcal{L}(E, F)$ tels que $M = \mathrm{Mat}_{\mathcal{B}_2 \leftarrow \mathcal{B}_1}(f)$ et $N = \mathrm{Mat}_{\mathcal{B}_2' \leftarrow \mathcal{B}_1'}(f)$.

D'où $\mathrm{rg}(M) = \mathrm{rg}(f) = \mathrm{rg}(N)$.

$\boxed{\Leftarrow}$ Supposons $\mathrm{rg}(M) = \mathrm{rg}(N) = r$. D'après le théorème précédent M et N sont équivalentes à J_r et comme l'équivalence est une relation d'équivalence, donc symétrique et transitive, on a M et N équivalentes.

Corollaire 9

Le rang est invariant par transposition : $\mathrm{rg}({}^tM) = \mathrm{rg}(M)$.

DÉMONSTRATION

Notons $r = \text{rg}(M)$. On a M équivalente à J_r donc il existe $P \in \text{GL}_p(\mathbb{K})$ et $Q \in \text{GL}_q(\mathbb{K})$ tels que $M = PJ_rQ$. Par suite on a ${}^tM = {}^tQ\,{}^tJ_r\,{}^tP = {}^tQ\,J_r\,{}^tP$. Comme la transposée d'une matrice inversible est inversible, on a donc ${}^tM$ équivalente à J_r, et donc ${}^tM$ de rang r.

Ainsi, en pratique, pour calculer le rang d'une matrice, on peut aussi bien calculer le rang de ses lignes que le rang de ses colonnes.

5.3 Matrices semblables

Définition 8 (Relation de similitude)

Soient $M, N \in \mathcal{M}_n(\mathbb{K})$. On dit que M et N sont *semblables* lorsqu'il existe $P \in \text{GL}_n(\mathbb{K})$ telle que $N = P^{-1} \times M \times P$.

La remarque suivante est analogue à celle qu'on a faite pour l'équivalence et on invite le lecteur à s'en convaincre par lui-même.

Remarque 8

La relation de similitude s'interprète naturellement en termes d'application linéaire :
M et N sont semblables si et seulement si elles représentent le même endomorphismes f dans deux bases différentes.
Ainsi : M et N semblables si et seulement si il existe un espace vectoriel E de dimension n, deux bases $\mathcal{B}_1, \mathcal{B}_2$ de E, et $f \in \mathcal{L}(E)$ tels que $\begin{cases} M = \text{Mat}_{\mathcal{B}_1}(f) \\ N = \text{Mat}_{\mathcal{B}_2}(f) \end{cases}$.
Ou plus simplement : M et N sont semblables si et seulement s'il existe une base $\mathcal{B}$ de $\mathbb{K}^n$ et $f \in \mathcal{L}(\mathbb{K}^n)$ tels que $\begin{cases} M = \text{Mat}_{\mathcal{C}}(f) \\ N = \text{Mat}_{\mathcal{B}}(f) \end{cases}$.

Remarques 9

- La notion de matrices semblables n'a de sens que pour des matrices carrées.
- Si deux matrices sont semblables, alors elles sont équivalentes, mais la réciproque est fausse.
- Si M est semblable à N et qu'il existe k tel que $N^k = O$, alors $M^k = O$.
- Si M est semblable à N et qu'il existe k tel que $M^k = I_n$, alors $M^k = I_n$.
- Comme on le verra dans la question 2 du problème de fin de chapitre, deux matrices semblables ont le même rang.

Proposition 17

La relation de similitude (« être semblable à ») est une relation d'équivalence.

Cette proposition sera montrée dans le problème de fin de chapitre.

5.4 Application à la trace d'un endomorphisme

Théorème 9

Deux matrices de $\mathcal{M}_n(\mathbb{K})$ semblables ont la même trace.

On dit que la trace est un *invariant de similitude.*

DÉMONSTRATION

Soient M et N deux matrices de $\mathcal{M}_n(\mathbb{K})$ semblables. Il existe alors $P \in \mathrm{GL}_n(\mathbb{K})$ telle que $P^{-1}MP = N$. Rappelons que, pour toutes matrices A et B de $\mathcal{M}_n(\mathbb{K})$, on a $\mathrm{tr}(AB) = \mathrm{tr}(BA)$, c'est la propriété fondamentale de la trace.
Ainsi : $\mathrm{tr}(N) = \mathrm{tr}\big((P^{-1}M)P\big) = \mathrm{tr}\big(P(P^{-1}M)\big) = \mathrm{tr}\big((PP^{-1})M\big) = \mathrm{tr}(M)$.

Proposition-Définition 2

Soit $\varphi \in \mathcal{L}(E)$. Le scalaire $\mathrm{tr}\big(\mathrm{Mat}_{\mathcal{B}}(\varphi)\big)$ ne dépend pas de $\mathcal{B}$.

On l'appelle *la trace de* φ.

DÉMONSTRATION

Deux matrices de la forme $\mathrm{Mat}_{\mathcal{B}}(\varphi)$ sont toujours semblables d'après la remarque 8. On conclut par le théroème 9.

Exemple 10

La trace d'une projection est toujours égale à son rang.

Soit en effet une projection $p = p_F^G$. On a vu que, dans une base adaptée $\mathcal{B}$, on a $\mathrm{Mat}_{\mathcal{B}}(p) = J_r$ où $r = \dim(F)$.

D'où $\mathrm{tr}(p) = \mathrm{tr}(J_r) = r = \dim(F) = \dim\big(\mathrm{Im}(p)\big) = \mathrm{rg}(p)$.

6 Exercices corrigés

14.1 Utilisation de la matrice associée à un endomorphisme

On considère l'endomorphisme $f : \left\{ \begin{array}{ccc} \mathbb{K}_3[X] & \longrightarrow & \mathbb{K}_3[X] \\ P & \longmapsto & (X^2-1)P'' + 2XP' \end{array} \right.$.

Déterminer la matrice de f dans la base canonique de $\mathbb{K}_3[X]$, puis une base de $\mathrm{Ker}(f)$ et une base de $\mathrm{Im}(f)$.

C 14.1 Utilisation de la matrice associée à un endomorphisme

On note $\mathcal{C} = (1, X, X^2, X^3)$ la base canonique de $\mathbb{K}_3[X]$.

On a $f(1) = 0$, $f(X) = (X^2 - 1) \times 0 + 2X \times 1 = 2X$,

$f(X^2) = (X^2 - 1) \times 2 + 2X \times 2X = 6X^2 - 2$

et $f(X^3) = (X^2 - 1) \times 6X + 2X \times 3X^2 = 12X^3 - 6X$.

On en déduit $M = \mathrm{Mat}_{\mathcal{C}}(f) = \begin{pmatrix} 0 & 0 & -2 & 0 \\ 0 & 2 & 0 & -6 \\ 0 & 0 & 6 & 0 \\ 0 & 0 & 0 & 12 \end{pmatrix}$.

Comme M est représentative de f dans la base canonique, f est l'endomorphisme canoniquement associé à M, et on a donc $\mathrm{Ker}(M) = \mathrm{Ker}(f)$ et $\mathrm{Im}(M) = \mathrm{Im}(f)$.

Les vecteurs colonnes $\begin{pmatrix} 0 \\ 2 \\ 0 \\ 0 \end{pmatrix}$, $\begin{pmatrix} -2 \\ 0 \\ 6 \\ 0 \end{pmatrix}$ et $\begin{pmatrix} 0 \\ -6 \\ 0 \\ 12 \end{pmatrix}$ engendrent $\mathrm{Im}(M)$. En outre ils forment une famille échelonnée donc libre de $\mathbb{K}^4$, donc ils forment une base de $\mathrm{Im}(M)$.

Par conséquent, une base de $\mathrm{Im}(f)$ est $(2X, 6X^2 - 2, 12X^3 - 6X)$.

Enfin par le théorème du rang, on a

$\dim\big(\mathrm{Ker}(f)\big) = \dim\big(\mathbb{R}_3[X]\big) - \dim\big(\mathrm{Im}(f)\big) = 4 - \dim\big(\mathrm{Im}(M)\big) = 4 - 3 = 1$, donc $\mathrm{Ker}(f)$ est une droite vectorielle de $\mathbb{R}_3[X]$. Mais on a $f(1) = 0$, donc $1 \in \mathrm{Ker}(f)$; d'où (1) est base de $\mathrm{Ker}(f)$.

14.2 Matrices de projections et de symétries

Dans $\mathbb{R}^3$, on considère le vecteur $u = \begin{pmatrix} 1 \\ 1 \\ -1 \end{pmatrix}$, la droite $D = \mathrm{Vect}\,(u)$ et le plan F d'équation $x - 2y + 3z = 0$.

On note $\mathcal{C} = (e_1, e_2, e_3)$ la base canonique de $\mathbb{R}^3$.

1. Justifier qu'on a $\mathbb{R}^3 = F \oplus D$.

2. Déterminer les matrices $P_1 = \mathrm{Mat}_{\mathcal{C}}\big(p_F^D\big)$ et $P_2 = \mathrm{Mat}_{\mathcal{C}}\big(p_D^F\big)$.

3. Déterminer les matrices $S_1 = \text{Mat}_{\mathcal{C}}(s_F^D)$ et $S_2 = \text{Mat}_{\mathcal{C}}(s_D^F)$.

4. Calculer P_1^2, P_2^2, S_1^2, S_2^2, P_1P_2 et S_1S_2.

C 14.2 Matrices de projections et de symétries

1. On a $1-2\times1+3\times(-1) = -4 \neq 0$ donc $u \notin F$. Par conséquent $F\cap\text{Vect}(u) = \{0_{\mathbb{R}^3}\}$, *i. e.* $F\cap D = \{0_{\mathbb{R}^3}\}$. Comme on a de plus $\dim(F)+\dim(D) = 2+1 = 3 = \dim(\mathbb{R}^3)$, on en déduit : $\mathbb{R}^3 = F \oplus D$.

2. Par définition, si un vecteur v de $\mathbb{R}^3$ s'écrit $v = \underbrace{v_F}_{\in F} + \underbrace{v_D}_{\in D}$, alors on a $p_F^D(v) = v_F$ et $p_D^F(v) = v_D$. Si donc l'on connaît v_F et v_D pour tout vecteur v, alors on connaît p_F^D et p_D^F.

   Soit $v = \begin{pmatrix} x \\ y \\ z \end{pmatrix} \in \mathbb{R}^3$. On a $v_D \in D = \text{Vect}(u)$ donc il existe $\lambda \in \mathbb{R}$ tel que $v_D = \lambda u$. Ce λ est tel que $v - \lambda u = v_F \in F$. Or on a $v - \lambda u = \begin{pmatrix} x-\lambda \\ y-\lambda \\ z+\lambda \end{pmatrix}$ donc

   $v-\lambda u \in F \Leftrightarrow (x-\lambda)-2(y-\lambda)+3(z+\lambda) = 0 \Leftrightarrow \lambda = \dfrac{-x+2y-3z}{4}$.

   Ainsi $v_D = \lambda u = \dfrac{-x+2y-3z}{4}\begin{pmatrix} 1 \\ 1 \\ -1 \end{pmatrix}$ et $v_F = v - v_D = \begin{pmatrix} x \\ y \\ z \end{pmatrix} - \dfrac{-x+2y-3z}{4}\begin{pmatrix} 1 \\ 1 \\ -1 \end{pmatrix}$,

   d'où $v_F = \dfrac{1}{4}\begin{pmatrix} 5x-2y+3z \\ x+2y+3z \\ -x+2y+z \end{pmatrix}$.

   On a donc, pour tout $(x,y,z) \in \mathbb{R}^3$,

   $$s_F^D\begin{pmatrix} x \\ y \\ z \end{pmatrix} = \frac{1}{4}\begin{pmatrix} 5x-2y+3z \\ x+2y+3z \\ -x+2y+z \end{pmatrix} \text{ et } s_D^F\begin{pmatrix} x \\ y \\ z \end{pmatrix} = \frac{-x+2y-3z}{4}\begin{pmatrix} 1 \\ 1 \\ -1 \end{pmatrix}.$$

   On en déduit $P_1 = \dfrac{1}{4}\begin{pmatrix} 5 & -2 & 3 \\ 1 & 2 & 3 \\ -1 & 2 & 1 \end{pmatrix}$ et $P_2 = \dfrac{1}{4}\begin{pmatrix} -1 & 2 & -3 \\ -1 & 2 & -3 \\ 1 & -2 & 3 \end{pmatrix}$.

3. On a $s_F^D = 2p_F^D - \text{id}_{\mathbb{R}^3}$ donc $S_1 = 2P_1 - I_3$, qui donne $S_1 = \dfrac{1}{2}\begin{pmatrix} 3 & -2 & 3 \\ 1 & 0 & 3 \\ -1 & 2 & -1 \end{pmatrix}$ et

   $s_D^F = -s_F^D$ donc $S_2 = -S_1 = \dfrac{1}{2}\begin{pmatrix} -3 & 2 & -3 \\ -1 & 0 & -3 \\ 1 & -2 & 1 \end{pmatrix}$.

4. Il ne faut surtout pas perdre de temps à calculer les produits matriciels ! En effet tout vient des relations $\left(p_F^D\right)^2 = p_F^D$, $\left(p_D^F\right)^2 = p_D^F$, $\left(s_F^D\right)^2 = \text{id}_{\mathbb{R}^3}$, $\left(s_D^F\right)^2 = \text{id}_{\mathbb{R}^3}$,

$p_F^D \circ p_D^F = 0$ et $s_F^D \circ s_D^F = -s_D^F \circ s_D^F = -\left(s_D^F\right)^2 = -\,\mathrm{id}_{\mathbb{R}^3}$.

On en déduit $P_1^2 = \mathrm{Mat}_{\mathcal{C}}\left(p_F^D\right) \times \mathrm{Mat}_{\mathcal{C}}\left(p_F^D\right) = \mathrm{Mat}_{\mathcal{C}}\left(\left(p_F^D\right)^2\right) = \mathrm{Mat}_{\mathcal{C}}\left(p_F^D\right) = P_1$ et, selon le même principe, $P_2^2 = P_2$, $S_1^2 = I_3$, $S_2^2 = I_3$, $P_1P_1 = (0)$ et $S_1S_2 = -I_3$.

14.3 Résolution d'une équation matricielle

On note $\mathcal{C} = (e_1, e_2, e_3)$ la base canonique de $\mathbb{R}^3$. On pose : $A = \begin{pmatrix} 16 & 4 & -4 \\ -18 & -4 & 5 \\ 30 & 8 & -7 \end{pmatrix}$.

On désigne par u l'endomorphisme de $\mathbb{R}^3$ ayant A pour matrice dans la base $\mathcal{C}$.

1. **Étude de la matrice A**

   On pose : $P = \begin{pmatrix} 1 & 0 & -1 \\ -2 & 1 & 1 \\ 2 & 1 & -2 \end{pmatrix}$ et $D = \begin{pmatrix} 0 & 0 & 0 \\ 0 & 1 & 0 \\ 0 & 0 & 4 \end{pmatrix}$.

   a. Montrer qu'il existe une base $\mathcal{B} = (\varepsilon_1, \varepsilon_2, \varepsilon_3)$ de $\mathbb{R}^3$ telle que P soit la matrice de passage de la base $\mathcal{C}$ à la base $\mathcal{B}$, et telle que D soit la matrice de u dans la base $\mathcal{B}$.

   b. Pourquoi la matrice P est-elle inversible ?

   c. Justifier rapidement et sans calculs l'égalité : $P^{-1}AP = D$.

   d. Montrer qu'une matrice Δ de $\mathcal{M}_3(\mathbb{R})$ vérifie $\Delta D = D\Delta$ si et seulement si Δ est diagonale.

2. **Résolution dans $\mathcal{M}_3(\mathbb{R})$ de l'équation (E) : $X^2 = A$**

   Le but de cette partie est de déterminer toutes les matrices X de $\mathcal{M}_3(\mathbb{R})$ vérifiant : $X^2 = A$.

   a. On considère $X \in \mathcal{M}_3(\mathbb{R})$ solution de (E). On pose : $Y = P^{-1}XP$.
   Vérifier que $Y^2 = D$, montrer que $YD = DY$, et établir que Y est de la forme :

   $$\begin{pmatrix} 0 & 0 & 0 \\ 0 & \lambda & 0 \\ 0 & 0 & 2\mu \end{pmatrix} \quad \text{avec} \quad \lambda \in \{-1, 1\} \text{ et } \mu \in \{-1, 1\}.$$

   b. Donner finalement l'ensemble des solutions dans $\mathcal{M}_3(\mathbb{R})$ de l'équation (E).

   c. Quel est le nombre m de solutions dans $\mathcal{M}_3(\mathbb{R})$ de (E) ?
   Sans calculer explicitement ces m solutions $X_1, X_2, \ldots, X_m$, déterminer leur somme $S = X_1 + \cdots + X_m$, et exprimer leur produit $T = X_1X_2 \cdots X_m$ en fonction de A.

C 14.3 Résolution d'une équation matricielle

1. **Étude de la matrice A**

a. On définit les vecteurs $\varepsilon_1 = e_1 - 2e_2 + 2e_3$, $\varepsilon_2 = e_2 + e_3$ et $\varepsilon_3 = -e_1 + e_2 - 2e_3$. Si on introduit la famille $\mathcal{B} = (\varepsilon_1, \varepsilon_2, \varepsilon_3)$ alors $P = \mathrm{Mat}_{\mathcal{C}}(\mathcal{B})$.

Il est aisé de vérifier que $\mathcal{B}$ est une famille libre de $\mathbb{R}^3$. Comme elle est de cardinal $3 = \dim(\mathbb{R}^3)$, c'est une base de $\mathbb{R}^3$. Ainsi P est une matrice de passage, de la base $\mathcal{C}$ vers la base $\mathcal{B}$.

Par définition de A, on a $u(e_1) = 16e_1 - 18e_2 + 30e_3$, $u(e_2) = 4e_1 - 4e_2 + 8e_3$ et $u(e_3) = -4e_1 + 5e_2 - 7e_3$. Et par linéarité de u, on a :

$$\begin{aligned}
u(\varepsilon_1) &= u(e_1) - 2u(e_2) + 2u(e_3)\\
&= 16e_1 - 18e_2 + 30e_3 - 2(4e_1 - 4e_2 + 8e_3) + 2(-4e_1 + 5e_2 - 7e_3) = 0_{\mathbb{R}^3},\\
u(\varepsilon_2) &= u(e_2) + u(e_3) = 4e_1 - 4e_2 + 8e_3 - 4e_1 + 5e_2 - 7e_3\\
&= e_2 + e_3 = \varepsilon_2,\\
u(\varepsilon_3) &= -u(e_1) + u(e_2) - 2u(e_3)\\
&= -(16e_1 - 18e_2 + 30e_3) + 4e_1 - 4e_2 + 8e_3 - 2(-4e_1 + 5e_2 - 7e_3)\\
&= -4e_1 + 4e_2 - 8e_3 = 4\varepsilon_3.
\end{aligned}$$

Et ainsi $D = \mathrm{Mat}_{\mathcal{B}}(u)$.

b. P est inversible, comme toute matrice de passage (cf. cours).

c. On a $P = \mathrm{Mat}_{\mathcal{C}\leftarrow\mathcal{B}}(\mathrm{id}_{\mathbb{R}^3})$ donc $P^{-1} = \mathrm{Mat}_{\mathcal{B}\leftarrow\mathcal{C}}(\mathrm{id}_{\mathbb{R}^3})$,
puis $P^{-1}AP = \mathrm{Mat}_{\mathcal{B}\leftarrow\mathcal{C}}(\mathrm{id}_{\mathbb{R}^3})\mathrm{Mat}_{\mathcal{C}}(u)\mathrm{Mat}_{\mathcal{C}\leftarrow\mathcal{B}}(\mathrm{id}_{\mathbb{R}^3}) = \mathrm{Mat}_{\mathcal{B}}(u) = D$.

d. Soit $\Delta = \begin{pmatrix} a & b & c\\ d & e & f\\ g & h & i\end{pmatrix} \in \mathcal{M}_3(\mathbb{R})$, avec $a, b, c, d, e, f, g, h, i$ réels. Alors :

$$\Delta D = \begin{pmatrix} 0 & b & 4c\\ 0 & e & 4f\\ 0 & h & 4i\end{pmatrix}, \quad D\Delta = \begin{pmatrix} 0 & 0 & 0\\ d & e & f\\ 4g & 4h & 4i\end{pmatrix},$$

et donc $\Delta D = D\Delta$ ssi $b = 0$, $4c = 0$, $d = 0$, $4f = f$, $4g = 0$ et $4h = h$, ce qui équivaut à $b = c = d = f = g = h = 0$.

Ainsi une matrice Δ de $\mathcal{M}_3(\mathbb{R})$ vérifie $\Delta D = D\Delta$ si et seulement si elle est diagonale.

2. **Résolution dans $\mathcal{M}_3(\mathbb{R})$ de l'équation (E) : $X^2 = A$**

a. On a $Y^2 = (P^{-1}XP)(P^{-1}XP) = P^{-1}X(PP^{-1})XP = P^{-1}X^2P = P^{-1}AP = D$.
Puis $YD = YY^2 = Y(YY) = (YY)Y = Y^2Y = DY$. Par conséquent, d'après la

question précédente, Y est une matrice diagonale.

Notons : $Y = \begin{pmatrix} \alpha & 0 & 0 \\ 0 & \beta & 0 \\ 0 & 0 & \gamma \end{pmatrix}$, avec α, β et γ réels. On a alors $Y^2 = \begin{pmatrix} \alpha^2 & 0 & 0 \\ 0 & \beta^2 & 0 \\ 0 & 0 & \gamma^2 \end{pmatrix}$.

Or $Y^2 = D = \begin{pmatrix} 0 & 0 & 0 \\ 0 & 1 & 0 \\ 0 & 0 & 4 \end{pmatrix}$, d'où $\alpha^2 = 0$, $\beta^2 = 1$ et $\gamma^2 = 4$.

Ainsi $\alpha = 0$, $\beta \in \{-1, 1\}$ et $\gamma \in \{-2, 2\}$. On en déduit qu'il existe $\lambda \in \{-1, 1\}$ et $\mu \in \{-1, 1\}$ tels que : $Y = \begin{pmatrix} 0 & 0 & 0 \\ 0 & \lambda & 0 \\ 0 & 0 & 2\mu \end{pmatrix}$.

On a donc prouvé que si X est solution de (E) alors $P^{-1}XP$ est de la forme $\begin{pmatrix} 0 & 0 & 0 \\ 0 & \lambda & 0 \\ 0 & 0 & 2\mu \end{pmatrix}$ avec $\lambda \in \{-1, 1\}$ et $\mu \in \{-1, 1\}$.

b. Nous avons effectué la synthèse dans la question précédente. Menons maintenant l'analyse.

Soit Y une matrice de la forme précédente. Posons $X = PYP^{-1}$ et vérifions que X est solution de (E).

On a : $X^2 = (PYP^{-1})(PYP^{-1}) = PY^2P^{-1} = PDP^{-1} = A$. Donc X est solution au problème posé de (E).

Conclusion : les solutions de l'équation (E) sont les matrices :

$$X = PYP^{-1}, \text{ où } Y = \begin{pmatrix} 0 & 0 & 0 \\ 0 & \lambda & 0 \\ 0 & 0 & 2\mu \end{pmatrix}, \ (\lambda, \mu) \in \{-1, 1\}^2.$$

c. Pour commencer, à chaque choix d'une matrice de la forme $Y = \begin{pmatrix} 0 & 0 & 0 \\ 0 & \lambda & 0 \\ 0 & 0 & 2\mu \end{pmatrix}$, avec $(\lambda, \mu) \in \{-1, 1\}^2$, correspond une matrice X distincte. En effet si on note Y_1 et Y_2 deux matrices associées à des choix distincts de $(\lambda_1, \mu_1) \in \{-1, 1\}^2$ et $(\lambda_2, \mu_2) \in \{-1, 1\}^2$ alors, si l'on définit $X_1 = PY_1P^{-1}$ et $X_2 = PY_2P^{-1}$, on peut prouver par contraposition que $X_1 \neq X_2$.

En effet partant de $X_1 = X_2$, on déduit $PY_1P^{-1} = PY_2P^{-1}$ et, multipliant cette égalité à gauche par P^{-1} et à droite par P, on trouve $Y_1 = Y_2$.

Ainsi comme il y a 4 choix de matrices Y distinctes, on en déduit que l'équation $X^2 = A$ admet $m = 4$ solutions dans $\mathcal{M}_3(\mathbb{R})$.

Ces 4 solutions sont les matrices X_1, X_2, X_3 et X_4 définies par $X_k = PY_kP^{-1}$,

$$k \in \{1,\dots,4\}, \text{ où : } Y_1 = \begin{pmatrix} 0 & 0 & 0 \\ 0 & 1 & 0 \\ 0 & 0 & 2 \end{pmatrix}, \quad Y_2 = \begin{pmatrix} 0 & 0 & 0 \\ 0 & -1 & 0 \\ 0 & 0 & 2 \end{pmatrix},$$

$$Y_3 = \begin{pmatrix} 0 & 0 & 0 \\ 0 & 1 & 0 \\ 0 & 0 & -2 \end{pmatrix}, \quad Y_1 = \begin{pmatrix} 0 & 0 & 0 \\ 0 & -1 & 0 \\ 0 & 0 & -2 \end{pmatrix}.$$

Ainsi $S = X_1 + X_2 + X_3 + X_4 = P(Y_1 + Y_2 + Y_3 + Y_4)P^{-1} = P(0)P^{-1} = (0)$ et

$$\begin{aligned} T &= X_1X_2X_3X_4 = (PY_1P^{-1})(PY_2P^{-1})(PY_3P^{-1})(PY_4P^{-1}) \\ &= PY_1(P^{-1}P)Y_2(P^{-1}P)Y_3(P^{-1}P)Y_4P^{-1} = P(Y_1Y_2Y_3Y_4)P^{-1} \\ &= P\begin{pmatrix} 0 & 0 & 0 \\ 0 & 1 & 0 \\ 0 & 0 & 16 \end{pmatrix}P^{-1} = PD^2P^{-1} = (PDP^{-1})(PDP^{-1}) = A^2. \end{aligned}$$

14.4 Problème de fin de chapitre

Dans tout le problème, E est un $\mathbb{R}$-espace vectoriel de **dimension** 3.

Pour u endomorphisme de E et n entier naturel non nul, on note $u^n = \underbrace{u \circ u \circ \cdots \circ u}_{n \text{ fois}}$.

On notera aussi 0 l'endomorphisme nul, la matrice nulle et le vecteur nul.

1. On notera $A \sim B$ pour dire que la matrice A est semblable à la matrice B.
   Démontrer que la relation $\sim$ est une relation d'équivalence sur $\mathcal{M}_3(\mathbb{R})$.
   On pourra désormais dire que les matrices A et B **sont** semblables.
2. Démontrer que deux matrices de $\mathcal{M}_3(\mathbb{R})$ de rangs différents ne sont pas semblables.
3. Soit u un endomorphisme de E et soit i et j deux entiers naturels.
   On considère l'application linéaire w de $\operatorname{Ker}\left(u^{i+j}\right)$ vers E définie par : $w(x) = u^j(x)$.
   a. Montrer que $\operatorname{Im}(w) \subset \operatorname{Ker}(u^i)$.
   b. En déduire que $\dim\left(\operatorname{Ker}(u^{i+j})\right) \leqslant \dim\left(\operatorname{Ker}(u^i)\right) + \dim\left(\operatorname{Ker}(u^j)\right)$.
4. Soit u un endomorphisme de E vérifiant : $u^3 = 0$ et $\operatorname{rg}(u) = 2$.
   a. Montrer que $\dim\left(\operatorname{Ker}(u^2)\right) = 2$. (On pourra utiliser deux fois la question 3b.).
   b. Montrer que l'on peut trouver un vecteur a non nul de E tel que $u^2(a) \neq 0$, et en déduire que la famille $\left(u^2(a), u(a), a\right)$ est une base de E.
   c. Écrire alors la matrice U de u et la matrice V de $u^2 - u$ dans cette base.
5. Soit u un endomorphisme de E vérifiant : $u^2 = 0$ et $\operatorname{rg}(u) = 1$.
   a. Montrer que l'on peut trouver un vecteur b non nul de E tel que $u(b) \neq 0$.

b. Justifier l'existence d'un vecteur c de $\text{Ker}(u)$ tel que la famille $\big(u(b), c\big)$ soit libre, puis montrer que la famille $\big(b, u(b), c\big)$ est une base de E.

c. Écrire alors la matrice U' de u et la matrice V' de $u^2 - u$ dans cette base.

C 14.4 Problème de fin de chapitre

Ce problème est issu de l'épreuve spécifique MPSI des « Petites Mines » de 2002.

1. Une relation d'équivalence est une relation réflexive, symétrique, transitive.
   - Soit $A \in \mathcal{M}_3(\mathbb{R})$. Comme on a $I_3 \in GL_3(\mathbb{R})$ et $A = I_3^{-1} A I_3$, on a $A \sim A$.
     Donc la relation $\sim$ est réflexive.
   - Soit $(A, B) \in \mathcal{M}_3(\mathbb{R})^2$ et supposons avoir $A \sim B$. Il existe donc $P \in GL_3(\mathbb{R})$ telle que $B = P^{-1}AP$. On en déduit qu'on a $A = \left(P^{-1}\right)^{-1} B \left(P^{-1}\right)$, et comme on a $P^{-1} \in GL_3(\mathbb{R})$, on a donc $B \sim A$.
     Donc la relation $\sim$ est symétrique.
   - Soit $(A, B, C) \in \mathcal{M}_3(\mathbb{R})^3$ et supposons avoir $A \sim B$ ainsi que $B \sim C$. Il existe donc $(P, Q) \in GL_3(\mathbb{R})^2$ tels que $B = P^{-1}AP$ et $C = Q^{-1}BQ$. On en déduit qu'on a $C = Q^{-1}\left(P^{-1}AP\right)Q = (PQ)^{-1}A(PQ)$. Comme on a $PQ \in GL_3(\mathbb{R})$, on a donc $A \sim C$.
     Donc la relation $\sim$ est transitive.

   Finalement la relation $\sim$ est réflexive, symétrique et transitive, c'est-à-dire, par définition, que la relation $\sim$ est une relation d'équivalence sur $\mathcal{M}_3(\mathbb{R})$.

2. On raisonne par contraposition. Il s'agit donc de montrer que, si deux matrices sont semblables, alors elles ont le même rang.
   Une façon de le voir : soient A et B deux matrices de $\mathcal{M}_3(\mathbb{R})$, semblables. Il existe alors une matrice $P \in GL_3(\mathbb{R})$ telle que $A = P^{-1}BP$. En voyant P comme une matrice de passage, on peut voir A et B comme deux matrices d'un même endomorphisme dans deux bases différentes, par exemple l'endomorphisme f_A canoniquement associé à A. Ces deux matrices ont donc pour rang le rang de f_A.
   On a donc bien montré, par contraposition, que si deux matrices n'ont pas le même rang, alors elles ne sont pas semblables[6].

---

6. Par contre la réciproque du résultat prouvé dans cette question est fausse : deux matrices de même rang ne sont pas forcément semblables. En effet, pour tout $n \geqslant 1$, I_n et $2I_n$ ont même rang (n) mais on vérifie aisément qu'elles ne sont pas semblables.
On remarquera d'ailleurs que si deux matrices de même rang étaient toujours semblables, alors la relation d'équivalence et la relation de similitude auraient été confondues, vu que deux matrices sont équivalentes si et seulement si elles ont le même rang !

3. a. Soit $y \in \operatorname{Im}(w)$. Par définition de l'image, il existe donc $x \in \operatorname{Ker}(u^{i+j})$ tel que $y = u^j(x)$. Par définition du noyau, on a donc $u^{i+j}(x) = 0$, c'est-à-dire $u^i(y) = 0$ ou encore $y \in \operatorname{Ker}(u^i)$.
On a donc bien établi l'inclusion $\operatorname{Im}(w) \subset \operatorname{Ker}(u^i)$.

b. Le théorème du rang appliqué à w donne :
$\dim\big(\operatorname{Ker}(u^{i+j})\big) = \dim\big(\operatorname{Im}(w)\big) + \dim\big(\operatorname{Ker}(w)\big)$.
Par le résultat de 3a et croissance de la dimension, $\dim\big(\operatorname{Im}(w)\big) \leqslant \dim\big(\operatorname{Ker}(u^i)\big)$.
De plus, en notant $S = \operatorname{Ker}(u^{i+j})$, on a $\operatorname{Ker}(w) = \operatorname{Ker}\Big(\big(u^j\big)_{|S}\Big) = \operatorname{Ker}(u^j) \cap S$, donc $\operatorname{Ker}(w) \subset \operatorname{Ker}(u^j)$, d'où $\dim\big(\operatorname{Ker}(w)\big) \leqslant \dim\big(\operatorname{Ker}(u^j)\big)$.
En conclusion, on obtient donc :
$\dim\big(\operatorname{Ker}(u^{i+j})\big) = \dim\big(\operatorname{Im}(w)\big)+\dim\big(\operatorname{Ker}(w)\big) \leqslant \dim\big(\operatorname{Ker}(u^i)\big)+\dim\big(\operatorname{Ker}(u^j)\big)$.

4. a. Commencons par remarquer qu'on a, d'après le théorème du rang, $\dim(\operatorname{Ker}(u)) = 3 - \operatorname{rg}(u) = 1$.
D'une part, on a $u^3 = u^{2+1}$, et donc d'après la question 3b on trouve
$3 = \dim\big(\operatorname{Ker}(u^3)\big) \leqslant \dim\big(\operatorname{Ker}(u^2)\big) + \dim\big(\operatorname{Ker}(u)\big)$, ou encore
$\dim\big(\operatorname{Ker}(u^2)\big) \geqslant 3 - \dim\big(\operatorname{Ker}(u)\big) = 2$.
D'autre part, on a $u^2 = u^{1+1}$, et donc d'après la question 3b, on trouve
$\dim\big(\operatorname{Ker}(u^2)\big) \leqslant \dim\big(\operatorname{Ker}(u)\big) + \dim\big(\operatorname{Ker}(u)\big) = 1 + 1 = 2$.
Par double inégalité, on conclut : $\dim\big(\operatorname{Ker}(u^2)\big) = 2$.

b. Comme $\dim\big(\operatorname{Ker}(u^2)\big) = 2 \neq 3$, l'endomorphisme u est non nul et il existe donc un vecteur a non nul tel que $u^2(a) \neq 0$.
Montrons la liberté de $\big(a, u(a), u^2(a)\big)$.
Considérons une CL nulle de ces trois vecteurs : $\alpha a + \beta u(a) + \gamma u^2(a) = 0$. Par application de u^2, en utilisant la linéarité de u et la relation $u^3 = 0$, on trouve $\alpha u^2(a) = 0$, donc $\alpha = 0$. En réinjectant puis en appliquant u, on trouve $\beta u^2(a) = 0$, donc $\beta = 0$. En réinjectant une dernière fois, il reste $\gamma u^2(a) = 0$, donc $\gamma = 0$. Une combinaison linéaire nulle des vecteurs de $\big(a, u(a), u^2(a)\big)$ est ainsi nécessairement triviale, ce qui montre que cette famille est libre.
La famille $\big(a, u(a), u^2(a)\big)$ est libre, et elle est formée de $3 = \dim(E)$ vecteurs, c'est donc une base de E. Il en va bien sûr de même pour la famille $\big(u^2(a), u(a), a\big)$ qui est formée des mêmes vecteurs dans un ordre différent.

c. On a : $\begin{cases} u\left(u^2(a)\right) = u^3(a) = 0 = 0.u^2(a) + 0.u(a) + 0.a \\ u\big(u(a)\big) = u^2(a) = 1.u^2(a) + 0.u(a) + 0.a \\ u(a) = 0.u^2(a) + 1.u(a) + 0.a \end{cases}$.

On en déduit $U = \begin{pmatrix} 0 & 1 & 0 \\ 0 & 0 & 1 \\ 0 & 0 & 0 \end{pmatrix}$.

Puis par un simple calcul, $V = U^2 - U = \begin{pmatrix} 0 & -1 & 1 \\ 0 & 0 & -1 \\ 0 & 0 & 0 \end{pmatrix}$.

5. a. Comme $\mathrm{rg}(u) = 1 \neq 0$, l'endomorphisme u est non nul et il existe donc un vecteur b non nul tel que $u(b) \neq 0$.

b. On a d'une part $u^2 = 0$, donc $u\big(u(b)\big) = u^2(b) = 0$, c'est-à-dire $u(b) \in \mathrm{Ker}(u)$. On a aussi, d'autre part, $\dim\big(\mathrm{Ker}(u)\big) = 2$, donc le vecteur non nul $u(b)$ de $\mathrm{Ker}(u)$ peut être complété par un vecteur c de $\mathrm{Ker}(u)$ pour former une base $\big(u(b), c\big)$ de $\mathrm{Ker}(u)$.

Il reste enfin à vérifier que la famille $\big(b, u(b), u(c)\big)$ est une base de E. Comme elle a $3 = \dim(E)$ vecteurs, il suffit pour cela de montrer qu'elle est libre. Considérons donc une combinaison linéaire nulle de ces trois vecteurs $\alpha b + \beta u(b) + \gamma c = 0$. Par application de u, en utilisant la linéarité, et le fait que $u(b)$ et c sont dans $\mathrm{Ker}(u)$, on trouve $\alpha u(b) = 0$, donc $\alpha = 0$ car $u(b) \neq 0$. En réinjectant et en utilisant la liberté de la famille $\big(u(b), c\big)$, on trouve $\beta = \gamma = 0$. La seule combinaison linéaire nulle des vecteurs de $\big(b, u(b), c\big)$ est donc la combinaison linéaire triviale, si bien que cette famille est libre et donc que c'est une base de E.

c. On a : $\begin{cases} u(b) = 0 \cdot b + 1 \cdot u(b) + 0 \cdot c \\ u\big(u(b)\big) = 0 = 0 \cdot b + 0 \cdot u(b) + 0 \cdot c \\ u(c) = 0 = 0 \cdot b + 0 \cdot u(b) + 0 \cdot c \end{cases}$.

On en déduit $U' = \begin{pmatrix} 0 & 0 & 0 \\ 1 & 0 & 0 \\ 0 & 0 & 0 \end{pmatrix}$, puis $V' = U'^2 - U' = -U' = \begin{pmatrix} 0 & 0 & 0 \\ -1 & 0 & 0 \\ 0 & 0 & 0 \end{pmatrix}$.

CHAPITRE 15

Sous-espaces affines

Dans tout le chapitre[1], $\mathbb{K}$ désigne le corps $\mathbb{R}$ ou $\mathbb{C}$ et E un $\mathbb{K}$-espace vectoriel.

1 Généralités - MPSI

1.1 Translations

Définition 1 (Translation)

Soit $a \in E$. On appelle *translation de vecteur* a l'application $\tau_a : \left\{ \begin{array}{ccc} E & \longrightarrow & E \\ x & \longmapsto & x+a \end{array} \right.$

On a déjà vu les translations de $\mathbb{R}^n$. Dans $\mathbb{R}^2$ et $\mathbb{R}^3$, on retrouve le concept étudié en second cycle. On peut s'amuser à translater dans un espace vectoriel quelconque.

Exemple 1

Pour $E = \mathbb{K}[X]$, on peut considérer $\left\{ \begin{array}{ccc} \mathbb{K}[X] & \longrightarrow & \mathbb{K}[X] \\ P & \longmapsto & P + X^3 + \frac{3}{2}X^2 \end{array} \right.$, la translation de vecteur $X^3 + \dfrac{3}{2}X^2$.

⚠ Une translation de vecteur a est linéaire si et seulement si $a = 0_E$. Dans ce cas $\tau_a = \mathrm{id}_E$.

On a les propriétés immédiates suivantes :

1. Sauf à la fin du paragraphe 3 où on se limite à $\mathbb{R}$.

Proposition 1

Soient $a \in E$ et $b \in E$.

1. $\tau_a \circ \tau_b = \tau_{a+b} = \tau_b \circ \tau_a$.
2. τ_a est bijective de réciproque $(\tau_a)^{-1} = \tau_{-a}$.

Démonstration

La vérification est immédiate.

Corollaire 1

L'ensemble $\mathbb{T}$ des translations forme un groupe commutatif pour $\circ$. Plus précisément, on a $(\mathbb{T}, \circ) \simeq (E, +)$.

Démonstration

Notons $\Phi : \left\{ \begin{array}{ccc} E & \longrightarrow & \mathbb{T} \\ a & \longmapsto & \tau_a \end{array} \right.$. On vient de voir qu'on avait, pour tout couple $(a, b) \in E^2$, $\Phi(a + b) = \Phi(a) \circ \Phi(b)$, ce qui caractérise un morphisme de groupe (théorème 12 du chapitre 8. Par ailleurs, Φ est surjective par définition d'une translation, et injective par définition (si on a $\tau_a = \tau_b$, alors en évaluant en 0_E on trouve $a = b$), c'est donc une bijection. Finalement Φ est un morphisme de groupe bijectif, c'est-à-dire un isomorphisme, de $(E, +)$ vers $(\mathbb{T}, \circ)$.

1.2 Sous-espaces affines

Définition 2

Soit $\overrightarrow{W}$ un sev de E et $a \in E$. On appelle *sous-espace affine de direction* $\overrightarrow{W}$ *et passant par* a l'ensemble $W = \tau_a(\overrightarrow{W}) = a + \overrightarrow{W} = \left\{ a + w,\ w \in \overrightarrow{W} \right\}$.

Exemple 2

Un premier exemple très dégénéré de sous-espace affine est obtenu pour $a = 0_E$. On obtient alors que tout sous-espace vectoriel de E est, en particulier, un sous-espace affine de E.

Exemple 3

On peut déjà donner un exemple un peu plus élaboré : une droite affine de $\mathbb{R}^n$, telle que définie dans le chapitre 6, est un sous-espace affine de $\mathbb{R}^n$, dont la direction est une droite vectorielle. Illustrons-le ci-dessous pour $n = 2$.

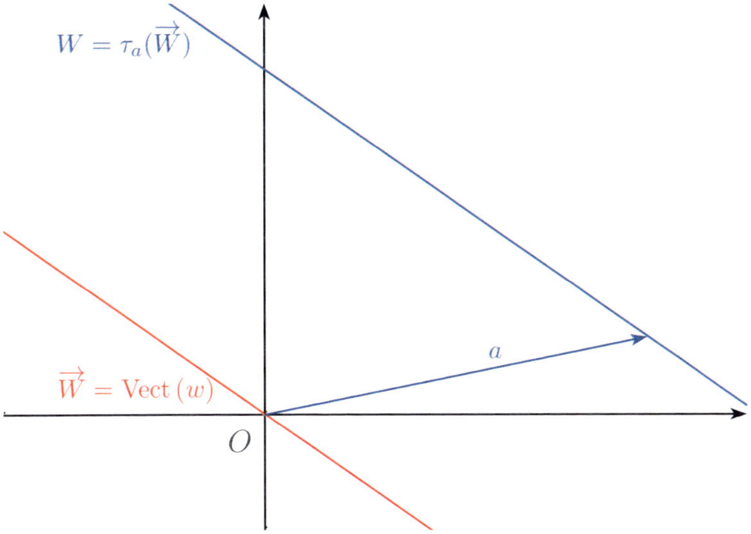

On verra plus loin que la notion de droite affine vue dans $\mathbb{R}^n$ se généralise naturellement à tout espace vectoriel, de même bien sûr qu'il existe une notion de plan affine, d'hyperplan affine, etc. □

Remarques 1

1. Le sous-espace vectoriel $\overrightarrow{W}$ est unique. On dit que $\overrightarrow{W}$ est *la direction* de W.
2. Par contre, l'élément a ne l'est pas. Plus précisément, on a : $\forall b \in W,\ W = b + \overrightarrow{W}$. □

Démonstration

Commençons par remarquer que, si $\overrightarrow{W}$ est un sous-espace vectoriel de E, et si on a $w \in \overrightarrow{W}$, alors on a $w + \overrightarrow{W} = \overrightarrow{W}$. En effet toute somme de vecteurs de $\overrightarrow{W}$ est un vecteur de $\overrightarrow{W}$, ce qui montre l'inclusion directe, et toute différence de vecteurs de $\overrightarrow{W}$ est un vecteur de $\overrightarrow{W}$, ce qui montre l'inclusion réciproque.
Démontrons maintenant les deux points évoqués.

1. Soient $\overrightarrow{W_1}$ et $\overrightarrow{W_2}$ deux directions de W. Il existe donc $a_1 \in E$ et $a_2 \in E$ tels que $W = a_1 + \overrightarrow{W_1} = a_2 + \overrightarrow{W_2}$.
   Tout sous-espace vectoriel comprenant 0_E, on a $a_1 = a_1 + 0_E \in a_1 + \overrightarrow{W_1} = a_2 + \overrightarrow{W_2}$, il existe donc $w_2 \in \overrightarrow{W_2}$ tel que $a_1 = a_2 + w_1$ par suite on a $a_2 + w_1 + \overrightarrow{W_1} = a_2 + \overrightarrow{W_2}$, puis $\overrightarrow{W_2} = w_1 + \overrightarrow{W_1} = \overrightarrow{W_1}$.

2. Soit $b \in W = a + \overrightarrow{W}$. Il existe donc $w \in \overrightarrow{W}$ tel qu'on ait $b = a + w$. Par suite, on a $b + \overrightarrow{W} = a + w + \overrightarrow{W} = a + \overrightarrow{W} = W$ d'après la remarque préliminaire.

En reprenant l'argument vu au début de la démonstration de la remarque 1 précédente, on a en particulier :

Remarque 2
$\overrightarrow{W} = E \Leftrightarrow W = E$.

On peut donc, à tout sous-espace affine W, associer un unique sous-espace vectoriel $\overrightarrow{W}$. Les vecteurs de $\overrightarrow{W}$ ne sont pas, en général, des éléments de W, mais ils jouent un rôle important vis-à-vis de W : la somme d'un élément de W et d'un élément de $\overrightarrow{W}$ donne un élément de W.

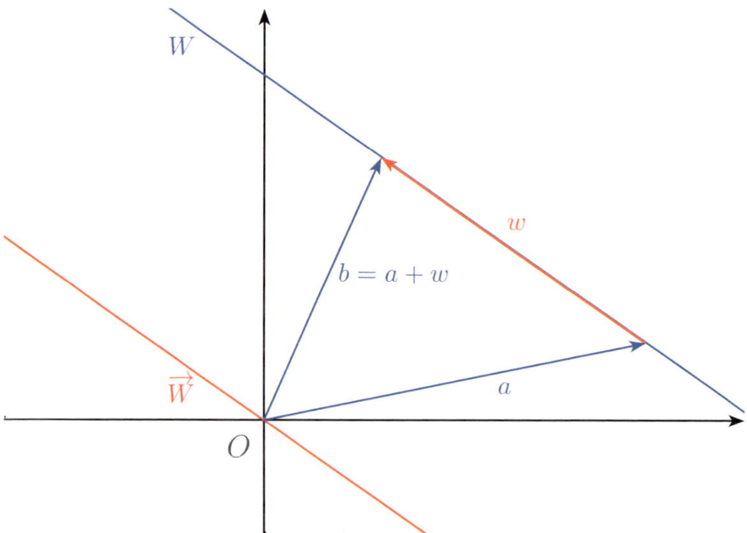

On a $a \in W$ et $w \in \overrightarrow{W}$ donc on a $b = a + w \in W$.

Introduisons un peu de terminologie : appelons *point de W* un élément de W et *vecteur de W* un élément de $\overrightarrow{W}$ (cette terminologie est donc un peu abusive). Dans le cas où E est l'espace $\mathbb{R}^n$, on retrouve la distinction entre structure vectorielle et structure affine présentée dans le chapitre 6. Dans le cas où E est $\mathbb{R}^n$ avec $n \in \{2, 3\}$, on maintient les conventions de représentation du chapitre 6 : les points de W seront notés comme des points de $\mathbb{R}^n$, les vecteurs de W seront notés comme des vecteurs de $\mathbb{R}^n$. Dans un souci de clarté, on essaiera le plus souvent de noter les points par des lettres majuscules et les vecteurs par des lettres minuscules[2]. Finalement, l'illustration précédente se représentera

2. Exception faite du cas où l'on tient à voir un élément de W comme un vecteur permettant de translater $\overrightarrow{W}$.

plutôt ainsi :

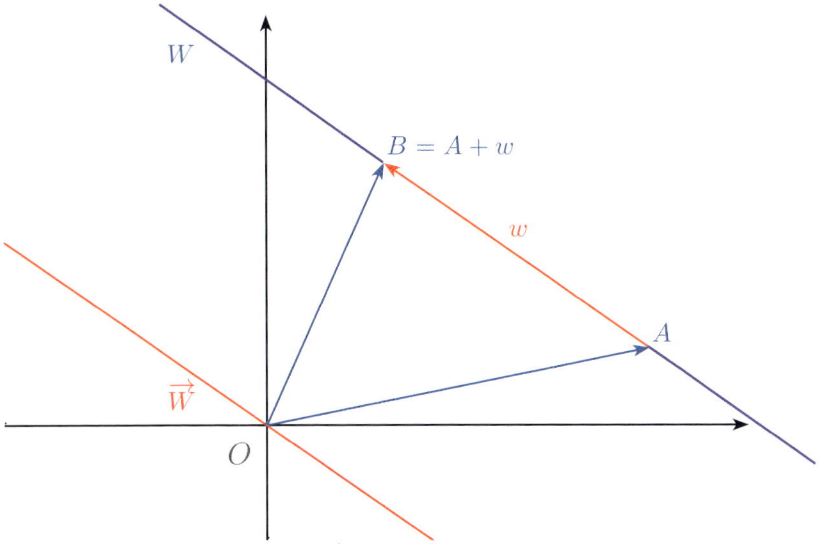

On a $A \in W$ et $w \in \overrightarrow{W}$ donc on a $B = A + w \in W$.

Renversons maintenant le point de vue : la différence de deux points d'un espace affine W donne un vecteur de $\overrightarrow{W}$.

Proposition-Définition 1

Soit W un sous-espace affine de E de direction $\overrightarrow{W}$. Soit $(A, B) \in W^2$. On appelle vecteur d'origine A et d'extrémité B le vecteur $\overrightarrow{AB} = B - A$, et on a $B - A \in \overrightarrow{W}$.

Ceci permet de définir une application $\longrightarrow$: $\begin{cases} W^2 & \longrightarrow & \overrightarrow{W} \\ (A, B) & \longmapsto & \overrightarrow{AB} \end{cases}$.

DÉMONSTRATION

Soient $A \in W$ et $B \in W$. Il s'agit de montrer qu'on a bien $B - A \in \overrightarrow{W}$. Par définition, il existe $a \in E$ tel que $W = a + \overrightarrow{W}$; il existe donc $w_1 \in \overrightarrow{W}$ et $w_2 \in \overrightarrow{W}$ tels que $A = a + w_1$ et $B = a + w_2$, et par suite on a $B - A = w_2 - w_1 \in \overrightarrow{W}$ puisqu'un sous-espace vectoriel de E est stable par différence.

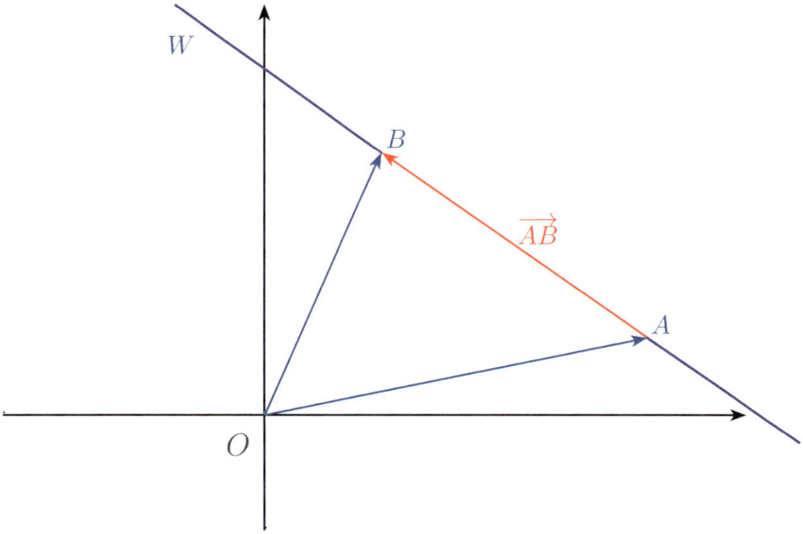

Théorème 1 (Sructure d'espace affine)

Soit W un sous-espace affine de E de direction $\overrightarrow{W}$.
L'opération $\longrightarrow$ définie de W^2 dans $\overrightarrow{W}$ vérifie les propriétés suivantes :

1. Relation dite "de Chasles" : $\forall (A, B, C) \in W^3,\ \overrightarrow{AB} + \overrightarrow{BC} = \overrightarrow{AC}$.
2. Bijection points/vecteurs à origine fixée : $\forall \Omega \in W,\ \forall w \in \overrightarrow{W},\ \exists! A \in W,\ \overrightarrow{\Omega A} = w$.

Le nom du théorème précédent tient au fait qu'il existe une notion d'espace affine abstrait (indépendant d'un espace vectoriel le contenant), hors-programme en CPGE, dont une axiomatique possible est donnée par ce théorème.

DÉMONSTRATION

Le formalisme adopté ici rend ce théorème évident.

1. Pour tout $(A, B, C) \in W^3$, on a $\overrightarrow{AB} + \overrightarrow{BC} = A - B + B - C = A - C = \overrightarrow{AC}$.
2. Soit $\Omega \in W$ et $w \in \overrightarrow{W}$.
   Pour tout point $A \in W$, on a $\overrightarrow{\Omega A} = w \Leftrightarrow A - \Omega = w \Leftrightarrow A = \Omega + w$.
   D'où, en particulier, l'existence et l'unicité de A.

Définition 3

On dit que W_1 et W_2 sont *parallèles* lorsqu'on a $\left\{\begin{array}{c} \overrightarrow{W_1} \text{ sev de } \overrightarrow{W_2} \\ \textit{ou} \\ \overrightarrow{W_2} \text{ sev de } \overrightarrow{W_1} \end{array}\right.$.

Cette relation est clairement symétrique[3,4]. Lorsque W_1 et W_2 sont parallèles, on pourra tout aussi bien dire que W_1 *est parallèle à* W_2 ou que W_2 *est parallèle à* W_1.

Exemples 4

1. Pour prendre un exemple dégénéré, un sous-espace affine de E est toujours parallèle à sa direction. Plus généralement, deux sous-espaces affines de E de même direction sont toujours parallèles.

2. Prenons le cas $E = \mathbb{R}^3$. Posons $P = \left\{ \begin{pmatrix} x \\ y \\ 0 \end{pmatrix}, \begin{pmatrix} x \\ y \end{pmatrix} \in \mathbb{R}^2 \right\}$ et $D = \left\{ \begin{pmatrix} 1 \\ t \\ 1 \end{pmatrix}, t \in \mathbb{R} \right\}$. On a $P = \operatorname{Vect}(e_1, e_2)$, c'est donc un sous-espace vectoriel de $\mathbb{R}^3$ et en particulier c'en est un sous-espace affine. On a $D = \tau_u\big(\operatorname{Vect}(e_2)\big)$ en posant $u = \begin{pmatrix} 1 \\ 0 \\ 1 \end{pmatrix}$. C'est donc un sous-espace affine de $\mathbb{R}^3$, de direction $\operatorname{Vect}(e_2)$.
   Comme on a bien $\operatorname{Vect}(e_2) \subset \operatorname{Vect}(e_1, e_2)$, D est parallèle à P.

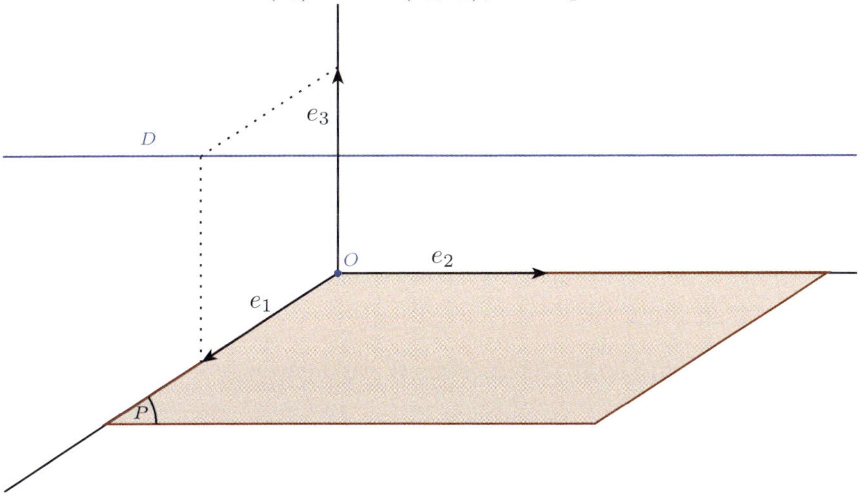

   Ici D est plus précisément une droite affine de $\mathbb{R}^3$ et P un plan (vectoriel, donc affine) de $\mathbb{R}^3$. Plus généralement, pour les droites et plans de $\mathbb{R}^3$, on retrouve la notion de parallélisme étudiée en classe de terminale scientifique. De même, pour les droites de $\mathbb{R}^2$, on retrouve la notion de parallélisme étudiée en classe de première scientifique.

---

3. Elle a été artificiellement rendue symétrique par définition.

4. Notons tout de même qu'il existe d'autres notions de parallélisme, parfois appelé *parralélisme faible* et *parallélisme fort*, qui pour l'une n'est pas symétrique et pour l'autre ne généralise pas la définition vue dans l'enseignement secondaire.

Définition 4

On dit que W est :

- *un point* lorsqu'on a $\overrightarrow{W} = \{0_E\}$;
- *une droite affine* lorsque $\overrightarrow{W}$ est une droite ;
- *un plan affine* lorsque $\overrightarrow{W}$ est un plan ;
- *un hyperplan affine* lorsque $\overrightarrow{W}$ est un hyperplan.

Il y a donc ici un petit abus de langage. En se tenant à la terminologie précédente on aurait dû dire, pour $\overrightarrow{W} = \{0_E\}$, que W est un singleton formé d'un point.

Remarques 3

1. Les sous-espaces affines de $\mathbb{K}$ sont les points et $\mathbb{K}$.
2. Les sous-espaces affines de $\mathbb{K}^2$ sont : les points, les droites affines, $\mathbb{K}^2$.
3. Les sous-espaces affines de $\mathbb{K}^3$ sont : les points, droites affines, plans affines et $\mathbb{K}^3$.
4. Les sous-espaces affines de $\mathbb{K}^4$ sont : les points, les droites affines, les plans affines, les hyperplans affines, $\mathbb{K}^4$.

DÉMONSTRATION

1. Soit W un sous-espace affine de $\mathbb{K}$. Sa direction $\overrightarrow{W}$ est donc un sous-espace vectoriel de $\mathbb{K}$, qui, d'après l'application 2 du chapitre 12, est nécessairement $\{0_E\}$ ou $\mathbb{K}$. Dans le premier cas W est un point par définition. Dans le second cas on a $W = \mathbb{K}$ d'après la remarque 2.
2. Soit W un sous-espace affine de $\mathbb{K}^2$. Sa direction $\overrightarrow{W}$ est donc un sous-espace vectoriel de $\mathbb{K}^2$, qui, d'après l'application 2 du chapitre 12, est nécessairement $\{0_E\}$, une droite vectorielle ou $\mathbb{K}^2$. Dans le premier cas W est un point par définition. Dans le deuxième cas W est une droite affine par définition. Dans le dernier cas on a $W = \mathbb{K}^2$ d'après la remarque 2.

On procède de la même façon pour les sous-espaces affines de $\mathbb{K}^3$ et de $\mathbb{K}^4$, toujours en se ramenant aux sous-espaces vectoriels et en utilisant l'application 2 du chapitre 12.

Définition 5

Si W est un sous-espace affine de E, on notera $\dim(W) = \dim(\overrightarrow{W})$. Cet entier sera appelé la *dimension* de W.

Exemples 5

1. $\left\{X^3+\frac{3}{2}X^2+aX+b,\ (a,b)\in\mathbb{K}^2\right\}$ est un sous-espace affine de direction $\mathbb{K}_1[X]$ passant par $X^3+\frac{3}{2}X$: c'est donc un plan affine.

2. $\{a_nX^n+\ldots+a_1X+1,\ n\in\mathbb{N},\ (a_1,\ldots,a_n)\in\mathbb{K}^n\}=X\mathbb{K}[X]+1$ est un sous-espace affine passant par 1 et de direction $X\mathbb{K}[X]$. C'est un hyperplan affine.

Proposition 2

Une intersection de sous-espaces affines est soit vide, soit un sous-espace affine.

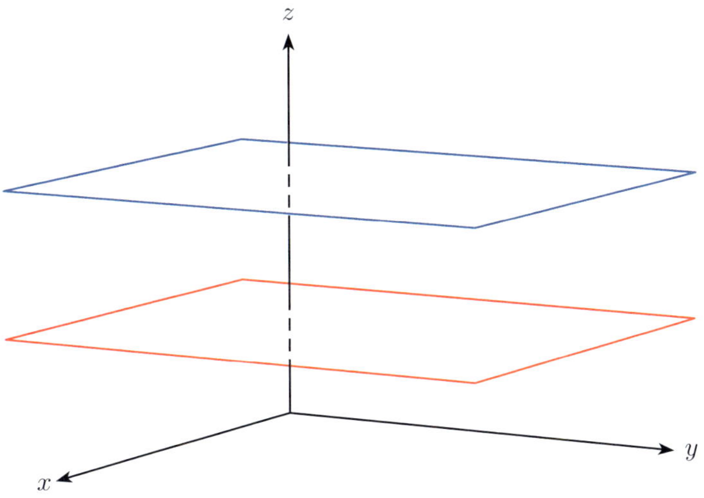

Exemple d'intersection vide, déjà rencontré.

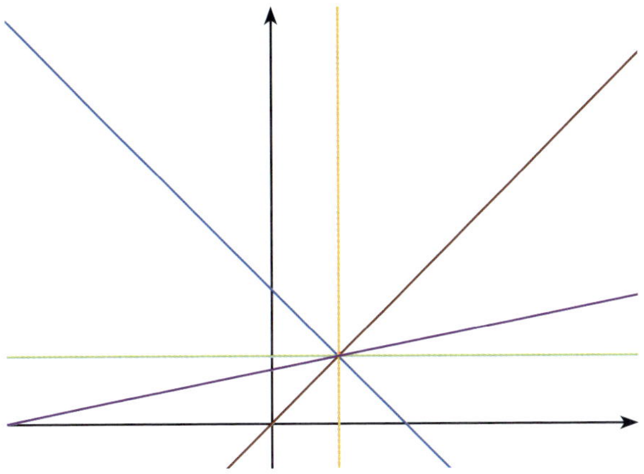

Exemple d'intersection non vide, déjà rencontré.

Démonstration

Soit $(W_i)_{i\in I}$ une famille de sous-espaces affines. Notons $W = \bigcap_{i\in I} W_i$; il s'agit de montrer que c'est un sous-espace affine. Notons $F = \bigcap_{i\in I} \overrightarrow{W_i}$. C'est un sous-espace vectoriel de E comme intersection de sous-espaces vectoriels de E (proposition 4 du chapitre 11).

- Si $\bigcap_{i\in I} W_i$ est vide, on n'en parle plus.
- Sinon, il existe $x_0 \in W$. Autrement dit on a : $\forall i \in I,\ x_0 \in W_i$. D'après la remarque 1 on a donc : $\forall i \in I,\ W_i = x_0 + \overrightarrow{W_i}$. Soit $x \in E$. On a :

$$\begin{aligned} x \in W &\Leftrightarrow \forall i \in I,\ x \in W_i \\ &\Leftrightarrow \forall i \in I,\ x - x_0 \in \overrightarrow{W_i} \\ &\Leftrightarrow x - x_0 \in F \\ &\Leftrightarrow x \in x_0 + F \end{aligned}$$

On a finalement $\forall x \in E,\ x \in W \Leftrightarrow x \in x_0 + F$, c'est-à-dire $W = x_0 + F = \tau_{x_0}(F)$, et comme F est un sous-espace vectoriel, W est bien un sous-espace affine.

1.3 Repère

Définition 6

Soit $W = a + \overrightarrow{W}$ un sous-espace affine de E. On appelle *repère* de W tout couple $(\Omega, \mathcal{B})$ avec $\Omega \in W$ et $\mathcal{B}$ une base de $\overrightarrow{W}$ (en particulier, on *peut* prendre $\Omega = a$).

Une façon canonique pour décrire un sous-espace affine est de s'en donner un repère, de même que pour décrire un sous-espace vectoriel de E, on peut se donner une base de E.

Exemples 6

1. L'ensemble des solutions réelles du système linéaire $Ax = b$ avec

$$A = \begin{pmatrix} 2 & -2 & 1 & -5 & 3 \\ 0 & 2 & -4 & -9 & 7 \\ -6 & 7 & -6 & 11 & -7 \\ 2 & -5 & 14 & 5 & 3 \\ 0 & 1 & -7 & -2 & -4 \end{pmatrix} \text{ et } b = \begin{pmatrix} 8 \\ 6 \\ -23 \\ 13 \\ -7 \end{pmatrix}$$

est, comme on l'a vu dans le chapitre 7 (exemple 11.2), l'ensemble

$$\left\{ \begin{pmatrix} 31 - \frac{21}{2}r - 23t \\ 17 - 5r - 14t \\ t \\ 4 - 2r - 3t \\ t \end{pmatrix}, \begin{pmatrix} r \\ t \end{pmatrix} \in \mathbb{R}^2 \right\} = \begin{pmatrix} 31 \\ 17 \\ 0 \\ 4 \\ 0 \end{pmatrix} + \operatorname{Vect}\left(\begin{pmatrix} -\frac{21}{2} \\ -5 \\ 0 \\ -2 \\ 0 \end{pmatrix}, \begin{pmatrix} -23 \\ -14 \\ 1 \\ -3 \\ 1 \end{pmatrix} \right).$$

C'est bien un sous-espace affine de $\mathbb{R}^5$.

Un repère en est $\left(\begin{pmatrix} 31 \\ 17 \\ 0 \\ 4 \\ 0 \end{pmatrix}, \left(\begin{pmatrix} -\frac{21}{2} \\ -5 \\ 0 \\ -2 \\ 0 \end{pmatrix}, \begin{pmatrix} -23 \\ -14 \\ 1 \\ -3 \\ 1 \end{pmatrix} \right) \right)$.

2. En appliquant les techniques de résolution connues sur les équations différentielles[5], on trouve que l'ensemble des solutions sur $]0,1[$ de l'équation différentielle[6]

$$xy' + y = \frac{2x}{\sqrt{1-x^4}}$$

est $\left\{ x \mapsto \frac{\arcsin(x) + K}{x} \right\} = \left(x \mapsto \frac{\arcsin(x)}{x} \right) + \operatorname{Vect}\left(x \mapsto \frac{1}{x} \right)$, qui est bien un sous-espace affine de $\mathcal{D}^1(]0,1[,\mathbb{R})$. Un repère en est $\left(x \mapsto \frac{\arcsin(x)}{x}, \left(x \mapsto \frac{1}{x} \right) \right)$.
On peut également déterminer l'ensemble des solutions de cette équation sur l'intervalle $]-1,1[$: en notant f le prolongement par continuité de $x \mapsto \frac{\arcsin(x)}{x}$ à $]-1,1[$, cet ensemble de solutions est le point $\{f\}$, qui est bien un sous-espace affine de $\mathcal{D}^1(]-1,1[,\mathbb{R})$. Un repère en est $(f, \emptyset)$.

Un cas particulièrement intéressant est celui où $\dim(W)$ est finie. Rappelons que, lorsque F est un espace vectoriel de dimension finie n, le choix d'une base de F ramène l'étude de F à celle de l'espace vectoriel $\mathbb{K}^n$. De même, lorsque W est un sous-espace affine de dimension finie n (ce qui est automatiquement le cas, par exemple, lorsque E est de dimension finie), le choix d'un repère de $\overrightarrow{W}$ ramène l'étude de W à celle de l'espace affine $\mathbb{K}^n$.

La définition suivante donne un analogue de l'isomorphisme de décomposition.

5. On pourra par exemple se référer à G. Costantini, *Analyse.* 1re année, De Boeck (2013), chapitre 8, section 2.2, pages 697 à 699.
6. Cette équation différentielle a fait l'objet d'un exercice lors des épreuves écrites du concours CCP en 2009.

Définition 7

Soit n un entier naturel, W un sous-espace affine de direction $\overrightarrow{W}$ et de dimension n, et soit $\mathcal{R} = (\Omega, \mathcal{B})$ un repère de W.

Pour tout point $A \in W$, on appelle *coordonnées de A dans $\mathcal{R}$* le n-uplet $\left|\overrightarrow{\Omega A}\right|_{\mathcal{B}}$.

Exemple 7

Reprenons l'exemple 6.1 et notons W l'ensemble des solutions du système.

Notons $\mathcal{R} = \left(\begin{pmatrix} 31 \\ 17 \\ 0 \\ 4 \\ 0 \end{pmatrix}, \left(\begin{pmatrix} -\frac{21}{2} \\ -5 \\ 0 \\ -2 \\ 0 \end{pmatrix}, \begin{pmatrix} -23 \\ -14 \\ 1 \\ -3 \\ 1 \end{pmatrix}\right)\right)$ le repère obtenu. On observe par calcul direct que $P = \begin{pmatrix} 33 \\ 21 \\ -1 \\ 3 \end{pmatrix}$ appartient à W. Ses coordonnées dans le repère $\mathcal{R}$ sont $(2, -1)$.

Bien sûr, il y a d'autres façons de se donner des sous-espaces affines que d'en exhiber un repère, et notamment on pouvait déterminer que les parties des exemples 6 étaient bien des sous-espaces affines sans avoir à en trouver des repères. On développe cet autre point de vue et la méthode de détermination d'un repère dans la sous-section suivante.

1.4 L'exemple fondamental

Théorème 2 (Exemple fondamental de sous-espace affine)

Soient E et F deux espaces vectoriels.
Soit $f \in L(E, F)$ et $b \in F$. Alors $W = \{x \in E, f(x) = b\}$ est vide ou c'est un sous-espace affine de direction $\mathrm{Ker}(f)$.

DÉMONSTRATION

1. Si W est vide, on n'en parle plus.

2. Sinon, il existe un vecteur $x_0 \in W$. On a alors :
   $x \in W \Leftrightarrow f(x) = b \Leftrightarrow f(x) = f(x_0) \Leftrightarrow x - x_0 \in \mathrm{Ker}(f) \Leftrightarrow x \in x_0 + \mathrm{Ker}(f)$.
   D'où $W = x_0 + \mathrm{Ker}(f) = \tau_{x_0}\big(\mathrm{Ker}(f)\big)$ et W est bien un sous-espace affine de direction $\mathrm{Ker}(f)$.

Exemples 8

1. $\{X^3 + \frac{3}{2}X^2 + aX + b, (a,b) \in \mathbb{K}^2\}$ est bien de cette forme, avec $E = F = \mathbb{K}[X]$, $b = 6X + 3$ et $f = P \mapsto P''$ car on a :
   $\{X^3 + \frac{3}{2}X^2 + aX + b, (a,b) \in \mathbb{K}^2\} = \{P \in \mathbb{K}[X], P'' = 6X + 3\}$.

2. $\{a_nX^n + \ldots + a_1X + 1,\ n \in \mathbb{N},\ (a_1, \ldots, a_n) \in \mathbb{K}^n\} = X\mathbb{K}[X] + 1$ est bien de cette forme. En effet, avec $E = \mathbb{K}[X]$, $F = \mathbb{K}$, $b = 1_{\mathbb{K}}$ et $f = P \mapsto P(0)$, on a bien $X\mathbb{K}[X] + 1 = \{P \in E, P(0) = 1\}$.
   Comme $P \mapsto P(0)$ est une forme linéaire, on retrouve que $X\mathbb{K}[X]+1$ est un hyperplan affine.

On peut se donner d'autres exemples d'applications linéaires f pour observer le résultat obtenu.

Exemples 9

1. Considérons $E = F = \mathcal{M}_n(\mathbb{K})$, $b = I_n$, $f = M \mapsto M + {}^tM$.
   Il est donc question ici de la partie $A = \{M \in M_n(\mathbb{K}), M + {}^tM = I_n\}$
   Remarquons qu'on a A non vide car $\frac{1}{2}I_n \in A$. D'après l'exemple fondamental, A est donc un sous-espace affine.
   Remarquons également qu'on a $\mathrm{Ker}(f) = A_n(\mathbb{K})$. La direction de A est l'ensemble des matrices antisymétriques.
   Finalement : $A = A_n(\mathbb{K}) + \frac{1}{2}I_n$.

2. Petite variante : considérons toujours $E = F = M_n(\mathbb{K})$ et $f = M \mapsto M + {}^tM$, mais
   $$b = E_{1n} = \begin{pmatrix} 0 & \ldots & 0 & 1 \\ 0 & \ldots & 0 & 0 \\ \vdots & & \vdots & \vdots \\ 0 & \ldots & 0 & 0 \end{pmatrix}.$$
   Il est donc question ici de la partie $B = \{M \in M_n(\mathbb{K}), M + {}^tM = E_{1n}\}$.
   On observe qu'on a $\mathrm{Im}(f) = S_n(\mathbb{K})$, donc $E_{1n} \notin \mathrm{Im}(f)$ pour $n \geqslant 2$.
   Par conséquent l'équation $M + {}^tM = E_{1n}$ n'a pas de solution. Autrement dit, on a $B = \emptyset$!

2 Exemples classiques de sous-espaces affines - MPSI

2.1 Systèmes linéaires

Théorème 3 (Théorème de structure affine)

L'ensemble de solutions d'un système linéaire :

$$\begin{array}{c} L_1 \\ L_2 \\ \vdots \\ L_m \end{array} \left\{ \begin{array}{l} a_{1,1}x_1 + \cdots + a_{1,n}x_n = b_1 \\ a_{2,1}x_1 + \cdots + a_{2,n}x_n = b_2 \\ \vdots \\ a_{m,1}x_1 + \cdots + a_{m,n}x_n = b_m \end{array} \right.$$

est vide ou bien un sous-espace affine de $\mathbb{K}^n$ de direction l'ensemble de solutions du système linéaire homogène associé.

DÉMONSTRATION

C'est un cas particulier de l'exemple fondamental avec $E = \mathbb{K}^n$, $F = \mathbb{K}^m$, $b = \begin{pmatrix} b_1 \\ \vdots \\ b_m \end{pmatrix}$ et

$$f = \begin{pmatrix} x_1 \\ \vdots \\ x_n \end{pmatrix} \mapsto \begin{pmatrix} a_{1,1}x_1 + \cdots + a_{1,n}x_n \\ \vdots \\ a_{m,1}x_1 + \cdots + a_{m,n}x_n \end{pmatrix}.$$

Interprétation géométrique : l'ensemble des solutions est l'intersection des hyperplans affines d'équation L_i.

Finalement, résoudre un système linéaire, c'est montrer que l'espace de ses solutions est vide ou en trouver un repère lorsque le système est compatible. On a déjà explicité la méthode de résolution des systèmes linéaires, on n'y revient donc pas ici.

2.2 Équations différentielles

Proposition 3

L'ensemble des solutions de l'équation $y' + a(t)y = b(t)$, où $a, b \in \mathcal{C}^1(I, \mathbb{R})$ est une droite affine de $\mathcal{C}^1(I, \mathbb{R})$.

Sa direction est l'ensemble des solutions de $y' + a(t)y = 0$, qui est une droite vectorielle.

Démonstration

C'est un cas particulier de l'exemple fondamental avec $E = \mathcal{C}^1(I, \mathbb{R})$, $F = \mathcal{C}^0(I, \mathbb{R})$, $b = t \mapsto b(t)$, $f = y \mapsto y' + ay$. Pour des détails sur le caractère non vide et la dimension, on invite le lecteur à se reporter à un cours d'analyse[7]. On peut aussi voir ce résultat comme un corollaire de la remarque 4.

Plus généralement :

Proposition 4

L'ensemble des solutions de l'équation
$y^{(n)} + a_{n-1}(t)y^{(n-1)} + \cdots + a_0(t)y = b(t)$ où $a_i, b \in \mathcal{C}^n(I, \mathbb{R})$
est vide ou est un sous-espace affine de $\mathcal{C}^n(I, \mathbb{R})$ de direction l'ensemble de solutions de $y^{(n)} + a_{n-1}(t)y^{(n-1)} + \cdots + a_0(t)y = 0$.

Démonstration

C'est un cas particulier de l'exemple fondamental avec $E = \mathcal{C}^n(I, \mathbb{R})$, $F = \mathcal{C}^0(I, \mathbb{R})$, $b = t \mapsto b(t)$, et $f = y \mapsto y^{(n)} + a_{n-1}y^{(n-1)} + \cdots + a_0 y$.

Remarque 4

On peut améliorer le résultat précédent et généraliser agréablement la proposition 3. Il faut pour cela admettre le théorème de Cauchy-Lipschitz linéaire au programme en seconde année qui exprime que, pour tout $t_0 \in I$ et tout n-uplet $(y_0, y_1, \ldots, y_{n-1})$, il existe une unique solution y vérifiant $y(t_0) = y_0$, $y'(t_0) = y_1$, $\ldots, y^{(n-1)}(t_0) = y_{n-1}$. Cela montre en particulier que l'ensemble de toutes les solutions n'est jamais vide, c'est donc un sous-espace affine. On peut même être plus précis : c'est un sous-espace affine de dimension n. Notons en effet $\mathcal{S} = \operatorname{Ker}(f)$ où f est introduite dans la démonstration précédente. Autrement dit, $\mathcal{S}$ est l'ensemble des solutions de l'équation différentielle $y^{(n)}(t) + a_{n-1}(t)y^{(n-1)}(t) + \cdots + a_0(t)y(t) = 0$.

Fixons un élément t_0 de I et posons $\Phi : \left\{ \begin{array}{ccc} \mathcal{S} & \longrightarrow & \mathbb{R}^n \\ y & \longmapsto & (y(t_0), y'(t_0), \ldots, y^{(n-1)}(t_0)) \end{array} \right.$.

L'application Φ est clairement linéaire par linéarité de la dérivation et de l'évaluation. Elle est également bijective d'après le théorème de Cauchy-Lipschitz linéaire (tout n-

7. Voir par exemple G. Costantini, *Analyse*. 1re année, De Boeck (2013), théorème 154 page 692.

uplet a un unique antécédent). Finalement Φ est un isomorphisme, et la dimension étant stable par isomorphisme, $\mathcal{S}$ a la même dimension que $\mathbb{R}^n$, c'est à dire n.

2.3 Suites récurrentes affines multiples

Proposition 5

Soient $(a_{1n})_{n\in\mathbb{N}}$, $(a_{2n})_{n\in\mathbb{N}}$, ..., $(a_{pn})_{n\in\mathbb{N}}$ et $(b_n)_{n\in\mathbb{N}}$ des suites réelles.
L'ensemble des suites réelles $(u_n)_{n\in\mathbb{N}}$ telles que :
$\forall n \in \mathbb{N},\ u_{n+p} = a_{1n}u_{n+p-1} + a_{2n}u_{n+p-2} + \cdots + a_{pn}u_n + b_n$
est un sous-espace affine de $\mathbb{R}^{\mathbb{N}}$ de dimension p.

Démonstration

Notons S cet ensemble. Le théorème de construction par récurrence (forte) montre l'existence d'une unique suite de S telle que $u_0 = u_1 = \cdots = u_{p-1} = 0$, ce qui montre qu'on a $S \neq \emptyset$. Étant non vide, S est par conséquent un sous-espace affine comme cas particulier de l'exemple fondamental : on prend ici $E = F = \mathbb{R}^{\mathbb{N}}$, $b = (b_n)_{n\in\mathbb{N}}$, $f = (u_n)_{n\in\mathbb{N}} \mapsto \Big(u_{n+p} - a_{1n}u_{n+p-1} - a_{2n}u_{n+p-2} - \cdots - a_{pn}u_n\Big)_{n\in\mathbb{N}}$. Sa direction est $\overrightarrow{S} = \mathrm{Ker}(f) = \{(u_n)_{n\in\mathbb{N}}, \forall n, u_{n+p} = a_{1n}u_{n+p-1} + a_{2n}u_{n+p-2} + \cdots + a_{pn}u_n\}$.
Pour montrer qu'on a $\dim(\overrightarrow{S}) = p$, exhibons comme dans la remarque 4 un isomorphisme entre $\overrightarrow{S}$ et $\mathbb{R}^p$. Posons $\Psi : \begin{cases} \mathcal{S} & \longrightarrow & \mathbb{R}^p \\ (u_n)_{n\in\mathbb{N}} & \longmapsto & (u_0, u_1, \ldots, u_{p-1}) \end{cases}$. L'application Ψ est clairement linéaire par linéarité de l'évaluation. Elle est également bijective d'après le théorème de construction par récurrence (tout n-uplet a un unique antécédent). Finalement Ψ est un isomorphisme, et la dimension étant stable par isomorphisme, $\overrightarrow{S}$ a la même dimension que $\mathbb{R}^p$, c'est à dire p.

Exemples 10

1. Cas le plus simple : $p = 1$, a et b constants.
   Il s'agit des suites $(u_n)_n$ telles que $\forall n, u_{n+1} = au_n + b$.
   On a $S = \{(u_n)_n, u_{n+1} = au_n + b\}$. Sa direction est $\overrightarrow{S} = \{(u_n)_n, u_{n+1} = au_n\}$.
   On a deux sous-cas :
   (a) Si $a = 1$, on a $\overrightarrow{S} = \{$ suites constantes $\}$ et, par définition d'une suite arithmétique, $S = \{$ suites arithmétiques de raison $b\}$.
   (b) Si $a \neq 1$, on a $\overrightarrow{S} = \{$ suites géométriques de raison $a\} = \{(ka^n)_n,\ k \in \mathbb{R}\}$. Pour trouver S il suffit de déterminer un élément $u \in S$. On a ensuite $S = \overrightarrow{S} + u$.

Pour déterminer une solution u, on peut la chercher sous la forme d'une suite constante : $\forall n, u_n = \ell$. On a alors $\ell = a\ell + b \Leftrightarrow \ell = \dfrac{b}{1-a}$.
En conclusion, on a $S = \{(ka^n + \frac{b}{1-a})_n, k \in \mathbb{R}\}$.

2. Cas le plus courant, en pratique : $p = 2$, a_1, a_2 et b constants.

On a cette fois $S = \{(u_n)_n, \forall n \in \mathbb{N}, u_{n+2} = a_1 u_{n+1} + a_2 u_n + b\}$ et on a donc $\overrightarrow{S} = \{(u_n)_n, \forall n \in \mathbb{N}, u_{n+2} = a_1 u_{n+1} + a_2 u_n\} = \mathcal{S}_{a_1,a_2}$ en reprenant les notations du chapitre 12. D'après le théorème 16 de ce chapitre, on sait qu'on a toujours $\overrightarrow{S} = \left\{\lambda(v_n)_{n\in\mathbb{N}} + \mu(w_n))_{n\in\mathbb{N}}, \begin{pmatrix}\lambda\\ \mu\end{pmatrix} \in \mathbb{R}^2\right\}$ où l'on a, pour tout entier n,

- $v_n = r_1^n$ et $w_n = r_2^n$ si $X^2 - a_1X - a_2$ a pour racines réelles distinctes r_1 et r_2,
- $v_n = r_0^n$ et $w_n = nr_0^{n-1}$ si $X^2 - a_1X - a_2$ a pour racine double r,
- $v_n = r^n\cos(n\theta)$ et $w_n = r^n\sin(n\theta)$ si $X^2 - a - 1X - a_2$ a pour racines complexes conjuguées $re^{\mathrm{i}\theta}$ et $re^{-\mathrm{i}\theta}$.

Pour trouver S il suffit de trouver une suite $(u_n)_{n\in\mathbb{N}} \in S$. On a trois sous-cas :

a. Si $a_1 + a_2 \neq 1$, on cherche u sous la forme $\forall n \in \mathbb{N},\ u_n = \ell$, pour un certain $\ell \in \mathbb{R}$. En effet, la condition $a_1 + a_2 \neq 1$ équivaut au fait que 1 n'est pas racine de $X^2 - a_2X - a_1$.

b. Si $\begin{cases} a_1 + a_2 = 1 \\ a_1 \neq 2 \end{cases}$, on cherche $(u_n)_n \in S$ sous la forme $\forall n,\ u_n = n\ell$, $\ell \in \mathbb{R}$. En effet, la condition donnée équivaut au fait que 1 est racine simple du polynôme $X^2 - a_2X - a_1$.

c. Si $\begin{cases} a_1 + a_2 = 1 \\ a_1 = 2 \end{cases}$, on cherche $(u_n)_n \in S$ sous la forme $\forall n,\ u_n = n^2\ell$.

Dans chaque cas, les différents sous-cas correspondent aux diverses possibilités pour la multiplicité de 1 comme racine du polynôme caractéristique. C'est également ce qui explique la disjonction des cas pour $p = 1$. On laisse au lecteur le soin de préciser la méthode générale pour une suite récurrente linéaire multiple à coefficients constants et à second membre constant, et même pour une suite récurrente linéaire multiple à coefficients constants et à second membre obtenu par produit d'une suite géométrique et d'une suite polynomiale, en s'inspirant du résultat analogue portant sur les équations différentielles[8].

Exemples 11 Reprenons l'exemple 10.2.

a. Illustrons le premier sous-cas avec un exemple : $a_1 = 4$, $a_2 = -4$, $b = 4$.

On cherche les suites telles que $u_{n+2} = 4u_{n+1} - 4u_n + 4$. On a $\Delta = 0$ et $r_0 = 2$ est

8. Voir par exemple G. Costantini, *Analyse.* 1re année, De Boeck (2013), proposition 26 page 712

racine double de X^2-4X+4, donc $\overrightarrow{S}=\left\{\lambda 2^n+\mu n 2^n,\ \begin{pmatrix}\lambda\\ \mu\end{pmatrix}\in\mathbb{R}^2\right\}$. On a ici utilisé la base $\left((2^n)_{n\in\mathbb{N}},(n2^n)_{n\in\mathbb{N}}\right)$ plutôt que la base $\left((2^n)_{n\in\mathbb{N}},(n2^{n-1})_{n\in\mathbb{N}}\right)$.

Cherchons $(u_n)_n\in S$ constant : $\forall n,\ u_n=\ell$. On aura $\ell=4\ell-4\ell+4\Leftrightarrow \ell=4$.

Conclusion : $S=\left\{\lambda 2^n+\mu n2^n+4,\ \begin{pmatrix}\lambda\\ \mu\end{pmatrix}\in\mathbb{R}^2\right\}$.

b. Illustrons le deuxième sous-cas avec un exemple : $a_1=3$, $a_2=-2$, $b=-1$.

On cherche les suites telles que $u_{n+2}=3u_{n+1}-2u_n-1$.

Ici les racines de X^2-3X+2 sont $r_1=1$ et $r_2=2$, donc $\overrightarrow{S}=\left\{\lambda 2^n+\mu,\ \begin{pmatrix}\lambda\\ \mu\end{pmatrix}\in\mathbb{R}^2\right\}$.

Cherchons $(u_n)_n\in S$ sous la forme $\forall n\in\mathbb{N},\ u_n=n\ell$.

On aura $n\ell+2\ell=3n\ell+3\ell-2n\ell-1\Leftrightarrow \ell=1$.

Conclusion : $\left\{\lambda 2^n+n+\mu,\ \begin{pmatrix}\lambda\\ \mu\end{pmatrix}\in\mathbb{R}^2\right\}$.

c. On peut détailler complètement le troisième sous-cas puisqu'il se limite à l'étude de $S=\{(u_n)_{n\in\mathbb{N}},\ \forall n\in\mathbb{N},\ u_{n+2}=2u_{n+1}-u_n+b\}$. On a $\overrightarrow{S}=\left\{\lambda n+\mu,\ \begin{pmatrix}\lambda\\ \mu\end{pmatrix}\in\mathbb{R}^2\right\}$.

Cherchons $(u_n)_n\in S$ sous la forme $\forall n\in\mathbb{N},\ u_n=n^2\ell$.

On aura $(n^2+4n+1)\ell=2(n^2+2n+1)\ell-n^2\ell+b\Leftrightarrow \ell=-b$.

Conclusion : $S=\left\{-bn^2+\lambda n+\mu,\ \begin{pmatrix}\lambda\\ \mu\end{pmatrix}\in\mathbb{R}^2\right\}$.

3 Barycentres - Complément

La notion de *barycentre* n'est pas au programme de MPSI mais se trouve bien au programme de la classe de MP. Le lecteur tirera avantage d'une familiarisation avec cette notion dès à présent car elle éclaire grandement ce qu'est un sous-espace affine. Nous verrons en effet p. 844 pourquoi il s'agit de l'opération la plus fondamentale sur les sous-espaces affines.

3.1 Définition et premières propriétés

Définition 8

1. On dit que $\left((A_1,\lambda_1),\ldots,(A_n,\lambda_n)\right)$ est un *système pondéré* lorsque les A_i appartiennent à E et les λ_i sont des scalaires (appelés *poids du système*) tels que $\sum\limits_{i=1}^{n}\lambda_i\neq 0$.

2. Le *barycentre* du système pondéré $\left((A_1,\lambda_1),\ldots,(A_n,\lambda_n)\right)$ est $\dfrac{\sum\limits_{i=1}^{n}\lambda_iA_i}{\sum\limits_{i=1}^{n}\lambda_i}$.

Moralement, dans la définition précédente, on voit E comme un sous-espace affine de E : pour des raisons qui s'éclaireront peu à peu, la notion pertinente est celle de barycentre d'un ensemble fini de **points** munis de pondérations, le barycentre étant lui-même un point.

Proposition 6 (Propriétés du barycentre)

1. Le barycentre est associatif : si $((A_1, \lambda_1), \ldots, (A_n, \lambda_n))$, $((B_1, \mu_1), \ldots, (B_m, \mu_m))$ et $((A_1, \lambda_1), \ldots, (A_n, \lambda_n), (B_1, \mu_1), \ldots, (B_m, \mu_m))$ sont des systèmes pondérés alors, en notant G_A le barycentre du premier système et G_B le barycentre du deuxième système, $\left(\left(G_A, \sum_{i=1}^{n} \lambda_i\right), \left(G_B, \sum_{j=1}^{m} \mu_j\right)\right)$ est un système pondéré de même barycentre que $((A_1, \lambda_1), \ldots, (A_n, \lambda_n), (B_1, \mu_1), \ldots, (B_m, \mu_m))$.
2. On ne change pas le barycentre en multipliant tous les poids par un même scalaire non nul.
   En particulier, on pourra toujours, lorsque ce sera nécessaire, supposer $\sum_{i=1}^{n} \lambda_i = 1$.

DÉMONSTRATION

1. Gardons les notations de l'énoncé. On a $\sum_{i=1}^{n} \lambda_i + \sum_{j=1}^{m} \mu_j \neq 0$ par hypothèse donc, $\left(\left(G_A, \sum_{i=1}^{n} \lambda_i\right), \left(G_B, \sum_{j=1}^{m} \mu_j\right)\right)$ est bien un système pondéré.
   De plus ce système a pour barycentre $\dfrac{\left(\sum_{i=1}^{n} \lambda_i\right) G_A + \left(\sum_{j=1}^{m} \mu_j\right) G_B}{\sum_{i=1}^{n} \lambda_i + \sum_{j=1}^{m} \mu_j}$ qui, par définition de G_A et de G_B, est égal à $\dfrac{\left(\sum_{i=1}^{n} \lambda_i A_i\right) + \left(\sum_{j=1}^{m} \mu_j B_j\right)}{\sum_{i=1}^{n} \lambda_i + \sum_{j=1}^{m} \mu_j}$ qui est le barycentre du système $((A_1, \lambda_1), \ldots, (A_n, \lambda_n), (B_1, \mu_1), \ldots, (B_m, \mu_m))$.
2. Lorsqu'on multiplie tous les poids par un même scalaire non nul, on multiplie le numérateur et le dénominateur du barycentre par ce même scalaire. On ne change donc pas le barycentre.
   Par définition d'un système pondéré, on a $\sum_{i=1}^{n} \lambda_i \neq 0$: ce scalaire a donc un inverse, lui-même non nul. En multipliant tous les poids par cet inverse, on est ramené au cas où la somme des poids vaut 1.

Les barycentres sont aux sous-espaces affines ce que les combinaisons linéaires sont aux sous-espaces vectoriels : l'opération synthétisant toutes les informations structurelles mises en jeu. En particulier, on a le théorème suivant :

Théorème 4

Soit W une partie non vide de E.
Alors W est un sous-espace affine si et seulement si W est stable par barycentre.

Dire qu'une partie W est stable par barycentre, c'est dire que tout système pondéré $\big((A_1, \lambda_1), \ldots, (A_n, \lambda_n)\big)$ pour lequel les A_i sont des éléments de W a un barycentre qui est lui-même un élément de W. Dans un souci de clarté, on va appuyer la démonstration sur les deux lemmes suivants.

Lemme 1

Si W est une partie de E stable par barycentre et $a \in E$, alors $\tau_a(W)$ est stable par barycentre.

Démonstration (du lemme 1).
Supposons W stable par barycentre et soit un système pondéré $\big((B_1, \lambda_1), \ldots, (B_n, \lambda_n)\big)$ pour lequel les B_i sont des éléments de $\tau_a(W)$. Par définition, il existe donc $A_1, \ldots, A_n$ éléments de W tels que, pour tout i, on a $B_i = A_i + a$. Par hypothèse, le barycentre $\dfrac{\sum_{i=1}^{n} \lambda_i A_i}{\sum_{i=1}^{n} \lambda_i}$ du système pondéré $\big((A_1, \lambda_1), \ldots, (A_n, \lambda_n)\big)$ appartient à W.
Le barycentre du système pondéré $\big((B_1, \lambda_1), \ldots, (B_n, \lambda_n)\big)$ est

$$\begin{aligned}
\frac{\sum_{i=1}^{n} \lambda_i B_i}{\sum_{i=1}^{n} \lambda_i} &= \frac{\sum_{i=1}^{n} \lambda_i A_i + a}{\sum_{i=1}^{n} \lambda_i} \\
&= \frac{\left(\sum_{i=1}^{n} \lambda_i A_i\right) + \left(\sum_{i=1}^{n} \lambda_i\right) a}{\sum_{i=1}^{n} \lambda_i} \\
&= \frac{\sum_{i=1}^{n} \lambda_i A_i}{\sum_{i=1}^{n} \lambda_i} + a \quad \in \quad \tau_a(W) \text{ par définition,}
\end{aligned}$$

puisqu'on a vu qu'on avait $\dfrac{\sum_{i=1}^{n} \lambda_i A_i}{\sum_{i=1}^{n} \lambda_i} \in W$.

Lemme 2

Soit W une partie de E comprenant 0_E et stable par barycentre..

Alors W est un sous-espace vectoriel de E.

DÉMONSTRATION (du lemme 2).

Pour montrer que W est un sous-espace vectoriel, revenons à la définition : il s'agit de montrer que W comprend 0_E, est stable par multiplication par un scalaire et par somme.

1. Le premier point est acquis par hypothèse.
2. Soit $w \in W$ et $\lambda \in \mathbb{K}$. On a aussi $0_E \in W$ et $\lambda + (1-\lambda) = 1 \neq 0$, par conséquent $\big((w, \lambda), (0_E, (1-\lambda))\big)$ est un système pondéré d'éléments de W. Son barycentre $\frac{\lambda w + (1-\lambda) 0_E}{1} = \lambda w$ appartient donc à W. Ceci étant vrai pour tout $w \in W$ et tout $\lambda \in \mathbb{K}$, on a bien montré la stabilité de W par multiplication par un scalaire.
3. Soient w_1 et w_2 éléments de W. Comme 2 est non nul et par stabilité de W par barycentre on a $\frac{w_1+w_2}{2} \in W$. Comme on a $2 \in \mathbb{K}$ et par stabilité de W par multiplication par un scalaire (point précédent), on a finalement $w_1 + w_2 = 2\frac{w_1+w_2}{2} \in W$. Ceci étant vrai pour tout couple $(w_1, w_2) \in W^2$, on a bien montré la stabilité de W par multiplication par un scalaire.

Finalement, W est bien un sous-espace vectoriel de E.

La démonstration du théorème 4 est maintenant balisée.

DÉMONSTRATION (du théorème 4).

Supposons W non vide. Raisonnons par double implication.

$\boxed{\Rightarrow}$ Supposons que W soit un sous-espace affine et notons $\overrightarrow{W}$ sa direction. Notons A un point quelconque de W. Considérons un système pondéré $\big((B_1, \lambda_1), \ldots, (B_n, \lambda_n)\big)$ de points de W. Pour $i \in \{1, \ldots, n\}$, notons $w_i = B_i - A = \overrightarrow{AB_i} \in \overrightarrow{W}$. On a :

$$\frac{\sum\limits_{i=1}^{n} \lambda_i B_i}{\sum\limits_{i=1}^{n} \lambda_i} = \frac{\sum\limits_{i=1}^{n} \lambda_i w_i + A}{\sum\limits_{i=1}^{n} \lambda_i} = \frac{\left(\sum\limits_{i=1}^{n} \lambda_i w_i\right) + \left(\sum\limits_{i=1}^{n} \lambda_i\right) A}{\sum\limits_{i=1}^{n} \lambda_i}$$

$$= \frac{\sum\limits_{i=1}^{n} \lambda_i w_i}{\sum\limits_{i=1}^{n} \lambda_i} + A = \sum_{i=1}^{n} \frac{\lambda_i}{\sum\limits_{i=1}^{n} \lambda_i} w_i + A.$$

On a $\sum\limits_{i=1}^{n} \frac{\lambda_i}{\sum\limits_{i=1}^{n} \lambda_i} w_i \in \overrightarrow{W}$ puisque $\overrightarrow{W}$ est un sous-espace vectoriel de E, et donc $\frac{\sum\limits_{i=1}^{n} \lambda_i B_i}{\sum\limits_{i=1}^{n} \lambda_i} \in W$.

Ceci étant vrai pour tout système pondéré de points de W, on a bien montré que W est stable par barycentre.

$\boxed{\Leftarrow}$ Supposons que W soit stable par barycentre. Comme W est non vide, il existe au moins un élément $A \in W$. D'après le lemme 1, l'ensemble $F = \tau_{-A}(W)$ est lui aussi stable par barycentre, et il contient 0_E par construction, donc d'après le lemme 2, l'ensemble F est un sous-espace vectoriel de E. Par suite comme on a $W = \tau_A(F)$, on obtient que W est un sous-espace affine de direction F.
On a aussi un analogue des sous-espaces vectoriels engendrés :

Proposition-Définition 2

Soit P une partie non vide de E. Les propositions suivantes sont équivalentes :

1. C est le plus petit sous-espace affine (pour l'inclusion) contenant P.
2. C est l'intersection de tous les sous-espaces affines contenant P.
3. C est l'ensemble des barycentres d'éléments de P.

Lorsqu'elles sont vérifiées, on dit que C est *le sous-espace affine engendré par* P.

DÉMONSTRATION

La stratégie de la démonstration est simple : on adapte tout simplement la démonstration analogue vue pour les sous-espaces vectoriels engendrés. **On invite vivement le lecteur à faire cet exercice par lui-même et à ne lire ce qui suit qu'à titre de correction**, tant la situation rencontrée dans ces deux exemples a une valeur universelle et pourra se rencontrer fréquemment en mathématiques.

Commençons par noter $\mathcal{E}$ l'ensemble des barycentres des vecteurs de P. On va montrer que $\mathcal{E}$ est simultanément l'intersection de tous les sous-espaces affines contenant P et le plus petit sous-espace affine contenant P, ce qui établira les équivalences proposées.

Montrons tout d'abord que $\mathcal{E}$ est bien un sous-espace affine : il suffit pour cela d'établir que $\mathcal{E}$ est stable par barycentre. Or, un barycentre d'éléments de $\mathcal{E}$ est un barycentre de barycentres d'éléments de P. En itérant la propriété d'associativité du barycentre, on obtient qu'un tel barycentre de barycentres d'éléments de P est lui-même un barycentre d'éléments de P, c'est-à-dire un élément de $\mathcal{E}$. Ainsi $\mathcal{E}$ est bien stable par barycentre, c'est donc bien un sous-espace affine de E. Remarquons également que $\mathcal{E}$ contient P (il suffit de considérer des systèmes pondérés de la forme $((A,1))$).

Montrons maintenant que $\mathcal{E}$ est le plus petit sous-espace affine contenant P. Comme on a déjà vu que $\mathcal{E}$ est un sous-espace affine contenant P, il ne reste qu'à montrer que $\mathcal{E}$ est inclus dans tout sous-espace affine contenant P. Tout sous-espace affine contenant P étant stable par barycentre, un tel sous-espace affine contient tout barycentre des vecteurs de P. Autrement dit, un tel sous-espace affine contient $\mathcal{E}$, et finalement $\mathcal{E}$ est bien inclus dans tout sous-espace affine contenant P.

Montrons enfin que $\mathcal{E}$ est l'intersection de tous les sous-espaces affines contenant P. On a déjà vu que $\mathcal{E}$ est inclus dans tout sous-espace affine contenant P, il est donc inclus dans l'intersection de tous ces sous-espaces affines. Comme $\mathcal{E}$ est lui-même un sous-espace affine de E contenant P, l'intersection de tous les sous-espaces affines contenant P est incluse dans $\mathcal{E}$. Finalement, par double inclusion, $\mathcal{E}$ est égale à l'intersection de tous les sous-espaces affines de E contenant P.

3.2 Convexes

Jusqu'à la fin du chapitre, on suppose désormais $\mathbb{K} = \mathbb{R}$.

Définition 9

Soit $u, v \in E$. On appelle *segment* $[u, v]$ l'ensemble $[u, v] = \{(1-t)u + tv, t \in [0, 1]\}$.

Définition 10

Soit $C \subset E$. On dit que C est *convexe* lorsque $\forall (u, v) \in C^2, [u, v] \subset C$.

Exemples 12 Plaçons-nous dans le cas $E = \mathbb{R}^2$.

1. Un disque est convexe.

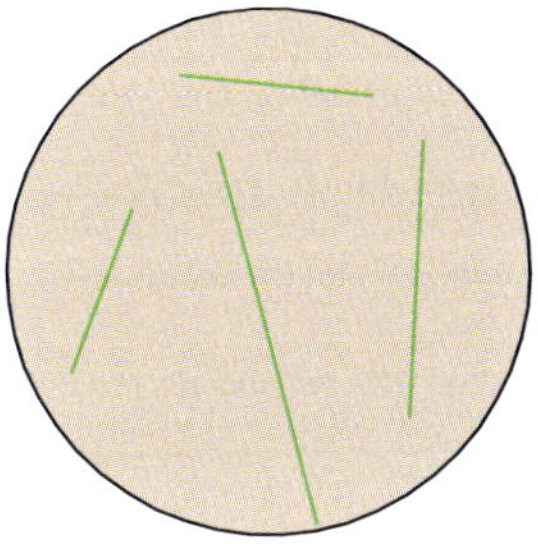

2. Pacman n'est pas convexe.

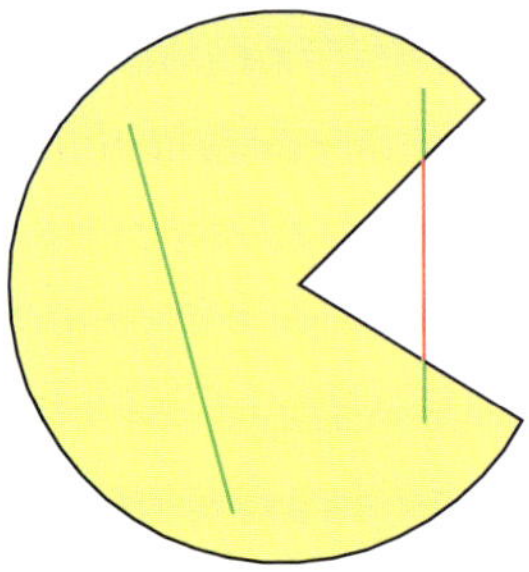

Exemple 13

Pour $E = \mathcal{C}([a,b],\mathbb{R})$, avec $a < b$, prenons $C = \{f \in E, \int_a^b |f| \leqslant 1\}$.

C est un convexe de E.

DÉMONSTRATION

Soient f et g deux fonctions de C. Soit $\lambda \in [0,1]$.

Par l'inégalité triangulaire, on a : $\forall x \in [a,b],\ |\lambda f(x)+(1-\lambda)g(x)| \leqslant \lambda|f(x)|+(1-\lambda)|g(x)|$.

Ainsi : $\displaystyle\int_a^b |\lambda f(x) + (1-\lambda)g(x)|\mathrm{d}x$

$\leqslant \displaystyle\int_a^b \lambda|f(x)| + (1-\lambda)|g(x)|\mathrm{d}x$ par croissance de l'intégrale

$= \displaystyle\lambda\int_a^b |f(x)|\mathrm{d}x + (1-\lambda)\int_a^b |g(x)|\mathrm{d}x$ par linéarité de l'intégrale.

$\leqslant \lambda \times 1 + (1-\lambda) \times 1 = 1$ par hypothèse.

D'où le résultat.

Remarque 5

En utilisant la seconde propriété des barycentres, on peut reformuler la définition des convexes de la façon suivante : une partie de E est convexe lorsqu'elle est stable par barycentre d'un système de deux points à poids positifs.

En utilisant l'associativité du barycentre, et à l'aide d'une récurrence immédiate, on montre alors la caractérisation suivante :

Théorème 5

Soit C une partie de E.

C est convexe si et seulement si C est stable par barycentre à poids positifs.

Remarque 6

On a donc W sous-espace affine $\Rightarrow W$ convexe.

La réciproque est fausse ! Par exemple, un segment est toujours convexe mais n'est jamais un sous-espace affine, sauf s'il est réduit à un point.

On a, pour les convexes aussi, un analogue des sous-espaces vectoriels engendrés :

Proposition-Définition 3

Soit $P \subset E$. Les propositions suivantes sont équivalentes :

1. C est le plus petit convexe (pour l'inclusion) contenant P.
2. C est l'intersection de tous les convexes contenant P.
3. C est l'ensemble des barycentres à poids positifs d'éléments de P.

C s'appelle *l'enveloppe convexe* de P.

Cette fois, on ne démontre pas cette proposition, qui est essentiellement identique à la proposition 2.

Exemple 14

Selon le **théorème de Gauss-Lucas**[9][10], si $P \in \mathbb{C}[X]$ est tel que $\deg(P) \geqslant 1$, alors les racines de P' sont dans l'enveloppe convexe des racines de P.

Remarque : on voit ici $\mathbb{C}$ comme un $\mathbb{R}$-espace vectoriel de dimension 2.

Démonstration

Soit $P \in \mathbb{C}[X]$ de degré $n \geqslant 1$. D'après le théorème de d'Alembert-Gauss, P est scindé dans $\mathbb{C}$. Notons $\lambda_1, \ldots, \lambda_r$ ses racines et $n_1, \ldots, n_r$ les multiplicités de celles-ci. On veut

9. Ce résultat a apparemment été implicitement utilisé par Gauss dans une note de 1936. Il est démontré par Félix Lucas dans *Propriétés géométriques des fractions rationnelles*, Comptes rendus des séances de l'Académie des sciences, 1874, pp. 271-274 et redémontré dans *Sur une application de la Mécanique rationnelle à la théorie des équations*, Comptes rendus des séances de l'Académie des sciences, 1879, pp. 225-227.

10. Félix Lucas, ingénieur français, ne doit pas être confondu avec son contemporain Édouard Lucas (1842-1891), dont il a été question dans le chapitre 3.

montrer que tout racine de P' est dans l'enveloppe convexe de $\lambda_1, \ldots, \lambda_r$, c'est-à-dire , en utilisant la caractérisation précédente, que toute racine de P' est un barycentre à poids positifs de $\lambda_1, \ldots, \lambda_r$.

Soit μ une racine de P'. Traitons deux cas :

1. Si μ est aussi une racine de P, c'est-à-dire si μ est l'un des λ_i, disons λ_{i_0}, alors c'est bien un barycentre à poids positifs de $\lambda_1, \ldots, \lambda_r$: le barycentre du système $\big((\lambda_1, 0), \ldots, (\lambda_{i_0-1}, 0), (\lambda_{i_0}, 1), (\lambda_{i_0-1}, 0), \ldots, (\lambda_r, 0)\big)$.

2. Si μ n'est pas une racine de P, c'est-à-dire si $\forall i \in \{1, \ldots, r\}$, $\mu \neq \lambda_i$, on va exploiter l'exemple 36 du chapitre 10 (p. 568), d'après lequel on rappelle qu'on a
$$\frac{P'}{P} = \frac{n_1}{X - \lambda_1} + \frac{n_2}{X - \lambda_2} + \cdots + \frac{n_r}{X - \lambda_r}.$$
En appliquant à μ on trouve $0 = \dfrac{n_1}{\mu - \lambda_1} + \dfrac{n_2}{\mu - \lambda_2} + \cdots + \dfrac{n_r}{\mu - \lambda_r}$.
C'est-à-dire : $0 = \dfrac{n_1\left(\overline{\mu} - \overline{\lambda_1}\right)}{|\mu - \lambda_1|} + \dfrac{n_2\left(\overline{\mu} - \overline{\lambda_2}\right)}{|\mu - \lambda_2|} + \cdots + \dfrac{n_r\left(\overline{\mu} - \overline{\lambda_r}\right)}{|\mu - \lambda_r|}$. Notons, pour $i \in \{1, \ldots, r\}$, $\gamma_i = \dfrac{n_1}{|\mu - \lambda_1|}$. On remarque que γ_i est un réel strictement positif comme quotient d'un entier supérieur à 1 par un réel strictement positif.
L'égalité précédente se réécrit : $0 = \gamma_1\left(\overline{\mu} - \overline{\lambda_1}\right) + \gamma_2\left(\overline{\mu} - \overline{\lambda_2}\right) + \cdots + \gamma_r\left(\overline{\mu} - \overline{\lambda_r}\right)$.
Ou encore $\left(\sum\limits_{i=1}^{r} \gamma_i\right)\overline{\mu} = \sum\limits_{i=1}^{r} \gamma_i \overline{\lambda_i}$.
En passant au conjugué et comme les γ_i sont réels, on obtient $\left(\sum\limits_{i=1}^{r} \gamma_i\right)\mu = \sum\limits_{i=1}^{r} \gamma_i \lambda_i$.
Ou encore $\mu = \dfrac{\sum\limits_{i=1}^{r} \gamma_i \lambda_i}{\sum\limits_{i=1}^{r} \gamma_i}$.
Ainsi μ est bien un barycentre à poids positifs de $\lambda_1, \ldots, \lambda_r$.

4 Exercices corrigés - MPSI

15.1 Une suite récurrente affine d'ordre 2

Expliciter en fonction de n le terme général de la suite $(u_n)_{n\in\mathbb{N}}$ de premiers termes $u_0 = 1$ et $u_1 = 0$, vérifiant la relation de récurrence $\forall n \in \mathbb{N}$, $u_{n+2} = 5u_{n+1} - 6u_n + 1$.

C 15.1 Une suite récurrente affine d'ordre 2

Notons S l'ensemble des suites solution.

C'est un sous-espace affine de direction $\overrightarrow{S} = \big\{(u_n)_{n\in\mathbb{N}},\ \forall n \in \mathbb{N},\ u_{n+2} = 5u_{n+1} - 6u_n\big\}$.

Le polynôme caractéristique est $X^2 - 5X + 6 = (X-2)(X-3)$, et par conséquent on a $\overrightarrow{S} = \left\{ (\lambda 2^n + \mu 3^n)_{n\in\mathbb{N}},\ \begin{pmatrix}\lambda\\ \mu\end{pmatrix} \in \mathbb{R}^2 \right\}$. Cherchons un élément remarquable dans S. Comme 1 n'est pas racine du polynôme caractéristique, cherchons une suite constante solution. Si l'on pose $u_n = a$ pour tout $n \in \mathbb{N}$, où a est un réel, on obtient $a = 5a - 6a + 1$, d'où $a = \dfrac{1}{2}$.

Finalement on a $S = \left\{ \left(\lambda 2^n + \mu 3^n + \frac{1}{2}\right)_{n\in\mathbb{N}},\ \begin{pmatrix}\lambda\\ \mu\end{pmatrix} \in \mathbb{R}^2 \right\}$. Déterminons λ et μ tels que $u_0 = 1$ et $u_1 = 0$. Cela équivaut à $\begin{cases} \lambda + \mu + \frac{1}{2} = 1 \\ 2\lambda + 3\mu + \frac{1}{2} = 0 \end{cases}$, *i. e.* $\begin{cases} \lambda = 2 \\ \mu = -\frac{3}{2} \end{cases}$.

En conclusion on a $\forall n \in \mathbb{N},\ u_n = 2^{n+1} - \dfrac{3^{n+1}}{2} + \dfrac{1}{2}$.

15.2 Sous-espaces affines parallèles

1. Soient $\mathcal{F}$ et $\mathcal{G}$ deux sous-espaces affines disjoints d'un $\mathbb{R}$-espace vectoriel E. Montrer qu'il existe deux sous-espaces affines $\mathcal{F}'$ et $\mathcal{G}'$, disjoints, de même direction et contenant respectivement $\mathcal{F}$ et $\mathcal{G}$.
2. *Application* : On se place dans l'espace euclidien $\mathbb{R}^3$.

   On note $a = \begin{pmatrix}1\\0\\2\end{pmatrix}$, $u\begin{pmatrix}1\\1\\-1\end{pmatrix}$, $b\begin{pmatrix}0\\-1\\1\end{pmatrix}$ et $v\begin{pmatrix}2\\0\\1\end{pmatrix}$.

   On considère les droites $D = a + \text{Vect}\,(u)$ et $D' = b + \text{Vect}\,(v)$.

   a. Montrer que D et D' sont des sous-espaces affines de $\mathcal{E}$ et sont disjointes.

   b. Caractériser, à l'aide pour chacun d'un point et de deux vecteurs directeurs, des plans P et Q tels que $D \subset P$ et $D' \subset Q$.

C 15.2 Sous-espaces affines parallèles

1. On note $\mathcal{F} = a + \overrightarrow{\mathcal{F}}$ et $\mathcal{G} = b + \overrightarrow{\mathcal{G}}$, où a et b sont des éléments de $\mathbb{R}^3$ et $\overrightarrow{\mathcal{F}}$ et $\overrightarrow{\mathcal{G}}$ des sev de $\mathbb{R}^3$.

   On pose $\mathcal{F}' = a + (\overrightarrow{\mathcal{F}} + \overrightarrow{\mathcal{G}})$ et $\mathcal{G}' = b + (\overrightarrow{\mathcal{F}} + \overrightarrow{\mathcal{G}})$, qui par définition sont des sous-espaces affines de $\mathbb{R}^3$.

   On a $\overrightarrow{\mathcal{F}} \subset \overrightarrow{\mathcal{F}} + \overrightarrow{\mathcal{G}}$ et $\overrightarrow{\mathcal{G}} \subset \overrightarrow{\mathcal{F}} + \overrightarrow{\mathcal{G}}$ donc $\mathcal{F}'$ contient $\mathcal{F}$ et $\mathcal{G}'$ contient $\mathcal{G}$.

   Reste à montrer que $\mathcal{F}'$ et $\mathcal{G}'$ sont disjoints.

   On raisonne par l'absurde en les supposant non disjoints. Il existe alors un élément x de $\mathbb{R}^3$ appartenant à $\mathcal{F}' \cap \mathcal{G}'$.

   Par définition de $\mathcal{F}'$ et $\mathcal{G}'$, il existe donc $(u, u') \in \overrightarrow{\mathcal{F}}^2$ et $(v, v') \in \overrightarrow{\mathcal{G}}^2$ tels que $x = a + u + v$ et $x = b + u' + v'$.

   On a alors $a + u + v = b + u' + v'$, donc $a + u - u' = b + v' - v$.

   Comme u et u' appartiennent au sev $\overrightarrow{\mathcal{F}}$, on a $u - u' \in \overrightarrow{\mathcal{F}}$. Donc $a + u - u' \in \mathcal{F}$.

Comme v et v' appartiennent au sev $\overrightarrow{\mathcal{G}}$, on a $v - v' \in \overrightarrow{\mathcal{G}}$. Donc $b + v - v' \in \mathcal{G}$.
Et on obtient une contradiction car on a exhibé un élément commun à $\mathcal{F}$ et $\mathcal{G}$ alors que ces deux ensembles sont disjoints.
Ainsi $\mathcal{F}'$ et $\mathcal{G}'$ sont disjoints et répondent au problème posé.

2. *Application* :

a. Les vecteurs u et v sont non nuls donc $\mathrm{Vect}\,(u)$ et $\mathrm{Vect}\,(v)$ sont des sev de dimension 1 de $\mathbb{R}^3$, c'est-à-dire des droites vectorielles, et par conséquent D et D' sont des droites affines de $\mathbb{R}^3$.
Montrons que D et D' sont disjointes.
Soit $\alpha = \begin{pmatrix} x \\ y \\ z \end{pmatrix} \in \mathbb{R}^3$.
Alors $\alpha \in D \Leftrightarrow \exists t \in \mathbb{R},\ \alpha = a + tu = \begin{pmatrix} 1+t \\ t \\ 1-t \end{pmatrix}$
et $\alpha \in D' \Leftrightarrow \exists t' \in \mathbb{R},\ \alpha = b + t'v = \begin{pmatrix} 2t' \\ -1 \\ 1+t' \end{pmatrix}$.
Ainsi $\alpha \in D \cap D' \Leftrightarrow \exists (t,t') \in \mathbb{R}^2,\ \begin{pmatrix} 1+t \\ t \\ 1-t \end{pmatrix} = \begin{pmatrix} 2t' \\ -1 \\ 1+t' \end{pmatrix}$.
Or l'égalité $\begin{pmatrix} 1+t \\ t \\ 1-t \end{pmatrix} = \begin{pmatrix} 2t' \\ -1 \\ 1+t' \end{pmatrix}$ est impossible car on a $t = -1$ et $1 - t = 1 + t'$, c'est-à-dire $2 = 1 + t'$, donc $t' = 1$ qui sont imposés et incompatibles avec la relation $1 + t = 2t'$.
Ainsi D et D' n'ont aucun élément commun ; elles sont disjointes.

b. D'après la question initiale, des solutions sont $P = a + \mathrm{Vect}\,(u) + \mathrm{Vect}\,(v)$ et $Q = b + \mathrm{Vect}\,(u) + \mathrm{Vect}\,(v)$, c'est-à-dire $P = a + \mathrm{Vect}\,(u, v)$ et $Q = b + \mathrm{Vect}\,(u, v)$.

15.3 Problème de fin de chapitre

Dans tout ce problème, n un entier supérieur ou égal à 2.
On notera $\mathcal{A}_n(\mathbb{K})$ l'ensemble des matrices antisymétriques de $\mathcal{M}_n(\mathbb{K})$ et on notera $\mathcal{C}_n$ une base de $\mathcal{M}_n(\mathbb{K})$ de la forme $\big((E_{i,i})_{1\leqslant i\leqslant n},\ (E_{1,2}, E_{1,3}, \ldots, E_{1,n}, E_{2,3}, \ldots, E_{2,n}, E_{3,4}, \ldots, E_{n-1,n}, E_{n,n-1}, \ldots, E_{3,1}, E_{2,1}\big)$, c'est-à-dire que cette base comprend d'abord les matrices élémentaires diagonales, puis pour les $n^2 - n$ matrices restantes, si $E_{i,j}$ arrive en $k^{\text{ième}}$ position, alors $E_{j,i}$ arrive en $k^{\text{ième}}$ position en partant de la fin). En particulier $\mathcal{C}_2 = (E_{1,1}, E_{2,2}, E_{1,2}, E_{2,1})$.
On notera (0) la matrice nulle O pour bien la distinguer du scalaire nul.

Dans tout le problème, U désigne une matrice fixée de $\mathcal{M}_n(\mathbb{K})$. On notera $(\mathcal{E}_U)$ l'équation $M + {}^tM - \operatorname{tr}(M)U = (0)$ et (E_U) l'équation $M + {}^tM - \operatorname{tr}(M)U = U$. Enfin on notera $\Phi_U(M) = M + {}^tM - \operatorname{tr}(M)U$ pour toute matrice $M \in \mathcal{M}_n(\mathbb{K})$.

1. *Préliminaires.*
   a. Justifier qu'on a $\Phi_U : \begin{cases} \mathcal{M}_n(\mathbb{K}) & \longrightarrow & \mathcal{M}_n(\mathbb{K}) \\ M & \longmapsto & \Phi_U(M) \end{cases} \in \mathcal{L}(\mathcal{M}_n(\mathbb{K}))$.
   b. Lorsqu'on a $A \in \mathcal{A}_n(\mathbb{K})$, calculer ${}^tA + A$ et $\operatorname{tr}(A)$.
   c. En déduire qu'on a $\mathcal{A}_n(\mathbb{K}) \subset \operatorname{Ker}(\Phi_U)$.
2. *Le cas $U = 0$.*
   Dans cette question, on suppose $U = (0)$. On étudie donc $\Phi_{(0)} = M \mapsto {}^tM + M$.
   a. Résoudre $E_{(0)}$.
   b. Montrer que $\frac{1}{2}\Phi_{(0)}$ est une projection, et préciser la somme directe associée.
   c. Donner la matrice de $\Phi_{(0)}$ dans $\mathcal{C}_n$.
3. *Un premier cas particulier.*
   Dans cette question, on suppose qu'on a $n = 2$ et $U = \begin{pmatrix} 1 & 0 \\ 0 & 2 \end{pmatrix}$.
   a. Donner la matrice de Φ_U dans $\mathcal{C}_2$.
   b. Résoudre $\mathcal{E}_U$ et justifier que l'ensemble des solutions forme une droite vectorielle.
   c. Résoudre E_U et justifier que l'ensemble des solutions forme une droite affine.
4. *Un second cas particulier.*
   Dans cette question, on suppose qu'on a $n = 2$ et $U = \begin{pmatrix} 1 & 2 \\ 2 & 1 \end{pmatrix}$.
   a. Résoudre $\mathcal{E}_U$ et justifier que l'ensemble des solutions forme un plan vectoriel.
   b. Justifier que E_U n'a aucune solution.
5. *Résolution de $\mathcal{E}_U$ dans le cas général.*
   a. Justifier que les solutions de $\mathcal{E}_U$ forment un sev de $\mathcal{M}_n(\mathbb{K})$ contenant $\mathcal{A}_n(\mathbb{K})$.
   b. Si M est une solution de $\mathcal{E}_U$, justifier qu'on a $2\operatorname{tr}(M) - \operatorname{tr}(M)\operatorname{tr}(U) = 0$.
   c. Supposons que U ne soit pas symétrique. Montrer qu'alors toute solution M est de trace nulle, puis que toute solution M est antisymétrique.
   d. Supposons que U soit symétrique de trace différente de 2. Montrer qu'alors toute solution M est antisymétrique.
   e. Supposons que U soit symétrique de trace 2. Montrer qu'alors, pour toute solution M, la matrice N définie par $N = M - \frac{1}{2}\operatorname{tr}(M)U$ est antisymétrique, puis que toute solution M s'écrit nécessairement sous la forme $M = \lambda U + A$ où λ est un scalaire et A une matrice antisymétrique.

f. Finalement, résoudre $\mathcal{E}_U$. On poura distinguer des cas sur U.

6. *Résolution de E_U dans le cas général.*

   a. Justifier que E_U est ou bien vide ou bien un sous-espace affine de $\mathcal{M}_n(\mathbb{K})$ dont on donnera la direction.

   b. Montrer que, si M est solution de E_U alors $\mathrm{tr}(M) \neq -1$.

   c. En déduire que, si U n'est pas symétrique, alors E_U n'a pas de solution.

   d. Montrer que, si $\mathrm{tr}(U) = 2$, alors E_U n'a pas de solution.

   e. En s'inspirant de 5e et 5f, donner une condition nécessaire et suffisante pour que E_U ait des solutions. Lorsque cette condition est réalisée, décrire simplement l'ensemble des solutions.

C 15.3 Problème de fin de chapitre

1. *Préliminaires.*

   a. Les applications $M \mapsto \mathrm{tr}(M)$ et $\lambda \mapsto -\lambda U$ sont linéaires, c'est donc aussi le cas de $M \mapsto -\mathrm{tr}(M)U$ par composition. Par conséquent, Φ_U est la somme de trois applications linéaires (l'identité, la transposition et l'application précédente), c'est donc une application linéaire.

   b. Supposons $A \in \mathcal{A}_n(\mathbb{K})$. On a :
      - ${}^tA = -A$ donc ${}^tA + A = (0)$;
      - $\forall (i,j) \in \{1,\dots,n\}^2,\ a_{i,j} = -a_{j,i}$. En particularisant pour $j = i$, on trouve $\forall i \in \{1,\dots,n\},\ a_{i,i} = 0$ et $\mathrm{tr}(A) = \sum_{i=1}^{n} a_{i,i} = 0$.

   c. Soit $A \in \mathcal{A}_n(\mathbb{K})$. On a $\Phi_U(A) = {}^tA + A - \mathrm{tr}(A)U = (0) - 0U = (0)$ et donc $A \in \mathrm{Ker}(\Phi_U)$. D'où l'inclusion demandée.

2. a. Les solutions sont les matrices M telles que ${}^tM + M = (0)$. On résout : ${}^tM + M = (0) \Leftrightarrow {}^tM = -M \Leftrightarrow M \in \mathcal{A}_n(\mathbb{K})$. L'ensemble solution est $\mathcal{A}_n(\mathbb{K})$.

   b. Posons $p = \frac{1}{2}\Phi_{(0)}$, qui est linéaire car $\Phi_{(0)}$ est linéaire. Pour toute $M \in \mathcal{M}_n(\mathbb{K})$, on vérifie qu'on a $p\big(p(M)\big) = M$, donc p est une projection. On a déjà vu $\mathrm{Ker}(\Phi_{(0)}) = \mathcal{A}_n(\mathbb{K})$, donc $\mathrm{Ker}(p) = \mathcal{A}_n(\mathbb{K})$.
   Enfin, $\mathrm{Im}(p) = \left\{M \in \mathcal{M}_n(\mathbb{K}),\ \exists N \in \mathcal{M}_n(\mathbb{K}),\ M = \dfrac{{}^tN + N}{2}\right\}$.
   Montrons $\mathrm{Im}(p) = \mathcal{S}_n(\mathbb{K})$.
   $\boxed{\subset}$ Si $M \in \mathrm{Im}(p)$ il existe N tel que $M = \dfrac{{}^tN + N}{2}$.
   Par suite ${}^tM = \dfrac{N + {}^tN}{2} = M$ et M est symétrique.

$\boxed{\supset}$ Si M est symétrique, on a ${}^tM = M$ et donc $\dfrac{{}^tM + M}{2} = M$ et il existe donc bien une matrice $N(=M)$ telle qu'on ait $M = \dfrac{{}^tN + N}{2}$: $M \in \operatorname{Ker}(p)$.

Remarque : on pouvait aussi remarquer que $p = \dfrac{{}^t\cdot + id_{\mathcal{M}_n(\mathbb{K})}}{2}$ est la projection associé à la symétrie « transposition », d'où la somme directe associée.

c. On a alors $\Phi_{(0)}(E_{i,i}) = 2E_{i,i}$ et $\Phi_{(0)}(E_{i,j}) = E_{i,j} + E_{j,i}$. La matrice est donc une matrice diagonale par blocs, formée précisément d'un premier bloc diagonal égal à $2I_n$ et d'un deuxième bloc diagonal qui consiste en la matrice ayant des 1 sur la diagonale et sur l'antidiagonale, et des 0 partout ailleurs.

3. a. En revenant à la définition on trouve $\begin{pmatrix} 1 & -1 & 0 & 0 \\ -2 & 0 & 0 & 0 \\ 0 & 0 & 1 & 1 \\ 0 & 0 & 1 & 1 \end{pmatrix}$.

b. On utilise le pivot de Gauss sur $\begin{pmatrix} 1 & -1 & 0 & 0 \\ -2 & 0 & 0 & 0 \\ 0 & 0 & 1 & 1 \\ 0 & 0 & 1 & 1 \end{pmatrix} \times \begin{pmatrix} a \\ b \\ c \\ d \end{pmatrix} = \begin{pmatrix} 0 \\ 0 \\ 0 \\ 0 \end{pmatrix}$. On trouve $\mathcal{E}_U = \operatorname{Vect}\left(\begin{pmatrix} 0 & 1 \\ -1 & 0 \end{pmatrix}\right) = \mathcal{A}_2(\mathbb{K})$ qui est bien une droite vectorielle car $\begin{pmatrix} 0 & 1 \\ -1 & 0 \end{pmatrix}$ et non nulle donc $\left(\begin{pmatrix} 0 & 1 \\ 0 & -1 \end{pmatrix}\right)$ est une base de $\mathcal{A}_2(\mathbb{K})$.

c. On utilise le pivot de Gauss sur $\begin{pmatrix} 1 & -1 & 0 & 0 \\ -2 & 0 & 0 & 0 \\ 0 & 0 & 1 & 1 \\ 0 & 0 & 1 & 1 \end{pmatrix} \times \begin{pmatrix} a \\ b \\ c \\ d \end{pmatrix} = \begin{pmatrix} 1 \\ 2 \\ 0 \\ 0 \end{pmatrix}$. On trouve $E_U = \begin{pmatrix} -1 & 0 \\ 0 & -2 \end{pmatrix} + \operatorname{Vect}\left(\begin{pmatrix} 0 & 1 \\ -1 & 0 \end{pmatrix}\right) = -U\mathcal{A}_2(\mathbb{K})$ qui est la droite affine de direction $\mathcal{A}_2(\mathbb{K})$ passant par $-U$.

4. a. Il faut cette fois résoudre $\begin{cases} a - d = 0 \\ b + c - 2a - 2d = 0 \\ b + c - 2a - 2d = 0 \\ d - a = 0 \end{cases}$.

On trouve $\operatorname{Vect}\left(\begin{pmatrix} 0 & 1 \\ -1 & 0 \end{pmatrix}, \begin{pmatrix} 1 & 2 \\ 2 & 1 \end{pmatrix}\right) = \mathcal{A}_2(\mathbb{K}) \oplus \operatorname{Vect}(U)$ qui est bien un plan vectoriel car $\begin{pmatrix} 0 & 1 \\ -1 & 0 \end{pmatrix}$ et $\begin{pmatrix} 1 & 2 \\ 2 & 1 \end{pmatrix}$ sont non colinéaires (la seconde est symétrique non nulle) donc $\left(\begin{pmatrix} 0 & 1 \\ -1 & 0 \end{pmatrix}, \begin{pmatrix} 1 & 2 \\ 2 & 1 \end{pmatrix}\right)$ est une base de $\mathcal{A}_2(\mathbb{K}) \oplus \text{Vect}\,(U)$.

b. Il faut cette fois résoudre $\begin{cases} a-d=1 \\ b+c-2a-2d=2 \\ b+c-2a-2d=2 \\ d-a=1 \end{cases}$, système clairement incompatible par examen des première et dernière lignes.

5. a. Les solutions de $\mathcal{E}_U$ forment l'ensemble des matrices M telles que $\Phi_U(M) = (0)$. C'est donc $\text{Ker}(\Phi_U)$, et donc en particulier un sev. D'après 1c, il s'agit bien d'un sev contenant $\mathcal{A}_n(\mathbb{K})$.

b. Si M est solution, alors on a $M + {}^tM - \text{tr}(M)U = (0)$, dont on déduit $\text{tr}\left(M + {}^tM - \text{tr}(M)U\right) = \text{tr}\left((0)\right)$. On note alors que :

i. la trace est linéaire,

ii. $\text{tr}\left({}^tM\right) = \text{tr}\left(M\right)$,

et cette dernière égalité se réécrit donc $2\,\text{tr}(M) - \text{tr}(M)\,\text{tr}(U) = 0$

c. Si M est une solution on a $\text{tr}(M)U = {}^tM + M \in \mathcal{S}_n(\mathbb{K})$ d'après 2b. Par conséquent $\text{tr}(M)U$ est symétrique, et comme U ne l'est pas, $\text{tr}(M)U$ est nulle. Par suite $\text{tr}(M) = 0$, puis ${}^tM + M = (0)$ et $M \in \mathcal{A}_n(\mathbb{K})$ d'après 2b.

d. Si M est une solution alors d'après 5b on a $\text{tr}(M)\big(2 - \text{tr}(U)\big) = 0$ et donc par hypothèse sur U et intégrité de $\mathbb{K}$, $\text{tr}(M) = 0$. Par suite, ${}^tM + M = (0)$ et $M \in \mathcal{A}_n(\mathbb{K})$ d'après 2b.

e. Si M est une solution et N est défini comme indiqué, il vient

$${}^tN + N = {}^t\Big(M - \frac{1}{2}\text{tr}(M)U\Big) + \Big(M - \frac{1}{2}\text{tr}(M)U\Big) = {}^tM + M - \text{tr}(M)U = (0),$$

puisque M est solution. Donc N est antisymétrique. Par suite $M = \frac{1}{2}\,\text{tr}(M)U + N$ qui est bien de la forme $\lambda U + A$ avec $\lambda = \frac{1}{2}\,\text{tr}(M)U \in \mathbb{K}$ et $A = N \in \mathcal{A}_n(\mathbb{K})$.

f. On distingue deux cas :

- Si U est non symétrique ou symétrique de trace différente de 2, toute solution est antisymétrique d'après les questions 5c et 5d.

  Réciproquement, d'après 1c, toute matrice antisymétrique est solution. Finalement, dans ce cas, l'ensemble des solutions est $\mathcal{A}_n(\mathbb{K})$.

- Si U est symétrique de trace 2, toute solution est de la forme $\lambda U + A$ où $\lambda \in \mathbb{K}$ et $A \in \mathcal{A}_n(\mathbb{K})$ d'après la question 5e.

  Réciproquement, si M est de cette forme, on a

$$ {}^tM + M - \operatorname{tr}(M)U = \lambda {}^tU + {}^tA + \lambda U + A - \big(\lambda \operatorname{tr}(U) + \operatorname{tr}(A)\big)U $$

  par linéarité de la trace.

  D'où ${}^tM + M - \operatorname{tr}(M)U = \big({}^tA + A + \operatorname{tr}(A)U\big) + \lambda\big({}^tU + U - \operatorname{tr}(U)U\big) = \lambda(U + U - 2U) = (0)$ puisque U est symétrique et de trace 2.

  Finalement, dans ce cas, l'ensemble des solutions est $\operatorname{Vect}(U) + \mathcal{A}_n(\mathbb{K})$.

6. a. L'ensemble des solutions de E_U est $\{M \in \mathcal{M}_n(\mathbb{K}),\ \Phi_U(M) = U\}$. Il s'agit donc de l'exemple fondamental de sous-espace affine $\{x \in E,\ f(x) = b\}$, avec $E = F = \mathcal{M}_n(\mathbb{K})$, $f = \Phi_U$ et $b = U$. S'il est non vide, alors il est dirigé par $\operatorname{Ker}(f) = \operatorname{Ker}(\Phi_U)$ c'est-à-dire par l'ensemble des solutions de $\mathcal{E}_U$.

   b. Si M solution on a ${}^tM + M - \operatorname{tr}(M)U = U$, d'où $\operatorname{tr}\big({}^tM + M - \operatorname{tr}(M)U\big) = \operatorname{tr}(U)$, puis, par linéarité de la trace, $\operatorname{tr}({}^tM) + \operatorname{tr}(M) - \operatorname{tr}(M)\operatorname{tr}(U) = \operatorname{tr}(U)$ et finalement $\operatorname{tr}(M)\big(2 - \operatorname{tr}(U)\big) = \operatorname{tr}(U)$.

   Si on avait $\operatorname{tr}(M) = -1$, on aurait $\operatorname{tr}(U) - 2 = \operatorname{tr}(U)$, d'où $2 = 0$, ce qui n'est pas.

   c. Raisonnons par contraposition.

   S'il existe une solution M, alors on a ${}^tM + M - \operatorname{tr}(M)U = U$, c'est-à-dire $\big(\operatorname{tr}(M) + 1\big)U = {}^tM + M \in \mathcal{S}_n(\mathbb{K})$ d'après 2b, et comme $\operatorname{tr}(M) + 1 \neq 0$, il vient $U \in \mathcal{S}_n(\mathbb{K})$.

   d. Procédons par l'absurde. Supposons qu'on ait $\operatorname{tr}(U) = 2$ et qu'il existe une solution M. D'après 6b, on a $\operatorname{tr}(M)\big(2 - \operatorname{tr}(U)\big) = \operatorname{tr}(U)$, ce qui se réécrit donc $0 = 2$. Contradiction.

   e. D'après 6c et 6d, il est nécessaire que U soit symétrique de trace $\neq 2$ pour qu'une solution existe. Vérifions que cette condition est suffisante. Supposons que U soit symétrique de trace $\neq 2$. Posons alors $S = \dfrac{1}{2 - \operatorname{tr}(U)}U$. On a $S \in \mathcal{S}_n(\mathbb{K})$ puisque U est symétrique et $\operatorname{tr}(S) = \dfrac{\operatorname{tr}(U)}{2 - \operatorname{tr}(U)}$ par linéarité de la trace. Ainsi a-t-on ${}^tS + S - \operatorname{tr}(S)U = 2S - \dfrac{\operatorname{tr}(U)}{2 - \operatorname{tr}(U)}U = 2\dfrac{1}{2 - \operatorname{tr}(U)}U - \dfrac{\operatorname{tr}(U)}{2 - \operatorname{tr}(U)}U = \left(\dfrac{2}{2 - \operatorname{tr}(U)} - \dfrac{\operatorname{tr}(U)}{2 - \operatorname{tr}(U)}\right)U = U$. Finalement E_U a bien une solution (par exemple la matrice S préédente). L'ensemble des solutions étant alors le sous-espace affine de $\mathcal{M}_n(\mathbb{K})$ passant par S et dirigé par l'ensemble des solutions de $\mathcal{E}_U$, qui n'est autre que $\mathcal{A}_n(\mathbb{K})$ puisqu'on a $\operatorname{tr}(U) \neq 2$, on conclut : l'ensemble des solutions de E_U est $\dfrac{1}{2-\operatorname{tr}(U)}U + \mathcal{A}_n(\mathbb{K})$.

CHAPITRE 16

Opérations élémentaires sur les matrices

1 Introduction

Nous avons déjà vu dans le chapitre 7 la possibilité de résoudre un système linéaire en utilisant ce qu'on appelle les opérations élémentaires, en les combinant notamment selon l'algorithme du pivot de Gauss.

À tout système linéaire est naturellement associée une matrice, la matrice des coefficients de ce système :

$$\Sigma : \left\{ \begin{array}{rcl} a_{1,1}x_1 + a_{1,2}x_2 + \cdots + a_{1,n}x_n & = & \alpha_1 \\ a_{2,1}x_1 + a_{2,2}x_2 + \cdots + a_{2,n}x_n & = & \alpha_2 \\ \vdots & \vdots & \vdots \\ a_{p,1}x_1 + a_{p,2}x_2 + \cdots + a_{p,n}x_n & = & \alpha_p \end{array} \right. \longrightarrow \begin{pmatrix} a_{1,1} & a_{1,2} & \cdots & a_{1,n} \\ a_{2,1} & a_{2,2} & \cdots & a_{2,n} \\ \vdots & \vdots & & \vdots \\ a_{p,1} & a_{p,2} & \cdots & a_{p,n} \end{pmatrix}.$$

Les opérations élémentaires[1] sur les équations d'un système trouvent ainsi un pendant sur les lignes d'une matrice.

Ce chapitre propose l'étude des opérations élémentaires sur une matrice, avec une interprétation en termes de produit matriciel, et débouchera sur de nombreuses applications, qui dépassent le seul cadre des systèmes linéaires.

1. Cf. la définition 5, p. 349.

2 Opérations élémentaires

2.1 Traduction d'une opération élémentaire sur les lignes

Définition 1

Soit une matrice $A = \begin{pmatrix} - & L_1 & - \\ & \vdots & \\ - & L_m & - \end{pmatrix}$. On a trois types d'opérations élémentaires sur les lignes :

1. $L_i \leftarrow \mu L_i$ avec $\mu \neq 0$.
2. $L_i \leftarrow L_i + \lambda L_j$, avec $\lambda \in \mathbb{K}$ et $j \neq i$.
3. $L_i \leftrightarrow L_j$, avec $i \neq j$.

D'après les remarques 6 du chapitre 9, p. 455, on sait que si l'on se donne une matrice $A = \begin{pmatrix} - & L_1 & - \\ & \vdots & \\ - & L_m & - \end{pmatrix}$, alors on a ${}^te_i \times A = (-L_i-)$. Grâce à cela, on peut interpréter les opérations élémentaires sur les lignes ainsi :

1. A' est obtenue à partir de A par l'opération élémentaire $L_i \leftarrow \mu L_i$ avec $\mu \neq 0$

$$\Leftrightarrow A' = \begin{pmatrix} {}^te_1 \\ \vdots \\ \mu\,{}^te_i \\ \vdots \\ {}^te_m \end{pmatrix} \times A$$

$$\Leftrightarrow A' = \text{lig } i \begin{pmatrix} 1 & \dots & 0 & \dots & 0 \\ \vdots & & \vdots & & \vdots \\ 0 & \dots & \mu & \dots & 0 \\ \vdots & & \vdots & & \vdots \\ 0 & \dots & 0 & \dots & 1 \end{pmatrix} \times A \quad (\mu \text{ en col } i)$$

$$\Leftrightarrow A' = \big(I_m + (\mu - 1)E_{i,i}\big) \times A.$$

2. A' est obtenue à partir de A par l'opération élémentaire $L_i \leftarrow L_i + \lambda L_j$

$$\Leftrightarrow A' = \begin{array}{l} \\ \\ \text{lig } i \\ \\ \text{lig } j \\ \\ \\ \end{array} \begin{pmatrix} 1 & \cdots & 0 & \cdots & 0 & \cdots & 0 \\ & \ddots & & & & & \vdots \\ 0 & \cdots & 1 & \cdots & \lambda & \cdots & 0 \\ \vdots & & & \ddots & & & \vdots \\ 0 & \cdots & 0 & \cdots & 1 & \cdots & 0 \\ \vdots & & \vdots & & & \ddots & \\ 0 & \cdots & 0 & \cdots & 0 & \cdots & 1 \end{pmatrix} \times A$$

(colonnes repérées : col i, col j)

$$\Leftrightarrow A' = \big(I_m + \lambda E_{i,j}\big) \times A.$$

3. A' est obtenue à partir de A par l'opération élémentaire $L_i \leftrightarrow L_j$

$$\Leftrightarrow A' = \begin{array}{l} \\ \\ \text{lig } i \\ \\ \text{lig } j \\ \\ \\ \end{array} \begin{pmatrix} 1 & \cdots & 0 & \cdots & 0 & \cdots & 0 \\ & \ddots & & & & & \vdots \\ 0 & \cdots & 0 & \cdots & 1 & \cdots & 0 \\ \vdots & & & \ddots & & & \vdots \\ 0 & \cdots & 1 & \cdots & 0 & \cdots & 0 \\ \vdots & & \vdots & & & \ddots & \\ 0 & \cdots & 0 & \cdots & 0 & \cdots & 1 \end{pmatrix} \times A$$

(colonnes repérées : col i, col j)

$$\Leftrightarrow A' = (I_m - E_{i,i} - E_{j,j} + E_{i,j} + E_{j,i}) \times A.$$

Ainsi chaque opération élémentaire sur les lignes d'une matrice se traduit par la multiplication à gauche par une matrice, dont on peut noter, si A a m lignes, qu'il s'agit de **la matrice identité I_m à laquelle on a fait subir l'opération élémentaire en question !**

On en profite pour introduite les notations et la terminologie (les termes employés pour désigner les matrices qui suivent ne relèvent que du programme de PCSI, mais peuvent néanmoins s'avérer pratiques pour la MPSI également) suivantes :

Définition 2 (Matrices d'opérations élémentaires [2])

Soit $m \geqslant 1$. On se place dans l'anneau des matrices carrées $\mathcal{M}_m(\mathbb{K})$.

1. On appelle *matrice de dilatation* toute matrice $D_i(\mu)$ de la forme

$$D_i(\mu) = I_m + (\mu - 1)E_{i,i} = \begin{matrix} \\ \\ \text{lig } i \\ \\ \\ \end{matrix} \overset{\begin{matrix} & & \text{col } i & & \end{matrix}}{\begin{pmatrix} 1 & \dots & 0 & \dots & 0 \\ \vdots & & \vdots & & \vdots \\ 0 & \dots & \mu & \dots & 0 \\ \vdots & & \vdots & & \vdots \\ 0 & \dots & 0 & \dots & 1 \end{pmatrix}}, \quad \text{avec } \mu \neq 0.$$

   Il s'agit de la matrice obtenue à partir de I_m via l'opération élémentaire $L_i \leftarrow \mu L_i$.

2. On appelle *matrice de transvection* toute matrice $T_{i,j}(\lambda)$ de la forme

$$T_{i,j}(\lambda) = I_m + \lambda E_{i,j} = \begin{matrix} \\ \\ \text{lig } i \\ \\ \text{lig } j \\ \\ \\ \end{matrix} \overset{\begin{matrix} & & \text{col } i & & \text{col } j & & \end{matrix}}{\begin{pmatrix} 1 & \cdots & 0 & \cdots & 0 & \cdots & 0 \\ & \ddots & & & & & \vdots \\ 0 & \cdots & 1 & \cdots & \lambda & \cdots & 0 \\ \vdots & & & \ddots & & & \vdots \\ 0 & \cdots & 0 & \cdots & 1 & \cdots & 0 \\ \vdots & & \vdots & & & \ddots & \\ 0 & \cdots & 0 & \cdots & 0 & \cdots & 1 \end{pmatrix}},$$

   avec $i \neq j$ et $\lambda \in \mathbb{K}$.

   Il s'agit de la matrice obtenue à partir de I_m via l'opération élémentaire $L_i \leftarrow L_i + \lambda L_j$.

3. On appelle *matrice de transposition* toute matrice $S_{i,j}$ de la forme

$$S_{i,j} = I_m - E_{i,i} - E_{j,j} + E_{i,j} + E_{j,i} = \begin{matrix} \\ \\ \text{lig } i \\ \\ \text{lig } j \\ \\ \\ \end{matrix} \overset{\begin{matrix} & & \text{col } i & & \text{col } j & & \end{matrix}}{\begin{pmatrix} 1 & \cdots & 0 & \cdots & 0 & \cdots & 0 \\ & \ddots & & & & & \vdots \\ 0 & \cdots & 0 & \cdots & 1 & \cdots & 0 \\ \vdots & & & \ddots & & & \vdots \\ 0 & \cdots & 1 & \cdots & 0 & \cdots & 0 \\ \vdots & & \vdots & & & \ddots & \\ 0 & \cdots & 0 & \cdots & 0 & \cdots & 1 \end{pmatrix}},$$

   avec $i \neq j$.

   Il s'agit de la matrice obtenue à partir de I_m via l'opération élémentaire $L_i \leftrightarrow L_j$.

Exemple 1

Étant donnée une matrice à coefficients quelconques $A = \begin{pmatrix} a & b & c \\ d & e & f \\ g & h & i \\ j & k & l \end{pmatrix}$ de $\mathcal{M}_{4,3}(\mathbb{K})$,

on a de manière immédiate $\begin{pmatrix} 1 & 0 & 0 & 0 \\ 0 & 0 & 1 & 0 \\ 0 & 1 & 0 & 0 \\ 0 & 0 & 0 & 1 \end{pmatrix} \times A = \begin{pmatrix} a & b & c \\ g & h & i \\ d & e & f \\ j & k & l \end{pmatrix}$ ainsi que

$$\begin{pmatrix} 1 & 0 & 0 & 0 \\ 0 & 1 & 0 & 3 \\ 0 & 0 & 1 & 0 \\ 0 & 0 & 0 & 1 \end{pmatrix} \times A = \begin{pmatrix} a & b & c \\ d+3j & e+3k & f+3l \\ g & h & i \\ j & k & l \end{pmatrix}.$$

En effet, on reconnaît $\begin{pmatrix} 1 & 0 & 0 & 0 \\ 0 & 0 & 1 & 0 \\ 0 & 1 & 0 & 0 \\ 0 & 0 & 0 & 1 \end{pmatrix} = S_{2,3}$ et $\begin{pmatrix} 1 & 0 & 0 & 0 \\ 0 & 1 & 0 & 3 \\ 0 & 0 & 1 & 0 \\ 0 & 0 & 0 & 1 \end{pmatrix} = T_{2,4}(3)$.

2.2 Traduction d'une opération élémentaire sur les colonnes

D'après les remarques 6 du chapitre 9, p. 455, on sait que si l'on se donne une matrice $A = \begin{pmatrix} | & & | \\ C_1 & \dots & C_n \\ | & & | \end{pmatrix}$, alors on a $A \times e_i = C_i$. Par conséquent, de la même façon que nous venons de le faire pour les lignes, nous pouvons interpréter les opérations élémentaires sur les colonnes ainsi[3] :

1. $C_i \leftarrow \mu C_i \Leftrightarrow A' = A \times \big(I_n + (\mu - 1)E_{i,i}\big) \Leftrightarrow A' = A \times D_i(\mu)$.

2. $C_i \leftarrow C_i + \lambda C_j \Leftrightarrow A' = A \times (I_n + \lambda E_{j,i}) \Leftrightarrow A' = A \times T_{j,i}(\lambda)$.

3. $C_i \leftrightarrow C_j \Leftrightarrow A' = A \times (I_m - E_{i,i} - E_{j,j} + E_{i,j} + E_{j,i}) \Leftrightarrow A' = A \times S_{i,j}$.

---

2. Le programme de MPSI ne donne aucune terminologie concernant les matrices introduites dans cette définition, tandis que celui de PCSI impose les appellations « dilatation », « transvection » et « transposition », recoupées sous le terme général « matrice élémentaire ». Nous préférons, bien que ça n'allège pas le propos, parler de « matrice d'opération élémentaire », pour ne pas créer la confusion avec ce qui a été appelé « matrice élémentaire » précédemment, à savoir les matrices $E_{i,j}$: cette dernière appellation est en effet tellement standard qu'il nous semble difficile de la refuser.

3. Avec les mêmes conditions sur i, j, λ et μ que précédemment.

⚠ Nous retrouvons les mêmes matrices $D_i(\mu)$ et $S_{i,j}$ que pour les opérations élémentaires sur les lignes car, lorsqu'on part de la matrice I_m, multiplier la $i^{\text{ième}}$ ligne par μ donne la même chose que multiplier la $i^{\text{ième}}$ colonne par μ, et permuter L_i et L_j ou C_i et C_j donne aussi le même résultat.
Par contre, effectuer l'opération $L_i \leftarrow L_i + \lambda L_j$ sur la matrice I_m donne le même résultat qu'effectuer $C_j \leftarrow C_j + \lambda C_i$. Ainsi s'il faut multiplier à gauche par $T_{i,j}(\lambda)$ pour effectuer $L_i \leftarrow L_i + \lambda L_j$, il faut multiplier à droite par $T_{j,i}(\lambda)$ si l'on veut effectuer $C_i \leftarrow C_i + \lambda C_j$.

Exemple 2

Étant donnée une matrice à coefficients quelconques $A = \begin{pmatrix} a & b & c \\ d & e & f \\ g & h & i \\ j & k & l \end{pmatrix}$ de $\mathcal{M}_{4,3}(\mathbb{K})$, on a de manière immédiate $A \times \begin{pmatrix} 1 & 0 & 0 \\ 0 & 0 & 1 \\ 0 & 1 & 0 \end{pmatrix} = \begin{pmatrix} a & c & b \\ d & f & e \\ g & i & h \\ j & l & k \end{pmatrix}$ ainsi que

$$A \times \begin{pmatrix} 1 & 0 & 0 \\ 0 & 1 & 3 \\ 0 & 0 & 1 \end{pmatrix} = \begin{pmatrix} a & b & c+3b \\ d & e & f+3e \\ g & h & i+3h \\ j & k & l+3k \end{pmatrix}.$$

En effet, on reconnaît $\begin{pmatrix} 1 & 0 & 0 \\ 0 & 0 & 1 \\ 0 & 1 & 0 \end{pmatrix} = S_{2,3}$ et $\begin{pmatrix} 1 & 0 & 0 \\ 0 & 1 & 3 \\ 0 & 0 & 1 \end{pmatrix} = T_{2,3}(3)$, et on sait de plus que multiplier une matrice à droite par $T_{2,3}(3)$ revient à lui appliquer l'opération élémentaire $C_3 \leftarrow C_3 + 3C_2$.

2.3 Relations d'équivalences

On sait, par la proposition 1 du chapitre 7, p. 349, qu'une opération élémentaire transforme un système linéaire en un système équivalent. Cela vient du fait, comme nous l'avons vu dans la démonstration de la proposition évoquée, que toute opération élémentaire peut être « défaite » à l'aide d'une opération élémentaire.
Ce résultat a une traduction matricielle précise :

Proposition 1

Toute matrice d'opération élémentaire est inversible. Précisément, on a :

1. $\forall \mu \neq 0,\ \left(D_i(\mu)\right)^{-1} = D_i\left(\frac{1}{\mu}\right)$.
2. $\forall \lambda \in \mathbb{K},\ \left(T_{i,j}(\lambda)\right)^{-1} = T_{i,j}(-\lambda)$.
3. $S_{i,j}^{-1} = S_{i,j}$.

DÉMONSTRATION

Ces résultats ne sont que la traduction matricielle de ceux mentionnés dans la démonstration de la proposition 1 du chapitre 7, p. 349.
Le lecteur peut néanmoins aussi s'en convaincre en calculant les produits $D_i(\mu) \times D_i\left(\frac{1}{\mu}\right)$, $T_{i,j}(\lambda) \times T_{i,j}(-\lambda)$ et $S_{i,j} \times S_{i,j}$, et constater qu'ils sont bien égaux à l'identité[4].

Voici deux relations, dont on vérifie aisément qu'elles sont des relations d'équivalence[5] :

Définition 3 (Équivalence par lignes - PCSI)

Deux matrices A et A' sont dites *équivalentes par lignes* lorsqu'elles se déduisent l'une de l'autre par une suite finie d'opérations élémentaires sur les lignes. On note alors $A \underset{L}{\sim} A'$.

Remarque 1

Des matrices équivalentes par lignes se déduisant l'une de l'autre par des opérations élémentaires sur les lignes, elles sont les matrices des coefficients de deux systèmes équivalents... Nous y revenons en détail plus loin dans ce chapitre.

Définition 4 (Équivalence par colonnes - PCSI)

Deux matrices A et A' sont dites *équivalentes par colonnes* lorsqu'elles se déduisent l'une de l'autre par une suite finie d'opérations élémentaires sur les colonnes. On note alors $A \underset{C}{\sim} A'$.

On notera, grâce à la traduction matricielle des opérations élémentaires, qu'avoir $A \underset{L}{\sim} A'$ signifie que l'on trouve A' en multipliant A à gauche par des matrices d'opérations élé-

4. On se souvient d'ailleurs que si deux matrices carrées A et B satisfont $AB = I_n$, alors on sait que A et B sont inverses l'une de l'autre, sans que l'on ait à vérifier que l'on a aussi $BA = I_n$ (relation impliquée par $AB = I_n$).
5. D'où leurs noms !

mentaires (qui sont inversibles). Et avoir $A \underset{C}{\sim} A'$ signifie que l'on trouve A' en multipliant A à droite par des matrices d'opérations élémentaires (qui sont inversibles aussi).
Le rang d'une matrice étant invariant par produit par une matrice inversible, on obtient :

Proposition 2 (Préservation du rang par équivalences - PCSI)

1. Si deux matrices sont équivalentes par lignes, alors elles ont même rang.
2. Si deux matrices sont équivalentes par colonnes, alors elles ont même rang.

On a la version suivante, un peu plus générale, pour le programme de MPSI :

Proposition 3 (Préservation du rang par équivalences - MPSI)

Si une matrice A' s'obtient à partir de A par des opérations élémentaires, même si l'on mélange opérations sur les lignes et sur les colonnes, alors $\text{rg}(A) = \text{rg}(A')$.

DÉMONSTRATION

En effet, chaque opération élémentaire se traduit par le produit (par la gauche s'il s'agit d'opérer sur les lignes, par la droite si c'est sur les colonnes) par une matrice d'opération élémentaire, c'est-à-dire une matrice inversible. Or on sait que multiplier une matrice par une matrice inversible n'en modifie pas le rang, d'où le résultat.
Cela offre des perspectives de méthodes de calcul du rang d'une matrice ; cf. 3.3.

3 Applications de l'algorithme du pivot[6].

3.1 Échelonnement d'une matrice - PCSI

Définition 5 (Matrice échelonnée par lignes)

Une matrice M est dite *échelonnée par lignes* lorsqu'elle vérifie les deux propriétés suivantes :

1. Si une ligne de M est nulle alors toutes les lignes suivantes le sont également.
2. À partir de la deuxième ligne, dans chaque ligne non nulle, le premier coefficient non nul à partir de la gauche est situé à droite du premier coefficient non nul de la ligne précédente.

6. C'est une abréviation courante pour l'« algorithme du pivot de Gauss ». Il est à noter que le programme de PCSI, contrairement à celui de MPSI, précise même « algorithme du pivot de Gauss-Jordan »

La notion de matrice *échelonnée par lignes* est strictement similaire à la notion de système échelonné[7], au sens où un système linéaire est échelonné si et seulement si la matrice de ses coefficients est échelonnée par lignes.

Exemple 3

Les matrices $\begin{pmatrix} 3 & -1 & 0 & 7 & 4 \\ 0 & 4 & 6 & -3 & 2 \\ 0 & 0 & 0 & -5 & 1 \\ 0 & 0 & 0 & 0 & 0 \end{pmatrix}$ et $\begin{pmatrix} 3 & -1 & 0 & 7 & 4 \\ 0 & 4 & 6 & -3 & 2 \\ 0 & 0 & 0 & -5 & 1 \\ 0 & 0 & 0 & 0 & 1 \end{pmatrix}$ sont échelonnées par exemple,

tandis que la matrice $\begin{pmatrix} 3 & -1 & 0 & 7 & 4 \\ 0 & 4 & 6 & -3 & 2 \\ 0 & 0 & 0 & -5 & 1 \\ 0 & 0 & 0 & 2 & 0 \end{pmatrix}$ ne l'est pas car -5 est le premier coefficient non nul de la troisième ligne et, sous ce coefficient, on trouve 2, qui est non nul.

Nous savons échelonner un système à l'aide de l'algorithme du pivot de Gauss ; nous savons donc également rendre une matrice échelonnée selon le même principe. Le plus parlant sera un exemple.

Exemple 4

On veut rendre la matrice suivante échelonnée par lignes, en appliquant l'algorithme du pivot de Gauss sur ses lignes : $A = \begin{pmatrix} 2 & -1 & 0 & 2 \\ 0 & 3 & -1 & -3 \\ 4 & 1 & -1 & 1 \\ -2 & 4 & -1 & 3 \end{pmatrix}$.

$$\underset{\substack{L_3 \leftarrow L_3 - 2L_1 \\ L_4 \leftarrow L_4 + L_1}}{} \begin{pmatrix} 2 & -1 & 0 & 2 \\ 0 & 3 & -1 & -3 \\ 0 & 3 & -1 & -3 \\ 0 & 3 & -1 & 5 \end{pmatrix}$$

$$\underset{\substack{L_3 \leftarrow L_3 - L_2 \\ L_4 \leftarrow L_4 - L_2}}{} \begin{pmatrix} 2 & -1 & 0 & 2 \\ 0 & 3 & -1 & -3 \\ 0 & 0 & 0 & 0 \\ 0 & 0 & 0 & 8 \end{pmatrix}$$

$$\underset{L_3 \leftrightarrow L_4}{} \begin{pmatrix} 2 & -1 & 0 & 2 \\ 0 & 3 & -1 & -3 \\ 0 & 0 & 0 & 8 \\ 0 & 0 & 0 & 0 \end{pmatrix}$$

7. Cf. la définition 9 du chapitre 7, p. 363.

Et ainsi la matrice A a bien été rendue échelonnée par lignes.

Définition 6 (Pivot)

Dans une matrice échelonnée, on appelle *pivot* le premier coefficient non nul de chaque ligne non nulle.

Il y a donc autant de pivots que de lignes non nulles. Et au cours de la mise en œuvre de l'algorithme du pivot de Gauss, le pivot sur une ligne L_i est le nombre qui a été utilisé pour faire apparaître des 0 au-dessous de lui dans les lignes L_{i+1}, L_{i+2}, etc.

Remarque 2

On pourra noter que si la première colonne de A est non nulle, alors la matrice échelonnée par lignes possède un pivot en position $(1, 1)$. On se place en général dans un tel cas.

Exemple 5

Dans la matrice obtenue à la fin de l'exemple 4, on a comme pivot 2 sur la première ligne, 3 sur la deuxième et 8 sur la troisième. Il n'y a pas de pivot sur la dernière ligne vu qu'elle est nulle.

Remarque 3

Dans l'exemple 4, nous n'avons pas utilisé l'opération élémentaire consistant à multiplier une ligne par un scalaire non nul. En effet, pour rendre une matrice échelonnée, il suffit d'avoir à disposition les opérations du type $L_i \leftarrow L_i + \lambda L_j$ et $L_i \leftrightarrow L_j$ (avec $i \neq j$).
On peut néanmoins avoir envie d'utiliser l'opération $L_i \leftarrow \mu L_i$ (avec $\mu \neq 0$), car elle peut rendre les calculs plus commodes (en rendant les pivots égaux à 1 ou -1 notamment).
Justement, on précise :

Définition 7 (Matrice échelonnée réduite par lignes)

On dit d'une matrice échelonnée qu'elle est *échelonnée réduite par lignes* soit lorsqu'elle est soit nulle, soit lorsque tous ses pivots valent 1 et sont les seuls coefficients non nuls de leur colonne.

Exemple 6

Les matrices $\begin{pmatrix} 1 & 0 & 3 & 0 & 5 \\ 0 & 1 & -3 & 0 & 2 \\ 0 & 0 & 0 & 1 & -4 \\ 0 & 0 & 0 & 0 & 0 \end{pmatrix}$ et $\begin{pmatrix} 1 & 0 & 3 & 0 & 5 \\ 0 & 1 & 0 & 0 & 2 \\ 0 & 0 & 0 & 1 & 1 \\ 0 & 0 & 0 & 0 & 0 \end{pmatrix}$ sont échelonnées réduites par lignes par exemple, tandis que la matrice $\begin{pmatrix} 1 & 0 & 3 & 0 & 0 \\ 0 & 1 & -3 & 0 & 2 \\ 0 & 0 & 0 & 1 & 0 \\ 0 & 0 & 0 & 0 & 1 \end{pmatrix}$ ne l'est pas car au-dessus du pivot 1 de la dernière ligne se trouve un coefficient non nul : le 2 situé sur la deuxième ligne.

Et on a un résultat fondamental :

Théorème-Définition 13

Toute matrice est équivalente à une unique matrice échelonnée réduite par lignes. On dit de cette matrice qu'elle est la *réduite échelonnée par lignes* de la matrice initiale.

DÉMONSTRATION

Le théorème 7 du chapitre 7, p. 367, établit qu'il est possible de rendre tout système échelonné à l'aide de l'algorithme du pivot de Gauss, et le pendant matriciel est le fait qu'on peut rendre, via opérations élémentaires, toute matrice échelonnée par lignes.
Comme on sait que deux matrices qui se déduisent l'une de l'autre par opérations élémentaires sont équivalentes, on en déduit que toute matrice est équivalente à une matrice échelonnée par lignes.
Ensuite, une fois qu'on a une matrice échelonnée par lignes, il est très simple de la rendre échelonnée réduite par lignes ; il suffit d'abord de diviser chaque ligne non nulle par son pivot, ce qui rend les nouveaux pivots tous égaux à 1, puis on utilise ces pivots pour annuler les coefficients qui sont au-dessus d'eux dans leur colonne, à l'aide des opérations du type $L_i \leftarrow L_i + \lambda L_j$, de manière analogue à ce que l'on fait dans la première phase de l'algorithme pour annuler les coefficients au-dessus des pivots dans leur colonne.
La question de l'unicité est plus délicate ; on l'admet.

Exemple 7

Reprenons la matrice A de l'exemple 4.

On a vu qu'elle est équivalente à la matrice échelonnée par lignes : $\begin{pmatrix} 2 & -1 & 0 & 2 \\ 0 & 3 & -1 & -3 \\ 0 & 0 & 0 & 8 \\ 0 & 0 & 0 & 0 \end{pmatrix}$.

Ensuite on effectue :

$$\begin{array}{l} L_1 \leftarrow \frac{1}{2} L_1 \\ L_2 \leftarrow \frac{1}{3} L_2 \\ L_3 \leftarrow \frac{1}{8} L_3 \\ \end{array} \quad \begin{pmatrix} 1 & -\frac{1}{2} & 0 & 1 \\ 0 & 1 & -\frac{1}{3} & -1 \\ 0 & 0 & 0 & 1 \\ 0 & 0 & 0 & 0 \end{pmatrix}$$

$$\begin{array}{l} L_1 \leftarrow L_1 - L_3 \\ L_2 \leftarrow L_2 + L_3 \\ \\ \end{array} \quad \begin{pmatrix} 1 & -\frac{1}{2} & 0 & 0 \\ 0 & 1 & -\frac{1}{3} & 0 \\ 0 & 0 & 0 & 1 \\ 0 & 0 & 0 & 0 \end{pmatrix}$$

$$\begin{array}{l} L_1 \leftarrow L_1 + \frac{1}{2} L_2 \\ \\ \\ \end{array} \quad \begin{pmatrix} 1 & 0 & -\frac{1}{6} & 0 \\ 0 & 1 & -\frac{1}{3} & 0 \\ 0 & 0 & 0 & 1 \\ 0 & 0 & 0 & 0 \end{pmatrix}.$$

Ainsi la matrice $\begin{pmatrix} 1 & 0 & -\frac{1}{6} & 0 \\ 0 & 1 & -\frac{1}{3} & 0 \\ 0 & 0 & 0 & 1 \\ 0 & 0 & 0 & 0 \end{pmatrix}$ est la forme échelonnée réduite par lignes de A.

Remarque 4

Notons que si la première colonne de A est non nulle, alors la matrice échelonnée réduite par lignes possède un 1 en position $(1, 1)$. On se place en général dans un tel cas.

On peut reprendre tous les concepts et résultats énoncés ici et les reformuler en mettant en avant les colonnes. Ainsi par exemple :

Définition 8 (Matrice échelonnée par colonnes)

Une matrice M est dite *échelonnée par colonnes* lorsqu'elle vérifie les deux propriétés suivantes :

1. Si une colonne de M est nulle alors toutes les colonnes suivantes le sont également.
2. À partir de la deuxième colonne, dans chaque colonne non nulle, le premier coefficient non nul à partir du haut est situé plus bas que le premier coefficient non nul de la colonne précédente.

En fait, plus simplement, on pourrait dire qu'une matrice est *échelonnée par colonnes* lorsque ${}^tM$ est échelonnée par ligne, sachant que ceci est bien évidemment équivalent à la définition qui précède.

Plus généralement, en appliquant la transposée, on a un dictionnaire entre les concepts et résultats sur les matrices échelonnées par lignes et ceux sur les matrices échelonnées par colonnes. On se contente d'un exemple.

Exemple 8

Reprenons simplement l'exemple 7. Notons $B = {}^tA = \begin{pmatrix} 2 & 0 & 4 & -2 \\ -1 & 3 & 1 & 4 \\ 0 & -1 & -1 & -1 \\ 2 & -3 & 1 & 3 \end{pmatrix}$.

En appliquant les mêmes opérations élémentaires sur B que sur A, mais en les transposant (c'est-à-dire que les opérations sur les lignes deviennent des opérations sur les colonnes), on peut obtenir la forme échelonnée réduite par colonnes de B. Le lecteur doit s'attendre à ce qu'elle soit la transposée de la forme échelonnée réduite par lignes de A,

et c'est bien le cas : $\begin{pmatrix} 1 & 0 & 0 & 0 \\ 0 & 1 & 0 & 0 \\ -\frac{1}{6} & -\frac{1}{3} & 0 & 0 \\ 0 & 0 & 1 & 0 \end{pmatrix}$.

Pour obtenir la forme échelonnée réduite par colonnes d'une matrice, il faut donc appliquer l'algorithme du pivot de Gauss sur les colonnes (et non sur les lignes comme jusqu'à présent). Nous ne saurions trop encourager le lecteur à essayer de comprendre tout seul quel est le principe de cet algorithme. Nous revenons dessus un peu plus loin.

On notera qu'en interprétant les opérations élémentaires par des produits par des matrices d'opérations élémentaires (à gauche s'il s'agit d'opérer sur les lignes, à droite si c'est pour opérer sur les colonnes), on a une traduction matricielle immédiate du théorème 13 et de son pendant version colonnes :

Théorème 1

Soit $A \in \mathcal{M}_{m,n}(\mathbb{K})$

1. Il existe une matrice E, produit de matrices d'opérations élémentaires, et une matrice R échelonnée réduite par lignes, telles que : $A = ER$.
2. Il existe une matrice F, produit de matrices d'opérations élémentaires, et une matrice C échelonnée réduite par colonnes, telles que : $A = CE$.

3.2 Inversion d'une matrice

Étant donnée une matrice $A \in GL_n(\mathbb{K})$, imaginons que l'on puisse effectuer des opérations élémentaires sur les lignes de A jusqu'à obtenir la matrice identité. Si l'on note U_1,

U_2, ..., U_k les matrices associées aux opérations élémentaires effectuées (en respectant l'ordre), cela signifie qu'on a la relation :

$$\underbrace{U_k \cdots U_2 U_1}_{P} A = I_n.$$

En effet chaque opération élémentaire sur les lignes revient à multiplier par la gauche la matrice obtenue après les étapes précédentes. Ainsi, si l'on a effectué les opérations élémentaires codées par les matrices $U_1, \ldots, U_j$, c'est que l'on a calculé $U_j \cdots U_1 A$, et l'opération élémentaire suivante, codée par U_{j+1}, donne $U_{j+1}(U_j \cdots U_1 A) = U_{j+1} U_j \cdots U_1 A$. En tout cas, la matrice P ainsi introduite comme étant le produit $U_k \cdots U_2 U_1$ (c'est bien le bon ordre!) est alors l'inverse de A.
On peut obtenir cette matrice $P = A^{-1}$ simplement en effectuant les mêmes opérations élémentaires à la matrice identité qu'à la matice A. En effet voici ce qui se passe matriciellement :

$$\begin{array}{rr} A & I_n \\ U_1 A & U_1 I_n \\ U_2 U_1 A & U_2 U_1 I_n \\ \vdots & \vdots \\ I_n = PA = U_k \cdots U_2 U_1 A & P = PI_n = U_k \cdots U_2 U_1 I_n. \end{array}$$

Voici comment procéder en pratique :

1. On applique l'algorithme du pivot de Gauss pour annuler les coefficients sous la diagonale jusqu'à obtenir une matrice triangulaire supérieure ; c'est exactement le même principe que celui présenté pour les systèmes linéaires dans la sous-section 5.3 du chapitre 7.
   Notons que si la matrice A donnée est bien inversible, alors les coefficients diagonaux à la fin de cette étape sont tous non nuls ; nous revenons en détail sur cet aspect important un peu plus loin.
2. Ensuite, on multiplie les lignes par la bonne valeur afin de n'avoir que des 1 sur la diagonale (ce qui est possible car les coefficients diagonaux obtenus à l'étape précédente sont tous non nuls).
3. Enfin, toujours avec des opérations élémentaires sur les lignes, on annule les coefficients au-dessus de la diagonale en allant de la dernière colonne à la deuxième.

La deuxième étape est souple ; on peut très bien la mélanger aux deux autres, c'est une question de commodité de calculs.

On peut tirer de ce qui précède le résultat théorique :

Proposition 4 (Matrice inversible et équivalence par lignes - PCSI)

Si A est une matrice inversible d'ordre n alors $A \underset{L}{\sim} I_n$.

DÉMONSTRATION

En effet l'algorithme du pivot de Gauss explique que via des opérations élémentaires sur les lignes de A, on peut obtenir I_n, ce qui signifie qu'on a $A \underset{L}{\sim} I_n$.

Voyons deux exemples concrets :

Exemples 9

1. Inversons la matrice $\begin{pmatrix} 1 & 2 & 0 \\ 0 & 1 & 2 \\ 0 & 0 & 1 \end{pmatrix}$.

   On écrit :
$$\left(\begin{array}{ccc|ccc} 1 & 2 & 0 & 1 & 0 & 0 \\ 0 & 1 & 2 & 0 & 1 & 0 \\ 0 & 0 & 1 & 0 & 0 & 1 \end{array}\right)$$
$$\underset{L_2 \leftarrow L_2 - 2L_3}{} \left(\begin{array}{ccc|ccc} 1 & 2 & 0 & 1 & 0 & 0 \\ 0 & 1 & 0 & 0 & 1 & -2 \\ 0 & 0 & 1 & 0 & 0 & 1 \end{array}\right)$$
$$\underset{L_1 \leftarrow L_1 - 2L_2}{} \left(\begin{array}{ccc|ccc} 1 & 0 & 0 & 1 & -2 & 4 \\ 0 & 1 & 0 & 0 & 1 & -2 \\ 0 & 0 & 1 & 0 & 0 & 1 \end{array}\right).$$

   On conclut que l'inverse de $\begin{pmatrix} 1 & 2 & 0 \\ 0 & 1 & 2 \\ 0 & 0 & 1 \end{pmatrix}$ est $\begin{pmatrix} 1 & -2 & 4 \\ 0 & 1 & -2 \\ 0 & 0 & 1 \end{pmatrix}$.

2. Inversons la matrice $\begin{pmatrix} 1 & 0 & 1 \\ 1 & 2 & 0 \\ 1 & 1 & 1 \end{pmatrix}$.

$$\left(\begin{array}{ccc|ccc} 1 & 0 & 1 & 1 & 0 & 0 \\ 1 & 2 & 0 & 0 & 1 & 0 \\ 1 & 1 & 1 & 0 & 0 & 1 \end{array}\right)$$

$$\begin{array}{c} \\ L_2 \leftarrow L_2 - L_1 \\ L_3 \leftarrow L_3 - L_1 \end{array} \left(\begin{array}{ccc|ccc} 1 & 0 & 1 & 1 & 0 & 0 \\ 0 & 2 & -1 & -1 & 1 & 0 \\ 0 & 1 & 0 & -1 & 0 & 1 \end{array}\right)$$

$$\begin{array}{c} \\ \\ L_3 \leftarrow L_3 - \frac{1}{2} L_2 \end{array} \left(\begin{array}{ccc|ccc} 1 & 0 & 1 & 1 & 0 & 0 \\ 0 & 2 & -1 & -1 & 1 & 0 \\ 0 & 0 & \frac{1}{2} & -\frac{1}{2} & -\frac{1}{2} & 1 \end{array}\right)$$

$$\begin{array}{c} \\ \\ L_3 \leftarrow 2L_3 \end{array} \left(\begin{array}{ccc|ccc} 1 & 0 & 1 & 1 & 0 & 0 \\ 0 & 2 & -1 & -1 & 1 & 0 \\ 0 & 0 & 1 & -1 & -1 & 2 \end{array}\right)$$

$$\begin{array}{c} \\ L_2 \leftarrow L_2 + L_3 \\ \\ \end{array} \left(\begin{array}{ccc|ccc} 1 & 0 & 1 & 1 & 0 & 0 \\ 0 & 2 & 0 & -2 & 0 & 2 \\ 0 & 0 & 1 & -1 & -1 & 2 \end{array}\right)$$

$$\begin{array}{c} \\ L_2 \leftarrow \frac{1}{2} L_2 \\ \\ \end{array} \left(\begin{array}{ccc|ccc} 1 & 0 & 1 & 1 & 0 & 0 \\ 0 & 1 & 0 & -1 & 0 & 1 \\ 0 & 0 & 1 & -1 & -1 & 2 \end{array}\right)$$

$$\begin{array}{c} L_1 \leftarrow L_1 - L_3 \\ \\ \\ \end{array} \left(\begin{array}{ccc|ccc} 1 & 0 & 0 & 2 & 1 & -2 \\ 0 & 1 & 0 & -1 & 0 & 1 \\ 0 & 0 & 1 & -1 & -1 & 2 \end{array}\right).$$

L'inverse de $\begin{pmatrix} 1 & 0 & 1 \\ 1 & 2 & 0 \\ 1 & 1 & 1 \end{pmatrix}$ est donc $\begin{pmatrix} 2 & 1 & -2 \\ -1 & 0 & 1 \\ -1 & -1 & 2 \end{pmatrix}$.

Nous venons de présenter une méthode d'inversion de matrice reposant sur des opérations élémentaires sur les lignes. Il est légitime de se demander si l'on peut faire de même en agissant sur les colonnes.

Étant donnée une matrice $A \in GL_n(\mathbb{K})$, imaginons que l'on puisse effectuer des opérations élémentaires sur les colonnes de A jusqu'à obtenir la matrice identité. Si l'on note V_1, V_2, ..., V_ℓ les matrices associées aux opérations élémentaires effectuées (en respectant l'ordre), cela signifie qu'on a la relation :

$$A \underbrace{V_1 V_2 \cdots V_\ell}_{Q} = I_n.$$

En effet chaque opération élémentaire sur les colonnes revient à multiplier par la droite la matrice obtenue après les étapes précédentes.

En tout cas, la matrice Q ainsi introduite comme étant le produit $V_1 V_2 \cdots V_\ell$ (c'est bien le bon ordre!) est alors l'inverse de A.

On peut obtenir cette matrice $Q = A^{-1}$ simplement en effectuant les mêmes opérations élémentaires à la matrice identité qu'à la matice A :

$$\begin{array}{rr} A & I_n \\ AV_1 & I_nV_1 \\ AV_1V_2 & I_nV_1V_2 \\ \vdots & \vdots \\ I_n = AQ = AV_1V_2\cdots V_\ell & Q = I_nQ = I_nV_1V_2\cdots V_\ell. \end{array}$$

La méthode repose toujours sur l'algorithme du pivot de Gauss, mais il s'agit cette fois de l'effectuer sur les colonnes, et non sur les lignes comme jusqu'à présent. Voici une manière de faire :

1. On applique l'algorithme du pivot de Gauss pour annuler les coefficients au-dessus de la diagonale jusqu'à obtenir une matrice triangulaire inférieure ; pour ce faire, on commence par choisir l'élément en position $(1, 1)$ comme pivot (ou, s'il est nul, on permute deux colonnes entre elles afin d'avoir un coefficient non nul[8]) et on effectue des opérations élémentaires sur les colonnes afin de rendre nuls tous les coefficients des positions $(1, 2)$ à $(1, n)$.
   On passe ensuite à la deuxième ligne. On choisit comme pivot l'élément en position $(2, 2)$ (ou, s'il est nul, on permute deux colonnes entre elles afin d'avoir un coefficient non nul) et on effectue des opérations élémentaires sur les colonnes afin de rendre nuls tous les coefficients des positions $(2, 3)$ à $(2, n)$.
   On poursuit de même jusqu'à l'avant-dernière ligne incluse.
   Notons que là encore, si la matrice A donnée est bien inversible, alors les coefficients diagonaux à la fin de cette étape sont tous non nuls.

2. Ensuite, on multiplie les colonnes par la bonne valeur afin de n'avoir que des 1 sur la diagonale.

3. Enfin, toujours avec des opérations élémentaires sur les colonnes, on annule les coefficients au-dessous de la diagonale en allant de la dernière ligne à l'a deuxième.

La deuxième étape est souple ; on peut très bien la mélanger aux deux autres, c'est une question de commodité de calculs.

On peut tirer de ce qui précède le résultat théorique :

8. La matrice étant supposée inversible, elle n'a aucune ligne nulle donc il existe sur chaque ligne un coefficient non nul.

Proposition 5 (Matrice inversible et équivalence par colonnes - PCSI)

Si A est une matrice inversible d'ordre n alors $A \underset{C}{\sim} I_n$.

DÉMONSTRATION

En effet l'algorithme du pivot de Gauss explique que via des opérations élémentaires sur les colonnes de A, on peut obtenir I_n, ce qui signifie qu'on a $A \underset{C}{\sim} I_n$.

Exemple 10

Reprenons l'exemple 9.2 mais opérons cette fois sur les colonnes :

$$\left(\begin{array}{ccc|ccc} 1 & 0 & 1 & 1 & 0 & 0 \\ 1 & 2 & 0 & 0 & 1 & 0 \\ 1 & 1 & 1 & 0 & 0 & 1 \end{array}\right)$$

$$\left(\begin{array}{ccc|ccc} 1 & 0 & 0 & 1 & 0 & -1 \\ 1 & 2 & -1 & 0 & 1 & 0 \\ 1 & 1 & 0 & 0 & 0 & 1 \end{array}\right) \quad C_3 \leftarrow C_3 - C_1$$

$$\left(\begin{array}{ccc|ccc} 1 & 0 & 0 & 1 & 0 & -1 \\ 1 & 2 & 0 & 0 & 1 & \frac{1}{2} \\ 1 & 1 & \frac{1}{2} & 0 & 0 & 1 \end{array}\right) \quad C_3 \leftarrow C_3 + \tfrac{1}{2} C_2$$

$$\left(\begin{array}{ccc|ccc} 1 & 0 & 0 & 1 & 0 & -2 \\ 1 & 1 & 0 & 0 & \frac{1}{2} & 1 \\ 1 & \frac{1}{2} & 1 & 0 & 0 & 2 \end{array}\right) \quad \begin{array}{l} C_2 \leftarrow \tfrac{1}{2} C_2 \\ C_3 \leftarrow 2C_3 \end{array}$$

$$\left(\begin{array}{ccc|ccc} 1 & 0 & 0 & 3 & 1 & -2 \\ 1 & 1 & 0 & -1 & 0 & 1 \\ 0 & 0 & 1 & -2 & -1 & 2 \end{array}\right) \quad \begin{array}{l} C_1 \leftarrow C_1 - C_3 \\ C_2 \leftarrow C_2 - \tfrac{1}{2} C_3 \end{array}$$

$$\left(\begin{array}{ccc|ccc} 1 & 0 & 0 & 2 & 1 & -2 \\ 0 & 1 & 0 & -1 & 0 & 1 \\ 0 & 0 & 1 & -1 & -1 & 2 \end{array}\right) \quad C_1 \leftarrow C_1 - C_2 \quad .$$

Et on retrouve bien le fait que $\begin{pmatrix} 2 & 1 & -2 \\ -1 & 0 & 1 \\ -1 & -1 & 2 \end{pmatrix}$ est l'inverse de $\begin{pmatrix} 1 & 0 & 1 \\ 1 & 2 & 0 \\ 1 & 1 & 1 \end{pmatrix}$.

⚠ **Il ne faut surtout pas mélanger opérations sur les lignes et les colonnes pour calculer l'inverse d'une matrice !**

En effet, supposons que l'on puisse, grâce à des opérations sur les lignes codées par des matrices U_1, U_2, ..., U_k, et grâce à des opérations sur les colonnes codées par des matrices V_1, V_2, ..., V_ℓ, transformer une matrice A en I_n, alors c'est qu'on a matriciellement[9] :

$$\underbrace{U_k \cdots U_2 U_1}_{P} A \underbrace{V_1 V_2 \cdots V_\ell}_{Q} = I_n.$$

Mais si l'on effectue les mêmes opérations sur la matrice I_n, on obtient :

$$\underbrace{U_k \cdots U_2 U_1}_{P} I_n \underbrace{V_1 V_2 \cdots V_\ell}_{Q} = PQ.$$

Or il est clair que PQ n'est en général pas l'inverse de A. En effet, on a $PAQ = I_n$ mais dire que PQ est l'inverse de A reviendrait à dire qu'on a $APQ = I_n$ et $PQA = I_n$. Le produit de matrices n'étant en général pas commutatif, ce procédé ne fonctionne pas en général.

3.3 Calcul du rang d'une matrice

Comme nous l'avons vu dans la sous-section 2.3, les opérations élémentaires préservent le rang d'une matrice.

Or, si par opérations élémentaires, on rend une matrice échelonnée[10], on sait que son rang est égal au nombre de lignes non nulles.

Ainsi l'algorithme du pivot de Gauss permet de calculer le rang d'une matrice.

On notera d'ailleurs que, le rang d'une matrice étant égal à celui de sa transposée, et les opérations sur les lignes devenant des opérations sur les colonnes par transposition, on peut aussi opérer sur les colonnes pour calculer le rang d'une matrice. Nous illustrons les deux procédés dans les exemples qui suivent.

Enfin, comme une matrice de $\mathcal{M}_n(\mathbb{K})$ est inversible si et seulement si elle est de rang n, le principe décrit ici permet de décider si une matrice est inversible, sans nécessairement pousser le calcul jusqu'à obtenir l'inverse...

Exemples 11

1. On demande de déterminer si la matrice $A = \begin{pmatrix} 1 & 2 & 3 \\ 4 & 5 & 6 \\ 7 & 8 & 9 \end{pmatrix}$ est inversible et, si oui, de calculer son inverse.

   Lançons-nous donc dans la méthode d'inversion d'une matrice à l'aide de l'algorithme du pivot de Gauss :

9. Et ce, quel que soit l'ordre dans lequel les divers types d'opérations sont effectués, au sens où des opérations sur les colonnes peuvent s'intercaler entre des opérations sur les lignes par exemple.

10. De manière naturelle, on dit d'une matrice qu'elle est *échelonnée* lorsque ses lignes obéissent à la définition de l'échelonnement, cf. la définition 9 du chapitre 7, p. 363.

$$\left(\begin{array}{ccc|ccc} 1 & 2 & 3 & 1 & 0 & 0 \\ 4 & 5 & 6 & 0 & 1 & 0 \\ 7 & 8 & 9 & 0 & 0 & 1 \end{array}\right)$$

$$\begin{array}{l} \\ L_2 \leftarrow L_2 - 4L_1 \\ L_3 \leftarrow L_3 - 7L_1 \end{array} \left(\begin{array}{ccc|ccc} 1 & 2 & 3 & 1 & 0 & 0 \\ 0 & -3 & -6 & -4 & 1 & 0 \\ 0 & -6 & -12 & -7 & 0 & 1 \end{array}\right)$$

$$\begin{array}{l} \\ \\ L_3 \leftarrow L_3 - 2L_2 \end{array} \left(\begin{array}{ccc|ccc} 1 & 2 & 3 & 1 & 0 & 0 \\ 0 & -3 & -6 & -4 & 1 & 0 \\ 0 & 0 & 0 & 1 & -2 & 1 \end{array}\right).$$

Nul besoin d'aller plus loin : A est équivalente à une matrice échelonnée dont la troisième ligne est nulle, donc de rang 2. Par conséquent A est de rang 2 et, en particulier, est non inversible.

2. On demande de déterminer si la matrice $B = \begin{pmatrix} 1 & 2 & 3 & 4 \\ 5 & 6 & 7 & 8 \\ 9 & 10 & 11 & 12 \\ 13 & 14 & 15 & 16 \end{pmatrix}$ est inversible et, si oui, de calculer son inverse.

Forts de l'exemple précédent, et soupçonnant une analogie entre les deux, on s'attend à ce que B soit non inversible et donc, par économie, nous n'effectuons pas les opérations en parallèle sur la matrice identité :

$$\begin{pmatrix} 1 & 2 & 3 & 4 \\ 5 & 6 & 7 & 8 \\ 9 & 10 & 11 & 12 \\ 13 & 14 & 15 & 16 \end{pmatrix}$$

$$\begin{array}{l} \\ L_2 \leftarrow L_2 - 5L_1 \\ L_3 \leftarrow L_3 - 9L_1 \\ L_4 \leftarrow L_4 - 13L_1 \end{array} \begin{pmatrix} 1 & 2 & 3 & 4 \\ 0 & -4 & -8 & -12 \\ 0 & -8 & -16 & -24 \\ 0 & -12 & -24 & -36 \end{pmatrix}$$

$$\begin{array}{l} \\ \\ L_3 \leftarrow L_3 - 2L_2 \\ L_4 \leftarrow L_4 - 3L_2 \end{array} \begin{pmatrix} 1 & 2 & 3 & 4 \\ 0 & -4 & -8 & -12 \\ 0 & 0 & 0 & 0 \\ 0 & 0 & 0 & 0 \end{pmatrix}.$$

Notre intuition initiale était la bonne : B est non inversible car de rang 2.

3. Traitons un exemple en opérant sur les colonnes cette fois.

Soit à calculer $\text{rg}(C)$, où $C = \begin{pmatrix} 0 & -2 & -4 & 2 \\ 3 & 0 & 3 & 3 \\ 4 & 1 & 8 & 1 \\ 1 & 5 & 5 & 2 \end{pmatrix}$.

$$\begin{pmatrix} -2 & 0 & -4 & 2 \\ 0 & 3 & 3 & 3 \\ 1 & 4 & 8 & 1 \\ 5 & 1 & 5 & 2 \end{pmatrix} \quad {\scriptstyle C_1 \leftrightarrow C_2}$$

$$\begin{pmatrix} -2 & 0 & 0 & 0 \\ 0 & 3 & 3 & 3 \\ 1 & 4 & 6 & 2 \\ 5 & 1 & -5 & 7 \end{pmatrix} \quad {\scriptstyle C_3 \leftrightarrow C_3 - 2C_1} \quad {\scriptstyle C_4 \leftarrow C_4 + C_1}$$

$$\begin{pmatrix} -2 & 0 & 0 & 0 \\ 0 & 3 & 0 & 0 \\ 1 & 4 & 2 & -2 \\ 5 & 1 & -6 & 6 \end{pmatrix} \quad {\scriptstyle C_3 \leftrightarrow C_3 - C_2} \quad C_4 \leftarrow C_4 - C_2$$

$$\begin{pmatrix} -2 & 0 & 0 & 0 \\ 0 & 3 & 0 & 0 \\ 1 & 4 & 2 & 0 \\ 5 & 1 & -6 & 0 \end{pmatrix} \quad {\scriptstyle C_4 \leftarrow C_4 + C_3} \quad .$$

Ainsi on a $\text{rg}(C) = 3$.

3.4 Détermination d'une décomposition PJ_rQ - MPSI

On a vu dans un chapitre précédent que si une matrice $A \in \mathcal{M}_{m,n}(\mathbb{K})$ est de rang r, alors il existe $P \in GL_m(\mathbb{K})$ et $Q \in GL_n(\mathbb{K})$ tels que $A = PJ_rQ$; et donc il existe $U \in GL_m(\mathbb{K})$ et $V \in GL_n(\mathbb{K})$ telles que $J_r = UAV$.

On peut d'eterminer deux matrices convenables U et V, en appliquant l'algorithme du pivot de Gauss, en présentant par exemple les calculs sous la forme :

$$\begin{array}{|c|c|} \hline I_m & A \\ \hline & I_n \\ \hline \end{array} \xrightarrow{OE} \cdots \xrightarrow{OE} \begin{array}{|c|c|} \hline U & J_r \\ \hline & V \\ \hline \end{array}$$

La matrice U sera obtenue en soumettant I_m aux opérations élémentaires effectuées sur les lignes de A (vu que c'est celle qui multiplie A par la gauche) tandis que V sera obtenue en soumettant I_n aux opérations élémentaires effectuées sur les colonnes de A (vu que c'est celle qui multiplie A par la droite).

Voyons plutôt un exemple :

Exemple 12

Reprenons la matrice $A = \begin{pmatrix} 1 & 2 & 3 \\ 4 & 5 & 6 \\ 7 & 8 & 9 \end{pmatrix}$.

$$\begin{array}{|ccc|ccc|}\hline 1&0&0&1&2&3\\ 0&1&0&4&5&6\\ 0&0&1&7&8&9\\ \hline &&&1&0&0\\ &&&0&1&0\\ &&&0&0&1\\ \hline\end{array} \xrightarrow{\text{cf. exemple 11.1.}} \begin{array}{|ccc|ccc|}\hline 1&0&0&1&2&3\\ -4&1&0&0&-3&-6\\ 1&-2&1&0&0&0\\ \hline &&&1&0&0\\ &&&0&1&0\\ &&&0&0&1\\ \hline &&&C_1&C_2&C_3\end{array} \xrightarrow{C_3\leftarrow C_3-2C_2}$$

$$\begin{array}{|ccc|ccc|}\hline 1&0&0&1&2&\text{-}1\\ \text{-}4&1&0&0&\text{-}3&0\\ 1&\text{-}2&1&0&0&0\\ \hline &&&1&0&0\\ &&&0&1&\text{-}2\\ &&&0&0&1\\ \hline &&&C_1&C_2&C_3\end{array} \xrightarrow{C_2\leftarrow C_2-2C_1 \text{ et } C_3\leftarrow C_3+C_1}$$

$$\begin{array}{|ccc|ccc|l}\hline 1&0&0&1&0&0&L_1\\ -4&1&0&0&-3&0&L_2\\ 1&-2&1&0&0&0&L_3\\ \hline &&&1&-2&1\\ &&&0&1&-2\\ &&&0&0&1\\ \hline\end{array} \xrightarrow{L_2\leftarrow -\frac{1}{3}L_2} \begin{array}{|ccc|ccc|}\hline 1&0&0&1&0&0\\ \frac{4}{3}&-\frac{1}{3}&0&0&1&0\\ 1&-2&1&0&0&0\\ \hline &&&1&-2&1\\ &&&0&1&-2\\ &&&0&0&1\\ \hline\end{array}$$

On obtient donc $\underbrace{\begin{pmatrix} 1 & 0 & 0 \\ \frac{4}{3} & -\frac{1}{3} & 0 \\ 1 & -2 & 1 \end{pmatrix}}_{U} \times A \times \underbrace{\begin{pmatrix} 1 & -2 & 1 \\ 0 & 1 & -2 \\ 0 & 0 & 1 \end{pmatrix}}_{V} = \underbrace{\begin{pmatrix} 1 & 0 & 0 \\ 0 & 1 & 0 \\ 0 & 0 & 0 \end{pmatrix}}_{J_2}$.

Si l'on veut un couple de matrices (P, Q) tel que $A = PJ_rQ$, on peut prendre $P = U^{-1}$ et $Q = V^{-1}$. L'inversion des matrices U et V est aisé à réaliser car elles sont triangulaires.

3.5 Rang d'une famille de vecteurs

Comme nous l'avons vu avec la proposition 10 du chapitre 12 et, surtout, les exemples 18 et 19 qui la suivent, on peut calculer le rang d'une famille finie $\mathcal{F}$ de vecteurs d'un $\mathbb{K}$-espace vectoriel E de dimension finie, si l'on connaît les coordonnées des éléments de cette famille dans une base quelconque B de E.
On peut d'ailleurs préciser ce que nous avions vu alors : si l'on forme $M = \mathrm{Mat}_B(\mathcal{F})$, alors on sait qu'on a $\mathrm{rg}(M) = \mathrm{rg}(\mathcal{F})$. On peut donc utiliser les opérations élémentaires, aussi bien sur les lignes que sur les colonnes, pour échelonner la matrice M et en déduire ainsi facilement son rang.

Exemple 13
Cherchons le rang de la famille $\mathcal{F}$ de vecteurs suivants de $\mathbb{R}^5$:

$$u_1 = \begin{pmatrix} 1 \\ 1 \\ -1 \\ 2 \\ 1 \end{pmatrix}, \quad u_2 = \begin{pmatrix} 2 \\ -1 \\ 0 \\ 1 \\ 1 \end{pmatrix}, \quad u_3 = \begin{pmatrix} 0 \\ 3 \\ -2 \\ 1 \\ 0 \end{pmatrix}, \quad u_4 = \begin{pmatrix} 4 \\ -2 \\ 0 \\ 4 \\ 3 \end{pmatrix}, \quad u_5 = \begin{pmatrix} 1 \\ 4 \\ -3 \\ 1 \\ 0 \end{pmatrix}.$$

On forme la matrice M représentative de la famille $\mathcal{F} = (u_1, u_2, u_3, u_4, u_5)$ dans la base canonique de $\mathbb{R}^5$.
On applique l'algorithme du pivot de Gauss sur les colonnes (on laisse au lecteur le soin de retrouver les opérations précisément effectuées) :

$$M = \begin{pmatrix} 1 & 2 & 0 & 4 & 1 \\ 1 & -1 & 3 & -2 & 4 \\ -1 & 0 & -2 & 0 & -3 \\ 2 & 1 & 1 & 4 & 1 \\ 1 & 1 & 0 & 3 & 0 \end{pmatrix} \quad \begin{pmatrix} 1 & 0 & 0 & 0 & 0 \\ 1 & -3 & 3 & -6 & 3 \\ -1 & 2 & -2 & 4 & -2 \\ 2 & -3 & 1 & -4 & -1 \\ 1 & -1 & 0 & -1 & -1 \end{pmatrix}$$

$$\begin{pmatrix} 1 & 0 & 0 & 0 & 0 \\ 1 & -3 & 0 & 0 & 0 \\ -1 & 2 & 0 & 0 & 0 \\ 2 & -3 & -2 & 2 & -2 \\ 1 & -1 & -1 & 1 & -1 \end{pmatrix} \quad \begin{pmatrix} 1 & 0 & 0 & 0 & 0 \\ 1 & -3 & 0 & 0 & 0 \\ -1 & 2 & 0 & 0 & 0 \\ 2 & -3 & -2 & 0 & 0 \\ 1 & -1 & -1 & 0 & 0 \end{pmatrix}.$$

Ainsi M est de rang 3.
Notons le fait important suivant : les opérations menées sur les colonnes produisent des combinaisons linéaires des u_i, donc les vecteurs $v_1 = \begin{pmatrix} 1 \\ 1 \\ -1 \\ 2 \\ 1 \end{pmatrix}$, $v_2 = \begin{pmatrix} 0 \\ -3 \\ 2 \\ -3 \\ -1 \end{pmatrix}$ et $v_3 = \begin{pmatrix} 0 \\ 0 \\ 0 \\ -2 \\ -1 \end{pmatrix}$ appartiennent à $\mathrm{Vect}(\mathcal{F})$. Comme on sait que le rang de la famille (v_1, v_2, v_3) est égal à

celui de $\mathcal{F}$, on a $\text{Vect}(v_1, v_2, v_3) = \text{Vect}(\mathcal{F})$. En outre (v_1, v_2, v_3) est libre (car échelonnée) donc c'est une base de $\text{Vect}(\mathcal{F})$. Le procédé décrit ici donne donc non seulement $\text{rg}(\mathcal{F})$, mais aussi une base de $\text{Vect}(\mathcal{F})$.

⚠ Si dans l'exemple précédent, on effectue des opérations élémentaires sur les lignes de M, alors on peut évidemment aussi trouver le rang de M et donc celui de $\mathcal{F}$, mais par contre on ne peut pas en déduire une base de $\text{Vect}(\mathcal{F})$ car, de la manière dont on a représenté les vecteurs de $\mathcal{F}$ (en les écrivant en colonnes), seules les opérations sur les colonnes correspondent à des combinaisons linéaires des u_i.

La méthode illustrée par l'exemple précédent peut aussi être employée pour déterminer le rang d'une application linéaire f entre espaces de dimension finie, ainsi qu'une base de l'image de f. On propose au lecteur l'exercice 16.3 pour chercher à appliquer cette idée.

4 Retour sur les systèmes linéaires

4.1 Traduction matricielle

Comme nous l'avons rappelé en introduction à ce chapitre, il est naturellement associée une matrice à tout système linéaire, la matrice des coefficients de ce système :

$$\Sigma : \left\{ \begin{array}{ccc} a_{1,1}x_1 + a_{1,2}x_2 + \cdots + a_{1,n}x_n & = & \alpha_1 \\ a_{2,1}x_1 + a_{2,2}x_2 + \cdots + a_{2,n}x_n & = & \alpha_2 \\ \vdots & \vdots & \vdots \\ a_{p,1}x_1 + a_{p,2}x_2 + \cdots + a_{p,n}x_n & = & \alpha_p \end{array} \right. \longrightarrow \begin{pmatrix} a_{1,1} & a_{1,2} & \cdots & a_{1,n} \\ a_{2,1} & a_{2,2} & \cdots & a_{2,n} \\ \vdots & \vdots & & \vdots \\ a_{p,1} & a_{p,2} & \cdots & a_{p,n} \end{pmatrix} = A.$$

On peut aller plus loin en notant $B = \begin{pmatrix} \alpha_1 \\ \alpha_2 \\ \vdots \\ \alpha_p \end{pmatrix} \in \mathcal{M}_{p,1}(\mathbb{K})$ la matrice colonne des seconds membres du système.

On définit également une notion simple et assez pratique, *a priori* uniquement au programme de PCSI mais utilisable avec avantages par tous :

Définition 9

On appelle *matrice augmentée* d'un système linéaire la matrice notée $(A|B)$, où A est la matrice des coefficients du système et B la colonne des seconds membres.

Concrètement, $(A|B) = \left(\begin{array}{cccc|c} a_{1,1} & a_{1,2} & \cdots & a_{1,n} & \alpha_1 \\ a_{2,1} & a_{2,2} & \cdots & a_{2,n} & \alpha_2 \\ \vdots & \vdots & & \vdots & \vdots \\ a_{p,1} & a_{p,2} & \cdots & a_{p,n} & \alpha_p \end{array}\right)$.

Remarque 5

La matrice augmentée n'est pas une vraie matrice mais une notation pratique.

Si l'on note $X = \begin{pmatrix} x_1 \\ x_2 \\ \vdots \\ x_n \end{pmatrix} \in \mathcal{M}_{n,1}(\mathbb{K})$ la colonne des inconnues d'un système, alors on peut constater que le système équivaut à l'équation matricielle $AX = B$.

Pour résoudre un système linéaire, la méthode recommandée est l'algorithme du pivot de Gauss, en effectuant des opérations élémentaires sur les **lignes** du système, donc matriciellement parlant, sur les lignes de A et de B. Opérer sur les colonnes n'aurait aucun sens dans ce type de problèmes.

On sait que toute opération élémentaire sur les lignes d'une matrice se traduit par un produit à gauche de cette matrice. Ainsi, si l'on note P la matrice d'une certaine opération élémentaire effectuée sur les lignes du système Σ, on effectue matriciellement le produit par la gauche de l'équation $AX = B$, qui devient $PAX = PB$, c'est-à-dire $(PA)X = PB$.

Ainsi, on peut travailler directement sur la matrice augmentée $(A|B)$ sans avoir à mentionner à chaque étape le vecteur X (ou, ce qui est équivalent, les inconnues $x_1, \ldots, x_n$).

On peut donc formuler le résultat :

Proposition 6

Si l'on passe d'un système Σ à un système Σ' par une suite finies d'opérations élémentaires sur les lignes, alors la matrice augmentée de Σ' s'obtient en effectuant la même suite d'opérations élémentaires sur la matrice augmentée de Σ.

Exemple 14

Soit à résoudre le système $\Sigma : \begin{cases} -x + 4y + z = 1 \\ x - 3y - 3z = 2a \\ -2x + 5y + 8z = a - 1 \end{cases}$, d'inconnues réelles x, y et z, où $a \in \mathbb{R}$ est un paramètre.

On note $A = \begin{pmatrix} -1 & 4 & 1 \\ 1 & -3 & -3 \\ -2 & 5 & 8 \end{pmatrix}$, $X = \begin{pmatrix} x \\ y \\ z \end{pmatrix}$ et $B = \begin{pmatrix} 1 \\ 2a \\ a-1 \end{pmatrix}$. Le système Σ se réécrit ainsi matriciellement : $AX = B$.

On opère sur les lignes de la matrice augmentée :

$$\left(\begin{array}{ccc|c} -1 & 4 & 1 & 1 \\ 1 & -3 & -3 & 2a \\ -2 & 5 & 8 & a-1 \end{array}\right)$$

$$\begin{array}{l} \\ L_2 \leftarrow L_2 + L_1 \\ L_3 \leftarrow L_3 - 2L_1 \end{array} \left(\begin{array}{ccc|c} -1 & 4 & 1 & 1 \\ 0 & 1 & -2 & 2a+1 \\ 0 & -3 & 6 & a-3 \end{array}\right)$$

$$\begin{array}{l} \\ \\ L_3 \leftarrow L_3 + 3L_2 \end{array} \left(\begin{array}{ccc|c} -1 & 4 & 1 & 1 \\ 0 & 1 & -2 & 2a+1 \\ 0 & 0 & 0 & 7a \end{array}\right).$$

Ainsi Σ est équivalent au système échelonné : $\begin{cases} -x + 4y + z = 1 \\ y - 2z = 2a + 1 \\ 0 = 7a \end{cases}$.

L'équation $7a = 0$, ou encore $a = 0$, est une condition de compatibilité.

Lorsqu'elle est satisfaite, alors le système équivaut à $\begin{cases} -x + 4y + z = 1 \\ y - 2z = 1 \end{cases}$, c'est-à-dire

$$\begin{cases} x = 4y + z - 1 = 4(2z+1) + z - 1 = 9z + 3 \\ y = 2z + 1 \end{cases}.$$

On conclut : si $a \neq 0$ alors Σ n'a pas de solution et, si $a = 0$, alors l'ensemble des solutions de Σ est $\{(9z+3, 2z+1, z),\ z \in \mathbb{R}\}$.

4.2 Structure de l'ensemble des solutions et rang d'un système

Nous connaissons déjà la structure de l'ensemble des solutions d'un système linéaire :

- Si un système linéaire $p \times n$ est homogène, alors on sait par le théorème 8 p. 372 du chapitre 7 et sa reformulation de la proposition 14 p. 700 du chapitre 12, que l'ensemble de ses solutions est un sous-espace vectoriel de $\mathbb{K}^n$.
- De manière plus générale, on sait, par le théorème 9 p. 374 du chapitre 7 et sa reformulation du théorème 3 p. 838 du chapitre 15, que l'ensemble des solutions d'un système linéaire $p \times n$ est un sous-espace affine de $\mathbb{K}^n$ dirigé par le sous-espace vectoriel formé des solutions du système homogène associé.

La question naturelle est celle de la « taille » de l'ensemble des solutions donc, en fait, la dimension du sous-espace vectoriel S_h de $\mathbb{K}^n$, où l'on note S_h l'ensemble des solutions du système homogène Σ_h associé à Σ. Pour traiter cette question, on commence par définir le rang d'un système (les versions en diffèrent entre les programmes de MPSI et de PCSI mais nous encourageons le lecteur à lire les deux, car elles présentent les mêmes idées sous des jours différents, ce qui est enrichissant).

Définition 10 (Rang d'un système linéaire - MPSI)

On appelle *rang* d'un système linéaire le rang de sa matrice des coefficients.

Remarque 6

Le rang d'un système ne dépend donc que de ses coefficients, il est indépendant des seconds membres.

Théorème 2 (Dimension de S_h - MPSI)

Si Σ est un système linéaire $p \times n$ homogène de rang r, alors l'espace vectoriel S_h de ses solutions vérifie : $\dim(S_h) = n - r$.

DÉMONSTRATION

Si l'on note A la matrice des coefficients de Σ et $X = \begin{pmatrix} x_1 \\ \vdots \\ x_n \end{pmatrix}$ la colonne des inconnues, alors Σ équivaut à l'équation $AX = 0$.

Si maintenant on introduit l'endomorphisme $f : \left\{ \begin{array}{ccc} \mathcal{M}_{n,1}(\mathbb{K}) & \longrightarrow & \mathcal{M}_{p,1}(\mathbb{K}) \\ Y = \begin{pmatrix} y_1 \\ \vdots \\ y_n \end{pmatrix} & \longmapsto & AY \end{array} \right.$, alors on a $S_h = \mathrm{Ker}(f)$.

Or on sait par le théorème du rang qu'on a $\dim\big(\mathrm{Ker}(f)\big) + \mathrm{rg}(f) = \dim\big(\mathcal{M}_{n,1}(\mathbb{K})\big) = n$, d'où $\dim(S_h) = n - \mathrm{rg}(f)$.

Comme A est la matrice représentative de f dans la base canonique de $\mathcal{M}_{n,1}(\mathbb{K})$, on a $\mathrm{rg}(A) = \mathrm{rg}(f)$, et enfin on a $\mathrm{rg}(\Sigma) = \mathrm{rg}(A)$ par définition du rang d'un système, donc on on a finalement : $\dim(S_h) = n - \mathrm{rg}(\Sigma) = n - r$.

Par conséquent, avec les rappels effectués au début de cette sous-section, on a :

Théorème 3 (Rang et ensemble des solutions - MPSI)

L'ensemble S des solutions d'un système linéaire Σ est soit vide, soit un sous-espace affine de $\mathbb{K}^n$ dirigé par un sous-espace vectoriel de $\mathbb{K}^n$ de dimension $n - \mathrm{rg}(\Sigma)$.

DÉMONSTRATION

On sait que S est soit vide, soit un sous-espace affine de la forme $s_p + S_h$, où s_p est une solution particulière de S.
Le théorème précédent donne $\dim(S_h) = n - \text{rg}(\Sigma)$, d'où le résultat.

Remarque 7
Ainsi, si on a $\text{rg}(\Sigma) \neq n$ (ce qui signifie d'ailleurs $\text{rg}(\Sigma) < n$ car on a $\text{rg}(\Sigma) \leqslant \max(p, n)$), alors $\dim(S_h) \geqslant 1$. Ainsi S a soit zéro, soit une infinité de solutions.
En particulier, si on a $p < n$, c'est-à-dire si le système a strictement moins d'équations que d'inconnues, il ne peux pas y avoir une unique solution.
Pour un cas géométrique simple en lien avec cette interprétation, le lecteur est renvoyé à la sous-section 5.1 du chapitre 7.
On revient sur le cas où on a unicité de la solution dans la sous-section suivante.

Voici maintenant la version du programme de PCSI pour les résultats analogues :

Définition 11 (Rang d'un système linéaire - PCSI)
On appelle *rang* d'un système linéaire le nombre de pivots de la réduite échelonnée par lignes de la matrice des coefficients du système.

Remarque 8
Le rang d'un système ne dépend donc que de ses coefficients, il est indépendant des seconds membres. En particulier le rang d'un système est égal au rang du système homogène qui lui est associé.
Cette définition repose sur le théorème 13 assurant qu'à partir de toute matrice on obtient une (unique) matrice échelonnée par lignes via opérations élémentaires sur les lignes.

Exemple 15
Le système $\begin{cases} 2x - y + 2t = \alpha_1 \\ 3y - z - 3t = \alpha_2 \\ 4x + y - z + t = \alpha_3 \\ -2x + 4y - z + 3t = \alpha_4 \end{cases}$ a un rang égal à 3, pour tous α_1, α_2, α_3 et α_4,

car on a vu dans l'exemple 7 que la matrice $A = \begin{pmatrix} 2 & -1 & 0 & 2 \\ 0 & 3 & -1 & -3 \\ 4 & 1 & -1 & 1 \\ -2 & 4 & -1 & 3 \end{pmatrix}$ de ses coefficients a pour réduite échelonnée par lignes la matrice $\begin{pmatrix} 1 & 0 & -\frac{1}{6} & 0 \\ 0 & 1 & -\frac{1}{3} & 0 \\ 0 & 0 & 0 & 1 \\ 0 & 0 & 0 & 0 \end{pmatrix}$.

Partons donc d'un système linéaire, d'écriture matricielle $AX = B$, et effectuons des opérations élémentaires sur les lignes de ce système, ce qui revient comme nous l'avons vu à effectuer des opérations élémentaires sur les lignes de la matrice augmentée $(A|B)$. On peut effectuer ces opérations de sorte à rendre A échelonnée réduite par lignes (en fait, l'interprétation est tout aussi bonne si on se contente de rendre A échelonnée par lignes). Si A est de rang r, la matrice augmentée prend alors la forme suivante[11] :

$$\left(\begin{array}{cccccccc|c} 1 & \cdots & a'_{1,p_2} & \cdots & a'_{1,p_r} & \cdots & a'_{1,n} & & b'_1 \\ & & 1 & \cdots & a'_{2,p_r} & \cdots & a'_{2,n} & & b'_2 \\ & & & \ddots & & & \vdots & & \vdots \\ & & & & 1 & \cdots & a'_{r,n} & & b'_r \\ 0 & \cdots & \cdots & \cdots & \cdots & \cdots & 0 & & b'_{r+1} \\ \vdots & & & & & & \vdots & & \vdots \\ 0 & \cdots & \cdots & \cdots & \cdots & \cdots & 0 & & b'_p \end{array}\right),$$

où l'on a noté p_2, ..., p_r les positions des pivots des lignes L_2, ..., L_r.

Ainsi les lignes L_{r+1} à L_p donnent des conditions de compatibilité. Le système est compatible si et seulement si $b'_{r+1} = \cdots = b'_p = 0$.

Si le système est compatible, alors il est équivalent à :

$$(*) \qquad \left\{ \begin{array}{rcl} x_1 + \cdots + a'_{1,p_2} x_{p_2} + \cdots + a'_{1,p_r} x_{p_r} + \cdots + a'_{1,n} x_n & = & b'_1 \\ x_{p_2} + \cdots + a'_{2,p_r} x_{p_r} + \cdots + a'_{2,n} x_n & = & b'_2 \\ \ddots & & \vdots \\ x_{p_r} + \cdots + a'_{r,n} x_n & = & b'_r \end{array} \right. .$$

On peut finalement exprimer les solutions de ce système en choisissant, pour chaque ligne L_i, d'écrire x_{p_i} en fonction des x_j avec $j > i$.

On constate que x_{p_r} s'écrit à l'aide des inconnues $x_{p_{r+1}}$, ..., x_n, simplement sous la forme : $x_{p_r} = b'_r - a'_{r,p_r+1} x_{p_r+1} - \cdots - a'_{r,n} x_n$.

11. Et pour éviter un cas pathologique, on peut supposer que la première colonne de A est non nulle, ce qui assure la présence d'un pivot en position $(1,1)$ de la matrice échelonnée par lignes et de la réduite.

En remontant les lignes du système, on trouve ensuite que $x_{p_{r-1}}$ s'écrit en fonction des inconnues $x_{p_{r-1}+1}$, ..., x_{p_r-1}, x_{p_r}, $x_{p_{r+1}}$, ..., x_n, sous la forme :

$$\begin{aligned} x_{p_{r-1}} &= b'_{r-1} - a'_{r-1,p_{r-1}+1}x_{p_{r-1}+1} - \cdots - a'_{r-1,p_r-1}x_{p_r-1} - a'_{r-1,p_r}x_{p_r} \\ &\quad -a'_{r-1,p_r+1}x_{p_r+1} - \cdots - a'_{r-1,n}x_n. \end{aligned}$$

Remplaçant dans cette relation x_{p_r} par l'expression $b'_r - a'_{r,p_r+1}x_{p_r+1} - \cdots - a'_{r,n}x_n$ obtenue juste avant, on trouve que $x_{p_{r-1}}$ s'exprime en fonction de $x_{p_{r-1}+1}$, ..., x_{p_r-1}, x_{p_r+1}, ..., x_n.

En remontant selon le même principe, on obtient une expression pour chaque inconnue x_1, x_{p_2}, ..., x_{p_r} (celles associées aux pivots) en fonction des autres inconnues. D'où la définition :

Définition 12 (Inconnues principales, secondaires)

Lorsqu'un système linéaire a été mis sous forme échelonnée réduite [12], on appelle *inconnue principale* une inconnue ayant même indice qu'un des pivots. Toute autre inconnue est dite *secondaire*.

La remontée du système depuis L_r jusqu'à L_1 permet d'exprimer toutes les inconnues principales en fonctions des inconnues secondaires, qui acquièrent alors le rôle de *paramètres* pour décrire l'ensemble des solutions.

Comme par définition, il y a autant d'inconnues principales que de pivots, on a r inconnues principales si $\text{rg}(\Sigma) = r$. On en déduit qu'il y a $n - r$ inconnues secondaires.

Exemple 16

Reprenons le système de l'exemple 15 et particularisons α_1, α_2, α_3 et α_4.

Par exemple, soit $\Sigma : \begin{cases} 2x - y + 2t = 1 \\ 3y - z - 3t = 0 \\ 4x + y - z + t = 2 \\ -2x + 4y - z + 3t = 4 \end{cases}$.

Reprenons les calculs effectués dans les exemples 4 et 7 pour obtenir la réduite échelonnée par lignes de la matrice des coefficients ; on effectue les mêmes opérations sur la matrice augmentée :

$$\left(\begin{array}{cccc|c} 2 & -1 & 0 & 2 & 1 \\ 0 & 3 & -1 & -3 & 0 \\ 4 & 1 & -1 & 1 & 2 \\ -2 & 4 & -1 & 3 & 4 \end{array}\right)$$

12. Ou simplement échelonnée, cela suffit.

$$\begin{array}{l} \\ \\ L_3\leftarrow L_3-2L_1 \\ L_4\leftarrow L_4+L_1 \end{array}\quad \left(\begin{array}{cccc|c} 2 & -1 & 0 & 2 & 1 \\ 0 & 3 & -1 & -3 & 0 \\ 0 & 3 & -1 & -3 & 0 \\ 0 & 3 & -1 & 5 & 5 \end{array}\right)$$

$$\begin{array}{l} \\ \\ L_3\leftarrow L_3-L_2 \\ L_4\leftarrow L_4-L_2 \end{array}\quad \left(\begin{array}{cccc|c} 2 & -1 & 0 & 2 & 1 \\ 0 & 3 & -1 & -3 & 0 \\ 0 & 0 & 0 & 0 & 0 \\ 0 & 0 & 0 & 8 & 5 \end{array}\right)$$

$$\begin{array}{l} \\ \\ \\ L_3\leftrightarrow L_4 \end{array}\quad \left(\begin{array}{cccc|c} 2 & -1 & 0 & 2 & 1 \\ 0 & 3 & -1 & -3 & 0 \\ 0 & 0 & 0 & 8 & 5 \\ 0 & 0 & 0 & 0 & 0 \end{array}\right)$$

$$\begin{array}{l} L_1\leftarrow \frac{1}{2}L_1 \\ L_2\leftarrow \frac{1}{3}L_2 \\ L_3\leftarrow \frac{1}{8}L_3 \\ \\ \end{array}\quad \left(\begin{array}{cccc|c} 1 & -\frac{1}{2} & 0 & 1 & \frac{1}{2} \\ 0 & 1 & -\frac{1}{3} & -1 & 0 \\ 0 & 0 & 0 & 1 & \frac{5}{8} \\ 0 & 0 & 0 & 0 & 0 \end{array}\right)$$

$$\begin{array}{l} L_1\leftarrow L_1-L_3 \\ L_2\leftarrow L_2+L_3 \\ \\ \\ \end{array}\quad \left(\begin{array}{cccc|c} 1 & -\frac{1}{2} & 0 & 0 & -\frac{1}{8} \\ 0 & 1 & -\frac{1}{3} & 0 & \frac{5}{8} \\ 0 & 0 & 0 & 1 & \frac{5}{8} \\ 0 & 0 & 0 & 0 & 0 \end{array}\right)$$

$$\begin{array}{l} L_1\leftarrow L_1+\frac{1}{2}L_2 \\ \\ \\ \\ \end{array}\quad \left(\begin{array}{cccc|c} 1 & 0 & -\frac{1}{6} & 0 & \frac{3}{16} \\ 0 & 1 & -\frac{1}{3} & 0 & \frac{5}{8} \\ 0 & 0 & 0 & 1 & \frac{5}{8} \\ 0 & 0 & 0 & 0 & 0 \end{array}\right).$$

La dernière ligne, qui ne comporte pas de pivot, consiste en la tautologie $0 = 0$; elle assure la compatibilité du système Σ.

Ainsi Σ est équivalent au système $\begin{cases} x-\frac{1}{6}z=\frac{3}{16} \\ y-\frac{1}{3}z=\frac{5}{8} \\ t=\frac{5}{8} \end{cases}$, *i. e.* $\begin{cases} x=\frac{3}{16}+\frac{1}{6}z \\ y=\frac{5}{8}+\frac{1}{3}z \\ t=\frac{5}{8} \end{cases}$.

Ainsi x, y et t sont les inconnues principales et z est la seule inconnue secondaire. On peut utiliser z comme argument pour décrire l'ensemble des solutions de Σ :

$$S=\left\{\left(\frac{3}{16}+\frac{1}{6}z, \frac{5}{8}+\frac{1}{3}z, z, \frac{5}{8}\right),\ z\in\mathbb{K}\right\}.$$

On fait apparaître la structure affine de S en écrivant :

$$S=\left(\frac{3}{16}, \frac{5}{8}, 0, \frac{5}{8}\right)+\operatorname{Vect}\left(\left(\frac{1}{6}, \frac{1}{3}, 1, 0\right)\right),$$

où $\left(\frac{3}{16}, \frac{5}{8}, 0, \frac{5}{8}\right)$ est une solution particulière[13] de Σ et où S apparaît comme un sous-affine de dimension 1 de $\mathbb{K}^4$, donc une droite affine, dirigée par $\left(\frac{1}{6}, \frac{1}{3}, 1, 0\right)$.

Pour entraînement, le lecteur peut vérifier qu'avec le choix des seconds membres $\alpha_1 = \alpha_2 = \alpha_3 = \alpha_4 = 1$ par exemple, le système est incompatible.

4.3 Systèmes à solution unique

On a vu que si un système linéaire $p \times n$ est de rang r alors l'ensemble de ses solutions est soit vide (lorsque le système est incompatible), soit un sous-espace affine de $\mathbb{K}^n$ de dimension $n - r$.

Il est ainsi immédiat que si on a $r < n$, alors on a $n - r \geqslant 1$ et par conséquent l'ensemble des solutions ne peut être réduit à un singleton, car un sous-espace affine réduit à un singleton a forcément $\{0_{\mathbb{K}^n}\}$ comme direction.

Comme on a $r \leqslant \max(n, p)$, on sait que si on a $p < n$, alors on a $r \leqslant p < n$ et donc le système ne peut pas avoir une unique solution.

Si on a $p > n$ alors un système peut avoir une unique solution ; c'est le cas si on a $r = n$ et si $p - n$ équations sont linéairement dépendantes des autres. Ces équations représentent alors en effet des conditions redondantes et, une fois enlevées, on obtient un système ayant une unique solution.

On formule donc un résultat uniquement dans le cadre des systèmes carrés, c'est-à-dire $n \times n$:

Théorème 4

Soit $A \in \mathcal{M}_n(\mathbb{K})$. On a équivalence entre les propriétés suivantes :

1. A est inversible.
2. Le système $AX = 0_{\mathbb{K}^n}$ n'admet que la solution nulle.
3. $\forall B \in \mathbb{K}^n$, le système $AX = B$ admet une unique solution.
4. $\forall B \in \mathbb{K}^n$, le système $AX = B$ admet au moins une solution.

Démonstration

On introduit l'application linéaire $f : \left\{ \begin{array}{ccc} \mathbb{K}^n & \longrightarrow & \mathbb{K}^n \\ X & \longmapsto & AX \end{array} \right.$.

$\boxed{1 \Rightarrow 2}$ Si A est inversible alors f est un automorphisme de $\mathbb{K}^n$ donc est injective. En

13. Ce que le lecteur peut aisément vérifier.

particulier, $\mathrm{Ker}(f) = \{X \in \mathbb{K}^n,\ f(X) = 0_{\mathbb{K}^n}\} = \{X \in \mathbb{K}^n,\ AX = 0_{\mathbb{K}^n}\}$ est réduit à $\{0_{\mathbb{K}^n}\}$, ce qui signifie que le système $AX = 0_{\mathbb{K}^n}$ admet comme unique solution la solution nulle.

$\boxed{2 \Rightarrow 3}$ D'après ce qui précède, si le système $AX = 0_{\mathbb{K}^n}$ n'admet que la solution nulle, c'est que f est injective. Comme f est un endomorphisme de $\mathbb{K}^n$, on en déduit qu'elle est bijective. Ainsi, pour tout $B \in \mathbb{K}^n$, l'équation $f(X) = B$ admet une unique solution, c'est-à-dire que le système $AX = B$ admet une unique solution.

$\boxed{3 \Rightarrow 4}$ Si un système admet une unique solution, il admet en particulier au moins une solution !

$\boxed{4 \Rightarrow 1}$ Si pour tout $B \in \mathbb{K}^n$, le système $AX = B$ admet au moins une solution, cela signifie que f est surjective.

Or f étant un endomorphisme, si elle est surjective, alors elle est bijective, et sa matrice associée A est inversible.

On a finalement bien prouvé les équivalences entre les quatre propriétés.

Remarque 9

Le programme de PCSI ajoute une cinquième propriété équivalente, à savoir $A \underset{L}{\sim} I_n$.

On a déjà vu dans la proposition 4 que si une matrice A est inversible, alors on a $A \underset{L}{\sim} I_n$.

Comme réciproquement le rang est invariant par opérations élémentaires, on sait que si on a $A \underset{L}{\sim} I_n$, alors A est de rang n, donc inversible.

Nous verrons dans le chapitre 17 qu'une matrice carrée est inversible si et seulement si elle est de déterminant non nul. Un système dont la matrice des coefficients est de déterminant non nul est dit *de Cramer*, ce qui généralise la définition 8 p. 357 du chapitre 7, et le théorème précédent stipule également qu'un système de Cramer admet une unique solution.

L'intérêt principal du théorème précédent est d'expliquer que si un système carré a une unique solution, alors il en sera de même de toute système ayant la même matrice des coefficients, peu importe les seconds membres.

En outre, dans ce cas, la matrice A est inversible, et l'unique solution X de l'équation $AX = B$ peut s'écrire $X = A^{-1}B$. Si l'on a calculé A^{-1}, alors on obtient très rapidement les solutions de différents systèmes $AX = B_1$, $AX = B_2$, etc., car leurs solutions respectives sont $A^{-1}B_1$, $A^{-1}B_2$, etc...

D'ailleurs on touche du doigt le fait que calculer l'inverse d'une matrice A et résoudre un système $AX = B$ revient concrètement à effectuer les mêmes calculs. Voici un exemple où l'on précise ce que l'on entend ici :

Exemple 17

Soit à calculer l'inverse de la matrice $A = \begin{pmatrix} 1 & 1 & 1 \\ 1 & 2 & 3 \\ 1 & 4 & 5 \end{pmatrix}$. Introduisons les vecteurs indéterminés $X = \begin{pmatrix} x_1 \\ x_2 \\ x_3 \end{pmatrix}$ et $Y = \begin{pmatrix} y_1 \\ y_2 \\ y_3 \end{pmatrix}$. Alors le théorème précédent dit que A est inversible si et seulement si l'équation $AX = Y$ admet une unique solution. Résolvons justement cette équation. On a[14] :

$$AX = Y \quad \Leftrightarrow \quad \left\{ \begin{array}{rcrcrcl} x_1 & + & x_2 & + & x_3 & = & y_1 \\ x_1 & + & 2x_2 & + & 3x_3 & = & y_2 \\ x_1 & + & 4x_2 & + & 5x_3 & = & y_3 \end{array} \right.$$

$$\Leftrightarrow \quad \left\{ \begin{array}{rcrcrcl} x_1 & + & x_2 & + & x_3 & = & y_1 \\ & & x_2 & + & 2x_3 & = & y_2 - y_1 \\ & & 3x_2 & + & 4x_3 & = & y_3 - y_1 \end{array} \right.$$

$$\Leftrightarrow \quad \left\{ \begin{array}{rcrcrcl} x_1 & + & x_2 & + & x_3 & = & y_1 \\ & & x_2 & + & 2x_3 & = & y_2 - y_1 \\ & & & - & 2x_3 & = & 2y_1 - 3y_2 + y_3 \end{array} \right.$$

Arrivé à cette étape, on sait que A est inversible... Reprenons le cours de nos équivalences :

$$AX = Y \quad \Leftrightarrow \quad \left\{ \begin{array}{rcrcrcl} x_1 & + & x_2 & + & x_3 & = & y_1 \\ & & x_2 & + & 2x_3 & = & y_2 - y_1 \\ & & & & x_3 & = & -y_1 + \frac{3}{2}y_2 - \frac{1}{2}y_3 \end{array} \right.$$

$$\Leftrightarrow \quad \left\{ \begin{array}{rcrcl} x_1 & + & x_2 & & = 2y_1 - \frac{3}{2}y_2 + \frac{1}{2}y_3 \\ & & x_2 & & = y_1 - 2y_2 + y_3 \\ & & & x_3 & = -y_1 + \frac{3}{2}y_2 - \frac{1}{2}y_3 \end{array} \right.$$

$$\Leftrightarrow \quad \left\{ \begin{array}{rrrl} x_1 & & & = y_1 + \frac{1}{2}y_2 - \frac{1}{2}y_3 \\ & x_2 & & = y_1 - 2y_2 + y_3 \\ & & x_3 & = -y_1 + \frac{3}{2}y_2 - \frac{1}{2}y_3 \end{array} \right. .$$

Et comme on a $AX = Y \Leftrightarrow X = A^{-1}Y$, on peut lire les coefficients de A^{-1} sur le résultat final : $A^{-1} = \begin{pmatrix} 1 & \frac{1}{2} & -\frac{1}{2} \\ 1 & -2 & 1 \\ -1 & \frac{3}{2} & -\frac{1}{2} \end{pmatrix}$.

14. Nous laissons, pour exercice, le soin au lecteur d'indiquer lui-même les opérations effectuées sur les lignes.

5 Exercices corrigés

16.1 Rang d'une matrice à paramètre

Calculer le rang de la matrice $A_m = \begin{pmatrix} 0 & 2 & m & 1 \\ 1 & 2 & 1 & 2 \\ -1 & m+2 & m+1 & m+1 \\ -1 & m & -1 & m \end{pmatrix}$ en fonction du paramètre $m \in \mathbb{C}$.

C 16.1 Rang d'une matrice à paramètre

$$\underset{L_1 \leftrightarrow L_2}{\sim} \begin{pmatrix} 1 & 2 & 1 & 2 \\ 0 & 2 & m & 1 \\ -1 & m+2 & m+1 & m+1 \\ -1 & m & -1 & m \end{pmatrix}$$

$$\underset{\substack{L_3 \leftarrow L_3+L_1 \\ L_4 \leftarrow L_4+L_1}}{\sim} \begin{pmatrix} 1 & 2 & 1 & 2 \\ 0 & 2 & m & 1 \\ 0 & m+4 & m+2 & m+3 \\ 0 & m+2 & 0 & m+2 \end{pmatrix}$$

$$\underset{L_3 \leftarrow L_3-L_4}{\sim} \begin{pmatrix} 1 & 2 & 1 & 2 \\ 0 & 2 & m & 1 \\ 0 & 2 & m+2 & 1 \\ 0 & m+2 & 0 & m+2 \end{pmatrix}$$

$$\underset{\substack{L_3 \leftarrow L_3-L_2 \\ L_4 \leftarrow L_4-\frac{m+2}{2}L_2}}{\sim} \begin{pmatrix} 1 & 2 & 1 & 2 \\ 0 & 2 & m & 1 \\ 0 & 0 & 2 & 0 \\ 0 & 0 & -\frac{m(m+2)}{2} & \frac{m+2}{2} \end{pmatrix}$$

$$\underset{L_4 \leftarrow L_4+\frac{m(m+2)}{4}L_3}{\sim} \begin{pmatrix} 1 & 2 & 1 & 2 \\ 0 & 2 & m & 1 \\ 0 & 0 & 2 & 0 \\ 0 & 0 & 0 & \frac{m+2}{2} \end{pmatrix}$$

Par conséquent, si on a $\dfrac{m+2}{2} = 0$, *i. e.* $m = -2$, alors $\operatorname{rg}(A_m) = 3$ et, dans tout autre cas, $\operatorname{rg}(A_m) = 4$.

16.2 Calcul de la réciproque d'un automorphisme

Soit l'endomorphisme f de $\mathbb{R}^3$ définie par : $f : \begin{pmatrix} x \\ y \\ z \end{pmatrix} \mapsto \begin{pmatrix} x - z \\ 2x + y + 3z \\ x + y + 2z \end{pmatrix}$.

Montrer que f est un automorphisme et expliciter f^{-1}.

C 16.2 Calcul de la réciproque d'un automorphisme

Notons $A = \begin{pmatrix} 1 & 0 & -1 \\ 2 & 1 & 3 \\ 1 & 1 & 2 \end{pmatrix}$ la matrice représentant f dans la base canonique de $\mathbb{R}^3$.

On sait que f est un automorphisme si et seulement si A est inversible. De plus, si f est inversible, alors A^{-1} est la matrice représentative de f^{-1} dans la base canonique. Essayons d'inverser A :

$$\begin{pmatrix} \mathbf{1} & 0 & -1 \\ 2 & 1 & 3 \\ 1 & 1 & 2 \end{pmatrix} \quad \begin{pmatrix} 1 & 0 & 0 \\ 0 & 1 & 0 \\ 0 & 0 & 1 \end{pmatrix}$$

$$\begin{array}{r} \\ L_2 \leftarrow L_2 - 2L_1 \\ L_3 \leftarrow L_3 - L_1 \end{array} \begin{pmatrix} 1 & 0 & -1 \\ 0 & \mathbf{1} & 5 \\ 0 & 1 & 3 \end{pmatrix} \quad \begin{pmatrix} 1 & 0 & 0 \\ -2 & 1 & 0 \\ -1 & 0 & 1 \end{pmatrix}$$

$$\begin{array}{r} \\ \\ L_3 \leftarrow L_3 - L_2 \end{array} \begin{pmatrix} 1 & 0 & -1 \\ 0 & 1 & 5 \\ 0 & 0 & -2 \end{pmatrix} \quad \begin{pmatrix} 1 & 0 & 0 \\ -2 & 1 & 0 \\ 1 & -1 & 1 \end{pmatrix}$$

$$\begin{array}{r} \\ \\ L_3 \leftarrow -\frac{1}{2} L_3 \end{array} \begin{pmatrix} 1 & 0 & -1 \\ 0 & 1 & 5 \\ 0 & 0 & 1 \end{pmatrix} \quad \begin{pmatrix} 1 & 0 & 0 \\ -2 & 1 & 0 \\ -\frac{1}{2} & \frac{1}{2} & -\frac{1}{2} \end{pmatrix}.$$

Ainsi A est équivalente à une matrice triangulaire à coefficients diagonaux tous non nuls, donc A est inversible. Il s'ensuit que f est un automorphisme. Continuons :

$$\begin{array}{r} L_1 \leftarrow L_1 + L_3 \\ L_2 \leftarrow L_2 - 5L_3 \end{array} \begin{pmatrix} 1 & 0 & 0 \\ 0 & 1 & 0 \\ 0 & 0 & 1 \end{pmatrix} \quad \begin{pmatrix} \frac{1}{2} & \frac{1}{2} & -\frac{1}{2} \\ \frac{1}{2} & -\frac{3}{2} & \frac{5}{2} \\ -\frac{1}{2} & \frac{1}{2} & -\frac{1}{2} \end{pmatrix}.$$

Ainsi A a pour inverse : $A^{-1} = \begin{pmatrix} \frac{1}{2} & \frac{1}{2} & -\frac{1}{2} \\ \frac{1}{2} & -\frac{3}{2} & \frac{5}{2} \\ -\frac{1}{2} & \frac{1}{2} & -\frac{1}{2} \end{pmatrix} = \frac{1}{2} \begin{pmatrix} 1 & 1 & -1 \\ 1 & -3 & 5 \\ -1 & 1 & -1 \end{pmatrix}$. On en déduit l'expression : $f^{-1} : \begin{pmatrix} x \\ y \\ z \end{pmatrix} \mapsto \frac{1}{2} \begin{pmatrix} x + y - z \\ x - 3y + 5z \\ -x + y - z \end{pmatrix}$.

16.3 Base du noyau, base de l'image

1. Calculer le rang et déterminer une base de l'image de f, où f est l'endomorphisme

$$f : \left\{ \begin{array}{ccc} \mathbb{R}^4 & \longrightarrow & \mathbb{R}^4 \\ \begin{pmatrix} x \\ y \\ z \\ t \end{pmatrix} & \longmapsto & \begin{pmatrix} x - 2y - z + 4t \\ 4x - 5y - 4z + 10t \\ x - 15y - 5z + 12t \\ 6x + 18y + 4z + 9t \end{pmatrix} \end{array} \right. .$$

2. Déterminer une base du noyau et de l'image de l'application linéaire

$$g : \left\{ \begin{array}{ccc} \mathbb{R}^4 & \longrightarrow & \mathbb{R}^3 \\ \begin{pmatrix} x \\ y \\ z \\ t \end{pmatrix} & \longmapsto & \begin{pmatrix} 2x + 5y - z + 3t \\ -2x - 8y + 13z \\ 2x + 3y + 7z + 5t \end{pmatrix} \end{array} \right. .$$

C 16.3 Base du noyau, base de l'image

1. On forme la matrice M représentant f dans la base canonique de $\mathbb{R}^4$:

$$M = \begin{pmatrix} 1 & -2 & -1 & 4 \\ 4 & -5 & -4 & 10 \\ 1 & -15 & -5 & 12 \\ 6 & 18 & 4 & 9 \end{pmatrix}.$$

On effectue des opérations élémentaires sur les colonnes de M :

$$\begin{pmatrix} 1 & 0 & 0 & 0 \\ 4 & 3 & 0 & -6 \\ 1 & -13 & -4 & 8 \\ 6 & 30 & 10 & -15 \end{pmatrix} \quad \begin{array}{l} C_2 \leftarrow C_2 + 2C_1 \\ C_3 \leftarrow C_3 + C_1 \\ C_4 \leftarrow C_4 - 4C_1 \end{array}$$

$$\begin{pmatrix} 1 & 0 & 0 & 0 \\ 4 & 3 & 0 & 0 \\ 1 & -13 & -4 & -18 \\ 6 & -6 & 10 & 45 \end{pmatrix} \quad C_4 \leftarrow C_4 + 2C_2$$

$$\begin{pmatrix} 1 & 0 & 0 & 0 \\ 4 & 3 & 0 & 0 \\ 1 & -13 & -4 & 0 \\ 6 & -6 & 10 & 0 \end{pmatrix} \quad C_4 \leftarrow C_4 - \frac{9}{2}C_3$$

Ainsi on a $\mathrm{rg}(f) = 3$ et, de plus, les vecteurs $\begin{pmatrix} 1 \\ 4 \\ 1 \\ 6 \end{pmatrix}$, $\begin{pmatrix} 0 \\ 3 \\ -13 \\ 30 \end{pmatrix}$ et $\begin{pmatrix} 0 \\ 0 \\ -4 \\ 10 \end{pmatrix}$ forment une base de $\mathrm{Im}(f)$.

Notons qu'on peut évidemment remplacer dans cette base le vecteur $\begin{pmatrix} 0 \\ 0 \\ -4 \\ 10 \end{pmatrix}$ par le vecteur $\begin{pmatrix} 0 \\ 0 \\ -2 \\ 5 \end{pmatrix}$ qui lui est colinéaire.

2. On forme la matrice N représentant g dans les bases canoniques de $\mathbb{R}^4$ et de $\mathbb{R}^3$:
$$N = \begin{pmatrix} 2 & 5 & -1 & 3 \\ -2 & -8 & 13 & 0 \\ 2 & 3 & 7 & 5 \end{pmatrix}.$$
On veut déterminer le noyau de g, ce qui revient à résoudre l'équation $NX = \begin{pmatrix} 0 \\ 0 \\ 0 \end{pmatrix}$, où on pose $X = \begin{pmatrix} x \\ y \\ z \\ t \end{pmatrix}$. On opère sur les lignes de N :
$$\begin{matrix} \\ L_2 \leftarrow L_2 + L_1 \\ L_3 \leftarrow L_3 - L_1 \end{matrix} \quad \begin{pmatrix} 2 & 5 & -1 & 3 \\ 0 & -3 & 12 & 3 \\ 0 & -2 & 8 & 2 \end{pmatrix}$$
$$\begin{matrix} \\ \\ L_3 \leftarrow L_3 - \frac{2}{3} L_2 \end{matrix} \quad \begin{pmatrix} 2 & 5 & -1 & 3 \\ 0 & -3 & 12 & 3 \\ 0 & 0 & 0 & 0 \end{pmatrix}$$
On trouve ainsi d'une part $\mathrm{Ker}(g) = \left\{ \begin{pmatrix} x \\ y \\ z \\ t \end{pmatrix} \in \mathbb{R}^4, \begin{cases} 2x + 5y - z + 3t = 0 \\ -3y + 12z + 3t = 0 \end{cases} \right\}$, d'autre part que g est de rang 2 vu que la matrice N est de rang 2, car équivalente à une matrice échelonnée avec deux lignes non nulles.

On réécrit : $\mathrm{Ker}(g) = \left\{ \begin{pmatrix} x \\ y \\ z \\ t \end{pmatrix} \in \mathbb{R}^4, \begin{cases} 2x = -5y + z - 3t = -5(4z + t) + z - 3t \\ y = 4z + t \end{cases} \right\}$,

$$\mathrm{Ker}(g) = \left\{ \begin{pmatrix} x \\ y \\ z \\ t \end{pmatrix} \in \mathbb{R}^4, \begin{cases} x = -\frac{19}{2} z - 4t \\ y = 4z + t \end{cases} \right\} = \left\{ \begin{pmatrix} -\frac{19}{2} z - 4t \\ 4z + t \\ z \\ t \end{pmatrix}, \ (z, t) \in \mathbb{R}^2 \right\},$$

$$\mathrm{Ker}(g) = \left\{ z \begin{pmatrix} -\frac{19}{2} \\ 4 \\ 1 \\ 0 \end{pmatrix} + t \begin{pmatrix} -4 \\ 1 \\ 0 \\ 1 \end{pmatrix}, \ (z, t) \in \mathbb{R}^2 \right\} = \mathrm{Vect}\left(\begin{pmatrix} -\frac{19}{2} \\ 4 \\ 1 \\ 0 \end{pmatrix}, \begin{pmatrix} -4 \\ 1 \\ 0 \\ 1 \end{pmatrix} \right).$$

Ainsi la famille $\left(\begin{pmatrix} -\frac{19}{2} \\ 4 \\ 1 \\ 0 \end{pmatrix}, \begin{pmatrix} -4 \\ 1 \\ 0 \\ 1 \end{pmatrix} \right)$ engendre $\mathrm{Ker}(g)$, et est clairement libre, donc est une base de $\mathrm{Ker}(g)$.

Enfin on a $f\begin{pmatrix}1\\0\\0\\0\end{pmatrix} = \begin{pmatrix}2\\-2\\2\end{pmatrix}$ qui est dans $\mathrm{Im}(f)$, donc $\begin{pmatrix}1\\-1\\1\end{pmatrix}$ est dans $\mathrm{Im}(f)$. Et $f\begin{pmatrix}0\\0\\0\\1\end{pmatrix} = \begin{pmatrix}3\\0\\5\end{pmatrix}$ est aussi dans $\mathrm{Im}(f)$. Comme les deux vecteurs $\begin{pmatrix}1\\-1\\1\end{pmatrix}$ et $\begin{pmatrix}3\\0\\5\end{pmatrix}$ sont clairement non colinéaires, ils forment une famille libre de $\mathrm{Im}(f)$, qui est de dimension 2 car $\mathrm{rg}(f) = 2$, donc $\left(\begin{pmatrix}1\\-1\\1\end{pmatrix}, \begin{pmatrix}3\\0\\5\end{pmatrix}\right)$ est une base de $\mathrm{Im}(f)$.

16.4 Base et changement de base

On considère la famille $C = (P_1, P_2, P_3, P_4)$ des polynômes suivants de $\mathbb{K}_3[X]$:

$$P_1 = X^3 + 2X + 1, \quad P_2 = 2X^2 + 2, \quad P_3 = -X^3 + X^2 - X, \quad P_4 = X^3 + X + 3.$$

1. Calculer le rang de C et en déduire que C est une base de $\mathbb{K}_3[X]$. *On propose d'utiliser des opérations élémentaires...*
2. Déterminer les coordonnées dans la base C d'un polynôme quelconque $Q = aX^3 + bX^2 + cX + d$ de $\mathbb{K}_3[X]$.

C 16.4 Base et changement de base

1. On introduit la base canonique $\mathcal{B} = (1, X, X^2, X^3)$ de $\mathbb{K}_3[X]$ et on forme la matrice $M = \mathrm{Mat}_{\mathcal{B}}(C)$. On a donc :

$$M = \begin{pmatrix}1 & 2 & 0 & 3\\ 2 & 0 & -1 & 1\\ 0 & 2 & 1 & 0\\ 1 & 0 & -1 & 1\end{pmatrix}.$$

On peut procéder à des opérations élémentaires, sur les lignes de M par exemple, pour déterminer le rang de M, qui est aussi celui de C. Mais on peut anticiper la suite de l'énoncé, qui nous demande implicitement de calculer M^{-1}. Donc nous allons mener nos calculs en parallèle sur la matrice I_4 :

$$\left(\begin{array}{cccc|cccc}1 & 2 & 0 & 3 & 1 & 0 & 0 & 0\\ 2 & 0 & -1 & 1 & 0 & 1 & 0 & 0\\ 0 & 2 & 1 & 0 & 0 & 0 & 1 & 0\\ 1 & 0 & -1 & 1 & 0 & 0 & 0 & 1\end{array}\right)$$

$$\begin{array}{l} \\ L_2 \leftarrow L_2 - 2L_1 \\ \\ L_4 \leftarrow L_4 - L_1 \end{array} \left(\begin{array}{cccc|cccc} 1 & 2 & 0 & 3 & 1 & 0 & 0 & 0 \\ 0 & -4 & -1 & -5 & -2 & 1 & 0 & 0 \\ 0 & 2 & 1 & 0 & 0 & 0 & 1 & 0 \\ 0 & -2 & -1 & -2 & -1 & 0 & 0 & 1 \end{array}\right)$$

$$L_2 \leftrightarrow L_3 \left(\begin{array}{cccc|cccc} 1 & 2 & 0 & 3 & 1 & 0 & 0 & 0 \\ 0 & 2 & 1 & 0 & 0 & 0 & 1 & 0 \\ 0 & -4 & -1 & -5 & -2 & 1 & 0 & 0 \\ 0 & -2 & -1 & -2 & -1 & 0 & 0 & 1 \end{array}\right)$$

$$\begin{array}{l} \\ \\ L_3 \leftarrow L_3 + 2L_2 \\ L_4 \leftarrow L_4 + L_2 \end{array} \left(\begin{array}{cccc|cccc} 1 & 2 & 0 & 3 & 1 & 0 & 0 & 0 \\ 0 & 2 & 1 & 0 & 0 & 0 & 1 & 0 \\ 0 & 0 & 1 & -5 & -2 & 1 & 2 & 0 \\ 0 & 0 & 0 & -2 & -1 & 0 & 1 & 1 \end{array}\right).$$

Ainsi on a $\operatorname{rg}(M) = 4$ donc $\operatorname{rg}(C) = 4$. Comme on a $\dim(\mathbb{K}_3[X]) = 4$, on en déduit que C est une base de $\mathbb{K}_3[X]$. De plus on a M qui est inversible ; nous allons pouvoir poursuivre le calcul dans la question suivante et déterminer M^{-1}.

2. Soit un polynôme quelconque $Q = aX^3 + bX^2 + cX + d$ de $\mathbb{R}_3[X]$.

   On a $\operatorname{Mat}_{\mathcal{B}}(Q) = \begin{pmatrix} a \\ b \\ c \\ d \end{pmatrix}$.

   Par les formules de changement de base, on sait qu'on a $\operatorname{Mat}_C(Q) = M^{-1} \operatorname{Mat}_{\mathcal{B}}(Q)$, car M est la matrice de passage de $\mathcal{B}$ vers C. Donc si l'on note $\operatorname{Mat}_C(Q) = \begin{pmatrix} \alpha \\ \beta \\ \gamma \\ \delta \end{pmatrix}$, on a $\begin{pmatrix} \alpha \\ \beta \\ \gamma \\ \delta \end{pmatrix} = M^{-1} \begin{pmatrix} a \\ b \\ c \\ d \end{pmatrix}$. Reprenons le calcul de la question précédente :

$$\left(\begin{array}{cccc|cccc} 1 & 2 & 0 & 3 & 1 & 0 & 0 & 0 \\ 0 & 2 & 1 & 0 & 0 & 0 & 1 & 0 \\ 0 & 0 & 1 & -5 & -2 & 1 & 2 & 0 \\ 0 & 0 & 0 & -2 & -1 & 0 & 1 & 1 \end{array}\right)$$

$$\begin{array}{l} \\ L_2 \leftarrow \frac{1}{2} L_2 \\ \\ L_4 \leftarrow -\frac{1}{2} L_4 \end{array} \left(\begin{array}{cccc|cccc} 1 & 2 & 0 & 3 & 1 & 0 & 0 & 0 \\ 0 & 1 & \frac{1}{2} & 0 & 0 & 0 & \frac{1}{2} & 0 \\ 0 & 0 & 1 & -5 & -2 & 1 & 2 & 0 \\ 0 & 0 & 0 & 1 & \frac{1}{2} & 0 & -\frac{1}{2} & -\frac{1}{2} \end{array}\right)$$

$$\begin{array}{l} L_1 \leftarrow L_1 - 3L_4 \\ \\ L_3 \leftarrow L_3 + 5L_4 \\ \\ \end{array} \left(\begin{array}{cccc|cccc} 1 & 2 & 0 & 0 & -\frac{1}{2} & 0 & \frac{3}{2} & \frac{3}{2} \\ 0 & 1 & \frac{1}{2} & 0 & 0 & 0 & \frac{1}{2} & 0 \\ 0 & 0 & 1 & 0 & \frac{1}{2} & 1 & -\frac{1}{2} & -\frac{5}{2} \\ 0 & 0 & 0 & 0 & \frac{1}{2} & 0 & -\frac{1}{2} & -\frac{1}{2} \end{array}\right)$$

$$L_2 \leftarrow L_2 - \tfrac{1}{2} L_3 \quad \left(\begin{array}{cccc|cccc} 1 & 2 & 0 & 0 & -\frac{1}{2} & 0 & \frac{3}{2} & \frac{3}{2} \\ 0 & 1 & 0 & 0 & -\frac{1}{4} & -\frac{1}{2} & \frac{3}{4} & \frac{5}{4} \\ 0 & 0 & 1 & 0 & \frac{1}{2} & 1 & -\frac{1}{2} & -\frac{5}{2} \\ 0 & 0 & 0 & 0 & \frac{1}{2} & 0 & -\frac{1}{2} & -\frac{1}{2} \end{array}\right)$$

$$L_1 \leftarrow L_1 - 2L_2 \quad \left(\begin{array}{cccc|cccc} 1 & 0 & 0 & 0 & 0 & 1 & 0 & -1 \\ 0 & 1 & 0 & 0 & -\frac{1}{4} & -\frac{1}{2} & \frac{3}{4} & \frac{5}{4} \\ 0 & 0 & 1 & 0 & \frac{1}{2} & 1 & -\frac{1}{2} & -\frac{5}{2} \\ 0 & 0 & 0 & 0 & \frac{1}{2} & 0 & -\frac{1}{2} & -\frac{1}{2} \end{array}\right).$$

Ainsi on a $M^{-1} = \begin{pmatrix} 0 & 1 & 0 & -1 \\ -\frac{1}{4} & -\frac{1}{2} & \frac{3}{4} & \frac{5}{4} \\ \frac{1}{2} & 1 & -\frac{1}{2} & -\frac{5}{2} \\ \frac{1}{2} & 0 & -\frac{1}{2} & -\frac{1}{2} \end{pmatrix}$ et, par conséquent,

$$\begin{pmatrix} \alpha \\ \beta \\ \gamma \\ \delta \end{pmatrix} = M^{-1} \begin{pmatrix} a \\ b \\ c \\ d \end{pmatrix} = \begin{pmatrix} b - d \\ -\frac{a}{4} - \frac{b}{2} + \frac{3c}{4} + \frac{5d}{4} \\ \frac{a}{2} + b - \frac{c}{2} - \frac{5d}{2} \\ \frac{a}{2} - \frac{c}{2} - \frac{d}{2} \end{pmatrix}.$$

16.5 Décomposition PJ_rQ - MPSI

Soit la matrice $A = \begin{pmatrix} 4 & 2 & 1 & -1 \\ 1 & 0 & 1 & -3 \\ 2 & 3 & 1 & 0 \end{pmatrix}$. Calculer $\text{rg}(A)$, ainsi que des matrices inversibles U et V telles que $UAV = J_r$, et des matrices inversibles P et Q telles que $A = PJ_rQ$.

C 16.5 Décomposition PJ_rQ - MPSI

On procède comme expliqué dans la sous-section 3.4.

1	0	0	4	2	1	-1	L_1
0	1	0	1	0	1	-3	L_2
0	0	1	2	3	1	0	L_3
			1	0	0	0	
			0	1	0	0	
			0	0	1	0	
			0	0	0	1	

$\xrightarrow{L_1 \leftrightarrow L_2}$

0	1	0	1	0	1	-3
1	0	0	4	2	1	-1
0	0	1	2	3	1	0
			1	0	0	0
			0	1	0	0
			0	0	1	0
			0	0	0	1

$\xrightarrow{L_2 \leftrightarrow L_2 - 4L_1 \text{ et } L_3 \leftarrow L_3 - 2L_1}$

0	1	0	1	0	1	-3	L_1
1	-4	0	0	2	-3	11	L_2
0	-2	1	0	3	-1	6	L_3
			1	0	0	0	
			0	1	0	0	
			0	0	1	0	
			0	0	0	1	

$\xrightarrow{L_3 \leftarrow L_3 - \frac{3}{2}L_2}$

0	1	0	1	0	1	-3
1	-4	0	0	2	-3	11
$-\frac{3}{2}$	4	1	0	0	$\frac{7}{2}$	$-\frac{21}{2}$
			1	0	0	0
			0	1	0	0
			0	0	1	0
			0	0	0	1
			C_1	C_2	C_3	C_4

$\xrightarrow{C_4 \leftarrow C_4 + 3C_3}$

0	1	0	1	0	1	0
1	-4	0	0	2	-3	2
$-\frac{3}{2}$	4	1	0	0	$\frac{7}{2}$	0
			1	0	0	0
			0	1	0	0
			0	0	1	3
			0	0	0	1
			C_1	C_2	C_3	C_4

$\xrightarrow{C_3 \leftarrow C_3 + \frac{3}{2}C_2 \text{ et } C_4 \leftarrow C_4 - C_2}$

0	1	0	1	0	1	0
1	-4	0	0	2	0	0
$-\frac{3}{2}$	4	1	0	0	$\frac{7}{2}$	0
			1	0	0	0
			0	1	$\frac{3}{2}$	-1
			0	0	1	3
			0	0	0	1
			C_1	C_2	C_3	C_4

$$\xrightarrow{C_3 \leftarrow C_3 - C_1} \begin{array}{|ccc|cccc|} \hline 0 & 1 & 0 & 1 & 0 & 0 & 0 \\ 1 & \text{-}4 & 0 & 0 & 2 & 0 & 0 \\ \text{-}\frac{3}{2} & 4 & 1 & 0 & 0 & \frac{7}{2} & 0 \\ \hline & & & 1 & 0 & \text{-}1 & 0 \\ & & & 0 & 1 & \frac{3}{2} & \text{-}1 \\ & & & 0 & 0 & 1 & 3 \\ & & & 0 & 0 & 0 & 1 \\ \hline \multicolumn{3}{c}{} & C_1 & C_2 & C_3 & C_4 \end{array}$$

$$\xrightarrow{C_2 \leftarrow \frac{1}{2} C_2 \text{ et } C_3 \leftarrow \frac{2}{7} C_3} \begin{array}{|ccc|cccc|} \hline 0 & 1 & 0 & 1 & 0 & 0 & 0 \\ 1 & \text{-}4 & 0 & 0 & 1 & 0 & 0 \\ \text{-}\frac{3}{2} & 4 & 1 & 0 & 0 & 1 & 0 \\ \hline & & & 1 & 0 & \text{-}\frac{2}{7} & 0 \\ & & & 0 & \frac{1}{2} & \frac{3}{7} & \text{-}1 \\ & & & 0 & 0 & \frac{2}{7} & 3 \\ & & & 0 & 0 & 0 & 1 \\ \hline \multicolumn{3}{c}{} & C_1 & C_2 & C_3 & C_4 \end{array}$$

On a donc $J_3 = \begin{pmatrix} 1 & 0 & 0 & 0 \\ 0 & 1 & 0 & 0 \\ 0 & 0 & 1 & 0 \end{pmatrix}$, ce qui signifie que A est de rang 3. De plus on a obtenu $U = \begin{pmatrix} 0 & 1 & 0 \\ 1 & -4 & 0 \\ -\frac{3}{2} & 4 & 1 \end{pmatrix}$ et $V = \begin{pmatrix} 1 & 0 & -\frac{2}{7} & 0 \\ 0 & \frac{1}{2} & \frac{3}{7} & -1 \\ 0 & 0 & \frac{2}{7} & 3 \\ 0 & 0 & 0 & 1 \end{pmatrix}$, inversibles par construction (produits de matrices d'opérations élémentaires), telles que $UAV = J_3$.

On déduit un couple (P, Q) de matrices inversibles vérifiant $A = PJ_3Q$ en prenant $P = U^{-1}$ et $Q = V^{-1}$. On laisse les calculs au lecteur ; ils sont relativement aisés, d'autant plus que V est triangulaire. Pour vérification, on trouve :

$$P = \begin{pmatrix} 4 & 1 & 0 \\ 1 & 0 & 0 \\ 2 & \frac{3}{2} & 1 \end{pmatrix} \text{ et } Q = \begin{pmatrix} 1 & 0 & 1 & -3 \\ 0 & 2 & -3 & 11 \\ 0 & 0 & \frac{7}{2} & -\frac{21}{2} \\ 0 & 0 & 0 & 1 \end{pmatrix}.$$

CHAPITRE 17

Groupe symétrique et déterminants

1 Introduction

L'histoire des déterminants est inséparable de celle des matrices, comme nous l'avons déjà évoqué en introduction du chapitre 9. En effet, les tableaux de nombres que nous appellerions aujourd'hui « matrices » étaient à l'origine utilisés, par Leibniz par exemple, pour désigner le déterminant d'un système linéaire, cet objet ayant une fonction identifée assez tôt : être utilisé pour donner les solutions (ce sont les formules de Cramer, cf. le chapitre 7) et pour déterminer si un système carré admet une solution.
Nous avons pour l'instant vu les déterminants de systèmes 2×2 et 3×3. Concernant les systèmes $n \times n$ avec n quelconque, Gabriel Cramer[1] est le premier[2] à avoir donné une forme générale des solutions, sans la démontrer cependant. Il a probablement simplement dû essayer de généraliser les formules connues jusque-là pour les petites valeurs de n. Il a ainsi compris que ces formules faisaient intervenir au dénominateur $n!$ produits des coefficients du système[3], chacun affublé d'un signe dépendant de la manière dont les coefficients ont été combinés entre eux.
Cette forme générale proposée par Cramer posait le problème de son origine, de sa démonstration, et avait le défaut d'une lourdeur la rendant difficile à utiliser. Ainsi les recherches sur les déterminants, plutôt que d'être closes par l'avancée de Cramer, n'en

1. Cf. sa notice biographique p. 358.
2. En 1750, en appendice (p. 658) de son *Introduction à l'analyse des lignes courbes algébriques*, Frères Cramer et Cl. Philibert, Genève (1750).
3. On invite le lecteur à retourner voir les formules de Cramer pour $n = 2$ et $n = 3$ dans le chapitre 7.

furent que plus stimulées. On vit dans la deuxième moitié du XVIIIe siècle plusieurs mathématiciens, comme Bézout, Vandermonde, Lagrange, etc., proposer des méthodes de calcul de déterminants.

L'histoire étant foisonnante, on dira, pour faire court, que Cauchy est probablement celui que l'on peut retenir comme ayant le mieux analysé les travaux antérieurs et proposé une définition et une caractérisation des déterminants qui soient réellement éclairantes et effectives. De nombreux concepts et résultats de ce chapitre sont dus à Cauchy, et nous y revenons plus en détail dans ce qui suit.

2 Groupe symétrique - MPSI

2.1 Rappels et notations

Nous avons déjà vu la définition des groupes symétriques S_n dans le chapitre 8.
On rappelle que pour tout $n \in \mathbb{N}$, S_n désigne l'ensemble des permutations de $\{1, \ldots, n\}$.
On sait que $(S_n, \circ)$ est un groupe fini[4], de cardinal[5] $n!$.
Rappelons aussi que S_n a pour élément neutre la permutation identité.

Les fondations de la théorie des permutations ont été posées par Augustin-Louis Cauchy dans deux mémoires de 1815[6], remises en forme et approfondies dans un mémoire[7] de 1844, où l'étude des permutations est menée pour soi, dégagée des applications originelles concernant l'effet des permutations des variables au sein des fonctions.

Il propose notamment dès Cauchy (1815-1)[8] un moyen commode de représentation des éléments de S_n :

4. C'est finalement un des rares exemples de groupes finis du programme, et probablement le plus étudié. Rappelons que comme autres groupes finis, nous avons le groupe trivial, $(\{-1, 1\}, \times)$ et les groupes $(\mathbb{U}_n, \times)$ des racines n-ièmes de l'unité, dont $(\{-1, 1\}, \times)$ est d'ailleurs un cas particulier ($n = 2$).

5. Cf. par exemple G. Costantini, *Analyse*. 1re année, De Boeck (2013), pp. 61-62.

6. Le premier, *Mémoire sur le nombre des valeurs qu'une fonction peut acquérir, lorsqu'on permute de toutes les manières possibles les quantités qu'elle renferme*, Journal de l'École polytechnique, XVIIe cahier, T. X., pp. 1-28 (1815), aussi dans *Œuvres complètes*, IIe série, T. I. pp. 64-90. Le second, *Mémoire sur les fonctions qui ne peuvent obtenir que deux valeurs égales et de signes contraires par suite des transpositions opérées entre les variables qu'elles renferment*, Journal de l'École polytechnique, XVIIe cahier, T. X., pp. 29-112 (1815), aussi dans *Œuvres complètes*, IIe série, T. I. pp. 91-169. Nous nous référerons à ces deux mémoires via les appellations respectives « Cauchy (1815-1) » et « Cauchy (1815-2) », en citant les pages relatives aux *Œuvres complètes* des éditions Gauthiers-Villars.

7. *Mémoire sur les arrangements que l'on peut former avec des lettres données et sur les permutations ou substitutions à l'aide desquelles on passe d'un arrangement à un autre*, Exercices d'analyse et de physique mathématique, T. 3, 1844, pp. 151-252. Aussi dans *Œuvres complètes*, IIe série, T. XIII., pp. 171-282. On fera référence à ce mémoire via « Cauchy (1844) ».

8. p. 67.

Notation 1

Pour $n \geqslant 1$, on convient de représenter un élément σ quelconque de S_n de la ainsi :

$$\begin{pmatrix} 1 & 2 & \cdots & n \\ \sigma(1) & \sigma(2) & \cdots & \sigma(n) \end{pmatrix}.$$

On visualise ainsi l'image par σ de tout élément de $\{1, \ldots, n\}$

Augustin-Louis Cauchy
(1789–1857)

Augustin-Louis Cauchy[a] est né en pleine Révolution française. La famille de Cauchy, qui avait fui Paris, y revint lorsque la Révolution s'acheva. Et c'est ainsi à Paris que Cauchy passa l'essentiel de sa jeunesse.

Il eut l'occasion, au cours de son enfance, de côtoyer de grands mathématiciens français de l'époque comme Laplace et Lagrange, et est un pur produit des écoles d'ingénieurs ; il intégra l'École polytechnique[b] en 1805 puis l'École des ponts et chaussées.

Tout en commençant à exerçer son métier d'ingénieur à Cherbourg à compter de 1810, Cauchy étudia des grands traités mathématiques et se mit à la recherche. Il comprit vite qu'il souhaitait réaliser une carrière académique dans le domaine des mathématiques plutôt que mener sa carrière d'ingénieur, et retourna à Paris.

Après quelques difficultés, Cauchy fut engagé comme professeur assistant à l'École polytechnique en 1815 et intégra l'Académie des Sciences l'année suivante. Il donna un cours d'analyse resté célèbre[c] à l'École polytechnique chaque année jusqu'en 1830 et, dans ce cours qu'il bâtit, il fut un des premiers à essayer de traiter clairement des problèmes liés à la continuité qui étaient mal ou pas identifiés à l'époque. Il dut s'exiler en 1830 à cause de ses convictions royalistes et ne revint prendre sa place à l'Académie qu'en 1838.

Il laisse une œuvre monumentale, reflétant son activité dans les domaines les plus divers : analyse, analyse complexe[d], étude des permutations et des déterminants[e], mécanique et optique[f], etc.

Cauchy reste malheureusement associé à des négligences concernant les travaux qu'il devait relire en tant que membre de l'Académie ; il perdit ainsi un mémoire de Galois[g], qui mourut avec le sentiment que son talent n'avait pas été reconnu, et remit à plus tard (trop tard[h]) la lecture d'un mémoire de Niels Abel.

a. Pour une biographie détaillée de Cauchy, on renvoie au livre de Bruno Belhoste, *Augustin-Louis Cauchy : a biography*, Springer, New York (1991).
b. À laquelle Napoléon venait d'attribuer un statut militaire.
c. *Cours d'analyse de l'École royale polytechnique*, qui forme le tome 3 de la deuxième série des *Œuvres complètes d'Augustin Cauchy*, Gauthier-Villars, Paris (1897)
d. Notamment l'intégration des fonctions complexes dans *Mémoire sur les intégrales définies prises entre des limites imaginaires*, De Bure frères, Paris (août 1825).
e. On y revient peu après.
f. Par exemple, en 1842, le *Mémoire sur la polarisation rectiligne et la double réfraction*, *Œuvres complètes*, série 1, tome 2, Gauthier-Villars, Paris (1908), pp. 111-166.
g. Cf. la notice biographique de Galois, p. 396.
h. Abel est mort très jeune et n'a jamais pu avoir l'avis de Cauchy sur son travail.

Exemples 1

1. La permutation $\sigma \in S_4$ définie par $\sigma(1) = 3$, $\sigma(2) = 4$, $\sigma(3) = 1$, $\sigma(4) = 2$ peut être représentée ainsi : $\begin{pmatrix} 1 & 2 & 3 & 4 \\ 3 & 4 & 1 & 2 \end{pmatrix}$.
2. Cette représentation permet de calculer facilement des composées de permutations et des inverses :
   - Si par exemple on a $\sigma_1 = \begin{pmatrix} 1 & 2 & 3 & 4 & 5 \\ 5 & 2 & 3 & 1 & 4 \end{pmatrix}$ et $\sigma_2 = \begin{pmatrix} 1 & 2 & 3 & 4 & 5 \\ 2 & 5 & 4 & 1 & 3 \end{pmatrix}$, alors pour représenter $\sigma_1 \circ \sigma_2$, on regarde la valeur de $\sigma_2(1)$, qui est 2, puis la valeur de $\sigma_1(2)$, qui est 2, pour en déduire qu'on a $\sigma_1 \circ \sigma_2(1) = 2$.
     Répétant le principe pour tous les éléments de $\{2, \ldots, 5\}$, on est à même d'écrire : $\sigma_1 \circ \sigma_2 = \begin{pmatrix} 1 & 2 & 3 & 4 & 5 \\ 2 & 4 & 1 & 5 & 3 \end{pmatrix}$.
     Le lecteur pourra vérifier qu'on a également : $\sigma_2 \circ \sigma_1 = \begin{pmatrix} 1 & 2 & 3 & 4 & 5 \\ 3 & 5 & 4 & 2 & 1 \end{pmatrix}$.
     Remarquons sur cet exemple qu'on a $\sigma_1 \circ \sigma_2 \neq \sigma_2 \circ \sigma_1$.
   - On peut aussi calculer l'inverse d'une permutation σ, en lisant, pour tout $i \in \{1, ..., n\}$, l'unique antécédent de i par σ.
     On obtient ainsi par exemple : $\sigma_1^{-1} = \begin{pmatrix} 1 & 2 & 3 & 4 & 5 \\ 4 & 2 & 3 & 5 & 1 \end{pmatrix}$.

2.2 Cycles

Définition 1

1. Soit $p \in \{2, \ldots, n\}$. On appelle *p-cycle*[9] de $\{1, \ldots, n\}$ ou *cycle de longueur* p de $\{1, \ldots, n\}$ toute permutation $\sigma \in S_n$ telle qu'il existe des éléments distincts a_1, a_2, ..., a_p de $\{1, \ldots, n\}$ vérifiant :
   $\sigma(a_1) = a_2$, $\sigma(a_2) = a_3$, ..., $\sigma(a_{p-1}) = a_p$, $\sigma(a_p) = a_1$,
   et $\sigma(a) = a$ pour tout $a \in \{1, \ldots, n\} \setminus \{a_1, a_2, \ldots, a_p\}$.
   Un tel p-cycle est noté $(a_1\ a_2\ \ldots\ a_p)$ ou encore $(a_2\ a_3\ \ldots\ a_p\ a_1)$, etc... ($p$ écritures possibles).
   L'ensemble $\{a_1, \ldots, a_p\}$ est appelé *support* du cycle σ.
2. On appelle *transposition* de $\{1, \ldots, n\}$ tout 2-cycle de $\{1, \ldots, n\}$.
3. On dit que deux cycles sont *disjoints* lorsqu'ils sont à supports disjoints.

⚠ L'identité n'est donc pas un cycle !

Remarque 1

Concrètement des cycles disjoints agissent sur des éléments distincts vu qu'ils valent l'identité hors de leurs supports et que leurs supports sont disjoints.

Exemples 2

1. Dans S_7, le cycle $(2\ 7\ 1\ 5\ 3)$ n'est rien d'autre que la permutation

$$\sigma = \begin{pmatrix} 1 & 2 & 3 & 4 & 5 & 6 & 7 \\ 5 & 7 & 2 & 4 & 3 & 6 & 1 \end{pmatrix}.$$

2. Dans S_6, $(1\ 6\ 3)$ et $(2\ 4)$ sont disjoints. Ainsi on a $(1\ 6\ 3) \circ (2\ 4) = (2\ 4) \circ (1\ 6\ 3)$.

Remarque 2

La loi de groupe utilisée pour combiner les permutations entre elles étant toujours $\circ$, on se permet souvent de l'omettre et, ainsi, d'écrire $\sigma_1\sigma_2$ comme raccourci de $\sigma_1 \circ \sigma_2$.
En particulier, l'égalité $(1\,6\,3)\circ(2\,4) = (2\,4)\circ(1\,6\,3)$ se réécrit le plus souvent simplement : $(1\ 6\ 3)(2\ 4) = (2\ 4)(1\ 6\ 3)$

Remarque 3

Si $\sigma = (a_1\ a_2\ \dots\ a_{p-1}\ a_p)$ alors $\sigma^{-1} = (a_p\ a_{p-1}\ \dots\ a_2\ a_1)$.
En particulier si σ est une transposition, $(a_1\ a_2)$, alors $\sigma^{-1} = (a_2\ a_1) = (a_1\ a_2) = \sigma$.
Ainsi **toute transposition est égale à son inverse**.

Proposition 1

Tout p-cycle peut se décomposer en un produit de $p-1$ transpositions.

DÉMONSTRATION

Soit $\sigma = (a_1\ a_2\ \dots\ a_{p-1}\ a_p)$ un p-cycle.

- Si on a $p = 2$, alors σ est une transposition donc s'écrit bien comme produit d'une transposition : elle-même.
- Si on a $p = 3$, alors $\sigma = (a_1\ a_2\ a_3) = (a_1\ a_2) \circ (a_2\ a_3)$ est bien produit de deux transpositions.
- Si on a $p = 4$, alors $\sigma = (a_1\ a_2\ a_3\ a_4) = (a_1\ a_2) \circ (a_2\ a_3) \circ (a_3\ a_4)$ est bien produit de transpositions.

9. Appelé « permutation circulaire » par Cauchy (1815-1), p. 80.

On poursuit selon p croissant avec le même principe de décomposition.

⚠ On n'a pas unicité d'une décomposition en transpositions !
En effet, on a par exemple $(1\ 2\ 3) = (1\ 2)(2\ 3) = (2\ 3)(1\ 3) = (1\ 3)(1\ 2)$.

Il est temps d'ailleurs de répondre à la question de la commutativité de S_n :

Théorème 1

Le groupe $(S_n, \circ)$ est commutatif si et seulement si on a $n \leqslant 3$.

DÉMONSTRATION

Pour $n = 0$, $n = 1$ et $n = 2$, on vérifie à la main que tous les produits possibles au sein de S_n sont commutatifs, ce qui assure que S_n est commutatif.
Dès qu'on a $n \geqslant 3$, alors on peut considérer les transpositions $\sigma = (1\ 2)$ et $\sigma' = (1\ 3)$ de Σ_n. On a $\sigma \circ \sigma' = (1\ 2) \circ (1\ 3) = (1\ 3\ 2)$, tandis qu'on a $\sigma' \circ \sigma = (1\ 3) \circ (1\ 2) = (1\ 2\ 3)$, d'où $\sigma \circ \sigma' \neq \sigma' \circ \sigma$, ce qui prouve que S_n n'est pas commutatif.

Le résultat vu plus haut stipulant que tout p-cycle se décompose en un produit de $p-1$ transpositions attire l'attention sur les transpositions , qui sont des permutations particulièrement simples, comme engendrant tous les cycles.
Il est naturel d'essayer d'étendre ce résultat de génération à toutes les permutations :

Théorème 2

Pour $n \geqslant 1$, toute permutation de $\{1, \ldots, n\}$ peut se décomposer en un produit d'au plus $n-1$ transpositions.

DÉMONSTRATION

On démontre la propriété par récurrence sur $n \geqslant 1$.
Initialisation : Pour $n = 1$, l'unique élément de S_1 est la permutation id, qui s'écrit bien comme produit de 0 transposition (produit vide).
Hérédité : Supposons la propriété établie au rang $n \geqslant 1$.
Soit $\sigma \in S_{n+1}$ et posons $k = \sigma(n+1)$.

- Si on a $k = n+1$ alors σ restreint à $\{1, \ldots, n\}$ est un élément de S_n donc, par hypothèse de récurrence, peut s'écrire comme produit d'au plus $n-1$ transpositions de S_n, que l'on peut voir comme des transpositions de S_{n+1} vu qu'on a $\{1, \ldots, n\} \subset \{1, \ldots, n+1\}$.
- Si on a $k \neq n+1$ alors on pose $\sigma' = (k\ n+1) \circ \sigma$. On a $\sigma'(n+1) = n+1$, ce qui permet de se ramener au cas précédent : σ' s'écrit comme produit d'au plus $n-1$

transpositions.

Enfin on écrit $\sigma = (k\ n+1)^{-1} \circ \sigma' = (k\ n+1) \circ \sigma'$ car $(k\ n+1)$ est une transposition.

Ainsi σ est produit d'au plus $n-1+1 = n$ transpositions.

Dans tous les cas, σ s'écrit comme produit d'au plus n transpositions.

La propriété est donc bien héréditaire.

Conclusion : La propriété est vraie au rang 1, et elle est héréditaire, donc d'après le théorème de récurrence elle est vraie pour tout entier $n \geqslant 1$.

En fait, on a même le résultat :

Théorème 3 (Cauchy (1844)[10])

Toute permutation peut être décomposée de manière unique, à l'ordre près des facteurs, en un produit de cycles disjoints.

Méthode de décomposition en cycles disjoints :

Étant donnée une permutation σ, pour obtenir sa décomposition en cycles disjoints, il suffit de suivre l'algorithme :

- On regarde les puissances successives $\sigma^k(1)$, pour $k \geqslant 1$, tant qu'on n'a pas $\sigma^k(1) = 1$. On s'arrête lorsqu'on obtient la première valeur de $k \geqslant 1$ pour laquelle on a $\sigma^k(1) = 1$. Cette valeur existe nécessairement ; on l'a vu et on re réexplique peu après dans la remarque 5.
  On peut alors écrire le cycle $\left(1\ \sigma(1)\ \ldots\ \sigma^{k-1}(1)\right)$, qui apparaîtra dans la décomposition en cycles disjoints de σ. Si on a $k = 1$, *i. e.* $\sigma(1) = 1$, alors 1 n'appartient pas au support de σ et il n'y a aucun cycle à faire paraître.
- On considère s'il reste des éléments lorsqu'on prive $\{1, \ldots, n\}$ de $\{1, \sigma(1), \ldots, \sigma^{k-1}(1)\}$ et, si oui, on prend le plus petit, que l'on note a, et on applique la même démarche à a qu'on l'a appliquée à 1 dans le point précédent.
- Tant qu'on n'a pas épuisé tous les éléments de $\{1, \ldots, n\}$, on répète le même principe. On aura ainsi formé tous les cycles disjoints apparaissant dans la décomposition de σ.

Exemple 3

Soit à décomposer en cycles disjoints la permutation $\sigma = \begin{pmatrix} 1 & 2 & 3 & 4 & 5 & 6 \\ 3 & 2 & 1 & 6 & 4 & 5 \end{pmatrix}$ de S_6.

Pour cela, on part de 1, qui a pour image 3 par σ ; puis on regarde l'image de 3 par σ,

10. Esquissé dans Cauchy (1815-2), pp. 99-100 et développé dans Cauchy (1844). Le principe semble suffisamment évident à Cauchy pour se contenter d'indiquer comment obtenir concrètement la décomposition.

qui est 1. On s'arrête là et on note le 2-cycle $(1\ 3)$. On enlève les éléments 1 et 3 de $\{1,\dots,6\}$ et on prend l'élément le plus petit restant, c'est-à-dire 2.

On regarde l'image de 2 par σ, qui est 2. Ainsi 2 n'est pas un élément du support de σ. On passe au nouveau plus petit élément restant, à savoir 4.

On part de 4, qui a pour image 6 par σ ; puis on regarde l'image de 6 par σ, qui est 5 ; et encore l'image de 5 par σ, qui est 4. On s'arrête là et on note le 3-cycle $(4\ 6\ 5)$. On enlève les éléments 4, 5 et 6 des éléments restant jusque là, et on constate qu'il ne reste plus aucun élément. On est arrivé au bout du processus.

Exemples 4

1. On vient donc de calculer que, dans S_6, on a $\begin{pmatrix} 1 & 2 & 3 & 4 & 5 & 6 \\ 3 & 2 & 1 & 6 & 4 & 5 \end{pmatrix} = (1\ 3)(4\ 6\ 5)$.

2. Dans S_7, le lecteur peut vérifier de même qu'on a $\begin{pmatrix} 1 & 2 & 3 & 4 & 5 & 6 & 7 \\ 4 & 1 & 3 & 6 & 7 & 5 & 2 \end{pmatrix} =$ $(1\ 4\ 6\ 5\ 7\ 2)$.

3. Dans S_8, on a $\begin{pmatrix} 1 & 2 & 3 & 4 & 5 & 6 & 7 & 8 \\ 3 & 8 & 1 & 5 & 4 & 7 & 6 & 2 \end{pmatrix} = (1\ 3)(2\ 8)(4\ 5)(6\ 7)$.

Remarque 4

Des cycles disjoints commutent vu qu'ils agissent sur des éléments distincts (voir remarque 1). Donc dans l'écriture de la décomposition en cycles disjoints, l'ordre n'importe pas contrairement au cas général (S_n étant non commutatif pour $n \geqslant 3$). Par exemple, on a $(1\ 3)(4\ 6\ 5) = (4\ 6\ 5)(1\ 3)$, ou encore $(1\ 3)(2\ 8)(4\ 5)(6\ 7) = (6\ 7)(2\ 8)(1\ 3)(4\ 5)$.

Remarque 5

Nous proposons ici un argument classique qui légitime en partie la méthode proposée plus haut pour obtenir la décomposition en cycles disjoints.

Étant donné $\sigma \in S_n$ et un élément a quelconque de $\{1,\dots,n\}$, la question est de savoir pourquoi il existe nécessairement un entier $k \geqslant 1$ tel que $\sigma^k(a) = a$.

On introduit pour cela l'ensemble $\mathcal{E} = \{\sigma^j(a),\ j \geqslant 1\}$, qui est une partie de $\{1,\dots,n\}$ car σ est à valeurs dans $\{1,\dots,n\}$. Cet ensemble $\mathcal{E}$ est donc fini, ce qui implique que les $\sigma^j(a)$ ne prennent pas des valeurs toutes distinctes, car sinon il serait infini.

Il existe donc $\ell \geqslant 1$ et $\ell' > \ell \geqslant 1$ tels que $\sigma^{\ell'}(a) = \sigma^{\ell}(a)$. Composant par $\sigma^{-\ell}$, on obtient $\sigma^{\ell'-\ell}(a) = a$, avec $\ell' - \ell \geqslant 1$. D'où $k = \ell' - \ell$ est une valeur convenable.

Applications 1

Pour conclure sur la décomposition en cycles disjoints, nous allons lister tous les éléments des groupes S_n, pour $n \in \{1, \dots, 4\}$, en les classant selon leur type de décomposition en cycles disjoints :

1. Pour $n = 0$, S_0 est l'ensemble des permutations de l'ensemble vide. On a vu dans le chapitre 2 que pour tout ensemble B, il existe une unique application de $\emptyset$ dans B. En particulier il existe une unique application de $\emptyset$ dans $\emptyset$, et celle-ci est une bijection. En effet la bijectivité d'une application se traduit par une propriété universelle sur son ensemble d'arrivée, et une propriété universelle sur l'ensemble vide est toujours vraie. Ainsi S_0 a un[11] élément, l'application dite vide.
2. Pour $n = 1$, S_1 a $1! = 1$ élément, la permutation id.
3. Pour $n = 2$, S_2 a $2! = 2$ éléments, la permutation id et la transposition $(1\ 2)$.
4. Pour $n = 3$, S_3 a $3! = 6$ éléments :
   - la permutation id ;
   - les transpositions $(1\ 2)$, $(1\ 3)$ et $(2\ 3)$;
   - les 3-cycles $(1\ 2\ 3)$ et $(1\ 3\ 2)$.
5. Pour $n = 4$, S_4 a $4! = 24$ éléments :
   - la permutation id ;
   - les transpositions, au nombre de $\binom{4}{2} = 6$: $(1\ 2)$, $(1\ 3)$, $(1\ 4)$, $(2\ 3)$, $(2\ 4)$ et $(3\ 4)$;
   - les 3-cycles, au nombre de 8 : $(1\ 2\ 3)$, $(1\ 2\ 4)$, $(1\ 3\ 4)$, $(2\ 3\ 4)$, $(1\ 3\ 2)$, $(1\ 4\ 2)$, $(1\ 4\ 3)$, et $(2\ 4\ 3)$;
   - les 4-cycles, au nombre de 6 : $(1\ 2\ 3\ 4)$, $(1\ 2\ 4\ 3)$, $(1\ 3\ 2\ 4)$, $(1\ 3\ 4\ 2)$, $(1\ 4\ 2\ 3)$ et $(1\ 4\ 3\ 2)$;
   - les produits de deux transpositions disjointes, au nombre de 3 : $(1\ 2)(3\ 4)$, $(1\ 3)(2\ 4)$ et $(1\ 4)(2\ 3)$.

2.3 Signature

On s'appuie sur le théorème 3 pour formuler :

Définition 2 (Orbites d'une permutation)

On appelle *orbite* d'une permutation $\sigma \in S_n$ le support de tout cycle apparaissant dans la décomposition en cycles disjoints de σ ainsi que les singletons formés des éléments de $\{1, \dots, n\}$ n'appartenant pas au support de σ.

On appelle *longueur* d'une orbite son cardinal.

11. Ce qui est cohérent avec le fait que S_n a pour cardinal $n!$, vu qu'on a $0! = 1$.

Comme l'explique la méthode de décomposition en cycles disjoints et la remarque 5, les orbites sont de la forme $\{a, \sigma(a), \ldots, \sigma^{k-1}(a)\}$, où k est le plus petit entier $\geqslant 1$ vérifiant $\sigma^k(a) = a$. Cet entier k est alors la longueur de l'orbite.

Notons qu'on peut se convaincre que si l'on prend un élément b quelconque dans l'orbite $\{a, \sigma(a), \ldots, \sigma^{k-1}(a)\}$, alors on a : $\{a, \sigma(a), \ldots, \sigma^{k-1}(a)\} = \{b, \sigma(b), \ldots, \sigma^{k-1}(b)\}$.

Exemples 5

1. Si l'on reprend la permutation de l'exemple 4.1, qui a pour décomposition en cycles disjoints $(1\ 3)(4\ 6\ 5)$, ses orbites sont $\{1, 3\}$, $\{4, 6, 5\}$ et le singleton $\{2\}$.
2. Pour ce qui est de l'exemple 4.2, de décomposition $(1\ 4\ 6\ 5\ 7\ 2)$, les orbites sont $\{1, 4, 6, 5, 7, 2\}$ et $\{3\}$.
3. Pour l'exemple 4.3, de décomposition $(1\ 3)(2\ 8)(4\ 5)(6\ 7)$, les orbites sont $\{1, 3\}$, $\{2, 8\}$, $\{4, 5\}$ et $\{6, 7\}$.
4. La permutation identité a n orbites, les n singletons $\{1\}$, $\{2\}$, ..., $\{n\}$.
5. Tout p-cycle de S_n possède 1 orbite de longueur p (son support) et $n - p$ orbites de longueur 1 (les singletons formés des éléments hors de son support).

Remarque 6

Les orbites sont des ensembles donc parler de l'orbite $\{4, 6, 5\}$ ou de l'orbite $\{4, 5, 6\}$ est strictement la même chose. Cela dit, par commodité, autant garder l'ordre des éléments tels qu'ils apparaissent dans les cycles.

Définition 3 (Signature d'une permutation)

On appelle *signature* d'une permutation $\sigma \in S_n$ et on note $\varepsilon(\sigma)$ le nombre $(-1)^{n-m}$, où m désigne le nombre d'orbites de σ.

La signature prend donc ses valeurs dans $\{-1, 1\}$.

Exemples 6

On reprend les mêmes exemples que précédemment :

1. La permutation de l'exemple 4.1, qui appartient à S_6 et s'écrit $(1\ 3)(4\ 6\ 5)$, a 3 orbites et a donc une signature valant $(-1)^{6-3} = (-1)^3 = -1$.
2. La permutation de l'exemple 4.2, qui appartient à S_7 et s'écrit $(1\ 4\ 6\ 5\ 7\ 2)$, a 2 orbites et a donc une signature valant $(-1)^{7-2} = (-1)^5 = -1$.
3. La permutation de l'exemple 4.3, qui appartient à S_8 et s'écrit $(1\ 3)(2\ 8)(4\ 5)(6\ 7)$, a 4 orbites et a donc une signature valant $(-1)^{8-4} = (-1)^4 = 1$.

4. La permutation identité a n orbites, donc on a $\varepsilon(\mathrm{id}) = (-1)^{n-n} = (-1)^0 = 1$.
5. Comme tout p-cycle σ de S_n possède $n-p+1$ orbites, on a :
   $\varepsilon(\sigma) = (-1)^{n-(n-p+1)} = (-1)^{p-1}$.
   En particulier les transpositions ont pour signature $(-1)^{2-1} = -1$.

La signature possède une propriété fondamentale, à laquelle le lemme suivant va nous conduire :

Lemme 1

1. Soit σ une permutation quelconque de S_n et τ une transposition de S_n.
   On a $\varepsilon(\tau\sigma) = -\varepsilon(\sigma)$.
2. Soient τ_1, τ_2, ..., τ_r des transpositions de S_n. On a $\varepsilon(\tau_1\tau_2\cdots\tau_r) = (-1)^r$.

Démonstration

1. Notons a et b les éléments (nécessairement distincts) du support de τ, c'est-à-dire qu'on a $\tau = (a\ b)$.
   On note m le nombre d'orbites de σ. La transposition τ n'agit que sur les orbites contenant a ou b. On a deux cas :
   - Si a et b sont dans une même orbite $\mathcal{O}$ de longueur k, alors il existe $\ell \in \{1, \ldots, k-1\}$ tel que $\sigma^\ell(a) = b$. L'orbite $\mathcal{O}$ peut donc être décrite comme :
   $$\mathcal{O} = \big\{a, \sigma(a), \ldots, \sigma^{\ell-1}(a), \sigma^\ell(a) = b, \sigma^{\ell+1}(a), \ldots, \sigma^{k-1}(a)\big\}.$$
   On a $\tau\circ\sigma\big(\sigma^{\ell-1}(a)\big) = \tau\big(\sigma^\ell(a)\big) = \tau(b) = a$, $\tau\circ\sigma\big(\sigma^{k-1}(a)\big) = \tau\big(\sigma^k(a)\big) = \tau(a) = b$, et $\tau\circ\sigma\big(\sigma^j(a)\big) = \tau\big(\sigma^{j+1}(a)\big) = \sigma^{j+1}(a)$ pour $j \in \{0, \ldots, \ell-2, \ell, \ldots, k-2\}$, donc l'orbite $\mathcal{O}$ donne sous l'effet de la composition de σ par τ les deux orbites :
   $$\big\{a, \sigma(a), \ldots, \sigma^{\ell-1}(a)\big\} \text{ et } \big\{\sigma^\ell(a) = b, \sigma^{\ell+1}(a) = \sigma(b), \ldots, \sigma^{k-1}(a) = \sigma^{k-\ell}(b)\big\}.$$
   Les autres orbites de σ étant inchangées par composition par τ, $\tau\sigma$ a une orbite de plus que σ, donc en a $m+1$, d'où : $\varepsilon(\tau\sigma) = (-1)^{n-(m+1)} = -(-1)^{n-m} = -\varepsilon(\sigma)$.
   - Si a et b sont dans deux orbites différentes notées $\mathcal{O} = \big\{a, \sigma(a), \ldots, \sigma^{k-1}(a)\big\}$ et $\mathcal{O}' = \big\{b, \sigma(b), \ldots, \sigma^{k'-1}(b)\big\}$, alors on a $\tau\circ\sigma\big(\sigma^{k-1}(a)\big) = \tau\big(\sigma^k(a)\big) = \tau(a) = b$, $\tau\circ\sigma\big(\sigma^{k'-1}(b)\big) = \tau\big(\sigma^{k'}(b)\big) = \tau(b) = a$, $\tau\circ\sigma\big(\sigma^j(a)\big) = \tau\big(\sigma^{j+1}(a)\big) = \sigma^{j+1}(a)$ pour $j \in \{0, \ldots, k-2\}$, et $\tau\circ\sigma\big(\sigma^j(b)\big) = \tau\big(\sigma^{j+1}(b)\big) = \sigma^{j+1}(b)$ pour $j \in \{0, \ldots, k'-2\}$, donc les orbites $\mathcal{O}$ et $\mathcal{O}'$ donnent sous l'effet de la composition de σ par τ une seule orbite : $\big\{a, \sigma(a), \ldots, \sigma^{k-1}(a), \tau\circ\sigma\big(\sigma^{k-1}(a)\big) = b, \sigma(b), \ldots, \sigma^{k'-1}(b)\big\}$.
   Les autres orbites de σ étant inchangées par composition par τ, $\tau\sigma$ a une orbite de moins que σ, donc en a $m-1$, d'où : $\varepsilon(\tau\sigma) = (-1)^{n-(m-1)} = -(-1)^{n-m} = -\varepsilon(\sigma)$.

2. Par le point précédent, on a :
$\varepsilon(\tau_1\tau_2\cdots\tau_r) = -\varepsilon(\tau_2\cdots\tau_r) = (-1)^2\varepsilon(\tau_3\cdots\tau_r) = \cdots = (-1)^r\varepsilon(\mathrm{id}) = (-1)^r$.

On en déduit le théorème fondamental :

Théorème 4 (Caractérisation de la signature)

1. L'application ε est un morphisme de groupes de $(S_n, \circ)$ dans $(\{-1,1\}, \times)$.
2. La signature est l'unique morphisme de $(S_n, \circ)$ dans $(\{-1,1\}, \times)$ valant -1 sur toute transposition.

DÉMONSTRATION

1. Notons d'abord qu'étant donnée une permutation σ de S_n, si l'on connaît une décomposition de σ en un produit de transpositions, $\sigma = \tau_1 \circ \tau_2 \circ \cdots \circ \tau_r$, on a grâce au lemme 1.2, $\varepsilon(\sigma) = (-1)^r$. Si donc l'on se donne deux permutations quelconques σ et σ' de S_n, et que l'on suppose qu'elles se décomposent respectivement en un produit de r et r' transpositions, alors on a $\varepsilon(\sigma) = (-1)^r$ et $\varepsilon(\sigma') = (-1)^{r'}$.
   Mais alors $\sigma \circ \sigma'$ est un produit de $r + r'$ transpositions, donc on a :
   $\varepsilon(\sigma \circ \sigma') = (-1)^{r+r'} = (-1)^r \times (-1)^{r'} = \varepsilon(\sigma) \times \varepsilon(\sigma')$.
   Et ainsi ε est un morphisme de groupes de $(S_n, \circ)$ dans $(\{-1,1\}, \times)$.
2. Le point précédent a prouvé l'existence. Reste l'unicité.
   Soit $\eta : (S_n, \circ) \longrightarrow (\{-1,1\}, \times)$ un morphisme de groupes vérifiant $\eta(\tau) = -1$ pour toute transposition τ.
   Soit σ un élément quelconque de S_n. On sait par le théorème 3 qu'il existe un nombre $r \leqslant n-1$ de transpositions τ_1, ..., τ_r telles que $\sigma = \tau_1 \circ \cdots \circ \tau_r$. On a par conséquent : $\eta(\sigma) = \prod_{j=1}^{r} \eta(\tau_j)$ car η est un morphisme, puis $\eta(\sigma) = (-1)^r$ car on a $\eta(\tau_j) = -1$ pour tout $j \in \{1, \ldots, r\}$. Mais on a de même $\varepsilon(\sigma) = \prod_{j=1}^{r} \varepsilon(\tau_j) = (-1)^r$, d'où $\eta(\sigma) = \varepsilon(\sigma)$.
   Cette égalité étant vraie pour tout $\sigma \in S_n$, les applications η et ε coïncident.

Remarque 7

Comme ε est un morphisme de groupes, on a en particulier, comme nous l'avons d'ailleurs utilisé dans la démonstration ci-dessus, $\varepsilon(\sigma_1 \circ \sigma_2 \circ \cdots \circ \sigma_j) = \varepsilon(\sigma_1) \times \varepsilon(\sigma_2) \times \cdots \times \varepsilon(\sigma_j)$ pour toutes permutations σ_1, σ_2, ..., σ_j et, pour $k \in \mathbb{N}$, $\varepsilon(\sigma^k) = \big(\varepsilon(\sigma)\big)^k$.
On a aussi $\varepsilon(\sigma^{-1}) = (\varepsilon(\sigma))^{-1}$ pour tout $\sigma \in S_n$.

On peut se servir également de la propriété de morphisme de la signature pour la calculer :

Exemple 7

Soit à calculer la signature de la permutation de S_8 : $\sigma = \begin{pmatrix} 1 & 2 & 3 & 4 & 5 & 6 & 7 & 8 \\ 3 & 7 & 8 & 1 & 4 & 6 & 2 & 5 \end{pmatrix}$.

On calcule la décomposition en cycles disjoints : $\sigma = (1\ 3\ 8\ 5\ 4)(2\ 7)$.

On utilise ensuite la propriété de morphisme de ε, et on obtient $\varepsilon(\sigma) = \varepsilon(1\,3\,8\,5\,4)\times\varepsilon(2\,7)$, puis, en utilisant la valeur de la signature sur les p-cycles, $\varepsilon(\sigma) = (-1)^4 \times (-1) = -1$.

Remarque 8

Certaines références définissent la signature par la formule
$\varepsilon(\sigma) = \prod_{1\leqslant i<j\leqslant n} \frac{\sigma(j)-\sigma(i)}{j-i}$. Nous proposons l'exercice 17.1 à ce sujet.

3 Une approche des déterminants dans le plan et dans l'espace

Les propos tenus dans cette section pourront parfois ne pas sembler parfaitement justifiés, du fait de l'absence dans le programme de mathématiques de CPGE des concepts adaptés. Cela dit, ce n'est pas le but. Tout ce que nous cherchons à faire ici est dégager une intuition géométrique du concept de déterminant, qui servira de base (notamment au sens où c'est là que nous y puiserons les idées des définitions) à l'élaboration d'une théorie formelle et rigoureuse dans les sections suivantes.

3.1 Dans le plan

Plaçons-nous dans le plan usuel muni d'une base $\mathcal{B}$ orthonormée et considérons deux vecteurs u et v de coordonnées $\begin{pmatrix} a \\ b \end{pmatrix}$ et $\begin{pmatrix} c \\ d \end{pmatrix}$ dans cette base. Nous avons représenté un exemple de tels vecteurs dans le dessin ci-après et avons également formé le parallélogramme P engendré par u et v, dont l'intérieur est coloré en vert et l'aire appelée $\mathcal{A}$.

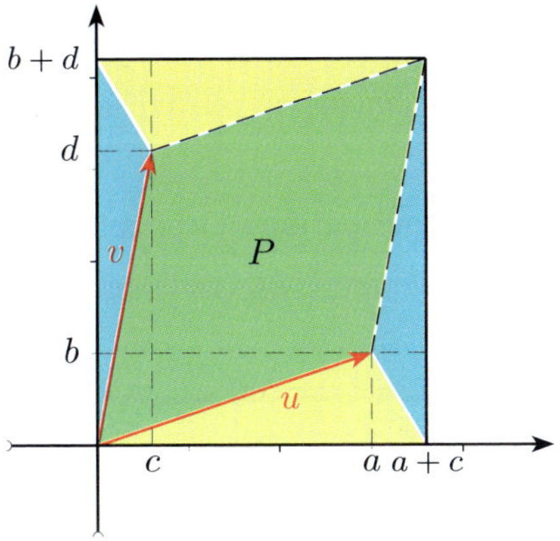

Calculons l'aire $\mathcal{A}$ en fonction de a, b, c et d. Cette aire est bien évidemment égale à l'aire du grand rectangle de côtés de longueur $a+c$ et $b+d$, à laquelle on retranche l'aire des deux triangles jaunes et des deux triangles bleus.

Des considérations géométriques élémentaires permettent de voir que la somme des aires des triangles jaunes vaut $(a+c)b$; pour cela, il suffit de faire glisser les deux triangles jaunes plus petits découpés sur le triangle jaune supérieur sur les zones de même aire adjacentes au triangle jaune du bas. On remarque ainsi qu'on obtient un rectangle de côtés $a+c$ et b.

Selon le même principe, on constate que la somme des aires des deux triangles bleus vaut $(b+d)c$. On en déduit finalement :

$\mathcal{A} = (a+c)(b+d) - (a+c)b - (b+d)c = ab + ad + cb + cd - ab - cb - bc - dc = ad - bc.$

On notera la similarité de cette formule avec celle donnant le déterminant d'un système 2×2, vue dans le chapitre 7, p. 341...

Cela dit, la formule que nous venons d'établir dépend fortement du positionnement des vecteurs : par exemple, si l'on échange dans le dessin précédent les rôles de u et de v, alors $ad - bc$ sera négatif et l'aire $\mathcal{A}$ vaudra en fait $-(ad - bc)$.

Voyons un autre exemple, en prenant la configuration suivante :

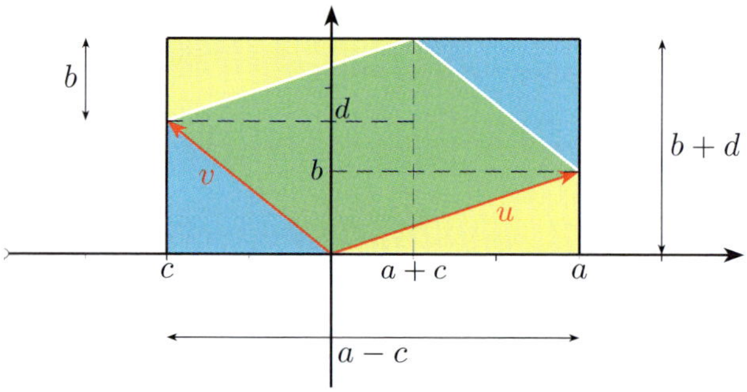

L'aire $\mathcal{A}$ du parallélogramme P engendré par u et v, dont l'intérieur est encore coloré en vert, est encore égale à l'aire du grand rectangle (qui a maintenant pour côtés $a - c$ (à cause du fait que $c < 0$) et $b + d$) à laquelle on retranche les aires des triangles jaunes et bleus.

Le même type d'argument géométrique que dans l'exemple précédent assure que la somme des aires des triangles jaunes vaut ab tandis que celle des triangles bleus vaut $-cd$. Ainsi on a : $\mathcal{A} = (a-c)(b+d) - ab - (-cd) = ab + ad - cb - cd - ab + cd = ad - bc.$

Ainsi, si l'on appelle $ad - bc$ le *déterminant* des deux vecteurs u et v, on définit une application de $\overrightarrow{\mathcal{P}}^2$ dans $\mathbb{R}$ qui à tout couple (u, v) de vecteurs associe un scalaire, qui est, au signe près, l'aire du parallélogramme engendré par u et v.

Comme le lecteur peut s'en convaincre en testant différentes situations, et en fait simplement en échangeant les rôles de u et de v dans les exemples précédents, le déterminant est strictement positif si v est « à gauche de u », ou pour le dire plus proprement mais en employant une notion qui n'est pas au programme de mathématiques de CPGE, si l'angle orienté de vecteurs (u, v) a une mesure dans $]0, \pi[$. Pour le dire à l'aide d'un concept au programme en MPSI, le signe du déterminant dépend de l'*orientation* de (u, v) : on y viendra p. 932.

Le déterminant est strictement négatif si v est « à droite de u », ou pour le dire plus proprement, si l'angle orienté de vecteurs (u, v) a une mesure dans $]-\pi, 0[$.

On note que dans le cas où les vecteurs u et v sont colinéaires, on a $ad - bc = 0$ et, justement, le parallélogramme engendré par u et v est plat, donc d'aire nulle.

On note enfin que le déterminant est relatif à une base, car il est fonction des coordonnées des vecteurs dans la base $\mathcal{B}$ que nous avons choisie initialement.

Notons donc $\det_{\mathcal{B}} : \begin{cases} \overrightarrow{\mathcal{P}}^2 & \longrightarrow & \mathbb{R} \\ (u, v) & \longmapsto & ad - bc \end{cases}$ mais gardons à l'esprit l'interprétation géométrique, en termes d'aire, que nous avons dégagée pour la quantité $\det_{\mathcal{B}}(u, v)$.

Étant donnés trois vecteurs u, u' et v, examinons $\det_{\mathcal{B}}(u + u', v)$.

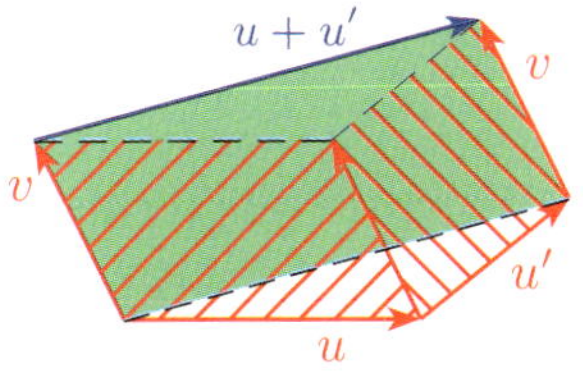

En faisant glisser de manière adéquate le bon triangle, le lecteur doit pouvoir constater que l'aire colorée en vert, qui est celle du parallélogramme engendré par u et v, est égale à la somme des aires hachurées, qui sont respectivement l'aire du parallélogramme engendré par u et v et celle du parallélogramme engendré par u' et v. Ainsi a-t-on : $\det_{\mathcal{B}}(u + u', v) = \det_{\mathcal{B}}(u, v) + \det_{\mathcal{B}}(u', v)$.

On admet sans y passer plus de temps que cette formule est valable quelle que soit la configuration des vecteurs u, u' et v. Le lecteur peut s'en convaincre par divers dessins.

On peut aussi se convaincre qu'on a, pour tout réel λ, $\det_{\mathcal{B}}(\lambda u, v) = \lambda \det_{\mathcal{B}}(u, v)$.

Par exemple, pour $\lambda = 2$, en notant $w = 2u$:

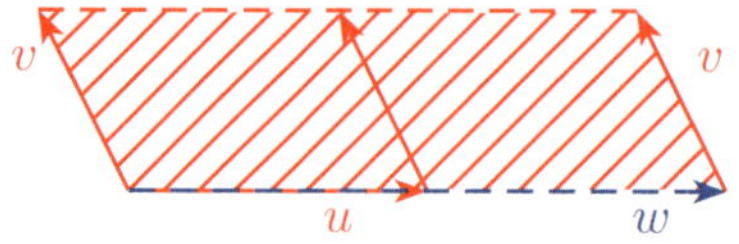

Il est manifeste que l'aire du parallélogramme engendré par w et v est double de celle du parallélogramme engendré par u et v, c'est-à-dire qu'on a $\det_{\mathcal{B}}(2u, v) = 2\det_{\mathcal{B}}(u, v)$.
Si l'on combine les deux dernière relations mises en évidence, on en arrive à énoncer : $\forall (u, v, w) \in \overrightarrow{\mathcal{P}}^3$, $\forall (\lambda, \mu) \in \mathbb{R}^2$, $\det_{\mathcal{B}}(\lambda u + \mu v, w) = \lambda \det_{\mathcal{B}}(u, w) + \mu \det_{\mathcal{B}}(v, w)$.
D'ailleurs, on peut obtenir selon le même principe :
$\forall (u, v, w) \in \overrightarrow{\mathcal{P}}^3$, $\forall (\lambda, \mu) \in \mathbb{R}^2$, $\det_{\mathcal{B}}(u, \lambda v + \mu w) = \lambda \det_{\mathcal{B}}(u, v) + \mu \det_{\mathcal{B}}(u, w)$.

Récapitulons : nous avons mis en évidence une application $\det_{\mathcal{B}} : \begin{cases} \overrightarrow{\mathcal{P}}^2 & \longrightarrow & \mathbb{R} \\ (u, v) & \longmapsto & ad - bc \end{cases}$ vérifiant :

- $\forall (u, v, w) \in \overrightarrow{\mathcal{P}}^3$, $\forall (\lambda, \mu) \in \mathbb{R}^2$, $\det_{\mathcal{B}}(\lambda u + \mu v, w) = \lambda \det_{\mathcal{B}}(u, w) + \mu \det_{\mathcal{B}}(v, w)$.
- $\forall (u, v, w) \in \overrightarrow{\mathcal{P}}^3$, $\forall (\lambda, \mu) \in \mathbb{R}^2$, $\det_{\mathcal{B}}(u, \lambda v + \mu w) = \lambda \det_{\mathcal{B}}(u, v) + \mu \det_{\mathcal{B}}(u, w)$.
- Si u et v sont colinéaires, alors $\det_{\mathcal{B}}(u, v) = 0$.

Et de plus la valeur $\det_{\mathcal{B}}(u, v)$ en tout couple (u, v) est égale à l'aire « orientée[12] » du parallélogramme engendré par u et v.

3.2 Dans l'espace

On peut essayer de bâtir le même type d'objet appelé *déterminant* dans l'espace usuel $\overrightarrow{\mathcal{E}}$. Nous devons nous appuyer pour cela sur des concepts qui n'ont pas été définis dans ce cours, mais que le lecteur a dû rencontrer au moins dans les mathématiques du lycée ou dans les sciences physiques.
Étant donnée une base orthonormée directe $\mathcal{B}$ de $\overrightarrow{\mathcal{E}}$ et trois vecteurs u_1, u_2 et u_3 de coordonnées respectives $\begin{pmatrix} u_{1,1} \\ u_{2,1} \\ u_{3,1} \end{pmatrix}$, $\begin{pmatrix} u_{1,2} \\ u_{2,2} \\ u_{3,2} \end{pmatrix}$ et $\begin{pmatrix} u_{1,3} \\ u_{2,3} \\ u_{3,3} \end{pmatrix}$ dans $\mathcal{B}$, on peut tenter d'exprimer le volume $\mathcal{V}$ du parallélépipède P engendré par u_1, u_2 et u_3 en fonction des $u_{i,j}$.

12. Cette aire étant affublée d'un signe dépendant de la position de v par rapport à u.

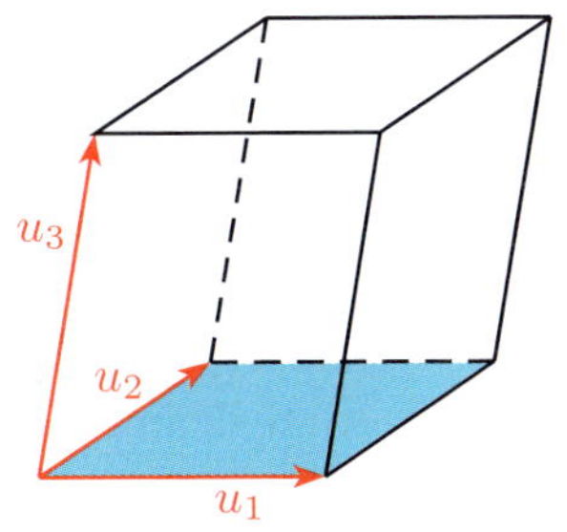

Ce volume $\mathcal{V}$ est obtenu en effectuant le produit de l'aire du parallélogramme de base engendré par u_1 et u_2 (coloré en bleu) par la hauteur de P. Or le lecteur sait peut-être[13] que la norme du produit vectoriel de u_1 et u_2 est égale à l'aire du parallélogramme de base u_1, u_2. De plus, le vecteur $u_1 \wedge u_2$ est orthogonal aux vecteurs u_1 et u_2 et, par conséquent, la hauteur h de P est égale en valeur absolue à la composante de u_3 selon $u_1 \wedge u_2$.

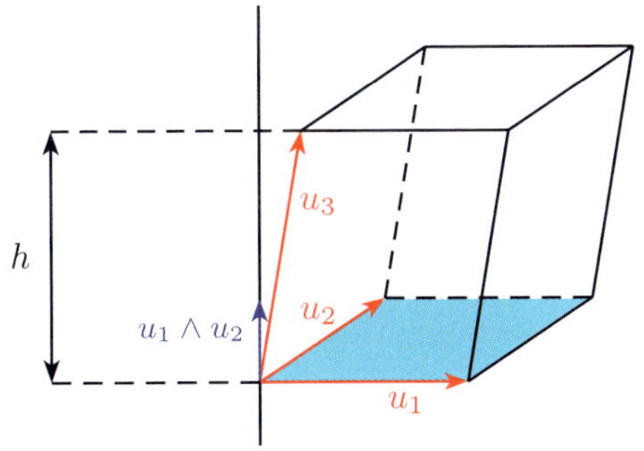

Travaillant en base orthonormée, on en déduit qu'on a $\mathcal{V} = |(u_1 \wedge u_2) \cdot u_3|$, le signe de $(u_1 \wedge u_2) \cdot u_3$, dans le cas où cette quantité est non nulle, dépendant si (u_1, u_2, u_3) est un triplet de vecteurs obéissant à la règle de la main droite (auquel cas on a $(u_1 \wedge u_2) \cdot u_3 > 0$) ou pas (auquel cas on a $(u_1 \wedge u_2) \cdot u_3 < 0$).

Or en base orthonormée, le lecteur a pu voir qu'on a :

$$u_1 \wedge u_2 = \begin{pmatrix} u_{1,1} \\ u_{2,1} \\ u_{3,1} \end{pmatrix} \wedge \begin{pmatrix} u_{1,2} \\ u_{2,2} \\ u_{3,2} \end{pmatrix} = \begin{pmatrix} u_{2,1}u_{3,2} - u_{2,2}u_{3,1} \\ u_{3,1}u_{1,2} - u_{3,2}u_{1,1} \\ u_{1,1}u_{2,2} - u_{1,2}u_{2,1} \end{pmatrix}, \text{ et donc}$$

$(u_1 \wedge u_2) \cdot u_3 = (u_{2,1}u_{3,2} - u_{2,2}u_{3,1})u_{1,3} + (u_{3,1}u_{1,2} - u_{3,2}u_{1,1})u_{2,3} + (u_{1,1}u_{2,2} - u_{1,2}u_{2,1})u_{3,3}$, qui après développement, donne :

$(u_1 \wedge u_2) \cdot u_3 = u_{1,1}u_{2,2}u_{3,3} + u_{1,2}u_{2,3}u_{3,1} + u_{1,3}u_{2,1}u_{3,2} - u_{3,1}u_{2,2}u_{1,3} - u_{3,2}u_{2,3}u_{1,1} - u_{3,3}u_{2,1}u_{1,2}$.

On notera la similarité de cette formule avec celle donnant le déterminant d'un système

13. Cf. le cours de physique.

3×3, vue dans le chapitre 7, p. 355...

Ainsi, en associant à tout triplet de vecteurs (u_1, u_2, u_3) de coordonnées respectives $\begin{pmatrix} u_{1,1} \\ u_{2,1} \\ u_{3,1} \end{pmatrix}$, $\begin{pmatrix} u_{1,2} \\ u_{2,2} \\ u_{3,2} \end{pmatrix}$ et $\begin{pmatrix} u_{1,3} \\ u_{2,3} \\ u_{3,3} \end{pmatrix}$ dans $\mathcal{B}$, le réel $u_{1,1}u_{2,2}u_{3,3} + u_{1,2}u_{2,3}u_{3,1} + u_{1,3}u_{2,1}u_{3,2} - u_{3,1}u_{2,2}u_{1,3} - u_{3,2}u_{2,3}u_{1,1} - u_{3,3}u_{2,1}u_{1,2}$, on définit une application $\det_{\mathcal{B}} : \overrightarrow{\mathcal{E}}^3 \longrightarrow \mathbb{R}$ dont on peut vérifier, soit par des arguments géométriques (malaisés car nécessitant des découpages dans l'espace), soit par un développement direct des formules (fastidieux mais élémentaire), qu'elle possède les propriétés suivantes :

- $\forall (u, v, w, t) \in \overrightarrow{\mathcal{E}}^4$, $\forall (\lambda, \mu) \in \mathbb{R}^2$, $\det_{\mathcal{B}}(\lambda u + \mu v, w, t) = \lambda \det_{\mathcal{B}}(u, w, t) + \mu \det_{\mathcal{B}}(v, w, t)$.
- $\forall (u, v, w, t) \in \overrightarrow{\mathcal{E}}^4$, $\forall (\lambda, \mu) \in \mathbb{R}^2$, $\det_{\mathcal{B}}(u, \lambda v + \mu w, t) = \lambda \det_{\mathcal{B}}(u, v, t) + \mu \det_{\mathcal{B}}(u, w, t)$.
- $\forall (u, v, w, t) \in \overrightarrow{\mathcal{E}}^4$, $\forall (\lambda, \mu) \in \mathbb{R}^2$, $\det_{\mathcal{B}}(u, v, \lambda w + \mu t) = \lambda \det_{\mathcal{B}}(u, v, w) + \mu \det_{\mathcal{B}}(u, v, t)$.
- Si u, v et w sont coplanaires[14], alors $\det_{\mathcal{B}}(u, v, w) = 0$.

Et de plus la valeur $\det_{\mathcal{B}}(u_1, u_2, u_3)$ en tout triplet (u_1, u_2, u_3) est égale au volume « orienté[15] » du parallélépipède engendré par u_1, u_2, u_3.

4 Applications multilinéaires

Les aspects les plus théoriques de cette section sont hors du programme de PCSI.
Nous cherchons maintenant à formaliser l'objet *déterminant* introduit dans la section précédente ainsi que ses propriétés, et aussi à en étendre la définition à des espaces vectoriels autres que le plan et l'espace usuels, et notamment des espaces vectoriels qui puissent aussi être de corps de base $\mathbb{C}$ (et non uniquement $\mathbb{R}$).

Dans toute cette section, E et F désignent des $\mathbb{K}$-espaces vectoriels et n un entier naturel.

14. Dans ce cas le parallélépipède P est plat donc son volume est nul...
15. Ce volume étant affublé d'un signe dépendant si (u_1, u_2, u_3) est un triplet de vecteurs obéissant à la règle de la main droite ou pas.

4.1 Définition et premiers exemples

Définition 4 (Application n-linéaire)

Soit f une application de E^n dans F. On dit que f est *n-linéaire* lorsque :

$\forall k \in \{1, \ldots, n\}$, $\forall (u_1, \ldots, u_{k-1}, u_{k+1}, \ldots, u_n) \in E^{n-1}$, l'application

$$f_k : \left\{ \begin{array}{ccc} E & \longrightarrow & F \\ u & \longmapsto & f(u_1, u_2, \ldots, u_{k-1}, u, u_{k+1}, \ldots, u_n) \end{array} \right. \text{ est linéaire.}$$

Si $n = 2$, on dit que f est *bilinéaire*; si $n = 3$ on dit que f est *trilinéaire.*

On dit au sens large d'une application n-linéaire avec $n \geqslant 2$ qu'elle est *multilinéaire.*

Si enfin on a $F = \mathbb{K}$, on dit que f est une *forme n-linéaire.*

Notation 2

On note $\mathcal{L}_n(E, F)$ l'ensemble des applications n-linéaires de E dans F et $\mathcal{L}_n(E)$ l'ensemble des formes n-linéaires sur E. On a donc $\mathcal{L}_n(E) = \mathcal{L}_n(E, \mathbb{K})$.

Remarques 9

1. Si $n = 0$, on a $E^0 = \{()\}$ et les applications de $\{()\}$ dans F sont déterminées par la donnée d'un élément v de F : ce sont les applications envoyant $()$ sur v. Elles sont toutes 0-linéaires.
2. Si $n = 1$, on retrouve la définition de la linéarité.
3. La définition précédente signifie que pour tout $k \in \{1, \ldots, n\}$, f est linéaire par rapport à sa k-ème variable (quand toutes les autres sont fixées).

Exemples 8

1. L'application $0_{F^{E^n}} : \left\{ \begin{array}{ccc} E^n & \longrightarrow & F \\ u_1, \ldots, u_n & \longmapsto & 0_F \end{array} \right.$ est n-linéaire.

   En effet, pour tout $k \in \{1, \ldots, n\}$ et pour tout $(u_1, \ldots, u_{k-1}, u_{k+1}, \ldots, u_n) \in E^{n-1}$, l'application $\left\{ \begin{array}{ccc} E & \longrightarrow & F \\ u & \longmapsto & 0_{F^{E^n}}(u_1, u_2, \ldots, u_{k-1}, u, u_{k+1}, \ldots, u_n) = 0_F \end{array} \right.$, coïncide avec l'application identiquement nulle sur E^n, donc est linéaire.

2. Tout ce qu'on appelle habituellement « produit » est bilinéaire : produit $\mathbb{K} \times \mathbb{K} \to \mathbb{K}$, produit matriciel, produit de fonctions, produit scalaire, produit vectoriel...

   Démontrons-le par exemple pour le produit interne sur $\mathbb{K}$; on note donc

   $$f : \left\{ \begin{array}{ccc} \mathbb{K} \times \mathbb{K} & \longrightarrow & \mathbb{K} \\ (u_1, u_2) & \longmapsto & u_1 \times u_2 \end{array} \right. .$$

   Soit $k \in \{1, 2\}$.

- Si $k = 1$, alors soit $u_2 \in \mathbb{K}$ et notons $f_1 : \left\{ \begin{array}{ccc} \mathbb{K} & \longrightarrow & \mathbb{K} \\ u & \longmapsto & f(u, u_2) = u \times u_2 \end{array} \right.$.

  On a donc $f_1 : u \mapsto u_2 u$, ce qui assure que f_1 est linéaire (on reconnaît la forme générique des applications linéaires de $\mathbb{K}$ dans $\mathbb{K}$).

- Si $k = 2$, alors soit $u_1 \in \mathbb{K}$ et notons $f_2 : \left\{ \begin{array}{ccc} \mathbb{K} & \longrightarrow & \mathbb{K} \\ u & \longmapsto & f(u_1, u) = u_1 \times u \end{array} \right.$.

  De même que dans le point précédent, on reconnaît que f_2 est linéaire.

Ainsi f est bilinéaire.

On peut se convaincre par des arguments similaires, ou en rédigeant une récurrence, que pour tout $n \in \mathbb{N}$, l'application $f : \left\{ \begin{array}{ccc} \mathbb{K}^n & \longrightarrow & \mathbb{K} \\ (u_1, u_2, \ldots, u_n) & \longmapsto & u_1 \times u_2 \times \cdots \times u_n \end{array} \right.$ est n-linéaire.

3. On a vu dans le chapitre sur les applications linéaires que la composition des applications linéaires est bilinéaire.

4. L'application $\det_{\mathcal{B}} : \left\{ \begin{array}{ccc} \overrightarrow{\mathcal{P}}^2 & \longrightarrow & \mathbb{R} \\ (u, v) & \longmapsto & ad - bc \end{array} \right.$ vue en 3.1 est bilinéaire. C'est en effet le sens des propriétés :
   - $\forall (u, v, w) \in \overrightarrow{\mathcal{P}}^3$, $\forall (\lambda, \mu) \in \mathbb{R}^2$, $\det_{\mathcal{B}}(\lambda u + \mu v, w) = \lambda \det_{\mathcal{B}}(u, w) + \mu \det_{\mathcal{B}}(v, w)$.
   - $\forall (u, v, w) \in \overrightarrow{\mathcal{P}}^3$, $\forall (\lambda, \mu) \in \mathbb{R}^2$, $\det_{\mathcal{B}}(u, \lambda v + \mu w) = \lambda \det_{\mathcal{B}}(u, v) + \mu \det_{\mathcal{B}}(u, w)$.

5. L'application $\det_{\mathcal{B}} : \overrightarrow{\mathcal{E}}^3 \longrightarrow \mathbb{R}$, vue en 3.2 est trilinéaire. C'est en effet le sens des propriétés :
   - $\forall (u, v, w, t) \in \overrightarrow{\mathcal{E}}^4$, $\forall (\lambda, \mu) \in \mathbb{R}^2$, $\det_{\mathcal{B}}(\lambda u + \mu v, w, t) = \lambda \det_{\mathcal{B}}(u, w, t) + \mu \det_{\mathcal{B}}(v, w, t)$.
   - $\forall (u, v, w, t) \in \overrightarrow{\mathcal{E}}^4$, $\forall (\lambda, \mu) \in \mathbb{R}^2$, $\det_{\mathcal{B}}(u, \lambda v + \mu w, t) = \lambda \det_{\mathcal{B}}(u, v, t) + \mu \det_{\mathcal{B}}(u, w, t)$.
   - $\forall (u, v, w, t) \in \overrightarrow{\mathcal{E}}^4$, $\forall (\lambda, \mu) \in \mathbb{R}^2$, $\det_{\mathcal{B}}(u, v, \lambda w + \mu t) = \lambda \det_{\mathcal{B}}(u, v, w) + \mu \det_{\mathcal{B}}(u, v, t)$.

Proposition 2

$\mathcal{L}_n(E, F)$ est un $\mathbb{K}$-espace vectoriel ; c'est un sous-espace vectoriel de F^{E^n}.

En particulier, $\mathcal{L}_n(E)$ est un sous-espace vectoriel de $\mathbb{K}^{E^n}$.

Démonstration

- Par définition, on a $\mathcal{L}_n(E, F) \subset F^{E^n}$.
- L'application $0_{F^{E^n}}$ est bien n-linéaire comme nous l'avons vu dans l'exemple 8.1. Ainsi $0_{F^{E^n}} \in \mathcal{L}_n(E, F)$.
- Soient $(f, g) \in \mathcal{L}_n(E, F)^2$ et $(\lambda, \mu) \in \mathbb{K}^2$. Notons $\varphi = \lambda f + \mu g$.

  On a $\varphi \in F^{E^n}$ vu que F^{E^n} est un $\mathbb{K}$-espace vectoriel.

Soient $k \in \{1, \ldots, n\}$ et $(u_1, \ldots, u_{k-1}, u_{k+1}, \ldots, u_n) \in E^{n-1}$. Définissons les applications $f_k : \begin{cases} E & \longrightarrow & F \\ u & \longmapsto & f(u_1, u_2, \ldots, u_{k-1}, u, u_{k+1}, \ldots, u_n) \end{cases}$,

$g_k : \begin{cases} E & \longrightarrow & F \\ u & \longmapsto & g(u_1, u_2, \ldots, u_{k-1}, u, u_{k+1}, \ldots, u_n) \end{cases}$

et $\varphi_k : \begin{cases} E & \longrightarrow & F \\ u & \longmapsto & \varphi(u_1, u_2, \ldots, u_{k-1}, u, u_{k+1}, \ldots, u_n) \end{cases}$.

Les applications f_k et g_k sont linéaires par n-linéarité de f et de g.

On a : $\forall u \in E$, $\varphi_k(u) = (\lambda f + \mu g)(u_1, u_2, \ldots, u_{k-1}, u, u_{k+1}, \ldots, u_n) = \lambda f_k(u) + \mu g_k(u)$.

Donc $\varphi_k = \lambda f_k + \mu g_k$. Les applications f_k et g_k étant linéaires, on en déduit que φ_k est linéaire.

Par conséquent, on a $\varphi \in \mathcal{L}_n(E, F)$, c'est-à-dire $\lambda f + \mu g \in \mathcal{L}_n(E, F)$.

On ainsi démontré que $\mathcal{L}_n(E, F)$ est un sous-espace vectoriel de F^{E^n}.

Le cas particulier de $\mathcal{L}_n(E)$ correspond simplement au choix $F = \mathbb{K}$.

4.2 Applications multilinéaires alternées

Définition 5

Soit $f \in \mathcal{L}_n(E, F)$. On dit que f est *alternée* lorsque f s'annule sur toute famille contenant deux fois le même vecteur.

Notation 3

On note $A_n(E, F)$ l'ensemble des applications n-linéaires de E dans F et $A_n(E)$ l'ensemble des formes n-linéaires sur E. On a donc $A_n(E) = A_n(E, \mathbb{K})$.

Exemple 9

Les applications $\det_{\mathcal{B}} : \vec{\mathcal{P}}^2 \longrightarrow \mathbb{R}$, vue en 3.1, et $\det_{\mathcal{B}} : \vec{\mathcal{E}}^3 \longrightarrow \mathbb{R}$, vue en 3.2, sont alternées.

Proposition 3

$A_n(E, F)$ est un sous-espace vectoriel de $\mathcal{L}_n(E, F)$.

En particulier, $A_n(E)$ est un sous-espace vectoriel de $\mathcal{L}_n(E)$.

DÉMONSTRATION

- Par définition, on a $A_n(E, F) \subset \mathcal{L}_n(E, F)$.

- Comme l'application $0_{F^{E^n}}$ est identiquement nulle, elle s'annule en particulier sur les familles de vecteurs dont deux vecteurs sont identiques ; elle est donc alternée, et ainsi on a $0_{F^{E^n}} \in A_n(E,F)$.
- Soient $(f,g) \in A_n(E,F)^2$ et $(\lambda,\mu) \in \mathbb{K}^2$.
  Alors on a $\lambda f + \mu g \in \mathcal{L}_n(E,F)$ vu que $\mathcal{L}_n(E,F)$ est un $\mathbb{K}$-espace vectoriel et, si $(x_1,\ldots,x_n)$ est une famille de vecteurs contenant deux vecteurs identiques, alors on a : $(\lambda f + \mu g)(u_1,\ldots,u_n) = \lambda f(u_1,\ldots,u_n) + \mu g(u_1,\ldots,u_n) = \lambda \cdot 0_F + \mu \cdot 0_F$ car f et g sont alternée. Donc $\big(\lambda f + \mu g\big)(u_1,\ldots,u_n) = 0_F$.
  On en déduit que $\lambda f + \mu g$ est alternée, *i. e.* qu'on a $\lambda f + \mu g \in A_n(E,F)$.

On ainsi démontré que $A_n(E,F)$ est un sous-espace vectoriel de $\mathcal{L}_n(E,F)$.
Le cas particulier de $A_n(E)$ correspond simplement au choix $F = \mathbb{K}$.

Proposition 4

Soit $f \in A_n(E,F)$. Si $(u_1,\ldots,u_n)$ est une famille liée de vecteurs de E alors on a $f(u_1,\ldots,u_n) = 0_F$.

DÉMONSTRATION

Soit $(u_1,\ldots,u_n)$ une famille liée.
Un de ses vecteurs est combinaison linéaire des autres. Il existe donc $i \in \{1,\ldots,n\}$ tel que $u_i = \sum\limits_{\substack{1 \leqslant k \leqslant n \\ k \neq i}} \lambda_u u_k$. Par linéarité de f par rapport à la i-ième variable, on a :

$$f(u_1,\ldots,u_n) = \sum_{\substack{1 \leqslant k \leqslant n \\ k \neq i}} \lambda_k f(u_1,\ldots,u_{i-1},u_k,u_{i+1},\ldots,u_n).$$

Or pour tout k, la famille $(u_1,\ldots,u_{i-1},u_k,u_{i+1},\ldots,u_n)$ contient deux fois le même vecteur, donc annule f vu que f est alternée. D'où $f(u_1,\ldots,u_n) = 0_F$.

4.3 Antisymétrie

Définition 6 (Antisymétrie)

On dit qu'une application n-linéaire $f : E^n \to F$ est *antisymétrique* lorsque, pour tout $(u_1,\ldots,u_n) \in E^n$, pour toute transposition τ de $\{1,\ldots,n\}$,
$f(u_{\tau(1)},\ldots,u_{\tau(n)}) = -f(u_1,\ldots,u_n)$.

Proposition 5 (Critère d'antisymétrie)

Soit $f : E^n \to F$ une application n-linéaire. Alors f est antisymétrique si et seulement si $\forall \sigma \in S_n$, $\forall (u_1, \ldots, u_n) \in E^n$, $f(u_{\sigma(1)}, \ldots, u_{\sigma(n)}) = \varepsilon(\sigma) f(u_1, \ldots, u_n)$.

On considèrera dans la suite ce critère comme une définition alternative de l'antisymétrie.

Démonstration

$\boxed{\Leftarrow}$ Immédiat, étant donné que toute transposition a pour signature -1.

$\boxed{\Rightarrow}$ Supposons que f soit antisymétrique.

Soit $\sigma \in S_n$. On sait que σ se décompose en un produit de transpositions $\sigma = \tau_1 \circ \cdots \circ \tau_r$. On a :

$$\begin{aligned} f(u_{\sigma(1)}, \ldots, u_{\sigma(n)}) &= f(u_{\tau_1 \circ \cdots \circ \tau_r(1)}, \ldots, u_{\tau_1 \circ \cdots \circ \tau_r(n)}) \\ &= \varepsilon(\tau_1) f(u_{\tau_2 \circ \cdots \circ \tau_r(1)}, \ldots, u_{\tau_2 \circ \cdots \circ \tau_r(n)}), \end{aligned}$$

et on continue ainsi de suite, jusqu'à obtenir $\varepsilon(\tau_1) \times \cdots \times \varepsilon(\tau_r) f(u_1, \ldots, u_n)$, c'est-à-dire $\varepsilon(\sigma) f(u_1, \ldots, u_n)$ par la propriété de morphisme de ε.

Théorème 5

Soit $f : E^n \to F$ une application n-linéaire. On a équivalence entre :

i/ f est antisymétrique.

ii/ f est alternée.

Démonstration

$\boxed{\text{i/} \Rightarrow \text{ii/}}$ Supposons f antisymétrique. Montrons que f est alternée.

Soit une famille $(u_1, \ldots, u_n)$ de vecteurs de E dont deux sont égaux, disons $u_i = u_j$ avec $1 \leqslant i < j \leqslant n$. Alors si τ est une transposition, on a :

$$\begin{aligned} f(u_{\tau(1)}, \ldots, u_{\tau(i)}, \ldots, u_{\tau(j)}, \ldots, u_{\tau(n)}) &= \varepsilon(\tau) f(u_1, \ldots, u_i, \ldots, u_j, \ldots, u_n) \\ &= -f(u_1, \ldots, u_i, \ldots, u_j, \ldots, u_n). \end{aligned}$$

En particulier, si $\tau = (i\ j)$, on obtient $f(u_1, \ldots, u_n) = -f(u_1, \ldots, u_n)$, dont on déduit : $2f(u_1, \ldots, u_n) = 0_F$, et donc, comme 2 est non nul[16], $f(u_1, \ldots, u_n) = 0_F$.

$\boxed{\text{ii/} \Rightarrow \text{i/}}$ Supposons f alternée. Montrons que f est antisymétrique.

Soit $(u_1, \ldots, u_n)$ une famille de n vecteurs de E.

La famille $(u_1, \ldots, u_{i-1}, u_i + u_j, u_{i+1}, \ldots, u_{j-1}, u_i + u_j, u_{j+1}, \ldots, u_n)$ comporte deux fois

16. On se permet cette précision car il existe des corps dits *de caractéristique* 2 dans lesquels on a $2 = 0$, comme l'unique anneau de Boole intègre vu p. 432.

le même vecteur donc annule f.

Or, en utilisant la linéarité par rapport à la $i^{\text{ième}}$ et à la $j^{\text{ième}}$ variable,

$$\begin{aligned}
0_F &= f(u_1,\ldots,u_i,\ldots,u_i+u_j,\ldots,u_n)+f(u_1,\ldots,u_j,\ldots,u_i+u_j,\ldots,u_n)\\
&= f(u_1,\ldots,u_i,\ldots,u_i,\ldots,u_n)+f(u_1,\ldots,u_i,\ldots,u_j,\ldots,u_n)\\
&\quad + f(u_1,\ldots,u_j,\ldots,u_i,\ldots,u_n)+f(u_1,\ldots,u_j,\ldots,u_j,\ldots,u_n)\\
&= f(u_1,\ldots,u_i,\ldots,u_j,\ldots,u_n)+f(u_1,\ldots,u_j,\ldots,u_i,\ldots,u_n).
\end{aligned}$$

Ainsi on a $f(u_1,\ldots,u_i,\ldots,u_j,\ldots,u_n) = -f(u_1,\ldots,u_j,\ldots,u_i,\ldots,u_n)$, c'est-à-dire , en notant $\tau = (i\ j)$, $f(u_{\tau(1)},\ldots,u_{\tau(n)}) = -f(u_1,\ldots,u_n)$.

Ce raisonnement étant valable pour tout couple d'indices distincts (i,j), donc pour toute transposition, f est antisymétrique.

Exemple 10

Ainsi les applications $\det_{\mathcal{B}} : \overrightarrow{\mathcal{P}}^2 \longrightarrow \mathbb{R}$, vue en 3.1, et $\det_{\mathcal{B}} : \overrightarrow{\mathcal{E}}^3 \longrightarrow \mathbb{R}$, vue en 3.2, sont antisymétriques car alternées.

5 Déterminant d'une famille de n vecteurs dans une base

Les aspects les plus théoriques de cette section sont hors du programme de PCSI.

Dans toute cette section, E désigne un $\mathbb{K}$-espace vectoriel de dimension finie n.

5.1 Expression d'une forme n-linéaire alternée

Vu ce qui précède, se pose maintenant naturellement la question suivante : le fait d'être une forme n-linéaire alternée suffit-il à caractériser de manière unique une application, ou tout au moins relativement à une base donnée ?

Pour y répondre, fixons une base **quelconque** $B = (e_1,\ldots,e_n)$ de E et donnons-nous une application $f \in A_n(E)$. Soit aussi un n-uplet $(u_1,\ldots,u_n)$ de vecteurs de E, et notons $\begin{pmatrix} u_{1,j} \\ \vdots \\ u_{n,j} \end{pmatrix}$ le vecteur des composantes dans B de chaque u_j ; cela signifie qu'on a $u_j = \displaystyle\sum_{i=1}^{n} u_{i,j} e_i$.

Calculons : $f(u_1,\ldots,u_n) = f\left(\displaystyle\sum_{i=1}^{n} u_{i,1}e_i,\ldots,\sum_{i=1}^{n} u_{i,n}e_i\right)$, que l'on réécrit plutôt $f\left(\displaystyle\sum_{i_1=1}^{n} u_{i_1,1}e_{i_1},\ldots,\sum_{i_n=1}^{n} u_{i_n,1}e_{i_n}\right)$ afin de ne pas confondre les variables liées de chaque somme. On a par n-linéarité : $f(u_1,\ldots,u_n) = \displaystyle\sum_{i_1=1}^{n}\cdots\sum_{i_n=1}^{n} u_{i_1,1}\cdots u_{i_n,n} f(e_{i_1},\ldots,e_{i_n})$.

Comme f est alternée, $f(e_{i_1},\dots,e_{i_n})$ est nul dès que les i_1, ..., i_n ne sont pas tous distincts. Il ne reste donc que les termes pour lesquels on a $\{i_1,\dots,i_n\}=\{1,\dots,n\}$, c'est-à-dire ceux correspondant aux applications $\sigma : j \mapsto i_j$ bijectives, *i. e.* les permutations de $\{1,\dots,n\}$. D'où :
$f(u_1,\dots,u_n)=\sum_{\sigma\in S_n} u_{\sigma(1),1}\cdots u_{\sigma(n),n}f(e_{\sigma(1)},\dots,e_{\sigma(n)})$.
De plus, f étant alternée, elle est aussi antisymétrique donc on a finalement :

$$\begin{aligned} f(u_1,\dots,u_n) &= \sum_{\sigma\in S_n}\varepsilon(\sigma)u_{\sigma(1),1}\cdots u_{\sigma(n),n}f(e_1,\dots,e_n)\\ &= f(e_1,\dots,e_n)\times\sum_{\sigma\in S_n}\varepsilon(\sigma)u_{\sigma(1),1}\cdots u_{\sigma(n),n}. \end{aligned}$$

Ainsi toute application n-linéaire alternée f est multiple de l'application que nous noterons pour l'instant φ, définie par $\varphi : (u_1,\dots,u_n)\longmapsto \sum_{\sigma\in S_n}\varepsilon(\sigma)u_{\sigma(1),1}\cdots u_{\sigma(n),n}$, et le coefficient multiplicatif est la valeur de f sur la base $B=(e_1,\dots,e_n)$.

Attention, il n'est pas encore clair qu'on puisse choisir l'image de $(e_1,\dots,e_n)$ de sorte qu'on obtienne une forme n-linéaire alternée : on a pour l'instant procédé seulement à une analyse, la synthèse sera établie p. 928.

Explicitons maintenant φ pour $n=2$ et 3.

- Pour $n=2$: Soient les vecteurs u_1 et u_2 de coordonnées respectives dans B : $\begin{pmatrix}u_{1,1}\\u_{2,1}\end{pmatrix}$ et $\begin{pmatrix}u_{1,2}\\u_{2,2}\end{pmatrix}$. On n'a que deux permutations dans S_2, à savoir id et (1 2), donc deux termes dans la somme définissant $\varphi(u_1,u_2)$. Pour $\sigma=\text{id}$, le terme $\varepsilon(\sigma)\prod_{i=1}^{n}u_{\sigma(i),i}$ donne $\varepsilon(\text{id})\prod_{i=1}^{2}u_{i,i}=1\times u_{1,1}\times u_{1,2}=u_{1,1}u_{2,2}$. Pour $\sigma=(1\ 2)$, le terme $\varepsilon(\sigma)\prod_{i=1}^{n}u_{\sigma(i),i}$ donne $(-1)\times u_{2,1}\times u_{1,2}=-u_{2,1}u_{1,2}$. D'où $\varphi(u_1,u_2)=u_{1,1}u_{2,2}-u_{1,2}u_{2,1}$; et l'on retrouve l'expression de l'application $\det_{\mathcal{B}} : \vec{\mathcal{P}}^2\longrightarrow\mathbb{R}$, vue en 3.1, qui est bien bilinéaire comme on l'a vu.
- Pour $n=3$: soient les vecteurs u_1, u_2 et u_3 de coordonnées respectives dans B : $\begin{pmatrix}u_{1,1}\\u_{2,1}\\u_{3,1}\end{pmatrix}$, $\begin{pmatrix}u_{1,2}\\u_{2,2}\\u_{3,2}\end{pmatrix}$ et $\begin{pmatrix}u_{1,3}\\u_{2,3}\\u_{3,3}\end{pmatrix}$. On a six permutations dans S_3, à savoir id, (1 2), (1 3), (2 3), (1 2 3) et (1 3 2), donc six termes dans la somme définissant $\varphi(u_1,u_2,u_3)$.

   i. Les permutations id, (1 2 3) et (1 3 2) sont toutes de signature 1.
   Pour $\sigma=\text{id}$, le terme $\varepsilon(\sigma)\prod_{i=1}^{n}u_{\sigma(i),i}$ donne $1\times u_{1,1}\times u_{2,2}\times u_{3,3}=u_{1,1}u_{2,2}u_{3,3}$.

Pour $\sigma = (1\ 2\ 3)$, le terme $\varepsilon(\sigma) \prod_{i=1}^{n} u_{\sigma(i),i}$ donne $u_{2,1}u_{3,2}u_{1,3}$.

Pour $\sigma = (1\ 3\ 2)$, le terme $\varepsilon(\sigma) \prod_{i=1}^{n} u_{\sigma(i),i}$ donne $u_{3,1}u_{1,2}u_{2,3}$.

ii. Les permutations $(1\ 2)$, $(1\ 3)$, $(2\ 3)$ sont toutes de signature -1.

Pour $\sigma = (1\ 2)$, le terme $\varepsilon(\sigma) \prod_{i=1}^{n} u_{\sigma(i),i}$ donne $-1 \times u_{2,1} \times u_{1,2} \times u_{3,3} = -u_{2,1}u_{1,2}u_{3,3}$.

Pour $\sigma = (1\ 3)$, le terme $\varepsilon(\sigma) \prod_{i=1}^{n} u_{\sigma(i),i}$ donne $-u_{3,1}u_{2,2}u_{1,3}$.

Pour $\sigma = (2\ 3)$, le terme $\varepsilon(\sigma) \prod_{i=1}^{n} u_{\sigma(i),i}$ donne $-u_{1,1}u_{3,2}u_{2,3}$.

Ainsi on a :

$$\begin{aligned} \varphi(u_1, u_2, u_3) = \quad & u_{1,1}u_{2,2}u_{3,3} + u_{2,1}u_{3,2}u_{1,3} + u_{3,1}u_{1,2}u_{2,3} \\ & - u_{2,1}u_{1,2}u_{3,3} - u_{3,1}u_{2,2}u_{1,3} - u_{1,1}u_{3,2}u_{2,3}\,; \end{aligned}$$

et l'on retrouve l'expression de l'application $\det_{\mathcal{B}} : \overrightarrow{\mathcal{E}}^3 \longrightarrow \mathbb{R}$, vue en 3.2, qui est bien trilinéaire comme on l'a vu.

5.2 Déterminant dans une base

Dans cette sous-section également, on se donne une base $B = (e_1, \dots, e_n)$ de E. On définit logiquement :

Définition 7 (Déterminant d'une famille de vecteurs)

Soit $(u_1, \dots, u_n)$ une famille de vecteurs de E, avec $\begin{pmatrix} u_{1,j} \\ \vdots \\ u_{n,j} \end{pmatrix}$ le vecteur des composantes dans B de chaque u_j.

On appelle déterminant de la famille $(u_1, \dots, u_n)$ dans la base B le scalaire :

$\det_B(u_1, \dots, u_n) = \sum_{\sigma \in S_n} \varepsilon(\sigma) \prod_{i=1}^{n} u_{\sigma(i),i}$.

Remarque 10

On ne définit donc le déterminant de **n** vecteurs que dans un espace de dimension **n**...

On a tout d'abord :

Proposition 6

L'application $\det_B : E^n \longrightarrow \mathbb{K}$ est une forme n-linéaire.

Démonstration

Montrons que $\det_B$ est n-linéaire.

Soit $k \in \{1, \ldots, n\}$. On veut prouver la linéarité de $\det_B$ en la $k^{\text{ième}}$ variable.

On fixe $n-1$ éléments quelconques de E, $u_1, \ldots, u_{k-1}, u_{k+1}, \ldots, u_n$.

Soient aussi $(u_k, v_k) \in E^2$ et $(\lambda, \mu) \in \mathbb{K}^2$. On note $u_k = \begin{pmatrix} u_{1,k} \\ \vdots \\ u_{n,k} \end{pmatrix}$, $v_k = \begin{pmatrix} v_{1,k} \\ \vdots \\ v_{n,k} \end{pmatrix}$.

On a alors :

$$\begin{aligned} & \det_B(u_1, \ldots, u_{k-1}, \lambda u_k + \mu v_k, u_{k+1}, \ldots, u_n) \\ = & \sum_{\sigma \in S_n} \varepsilon(\sigma) u_{\sigma(1),1} \cdots (\lambda u_{\sigma(k),k} + \mu v_{\sigma(k),k}) \cdots u_{\sigma(n),n} \\ = & \lambda \sum_{\sigma \in S_n} \varepsilon(\sigma) u_{\sigma(1),1} \cdots u_{\sigma(k),k} \cdots u_{\sigma(n),n} \\ & + \mu \sum_{\sigma \in S_n} \varepsilon(\sigma) u_{\sigma(1),1} \cdots v_{\sigma(k),k} \cdots u_{\sigma(n),n} \qquad \text{par distributivité} \\ = & \lambda \det_B(u_1, \ldots, u_k, \ldots, u_n) + \mu \det_B(u_1, \ldots, v_k, \ldots, u_n). \end{aligned}$$

Le raisonnement étant valable pour tout $k \in \{1, \ldots, n\}$, $\det_B$ est bien n-linéaire.

De plus, comme $\det_B$ est à valeurs dans $\mathbb{K}$, on a $\det_B \in \mathcal{L}_n(E)$.

On a une première propriété simple :

Proposition 7

On a $\det_B(B) = 1$.

Démonstration

Notons $U = (u_{i,j})_{\substack{1 \leqslant i \leqslant n \\ 1 \leqslant j \leqslant n}} = \mathrm{Mat}_B(u_1, \ldots, u_n) \in \mathcal{M}_n(\mathbb{K})$.

On a $U = \mathrm{Mat}_B(B) = I_n$, matrice dont les coefficients sont des 0 et des 1 uniquement.

Par conséquent, dans un produit $\prod_{i=1}^{n} u_{\sigma(i),i}$, les termes valent tous 0 ou 1, donc le produit lui-même est nul sauf si pour tout $i \in \{1, ..., n\}$, $\sigma(i) = i$, *i. e.* $\sigma = \mathrm{id}$.

Donc le seul terme non nul de la somme $\sum_{\sigma \in S_n} \varepsilon(\sigma) \prod_{i=1}^{n} u_{\sigma(i),i}$ correspond à $\sigma = \mathrm{id}$, et on a $\varepsilon(\mathrm{id}) = 1$ et $\prod_{i=1}^{n} u_{\mathrm{id}(i),i} = \prod_{i=1}^{n} u_{i,i} = 1$, d'où $\det_B(B) = 1$.

Théorème 6

L'application $\det_B : E^n \to \mathbb{K}$ est une forme n-linéaire alternée.

Démonstration

On sait déjà grâce à la proposition 6 que $\det_B$ est une forme n-linéaire.

Pour montrer que $\det_B$ est alternée, on va montrer que $\det_B$ est antisymétrique (ce qui est équivalent d'après le théorème 5), en établissant l'antisymétrie grâce au critère d'antisymétrie (proposition 5).

Soient $(u_1, \ldots, u_n) \in E^n$ et une transposition $\tau = (i\ j)$, avec $1 \leqslant i < j \leqslant n$. On a :

$$\begin{aligned}\det_B(u_{\tau(1)}, \ldots, u_{\tau(n)}) &= \det_B(u_{\tau(1)}, \ldots, u_{\tau(i)}, \ldots, u_{\tau(j)}, \ldots, u_{\tau(n)})\\ &= \det_B(u_1, \ldots, u_j, \ldots, u_i, \ldots, u_n)\\ &= \sum_{\sigma \in S_n} \varepsilon(\sigma) u_{\sigma(1),1} \cdots u_{\sigma(i),j} \cdots u_{\sigma(j),i} \cdots u_{\sigma(n),n}.\end{aligned}$$

Introduisons la transposition $\tilde{\tau} = \big(\sigma(i)\ \sigma(j)\big)$. On peut définir une permutation $\varphi_{\tilde{\tau}}$ de S_n en posant $\varphi_{\tilde{\tau}}(\sigma) = \tilde{\tau} \circ \sigma$ pour tout $\sigma \in S_n$. Cette application est bien bijective car elle admet pour réciproque (évidente) $\varphi_{\tilde{\tau}^{-1}}$ (qui est d'ailleurs égale à $\varphi_{\tilde{\tau}}$).

Ainsi, par réindiçage, on obtient :

$$\begin{aligned}\det_B(u_{\tau(1)}, \ldots, u_{\tau(n)}) &= \sum_{\sigma \in S_n} \varepsilon(\tilde{\tau}\sigma) u_{\tilde{\tau}\sigma(1),1} \cdots u_{\tilde{\tau}\sigma(i),j} \cdots u_{\tilde{\tau}\sigma(j),i} \cdots u_{\tilde{\tau}\sigma(n),n}\\ &= \sum_{\sigma \in S_n} \varepsilon(\tilde{\tau})\varepsilon(\sigma) u_{\sigma(1),1} \cdots u_{\sigma(j),j} \cdots u_{\sigma(i),i} \cdots u_{\sigma(n),n}\end{aligned}$$

En utilisant le fait que $\varepsilon(\tilde{\tau}) = -1$ et la commutativité du produit dans $\mathbb{K}$, on a finalement : $\det_B(u_{\tau(1)}, \ldots, u_{\tau(n)}) = -\sum\limits_{\sigma \in S_n} \varepsilon(\sigma) u_{\sigma(1),1} \cdots u_{\sigma(i),i} \cdots u_{\sigma(j),j} \cdots u_{\sigma(n),n}$, c'est-à-dire $\det_B(u_{\tau(1)}, \ldots, u_{\tau(n)}) = -\det_B(u_1, \ldots, u_n)$.

Ainsi $\det_B$ est antisymétrique, donc alternée. En conclusion, on a $\det_B \in A_n(E)$.

On déduit de toute l'étude qui précède :

Théorème 7 (Fondamental)

$A_n(E)$ est une droite vectorielle dirigée par $\det_B$.

Démonstration

On sait que $\det_B$ est non nulle vu qu'on a $\det_B(B) = 1$ par la proposition 7.

Montrons qu'on a $A_n(E) = \{\lambda \det_B, \lambda \in \mathbb{K}\}$. Comme $\det_B$ est un élément non nul de $\mathcal{L}_n(E)$, cela assurera qu'il dirige une droite vectorielle de $\mathcal{L}_n(E)$, et on aura en particulier obtenu que $A_n(E)$ est une droite vectorielle de $\mathcal{L}_n(E)$.

On raisonne par double inclusion.

$\boxed{\subset}$ Soit $f \in A_n(E)$. On sait par le calcul initial de cette section qu'on a :

$f = f(e_1, \ldots, e_n) \times \det_B$, donc $f = \lambda \det_B$ si l'on note $\lambda = f(e_1, \ldots, e_n)$. Ainsi on a

$f \in \{\lambda \det_B, \lambda \in \mathbb{K}\}$.

On a donc prouvé : $A_n(E) \subset \{\lambda \det_B, \lambda \in \mathbb{K}\}$.

$\boxed{\supset}$ On a vu avec le théorème précédent qu'on a $\det_B \in A_n(E)$. Comme $A_n(E)$ est un $\mathbb{K}$-espace vectoriel, on en déduit $\{\lambda \det_B, \lambda \in \mathbb{K}\} \subset A_n(E)$.

Finalement, on a bien $A_n(E) = \{\lambda \det_B, \lambda \in \mathbb{K}\}$.

Récapitulons les propriétés fondamentales du déterminant :

Corollaire 1 (Propriétés du déterminant)

L'application $\det_B$ est n-linéaire, s'annule sur les familles liées et est antisymétrique[17].

On obtient facilement :

Proposition 8 (Déterminant et changement de base)

Soient E un $\mathbb{K}$-espace vectoriel de dimension n, B' une base de E.

Alors on a : $\det_{B'} = \det_{B'}(B) \det_B$.

Autrement dit, pour toute une famille de vecteurs de E $(u_1, \ldots, u_n)$, on a :

$\det_{B'}(u_1, \ldots, u_n) = \det_{B'}(B) \det_B(u_1, \ldots, u_n)$.

DÉMONSTRATION

L'application $\det_{B'}$ est une forme n-linéaire alternée sur E donc, comme $A_n(E)$ est une droite vectorielle dirigée par $\det_B$, il existe $\lambda \in \mathbb{K}$ tel que $\det_{B'} = \lambda \det_B$.

Testons sur la base B. On obtient : $\det_{B'}(B) = \lambda \det_B(B) = \lambda$. D'où le résultat.

Théorème 8 (Critère de non annulation du déterminant)

Soit $\mathcal{F} = (u_1, \ldots, u_n)$ une famille de vecteurs de E. Les propositions suivantes sont équivalentes :

1. $\mathcal{F}$ est une base de E ;
2. pour toute base B de E on a $\det_B(\mathcal{F}) \neq 0$;
3. il existe une base B de E telle qu'on a $\det_B(\mathcal{F}) \neq 0$.

17. Quitte à être redondant, on insiste bien sur cet aspect.

DÉMONSTRATION

$\boxed{1 \Rightarrow 2}$ Supposons que $\mathcal{F}$ est une base. Soit B une base de E.
On a $1 = \det_B(B) = \det_B(\mathcal{F}) \det_{\mathcal{F}}(B)$ et donc $\det_B(\mathcal{F}) \neq 0$.

$\boxed{2 \Rightarrow 3}$ Par existence des bases, garantie par le théorème de la base incomplète.

$\boxed{3 \Rightarrow 1}$ Raisonnons par contraposition.
Si $\mathcal{F}$ n'est pas une base, alors, comme elle est de cardinal $n = \dim(E)$, c'est une famille liée. Pour toute base B, $\mathcal{F}$ annule donc $\det_B$ vu que cette application est alternée.

Remarque 11
Si B et B' sont deux bases de E, on a $\det_{B'}(B) = \dfrac{1}{\det_B(B')}$ car, par la proposition 8, on a $1 = \det_{B'}(B') = \det_{B'}(B) \det_B(B')$.

5.3 Retour sur les dimensions 2 et 3 et orientation d'un $\mathbb{R}$-ev

Dans cette sous-section, $\mathbb{K} = \mathbb{R}$ et E désigne un $\mathbb{R}$-espace vectoriel de dimension finie n.

Reprenons les applications $\det_{\mathcal{B}}$ du plan et de l'espace vues dans la section 3 : la base $\mathcal{B}$ fixée initialement étant orthonormée directe, on a vu que $\det_{\mathcal{B}}(\mathcal{F})$ donne dans le cas du plan l'aire orientée du parallélogramme engendré par les vecteurs de $\mathcal{F}$ et, dans le cas de l'espace, le volume orienté du parallélépipède engendré par les vecteurs de $\mathcal{F}$.
Si maintenant l'on considère une autre base B, on a $\det_B = \det_B(\mathcal{B}) \times \det_{\mathcal{B}}$, ce qui traduit le fait que $\det_B(\mathcal{F})$ donne l'aire (ou le volume) orienté du parallélogramme (ou du parallélépipède) engendré par $\mathcal{F}$, modulo un coefficient multiplicatif $\det_B(\mathcal{B}) = \dfrac{1}{\det_{\mathcal{B}}(B)}$ qui prend en compte la nouvelle unité d'aire ou de volume.
Concrètement, si les vecteurs de B engendrent un parallélogramme (ou un parallélépipède) plus petit que $\mathcal{B}$, alors l'unité d'aire (ou de volume) étant plus petite, $\det_B$ renvoie une valeur supérieure à $\det_{\mathcal{B}}$. Ainsi, si par exemple $\det_{\mathcal{B}}(B) = \dfrac{1}{2}$, alors $\det_B$ mesure les objets comme étant deux fois plus grands, car un parallélogramme ayant une aire d'une unité d'aire par rapport à $\mathcal{B}$ a une aire valant deux unités d'aire par rapport à B.
Le signe aussi donne une information importante : comme nous l'avons abordé dans la section 3, on détecte le fait qu'une base B ne soit pas orientée de la même façon que $\mathcal{B}$ si le signe de $\det_B$ est opposé à celui de $\det_{\mathcal{B}}$. Nous allons maintenant préciser et généraliser cet aspect :

Définition 8

On définit sur l'ensemble des bases de E une relation « avoir la même orientation que » de la manière suivante :
Soient B et B' deux bases de E.
On dit que B' a la même orientation que B lorsqu'on a $\det_B(B') > 0$.

Proposition 9

La relation « avoir la même orientation que » est une relation d'équivalence sur l'ensemble des bases de E.
Les bases de E se divisent en deux classes d'équivalence.

DÉMONSTRATION

- **Réflexivité** : On a $\det_B(B) = 1 > 0$ donc B a même orientation que B.

- **Symétrie** : Si $\det_B(B') > 0$ alors $\det_{B'}(B) = \dfrac{1}{\det_B(B')} > 0$.

- **Transitivité** : Si $\det_B(B') > 0$ et $\det_{B'}(B'') > 0$, alors on a :
  $\det_B(B'') = \det_B(B') \det_{B'}(B'') > 0$.

Enfin soient B et B' deux bases d'orientations différentes. Alors on a $\det_B(B') \leqslant 0$ et même $\det_B(B') < 0$ car le déterminant d'une base est toujours $\neq 0$.
Soit B'' une base de E. On a $\det_B(B'') = \det_B(B') \det_{B'}(B'')$ qui est de signe opposé à $\det_{B'}(B'')$.
Donc si B'' n'a pas la même orientation que B, alors B'' a la même orientation que B', et inversement.
Il n'y a donc que deux classes d'équivalence : celle de B et celle de B'.

Il n'existe pas d'orientation *a priori*. Il faut fixer une base de référence B_0 et définir l'orientation par rapport à cette base fixée initialement.

Définition 9

Si B_0 est une base de référence de E, les bases ayant la meême orientation que B_0 sont appelées bases *directes*, les autres sont appelées bases indirectes.

Exemples 11

1. Dans $\mathbb{R}^n$, on prend en général pour base de référence la base canonique. C'est ce qui est supposé dans les exemples qui suivent.
2. Dans $\overrightarrow{\mathcal{P}}$, les bases directes sont les bases $(\overrightarrow{e_1}, \overrightarrow{e_2})$ telles que $\overrightarrow{e_2}$ est « à gauche » de $\overrightarrow{e_1}$.
3. Dans $\overrightarrow{\mathcal{E}}$, les bases directes sont celles vérifiant la règle de la main droite.

6 Déterminant d'un endomorphisme

Dans cette section, E désigne un $\mathbb{K}$-espace vectoriel de dimension finie n.

Théorème-Définition 14

Soit f un endomorphisme de E.

Il existe un unique scalaire λ tel que pour toute base B de E et toute famille $(u_1, \ldots, u_n)$ de vecteurs de E, on ait : $\det_B\big(f(u_1), \ldots, f(u_n)\big) = \lambda \det_B(u_1, \ldots, u_n)$.

Ce scalaire λ est appelé *déterminant de* f et noté $\det(f)$.

On a, pour toute base B de E, $\det_B\big(f(B)\big) = \det(f)$.

Dit autrement, le scalaire $\det_B\big(f(B)\big)$ est indépendant de la base B choisie.

Démonstration

Fixons une base B_0 de E.

On introduit l'application $\psi : \left\{\begin{array}{ccc} E^n & \longrightarrow & \mathbb{K} \\ (u_1, \ldots, u_n) & \longmapsto & \det_{B_0}\big(f(u_1), ..., f(u_n)\big) \end{array}\right.$.

Montrons que ψ est n-linéaire.

Soient donc $k \in \{1, \ldots, n\}$, u_1, ..., u_{k-1}, u_{k+1}, ..., $u_n \in E$ et notons

$$\psi_k : \left\{\begin{array}{ccc} E & \longrightarrow & \mathbb{K} \\ u & \longmapsto & \psi(u_1, \ldots, u_{k-1}, u, u_{k+1}, \ldots, u_n) \end{array}\right. .$$

Soient $(u, v) \in E^2$ et $(\alpha, \beta) \in \mathbb{K}^2$. On a :

$$\begin{aligned}
\psi_k(\alpha u + \beta v) &= \det_{B_0}\big(f(u_1), \ldots, f(u_{k-1}), f(\alpha u + \beta v), f(u_{k+1}), \ldots, f(u_n)\big) \\
&= \det_{B_0}\big(f(u_1), \ldots, f(u_{k-1}), \alpha f(u) + \beta f(v), f(u_{k+1}), \ldots, f(u_n)\big) \\
&\quad \text{par linéarité de } f \\
&= \alpha \det_{B_0}(f(u_1), \ldots, f(u_{k-1}), f(u), f(u_{k+1}), \ldots, f(u_n)) \\
&\quad + \beta \det_{B_0}(f(u_1), \ldots, f(u_{k-1}), f(v), f(u_{k+1}), \ldots, f(u_n)) \\
&\quad \text{par linéarité de } \det_{B_0} \text{ en la } k^{\text{ième}} \text{ variable} \\
&= \alpha \psi_k(u) + \beta \psi_k(v),
\end{aligned}$$

donc ψ_k est linéaire.

Ceci étant vrai pour tout $k \in \{1, \ldots, n\}$ et tous vecteurs u_1, ..., u_{k-1}, u_{k+1}, ..., u_n de E,

ψ est donc n-linéaire.

En outre ψ est clairement alternée car $\det_{B_0}$ est alternée.

On a donc montré : $\psi \in A_n(E)$. On en déduit, $A_n(E)$ étant (par le théorème fondamental) une droite vectorielle dirigée par $\det_{B_0}$, qu'il existe un scalaire λ tel que $\psi = \lambda \det_{B_0}$.

Notons qu'on a $\psi(B_0) = \lambda \det_{B_0}(B_0) = \lambda \times 1$, donc $\lambda = \psi(B_0)$.

Soit maintenant une base B de E.

Comme on a $\det_B \in A_n(E)$, il existe aussi $\mu \in \mathbb{K}$ tel que $\det_B = \mu \det_{B_0}$. Ainsi, pour tout $(u_1, \ldots, u_n) \in E^n$,

$$\begin{aligned}
\det_B\big(f(u_1), \ldots, f(u_n)\big) &= \mu \det_{B_0}\big(f(u_1), \ldots, f(u_n)\big) && \text{car } \det_B = \mu \det_{B_0} \\
&= \mu\psi(u_1, \ldots, u_n) && \text{par définition de } \psi \\
&= \mu\lambda \det_{B_0}(u_1, \ldots, u_n) && \text{car } \psi = \lambda \det_{B_0} \\
&= \lambda \det_B(u_1, \ldots, u_n) && \det_B = \mu \det_{B_0}.
\end{aligned}$$

Ceci montre que le scalaire $\lambda = \det_{B_0}$ est celui que nous recherchions, et il est unique par construction.

⚠ Ainsi, contrairement au déterminant d'une famille de vecteurs, celui d'un endomorphisme ne dépend pas de la base !

Théorème 9 (Propriétés du déterminant d'un endomorphisme)

Soient f et g deux endomorphismes de E.

1. On a $\det(\mathrm{id}_E) = 1$ et $\det(0_{\mathcal{L}(E)}) = 0$.
2. Pour toute base B de E et toute famille $\mathcal{F}$ de n vecteurs de E, on a :
   $\det_B\big(f(\mathcal{F})\big) = \det(f) \det_B(\mathcal{F})$.
3. $\det(g \circ f) = \det(g) \times \det(f)$.
4. f est un automorphisme de E si et seulement si $\det(f) \neq 0$.
   Dans ce cas, $\det(f^{-1}) = \dfrac{1}{\det(f)}$.
5. $\forall \lambda \in \mathbb{K}$, $\det(\lambda f) = \lambda^n \det(f)$.

Démonstration

1. Prenons une base B quelconque. Par la proposition 7, $\det(\mathrm{id}_E) = \det_B(B) = 1$.
   On a $\det(0_{\mathcal{L}(E)}) = \det_B\big(0_{\mathcal{L}(E)}(B)\big) = \det_B(0_E, \ldots, 0_E) = 0$ comme on le voit immédiatement en prenant la définition 7.
2. Cette relation a déjà été prouvée dans le théorème précédent. On a en effet montré qu'on a $\det_B\big(f(u_1), \ldots, f(u_n)\big) = \lambda \det_B(u_1, \ldots, u_n)$ pour tout $(u_1, \ldots, u_n) \in E^n$.

Posant $(u_1, \ldots, u_n) = \mathcal{F}$, on obtient $\det_B\big(f(\mathcal{F})\big) = \lambda \det_B(\mathcal{F})$ et, comme $\lambda = \det(f)$, on en déduit $\det_B\big(f(\mathcal{F})\big) = \det(f)\det_B(\mathcal{F})$.

3. On a $\det(g \circ f) = \det_B\Big(g\big(f(B)\big)\Big) = \det(g)\det_B\big(f(B)\big)$ d'après la formule précédente en posant $\mathcal{F} = f(B)$, et finalement $\det(g \circ f) = \det(g)\det(f)$.

4. f est un automorphisme de E si et seulement si $f(B)$ est une base de E si et seulement si $\det_B\big(f(B)\big) \neq 0$. Or $\det(f) = \det_B(f(B))$.
   De plus, si f est un automorphisme, il admet une réciproque f^{-1} et on a :
   $\det(f) \times \det(f^{-1}) = \det(f \circ f^{-1}) = \det(\mathrm{id}_E) = 1$.

5. On a, par n-linéarité du déterminant,
   $\det(\lambda f) = \det_B\Big(\big(\lambda f\big)(B)\Big) = \det_B\big(\lambda f(B)\big) = \lambda^n \det_B\big(f(B)\big) = \lambda^n \det(f)$.

Remarque 12

Du fait de la propriété 3, det est un morphisme de groupes de $\mathrm{GL}(E)$ dans $\mathbb{K}^*$.

Pour $n = 1$, det est une forme linéaire sur E.

Par contre det n'est pas linéaire pour $n \geqslant 2$; en effet, on a :

$\det(2\,\mathrm{id}_E) = 2^n \det(\mathrm{id}_E) = 2^n \neq 2 = 2\det(\mathrm{id}_E)$.

7 Déterminant d'une matrice carrée

E désigne toujours un $\mathbb{K}$-espace vectoriel de dimension n.

7.1 Définition et propriétés

Définition 10 (Déterminant d'une matrice carrée)

Soit $M \in \mathcal{M}_n(\mathbb{K})$. On définit le déterminant de M comme le déterminant dans la base canonique de $\mathbb{K}^n$ des vecteurs colonnes de M.

Ainsi, si $M = (m_{i,j})$, $\det(M) = \displaystyle\sum_{\sigma \in S_n} \varepsilon(\sigma) \prod_{i=1}^{n} m_{\sigma(i),i}$.

Ainsi le déterminant d'une matrice étant le déterminant de ses vecteurs colonnes (dans la base canonique de $\mathbb{K}^n$), on peut dire que le déterminant d'une matrice est une forme n-linéaire par rapport à ses colonnes.

⚠ Seul le déterminant d'une matrice **carrée** est défini !

Notation 4

On peut noter $\begin{vmatrix} m_{11} & \dots & m_{1n} \\ \vdots & & \vdots \\ m_{n1} & \dots & m_{nn} \end{vmatrix}$ plutôt que $\det \begin{pmatrix} m_{11} & \dots & m_{1n} \\ \vdots & & \vdots \\ m_{n1} & \dots & m_{nn} \end{pmatrix}$.

On a le lien suivant entre le déterminant d'un endormorphisme et celui de sa matrice représentative dans une base :

Proposition 10

Soient $f \in \mathcal{L}(E)$, B une base de E et $M = \mathrm{Mat}_B(f)$. On a : $\det(M) = \det(f)$.

DÉMONSTRATION

Par définition, on a $M = \mathrm{Mat}_B\big(f(B)\big)$.
On sait que le déterminant d'un endomorphisme est indépendant de la base choisie. En prenant pour base B, on a $\det(f) = \det_B\big(f(B)\big)$ et donc $\det(f) = \det(M)$.

Du fait des propriétés du déterminant d'un endomorphisme, on trouve immédiatement, comme pendant du théorème 9 :

Théorème 10 (Propriétés du déterminant d'une matrice)

Soient $M, N \in \mathcal{M}_n(\mathbb{K})$.

1. $\det(I_n) = 1$ et $\det\big((0)\big) = 0$.
2. $\det(MN) = \det(M) \times \det(N)$.
3. M est inversible si et seulement si $\det(M) \neq 0$.
   Dans ce cas, $\det(M^{-1}) = \dfrac{1}{\det(M)}$.
4. $\forall \lambda \in \mathbb{K}$, $\det(\lambda M) = \lambda^n \det(M)$.

Remarque 13

Par une récurrence immédiate, on a aussi : $\det(M^k) = \big(\det(M)\big)^k$ pour tout $k \in \mathbb{N}$.
De plus, si M est inversible, on sait que M^{-k} a un sens pour tout $k \in \mathbb{N}$ via $M^{-k} = (M^{-1})^k$, et on a $\det(M^{-k}) = \dfrac{1}{(\det M)^k}$.

On a aussi, qui se prouve directement à partir de la formule donnée en définition (cf. définition 10) :

Théorème 11

$\forall M \in \mathcal{M}_n(\mathbb{K})$, $\det({}^tM) = \det(M)$.

DÉMONSTRATION

On a par définition $\det(M) = \sum_{\sigma \in S_n} \varepsilon(\sigma) \prod_{i=1}^{n} m_{\sigma(i),i}$ et, comme ${}^tM$ a $m_{j,i}$ pour coefficient de position (i,j), on a $\det({}^tM) = \sum_{\sigma \in S_n} \varepsilon(\sigma) \prod_{i=1}^{n} m_{i,\sigma(i)}$.

L'application $\left\{ \begin{array}{ccc} S_n & \longrightarrow & S_n \\ \sigma & \longmapsto & \gamma = \sigma^{-1} \end{array} \right.$ est bijective, car elle admet une réciproque (elle-même !). On peut donc réécrire la somme définissant $\det({}^tM)$:

$\det({}^tM) = \sum_{\gamma \in S_n} \varepsilon(\gamma^{-1}) \prod_{i=1}^{n} m_{\gamma^{-1}(i),i} = \sum_{\gamma \in S_n} \varepsilon(\gamma) \prod_{i=1}^{n} m_{\gamma^{-1}(i),i}$, la dernière égalité venant de ce qu'on a $\varepsilon(\gamma^{-1}) = \varepsilon(\gamma)^{-1}$ et $\varepsilon(\gamma)^{-1} = \varepsilon(\gamma)$ vu que $\varepsilon(\gamma)$ vaut -1 ou 1.

Pour $\gamma \in S_n$, par définition $\gamma : \left\{ \begin{array}{ccc} \{1, \ldots, n\} & \longrightarrow & \{1, \ldots, n\} \\ j & \longmapsto & \gamma(j) = i \end{array} \right.$ est bijective, on peut donc écrire : $\det({}^tM) = \sum_{\gamma \in S_n} \varepsilon(\gamma) \prod_{i=1}^{n} m_{\gamma^{-1}(i),i} = \sum_{\gamma \in S_n} \varepsilon(\gamma) \prod_{j=1}^{n} m_{j,\gamma(j)} = \det(M)$.

Avant de passer aux techniques de calculs des déterminants et de nous concentrer ainsi sur le déterminant des matrices, récapitulons les liens entre les différentes notions de déterminant (déterminant d'une famille, d'un endomorphisme, d'une matrice) :

Théorème 12

Soit E un $\mathbb{K}$-ev de dimension n et B une base de E. Alors :

1. Soit $(u_1, \ldots, u_n)$ une famille de vecteurs de E.
   On a $\det_B(u_1, \ldots, u_n) = \det\left(\mathrm{Mat}_B(u_1, \ldots, u_n)\right)$.
2. Soit $f \in \mathcal{L}(E)$. Alors $\det(f) = \det\left(\mathrm{Mat}_B(f)\right)$.

DÉMONSTRATION

1. Cela vient de la définition du déterminant d'une famille de vecteurs dans une base B, sachant que $\mathrm{Mat}_B(u_1, \ldots, u_n)$ est par définition la matrice représentative de la famille $(u_1, \ldots, u_n)$ dans B.
2. C'est la proposition 10.

7.2 Déterminants de matrices remarquables

Proposition 11 (Déterminant d'une matrice triangulaire par blocs)

Soient $A \in \mathcal{M}_p(\mathbb{K})$, $B \in \mathcal{M}_{n-p}(\mathbb{K})$, $C \in \mathcal{M}_{p,n-p}(\mathbb{K})$ et $D \in \mathcal{M}_{n-p,p}(\mathbb{K})$. On a :

1. $\det \begin{pmatrix} A & C \\ 0 & B \end{pmatrix} = \det(A)\det(B)$.

2. $\det \begin{pmatrix} A & 0 \\ D & B \end{pmatrix} = \det(A)\det(B)$.

DÉMONSTRATION

1. Soit $M = \begin{pmatrix} A & C \\ 0 & I_{n-p} \end{pmatrix} = (m_{i,j})$.

   Soit $\mathcal{C} = (e_1, \dots, e_n)$ la base canonique de $\mathbb{K}^n$. On voit M comme la matrice représentative de ses vecteurs colonnes dans la base canonique. On note alors : $a_j = \sum\limits_{i=1}^{p} m_{i,j} e_i$ pour $j \in \{1, \dots, p\}$, $c_j = \sum\limits_{i=1}^{p} m_{i,j} e_i$ pour $j \in \{p+1, \dots, n\}$ et $b_j = \sum\limits_{i=p+1}^{n} m_{i,j} e_i$ pour $j \in \{p+1, \dots, n\}$, ce qui permet d'écrire :

   $\det(M) = \det_{\mathcal{C}}(a_1, \dots, a_p, b_{p+1} + c_{p+1}, \dots, b_n + c_n)$.

   Notons $F = \mathrm{Vect}\,(e_1, \dots, e_p)$ et $G = \mathrm{Vect}\,(e_{p+1}, \dots, e_n)$. On a $\mathbb{K}^n = F \oplus G$ et les familles $\mathcal{F} = (e_1, \dots, e_p)$ et $\mathcal{G} = (e_{p+1}, \dots, e_n)$ sont évidemment bases respectives de F et de G.

   On définit $\varphi : \left\{ \begin{array}{ccc} F^p & \longrightarrow & \mathbb{K} \\ (u_1, \dots, u_p) & \longmapsto & \det_{\mathcal{C}}(u_1, \dots, u_p, b_{p+1} + c_{p+1}, \dots, b_n + c_n) \end{array} \right.$.

   Cette application est une forme p-linéaire alternée sur F donc, par le théorème fondamental, il existe $\lambda \in \mathbb{K}$ tel que $\varphi = \lambda \det_{\mathcal{F}}$.

   On sait même qu'on a $\lambda = \varphi(\mathcal{F}) = \det_{\mathcal{C}}(e_1, \dots, e_p, b_{p+1} + c_{p+1}, \dots, b_n + c_n)$.

   On a maintenant $\det(M) = \varphi(a_1, \dots, a_p) = \lambda \det_{\mathcal{F}}(a_1, \dots, a_p)$. Or A est la matrice représentative de $(a_1, \dots, a_p)$ dans $\mathcal{F}$, donc on a $\det_{\mathcal{F}}(a_1, \dots, a_p) = \det(A)$.

   Reste à calculer λ.

   Notons que par linéarité de $\det_{\mathcal{C}}$ en la $(p+1)^{\text{ième}}$ variable, on a :

   $$\begin{aligned} \lambda = & \det_{\mathcal{C}}(e_1, \dots, e_p, b_{p+1}, b_{p+2} + c_{p+2}, \dots, b_n + c_n) \\ & + \det_{\mathcal{C}}(e_1, \dots, e_p, c_{p+1}, b_{p+2} + c_{p+2}, \dots, b_n + c_n). \end{aligned}$$

   Or la famille $(e_1, \dots, e_p, c_{p+1}, b_{p+2} + c_{p+2}, \dots, b_n + c_n)$ est liée (étant donné qu'on a

$c_{p+1} \in \text{Vect}(e_1, \ldots, e_p))$, d'où $\det_{\mathcal{C}}(e_1, \ldots, e_p, c_{p+1}, b_{p+2} + c_{p+2}, \ldots, b_n + c_n) = 0$.

On obtient ainsi : $\lambda = \det_{\mathcal{C}}(e_1, \ldots, e_p, b_{p+1}, b_{p+2} + c_{p+2}, \ldots, b_n + c_n)$. Répétant ce même principe, on en arrive à $\lambda = \det_{\mathcal{C}}(e_1, \ldots, e_p, b_{p+1}, b_{p+2}, \ldots, b_n)$.

Enfin, on définit $\psi : \begin{cases} G^{n-p} & \longrightarrow & \mathbb{K} \\ (u_1, \ldots, u_{n-p}) & \longmapsto & \det_{\mathcal{C}}(e_1, \ldots, e_p, u_1, \ldots, u_{n-p}) \end{cases}$. Cette application est une forme $(n-p)$-linéaire alternée sur G donc, par le théorème fondamental, il existe $\mu \in \mathbb{K}$ tel que $\psi = \mu \det_{\mathcal{G}}$.

On sait même qu'on a $\mu = \psi(\mathcal{G}) = \det_{\mathcal{C}}(e_1, \ldots, e_p, e_{p+1}, \ldots, e_n) = \det_{\mathcal{C}}(\mathcal{C}) = 1$.

D'où $\lambda = \psi(b_{p+1}, \ldots, b_n) = 1 \times \det_{\mathcal{G}}(b_{p+1}, \ldots, b_n)$ et, B étant la matrice représentative de $(b_{p+1}, \ldots, b_n)$ dans $\mathcal{G}$, on en déduit $\lambda = \det(B)$.

Ainsi, on a $\det(M) = \det(A)\det(B)$.

2. Se ramène au cas précédent par transposition des matrices.

Corollaire 2

1. La formule se généralise avec plusieurs blocs.
2. Le déterminant d'une matrice triangulaire est le produit des coefficients diagonaux.
3. Le déterminant d'une matrice diagonale par blocs est le produit des déterminants des blocs diagonaux.
4. Le déterminant d'une matrice diagonale est le produit des coefficients diagonaux.

DÉMONSTRATION

1. Par une récurrence immédiate.
2. On se ramène au point précédent en voyant une matrice triangulaire d'ordre n comme une matrice triangulaire par blocs ayant n blocs d'ordre 1 sur la diagonale. On conclut via le fait que le déterminant d'une matrice d'ordre 1 est égal à l'unique coefficient de cette matrice.
3. C'est un cas particulier de matrice triangulaire par blocs.
4. C'est un cas particulier de matrice triangulaire.

Exemples 12

1. On a $\begin{vmatrix} -1 & 0 & 0 \\ 0 & 4 & 0 \\ 0 & 0 & -3 \end{vmatrix} = -1 \times 4 \times (-3) = 12$ en tant que déterminant d'une matrice diagonale.

2. On a $\begin{vmatrix} 5 & 0 & 0 & 0 \\ -1 & -2 & 0 & 0 \\ 0 & 7 & -3 & 0 \\ 11 & -1 & 6 & 2 \end{vmatrix} = 5 \times (-2) \times (-3) \times 2 = 60$ en tant que déterminant d'une matrice triangulaire (inférieure).

3. En tant que déterminant d'une matrice diagonale par blocs, on a :
$$\begin{aligned} \begin{vmatrix} 3 & 1 & 0 & 0 & 0 \\ 4 & -2 & 0 & 0 & 0 \\ 0 & 0 & -3 & 0 & 1 \\ 0 & 0 & 0 & 2 & 5 \\ 0 & 0 & 1 & -2 & 4 \end{vmatrix} &= \begin{vmatrix} 3 & 1 \\ 4 & -2 \end{vmatrix} \times \begin{vmatrix} -3 & 0 & 1 \\ 0 & 2 & 5 \\ 1 & -2 & 4 \end{vmatrix} \\ &= (-6-4) \times \big(-24 - (2+30) \big) = -10 \times (-56) = 560, \end{aligned}$$
sachant qu'on a calculé le déterminant du bloc 3×3 par la règle de Sarrus.

4. Notons que la matrice $\begin{vmatrix} 3 & 1 & 2 & -8 & 11 \\ 4 & -2 & 3 & -2 & 0 \\ 0 & 0 & -3 & 0 & 1 \\ 0 & 0 & 0 & 2 & 5 \\ 0 & 0 & 1 & -2 & 4 \end{vmatrix}$ a même déterminant que la matrice précédente vu qu'elle est triangulaire supérieure par blocs et que ses deux blocs diagonaux sont les mêmes que ceux de la matrice précédente.

5. Le déterminant qui suit est celui d'une matrice triangulaire par blocs, avec un premier bloc diagonal 2×2, un second bloc diagonal d'ordre 1, formé de l'unique élément 4, puis un troisième bloc diagonal 2×2. Ainsi on a :
$$\begin{vmatrix} 1 & 1 & 0 & 0 & 0 \\ -1 & 2 & 0 & 0 & 0 \\ 2 & 7 & 4 & 0 & 0 \\ -1 & 8 & 5 & 2 & 5 \\ 3 & 6 & 1 & -2 & 0 \end{vmatrix} = \begin{vmatrix} 1 & 1 \\ -1 & 2 \end{vmatrix} \times 4 \times \begin{vmatrix} 2 & 5 \\ -2 & 0 \end{vmatrix} = 3 \times 4 \times 10 = 120.$$

8 Méthodes de calculs des déterminants

8.1 Opérations élémentaires

Si l'on voit le déterminant d'une matrice comme le déterminant de ses vecteurs colonnes dans la base canonique, voici un petit récapitulatif de ce que l'on a par la n-linéarité et le caractère alterné du déterminant :

Proposition 12

Soit $M \in \mathcal{M}_n(\mathbb{K})$, C_1, ..., C_n ses colonnes.

1. Si une des colonnes de M est nulle alors $\det(M) = 0$.
2. Si les colonnes de M sont liées alors $\det(M) = 0$.
3. Si on multiplie une colonne C_j par le scalaire λ alors $\det(M)$ est multiplié par λ.
4. Si on scinde une colonne C_j de M en $C_j = C'_j + C''_j$, alors on a : $\det(M) = \det(C_1, \ldots, C_{j'}, \ldots, C_n) + \det(C_1, \ldots, C_{j''}, \ldots, C_n)$.

Allons plus loin :

Théorème 13 (Effet des opérations élémentaires)

Soit $M \in \mathcal{M}_n(\mathbb{K})$, C_1, ..., C_n ses colonnes.

1. Si on multiplie une colonne C_j par le scalaire λ alors $\det(M)$ est multiplié par λ.
2. Si on ajoute aux colonnes de M une combinaison linéaire des autres colonnes de M, on ne change pas la valeur de $\det(M)$.
3. Si l'on permute deux colonnes de M, alors $\det(M)$ est multiplié par -1.

DÉMONSTRATION

1. Déjà énoncé dans la proposition précédente.
2. Notons M' la matrice obtenue à partir de M après l'opération $C_j \leftarrow C_j + \sum_{i \neq j} \lambda_i C_i$.

   On a, par linéarité par rapport à la j-ième colonne :
   $$\begin{aligned} \det(M') &= \det(C_1, \ldots, C_{j-1}, C_j + \sum_{i \neq j} \lambda_i C_i, C_{j+1}, \ldots, C_n) \\ &= \det(C_1, \ldots, C_{j-1}, C_j, C_{j+1}, \ldots, C_n) \\ &\quad + \sum_{\substack{i=1 \\ i \neq j}}^{n} \lambda_i \det(C_1, \ldots, C_{j-1}, C_i, C_{j+1}, \ldots, C_n) \\ &= \det(C_1, \ldots, C_{j-1}, C_j, C_{j+1}, \ldots, C_n), \end{aligned}$$
   car le déterminant est nul si deux colonnes sont égales.

   Ainsi, $\det(M') = \det(M)$
3. Car le déterminant est une application n-linéaire alternée par rapport à ses colonnes, donc antisymétrique !

Remarque 14

Précisons d'ailleurs que par l'antisymétrie du déterminant, si l'on permute les colonnes de M selon une permutation $\sigma \in S_n$ de leurs indices, alors $\det(M)$ est multiplié par $\varepsilon(\sigma)$.

Remarque 15
Par transposition, on observe les mêmes effets pour des opérations élémentaires sur les lignes.

Ainsi, pour calculer le déterminant d'une matrice, on peut effectuer l'algorithme du pivot de Gauss afin de rendre la matrice triangulaire, l'idée étant qu'une fois obtenue une matrice triangulaire, le calcul du déterminant est très simple car il s'obtient en multipliant entre eux les coefficients diagonaux. **Mais il ne faut pas oublier de prendre en compte les effets sur le déterminant des opérations élémentaires utilisées pour l'algorithme.**

Exemples 13

1. Soit à calculer $D = \begin{vmatrix} 3 & 2 & 1 \\ 6 & 4 & 3 \\ 9 & 8 & 1 \end{vmatrix}$.

   On commence par factoriser la première colonne par 3 et la deuxième par 2. On obtient : $D = 3 \times 2 \times \begin{vmatrix} 1 & 1 & 1 \\ 2 & 2 & 3 \\ 3 & 4 & 1 \end{vmatrix}$.

   On effectue ensuite les opérations élémentaires $C_2 \leftarrow C_2 - C_1$ et $C_3 \leftarrow C_3 - C_1$, qui ne changent pas la valeur du déterminant. On obtient : $D = 6 \times \begin{vmatrix} 1 & 0 & 0 \\ 2 & 0 & 1 \\ 3 & 1 & -2 \end{vmatrix}$.

   On échange ensuite C_2 et C_3, opération dont l'effet est de multiplier le déterminant par -1, d'où : $D = 6 \times (-1) \times \begin{vmatrix} 1 & 0 & 0 \\ 2 & 1 & 0 \\ 3 & -2 & 1 \end{vmatrix}$.

   Le déterminant d'une matrice triangulaire étant le produit des coefficients diagonaux, on obtient finalement : $D = -6 \times 1^3 = -6$.

2. Soit à calculer $D = \begin{vmatrix} 1 & a+b & ab \\ 1 & b+c & bc \\ 1 & c+a & ca \end{vmatrix}$, où $(a, b, c) \in \mathbb{K}^3$.

   On effectue les opérations $L_2 \leftarrow L_2 - L_1$ et $L_3 \leftarrow L_3 - L_1$, qui ne modifient pas la valeur du déterminant, et on obtient : $D = \begin{vmatrix} 1 & a+b & ab \\ 0 & c-a & b(c-a) \\ 0 & c-b & a(c-b) \end{vmatrix}$.

On factorise ensuite la deuxième ligne par $c-a$ et la troisième par $c-b$ (on utilise ainsi la n-linéarité du déterminant par rapport à ses lignes), et on obtient :

$$D=(c-a)(c-b)\det\begin{vmatrix}1 & a+b & ab\\ 0 & 1 & b\\ 0 & 1 & a\end{vmatrix}.$$

On finit par l'opération élémentaire $L_3 \leftarrow L_3 - L_2$, qui donne :

$$D=(c-a)(c-b)\det\begin{vmatrix}1 & a+b & ab\\ 0 & 1 & b\\ 0 & 0 & a-b\end{vmatrix}.$$

Et on trouve finalement : $D=(c-a)(c-b)(a-b)$.

3. Soit à calculer $D=\begin{vmatrix} & & & 1\\ & (0) & \iddots & \vdots\\ & \iddots & (0) & \vdots\\ 1 & & & 1\end{vmatrix}$, à savoir le déterminant de la matrice de $\mathcal{M}_n(\mathbb{K})$ ayant des 1 sur la dernière colonne et l'anti-diagonale, et des 0 partout ailleurs. On effectue l'opération élémentaire $C_n \leftarrow C_n - \sum_{k=1}^{n-1} C_k$ et on obtient :

$$D=\begin{vmatrix} & & 1\\ (0) & \iddots & \\ \iddots & (0) & \\ 1 & & \end{vmatrix}.$$ On distingue alors deux cas :

- Si n est pair, on écrit $n=2m$. On effectue les échanges de colonnes suivants : $C_1 \leftrightarrow C_n$, $C_2 \leftrightarrow C_{n-1}$, ..., $C_m \leftrightarrow C_{m+1}$, ce qui permet de faire apparaître la matrice identité. Chaque échange de colonne revenant à multiplier le déterminant par -1, on trouve : $D=(-1)^m\det(I_n)=(-1)^m$.
- Si n est impair, on écrit $n=2m+1$. On effectue les échanges de colonnes suivants : $C_1 \leftrightarrow C_n$, $C_2 \leftrightarrow C_{n-1}$, ..., $C_m \leftrightarrow C_{m+2}$, ce qui permet encore de faire apparaître la matrice identité. On trouve : $D=(-1)^m\det(I_n)=(-1)^m$.

Au final, on a : $D=(-1)^{\lfloor \frac{n}{2}\rfloor}$.

8.2 Déterminant de Vandermonde - MPSI

Nous avons maintenant les outils pour traiter le calcul[18] d'un déterminant classique et aux multiples applications[19], le *déterminant de Vandermonde*, noté $V(\alpha_1,\ldots,\alpha_n)$ et

18. Nous proposons une autre méthode de calcul du même déterminant dans l'exercice 17.2.
19. Par exemple l'exercice 17.3, mais tellement plus encore.

défini par[20] $V(\alpha_1,\ldots,\alpha_n) = \begin{vmatrix} 1 & \alpha_1 & \alpha_1^2 & \ldots & \alpha_1^{n-1} \\ 1 & \alpha_2 & \alpha_2^2 & \ldots & \alpha_2^{n-1} \\ \vdots & \vdots & \vdots & & \vdots \\ 1 & \alpha_n & \alpha_n^2 & \ldots & \alpha_n^{n-1} \end{vmatrix}$, où $(\alpha_1,\ldots,\alpha_n)$ est un élément quelconque de $\mathbb{K}^n$.

Théorème 14 (Déterminant de Vandermonde[21])

On a $V(\alpha_1,\ldots,\alpha_n) = \prod_{1\leqslant i<j\leqslant n} (\alpha_j - \alpha_i)$.

En particulier, on a $V(\alpha_1,\ldots,\alpha_n) \neq 0$ si et seulement si les α_i sont 2 à 2 distincts.

Démonstration

On effectue l'opération élémentaire $C_n \leftarrow C_n - \alpha_1 C_{n-1}$, puis $C_{n-1} \leftarrow C_{n-1} - \alpha_1 C_{n-2}$, etc., en finissant par $C_2 \leftarrow C_2 - \alpha_1 C_1$.

Aucune de ces opérations ne modifie la valeur du déterminant, et on obtient donc :

$$V(\alpha_1,\ldots,\alpha_n) = \begin{vmatrix} 1 & 0 & 0 & \ldots & 0 \\ 1 & \alpha_2-\alpha_1 & \alpha_2(\alpha_2-\alpha_1) & \ldots & \alpha_2^{n-2}(\alpha_2-\alpha_1) \\ \vdots & \vdots & \vdots & & \vdots \\ 1 & \alpha_n-\alpha_1 & \alpha_n(\alpha_n-\alpha_1) & \ldots & \alpha_n^{n-2}(\alpha_n-\alpha_1) \end{vmatrix}.$$

On reconnaît une matrice triangulaire par blocs, avec un premier bloc diagonal d'ordre 1 et un deuxième bloc diagonal d'ordre $n-1$. Ainsi :

$$V(\alpha_1,\ldots,\alpha_n) = 1 \times \begin{vmatrix} \alpha_2-\alpha_1 & \alpha_2(\alpha_2-\alpha_1) & \ldots & \alpha_2^{n-2}(\alpha_2-\alpha_1) \\ \vdots & \vdots & & \vdots \\ \alpha_n-\alpha_1 & \alpha_n(\alpha_n-\alpha_1) & \ldots & \alpha_n^{n-2}(\alpha_n-\alpha_1) \end{vmatrix}.$$

On factorise alors la première ligne par $\alpha_2-\alpha_1$, la deuxième par $\alpha_3-\alpha_1$, etc., ce qui donne :

$$V(\alpha_1,\ldots,\alpha_n) = \prod_{k=2}^{n} (\alpha_k-\alpha_1) \times \begin{vmatrix} 1 & \alpha_2 & \ldots & \alpha_2^{n-2} \\ \vdots & \vdots & & \vdots \\ 1 & \alpha_n & \ldots & \alpha_n^{n-2} \end{vmatrix}.$$

20. On appelle aussi communément *matrice de Vandermonde* la matrice de coefficient général α_i^{j-1}, ou sa matrice transposée, d'autant plus sereinement qu'on sait que le déterminant d'une matrice est égal au déterminant de sa transposée. Dans la suite du chapitre, l'expression *matrice de Vandermonde* pourra aussi bien désigner la matrice de coefficient général α_i^{j-1} que sa transposée.

21. Voici un nouveau cas célèbre de théorème non démontré par le mathématicien qui lui donne son nom, mais peut-être encore plus confondant que d'autres. Cela nous donne une franche occasion d'énoncer la *loi de Stigler* : « No scientific discovery is named after its original discoverer », c'est-à-dire « Aucune découverte scientifique ne porte le nom de son auteur originel », cf. le traité de Stephen M. Stigler, *Statistics on the table : the history of statistical concepts and methods*, Harvard University Press, Cambridge MA (1999), p. 277.

Et on reconnaît : $V(\alpha_1, \ldots, \alpha_n) = \left(\prod_{k=2}^{n} (\alpha_k - \alpha_1)\right) V(\alpha_2, \ldots, \alpha_n)$.
Appliquant le même principe, on obtient ensuite :
$V(\alpha_1, \ldots, \alpha_n) = \left(\prod_{k=2}^{n} (\alpha_k - \alpha_1)\right) \left(\prod_{k=3}^{n} (\alpha_k - \alpha_2)\right) V(\alpha_3, \ldots, \alpha_n)$, et répétant ce procédé, on a au final :
$V(\alpha_1, \ldots, \alpha_n) = \left(\prod_{k=2}^{n} (\alpha_k - \alpha_1)\right) \left(\prod_{k=3}^{n} (\alpha_k - \alpha_2)\right) \cdots \left(\prod_{k=n-1}^{n} (\alpha_k - \alpha_{n-1})\right) V(\alpha_n)$, *i. e.*
$V(\alpha_1, \ldots, \alpha_n) = \left(\prod_{1 \leqslant i < j \leqslant n} (\alpha_j - \alpha_i)\right) V(\alpha_n)$.
Comme $V(\alpha_n)$ est le déterminant de la matrice d'ordre 1 formée uniquement de l'élément 1, on a finalement : $V(\alpha_1, \ldots, \alpha_n) = \prod_{1 \leqslant i < j \leqslant n} (\alpha_j - \alpha_i)$.

Précisons qu'un produit d'éléments de $\mathbb{K}$ étant nul si et seulement si un facteur du produit est nul, on a $V(\alpha_1, \ldots, \alpha_n) \neq 0$ si et seulement si les α_i sont 2 à 2 distincts.

Remarque 16

Un petit mot sur l'histoire du déterminant de Vandermonde. Il est bien difficile de cerner avec précision qui peut être crédité du calcul de la valeur de $V(\alpha_1, \ldots, \alpha_n)$...
Alexandre-Théophile Vandermonde[22] (1735-1796) est passé à la postérité pour le déterminant évoqué plus haut, mais il n'a pourtant, en termes de quantité, apporté qu'une contribution très modeste à l'édifice des mathématiques. Il ne vint en fait à étudier les mathématiques qu'en 1770, étant avant cela préoccupé surtout de musique, mais réussit le tour de force de se faire élire à l'Académie des sciences en 1771 quasiment sur son premier papier. Et après quatre mémoires[23] répartis sur les années 1771 et 1772, il consacra son temps plus largement à d'autres sciences, ainsi qu'à la politique.
Selon Bernard Ycart de l'université Joseph Fourier de Grenoble, qui a consacré une étude récente[24] à l'appellation « déterminant de Vandermonde », il peut y avoir essentiellement deux façons de relier ce déterminant à Vandermonde :

- Vandermonde a écrit la valeur de ce déterminant, mais seulement pour $n = 3$, dans son premier mémoire.
- Vandermonde a précédé Cauchy, le fondateur de la théorie moderne des déterminants, dans l'idée d'une définition du déterminant qui s'inspire du déterminant de Vandermonde.

22. Français et ayant vécu essentiellement à Paris.
23. Notamment *Mémoire sur la résolution des équations* et *Mémoire sur l'élimination*, trouvables dans Histoire de l'Académie royale des sciences avec les mémoires de mathématiques et de physique pour la même année tirés des registres de cette académie, Année MDCCLXXI, Paris (1774), pp. 365-413 pour le premier mémoire, et seconde partie, Paris (1776), pp. 516-532 pour le second mémoire.
24. *A case of mathematical eponymy : the Vandermonde determinant*, 20 avril 2002, disponible sur internet à l'adresse `http://hal.archives-ouvertes.fr/docs/00/68/99/43/PDF/VD_BY.pdf` .

Maintenant décrypter le processus collectif et historique qui a abouti au choix de « Vandermonde » pour ce déterminant entraînerait bien trop loin.

Il convient néanmoins de préciser que, si l'on peut juger inadapté le choix de « Vandermonde », c'est parce que d'autres choix auraient pu sembler tout autant pertinents. Notamment, ce déterminant est directement relié au problème dit de « l'interpolation de Lagrange[25] », consistant à résoudre le système linéaire :

$$\left\{\begin{array}{ccc} a_0 + a_1\alpha_1 + \cdots + a_{n-1}\alpha_1^{n-1} & = & y_1 \\ \vdots & \vdots & \vdots \\ a_0 + a_1\alpha_n + \cdots + a_{n-1}\alpha_n^{n-1} & = & y_n \end{array}\right. \text{, d'inconnues } a_0,\ a_1,\ \ldots,\ a_{n-1}.$$

On constate en effet que la matrice des coefficients de ce système est une matrice de Vandermonde ! Ainsi quiconque aurait réussi à résoudre le premier ce système dans le cas général pourrait peut-être plus légitimement voir son nom associé au déterminant de Vandermonde, mais c'est là encore toute une histoire[26]...

Notons pour finir que la condition de non-annulation du déterminant de Vandermonde, à savoir le fait que les α_i soient tous distincts, est aussi la condition pour que le système précédent admette une unique solution.

8.3 Développement par rapport à une ligne ou une colonne

Dans toute cette sous-section, M désigne une matrice de $\mathcal{M}_n(\mathbb{K})$, $m_{i,j}$ son coefficient général.

Définition 11

Soit $(i,j) \in \{1,\ldots,n\}^2$.

1. On appelle *mineur de M de position (i,j)*, et on note $\Delta_{i,j}$, le déterminant de la matrice obtenue à partir de M par suppression de la $i^{\text{ième}}$ ligne et de la $j^{\text{ième}}$ colonne.
2. On appelle *cofacteur de M de position (i,j)* le scalaire $(-1)^{i+j}\Delta_{i,j}$.
3. On appelle *comatrice de M*, et on note $\mathrm{com}(M)$, la matrice des cofacteurs de M : $\mathrm{com}(M) = \big((-1)^{i+j}\Delta_{i,j}\big)_{1\leqslant i,j\leqslant n}$.

25. Cf. l'exercice 13.6 ainsi que l'exercice 12.7.

26. Bernard Ycart indique d'ailleurs que l'on pourrait trouver à redire au fait d'avoir donné le nom de Lagrange à cette fameuse interpolation. Bref Lagrange a bien présenté le problème de l'interpolation dans sa leçon cinquième des Leçons élémentaires sur les mathématiques données à l'École Normale en 1795, intitulée *Sur l'usage des courbes dans la solution des Problèmes*, mais en indiquant que le problème remonte à Newton.

Remarque 17

Lorsqu'on supprime une ligne et une colonne d'une matrice carrée d'ordre n, on obtient une matrice carrée d'ordre $n-1$. Comme la nouvelle matrice est encore carrée, cela a bien un sens d'en prendre le déterminant.

Pour calculer les cofacteurs et la comatrice, on peut éventuellement s'aider de ce qu'on appelle la *matrice des signes*, qui a pour coefficient général $(-1)^{i+j}$, et se présente ainsi :

$$\begin{pmatrix} 1 & -1 & 1 & \dots \\ -1 & 1 & -1 & \dots \\ 1 & -1 & 1 & \dots \\ \vdots & \vdots & \vdots & \ddots \end{pmatrix} \text{ ou, si l'on ne fait paraître que le signe, } \begin{pmatrix} + & - & + & \dots \\ - & + & - & \dots \\ + & - & + & \dots \\ \vdots & \vdots & \vdots & \ddots \end{pmatrix}.$$

Par exemple, si l'on veut calculer le cofacteur de position $(3,2)$ d'une matrice, le signe par lequel il faut multiplier $\Delta_{3,2}$ est celui de position $(3,2)$ de la matrice des signes, à savoir -1.

Exemple 14

Soit à déterminer la comatrice de $M = \begin{pmatrix} 1 & 0 & 2 \\ -1 & 3 & 0 \\ 2 & -2 & 1 \end{pmatrix}$.

Comme la matrice des signes associée est ici $\begin{pmatrix} + & - & + \\ - & + & - \\ + & - & + \end{pmatrix}$, on a :

$$\operatorname{com}(M) = \begin{pmatrix} \Delta_{1,1} & -\Delta_{1,2} & \Delta_{1,3} \\ -\Delta_{2,1} & \Delta_{2,2} & -\Delta_{2,3} \\ \Delta_{3,1} & -\Delta_{3,2} & \Delta_{3,3} \end{pmatrix}.$$

On calcule maintenant chacun des mineurs.

Par exemple, pour $\Delta_{1,1}$, il faut supprimer la première ligne et la première colonne de M, ce qui revient à enlever de la matrice M les coefficients apparaissant en rouge : $\begin{pmatrix} 1 & 0 & 2 \\ -1 & 3 & 0 \\ 2 & -2 & 1 \end{pmatrix}$, ce qui donne : $\Delta_{1,1} = \begin{vmatrix} 3 & 0 \\ -2 & 1 \end{vmatrix} = 3$.

Pour $\Delta_{1,2}$, il faut supprimer la première ligne et la deuxième colonne de M, ce qui revient à enlever de la matrice M les coefficients apparaissant en rouge : $\begin{pmatrix} 1 & 0 & 2 \\ -1 & 3 & 0 \\ 2 & -2 & 1 \end{pmatrix}$, ce qui donne : $\Delta_{1,2} = \begin{vmatrix} -1 & 0 \\ 2 & 1 \end{vmatrix} = -1$.

Le lecteur peut s'entraîner à calculer les autres mineurs, et vérifier ainsi qu'on a $\Delta_{1,3} = -4$, $\Delta_{2,1} = 4$, $\Delta_{2,2} = -3$, $\Delta_{2,3} = -2$, $\Delta_{3,1} = -6$, $\Delta_{3,2} = 2$ et $\Delta_{3,3} = 3$.

D'ou finalement : $\text{com}(M) = \begin{pmatrix} 3 & 1 & -4 \\ -4 & -3 & 2 \\ -6 & -2 & 3 \end{pmatrix}$.

Théorème 15 (Calcul du déterminant par développement)

1. Développement par rapport à une colonne :
   Soit $j \in \{1, \dots, n\}$. On a $\det(M) = \sum_{i=1}^{n} (-1)^{i+j} m_{i,j} \Delta_{i,j}$.
2. Développement par rapport à une ligne :
   Soit $i \in \{1, \dots, n\}$. On a $\det(M) = \sum_{j=1}^{n} (-1)^{i+j} m_{i,j} \Delta_{i,j}$.

DÉMONSTRATION

1. Soit $\mathcal{C} = (e_1, \dots, e_n)$ la base canonique de $\mathbb{K}^n$. On voit M comme la matrice représentative de ses vecteurs colonnes dans la base canonique. On note alors : $C_j = \sum_{i=1}^{n} m_{i,j} e_i$ pour $j \in \{1, \dots, n\}$. On a donc :
   $\det(M) = \det_{\mathcal{C}}(C_1, \dots, C_{j-1}, C_j, C_{j+1}, C_n) = \sum_{i=1}^{n} m_{i,j} \det_{\mathcal{C}}(C_1, \dots, C_{j-1}, e_i, C_{j+1}, C_n)$
   par linéarité du déterminant en la $j^{\text{ième}}$ variable.
   Chaque déterminant $\det_{\mathcal{C}}(C_1, \dots, C_{j-1}, e_i, C_{j+1}, C_n)$ est concrètement égal à
   $$\begin{vmatrix} m_{1,1} & \dots & m_{1,j-1} & 0 & m_{1,j+1} & \dots & m_{1,n} \\ \vdots & & \vdots & \vdots & \vdots & & \vdots \\ m_{i-1,1} & \dots & m_{i-1,j-1} & 0 & m_{i-1,j+1} & \dots & m_{i-1,n} \\ m_{i,1} & \dots & m_{i,j-1} & 1 & m_{i,j+1} & \dots & m_{i,n} \\ m_{i+1,1} & \dots & m_{i+1,j-1} & 0 & m_{i+1,j+1} & \dots & m_{i+1,n} \\ \vdots & & \vdots & \vdots & \vdots & & \vdots \\ m_{n,1} & \dots & m_{n,j-1} & 0 & m_{n,j+1} & \dots & m_{n,n} \end{vmatrix}$$ et, si l'on applique la permutation cyclique $(1\ 2\ \dots\ i)$ aux indices des lignes de ce déterminant, on obtient :

$$(-1)^{i-1}\begin{vmatrix} m_{i,1} & \dots & m_{i,j-1} & 1 & m_{i,j+1} & \dots & m_{i,n} \\ m_{1,1} & \dots & m_{1,j-1} & 0 & m_{1,j+1} & \dots & m_{1,n} \\ \vdots & & \vdots & \vdots & \vdots & & \vdots \\ m_{i-1,1} & \dots & m_{i-1,j-1} & 0 & m_{i-1,j+1} & \dots & m_{i-1,n} \\ m_{i+1,1} & \dots & m_{i+1,j-1} & 0 & m_{i+1,j+1} & \dots & m_{i+1,n} \\ \vdots & & \vdots & \vdots & \vdots & & \vdots \\ m_{n,1} & \dots & m_{n,j-1} & 0 & m_{n,j+1} & \dots & m_{n,n} \end{vmatrix}$$, le facteur $(-1)^{i-1}$ venant de la signature du cycle $(1\ 2\ \dots\ i)$.

Si l'on applique maintenant la permutation cyclique $(1\ 2\ \dots\ j)$ aux indices des colonnes de ce dernier déterminant, il devient :

$$(-1)^{i-1}\times(-1)^{j-1}\begin{vmatrix} 1 & m_{i,1} & \dots & m_{i,j-1} & m_{i,j+1} & \dots & m_{i,n} \\ 0 & m_{1,1} & \dots & m_{1,j-1} & m_{1,j+1} & \dots & m_{1,n} \\ \vdots & \vdots & & \vdots & \vdots & & \vdots \\ 0 & m_{i-1,1} & \dots & m_{i-1,j-1} & m_{i-1,j+1} & \dots & m_{i-1,n} \\ 0 & m_{i+1,1} & \dots & m_{i+1,j-1} & m_{i+1,j+1} & \dots & m_{i+1,n} \\ \vdots & \vdots & & \vdots & \vdots & & \vdots \\ 0 & m_{n,1} & \dots & m_{n,j-1} & m_{n,j+1} & \dots & m_{n,n} \end{vmatrix}$$, et en reconnaissant un déterminant triangulaire par blocs (avec un bloc diagonal d'ordre 1 et un d'ordre $n-1$), il est finalement égal à :

$$(-1)^{i+j}\times 1\times\begin{vmatrix} m_{1,1} & \dots & m_{1,j-1} & m_{1,j+1} & \dots & m_{1,n} \\ \vdots & & \vdots & \vdots & & \vdots \\ m_{i-1,1} & \dots & m_{i-1,j-1} & m_{i-1,j+1} & \dots & m_{i-1,n} \\ m_{i+1,1} & \dots & m_{i+1,j-1} & m_{i+1,j+1} & \dots & m_{i+1,n} \\ \vdots & & \vdots & \vdots & & \vdots \\ m_{n,1} & \dots & m_{n,j-1} & m_{n,j+1} & \dots & m_{n,n} \end{vmatrix}$$, et l'on reconnaît dans ce dernier déterminant celui de la matrice M dans laquelle on a supprimé la $i^{\text{ième}}$ ligne et la $j^{\text{ième}}$ colonne c'est-à-dire le mineur de position (i,j) de M.

Ainsi $\det(M) = \sum\limits_{i=1}^{n} m_{i,j}(-1)^{i+j}\Delta_{i,j}$.

2. S'obtient à partir du cas précédent par transposition.

Exemples 15

1. Soit à calculer $\det(M)$, où $M = \begin{pmatrix} 1 & 2 & -1 & 1 \\ -1 & 2 & 1 & 3 \\ 0 & 3 & 0 & -1 \\ 2 & 1 & 1 & 1 \end{pmatrix}$.

   On choisit de développer le déterminant par rapport à la troisième ligne, profitant du fait que c'est là qu'il y a le plus de zéros[27].

On a : $\det(M) = \sum_{j=1}^{4} (-1)^{3+j} m_{3,j} \Delta_{3,j} = +0 \times \Delta_{3,1} - 3 \times \Delta_{3,2} + 0 \times \Delta_{3,3} - (-1) \times \Delta_{3,4}$,

donc $\det(M) = -3\Delta_{3,2} + \Delta_{3,4} = -3 \times \begin{vmatrix} 1 & -1 & 1 \\ -1 & 1 & 3 \\ 2 & 1 & 1 \end{vmatrix} + \begin{vmatrix} 1 & 2 & -1 \\ -1 & 2 & 1 \\ 2 & 1 & 1 \end{vmatrix}$, et on utilise par exemple la règle de Sarrus pour obtenir finalement : $\det(M) = 48$.

2. Soit $D_n = \begin{vmatrix} 2 & 1 & & (0) \\ 1 & \ddots & \ddots & \\ & \ddots & \ddots & 1 \\ (0) & & 1 & 2 \end{vmatrix}$, où $n \geqslant 1$ dénote l'ordre de la matrice dont D_n forme le déterminant.

On développe par rapport à la première ligne, on obtient :

$D_n = 2D_{n-1} - 1 \times \begin{vmatrix} 1 & 1 & 0 & \cdots & 0 \\ 0 & 2 & 1 & & (0) \\ \vdots & 1 & \ddots & \ddots & \\ \vdots & & \ddots & \ddots & 1 \\ 0 & (0) & & 1 & 2 \end{vmatrix}$, et on développe le dernier déterminant par rapport à la première colonne, ce qui nous donne : $D_n = 2D_{n-1} - D_{n-2}$.

Ainsi la suite $(D_n)_{n \geqslant 1}$ satisfait une relation de récurrence linéaire d'ordre 2.

Cette relation admet pour équation caractéristique $X^2 = 2X - 1$, *i. e.* $X^2 - 2X + 1 = 0$, *i. e.* $(X-1)^2 = 0$, qui a pour unique solution 1.

On sait donc qu'il existe $(\lambda, \mu) \in \mathbb{K}^2$ tel que : $\forall n \geqslant 1,\ D_n = (\lambda + \mu n)1^n = \lambda + \mu n$.

On a D_1 qui est le déterminant de la matrice d'ordre 1 uniquement constituée de l'élément 2, donc $D_1 = 2$, et $D_2 = \begin{vmatrix} 2 & 1 \\ 1 & 2 \end{vmatrix} = 3$, donc on a $\begin{cases} \lambda + \mu = 2 \\ \lambda + 2\mu = 3 \end{cases}$, système dont on trouve facilement qu'il est uniquement satisfait par $(\lambda = 1, \mu = 1)$.

Ainsi on a, pour tout $n \geqslant 1$, $D_n = n + 1$.

Corollaire 3 (Formule de la comatrice - MPSI)

On a : $M\,{}^t\mathrm{com}(M) = {}^t\mathrm{com}(M)M = \det(M)I_n$.

En particulier, si M est inversible, $M^{-1} = \dfrac{1}{\det(M)}\,{}^t\mathrm{com}(M)$.

27. C'est toujours un bon critère pour choisir la ligne ou la colonne par rapport à laquelle développer.

Démonstration

Notons $A = \text{com}(M) = (a_{i,j}) = \left((-1)^{i+j}\Delta_{i,j}\right)$ et ${}^t\text{com}(A) = (a'_{i,j})$ avec $a'_{i,j} = a_{j,i}$.

Notons $B = {}^t(\text{com}\, M)M = (b_{i,j})$. On a $b_{i,j} = \sum_{k=1}^{n} a'_{i,k}m_{k,j} = \sum_{k=1}^{n} m_{k,j}a_{k,i}$.

- Si $i = j$ alors en développant le déterminant de M selon la $j^{\text{ième}}$ colonne, $\det M = \sum_{k=1}^{n} m_{k,j}a_{k,j} = b_{j,j}$.
- Pour $i \neq j$, on considère la matrice obtenue en remplaçant la $i^{\text{ième}}$ colonne de A par la $j^{\text{ième}}$. On calcule son déterminant (qui vaut 0 car la matrice contient deux colonnes identiques) en développant par rapport à la $i^{\text{ième}}$ colonne : $0 = \sum_{k=1}^{n} m_{k,j}a_{k,i} = b_{i,j}$.

  Finalement $B = \det(M)I_n$. On a ainsi montré ${}^t\text{com}(M)M = \det(M)I_n$.

  On prouve de même la relation $M{}^t\text{com}(M) = \det(M)I_n$ en effectuant cette fois des développements selon les lignes.

Exemple 16

Soit $M = \begin{pmatrix} a & b \\ c & d \end{pmatrix} \in \mathcal{M}_2(\mathbb{K})$. On a, si M est inversible, $\det(M) = ad - bc \neq 0$ et

$\text{com}(M) = \begin{pmatrix} d & -c \\ -b & a \end{pmatrix}$ d'où $M^{-1} = \dfrac{1}{ad-bc}\begin{pmatrix} d & -b \\ -c & a \end{pmatrix}$.

On retrouve le résultat vu p. 488.

9 Exercices corrigés

17.1 Une formule pour la signature - MPSI

Démontrer qu'on a, pour tout $\sigma \in S_n$, $\varepsilon(\sigma) = \prod_{1 \leqslant i < j \leqslant n} \dfrac{\sigma(j) - \sigma(i)}{j - i}$.

C 17.1 Une formule pour la signature

Notons η l'application définie sur S_n par : $\forall \sigma \in S_n$, $\eta(\sigma) = \prod_{1 \leqslant i < j \leqslant n} \dfrac{\sigma(j) - \sigma(i)}{j - i}$.

On veut montrer qu'on a $\eta = \varepsilon$.

Par la caractérisation de la signature (théorème 4), il suffit de montrer pour établir cette égalité que η est un morphisme de groupes de $(S_n, \circ)$ dans $(\{-1, 1\}, \times)$ et prend la valeur -1 sur toute transposition.

Avant tout, on introduit $\mathcal{P} = \left\{(i,j) \in \{1, \ldots, n\}^2,\ i < j\right\}$, ce qui permet de réécrire :

$$\eta(\sigma) = \prod_{(i,j)\in\mathcal{P}} \frac{\sigma(j)-\sigma(i)}{j-i}.$$

- À toute permutation σ est associée une permutation f_σ de $\mathcal{P}$ définie par :

$$f_\sigma\big((i,j)\big) = \begin{cases} (\sigma(i),\sigma(j)) & \text{si} \quad \sigma(i) < \sigma(j) \\ (\sigma(j),\sigma(i)) & \text{si} \quad \sigma(j) < \sigma(i) \end{cases}.$$

L'application f_σ est bien bijective car elle a une réciproque évidente, à savoir $f_{\sigma^{-1}}$.

Ainsi, par le changement d'indice $(u,v) = f_\sigma(i,j)$, on obtient :

$$\prod_{(i,j)\in\mathcal{P}} |\sigma(j)-\sigma(i)| = \prod_{(u,v)\in\mathcal{P}} |v-u| = \prod_{(i,j)\in\mathcal{P}} |j-i|, \text{ d'où } \prod_{(i,j)\in\mathcal{P}} \frac{|\sigma(j)-\sigma(i)|}{|j-i|} = 1.$$

Donc on a $|\eta(\sigma)| = 1$, ce qui prouve finalement que η est à valeurs dans $\{-1,1\}$.

Soient maintenant σ et σ' deux éléments de S_n.

On veut prouver qu'on a $\eta(\sigma\circ\sigma') = \eta(\sigma)\circ\eta(\sigma')$. On a :

$$\begin{aligned} \eta(\sigma\circ\sigma') &= \prod_{(i,j)\in\mathcal{P}} \frac{\sigma\circ\sigma'(j)-\sigma\circ\sigma'(i)}{j-i} \\ &= \prod_{(i,j)\in\mathcal{P}} \frac{\sigma\circ\sigma'(j)-\sigma\circ\sigma'(i)}{\sigma'(j)-\sigma'(i)} \times \prod_{(i,j)\in\mathcal{P}} \frac{\sigma'(j)-\sigma'(i)}{j-i}. \end{aligned}$$

Via le changement d'indice $(u,v) = f_{\sigma'}(i,j)$, chaque terme $\dfrac{\sigma\circ\sigma'(j)-\sigma\circ\sigma'(i)}{\sigma'(j)-\sigma'(i)}$ vaut $\dfrac{\sigma(v)-\sigma(u)}{v-u}$ ou $\dfrac{\sigma(u)-\sigma(v)}{u-v} = \dfrac{\sigma(v)-\sigma(u)}{v-u}$, donc :

$$\eta(\sigma\circ\sigma') = \left(\prod_{(u,v)\in\mathcal{P}} \frac{\sigma(v)-\sigma(u)}{v-u}\right) \times \eta(\sigma') = \eta(\sigma)\times\eta(\sigma').$$

On a ainsi démontré que η est un morphisme de groupes de $(S_n,\circ)$ dans $(\{-1,1\},\times)$.

- Soit maintenant τ une transposition de S_n. On note a et b les éléments du support de τ, avec comme convention $a<b$, et ainsi $\tau = (a\ b)$.

Soit $(i,j)\in\mathcal{P}$. Si i et j ne sont pas dans le support de τ, *i. e.* si i et j sont distincts de a et b, alors on a $\tau(i) = i$ et $\tau(j) = j$, donc $\dfrac{\tau(j)-\tau(i)}{j-i} = 1$. Ainsi le produit définissant $\eta(\tau)$ se réduit à :

$$\begin{aligned} \eta(\tau) &= \frac{\tau(b)-\tau(a)}{b-a} \prod_{\substack{a<j\leqslant n \\ j\neq b}} \frac{\tau(j)-\tau(a)}{j-a} \prod_{b<j\leqslant n} \frac{\tau(j)-\tau(b)}{j-b} \prod_{\substack{1\leqslant i<b \\ i\neq a}} \frac{\tau(b)-\tau(i)}{b-i} \prod_{1\leqslant i<a} \frac{\tau(a)-\tau(i)}{a-i} \\ &= \frac{a-b}{b-a} \prod_{\substack{a<j\leqslant n \\ j\neq b}} \frac{j-b}{j-a} \prod_{b<j\leqslant n} \frac{j-a}{j-b} \prod_{\substack{1\leqslant i<b \\ i\neq a}} \frac{a-i}{b-i} \prod_{1\leqslant i<a} \frac{b-i}{a-i} \\ &= -\prod_{a<j<b} \frac{j-b}{j-a} \prod_{a<i<b} \frac{a-i}{b-i} = -1. \end{aligned}$$

On a ainsi démontré qu'on a $\eta = \varepsilon$.

17.2 Un autre calcul du déterminant de Vandermonde

On note encore $V(\alpha_1,\dots,\alpha_n) = \begin{vmatrix} 1 & 1 & 1 & \dots & 1 \\ \alpha_1 & \alpha_2 & \alpha_3 & \dots & \alpha_n \\ \alpha_1^2 & \alpha_2^2 & \alpha_3^2 & \dots & \alpha_n^2 \\ \vdots & \vdots & \vdots & & \vdots \\ \alpha_1^{n-1} & \alpha_2^{n-1} & \alpha_3^{n-1} & \dots & \alpha_n^{n-1} \end{vmatrix}$, où $(\alpha_1,\dots,\alpha_n)$ est un élément quelconque de $\mathbb{K}^n$.

On introduit le polynôme $P = \prod_{k=1}^{n-1}(X-\alpha_k) \in \mathbb{K}[X]$.

1. Que dire du degré, du coefficient dominant et des racines de $\mathbb{K}$?
2. Déterminer une opération élémentaire convenable afin de faire apparaître les coefficients $P(\alpha_1)$, ..., $P(\alpha_n)$ en dernière ligne de la matrice de Vandermonde, puis retrouver la valeur de $V(\alpha_1,\dots,\alpha_n)$.

C 17.2 Un autre calcul du déterminant de Vandermonde

1. Le polynôme P est produit de $n-1$ polynômes unitaires de degré 1, donc est unitaire de degré $n-1$. De plus il est scindé sur $\mathbb{K}$, et ses racines comptées avec multiplicités sont α_1, ..., α_n.

2. Comme P est unitaire et de degré $n-1$, il existe c_0, ..., c_{n-2} dans $\mathbb{K}$ tels que $P = X^{n-1} + \sum_{k=0}^{n-2} c_k X^k$. Effectuons alors l'opération élémentaire $L_n \leftarrow L_n + \sum_{k=0}^{n-2} c_k L_{k+1}$, qui ne change pas la valeur du déterminant. On obtient ainsi :
$$V(\alpha_1,\dots,\alpha_n) = \begin{vmatrix} 1 & 1 & \dots & 1 & 1 \\ \alpha_1 & \alpha_2 & \dots & \alpha_{n-1} & \alpha_n \\ \vdots & \vdots & & \vdots & \vdots \\ \alpha_1^{n-2} & \alpha_2^{n-2} & \dots & \alpha_{n-1}^{n-2} & \alpha_n^{n-2} \\ P(\alpha_1)=0 & P(\alpha_2)=0 & \dots & P(\alpha_{n-1})=0 & P(\alpha_n) \end{vmatrix},$$
donc, en développant par rapport à la dernière ligne,
$$\begin{aligned} V(\alpha_1,\dots,\alpha_n) &= (-1)^{n+n} P(\alpha_n) \begin{vmatrix} 1 & 1 & \dots & 1 \\ \alpha_1 & \alpha_2 & \dots & \alpha_{n-1} \\ \vdots & \vdots & & \vdots \\ \alpha_1^{n-2} & \alpha_2^{n-2} & \dots & \alpha_{n-1}^{n-2} \end{vmatrix} \\ &= \prod_{k=1}^{n-1}(\alpha_n - \alpha_k) V(\alpha_1,\dots,\alpha_{n-1}). \end{aligned}$$
En répétant ce principe, on obtient finalement : $V(\alpha_1,\dots,\alpha_n) = \prod_{1\leqslant i<j\leqslant n}(\alpha_j - \alpha_i)$.

17.3 Utilisation du déterminant de Vandermonde

On note encore dans cet exercice $f_\lambda = x \mapsto \mathrm{e}^{\lambda x}$ et on propose deux nouvelles méthodes pour montrer que la famille $\mathcal{F} = (f_\lambda)_{\lambda \in \mathbb{R}}$ est libre, toutes les deux exploitant le résultat sur la CNS de nullité d'un déterminant de Vandermonde. Dans toute la suite on se donne une CL nulle des vecteurs de $\mathcal{F}$:

$$\alpha_1 f_{\lambda_1} + \cdots + \alpha_p f_{\lambda_p} = 0 \quad (1).$$

1. En évaluant (1) en 0, 1, 2, ..., $p-1$, montrer qu'on obtient une égalité de la forme $M \times \begin{pmatrix} \alpha_1 \\ \vdots \\ \alpha_p \end{pmatrix} = \begin{pmatrix} 0 \\ \vdots \\ 0 \end{pmatrix}$, où M est une matrice de Vandermonde que l'on précisera ; puis conclure.
2. En évaluant (1) en 0, puis en dérivant et en évaluant en 0, puis en dérivant deux fois et en évaluant en 0, puis ..., puis en dérivant $p-1$ puis en évaluant en 0, montrer qu'on obtient une égalité de la forme $M \times \begin{pmatrix} \alpha_1 \\ \vdots \\ \alpha_p \end{pmatrix} = \begin{pmatrix} 0 \\ \vdots \\ 0 \end{pmatrix}$, où M est une matrice de Vandermonde que l'on précisera ; puis conclure.[28]

C 17.3 Utilisation du déterminant de Vandermonde

1. En évaluant (1) en 0, 1, 2, ..., $p-1$: $\begin{cases} \alpha_1 + \cdots + \alpha_p = 0 \\ \alpha_1 \mathrm{e}^{\lambda_1} + \cdots + \alpha_p \mathrm{e}^{\lambda_p} = 0 \\ \alpha_1 \left(\mathrm{e}^{\lambda_1}\right)^2 + \cdots + \alpha_p \left(\mathrm{e}^{\lambda_p}\right)^2 = 0 \\ \alpha_1 \left(\mathrm{e}^{\lambda_1}\right)^{p-1} + \cdots + \alpha_p \left(\mathrm{e}^{\lambda_p}\right)^{p-1} = 0 \end{cases}$,

   ce qui se réécrit bien $M \times \begin{pmatrix} \alpha_1 \\ \vdots \\ \alpha_p \end{pmatrix} = \begin{pmatrix} 0 \\ \vdots \\ 0 \end{pmatrix}$ où M est une matrice de Vandermonde associée à $(\mathrm{e}^{\lambda_1}, \ldots, \mathrm{e}^{\lambda_p})$. Ces réels sont distincts par injectivité de l'exponentielle réelle, et donc le déterminant de M est non nul, si bien que M est inversible et qu'en multipliant par M à gauche on trouve $\begin{pmatrix} \alpha_1 \\ \vdots \\ \alpha_p \end{pmatrix} = \begin{pmatrix} 0 \\ \vdots \\ 0 \end{pmatrix}$.

   Toute CL nulle des vecteurs de $\mathcal{F}$ est triviale : $\mathcal{F}$ est libre.

28. Cette seconde méthode a le bon goût de se généraliser dans le cas où les λ_i sont complexes, ce qui n'est pas le cas de l'autre.

2. En dérivant k fois (1) avant d'évaluer en 0, pour $0 \leqslant k \leqslant p-1$, on obtient $\begin{cases} \alpha_1 + \cdots + \alpha_p = 0 \\ \alpha_1\lambda_1 + \cdots + \alpha_p\lambda_p = 0 \\ \alpha_1(\lambda_1)^2 + \cdots + \alpha_p(\lambda_p)^2 = 0 \\ \alpha_1(\lambda_1)^{p-1} + \cdots + \alpha_p(\lambda_p)^{p-1} = 0 \end{cases}$, ce qui se réécrit bien $M \times \begin{pmatrix} \alpha_1 \\ \vdots \\ \alpha_p \end{pmatrix} = \begin{pmatrix} 0 \\ \vdots \\ 0 \end{pmatrix}$ où M est une matrice de Vandermonde associée à $(\lambda_1, \ldots, \lambda_p)$. Ces réels sont distincts et donc le déterminant de M est non nul, si bien que M est inversible et qu'en multipliant par M à gauche on trouve $\begin{pmatrix} \alpha_1 \\ \vdots \\ \alpha_p \end{pmatrix} = \begin{pmatrix} 0 \\ \vdots \\ 0 \end{pmatrix}$.

Toute CL nulle des vecteurs de $\mathcal{F}$ est triviale : $\mathcal{F}$ est libre.

17.4 Variations de 0 et de 1

Calculer, en fonction de $n \geqslant 2$, les déterminants des matrices suivantes de $\mathcal{M}_n(\mathbb{K})$:

$$A = \begin{pmatrix} 0 & 0 & \ldots & \ldots & 0 & 1 \\ 1 & 1 & & & & 1 \\ \vdots & & \ddots & (0) & & \vdots \\ \vdots & & (0) & \ddots & & \vdots \\ 1 & & & & 1 & 1 \\ 1 & 0 & \ldots & \ldots & 0 & 0 \end{pmatrix}, \quad B = \begin{pmatrix} 0 & 1 & \ldots & \ldots & 1 & 0 \\ 1 & 1 & & & & 1 \\ \vdots & & \ddots & (0) & & \vdots \\ \vdots & & (0) & \ddots & & \vdots \\ 1 & & & & 1 & 1 \\ 0 & 1 & \ldots & \ldots & 1 & 0 \end{pmatrix},$$

$$C = \begin{pmatrix} 1 & 0 & \ldots & \ldots & 0 & 0 \\ 1 & 1 & & & & 1 \\ \vdots & & \ddots & (0) & & \vdots \\ \vdots & & (0) & \ddots & & \vdots \\ 1 & & & & 1 & 1 \\ 0 & 0 & \ldots & \ldots & 0 & 1 \end{pmatrix}, \quad D = \begin{pmatrix} 0 & 1 & \ldots & \ldots & 1 & 1 \\ 1 & 1 & & & & 1 \\ \vdots & & \ddots & (0) & & \vdots \\ \vdots & & (0) & \ddots & & \vdots \\ 1 & & & & 1 & 1 \\ 1 & 1 & \ldots & \ldots & 1 & 0 \end{pmatrix}.$$

C 17.4 Variations de 0 et de 1

A. On commence par développer par rapport à la première ligne.

On obtient $\det(A) = (-1)^{1+n} \times 1 \times \begin{vmatrix} 1 & 1 & & & \\ \vdots & & \ddots & (0) & \\ \vdots & & (0) & \ddots & \\ 1 & & & & 1 \\ 1 & 0 & \ldots & \ldots & 0 \end{vmatrix}$.

Si l'on développe ensuite par rapport à la dernière ligne, on obtient :

$\det(A) = (-1)^{n+1} \times (-1)^{n-1+1} \times 1 \times I_{n-2}$, la matrice résultant de deux développements successifs ayant deux lignes et deux colonnes de moins que A.
Ainsi on a $\det(A) = (-1)^{2n+1} = -1$ pour tout $n \geqslant 2$.

B. La première et la dernière colonne de la matrice B sont identiques donc, le déterminant étant alterné, on a $\det(B) = 0$.

C. Développons par rapport à la première ligne : $\det(C) = 1 \times \begin{vmatrix} 1 & & & & 1 \\ & \ddots & (0) & & \vdots \\ & (0) & \ddots & & \vdots \\ & & & 1 & 1 \\ 0 & \dots & \dots & 0 & 1 \end{vmatrix}$.

La matrice restante étant triangulaire, son déterminant est égal au produit de ses coefficients diagonaux, d'où $\det(C) = 1 \times 1^{n-1} = 1$.

D. Effectuons l'opération élémentaire $C_1 \leftarrow C_1 - C_n$, qui ne modifie pas la valeur du déterminant. On trouve : $\det(C) = \begin{vmatrix} -1 & 1 & \dots & \dots & 1 & 1 \\ 0 & 1 & & & & 1 \\ \vdots & & \ddots & (0) & & \vdots \\ \vdots & & (0) & \ddots & & \vdots \\ 0 & & & & 1 & 1 \\ 1 & 1 & \dots & \dots & 1 & 0 \end{vmatrix}$.

Effectuons ensuite l'opération $L_1 \leftarrow L_1 + L_n$, qui ne modifie pas la valeur du déterminant. On trouve : $\det(C) = \begin{vmatrix} 0 & 2 & \dots & \dots & 2 & 1 \\ 0 & 1 & & & & 1 \\ \vdots & & \ddots & (0) & & \vdots \\ \vdots & & (0) & \ddots & & \vdots \\ 0 & & & & 1 & 1 \\ 1 & 1 & \dots & \dots & 1 & 0 \end{vmatrix}$.

Développons ensuite par rapport à la première colonne. On obtient :

$\det(C) = (-1)^{n+1} \begin{vmatrix} 2 & \dots & \dots & 2 & 1 \\ 1 & & & & 1 \\ & \ddots & (0) & & \vdots \\ & (0) & \ddots & & \vdots \\ & & & 1 & 1 \end{vmatrix}$, où la matrice que l'on voit apparaître est carrée d'ordre $n-1$.

On effectue maintenant l'opération $C_{n-1} \leftarrow C_{n-1} - \sum_{1 \leqslant j \leqslant n-2} C_j$, qui fournit :

$$\det(C) = (-1)^{n+1} \begin{vmatrix} 2 & \dots & \dots & 2 & 1-2(n-2) \\ 1 & & & & 0 \\ & \ddots & (0) & & \vdots \\ & (0) & \ddots & & \vdots \\ & & & 1 & 0 \end{vmatrix}.$$

On développe à nouveau par rapport à la dernière colonne, et on obtient :

$$\det(C) = (-1)^{n+1} \times (-1)^{1+n-1} \big(1-2(n-2)\big) \times \det(I_{n-2}) = -\big(1-2(n-2)\big) = 2n-5.$$

17.5 Utilisation d'une suite récurrente

Calculer $\begin{vmatrix} 2 & 1 & 0 & \dots & 0 & 1 \\ 1 & 2 & 1 & \ddots & 0 & 1 \\ 0 & \ddots & \ddots & \ddots & & \vdots \\ \vdots & \ddots & \ddots & \ddots & & 1 \\ 0 & \dots & 0 & 1 & 2 & 1 \\ 0 & \dots & \dots & 0 & 1 & 2 \end{vmatrix}$, déterminant de taille $n \geqslant 1$.

C 17.5 Utilisation d'une suite récurrente

Notons D_n ce déterminant. En développant par rapport à la première ligne on obtient

$$D_{n+2} = 2D_{n+1} - \begin{vmatrix} 1 & 1 & 0 & \dots & 0 & 1 \\ 0 & 2 & 1 & \ddots & 0 & 1 \\ 0 & 1 & 2 & 1 & & \vdots \\ \vdots & \ddots & \ddots & \ddots & & 1 \\ 0 & \dots & 0 & 1 & 2 & 1 \\ 0 & \dots & \dots & 0 & 1 & 2 \end{vmatrix} + (-1)^{n+1}.$$

En développant par rapport à la première colonne le déterminant central, il vient $D_{n+2} = 2D_{n+1} - D_n + (-1)^{n+1}$.

C'est une suite récurrente affine double à coefficients constants (voir p. 841).

Déterminons l'ensemble des suites vérifiant la même relation de récurrence. C'est un sous-espace affine S de $\mathbb{R}^{\mathbb{N}}$ dirigé par

$\overrightarrow{S} = \big\{(u_n)_{n\in\mathbb{N}},\ \forall n \in \mathbb{N},\ u_{n+2} = 2u_{n+1} - u_n\big\} = \left\{\lambda n + \mu,\ \begin{pmatrix}\lambda \\ \mu\end{pmatrix} \in \mathbb{R}^2\right\}.$

Reste à déterminer un élément quelconque de S.

Cherchons-la sous la forme[29] $\ell(-1)^n$. En réinjectant on trouve

29. Le second membre est géométrique de raison -1 qui n'est pas racine de $X^2 - 2X + 1$.

$\ell\big((-1)^{n+2} - 2(-1)^{n+1} + (-1)^n\big) = (-1)^{n+1}$ *i. e.* $4\ell(-1)^n = -(-1)^n$ *i. e.* $\ell = -\dfrac{1}{4}$.

Finalement on a $S = \left\{ \lambda n + \mu + \dfrac{(-1)^{n+1}}{4},\ \begin{pmatrix}\lambda\\ \mu\end{pmatrix} \in \mathbb{R}^2 \right\}$ donc il existe $\lambda \in \mathbb{R}$ et $\mu \in \mathbb{R}$ tels que $D_n = \lambda n + \mu + \dfrac{(-1)^{n+1}}{4}$. Or on a $D_1 = 2$ et $D_2 = 3$, ce qui donne

$$\begin{cases} \lambda + \mu + 1/4 = 2 \\ 2\lambda + \mu - 1/4 = 3 \end{cases}, \text{ c'est-à-dire } \begin{cases} \lambda = 3/2 \\ \mu = 1/4 \end{cases}.$$

<u>Conclusion</u> : $D_n = \dfrac{3n}{2} + \dfrac{(-1)^{n+1} + 1}{4}$.

17.6 Problème de fin de chapitre

On propose plusieurs méthodes de calcul du déterminant D de la matrice :

$$M = \begin{pmatrix} a & b & \cdots & b \\ b & \ddots & \ddots & \vdots \\ \vdots & \ddots & \ddots & b \\ b & \cdots & b & a \end{pmatrix} \in \mathcal{M}_n(\mathbb{R}), \text{ où } (a,b) \in \mathbb{R}^2 \text{ et } n \geqslant 1.$$

On note $u = \begin{pmatrix} 1 \\ \vdots \\ 1 \end{pmatrix} \in \mathcal{M}_{n,1}(\mathbb{R})$.

1. Que dire de D si $a = b$?

   On suppose $a \neq b$ dans toute la suite. On aborde maintenant différentes méthodes de calcul de D.

2. *Par opérations élémentaires*

   a. Que dire de la somme des coefficients sur chaque ligne ?

   Cela donne l'idée d'effectuer l'opération élémentaire $C_1 \leftarrow C_1 + \sum_{j \neq 1} C_j$. L'effectuer : que deviennent la matrice ainsi que son déterminant après cette opération ?

   b. En utilisant la linéarité par rapport à la première variable, se ramener au calcul du déterminant d'une matrice dont la première colonne est u.

   c. Effectuer alors les opérations élémentaires $C_i \leftarrow C_i - bC_1$, $2 \leqslant i \leqslant n$. Conclure.

3. *En utilisant le caractère n-linéaire alterné.*

   On note $(e_1, \ldots, e_n)$ la base canonique de $\mathbb{R}^n$.

   a. Exprimer les colonnes de M en fonction de u et des e_i.

   b. En déduire $\det(M)$ en utilisant le caractère n-linéaire alterné.

4. *Par évaluation.*

   On généralise le problème posé en introduisant, pour $(a, b, c) \in \mathbb{R}^3$, la matrice :

$$N = \begin{pmatrix} a & b & \cdots & b \\ c & \ddots & \ddots & \vdots \\ \vdots & \ddots & \ddots & b \\ c & \cdots & c & a \end{pmatrix}. \text{ On note } N(X) = \begin{pmatrix} a+X & b+X & \cdots & b+X \\ c+X & \ddots & \ddots & \vdots \\ \vdots & \ddots & \ddots & b+X \\ c+X & \cdots & c+X & a+X \end{pmatrix},$$

et $P = \det\big(N(X)\big)$.

a. Justifier qu'on a $P \in \mathbb{R}_n[X]$.

b. En exprimant les colonnes de $N(X)$ en fonction des colonnes de N et de u, justifier qu'on a même $P \in \mathbb{R}_1[X]$.

c. En déduire $\det(N)$ pour $b \neq c$.

d. Justifier que l'application $x \mapsto \det \begin{pmatrix} a & b & \cdots & b \\ b+x & \ddots & \ddots & \vdots \\ \vdots & \ddots & \ddots & b \\ b+x & \cdots & b+x & a \end{pmatrix}$ est continue.

e. Retrouver la valeur de $\det(M)$.

C 17.6 Problème de fin de chapitre

1. Si $a = b$ et $n \geqslant 2$ alors M a deux colonnes identiques donc on a $D = 0$ par le caractère alterné du déterminant.
   Si $n = 1$ alors $D = a$.

   On suppose $a \neq b$ dans toute la suite.

2. *Par opérations élémentaires*

   a. On remarque que la somme des coefficients sur chaque ligne est la même, et vaut $a + (n-1)b$.
   En effectuant l'opération élémentaire $C_1 \leftarrow C_1 + \sum_{j \neq 1} C_j$, qui ne modifie pas la valeur du déterminant, on obtient donc :

$$D = \begin{vmatrix} a+(n-1)b & b & \dots & \dots & b \\ a+(n-1)b & a & \ddots & & \vdots \\ \vdots & b & \ddots & \ddots & \vdots \\ \vdots & \vdots & \ddots & \ddots & b \\ a+(n-1)b & b & \dots & b & a \end{vmatrix}.$$

b. On met en facteur $a+(n-1)b$ sur la première colonne, ce qui fait apparaître u. Concrètement on obtient, par linéarité par rapport à la première colonne :

$$D=\big(a+(n-1)b\big)\begin{vmatrix}1 & b & \dots & \dots & b\\ 1 & a & \ddots & & \vdots\\ \vdots & b & \ddots & \ddots & \vdots\\ \vdots & \vdots & \ddots & \ddots & b\\ 1 & b & \dots & b & a\end{vmatrix}.$$

c. Effectuant alors les opérations élémentaires $C_i \leftarrow C_i - bC_1$, pour $2 \leqslant i \leqslant n$, on obtient :

$$D=\big(a+(n-1)b\big)\begin{vmatrix}1 & 0 & \dots & \dots & 0\\ 1 & a-b & \ddots & & \vdots\\ \vdots & 0 & \ddots & \ddots & \vdots\\ \vdots & \vdots & \ddots & \ddots & 0\\ 1 & 0 & \dots & 0 & a-b\end{vmatrix}.$$ Reconnaissant le déterminant d'une matrice triangulaire, on a finalement : $D=\big(a+(n-1)b\big)(a-b)^{n-1}$.

3. *En utilisant le caractère n-linéaire alterné.*

On note $(e_1,\dots,e_n)$ la base canonique de $\mathbb{R}^n$.

a. On note $C_1,\dots,C_n$ les colonnes de M.

On a, pour tout $i\in\{1,\dots,n\}$, $C_i=(a-b)e_i+bu$.

b. Ainsi, $\det(M)=\det(C_1,\dots,C_n)=\det\big((a-b)e_1+bu,\dots,(a-b)e_n+bu\big)$.

Lorsqu'on développe par n-linéarité et que l'on utilise le caractère alterné du déterminant, il ne reste que les termes contenant 0 ou 1 fois le vecteur u, sachant que le déterminant s'annule dès qu'on a 2 fois le vecteur u qui apparaît. Ainsi :

$\det(M)=(a-b)^n\det(e_1,\dots,e_n)+\sum\limits_{k=1}^{n} b(a-b)^{n-1}\det(e_1,\dots,e_{k-1},u,e_{k+1},\dots,e_n)$.

Or on a $\det(e_1,\dots,e_n)=1$.

Et comme on a $u=\sum\limits_{j=1}^{n} e_j$, on peut réécrire, pour tout $k\in\{1,\dots,n\}$:

$$\det\left(e_1,\dots,e_{k-1},\sum_{j=1}^{n} e_j,e_{k+1},\dots,e_n\right)=\sum_{j=1}^{n}\det(e_1,\dots,e_{k-1},e_j,e_{k+1},\dots,e_n),$$

d'où $\det\left(e_1,\dots,e_{k-1},\sum\limits_{j=1}^{n} e_j,e_{k+1},\dots,e_n\right)=\det(e_1,\dots,e_{k-1},e_k,e_{k+1},\dots,e_n)$,

par le caractère alterné du déterminant.

Ainsi $\det\left(e_1,\dots,e_{k-1},\sum\limits_{j=1}^{n} e_j,e_{k+1},\dots,e_n\right)=1$ et donc,

$$\det(M)=(a-b)^n+\sum_{k=1}^{n} b(a-b)^{n-1}=(a-b)^n+nb(a-b)^{n-1}.$$

4. *Par évaluation.*

a. On note $N(X) = (N_{i,j})_{1 \leqslant i,j \leqslant n}$. Ainsi $N_{i,j} = \begin{cases} b + X \text{ si } i < j \\ a + X \text{ si } i = j \\ c + X \text{ si } i > j \end{cases}$ et donc, pour tout $(i,j) \in \{1, \dots, n\}^2$, $N_{i,j}$ est un polynôme de degré 1 de $\mathbb{R}[X]$.

On revient à la formule définissant le déterminant d'une matrice. On a : $P = \det\big(N(X)\big) = \sum_{\sigma \in S_n} \varepsilon(\sigma) \prod_{i=1}^{n} N_{\sigma(i),i}$.

Comme, pour tout $\sigma \in S_n$, $\prod_{i=1}^{n} N_{\sigma(i),i}$ est un produit de n polynômes de degré 1 de $\mathbb{R}[X]$, il s'agit d'un polynôme de degré n de $\mathbb{R}[X]$, donc en particulier d'un élément de $\mathbb{R}_n[X]$.

Et $\mathbb{R}_n[X]$ étant un $\mathbb{R}$-espace vectoriel, on a $\sum_{\sigma \in S_n} \varepsilon(\sigma) \prod_{i=1}^{n} N_{\sigma(i),i} \in \mathbb{R}_n[X]$, c'est-à-dire $P \in \mathbb{R}_n[X]$.

b. Si on note $\hat{C}_1, \dots, \hat{C}_n$ les colonnes de N, on a $P = \det(\hat{C}_1 + Xu, \dots, \hat{C}_n + Xu)$. Lorsqu'on développe par n-linéarité et que l'on utilise le caractère alterné du déterminant, il ne reste que les termes contenant 0 ou 1 fois le vecteur u, sachant que le déterminant s'annule dès qu'on a 2 fois le vecteur u qui apparaît. Ainsi : $P = \det(\hat{C}_1, \dots, \hat{C}_n) + \sum_{k=1}^{n} X \det(\hat{C}_1, \dots, \hat{C}_{k-1}, u, \hat{C}_{k+1}, \dots, \hat{C}_n) = \alpha + \beta X$, où on note $\alpha = \det(N) \in \mathbb{R}$ et $\beta = \sum_{k=1}^{n} \det(\hat{C}_1, \dots, \hat{C}_{k-1}, u, \hat{C}_{k+1}, \dots, \hat{C}_n) \in \mathbb{R}$, et donc $P \in \mathbb{R}_1[X]$.

c. On a $\tilde{P}(-c) = \begin{vmatrix} a-c & b-c & \cdots & b-c \\ 0 & \ddots & \ddots & \vdots \\ \vdots & \ddots & \ddots & b-c \\ 0 & \cdots & 0 & a-c \end{vmatrix} = (a-c)^n$ en tant que déterminant d'une matrice triangulaire.

De même, $\tilde{P}(-b) = (a-b)^n$.

Ainsi on a $\begin{cases} \alpha - c\beta = (a-c)^n \\ \alpha - b\beta = (a-b)^n \end{cases}$.

On effectue $bL_1 - cL_2$, qui donne : $(b-c)\alpha = b(a-c)^n - c(a-b)^n$.

Et donc, avec l'hypothèse $b \neq c$, $\det(N) = \alpha = \dfrac{b(a-c)^n - c(a-b)^n}{b-c}$.

d. Pour $x \in \mathbb{R}$, notons $Q(x) = \begin{pmatrix} a & b & \cdots & b \\ b+x & \ddots & \ddots & \vdots \\ \vdots & \ddots & \ddots & b \\ b+x & \cdots & b+x & a \end{pmatrix}$ et $q_{i,j}(x)$ le coefficient de position (i,j) de $Q(x)$.

Les applications $q_{i,j} : x \mapsto q_{i,j}(x)$ sont toutes polynomiales (de degré 0 ou 1), donc en tout cas continues.

Par définition, $\det\big(Q(x)\big) = \sum_{\sigma \in S_n} \varepsilon(\sigma) \prod_{k=1}^{n} q_{\sigma(i),i}(x)$, donc l'application $x \mapsto \det\big(Q(x)\big)$ apparaît continue en tant que combinaison linéaire de produits de fonctions continues.

e. On suppose $a \neq b$.

En utilisant le résultat de la question 4c et en posant $c = b + x$, on trouve :

$$\det\big(Q(x)\big) = \frac{b\big(a-(b+x)\big)^n - (b+x)(a-b)^n}{b-(b+x)} = -(a-b)^n \frac{b\left(1-\frac{x}{a-b}\right)^n - b - x}{x}.$$

Or $\left(1 - \frac{x}{a-b}\right)^n = 1 - \dfrac{nx}{a-b} + o(x)$, d'où :

$$\det\big(Q(x)\big) = -(a-b)^n \frac{b - \frac{nbx}{a-b} + o(x) - b - x}{x} = (a-b)^n\left(1 + \frac{nb}{a-b}\right) + o(1),$$

$$\det\big(Q(x)\big) = (a-b)^n + nb(a-b)^{n-1} + o(1).$$

Enfin comme $x \mapsto \det\big(Q(x)\big)$ est continue, $\lim_{x\to 0} \det\big(Q(x)\big) = Q(0) = \det(M)$, et donc $\det(M) = (a-b)^n + nb(a-b)^{n-1}$.

Index

A

B

C

R

S

T

U

V

W